LA

VÉGÉTATION

DU GLOBE

TOME DEUXIÈME

OUVRAGES DE P. DE TCHIHATCHEF

QUI SE TROUVENT A LA MÊME LIBRAIRIE

Le Bosphore et Constantinople, avec perspectives des pays limitrophes. — 1 vol. grand in-8° jésus sur vélin, de plus de 600 pages, avec 2 grandes cartes gravées sur acier et 9 planches (la carte topographique dressée par M. Kiepert d'après les nouveaux matériaux fournis par l'auteur). Prix.................................... 15 fr

Lord Bacon, par JUSTUS DE LIEBIG, traduction et Introduction de PIERRE DE TCHIHATCHEF. — 1 joli vol. in-18 sur vélin. Prix................................... 3 fr. 50

Une page sur l'Orient. — 1 joli vol. in-18. Prix...................... 3 fr. 50

Voyage scientifique dans l'Altaï oriental et dans les parties adjacentes de la frontière de la Chine. — 1 vol. in-4° sur beau papier jésus vélin, accompagné de 36 vignettes sur bois intercalées dans le texte, d'un *Atlas* très-grand in-folio, contenant 12 grandes cartes et plans de géologie et de minéralogie; un *second Atlas* in-4°, contenant 19 planches de vues pittoresques dessinées d'après nature, et lithographiées par CICERI et E. LASSALLE et SABATIER, et 11 planches de paléontologie, d'après les dessins de RIOCREUX. Prix de l'ouvrage complet .... 150 fr.

ASIE MINEURE

DESCRIPTION PHYSIQUE DE CETTE CONTRÉE

OUVRAGE COMPLET, DIVISÉ EN QUATRE PARTIES

PREMIÈRE PARTIE. — GÉOGRAPHIE PHYSIQUE COMPARÉE DE L'ASIE MINEURE. Un vol. très-grand in-8°, de plus de 600 pages, contenant 12 planches; une *grande Carte de l'Asie Mineure*, en deux feuilles in-plano jésus; un *Atlas* grand in-4°, composé de 28 planches Prix..100 fr.

DEUXIÈME PARTIE. — CLIMATOLOGIE ET ZOOLOGIE DE L'ASIE MINEURE. Un vol. très-grand in-8° de plus de 900 pages, contenant plusieurs planches. Prix................. 50 fr.

TROISIÈME PARTIE. — BOTANIQUE DE L'ASIE MINEURE. Deux vol. très-grand in-8° d'environ 600 pages chacun; un *Atlas* très-grand in-4°, composé de 44 planches gravées d'après les dessins de RIOCREUX. Prix................... 80 fr.

QUATRIÈME ET DERNIÈRE PARTIE. — GÉOLOGIE ET PALÉONTOLOGIE DE L'ASIE MINEURE, avec le concours de MM. D'ARCHIAC, DE VERNEUIL, FISCHER, BRONGNIART et UNGER. 4 vol. grand in-8° jésus, accompagnés d'une *grande Carte géologique du Bosphore*, jointe aux textes; de 2 *très-grandes Cartes géologique et itinéraire de l'Asie Mineure* sur papier double in-plano colombier en dehors des textes; et un magnifique *Atlas* grand in-4°, représentant des coquilles, des animaux et des végétaux fossiles. Ensemble.. 130 fr.

Séparément :

LA PALÉONTOLOGIE, par MM. D'ARCHIAC, DE VERNEUIL, P. FISCHER, BRONGNIART et UNGER. 1 vol. très-grand in-8°, et un *Atlas* très-grand in-4°, composé de 20 pl. Prix : 70 fr.

LA GÉOLOGIE. 3 vol. grand in-8° très-forts, et les cartes géologiques, exécutées à Gotha par Justus Perthes, sous la surveillance de M. PETERMANN. Prix.. .... 70 fr.

L'ASIE MINEURE COMPLÈTE : **360** FRANCS.

5427. — PARIS. — IMPRIMERIE DE E. MARTINET, RUE MIGNON, 2.

LA
VÉGÉTATION
DU GLOBE

D'APRÈS SA DISPOSITION SUIVANT LES CLIMATS

ESQUISSE D'UNE GÉOGRAPHIE COMPARÉE DES PLANTES

PAR

A. GRISEBACH

OUVRAGE TRADUIT DE L'ALLEMAND

Avec l'autorisation et le concours de l'Auteur

PAR

P. DE TCHIHATCHEF

CORRESPONDANT DE L'INSTITUT DE FRANCE

AVEC DES ANNOTATIONS DU TRADUCTEUR

Accompagné d'une Carte générale des Domaines de végétation.

TOME DEUXIÈME

PREMIER FASCICULE

L'OUVRAGE PARAIT EN QUATRE FASCICULES

PARIS

ÉDITÉ PAR L. GUÉRIN ET Cie

DÉPÔT ET VENTE

A LA LIBRAIRIE THEODORE MORGAND

5, RUE BONAPARTE, 5

1876

PRÉFACE

En soumettant au jugement bienveillant du public le deuxième volume de ma traduction de l'ouvrage de M. Grisebach, j'ai peu à ajouter à ce que j'avais dit dans ma préface placée en tête du premier volume.

Je tiens, avant tout, à rappeler au lecteur que les garanties d'exactitude et de consciencieuse interprétation du texte que je crois avoir offertes dans la partie déjà publiée de mon travail ont été scrupuleusement maintenues dans celui qui termine la tâche difficile dont je m'étais chargé ; car, cette fois encore, mon manuscrit a toujours été revu par l'auteur et n'a été imprimé qu'avec sa parfaite approbation. D'ailleurs le deuxième volume a sur le premier le grand avantage d'avoir été plus ou moins soustrait aux incorrections et omissions fâcheuses qui malheureusement ne se sont que

Malgré tous mes efforts pour me maintenir au courant des publications les plus récentes, il en est sans doute qui ont dû m'échapper, car la rapidité avec laquelle se développent et progressent les sciences physiques et naturelles, surtout les sciences géographiques, ne permet guère aujourd'hui, ni de suivre toutes les phases de ce mouvement complexe, ni d'en profiter au moment voulu. C'est ainsi que, parmi les ouvrages qui eussent pu m'être utiles, plusieurs n'ont paru ou ne sont parvenus à ma connaissance que lorsque les parties de mon travail auxquelles ils se rapportaient étaient déjà imprimées. Tel fut notamment le cas à l'égard de bien des ouvrages sur les Indes britanniques et sur l'Afrique, que m'offrit la belle bibliothèque de Kew lors de mon dernier séjour en Angleterre : je ne mentionnerai dans ce nombre que le *Flora of British India*, dont le premier volume, contenant 2258 espèces, ne fut achevé qu'en 1875, tandis que la première section du deuxième volume, contenant la majorité des Légumineuses (614 espèces), vient de paraître cette année [1].

Au reste, lors même qu'on parviendrait à mettre à profit tous les travaux contemporains, on serait bien promptement débordé par le flot des publications nouvelles; en sorte que l'œuvre qui, au moment donné, est l'expression fidèle de l'actualité, ne devient, au bout de quelques années, qu'un répertoire du passé.

Certes, si la perfectibilité presque illimitée dont les

---

1. D'après l'évaluation approximative de M. Hooker, les six ou sept volumes dont sera composée cette œuvre monumentale donneront la description de 12000 à 14000 espèces.

sciences naturelles sont susceptibles en constitue la grandeur, un pénible désappointement en résulte aussi pour ceux qui les cultivent. Tandis que dans les domaines des beaux-arts, de la poésie, des lettres, et même des sciences philosophiques, morales et historiques, les perfectionnements et les développements successifs ne sont guère de nature à dépasser certaines bornes, et permettent aux hommes qui s'y sont le plus distingués de conserver la place qu'ils y ont une fois conquise, dans l'étude de la nature, au contraire, les plus grands génies ne sont que des ouvriers plus ou moins temporaires : comme architectes originaux, leur nom survit à leur époque, mais les édifices qu'ils élèvent ont toujours quelque chose de provisoire, car ils répondent rarement aux besoins de plusieurs générations successives, et subissent tôt ou tard de telles transformations, qu'à la fin il n'y reste que bien peu des pierres posées par la main du fondateur.

Mais ce n'est pas tout : si le naturaliste n'est point assuré de l'avenir, le présent aussi lui fait plus ou moins défaut, car la très-grande majorité du public réserve toutes ses sympathies et toutes ses faveurs aux écrivains capables de lui procurer des jouissances faciles ou une instruction qui n'exige point d'avides études spéciales ; et si ces écrivains ne sont pas toujours destinés à l'avenir, du moins le présent leur appartient fréquemment. C'est donc bien aux naturalistes que s'applique la devise de *Vos non vobis*, mais c'est aussi à eux que revient le mérite (si rarement reconnu) d'*être par excellence les organes désintéressés du travail.* Combien parmi eux succomberaient au découragement, s'ils devaient mettre à l'accomplissement de leur tâche la condition d'être appréciés ou rémunérés par leurs contemporains, ou du moins arrachés à l'oubli de la postérité !

Ce sont là les réflexions qui s'emparent involontairement du naturaliste au moment de terminer un travail de longue haleine, surtout lorsque ce travail est, comme le mien, une œuvre toute de dévouement et d'abnégation.

TCHIHATCHEF.

Florence, 15 octobre 1876.

DOMAINE INDIEN DES MOUSSONS

Climat. — Lorsque la zone tempérée passe à la zone chaude, on voit s'opérer un changement dans la position du soleil à l'égard de notre globe : là est la cause la plus générale du climat tropical. Le mouvement apparent du soleil n'a plus lieu alors d'un seul côté, mais bien des deux côtés du zénith ; et si de notre côté des tropiques c'est la hauteur du soleil au-dessus de l'horizon qui détermine la succession des saisons, à ce compte, suivant l'accroissement ou l'affaiblissement de sa puissance calorifique, l'année tropicale pourrait être divisée, non en quatre, mais en huit périodes, dont la durée inégale ne s'équilibrerait symétriquement que vers l'équateur. Toutefois une telle conception théorique des saisons n'a qu'une importance subordonnée pour le développement des organismes tropicaux. Plus le soleil se tient dans la proximité des régions zénithales du ciel, plus l'échauffement devient uniforme et constant ; et quant à la répartition des plantes, ce qui importe, c'est moins la variation de la température à des époques diverses, que sa valeur moyenne, qui, dans les basses régions, égale ou dépasse pendant toute l'année celle des mois les plus chauds du domaine méditerranéen ($22°,5$-$27°,5$). L'échauffement du sol dépend en général moins des alternances de position du soleil que de l'état nuageux ou serein du ciel. Dans la plaine du Gange, la saison la plus chaude coïncide avec les mois printaniers qui précèdent la période pluvieuse, et c'est précisément alors que par suite du défaut d'humidité, la végétation se trouve ensevelie le plus profondément dans la période d'hivernation.

Sous les tropiques, les phases de la végétation sont liées aux époques de pluies, du moment que celles-ci fournissent exclusivement l'humidité nécessaire. Considérée d'une manière générale, la masse des précipitations y est bien plus considérable que sous les latitudes plus élevées ; elle croît avec la chaleur, qui accélère l'évaporation ainsi que la circulation de l'eau à travers l'atmosphère. Cependant, lorsque les surfaces évaporantes font défaut, ou qu'en s'échauffant pendant leur parcours, les courants atmosphériques perdent la faculté de condenser la vapeur aqueuse, alors il se produit, même sous les tropiques, des déserts dépourvus d'eau. Entre la plus grande abondance de précipitations, qui dans les monts Khasia, près du golfe du Bengale, montent au delà de 16 mètres, et l'absence complète de pluies, comme cela se présente dans le Sind à l'embouchure de l'Indus, se place une série de conditions atmosphériques qui se reflètent dans les contrastes de la végétation tropicale, dans les jungles indiennes, les savanes et des contrées encore plus arides [*]. Dans l'Hindoustan, on qualifie de *jungles* les endroits revêtus d'une masse serrée d'arbres et d'autres végétaux ligneux. Les savanes des contrées tropicales, qui se produisent dans l'archipel indien, sont des plaines à Graminées qui diffèrent des steppes de la zone tempérée, soit par une végétation plus luxuriante, soit par la présence de forêts clair-semées. Cependant la disposition des deux formations principales de la zone tropicale, savoir, les

---

[*] Selon M. Emile Schlagintweit (Petermann, *Mittheil.*, ann. 1874, vol. XX, p. 265), la province la moins pluvieuse du Bengale est le pays de Behar (24°-28° L. N.) où la moyenne pluviométrique annuelle est de $1^m,01$, tandis que celle du delta du Gange est de $1^m,5$, et celle des districts du Bengale central $1^m,97$. M. Schlagintweit attribue ce phénomène à ce qu'à leur passage à travers la contrée plus élevée, les moussons sud-est et est-sud-est, qui apportent la pluie à Behar, perdent déjà avant d'y arriver une partie de leur humidité. Les mois de juin et de juillet y sont les plus abondants en pluie ; il n'en tombe point en décembre ou seulement très-peu le long du Gange et près du Teraï. Cette sécheresse atmosphérique, comparativement assez considérable, imprime au pays un caractère particulier et exerce une grande influence sur les diverses branches de culture ; aussi, lorsque pendant la saison sèche on remonte le Gange pour entrer dans le Behar, on y est frappé par l'absence des arbres et la teinte jaune des Graminées. — T.

forêts et les savanes, ne dépend pas autant de la quantité d'humidité qu'elles reçoivent que de la durée inégale de la période pluvieuse, qui dans certaines contrées embrasse l'année presque tout entière, mais ordinairement est séparée de la période aride d'une manière plus ou moins tranchée. Ici aussi les formes arborescentes se trouvent refoulées, lorsque l'époque des précipitations est réduite au delà d'une certaine mesure, à moins que les eaux souterraines ne viennent suppléer à ce défaut.

Bien que l'alternance entre les saisons humides et sèches soit l'effet d'un mouvement plus régulier de l'atmosphère sous les tropiques, les conditions des précipitations ne laissent pas que d'être d'une nature compliquée. Les alizés, le mouvement solsticial, la répartition de la terre ferme et le relief du sol sont autant de causes soit de l'aridité, soit des précipitations. Si l'on se figurait le mouvement solsticial suspendu, le soleil demeurant constamment au zénith de l'équateur, et la zone tropicale composée de surfaces uniformes, on verrait apparaître une zone éternellement humide dont le sol serait arrosé par des averses constantes, grâce au courant atmosphérique ascensionnel. Des deux côtés de cette ceinture équatoriale s'étendraient des zones de désert où les alizés empêcheraient la formation de nuages pluvieux. Enfin, par suite du mélange des alizés supérieurs et des inférieurs, ce n'est que sous les latitudes des deux tropiques qu'il se produirait des zones humides à précipitations durables. Mais en réalité, la nature a eu soin de substituer à des conditions uniformes et restreignant la vie organique l'alternance de saisons humides et sèches, et de faire naître, en dépit de l'action régulière des alizés, la plus grande variété dans les régions de l'espace. D'abord les époques des pluies se trouvent restreintes par les variations du solstice à des périodes déterminées, puis l'échauffement inégal de la terre ferme et de la mer, des montagnes et des plaines basses, agit dans le même sens.

De même que la formation des nuages tient en général à l'abaissement de la température, de même les époques de pluies tropicales ne se produisent que lorsque le milieu où pénètre la vapeur aqueuse est plus froid que celui d'où elle émane. Ce re-

froidissement a lieu dans des conditions diverses, selon que le
mouvement de l'air s'effectue horizontalement, ou bien, dévié de
cette direction, se dilate à mesure que son élévation l'éloigne de
la terre. Au premier cas répondent les vents qui se dirigent des
contrées plus chaudes vers les contrées plus froides dans les
basses régions de latitudes plus élevées, et de tels vents se produisent même sous des conditions analogues dans le domaine des
moussons. Ensuite, partout où l'alizé domine dans les couches inférieures et le contre-alizé dans les couches supérieures de l'atmosphère, le refroidissement qui donne lieu aux précipitations est
en rapport avec la déviation que subissent les courants atmosphériques en passant de l'horizontale à d'autres directions. Or, ces
directions se produisent sous deux conditions différentes, d'après
lesquelles on peut distinguer des *époques pluvieuses zénithales*
ou *solsticiales*, qui suivent les mouvements solsticiaux, et des
précipitations altitudinales, qui dépendent de l'altitude du sol.
Dans l'action régulière du mouvement solsticial, c'est le courant
atmosphérique verticalement ascendant d'un centre périodique
de chaleur qui se produit là où les alizés des deux hémisphères
se rencontrent et se combattent; le même courant donne lieu
à la formation de nuages et d'orages journaliers, ainsi qu'à des
époques pluvieuses ordinairement consécutives à la position
zénithale du soleil, mais laissant toujours supposer un réservoir
abondant d'eau d'évaporation, soit sur la mer, soit dans les
contrées de l'intérieur. Les précipitations altitudinales peuvent
à la vérité coïncider avec la saison la plus chaude, mais elles
sont indépendantes du mouvement solsticial. L'obliquité de la
pente des chaînes montagneuses dont l'axe est frappé par les
courants atmosphériques horizontaux fait dévier ces derniers
dans le sens altitudinal; il en résulte qu'à la suite du refroidissement qu'ils éprouvent, ils perdent leur humidité. Les époques
pluvieuses zénithales sont des conséquences de l'insolation la
plus intense; elles sont amenées par la période la plus chaude de
l'année et peuvent durer jusqu'au moment où le courant atmosphérique ascendant a subi un déplacement, et où l'alizé ordinaire a repris son empire. Les précipitations altitudinales ne
tiennent pas, en général, à une saison déterminée quelconque;

elles sont produites par les vents de mer, de quelque direction qu'ils viennent, et quand même ils constitueraient des alizés persévérant l'année entière. Dans le domaine des moussons, sur les Ghauts de la côte de Malabar, ces vents se présentent simultanément avec les pluies zénithales d'été selon la saison, mais ils peuvent tout aussi bien être constants, lorsque, ainsi que c'est le cas dans l'archipel indien, les vents de chaque moitié de l'année sont des vents de mer, et qu'ils frappent de deux côtés un massif montagneux. Comme l'alternance dans les moussons asiatiques ne consiste, en général, qu'en ce que les alizés passent d'un hémisphère à un autre, ces derniers produisent ou empêchent les précipitations à l'instar des alizés plus limités d'autres continents.

Dans l'Asie tropicale, par suite de l'inégalité prédominante dans la répartition de la terre ferme et de la mer, les vents doués d'une alternance régulière sont soumis à la loi la plus simple; mais, quelque concordante que soit sur de vastes espaces la direction des moussons, les précipitations atmosphériques n'en subissent pas moins les modifications les plus variées par l'influence de la position et de l'altitude des côtes. Partout, de ce côté-ci de l'équateur, se fait sentir l'aspiration du continent asiatique, en été par la mousson soufflant des mers de l'Inde et de la Chine, en hiver par les courants atmosphériques opposés. De l'autre côté de l'équateur, dans l'archipel indien, c'est le centre thermique de l'Australie qui entre en activité. Ici, dans les Moluques et dans la Nouvelle-Guinée, domine la mousson nord-ouest pendant les mois d'été de l'hémisphère méridional ; la mousson sud-est y dure depuis avril jusqu'à novembre[1]. Ainsi, dans les deux cas, les aspirations suivent la position zénithale du soleil. M. Wallace admet qu'entre les moussons des deux hémisphères se trouve intercalée une zone équatoriale embrassant environ 6 degrés de latitude, zone où les précipitations sont le plus fortes, et où en effet les contrastes entre les saisons sèches et humides s'évanouissent presque complétement. Toutefois il ne faudrait pas entendre par là que les moussons y soient interrompues, ce qui n'a été observé que sur la côte sud-ouest de Sumatra[2], et encore, selon toute probabilité, seulement parce que cette côte est protégée par les montagnes élevées de l'île. La zone équatoriale, qui exerce la plus grande influence sur la végétation, depuis Bornéo jusqu'à la Nouvelle-Guinée, doit ses caractères, de même que la partie occidentale de l'île de Java, à sa position éloignée des continents ; ce qui fait que les moussons des deux moitiés de l'année agissent à l'instar de simples vents de mer qui apportent au pays un inépuisable contingent de vapeur aqueuse.

En dehors de la zone équatoriale, les saisons humides et sèches alternent, il est vrai, partout ; mais la durée, l'intensité et la répartition des précipitations tiennent tellement aux conditions locales, qu'on ne saurait établir, d'après ces considérations climatériques, une division géographique du domaine des moussons. Selon que les courants atmosphériques constituent des vents de mer ou de terre, selon l'angle sous lequel ils atteignent les côtes, ainsi que selon la position des montagnes ou des surfaces élevées, nous trouvons tantôt des climats dissemblables considérablement rapprochés les uns des autres, tantôt des conditions analogues de végétation, se reproduisant sans connexion géographique, puisque des contrées humides, telles que le Malabar et le Bengale, sont séparées par de vastes espaces d'un caractère différent [3]*. Dans de pareils cas, la végétation obéit au double principe qui préside partout à sa répartition, savoir : que certaines espèces s'attachent à un climat analogue, et que d'autres se maintiennent d'autant plus dans leur isolement que l'espace qui sépare leurs centres est plus considérable. C'est ainsi que le Palmier de Palmyre (*Borassus*) est commun aux climats pauvres en pluie, mais souvent séparés par de vastes espaces intermé-

---

* Au tableau que présente la note 3 (p. 94) des périodes de pluie dans le domaine des moussons, on peut ajouter pour la côte orientale de la Cochinchine (p. 96) les données beaucoup plus récentes publiées dans les *Verhandl. der Gesellsch. für Erdk.*, p. 92, sur les observations météorologiques faites à Saïgon (10° 20′ L. N.) pendant l'année 1872. Elles donnent les moyennes annuelles suivantes : baromètre, 757ᵐᵐ,26 ; thermomètre, 28°,54 ; pluviomètre, 1ᵐ,63 ; mois le plus froid (février), 27° ; le plus chaud (avril), 29°,85 ; mois les plus humides : (septembre) 428ᵐᵐ,95 ; (mai) 323ᵐᵐ,37 ; mois les plus secs : (janvier) 0 ; (mars) 6ᵐᵐ ; vents dominants : S. O. pendant les mois les plus humides, S. E. pendant les mois les plus secs, N. E. en novembre et en décembre. — T.

diaires, depuis la côte de Coromandel et d'Ava jusqu'à Timor ; et de même les forêts de Teck (*Tectona*), qui perdent leurs feuilles pendant la saison sèche, se trouvent soumises à des influences analogues dans les contrées comprises depuis l'Hindoustan central (*Bundelkund*) jusqu'aux îles de la Sonde. Par contre, les formes de Chêne et de Pin (*Pinus*) font défaut à l'Hindoustan tout entier [4], ce qui ne les empêche pas de s'étendre sans discontinuer depuis l'Himalaya, au travers de la péninsule de l'Inde orientale, la première jusqu'à Java, la seconde jusqu'à Sumatra et aux îles Philippines. D'ailleurs les domaines de végétation n'offrent de limites fortement tranchées que là où, comme sur la crête occidentale des Ghauts (côte de Bombay), le climat subit un brusque changement [5], tandis que nous trouvons des transitions graduelles et des mélanges de flores dans la plaine de l'Inde septentrionale jusqu'au pied de l'Himalaya, où, dans la direction du Gange vers le Pundjab, les pluies périodiques perdent peu à peu de leur abondance [6].

Ainsi donc, le domaine des moussons nous présente tous les climats irrégulièrement répartis qui soient possibles sous les tropiques, et même il se rapproche sur sa limite septentrionale des conditions de la zone tempérée. En effet, comme dans les Indes orientales les moussons étendent bien au delà du tropique du Nord, et jusqu'à l'Himalaya, les alternances entre saisons humides et sèches, il en résulte qu'en hiver, la décroissance de la température finit par devenir toujours de plus en plus sensible. C'est à quoi se rattache le mélange de la flore du Pundjab avec des plantes du domaine des steppes, ainsi que la présence de végétaux européens sur le versant indien de l'Himalaya.

Au sud de l'archipel indien, dans la série d'îles comprises entre Java et Timor, nous trouvons également reflétée par la végétation une transition climatérique passant peu à peu à l'aridité qu'impriment les alizés au continent australien. Dans l'île de Timor, les arbres les plus ordinaires sont des formes australiennes (*Eucalyptus, Acacia*) [7], et quoiqu'une partie de leurs espèces ne soient pas immigrées, mais semblent plutôt endémiques, la tendance qu'ils manifestent dans leur disposition à constituer des taillis clair-semés répond cependant au caractère de végétation de la Nouvelle-Hollande. Ce qui rend ce phénomène d'autant plus remarquable, c'est que plus loin, dans la direction de l'est, la flore du domaine des moussons se trouve séparée de la manière la plus tranchée par le détroit de Torrès de la flore australienne [8], bien qu'entre la Nouvelle-Guinée et le continent opposé la distance soit beaucoup moins considérable qu'entre la première et l'île de Timor, et ne compte que 24 milles géographiques. La même mousson sud-est qui, venant du Pacifique, apporte à la côte méridionale de la Nouvelle-Guinée les précipitations les plus abondantes, est pour la partie tropicale de l'Australie un vent de terre sec, auquel les arides contrées de l'intérieur de ce continent impriment un caractère qu'il n'a pas encore perdu à Timor. Or, comme la mousson opposée du nord-ouest, mousson pluvieuse de Java et de Célèbes [9], est dans la Nouvelle-Guinée également accompagnée de précipitations, cette île fait partie des pays tropicaux humides et chauds, d'où la pluie n'est point exclue par une saison quelconque, et où la végétation éternellement verte éprouve à peine un point d'arrêt. Bien que l'île de Timor soit également atteinte par la mousson pluvieuse de Java, cependant, comme ce vent nord-ouest a déjà perdu une partie de son humidité dans les îles qu'il a dû traverser, les précipitations sont ici tout aussi faibles et d'aussi courte durée que dans l'Australie tropicale. Il en résulte que le climat de Timor est semblable à celui de l'Australie, et présente les conditions d'un mélange de deux flores.

Le climat des îles tropicales de l'océan Pacifique ne s'oppose point à l'immigration des végétaux indiens, ainsi que cela se manifeste également en deçà et au delà du domaine des moussons. Les Mariannes appartiennent encore au domaine même des moussons [10]. Depuis les Carolines jusqu'au delà des îles de la Société, les alizés imprégnés de vapeurs aqueuses revêtent d'abondantes forêts tropicales les versants qui leur sont exposés, ou bien par suite de leur déplacement font naître des saisons alternantes.

Il résulte de toutes ces considérations que le domaine des moussons, ainsi que les contrées situées au delà de leurs limites orientales, ne saurait se prêter à une division géographique fondée sur le climat, en sorte que si nous réunissons cette partie de la terre dans un ensemble, c'est uniquement parce qu'elle embrasse une série de centres de végétation asiatiques, dont les produits originaires se sont mélangés par suite, soit de conditions physiques, soit des facultés de migration de chacune des espèces. En Amérique, les subdivisions climatériques sont en même temps des subdivisions géographiques qui séparent un certain nombre de domaines de végétation : dans l'Asie tropicale, les continents et les îles sont trop déchiquetés par la mer, et leur niveau est d'une configuration trop irrégulière pour que la disposition originaire des centres ait pu être conservée, tandis qu'en Afrique l'échange entre les espèces a fait bien plus de progrès encore, au point d'imprimer un caractère d'uniformité à cette partie de notre globe qui est située entre les tropiques.

Notre tâche n'aura donc pas pour objet de rattacher la flore indienne à des conditions physiques qui lui soient communes, conditions qui en effet ne sont que celles de la végétation tropicale en général ; ce que nous nous proposons, c'est d'étudier les conditions climatériques sur lesquelles repose la répartition des formes végétales envisagées séparément, ainsi que des formations de végétation. Si, pour saisir l'étendue de semblables influences, on débute par l'examen de la durée et de l'intensité des précipitations atmosphériques, ces facteurs à eux seuls ne sont pas suffisants pour constituer un étalon d'appréciation. C'est la plante elle-même qui doit être capable de se garantir contre l'insolation, augmentée par l'absence de nuages. Les nuages, les brouillards, et jusqu'aux masses pulvérulentes qui, dans la plaine de l'Inde septentrionale, viennent pendant la saison sèche troubler l'atmosphère, déterminent d'autres formes végétales, que ne pourrait produire le ciel serein et enflammé de la savane dans les îles de la Sonde. Un troisième facteur bien plus important, c'est la proportion de vapeurs atmosphériques sous l'empire desquelles la végétation des tropiques atteint les dernières limites de richesse et de luxuriance. Ce n'est pas que la vapeur aqueuse contribue directement à l'accroissement de la quantité de la séve des végétaux ; mais ce qui constitue l'action de l'atmosphère humide des jungles sur la vie des plantes, c'est un ralentissement de circulation de l'eau dans le tissu, et par suite de la réduction de l'évaporation, une diminution de rapidité dans l'ascension de la sève. Certaines organisations de la zone tropicale, telles que les Fougères, les Orchidées, les Pipéracées, réclament cette marche lente, mais ininterrompue de la sève, afin de conserver l'équilibre entre la quantité d'eau que les racines absorbent et celle que les feuilles exhalent.

Formes végétales. — Dans leur configuration, les formes de végétation des tropiques ont tant de traits communs, qu'il pourrait paraître convenable de commencer d'abord par les envisager d'une manière générale. Dans les forêts, on n'y voit que rarement répandus sur une grande surface les types arborescents simples et uniformes de la zone tempérée, caractérisés par la réunion sociale d'individus analogues ; sous les tropiques, dans la même enceinte forestière, se trouvent rassemblées les formes les plus diverses de végétaux ligneux. Les formes qui prédominent parmi ces végétaux, et qui, par la configuration de leur feuillage et leur mode de ramification, ne révèlent point au premier coup d'œil de caractère individuel propre, offrent néanmoins, quand on en examine les fleurs et les fruits, un mélange non-seulement d'espèces particulières, mais encore de genres et de familles dissemblables. C'est ce qui fait que dans les collections de plantes tropicales, les végétaux ligneux constituent toujours l'élément le plus nombreux. Quelque chose de semblable se reproduit à l'égard des innombrables végétaux volubiles, ainsi que des épiphytes fixés aux troncs d'arbres qu'ombragent les sombres voûtes feuillées, et qui représentent toute la richesse de la flore tropicale ainsi que la plus complète utilisation de l'espace. Viennent ensuite les savanes, qui, quoique très-inférieures aux forêts, sous le rapport de la variété de leurs produits, demeurent cependant fidèles aux mêmes règles dans la majorité des contrées tropicales. Plus de cinquante grandes familles [1], presque le triple du nombre des groupes principaux répandus sur toute la surface terrestre, sont ou représentées d'une manière prédominante dans la zone torride, ou exclusivement propres à cette zone, puisqu'elles ne franchissent les tropiques qu'en genres ou espèces isolés, et à peu d'exceptions près, habitent plus ou moins uniformément toutes les contrées tropicales.

Toutefois, en resserrant la végétation tropicale dans un tableau sommaire dont les traits communs revêtent progressivement des contours mieux accusés, on s'expose toujours à l'inconvénient de sacrifier la vérité à une généralisation trop absolue, et à justifier l'épigraphe de la *Géographie* de Ritter, d'après laquelle les erreurs sont plus faciles à éliminer de la science que les causes de confusion. Il faudrait comparer de ses propres yeux toutes les contrées tropicales, pour être à même de saisir avec certitude ce qui leur est commun. Or, c'est là ce que nous ne saurions obtenir à l'aide des matériaux servant de base à nos connaissances ; nous devrons donc nous en tenir à ceux que nous fournit la littérature botanique, selon que dans la description de la flore d'un pays, ils font ressortir tel ou tel autre trait de la nature tropicale, sans nous dissimuler que plus d'un fait signalé dans une seule contrée peut aussi bien se vérifier dans d'autres ; de même que nous ne craindrons point de mentionner à plusieurs reprises des faits analogues, parce que de telles répétitions ont moins d'inconvénient que des généralisations prématurées. Il est des gens qui, impressionnés par les brillantes descriptions de la forêt vierge de l'Amérique, se sont sentis désappointés, en ne trouvant réalisées dans les Indes orientales qu'une partie de leurs vives attentes. Et pourtant les formes végétales de l'archipel indien sont si loin de le céder à celles de l'Amérique du Sud, où la richesse de la vie végétative déploie la plus vigoureuse énergie, que, d'après M. Zollinger[12], plusieurs des tableaux de la nature brésilienne retracés par Martius, peuvent passer pour autant de types de la végétation de Java. Or, ce qui précisément caractérise l'Asie tropicale, c'est qu'en embrassant toutes les gradations du climat des tropiques, la végétation peut y descendre de la plus grande richesse au dénûment du désert. En regard de ce trait dominant, on ne saurait accorder beaucoup d'importance à ce que dans ces contrées la culture a fait disparaître sur une bien plus grande échelle que dans les autres continents tropicaux les conditions originaires de la nature. En effet, la population de l'Inde est de beaucoup la plus dense parmi toutes les régions tropicales et atteint des chiffres tout aussi élevés [13] qu'en Europe et en Chine, et sur plusieurs points de l'Hindoustan la culture du sol a oblitéré la majorité des traits de la vie des plantes tropicales. Pourtant Java n'est pas moins peuplé, ce qui n'empêche pas la végétation indigène d'y jouer encore un rôle prédominant en présence de la culture *.

Parmi les arbres monocotylédonés, les Palmiers, dont le tronc indivis porte sur son sommet, non une couronne de rameaux, mais un feuillage largement et subitement épanoui, flabelliforme ou penné, réuni en rosette, constituent le trait le plus saillant dans la physionomie du paysage tropical. On connaît dans le domaine des moussons près de 300 espèces appartenant à la famille des Palmiers, autant à peu près que dans l'Amérique tropicale ; le chiffre de ceux qui croissent dans le reste des continents et des îles est insignifiant. Mais si cependant on sépare les espèces de haute taille des espèces de moindre stature, qui passent par la taille déprimée de leur tronc à la forme des Palmiers nains, ainsi que des Palmiers-lianes dont les organes de végétation s'altèrent encore davantage, l'Asie reste décidément en arrière de l'Amé-

---

* Dans son remarquable ouvrage sur l'archipel malais (*The Malay Archipelago*, 2ᵉ édit. Londres, 1869), M. A. R. Wallace fait ressortir à plusieurs reprises la manière exagérée dont a souvent été retracé le tableau de la végétation tropicale. En partant de l'île de Matabello (*loc. cit.*, vol. II, p. 57) il dit : « Bien des personnes en Europe croient que les fruits à parfum délicieux abondent dans les forêts tropicales, et elles seront sans doute étonnées d'apprendre que les fruits vraiment sauvages de ce vaste et luxuriant archipel, dont la végétation peut rivaliser avec celle d'une région quelconque du monde, sont presque dans chacune de ces îles inférieurs aux fruits de l'Angleterre, sous le double rapport de l'abondance et de la qualité. Tous les bons fruits des tropiques sont des produits de culture, exactement comme nos pommes, nos poires et nos prunes ; tandis que leurs types sauvages, quand on les trouve, sont généralement insipides ou ne sont pas mangeables du tout. De même, en signalant la splendeur végétale du groupe des îles d'Arus, il déclare (*ibid.*, p. 177) que son séjour dans l'Amérique tropicale, ainsi que douze années passées dans l'archipel malais, lui a donné la conviction que le caractère varié et brillant prêté à la flore tropicale est si loin d'être vrai, que l'impression générale qu'elle produit la fait paraître même inférieure à la flore des climats tempérés, sans en excepter l'Angleterre. Selon M. Wallace, ce qui prédomine dans le caractère de la flore tropicale, c'est la masse de la verdure et les proportions gigantesques de la végétation, tandis que les fleurs à teintes variées et intenses y jouent un rôle comparativement peu important. — T.

rique, quant à la variété de structure de ces arbres. En effet, les Palmiers-lianes, presque tous limités au domaine des moussons, et n'étant que faiblement représentés ailleurs, notamment en Australie et en Afrique, forment à eux seuls la plus grande moitié de toutes les espèces indiennes. C'est également sous le rapport de la hauteur du tronc que les Palmiers asiatiques se trouvent surpassés par quelques espèces américaines. Au nombre des plus grands appartient le *Corypha* (*C. umbraculifera*), Palmier à éventail qui au Malabar et dans l'île de Ceylan atteint 22 mètres de hauteur, et qui, selon M. Miquel [14], ne différerait guère du Palmier Gebang des îles de la Sonde. Cependant il arrive à peine à la hauteur du Cocotier (*Cocos nucifera*), dont le tronc atteint celle de 29 à 32 mètres, mais qui, comme toutes les espèces de ce genre, est originaire de l'Amérique, et a été, à l'instar des végétaux indiens, transplanté en sens opposé dans les îles de corail de l'océan Pacifique ainsi qu'en Asie.

Il résulte de l'extension géographique des Palmiers dans le domaine même des moussons, que la variété de leurs espèces augmente avec l'accroissement de la régularité de la température et avec l'intensité et la durée des précipitations. En leur qualité d'arbres toujours verts, ils exigent un contingent constant d'eau fourni par les racines, et ne supportent que difficilement un temps d'arrêt dans leur croissance. Il n'y a que quelques Palmiers qui recherchent des climats arides, tels que le Palmier de Palmyre (*Borassus flabelliformis*), lequel, pour cette raison, habite tout aussi bien les plateaux de Mysore et l'île de Timor, mais qui déjà ne vient plus sur le Gange supérieur à Mirut, près de Delhi [15]. Une telle extension jusqu'à proximité du climat des steppes constitue, à l'égard du caractère typique de la famille, une exception qui peut être comparée à la présence du Dattier dans les oasis du désert. Comme, dans la majeure partie de l'Inde antérieure, les époques des pluies sont courtes, et que dans le nord les différences de température entre les saisons vont en croissant, il se trouve que les formes des Palmiers sont ici moins variées que dans le climat humidement chaud de la presqu'île de Malacca et des îles de la Sonde.

Sur la côte, pauvre en pluies, du Carnatic dans l'Hindoustan, on ne trouve que quatre Palmiers de haute taille [15], dont trois seulement sont des arbres cultivés. Dans les endroits où le Palmier de Palmyre est encore susceptible de culture, la plaine supérieure du Gange ne possède également qu'un seul Palmier réellement indigène (*Phœnix silvestris*). Même dans les humides forêts littorales d'Orissa, qui confinent au Bengale, on ne voit que peu de Palmiers. Je trouve en général que, dans un catalogue contenant 123 Palmiers élevés ou nains de l'Inde, 19 seulement habitent la péninsule indienne antérieure, 42 la terre ferme depuis Assam jusqu'à Malacca, et 62 l'archipel indien depuis Sumatra jusqu'à la Nouvelle-Irlande. L'accroissement du nombre des Palmiers ne se fait fortement remarquer que lorsque du Bengale on entre dans le système hydrographique du Brahmapoutra et de l'Irawaddi, où dans les vallées des monts Khasia les averses deviennent si puissantes [3], et c'est sous le climat uniformément chaud, de Malacca jusqu'à Java, que cet accroissement progressif des Palmiers atteint son point culminant. Ainsi, de quelque façon que les divers Palmiers dépendent des propriétés du climat, le Palmier à bétel (*Areca Catechu*) n'en offre pas moins un exemple de la faculté que possède cette espèce de supporter des différences considérables dans la quantité d'eau qu'elle reçoit. C'est ce que prouve l'étendue de sa culture, conséquence de la valeur commerciale de ses fruits, qui servent à un usage aussi singulier que général parmi les Orientaux. Ce Palmier est uniformément répandu dans tout le midi de l'Hindoustan, depuis les côtes humides du Malabar, à travers les plateaux, jusqu'aux contrées arides du Carnatic, et il est de même fréquent partout dans la zone équatoriale. Ce qui est plus surprenant, c'est que le Cocotier se trouve abondamment cultivé aussi sur les Ghauts arides de Mysore [15]: en effet, rattaché dans sa patrie américaine à la proximité de la mer, souvent il revêt, de manière à constituer leur seule essence forestière (ainsi que M. Darwin [16] le mentionne à l'égard de l'archipel de Keeling), les îles basses et peu étendues du Pacifique et de la mer de l'Inde, sans doute parce que sa croissance est favorisée par les vents de mer, abondamment imprégnés de vapeur aqueuse. On a, il est vrai, émis la supposition que le Cocotier est un halophyte, mais cela nous éclairerait encore moins sur sa culture dans le Mysore, où les conditions locales sous lesquelles elle a lieu réclament encore une investigation plus précise. Il est certain qu'il exige dans de plus fortes proportions l'humidité que la chaleur, puisque dans l'Amérique centrale il s'élève assez haut sur les montagnes littorales *. Eu égard à l'importance de leur substance nutritive pour l'alimentation des populations, ce sont le Cocotier et le Palmier de Palmyre qui se placent au premier rang parmi les Palmiers indiens, comme les deux Palmiers à Sagou (*Metroxylon Rumphii* et *M. Sagus*) dans les Moluques et les îles de la Sonde.

Outre l'humidité et la chaleur, les Palmiers ont besoin également de beaucoup de lumière. C'est probablement pour cela qu'ils ne forment pas d'agglomérations, et que là où ils n'ont pas été plantés, ils croissent dispersés au milieu des forêts à essences feuillues, en s'élevant au-dessus de la couronne des arbres dicotylédonés, ou, lorsqu'ils n'en ont pas la taille, s'écartent des ombrages épais pour rechercher les rayons de la lumière. Cependant, là où le sol ne convient pas aux arbres feuillés, la réunion sociale de types appartenant exclusivement aux Palmiers devient possible ; seulement, à cause du petit nombre de leurs feuilles et de la division de ces dernières en segments qui laissent passer les rayons solaires, leurs forêts n'offrent guère d'ombrages. C'est ainsi que dans l'ouest de Java, immédiatement au-dessus de la forêt littorale, une région étroite (de 130 mètres d'altitude) est occupée par le Palmier Gebang (*Corypha*) [17], dont les troncs sont séparés les uns des

---

* M. Naudin rapporte un exemple remarquable de la force de résistance que possèdent les Palmiers à l'égard du froid : il nous apprend (*Comptes rendus*, t. LXX, p. 214) que lors de la chute extraordinaire de neige qui eut lieu dans les Pyrénées-Orientales en 1870 pendant le mois de janvier, les Palmiers de son propre jardin, à Collioure (42° 32' L. N.) « se trouvèrent littéralement aplatis par le poids de la neige, comme des plantes desséchées dans un herbier, et leurs feuilles furent incrustées de glaçons » ; ils demeurèrent ainsi pendant dix à douze jours, puis revinrent à leur état normal sans avoir éprouvé de dommage quelconque. Le savant académicien fait à cette occasion l'observation suivante : « Les géologues qui s'autorisent de la présence de quelques Palmiers dans les terrains de l'époque miocène, pour conclure à l'existence d'un climat tropical en Europe à cette époque, pourraient n'avoir pas autant raison qu'ils le supposent. » — T.

autres par des intervalles considérables, que remplissent tantôt
des tapis de gazon, tantôt des Bambous : c'est l'effet d'un terrain sablonneux, d'où les Graminées écartent les forêts à larges
feuilles.

Quelles que soient les différences que présentent les Palmiers
indiens sous le rapport de la taille, la configuration du feuillage
n'en est pas moins comparativement uniforme dans leur famille
tout entière. Aussi est-on surpris, lorsqu'à côté de ces segments foliacés étroits, étirés à l'instar d'un roseau, auxquels
on est habitué dans cet ensemble de formes, on aperçoit le
feuillage des *Caryota* (ex. *C. urens*), dont les divisions deux
fois découpées se dilatent en coin et forment une surface tri-
latérale ou rhombique retroussée ou dentelée à son extrémité
supérieure. Les différences qu'on remarque dans la végétation
des Palmiers tiennent particulièrement à leur taille diverse, à
la forme cylindrique ou renflée de leur tronc, au développement d'anneaux ou de saillies que laissent les feuilles après
leur chute, puis aux épines de certaines espèces, ainsi qu'aux
racines aériennes destinées à servir d'appui à l'arbre. La
transition de forme s'opère graduellement vers les Palmiers
nains à l'aide d'intermédiaires et parfois entre les espèces
du même genre (*Ptychosperma*), tandis que les Palmiers-lianes,
qui appartiennent tous au groupe des Calamées, y présentent
le contraste le plus tranché.

C'est pour considérer ici même ces formes de Palmiers nains
et de Palmiers-lianes que j'interromprai l'examen des arbres. Le
midi de l'Europe nous a fait voir, ainsi que le domaine de la
flore des steppes sur l'Indus, que les Palmiers nains habitent
ordinairement la ligne climatérique qui limite la zone des Palmiers. Mais, dans le domaine des moussons, nous trouvons aussi
les Palmiers nains dans les contrées les plus chaudes de la
zone équatoriale, à feuillages persistants. Grâce à sa végétation
sociale et à sa puissante rosette de feuilles à folioles de 4 à
9 mètres de longueur, le Palmier Nipa (*Nipa fruticans*), qui
étend ses organes souterrains dans le sol limoneux de la côte,
et n'élève que rarement son tronc à quelques pieds au-dessus
de ce dernier, constitue l'une des formations les plus saillantes

de l'archipel indien, en figurant un arbuste littoral devant les digues des forêts de Mangliers. Dans ces marécages, atteints par les flots de la mer, il ne serait guère capable de supporter le poids de feuilles aussi grandes, s'il n'enfonçait pas son tronc, à l'instar d'une ancre, aussi profondément dans le limon. De même, c'est préférablement sur les côtes équatoriales que croissent les Cycadées (ex. *Cycas circinalis*), semblables aux Palmiers nains et aisément reconnaissables par une plus forte rigidité de leur feuillage découpé en folioles étroites ; il n'est pas rare cependant de voir leur tronc acquérir une hauteur considérable.

On réunit les Palmiers-lianes sous le nom de Rotangs, d'après celui d'une espèce de l'Hindoustan (*Calamus Rotang*). Ils diffèrent des Palmiers de haute taille, non-seulement en ce qu'en leur qualité de végétaux volubiles, ils s'appuient sur les arbres des jungles et s'élèvent sur eux à une hauteur considérable, mais aussi en ce que leur tronc développe ses mérithalles entre les folioles, de manière à être à certains intervalles enveloppé de feuillages dans sa longueur. Il est vrai que le Palmier à sucre (*Arenga saccharifera*) conserve aussi plus longuement ses feuilles, qui, chez lui, descendent du sommet sur les parties latérales du tronc ; mais l'isolement de ces feuilles, dû à l'allongement du corps ligneux (qui souvent n'a que la grosseur du doigt), constitue un fait propre aux Rotangs. Ces derniers acquièrent ainsi, en grimpant d'un arbre à l'autre, un développement extraordinaire, et l'on a pu suivre leurs troncs flexibles quelquefois sur une distance de plusieurs centaines de pieds (97 mètres ou 300 pieds) [12], sans atteindre leur extrémité. Souvent ils se cramponnent à l'aide de vrilles épineuses produites par le prolongement de leurs pétioles, et les épines dont les gaînes de leurs feuilles se trouvent ordinairement hérissées sont bien plus fortes encore. Ce sont ces Rotangs, répandus partout dans les forêts du domaine des moussons, qui, plus que toute autre Liane volubile, rendent les jungles indiennes tellement inaccessibles ; pour y pénétrer, il faut à chaque pas se frayer un passage à coups de hache. Ils rendent plus difficile la chasse aux grands fauves, qu'ils abritent dans de sûrs refuges, à tel point que malgré la densité de la population, on remarque à peine que le nombre des tigres ait diminué dans l'Inde *.

Parmi les végétaux ligneux monocotylédonés, ce sont les Bambous indiens qui, à côté des Palmiers, se distinguent par une grande variété de configuration et par une extension encore plus étendue. Le tableau que M. Zollinger trace des espèces javanaises [12] donne une idée générale de leur taille, assez diverse et cependant concordante dans ses traits principaux. Il est des espèces dont le tronc atteint au delà de 32 mètres de hauteur (on en a mesuré de 42 mètr. ou 130 p.); leur taille ordinaire est de 3 à 16 mètres. Les Bambous épineux notamment sont plus bas, entrelacés d'une manière plus serrée, et constituent des fourrés presque impénétrables. L'épaisseur de leur tronc varie entre 3 décimètres et quelques millim.[17]. Les couleurs de leur feuillage se nuancent du vert pur aux teintes jaunâtres mates.

---

* Le rôle que jouent dans les Indes britanniques les animaux hostiles à l'homme est très-remarquable. Sachant que le Département de statistique à Londres (*Statistics and Commerce Department*) possède à cet égard des documents authentiques puisés aux sources locales, j'ai eu la curiosité de constater, à l'aide de ces documents, les chiffres relatifs au nombre des victimes humaines enregistré annuellement dans les diverses provinces de l'Inde. Or, il résulte de données qui me furent obligeamment communiquées par le Département de statistique, et dont je ne signale ici que les conclusions générales formulées en chiffres ronds et quelquefois approximatifs, que dans l'espace compris entre 1866 et 1872, et seulement dans les provinces de Bombay, du Pundjab, d'Oude, du Bengale et de la Birmanie anglaise, le nombre d'individus dévorés par les animaux féroces ou morts à la suite des blessures pouvait être évalué à environ 200 000, parmi lesquels 20 000 individus qui succombèrent à la morsure des serpents. En répartissant ce chiffre sur l'espace de six ans (1866-1872), on aurait une moyenne annuelle d'environ 33 000 individus, moyenne qui cependant ne donnerait point une idée de la marche successive des contingents annuels, car cette marche est décidément *ascendante;* en sorte que le nombre des victimes va toujours en croissant depuis 1866 jusqu'à 1872. D'une autre part, les renseignements publiés en 1873 par le *Board of Revenue* démontrent tout à la fois, et l'insuffisance des mesures employées contre ces terribles ennemis, et l'importance que le gouvernement des Indes attache à leur destruction. En effet, il résulte des chiffres fournis par le *Board of Revenue*, que le nombre d'animaux féroces (tigres, panthères, hyènes, ours, alligators, etc.) tués annuellement depuis 1866 jusqu'à 1873 ne dépasse guère en moyenne le chiffre de 1200, tandis que l'allocation annuelle des primes payées par le gouvernement des Indes est de 24 000 roupies, ce qui, en comptant une roupie à 36 francs, constituerait une dépense annuelle de plus d'un million de francs. En 1873, le gouvernement de l'Inde a cru devoir porter à 50 *roupies* la récompense pour chaque tigre tué. — T.

La plus grande longueur est atteinte par les espèces (ex. *Dino-chloa*) à végétation de lianes, qui répondent par conséquent aux Rotangs, et dont les branches, munies de délicates touffes de feuilles, pendent élégamment de la couronne de l'arbre. Leurs formes plus sveltes rajeunissent, dans sa partie supérieure, le tronc durci par la silice, et couvert sur les nœuds de courtes branches munies de leurs touffes de feuilles. Semblables à des Roseaux gigantesques, on voit leurs stipes s'élancer du sol où gazonnent leurs bases entremêlées, et s'incliner ensuite de tous côtés en décrivant des arcs à douce courbure et en entrelaçant leur feuillage. Leur développement social, le groupement serré de leurs troncs, qui, en s'entrechoquant sous le souffle du vent, produisent un léger bruit, enfin l'accumulation sur le sol de leurs feuilles mortes, excluent de l'enceinte des jungles à Bambous toute autre végétation. Quelque rapide que soit, en présence d'afflux aqueux abondants, la croissance des Bambous, au point que peu de jours suffisent pour que leur tronc puisse s'allonger, à vue d'œil, de plusieurs pieds, ils supportent néanmoins les temps d'arrêt causés par des saisons sèches ; ce qui fait qu'ils sont indigènes aussi bien dans une forêt humide que dans les savanes arides. Toutefois, sous les climats plus secs, ce sont les formes frutescentes déprimées qui prédominent, et il est même des espèces qui perdent leurs feuilles périodiquement [12]. Le plus grand des Bambous indigènes à Siam développe dans le cours de trois à quatre mois sa gerbe de troncs ayant de 26 à 33 mètres (80-100 pieds) de hauteur, mais ensuite, à l'époque de la saison sèche, il s'affaisse et meurt sur le sol [13]. En traitant des régions de l'Himalaya où, comme au Sikkim, les Bambous s'élèvent jusqu'à la limite des arbres, nous signalerons les conditions sous l'empire desquelles certaines espèces de ces Graminées prospèrent également à une basse température.

La forme de *Pandanus*, qui diffère de celle des Palmiers par une rosette composée de feuilles simples, rigides, à l'instar de celles du Roseau, possède, à la vérité, un tronc divisé en quelques branches ; cependant celles-ci sont couronnées par les feuilles, ainsi que c'est le cas chez les autres arbres monocotylédonés. Variant dans leurs proportions et non exclues des jungles, les

Pandanées caractérisent spécialement la physionomie des contrées littorales du domaine des moussons, notamment dans les
îles de l'océan Austral, où, s'appuyant sur leurs racines aériennes,
elles habitent l'aride sol arénacé ou même la roche nue. A en
juger par leur manière d'être, les Pandanées paraissent exiger
moins l'affluence constante de l'eau par les racines que l'humidité atmosphérique qui, de concert avec la solidité de leur feuillage bleuâtre terne, s'oppose à l'évaporation de la séve. Parmi
les Pandanées, il est aussi des formes dépourvues de tronc ;
sur le sol marécageux littoral de quelques Moluques, ces formes
correspondent à la physionomie des Nipas (*Pandanus cari-
cosus*), et un genre très-répandu dans les îles de la mer des
Indes et de la mer Pacifique (*Freycinetia*) reproduit également
le port volubile du Palmier Rotang. Dans l'archipel indien, le
tissu foliacé plus tendre et plus flexible des Liliacées arborescentes, d'ailleurs si voisines du type des Pandanées, se trouve
représenté par quelques *Dracæna* (*Cordyline*), qui sont en
général étrangers au domaine des moussons.

Le type de Pisang porte une rosette de feuilles indivises,
larges, elliptiquement arrondies et d'un vert luisant, feuilles qui,
à cause de leur dimension, se fendent en lambeaux dans le sens
des faisceaux vasculaires. Leur tronc indivis reste proportionnellement bas et mou, lors même qu'il pourrait avoir le plus souvent 3 décimètres de grosseur. En s'appuyant sur l'extension
des autres espèces de ce genre, R. Brown avait déjà conclu[19]
que le Pisang et le Bananier (*Musa paradisiaca* et *M. sapientum*), ces plantes alimentaires par excellence sous les tropiques,
sont originaires de l'Inde, bien qu'elles paraissent avoir été
introduites en Amérique antérieurement à la découverte de ce
continent ; d'ailleurs il ne manque pas d'observations tendant à
prouver qu'aujourd'hui, dans l'Inde postérieure ainsi que dans
quelques îles de l'archipel, ces arbres sont encore des produits
indigènes des jungles[20]. Ils correspondent par conséquent à un
climat possédant des époques de pluies abondantes et une chaleur tropicale uniforme. S'ils dépendent du degré de température, c'est d'une manière moins prononcée : à Java, au niveau
de 1949 m. (6000 pieds), où M. Junghuhn a évalué la tempé-

rature moyenne à 17°,5, le Pisang est encore généralement répandu èt croît d'une manière luxuriante [21]. Mais, dans les forêts de cette région, les précipitations sont encore plus intenses que sur la côte ; elles constituent la véritable région nuageuse de l'île, où aux heures matinales on voit tous les jours se former d'épais brouillards qui plus tard se résolvent en averses. La station naturelle de la forme de Pisang, c'est l'espace ombreux de la forêt des jungles ; dans l'archipel, on en distingue environ dix espèces.

Les Fougères arborescentes, dont les feuilles en rosette rappellent celles des Palmiers, bien qu'elles soient plusieurs fois divisées et d'une nature plus délicate, terminent la série des formes à tronc ligneux non ramifié. Leur extension géographique prouve qu'elles sont placées dans les mêmes conditions climatériques que le Pisang, mais que certaines de leurs espèces dépassent la région où ce dernier est cultivé. Elles font défaut aux forêts des plateaux du Deccan, de même que les Aroïdées, les Pipéracées et les Laurinées ; cependant toutes ces familles se présentent dans les jungles humides de l'Himalaya indien. A partir de là, les Fougères arborescentes accompagnent les climats humides de l'Inde postérieure, jusqu'à la zone équatoriale de l'archipel où elles augmentent en variétés. A Java, elles habitent, variant en espèces, les massifs montagneux aussi haut qu'ils sont boisés, c'est-à-dire jusqu'aux sommets (390-2631 mètr. ou 1200-9000 pieds). De même, dans les Philippines, elles ne commencent à se montrer qu'au delà du niveau de 325 mètres (1000 pieds), notamment dans les jungles, où l'humidité atmosphérique est très-considérable [22]. Dans la majorité des cas, leur tronc svelte a peu de hauteur et n'atteint guère la couronne des essences dicotylédonées par lesquelles il est ombragé. Les vaisseaux rayés propres aux Fougères, et qui remplissent leur corps ligneux, contribuent, sans doute, à la flexibilité élastique de ce dernier, qui est d'ailleurs assez solide. L'espèce la plus fréquente dans la région forestière inférieure de Java, figurée par M. Junghuhn (*Alsophila contaminans*) [21], n'atteint que 3 à 5 mètres de hauteur, et sa rosette terminale, composée de pennes finement foliacées, s'étend en arc doucement voûté, pour former un dôme

dont le diamètre égale la hauteur du tronc. Il est toutefois
remarquable que ce soit précisément une des plus grandes Fougères arborescentes, mais à tronc fort mince par rapport à
une hauteur de 13 à 16 mètres (*Alsophila lanuginosa*), qui se
trouve positivement limitée à la région forestière supérieure
de Java (2274-2923 mètres ou 7000-9000 pieds) [21]. Comme à
cette altitude la température n'a plus qu'environ 10° et qu'au-
dessus de la région des nuages (2436 mètres) l'humidité diminue également, nous nous trouvons ici devant une valeur-limite
climatérique atteinte par les Fougères arborescentes, valeur
qui, correspondant à la présence de cette forme de plantes sous
des latitudes plus élevées de l'hémisphère austral, doit être prise
en considération quand il s'agit d'apprécier les conditions physiques qui ont dû se réaliser à l'époque de la flore carbonifère,
lorsque des formes végétales d'une organisation analogue prédo-
minaient sur le globe entier. La présence des Fougères arborescentes fait toujours supposer celle d'une humidité intense, tant
aqueuse dans le sol que gazéiforme dans l'atmosphère. On peut
s'attendre à trouver ces végétaux là où les forêts ou les montagnes
accumulent et condensent la vapeur aqueuse apportée par de
vastes surfaces maritimes, et où domine cette température uniforme qui rend possible une végétation non interrompue, tandis que les degrés de température qu'exige cette végétation
varient dans des limites plus étendues.

Les arbres dicotylédonés constituent l'élément de beaucoup
le plus dominant de toutes les forêts tropicales. Leur variété,
même dans chacune des essences, est si considérable, qu'en
présence de l'association complexe d'organisations si diverses et
également vigoureuses qui se trouvent réunies dans les jungles,
on a de la peine à choisir pour guides des points de vue déterminés. Ce que nous devons nous proposer, c'est de saisir les
phénomènes de manière à faire ressortir les conditions vitales
ainsi que le caractère d'une flore, en préférant nous borner
à un petit nombre de traits saillants, au lieu de nous exposer, à
force de vouloir être complet, à perdre l'avantage de la clarté
et de l'appréciation substantielle de l'ensemble. On a souvent
exagéré la splendeur de la forêt tropicale ; cette magnificence

tient plutôt à la réunion de formes végétales diverses, mais expressives, et à l'ampleur de leur croissance, qu'à la beauté des individus. Si les forêts de haute futaie de nos latitudes produisent quelquefois l'impression de la galerie à colonnes d'un dôme gothique, les forêts de ces climats, humidement chauds, ressemblent plutôt à des serres surchargées, où les individus ne sont qu'incomplétement accessibles à l'œil. Les essences résineuses, que dans les enceintes forestières de la zone tempérée on voit si fréquemment s'élancer hardiment vers le ciel, l'emportent en hauteur sur les arbres tropicaux, dont la couronne ramifiée s'enlace en un sombre toit feuillé. L'épaisseur de leur tronc est d'une importance plus grande quand il s'agit de supporter un puissant échafaudage de branches. Dans la région basse de Java, la hauteur moyenne des essences mixtes est de 22 à 26 mètres [21]; il est des arbres qui dépassent leurs congénères d'un tiers ou d'un quart, le Rasamala (*Altingia excelsa*), même du double, en sorte que vus de loin, ils font l'effet d'autant de couronnes de feuilles disposées en terrasses : ils constituent ici « la forêt au-dessus de la forêt », comme s'exprimait Humboldt à l'égard de traits semblables fournis par la physionomie des forêts vierges du nouveau monde. Chez les individus vigoureux du Rasamala, voisin du Platane, et qui pour la hauteur de son tronc (52 mètres ou 160 pieds) n'a guère son pareil parmi tous les arbres de la flore des moussons, n'étant dépassé, à ce qu'il paraît, que par le Gurjun, Diptérocarpée de Chittagong (*Dipterocarpus turbinatus*, qui a plus de 65 mètr. ou 200 pieds), le tronc en forme de pilier offre environ 2 mètres de grosseur, sans que, sur une longueur de 16 à 20 mètres, il subisse au-dessous de sa couronne un amincissement notable. Ici, la plus grande solidité est une condition de la force requise pour supporter le poids, condition qui chez les végétaux dont la ramification descend très-bas, comme chez le type des Bombacées, se trouve réalisée par le gonflement du corps ligneux. Bien plus fréquentes sont les tablettes ligneuses servant à un tel effet, ou bien les bandes verticales faisant saillie au bas du tronc des arbres tropicaux, dont M. Mohl [23] explique ingénieusement l'origine, en admettant que la séve organisatrice, descendant à travers l'aubier, se trouve comprimée à l'endroit où elle passe aux racines, horizontalement étendues. Ces excroissances des troncs en forme de tablettes sont minces comme des planches, mais en bas prolongées jusqu'au sol dans le sens des rayons ; leurs dimensions sont telles, qu'on pourrait en faire des allonges de table. Ces supports, qui dans d'autres cas sont remplacés par des racines aériennes se détachant librement du tronc, n'entrent en fonction que quand l'arbre a atteint un certain âge, que la couronne va en augmentant, et qu'avec l'accroissement du feuillage la production des substances plastiques devient encore plus considérable; alors seulement les tablettes ligneuses commencent à se développer. C'est ainsi que les effets se trouvent déterminés simplement par l'action réciproque qu'exerce la croissance des organes divers. Mais ici, à côté de la direction de la vie organique dans le sens de son évolution successive, nous pouvons également apprécier son adaptation au monde extérieur, phénomène en présence duquel nous nous trouvons partout, sans que la part qui lui revient soit toujours dûment reconnue. D'un côté, l'organisme met en œuvre des moyens pour assurer son action, et d'un autre côté il accomplit des résultats étrangers au développement des organes. En effet, toutes ces dispositions tendant à donner plus de solidité aux troncs des arbres placés sous le climat humide des tropiques se rattachent à leurs conditions vitales d'autant plus que le sol où plongent leurs racines se trouve ramolli, plus que dans la zone tempérée, par des précipitations copieuses [24]. En même temps les débris d'un feuillage plus abondant enrichissent le sol de substances humiques, et le rendent ainsi plus propre à retenir l'humidité. Et cependant, quoique par cela même les racines des arbres se prêtent moins au support du tronc, ils doivent résister pendant la saison humide aux orages de chaque jour et aux ouragans les plus violents qui accompagnent cette époque de l'année. A ces forces menaçantes et hostiles de la nature inorganique, l'organisme oppose le développement de la croissance en sens divers, l'élargissement de la circonférence du tronc, le renforcement de la solidité du tissu ligneux, les tablettes ligneuses fonctionnant à l'instar d'arcs-boutants, ou enfin les racines

aériennes. Afin de rétablir dans ce cas ce qu'exige la protection
de la forêt, la hauteur du tronc peut être réduite jusqu'à un
certain degré, en tant que la quantité de la substance organisatrice disponible, et d'ailleurs limitée, dépend de la masse du
feuillage. Dans la jungle, l'activité des feuilles est rehaussée par
l'humidité; dans les savanes, elle est réduite au plus strict nécessaire : et c'est dans ce rapport que diminue aussi la hauteur
des arbres des savanes, dont la taille est insignifiante et dépasse
rarement 10 mètres [21].

Au nombre des phénomènes remarquables relatifs à la tendance naturelle et déterminée que les arbres manifestent à se
consolider sur le sol, figurent les échafaudages de racines
aériennes qui, dans les végétaux appartenant aux formes de
Banyans et de Mangliers, servent d'appui aux couronnes de feuilles
et les rattachent énergiquement les unes aux autres. Ce qu'il
y a de particulier, c'est qu'ici les racines aériennes lignifiées ne
viennent point de la surface latérale du tronc, mais croissent sur
les branches de haut en bas. Chez le Banyan de l'Hindoustan
(*Ficus indica*), auquel se rattache une série d'autres espèces de
Figuiers tropicaux, le tronc principal reste faible et même assez
bas jusqu'au point de sa ramification; il germe, à ce qu'il paraît,
presque toujours à titre de parasite sur d'autres arbres, tels que
les Palmiers, qu'il embrasse de ses premières racines aériennes et
fait périr de cette manière. Une fois les supports de ses propres
branches assurés, le développement de ces dernières en sens
horizontal devient illimité. Les supports sont convertis en nouveaux troncs, et l'on voit alors les couronnes se succéder comme
pour former autant de dômes d'une seule colonnade. C'est pourquoi, dans les systèmes religieux indiens, le Banyan représente
le symbole des forces organisatrices inépuisables de la nature.
Dans l'archipel, M. Reinwardt [23] vit une grande forêt dont les
arbres, engendrés sans exception par un seul tronc (du *Ficus
benjamina*), se trouvaient presque tous encore réunis entre eux.
Ici les Figuiers ont pour appui leurs propres racines aériennes,
leur tronc n'étant pas en état de leur en offrir un à lui seul. Dans
d'autres cas, leurs racines aériennes s'enlacent comme un treillage autour des arbres étrangers, ou bien leurs troncs mêmes

deviennent des lianes. Quand ces racines entourent ainsi un tronc
étranger ou s'y fixent par un échafaudage d'organes servant de
crampons, elles y paralysent, par voie d'étranglement, la circulation de la séve et la croissance, au point que sous leurs
étreintes le pilier vivant finit par se dessécher et par mourir.
C'est dans la variété de telles formes, tendant toutes néanmoins
au même but, que se manifestent les divergences que présentent,
dans leur manière de vivre, les nombreuses espèces de Figuiers
arborescents, indigènes dans l'Asie tropicale, ainsi que dans le
reste des contrées situées sous les tropiques. On voit de même,
dans quelques autres familles, de semblables transitions entre la
forme indépendante et la forme volubile des végétaux ligneux.

Les Rhizophores ou Mangliers diffèrent des Banyans en ce que
chez eux les racines aériennes ne sortent pas des branches mêmes,
mais des fruits qui y tiennent encore, de sorte que plus tard les nouveaux individus se détachent aisément de la plante-mère. Bordant toutes les côtes tropicales dont le sol uni consiste en limon
fortement argileux et est abrité contre les grandes marées, leurs
troncs rabougris, couronnés de coupoles de feuillage luisant comme
celui du Laurier, s'élèvent de 3 à 9 mètres au-dessus de la surface de la mer, dont les flots pénètrent dans leur enceinte forestière. A l'époque du reflux on voit mises à nu les racines qui,
surgissant en guise d'arcs-boutants ramifiés, plongent par leur
extrémité inférieure dans le sol limoneux, et supportent, par le
bout opposé au point de leur jonction, le tronc qui se balance
librement dans les airs. Sur un sol mou qui chaque jour se
trouve deux fois fortement submergé par la mer, la germination
de la semence et la fixation de la radicule seraient impossibles ;
de même, le feuillage n'est guère destiné à être baigné par l'eau.
C'est pourquoi les fruits, allongés en silique et suspendus verticalement, ne se détachent des branches mères que lorsqu'ils ont
donné naissance à un nouvel arbre qui, semblable à un vaisseau
reposant sur plusieurs ancres, est assez fortement étayé pour
résister au mouvement des vagues.

L'intumescence du tronc, par laquelle le type Bombacé diffère
du type du Tilleul, ne se reproduit guère sur une grande échelle
dans l'Asie tropicale. Cependant la puissance du tronc est ici

souvent bien plus considérable que dans la zone tempérée. Les feuilles larges ou à division flabelliforme sont fréquentes dans les arbres appartenant à ce type. Parmi les arbres fruitiers, cette configuration est propre à l'Arbre à pain (*Artocarpus incisa*), dont la culture s'étend des îles de la Sonde jusqu'aux archipels du Pacifique les plus lointains*. Sous le rapport de leur tronc, quelques Araliacées (*Heptapleurum*) se comportent d'une manière diamétralement opposée à l'égard du type Bombacé, qu'elles rappellent par leur feuillage ; elles constituent une transition au type des *Clavija* de l'Amérique. En effet, à l'instar des arbres monocotylédonés, elles ne portent leurs larges feuilles flabelliformes que sur le sommet du tronc indivis ou des branches; leur taille est toutefois peu élevée.

Après l'examen des troncs des arbres dicotylédonés, si nous passons maintenant à l'étude de la formation de leurs feuilles, nous trouvons que la solidité de leur tissu constitue le fait climatérique le plus important. Par la durée prolongée de son activité, le feuillage toujours vert correspond à la température uniforme de la zone tropicale, en sorte que, grâce à la longueur croissante de la période pluvieuse, il devient le caractère prépondérant de la forêt. Parmi tous les arbres réunis dans les jungles, ce sont ceux appartenant à la forme de Laurier qui sont les plus fréquents, et d'autre part, dans la série des familles caractérisées par cette simple forme de feuilles, on peut distinguer certaines différences selon le degré d'humidité qu'exigent les espèces. Les Laurinées sont elles-mêmes du nombre des groupes qui, sous l'empire des précipitations constantes, viennent de préférence dans les régions nuageuses de l'Himalaya et des îles de la Sonde. Mais ce qui prouve que cela ne dépend pas uniquement de l'organisation de leurs organes de propagation, ou bien, en d'autres termes, de leur place dans la classification systématique, c'est qu'à Java, les Chênes-verts et les Châtaigniers se trouvent dans les mêmes conditions climatériques et y sont associés aux Laurinées. Dans la majorité des contrées tropicales, l'enceinte des forêts humides

---

* Déjà Edrisi (au commencement du XII° siècle) signale dans l'Inde cet arbre comme fournissant une substance alimentaire très-agréable. (V. EDRISI, *Géographie*, trad. de l'arabe, par P.-A. Jaubert, t. I⁰ʳ, p. 85.) — T.

est riche en espèces de certaines familles appartenant à la forme
de Laurier, telles que Rubiacées, Urticées, Anonacées, Sapotées,
Combrétacées. Mais, comparé avec d'autres flores de l'ancien
monde, le domaine des moussons non-seulement est en général
plus riche en représentants de cette forme arborescente, mais
aussi se trouve sous plusieurs rapports doté d'une manière particulière. Ainsi, les Guttifères, les Ternstrœmiacées (*Saurauja*),
les Myristicées, sont ici les plus nombreuses; on y voit également des genres remarquables par leur fréquence, appartenant aux Magnoliacées (*Michelia*), Myrtacées (*Barringtonia*) et
Hamamélidées (*Altingia*); les Diptérocarpées sont presque
complétement limitées à l'Asie tropicale. Enfin, dans la zone
humide qui s'étend depuis l'Himalaya indien à travers l'Inde
postérieure et l'archipel, les Amentacées constituent une part
considérable des essences forestières. Au nombre des arbres les
plus importants sous le rapport technique, il convient de citer
deux Diptérocarpées : l'une est le *Shorea* (*Shorea robusta*),
estimé comme bois de construction, qui, le long du Teraï, au
pied de l'Himalaya, constitue une ceinture forestière s'étendant depuis l'endroit où le Gange se fraye un passage, jusqu'au
Brahmapoutra, dans le Bootan [26]; l'autre est l'Arbre à camphre de
Bornéo (*Dryobalanops Camphora*), dont le produit s'accorde
complétement avec le camphre fourni par une Laurinée chinoise
(*Cinnamomum Camphora*), quelque peu d'affinité qu'il y ait
systématiquement entre ces deux végétaux.

Quelques arbres des jungles indiennes perdent leur feuillage
pendant la saison sèche et correspondent aux Sycomores
d'Afrique. Dans le nombre de ces arbres figure, à titre d'essence
la plus importante du domaine des moussons, comme bois
de construction, une Verbénacée, le Teck (*Tectona grandis*), se
distinguant par de grandes et larges feuilles, dont le diamètre
est d'un pied et au delà. Dans beaucoup de contrées, la consommation a fait disparaître les forêts de Teck ; cependant, à en
juger par leur extension actuelle, on peut admettre qu'elles
exigent un degré moyen d'humidité, et évitent autant les précipitations persistantes du climat équatorial, que les régions
arides. Elles font défaut aux plateaux de l'Inde antérieure, dont

elles habitent les versants septentrionaux et occidentaux, tandis que sur la côte de Coromandel, pauvre en pluie, elles ne se présentent que dans la vallée du Godavery ; de même on ne les trouve point sous l'équateur, non plus qu'à Sumatra, ni à Bornéo[27]. Dans le nord-ouest de l'Hindoustan, elles offrent leur plus grande extension sur les monts Vindya, dans le système hydrographique du Nerbada, puis on les voit revenir sur la côte de l'Hindoustan postérieur, dans le Pégu et le Tenassérim, et reparaître encore une fois de l'autre côté de l'équateur, dans l'est de Java, ainsi que dans quelques-unes des petites îles de la Sonde, où les précipitations diminuent ou bien se trouvent absorbées par le sol arénacé[28]. Ainsi on rapporte, relativement à Sumbawa[12], que plus la saison non pluvieuse s'y développe franchement, plus, à cette époque, la chute du feuillage devient générale dans les forêts. Les Tecks effeuillés de Java, qui y croissent socialement, rappellent les arbres chargés de Gui pendant nos hivers, si ce n'est que les épiphytes, les Fougères et les Loranthacées continuent, dans des proportions bien plus grandes, à rester verdoyantes sur leurs branches nues, tandis que les dernières développent en même temps leurs fleurs colorées *.

Parmi les arbres dicotylédonés des forêts tropicales, le plus fréquent après le Laurier, c'est la forme de Tamarin, détachée

---

* Selon M. Éd. Prillieux (*Bull. Soc. d'acclimat.*, 3e sér., ann. 1874, t. Ier, p. 360), les forêts de Teck couvrent à Java une surface de 6000 kilomètres carrés. D'ailleurs, tant dans cette île que dans les autres possessions hollandaises des Indes orientales, la richesse est tellement grande en magnifiques essences forestières, que lors de l'Exposition universelle de Paris en 1867, les colonies hollandaises ont pu présenter des échantillons de bois de 245 espèces appartenant à 58 familles, dont les Myrtacées avec 24 espèces, les Papilionacées avec 18 et les Rubiacées avec 14. Parmi cette énorme quantité d'essences, toutes plus ou moins remarquables par leur valeur pratique et la plupart de dimensions considérables, le Teck (*Tectona grandis*) joue un rôle saillant. Dans les possessions anglaises des Indes orientales, cette précieuse Verbénacée avait été jadis beaucoup plus répandue qu'elle ne l'est aujourd'hui ; aussi, lors de la réunion de l'Association Britannique à Édimbourg en 1871 (*Rapport*, p. 164), le colonel Jule s'est élevé avec énergie contre la déplorable destruction des forêts de Teck, et cite comme un exemple frappant de la solidité de cet arbre le fait que les poutres et les planches de Teck employées dans la construction des murs de Ctésiphon, en Babylonie, sont encore aujourd'hui parfaitement conservées après *treize siècles* d'existence. — T.

du Frêne à cause de son feuillage toujours vert, et représentée par des Légumineuses, Sapindacées, Méliacées et Térébinthacées. L'arbre Toona (une Méliacée, le *Cedrela Toona*), généralement répandu dans l'Inde, et dont le bois est estimé, ressemble au Frêne par ses feuilles pennées. Par le décroissement du nombre des organes latéraux, la forme de Tamarin passe graduellement à un type foliacé moins composé. Chez le Ploso (*Butea frondosa*), la feuille ne consiste qu'en trois sections de dimension considérable : même dépouillé de ses feuilles, cet arbre, un des plus fréquents sous les climats chauds de l'Inde, porte de riches fleurs papilionacées d'un jaune de feu, ayant près de 5 centimètres de longueur, ornement vraiment splendide de la contrée. Parmi les Aurantiacées, toutes originaires du domaine des moussons, la feuille pennée des Hespéridées (*Citrus*) se convertit en feuille indivise de Laurier, à la suite de la suppression complète des sections latérales, qui cependant se trouvent encore indiquées par l'articulation et la forme du pétiole.

Dans le Deccan, la forme des Mimosées est socialement réunie au Ploso, ce qui est également l'expression d'une température élevée pendant une saison complétement dénuée de pluie. Ce qui y semble remarquable, c'est que, de même que le Ploso fournit une espèce de kino, de même la production d'acide tannique caractérise éminemment un arbre de la tribu des Mimosées (*Acacia Catechu*) placé dans des conditions semblables et croissant concurremment avec le premier. Lorsque des jungles humides de l'Himalaya indien on passe aux plaines arides et déboisées du Pundjab, le contraste des climats se manifeste dans la physionomie des pays respectifs, par la prédominance dans le premier de la forme de Laurier, et dans le dernier des Mimosées et des buissons épineux. Ce sont encore des Mimosées arborescentes (*Albizzia, Acacia*) qui, dans les savanes de la côte méridionale de Java, se réunissent aux essences forestières clair-semées et non mélangées, et qui s'élèvent, exemptes de Lianes et d'épiphytes, au-dessus du revêtement herbacé du sol calcaire[28].

La transition de la forme de Laurier à la forme d'Olivier, et de celle-ci à la forme foliaire grêle des essences résineuses, se trouve représentée dans les Conifères indiens (*Podocarpus*)[29], qui habitent les régions forestières supérieures des montagnes javanaises. A la fin, la feuille aciculaire s'évanouit complétement dans la forme de *Casuarina*, chez laquelle l'activité du feuillage est remplacée par des branches aphylles. Les Casuarinées (*C. equisetifolia*), originaires apparemment du continent australien, revêtent le caractère d'une forme importante sur les côtes sablonneuses de l'Asie tropicale jusqu'aux îles de l'océan Pacifique; cependant elles se présentent aussi dans les montagnes des îles de la Sonde (*C. montana*), et constituent ici sur certains points ce qu'on appelle les forêts de Tjemoro (1462-3086 mètres ou 4500-9500 pieds), dont le sol est aride et nu[28], et où l'on peut reconnaître les conditions générales requises pour leur développement. Le sol poreux où, tant sur la côte maritime que dans les montagnes, plongent leurs racines, n'est guère de nature à retenir les précipitations atmosphériques ; d'ailleurs, les feuilles aciculaires ou les branches des Casuarina ne fournissent qu'une quantité insignifiante d'humus. Les mêmes effets peuvent être également reproduits par une diminution des précipitations, et de cette manière la sphère vitale de cette forme d'arbre se rapproche tout autant que celle des Eucalyptus de Timor des conditions climatériques de la flore australienne. Dans le pays de Batta, dans le nord de Sumatra, où les limites des régions végétales se trouvent abaissées, les Casuarina de montagne sont accompagnés par un Pin à longues feuilles aciculaires (*Pinus Merkusii*) ; les espèces de Pins qui, à partir de là, se rattachent à travers les montagnes de l'Inde citérieure aux Pins chinois, puis augmentent en variété dans l'Himalaya, ne paraissent point franchir nulle part l'équateur dans la direction du sud.

Sous les climats humides des tropiques, ce sont les Lianes et les épiphytes qui constituent le tableau le plus riche parmi toutes les formes végétales des jungles. En présence de cette ornementation variée des arbres, les formes indépendantes apparaissent comparativement monotones, car décorée ainsi, une branche à elle seule ressemble à une serre où se trouvent réunis les végétaux les plus divers. Cette rigoureuse utilisation de l'espace

vient-elle de ce que les végétaux cherchent à échapper au so
limoneux, ou tient-elle à l'énergie vitale stimulée par une chaleur humide? La croissance exubérante trouve aussi ses limites
non-seulement dans l'humidité du sol, mais également dans
l'action de l'ombre projetée par les couronnes compactes de
feuilles, qui empêchent les rayons du soleil de pénétrer dans
l'intérieur des jungles. Tout se dirige vers les cieux, vers la lumière indispensable à l'élaboration des substances nutritives.
Quant à la question de savoir comment ce but d'obtenir la lumière suffisante peut être atteint, nous nous en référons à la
partie de cet ouvrage relative aux forêts vierges de l'Amérique,
où il a été essayé pour la première fois d'examiner cette question de plus près. Ici nous nous bornerons à admettre préalablement que plus un végétal est à même de s'éloigner du sol
ombragé, plus il est certain d'obtenir la jouissance des sources
de lumière dont dispose la forêt.

C'est par leur extension longitudinale que les Lianes atteignent ce but. Le grossissement du tronc est sacrifié au développement des parties constitutives de la tige, soit qu'aucune lignification n'ait lieu, comme dans la forme de Convolvulacée, soit
que l'accroissement ligneux dans le sens du diamètre transversal
se trouve réduit, ainsi que chez les Lianes tropicales prises dans
un sens restreint. D'une autre part, plus l'axe longitudinal a de
longueur, moins il devient capable de supporter le poids des
organes latéraux ; voilà pourquoi ce soin est réservé aux
arbres qui servent d'appui. C'est par les moyens les plus variés
que se trouve réalisée la partie morphologique de la tâche
qui consiste à créer, à l'aide de diverses directions données à la
croissance, ainsi que de la transformation des pousses, des organes parfaitement propres à servir de crampons. En même temps
le poids des parties supérieures, le contact avec des corps étrangers, ainsi que l'excitation produite par la lumière, modifient
les tensions des tissus, lesquelles exercent leur influence sur la
direction de l'axe. Un aperçu de ce sujet nous est fourni par les
investigations de M. Darwin, qui embrasse assez complètement les phénomènes, mais réserve aux explorations ultérieures
l'élucidation de leur mécanisme. Le tableau physionomique des

Lianes dans la jungle est tout aussi varié que leur développement, ainsi que le font voir les paysages que donne M. Kittlitz[30] des Carolines et des Mariannes, et ceux qu'ont tracés dans le Brésil, conformément aux premiers, MM. Rugendas et Martius. Adhérant au tronc comme le Lierre, l'enlaçant comme le Houblon, ou s'y fixant à l'aide de vrilles comme la Vigne, les plantes volubiles des tropiques ajoutent à ces caractères des formes connues de la zone tempérée, l'entrelacement réciproque de leurs axes aphylles dans leurs parties inférieures, et vont, tantôt en s'élevant, tantôt en s'enlaçant ou en s'enroulant en spirales, dissimuler dans le dais de la forêt leurs fleurs et leurs feuillages. Elles jouissent de la faculté qui leur est propre de passer d'un appui et d'un arbre à un autre, qu'elles enguirlandent en suivant sa surface verticale ou inclinée, ou bien en restant suspendues à sa couronne. Elles se cramponnent d'ailleurs tout aussi bien aux abruptes pentes des rochers qu'aux arbres, parce qu'elles empruntent leurs substances nutritives au sol et non à leurs supports.

Chez les Lianes monocotylédonées, l'épaisseur peu considérable du tronc, quand il devient ligneux, est une conséquence nécessaire du développement anatomique, et ce sont précisément ces végétaux, tels que les Rotangs, les *Freycinetia* et les Bambous grimpants, qui possèdent les propriétés les plus caractéristiques des jungles de l'Asie, végétaux à côté desquels se rangent les Smilacées répandues dans toutes les contrées tropicales. Néanmoins il n'est pas aisé de se rendre compte, à l'aide de considérations morphologiques, pourquoi, même chez les Lianes dicotylédonées, le diamètre du tronc se développe si peu ; on ne pourrait l'expliquer qu'en admettant comme trop généralisé l'accroissement en sens transversal du corps ligneux, puisque ce dernier reste également faible dans les organes souterrains des herbes vivaces. Il est vraisemblable que l'accroissement constamment progressif de l'épaisseur n'a lieu en général que là où les organes supérieurs exigent un appui vigoureux. On rencontre des Lianes dicotylédonées à minces troncs ligneux dans beaucoup de familles, parmi lesquelles les plus riches en espèces sont dans l'Inde : les Légumineuses, les Euphorbiacées, les Ampélidées

(*Cissus*), les Urticées (*Ficus*), tandis que d'autres, telles que les Sapindacées, les Mélastomacées, les Olacinées (*Phytocrene*), les Pipéracées (*Piper*), renferment des genres caractéristiques. Plus considérable encore est la série de types qui, sans acquérir le même degré de lignification, s'enlacent d'une manière analogue, bien que souvent ne grimpant point aussi haut. Quelques familles ne sont composées que de ces formes, telles que les Convolvulacées, Cucurbitacées, Asclépiadées et Dioscorées; elles sont également fréquentes chez les Apocynées. Dans d'autres groupes, nous ne trouvons que des genres isolés qui aient cette taille, par exemple chez les Aroïdées (*Scindapsus*), chez les Laurinées (*Cassyta*), chez les Gentianées (*Crawfurdia*), chez les *Cardiopteris*[31] et chez les Fougères (*Lygodium*, *Mertensia*).

On qualifie d'épiphytes toutes les plantes qui sont fixées non au sol, mais sur d'autres végétaux, sans cependant les enlacer à la manière des Lianes. Les troncs et les couronnes des arbres leur servent également de support, et plus l'axe de ces derniers s'écarte de la verticale, ou plus leurs surfaces offrent de points d'appui favorables, soit par les excroissances, les restes de branches et feuilles mortes, soit par les rugosités de l'écorce, plus riche devient le tapis d'organisations étrangères qui les décore, et dont la variété dépasse de beaucoup même celle des Lianes. Souvent, sous l'enveloppe de ces verdoyants épiphytes, l'écorce qu'ils revêtent disparaît complétement[28]; les intervalles laissés entre les végétaux plus larges sont entièrement remplis par de petites Fougères et des Mousses. Il y aurait lieu peut-être d'admettre qu'afin de se soustraire à l'obscurité de la forêt, presque tous les végétaux des jungles croissant à l'ombre peuvent se développer aussi bien sur ces supports organiques, que sur le sol inorganique. Il n'y a que quelques formes d'épiphytes qui soient réellement des parasites pompant la séve de la plante-mère. De même que les plantes fixées au sol par leurs racines, la majorité des épiphytes empruntent leur nourriture à un substratum inorganique recevant les précipitations de la forêt, ou bien aux précipitations elles-mêmes; par conséquent, selon la nature du milieu, l'endroit où ils se fixent peut changer. Dans plusieurs cas, leurs racines aériennes leur procurent le moyen d'absorber l'humidité du sol, lors même que croissant à leur manière spéciale, ils se trouvent éloignés de ce dernier. D'autres épiphytes trouvent un aliment suffisant dans les insignifiantes quantités de substances inorganiques accumulées par les vents sur les saillies des troncs, et fécondées par l'humus que fournit la putréfaction de l'écorce, des Mousses et des feuilles mortes, toutes ces substances étant maintenues humides par la pluie. De même qu'un Pin croissant sur un sol rocailleux peut se contenter d'une petite quantité de terre légère, ainsi l'on voit dans la jungle de puissantes Fougères, des herbes vivaces à grandes feuilles et des arbustes à dense frondaison s'épanouir sur les arbres qui leur servent d'appui, mais qui ne sauraient contribuer que peu à leur support et à leur alimentation. Or, ce qui prouve que ce minime contingent est néanmoins suffisant, et que la lumière et l'air profitent plus à ces plantes que le support où plongent leurs racines, c'est qu'avec leur écorce unie et leur couronne compacte, les troncs columnaires des arbres de Rasamala restent dépourvus d'épiphytes, et grâce à l'étendue de leur circonférence, excluent le plus souvent même les Lianes.

Cependant il ne saurait être question d'une forme déterminée d'épiphytes, puisque l'endroit où se fixent les végétaux qui recherchent l'ombre ne tient qu'à un pur hasard. Le fait est que la germination des plantes les plus diverses n'a lieu que là où l'humidité se concentre et où les racines peuvent se fixer. Au nombre des épiphytes qui constituent les traits les plus saillants de la physionomie d'une forêt, figurent, dans l'archipel indien, des arbustes de la forme d'Oléandre, des Éricées (*Rhododendron*), des Mélastomacées, des Solanées (*Solanum*), et des Urticées (*Ficus*), mélangés avec des herbes vivaces plus délicates (par exemple avec une Cyrtandracée, l'*Æschynanthus*) et de concert avec les rosettes à grandes feuilles des Aroïdées (*Pothos*), des Scitaminées, etc.; et pourtant toutes ces formes, quant au nombre des individus, le cèdent de beaucoup à la masse des Fougères, et laissent un champ libre à l'inépuisable œuvre d'ornementation accomplie par les Orchidées aériennes. Toutefois les pseudo-bulbes de ces Orchidées adhèrent aussi bien au rocher qu'à l'arbre, et les mêmes *Rhododendron* (*Rh. javanicum*) qui dans l'obscurité de la forêt croissent sur les arbres, viennent tout aussi fréquemment sur le sol, où ils constituent le menu bois [28]. Placés à Java entre les limites de hauteur les plus divergentes (649-3249 mètr. ou 2000-10000 p.)[12], les *Rhododendron* renoncent à l'appui des arbres dans les montagnes plus élevées où la jungle s'abaisse et s'éclaircit, et ils rappellent alors, de concert avec d'autres Éricées frutescentes, les buissons des Rosages alpestres (*Rh. retusum, Agapetes*).

Deux formes végétales doivent, en raison de leurs conditions vitales particulières, être éliminées des autres épiphytes, savoir, les Loranthacées et les Orchidées aériennes. Le type de *Loranthus* appartient aux parasites proprement dits, qui empruntent leur séve aux arbres sur lesquels ils se trouvent. C'est ce qui fait qu'ils ne peuvent jamais passer de la plante-mère au sol inorganique. Ressemblant par son feuillage aux petits buissons de la série des types de l'Oléandre et du Myrte, mais caractérisé par une ramification dichotome, leur tronc ligneux perfore, sans former de racines, l'écorce des arbres sur la couronne desquels ils sont fixés et dont ils atteignent l'aubier. De cette manière, le fluide qui monte du sol jusqu'aux feuilles et circule dans les parties externes des couches ligneuses, passe dans les faisceaux vasculaires du parasite, mais seulement à l'état de séve nourricière brute, car ce n'est que dans les organes verts et à l'aide des substances nutritives de l'atmosphère que celle-ci se trouve convertie en matières plastiques. Aussi la forme de *Loranthus* diffère des autres parasites précisément en ce qu'elle ne peut se passer elle-même de feuillage vert, ou du moins, dans des cas rares, de branches verdoyantes chargées d'élaborer la séve organisatrice. Il est vrai que les jungles asiatiques nous offrent également quelques remarquables exemples de parasites pâles et aphylles qui, ordinairement fixés sur les racines de la plante-mère, y puisent la séve descendante immédiatement consacrée à l'œuvre de la croissance : tels sont les Balanophores et les *Rafflesia*; toutefois, comparés à la fréquence des Loranthacées dans les forêts tropicales, ils ne constituent que de rares phénomènes. Parmi ces derniers, les *Rafflesia* des îles de la Sonde, qui croissent sur les racines et les branches des lianes de *Cissus*, ont excité l'attention par la dimension de leurs fleurs : l'une des espèces indigènes à Sumatra (*R. Arnoldi*) a un diamètre de 6 à 9 décimètres, et elle ne le cède sous ce rapport qu'au *Victoria* qui nage sur les fleuves de l'Amérique du Sud.

Les Orchidées varient tellement par la structure de la fleur, ses dimensions et son coloris, qu'elles semblent rivaliser avec les insectes auxquels, dans leurs courses aériennes, le labelle de leur corolle sert de station. C'est de là que ces animalcules, dont le corps est naturellement adapté à la forme des organes intérieurs de la fleur, pénètrent dans ses profondeurs, afin d'y chercher leur nourriture, ce qui les force de coopérer en même temps à la fécondation croisée. Dans l'Asie tropicale, notamment dans les forêts humides de la zone équatoriale, cette famille des Orchidées est la plus riche de toutes ; le seul domaine des îles a déjà fourni à M. Miquel au delà de 100 genres contenant plus de 600 espèces [14]. C'est à peu près la quinzième partie du total des plantes phanérogames indigènes dans ce pays, et la majorité de cette fraction est représentée par des Orchidées aériennes, soit épiphytes, soit fixées sur un substratum dans lequel leurs racines ne pénètrent que peu ou point du tout. On a droit de les qualifier de végétaux aériens, attendu que ce n'est ni le sol, ni le tronc d'arbre servant d'appui, qui leur fournit l'humidité ou renouvelle leur séve ; ils n'ont d'autres ressources que les précipitations : car, comparables à des plantes aquatiques, ils dépendent des gouttes d'eau de pluie qu'ils peuvent recevoir. En effet, au lieu d'organes destinés partout ailleurs à pomper l'humidité du sol, chez les végétaux dont il s'agit on voit se développer des racines aériennes s'adaptant à la surface du substratum, et fréquemment produites par un tubercule, qui demeure également libre de toute adhérence. Comme la culture de ces Orchidées tropicales exige avant tout de l'humidité, il était naturel d'admettre qu'elles étaient capables de s'approprier la vapeur aqueuse de l'atmosphère ; cependant cette manière de voir est mal fondée, et en effet incompatible avec le mouvement ordonné de la séve dans les végétaux phanérogames. Elles pompent plutôt avec les extrémités de leurs racines aériennes l'eau des précipitations,

et l'entrée de cette dernière s'effectue par la même voie que
chez les autres plantes. L'humidité de l'atmosphère ne sert qu'à
retarder la circulation de la séve, et à prévenir le danger auquel
la variation de l'humidité et de la sécheresse exposerait les
racines non adhérentes, privées des contingents d'eau que l'humus du sol fait affluer constamment. C'est également au même
but que tendent les couches blanches, luisantes, qualifiées de
couches parcheminées, qui revêtent complétement l'épiderme
des racines jusqu'à leur extrémité nue, et qui, n'existant que
chez ces plantes, sont composées de fibres spirales élastiques.
Lorsque l'affluence du liquide est arrêtée, que le mouvement continuel de la séve vers les feuilles la fait diminuer, et que, par
suite, les racines commencent à se remplir d'air, le tissu ne peut
se resserrer aisément, parce que les cellules de la couche parche-
minée, lors même qu'elles sont vides de séve, sont maintenues
par les fibres spirales à l'état de tension. Une difficulté qui n'est
pas encore élucidée concerne le mode de nutrition des Orchidées aériennes ; il n'est pas aisé, en effet, de comprendre à quelle
source elles puisent leurs éléments minéraux, si elles n'empruntent l'humidité qu'aux gouttes de pluie avant que celles-ci aient
atteint le sol. Il faut admettre que les poussières et les immon-
dices soulevées dans l'air par les orages des jungles, et déposées
par les eaux pluviales qui s'écoulent le long des arbres et des
rochers, suffisent à la nutrition de ces végétaux. On est étonné
de voir avec quelle perfection, dans les humides forêts tropicales,
sont réalisées des conditions vitales aussi compliquées, et combien l'organisation se trouve rigoureusement adaptée aux dangers que cependant il lui reste encore à surmonter. L'extension
géographique des Orchidées aériennes, leur accumulation, qui
se produit en raison directe de l'intensité des précipitations, et
par suite atteint son point culminant dans les monts Khasia et
dans la région des nuages à Java, enfin leur diminution dans
l'Hindoustan, au point qu'elles finissent par s'évanouir complètement sous les climats arides, tout cela est une suite nécessaire
de leur structure. Cependant, à l'aide de leurs tubercules, elles
peuvent supporter un long temps d'arrêt dans leur croissance,
car elles n'exigent que peu de temps pour parcourir les phases

de leur développement, en sorte qu'elles reprennent la faculté de
produire, aux dépens des matières nutritives tenues en réserve,
non-seulement des rosettes de feuilles peu considérables, mais
encore des épis de fleurs charmantes, après que pendant des
mois entiers elles étaient demeurées dans un état chétif par
suite de l'interruption de la circulation de la séve. De même les
Orchidées indiennes sont bien moins sensibles au changement
et au degré de température qu'on ne le suppose généralement
en les cultivant; parmi les plus belles espèces des monts Khasia,
il en est qui vivent sous des climats de montagne, à un niveau
supérieur à 1299 mètres (4000 pieds), où les précipitations, longuement interrompues, sont le plus intenses pendant la saison
humide, et où la température varie entre 15° et 26°,2. Au Sikkim, M. Hooker les a vues remonter même jusqu'à 3249 mètres
(10000 pieds), sur les versants humides de l'Himalaya [32]. Mais,
comme toutes les Orchidées, elles ne paraissent posséder que peu
la faculté de se répandre par leurs graines sur de vastes espaces.
Pour la majorité des espèces, le lieu d'habitation est limité, et
l'œuvre de la propagation est préférablement réservée aux gem-
mules de leurs tubercules, ce qui fait aussi que les flores tropicales sont particulièrement riches en Orchidées endémiques.
Le domaine des moussons compte quelques-uns des plus beaux
genres (par ex. *Vanda*, *Phajus*, *Grammatophyllum*), et parmi
ceux qui sont particulièrement endémiques, quelques-uns des
plus riches en espèces (par exemple *Dendrobium*). Plusieurs
Dendrobium paraissent ne se trouver que dans des îles isolées de
l'archipel. On connaît peu d'exemples chez les Orchidées d'aires
considérables et ininterrompues; pour quelques-unes il y a lieu
de supposer une introduction intentionnelle ou casuelle (par
exemple pour le *Phajus grandifolius* dans l'Inde occidentale).

Dans la zone tropicale, les végétaux ligneux ramifiés au
sortir du sol se relient aux arbres encore plus fréquemment
que sous les latitudes tempérées, à l'aide de formes intermédiaires. Des troncs d'arbres de dimensions peu considérables se
trouvent mélangés à des broussailles qui constituent les fourrés
de menu bois des jungles, et y sont composées particulièrement
de buissons appartenant aux formes d'Oléandre et de Myrte

(par exemple des Rubiacées, des Urticées, des Éricées, des Mélastomacées). C'est d'une manière plus indépendante qu'on voit se
présenter, sous les climats arides de l'Hindoustan, des buissons
qui y sont qualifiés de buissons de jungles, et parmi lesquels
prédominent tantôt de petits Bambous, tantôt des arbustes épineux, associés à quelques formes qui rappellent les maquis [33],
tandis que les arbres, disséminés çà et là, restent déprimés et
pour la plupart perdent leur feuillage pendant la saison sèche.
Plus le climat devient sec, dans le nord-ouest de la plaine
indienne et sur les Ghauts, plus les arbustes épineux (par ex. les
Mimosées, *Balanites*, *Zizyphus*) se montrent fréquemment ; en
sorte que la transition aux flores des steppes et des déserts
paraît presque insensible. Les buissons d'Oschur (*Calotropis*) et
les plantes grasses (*Euphorbia*) rattachent également la région
basse de l'Inde septentrionale au Soudan africain. Il existe
aussi des Euphorbes à facies de Cactus dans le Deccan et dans
certaines îles de l'archipel, où ils sont l'expression de stations
arides *.

Parmi les plantes feuillées et non lignifiées des forêts humides,
ce sont les formes des Scitaminées, des Aroïdées et des Fougères
herbacées qui se font remarquer, à cause de la configuration particulière de leurs feuilles et de leur croissance sociale. Par les

---

* Dans le *Bulletin de la Société d'acclimatation* (3ᵉ série, ann. 1874, t. Iᵉʳ, p. 349)
se trouvent des renseignements curieux sur l'importance industrielle que vient
d'acquérir aux États-Unis de l'Amérique le *Calotropis gigantea* comme plante
fournissant une substance textile. Dans la même publication est signalée (p. 342),
une autre plante originaire des Indes orientales, le *Cajanus indicus*, qui a également reçu une importance pratique, mais dans un sens différent, étant exploitée
comme substance alimentaire. En effet, cette Légumineuse, désignée généralement
dans le commerce sous le nom d'*Embrevado*, se trouve actuellement cultivée au
Brésil, aux Antilles, à Madagascar, ainsi que dans l'Asie tropicale, où ses graines
jouent un rôle de plus en plus important parmi les substances alimentaires ;
elles ont le goût de la fève, mais surpassent cette dernière en finesse. » L'Embrevado présente une composition riche en matières azotées, grasses, amylacées et en
sels minéraux, qui en font un aliment complet, appelé à rendre de grands services
aux populations pauvres des pays chauds. La culture de cette plante, n'exigeant
aucun soin et produisant des graines en abondance pendant les trois quarts de
l'année, et cela pendant six ou sept années successives, sans aucuns frais de culture que l'arrosage de la récolte, est à la portée des populations habitant sous un
soleil tropical, où l'on ne peut cultiver que des plantes alimentaires d'une culture
facile et ne demandant pour ainsi dire aucun entretien. » — T.

feuilles, les Scitaminées ressemblent au Pisang, leur proche parent. Comme chez quelques espèces de Pisang, leurs tiges groupées en faisceaux atteignent une hauteur de $3^m,2$ à $4^m,9$, et leur tronc reste également tendre ; mais les Scitaminées se distinguent particulièrement du Pisang en ce que chez les premières les feuilles sont disposées sur deux rangées ; ce n'est que lorsque l'axe est réduit, que ces feuilles se réunissent en une rosette de feuilles étalée sur le sol. Des épis floraux resplendissant de belles teintes rouges ou orangées surgissent, soit du bas de leur tige, soit de son sommet. Les genres indiens de Scitaminées appartiennent en majeure partie aux Zingibéracées, -douées de fortes substances épicées, parmi lesquelles le Gingembre (*Zingiber*) est le plus connu. Si ce groupe se présente bien plus rarement dans d'autres contrées tropicales, c'est un phénomène qui tient au fait de l'endémicité, et qui ne saurait être expliqué par des causes climatériques. En effet, le groupe non aromatique des Cannacées, qui prédomine dans l'Amérique tropicale, habite des stations analogues dans l'ombrage des jungles humides. Le nombre des espèces de ces végétaux paraît augmenter là où l'air est humide et la température élevée et uniforme.

La rosette foliacée de la forme des Aroïdées consiste en feuilles longuement pétiolées, souvent sagittées ou cordées à leur base, et qui atteignent quelquefois des dimensions colossales (Caladiées). Leur agglomération le long des cours d'eau, sur les rives desquels on les voit surgir en groupes du fond du sol limoneux, constitue un tableau physiologique plein de vie. Cette impression que produit l'exubérance de la végétation est rehaussée par les dimensions des spathes florales pâles ou colorées, nom par lequel on désigne la feuille enroulée qui, à l'extrémité de la hampe nue, recouvre l'axe floral (le spadice). Des quantités considérables d'eau sont également indispensables aux espèces cultivées, parmi lesquelles le Taro (*Colocasia esculenta*) est au nombre des plus importants végétaux alimentaires pour les habitants des îles de l'océan Pacifique. Cependant la forme des Aroïdées maintient sa place saillante également dans les fourrés des jungles et parmi les épiphytes des arbres. Par la configuration de son feuillage, le genre *Tacca* appartient aussi à ce cercle de formes, sans toutefois posséder d'affinité systématique avec les Aroïdées.

Le développement des rosettes de feuilles prédomine également chez les Fougères herbacées, qui, par la variété de leurs conformations et par leur végétation, revêtant le sol d'un tapis serré ou se présentant en épiphytes, occupent le premier rang parmi les plantes sociales et recherchant l'ombrage des forêts humides. Au reste, ces organes foliaires, communément qualifiés de frondes, varient, soit dans leurs dimensions, depuis des mètres jusqu'à quelques centimètres, soit dans leur configuration, depuis les formes indivises jusqu'aux formes les plus subtilement pennées. Dans le nombre des formes les plus grandes se trouve une espèce à fronde indivise qui déploie comme des anneaux ses puissantes rosettes épiphytes (*Asplenium nidus*). Avec la quantité de vapeur atmosphérique croît la fréquence des Fougères, et le nombre de leurs espèces ; sous les climats arides des plateaux de l'Hindoustan, elles s'évanouissent dans la physionomie de la contrée, et on ne les voit reparaître que dans le Bengale, au nord du Gange, où elles indiquent l'action exercée par l'Himalaya sur l'humidité de l'atmosphère.

Sous les tropiques, les herbes vivaces dicotylédonées passent aisément aux formes frutescentes, par suite de la lignification fréquente des parties inférieures de la tige. Dans cette catégorie de végétaux, les Acanthacées constituent la famille spécifiquement la plus riche de la flore indienne. Quelques genres appartenant à d'autres groupes sont remarquables par leurs particularités morphologiques. Un tissu tendre et translucide est propre aux *Begonia* à feuilles obliques, ainsi qu'aux Balsaminées (*Impatiens*) ; les premiers habitent des forêts humides, et les dernières renferment, dans l'Inde antérieure, une série considérable d'espèces. La forme la plus singulière est représentée par les Népenthées, rampant sur le sol de la forêt ou sur la surface de la roche, et chez lesquelles les feuilles se convertissent en grosses outres à eau, susceptibles d'être fermées à l'aide d'un couvercle, arrangement dont la signification reste encore inexpliquée[*]. Elles sont très-fréquentes dans la région forestière inférieure des montagnes équatoriales. Sur le Kina-Balu, à Bornéo, M. Low découvrit une espèce (*Nepenthes Rajah*)[34], dont les outres foliaires colorées, ayant la forme de flacons, et reposant debout sur le sol, acquièrent [33] jusqu'à 65 centimètres de longueur ; l'une de ces outres contenait quatre pintes anglaises d'eau (environ $3^m,7$ cubes). Cette eau est potable et presque dénuée d'éléments étrangers. Comme les outres se remplissent à l'aide du tissu qui les compose, une perte aussi con-

* Dernièrement on a émis, en Angleterre, l'hypothèse que les insectes qui se noient accidentellement dans cette eau, serviraient de nourriture aux *Nepenthes* (Hooker, *Brit. Association*, ann. 1874). Il faudrait cependant prouver la transition des matières azotées contenues dans le corps animal au tissu végétal, supposition peu vraisemblable, puisqu'on n'a pas d'exemple qu'une surface glandulaire, comme celle qui sécrète l'eau du *Nepenthes*, ait en même temps la fonction d'absorber des fluides nourriciers. — GRISEB.

L'hypothèse relative aux facultés carnivores de certaines plantes remonte à plus d'un siècle, car déjà en 1768 Pierre Colinson, en envoyant un *Dionæa* à Linné, exprima sur ce sujet quelques idées, assez vagues à la vérité, mais qu'en 1834 Curtis formula avec plus de précision. Cependant ce ne fut que de nos jours que cette opinion fût soumise à des expériences directes par plusieurs savants, parmi lesquels figurent MM. I. D. Hooker, Ch. Darwin, Cohn et plusieurs autres. M. le professeur Planchon vient de résumer très-habilement ces divers travaux dans la *Revue des deux mondes* (1876, t. XIII, p. 631). En énumérant les plantes auxquelles les facultés digestives ont été attribuées, il trouve que le *Drosera rotundifolia* fournit des arguments très-favorables à cette doctrine, car il admet que cette plante sécrète un acide analogue au suc gastrique destiné à la dissolution des substances azotées, ce qui établirait une fonction semblable à celle de la digestion chez les animaux, fonction qui, après tout, ne constituerait chez les plantes qu'un phénomène supplémentaire et anomal, puisqu'à côté de cette faculté subsisterait, comme agent nutritif par excellence, l'absorption par les racines, tandis que chez les animaux la digestion est une condition aussi indispensable que générale. D'un autre côté, les plantes carnivores trouvent de nombreux et respectables adversaires. Nous avons déjà vu que M. Grisebach figure dans ce nombre ; M. le professeur Parlatore y appartient également, et tout récemment l'*Illustration horticole* (1876, t. XXIII, p. 20) a publié les objections de M. l'abbé Bellynck et de M. E. Morren. Le premier pense qu'on a vu, chez les plantes dont il s'agit, des exemples de décomposition et non pas d'absorption, et qu'il n'y avait point là de fonctions de nutrition, pas plus que « dans le cas d'une souris qui tomberait dans un bassin plein d'eau et finirait par s'y décomposer ; le bassin aurait-il attrapé la souris pour s'en nourrir ? » Quant à M. Morren, il a constaté aussi que les insectes sont englués à la surface par les *Pinguicula* et périssent, mais il doute que les matières animales mortes ainsi soient digérées, et surtout qu'elles soient absorbées par la surface de la plante. Il a étendu ces études au *Drosera rotundifolia*, où il n'a trouvé ni digestion, ni absorption des produits de la décomposition. — T.

sidérable d'eau doit accélérer la circulation de la séve bien plus
fortement que ne le ferait l'évaporation seule des surfaces des
feuilles. Ce qui vient à l'appui de cette manière de voir, c'est
la présence fréquente de cellules spirales dans le tissu de la
plante, destinées peut-être, ici comme chez les Orchidées, à
résister aux conséquences d'une perte éventuelle ou périodique
de la séve. Tout ce que l'extension géographique des *Nepenthes*
depuis Madagascar jusqu'à la Nouvelle-Calédonie nous apprend
relativement à leur organisation, se réduit à faire admettre
qu'ils habitent des climats insulaires dont l'atmosphère, abondamment pourvue de vapeurs, entrave l'évaporation, en la com-
pensant par la sécrétion d'eau à l'état fluide. Cependant je
serais disposé à formuler, sur la signification des outres des
Nepenthes, une opinion plus explicite, qui pourrait faire naître
des investigations désirables dans d'autres directions. Les plantes
consacrent à leur nutrition une fraction si minime de l'eau qui
y circule, qu'il y a lieu d'admettre encore bien d'autres effets
produits par cette puissante affluence de liquide. Tout ce que
nous en savons, c'est qu'elle favorise les mouvements des substances nutritives dissoutes; mais cela exigerait-il des masses
d'eau aussi considérables que celles qui traversent journellé-
ment l'organisme? Si l'on admettait que l'eau qui vient de parcourir cette voie, n'étant plus apte à réitérer ce même mouvement circulaire, ne peut servir aux exigences de l'organisme que
sous forme de précipitations, et seulement après que la grande
circulation à travers l'atmosphère et les nuages aura été accomplie, on comprendrait qu'une plante qui, au lieu d'évaporer
l'humidité, la sécrète à l'état de gouttes, ne laisse pas retomber
ces dernières immédiatement sur le sol où elles se trouveraient
aussitôt réabsorbées par les racines. On dirait un travail de
Sisyphe que celui de puiser constamment la séve pour la re-
prendre de nouveau sans altération quelconque. L'eau dégout-
tant des feuilles pourrait bien dissoudre les substances nutritives fournies par le sol, mais non les combinaisons azotées que
la pluie enlève à l'atmosphère ; et comme ces combinaisons ne
se présentent qu'en petites quantités, tandis que les plantes en
consomment beaucoup, elles exigent en effet une masse consi-

dérable de liquide dissolvant pour satisfaire toujours aux exigences des cellules organisatrices. On sait que les plantes tropicales peuvent même, pendant de longs voyages sur mer, rester fraîches et susceptibles de développement ultérieur, lorsqu'elles ont été placées dans des boîtes hermétiquement closes et recouvertes de verre, conditions où la circulation ne repose que sur la quantité d'eau déjà préalablement contenue dans la séve. Mais cette conservation de leur vie n'est point accompagnée des phénomènes de la croissance, ce qui suffirait à prouver que lors de l'éclosion des bourgeons et de l'allongement des pousses, ils est d'autres forces encore qui doivent agir, forces qui, dans le cas dont il s'agit, ne tiennent qu'à l'élimination de l'influence de l'eau atmosphérique. De plus, il ne faut pas perdre de vue le fait que les racines soustraites à l'action de l'oxygène ne tardent pas à périr, tandis que les gouttes de pluie possèdent une plus large sphère d'activité pour le dissoudre et le transporter vers le sol. Les études faites sur les formes que revêt l'oxygène dans l'atmosphère indiquent également que l'eau tombant des nuages est différente de celle qui est sécrétée par les feuilles à l'état de vapeur, ou dans certains cas, à l'état fluide. Utilisées par les physiologistes, les recherches de M. Meissner (vol. 1, p. 464) sur la formation, dans les précipitations, de vésicules de brouillard et de bioxyde d'hydrogène, jetteront peut-être un nouveau jour sur la signification de la pluie relativement à la croissance. S'il était vrai que des tensions électriques modifiées eussent leur part dans la respiration alternante des végétaux, ou bien si l'on tenait également compte de la quantité de gaz contenu dans les gouttes de pluie et indispenables à la nutrition, gaz que l'agitation de l'eau par l'atmosphère ajoute à l'eau évaporée, on s'expliquerait pourquoi, lors de l'expulsion de la séve par les feuilles, les substances fluides sont concentrées dans des outres, et les substances à l'état de vapeur passent seules immédiatement dans l'air. Les outres agissent ici comme des écluses, où l'eau ne disparaît par évaporation que pendant les époques les plus sèches de l'année, tandis que les feuilles l'exhalent constamment dans l'atmosphère. Jamais on ne voit déborder le fluide sécrété dans les outres. La convexité en permet l'évaporation, mais elle empêche la pluie d'y pénétrer du dehors, et d'accroître par là la masse du fluide. Les sécrétions aqueuses qu'on observe quelquefois dans les feuilles du Pisang et des Aroïdées sont trop peu considérables pour qu'on puisse en tenir compte ; cependant, dans quelques autres cas où l'action évaporante des feuilles se trouve remplacée par des sécrétions aqueuses, nous voyons encore se reproduire l'organisation des feuilles de Népenthès (dans l'Amérique du Nord, chez le *Sarracenia;* en Australie, chez le *Cephalotus*).

Parmi les plantes aquatiques qui ont leur part dans l'exubérance de la végétation tropicale, il faut faire ressortir les fleurs de *Lotus* ou de Nymphéa, non pas qu'elles constituent, dans la physionomie du paysage indien, un trait plus saillant que dans d'autres contrées de la zone torride, mais à cause de l'influence qu'elles exercent sur les idées religieuses d'une population douée d'une tendance contemplative. Depuis les traditions les plus anciennes, ce fut là que, grâce à la symétrie de sa structure et à l'exubérance de ses organes, la fleur de *Lotus*, étalée sur la surface de l'eau qu'elle parcourt dans tout l'éclat de ses teintes pures, s'est trouvée revêtue d'un caractère symbolique intimement lié avec les idées que se forme l'homme de sa destination, et personnifiant la puissance organisatrice de la nature, qui en tout sens crée, régénère, se développe en formes artistiques, et plane au-dessus du monde inorganique.

Une végétation aussi variée que celle qui se trouve réunie sous les climats humides de l'Inde, ne fait paraître que plus pauvres les contrées arides de ce pays. Comme elles occupent la majeure partie de l'Inde antérieure, le contraste entre cette péninsule et l'archipel boisé, toujours vert, est fort tranché, même dans le sens géographique, et donnerait lieu à la séparation de deux domaines distincts, si toutes ces contrées ne se trouvaient pas si intimement liées les unes aux autres par l'intermédiaire de l'Inde postérieure ainsi que des pays humides de l'Himalaya, de la côte du Malabar et de l'île de Ceylan. Dans la majorité des contrées de l'Hindoustan, le voyageur, familiarisé avec les descriptions usuellement tracées des charmes de la nature tropicale, ne reçoit que l'impression d'une déception pénible, mitigée tout au plus pendant la courte période des pluies, ou à l'ombre des arbres cultivés dans les localités habitées. Même les Graminées des savanes, que nous aurons à examiner de plus près dans l'Afrique tropicale, où elles déterminent la physionomie de cette partie du monde, et qui dans l'Amérique du Sud sont associées à une foule ornementale d'herbes vivaces et fleuries, n'ont que peu d'importance sur la terre ferme d'Asie, et présentent dans l'archipel une uniformité remarquable [28]. Ici les savanes ne sont ordinairement composées que de l'*Imperata* (*I. cylindrica*), Graminée de 97 centimètres à 1^m,6 de hauteur, dont les chaumes se trouvent rangés l'un à côté de l'autre comme dans un champ de blé, et qui, bien que capable de refouler toute autre végétation, n'est peut-être même pas une plante indigène, puisque son aire embrasse l'ensemble de l'Afrique, ainsi que les côtes de la Méditerranée. Il est vrai qu'à Java, sur un sol marécageux, l'*Imperata* cède la place au Roseau Glaga (*Saccharum spontaneum*), doué d'une taille encore plus élevée, de 2^m,6 à 3^m 9, et quelquefois bien au delà ; toutefois cette Graminée est à peine accompagnée d'aucune autre forme végétale propre aux tropiques [24]. Rechercher les conditions en vertu desquelles la végétation de l'Asie tropicale placée en dehors des forêts des jungles le cède aux autres parties du monde, sous le rapport des formes saillantes, telle est la tâche qui sera l'objet de la section prochaine.

Formations végétales. — Le caractère mixte des formes de végétation, qui fait des forêts des jungles un fourré impénétrable dont les essences se servent d'appui réciproque, n'atteint tout son développement que là où l'humidité et la température ont acquis un degré élevé d'intensité et sont réparties avec une certaine uniformité entre toutes les saisons de l'année. C'est pourquoi cette formation végétale a été représentée jusqu'ici préférablement d'après les îles de l'archipel, où ces conditions se manifestent avec le plus d'évidence. Toutefois les deux subdivisions continentales du domaine des moussons, dans la péninsule des Indes antérieure et citérieure, ou péninsule hindoustanique et malaise, où les périodes pluvieuses proprement dites sont de plus courte durée, nous présentent également de semblables conditions climatériques, alors que même la période de la mousson sèche n'est pas complétement dénuée de précipitations, et que la circulation de la sève ne se trouve jamais entièrement interrompue. La proximité de la mer, avec ses variations journalières des vents de terre, ainsi que le relief du sol qui fait dévier les courants atmosphériques en sens vertical, peuvent y contribuer; mais les forêts elles-mêmes, grâce à l'action qu'elles exercent sur la température et l'évaporation, possèdent les moyens d'empêcher une sécheresse démesurée et d'assurer la conservation de leurs éléments constitutifs. C'est ce qui fait que la plus luxuriante forêt tropicale peut se rattacher immédiatement à des lieux déserts. Au pied de l'Himalaya, où la plaine indienne confine aux jungles de Teraï, la transition est subite et sans intermédiaire, semblable, dit M. Hooker[32], à la mer comparée avec ses côtes; et selon cet auteur, il n'est point, jusqu'aux neiges perpétuelles, de limite de végétation aussi fortement tranchée que celle qui marque le commencement de la flore des forêts des montagnes. Le Teraï consiste en terrasses planes où les torrents de montagne perdent de leur pente en entrant dans la région unie, région diluviale, marécageuse[35], dont le sol, composé de légers galets, porte des arbres de Sal et de Sissoo (*Shorea* et *Dalbergia Sissoo*) qui se dressent au-dessus des Bambous et des Palmiers nains, et où la jungle apparaît à une grande distance comme une sombre ligne forestière le long de la lisière des plaines nues du Bengale. Ces terrasses boisées à sol de gravier sont bordées par une dépression marécageuse, qui les sépare de la région basse, et qui est complétement garnie d'herbes hautes et de Roseaux, fourré habité par le tigre et assez haut pour cacher un éléphant. La taille élevée des Graminées y est favorisée par les variations que subit, selon les saisons, le niveau des eaux fluviales, de même que par l'humidité du climat, qui augmente avec l'inclinaison du sol. En effet, dans l'Himalaya, c'est avec l'humidité que s'accroissent le développement exubérant et la variété des formes tropicales. A l'ouest du Népaul, où les périodes de pluie se trouvent réduites et les hivers plus froids, la jungle devient graduellement plus uniforme. Les Palmiers s'évanouissent de l'autre côté de la vallée du Gange[36]. A Simla, M. Thomson

constata l'absence des Mélastomes et des Orchidées aériennes,
si fréquentes dans l'Himalaya oriental[37]. De plus, c'est sur le
Sutlej que se trouve la limite occidentale des Aroïdées épiphytes,
des Scitaminées, des *Balanophora* et des *Begonia*. D'autres
formes malaises sont limitées à l'Himalaya oriental, et ne vont
pas au delà des frontières du Sikkim et du Népaul[38], telles que
les arbres à gomme d'Assam (*Ficus elastica*), les Cycadées et le
Gnetum (*Cycas pectinata*, *Gnetum scandens*). Le tableau ingénieux tracé par M. Hooker de la forêt tropicale du Sikkim
prouve que, malgré sa latitude plus élevée en dehors des tropiques (27° lat. N.), cette partie de l'Himalaya, située sous le
méridien de Calcutta, ne le cède guère à l'équateur sous le rapport de l'exubérance et de la richesse des formes végétales, et
même le surpasse, parce que, grâce aux vallées fluviales pénétrant bien avant dans l'intérieur des plus hautes montagnes
neigeuses, les produits des climats les plus divers se trouvent
placés en contact, et peuvent jusqu'à un certain point se réunir
les uns aux autres. Ce qui donne tant d'avantages à la contrée
montagneuse resserrée entre le Népaul et le Bootan, c'est l'influence exercée par la surface ouverte du golfe de Bengale situé
vis-à-vis, aussi bien que l'intensité et la rapidité de la circulation
de l'eau atmosphérique. Ici l'action de la nature se manifeste
sur une grande échelle, et le naturaliste anglais a su élever son
langage à la hauteur de l'impression qu'il a dû éprouver en présence de cette action[38]. « Les vapeurs aqueuses qui, sans laisser
tomber une goutte sur la plaine torride, sont amenées à plus
de 80 milles géographiques de la mer de l'Inde, viennent se
décharger ici pour relever la force robuste de la végétation de
ces régions lointaines », puis retournent vers le Gange à l'état
de rapides torrents à travers les forêts, « pour se condenser de
nouveau, s'élever dans les airs, se réunir en nuages, et retomber
en averses, reproduisant ainsi la marche éternelle des mouvements alternants. » A partir du Népaul, on voit s'éloigner la mer,
source de toute humidité atmosphérique ; des plateaux interpo-
sés diminuent cette dernière, et la largeur croissante de la plaine
du Pundjab réduit la durée et l'abondance de la période pluvieuse ; on remarque également une diminution dans la for-

mation des nuages, parce que le Khasia, massif montagneux beaucoup moins élevé, absorbe déjà la majorité de la vapeur d'eau des moussons méridionales, en sorte que c'est seulement la fraction de vapeurs contenues dans le courant atmosphérique supérieur à ce massif, qui est transportée intacte [37].

Toutefois la présence de la mousson méridionale qui frappe verticalement l'Himalaya oriental, n'explique qu'en partie la position anomale du Sikkim. L'exposition si lucide faite par M. Hooker du climat de ce pays fut tracée au mois d'avril, et est parfaitement applicable à cette époque, où la température et l'aridité du sol ont acquis, dans la plaine du Bengale, leur plus haut degré d'intensité. Mais en été, où au Sikkim les précipitations sont également bien plus fortes qu'au printemps [39], la période des pluies coïncide avec celle du Bengale, et alors, avant d'atteindre les montagnes, la mousson a déjà perdu une notable partie de sa vapeur d'eau. En hiver, où, bien que les précipitations ne soient pas considérables quant à la masse, il n'en pleut pas moins fréquemment, la formation des nuages et des brouillards ne cesse jamais au Sikkim, et l'atmosphère y est constamment presque saturée de vapeurs aqueuses. Dès lors, comment rattacherait-on, pendant l'hiver, l'humidité à la mousson, qui à cette époque souffle en sens opposé? Ce ne sont point les vents dominant dans les couches inférieures de l'atmosphère, mais bien l'altitude de l'Himalaya, avec ces masses de neige qui se déploient au loin au-dessus des versants indiens, qui manifeste ici son action, en condensant les vapeurs d'eau qui s'élèvent du fond des vallées boisées, ainsi que celles que le contre-courant supérieur apporte également de la mer. C'est alors que des chutes de neige ont lieu dans les parties supérieures des montagnes et que le névé reçoit un nouvel aliment. L'échange entre des couches froides et chaudes qui descendent d'en haut et s'élèvent d'en bas, est en toute saison une cause continuelle de formation de nuages; cependant nous n'obtenons une intelligence complète de ces phénomènes qu'en reconnaissant dans la mer la source inépuisable qui agit de loin et ne laisse point que de tarir les approvisionnements en vapeurs aqueuses. La présence constante d'un ciel nuageux au Sikkim met en même temps une

borne aux oscillations thermiques de la courbe annuelle, qui ne
manqueraient pas de se produire sous cette latitude, sans la
diminution d'activité de la chaleur rayonnante. La concordance
entre les conditions de la végétation et celles qui président à la
formation des nuages dans les montagnes équatoriales, se trouve
rehaussée par l'exclusion des rayons thermiques qui échauffent
ou refroidissent le sol. Tout en favorisant la croissance la plus
luxuriante des forêts, ce climat est préjudiciable à l'agriculture
ainsi qu'à la production dans les fruits de la substance sucrée,
dont le développement exige la chaleur solaire. C'est ce qui fait
que le pays est peu peuplé et que la vie animale n'y est que faiblement représentée. « Le sol ne perd jamais son humidité, et le
feuillage pourrit sans jamais se dessécher. La nature vivante est
comme frappée de mort, la forêt est muette, et le peu d'oiseaux
qui s'y trouvent ont une voix plaintive. Variée dans ses formes,
réunissant les représentants des climats tempéré et tropical,
riche en teintes diverses, abondante en produits les plus rares et
à configuration la plus délicate, cette magnifique végétation, dit
M. Hooker, en en résumant le caractère dans un tableau pittoresque [40], ne se développe point sous l'action de l'haleine réchauf-
fante d'un printemps serein, mais croît mystérieusement au
milieu des épais brouillards, privée du ciel azuré et des rayons
radieux du soleil, sans convier les oiseaux chanteurs et sans
offrir aux animaux une nourriture suffisante : indifférente aux
torrents de pluie qui l'inondent, elle développe sans s'en inquié-
ter ses bourgeons, ses fleurs et ses fruits. »

Ce n'est qu'après avoir considéré la contrée située en dehors
des tropiques du nord, que nous sommes à même de comprendre la disposition des principales formations végétales dans
une grande partie de l'Inde. Si nous prenons pour point de départ l'île de Java, comme la plus méridionale de l'archipel, île
dont la région nuageuse possède la même humidité que le
Sikkim, nous voyons alors, en franchissant la zone équatoriale,
des climats analogues se rattacher les uns aux autres, tout le
long de la côte occidentale de la péninsule malaise jusqu'aux
monts Khasia, et depuis ces derniers jusqu'à l'Himalaya indien.
C'est là ce qui fait que les forêts de jungles s'étendent de même,

au delà de cette zone, comprenant environ 36 degrés de latitude, et que la végétation des versants méridionaux de l'Himalaya se rapproche de celle de Java plus que de celle de la péninsule hindoustanique. Dans la majeure partie de l'archipel, ainsi que dans la presqu'île de Malacca, les deux vents de mousson sont des vents de mer qui donnent lieu à des pluies abondantes; puis viennent les chaînes montagneuses qui ne laissent libre que l'étroite bande du littoral depuis Tenasserim jusqu'à Arracan, et qui maintiennent la formation des nuages même pendant la saison sèche. Partout règnent les copieuses pluies d'été de la mousson sud-ouest, jusqu'à ce qu'elles atteignent leur maximum sur les versants abrupts du Khasia, massif qui[3], avec la vallée du Brahmapoutra dans l'Assam, constitue le trait d'union entre les jungles de l'Himalaya et la péninsule malaise.

Sur les monts Khasia, la végétation est d'une nature plus mixte et plus variée que dans le Sikkim. Sur l'Himalaya, quelques arbres perdent leur feuillage pendant la saison la plus sèche, mais dans la jungle du Khasia on voit dominer la feuille toujours verte du type Laurier, douée d'un épiderme poli et plus luisant (*Ficus*), et c'est précisément là que le botaniste indien aperçoit le type de la flore malaise[4]. M. Hooker regarde cette contrée comme la plus riche en plantes de l'Inde entière, et probablement de toute l'Asie tropicale; il a recueilli plus de 2000 espèces dans la proximité immédiate de Churra Punji. Ici les plantes malaises se rencontrent avec celles de l'Himalaya, et cet accroissement de la richesse végétale n'est point le résultat d'un climat plus humide, mais bien de la concentration des stations les plus diverses dans une localité circonscrite, constituée d'une manière toute particulière. Des plateaux arénacés ou calcaires à surfaces dépouillées par la pluie de l'humus que retiennent les bords des collines, et entourés, du côté de la plaine du Bengale, par des falaises et des vallées à gradins profondément découpés, constituent sur le massif du Khasia (1300 - 1949 mètres ou 4000-6000 p.) une alternance de stations boisées et ouvertes, rocailleuses et fertiles, mais aussi différant considérablement les unes des autres sous le rapport climatérique. Les précipitations[3] les plus fortes qui aient lieu sur le globe tout entier sont « si

exclusivement limitées à la période de la mousson méridionale,
qu'à peine une averse isolée se produit-elle pendant les autres
saisons »; ce qui n'empêche pas que dans les vallées, les brouillards ne cessent point et que la rosée est également considérable sur les plaines élevées, où en hiver les nuits sont fréquemment sans nuages *. C'est ce qui fait que les vallées se trouvent
hérissées de forêts éternellement vertes, et que sur les plateaux
nus on voit chaque matin le sol humecté, bien que le ciel soit
serein. La jungle l'emporte sur le Sikkim par une plus grande
richesse en Orchidées (250 espèces), en Fougères (150) et en
Palmiers ; la forme de Pandanus est répandue sur la surface
élevée, et le chiffre des Graminées s'y trouve extraordinairement grossi eu égard à l'Himalaya. La quantité de pluie y est
environ cinq fois plus considérable qu'au Sikkim et dans l'Assam;
cependant ce n'est pas là ce qui détermine le caractère de la
végétation ; et si l'on remarque dans cette région les mêmes
herbes vivaces qui, au-dessus des régions forestières de l'Himalaya, empruntent leur humidité à la neige, c'est parce que dans
les vallées l'atmosphère y conserve son humidité, même en hiver,
que beaucoup d'éléments constitutifs de la jungle sont identiques,
et que la partie non boisée des hautes plaines est humectée par la
rosée. Dans les deux positions on voit se mêler sur le Khasia des
végétaux ligneux tropicaux appartenant à la flore malaise, dont
l'émigration ne trouve d'autre obstacle climatérique que la variabilité de température qui a lieu dans la zone tropicale. Au Sikkim,
le renflement de l'Himalaya se produit sur une échelle si uniformément grandiose, que les précipitations se trouvent plus également réparties sur un vaste espace ; c'est pourquoi la même
quantité de vapeur aqueuse atmosphérique y laisse tomber un
nombre moins considérable de gouttes de pluie. Les éléments

---

* Aux données pluviométriques citées par l'auteur dans la note 3 (*Pièces justifi-
catives, VI, Domaine indien des moussons*) d'après MM. Hooker et Schlagintweit,
on peut ajouter celles qu'a fournies récemment M. Rauli (*Comptes rendus,* année
1874, t. LXXVIII, p. 295), qui admet pour Chorrapungi (altit. 1200 mètres) une
moyenne annuelle pluviométrique d'environ 16 mètres (15m,36), en faisant observer que pendant chacun des mois de juin, juillet et août, il y tombe de 3 à 4 mètres
de pluie. Ces chiffres s'accordent assez bien avec ceux fournis par MM. Hooker et
Schlagintweit. — T.

constitutifs prédominants des jungles limitent les immigrations, de manière qu'en s'emparant du sol, ils ne comportent pas autant de variétés dans les espèces ; néanmoins, en égard aux différences de hauteur plus grandes, la végétation, disséminée à des distances considérables, est presque tout aussi riche. La transition naturelle entre les monts Khasia et l'Himalaya oriental est effectuée par la vallée du Brahmapoutra dans l'Assam, où pendant l'hiver les brouillards maintiennent également l'humidité.

Les climats humides de montagnes sont complétement séparés des côtes de l'Hindoustan par la plaine basse que traversent le Gange et les affluents de l'Indus. Ces dépressions ne possèdent point les épaisses forêts des jungles, incapables de supporter l'aridité de la saison sèche. Un ciel serein élève la température printanière, qui atteint son apogée avant la période des pluies d'été ; mais en dehors des tropiques, la température de l'hiver elle-même descend déjà considérablement, lorsque le rayonnement du sol n'est point paralysé par les nuages. En Afrique et en Amérique, la formation des savanes ne se produit que sous le climat tropical. Il paraît donc que des oscillations plus considérables de température ne conviendraient guère à la forme de Graminées qui y domine. Mais il est encore plus certain que les savanes exigent une abondante affluence d'eau, affluence que les plateaux de l'Hindoustan ne sauraient leur offrir. Elles ressemblent sous ce rapport à la forêt des jungles, et n'en diffèrent, dans leurs conditions physiques, qu'en ce qu'elles supportent plus aisément les saisons arides, pendant lesquelles l'atmosphère ne condense point la vapeur aqueuse qu'elle contient. Toutefois, puisque par leur évaporation plus forte, les forêts mêmes donnent lieu à une semblable condensation, ainsi qu'à la conservation de l'humidité dans le sol, il reste à savoir si elles ne sont pas à même de se protéger suffisamment à elles seules, pourvu que la quantité de vapeur aqueuse contenue dans l'atmosphère puisse satisfaire aux précipitations. Il est vrai que cette quantité est indépendante de la végétation, et qu'elle tient aux mouvements de la nature inorganique, à l'évaporation de la mer et aux courants atmosphériques qui transportent les vapeurs. Je trouve chez M. Hooker [41], relativement à l'influence des forêts sur l'humidité, une excellente observation qui jette un jour lumineux sur l'alternance constatée dans l'Inde entre les jungles et les savanes. Le premier effet des vents de mer du Bengale, abondamment chargés de vapeurs, aura été de revêtir de forêts les versants himalayens du Sikkim, ce qui ne les a rendus que plus humides. Quelque difficile qu'il soit de distinguer la cause de l'effet dans les cas où l'humidité détermine le caractère de la végétation, et cette dernière l'humidité, il n'en est pas moins indubitable que, sans les vents de mer, la contrée n'aurait pas été uniformément revêtue de forêts, et que, sans les forêts, l'humidité n'aurait pas été aussi considérable. Dès lors la destruction des jungles, soit par la culture, soit par l'épuisement des substances nutritives minérales du sol, explique l'origine des savanes, et celles-ci peuvent à leur tour être refoulées par la végétation arborescente, aussitôt que les essences forestières commencent, pendant la saison chaude, à concentrer et à condenser à un degré voulu les vapeurs d'eau. En effet, dans l'Inde, la disposition géographique des savanes se rattache fréquemment aux mêmes conditions physiques de position que les jungles; mais, dans les régions forestières, leur extension et leur étendue sont peu considérables, parce que sous les climats plus humides l'énergie de la croissance des arbres est trop forte. M. Junghuhn [42] a fait voir qu'à Java et à Sumatra ce n'est que la destruction des forêts qui donne naissance aux savanes désignées sous le nom de *champs d'Alang*, où l'herbe Alang[28] constitue le seul végétal, tantôt revêtant le sol en masses serrées, tantôt interrompu par des arbres isolés (ex. *Phyllanthus Emblica*) disséminés çà et là, ou bien encore par des forêts sous forme d'îlots, composées de végétaux ligneux dont la hauteur dépasse rarement 10 mètres. D'ailleurs il résulte de faits historiques que des savanes et des terrains jadis cultivés peuvent également être refoulés de nouveau par la forêt de jungle, de manière à ne laisser aucune trace de leur ancienne existence, ainsi que le prouvent les temples de Siam ensevelis aujourd'hui dans d'épaisses forêts. D'un autre côté, il ne paraît pas exister de relation directe ou nécessaire entre l'aridité périodique des savanes javanaises et leur position, capable de les soustraire éventuellement à l'action des vents humides,

bien que ces vents soient, sans doute, plus fréquents dans l'est
de l'île doué d'un climat plus sec que dans l'ouest. Quant à
Sumatra, la coïncidence entre les influences du climat et celles
de la végétation s'y manifeste d'une manière plus évidente, et il
en est de même au pied des monts Khasia. Dans le pays de
Batta, au nord de Sumatra, où à cause de la péninsule de Malacca, placée vis-à-vis, la mousson d'hiver doit être moins humide, les champs d'Alang se sont beaucoup plus étendus aux
dépens des jungles qu'à Java, et ils occupent environ la quatrième partie des contrées visitées par M. Junghuhn [42]. D'ailleurs
c'est une savane, probablement telle à l'origine où les herbes atteignent une hauteur de $3^m,2$, qui revêt les Jheels [41], la contrée la plus
orientale du Bengale, située au pied du Khasia. Dans l'île humide de Sumatra, c'est l'humidité décroissante, tandis que dans
les Jheels situés sur le bord extérieur de la basse plaine du nord
de l'Inde, c'est l'humidité croissant avec la proximité de la mer,
qui doit être considérée comme condition de la formation de la
savane, contrairement à ce qui a lieu dans les forêts de jungles
encore plus humides. Comparée avec le Bengale intérieur, la
savane des Jheels se présente comme le produit de précipitations
plus fortes et plus prolongées; mais dans la proximité immédiate
de la mer, dans le delta encore plus humide du Gange, la forêt
du Sunderbund se rattache à cette formation de Graminées. De
même dans le Teraï du Sikkim, on voit se produire des savanes
à Graminées d'une taille courte [41], lorsque le feu a détruit la jungle
en même temps que les hautes Graminées qui accompagnent
les arbres, et a tari ainsi l'une des sources de l'eau atmosphérique.

Dans l'Hindoustan septentrional, les forêts épaisses et les
savanes proprement dites sont limitées à la partie orientale de la
dépression, ainsi que dans l'Himalaya. A l'ouest, les précipitations,
qui dans le Bengale ne font pas complétement défaut, même en
hiver, et maintiennent la végétation verte, diminuent d'intensité
et de durée. Lorsque, dans la direction de l'Indus, la période
des pluies est réduite de six à trois mois, jusqu'à ce qu'elle
finisse par s'évanouir complétement dans les déserts de Rajwara
et du Sind, les arbres ne se développent plus convenablement,

et l'on voit, au lieu de la savane à Graminées, se multiplier de maigres broussailles qui ne prennent un aspect plus animé que lorsque, pendant la saison humide, des herbes et des fleurs viennent les orner. Souvent, dans l'intérieur du pays, les seules essences plus élancées se composent des arbres fruitiers qui entourent les lieux habités. Des arbres à taille déprimée (*Acacia*, *Zizyphus*) constituent des groupes disséminés, dépourvus de menu bois, ainsi que de l'ornement des épiphytes et des Fougères [37]. Même les rivières ne sont pas accompagnées de forêts riveraines continues : celles-ci se trouveraient compromises par le niveau inconstant des eaux, qui inondent au loin le pays, alors qu'en été l'époque des pluies coïncide avec celle de la fusion des neiges des montagnes. Il serait difficile de juger de la végétation primitive de ces plaines basses, parce que la culture du sol est en rapport avec la densité de la population. Sur les surfaces incultes, les formations d'arbustes paraissent déterminer particulièrement la physionomie de la végétation [33], qui toutefois ne ressemble guère ni aux riches maquis de la flore méditerranéenne, ni aux buissons épineux sociaux de la steppe, mais présente un mélange d'éléments peu nombreux, chétifs et hétérogènes. Sur un espace de $9^m,7$ de diamètre, M. Hooker ne put recueillir dans le Bahar, à la vérité pendant l'hiver, qu'à peine une demi-douzaine d'espèces. Elles constituent les buissons des jungles de la flore hindoustanique, parmi lesquels se trouvent signalés comme caractéristiques, tantôt de petits Bambous, tantôt des arbustes épineux. Les descriptions des voyageurs ne permettent guère de distinguer des formes particulières dans la plaine basse et sur les plateaux de l'Hindoustan. Eu égard à la rareté, dans plusieurs régions, même dans le Bengale, d'arbres de haute futaie, il devient à peine probable que les buissons des jungles soient les restes d'anciennes forêts. C'est peut-être précisément la destruction plus aisée des buissons qui fut cause que la civilisation et l'agriculture s'établirent si anciennement dans l'Hindoustan, et que cette contrée fut plus fortement peuplée que la péninsule malaise en majeure partie boisée. Il n'en est pas moins vrai qu'au point de vue climatérique, il est assez singulier qu'une grande partie de la péninsule soit couverte de broussailles arides, sans posséder les savanes qui revêtent les plateaux intérieurs du Soudan africain, constituées d'une manière analogue. Cela tient apparemment à ce qu'en Afrique les pluies périodiques sont plus abondantes que dans l'Hindoustan, où, notamment dans le Dekkan, les précipitations sont peu intenses et limitées à trois mois d'été, attendu que la chaîne côtière non interrompue des Ghauts enlève à la mousson sud-ouest la majeure partie de sa vapeur aqueuse. Bien que les Bambous, caractéristiques pour la flore indienne, requièrent des volumes d'eau aussi considérables que les Graminées des savanes, cependant, grâce à la rapide croissance qui assure leur conservation, même sans l'aide du développement des fleurs, les espèces les moins grandes peuvent résister aisément à une sécheresse prolongée.

M. Jacquemont[43] a tracé un tableau graphique des conditions climatériques du domaine des buissons des jungles. D'après lui, dans la majeure partie de l'Hindoustan, la végétation de la plupart des plantes se trouve moins interrompue par la saison sèche qu'elle ne l'est en Europe par l'hiver. Les hautes herbes vivaces, les plantations de Canne à sucre, et les gazons à Graminées se fanent et se dessèchent en novembre, et ne recouvrent leur force vitale que dans les mois de juin et de juillet de l'année subséquente. Les plateaux déboisés de Puna, dans les Ghauts, au-dessus de Bombay, étaient encore, dans le dernier tiers de juin, arides et brûlés à l'instar des steppes, la terre végétale sans traces d'humidité et comme flamboyant sous l'action des rayons solaires. Et pourtant, dès le 1er juin, toute la plaine était verdoyante, et même les blocs nus des rochers s'étaient revêtus de gazon avec une merveilleuse rapidité. A cette époque, la période des pluies avait duré jusqu'au commencement de septembre, et il n'était pas tombé beaucoup d'eau. La côte du Bengale parut au voyageur comme contrastant avec cette aridité et faisant exception au caractère général de l'Hindoustan. Lorsque, dans la première semaine de mai, Jacquemont débarqua à Calcutta, le gazon était presque aussi vert qu'à l'époque des plus fortes précipitations en août. Dans le Bengale, le sol reste vert toute l'année, parce que l'humidité s'écoule dans ces plaines si lentement que pendant la saison sèche les eaux souterraines demeurent près de la surface du sol, et aussi parce que, même en hiver, il s'amasse d'épais brouillards, et que pendant les mois printaniers à chaleur sèche il éclate des orages passagers.

Maintenant que nous avons constaté le principe climatérique qui préside à la répartition des forêts et des buissons de jungles aussi bien que des savanes subordonnées aux premières, depuis les parages orientaux de l'Himalaya jusqu'au plateau du Dekkan, nous pouvons considérer le reste du pays appartenant au domaine des moussons, comme reproduisant le même phénomène, dont la nature devient facilement intelligible. Le sol incliné des pentes des plateaux et des montagnes favorise partout les précipitations et la production des nuages, chaque fois qu'il fait face aux vents de mer dominants, ainsi que c'est le cas à l'égard des Ghauts, ou du moins lorsqu'il se trouve exposé à leur action directe, comme cela a lieu sur le versant qui descend dans la plaine basse septentrionale. Sur la côte occidentale de l'Hindoustan jusqu'à l'île de Ceylan, la période des pluies se prolonge avec la diminution de la latitude; il en résulte qu'à mesure qu'on descend vers le sud, les forêts de jungles acquièrent un développement analogue à celui qu'elles présentent dans l'archipel oriental. C'est dans un sens diamétralement opposé que se comporte la côte de Coromandel, où, sous les latitudes plus méridionales, la période pluvieuse a peu de force et tient à la mousson d'hiver; tandis qu'au nord de ces parages, la contrée devient plus boisée, parce qu'Orissa subit déjà l'action aspirante du Bengale et se trouve plus fortement atteinte par la déviation qui en résulte dans la direction des vents de mer. La végétation de l'intérieur de la péninsule malaise est encore peu explorée : cependant nous y trouvons aussi les buissons de jungles dans la contrée d'Ava, contrée sèche, entourée de chaînes montagneuses; tandis qu'à Siam et dans la Cochinchine, les forêts paraissent dominer partout, quand même elles n'y atteignent point le développement luxuriant qu'elles présentent dans l'archipel.

Les changements que la culture du sol a opérés dans la physionomie du paysage indien sont moins considérables que ceux produits dans les domaines forestiers de la zone tempérée, où l'agriculture a modifié le climat à un plus haut degré. Comme le Palmier, le Pisang et l'Arbre à pain fournissent une masse de substances nutritives mises à la disposition de l'homme presque sans aucun effort de sa part, une importance prépondérante est dévolue sous les tropiques à la culture des arbres qui remplacent la forêt ; mais tel n'est point le cas des régions ouvertes de l'Hindoustan, dont les habitants tirent leur subsistance de l'agriculture. Ici les arbres fruitiers eux-mêmes ne viennent point, et ainsi que le fait observer M. Hooker[41], le Mango (*Mangifera indica*) y est peut-être le seul fruit susceptible de tout le perfectionnement que la culture puisse lui donner. Le printemps chaud, qui profite à la maturation des fruits des arbres, n'est guère la saison du développement de végétaux ligneux, qui fleurissent pendant la période pluvieuse. Dans l'Himalaya oriental, les brouillards de l'hiver sont préjudiciables, et dans les vallées de l'ouest, où la lumière solaire interrompt fréquemment les précipitations de l'été, on produit à la vérité des fruits d'Europe d'une certaine qualité, mais ce n'est que de l'autre côté de la limite climatérique des pluies de moussons que nous trouvons la viticulture, dans la vallée du Sutlej, en Kunawur.

Dans l'Inde entière, le Riz est a plante alimentaire par excellence. Les irrigations, favorisées par le niveau variable des eaux, ainsi que l'utilisation de la période pluvieuse au profit des phases de végétation précédentes de cette Graminée, constituent les bases naturelles d'une culture aussi étendue. Dans la majorité des contrées de l'Hindoustan, à la récolte d'automne succèdent les semailles d'hiver, dont le produit est récolté au printemps, avant les grandes chaleurs. Dans le Pundjab, ainsi qu'à l'est jusqu'au delà de Bénarès, la culture du Froment est considérable, tandis que sur les plateaux et sur la côte occidentale du Gujerat, on voit se déployer les plantations de Cotonnier, de même que le Gange inférieur traverse le domaine du Pavot et de l'Indigo [26] *.

* Marco Polo (trad. du col. Yule, vol. II, p. 328) signale dans le royaume de Gozurat (comprenant le Gujera et le Sind d'aujourd'hui) une grande abondance

Sous les climats plus humides, ce sont les rizières et les arbres cultivés qui déterminent la physionomie des contrées boisées. La culture du Café à Java, du Cannellier (*Cinnamomun zeylanicum*) à Ceylan, de la Noix-muscade (*Myristica moschata*) et des clous de Girofle (*Caryophyllus aromaticus*) dans les Moluques, de même que celle de l'Arbre à pain et du Cocotier dans les îles du Pacifique, tiennent lieu des forêts caractérisées par une forme analogue du feuillage ; tandis que la culture du Poivrier (*Piper nigrum*) à Malabar et à Siam rappelle celle des formes de Lianes. Ici les arbres fruitiers acquièrent également de l'importance, en sorte que quelques-uns des meilleurs fruits de la zone tropicale sont les produits naturels de ces climats. Les Hespéridées (*Citrus*) sont probablement originaires de la péninsule malaise ; le Mangostan de l'archipel (*Garcinia Mangostana*) est considéré par quelques-uns comme le fruit le plus savoureux de toutes les zones ; il paraît réunir l'arome de l'Ananas et celui de la Pêche. Dans les contrées boisées de l'équateur, le développement des fruits doux s'effectue sous l'empire des mêmes conditions que celui des savanes ; leur perfectionnement, qui se manifeste par l'accroissement de la substance sucrée, est une conséquence de leur culture dans des stations découvertes. A l'éclaircissement de la forêt succède une insolation plus intense, et la savane répond aux exigences de la plantation de la Canne à sucre, comme à la culture des champs en général, attendu qu'avec la suppression des arbres, on voit diminuer la formation des nuages ainsi que les précipitations.

Cependant il n'en est pas de même des substances sécrétées par les végétaux, comme le sucre et l'amidon, qui servent à leur propre alimentation ou à celle des organismes animaux. Les huiles aromatiques, qui agissent fortement sur le système ner-

---

d'énormes arbustes à coton. M. Yule pense qu'il s'agit du *Gossypium arboreum* pelé quelquefois *G. religiosum*, et il cite plusieurs auteurs orientaux qui parlent également de la fréquence dans cette contrée du Cotonnier arborescent. Quant à l'Indigotier, M. Chr. Deetjen, ci-devant consul d'Allemagne à Rangoun, nous apprend (*Zeitschr. Gesellsch. für Erdk.*, ann. 1874, vol. IX, p. 138) que cette précieuse Légumineuse croît à l'état sauvage dans toutes les forêts de l'empire de Burmah, sans que cependant on s'y donne la peine de l'utiliser ou de la cultiver. — P.

veux, telles que celles des Myrtacées, des Laurinées et des Scitaminées, qui distinguent l'Inde des productions de la zone tempérée, annoncent des conditions climatériques particulières, puisque, même dans les jungles fortement ombragées, elles ne perdent rien de leurs éléments constitutifs. A l'égard de ces huiles, d'ailleurs toujours accompagnées d'autres substances, il serait difficile d'admettre qu'à l'instar de celles des Labiées des flores de la Méditerranée et des steppes, elles soient destinées à modérer l'évaporation des feuilles.

Régions. — Dans les montagnes tropicales, la distinction entre les régions végétales repose sur la décroissance de la température, et, à un moindre degré, sur la répartition des vapeurs aqueuses dans l'atmosphère, mais non, comme dans la zone septentrionale, sur la durée de la période de végétation, parce que la température reste à peu près la même pendant l'année entière, et que les précipitations qui résultent de l'élévation sont moins périodiques que dans la contrée basse. Toutefois, eu égard à sa position géographique en dehors des tropiques, l'Himalaya est placé sous ce rapport dans des conditions particulières : ici la ligne des neiges perpétuelles est encore soumise aux variations des saisons ; aussi sur son versant indien se trouvent réunies les conditions de végétation des zones tempérée et torride, attendu qu'avec la diminution de l'altitude, les valeurs relatives de température et d'humidité sont empreintes d'un caractère éminemment tropical. Dans le Népaul oriental [41], la neige revêt le sol au-dessus de la limite des arbres, depuis décembre jusqu'à avril ; ses dépôts ont parfois $3^m,9$ de profondeur. En fondant pendant l'été, elle rebrousse chemin jusqu'à la ligne du névé [43], et laisse aux végétaux alpins (3670-4985 mètres ou 11 300-15 100 pieds) un espace d'environ 1300 mètres (4000 pieds). Dans le domaine des moussons, l'Himalaya est la seule montagne connue qui porte de la neige perpétuelle, et ce n'est que dans la Nouvelle-Guinée qu'on prétend avoir aperçu dans le lointain des sommets revêtus de neige [44]. Les plus hautes montagnes mesurées de l'archipel sont : le Semeru, à Java (3728 mètres ou 11 480 pieds), et le Kina-Balu, dans la partie la plus septentrionale de Bornéo

(4174 mètres ou 12 850 pieds)[45]. Toutefois sur ces sommets élevés, il ne neige jamais, et l'on n'y constate quelquefois que
des orages de grêle. Dans ces contrées équatoriales, la végétation
des altitudes plus considérables est également indépendante des
saisons. Ici les régions se succèdent d'après les conditions thermiques et les quantités d'eau requises par chacune des plantes,
et non d'après leur période de développement. Une région alpine
ne peut s'y former au-dessus des forêts que là où l'humidité
nécessaire à la végétation arborescente fait défaut, ou bien où
les arbres qui s'y trouvent exigent une température plus élevée.
Le montant d'humidité que le sol doit offrir aux plantes, et qui
s'accroît avec leur taille, est fourni aux arbres tropicaux, sur
leur limite supérieure, soit par la neige fondante dont l'eau est
constamment empruntée au névé en voie de formation ou de
dissolution, soit, à son défaut, par les nuages qui s'élèvent à un
niveau supérieur.

Dans l'Himalaya indien, ces deux sources d'irrigation agissent
simultanément pour élever la limite des arbres ; c'est ce qui
explique le fait remarquable que malgré la restriction que leur
imposent les neiges de l'hiver, les forêts y montent plus haut
(4223 mètres ou 13 000 pieds) que dans les îles de la Sonde, près
de l'équateur (3021 mètres ou 9300 pieds à Java, 2923 mètres
ou 9000 pieds à Sumatra et à Bornéo). L'humidité des forêts de
l'Himalaya se trouve accrue en partie par la disposition des
hautes chaînes alpines, en partie par la position des versants
relativement à la mousson. La chaîne méridionale de l'Himalaya,
qui comprend les soulèvements les plus considérables du globe,
étend au loin vers la plaine indienne ses ramifications transversales, séparées les unes des autres par des vallées étroites et
symétriquement disposées. Avec des pentes largement développées, mais à contours simples, ces chaînes alpines latérales portent des masses de neiges considérables. Sur les sommets encore
plus éloignés de la profondeur des vallées, l'influence du climat
tibétain commence déjà à se faire sentir par l'exhaussement
de la ligne des neiges *. Le côté oriental des pentes tourné

---

* Le professeur Giordano, qui a fait l'ascension d'une partie du Kanscinginga
(alt. 8585ᵐ), montagne la plus élevée du globe après l'Everest, signale la région

vers les vallées et exposé à l'action des moussons, est le côté
le plus humide et le mieux boisé. En remontant ces vallées, la
mousson transporte ses vapeurs aqueuses à une hauteur extraordinaire, puisque les pentes reçoivent aussi bien le vent pluvieux inférieur de l'été que le contre-courant supérieur de l'hiver.
Dans l'île de Java, la région des nuages, région où les précipitations journalières se produisent avec le plus de régularité et
d'abondance, embrasse un niveau de 1461-2436 mètres ou 4500-
7500 pieds)[46]. A partir de là, la quantité de la vapeur atmosphérique diminue rapidement dans le sens vertical : au Sikkim, l'humidité de l'air est très-considérable à toutes les altitudes jusqu'à
celle de 3900 mètres (12000 pieds)[47]. La forme conique des volcans
de Java n'est guère propre à faire dévier les courants atmosphériques dans le sens vertical ; sur la majorité des montagnes, les
arbres n'atteignent point leur limite climatérique, le sol n'étant
pas suffisamment humide ; aussi on voit généralement s'évanouir les forêts avec la région des nuages. Mais là où elles
ne peuvent plus se développer, il se présente toujours, comme
dans le midi de l'Europe, des genres septentrionaux et alpins[21],
(ex. : *Gentiana, Ranunculus, Viola,* qui apparaissent à 2274-
2599 mètres ou 7000-8000 pieds). Néanmoins, à Java, la végétation alpine ne trouve nulle part un sol très-convenable. En
effet, comme la majorité des montagnes ne dépasse que de peu
le niveau compatible avec l'existence des forêts, et qu'au-dessous
de 2761 mètres (8500 pieds), le sol de lave des deux sommets
les plus élevés se trouve privé de toute végétation, il ne reste
sur ces montagnes coniques qu'un espace extrêmement restreint pour la végétation alpine[41]. Une coïncidence presque complète entre les limites des arbres et celles de la vie végétale en
général est un fait possible dans la zone tropicale, bien qu'il ait
à peine été constaté ailleurs qu'à Java ; tandis que dans la partie
septentrionale de la zone tempérée, c'est une ceinture alpine

---

située à 3000 mètres comme revêtue de gigantesques Rhododendrons, ainsi que de
Conifères, de Magnolias, de Châtaigniers et de Chênes, en faisant observer que ces
deux derniers arbres appartiennent à des espèces différentes de celles d'Europe.
Selon le savant italien, la ligne des neiges perpétuelles ne commence sur le Kau-
scinginga qu'à 5000-6000ᵐ. (Voy. Guido Cora, *Cosmos,* ann. 1873). — T.

qui constitue, par suite de la marche de la température, l'expression ordinaire de la réduction à une courte époque des périodes
de végétation, périodes qui répondent au développement d'abord
des buissons, et ensuite des herbes vivaces et des Graminées,
mais non pas à celui des gros corps cylindriques ligneux, dont
l'évolution exige que les feuilles conservent pendant plusieurs
mois l'activité de leurs fonctions. Dans la zone tempérée de
l'hémisphère austral, où le climat marin peut donner lieu à une
température presque aussi constante que la température tropicale, la limite des arbres se comporte à peu près comme à Java,
ainsi que nous le verrons pour le Chili méridional.

Diviser en régions la ceinture forestière elle-même d'après ses
conditions climatériques est une œuvre bien plus difficile dans
les montagnes tropicales que dans celles des zones septentrionales, où les différences des arbres angiospermes et des arbres résineux favorisent des divisions de cette nature. Quelque
simple que paraisse la distinction proposée par de Humboldt,
entre la région tropicale et la région tempérée, il n'est guère
possible de tracer entre elles une limite tranchée, fondée sur des
formations végétales positives. M. Blume avait fait observer, ce
que M. Junghuhn confirme, qu'à Java les régions ne se trouvent
pas aussi distinctement séparées que dans les autres pays[16].
La transition de la contrée basse aux sommets des montagnes
y est si peu sensible, que les limites de végétation échappent à
l'attention du voyageur, bien que souvent peu d'heures lui suffisent pour franchir toute la série des formes, qui varient conformément à leurs altitudes. Là où chaque région est caractérisée par
une forme végétale à traits saillants, ainsi que cela est ordinairement le cas ailleurs, la limite d'une telle région doit être aussi
distinctement marquée que celle de toute espèce dont l'aire
d'extension correspond à une mesure déterminée de conditions
vitales climatériques. Quand au contraire on voit, comme à Java,
réunies pêle-mêle, à des altitudes semblables, des formes arborescentes dissemblables, telles que des plantes dicotylédonées,
de concert avec des Palmiers et des Fougères, les régions doivent
se succéder graduellement, en tant que les représentants de
chaque forme tiennent à des phases climatériques particulières.

Il en est de même dans l'Himalaya indien. Dans le Sikkim, les Fougères arborescentes et le Pisang s'élèvent jusqu'à 2143 mètres (6600 pieds), les Orchidées épiphytes jusqu'à 3053 mètres (9400 pieds), et les Bambous encore plus haut, jusqu'à la limite des arbres : dès lors que devient l'idée d'une région tropicale, que l'on rattache pourtant à de telles formes de plantes ? Ce n'est que lorsque le revêtement du sol est d'une simplicité exceptionnelle, comme dans les forêts de Casuarinées qui habitent les montagnes orientales de Java, que leur région végétale se sépare des régions limitrophes d'une manière plus tranchée que dans les contrées douées d'une grande variété de formes tropicales.

D'ailleurs la distinction des régions est rendue plus difficile par ce fait que, dans les montagnes tropicales, certaines espèces appartenant à la même catégorie de formes se comportent d'une manière très-diverse et s'écartent les unes des autres dans leurs conditions vitales climatériques. Les Rhododendrons, qui à Bornéo et à Sumatra descendent bien avant dans la région tropicale forestière (jusqu'à 975 mètres ou 300 pieds), habitent dans l'Himalaya, au Sikkim, les altitudes alpines et tempérées (2274-5197 mètres ou 7000-16000 pieds), où la période de végétation des diverses espèces, ici extraordinairement nombreuses, se trouve réduite de huit mois (avril à décembre) à deux mois (juillet à septembre). Dans l'Himalaya occidental, les essences résineuses atteignent la limite des arbres (*Pinus excelsa* jusqu'à 3670 mètres ou 11300 pieds; *Pinus Pindrow* jusqu'à 3346 mètres ou 10300 pieds). Cependant on rencontre également des espèces de Pins dans les régions tropicales, et l'une d'elles (*P. longifolia*) descend jusqu'à la plaine dans les Dhuns ou vallées des contre-forts de la montagne (jusqu'à 325 mètres ou 1000 pieds); d'autres se trouvent sur le Khasia (jusqu'à 975 mètres ou 3000 pieds), à Tenasserim (jusqu'à 325 mètres), à Sumatra (jusqu'à 975 mètres), à Bornéo et dans les Philippines (jusqu'à 552 mètres ou 1700 pieds). A Java, c'est entre 1137 mètres et 1787 mètres (3500-5500 pieds) que les Chênes sont les plus fréquents ; sur la côte occidentale de Sumatra, ils descendent jusqu'à 162 mètres (500 p.) ;

par contre, dans l'Himalaya, au Sikkim, la région des Chênes commence là où elle se termine à Java *. De tels faits doivent être pris en sérieuse considération dans la culture des végétaux tropicaux, dont les exigences, en fait de température, ne sauraient être évaluées d'après des données vagues relatives à leur origine, ou d'après leur affinité avec des formes analogues. D'ailleurs, en présence de résultats de cette nature fournis par l'expérience, les conclusions géologiques fondées sur la classification systématique des débris d'un monde évanoui, se trouvent placées sous un faux jour, si l'on ne tient pas suffisamment compte de la structure et de la signification des organes de la végétation.

Malgré la divergence qu'offrent dans leurs conditions vitales des espèces du même genre, et en présence de l'agglomération de formes végétales dans les forêts de jungles, la prédominance à chaque altitude d'organisations particulières permet néanmoins de caractériser les régions, tout en admettant que des délimitations tranchées ne sont possibles en hauteur que là où certains végétaux déterminent positivement la physionomie du pays. Si les démarcations de diverses régions forestières, telles que les ont tentées M. Thomson dans l'Himalaya et M. Junghuhn à Java, s'effacent sur les limites mêmes, elles n'en conservent pas moins une valeur scientifique, non-seulement parce qu'elles constituent l'unique moyen de coordonner les formations de la végétation, mais encore parce que chaque région peut être caractérisée par une moyenne thermique qui, partout où elle se produit, constitue l'expression la plus claire et la plus complète de l'individualité botanique de cette région. La nature mixte, qui sous les tropiques est propre aux nombreux éléments constitutifs des formations forestières, s'affaiblit régulièrement dans le sens vertical. En effet, la région supérieure se rapproche de la physionomie de la zone tempérée, à mesure que certaines

---

* L'*Athenæum* (29 janvier 1876, p. 165) signale une espèce nouvelle de Chêne découverte par le docteur G. King, dans le Sikkim, et qu'il a nommée *Quercus Andersoni*, très-connue chez les habitants du Népaul et fort employée par les Européens résidant à Darjeeling. C'est un des plus beaux arbres de l'Himalaya et qui s'y élève plus haut que le *Q. spicata*. — T.

espèces d'arbres commencent à prédominer par suite de leur caractère social, et que les formes tropicales s'évanouissent les unes après les autres, remplacées par des genres de latitudes supérieures.

Je vais résumer maintenant les tentatives faites en vue de déterminer les régions du domaine des moussons d'après les valeurs climatériques, ce qui nous permettra d'y rattacher des considérations ultérieures sur chacun des massifs montagneux en particulier.

HIMALAYA INDIEN (34°-27° lat. N.— Régions du versant méridional, d'après M. Thomson) [48].

RÉGION TROPICALE, 1818ᵐ (5600 p.). Température, 23°,7 - 16°,2.

RÉGION tempérée, 1818-3610ᵐ ou 5600-11 300 p. (limite des arbres). Températ. 16°,2 - 7°,5.

Au Sikkim.

Palmiers-lianes (Palmier le plus élevé : *Plectocomia*), 1981ᵐ (6100 p.).

Pisang (*Musa*), 2143ᵐ (6600 p.).

Fougères arborescentes (espèce la plus élevée : *Alsophila gigantea*), 1202-2143ᵐ (3700-6600 p.).

Laurinées, 2628ᵐ (8400 p.).

Magnoliacées (espèce la plus élevée : *Magnolia Campbellii*), 3053ᵐ (9400 p.).

Orchidées aériennes (espèce la plus élevée : *Cœlogyne Wallichii*), 3053ᵐ (9400 p.).

Bambous, 3670ᵐ (11 300 p.).

Chênes (Conifères et Bouleaux) dans l'Himalaya N.-O., 3670ᵐ (11 300 p.).

RÉGION ALPINE, 3670-4905ᵐ ou 11 300-15 100 p. (limite des neiges). Température, 7°,5 - 0°,6.

NILGHERRIES (11° 30'-11° lat. N. — Régions d'après M. Perrottet) [49].

RÉGION FORESTIÈRE tropicale, 1624ᵐ (5000 p.).

RÉGION non boisée et tempérée, 1624-2499ᵐ (5000-8000 p.).

SUMATRA (côte S.-O., : 2° lat. N. - 4° lat. S.—Régions d'après M. Korthals) [50].

RÉGION TROPICALE, 1949ᵐ (6000 p.).

RÉGION des Chênes, 163-1949ᵐ (500-6000 p.).

— des Pins (*Pinus Merkusii*), 975-1462ᵐ (3000-4500 p.).

RÉGION tempérée (*Ternstrœmiacées* et *Podocarpus*), 1949-2924ᵐ (6000-9000 p.).

BORNÉO (Kina-Balu, 7° lat. N. — Régions d'après M. Spencer St John) [51].

RÉGION FORESTIÈRE, 2629ᵐ (8400 p.).

RÉGION ALPINE (Buissons, 2729-3054ᵐ ou 8400-9400 p. Au-dessus, roche nue avec des arbustes isolés).

JAVA (6°-8° lat. S. — Régions d'après M. Junghuhn) [52].

RÉGION TROPICALE, 2436ᵐ (7500 p.).
RÉGION des Figuiers (*Ficus*) et Anonacées, 650ᵐ (2000 p.). Températ. 27°,5-23°,7.
— des Forêts de Rasamala (*Altingia*), 650-1462ᵐ (2000-4500 p.). Température.
    23°,7-18°,7.
— des Chênes et Podocarpées, dans l'est de Java celle des Casuarinées, 1462-
    2436ᵐ (4500-7500 p.). Température, 18°,7-12°,5.
RÉGION tempérée (petites Éricées arborescentes : *Agapetes*), 2436-3248ᵐ (7500-
    10 000 p.). Température, 12°,5-8°,7.

PHILIPPINES : Luçon (15°-18° lat. N. — Régions d'après M. Semper) [53].

RÉGION TROPICALE, 714ᵐ ou 2200ᵐ (1137ᵐ ou 3500 p.).
RÉGION des Pins (*Pinus insularis*), 714-2274ᵐ (2200-7000 p.).

Dans l'Himalaya, la comparaison entre les climats humides
du Sikkim et les vallées arides du domaine de l'Indus [45] nous
a fourni les considérations fondamentales dont la combinaison
conduit à reconnaître le changement graduel qui a lieu dans la
direction de l'est à l'ouest. En effet, c'est par la quantité ainsi
que par la répartition des précipitations entre les saisons de
l'année, que l'Himalaya oriental diffère de l'Himalaya occidental,
dans le même sens que diffèrent entre elles les plaines situées
au devant de ces chaînes. Dans les montagnes de l'ouest, également, les pluies n'ont lieu qu'à l'époque de la mousson du
sud ; tout le reste de l'année est d'une extrême aridité.

Du sein de la plaine boisée et inclinée du Teraï, l'Himalaya
s'élève brusquement aux altitudes abruptes de 2274 à 2599
mètres (7000-8000 pieds). Il ne se présente presque nulle
part de plaine unie ; les rochers abrupts font également défaut.
Le torrent de montagne remplit ordinairement toute la profonde
vallée d'érosion, encaissée entre d'énormes parois à pentes uniformes. « La végétation qui revêt le sol incliné, dit M. Jacquemont [54], est aussi uniforme que la configuration de la contrée : ce
qui rend un pays riche en plantes, c'est la variété des stations,
or ici toutes les stations sont les mêmes. Cependant, lorsqu'on
compare l'est avec l'ouest de la chaîne de l'Himalaya, la végétation de ces pentes, ainsi que celle des vallées qui pénètrent
bien avant dans l'intérieur, offre un caractère complétement

différent. M. Thomson[48] retrace ce contraste en comparant le
Sikkim au pays de Simla. A Simla, les versants des montagnes
sont plus rocailleux et en grande partie déboisés, découverts et
herbeux ; les crêtes des montagnes se présentent seules couronnées de forêts, et la végétation forestière se trouve développée
sur les plantes inclinées au nord. Les contre-forts moins élevés
sont revêtus d'une formation de buissons qui indique un climat
plus sec; vient ensuite la région découverte en partie boisée, où
les Graminées et les herbes sont encore composées de formes
tropicales. Quand on considère de loin l'une de ces pentes
incommensurables, presque nues[53], on voit des lignes d'un vert
plus foncé longer les humbles ruisseaux qui les arrosent à de
grands intervalles, entre lesquels les teintes vertes sont uniformément ternes : là, point de prés ni de pâturages ; à
l'exception des sommets alpins, on y voit dominer, au milieu
des blocs de rochers et de galets, une végétation improductive,
d'une vigueur inégale. Il est des montagnes élevées qui depuis
la vallée jusqu'à leur sommet ne sont revêtues que de ce mélange de rochers et d'herbes. A Simla, la forêt ne commence que
dans la proximité de la station sanitaire (à 2111 mètres ou
6500 pieds), et par conséquent fait partie de la région tempérée.
Toutefois, même dans celle-ci, région des nuages, les forêts
sont clair-semées et moins touffues qu'au Sikkim ; elles consistent à Simla en essences résineuses, Chênes et Rhododendrons
(*R. arboreum*), avec un bois menu tel que celui des montagnes
situées sous des latitudes plus élevées. Les forêts touffues ne se
présentent ici qu'au pied de l'Himalaya, et nulle part on ne voit
dans les régions supérieures les puissantes essences résineuses
qui constituent les forêts des Alpes.

Au Sikkim[31], la magnifique forêt de jungles qui revêt partout
les pentes humides et chaudes, ne perd son caractère tropical
que sur la limite des Laurinées (à 2729 mètres ou 8400 pieds) :
c'est alors que les Rhododendrons deviennent plus fréquents, et
parmi les arbres dicotylédonés on observe en majeure partie
des genres européens ; les Conifères sont moins fréquentes.
Ici M. Hooker vit le printemps se signaler de même que dans
l'Europe moyenne ; des Chênes dépourvus de feuilles dévelop-

paient leurs chatons, les Bouleaux se revêtaient de feuillage, et parmi les plantes herbacées on voyait s'épanouir les mêmes genres dont les fleurs animent nos forêts à l'époque du réveil de la végétation (*Viola, Arum* et autres). Dans la section inférieure de cette région tempérée (à 2404 mètres ou 7400 pieds), les formes arborescentes des climats du Nord se trouvaient mélangées avec celles des tropiques : ici la moitié des essences forestières était composée de Chênes, et les autres espèces dominantes représentées dans les mêmes proportions par des Laurinées et des Magnolias.

Comme sous le climat sec de l'Himalaya occidental, le ciel est plus fréquemment serein, ce qui détermine une plus grande variété dans la température selon les saisons, les conditions de végétation, telles qu'elles existent dans les régions supérieures, se rapprochent de celles des montagnes d'Europe. Il en résulté un accroissement du nombre d'espèces que cette partie de l'Himalaya possède en commun avec le nord de l'Asie et l'Europe ; la région alpine y ressemble davantage à celle du Thibet et elle est plus riche en plantes qu'au Sikkim. Cependant, malgré l'abondante irrigation fournie par la fonte des champs de neige, la flore alpine de l'Himalaya ne saurait non plus être comparée à celle des Alpes pour la richesse. Elle possède les mêmes formations, les buissons de Rhododendrons et les herbages alpins, mais presque partout les pâturages luxuriants lui font défaut, et souvent les pentes supérieures se présentent jusqu'à la limite des neiges comme une solitude rocailleuse parfaitement nue, lors même qu'au-dessus de cette dernière on voit persister des herbes vivaces isolées et jusqu'aux buissons (*Rhododendron*). C'est à des phénomènes de cette nature que tient le nombre limité de Graminées alpines fourni par l'Himalaya indiens ; cependant leur rareté sur les pentes découvertes dont le sol est, malgré cela, suffisamment arrosé, s'explique moins aisément que dans les régions forestières où les végétaux arborescents font disparaître les Graminées. Dans les contrées de l'est et de l'ouest, au Sikkim comme à Simla, la structure des montagnes est également défavorable au développement des pâturages. Les eaux torrentielles alimentées par les précipitations

tropicales y ont sillonné le sol si profondément, que, selon
M. Schlagintweit, nulle part l'érosion des vallées n'a produit
des effets plus considérables [50]; il s'ensuit que les pentes
inclinées se trouvent rapidement desséchées.

Il ne peut se développer un tapis non interrompu de Graminées gazonnantes, ou se former une couche fertile d'humus, que
là où l'eau continue de s'écouler d'un mouvement lent et constant, de manière à permettre aux racines de l'absorber sans
interruption. Les mêmes causes expliquent pourquoi l'Himalaya
est inférieur aux Alpes au point de vue pittoresque. Le névé en
dissolution, consolidé de nouveau, donne naissance aux glaciers;
l'eau, paralysée dans ses mouvements par des terrasses de rochers, creuse des bassins occupés ensuite par des lacs alpestres
ou subdivisés par des cascades; enfin les lacs vidés se revêtent
de prés : telle est la série des modifications auxquelles les Alpes
doivent leur beauté, modifications qui dans l'Himalaya sont au
nombre des phénomènes les plus rares.

L'Himalaya indien peut être considéré comme un groupe de
centres de végétation, où la nature a produit une énorme variété
de formes, eu égard aux conditions vitales des plantes les plus
favorables et en même temps susceptibles de se modifier avec
la position géographique et le niveau. Par la richesse en végétaux ligneux qui lui sont propres, il l'emporte sur toutes les
hautes montagnes de l'ancien monde. En exceptant les Graminées, les genres européens de la plupart des autres familles se
retrouvent ici enrichis par une plus riche série d'espèces endémiques, et les végétaux tropicaux acquièrent au moins quelques
formes particulières; d'ailleurs l'immigration est favorisée de
la manière la plus variée par la position des massifs montagneux,
aussi bien que par leur extension et leur connexion avec d'autres
domaines. Par contre, malgré la présence de plusieurs genres
endémiques, à peine serait-il permis d'admettre que l'Himalaya
soit de beaucoup plus favorisé que les Alpes, sous le rapport de
la structure spéciale de ces végétaux endémiques.

Ce qui caractérise particulièrement la végétation de l'Himalaya indien, c'est le mélange de formes européennes et arctiques
avec celles des tropiques, ainsi que de plantes immigrées avec

les plantes endémiques. Cette association dans les mêmes stations d'espèces provenant de différents climats peut s'expliquer, en admettant que les éléments indiens tiennent à l'irrigation régulière des précipitations fournies par les moussons, mais non à la chaleur tropicale, et que les végétaux du nord retrouvent ici les conditions thermiques qui correspondent à leur structure. Dans l'Himalaya occidental, il s'élève des herbes vivaces tropicales aussi bien que des plantes annuelles ayant une courte période de végétation, jusqu'aux forêts de la zone tempérée où elles peuvent accomplir leur développement pendant l'été. Avec l'accroissement de l'humidité et la diminution des différences entre les saisons, le même phénomène se reproduit au Sikkim pour d'autres végétaux tropicaux, tels que des arbres dicotylédonés, des Bambous et des Orchidées, qui sont insensibles à l'abaissement de la température. Dans les plus hautes régions de l'Himalaya indien, les végétaux de la zone arctique retrouvent, par suite de la fonte graduelle de la neige hivernale, la période réduite de végétation qui correspond à leur développement, mais ils y sont mélangés avec des espèces endémiques tellement analogues à celles de leur propre zone, qu'on peut se demander si celles-ci ne constituent pas toutes autant d'espèces immigrées, ou bien si ce n'est pas de là qu'elles se seraient répandues dans le nord de l'Asie et dans les Alpes. Au reste, cette incertitude existe à l'égard de plusieurs plantes européennes. Dans l'Himalaya occidental, on voit se présenter également des formes de steppes : tantôt elles y habitent les régions alpines ; d'autres fois elles s'élèvent de la plaine du Pundjab dans le massif montagneux qui, par l'intermédiaire de l'Afghanistan, de même que le Thibet par celui du Turkestan, se rattache aux climats secs de l'Asie et de l'Afrique. Cette introduction dans la flore d'éléments d'origine diverse est favorisée par les profondes vallées de l'Indus et du Sutlej qui se frayent un passage à travers la chaîne principale du Thibet.

D'ailleurs, à cause de la ramification du massif montagneux en hautes chaînes parallèles également coupées par ces fleuves, il se produit dans l'intérieur de l'Himalaya occidental, sur le côté méridional des défilés thibétains, une zone climatérique de transition[57], qui, bien qu'elle ne soit pas atteinte par les pluies tropicales d'été, n'en reçoit pas moins assez de précipitations atmosphériques pour que les forêts puissent s'y développer de concert avec la végétation des steppes. Cette zone embrasse les contrées de Kunawur jusqu'à Cachemire et jusqu'à la vallée de l'Indus, au-dessous d'Iskardo. Beaucoup de plantes sont possédées en commun par ces contrées, où le plus ou moins de développement des éléments forestiers paraît tenir à la fréquence des précipitations. Le Cachemire, plus humide, a de magnifiques forêts de haute futaie ; mais à Kunawur les forêts sont tout à fait insignifiantes et les herbages faiblement développés, refoulés qu'ils sont par les Caragana thibétains, qui s'étendent jusqu'ici [54]. En examinant l'origine de la flore de ce domaine de transition, on se convainc que peu d'espèces — parmi les arbres un Pin (*Pinus Gerardiana*) — y sont endémiques, et que le reste est en majeure partie originaire des pays voisins. Ainsi la plupart des arbres forestiers y sont fournis par l'Himalaya indien, situé de l'autre côté, sans que cependant les végétaux tropicaux les accompagnent jusque-là ; de même, les plantes de steppe viennent du Thibet, et les plantes européennes de beaucoup plus loin. Dans la vallée du Spiti, le seul arbre sauvage spontané est ce Genévrier asiatique (*Juniperus fœtidissima*) dont l'extension jusqu'au Caucase et le Taurus a déjà été précédemment indiquée, et qui se présente également dans le district de Balti sur l'Indus, comme il se rencontre aussi dans le Cachemire avec les essences résineuses de l'Himalaya.

Dans les Nilgherries [49], le soulèvement le plus considérable des Ghauts occidentaux au-dessus de la côte du Malabar (jusqu'à 2599 mètres ou 8000 pieds), il n'y a de vigoureuses jungles forestières que dans les précipices ou les vallées des montagnes déchirées qui bordent le pays ; une Combrétacée (*Anogeissus*) y domine à de certaines altitudes (650-1300 mètres ou 2000-4000 pieds). La haute surface ondulée, ainsi que les montagnes (de 1624-2600 mètres ou 5000-8000 pieds) auxquelles elle sert de base, est en grande partie déboisée ; elle a pour revêtement une tendre végétation herbacée d'un vert pâle, interrompue çà et là par des groupes d'arbres peu élevés ;

on y voit également des arbustes, notamment le même Rhododendron (*R. arboreum*) s'élevant jusqu'aux sommets des
montagnes, qui constitue dans l'Himalaya l'espèce la plus
fréquente, réduite ici à l'état de broussaille. Parmi les herbes
vivaces de cette région déboisée se trouvent représentés plusieurs genres européens qui font défaut aux plaines de l'Inde
(par exemple Gentianées, Labiées, Rosacées), qui descendent ici
à un niveau bien plus bas (jusqu'à 1624 mètres ou 5000 pieds)
que dans l'Himalaya. Cela s'explique par ce fait que les végétaux dont il s'agit sont au nombre de ceux qui tiennent aux
stations découvertes que les forêts de l'Himalaya excluent des
régions situées plus bas. Le même phénomène se reproduit
dans les montagnes du Khasia, dont la structure est semblable à celle des Nilgherries, et qui, sous le rapport de la
végétation, offrent également plus d'un trait de concordance
avec ces dernières. Le Khasia et le Sikkim possèdent en
commun beaucoup d'espèces de la région tempérée [58], espèces
qui dans le Sikkim ne se présentent qu'à 3054 mètres (9400
pieds, tandis que sur le Khasia on les voit dès 1624 mètres
(5000 pieds), et par conséquent à plus de 1300 mètres
(4000 pieds) plus bas. Le climat de plateau refoule la forêt,
et pendant la saison sèche laisse un libre jeu aux rayons
solaires.

Les grandes îles de la Sonde nous présentent le problème de
limites altitudinales dissemblables ayant lieu chez les mêmes
formes de plantes [60], tandis que le niveau où cesse la végétation
arborescente elle-même n'offre que des différences dont il est
aisé de se rendre compte, à l'aide de la nature du sol et
de l'inclinaison plus ou moins considérable des sommets. Au
point de vue de leur type général, les forêts de Sumatra s'accordent avec celles de Java. Cette similitude, je la trouve surtout
en ce que les forêts de Chênes à vaste extension sont pourvues
d'une foule de plantes tropicales ; qu'au-dessus de la région
des Chênes viennent des espèces de *Podocarpus*, formant, de concert avec les Ternstrœmiacées, la ceinture forestière supérieure,
et enfin que dans la région la plus élevée prédominent les Éricées
et des *Gnaphalium* ligneux (*G. javanicum*), parmi lesquels les

derniers revêtent le sol de lave des volcans (à 2923 mètres ou 9000 pieds). Si Sumatra a sur Java l'avantage de posséder beaucoup de plantes endémiques ; si elle s'écarte de cette île par le groupement des arbres forestiers ; si les forêts de Rasamala lui font défaut, tandis qu'elle renferme des Conifères à feuilles aciculaires (*Pinus, Dacrydium*), et que les Chênes s'y trouvent associés à des arbres à camphre (*Dryobalanops*), ce sont là de ces phénomènes auxquels on peut bien s'attendre, eu égard à l'exubérance créatrice de la nature tropicale, lors même que les causes de ces dissemblances restent cachées. Cependant il n'en est pas ainsi du changement éprouvé dans la position des régions forestières et des limites altitudinales des éléments typiques qui les constituent, car sans doute cela doit tenir à une condition climatérique. Les Chênes, qui, à Java, ne deviennent fréquents qu'à 1462 mètres (4500 pieds), descendent à Sumatra presque au littoral de la mer ; les Conifères ici jusqu'à 1624 mètres (5000 pieds), là jusqu'à 975 mètres (3000 pieds). Des Éricées (*Agapetes*) se présentent à Sumatra dès le littoral de la mer, mais n'habitent à Java que les montagnes, à des altitudes considérables. C'est donc un fait général que des formes végétales analogues, et probablement en partie les mêmes espèces, se trouvent à Sumatra à des niveaux beaucoup plus bas qu'à Java, et que ce sont là précisément les végétaux sur lesquels repose le caractère typique des régions. M. Junghuhn pense [42] que la région des nuages à Sumatra est située plus bas ; mais il resterait à expliquer pourquoi le cas est tel, et comment l'humidité influe sur le déplacement des régions végétales. La modification progressive qu'éprouvent en sens vertical les formes des plantes ne peut être considérée que comme l'effet du changement graduel de température dans le même sens ; cependant l'accumulation des nuages et des brouillards exerce indirectement sur les régions une action déprimante, en atténuant et en paralysant l'échauffement des plantes de montagne par les rayons solaires. M. Miquel [50] n'a pas été à même de constater dans les observations météorologiques de semblables différences de température. Au reste, ce n'est point dans la température mesurée à l'ombre qu'il faut chercher l'action exercée par un ciel nuageux sur la température du sol, mais bien dans les conditions variables de l'insolation. En effet, le relief et la position de Sumatra sont de nature à faire admettre un plus grand développement de nuages. Ici les vallons ont pour base un soulèvement plus considérable du sol, ainsi que M. Junghuhn l'a fait voir dans ses cartes hypsométriques des contrées de Batta. Une chaîne montagneuse d'environ 1300 mètres (4000 pieds) d'altitude au-dessus de laquelle des hauteurs coniques s'élancent à une altitude trois fois plus considérable, serre de près la côte sud-ouest de l'île dans toute sa longueur, et descend vers l'intérieur sous forme de chaînes latérales et de surfaces élevées. En rencontrant partout un sol incliné, les vents de mer peuvent condenser leur vapeur aqueuse plus aisément qu'à Java, où la majeure partie de l'île consiste en plaines basses et ne s'élève guère au-dessus de 325 mètres (1000 pieds) ou 650 mètres (2000 pieds). D'ailleurs la position différente des deux îles paraît également avoir son importance à l'égard des vents dominants. Bien que dans certaines contrées de Sumatra la mousson se trouve supprimée (du moins dans les couches atmosphériques inférieures), les vents de mer n'en soufflent pas moins perpendiculairement à l'axe de l'île. Comme ils frappent en totalité les larges flancs de cette dernière, il doit en résulter une formation ininterrompue de brouillards et de précipitations qui abaissent la température du sol. Par contre, Java se trouve sous l'empire des moussons nord-ouest et sud-est, qui atteignent l'axe de l'île sous un angle aigu et soufflent le long des montagnes. L'enveloppe nuageuse doit donc être moins dense sur les montagnes javanaises, parce qu'elles sont moins exposées aux vents du sud et ne sauraient en précipiter autant de vapeurs aqueuses. Bornéo et Célèbes sont encore trop peu connues pour être comparées d'une manière certaine avec les îles occidentales de la Sonde. Si sur le Kina-Balu, dans l'île de Bornéo, on a constaté au-dessus de la jungle forestière une région de buissons, c'est une conséquence de la configuration abrupte du sommet. De même, sur les volcans de Java, les Éricées arborescentes sont petites (au plus 8 mètres de hauteur), et dès la hauteur de quelques pieds au-dessus du sol elles se ramifient et se mélangent avec les broussailles *.

Ce qui rend remarquables les montagnes des Philippines [53], c'est que, autant que les forêts s'y sont conservées, on y voit un Pin (*P. insularis*) former des groupes plus ou moins considé-

* Le voile qui a pendant si longtemps couvert la végétation de l'immense île de Bornéo ne tardera pas à être soulevé, en grande partie du moins, grâce aux efforts persévérants de M. O. Beccari. L'ensemble des résultats obtenus par cet infatigable explorateur n'a pas encore été livré au monde scientifique; cependant nous possédons déjà des travaux sur les Mousses, les Hépatiques, les Lichens et les Algues Les premières ont été l'objet d'un travail de la part de M. E. Hampe (*Nuovo Giornale botanico italiano*, vol. IV, p. 275), qui décrit les Mousses recueillies par M. Beccari dans les îles de Bornéo et de Ceylan. Celles provenant de Bornéo se montent à 52 espèces, dont 13 nouvelles appartenant aux genres *Sphagnum* (1), *Calymperes* (2), *Neckera* (1), *Hookeria* (1), *Hypnum* (6), *Dendrohypnum* (1), *Conomitrium* (1) et *Lorenzia*, nouv. genre (1). Parmi les Mousses recueillies dans l'île de Ceylan, les espèces nouvelles appartiennent aux genres *Amphoritheca* (1), *Macromitrium* (1), *Fabronia* (1) et *Hypnum* (3). — Sur les Hépatiques recueillies par M. Beccari dans le nord de Bornéo, M. le D^r. G. de Notaris a publié en 1874 un travail considérable muni de 34 planches (*Epatiche di Borneo, raccolte dal Dr O. Beccari nel ragiato di Sarawak, durante gli anni* 1865-67). Jusqu'à l'exploration de M. Beccari, on connaissait dans l'île de Bornéo 45 espèces publiées par le docteur Van der Sande Lacoste; le savant botaniste italien y ajouta 51 espèces, dont 20 nouvelles appartenant aux genres : *Gottschea* (1), *Plagiochila* (3), *Jungermannia* (1), *Diploscyphus* n. g. (1), *Chiloscyphus* (3), *Lepidozia* (1), et *Mastigobryum* (10). Parmi les 31 autres espèces, il en est 7 qui pourraient être des variétés d'espèces déjà connues, sans que M. de Notaris, qui les décrit en détail, croie pouvoir se prononcer à cet égard; dans tous les cas, elles n'ont été constatées qu'à Bornéo, tandis que les 24 autres espèces n'existent pour la plupart qu'à Java et aux îles limitrophes (Amboina et Banca), ainsi qu'à Sumatra, bien peu à Ceylan et aux Manilles. — Les Lichens rapportés par M. Beccari ont été étudiés par M. de Krempelhuber (*Nuovo Giorn. bot. ital.*, vol. VII, avec 2 pl., pp. 1-67). Sur 164 espèces que contenait la collection, 105 sont nouvelles. Parmi ces espèces, ce sont les Lichens inférieurs qui prédominent, tels que des Graphidées (35 espèces dont 18 nouvelles), des Verrucariées (23 esp. dont 20 nouv.), des *Thelotrema* (12 esp. dont 10 nouv.), des *Ascidium* (14 esp. toutes nouvelles); tandis que les Lichens supérieurs sont représentés par un *Parmelia* (esp. nouv.), un *Physcia*, un *Sticta* (esp. nouv.) Les *Cladonia*, *Sphærophoron*, *Usnea*, *Ramalina*, *Evernia*, paraissent être rares dans cette collection, comme en général la plupart des Lichens foliacés et fruticuleux. La florule des Lichens de l'île voisine de Singapore, qui se compose de 24 espèces dans les collections de Beccari, ne paraît guère différer de celle de Bornéo. Cependant le botaniste italien a trouvé à Singapore 9 espèces qu'il n'a pas rapportées de Bornéo. — Enfin, les Algues ont été très-soigneusement étudiées par M. G. Zanardini. Ce savant a publié en 1872 à Venise, sous le titre de *Phycearum indicarum pugillus*, un travail dans lequel il passe en revue les Algues recueillies par M. Beccari (de 1865 à 1867) à Bornéo, à Singapore et dans l'île de Ceylan. Elles consistent en 81 espèces réparties entre 45 genres et renfermant

rables ; par suite de quoi les Fougères arborescentes, les Bambous et les formes de plantes tropicales en général, se trouvent refoulés à un niveau extraordinairement bas (jusqu'à 715 mètres ou 2200 pieds, sur d'autres points jusqu'à 1137 mètres ou 3500 pieds). Des essences résineuses isolées se présentent déjà

27 espèces nouvelles et 4 genres nouveaux (*Acroceptis, Brachytrichia, Trichocladia* et *Polythria*).

Quant aux plantes phanérogames recueillies par M. Beccari dans l'île de Bornéo (province de Sarawak), nous indiquerons les principales familles dont les espèces nouvelles ont été publiées, soit par M. Beccari lui-même, soit par d'autres botanistes. Palmiers : 3 nouv. esp. de *Caryota* et 4 d'*Eugeissona*, par Beccari. — Mélanthacées : *Petrosavia*, n. genre, représenté par une esp. (Beccari, *N. G. bot. ital.*, vol. III, p. 7). — Conifères : M. Parlatore a décrit (DC. *Prodr.*, t. XVI, sect. post.) comme constatées dans l'île de Bornéo, 9 espèces appartenant aux genres *Dammara, Dacrydium, Phyllocladus* et *Podocarpus;* parmi ces 9 espèces, 2 sont nouvelles ; les 8 autres ne s'étendent pas très-loin en dehors de l'île de Bornéo, car elles habitent presque toutes Célèbes, Java, Sumatra, etc. — Aristolochiacées : 2 espèces nouvelles du genre *Thottea* (Beccari, *N. G. bot. ital.*, vol. II, p. 5). — Balanophorées : une espèce nouvelle de *Balanophora* (id., *ibid.*, vol. I, p. 65). — Malvacées : Dans sa monographie des Durionées (*Monographic Sketch of the Durioneæ*, avec 3 planches), M. Maxwell T. Masters a décrit 18 espèces de cette curieuse sous-tribu des Malvacées ; sur ce nombre, 8 sont nouvelles, recueillies par M. Beccari à Bornéo (Sarawak); à l'exception d'une seule espèce (*Camptostemon Schultzii*) qui est propre à l'Australie, les 9 autres espèces sont de Java, Sumatra, Malacca, Ceylan, et Malabar, plusieurs se trouvent également à Bornéo ; les 8 espèces nouvelles appartiennent aux genres *Durio* (4 esp.), *Roschia* (2), *Neesia* et *Dialycarpa* n. g. représenté par une esp. — Diptérocarpées : Dans sa revue des genres *Dryobalanops* et *Dipterocarpus* (*A Revision of the genera* Dryobalanops *and* Dipterocarpus, avec 3 pl., dans le *Journal of Botany*, etc. new Series, vol. III, p. 97, ann. 1874), M. F. Dyer décrit 3 espèces de *Dryobalanops* et 43 de *Dipterocarpus* (dont 7 douteuses) ; dans ce nombre 8 sont nouvelles, recueillies par M. Beccari à Bornéo (Sarawak), appartenant aux genres *Dryobalanops* (3 esp.), *Dipterocarpus* (5); les 38 autres espèces ont été constatées sur différents points de la partie orientale de l'Asie tropicale. Cependant on n'en a pas trouvé, dit M. Dyer, à l'est de la ligne tracée par M. Wallace à travers le détroit de Macassar. —Enfin M. Beccari fait observer (*N. G. bot. ital.*, vol. III, p. 177), que sa collection des Anonacées de l'île de Bornéo ne renferme pas moins de 105 espèces réparties entre 25 genres ; cependant, comme plusieurs de ces espèces sont indéterminables, M. Beccari admet qu'en tenant compte des espèces de cette famille déjà précédemment indiquées par M. Miquel, on peut porter aujourd'hui à 77 espèces la totalité des Anonacées de l'île de Bornéo. Dans ce nombre se trouvent les espèces nouvelles décrites par M. Beccari et appartenant aux genres suivants : *Eburopetalum* (1 esp.), *Maruccia* n. g. (1 esp.), *Ericosanthum* n. g. (1 esp.), *Unona* (2), *Mezzettia* n. g. (2), *Polyalthia* (1), *Sphærothalamus* (1), *Phæanthus* (1).

Ce coup d'œil rapide jeté sur les découvertes botaniques faites par M. Beccari dans l'île de Bornéo nous fournit donc un total de 204 nouvelles espèces (39 Phanérogames et 165 Cryptogames cellulaires), chiffre déjà très-considérable, lors

dans l'enceinte de la forêt tropicale elle-même (jusqu'à
552 mètres ou 1780 pieds), ainsi que cela est d'ailleurs également le cas dans l'Himalaya et dans les péninsules malaises,
à l'égard des espèces qui y sont indigènes.

Centres de végétation. — Pour ce qui concerne la partie
continentale de la flore indienne, les questions relatives aux
plantes endémiques ont été si parfaitement traitées par MM. Hooker et Thomson[60], qu'il ne nous reste qu'à résumer d'une manière
comparative les résultats obtenus par ces naturalistes et à les
compléter eu égard à l'archipel. La richesse de l'Asie tropicale
en produits spéciaux se rapproche de celle de l'Amérique méridionale, tandis que le monotone Soudan africain demeure bien
en arrière de ces deux continents. C'est dans le domaine des
moussons que le chiffre des espèces endémiques, proportionnellement à l'aire entière de la surface, est, à l'exception du Cap,
le plus considérable parmi toutes les flores de l'ancien monde.
D'après une estimation, à la vérité encore très-vague[60], la flore
indienne pourrait bien compter 20 000 espèces indigènes, dont
un quart à peine passerait à d'autres contrées. L'aire du domaine
des moussons est d'environ 150 000 milles carrés géographiques, et offre une étendue moitié moins considérable que celle
de l'Amérique tropicale ou de l'Afrique tropicale. Eu égard
à la proportion entre le nombre des espèces particulières et
l'étendue du continent, dans l'Amérique tropicale, le chiffre
des plantes endémiques ne paraît guère s'écarter beaucoup de
celui du domaine des moussons, et, dans les deux cas, il l'em-

même qu'il représenterait la totalité des espèces nouvelles dues à cet infatigable
explorateur ; mais les résultats de ses travaux acquerront bien d'autres proportions quand toutes les plantes phanérogames que renferment ses collections auront
été étudiées et publiées. Pour le moment, nous ne pouvons considérer comme
offrant un bilan définitif que la partie de ses collections relative aux Acotylédones
cellulaires. Or cette fraction des trésors encore non révélés suffit déjà pour
donner un résultat extrêmement remarquable, et presque inattendu, savoir : que
dans l'île de Bornéo, parmi les plantes caractérisées par des formes spéciales, figurent précisément les végétaux qui représentent le plus le caractère cosmopolite
ou ubiquiste, notamment les Acotylédones cellulaires ; d'ailleurs ce phénomène
acquiert encore plus d'importance quand on considère que c'est un territoire de la
province de Sarawak, inférieur en étendue à la France, qui a fourni à lui seul
165 nouvelles espèces de ces plantes (Mousses 13, Hépatiques 20, Lichens 105 et
Algues 27). — T.

porte sur celui de la zone tempérée. Le rapport opposé nous est fourni par l'Afrique, où la flore du Cap est de beaucoup plus riche qu'une aire tropicale quelconque de même étendue.

Toutefois la répartition des centres de végétation est fort différente dans l'Asie tropicale et dans l'Amérique tropicale. Dans les deux continents, la plus intime relation a lieu entre la variété des conditions climatériques déterminée par le relief du sol ; mais comme la migration des plantes est surtout favorisée par la continuité des continents, dans l'Archipel indien les centres primordiaux sont restés bien plus séparés que dans l'Amérique méridionale. Ainsi M. Miquel [61] trouve que parmi les végétaux de Sumatra, presque la moitié (46 p. 100) n'ont pas été constatés jusqu'à présent à Java. Dans l'Amérique tropicale on ne connaît de semblable séparation des plantes endémiques qu'à Cuba. Par contre, dans les deux péninsules indiennes, et notamment dans l'Hindoustan, les aires des espèces diverses ont bien plus d'étendue qu'elles n'en possèdent ordinairement dans l'Amérique méridionale, où à cause du relief du sol et de la position de la contrée des deux côtés de l'équateur, le climat se trouve subdivisé en sections plus tranchées. Les espaces qui, dans les Indes orientales, séparent des domaines climatériques analogues, sont moins vastes, et par suite ont pu être franchis plus aisément par la migration des plantes.

Dans l'Asie tropicale, la variété des espèces réunies dans le même espace restreint est rarement aussi grande qu'on aurait pu s'y attendre, à en juger par leur dissémination sur de vastes aires, ainsi que par la richesse de la flore ; toutefois il paraît que ce phénomène constitue le trait différentiel entre les pays tropicaux et les contrées les plus riches en plantes de la zone tempérée, et qu'il est en rapport avec la prédominance des végétaux ligneux, qui exigent trop de place pour que la proportion puisse être rétablie à l'aide des éléments forestiers mixtes et du nombre plus varié d'épiphytes. M. Hooker pense que, à l'exception du Khasia et de quelques autres pays montagneux, dans l'Inde continentale, il n'est peut-être pas de localité de 4 milles géographiques de diamètre, où l'on puisse trouver 2000 Phanérogames diverses ; ce qui, à en juger par Sumatra [61], s'applique probablement aussi à l'archipel boisé. Il considère Assam comme la plus riche contrée de l'Inde, parce que dans ce pays les végétations de l'Himalaya, du Khasia et du Bengale se trouvent réunies. Les districts arides sont naturellement encore plus pauvres que ceux placés sous un climat humide : M. Thomson admet que sur la même aire de 4 milles géographiques de diamètre, le Pundjab ne fournit guère que 800 espèces, et que parmi celles-ci la majorité consiste en herbes annuelles, qui ne se montrent qu'à l'époque des pluies. Partout les plaines, ainsi que les contrées à collines de l'Hindoustan, sont pauvres en plantes, et elles le seraient encore davantage si pendant la période pluvieuse on ne voyait se développer une masse d'herbages et d'herbes vivaces, qui, après tout, n'offrent que peu de variété tant dans l'Inde entière que plus haut dans les régions montagneuses (ex. : petites formes de Légumineuses, de Scrofularinées et d'Acanthacées). De même ces plaines ont reçu des latitudes plus élevées, par voie d'immigration, un nombre considérable de plantes, qui accompagnent les céréales d'hiver et fleurissent de concert avec celles-ci pendant les mois plus froids. Aucun de ces végétaux ne peut servir d'ornementation à la contrée, et M. Hooker est d'avis que généralement parlant, il y a peu de pays de la terre où la végétation soit moins belle et ait une durée de fleuraison aussi courte que dans les plaines de l'Hindoustan.

Or, comme non-seulement la contrée basse se déploie invariablement sur un espace considérable, mais qu'aussi les montagnes offrent une structure uniforme, les plantes à aire circonscrite font complétement défaut aux Indes orientales. Ici on ne saurait presque nulle part constater de centres de végétation : car même des contrées, telles que le Khasia et certaines parties de l'Himalaya, doivent leur richesse en plantes, pour la plupart, à la différence des stations resserrées sur un espace étroit, tandis que la majorité des espèces ont pu en même temps se répandre au loin, partout où elles trouvèrent des conditions analogues d'existence. On a cité plusieurs exemples qui prouvent que même des arbres sont possédés en commun par des contrées montagneuses lointaines : ainsi il paraîtrait que le

Rasamala de Java (*Altingia*) se présente également dans l'Assam, comme au Khasia plusieurs Chênes de cette île. Néanmoins des montagnes moins considérables et d'une structure particulière, telles que précisément le Khasia et les Nilgherries, paraissent posséder plusieurs formes qui leur sont propres. Mais si en général, par les vastes aires de leurs plantes, les pays montagneux présentent un même caractère que la contrée basse, il n'en est pas moins vrai que les limites altitudinales auxquelles se rattache chaque espèce en particulier favorisent davantage la séparation des centres. C'est la simple conséquence de ce que, dans les Indes, l'extension des plantes sur la terre ferme n'est soumise que presque aux seules conditions climatériques, et que ce n'est que dans l'archipel que les influences mécaniques acquièrent une plus grande importance. Certaines familles et formes végétales se trouvent limitées au sol incliné et descendent considérablement dans la région tropicale de l'Himalaya et des Ghauts (de 650 jusqu'à 975 mètres ou 2000-3000 pieds) sans toucher à la contrée basse elle-même, ce qui sans doute pourrait bien tenir à la nature de l'irrigation ou à la constitution diverse de la terre végétale. Au nombre des exemples on cite les essences résineuses (*Pinus longifolia*), ainsi que la forme de Laurier, les Magnoliacées, les Ternstrœmiacées, les Laurinées et les Rhododendrons.

La différence la plus importante entre la terre ferme et l'archipel consiste en ce que, dans ce dernier, chaque île en particulier, et surtout les plus grandes, ont conservé indépendants leurs centres de végétation ; cela se voit déjà à Ceylan et sur une bien plus vaste échelle encore, dans les grandes îles de la Sonde, parmi lesquelles, à la vérité, Bornéo et Célèbes sont encore peu connues, puis également dans les Moluques et les Philippines, lesquelles ne sauraient non plus être comparées qu'à l'aide d'explorations plus étendues qui font encore défaut [*]. Toutes ces îles, caractérisées par des formes organiques qui leur sont pro-

* Les données contenues dans ma note page 78 confirment parfaitement la supposition de l'auteur en tant qu'elle concerne Bornéo et même Ceylan. Quant à Célèbes, sa végétation ne tardera pas à nous être révélée par M. A. Beccari, qui a déjà fait

pres, sont d'origine volcanique, ou du moins leurs contours
littoraux ont été développés dans le courant de la période géologique actuelle par suite de soulèvements qui se continuent encore.
Bornéo et la Nouvelle-Guinée, les deux plus grandes îles du globe,
sont entourées d'un demi-cercle formé par des séries de volcans
actifs auxquels se rattache le domaine de dépression des îles
de coraux dans le Pacifique. Aussi loin que s'étend l'activité
volcanique ou que se présentent sur les côtes des bancs de coraux émergés, nous trouvons des centres de végétation qui, bien
que tous participant au caractère de la flore indienne, ne s'en
distinguent pas moins par les plantes endémiques que possède
chacune des îles depuis Sumatra et Java jusqu'à la Nouvelle-
Guinée. Par contre, dans les îles de l'océan Pacifique, en voie
de dépression, la flore est très-pauvre en produits endémiques
et provient pour la plupart de l'Asie. En opposition frappante
avec le groupe des îles Sandwich et la Nouvelle-Calédonie, on
n'a constaté dans le Pacifique, au delà de la Nouvelle-Guinée
et de la Nouvelle-Irlande, où la végétation indienne trouve son
terme, qu'un petit nombre de centres indépendants de végétation. Ce qui démontre que la flore de l'archipel de corail est
une flore immigrée et non répandue de cet archipel en Asie,
c'est la proportion exigüe qu'elle offre entre les espèces et les
genres, en vertu d'une loi que M. Hooker a été le premier à établir lors de son exploration des Gallapagos [2]. Dès lors il n'y a
pas lieu d'admettre que les dépressions constatées par M. Darwin à l'aide de la formation des coraux aient eu des proportions assez considérables pour détruire des continents entiers,
qui pourtant auraient dû laisser quelques restes de leurs créations organiques [3]. Dans les îles de la Sonde, on voit la richesse en produits spéciaux augmenter avec l'étendue des pays
soulevés.

La répartition des organismes dans l'archipel indien fournit
encore un autre problème, l'un des plus remarquables du domaine

connaître (*Nuovo Giorn. bot. ital.* vol. VI, p. 195) une curieuse Rubiacée nouvelle
de cette île : le *Myrmecodia celebica*. On fonde aussi de légitimes espérances sur
l'exploration prochaine de M. de la Savinierre, à laquelle se sont associés la plupart des phytographes européens par leurs souscriptions. — T.

obscur des centres de végétation. Tandis que partout, à l'exception du groupe insulaire de Timor, la flore est indienne, et que le caractère végétal de la Nouvelle-Guinée est décidément celui de Bornéo, la distribution des animaux se trouve subordonnée à des conditions complétement différentes, constatées par M. Wallace [1]. Les limites de l'extension de certaines formes animales sont déterminées par la profondeur de la mer qui sépare les îles les unes des autres. Une ligne rasant le fond profond de la mer et tracée à travers le détroit de Macassar entre Bornéo et Célèbes, à l'est de Java entre Bali et Lombok, et au nord entre les Moluques et les Philippines, sépare la faune indienne de la faune australienne, sans qu'il soit possible de découvrir une autre cause physique quelconque. Si l'on se figure les deux domaines soulevés à 195 mètres ou 600 pieds, la faune de l'Inde insulaire serait réunie à celle de l'Asie, et c'est de la même manière qu'à l'aide d'un banc australien peu profond, la Nouvelle-Guinée se trouve en connexion sous-marine avec la Nouvelle-Hollande *.

Ainsi donc, dans l'archipel indien, les limites des formes végétales et animales ne coïncident point. La végétation correspond à la loi des analogies climatériques, et la faune à celle des analogies dans le sens de l'espace **. Un vaste champ se trouve donc ouvert ici aux spéculations sur l'histoire physique de notre globe. Une légère immersion du sol suffit aux Darwinistes pour

---

* M. Peschel (*Gesch. der Erdk.*, p. 677) fait observer que la découverte pour le règne animal d'une ligne de démarcation tracée à travers les îles Banda et les Moluques appartient à M. Schlegel, qui l'avait signalée déjà en 1837 dans son ouvrage sur les Serpents; ce fait fut plus tard mieux précisé par M. Müller, et reçut enfin sa véritable consécration par M. Wallace. Sous ce rapport, l'éminent zoologiste anglais se trouverait donc, à l'égard de ses prédécesseurs, à peu près dans la même position que M. Darwin à l'égard de Lamarck, qui également eut le mérite de fournir les premiers germes d'une théorie si brillamment développée par le célèbre chef de notre école évolutionniste. — T.

** Bien que la remarquable loi constatée par M. Wallace n'ait trouvé jusqu'à présent son application qu'au règne animal, cependant, dans son travail intitulé *Die geogr. Verbreitung der Cruciferen und Gnetaceen*, M. Robert Brown a adopté la division de M. Wallace en tant que cela concerne les Conifères et les Gnétacées, et il admet en conséquence, pour ces végétaux, deux domaines botaniques : le *domaine indo-malais* et le *domaine austro-malais*. (Voy. Petermann, *Mittheil.*, 1872, t. XVIII, p. 41.) — T.

expliquer aisément l'origine des faunes dans ces îles, mais non
pas le caractère indien de la flore de la Nouvelle-Guinée, qui
exige des soulèvements bien plus considérables que ceux admis
pour rendre compte de l'origine des faunes, soulèvements capables de donner lieu à des périodes de pluies tropicales. Cette
hypothèse fait provenir les Marsupiaux endémiques à la Nouvelle-Guinée de ceux de l'Australie, postérieurement à la formation du détroit de Torrès, mais elle ne nous dit point comment
les Palmiers propres à la Nouvelle-Guinée ont pu être produits
par des genres indiens voisins. On aurait plus de droit à formuler une hypothèse différente, quoique également privée de
l'appui de faits solidement établis : c'est l'hypothèse fondée sur
la relation différente des végétaux et des animaux vis-à-vis du
monde extérieur. D'après leur organisation, les premiers sont
plus dépendants du climat, et les derniers de la végétation qui
leur sert de nourriture. Quand un fond de mer est converti en
terre ferme, le climat de celle-ci (indépendamment de la position géographique) se trouve déterminé par la configuration
des côtes et le relief du sol. Que les forces créatrices viennent
à s'y manifester, et aussitôt les formes produites s'adapteront
à la nature du climat. Depuis le continent malais jusqu'aux îles
de la mer australe, comme partout, ces formes correspondent
au climat actuel. Mais si nous admettons que dans une période
antérieure, la partie orientale de l'archipel ne possédait pas ses
montagnes et se rattachait à l'Australie, le climat australien a
pu s'étendre jusqu'à l'archipel, et avec le changement du climat
la végétation d'alors a dû également s'évanouir. Une nouvelle
flore apparut, mais la faune, étant moins dépendante du climat,
aura pu conserver plus longtemps ses anciens types. Peut-être
y aurait-il lieu de considérer la période actuelle comme se trouvant dans des conditions où les formes animales australiennes de
la Nouvelle-Guinée se trouvent en voie d'extinction, parce que les
forêts de jungles ne correspondent plus aux exigences de leur alimentation. Il y a toute apparence que l'activité créatrice ne se
manifeste qu'à de certaines époques et sur certains points de la
surface terrestre, et que pendant les longs intervalles de repos,
la nature ne s'attache qu'à la conservation des formes existantes

engagées dans leurs luttes. Dans la voie du développement géologique, la végétation doit toujours être considérée comme pré-
cédant les animaux qu'elle nourrit. A l'époque depuis laquelle
les montagnes et le climat humide de la Nouvelle-Guinée se sont
formés, aucune création de nouveaux Mammifères n'a eu lieu.
On n'a constaté dans cette grande île que peu de Marsupiaux et
presque pas d'autres Mammifères [64]. Mais dans d'autres classes
animales on a vu se produire des formes correspondant à la végétation actuelle, telles que les Oiseaux de paradis inconnus dans
l'Australie, et qui dans la Nouvelle-Guinée voltigent autour des
sommets des arbres de la forêt, en se cachant dans leur feuillage
pendant la chaleur de midi. De même, selon M. Jukes [s], les
Mollusques ne dépassent point le détroit de Torrès. Ayant
confirmé, par son exploration de la barrière-riff, l'abaissement
de l'Australie signalé par M. Darwin, il avait conclu que jadis
la Nouvelle-Guinée était réunie à la première, et que ce ne fut
qu'après la séparation de ces deux îles que les Mollusques se
répandirent le long de la ligne côtière nouvellement établie, notamment le type des Moluques le long de la côte de la Nouvelle-
Guinée, en face des espèces australiennes. Dès l'époque tertiaire,
le type actuel d'organisation de la Nouvelle-Hollande avait reçu
son empreinte définitive, tandis que les plantes endémiques
et les animaux de la Nouvelle-Guinée paraissent se rattacher
à une époque bien postérieure *.

Dans la flore de l'Inde, presque toutes les familles végétales
de notre globe sont représentées, et, ainsi que cela est ordinai-

---

* Nos connaissances de la végétation de la Nouvelle-Guinée sont encore très-
bornées, malgré les tentatives plus ou moins heureuses dont cette *terra incognita* a
été l'objet de nos jours, et qui se trouvent résumées dans *Petermann's Mittheilungen*, ann. 1874, vol. XX, p. 107, ainsi que dans le *Cosmos* de M. Cora, ann. 1873–
1874. Ce dernier recueil (ann. 1873, n° 5, p. 217) publie une lettre de M. Beccari (dont
les explorations botaniques de Bornéo, de la Nouvelle-Guinée, etc., non encore
complétement publiées, promettent d'importants résultats), dans laquelle ce botaniste reproche à la végétation de la Nouvelle-Guinée son extrême pénurie, en déclarant que les îles limitrophes, aussi bien que la Nouvelle-Guinée elle-même, ont
été pour lui un sujet de désappointement de plus en plus croissant : « La flore
déjà assez pauvre de la Nouvelle-Guinée, dit-il, le devient encore davantage (*pove-
rissima*) dans les îles qui en dépendent. » Pourtant c'est dans la Nouvelle-Guinée,
et seulement dans une minime fraction du littoral nord-ouest visitée par lui, que

rement le cas sous les tropiques, ces familles se trouvent plus régulièrement réparties que dans la zone tempérée. Les genres sont souvent riches, mais chacune des familles dominantes ne l'est pas dans la même proportion, en sorte que sous le rapport de leur étendue elles se trouvent en quelque sorte équilibrées. De même que dans les Indes occidentales, dans le domaine des moussons, les Légumineuses, les Rubiacées et les Orchidées constituent les familles les plus nombreuses : ce dernier domaine possède plus d'Urticées et moins de Synanthérées que les Indes occidentales. La diminution des Graminées et l'accroissement des Orchidées distinguent les contrées tropicales asiatiques de celles de l'Amérique et de l'Afrique. Peu de groupes sont exclusivement propres à la flore de l'Inde ou bien plus fortement représentés dans cette flore que dans d'autres, et quand cela a lieu, ils ne possèdent guère une étendue considérable. Les Aurantiacées et les Diptérocarpées paraissent toutes être originaires de l'Inde, de même que la plupart des Balsaminées. Au groupe des Aurantiacées n'appartiennent qu'environ 60 espèces connues, parmi lesquelles quelques-unes s'étendent jusqu'à la Chine et jusqu'aux îles de la mer du Sud ; peu d'entre elles ont été trouvées dans l'Australie tropicale ou en Afrique, sans avoir été observées en Asie. En fait de Diptérocarpées, on en connaît déjà au delà de 100 espèces, dont une seule est de la Sénégambie, toutes les autres étant limitées

---

M. Wallace (the Malaya Archipelago, vol. II, 262) signale une telle richesse dans le règne animal, que 250 espèces d'Oiseaux sont exclusivement propres à ce district circonscrit, et dans ce nombre figurent 14 espèces d'Oiseaux de paradis, dont on ne connaît jusqu'à présent que 18 espèces ; et comme les 4 espèces non exclusivement propres à la Nouvelle-Guinée ne se trouvent que dans les îles limitrophes et nulle part ailleurs, on peut dire que c'est au groupe insulaire de la Nouvelle-Guinée qu'est limitée la totalité des Oiseaux de paradis connus. Cette singulière disproportion qui semble se manifester dans la Nouvelle-Guinée entre les règnes animal et végétal, reproduirait donc le phénomène signalé dans le Thibet (voy. ma note, vol. I, p. 615), de même que dans le midi de l'Afrique, selon M. Mauch, dans la contrée comprise entre le Limpopo et le Zambèse. Ce serait exactement l'opposé de ce que, selon Buffon, présenterait l'Amérique, où le règne animal ne serait qu'un pâle reflet de l'ancien monde sous les rapports de la dimension et de la variété des espèces ; tandis qu'il est notoire que, quant au règne végétal, le nouveau monde est pour le moins l'égal de l'ancien sous tous les rapports. — T.

à l'Asie tropicale (deux genres propres à l'île de Ceylan, une à celle de Bornéo). Parmi 140 Balsaminées, 5 seulement se présentent dans la zone septentrionale tempérée, 20 en Afrique et à Madagascar, toutes les autres dans l'Asie tropicale et presque exclusivement sur la terre ferme. Le reste des familles dont le centre d'extension est indien, ont de même une étendue proportionnellement peu considérable : ce sont les Cyrtandracées, les Ébénacées, les Jasminées et les Myristicées.

Selon que le climat est sec ou humide, la succession des séries des familles prédominantes doit différer, cependant elle n'a pas encore été établie pour les pays à climat sec. Dans sa flore de l'archipel [65], M. Miquel a indiqué pour chaque famille le degré de sa richesse. Conformément à sa revue, qui peut être considérée comme l'expression de la zone équatoriale boisée, humidement chaude, mais qui cependant ne tient pas compte des Fougères, je réunis ici celles des familles (exprimées à 1 pour 100 du chiffre total des Phanérogames) qui dans sa flore contiennent au delà de 20 espèces : Légumineuses et Orchidées (presque 7 pour 100), Rubiacées (6-7), Urticées (5), Graminées (presque 5), Acanthacées, Synanthérées et Cypéracées (presque 3), Euphorbiacées, Laurinées, Mélastomacées et Myrtacées (2-3).

Les éléments non endémiques de la flore indienne se rangent d'après les connexions avec les contrées limitrophes.

La position de l'Himalaya en dehors des tropiques favorise l'immigration des végétaux du nord de l'Asie et de l'Europe. A l'aide d'une transition climatérique graduelle, l'Hindoustan nord-ouest se rattache à la flore des steppes et du désert, de même que par la régularité des saisons l'Inde se relie à la Chine. Dans tous ces cas, il a pu se produire un échange des plantes dans un sens ou dans un autre, sans que des obstacles mécaniques se soient opposés à leur migration.

Les relations à l'égard de l'Australie tropicale sont déjà plus éloignées ; mais comme la distance des côtes est peu considérable, on n'a pas lieu de s'étonner de voir un grand nombre de végétaux indiens figurer dans la flore du continent australien. La concordance aurait été encore plus prononcée, si le climat de l'Australie ne s'écartait pas d'une manière si particulière de celui de la plupart des îles rapprochées de l'archipel.

Entre le Soudan africain et les Indes orientales, il existe également une affinité intime des flores, bien qu'elles soient séparées les unes des autres par toute la largeur de la mer indienne ; cependant cette affinité se manifeste surtout par une certaine similitude de la physionomie et des formes végétales des deux contrées, ce qui s'explique aisément à l'aide des analogies climatériques que présentent leurs plateaux, mais pas autant par l'échange naturel opéré entre les plantes respectives. En effet, lorsqu'on élimine de la longue série des espèces possédées en commun, d'abord les satellites des végétaux cultivés, transplantés en majeure partie de l'Asie et de l'Afrique, puis les végétaux qui, tels que les plantes grasses, se trouvent en connexion directe par l'intermédiaire des contrées littorales de l'Arabie et de la Perse, le reste des végétaux dont la migration s'explique moins n'est que de peu d'importance, ainsi que nous le ferons voir en traitant du Soudan.

Ce qui est plus important, c'est un autre fait suggéré à M. Hooker par les collections que M. Low a rapportées du Kina-Balu, à Bornéo [66]. A une altitude considérable (2600 mètres ou 8000 pieds), on voit se présenter des genres de l'hémisphère austral, d'ailleurs étrangers à l'Inde, tels qu'une Conifère (*Phyllocladus*), une Magnoliacée (*Drimys*), et une Thymélée (*Daphnobrion*). Ils se trouvent tous représentés également dans la Nouvelle-Zélande : l'aire du *Drimys* embrasse les contrées plus froides de l'hémisphère austral, depuis l'Amérique jusqu'à l'Australie; les deux autres genres n'habitent, à l'exception de Bornéo, que la Nouvelle-Zélande et la Tasmanie, et même ici, particulièrement les régions de montagnes. Au reste, des phénomènes analogues, ou du moins comparables, ne font pas non plus défaut aux montagnes des autres îles de la Sonde. C'est ainsi qu'à Java et encore plus nettement à Sumatra [68], se trouvent représentés les Leptospermes (*L. floribundum*) et les Épacridées (*Leucopogon*) de la Nouvelle-Hollande : seulement ici le retour des mêmes genres dans des contrées lointaines a quelque chose de moins frappant que sur le Kina-Balu, parce que dans les îles de l'archipel, des types australiens, tels que Myrtacées et Casuarinées, se présentent plus fréquemment dans des stations convenables.

Toutefois ce qu'il s'agit d'expliquer ici, ce n'est point une migration vers le Kina-Balu, puisque les espèces des genres sus-mentionnés, diffèrent de celles de la Nouvelle-Zélande et sont d'une nature endémique, mais seulement le fait que sous des conditions climatériques semblables, on voit se reproduire. des organisations à structure particulière, dont certaines espèces se trouvent séparées les unes des autres par de grands espaces intermédiaires. Ce phénomène semble être en contradiction avec la loi en vertu de laquelle les organismes deviennent d'autant plus semblables que les centres où ils se sont produits se trouvent géographiquement rapprochés. Les aires de beaucoup de genres peuvent être comparées à des cercles, ou d'autres figures géométriques, dans le centre desquels les espèces s'accumulent en s'évanouissant à leur périphérie. Toutefois ces cercles sont de dimensions inégales ; ils peuvent être limités à un petit archipel comme aussi embrasser presque le globe tout entier, et alors, dans l'intérieur du cercle, la distribution de chaque centre tient aux influences climatériques. C'est ainsi que grâce à l'uniformité des basses températures, les montagnes de la Nouvelle-Zélande et de Bornéo se trouvent, pendant la majeure partie de l'année, reliées par l'analogie de l'uniformité de leurs températures. Plus rares sont déjà les cas où un genre embrasse les deux hémisphères, parce que l'hémisphère austral a sur l'hémisphère boréal l'avantage d'un développement prédominant du climat marin. Dans le premier, les montagnes équatoriales peuvent offrir plus aisément des points de contact : c'est ce qui a précisément lieu à Bornéo, où les genres sus-mentionnés, appartenant à des latitudes plus méridionales, se rencontrent avec les Rhododendrons des latitudes plus septentrionales. Cependant l'extension des Rhododendrons est encore bien plus considérable, parce que chaque espèce de ce genre possède la propriété de réduire dans des proportions différentes la période de son développement. A partir de la Laponie et de la zone arctique, ce genre ne trouve son terme qu'en deçà de l'équateur, à Java, à l'instar du *Drimys* qui s'étend depuis le détroit de Magellan jusqu'au Kina-Balu *.

Dans un travail important sur l'âge des dépôts de l'Inde renfermant des plantes fossiles, ainsi que sur l'existence d'un ancien continent indo-océanique (*On the age and correlations of the plant-bearing series of India, and the former existence of an Indo-oceanic Continent*, in *Quart. Journ. of the Geol. Soc.*, ann. 1875, vol. XXXI, part. iv, p. 519), M. H. F. Blanford passe en revue les considérations développées par d'autres savants et celles qu'il y a ajoutées lui-même, tendant à démontrer que les restes végétaux contenus dans les terrains secondaires de l'Inde (permien, triasique et jurassique), qu'il croit en majeure partie d'origine lacustre, offrent une grande ressemblance avec les végétaux fossiles de l'Australie et de l'Afrique méridionale, ressemblance qui se trouve reproduite par celle qui existe aujourd'hui entre la faune respective de ces contrées. M. Blanford résume de la manière suivante les conclusions auxquelles pourraient donner lieu ses nombreuses études : 1. Les dépôts de l'Inde à restes végétaux datent depuis le commencement du terrain permien jusqu'à la fin du terrain jurassique. — 2. Pendant les premières époques du terrain permien, aussi bien que dans le cours de l'âge postpliocène, un climat froid a dû régner jusqu'aux basses latitudes. Avec le décroissement du froid, la flore, comme la faune, de l'époque permienne se trouvait répandue en Afrique, dans les Indes et peut-être en Australie, ou bien la flore a pu exister en Australie à une époque un peu plus ancienne, et de là se sera répandue plus tard davantage. — 3. Pendant la période permienne, l'Inde, l'Afrique méridionale et l'Australie se sont trouvées rattachées entre elles par un continent indo-océanique ; les deux premières contrées restèrent réunies (à quelques courtes interruptions près) jusqu'à la fin de la période miocène. — 4. La position de ce continent indo-océanique a été indiquée par la série de bancs de coraux qui existent aujourd'hui entre la mer Arabique et l'Afrique occidentale. — 5. Jusqu'à la fin de l'époque nummulitique, aucune connexion directe (excepté peut-être pendant des périodes très-courtes) n'avait existé entre les Indes et l'ouest de l'Asie. — T.

PIÈCES JUSTIFICATIVES

ET ADDITIONS

VI. DOMAINE INDIEN DES MOUSSONS

1. WALLACE, *Physical Geography of the Malay Archipelago (Journ. Geograph. Soc.*, p. 225) développé plus en détail dans son *Malay Archipelago*, 1869.

2. KRECKE, *Waarnemingen te Padang (Meteor. waarnem. uitgegeven door het Nederlandsch meteor. Inst.*, 1837, p. 322).

3. Époques de pluie dans le domaine des moussons (voy. ci-contre, pages 94-97).

4. HOOKER et THOMSON, *Flora indica*, I, p. 37.

5. SCHLAGINTWEIT, *Reisen in Indien und Hochasien*, I, 101.

6. HOOKER et THOMSON, *loc. cit*, I, 161, 191.

7. WALLACE, *loc. cit.*, p. 224, et *Malay Archipelago*, I, 310. — Les formes arborescentes australiennes à Timor sont : *Eucalyptus obliqua, E. alba; Acacia quadrilateralis.*

8. JUKES, *Voyage of H. M. S. Fly*, I, p. 157 (*Jahresb.*, ann. 1847, p. 51).

9. HINDS, *The Regions of vegetation* (dans Belcher, *Voyage round the World*, II, 384, in *Jahresb.*, ann. 1842, 432).

10. BENNETT, *Whaling Woyage*, I, 159 (*Jahresb.*, ann. 1844, p. 83).

11. Parmi les grandes familles tropicales dominantes figurent les suivantes (les chiffres ci-joints se rapportent aux évaluations numériques des espèces connues, d'après MM. Bentham et Hooker, pour ce qui regarde les Polypétales).

Anonacées (400), Myristicées (75), Ménispermées (80), Capparidées (300), Bixinées (y compris les Samydées et Passiflorées 560), Euphorbiacées (4000); Amarantacées (420), Nyctaginées (100), Malvacées (y compris les

TABLEAU DES ÉPOQUES DE PLUIE DANS LE DOMAINE DES MOUSSONS

	MOIS PLUVIEUX.	MOUSSON DE LA SAISON PLUIE.	TEMPÉRATURE.	VAPEUR AQUEUSE.	PRÉCIPITATION.	CARACTÈRE VÉGÉTAL.
I. Zone septentrionale et zone des tropiques.						
1. Plaine de l'Indus jusqu'au Gange supérieur (Pendjab-Bundelkund) 33° – 24° lat. N. (Hooker, *Flora indica*, I, p. 157, 160; Schlagintweit, *Results*, IV, p. 238, 299).	3 à 4 1/2 mois (été), mi-juin jusqu'à octobre (septembre, août). Précipitation diminuant en force et en durée dans la direction de l'ouest et du sud-ouest (pluies seulement passagères en hiver).	S.-O.	Saison chaude: mars jusqu'à juin ; saison fraîche : novembre jusqu'à février, prolongée dans la direction du nord-ouest (mi-octobre jusqu'à mars). Été, 31°,2 ; hiver, 12°,7 ; janvier, 10°.	Sec.		Buissons épineux (forme des Mimosées).
Par exemple: Lahore, 31° 30' lat. N. (Schlagintweit, *loc. cit.*, p. 287); Saharanpour, 30° lat. N.; alt. 325 mètres ou 1000 pieds (Schlagintw., *Reise*, I, p. 331).	Juin-août.		Janvier, 13°,1.			
2. Plaine du Gange jusqu'au Bengale et Chittagong, 27°-22° lat. N. (Hooker, *loc. cit.*, p. 164; Schlagintw., *Results, loc. cit.*, p. 189).	4 1/2 à 5 mois (été), de juin à octobre. Des brouillards et des précipitations également pendant les autres mois, rarement au printemps.	S.-S. E.	Saison chaude au printemps ; température devenant plus uniforme dans la direction du sud-est. Températ. annuelle, 25°,0 ; janvier, 18°,7 ; mai, 29°,5.	Humide.	1m,69 – 2m,71	Pays découvert cultivé, végétation toujours verte.
3. Assam, 27°-26° lat. N. (Schlagintw., *Reisen*, I, p. 431-434).	8 mois (été): mars-octobre; hiver.	O. (avec contre-vents) relief.	Été, 27°,0, hiver, 16°.	Humide.	2m,11–2m,71	Jungles forestières.
4. Plateau de Khasia, 26°-25° lat. N.; alt. 1300-1950 mètres (4000-6000 pieds); température et précipitation mesurées à Cherra Pundji, 1366 mètres (Schlagintw., *Results*, IV, p. 180, caractère végétal d'après M. Hooker, *loc. cit.*, p. 235).	6 1/2 mois : avril jusqu'à la mi-octobre (renforcés en été). Précipitation toutes plus que partout ailleurs, mais presque défaut aux autres mois, sauf rosée dans les vallées profondes.	S.	Été, 20°; hiver, 12°,9.	Humide.	16m,94 – 16m,08.	Riche mélange de jungles équat. et de jungles, humides abondantes ou Palmiers, ainsi que des formes de l'Himalaya dans la région sup. Broussailles.
5. Ava, 22° lat. N. (Hooker, *loc. cit.*, p. 217 ; température d'après Schlagintw., *Results*, IV, p. 492).	Faible période pluvieuse à cause (à cause des montagnes qui entourent la plaine).	S.-O.	Été 28°,7 ; hiver 20°,5.	Sec.		
6. Tonkin, 22°-8° lat. N. (Crawfurd, *Embassy to Siam*, II, p. 256).	4 mois (été) : mai-août.		Différence considérable entre les températures estivales et hivernales.			
II. Zone des deux péninsules indiennes.						
1. Côte occidentale de l'Hindoustan, 20° à 0° lat. N.						
A. Concan, 20°-13° lat. N. (Hooker, *loc. cit.*, p. 120).	4-5 mois (été), juin (mai) jusqu'à octobre.	S.-O.	Uniforme.	Humide.	2m,11 – 2m,71 (dans les Ghauts, 6m,75).	Pays cultivé.
Par exemple : Bombay, 19° lat. N. (Schlagintw., *Results*, IV, p. 383).			Printemps, 28°,1; hiver, 24°,3. Tempér. annuelle, 20°,8.			
B. Malabar, 13°-8° lat. N. (Hooker, *loc. cit.*, p. 120).	6-7 1/2 (été), mi-mars (mai) jusqu'à octobre. Pluie diminuant dans la direction N.; pluies non dépourvues de précipitations.	S.-O.	Uniforme ; température annuelle, 27°,5.	Humide.	Au delà de 2m,71 (Travancore 9° lat. N., seulement 1m,2).	Jungles forestières.

	MOIS PLUVIEUX.	MOUSSON DE LA SAISON HUMIDE.	TEMPÉRATURE.	VAPEUR AQUEUSE.	PRÉCIPITATION.	CAR VÉG
C. Côtes occidentale et méridionale de Ceylan, 10°-6° lat. N. (Schlagintw., *Reisen*, I, p. 204).	8 mois : mai-décembre (pluie fine en été), les autres mois non compris exempts de pluie.	N. E.	Uniforme.	Humide.		Jungles f
2. Plateaux centraux (Babar, Berar, Deccan, Mysore), 25°-10° lat. N.; alt. 650-1300 mètres, ou 2000-4000 pieds (Hooker, *loc. cit.*, p. 134, 137; Schlagintw., *Reisen*, I, p. 123).	3 mois : juin-août (faible pluie d'été).	S. O.	Uniforme.	Sec.	0ᵐ,57--1°,03.	Pays co pucés dés sous, fôi pentes d plus co sur le ve
3. Côte orient. de l'Hindoustan (Coromandel),22°-6°1. N.						Jungles f
A. Orissa, 22°-16° lat. N. (Hooker, *loc. cit.*, p. 131).	Pluie en été, précipitations moins considérables en hiver.	E. côté, en hiver, tous ments de mer E.	Uniforme.	Humide.		
B. Carnatic, avec côtes septentrionale et orientale de Ceylan, 16°-6° lat. N. (Hooker, *loc. cit.*, p. 131).	2 1/2 (automne) : mi-octobre (commencement de novembre) jusqu'à décembre; précipitations peu considérables en été.		Uniforme.	Sec à l'exception de l'hiver.	1ᵐ,21.	Brou
Par exemple : Madras, 13° lat. N. (Schlagintw., *Reisen*, I, p. 135).			Température annuelle 27°,5. Janvier, 24°,3; juin, 8.30°,			
4. Côte occidentale de l'Inde postérieure, 22° à 2° lat.N.						
A. Arracan, Pegu et Tenasserim, 22°-13° lat. N. (Hooker, *loc. cit.*, p. 245).	7 mois (été) de mai à novembre.	S. O.		Humide.	4ᵐ,87-5ᵐ,68 (à Rangoun à cause de l'inflexion de la côte, seulement 2ᵐ,29).	Jungles f
B. Malacca, 13°-2° lat. N. (Hooker, *loc. cit.*, p. 251).	Pluie pendant tous les mois. Précipitations en été (à l'abri des montagnes) moins fortes qu'en hiver.	et S. O., deux vents	Très-uniforme. Température annuelle, 26°,2.	Humide.	1ᵐ,02--3ᵐ,24.	Jungles f Jungles f
5. Siam, avec les côtes occidentale et méridionale de Cambodja et de Cochinchine, 20° à 9° lat. N. (Crawfurd, *loc. cit.*, II, p. 168; Mouhot, *Travels in Indo-China*, II, p. 187; Schlagintw., *Results*, IV, 423).	6 mois à Bangkok, 14° lat. N. (été), mai-octobre; précipitations isolées aussi en septembre. 4 mois à Saïgon, 11° lat. N. (été) : juin à septembre.	O.	Uniforme; époque la plus chaude au printemps. A Bangkok, janv., 24°,9; avril, 29°.	Humide.		
6. Côte orientale de la Cochinchine, 18° à 12° lat. N. (Crawfurd, *loc. cit.*, p. 256).	5 mois (hiver) : fin octobre jusqu'à mars.	N. E.	Hiver frais à cause de la période pluvieuse. Extrêmes de tempér., à Hué (16° lat. N.) 30°,3 et 13°,7.	Sec en été, humide en hiver.		
III. Archipel indien.						
1. Zone insulaire septentrionale, 19°-3° lat. N.: par exemple, Manille, 14° 30' lat. N. (Meyen, *Reise um die Erde*, II, 281; température d'après M. Dove dans *Berl. Abh.*, 1852, p. 230).	6-7 mois (été) : mai-octobre (juillet).	S. O.	Uniforme. Janvier 25°, avril, 27°,5.	Humide.		Jungles f
2. Zone équatoriale, 3° lat. N. jusqu'à 3° lat. S.: par exemple : Palembang à Sumatra, 3° lat. S. (Miquel, *Flora sumatrens.*, p. 15, 20).	Pluie pendant tous les mois. Maximum des précipitations quelque temps après la position zénithale du soleil.	N. E. de l'équ. S. E. de l'équat.	Très-uniforme. Janv., 26°,5; mai et septembre, 27°,2.	Humide.		Jungles f
3. Zone insulaire méridionale, 3°-10° lat. S.	Pluie pendant tous les mois, mais avec accroissement des précipitations (mousson) de décembre à mars (été); décroissement de juin à septembre (hiver).	et O.	Uniforme.Température annuelle à Batavia, 25°,6; novembre, 23°,7; mai, 26°,2.	Humide.		Jungles res, im parfois p vanes.
A. Java, 6°-8° lat. S. (Junghuhn, *Java*, p. 162; température de Batavia d'après les *Temperaturtafeln* de M. Dove).						
B. Timor, 8°-10° lat. S. (Wallace dans *Journ. Geogr. Soc.*, XXXIII, p. 224).	3 mois (été) : décembre jusqu'à février. Précipitations augmentant graduellement dans la série insulaire jusqu'à Java.	O.		Sec de mars à novembre.		Bois cl à caracte lieu.
C. Moluques et côte S. O. de la Nouvelle-Guinée, 3°-5°, lat. S. (Wallace, *loc. cit.*, Sal Müller, *Bijdragen tot de Kenniss van Nieuw Guinea*; *Reisen*, I, p. 42.	Pluie pendant tous les mois : accroissement des précipitations depuis mars jusqu'à septembre (hiver) avec intervalles irrégulières dans le sens géographique.	E.	Uniforme.	Humide.		Jungles f

T. II.

Bombacées, Sterculiacées, Buettnériacées et Tiliacées) (1450), Diptérocarpées (112), Ternstrœmiacées (260), Guttifères (230), Malpighiacées (580), Sapindacées (650), Méliacées (270), Aurantiacées (60), Simarubées (112), Ochnacées (140), Ampélidées (250), Ilicinées (150), Urticées (1500), Pipéracées (700), Térébinthacées (Anacardiacées et Burséracées) (600), Connaracées (140), Chrysobalanées (170), Myrtacées (1800), Mélastomacées (1800), Lythrariées (250), Rhizophorées (50), Combrétacées (240), Vochysiacées (100), Laurinées (930), Cucurbitacées (470), Cactées (1000), Bégoniacées (350), Aristolochiées (200), Araliacées (340), Olacinées (170), Loranthacées (600), Rubiacées (3700), Myrsinées (400), Sapotées (200), Styracées (140), Ébénacées (180), Apocynées (800), Asclépiadées (1000), Convolvulacées (750), Solanées (1200), Bignoniacées (600), Acanthacées (1500), Gesnériacées (500), Verbénacées (700), Aroïdées (700), Palmiers (600), Commélynées (300), Smilacées (300), Dioscorées (80), Broméliacées (500), Scitaminées (500).

Les plus remarquables exceptions à l'extension de ces familles au travers de toutes les contrées tropicales consistent en ce que les Vochysiacées, les Cactées et les Broméliacées se présentent comme étant originairement limitées à l'Amérique seule, de même que les Diptérocarpées et les Aurantiacées (à peu d'exceptions près) à l'Asie.

12. ZOLLINGER, *Verzeichniss der im indischen Archipel gesammelten Pflanzen*, fascicule III, p. 44, 40, 23 et 30.

13. Le Bengale a par mille géographique carré plus de 3000 habitants; la province nord-ouest de la plaine du Gange 5400, Java 5600. (Behm *Geogr. Jahrb.*, I, p. 66 et suiv.)

14. MIQUEL, *Flora Indiæ batavæ*, III, 50, 768.

15. HOOKER et THOMSON, *Flora indica*, I, 162. Parmi les quatre Palmiers de haute taille du Carnatic sur la côte de Coromandel, un *Phœnix* seul est indigène (*ibid.*, p. 133); on cultive les *Cocos*, *Borassus*, et l'*Areca Catechu*. Quant à Orissa (*ibid.*, p. 142), M. Hooker fait observer qu'on y voit l'*Arenga saccharifera* et peut-être le *Caryota*, mais guère d'autre Palmier. La culture du Cocotier sur le plateau de Mysore se trouve constatée dans le même ouvrage (p. 137).

16. DARWIN, *Journal of Researches*, éd allemande, II, 234.

17. JAGOR, *Singapore, Malacca, Java*, p. 180.

18. RICHTHOFEN (Petermann, *Mittheil.*, ann. 1862, p. 421).

19. R. BROWN, *Pflanzen von Congo* (*Vermischte Schriften*, I, 302).

20. DE CANDOLLE, *Géographie botanique*, p. 923.

21. JUNGHUHN, *Java*, I, 342; II, 571; I, 308, 425, 257, 320, 218 (*Jahresb.*, ann. 1852-53-55-54).

22. MEYEN, *Reise um die Erde*, II, 266.

23. MOHL (*Botanische Zeitung*, XXVII, 10). Le principe de concentration en vertu duquel des points de végétation deviennent actifs là où il y a accumulation de séve plastique, avait déjà été constaté précédemment à l'occasion de la formation de racines sur les branches coupées des greffes (De Candolle, *Physiol. végétale*, p. 162). A la suite des belles études de M. Hanstein, il y a lieu d'admettre que la gravitation, qui pousse la séve verticalement de haut en bas, a encore ici sa part d'action; cependant de telles concentrations peuvent également se produire dans d'autres directions de développement.

24. JUNGHUHN, *Reisen in Java*, dans Lüdde, *Zeitschrift für vergleichende Erdkunde*, II, 358 (*Jahresb.*, ann. 1843, p 48, et ann. 1844, p. 53, 55).

25. REINWARDT, *Ueber den Character der Veget. des ind. Archipels*, p. 9 (*Naturforscherversammlung* de Berlin, ann. 1828).

26. *Parliamentary Papers for* 1858, d'après Peterm. *Mitth.*, ann. 1859, p. 33, avec une carte de l'extension des forêts de Sal et de Teck, ainsi que des végétaux cultivés dans les Indes.

27. Les forêts de Teck font défaut à l'humide climat équatorial de Bornéo, d'après Spenser Saint-John (*Life in the forests of the far East*, II, 243), comme aussi à Sumatra d'après M. Miquel (*Flora sumatrana*, p. 94).

28. JUNGHUHN, *Java*, 251, 247, 403, 320, 373, 212.

29. Parmi les Conifères de l'archipel indien, le *Dammara alba* et la majorité des Podocarpes correspondent à la forme de l'Olivier, et le *Podocarpus latifolia* (de même que le *Gnetum* voisin des Conifères) à la forme de Laurier; les feuilles aciculaires proprement dites appartiennent aux *Podocarpus cupressina* et *Dacrydium*.

30. KITTLITZ, *Vegetations-Ansichten von Küstenländern und Inseln des stillen Oceans*, pl. 6, 8 et 15. En fait d'autres formes de végétation des Carolines et des Mariannes, on y trouve figurés les Palmiers (pl. 9, 16), les Cycadées (pl. 11), le Pisang (pl. 7), les Pandanées (pl. 10, 11, 12, 15), les Fougères arborescentes (pl. 16), les Mangliers (pl. 5), les Banyans (pl. 6), l'Arbre à pain voisin de la forme des Bombacées (pl. 10); de plus, les Aroïdées (pl. 7), la forme d'*Agave* (pl. 11 et 12), les Graminées des savanes et les Casuarinées (pl 13), les Fougères herbacées (pl. 5, 6, 8).

31. Le genre endémique *Cardiopteris* est ordinairement placé dans la proximité des Olacinées, mais je crois néanmoins reconnaître son affinité plus grande avec les Hydrophyllées.

32. HOOKER, *Himalayan Journal*, I, 166; II, 322; I, 100, 377.

33. Parmi les végétaux les plus fréquents sur les versants septentrionaux

des plateaux centraux de l'Hindoustan, M. Hooker mentionne deux Aurantiacées réduites à l'état de broussailles (*Feronia* et *Ægle*), dont le feuillage rappelle le *Pistacia Lentiscus* du midi de l'Europe (*ibid.*, 1, 25), d'autres éléments constitutifs des buissons de jungles (*ibid.*, p. 31).

34. De concert avec d'autres espèces dont M. Low a distingué à Bornéo plus de 20, le *Nepenthes Rajah* a été décrit et figuré par M. Hooker dans les *Transactions of the Linnean Soc.*, t. XXII, p. 419. Quant aux détails relatifs aux Népenthées observées sur le Kina-Balu, voyez Spenser Saint-John, *loc. cit.*, I, 227, où les figures données par M. Hooker se trouvent également reproduites.

35. Le terme de marais diluvien employé par moi précédemment pour désigner le dépôt de terres végétales fertiles sur le bord méridional des plaines baltiques (voy. *Vegetationslinien des nord-westlichen Deutschlands*) m'a semblé applicable au Teraï, parce que la formation de cette bande de terre a été également rattachée à la côte d'une mer qui recouvrait la contrée basse du Gange à une période géologique plus ancienne. Dans ce marais, les matériaux sont de même fournis par les cours d'eau dont le dé-tritus doit être évalué comme ayant été bien plus considérable qu'aujourd'hui. Dans l'Himalaya, ils ont excavé leur lit plus profondément que partout ailleurs, attendu que le mouvement de l'eau et des substances qu'elle charrie est toujours en rapport avec les dimensions du massif montagneux. A cette occasion, qu'il me soit permis de faire observer qu'en admettant la décroissance d'une montagne en hauteur comme une conséquence des ablations opérées par l'action de l'eau courante pendant un laps de temps incommensurable, on se trouve à même d'expliquer une série de phénomènes dont ordinairement on ne se rend compte qu'à l'aide de changements climatériques étendus sur la surface du globe entier, tels que réduction des précipitations, abaissement du niveau des rivières, retraite des glaciers et diminution du volume des galets qui se meuvent de haut en bas. Tant que les traces de glaciers constatées sur la majorité des montagnes de notre globe ne se retrouveront point dans le nord de l'Asie, l'hypothèse d'une période glaciaire universelle devra être repoussée, ainsi que M. Baër l'avait déjà fait observer. Par contre, ce cas constituant une exception à un phénomène très-répandu serait aisément explicable, si l'on admettait que le soulèvement de l'Oural et de l'Altaï n'avaient à aucune époque porté ces montagnes à l'altitude qu'exige l'extension des glaciers à un niveau profond.

36. HOOKER et THOMSON, *Flora indica*, I, 192, 194, 177.

37. THOMSON, *Western Himalaya and Tibet*, p. 23 (*Jahresb.*, ann. 1852, p. 42 ; *Journal of Horticult. Soc.*, IV; *Jahresb.*, ann. 1853, p. 12).

38. Hooker et Thomson, loc. cit., I, p. 180. Hooker, Himalayan Journals, I, p. 102, 104; cf. Jahresb., ann. 1849, p. 40 et 42.

39. Hooker, Himal. Journ., II, 419; Flora indica, I, 179.

40. Hooker, Private Letters (Journ. of Botang, II, 59; Jahresb., ann. 1850-51).

41. Hooker, Himal. Journ., II, 267, 280, 439, 257; I, 885, 161, 239: les dépôts formés pendant l'hiver par la neige au Népaul furent observés à Yangma à une altitude de 4125 mètres (12 700 pieds).

42. Junghuhn, Java, I, 153, 156; et Battaländer auf Sumatra (cf. Miquel, Flora sumatrana, p. 25, 32).

43. La limite des neiges perpétuelles sur le versant indien de l'Himalaya a été déterminée par M. Schlagintweit en moyenne à 4905 mètres ou 15 100 pieds. (Voyez notre premier volume, Domaine des steppes, note 79.)

44. Sal Muller, Reisen in den indischen Archipel, I, 18.

45. Le Semeru a été mesuré barométriquement par M. Junghuhn (Java, I, 67), et le Kina-Balu par sir E. Belcher (Spenser Saint-John, Life in the forests of the far East, I, 360), trigonométriquement.

46. Junghuhn, Java, I, 342, 405, 158, 151.

47. Hooker, Himal. Journals, II, 438 et 181. Parmi les Rhododendrons du Sikkim mentionnés ici, celui qui possède la plus longue période de végétation est le R. argenteum (2600-2925 mètres ou 8000-9000 pieds): fleuraison en avril, maturation du fruit en décembre. La plus courte période de végétation est celle du R. nivale (5197-5522 mètres ou 16 000 - 17 000 pieds) : fleuraison en juillet, maturation du fruit en septembre.

48. Thomson (note 37, Jahresb. ann. 1853, p. 12). La température moyenne des régions est exprimée ici en chiffres ronds d'après les explorations de M. de Schlagintweit (Temperaturstationen in Hochasien, dans le Bericht der Bayer. Acad., ann. 1865, tabl. II). Les données sur la limite altitudinale de formes de plantes tropicales dans la zone tempérée sont empruntées aux ouvrages de M. Hooker (les pieds anglais toujours exprimés en pieds français et en chiffres ronds) : Palmiers-lianes (Himal. Journ. I, 143); Fougères arborescentes (ibid., I, 110, 144); Pisang (Fl. indica, I, 180); Laurinées (Him. Journ. I, 162); Magnoliacées et Orchidées atmosphériques (ibid., I, 166); Bambous (ibid., I, 155); Chênes (ibid., I, 187).

49. Perrottet (Ann. sc. nat., XV; Jahresb. (ann. 1846, 41).

50. Korthals (Nederl. Kruidk. Archief, I; Jahresb. (ann. 1846, 41). Les limites altitudinales du Pinus Merkusii, d'après M. Miquel, Fl. sumatrana, p. 87.

51. Spenser Saint-John, loc. cit., I, 365.

52. JUNGHUHN, *Java (Jahresb.*, ann. 1852, 47). Dans l'ouvrage de M. Junghuhn les données thermométriques se trouvent déjà jointes à ses régions végétales.

53. SEMPER (*Zeitschr. für Erdkunde*. Nouvelle série, vol. XIII, 81).

54. JACQUEMONT, *Voyage dans l'Inde*, II, 130 ; *Jahresb.*, ann. 1844, 50.

55. GRISEBACH, *Die Gramineen Hochasiens (Nächrichten der Göttinger Gesellschaft der Wissensch.*, 1868, p. 69). La question de savoir si dans la région alpine de l'Himalaya l'air est trop sec pour les Graminées se trouve écartée par une observation, en vertu de laquelle ce ne sont que les cols tibétains qui arrêtent les vapeurs aqueuses s'élevant du fond des vallées indiennes. Dans le texte, j'ai essayé de donner une autre explication de la pauvreté de la végétation alpine, en la déduisant de la structure du massif montagneux.

56. SCHLAGINTWEIT, *Reisen in Indien*, I, 280. La profondeur de l'excavation des vallées atteint dans les montagnes souvent « des milliers de pieds ».

57. THOMSOM, *London Journ. of Bot.*, VII, et Hooker, *Journ. of Bot.*, I ; *Jahresb.*, ann. 1848, p. 385.

58. HOOKER, *Himalayan Journals*, II, 281.

59. MIQUEL, *Flora sumatrana*, p. 38, 35.

60. HOOKER et THOMSON, *Flora indica*, I, 90 et suiv. M. Hooker évalue la flore du domaine qu'embrasse son *Flora indica* à 12-15000 espèces ; ses collections, ainsi que celles de M. Thomson, contiennent à elles seules 8000 espèces, autant que les herbiers brésiliens les plus riches formés par des voyageurs isolés. Dans la flore de l'archipel de M. Miquel se trouvent distingués environ 9800 Phanérogames (9118 d'après l'énumération donnée dans le *Flora Ind. batav.*, III, 778, chiffre auquel il faut ajouter environ 700 Phanérogames cités dans son *Flora sumatr.*). Si d'après la mesure de son évaluation, on en retranche la quatrième partie des espèces dont l'aire d'habitation embrasse le continent, et que j'évalue d'après les grandes familles, il faudrait ajouter 7350 Phanérogamés aux chiffres susmentionnés de M. Hooker, ce qui porterait le plus grand total à environ 20 000 espèces. D'un autre côté, en ne tenant point compte des éléments non endémiques (évalués à un quart de la somme totale), il resterait 15000 espèces pour 150 000 milles géographiques carrés. Une telle proportion (une espèce endémique en raison de 10 milles géographiques carrés) ne le céderait pas de beaucoup à celle que nous présente l'Amérique tropicale, bien que deux fois plus étendue.

61. MIQUEL, *Flora sumatrana*, p. 279. Sur les 2642 Phanérogames constatés par l'auteur à Sumatra, 1049, d'après ses recherches, n'ont pas été

retrouvés dans l'île de Java. L'étendue de Sumatra est de 8100 milles géographiques ; celle de Java avec Madera, de 2450.

62. HOOKER, *Transactions of the Linnean Soc.*, XX ; *Jahresb.*, ann. 1846, p. 60.

63. DARWIN, *Journal of Researches*, édit. allemande, II, p. 248. Ce qui s'oppose d'ailleurs à l'admission d'un continent immergé dans le Pacifique, c'est notamment le fait que les riffs des lagunes ne sont composés de calcaire formé par les coraux que jusqu'à une profondeur de 390 mètres (1200 piéds), et que dans la proximité immédiate de ces riffs la mer est souvent d'une profondeur indéterminable.

64. S. MÜLLER, *loc. cit.*, I, 28. Ce voyageur n'a pu constater dans la Nouvelle-Guinée que 6 Marsupiaux et aucun autre Mammifère. M. Wallace (*the Malay Archipelago*, II, 428) en réunissant la Nouvelle-Guinée et les îles limitrophes, compte 17 Mammifères, parmi lesquels se trouvent 14 Marsupiaux (en dehors de ceux-ci seulement 2 Chauves-souris et un Cochon).

65. MIQUEL, *Flora Indiæ batav.*, III, 768.

66. HOOKER, *Icones plantarüm*, vol. X, et *Flora of New-Zealand*, *Introduction*, p. 36. M. Meissner a détaché une Thymélée, le *Daphnobryon*, du genre également nouveau-zélandais *Kelleria*, dont au reste elle diffère à peine.

VII

SAHARA

Climat. — Le Sahara est le domaine des alizés régnant sans obstacles : une haute surface de 487 mètres (1500 p.) d'altitude moyenne où l'atmosphère, dépourvue de vapeurs, ne laisse jamais tomber de pluies, où les vallées profondes, les *oueds*, demeurent sèches et ne possèdent que des eaux souterraines, et où la désagrégation de la charpente solide du sol n'a point produit d'alluvions ; en sorte qu'on y voit apparaître tour à tour des dépôts arénacés superficiels sans humus, et des déserts rocailleux nus sans terre végétale quelconque. Mais ce qui démontre de la manière la plus évidente que l'absence de l'eau à la surface du sol ne tient pas à la constitution géologique de l'Afrique septentrionale, ce sont les conditions que présente la limite méridionale du désert du côté du Soudan, sur laquelle les pluies tropicales de l'été cessent précisément aux parages où, pendant cette saison, l'alizé se trouve interrompu par les courants atmosphériques équatoriaux, sans qu'il en résulte aucune modification dans la configuration ou la constitution du sol. Dans l'immense plaine arrosée par le Nil, ce fleuve quitte au point de jonction avec l'Atbara (18° lat. N.) la zone des pluies tropicales. La limite des pluies correspond aux vents du sud qui soufflent à cette époque, et qui rencontrent ici l'alizé du nord dominant pendant l'année entière en aval du fleuve ; et c'est précisément dans ces parages que le désert passe graduellement aux savanes [1], revêtues en été d'une végétation serrée de Graminées. C'est encore ainsi que la luxuriante végétation arborescente du

Soudan s'avance jusqu'à l'oasis montagneuse d'Air (18° lat. N.) [2] située sous le méridien de Tunis, où le sol est rocailleux comme dans le Sahara, mais où les vents du sud apportent la pluie *.

La zone tropicale désertique du nord de l'Afrique se comporte donc d'accord avec les latitudes de l'Océan où l'alizé souffle sans interruption, et où la vapeur aqueuse, reçue par ce courant atmosphérique qui s'échauffe pendant son trajet, se trouve transportée à la zone la plus chaude de notre globe, sans se condenser en nuages [3]. Toutefois cette manière de voir rencontre des difficultés qui ont donné lieu à des opinions divergentes relativement à l'absence des pluies dans le Sahara. On

* Dans son ouvrage qui vient de paraître sous le titre de *Quer durch Africa* (t. I, p. 197), M. G. Rohlfs fait observer qu'il y a lieu de modifier l'extension assignée au Sahara dans les livres géographiques les plus récents et les plus accrédités, où l'aire de ce désert est représentée comme triple de celle de la Méditerranée et décuple de celle de l'Allemagne. M. Rohlfs pense que plusieurs contrées qui jouissent encore de précipitations atmosphériques régulières doivent être exclues de ce que l'on désigne ordinairement par le nom de Sahara, afin de limiter ce dernier (ainsi que le fait M. Grisebach) aux seules régions dépourvues de pluies, ou n'en possédant point de régulières, et auxquelles manquent toutes les plantes hygrophiles, les gros quadrupèdes rapaces, de même que le petit insecte répulsif et incommode (la Puce), si répandu partout ailleurs. Limité ainsi, le Sahara conserverait encore une énorme superficie, au moins le double de celle de la Méditerranée, car il se trouverait compris entre 33° 30' et 16° 30' lat. N., et de 1° à 40° long. à l'est de l'île de Fer. Dans le tableau fort instructif qu'il trace du Sahara, M. Rohlfs fait ressortir particulièrement deux traits : l'un, c'est la profondeur et l'étendue d'anciens lits de rivières (*wadis* ou *oueds*) dont aucun ne contient l'eau d'une manière permanente, et l'autre, le grand nombre de bassins lacustres où l'eau ne disparaît point, malgré le défaut d'affluents visibles et l'intensité de l'évaporation causée par la chaleur et surtout par la sécheresse de l'air. Pour rendre compte de ce dernier fait, il admet avec raison l'existence probable d'énormes nappes d'eau souterraines ; mais, quant au premier phénomène, l'explication qu'il en donne suggère bien des objections et se trouve en désaccord avec la théorie établie par M. Dove, en vertu de laquelle le désert de l'Afrique ne saurait modifier le climat de l'ouest de l'Europe. Or le savant voyageur croit que l'érosion des oueds ne peut être attribuée qu'à l'action d'eaux atmosphériques, ce qui ferait supposer que jadis le Sahara avait été soumis à des conditions climatériques différentes de celles qu'il possède aujourd'hui ; il en conclut que ce changement, ayant eu lieu une fois, peut se reproduire de nouveau, et que dès lors il y aurait lieu d'admettre avec M. Desor, qu'un jour le Sahara pourrait se convertir en une steppe plantureuse, en une plaine revêtue de savanes, ou bien en une surface cultivée ; et il ajoute : « alors nos Alpes acquerraient le climat qui leur est dû, climat comparativement plus froid que celui de nos jours, mais en tout cas plus doux que celui qu'elles avaient jadis » (à l'époque glaciaire). — T.

pourrait se demander comment il se fait que l'air se porte au
sud vers le Soudan avec les qualités d'alizé, puisque sous un
ciel serein ou seulement troublé par le sable du désert, le sol
nu du Sahara est plus fortement échauffé par la radiation solaire
que toute autre région, tandis que l'alizé ne représente cependant qu'un mouvement dirigé des contrées plus froides vers des
contrées plus chaudes? C'est sur cette objection qu'est fondée
l'opinion de M. de Humboldt [4], qui rattache l'absence des pluies
dans le désert au rayonnement calorifique du sable, d'où s'élèvent partout des colonnes d'air chaud qui dissolvent les nuages.
Cependant les mêmes causes qui produisent une chaleur excessive tant que le soleil est sur l'horizon, déterminent également
un refroidissement non moins excessif pendant la nuit. Ces grandes variations provoquent des perturbations dans la direction
du vent ; toutefois, dans la zone tropicale, les mouvements
généraux de l'atmosphère tiennent aux températures moyennes, qui sont une conséquence du mouvement solsticial. Or,
ces températures sont en effet plus basses dans la chaude
ceinture désertique du continent africain que dans le Soudan [5],
où leur accroissement produit l'alizé sec dirigé vers les centres
équatoriaux de chaleur du continent.

Une autre objection est fournie par les observations des vents
faites dans le Sahara même. Je vais rapporter d'abord les données
qui viennent à l'appui de mon assertion. Dans la vallée du Nil,
depuis le Caire jusqu'au bord méridional du désert nubien, les
vents du nord dominent durant l'année entière [6]. A l'Occident,
sous le méridien de Timbouktu, R. Caillé a constaté que les vents
d'est soufflent constamment pendant l'été, et lorsqu'en hiver
M. Panet [7] se transportait de la Sénégambie au Maroc, les vents
de nord-est et d'est dominèrent également encore plus près de la
côte occidentale (20° lat. N.). Ce sont là les vents qui transportent au loin dans l'Atlantique la poussière du désert et la laissent parfois retomber sur les vaisseaux qu'ils rencontrent. De
tels faits sont de nature à faire admettre que l'alizé s'étend sur
toute la largeur du continent, et s'unit avec les courants atmosphériques généraux de la mer tropicale. On ne saurait opposer
à cette conclusion le sirocco, le vent chaud et sec du sud et du

sud-ouest du Sahara, attendu qu'il ne se présente que d'une manière passagère [8]. Ce vent, qui ne manifeste l'influence du Sahara sur le midi de l'Europe qu'à titre de phénomène rare, est sec en effet, conformément à son origine, et ne paraît être considéré en Italie que par erreur comme un vent humide, attendu que la poussière qu'il transporte de l'Afrique, et qui peut obscurcir le ciel, est prise par le vulgaire pour un brouillard. Le sirocco peut être comparé aux contre-courants qui se produisent dans les rapides d'une chute d'eau ; c'est un tourbillon de l'alizé dans de grandes proportions. Aussi lorsque les voyageurs parlent dans le Sahara des vents du sud, il faut le plus souvent entendre par là le sirocco. Au reste, l'action diverse exercée par des vallées profondes peut également donner lieu, sur une petite échelle, à des vents variés venant des points les plus opposés du ciel, tels que les vents des vallées et des hauteurs dans la montagne ; toutefois des courants atmosphériques de ce genre ont un caractère physique moins particulier que le sirocco, lorsque celui-ci parcourt sa large voie en torréfiant et ravageant le pays. L'irrégularité topographique qui caractérise la configuration de certaines parties du Sahara, peut également occasionner des déviations dans la direction du vent, sans que l'ensemble des fonctions atmosphériques en soit influencé. C'est ainsi qu'il convient d'expliquer les courants atmosphériques qui dominent dans le désert algérien, et qui s'écartent essentiellement de ceux qui règnent dans l'est et dans l'ouest du Sahara. Ici il y a lutte entre les vents du nord-ouest et ceux du sud, parmi lesquels les premiers prédominent, ainsi que cela résulte de la structure des dunes qui conservent dans leur intérieur la stratification originaire tant qu'elles sont mobiles à l'extérieur. Comme le vent nord-ouest rencontre dès Ghadamès (30° lat. N.)[9] l'alizé de l'est, on ne peut considérer les vents de l'Algérie que comme un phénomène local, comme une déviation du mouvement atmosphérique général déterminée en partie par la direction de la côte et de la chaîne de l'Atlas, en partie par la profonde érosion dirigée de l'ouest à l'est que forme la petite Syrte (le golfe de Gabès). Hérissée de dunes de sables et située en partie au-dessous du niveau de la Méditerranée [11], cette chaude vallée de la Syrte, qui sépare l'Atlas comme un îlot montagneux de la surface élevée du Sahara, aspire l'air des deux côtés. C'est jusque-là que s'étend le vent nord-ouest de la côte algérienne, de même que le vent sud-est venant de Ghadamès, en sorte que l'un et l'autre peuvent être considérés comme autant de déviations de l'alizé. Eu égard à une origine semblable, le premier correspond au mistral de la Provence, et le dernier passe pour le sirocco, dont il diffère cependant par une plus longue durée et par une origine particulière *.

Mais de quelque point du ciel que le vent puisse souffler dans le Sahara, il ne saurait apporter de l'humidité, lorsqu'il vient du désert même. La quantité de vapeur contenue dans l'atmosphère qui repose sur le désert est trop peu considérable pour produire cet effet. Nulle part sur le globe l'air n'a été trouvé plus sec que dans cette région [12], et cela d'une manière durable et générale. C'est une question spéciale que celle de savoir comment la Méditerranée, dont M. de Humboldt évalue l'étendue au tiers du Sahara, ne peut fournir à ce dernier qu'une portion aussi faible des vapeurs développées par une nappe d'eau d'une

---

* Dans un travail intitulé : *Sur l'origine des vents chauds des Alpes et la constitution du Sahara (Comptes rendus*, etc., ann. 1874), M. Ch. Grad signale les relations qui rattachent le *Föhn* de la Suisse au sirocco du Midi, en faisant observer que, bien que secs et chauds, ces vents ne doivent pas leur origine au Sahara algérien, dont les courants atmosphériques sont déviés vers l'est du côté de la Caspienne et du lac d'Aral. C'est ce qui, au reste, a déjà été prouvé depuis longtemps par M. Dove, auquel nous devons également des travaux nombreux et substantiels sur le *Föhn* suisse et le sirocco italien. En démontrant la déviation des vents du Sahara vers l'est, et par conséquent l'impossibilité où ils sont d'influencer le climat de l'ouest de l'Europe, le célèbre physicien de Berlin a fait disparaître la fameuse hypothèse de M. Escher de la Linth, qui attribuait la grande extension des anciens glaciers des Alpes à l'existence d'une mer à la surface du Sahara, ainsi que la réduction de ces glaciers à la disparition de cette mer ; de plus, le raisonnement de M. Dove a répondu d'avance aux objections soulevées contre l'influence que pourrait exercer, sur le climat de la France, la création d'une mer intérieure en Algérie, telle qu'elle vient d'être proposée par M. le capitaine Roudaire. Toutefois l'opinion si compétente de M. Dove ne paraît pas encore avoir été suffisamment appréciée, même par ses compatriotes, puisque dans son dernier ouvrage intitulé *Quer durch Africa* (vol. I, p. 214-219), M. G. Rohlfs tient encore à l'ancienne théorie et répète avec M. Desor : « Le Sahara est le grand régulateur de notre climat.» — T.

telle extension. Du côté du nord-ouest, c'est l'Atlas qui soustrait à l'atmosphère son humidité ; entre Tunis et Tripoli, où la
côte est complétement plane, aucun vent de mer ne pénètre
dans l'intérieur, et plus loin, dans la direction de l'est, l'action
est exercée par les chaînes de hauteurs du littoral fertile de la
Cyrénaïque. Il n'y a que la vallée du Nil qui laisse au vent du
nord de la Méditerranée libre champ à son activité ; aussi est-ce
précisément là que l'atmosphère est chargée d'une quantité plus
considérable de vapeurs [13]. Toutefois la cause plus générale de
la sécheresse atmosphérique du Sahara tient à ce que dans son
intérieur, l'alizé vient particulièrement de l'est, et non par conséquent de la Méditerranée, et dès lors subit l'influence des hautes contrées asiatiques, de l'Arabie, et enfin du désert africain
lui-même, où les surfaces dépourvues d'eau ne sauraient contribuer en rien à la quantité de vapeurs contenues dans l'atmosphère. Par leur qualité de hautes surfaces, toutes ces contrées
sont déjà sèches, et comme celles de l'Asie sont plus élevées
que celles de l'Afrique, celles-ci reçoivent des premières d'autant moins d'humidité que les vapeurs aqueuses diminuent avec
l'altitude. On se demande, en présence d'une telle sécheresse de
l'air et du sol, comment peut persister la vie organique qui,
même au désert, ne fait pourtant pas complétement défaut ; d'où
vient l'eau dont elle a besoin, et quels sont les réservoirs qui
alimentent les sources auxquelles les oasis doivent leur végétation ? Ce sont là des questions dont il faut chercher la solution
non-seulement dans l'atmosphère et dans l'alternative des saisons, mais encore dans la constitution géologique du Sahara
ainsi que dans la configuration de sa surface. Lorsque le désert
est désigné comme complétement dépourvu d'eau et de pluie,
cela signifie qu'en dehors du Nil qui le traverse et des quelques lacs salés situés sur les confins méridionaux, il ne possède
guère en effet aucune nappe d'eau permanente. Ainsi la pluie
peut manquer complétement pendant plusieurs années, même
à l'Égypte ; mais alors il en tombe quelquefois quelques gouttes,
ou bien, sur d'autres points, il se produit subitement une averse
d'orage qui, pendant des heures entières, recouvre d'un océan
d'eau une profonde vallée, sans que souvent on s'en doute à une

certaine distance. De tels orages peuvent être considérés comme
résultant d'un contre-courant qui, des couches supérieures
de l'atmosphère, descend brusquement dans les couches inférieures, lorsque, par suite d'un échauffement excessif du sol,
l'air ascendant cause un vide dans les régions basses, et rompt
ainsi l'équilibre entre les alizés inférieur et supérieur, qui autrement s'écouleraient avec calme l'un au-dessus de l'autre.
Quelque rares que soient les cas où, à une altitude aussi uniforme que celle du Sahara, puissent se présenter les conditions
nécessaires à la production des orages (qui supposent presque
toujours des contrastes dans l'échauffement d'un espace circonscrit), ces conditions n'en paraissent pas moins constituer ici
l'unique cause des rares averses, dont l'eau ne peut guère être
empruntée qu'aux couches atmosphériques supérieures plus
riches en vapeurs, et par conséquent au contre-alizé venant du
Soudan. De telles averses n'ont presque lieu qu'en hiver,
quand le vent qui souffle alors rencontre la colonne d'air
ascendant à une hauteur moins élevée qu'en été, et lorsque les
contrastes entre les localités échauffées deviennent plus grands.
Aussi est-ce pendant l'hiver, ou à son déclin, que sous ce
climat a lieu le développement de la végétation, borné à
l'apparition soudaine de la verdure, à des traces d'une activité
nouvelle dans la circulation de la séve, et à l'éclosion des fleurs.
La quantité d'humidité fournie par ces précipitations est extrêmement inégale. Même sur la limite septentrionale du Sahara,
au Caire, la quantité annuelle de pluie répartie entre douze jours
ne se monte qu'à environ 37 millimètres [14]. D'aussi légères
pluies sont pour ainsi dire les germes d'un orage qui n'arrive
pas à son développement. Par contre, des averses capables de
remplir d'eau un oued ne se présentent que sur des points isolés et encore fort rarement : il ne s'en produisit qu'une seule
fois au sud du Sahara algérien dans le courant de six à sept années [15], et dans d'autres endroits on a vu de bien plus longues
périodes dépourvues de pluie quelconque *.

* M. G. Rohlfs rapporte (Petermann, *Mittheil.*, ann. 1874, t. XX, p. 186) un
exemple fort remarquable de pluie abondante dont il fut témoin (février) à six jours
de marche de Dachel dans la direction de l'oasis de Sivah ; l'averse dura deux

Ce qui exerce une influence manifeste sur la force des précipitations, c'est la proximité de hautes chaînes montagneuses qui,
lorsqu'elles sont en contact avec le contre-alizé, peuvent non-
seulement faire naître, même en hiver, une période de pluie
sur le versant qui regarde le désert, mais encore répandre leurs
nuages à une plus grande distance. C'est ce qui se manifeste
d'abord sur l'Atlas, qui, d'après l'assertion des indigènes,
atteint dans le Maroc la ligne des neiges perpétuelles [16], et qui
par son élévation est une source d'humidité également pour la
contrée adjacente. Cela explique le fait qu'au pied méridional
de ce massif montagneux, dans le Sahara algérien, là où la
végétation du désert jouit de son développement complet, on
voit des pluies régulières, quoique peu considérables, se produire vers la fin de l'hiver [17]. L'Atlas est, à la vérité, le seul
massif de la lisière du Sahara ramifié en chaînes et suffisamment
élevé pour donner lieu à de tels effets; cependant, dans l'intérieur du désert, sous le tropique septentrional, il surgit un
groupe montagneux, non encore visité par les Européens, appelé
Ahaggar, qui paraît également exercer une influence considérable sur l'irrigation des pays limitrophes, situés sous le méridien
du Sahara algérien; ce massif sert de demeure principale aux
Touâreg, et constitue, d'après les renseignements recueillis par
M. Duveyrier [18], le plus haut soulèvement du désert. A partir
de ce point, les oueds s'abaissent tant du côté du nord, vers les
oasis profondément excavées de Tuat, que du côté du sud, vers
le système hydrographique du Niger. Ces données ont été
positivement confirmées par M. Tristram [19], à l'aide de l'examen
d'ustensiles fabriqués dans ces groupes montagneux, et dont
le bois résineux permet de conclure à la présence de Conifères. On a dit à ce voyageur que le massif d'Ahaggar était
revêtu de Pistachiers et, dans les régions supérieures, d'arbres
à feuilles aciculaires; que l'hiver y était très-rigoureux et

jours et donna 16 millimètres d'eau. Ce phénomène se produisant au cœur du
désert de la Libye, où il ne pleut presque jamais, frappa tellement M. Rohlfs, qu'il
le qualifie de *miracle africain*, et qu'il donna le nom de champ de pluie (*Regenfeld*)
à cette curieuse localité, dont il a eu soin de déterminer la position astronomique-
ment (25° 11′ lat. N.; 27° 40′ long. E. de Greenwich). — T.

accompagné, chaque année, de copieuses précipitations. En
effet, une double ceinture forestière de cette nature ne saurait
être admise sans une période régulière de pluie. Le fait de
voir cette dernière se produire en hiver correspond à la position de ce massif sous le tropique, de même que les arbres,
en les supposant bien déterminés [16], répondent aux formes
propres à l'Atlas. Il s'ensuit donc que la formation des oasis,
en tant que leur irrigation dépend des montagnes, de même que
les conditions qui peuvent rendre le Sahara habitable, tient
non-seulement à l'Atlas, mais encore à d'autres soulèvements du
sol situés à une plus grande distance.

En effet les oueds et les oasis ne sont qu'autant de formes
diverses de vallées, ramifiées à l'instar des vallées principales
et secondaires du système hydrographique d'un cours d'eau.
Les uns et les autres sont arrosés par des eaux souterraines ;
quand celles-ci ne forment que de faibles artères ou se trouvent
à une plus grande profondeur, on voit se produire la chétive
végétation des oueds ; mais là où l'eau se concentre dans de
grands réservoirs soustraits à l'évaporation, la culture des oasis
avec leurs plantations de Dattiers devient praticable. Les oueds,
comme les oasis, découpent sur l'immensité de la surface
autant de dépressions auxquelles, à titre de contraste, les habitants du pays opposent les plaines rocailleuses connues sous le
nom de Hammada, de même que M. Desor considère les vallées
comme des érosions opérées dans les plateaux du désert par
l'action des eaux. Les conditions requises pour de tels effets
sont abondamment fournies par la fréquence dans les eaux
souterraines du sol de substances solubles, comme le sont les
dépôts de gypse et de sel que renferme le désert. Les oueds,
ainsi que les oasis, se trouvent répandus dans toute l'étendue
du Sahara, mais à des intervalles variés et ayant des dimensions
inégales. Aussi n'y a-t-il dans le désert de routes déterminées
que celles qui relient les oasis et qui recherchent le chemin le
plus court pour traverser le stérile Hammada [*].

* La dernière exploration du désert libyen faite par M. G. Rohlfs vient de constater
l'impossibilité de toute voie directe entre le grand Hammada et la vallée du Nil à
travers le désert, puisque l'intrépide voyageur, disposant de plus de ressources

Quant à la question de savoir d'où viennent les eaux souterraines, seule et unique source qui conserve sans interruption la vie organique dans le désert, cette question ne saurait être aisément résolue partout, bien que dans certaines localités elle comporte une réponse positive. C'est ici que la constitution géologique du Sahara coïncide favorablement avec les conditions climatériques. Si à la surface du sol ou à une profondeur peu considérable il se trouvait fréquemment des terrains et des roches imperméables, de nature à arrêter les eaux d'infiltration provenant des précipitations, ces eaux ne tarderaient point à se perdre dans l'atmosphère sèche par voie d'évaporation. Or le sol rocailleux et dénudé du Hammada, de même que les sables abondamment accumulés dans les larges bassins des vallées, conduisent toutes [les eaux atmosphériques à de plus grandes profondeurs et les abritent contre les rayons du soleil et la sécheresse de l'air. Dans le Maroc [20], les torrents de l'Atlas, alimentés par l'humidité de l'Atlantique, s'écoulent au sud vers le désert, pour s'y perdre dans les vallées des oasis.

Cependant la disparition des cours d'eau dans le désert ne tient pas seulement, ainsi qu'on a souvent l'habitude de l'admettre, à leur évaporation, mais encore à leur infiltration à travers le sol. Et comme ces eaux infiltrées ne retournent plus à l'atmosphère, ou bien ne reparaissent à la surface que peut-être à une grande distance sous forme de sources, tandis que l'affluence des eaux fournies par la montagne, quelque faible d'ailleurs qu'elle puisse être, n'en persiste pas moins sans discontinuation, il s'ensuit que d'immenses réserves doivent

qu'aucun de ses prédécesseurs, n'a pu pénétrer à l'ouest de l'oasis de Sivah, siége du célèbre temple de Jupiter Ammon. que visita, il y a plus de vingt et un siècles, Alexandre le Grand; en sorte que l'expédition scientifique conduite par M. Rohlfs a dû se contenter, comme il le dit lui-même (Petermann, *Mittheil.*, ann. 1874, vol. XX, p. 184) d'une « solution négative », le désert qu'il aurait fallu franchir pour atteindre Kufra étant « positivement une mer de sable » (*Sandmeer*). Par contre, les oasis échelonnées entre la vallée du Nil et les oasis de Dachel et de Sivah renferment des traces nombreuses d'une ancienne civilisation. Ainsi M. Rohlfs s'accorde avec M. Schweinfurth (*Verhandl. der Gesellsch. für Erdk. zu Berlin*, ann. 1874, n°s 6, 7, p. 176 et 181) pour signaler dans l'oasis de Chargeh beaucoup de ruines et d'inscriptions qui remontent non-seulement à l'époque des empereurs romains, mais encore à celle de Darius. — T.

s'accumuler dans les plus profondes dépressions du désert : ainsi s'expliquent les divers phénomènes de l'affluence des eaux dans les vallées situées au sud de l'Atlas, où tantôt une humide bande de sable alimente la végétation d'un oued ; tantôt dans les oasis se présente un conduit souterrain d'eau qui sert à l'irrigation d'une plantation; tantôt l'eau souterraine se trouve à une profondeur peu considérable, en sorte que les racines des Dattiers, plantés dans des excavations artificielles, peuvent l'atteindre ; tantôt ce sont des puits dont l'eau est péniblement hissée jusqu'à la surface du sol ; enfin on voit des forages artésiens répandre parmi les populations un bien-être inespéré.

Tous ces faits divers qui rendent la culture soit fructueuse, soit improductive, tiennent aux lois générales qui président à la disposition des sources souterraines, disposition déterminée par la répartition et l'alternance des dépôts imperméables de la croûte terrestre. Une observation faite par M. de Tristram[21] à Laghuat, en Algérie, nous en donne une preuve très-manifeste : on y voit un filon basaltique qui coupe l'oued forcer les eaux souterraines à se porter de bas en haut, et à alimenter ainsi les plantations de Dattiers de ce pays. Tout écoulement souterrain suppose une inclinaison correspondante des couches ; c'est là ce qui met un terme à l'influence qu'exercent les montagnes sur 'irrigation des oasis.

Il y a lieu d'admettre que toute la portion occidentale du Sahara est pourvue d'eau de source, en partie par l'Atlas et en partie par l'Ahaggar, fait en faveur duquel parle la manière dont se trouvent disposés les oueds et les oasis dans le domaine de ces massifs. Chaque pluie d'orage dans le désert, quelque rare d'ailleurs qu'elle puisse être, n'en contribue pas moins à l'accroissement des réservoirs souterrains d'eau. Les pertes que subissent ceux-ci dans les oasis, par suite de l'évaporation, sont peu considérables et ne sauraient être le seul moyen pour rétablir l'équilibre. Dans quelques cas, la nappe d'eau finit par se redresser en formant un lac salé, pour retourner par cette voie dans l'atmosphère ; dans d'autres cas, on a des motifs de supposer une connexion avec les courants cachés de la mer. Mais la plus grande moitié orientale du Sahara, depuis le méridien de Tunis

usqu'à la mer Rouge, n'a point de montagnes qui la bordent ;
ici, à partir de la Méditerranée, le sol ne s'élève guère au-dessus
du niveau des contrées de l'intérieur. Comment donc les oasis
peuvent-elles s'y produire? Comment le vent du nord peut-il y
décharger l'humidité de la mer, lorsque dans son trajet à travers
la surface élevée, ce vent rencontre des contrées de plus en plus
échauffées, et lorsque les pluies d'hiver sont limitées à la côte et
ne s'avancent en Égypte que jusqu'au Caire? En effet, le Sahara
oriental paraît être moins riche en oasis et moins habité. Le système le plus considérable d'oasis, celui du Fezzan, reçoit encore
son irrigation du côté de l'ouest. Cependant les renseignements
que nous possédons jusqu'à présent sur le désert libyen, quoique
défectueux, suffisent pour prouver que de l'Égypte on peut le traverser dans les directions les plus diverses, et que, par conséquent,
les eaux souterraines ne lui manquent pas non plus complétement.
Une certaine influence est exercée par le Nil lui-même, seul fleuve
qui transporte jusqu'au Sahara les précipitations tropicales du
Soudan, et qui, par suite, a créé dans sa propre vallée la plus
importante oasis de l'Afrique septentrionale, l'oasis égyptienne.
Dans son trajet à travers le désert, ce fleuve subit dans son volume
d'eau une diminution qui ne tient pas uniquement à l'évaporation.
En effet, d'après les observations de M. Russegger [23], les oasis
situées à l'ouest de l'Égypte reçoivent du Nil leurs eaux souterraines, qui s'écoulent latéralement vers les oasis par-dessus les
couches de schiste argileux, attendu que celles-ci correspondent
à une dépression riche en sources, située au-dessous du niveau
du Nil et s'étendant parallèlement au fleuve. Toutefois c'est
uniquement de la rosée atmosphérique que ce voyageur fait dériver les autres oasis du désert libyque. Il est vrai, la rosée a été
souvent complétement niée dans le Sahara. Ainsi, M. Vogel rapporte [23] qu'à partir de Tripoli il n'a observé de rosée que jusqu'au
30° parallèle, et rien de semblable au delà, jusqu'à Mursuk,
où souvent il lui fut impossible de déterminer même le point
de rosée. Cependant son voyage eut lieu en été, tandis qu'en
hiver il y a plus de chance pour qu'un refroidissement nocturne
plus considérable produise la rosée et la gelée blanche. D'ailleurs, comme nous l'avons déjà signalé, la quantité de vapeur

atmosphérique est plus forte dans la vallée du Nil que dans l'ouest
du Sahara, et il en sera probablement ainsi partout où l'alizé
venant de la Méditerranée ne rencontrera point de chaînes
montagneuses. Mais, lors même que l'air est très-sec pendant
le jour, la rosée peut nonobstant se produire la nuit, puisque le
refroidissement nocturne n'est rendu que plus considérable par
la sérénité du ciel. Toute précipitation, que ce soit pluie ou
rosée, et quelque insignifiante qu'elle puisse être, n'en contri-
buera pas moins, par l'infiltration à travers le sol, à la conservation des réservoirs souterrains, en sorte qu'avec le temps, cette
action lente est de nature à avoir sa part dans l'alimentation
des puits de ces domaines de l'est. Sans doute, dans de telles
conditions, on ne saurait s'attendre à des affluences aqueuses
aussi abondantes que dans le Sahara algérien. Sur les lignes que
suivent les caravanes à travers la partie du Sahara dépourvue
d'oasis, ce sont plutôt des oueds isolés, disséminés à de larges
intervalles, où l'on trouve un peu d'eau saumâtre, avantage sur
lequel on ne peut même pas compter toujours. Quant au Sahara
de l'est de l'Égypte, entre le Nil et la mer Rouge, M. Schweinfurth nous apprend [24] que la rosée ne s'y produit, et encore en
petite quantité, que dans la proximité de la côte, mais que néanmoins des dépôts d'argile, ainsi que des roches imperméables,
y retiennent pendant longtemps, près de la surface du sol, l'humidité qui se concentre sur les hauteurs, où l'on voit tomber
souvent de violentes averses *.

Lors même que la production des rosées nocturnes ne contribuerait que jusqu'à un certain degré à faciliter la communi-

---

* L'opinion de M. Russegger, que notre auteur cite plus haut, est positivement
combattue par M. G. Rohlfs (Petermann, *Mittheil.*, ann. 1874, vol. XX, p. 178) qui
fait observer que sous la latitude dont il s'agit, le Nil ne saurait alimenter les eaux
souterraines des oasis situées à l'ouest du fleuve, parce que celles des oasis qui,
comme Dachel, sont les plus riches en sources, se trouvent à un niveau supérieur
à celui du Nil, et ensuite parce que les couches des terrains qui composent l'espace compris entre les oasis et le Nil plongent non pas à l'ouest, comme l'avaient
cru MM. Russegger et Cailliaud, mais bien à l'est, et que par conséquent les conditions
stratigraphiques que les deux voyageurs invoquent en faveur de leur hypothèse
produiraient au contraire un effet opposé, en empêchant l'écoulement des eaux
de l'est à l'ouest. — T.

cation entre des oasis lointaines, ou seulement à les rendre praticables, les fortes variations de température qui dans le Sahara
donnent lieu à la formation de la rosée n'en sont pas moins un
bienfait de la nature. Cependant ces avantages indirects se trouvent contrebalancés par les graves inconvénients qui résultent
pour la vie organique de l'alternance continuelle entre la chaleur
solaire et le refroidissement nocturne, ainsi que du contraste
entre les saisons. Une chaleur tropicale et un abaissement de
température jusqu'au point de congélation, constituent des conditions que peu de plantes sont en état de supporter. C'est à de
tels phénomènes autant qu'à l'aridité du sol qu'il faut attribuer
la pauvreté de la flore. Dans le Soudan, nous retrouverons, à la
vérité, une variabilité de température insolite pour des contrées
tropicales, et nous serons dans le cas de considérer ce fait comme
une particularité générale propre à l'Afrique; néanmoins les variations sont bien plus considérables dans le désert [25], et la gelée
est inconnue dans les plaines basses des contrées méridionales.
C'est pourquoi bien peu de végétaux pénètrent des savanes également sèches du Soudan jusqu'à la surface élevée du Sahara.
Plus les organisations tropicales exigent de chaleur, plus elles
sont sensibles aux changements extrêmes de la température.
Par contre, les plantes du Sahara concordent beaucoup plus
avec celles des steppes de l'Asie et du midi de l'Europe qu'avec
les formes du domaine de la végétation tropicale. C'est ce qui
fait que le climat du Sahara convient davantage à l'habitant de
la zone tempérée que le climat tropical proprement dit. Ce
n'est que dans les oasis qu'on voit la malaria se produire avec
l'humidité, tandis que dans le Hammada sec, la pureté de l'air
rehausse la force de réaction du corps, et permet de supporter
les inconvénients du changement de température *.

* Les conditions climatériques du Sahara algérien ne pourront manquer de subir
de notables modifications, si l'on parvient à réaliser le projet proposé par le capitaine Roudaire (Revue des deux mondes, ann. 1874, t. III, p. 522) relativement à la création d'une mer intérieure en Algérie. M. Roudaire fonde l'exécution
de son projet sur le percement de l'isthme (d'environ 16 kilomètres de largeur) qui
sépare le golfe de Gabès du chott El-Djerid, l'un de ces bas-fonds vaseux désignés
dans le pays par le nom de *chott* ou *sebkhra*, et auquel se rattache toute une série
de semblables excavations échelonnées de l'est à l'ouest depuis l'El-Djerid jusque

Formes végétales. — Quelque grande que soit la similitude qui, sous les rapports du climat et de la végétation, rattache le Sahara aux steppes de la zone tempérée, il n'en est pas moïns

bien avant dans l'intérieur de l'Algérie. Or, comme, selon M. Roudaire, la majorité de ces *chott* sont au-dessous du niveau de la mer le percement de l'isthme de Gabès aura pour conséquence l'occupation par les eaux de la mer d'un espace n'ayant pas moins de 320 kilomètres de longueur (de l'est à l'ouest) et de 50 à 60 kilomètres de largeur. Ce projet a soulevé plusieurs objections, entre autres de la part de M. Hanyvet (*Comptes rendus*, ann. 1874, vol. LXXIX, p. 101), de M. Fuchs (*ibid.*, p. 352) et de M. Cosson (*ibid.*, p. 485), objections que M. Roudaire n'a pas laissées sans réponses (*ibid.*, p. 501, ainsi que vol. LXXX, ann. 1875, p. 1503). D'ailleurs, dans la séance du 28 juin 1875 (*Comptes rendus*, vol. LXXX, p. 1593), M. le capitaine Roudaire vient de présenter, par l'entremise de M. de Lesseps, un rapport sur les travaux de la commission chargée d'étudier le projet de mer intérieure en Algérie. Il résulte de ce rapport que « le bassin inondable occupe en Algérie une superficie de près de 6000 kilomètres carrés ; il est compris entre les degrés de latitude N. 34° 36′ et 33° 51′ et les degrés de longitude E. 3° 40′ et 4° 51′. Dans les parties centrales, la profondeur au-dessous du niveau de la mer varie entre 20 et 27 mètres. » La solution de la question ne tient donc plus qu'à ce que la profondeur du bassin tunisien et le relief de l'isthme de Gabès soient déterminés par un nivellement précis, analogue à celui que M. le capitaine Roudaire vient d'effectuer en Algérie. Or c'est précisément ce travail qui occupe en ce moment une commission italienne, en sorte que les résultats de ses études fourniront probablement la solution définitive de cette intéressante question. Au reste, quelle que puisse être cette solution, il n'en restera pas moins acquis à la science l'existence d'une vaste dépression dans le Sahara algérien ; ce qui constitue un fait d'autant plus important qu'un phénomène, de cette nature a été également signalé par M. G. Rohlfs dans le Sahara oriental. En effet, il résulte des travaux de cet infatigable voyageur (*Zeitschr. d. Gesellsch. für Erdk.*, vol. VII, p. 367, avec une carte) que dans le désert libyque, dont l'étendue égale celle de l'Allemagne, la surface du sol se trouve sur beaucoup de points au-dessous de la mer, ce qui donne lieu à une dépression formant une bande qui, mesurée sur la carte de M. Rohlfs, a environ 330 kilomètres de longueur, dirigée en moyenne de l'est à l'ouest, et qui, à Bir-Bessem, n'est que de 50 kilomètres distante de la mer. La moyenne de cette dépression, déduite de l'altitude de six points (Bir-Bessem — 100^m, Ardjilé — 52^m, Lebba — 35^m, Sivah — 50^m, Nakh el Modjarba — 105^m et Nakh el Abiad — 103^m) serait de 73^m au-dessous du niveau de la mer. Cette longue bande de dépression, bordée au nord par une région d'environ 100 mètres d'altitude au-dessus de la mer, constitue l'une des dépressions les plus vastes connues, et vient ainsi grossir le nombre des phénomènes de cette nature qui, il y a peu de temps encore, se trouvaient limités aux bassins de la mer Morte et de la Caspienne, tandis qu'aujourd'hui ils se reproduisent de plus en plus dans les régions les plus diverses de notre globe. Ainsi, selon M. Munzinger (*Zeitschr. d. Gesellsch für Erdk.*, vol. IV, p. 452), la grande plaine salée entre le village de Hanfit (littoral de la mer Rouge) et le pied des Alpes abyssiniennes est au-dessous du niveau de la mer, et en Amérique (Petermann, *Mittheil.*, vol. XX, p. 50) la dépression est de plus de — 97^m,4 (300 pieds angl.) dans le vaste désert connu sous le nom de Colorado. — T.

vrai qu'ici la position de la région la plus chaude du globe se traduit encore par ce fait, que la végétation arborescente n'en est point exclue au même degré, et que les plus arides contrées, inaccessibles aux nomades avec leurs troupeaux, s'y trouvent dotées d'un Palmier qui suffit au maintien des habitants et leur a permis de s'établir dans les oasis d'une manière permanente.

Il est vrai que les forêts agglomérées de Dattiers, que l'on a fréquemment assimilées à autant d'îles au milieu de la vaste mer saharienne, ne doivent leur origine qu'à la culture; néanmoins un Acacia solitaire, souvent de haute taille [26], frappe quelquefois de surprise le voyageur lorsqu'il l'aperçoit de loin, n'ayant vu pendant des journées entières que rochers et poussière. Ici la vie des arbres n'est point compromise comme dans les steppes asiatiques par la variation des saisons, mais seulement réduite à des limites plus étroites par le manque d'eau. Partout où leurs racines peuvent atteindre l'humidité cachée sous la surface du sol, la période de développement ne tient qu'à la hausse ou à la baisse graduelles des eaux souterraines, et peut se prolonger suffisamment pour satisfaire aux phases alternantes de la production du bois, du fruit et du renouvellement des bourgeons. Mais comment se fait-il que ce soient précisément les Palmiers qui puissent venir ici, eux qui exigent tant d'humidité, et dont l'unique bourgeon foliaire une fois détruit, soit par le froid, soit par la sécheresse, ne saurait être remplacé? La culture des oasis s'attache, il est vrai, à satisfaire par des irrigations artificielles au besoin d'humidité qu'éprouvent les Dattiers, en sorte que ces plantations ne réussissent que là où les contingents fournis par les puits et les sources sont inépuisables. Toutefois les Palmiers ne doivent pas non plus être considérés comme des produits étrangers, car ce n'est pas seulement par la culture qu'ils ont été introduits dans le Sahara, puisque les Dattiers ne mûrissent que sur peu de points en dehors de ce domaine désertique. Déjà sur le versant septentrional de l'Atlas il n'en est plus ainsi [27]. Les limites septentrionales du Sahara algérien et du désert de l'Arabie [28], les bouches de l'Indus du côté de l'est et la contrée d'Aïr [2] (18° lat. N.) du côté du sud, voilà le domaine climatérique dans l'enceinte duquel le Dattier trouve complétement ses conditions vitales lorsqu'il reçoit la quantité requise d'eau. C'est donc dans ce domaine, qui en même temps détermine avec précision les limites climatériques du Sahara, que doit se trouver la patrie de cet arbre. Le désert possède également un deuxième Palmier, bien que ce soit un Palmier-nain (*Hyphæne Argun*), assez fréquent dans les oueds nubiens entre la mer Rouge et le Nil [29].

Bien que la question relative aux rapports entre le Dattier et le climat du désert ait été souvent soulevée, elle n'en a pas moins eu une solution incomplète, parce qu'on n'a tenu compte que de la température atmosphérique seule, mais non des conditions vitales des Palmiers en général. Eu égard à son feuillage toujours vert, cette famille exige une affluence constante d'humidité, et en même temps elle est encore plus sensible aux variations de température qu'au froid. La culture des Palmiers, dans nos serres du Nord, n'obtient ses plus beaux résultats que là où l'on place des réservoirs d'eau en contact constant avec leurs racines. Or, lorsque dans leur langage imagé les Arabes qualifient le Dattier de « reine des oasis plongeant ses pieds dans l'eau et sa tête dans les flammes du ciel », on serait porté à attribuer à cet arbre une organisation exceptionnelle, des moyens particuliers de protection contre le climat du désert ; et pourtant on ne les trouve ni dans la taille du tronc, qui s'élève à environ 16 mètres de hauteur, ni dans son feuillage penné ; d'ailleurs des espèces toutes semblables du même genre (*Phœnix*) viennent également dans les contrées tropicales humides. Cela n'empêche pas le Dattier de trouver cette protection dans le sol où plongent ses racines et dont l'eau pénètre ses organes. M. Cosson a fait voir [30] combien le Dattier est indépendant de la constitution de la terre végétale, de la nature plus ou moins salée de l'eau, comment il résiste aux orages atmosphériques et à l'ardeur du soleil ; mais il fait observer en même temps que pour sa conservation il a besoin de grandes quantités d'eau. Il ne se développe que dans les lieux où ses racines sont en communication avec les réservoirs inépuisables qui humectent le désert. Comme le niveau de ces derniers uniquement est très-inégal [31], au point d'osciller dans le Sahara algérien entre 3 et

182 mètres de profondeur, tandis qu'à Tuat [32], on l'atteint dès 0^m,71 au-dessous de la surface du sol, c'est la culture qui a dû donner à cet arbre le rôle qu'il joue aujourd'hui ; cependant, puisque dans certaines oasis ses racines plongent dans les couches humides sans l'aide d'irrigations artificielles, le Dattier a pu s'y établir d'une manière indépendante et y subsister à partir d'une époque reculée. D'ailleurs ce qui donne une mesure de la quantité d'eau que ses racines reçoivent d'année en année, c'est le fait [33] que dans la proximité de Tuggurt un seul puits artésien fournit par minute 800 gallons d'eau douce. Or il ne faut pas perdre de vue que ce n'est pas la température de l'atmosphère, ou la température encore plus élevée de sable du désert, qui se communique aux tissus de l'arbre, mais que chez tous les végétaux ligneux la chaleur est conduite par la séve ascendante dans la direction des faisceaux vasculaires ; qu'en conséquence c'est la couche du sol où les extrémités des racines absorbent l'humidité qui donne la mesure réelle de la température, et que, d'autre part, la forte évaporation des feuilles contribue également à exercer une action réfrigérante et à modérer ainsi l'ardeur du soleil. L'eau souterraine étant même un mauvais conducteur du calorique, elle fait que les fortes oscillations thermiques qui se produisent sur la surface et dans l'atmosphère du Sahara ne pénètrent point dans les profondeurs du sol [34]. La température des puits, qui peut être considérée comme égale à la température réelle du Dattier, est une valeur presque invariable, et dès lors satisfait parfaitement aux conditions physiologiques requises par le développement d'un Palmier. On a prétendu [35] que des oscillations de température entre 52° et — 3° n'exercent absolument aucune influence sur le développement de l'arbre ; cette assertion a, à la vérité, son importance pour l'appréciation des limites de sa culture, mais il faut bien se rappeler que ces extrêmes de température n'atteignent absolument pas les fonctions vitales. Or, si le Dattier est tellement indépendant de l'état de l'atmosphère qui l'entoure, comment se fait-il que de ce côté-ci des limites du Sahara, il ne porte pas de fruits mûrs, tout en se développant sous forme d'un arbre considérable, et que de l'autre côté (dans le Soudan), il devienne rabougri [36], ou bien ne se

présente qu'isolément, mais alors pourvu de fruits? Dans les
deux cas, l'alternance entre les saisons sèches et humides lui est
défavorable.

Sur la Méditerranée, l'été sans pluie coïncide précisément
avec l'époque du développement de la datte, en sorte qu'à l'aide
d'irrigation artificielle on a dû pouvoir la porter à maturité,
ainsi que cela paraît généralement avoir été le cas du temps des
Arabes en Espagne. Dans le Soudan, le Dattier aime, dit-on, le
voisinage des rivières dont les eaux souterraines peuvent l'arroser pendant la saison sèche. De plus, pour la bonne venue de
cet arbre, la sécheresse atmosphérique du désert a de l'importance, parce qu'elle accélère l'évaporation des feuilles et par là
la circulation de la séve. Le bois de Dattiers d'Elche, le seul en
Espagne qui fournisse aujourd'hui encore une riche récolte, est
situé sous le climat désertique de Murcie, et la température la
plus basse que supporte l'arbre est celle des Asturies, où l'été
humide et l'hiver doux lui sont plus favorables que les saisons
de l'Italie.

Le Dattier est le seul arbre qui ait dans le Sahara sa patrie
primordiale; les autres arbres, venus du dehors, n'y ont qu'une
diffusion très-restreinte. Quelques-uns d'entre eux longent le
Nil à partir du Soudan, mais dans ce nombre ne figure que
le type des Mimosées représenté par les genres des Acaciées,
qui apparaît çà et là dans la majeure partie du désert sans cependant atteindre le Sahara algérien. C'est dans une direction
opposée qu'un Tamarix arborescent (*Tamarix gallïca*)[37], qui
depuis les côtes de la Méditerranée suit le sol salé, a pénétré
à une certaine distance dans le Sahara.

Cependant le Dattier s'est tellement emparé du sol où les
eaux souterraines se trouvent à une faible profondeur, que sous
le toit ombreux de son feuillage on n'aperçoit que des végétaux
cultivés ou bien des plantes d'origine européenne qui les accompagnent. Les formes indigènes de la végétation saharienne habitent les oueds ou le Hammada, et se trouvent par conséquent
sous des influences tout autres. Tandis que dans les oasis la vie
végétale ne s'arrête jamais complétement (parce que le froid
hivernal n'agit que d'une manière trop passagère et que l'humi-

dité parvient toujours aux racines), en dehors du domaine des
oasis, la période de développement dépend du niveau des eaux
souterraines et se trouve limitée à des espaces de temps courts et
incertains. Comme de plus, à de rares exceptions près, la végétation n'y consiste qu'en petites plantes, en arbustes, en herbes
vivaces et en Graminées, les racines ne pénètrent pas aussi profondément dans le sol que celles des arbres. Dans la proximité
de l'Atlas, où les pluies d'hiver renforcent considérablement la
circulation des eaux souterraines, le Hammada lui-même peut
encore produire une végétation frutescente épaisse, dont le
développement commence en hiver et finit au printemps[38].
Mais ce n'est là qu'une région intermédiaire comparable aux
steppes, qu'on a en effet séparée du désert proprement dit à
titre de steppe saharienne, distinction légitime, puisqu'ici, en
présence d'un fourrage abondant, s'est également développé
l'élevage de troupeaux nomades de la steppe, tandis que l'habitant du désert est limité à la seule culture des oasis. Dans l'intérieur, l'irrigation du sol dépend moins des montagnes lointaines
que des précipitations et des rosées éventuelles et peu considérables; il s'ensuit que comme ces dernières ont également lieu
en hiver et pendant la même saison que dans la steppe, on voit
quelquefois la verdure apparaître soudainement. Ici le Hammada est souvent, sur de larges espaces, dépourvu de toute vie
organique, et ce sont alors les ouéds qui ont l'avantage, pourvu
que les sables mouvants ne viennent pas ensevelir les plantes et
élever un nouvel obstacle à leur lutte pour l'existence *.

Placée dans des conditions aussi défavorables, la végétation
du Sahara peut être considérée comme un faible reflet de la vie
végétale de la steppe, dont elle s'approprie certaines formes tout
en y ajoutant d'autres formes qui lui sont propres. Sous un point

* M. G. Rohlfs (Quer durch Africa, vol. I, p. 61) signale dans l'extrémité est du
grand Hammada (Hammada el Hamra) l'oasis de Derdj, très-fertile, bien arrosée,
et qui ne renferme pas moins de 300 000 Dattiers. A 14 milles allemands (environ
99 kilomètres) à l'ouest de Derdj, se trouve la remarquable oasis de Ghadamès, déjà
célèbre du temps des Romains sous le nom de Cydamus. Elle est située à l'entrée
du Sahara proprement dit (30° 7' 48" lat. N.); son altitude est de 325 mètres, son diamètre de 1200-1600 m. et sa circonférence de 6000 m. M. G. Rohlfs y signale (loc. cit.,
p. 70) une source qui sert à l'irrigation de l'oasis; sa température est au delà de 30°, en

de vue principal le désert s'accorde avec la steppe, c'est-à-dire par le contraste entre les Halophytes et les végétaux du sol non salé. En effet, il n'est même pas nécessaire d'admettre que partout où le sel gemme et le gypse se trouvent réunis sur une grande échelle, ce soit la mer qui ait déposé ces substances. Là où les cours d'eau tarissent, et par conséquent tant dans les déserts que dans les steppes, le sol peut contenir de l'eau douce, lorsqu'une communication souterraine existe jusqu'à la côte. Mais quand l'eau disparaît par suite de l'évaporation, il faut bien qu'avec le temps s'opère la précipitation des mêmes sels que la mer, elle aussi, doit au pouvoir que possèdent les sources et les cours d'eau de réunir les substances solubles des roches.

Sur le sol non salé du désert, ce sont d'abord les buissons aphylles de la forme de *Spartium* (ex. : *Retama, Calligonum, Ephedra*) qui se présentent en déployant une certaine richesse dans leur taille et dans la structure de leurs fleurs. Par la sécheresse de leur tissu et l'évaporation limitée de la surface, ils sont parfaitement adaptés au sol aride dans lequel plongent leurs racines, ainsi qu'à l'air chaud qu'ils doivent respirer. Sur les dunes des vallées du Sahara algérien, ces buissons se trouvent particulièrement favorisés, grâce aux dépôts de gypse recouverts par le sable mouvant [39]. L'*Ephedra* est protégé ici contre les mouvements de l'atmosphère, par sa taille rampante, qui rappelle sous ce rapport le Pin de montagne : il doit dès lors pouvoir résister également à la chaleur brûlante du sol (capable de faire éclore l'œuf de l'autruche), ainsi qu'au froid de la nuit ou de l'hiver, qu'augmente le rayonnement.

Si la forme de *Spartium* se rattache aux buissons de l'Andalousie, par contre le chlorure de sodium reproduit toute la série des Halophytes, les mêmes que l'on retrouve dans les steppes

sorte que les habitants ne boivent l'eau qu'après l'avoir laissée se refroidir. La température moyenne de l'oasis est de 23°; en été, elle monte quelquefois à 50° à l'ombre, et en hiver s'abaisse à 5°. L'oasis de Ghadamès compte environ 60,000 Dattiers, qui toutefois sont loin d'assurer la nourriture des habitants, dont le chiffre peut être évalué à 5000. Les plantes spontanées y sont nulles, et l'engrais fourni par les animaux domestiques ne suffit point à la fumure du sol; en sorte que celle-ci est pratiquée à l'aide de l'*Alhagi Maurorum* importé des oasis limitrophes. — T.

salées de la Russie et de l'Espagne. Quelques-uns parmi ces derniers sont de véritables plantes grasses aphylles (*Halocnemum*,
Arthrocnemum), et il est assez remarquable que celles de ces
plantes où les substances salines contribuent à retenir l'eau dans
les tissus, soient les seules capables de supporter le climat du
désert, tandis que, lorsque cette fonction est réservée exclusivement à l'épiderme, l'organisation paraît trop faible pour résister
à l'air sec du Sahara. Le fait est que ni les Euphorbiacées succulentes, ni la forme d'Aloès du Soudan, ne se trouvent mentionnées dans les limites du désert. Par contre, des feuilles
grasses fixées à des organes axiles figurent au nombre des
produits les plus fréquents du sol salé du Sahara ; d'ailleurs
les Salsolées et les Zygophyllées, de concert avec quelques
groupes affines, correspondent positivement aux Halophytes de
la steppe, parmi lesquelles il est certaines espèces que la steppe
possède en commun avec le Sahara. Enfin, la série de ces formes
se trouve terminée par des Staticées (*Limoniastrum*) susceptibles
de lignification.

. Les Graminées du Sahara concordent également en partie avec
celles des steppes asiatiques, où, comme dans le premier, quelques-unes de ces Graminées constituent des gazons considérables,
quoique isolés (*Pennisetum*). Les robustes chaumes d'une Sti-
pacée (*Aristida pungens*) atteignent même une hauteur de $1^m,9$
et figurent au nombre des plus importantes Graminées du désert
comme fourrage du Chameau [10]. Cependant ces Graminées, ainsi
que d'autres appartenant au groupe des Stipacées particulièrement représentées dans le Sahara, ne sauraient être assimilées
au Thyrsa des steppes russes que sous le rapport de la propriété
de résister à la sécheresse et à la chaleur, mais nullement sous
le rapport de l'énergie déployée dans le développement du gazon.
Leurs organes foliaires sont extraordinairement courts, et grâce à
leur limbe enroulé, à leur structure rigide et à l'absence de séve,
ils se prêtent fort bien à la conservation assez longue de leurs
facultés vitales, même sans affluence de l'eau. Nous trouvons
fréquemment chez ces plantes une particularité d'organisation qui explique pourquoi, là où dans le désert le sol acquiert un peu d'humidité, il se revêt aussitôt de vertes Grami-

nées en voie de germination, dont la végétation se borne, dans certains cas, à la production d'un gazon de 2 centimètres de hauteur (*Aristida obtusa*). Chez quatre espèces d'*Aristida*, les barbes longues et trifides qui surmontent les épillets portent à leur extrémité moyenne une touffe remarquablement élégante de poils blancs, servant d'aigrette, et à l'aide de laquelle le vent du désert transporte partout la semence, de sorte qu'aucune goutte d'eau ne traverse inutilement le sol aride, et que l'humidité trouve partout ces organes susceptibles de vie. Deux de ces Graminées plumeuses ont été répandues par l'alizé depuis la Caspienne, à travers le Sahara tout entier, les deux autres depuis l'Arabie, et l'on dit que ces dernières seraient parvenues dans leur migration jusqu'à l'Afrique méridionale.

La faculté de subir la dessiccation, faculté qui chez ces Graminées doit être extrêmement prononcée, puisqu'elles sont capables de se développer pendant plusieurs années, bien qu'elles ne soient humectées que si rarement, a attiré l'attention générale sur deux produits du désert. Le retour à la vie d'une plante complétement desséchée paraît avoir quelque chose de mystérieux ; mais le mystère augmente lorsqu'on la voit arrachée au sol, ballottée par le vent comme un corps mort, et malgré cela ne pas perdre complètement les facultés organisatrices de son tissu. Et tel est en effet le cas avec la Rose de Jéricho (*Anastatica*) ainsi qu'avec le Lichen-manne comestible (*Parmelia esculenta*). Toutefois, dans les deux cas, la conservation de ces végétaux au milieu du climat sec du désert tient à des conditions d'une nature très-différente. Chez l'*Anastatica*, chétive Crucifère annuelle, c'est par les fruits que s'obtient le retour à la vie, et toute la particularité ne consiste qu'en ce que les semences se trouvent transportées dans un endroit convenable à leur germination. A l'époque de sa maturité, la plante, en se desséchant, se pelotonne en un petit corps globuliforme, qui dès lors est aisément détaché du sol sablonneux par le vent, et se trouve longtemps ballotté dans le désert jusqu'au moment où il commence à subir l'action de l'humidité. Grâce à la substance glutineuse qui absorbe avidement l'eau, la plante étale de nouveau ses organes comme à l'époque où elle était encore fixée au sol. Toutefois ce simulacre de vie ne régénère point la croissance, mais agit seulement sur les fruits, puisqu'à l'état sec les siliques restent fermées, et que ce n'est que par suite de l'humidité absorbée qu'elles s'ouvrent et laissent échapper les semences. Ainsi, celles-ci ne touchent le sol que sur les points où il est humide, et où par conséquent elles peuvent se développer. Chez le Lichen-manne, au contraire, ce sont les organes végétatifs eux-mêmes qui se trouvent rappelés à la vie par l'humidité. Chez les Lichens et les Mousses, l'engourdissement consécutif au manque d'eau est un phénomène très-ordinaire [41]; c'est à la réviviscence déterminée par l'humidité qu'est due la longue durée de croissance des Sphaignes (*Sphagnum*), et par conséquent la formation de la tourbe à Mousses. A l'instar de l'*Anastatica*, le Lichen-manne est également d'abord fixé au sol [42], d'où il est enlevé par les orages et y retourne de nouveau, mais à de grandes distances, sous forme d'une pluie de manne, laissant tomber de petits fragments pisiformes qui reprennent leur développement sous l'action des précipitations atmosphériques. Ainsi cette plante figure au nombre des produits les plus fréquents des steppes et des déserts de l'Asie centrale et de l'Afrique, en suivant l'alizé jusqu'au Sahara algérien *. De telles migrations des plantes appartenant au climat du désert constituent l'un des arguments les plus péremptoires en faveur de l'influence exercée par les mouvements de l'atmosphère sur la diffusion des espèces végétales, et l'étude de semblables phénomènes a encore l'attrait constamment attaché à la perception de l'accord efficace qui existe entre l'action des forces organiques et inorganiques de la nature. Si, comme cela a lieu chez les autres plantes, l'*Anastatica* ouvrait ses fruits par suite de perte de la sève, la diffusion de ses semences sur un sol dépourvu d'eau eût été sans résultat. De même, si le Lichen-manne était plus solidement fixé au sol, à l'instar des autres Lichens des rochers, il périrait peut-être au milieu de l'aridité dominante. Or, grâce à leur faculté de locomobilité, ces plantes se transportent sur des points très-éloignés où la rosée ou un autre

* Sur plusieurs points des hauts et arides plateaux de la Lycaonie, j'ai été dans le cas de constater le *Parmelia esculenta*. — T.

agent d'humidité leur permettent de se développer : c'est ainsi
que la nature se sert de moyens simples, mais sûrs, pour adapter
les organisations aux conditions les plus défavorables. Pourrait-
elle agir plus énergiquement qu'en déposant dans les Crucifères
des substances gélatineuses, capables de concentrer l'humidité
du désert, ou en fractionnant le thallus sec du Lichen en petits
corps légers, afin d'augmenter la locomobilité de la plante.
Au nombre des moyens de protection dont jouit l'organisation contre le climat sec du désert, la production d'épines et
le revêtement pileux constituent, comme dans les steppes, un
phénomène très-fréquent. La plupart des arbustes feuillés
(ex. *Zizyphus*, *Alhagi*), aussi bien que quelques herbes vivaces
(Cinarées), sont pourvues d'épines : dans un cas (*Nitraria*), il se
rencontre des feuilles charnues en même temps que des épines.
Les poils, susceptibles d'atténuer l'action des rayons solaires,
montrent également une certaine variété de formes, tantôt revêtant et ombrageant l'épiderme (Gnaphaliées, *Crozophora*), ou
bien s'adaptant à ce dernier comme de la soie (*Artemisia*) ; tantôt
par leur rigidité ils se protègent eux-mêmes contre la perte de la
séve (Borraginées, *Salvia*).

La durée extrêmement courte de la végétation, ainsi que
cela résulte de la rareté des précipitations, se manifeste également dans les végétaux bulbeux, lorsqu'on les compare avec
ceux de la steppe. Ils sont bien plus rares dans le Sahara et se
distinguent par l'exiguïté des organes souterrains eux-mêmes,
dont les dimensions dépendent de l'époque où les feuilles entrent
en végétation. Les oignons d'un genre caractéristique pour
le Sahara (*Erythrostictus*) n'atteignent que la grosseur d'une
cerise.

Quelques formes végétales paraissent être limitées à de certaines contrées du Sahara, ou bien, comme les arbres sus-mentionnés (p. 111) de l'Ahaggar, aux régions supérieures des soulèvements les plus considérables de son sol. Ce sont en partie
des plantes immigrées de l'Atlas et d'autres parties de la frontière saharienne, telles que la forme d'Oléandre (*Nerium*,
Rhus) et les Pistachiers (*Pistacia atlantica*) du Sahara algérien.
C'est ainsi encore que l'arbuste Oschur du Soudan (*Calotropis*)

croît, en diminuant graduellement de fréquence, le long de la route des caravanes à travers le Fezzan à Tripoli [43], et que les buissons de Capparidées pénètrent des savanes du Soudan dans les Oueds du désert nubien [44]. Il est probable que c'est à des influences analogues que le domaine arabique du Sahara doit plus d'une particularité. Par contre, il faut avoir bien soin de ne pas confondre avec ces phénomènes la présence des végétaux du Soudan dans la vallée égyptienne du Nil, attendu qu'ici l'eau de la rivière donne lieu à un mode d'alimentation complétement étranger au climat du désert. L'Arabie se distingue notamment par des plantes aromatiques et résineuses [45], dont plusieurs sont indigènes également dans les steppes de l'Orient. Le fait que les sécrétions d'huiles essentielles deviennent plus fréquentes sous un climat sec, a déjà été examiné dans une section précédente (I, p. 446) : d'ailleurs, ce phénomène paraît aussi avoir certains rapports avec l'élévation de la température, en tant qu'elle facilite à l'organisme l'expulsion de semblables substances sécrétées. M. Anderson fait observer qu'en Arabie les végétaux ligneux sont souvent revêtus de résine ou de gomme, et il suppose qu'exposée à l'action d'un soleil ardent. l'écorce se rompt plus aisément et laisse exsuder ces substances Toutefois ce n'est pas là ce qui détermine la sécrétion semblable de la gomme adragante, c'est le développement particulier de l'écorce; et il n'en restera pas moins toujours inexplicable pourquoi dans les contrées chaudes certains produits de sécrétion se trouvent plus abondants, pourquoi des huiles essentielles imprègnent de leurs émanations l'atmosphère humide de l'île de Ceylan aussi bien que la steppe, tandis que les résines au contraire sont communes également sous le climat froid.

Formations végétales. — L'opinion qu'en dehors de ses oasis le Sahara soit presque complétement dépourvu de toute vie organique n'est, à la vérité, fondée qu'en tant que, par suite du défaut d'eau, le désert est inhabitable, et ne fournit une nourriture suffisante qu'à très-peu d'animaux ; mais il ne s'ensuit nullement qu'il y ait d'immenses espaces incapables de produire à de certaines époques, soit un chaume d'herbe soit une chétive

égétation quelconque. Il a été généralement admis que la
nature du sol y est complétement hostile à la vie végétale,
et que les racines ne sauraient pénétrer dans la roche nue, ou
bien que, privés d'humus et soulevés par les vents, les dépôts
arénacés du sol devaient ensevelir les plantes, ou du moins
n'étaient pas capables de les nourrir. Telles sont en effet
les conditions qui souvent excluent des Hammada ou des dunes
de sable de l'Areg, tout développement végétal. Néanmoins les
Oueds pénètrent dans les Hammada, et les parois de leurs vallées
offrent quelque abri contre les mouvements de l'atmosphère
et le sable du désert. Même la haute plaine rocailleuse, c'est-à-
dire le Hammada lui-même, est loin d'être aussi uniforme dans
son relief qu'on a l'habitude de l'admettre. Après tout, ce n'est
que rarement que les relations des voyageurs dans le désert y
signalent l'absence complète de toute trace de végétation [41], et
en faisant ressortir cette particularité, ils prouvent qu'elle constitue un phénomène insolite.

D'après la nature de la surface, on peut distinguer dans le
Sahara quatre types de relief, qui exercent sur la disposition
des formations végétales une influence décisive, savoir : les
plaines rocailleuses du Hammada, les déserts sablonneux à
surface ondulée de l'Areg, les Oueds, qui sous forme de vallées
sillonnent la plaine élevée, et les oasis, qui correspondent aux
plus fortes dépressions du Sahara. Or les dépôts salins, avec
leurs halophytes, relient entre eux les sols doués de la configuration la plus variée. En outre, par suite de la pauvreté de la
flore du désert, les formations non salines elles-mêmes sont
séparées les unes des autres moins par leurs formes végétales
que par le degré de rareté des individus.

Le Hammada occupe l'espace le plus considérable et constitue
en même temps la partie la plus désolée du désert ; car l'eau ne
peut y être atteinte à la profondeur où elle se trouve, ni la
végétation adhérer au sol rocailleux, parce que le vent en emporte tous les produits de la désagrégation, et que les plantes y
sont trop rares pour faire naître un humus capable de les cimen-
ter. Les roches dominantes sont tantôt des grès, tantôt des calcaires : les premiers sont pour la plupart devoniens ; les derniers,

dans les parties occidentales de la contrée, appartiennent au terrain crétacé, comme dans le midi de l'Europe. Mais lorsqu'il se trouve des dépôts de gypse à la surface du sol, comme fréquemment dans le Sahara algérien, et que dès la proximité de l'Atlas les pluies d'hiver commencent à se faire sentir, on voit, même dans les Hammada, quelques buissons épineux et aphylles alterner avec des Salsolacées quand le sol est salifère[47]. Un phénomène semblable se reproduit dans la proximité de l'Ahaggar où sur le plateau de Tassili (26° lat. N.), se trouve mentionné un certain nombre de buissons épineux, de concert avec quelques autres formes frutescentes[48], qui s'y sont établies en venant, soit du Soudan, soit du massif montagneux. Néanmoins, dans la majorité des pays, les végétaux ligneux constituent dans les Hammada un phénomène des plus rares, ou bien en sont tout à fait exclus. Près de l'oasis de Mesab (33° lat. N., environ 20 milles géographiques au sud de l'Atlas), M. Duveyrier[49] décrit un Hammada complétement dépourvu de terre végétale, où la végétation se trouve réduite à un chétif buisson d'une Salsolacée (*Caroxylum articulatum*), à un *Artemisia* et à quelques Graminées isolées. De même, dans le sud du Maroc, M. Rohlfs traversa, sur l'espace compris entre Tuat et l'oasis de Tafilet, une vaste plaine élevée recouverte de pierres roulées, et dans laquelle on n'apercevait pas le moindre buisson[50].

Le désert d'Areg ou de dunes[51] comprend les contrées du Sahara recouvertes de sable mouvant, où les ondulations du terrain, pourraient bien n'être que les restes d'un Hammada détruit par suite de la désagrégation et de l'ablation des dépôts de sel et de gypse. Le niveau de ces contrées est inférieur à celui de la haute plaine : c'est ce qui fait qu'elles servent de réceptacle à la poussière que le sirocco et l'alizé leur apportent des régions lointaines. En conséquence, l'agrégation et la ténuité des grains de sable varient diversement, autant que la nature des roches auxquelles ils ont été empruntés. Le sol arénacé et incohérent n'oppose aucun obstacle à la circulation des eaux souterraines limitées dans le Hammada aux Oueds, mais incapables de pénétrer en tous sens à travers la charpente solide elle-même ; ces eaux suivent donc la surface sous-jacente

compacte, qui se trouve au-dessous d'un terrain aussi peu con-
istant, et dès lors s'enfoncent souvent à une profondeur plus
considérable que dans les Oueds et dans les oasis. Les puits du
domaine de l'Areg algérien fournissent, sans l'emploi d'appareils
ascenseurs, de l'eau dont le niveau oscille entre 2 mètres et $22^m,7$
sous la surface des vallées des dunes [52]. Telles sont les conditions
qui permettent à la végétation du désert sablonneux de se développer un peu plus abondamment que dans les Hammada, tout
en restant en arrière de celle des Oueds. Les dunes elles-
mêmes sont, à cause de la mobilité du sable, complétement dépourvues de plantes [53], mais les vallées creusées dans ces dunes
offrent, quand elles sont vivifiées par l'humidité, une végétation
qui n'est pas complétement sans attraits. Aux buissons isolés
de la forme de *Spartium*, s'associent ici parfois les Stipacées
de haute taille; c'est dans ces endroits que les caravanes
font leurs étapes, afin de donner aux chameaux le temps de
pâturer. Ainsi la formation de l'Areg posséde en partie les
mêmes végétaux ligneux que le Hammada, mais elle en diffère
par les Graminées, qui la rapprochent de celle des Oueds.

Lorsqu'en hiver les eaux souterraines viennent à monter, et
surtout lorsqu'il se produit une averse, la végétation des Oueds
se développe avec une prodigieuse rapidité, et à la suite de telle
précipitation dont M. Tristram fut témoin [54], il vit la vallée
aride se revêtir en trois jours de verdure : c'est le moment où
les troupeaux, nourris sur l'Atlas, sont conduits de la montagne,
ainsi que des steppes, dans les Oueds limitrophes du désert.
Un fait semblable est signalé par M. Duveyrier [52], qui nous apprend que lorsqu'après une sécheresse de neuf années, tombè-
rent les premières pluies, sept jours suffirent pour revêtir de la
plus belle verdure les pâturages, auxquels jusqu'alors tout
symptôme d'activité organique avait fait défaut. La nudité ina-
nimée des parois rocailleuses des vallées contraste avec le fond
verdoyant qu'elles bordent, et dans l'enceinte duquel on voit,
à côté de broussailles épineuses et des Tamarix, se déployer de
modestes tapis de Graminées, tandis que, parfois, à l'ombre d'un
Pistachier solitaire, les herbages chétifs du désert attirent un
troupeau d'Antilopes. Presque toutes les plantes du Sahara, fait

observer M. Duveyrier [49], tendent à se réfugier dans les vallées, où par suite la végétation est plus variée que partout ailleurs : ses principaux éléments constitutifs se composent de « grands buissons de *Zizyphus*, dont la fraîche verdure repose agréablement les yeux, d'arbustes élevés de Genêt (*Retama*), d'un Câprier rampant à grandes fleurs de couleur rose, et enfin de nombreuses touffes de Graminées (*Aristida, Andropogon*). » Dans les Oueds on voit donc réunies la majorité des formes végétales du Sahara, notamment : les arbres à feuillage peu abondant, les buissons épineux et aphylles, les Graminées, les herbes vivaces et les Crucifères annuelles ; c'est également là qu'est la demeure du Palmier nain de Nubie. L'énergie ou l'impuissance de cette formation végétale, ainsi que la variété ou la pauvreté de ses éléments constitutifs, se trouvent déterminées par le degré d'humidité susceptible de se concentrer en artères d'eau sillonnant périodiquement la surface du sol, de même que par la nature et la quantité de la terre végétale [55]. Cependant, considérée dans son ensemble, et comparée avec les contrées limitrophes, cette formation végétale constitue la mesure la plus forte de ce que la matière, livrée à elle-même, est en état de fournir dans le désert à la vie organique. La plante la plus chétive apparaît ici comme le triomphe de la création sur les forces destructrices, en sorte qu'envisagée sous ce point de vue, la chose la plus insignifiante acquiert de l'intérêt. La fréquence [56] d'une Cucurbitacée rampant sur le sol, de la Coloquinte (*Citrullus Colocynthis*), ainsi que sa vaste extension, favorisée probablement par les oiseaux, constituent un exemple saillant de la domination de la vie, même dans le désert, en faisant voir qu'à l'aide d'une si minime quantité d'humidité, et pendant une si courte période de croissance, il peut néanmoins se produire un fruit succulent de la grosseur d'une orange et doué de substances particulières *.

---

* En attendant la publication complète et détaillée des résultats scientifiques fournis par la remarquable expédition de M. Rohlfs en Libye, les quelques notes de M. Ascherson, botaniste de l'expédition (ainsi que celles de M. Schweinfurth pour ce qui concerne l'oasis de Chargeh), reproduites dans les *Verhandl. der Gesellsch. für Erdkunde zu Berlin* (ann. 1874, n° 3, p. 82, n° 4, p. 1091, et n°s 6, 7, p. 177),

Enfin, quant aux oasis elles-mêmes, avec leurs sombres plantations de Dattiers, on ne saurait leur accorder une place parmi les
formations primordiales du Sahara, puisque ce n'est qu'à l'irrigation artificielle que la contrée est redevable de son état actuel,
des végétaux qu'on y cultive, de son arboriculture et de son agriculture limitées. Ces formations végétales n'ont eu leur origine
que dans les Oueds, et il n'est plus possible de constater quel
était le caractère végétal de quelques-unes de ces oasis à l'époque où le Dattier a pu y prospérer spontanément.

Centres de végétation. — Les seuls catalogues de plantes
approximativement complets que l'on possède pour la région
saharienne se rapportent à l'Égypte et à l'Algérie. Mais il n'y
a que ceux de l'Algérie qui fournissent un étalon exact pour
apprécier les éléments constitutifs de la flore, attendu que

suffisent pour donner une idée générale de la végétation du désert Libyque compris entre le Nil et l'oasis de Sivah. Il en résulte que ce désert lui-même (au milieu duquel surgissent les diverses oasis) n'a fourni que 33 espèces appartenant à
15 familles. Malgré les places différentes que ces espèces occupent dans la classification systématique, elles se trouvent adaptées aux mêmes conditions vitales, et
manifestent une grande concordance dans leurs facies. Elles constituent généralement des touffes globuleuses garanties contre l'évaporation et la sécheresse, soit par
l'extrême réduction ou la complète suppression des surfaces foliaires, soit par
d'épais revêtements pileux ou résineux; plusieurs de ces espèces, même quelques
Graminées, sont munies d'épines et d'aiguillons. Quant à la végétation spontanée des
oasis, elle a fourni à peu près 377 espèces, notamment : l'oasis de Farafreh 91, celle
de Daschel 186, et celle de Chargeh environ 200. La flore de cette dernière oasis,
la plus grande de toutes, rappelle plutôt le caractère de la flore du sud de l'Europe, les formes tropicales y étant rares et réduites aux Palmiers, aux *Calotropis*,
au *Cassia obovata*, au *Balanites* et au *Cordia subopposita*. L'irrigation artificielle, indispensable aux plantes cultivées dans les oasis, s'effectue à l'aide de puits
dont l'eau jaillit sous une pression tellement forte, qu'elle peut être conduite aisément aux lieux de sa destination, sans exiger les appareils de puisement usités
dans la vallée du Nil avec une grande dépense de travail. Dans quelques oasis, cette
eau est thermale, ce qui est notamment le cas dans la grande oasis de Chargeh, où
M. Schweinfurth compta environ vingt-cinq puits en activité, forés à une profondeur
de 60 mètres, et dont l'eau possède une température de 25° à 30°. Ces puits ne constituent qu'une minime fraction de tous ceux (environ 200) que les Romains y avaient
établis, mais qui aujourd'hui sont ensablés. Les plantes cultivées dans les oasis à
l'aide de ces irrigations artificielles demandent des volumes d'eau très-divers : c'est
le Riz qui en exige le plus; puis viennent le Froment et l'Orge, qui mûrissent en
90 jours, mais qui réclament pendant cette période une irrigation répétée neuf fois.
Parmi les végétaux des cultures figurent : le Cotonnier, l'Indigotier, le Dattier, l'Olivier,
l'Oranger, le Citronnier, l'Abricotier et l'*Acacia nilotica*, cultivé pour son bois, et qui

le Nil amène trop d'éléments étrangers, et que son delta n'est plus complétement dénué de pluies. Il n'en est pas de même de l'Algérie, qui a été, de la part de MM. Cosson et Tristram [57], l'objet d'aperçus où la végétation du Sahara se trouve distinguée d'une manière satisfaisante, de celles du littoral, de l'Atlas et de la steppe. M. Cosson estime à 500 le chiffre des espèces indigènes dans le Sahara [58]. Cette estimation peut servir de base à des comparaisons ultérieures, puisqu'elle s'accorde suffisamment avec les deux catalogues sus-mentionnés des végétaux effectivement constatés. Maintenant, si nous prenons en considération, d'une part les aires de tant d'espèces s'étendant sur toute la surface du Sahara, et d'une autre part le grand développement du domaine, ainsi que les particularités qui caractérisent la partie du désert asiatique séparée par la mer Rouge, ne nous éloignerons guère de la vérité en portant au double, et

acquiert quelquefois des dimensions considérables : un individu mesuré à Belat avait 5ᵐ,65 de circonférence. La végétation spontanée des oasis a fourni à M. Ascherson des observations du plus vif intérêt. Il y distingue un élément indigène subordonné, et un grand nombre d'espèces immigrées. Le premier, ayant une extension considérable dans le domaine désertique de l'Afrique et de l'Asie intérieure, est composé d'espèces qui habitent particulièrement les bords secs du désert et parmi lesquelles figurent au premier rang la Coloquinte et l'Oschur (*Calotropis procera*). Les espèces immigrées, quoique très-anciennes, n'ont pas dû apparaître toutes à la même époque. En effet, on est singulièrement surpris de voir que dans les oasis, ce sont précisément les mauvaises herbes les plus répandues dans les champs de céréales et dans les jardins, qui appartiennent à la flore méditerranéenne, sans qu'on puisse les constater sous la même latitude dans la vallée du Nil; tandis que les plantes caractéristiques pour cette dernière font défaut aux oasis, ou bien ne s'y montrent qu'isolément. On est donc nécessairement conduit à cette conclusion, que les oasis doivent la plupart des plantes qu'on y cultive, telles que Froment, Orge, Olivier, Palmier, etc., non à la vallée du Nil, mais au littoral septentrional de l'Afrique. Cette conclusion suggérée par des considérations botaniques, s'accorde singulièrement avec celles que des considérations archéologiques fournirent à M. le professeur Brugsch, qui pense que les oasis avaient été d'abord habitées par une population libyenne, étrangère à la race égyptienne, et asservie plus tard par les maîtres de la vallée du Nil. Enfin M. Ascherson fait une autre observation également importante, en signalant dans les oasis la présence ou l'absence de certains végétaux, sans que ce phénomène puisse être expliqué par les conditions physiques actuelles. Ainsi le *Plantago major*, plante éminemment cosmopolite, se voit dans les oasis de Farafreh et de Chargeh, mais non dans celle de Dachel, située pourtant entre les deux premières; par contre, parmi les trois oasis, celle de Dachel est la seule qui possède le *Lamium amplexicaule*, Labiée également cosmopolite. — .

nous par conséquent à 1000 espèces, le chiffre total de cette flore.

Cependant, même dans ce nombre, une grande partie vient du dehors, et il reste à résoudre la question de savoir si nous sommes autorisés à admettre dans le Sahara des centres de végétation. Si tel n'était pas le cas, nous aurions un terme de comparaison continental considérable avec les îles qui ne possèdent point de plantes endémiques. Cela fortifierait en même temps une opinion que plus d'un naturaliste est disposé à admettre, opinion d'après laquelle les déserts de notre globe ne resteraient pas toujours ce qu'ils sont, mais subiraient, dans leur sol et dans leur climat, des modifications graduelles, à la suite d'immigrations prolongées et de l'accroissement de la végétation. Mais pour qu'un tel changement ait lieu, il faudrait que le Sahara ne se trouvât plus placé sous l'action non interrompue des alizés, dont la durée et la direction ne tiennent pas pourtant à la végétation, mais à la configuration des diverses régions du globe. Or les études géologiques faites dans le domaine du Sahara algérien ont démontré, à l'aide d'arguments sérieux, l'origine récente au moins d'une partie du désert, puisque des coquilles de Mollusques habitant aujourd'hui la Méditerranée ont été constatées dans les dépôts dĕ l'Areg, bien qu'à la vérité, seulement dans la profonde vallée de la Syrte [59]. Par là, la question relative aux plantes endémiques du Sahara acquerrait une signification plus générale encore, attendu que si c'est pendant la période actuelle de notre globe, que l'émersion du désert tout entier a eu lieu, l'origine des végétaux endémiques de ce dernier remonterait à la même époque *.

* Telle n'est point l'opinion d'un naturaliste qui a beaucoup étudié l'Algérie, M. le sénateur Pomel. Selon ce savant, le Sahara ne peut avoir été occupé au commencement de l'époque actuelle par une mer spacieuse, car dans ce cas la flore et la faune du désert africain devraient avoir été constituées par l'émigration d'espèces venues des deux régions continentales qui bordaient la surface émergée. M. Pomel fonde son opinion sur le caractère spécial de la flore saharienne (voy. Pomel, le Sahara, Alger, 1872). D'un autre côté, M. Charles Martins, qui, lui aussi, a visité le Sahara, est parvenu à un résultat diamétralement opposé; en parlant de l'époque probable à laquelle eut lieu l'émersion du Sahara, il dit (Du Spitzberg au Sahara, p. 532) : « L'événement est récent, géologiquement parlant; il remonte peut-être à cent mille ans seulement. Le nombre des années, on ne sau-

Toutefois ces données géologiques, que les naturalistes suisses ont rattachées au climat des Alpes et à la retraite de leurs glaciers, n'auront de l'importance, pour l'histoire des plantes du Sahara, que lorsqu'on sera parvenu à démontrer que le domaine tout entier de leur diffusion s'est produit aussi tard. En effet, la présence de plantes endémiques sur certains points du Sahara est indubitable. Je reviens ici encore une fois sur le Dattier, dont il est prouvé que l'origine est saharienne par sa diffusion et sa propagation mêmes. Ce qui n'empêche pas qu'il n'est guère facile de décider si sa patrie primordiale est à Tuat ou en Arabie; en sorte qu'il suffit d'admettre que certains éléments constitutifs du désert actuel existaient déjà au commencement de la période actuelle du globe, pour en déduire l'origine de sa végétation.

Ce qui prouve que le Sahara algérien lui-même constitue un centre de création végétale, c'est qu'à côté d'un nombre assez considérable d'espèces endémiques, il possède plusieurs genres en partie monotypes (ex., des Crucifères : *Lonchophora*, *Henophytum;* des Synanthérées : *Rhanterium*, *Rhetinolepis*, *Warionea;* une Plombaginée : *Bubania*). La contrée de Biskra, située seulement à 134 mètres au-dessus du niveau de la mer, au pied des dernières ramifications de l'Atlas, se distingue par des végétaux à aire limitée *, mais qui cependant se trouvent placés sous l'action du climat du Sahara et ne paraissent pas avoir tous pénétré dans le désert, au delà de la profonde vallée de la Syrte. Ici, pendant un long temps après leur naissance, la mer a pu limiter l'enceinte de leur demeure, de même qu'actuellement les dunes de l'Areg peuvent s'opposer à leur migration.

rait le préciser; mais l'événement a une date relative, il est postérieur au dépôt des terrains tertiaires. Quand il a eu lieu, la Méditerranée existait déjà, car on trouve dans le Sahara des coquilles de Mollusques qui habitent encore le littoral; le sol est imprégné de sel marin : il est formé de gypse ou sulfate de chaux, qui se dépose probablement dans les mers actuelles, et des sables annexés par les rivières qui se versaient dans le golfe saharien. » — T.

* M. Cosson a constaté que, dans les provinces d'Oran, d'Alger et de Constantine, un certain nombre d'espèces sont confinées sur le relief du grand Atlas qui sépare la région des Hauts-Plateaux de la région saharienne, on ne s'en éloignent que très-peu, tant dans la partie la plus méridionale des Haut-Plateaux que sur les points les plus voisins de la région saharienne. — T.

Parmi les plantes du Sahara algérien énumérées par M. Cosson, un peu plus du tiers consiste en espèces endémiques (environ 36 pour 100 [57]). Si l'on applique cette proportion à la totalité de la flore du Sahara, en portant l'étendue de ce domaine dépourvue de pluie à 180 000 milles carrés [60], on n'aura qu'une espèce endémique pour chaque surface de 520 milles carrés. C'est là un chiffre bien propre à servir de terme de comparaison, pour caractériser la pauvreté d'une flore qui, sous ce rapport, reste en arrière de tous les grands domaines continentaux. Ou bien nous pouvons interpréter ce chiffre en ce sens, que nulle part ailleurs les centres de végétation ne se trouvent éloignés les uns des autres dans de semblables proportions, et qu'ainsi la distribution géographique de la flore peut s'expliquer en n'admettant qu'un nombre extrêmement limité de localités qui auront servi de points de départ à la migration. C'est avec une semblable supposition que les observations faites jusqu'ici s'accordent le mieux, puisque dans le peu de contrées où, par suite de l'*habitat* restreint de certaines plantes, des centres ont été effectivement constatés jusqu'à présent, la végétation n'est nullement aussi pauvre qu'on aurait dû s'y attendre, eu égard à des conditions vitales aussi défavorables. De telles localités n'ont été constatées nulle part dans l'intérieur du Sahara, mais seulement sur ses limites septentrionales, plus particulièrement en Algérie, et dans l'est de l'Arabie, ainsi que dans le Sind. Si donc nous admettions que c'est de ces centres que les Oueds ont reçu leur chétive végétation, cela viendrait assurément à l'appui de l'opinion en vertu de laquelle la majeure partie du Sahara a dû être récemment émergée. En ce cas, l'Afrique aurait cela de particulier, qu'elle contiendrait tout à la fois les parties continentales les plus récentes et les plus anciennes de notre globe, les premières dans le Sahara et les dernières dans le Soudan.

Eu égard à la structure de ses plantes, la flore du Sahara [61] se distingue surtout par la forte proportion numérique des Crucifères, et s'accorde avec le domaine des steppes par la variété des Chénopodées. Les plus riches en espèces sont les quatre familles des Synanthérées, des Graminées, des Crucifères et des

Légumineuses, et, sous ce rapport, les collections faites en Algérie, en Égypte et dans l'Arabie Pétrée [62], fournissent le même résultat. Si l'on ne tient compte que des espèces endémiques du Sahara algérien, le chiffre proportionnel de ces familles s'accroît encore davantage, à l'exception des Graminées, qui passent plus aisément que le reste des familles d'un domaine à un autre.

Afin de mieux faire ressortir les particularités de la flore, et d'apprécier les conditions dans lesquelles une immigration des plantes a pu avoir lieu des pays limitrophes, il devient essentiel d'examiner les limites climatériques du Sahara. Sur la côte de l'Atlantique on voit, dès la latitude des îles Canaries, la flore du désert passer à la flore marocaine, caractérisée ici notamment par l'*Argania*. Dans le domaine hydrographique du Draa (27° lat. N.), qui, après s'être évanoui dans l'oasis du Maroc, reparaît à la surface, près de la mer, M. Panet [7] trouva, lors de son voyage de la Sénégambie à Mogador, les premiers bois d'Argan, tandis que des Acacias gummifères bordaient la rivière. C'est là le point le plus méridional où pénètre, dans la direction du Sahara, une végétation qu'on peut considérer comme une transition à la flore méditerranéenne, et bien que nous connaissions peu les conditions climatériques de la côte du Maroc [63], on ne saurait méconnaître dans ce fait l'influence de l'atmosphère plus humide de la mer. En effet, du côté de l'intérieur, le désert se déploie à partir de l'Atlas, comme en Algérie.

L'endroit le plus proche où la limite septentrionale du Sahara ait été positivement examinée, se trouve immédiatement sur les contre-forts méridionaux de l'Atlas marocain [64] (32° lat. N.); il longe ensuite le bord de cette chaîne et atteint la latitude la plus élevée (35° lat. N.) en Algérie et dans la Tunisie. Mais les oasis au Maroc ont cet avantage que, même dans l'intérieur du pays, on voit sur un certain parcours les rivières de l'Atlas conserver leur eau à la surface du sol, du moins au printemps, ce qui favorise l'immigration des plantes.

En Algérie au contraire, c'est dans l'enceinte des dernières ramifications de l'Atlas que surgit la contrée élevée de la steppe

Saharienne, dont le climat est, à la vérité, semblable à celui
du désert et facilite un mélange de formes végétales, mais
où cependant la majeure partie de la végétation acquiert un
caractère spécial, parce que les différences d'altitude entre cette
haute steppe et la vallée de la Syrte déprimée au-dessous du
niveau de la mer, sont très-considérables *.

Viennent maintenant, depuis Tunis [65] jusqu'à la Cyrénaïque,
les contrées où le Sahara s'étend jusqu'à la Méditerranée elle-
même. On n'a pas plutôt quitté les jardins de Tripoli, dit
M. Vogel [66], que déjà commence le désert. Plus à l'est, la limite
septentrionale du Sahara traverse la surface élevée de Barka
(32° lat. N.) [67], puis atteint (sans tenir compte du delta du Nil)
de nouveau le littoral de la mer, et touche, au sud de la Palestine, pour la dernière fois à la flore méditerranéenne. A quelques
heures au sud de l'Hébron (31° 30' S.) se trouve un remarquable
point culminant où trois domaines de végétation sont placés en
contact, où disparaissent les Chênes toujours verts de la Palestine, où commencent les Oueds de l'Arabie Pétrée, et où, du côté

---

* C'est cette partie de l'Afrique septentrionale (Cyrénaïque), notamment la haute
plaine de Barca, que les anciens considéraient comme la patrie exclusive du célèbre *Silphion* ou *Laserpitium*, plante tellement recherchée pour ses propriétés
médicinales et tellement rare, que du temps de Strabon on la payait au poids de
l'or. Linné avait cru pouvoir l'identifier avec l'*Asa fœtida;* mais en 1817, Viviani
ayant reçu de la Cyrénaïque, par Della Cella, quelques échantillons d'une Ombellifère qu'il identifia avec ce Silphion, les détermina sous le nom de *Thapsia Silphium.*
Plus tard, M. E. Cosson crut reconnaître dans la plante de Viviani une variété du
Thapsia garganica (var. *Silphium*). Enfin tout récemment cette Ombellifère a été
retrouvée par M. Laval (*Bull. Soc. d'acclimat.*, ann. 1874, 3ᵉ série, t. I, p. 218)
exactement dans les lieux indiqués par Théophraste et Strabon. M. Laval, en sa
qualité de médecin, constata les propriétés que présente cette plante contre plusieurs
manifestations de la phthisie, et il recommanda d'autant plus instamment d'en essayer
l'acclimatation en Provence, et surtout en Algérie, que cette précieuse Ombellifère, rigoureusement limitée à une seule localité, ne peut manquer d'y disparaître,
étant fréquemment attaquée par un insecte de l'ordre des Hémiptères. M. Laval
revient à la détermination de Viviani, car selon lui (*loc. cit.*, p. 317), sa plante est
distincte du *T. garganica*, et il déclare positivement que « la forme des racines et
des feuilles eût empêché de confondre ces deux espèces, si notre Muséum eût possédé un échantillon du *Thapsia Silphium*. Malheureusement une mort prématurée
mit un terme aux nouvelles recherches que M. Laval venait d'entreprendre ; car
lors de son dernier voyage dans la Cyrénaïque, il succomba (le 27 juin 1874) dans
le village de Merdj (Tunisie) à l'épidémie qu'il s'était empressé d'aller combattre, en
se rendant à l'appel du gouverneur de la province et du consul de France. N'écou-

de l'est, à travers la vallée déprimée du Jourdain, le désert et la steppe se rencontrent. Ainsi, depuis le Maroc jusqu'à la Syrie, le Sahara est ouvert à l'immigration de plantes méditerranéennes, tandis que, depuis la mer Morte jusqu'au golfe Persique, le mélange des plantes des steppes et du désert est facilité à un degré plus remarquable encore. Néanmoins il y a peu de formes du domaine méditerranéen, qui, comme l'Olivier et l'Oléandre, aient pénétré dans les oasis. C'est aux investigations ultérieures qu'il appartient de nous apprendre si en Arabie les limites des pluies d'hiver se trouvent indiquées par la végétation d'une manière aussi tranchée, attendu que la flore de l'intérieur de l'Arabie demeure encore complétement inconnue.

Toutefois il est possible de constater dès à présent, qu'en Arabie le climat de steppe et de désert exerce une influence décidée sur la végétation, ce qui a déterminé le développement historique du pays. Ce qu'on appelle désert arabique ne répond qu'en partie à cette dénomination : attendu qu'on y voit largement développée la steppe à pluies d'hiver, où au printemps

tant que son zèle, M. Laval paya de sa vie son héroïque dévouement, après avoir pendant trois semaines soigné et sauvé un grand nombre de malades. Il importe d'ajouter, pour être historien exact et désintéressé, que l'on paraît généralement porté aujourd'hui, d'après les documents rapportés de la Cyrénaïque en 1875, par M. Daveau (voy. *Revue horticole*, 1875, et *Bull. Soc. bot. Fr.*, séance du 10 décembre 1875), à identifier le *Thapsia Silphium* Viv. au *Thapsia garganica*, et que l'on peut dire des propriétés médicinales de la plante rapportée par le Dʳ Laval : *adhuc sub judice lis est*. Ajoutons enfin qu'il n'est point certain que le *Thapsia Silphium* Viv. soit le Silphion des anciens. — C'est également dans cette partie de l'Afrique, mais à l'ouest de la Cyrénaïque, que les anciens signalaient une autre plante précieuse sous le nom de *Lotus*, qu'ils plaçaient dans le pays des *Lotophages*. M. Pélissier, consul de France, avait pensé qu'elle pouvait avoir quelques rapports avec l'arbrisseau épineux nommé par les Arabes *Damouk*. Or, voici ce que m'écrit M. Doûmet-Adanson, l'habile explorateur de la Tunisie, auquel j'ai eu recours relativement à cette question controversée : « Toutes mes investigations à cet égard m'ont conduit à me ranger à l'opinion de mon ami M. Cosson, laquelle est que le Dattier doit être ce que ls anciens désignaient sous le nom de Lotus. Le Damouk (*Rhus oxyacanthoides*), qui croît également dans ce pays et en abondance, ne peut avoir eu la réputation acquise au Lotus des anciens ; ses fruits sont d'une insipidité peu faite pour pousser à l'enivrement, et constitueraient même, à mon avis, une piètre nourritura. Quant au *Zizyphus Lotus*, il peut moins encore être pris pour le Lotus. Je ne vois donc, parmi les arbres dont la vraie patrie se trouve dans ces parages, que le Dattier qui puisse être rapporté au célèbre *Lotus*. » — T.

le sol présente de riches pâturages, ornés partout d'herbes fleuries. C'est le pays des Bédouins, des tribus nomades de l'Arabie, qui, à l'instar des patriarches, se nourrissent de leurs troupeaux, et, ainsi que nous l'avons fait observer précédemment, pénètrent bien avant dans la Syrie. C'est seulement d'une manière passagère qu'une population sédentaire s'était établie, dans le rayon de ses migrations ordinaires, près du Jourdain qui en marquait la limite occidentale, dans les villes abandonnées du Hauran, pour se retirer de nouveau en présence des nomades. Le développement intellectuel plus élevé des Arabes, qui jadis avait exercé une si puissante influence, même sur la civilisation européenne, a eu pour foyer originel les contrées méridionales du désert, où les massifs montagneux donnèrent naissance aux oasis, et celles-ci à la culture du Dattier et des Céréales, et où la population, en formant des États particuliers, s'était réunie d'une manière permanente dans des villes.

L'Arabie est placée, relativement au Soudan, dans une telle position, qu'au sud des steppes, elle se trouve comme le Sahara, exposée en toute saison aux alizés dépourvus de pluies. Mais c'est seulement le tiers de sa surface qui constitue un désert inaltérable [68], car la péninsule arabique a sur le Sahara africain ce grand avantage, que ses côtes sont bordées par des montagnes qui, du moins dans leurs parties sud-ouest et est, sont larges et fertiles, et qu'également dans l'intérieur s'élèvent quelques districts montagneux plus considérables, tels que Shomer (28°-26° lat. N.) et Nedjed (25°), qui, grâce aux abondantes pluies d'hiver, sont devenus des régions de bien-être et de culture. C'est ainsi que M. Palgrave, le premier européen civilisé qui ait pénétré à Riad, capitale du Nedjed, y trouva la forme de gouvernement et les manières de vivre au niveau des autres États de l'islam. La limite de la steppe et du désert est donc ici encore, comme en Algérie, la limite de l'élevage du bétail et de la plantation du Dattier. De même, le désert arabique doit ses oasis et ses courants d'eaux souterraines aux précipitations auxquelles donne lieu l'élévation du sol montagneux. Toutefois on ne sait pas encore bien, du moins pour ce qui concerne l'intérieur du pays, jusqu'où, sur les plateaux arabiques, bien plus élevés que le Sahara, les pluies d'hiver s'étendent vers le sud. Dans la presqu'île du Sinaï, les précipitations sont incertaines; plus loin, le désert rocailleux s'étend au moins jusqu'à la proximité de la mer Morte (31° lat. N.) [69]; mais, dans l'intérieur, les Bédouins poussent leurs courses jusqu'aux districts montagneux du centre, et trouvent dans le Nufud (31°-28° lat. N.), et jusqu'aux confins de Shomer, les plus gras pâturages. C'est à partir de là, de l'autre côté des oasis montagneuses, que commence le grand désert de Dahna qui se déploie jusqu'aux montagnes qui le bordent du côté du sud, et qui, non visité par les nomades, ne paraît guère contenir ni Oueds ni oasis (24°-15° lat. N.). Ainsi, en Arabie, les limites du Sahara s'écartent plus loin au sud que partout ailleurs, parce que les montagnes, limites de la région, enlèvent encore leur humidité aux vents de mer qui rencontrent les alizés.

De l'autre côté du golfe Persique, la lisière littorale, jusqu'à l'embouchure de l'Indus, est semblable au Sahara, et sa végétation peut être envisagée comme faisant transition à la flore de steppe. Puis, au-delà de l'Indus, avec le climat sans pluies du Sind et du Rajwara, les conditions du désert africain se trouvent encore une fois parfaitement développées. Mais comme ici il n'y a point d'alizé quelconque, et que ce sont les moussons indiennes qui commencent, l'absence de pluies dans cette contrée a été considérée comme quelque chose d'énigmatique [70], et l'on s'est demandé comment, en présence de vents de terre et de mer alternant chaque six mois, et avec une surface également plane du sol, il avait pu se produire des forêts tropicales dans le delta du Gange, de même qu'un désert dépourvu d'eau dans le Sind. Nous allons compléter ici l'explication de ce phénomène déjà précédemment indiquée (p. 47) au sujet de l'Inde. Avec la mousson sud-ouest, le sol du delta de l'Indus est bien plus chaud que la mer, ce qui fait qu'en se réchauffant sur son parcours, le courant atmosphérique ne peut condenser sa vapeur aqueuse. L'hiver demeure tout aussi dépourvu de pluie, parce que le vent nord-est qui souffle alors revêt le caractère de l'alizé. Là où la mousson sud-ouest produit de la pluie, c'est l'élévation du pays qui fait naître les précipitations. L'Himalaya se trouve deux fois plus près de l'embouchure du Gange que l'Indus, et à cela se joignent les effets réfrigérants de l'évaporation, sans doute très-considérable, fournie par le sol marécageux des Sunderbund hérissé de fourrés. De plus, il manque au Bengale un phénomène dont l'action est très-importante dans le domaine de l'Indus, où l'aspiration exercée par les plateaux de l'Afghanistan situés à proximité amène en été des masses d'air très-sec qui, rencontrant dans le désert indien les vents de mer, contribuent à maintenir en dissolution les vapeurs aqueuses de ces derniers.

C'est toujours l'absence des pluies qui reproduit en Asie les conditions de la végétation du Sahara; aussi M. Hooker signale-t-il [71], même à l'extrémité méridionale de la péninsule indienne, un district situé dans la contrée de Madura, où l'on voit reparaître les formes végétales du désert, parce que ce district perd toute l'humidité que peuvent posséder les chaînes montagneuses dont il est entouré.

De tels phénomènes sont étrangers à la configuration uniforme de l'Afrique. En proportion des pluies d'été du Soudan, la limite méridionale du Sahara constitue plutôt une ligne régulièrement tracée [11]. C'est seulement sur la mer Rouge que les conditions sont d'une nature particulière. Ici la limite de la végétation du Soudan ne coïncide point avec la limite des pluies tropicales. M. Russegger fait notamment observer que nulle part la côte nubienne n'est complétement dépourvue de pluies; car bien que les pluies d'été, accompagnées du vent de sud-ouest, perdent de leur durée dans la direction du nord, elles se font néanmoins sentir presque jusque sous la latitude (24° N.) où (comme dans le delta du Nil) commencent les pluies d'hiver qui sont propres au littoral jusqu'à l'isthme de Suez, tout en étant, à la vérité, peu abondantes et irrégulières. Ainsi donc ici les conditions qui rendent possible le mélange des centres de végétation du Sahara et du Soudan ne font point défaut. En effet, M. Schweinfurth [72] a observé sous les tropiques « une limite tranchée de végétation »,et, à l'aide d'un catalogue des plantes indigènes sur cette côte (22° lat. N.), il a démontré qu'ici la flore du Soudan s'étend plus au nord que sur le Nil. Ensuite, entre la Nubie et l'intérieur de l'Arabie, se produit un remarquable contraste : la végétation du Sahara, qui s'étend au sud jusqu'aux tropiques, ne fait que commencer ici sous la même latitude pour se développer plus au sud (24°-15° lat. N.). Il résulte même de l'influence exercée par le golfe Arabique, que sur le littoral nubien les *Avicennia*, qui constituent les forêts tropicales de la côte, se sont établis de concert avec les plantes du désert, également de ce côté des tropiques *.

* Comme en parlant de la côte septentrionale de l'Afrique, M. Grisebach n'a pu mentionner que très-incomplétement les flores de la Régence de Tunis, de la Tripolitaine, du Maroc et de la Cyrénaïque, encore mal connues à cette époque, je crois rendre service à nos lecteurs en leur offrant les prémices des travaux importants que M. Doûmet-Adanson et M. E. Cosson préparent en ce moment sur ces contrées, et qu'à ma demande ils ont bien voulu me communiquer. Je commencerai par l'exploration botanique que M. Doûmet-Adanson vient d'effectuer dans la Régence de Tunis ; j'extrais de son manuscrit les données suivantes :

« Dans la Régence de Tunis, les régions botaniques ou plutôt les associations d'espèces peuvent être divisées en trois parties distinctes : 1° la région des montagnes et des collines élevées, qui occupe tout le nord et le nord-ouest du pays et se relie à la région montagneuse de l'Algérie, dont elle n'est que la continuation ou mieux l'extrémité orientale ; 2° la région désertique ou saharienne, qui occupe tout le sud et remonte entre les montagnes de l'ouest et la mer presque jusqu'au pied des massifs montagneux du Djebel Zaghouan et de la presqu'île du cap Bon ; 3° la région littorale ou maritime, qui s'étend le long de la côte jusqu'à la Tripolitaine et pénètre sur quelques points dans l'intérieur. Bien que définis par la prédominance d'un certain nombre de plantes plus particulières à chacun d'eux, ces trois groupes se prêtent mutuellement des espèces et se mêlent parfois en certains points du pays, selon les conditions d'orientation et la nature du terrain. Il existe pourtant une ligne de démarcation assez tranchée entre le domaine de la flore du sud et celui de la flore du nord, au pied même des montagnes et sur leur versant méridional, c'est-à-dire à environ vingt-cinq lieues au sud-est de Tunis. ` ` `

I. — Les espèces qui composent l'ensemble de la région montagneuse septentrionale appartiennent toutes à la flore monticole inférieure et moyenne septentrionale de l'Algérie. Il est à remarquer cependant que les hauteurs extrêmes du massif tunisien étant de beaucoup inférieures à celles du massif algérien, puisque le Zaghouan, point culminant, atteint à peine 1500 m., et que la région des Hauts-Plateaux, si importante en Algérie, manque à la Tunisie, un grand nombre des espèces des parties élevées de l'Atlas font défaut à la flore de la Régence. L'absence du Cèdre (*Cedrus atlantica*), du Pinsapo (*Abies Pinsapo* var. *baborensis*), de l'If (*Taxus baccata*), est des plus caractéristiques. Cependant la végétation arborescente est très-développée dans le nord-ouest : de splendides forêts de Chêne Zen (*Quercus Mirbeckii*), de Chênes-verts (*Q. Ilex, Q. Ballota*) et de Chêne-liége (*Q. Suber*) cou-

vrent des espaces considérables où une civilisation dévastatrice n'a pu encore pénétrer, grâce à l'intolérance fanatique des indigènes. M. Doûmet-Adanson ignore
absolument si le Chêne à feuilles de Châtaignier (*Q. castaneæfolia*) existe dans ces
forêts.

Le massif important qui comprend le Zaghouan, le Djebel Rças (*montes Plumbei*),
le Bou-Karnin et les montagnes du cap Bon, est occupé par une végétation abondante d'arbres et arbustes à feuilles persistantes. Le *Callitris quadrivalvis* y règne
en maître sur de vastes étendues ; l'Arbousier (*Arbutus Unedo*) et sa variété à
feuilles étroites (*Arbutus Doumetii* Romagnoli) constatée également en Corse par
M. Doûmet-Adanson père, le Laurier-tin (*Viburnum Tinus*), l'Alaterne (*Rhamnus
Alaternus*), les *Calycotome intermedia* et *spinosa*, la Bruyère en arbre, l'Olivier
sauvage, le *Phillyrea*, le *Coriaria myrtifolia*, le *Juniperus Oxycedrus*, le *Pistacia
Lentiscus*, le *Myrtus communis*, le *Paliurus aculeatus*, le *Rosmarinus officinalis*, y
forment de vrais maquis, tandis que le *Nerium Oleander* est très-commun sur les
bords ou dans les parages des Oueds (torrents). C'est le domaine de la végétation
à feuilles persistantes. Sur les coteaux moins élevés croissent les Cistes (*Cistus
Clusii, C. monspeliensis, C. salvifolius*), des Genêts épineux, le *Passerina hirsuta*,
le *Daphne Gnidium*, le *Lavandula Stœchas*, le *Globularia Alypum*, et autres espèces
qui donnent à cette flore un caractère essentiellement méditerranéen. Il est même
des parties de ce pays, auquel peut s'appliquer le nom de *Sahel* (par lequel les
Arabes de l'Algérie désignent la chaîne de hautes collines situées près de la côte
et en majeure partie couvertes de broussailles), où l'on se croirait plutôt en Provence qu'en Afrique, illusion qui est encore accrue par la rareté relative du
Palmier-nain (*Chamœrops humilis*), plante si caractéristique du nord de l'Algérie,
mais dont la patrie semble être plus particulièrement la région de l'ouest du bassin
méditerranéen, y compris la péninsule espagnole.

Dans certaines vallées très-arrosées, comme celle du nord du Zaghouan, la végétation arborescente prend un assez grand développement. Le Peuplier blanc (*Populus alba* var.) y tient la première place par sa taille et son élégance. Viennent
ensuite l'Orme (*Ulmus campestris*), certains Érables, surtout l'*Acer monspessula-
nus*, qui croît jusqu'aux sommets du Djebel Zaghouan, le Frêne (*Fraxinus australis*)
le Micocoulier (*Celtis australis*), le Caroubier (*Ceratonia Siliqua*), les Figuiers, les
Noyers et presque tous nos arbres fruitiers, l'Oranger et le Citronnier, ainsi que les
Cyprès pyramidaux et quelques Pins (*Pinus halepensis, P. Pinea*) ; mais une grande
partie de ces arbres y sont à l'état domestique. Le développement des arbres
fruitiers, des Abricotiers principalement, y est surprenant.

La végétation herbacée est aussi très-abondante, tant pour les plantes vivaces
que pour les espèces annuelles : les Graminées et le *Plantago Coronopus* (variant
de forme à l'infini) y constituent de véritables pelouses, et sur un grand nombre de
points du massif du Zaghouan certaines Légumineuses, ainsi que le *Convolvulus
tricolor*, couvrent les espaces non envahis par les broussailles de *Pistacia Lentiscus*
et donnent au pays l'aspect d'un jardin ; tandis que, sur d'autres points moins élevés
et plus rapprochés de la côte, de grandes Composées du groupe des Carduacées, ainsi
que de grandes Ombellifères, couvrent des plaines entières : la grande Férule (*Fe-
rula communis*), entre autres, occupe parfois des espaces si considérables, que l'on
croirait à une culture de cette belle plante, dont les tiges florales s'élèvent jusqu'à
3 mètres.

Dans les plaines, une foule de Légumineuses, le *Tetragonolobus purpureus*, les
Medicago, les *Scorpiurus*, des *Linaria*, des *Cynoglossum* (*C. cheirifolium; C. pictum*),

des *Echium* (*E. calycinum*), le *Fedia graciliflora*, l'*Anchusa undulata*, le *Lamium amplexicaule*, des Fumariacées (*Fumaria capreolata*, *F. Bastardi* Bor., *F. densiflora* DC., *F. parviflora*), le *Silene fuscata*, le *Geranum molle*, les *Adonis autumnalis* et *microcarpa*, le *Cerinthe gymnandra*, les *Chrysanthemum coronarium* et *segetum*, l'*Anagallis linifolia*, et autres espèces vulgaires, forment avec les Graminées un ensemble de végétation identique avec celui de la majeure partie des plaines de la côte algérienne, végétation qui, comme dans ces plaines, luxuriante au printemps, est totalement brûlée par les ardeurs du soleil dès le commencement de juin.

Parmi les espèces intéressantes de cette région dont la connaissance est due au voyage de M. Doûmet-Adanson, on doit citer : *Linaria Doumetii* Coss., *Sisymbrium Doumetianum* Coss. et *Cyclamen persicum*; ce dernier abonde au pied des montagnes de Bou-Karnin, près de la station thermale de Hammam-el-Lif : à part les caractères de cette plante, l'époque de sa floraison, qui se trouve comprise entre février et mai, ne permet pas de la confondre avec le *C. africanum* qui fleurit d'octobre à décembre.

II. —La végétation typique du Sud commence avec les sables presque au pied des pentes méridionales du massif du Zaghouan, à environ vingt-cinq lieues au sud de Tunis. Réduite d'abord à des espaces restreints, sortes d'îlots au milieu de la végétation du Sahel, elle prend de plus en plus d'extension à mesure que l'on avance vers le sud, et finit par dominer presque entièrement au-dessous de la latitude de Kérouan, ayant subi une sorte d'interruption par la présence des vastes marécages qui avoisinent cette ville. Cette végétation est surtout caractérisée par l'absence à peu près complète d'arbres et d'arbustes à feuillage persistant. Les buissons en sont presque exclusivement composés de *Zizyphus Lotus* et de *Tamarix africana*. Il est des portions sablonneuses du pays où le *Zizyphus* étant le seul obstacle rencontré par les sables soulevés et déplacés par les vents, ces sables s'accumulent autour des broussailles épineuses formées par cet arbuste et donnent naissance à des monticules réguliers que l'on prendrait pour autant de tumulus élevés de main d'homme. Au milieu de ces fourrés croissent d'autres plantes plus délicates ou annuelles, qui, trouvant dans l'armature féroce du *Zizyphus* une défense contre la dent des animaux autant qu'un abri dans leur jeunesse contre l'action des vents et les ardeurs d'un soleil brûlant, s'enchevêtrent entre les rameaux protecteurs et simulent des massifs arrondis si réguliers, qu'on les croirait semés à dessein à l'instar des corbeilles de fleurs qui ornent les jardins modernes. Au nombre des plus élégantes de ces plantes, on doit citer les *Carduus*, le *Mesembrianthemum crystallinum*, le *Fagonia cretica*, et des Composées à fleur jaune, surtout l'*Othonna cheirifolia*.

Les Salsolacées et les Thymélées jouent un grand rôle dans la végétation désertique, partout où un sol d'argile sableuse, uniformément plat et un peu en contre-bas des terres voisines, permet à l'eau de séjourner en flaques peu épaisses au moment des pluies. Les plantes de ces familles, jointes à des *Limoniastrum*, à des *Statice* et des *Spergularia*, couvrent alors uniformément d'immenses étendues dont la monotonie est si attristante, qu'on retrouve avec un certain plaisir les sols sablonneux où la variété relative de la flore et l'abondance des fleurs blanches ou jaunes de certaines Composées (*Anthemis*, *Crepis*), des corolles roses des *Lychnis* (*L. Cœli rosa*) et des épis violacés de l'*Echiochilon fruticosum*, donnent un aspect relativement aimable à ces vastes plaines sans arbres, où le *Retama Retam* et quelques rares *Tamarix* sont les seuls représentants de la végétation ligneuse.

Dans le Sud, en tirant vers l'ouest, du milieu de ces plaines basses dont l'alti-

tude varie entre 30 et 100 mètres au-dessus de la mer, émergent des chaînes de
collines pierreuses et gypseuses fortement ravinées par les pluies, et qui offrent de
fréquentes dépressions. Dans le fond de ces dernières, sous l'influence d'une plus
grande somme de fraîcheur, entretenue par les fortes condensations des nuits
étoilées du désert, un tapis serré de Graminées repose la vue par sa couleur verdoyante qui contraste avec la nudité et l'aridité des portions plus élevées, balayées
par les vents et brûlées par le soleil. Enfin, quelques chaînes de montagnes, qui
atteignent jusqu'à 1100 mètres au-dessus du niveau de la mer, coupent la monotone tristesse du pays et renferment des vallées profondes, des ravins escarpés au
fond desquels coulent des eaux le plus souvent saumâtres, séléniteuses, sulfureuses
ou ferrugineuses, qui vont se perdre, pour la plupart, au milieu des sables et des
amas de galets entraînés et accumulés par les grandes crues en quantités si considérables que l'on y peut creuser des puits de 50 mètres de profondeur, sans que l'on
ait atteint la limite inférieure de ces lits de cailloux roulés, mélangés de sable.
Les fonds de ces ravins sont occupés par des terrains marécageux où les Roseaux
forment des fourrés impénétrables ; leurs flancs déchirés recèlent des plantes plus
spéciales, et la végétation arborescente y reparaît, mais toujours peu variée et assez
peu abondante pour ne pas enlever au pays son aspect de contrée chaude et sèche.
Quelques Érables, de grands *Tamarix*, le *Cratægus Oxyacantha*, le *Juniperus
phœnicea*, sont à peu près les seules espèces arborescentes que l'on y rencontre.

L'une des plus importantes vallées de ces chaînons de montagnes mérite une
mention spéciale à cause de la présence en grand nombre d'un arbre des plus intéressants dont elle est la seule station en Tunisie. C'est celle de T'hala, au sud-
est des montagnes de Bou-Hedma. Le Gommier (*Acacia tortilis* Hayne, *A. Seyal*
var. *tortilis*, *T'hala* en arabe), qui lui donne son nom, occupe non-seulement la
vallée et la partie inférieure du ravin de Bou-Hedma, mais aussi, conjointement
avec le *Damouk* (*Rhus oxyacanthoides*), la plaine et les collines voisines, sur une
étendue d'environ 30 kilomètres de long et 12 de large. Les Gommiers, qui ne dépassent guère 6 à 7 mètres en élévation, et ont autant de diamètre de tête, affectent une forme tabulaire particulière et acquièrent une grosseur de tronc allant
jusqu'à 4 mètres de circonférence. Les fouillis que forment leurs rameaux grêles
et épineux, leur feuillage peu fourni, leur forme particulière, les font reconnaître
à distance et ne prêtent au paysage aucun charme. Ils ne constituent pas une
forêt à proprement parler, mais leur grosseur et leur nombre, que l'on peut évaluer à une trentaine de mille, démontrent suffisamment qu'ils sont là dans une
station naturelle, et leur spontanéité est une preuve de la connexité de la flore
du sud de la Tunisie avec celle de l'Égypte et du centre de l'Afrique, véritable
région des *Acacia* gommifères. C'est aussi dans la région de T'hala qu'a lieu
l'apparition de certaines espèces appartenant plus franchement à la flore de la
Cyrénaïque, de l'Égypte et du vrai Sahara, espèces que l'on retrouve plus au sud,
dans les environs d'El-Guettar et de Gafsa, mais qui ne se montrent plus, pour la
plupart, au nord et à l'est des montagnes de Bou-Hedma. La station du Gommier
en Tunisie est donc des plus importantes au point de vue de la géographie botanique. La liste que M. Doûmet-Adanson a pu dresser des plantes qui y croissent,
tout incomplète qu'elle doive être forcément, ne pourra donc manquer d'intérêt,
surtout si on la compare à la flore de Biskra, qui, bien que plus au nord de Gafsa,
compte pourtant un plus grand nombre d'espèces franchement sahariennes ou
égyptiennes. De ces données on pourrait induire que la limite septentrionale de la
région saharienne, ainsi que la flore du centre libyque, forme une ligne conti-

nue qui se développe au pied des derniers contre-forts méridionaux de l'Atlas ou de ses dépendances, en partant d'un point de la côte situé au nord de Sfax, pour se terminer probablement à la dépression qui permet à la flore saharienne de pénétrer dans la province d'Oran. Cette limite, qui s'accorderait sensiblement avec la configuration orographique du pays, ferait ainsi de tout le massif montagneux du nord de la Tunisie et de l'Algérie une zone botanique se rattachant à la flore spéciale du bassin méditerranéen. C'est ici le cas de faire remarquer en outre, à l'appui de cette hypothèse, que, de même qu'en Algérie, la vraie région naturelle du Dattier ne commence réellement en Tunisie qu'au-dessous de cette ligne; plus au nord le Dattier ne donne que des fruits peu abondants et sans valeur, et les difficultés qu'il éprouve à parcourir complétement les phases de la maturation démontrent d'une manière évidente qu'il n'est déjà plus là dans sa vraie patrie.

III. — Reste enfin à dire quelques mots de la troisième région botanique, qu'on peut désigner par le nom de flore maritime ou littorale, sa station normale étant le bord de la mer. Un assez grand nombre d'espèces, à l'existence desquelles une certaine dose de sel répandue soit dans l'air, soit dans le sol, paraît être indispensable ou tout au moins nécessaire, composent cette flore parfaitement tranchée sur le continent européen. Bien que formant aussi une association nombreuse et facile à définir, elle est beaucoup moins nette en Tunisie, par suite de l'abondance des terrains sablonneux et des eaux salées disséminées sur toute l'étendue du pays. C'est surtout à l'égard des plantes littorales et de celles du Sud, que l'on peut remarquer le mélange des espèces des divers groupes précédemment établis. Sur tous les points où le sable est le sol dominant, on est certain de rencontrer, mêlées à la flore désertique, des espèces littorales. C'est ainsi que l'*Orlaya maritima*, le *Rumex tingitanus*, l'*Asparagus ferox*, l'*Ephedra fragilis*, le *Silene nicœensis*, presque toutes les Salsolacées, les *Mesembrianthemum nodiflorum* et *crystallinum*, l'*Aizoon canariense*, le *Retama Retam*, plusieurs *Spergularia*, et une foule d'autres plantes, se trouvent avec autant d'abondance dans les sables de l'intérieur que dans ceux du littoral. Le nombre des espèces essentiellement maritimes se trouve donc, par ce fait, beaucoup plus restreint en Tunisie que dans les autres contrées; c'est tout au plus s'il serait possible de composer une liste particulière de plantes, telles que le *Crithmum maritimum*, le *Pancratium maritimum*, le très-rare *Tetradic is Eversmanni*, le *Silene succulenta*, qui paraissent ne pas abandonner le cordon des sables littoraux.

Le nombre des espèces recueillies ou observées jusqu'ici dans la régence de Tunis, par Desfontaines, Vahl, Espina, MM. L. Kralik et Doûmet-Adanson, atteint déjà environ le chiffre de 1100, et bien que de nouvelles explorations doivent l'élever considérablement, M. Doûmet-Adanson croit la flore de la Tunisie sensiblement moins riche que celle de l'Algérie, et explique ce fait par la moins grande étendue du territoire et par l'absence de hautes montagnes; tandis que l'Algérie confinant au Maroc, sa flore doit profiter de ce voisinage et participer de celle de l'Afrique occidentale, de même que par le Sud elle se ressent de la proximité de la Cyrénaïque et du centre africain, au moins autant, sinon même davantage que la Tunisie. Le voyage effectué par M. Doûmet-Adanson, de la mi-février au mois de mai 1874, a augmenté de 160 le nombre des espèces constatées par ses prédécesseurs. Parmi ces 160 espèces, quelques-unes sont complétement nouvelles pour la science ou du moins pour la flore de la Barbarie. »

En présentant cet aperçu de l'ensemble de la végétation de la régence de Tunisie, tel que l'offre le manuscrit de M. Doûmet-Adanson, dont j'ai presque partout reproduit les expressions, je dois exprimer le regret de n'avoir pas pu également publier la liste des 175 plantes phanérogames recueillies par lui dans la localité qui constitue la station exclusive du Gommier en Tunisie, liste importante puisqu'elle donne une idée de la flore associée à ce curieux végétal; malheureusement elle aurait allongé outre mesure cette note déjà étendue, et qu'il me reste à compléter par des données sur la partie la plus méridionale de la Tunisie, que n'a pas visitée M. Doûmet-Adanson, et que M. Kralik, en 1854, a explorée avec soin. J'emprunte aux *Considérations sur la végétation du sud de la Régence de Tunis*, par MM. E. Cosson et L. Kralik *(Bull. Soc. bot. Fr.,* ann. 1857, IV, 951), considérations qui forment l'introduction de leur *Sertulum Tunetanum (ibid.*), les passages suivants, que je reproduis textuellement :

« Les auteurs signalent l'extrème analogie de la végétation des environs de Gabès avec celle du Sahara algérien et l'identité des lois de géographie botanique auxquelles est soumise la distribution des végétaux dans les deux pays. En effet, sur 563 espèces recueillies aux environs de Gabès et dans l'île de Djerba, par M. Kralik, 57 sont spéciales (c'est-à-dire n'ont encore été observées que dans la Régence de Tunis ou en Algérie), et, sur ce dernier nombre, 50 se retrouvent dans le sud de la province de Constantine. En outre, d'après les auteurs du *Sertulum,* sur le total de la végétation de Gabès, 25 espèces seulement n'ont pas été rencontrées dans le Sahara algérien ; sur ces 25 espèces, 9 paraissent propres au sud de la Régence de Tunis ; les 16 autres se retrouvent en Orient. MM. Cosson et Kralik font remarquer que sur ces 16 espèces, 8 paraissent surtout être littorales, et ne pouvoir, par cela même, trouver dans le Sahara algérien les conditions nécessaires à leur développement : ce sont les *Silene succulenta, Zygophyllum album, Tetradiclis Eversmanni, Trigonella maritima, Chlamydophora tridentata, Filago Mareotica, Atractylis flava, Marsilia œgyptiaca.*

» Il est important d'ajouter que ces espèces littorales appartiennent toutes à la flore d'Égypte, avec laquelle celles du Sahara algérien et du sud de la Régence de Tunis se relient si étroitement. »

Je dois à l'obligeante communication de M. Cosson les articles suivants sur la végétation de la Cyrénaïque et de la Tripolitaine, ainsi que sur celle du Maroc, qui depuis de longues années sont, avec la flore de l'Algérie, l'objet de ses études spéciales.

Note sur la flore de la Cyrénaïque et de la Tripolitaine, par M. E. COSSON.

La flore de la Cyrénaïque et du nord de la Tripolitaine est encore bien imparfaitement explorée, et le catalogue que j'ai publié (*(Bull. Soc. bot. Fr.,* ann. 1875, XXII, 45) des espèces connues jusqu'ici dans cette région, bien que pouvant donner une idée vraie des caractères généraux de cette flore, n'en présente encore qu'un tableau trop incomplet. Les matériaux que j'ai eus à ma disposition sont : le petit herbier de Della Cella, formé dans la Cyrénaïque, herbier qui m'a servi pour la *Révision du Floræ Libycæ specimen* de Viviani (*Bull. Soc. bot. Fr.,* ann. 1865, XII, 275); quelques-unes des plantes recueillies par Pacho dans la Cyrénaïque, que j'ai trouvées dans l'herbier du Muséum ou dans celui qui m'a été légué par mon regrettable ami M. Maire; une série assez importante des plantes recueillies à Tripoli et dans les environs par Dickson; quelques échantillons récoltés dans la Tripolitaine, en 1860, par M. H. Duveyrier; les plantes rapportées par

M. Rohlfs de son voyage, en 1869, dans la Cyrénaïque, et qui, pour la plupart, proviennent du plateau entre Benghazy et Chadabia. Enfin j'ai pu relever dans les ouvrages généraux et dans le mémoire de R. Brown sur l'herbier formé par Oudney (herbier que j'ai vainement cherché à consulter à Londres) un certain nombre d'espèces. — M. Daveau, jeune naturaliste attaché au laboratoire des graines du Muséum d'histoire naturelle de Paris, a, en 1875, fait d'intéressantes récoltes dans la Cyrénaïque, mais les plantes qu'il a bien voulu me confier pour en faire l'étude ne sont pas encore toutes déterminées, et je dois lui laisser la satisfaction de publier lui-même les résultats de son voyage.

Le catalogue de la Cyrénaïque et du nord de la Tripolitaine, établi d'après les documents indiqués ci-dessus, comprend 350 espèces ou variétés du premier ordre.

Les familles principales sont les Composées (54 espèces ou variétés), les Légumineuses (45), les Graminées (25), les Crucifères (17), les Borraginées (15), les Ombellifères (13), les Salsolacées (13), les Liliacées (13). — Les familles des Composées, des Légumineuses et des Graminées représentent donc à elles seules plus du tiers total du catalogue. — Les espèces particulières à la flore ou récemment décrites comme nouvelles pour la science, sont au nombre de 13; parmi ces plantes, nous citerons les *Viola scorpiuroides, Astragalus cyrenaicus, Anthemis cyrenaica, Thrincia tripolitana* Sch.-Bip., *Eufragia Vivianii, Phelipœa compacta, Nepeta Scorodotis* var. *Vivianii, Phlomis bicolor, Festuca (Scleropoa) Rohlfsiana,* etc. — Les plantes égyptiennes ou orientales n'existant ni en Algérie ni en Tunisie, et qui figurent au catalogue, sont au nombre de 22. La présence de ces espèces démontre des affinités avec l'Orient encore plus prononcées qu'en Algérie et en Tunisie. La Cyrénaïque et la partie nord de la Tripolitaine sont donc intermédiaires par leur flore entre le Sahara algérien et tunisien et l'Égypte, comme du reste ils le sont topographiquement. — La présence de quelques espèces italiennes et siciliennes manquant à l'Algérie et à la Tunisie, telles que le *Poterium spinosum* et le *Lloydia trinervia,* qui croissent en Sicile, met en évidence les affinités selon la longitude.

Note sur la flore du Maroc, par M. E. Cosson.

La flore du Maroc, avant les recherches que j'ai faites dans les herbiers et les voyages récents, n'était guère représentée dans les ouvrages descriptifs que par 500 espèces. L'étude des herbiers formés au Maroc par Schousboe, Broussonnet, Durand, Salzmann, Webb, Goudot, Reuter, MM. I. Boissier, Lowe, Blanche et J. Ball, etc., l'importante exploration faite par M. Balansa à Mogador, entre Mogador et la ville de Maroc, ainsi que dans les montagnes du grand Atlas au sud et au sud-ouest de la ville de Maroc (voy. E. Cosson, *Species Maroccanæ novæ,* in *Bull. Soc. bot. Fr.,* ann. 1873, XX, 239), les recherches de mon ami M. le docteur Lagrange dans un rayon de 24 kilomètres autour de Tanger, les herborisations de mes amis MM. P. Marès et Warion sur les Hauts-Plateaux, vers la Sebkha Tigri et Figuig, mon exploration de la frontière du Maroc, du Chott El-Gharbi à Tyout, les plantes que M. Seignette a recueillies à mon intention entre la Sebkha Tigri et l'Oued Chaïr, etc., m'ont permis d'enregistrer 1500 espèces (*Note sur la géographie botanique du Maroc* publiée dans les *Comptes rendus des séances de l'Académie des sciences,* ann. 1873, séance du 3 mars, et reproduite avec plus de détails dans le *Bulletin de la Société botanique de France,* ann. 1873, XX, 49).

Depuis, le voyage d'exploration de MM. J. D. Hooker, J. Ball et Maw, en 1870, de Mogador à Maroc et dans les sommités de l'Atlas, à l'ouest et au sud de cette dernière ville, a puissamment contribué à faire connaître la flore de la partie de la région montagneuse, que M. Balansa n'avait fait qu'aborder (*). — Deux voyages faits, en 1872 et en 1873, par le rabbin Mardochée à Akka, oasis située à environ 20° 10′ lat. N. et 10° 40′ long. O., au pied du versant méridional de l'Atlas, et dans lesquels il a réuni près de 300 espèces, ont fourni les premières notions sur le Sahara marocain, encore complétement inexploré. — Plus récemment encore, les courses et les longues tournées, faites sous ma direction et sous le patronage du consul de France à Mogador, le regrettable M. Beaumier, par le rabbin Mardochée et un autre indigène, Ibrahim, ont enrichi la flore d'importants documents. Ibrahim a visité en 1873, 1874 et 1875 plusieurs sommités au sud-ouest de la ville de Maroc : les Djebel Afougueur, Ouensa, Touchka, etc. Mardochée et Ibrahim ont fait isolément ou ensemble plusieurs excursions de Mogador à Agadir ; enfin Mardochée, pendant une exploration qui a duré plusieurs mois, a, en 1875, recueilli toutes les plantes qu'il a vues d'Agadir à Oudjan, petite ville de la province de Tazeroualt, du Maroc indépendant.

Actuellement la flore du Maroc est représentée dans mon catalogue général des États Barbaresques par 2380 espèces ou variétés du premier ordre ; mais la distribution géographique des plantes qui sont venues si rapidement accroître la richesse du catalogue, et le tableau statistique qui doit la résumer n'étant pas encore établis, je ne pourrai, dans cette note, que reproduire les chiffres auxquels, dès 1873, j'avais été conduit par les recherches basées sur les 1500 espèces qui m'étaient alors connues comme existant au Maroc. — 1478 espèces ont pu figurer dans le tableau que j'ai publié, bien qu'il n'indique que les affinités géographiques du Maroc avec l'Europe, les diverses contrées du bassin méditerranéen et l'Orient. — 22 espèces seulement, en raison de l'aire de leur distribution, n'ont pu y être portées ; sur ces 22 espèces, 13 sont propres aux Canaries ou à Madère, ou communes à l'Espagne, aux Canaries et aux Açores, les 9 autres ont une aire trèsvaste et se rattachent à la végétation tropicale ou subtropicale. — Si l'on prend le chiffre 100 comme unité de comparaison, on trouve les proportions suivantes pour les éléments de la végétation marocaine : plantes européennes, 18,13 ; plantes généralement répandues dans les contrées du bassin méditerranéen, 35,80 ; plantes de la partie occidentale du bassin méditerranéen, 13,86 ; plantes d'Espagne ou de Portugal, 6 ; plantes d'Italie, 0,06 ; plantes de la partie orientale du bassin méditerranéen, 0,33 ; plantes d'Orient, 0,13 ; plantes spéciales communes au Maroc, à l'Algérie et à la Tunisie, 6,66 ; plantes des déserts de l'Orient, 0,06 ; plantes communes à l'Algérie et à l'Orient, 4,80 ; plantes communes à l'Espagne et à l'Orient, 0,53 ; plantes communes à l'Algérie et à l'Espagne, 5,80 ; plantes propres au Maroc, 6,26 ; plantes à aire très-étendue non comprises dans le tableau, 1,53. — Les affinités de la végétation du Maroc avec celle de l'Europe et celle du bassin méditerranéen, déjà démontrées par les chiffres précédents, sont rendues plus évidentes encore par les nombres suivants : ainsi, sur 1500, les espèces appartenant aux diverses parties du bassin méditerranéen s'élèvent au chiffre de 928, qui, ajouté à celui des espèces européennes 272, donne 1200 espèces, tandis que les autres éléments ne sont représentés que par 300. Les étroites affinités du Maroc avec l'Algérie

(*) Je dois noter toutefois que je n'ai encore eu à ma disposition les plantes de ces habiles explorateurs que des Renonculacées aux Composées exclusivement.

sont démontrées d'une manière évidente par le nombre des espèces algériennes et tunisiennes qui s'y rencontrent (100), par celui des espèces communes à l'Algérie et à l'Orient (72), par celui des espèces communes à l'Algérie et à l'Espagne (87), et par le nombre des espèces européennes et méditerranéennes qui forment les quatre cinquièmes de la végétation dans les deux pays. — Le nombre des espèces propres à la partie occidentale du bassin méditerranéen est de 208, chiffre considérable si on le compare à celui offert par la province de Constantine, où pour un nombre presque égal d'espèces il n'est que de 124. Si l'on ajoute au chiffre de 208 celui des espèces propres à l'Espagne et au Portugal (90), celui des espèces croissant en Espagne et en Algérie (87), et celui des espèces croissant en Espagne et en Orient (8), on arrive au nombre considérable de 393 ; la même somme pour la province de Constantine ne serait que de 248. — Le petit nombre des espèces de l'Italie (1) et de la partie orientale du bassin méditerranéen (5), qui ne se retrouvent pas en Algérie, est un fait important à noter. Sur les 1432 espèces que j'ai mentionnées dans la province de Constantine, de Philippeville à Biskra (*Rapport sur un voyage botanique en Algérie, de Philippeville à Biskra*, publié dans les *Annales des sciences naturelles*, 4ᵉ série, IV), le nombre des espèces italiennes était de 37 et celui des espèces de la partie orientale du bassin méditerranéen de 25. — Le nombre des espèces orientales (2) et celui des espèces de l'Orient désertique (1), ainsi que celui des espèces communes à l'Algérie et à l'Orient (72), seraient certainement plus considérables si la région des Hauts-Plateaux du Maroc était moins imparfaitement explorée et si la région saharienne était représentée dans mon tableau comme elle pourrait l'être maintenant.

Les affinités botaniques du Maroc, telles qu'elles résultent de mon premier travail, ne seraient pas du reste modifiées notablement par les documents nouveaux si j'eusse pu les mettre en œuvre pour cette note ; en raison de l'exploration du Sahara abordé à Akka, de l'exploration plus intense de la région montagneuse et de la connaissance moins imparfaite de la végétation de la partie méridionale de la côte atlantique de Mogador à l'Oued Draa, les chiffres représentant les rapports du Maroc avec l'Orient désertique et les Canaries, ainsi que la proportion des plantes spéciales, seraient seuls faiblement augmentés.

La flore du Maroc se divise très-naturellement en quatre régions botaniques très-tranchées, bien que les limites de ces régions ne puissent être tracées dans l'état actuel de la science.

1° *Région littorale.* — Dans cette région dominent les espèces du bassin méditerranéen ; elle se subdivise, d'une manière aussi naturelle au point de vue botanique qu'au point de vue géographique, en deux régions secondaires : la *Région littorale méditerranéenne* et la *Région littorale atlantique.* Dans la *Région littorale méditerranéenne*, les influences dominantes sont celles qui se sont produites selon la longitude, mais il faut remarquer que les seuls points explorés de cette sous-région sont Tanger et Tétouan, où les conditions d'humidité relatives du climat se rapprochent beaucoup de celles de la partie méridionale du Portugal et de la partie austro-occidentale de l'Espagne. Dans ces deux localités est surtout considérable le nombre des espèces occidentales qui se trouvent associées à des espèces caractéristiques des environs de Gibraltar ou dont l'aire est limitée au midi du Portugal et au sud-ouest de l'Espagne ; nous citerons entre autres les *Iberis gibraltarica, Drosophyllum lusitanicum, Genista gibraltarica, Serratula bœtica, Odontites aspera, Quercus humilis*, etc. — La *Région littorale atlantique* a été explorée surtout à Mogador et parcourue récemment de Mogador à Agadir par mes deux

voyageurs indigènes, et d'Agadir à l'embouchure de l'Oued Draa par l'un d'eux.
Dès Mogador, ou à une faible distance de cette ville, on voit apparaître deux
arbres caractéristiques qui s'étendent vers le sud : l'*Acacia gummifera* et l'*Arga-*
nia Sideroxylon, qui sur de nombreux points forment de véritables bois. Aux
espèces méditerranéennes, qui constituent le fond de la végétation, se trouvent
associées un certain nombre de plantes sahariennes et d'autres appartenant à la
flore des Canaries. Le *Kleinia pteronurea* y représente le *K. neriifolia* des Canaries,
le *Polycarpœa gnaphalodes* y représente les *Polycarpœa* canariens, le *Retama*
monosperma le *R. rodorrhizoides*, le *Sonchus acidus* le groupe des *Sonchus* frutescents propres aux Canaries, l'*Heliotropium undulatum* l'*H. erosum*. — Entre
Mogador et Agadir croît une Euphorbe cactoïde, l'*Euphorbia Beaumierana* (Coss.
— *E. officinalis* L. ex parte), qui devient très-abondante vers Agadir et dont l'aire
s'étend au sud de cette ville; cette plante remarquable tient dans la partie méridionale de la région la même place que l'*Euphorbia canariensis* aux îles Canaries.
Plus au sud, dans les districts de Tazeroualt et de Ba-Ahmran, existe une autre Euphorbe cactoïde (*E. Echinus*) également du groupe de l'*E. canariensis*. Une troisième espèce du même groupe, l'*E. resinifera*, n'est encore connue que dans les
montagnes basses voisines de la ville de Maroc (voy. E. Cosson, *Sur les Euphorbes*
cactoïdes du Maroc, in *Bull. Soc. bot. Fr.*, ann. 1874, XXI, 163). — Dans la partie
la plus méridionale de la sous-région s'accroît le nombre des espèces sahariennes,
ainsi que celui des espèces canariennes ou à type canarien, telles que l'*Astydamia*
canariensis, *Statice fallax* sp. nov., etc., et l'on y a constaté le *Pluchea ovata*, qui
n'était encore connu qu'au cap Verd; on y voit apparaître plusieurs plantes égyptiennes ou arabiques manquant à l'Algérie, telles que *Caylusea canescens*, *Nido-*
rella triloba, etc. — Un certain nombre de plantes, confinées en Algérie sur le
massif méridional de l'Atlas qui sépare les Hauts-Plateaux du Sahara ou s'en écar-
tant à peine, s'avancent jusqu'à la côte dans la partie méridionale de la région
littorale atlantique ; les plus remarquables de ces plantes sont les *Reseda villosa*,
Hypericum (Triadena) Ægyptiacum, *Galium ephedroides*, *Warionea Saharœ*; le
Perralderia purpurascens y remplace le *P. coronopifolia*, qui en Algérie est surtout
abondant dans les parties rocheuses du Mzab.

2° *Région montagneuse*. — Cette région n'est encore connue que par les explorations faites dans les montagnes au sud de Tétouan et dans quelques-unes des
sommités les plus élevées (3000-4000 mètres) du massif central de l'Atlas, au sud et
au sud-ouest de la ville de Maroc; la partie méridionale de la chaîne de l'Atlas, où
existent les plus hauts sommets, n'a pu être explorée au point de vue botanique.
— Comme en Algérie, les plantes de la région montagneuse proprement dite, si ce
n'est dans les vallées, ne commencent à se montrer que vers 1500 ou 1800 mètres.
— Le Cèdre (*Cedrus Libani* var. *atlantica*) paraît beaucoup moins répandu dans
cette région qu'en Algérie, et jusqu'ici on n'y a constaté aucune espèce d'arbre
propre au pays. La végétation frutescente ou herbacée y présente au contraire un
assez grand nombre de plantes spéciales. — Le fond de la végétation y est constitué par les plantes qui en Algérie caractérisent la région; ces plantes s'y trouvent
associées à des espèces d'Espagne et d'Europe. Parmi ces dernières, les *Parnassia*
palustris, *Hieracium amplexicaule*, *Hyssopus officinalis*, qui n'existent pas en Algérie, y croissent sur les sommets les plus élevés.

3° *Région des Hauts-Plateaux*. — La région des Hauts-Plateaux ou des steppes
n'est encore représentée que par les plantes observées par MM. P. Marès et
Warion, dans des expéditions militaires faites à des saisons peu favorables pour la

botanique, dans la direction de la Sebkha Tigri et à Figuig, par celles qui ont été récoltées par M. Seignette entre la Sebkha Tigri et l'Oued Chaïr, et par mon exploration sur la frontière algérienne que j'ai souvent franchie du chott El-Gharbi à Tyout. — La flore de cette région présente exactement les caractères des Hauts-Plateaux de la province d'Oran, que j'ai indiqués ailleurs (voy. E. Cosson, *Rapport sur un voyage botanique en Algérie, d'Oran au chott El-Chergui*, in *Ann. sc. nat.*, ann. 1853, 3° sér., XIX). Une des espèces qui paraissent y être réellement caractéristiques est le curieux *Anabasis aretioides*. — M. le Dr Warion y a constaté à plusieurs localités le *Populus euphratica*, plante de la vallée du Jourdain, qui existe également en Algérie, non loin de la côte, près de Nemours. — Dans les Hauts-Plateaux du Maroc, comme en Algérie, se révèlent les influences selon la latitude, et l'on y trouve mêlées des plantes d'Espagne et des plantes des steppes de l'Orient.

4° *Région saharienne*. — La Région saharienne, caractérisée essentiellement par la culture en grand du Dattier, est limitée au nord, au Maroc comme en Algérie, par la ramification la plus méridionale de la chaîne de l'Atlas, au pied de laquelle apparaissent les premières oasis. Cette région, comme je l'ai dit plus haut, n'est encore connue que par les plantes, au nombre d'environ 300, recueillies à Akka, oasis située sur le revers méridional des montagnes de Doubany, par un de nos collecteurs indigènes. Bien que circonscrites dans d'étroites limites de territoire, les récoltes de ce collecteur permettent d'apprécier les caractères généraux de la région, car d'après ce que l'on sait du Sahara algérien, la flore du Sahara marocain ne doit guère se composer que de 500 espèces. — La présence de cours d'eau assez importants, descendant de l'Atlas vers Akka, rend cette localité moins aride que le Sahara proprement dit. — La plupart des plantes d'Akka sont des espèces du Sahara algérien (voy. le catalogue des plantes des environs de Biskra dans mon rapport déjà cité, et celui des plantes des environs de Laghouat dans mon *Itinéraire d'un voyage botanique en Algérie* entrepris en 1856, in *Bull. Soc. bot. Fr.*, ann. 1856, III), mais l'influence d'une latitude plus basse et des conditions d'un climat local différent s'y révèle par la présence d'espèces qui manquent en Algérie. Nous citerons, par exemple : *Spergularia (Robbairea) akkensis, Astragalus akkensis, Telephium sphœrospermum, Nidorella triloba, Glossonema Boveanum, Withania (Puneeria) adpressa, Statice Beaumierana, Plantago akkensis*, etc.

En résumé : — 1° Le Maroc, surtout dans la région littorale méditerranéenne, offre d'étroites affinités avec la flore de l'Europe et celle du bassin méditerranéen, particulièrement avec les contrées de la partie occidentale de ce bassin, et spécialement avec le midi du Portugal et le sud-ouest de l'Espagne. — 2° Les affinités botaniques du Maroc sont encore plus grandes avec l'Algérie, ainsi que pouvait le faire pressentir la position géographique des deux pays. — 3° La rareté, au Maroc, des espèces propres à l'Italie et aux contrées de la partie orientale du bassin méditerranéen, par son contraste avec l'abondance des espèces occidentales, portugaises ou espagnoles, est une preuve que dans ce pays, comme en Algérie, les affinités se produisent dans la région littorale, surtout selon la longitude, avec les parties les plus rapprochées du continent ou des îles de l'Europe. Une preuve non moins évidente de la prédominance dans la région littorale des affinités selon la longitude, est le nombre considérable des espèces portugaises et espagnoles croissant au Maroc et qui n'ont pas été rencontrées en Algérie. Ces faits paraissent démontrer que la Méditerranée n'a occupé son lit actuel que postérieurement à la distribution des êtres telle qu'elle existe à notre époque. — 4° La partie méridionale de

la région littorale atlantique du Maroc présente un certain nombre d'espèces canariennes ou à type canarien, ce qui ne permet pas d'admettre que la végétation
des Canaries constitue un type aussi spécial qu'on pouvait le croire avant les
explorations récentes. La flore canarienne paraît en effet se relier assez à celle
du continent pour qu'elle puisse être considérée comme représentant, soit les
vestiges d'un continent actuellement réduit au groupe des îles canariennes, soit
une flore appartenant à une autre époque que le continent africain lui-même. —
5° La présence sur la côte atlantique méridionale d'un certain nombre d'espèces
confinées en Algérie sur la chaîne, ou au voisinage de la chaîne qui sépare les
Hauts-Plateaux de la Région saharienne, en même temps que celle d'espèces caractéristiques du Sahara, démontre que malgré les conditions actuelles de climat
assez différentes, la dispersion des végétaux s'est faite, dans les deux régions,
sous des influences analogues.

Il semble résulter de ces données que, sur la partie de la côte africaine explorée
jusqu'aujourd'hui, la flore s'enrichit à mesure qu'on s'avance de l'ouest à l'est :
ainsi c'est le Maroc qui offrirait le plus d'espèces endémiques, puis viendrait l'Algérie, ensuite la Tunisie, et enfin Tripoli, presque complétement dépourvu d'espèces
spéciales.

L'importance et la nouveauté des documents fournis ici par MM. Cosson et
Doùmet justifieront amplement aux yeux de tous nos lecteurs l'étendue exceptionnelle de la présente note, qui, sans aucun doute, sera accueillie par M. Grisebach comme un précieux complément à son ouvrage. — T.

PIÈCES JUSTIFICATIVES

ET ADDITIONS

VII. SAHARA.

1. Russegger, *Reise in Griechenland, Unterägypten*, etc.,I, 224, II, 525, 546 (*Jahresb.*, ann. 1844, p. 56). Limite méridionale du Sahara où commencent les pluies d'été : dans la Sénégambie, 20° lat. N.; Air, 18°; sous le méridien du lac Tchad, 16°; dans la vallée du Nil, 18°.

2. Barth, *Reisen in Nord- und Central Africa*, t. I, 349-588.

. 3. Grisebach, *Uber den Einfluss des Klimas auf die natürlichen Floren* (*Linnæa*, XII, p. 173, 179).

4. Humboldt, *Ansichten der Natur*, 3ᵉ édit., I, 6.

5. Températures moyennes sur le bord septentrionnal du Sahara :
Le Caire (30° lat. N.), 18° (*Descr. de l'Égypte*).

Sahara algérien (32° 30′ lat. N.), 22°,1; moyenne des extrêmes fournis par 16 mesures de la température des puits situés dans la zone des dunes, chez M, Duveyrier, *les Touareg*, I, p. 111. Les extrêmes étaient : 23°,3 et 21°,6.

Températures moyennes dans le Soudan :
Gondokoro sur le Nil (5° lat. N.). 28°,4 (Dovyak).

Kuka, non loin du Tchad (13° lat. N.), 28° (Oudney).

6. Russegger, *loc. cit.*, II, p. 263. — Hartmann, *Reise durch Nord-Öst Africa*, p. 183.

7. Panet, in Peterm. *Geogr. Mitth.*, 1859, p. 104.

8. Cosson, *Considérations sur le Sahara algérien* (*Bullet. Soc. zool. d'acclimat.*, t. VI, p. 7). Les vents venant du sud (sirocco, simoun) ne durent ordinairement qu'un à deux jours.

9. Desor, *le Sahara et l'Atlas*, p. 22. M. Duveyrier émet l'opinion que dans le Sahara les mouvements généraux des dunes ont lieu du nord-est au sud-ouest dans la direction des alizés (*loc. cit.*, p. 9).

10. DKICSON, *Account on Ghadames (Journ. geogr. Soc.*, 1866). A Ghadamès les vents dominants sont ceux d'est : à l'époque des équinoxes d'automne se produisent des vents violents de sud-ouest qui remplissent l'air de poussière ténue.

11. TRISTRAM, *The great Sahara*, p. 278. Entre Tunis, où l'Atlas se termine, et Tripoli, on ne voit que des dunes de sable de 97-130 m. de hauteur, mais il n'y a point de contrée littorale plus élevée qui puisse faire face à l'érosion profonde étendue dans l'intérieur comme la grande vallée d'une rivière, depuis la petite Syrte jusqu'à Tuat ; l'Oued R'hir (34° lat. N.), entre Tuggurt et le lac salé Melr'hir, est à 21 mètres au-dessous du niveau de la Méditerranée.

12. DUVEYRIER, in Peterm. *Mittheil.*, 1860, p. 36. Dans le midi du Sahara algérien, M. Duveyrier trouva en juillet de 21 à 26 pour 100 de vapeur d'eau (en proportion de la saturation), et même une fois en août 10 p. 100, la température de l'air étant de 39°. A l'occasion de ces mesures, l'auteur fait observer que M. de Humboldt (*Kosmos*, I, p. 360) rapporte comme minimum pour le globe entier une observation faite dans l'Asie centrale, qui fournissait 16 pour 100 relativement au point de saturation, tandis qu'à Ghardaja (32° 30' lat. N.) et à un niveau de 535 mètres (1647 p.), M. Duveyrier vit la proportion de la vapeur d'eau contenue dans l'atmosphère descendre à 10 pour 100. Toutefois il faut ici ne pas perdre de vue que cette dernière valeur ne se rapporte qu'à la température diurne, et que, par suite du refroidissement considérable qui a lieu pendant la nuit et donne en été une moyenne de 22° (la température diurne étant de 40°), cette dernière ne s'élève guère beaucoup au-dessus du point de la rosée : en effet, avec le minimum sus-mentionné, le point de rosée du psychromètre est à 19°, et par conséquent seulement de 3° au-dessous de la température nocturne.

13. RUSSEGGER, *loc. cit.* A Assuan (24° lat. N.), la moyenne annuelle était de 18°, 7, la moyenne du point de rosée 15°, ce qui correspond à une proportion relative de la vapeur d'eau à 67 pour 100. (Mühry, *Klimatographische Uebersicht der Erde*, p. 367.)

14. *Ibid.*, II, p. 263. D'après les observations faites pendant cinq années par Clot-bey, la moyenne annuelle pluviométrique au Caire est de 0ᵐ,0034.

15. DUVEYRIER, in Peterm. *Mittheil.*, *loc. cit.* L'Oued de Ghardaja ne s'était rempli d'eau dans l'hiver 1858-1859 qu'une seule fois. Plus tard l'auteur (*les Touareg*, p. 118) rapporta, d'après les données des indigènes, que, dans l'intérieur du Sahara, plusieurs périodes dépourvues de pluie s'étaient succédé pendant neuf à douze années, et qu'à In-Salah (dans le Tuat) pas une seule ondée ne s'était produite, même pendant vingt années.

16. Rohlfs, in Peterm. *Mittheil.*, 1866, p. 119. Le sommet de l'Atlas nommé Ainschin (33° lat. N.), qui selon les indigènes porte des neiges perpétuelles, est évalué par ce voyageur à 3500 m. (10 775 p.); le col limitrophe a d'après ses mesures, une altitude de 2590 m. (7970 p.).—Il importe d'ajouter ici que, d'après les documents recueillis par M. Cosson, il n'y aurait point de neiges perpétuelles au Maroc.

17. Cosson, *Considérations, loc. cit.*, p. 6. — Buvry, *Zeitschr. f. Erdkunde,* 1858 et 1860). A Biskra, au pied méridional de l'Atlas (35° lat. N.), la quantité de pluie tombée est de 15cc,7; à Batna, dans l'intérieur de l'Atlas (35° 30′ lat. N.), 48 centim.

18. Duveyrier, in Peterm. *Mittheil.*, p. 378. M. Duveyrier porte l'altitude de l'Ahaggar (*les Touareg,* p. 120) au delà de 1749 m. (6000 p.), chiffre qui probablement est encore trop bas, si, comme il le dit, la neige y reste (sous la latitude des tropiques) pendant trois mois.

Les forêts de l'Ahaggar se composent probablement des mêmes arbres que M. Duveyrier avait observés sur le plateau de Tassili (26° lat. N. : à peu près à mi-chemin entre Mursuk et Ahaggar), et parmi lesquels il cite un Thuia et même l'Olivier. Il est donc permis de supposer, d'après les données fournies jusqu'ici, que dans ces districts montagneux du midi, trois arbres de l'Atlas se montrent de nouveau, notamment *Pistacia atlantica, Callitris quadrivalvis* (le Thuia sus-mentionné) et *Olea europœa.* Cependant M. Tristram a cru reconnaître dans le bois de Conifères de l'Ahaggar une espèce de *Juniperus.*

19. Tristram, *loc. cit.*, p. 236.

20. Petermann, *Mittheil.*, ann. 1865, pl. 6. Sur cette carte dressée d'après la relation de voyage de M. Rohlfs, l'artère fluviale principale que la chaîne de l'Atlas fournit au Sahara et à plusieurs oasis (32° 30′-31° 30′ lat. N.) est indiquée d'abord comme rivière à eau courante, et puis comme lit sec (31° 30′-31°), jusqu'à l'endroit où, dans l'oasis de Tafilet, son eau souterraine reparaît de nouveau, au pied d'une série de hauteurs, sous forme d'un lac.

21. Tristram, *loc. cit.*, p. 98. Sur les contre-forts de l'Atlas, l'eau disparaît dans les profondes crevasses du calcaire ; mais au moment de fortes averses elle revient à la surface du sol, les réservoirs intérieurs étant remplis, et on la voit alors couler dans les Oueds qui sont secs à toute autre époque.

22. Russegger, *loc. cit.*, II, 253, 271.

23. E. Vogel, in Peterm. *Mittheil.*, ann. 1865, p. 251. M. Duveyrier (*les Touareg,* p. 118) observa aussi dans le Sahara occidental pendant 310 jours seulement dix fois de rosée, mais jamais de gelée blanche.

24. SCHWEINFURTH, in Peterm. *Mittheil.*, ann. 1868 : Relation dans le *Jahr buch* de Behm, III, p. 195).

25. Observations sur les variations journalières et annuelles de la température dans le Sahara :

SAHARA ALGÉRIEN (Duveyrier in Peterm. *Mittheil.*, ann. 1860, p. 55, 56). En été, la température du jour atteignait fréquemment 40°, la température nocturne descendait à 22°. En hiver, les gelées nocturnes eurent souvent lieu à Ghardaja; alors il pleuvait plus fréquemment, et même il neigea, quoique peu ; cependant pendant l'hiver de 1857 à 1858 on vit la neige demeurer deux jours sur le sol, ce qui était considéré comme chose inouïe. D'après les mesures de MM. Colomb et Marès (in Cosson, *Considérations*, etc., p. 7), pendant l'hiver, sous 32° lat. N. et à un niveau de 400 m. (1230 p.), la température du jour s'éleva souvent au delà de 20°, mais pendant la nuit le thermomètre descendit jusqu'à 5°,7.

TUGGURT (33° lat. N.). Dans le cours de 44 mois la température maximum s'éleva à 51°, le minimum était de 2°. (Duveyrier in Peterm. *Mittheil.*, ann. 1863, p. 379.)

GHADAMÈS. D'après M. Vatonne (*Mission de Ghadamès : Zeitschr. für Erdkunde*, ann. 1864, p. 281), pendant huit mois (l'hiver y inclus) le maximum de la température s'éleva à 40°, le minimum descendit à 5°.

FEZZAN. A Mursuk (20° lat. N.), M. Duveyrier (*les Touareg*, p. 107) observa la température maximum en juillet à 44°,6. M. Rohlfs (in Peterm. *Mittheil.*, ann. 1866, p. 119) constata en décembre 1865 un minimum de 5°,6.

26. BARTH, *loc. cit.*, I, p. 199.

27. COSSON, *Ann. sc. nat.*, III, 19, p. 139.

28. La maturation des dattes tient, en Perse et dans la Mésopotamie (jusqu'à 34° lat. N.: voy. tome Ier, pp. 594, 601), aux irrigations, comme à Valence.

29. HARTMANN, *Reise durch Nord-Ost Africa*, p. 118. D'après M. Schweinfurth (Peterm. *Mittheil.*, ann. 1868, p. 127), l'*Hyphœne Argun* ne vient que dans la proximité de 21° lat. N.

30. COSSON, *Considérations* (*loc. cit.*, p. 9). Il est probable que les assertions de M. E. Vogel (Peterm. *Mittheil.*, ann. 1855, p. 248), qui contredisent M. Cosson relativement à l'influence exercée dans le Fezzan sur les Dattiers, par les proportions de sel contenues dans l'eau, ne se rapportent qu'à ce que, comme de raison, des solutions saturées sont préjudiciables. Au reste, les données botaniques que renferment les lettres de voyage de M. Vogel (*ibid.*, p. 247) sont superficielles et ne doivent être utilisées qu'avec précaution.

31. DESON, *loc. cit.*, p. 18. — TRISTRAM, *loc. cit.*, p. 287.

32. ROHLFS, *loc. cit.*, ann. 1865, p. 406.

33. TRISTRAM, *loc. cit.*, p. 133. Un gallon contient environ 280 pouces cubes.

34. COSSON, *loc. cit.*, p. 7. Avec une température de plus de 50° à la surface du sable des dunes, la température n'était que de 25° à une profondeur seulement d'un décimètre, et la température de l'eau d'un puits n'avait que 19°, bien que ce dernier ne fût que moins de 2 mètres au-dessous de la surface du sol.

35. MARTINS, *le Sahara* (*Revue des deux mondes*, ann. 1864, t. LII, p. 613). — COSSON, *loc. cit.*, p. 9.

36. BARTH, *loc. cit.*, I, p. 319. Déjà à Air les Dattiers sont rabougris; ici l'*Hyphœne thebaica* commence à prédominer. Cependant ce voyageur a trouvé bien plus au sud, dans le Soudan, des plantations de Dattiers qu'il cite successivement. (Peterm., *Mittheil.*, ann. 1856, p. 382.)

37. COSSON, *Voyage botanique en Algérie* (*Ann. sc. nat.*, IV, 4, p. 279). Le *Tamarix gallica* constitue une forêt dans la proximité de l'oasis de Biskra, où les arbres atteignent souvent une hauteur de 8^m à 9^m,7, avec un tronc de 1^m,9 de circonférence.

38. COSSON, *Considérations* (*loc. cit.*, p. 8). A Biskra, au pied de l'Atlas, la période principale de développement a lieu en avril et en mai.

39. DESOR, *loc. cit.*, p. 23.

40. REBOUD, *Voyage dans la partie méridionale du Sahara* (in *Bull. Soc. bot. France*, 1857, p. 4).

41. A.-P. DE CANDOLLE, *Physiologie végétale*, p. 1032.

42. LÉVEILLÉ, in Demidoff, *Voyage dans la Russie méridionale* (*Jahresb.*, ann. 1840, p. 445).

43. BARTH, *loc. cit.*, I, p. 280.

44. HARTMANN, *loc. cit.*, p. 118.

45. ANDERSON, *Florula adenensis* (*Journ. Proceed. Linnean Soc.*, V, Suppl., p. VIII).

46. E. VOGEL (Peterm. *Mittheil.*, ann. 1855, p. 215), sur son chemin de Tripoli à Mursuk, ne mentionne qu'une seule fois une bande de désert dépourvue de végétation. M. Hartmann (p. 18) ne trouva que rarement complétement dépourvu de végétation le désert nubique compris dans les limites de son voyage. M. Trémaux au contraire (*Égypte et Éthiopie*, 2° édit., p. 130) décrit le désert de Korosko comme une plaine sans végétation; et il paraît qu'il en est de même du plateau élevé et désert de Hadramaout, dans l'Arabie méridionale.

47. DESOR, *loc. cit.*, p. 8.

48. DUVEYRIER, in Peterm. *Mittheil.*, ann. 1863, p. 379. Sur le plateau de

Tassili se trouvent signalés les genres *Acacia*, *Salvadora*, *Balanites*, puis *Tamarix*, *Thuja* (et par conséquent probablement *Callitris quadrivalvis*), ainsi que l'*Olea* à l'état complétement isolé.

49. Duveyrier, *ibid.*, p. 57.

50. Rohlfs, *loc. cit.*, ann. 1865, p. 181. Le Hammada fut traversé dans la direction est, où sa largeur est de 100 kilomètres; mais du nord au sud il paraît avoir une extension de trois jours de marche.

51. D'après MM. Rohlfs et Desor, le terme *Areg* ne désigne, à proprement parler, que les dunes du désert de sable. M. Duveyrier se sert de l'expression *Erg* pour la large ceinture de dunes qu'on peut suivre presque sans discontinuer depuis la petite Syrte (34° lat. N.) jusqu'à la côte de l'Atlantique, dans les parages du cap Blanco (21° lat. N.). Les deux termes ne sont pas synonymes ; ils correspondent à deux racines arabes, parmi lesquelles *Areg* désignait à l'origine un buisson épineux, et *Erg* la nature salée du sol. Le terme *Areg* paraît convenir davantage au désert des dunes, où les dépôts de sel sont étendus sans constituer de trait caractéristique, en admettant toutefois que le langage métaphorique des Arabes tenait à combiner avec l'idée de buisson épineux celle d'inaccessibles collines de sable.

52. Duveyrier, *les Touareg*, I, p. 111-215.

53. Desor, *loc. cit.*, p. 23. Le *Calligonum comosum* est caractéristique des vallées d'Areg ; de concert avec une Graminée, le Drin (*Aristida pungens*), il constitue la principale nourriture du Chameau. Les Chénopodées fournissent également du fourrage, notamment le *Cornulaca monacantha*, sur la route qui conduit de Tripoli à Bornu.

54. Tristram, *loc. cit.*, p. 101.

55. Dans la langue arabe on distingue des Oueds les chotts comme des vallées où l'eau courante se montre de temps à autre sur la surface du sol (comparer la note 21).

56. E. Vogel, in Peterm. *Mittheil.*, ann. 1855, p. 247. Je possède des exemplaires de la Coloquinte de Biskra, du cap de Gata, en Espagne, et des îles du cap Vert : l'espèce de l'Afrique méridionale paraît être différente. Les stations situées en dehors du Sahara sont : Syrie jusqu'à Beyrouth et Alep, Chypre, Indes orientales (Arnott), îles de la Sonde (Miquel). E. Vogel dit que les fruits de la plante servent de nourriture à l'Autruche : il est donc probable que ce sont les oiseaux de passage qui auront répandu à travers la Méditerranée et l'Atlantique les semences extrêmement nombreuses dans la chair du fruit; il n'en est pas moins remarquable que l'organisme de certains animaux se trouverait protégé contre l'amertume et les propriétés purgatives de la Coloquinte.

57. Tristram, *loc. cit.*, p. 410-435. — Cosson, *Ann. sc. nat.*, Bot., 4ᵉ sér., IV, p. 231-288. Le catalogue de M. Tristram contient au delà de 700 espèces, dont 414 seulement appartiennent au Sahara et le reste à la steppe dans le domaine de l'Atlas (Hauts-Plateaux). Le catalogue plus sévèrement critique que M. Cosson a dressé des plantes observées au sud de Biskra, par conséquent de plantes du Sahara proprement dites, et d'où sont exclues celles établies dans les oasis, compte 408 espèces, dont 145 peuvent passer pour être endémiques, 235 espèces se trouvant également en Europe, 25 dans l'Orient. et 2 dans le Soudan.

58. Cosson, *Considérations, loc. cit.*, p. 46.

59. Desor, *loc. cit.*, p. 46. Les Mollusques cités sont les *Cardium edule, Buccinum gibberulum* et *Balanus miser.*

60. L'évaluation de l'étendue du Sahara à 180000 milles carrés géogr. est basée sur la réunion suivante des contrées qui en composent le domaine :

Sahara dans un sens plus étroit.	114,600 milles géogr. carr.		(Behm, *Jahresb.*, II, p. 89.)
Égypte et Désert nubien.......	25,800	id.	Id., *ibid.*, déduction faite du domaine appartenant au Soudan.
Tripoli..................	16,200	id.	*Ibid.*
Deux tiers de la Tunisie.....	1,600	id.	*Ibid.*
Un tiers de l'Arabie (d'après M. Palgrave, I, p. 91).....	19,100	id.	*Ibid.*
Sind évalué à..............	2,000	id.	*Ibid.*, p. 57, 59.
	179,300 milles géogr. carrés.		

61. Série successive des familles prédominantes dans le catalogue de M. Cosson des plantes du Sahara algérien (408 espèces) : Synanthérées, 17 ; Graminées, 11 ; Crucifères, 9-10 ; Légumineuses, 9 ; Chénopodées, 4-5 ; Caryophyllées, 4-5 ; Borraginées, 3-4 ; Ombellifères, presque 3 pour 100 des Phanérogames.

62. De Candolle, *Géographie botanique*, p. 1209. La série des familles a été empruntée ici à M. Bové, *plantes de la péninsule du Sinaï* (259 Phanérogames), ainsi qu'à M. Dellile, *Flore de l'Égypte* (845 Phanérogames). La série des familles égyptiennes s'accorde avec celle des familles algériennes relativement aux Chénopodées et aux Ombellifères, et avec celles de l'Arabie en ce qui concerne les Borraginées ; par contre, dans la collection de M. Bové, les Labiées et les Zygophyllées remplacent les Chénopodées.

63. Lemprière, *A Tour to Marocco*, 1791. La côte occidentale du Maroc possède des pluies d'hiver périodiques, qui, dans le midi, se produisent avec moins de régularité. Graberg de Hemsa (*Specchio geogr. di Ma-*

rocco, 1834) parle de brises de mer rafraîchissantes sur la côte occidentale
(30° lat. N.).

64. ROHLFS, *loc. cit.*, 1865, p. 171.

65. COSSON et KRALIK, *Sertulum tunetanum* (*Bull. Soc. bot. France*, IV).
M. Kralik a récolté dans la petite Syrte 563 espèces, dont la majorité vient
également dans le Sahara algérien. 25 espèces seulement n'étaient pas
algériennes, parmi lesquelles 9 endémiques, 8 plantes littorales observées
également en Égypte, et 8 végétaux orientaux.

66. E. VOGEL, *loc. cit.*, 1855, p. 243.

67. VIVIANI, *Floræ Libycæ specimen*. Le pays élevé .de Barca (qui,
selon Cella, a une altitude de 812 mètres ou 2500 p.) correspond par ses
forêts de *Juniperus phœnicea* à l'Atlas, et possède sur son versant septentrional une flore méditerranéenne bien caractérisée. Entre la Cyrénaïque et l'Égypte se trouve un plateau désert de 227-260 mètres (700-
800 p.) d'altitude, avec des Oueds dépourvus d'eau, situés près de la mer.
(Barth, *Wanderungen durch das punische Küstenland*, p. 508.)

68. PALGRAVE, *Central and Eastern Arabia*, I, p. 91.

69. WALLIN, *Journey to Nejed*, in *Journ. Geogr. Soc.*, 1854, p. 135, 159
173.

70. SYKES, in *Philosoph., Transact.*, 1848. M. Schlaginweit (*Reisen in
Indien*, I, p. 414) prétend que dans le Kutch les vents de nord règnent
pendant la majeure partie même de l'été; toutefois, puisque le Sind et le
Punjab se trouvent sous l'action du changement des moussons, on ne pourrait admettre ce fait que comme un phénomène local occasionné par l'aspiration qu'exerce l'Afghanistan.

71. HOOKER, *Flora indica*, I, p. 132.

72. SCHWEINFURTH, in *Zeitschr. für Erdkunde*, 163, XVIII, p. 322. Les
chiffres proportionnels dans son catalogue de la flore de *Soturba* (22° lat. N.)
prouvent que cette partie de la côte appartient au domaine du Soudan.
(*Wiener zool.-botan. Gesellsch.*, XV, p. 544 et suiv.)

VIII

SOUDAN

——

Climat. — Je comprends sous le nom de *Domaine végétal du Soudan* toutes les contrées de l'Afrique où se produisent des périodes de pluies correspondantes à la position zénithale du soleil. S'étendant d'une côte à l'autre, ce domaine se trouve délimité dans chacun des deux hémisphères par les parallèles du 20ᵉ degré, en tant qu'on fait abstraction de certaines déviations, dont la plus importante est la dilatation sous forme d'un bras allongé que présente la côte sud-est de Natal, où les pluies tropicales se font sentir jusqu'au 30ᵉ dégré de latitude sud. C'est bien aussi jusqu'à ces parages lointains que pénètre l'alizé de l'Océan indien, en soufflant verticalement sur les terrasses de la côte et en déchargeant, depuis novembre jusqu'à mars [1], ses vapeurs d'eau sur les versants tournés vers la mer.

La majeure partie du Soudan doit ses précipitations au mouvement solsticial du soleil [2], et se trouve sous l'empire des vents alizés secs, aussitôt que cet astre s'est éloigné du zénith. C'est là ce qui imprime aux conditions climatériques de la végétation un caractère si uniforme sur un vaste espace, et élargit les aires de beaucoup de végétaux. On n'y trouve point ces grandes chaînes montagneuses de l'Asie et de l'Amérique, qui permettent à la flore de se plier à des modifications variées selon le climat. Dans l'Afrique tropicale, les plus grands soulèvements consistent en cônes isolés, tels que le volcan Cameroun sur la côte de la Guinée, ou bien en groupes occupant des espaces restreints,

mais sans représenter des lignes de délimitation climatérique,
tels que le Kilimandscharo avec le Kenia ou les pays élevés de
l'Abyssinie. De même, les lignes de soulèvement qui longent
les deux côtes à distances variables de la mer, et sans offrir une
configuration particulière, ne sont pas des chaînes marginales,
à l'instar de celles des plateaux de l'Asie centrale, mais seulement autant de renflements extérieurs de plateaux descendant
doucement vers l'intérieur du continent, et dont le niveau est
assez bas [3] pour admettre partout des formes tropicales de végétation. Sur ces surfaces les alizés soufflent sans obstacles sur
toute la largeur du continent. A cela vient s'ajouter le fait, que
le nord de l'Afrique, entre l'Atlas et l'Abyssinie, étant complètement ouvert, il en résulte que, sur les hauteurs peu élevées du
Sahara, le caractère propre à l'alizé conserve sa plus large
sphère d'action, et exerce par là, pendant les saisons sèches, une
influence considérable sur le Soudan situé de l'autre côté. C'est
cette constitution plastique du continent qui généralement
limite les précipitations à une période plus restreinte, n'accorde
à la vie végétale qu'un développement périodique, et détermine
le caractère prédominant de savane dont l'Afrique porte l'empreinte.

Partout où la période des pluies résulte du courant atmosphérique ascendant, qui se produit peu de temps après ou en même
temps que le soleil parvient au zénith, les précipitations sont
abondantes, parce que l'alizé qui dépasse son hémisphère
décharge brusquement sur le sol sa vapeur d'eau, aussitôt qu'il
s'est élevé jusqu'aux couches des nuages. L'époque pendant
laquelle se maintient cette rapide circulation de l'eau dépend
d'abord de la latitude géographique. Sous l'équateur, il s'écoule
une demi-année entre deux passages consécutifs du soleil au
zénith ; vers les tropiques, ces deux passages se rapprochent
graduellement l'un de l'autre, avec l'élévation de la latitude,
pour finir par coïncider en un seul point. C'est pourquoi les latitudes tropicales les plus hautes n'ont qu'une seule période de
pluie, période relativement la plus courte ; les contrées équatoriales devraient à la rigueur en posséder deux, qui souvent ne
sont que peu séparées l'une de l'autre et peuvent, de cette

manière, notamment dans les montagnes, se réduire à une seule
période de plus longue durée. Nous ne sommes pas encore
à même de constater avec certitude si quelque part, dans les
plaines de l'Afrique, cette période se développe sous forme
d'une humidité ininterrompue, ainsi que c'est le cas dans le
domaine équatorial de l'Amérique; toutefois, jusqu'à présent,
les voyageurs ne parlent que d'une feuillaison périodique, en
sorte que le seul espace où il y aurait des forêts vierges ayant
des époques de fleuraison répétées tous les mois, devrait se
trouver entre le Niger et le Congo, c'est-à-dire dans la seule
partie encore complétement inconnue du continent, aujour-
d'hui rendu accessible, même dans les contrées équatoriales,
depuis les parages de l'est jusqu'aux grands lacs Albert-
Nyanza et Tanganyika *.

Sous les latitudes plus élevées du Soudan, la période des précipitations ne dure ordinairement que trois mois. Dans les contrées équatoriales, la période la plus courte des pluies succède
à la première position zénithale du soleil, et la plus longue à la

---

* Sur la grande carte (*A Map of a portion of Central Africa, by Dr Livingstone*)
qui accompagne l'intéressante publication de M. Horace Waller, intitulée : *The
last Journals of David Livingstone in Central Africa* (London, 1874), se trouvent
marquées les variantes très-considérables qu'offre l'altitude du lac Tanganyika
déterminée par divers voyageurs. Ainsi cette altitude est de 598 mètres (1844 p.)
selon MM. Burton et Speke ; de 879 m. (2710 p.) selon M. Cameron, et de 840 m.
(2586 p.) selon Livingstone, qui de plus porte à 850 mètres (2624 p.) l'altitude de
l'extrémité méridionale du lac. Au reste, le lac Tanganyika vient d'être l'objet d'une
exploration étendue et consciencieuse de la part du lieutenant V. L. Cameron;
un extrait de son journal a été communiqué par M. C. R. Markham à la Société
géographique de Londres (séance du 8 mars 1875). De plus, M. Cameron a rapporté
une collection botanique, qui, bien que malheureusement endommagée par l'humidité, a permis à M. Hooker de reconnaître une douzaine d'espèces nouvelles.
M. Hooker promet de donner prochainement des renseignements sur cette intéressante collection. D'ailleurs le lac Tanganyika a été pour M. Cameron un point de
départ pour des découvertes importantes; car, d'un côté, il vient de prouver (*Proceedings of the Roy. Geogr. Soc.*, t. XX, p. 118, ann. 1876) que le cours d'eau nommé
Luvubu ou Lucuga, que Livingstone avait indiqué ocmme un affluent de l'extrémité sud-ouest du lac Tanganyika, n'est au contraire qu'un bras comparativement
insignifiant de l'immense réseau de rivières (parmi lesquelles le Lualaba joue le
rôle principal) qui constituent les sources du Congo, confirmant ainsi les prévisions
ingénieuses formulées il y a trois ans déjà par le Dr Behm. D un autre côté,
tout en étant forcé de renoncer au projet de descendre le Congo, le lieutenant
Cameron nous a révélé une contrée complétement inconnue, en franchissant l'es-

deuxième position : la durée totale embrasse généralement six
à huit mois. Mais souvent ces phénomènes se présentent avec
bien plus de variété. En effet, dans certaines contrées, notamment dans les montagnes, les périodes de pluie ne tiennent
qu'indirectement aux mouvements solsticiaux; c'est la configuration du continent, conformément à son soulèvement et à son
extension, qui détermine ici la période et la durée des précipitations. Ainsi, dans le pays élevé, sur le lac Victoria-Nyanza, il
pleut pendant tous les mois [1], parce que des courants atmosphériques y parviennent des contrées plus basses situées tant
au nord qu'au sud, en déchargeant leur humidité *. D'ailleurs,
de même que nous l'avons fait observer (page 105) à l'égard
de Natal, il y règne en été un alizé qui, en soufflant le long
d'une surface oblique, donne lieu par là à une saison humide;
il se reproduit donc dans le golfe de Guinée une périodicité de
courants atmosphériques comparable à celle des moussons
indiennes. Ici le domaine septentrional du Niger exerce une
aspiration pendant les mois d'été, attendu qu'il s'échauffe plus

pace compris entre le lac Tanganyika et le Benguela (côte occidentale de l'Afrique),
et en parcourant ainsi, presque seul et dénué des ressources nécessaires, environ
2953 milles anglais, dont 1200 appartenant à une région qu'il était le premier
Européen à visiter. Or, son grand mérite, c'est de l'avoir parcourue non en simple
touriste, mais en véritable géographe, relevant partout les latitudes et longitudes,
et rapportant avec lui une masse d'observations astronomiques et topographiques,
telle qu'aucun observateur n'en ait jamais fait d'aussi considérable à lui seul et
pendant un laps de temps semblable. — T.

  * Ce n'est que tout récemment que le lac Victoria-Nyanza ou Ukérévé est entré
dans le domaine positif de la géographie, grâce aux heureux efforts de l'infatigable M. Stanley, qui dans le courant des mois de mars et de mai de l'année 1875
en a fait la circumnavigation, dont l'intéressante relation a été publiée d'abord dans
les *Mittheilungen* de Petermann (t. XI, p. 455), puis dans les *Proceedings of
the Roy. Geogr. Soc.* (ann. 1874, t, XX, p. 134). Découvert en 1858 par le capitaine J. H. Speke, et considéré par lui comme la source du Nil, le lac Victoria-
Nyanza n'avait été jusqu'à présent connu que comme une nappe d'eau à contours
si vaguement définis, que le capitaine Burton l'avait presque révoqué en doute, ou,
dans tous les cas, n'avait cru y voir qu'un groupe de lacs indépendants. C'est à
M. Stanley qu'il fut réservé de revendiquer en faveur de l'ancien explorateur
méconnu le mérite d'avoir entrevu la vérité dans toute sa portée, car depuis
qu'en 1874 le lieutenant Cameron a prouvé que le lac Tanganyika n'a aucune
communication avec un affluent quelconque du Nil, mais appartient au système
hydrographique du Congo, le Victoria-Nyanza a plus que jamais la chance de
prétendre à l'honneur d'être le berceau du Nil; à moins que l'un des affluents

que l'Atlantique, et alors un courant atmosphérique occidental
souffle dans la direction de ce centre calorifique contre les côtes
de la Guinée aussi loin qu'elles s'étendent vers le sud. Depuis le
cap Palmas jusqu'aux Camerouns, le vent sud-ouest leur amène
la période des pluies qui sur la côte occidentale [3] dure depuis la
mi-mars jusqu'à novembre. C'est encore ainsi que les courants
atmosphériques méridionaux commencent au mois de mars, et
se trouvent au mois de novembre remplacés par l'alizé du nord.
Nous possédons de Joruba des observations concordantes [6]. Il
s'ensuit donc que, sur la côte méridionale de la Guinée (5° lat. N.)
la période des pluies commence un mois avant qu'au printemps
le soleil parvienne au zénith ; ce qui prouve que ce n'est pas
seulement le mouvement solsticial qui produit les premières
précipitations, mais encore la translation des courants atmosphériques de la mer à la terre ferme. Dans la succession ultérieure
des phénomènes, le soleil ne manque pas de faire valoir ses
droits. Avec l'accroissement de la température estivale, le courant
atmosphérique ascendant pénètre davantage dans l'intérieur du
continent en s'avançant dans la direction du nord. A la mi-juillet
et en août, il se produit une diminution dans les précipitations,
une interruption des deux périodes de pluies, sans que cependant, ainsi que le fait observer M. Burton, cela se prononce d'une
manière aussi tranchée que sur le Gabon. Même à cette époque
les brouillards sont encore fréquents. Il est remarquable que sur
des points aussi peu éloignés les uns des autres, on voie non-
seulement sur le Gabon, qui débouche dans la proximité de
l'équateur, mais encore dans la série insulaire de Fernando-Po
à San-Thomé, la période des pluies se comporter presque d'une

méridionaux de ce lac, le Schimiyu, ne vienne le lui disputer, ce qui, après tout,
ne serait en quelque sorte qu'une question de détail. Quant aux dimensions du
lac Victoria-Nyanza, que les critiques peu bienveillantes du capitaine Burton
s'efforçaient à réduire à de modestes proportions, M. Stanley a prouvé qu'elles
dépassent même les prévisions du capitaine Speke ; car la carte du lac dressée
par l'intrépide explorateur américain, et reproduite dans les *Mittheilungen* et les
Proceedings, démontre que son aire est de 1525 milles carrés allemands, c'est-
à-dire que cette gigantesque nappe d'eau, dont l'altitude est de 1236^m,8 (3808 p.),
occupe une surface de 92 milles carrés plus grande que l'Écosse et de 147 milles
carrés plus grande que le royaume de Bavière. La profondeur la plus considérable constatée par M. Stanley est de 90 mètres ou 275 pieds. — T.

manière tout autre que sur la côte méridionale de la Guinée
supérieure : dans l'île de Corisko (1° lat. N.) les précipitations se
maintiennent depuis septembre jusqu'en mai, tandis que les
mois de juin et août sont sereins et sans pluie [7]. Ici la saison humide correspond d'une manière plus manifeste à la position zénithale du soleil pendant les équinoxes. Cependant d'autres conditions pourraient bien y avoir aussi leur part, soit la direction de la
côte, soit l'action des courants de la mer [8]. A partir des Camerouns la côte s'infléchit au sud, et en conséquence le vent dominant en été souffle le long de sa ligne de soulèvement, sans
être dévié vers les couches plus élevées ou plus froides de l'atmosphère. D'ailleurs ce vent passe du courant de l'Atlantique
méridional au courant plus chaud de la Guinée, et, réchauffé sur
son parcours, se trouve accompagné par un ciel serein. Toutefois
il y a lieu d'examiner de plus près si sur les hautes montagnes
situées dans les îles et notamment dans Fernando-Po, les côtés
exposés au nord ou au vent se comportent différemment, et si les
premiers, comme on peut s'y attendre, ne sont pas humectés
également en été. C'est ainsi qu'on prétend qu'à San-Thomé et à
l'île du Prince, les montagnes se trouvent durant l'année entière
ensevelies dans les brouillards et les nuages [9].

Dans l'intérieur de l'Afrique équatoriale, les périodes de pluie
éprouvent des déplacements propres à ce continent et déterminés
par sa dimension et sa configuration plastique. M. Livingstone
s'est demandé [10] pourquoi les sources des plus grands fleuves
de l'Afrique, tels que le Nil, le Zambèze et le Congo, se trouvent
au sud de l'équateur, et probablement voisines les unes des
autres dans le pays de Londa (6°-12° lat. S.), et pourquoi ces contrées paraissent être tellement plus humides que par exemple le
Darfour. Dans le Londa il trouva des forêts composées d'arbres
toujours verts, si rares en Afrique. Au nord de l'équateur s'étend
une contrée basse, sur laquelle l'alizé du Sahara exerce une
action desséchante. Ce n'est qu'au sud de la terrasse équatoriale
plus élevée que commence la dépression close du haut pays de
l'Afrique méridionale, dont la position renforce et prolonge les
précipitations. M. Burton a le mérite d'avoir fait ressortir ces
phénomènes d'une manière plus précise, lors de son célèbre

voyage au lac Tanganyika : je vais essayer de déduire quelques conclusions de ses descriptions.

En allant de l'est à l'ouest, et en dirigeant sa course presque sous le même cercle parallèle (5°-7° lat. S.), M. Burton pénétra de Zanzibar bien avant dans la dépression centrale du continent. Dire que ce voyageur observa sous la même latitude un changement dans les périodes de pluie à mesure qu'il s'avançait, c'est prouver déjà que la cause de ce changement ne tient pas seulement au mouvement solsticial, mais encore à la réaction exercée par le corps terrestre. A Zanzibar, les deux périodes de pluies correspondant aux positions zénithales du soleil s'étendent jusqu'à la ligne de soulèvement des monts Usagara, située ici à environ 50 milles géographiques de la côte, montagnes sur le versant oriental desquelles [11] de fréquentes précipitations ont lieu aussi pendant les autres mois, parce que l'alizé qui souffle de bas en haut décharge ici également son humidité. L'arête n'avait pas été plus tôt franchie par le voyageur, que déjà commença sur le versant occidental le climat sec d'Ugago où la période de pluie dure à peine trois mois, se produisant pendant l'été de l'hémisphère austral, mais aussi faisant quelquefois complétement défaut. L'aridité prolongée coïncide ici avec le souffle de l'alizé sud dépouillé préalablement de son humidité, et qui, à l'entrée de la période des pluies, se trouve remplacé par un vent de nord-est, conséquemment par un courant équatorial, aspiré par les latitudes plus méridionales, qui à cette époque sont échauffées davantage. Les deux contrées suivantes, qui s'abaissent graduellement vers le lac Tanganyika, ont ceci de particulier, que la période des pluies a toujours lieu plus tôt, du côté de l'ouest, et s'allonge enfin à huit mois [11] : à Unyamwezi elle commença en novembre, sur le lac à Ujiji dès le mois de septembre, et dura jusqu'à la mi-mai. Dans les deux cas elle fut accompagnée de vents variables. Il en résulte donc qu'à Unyamwezi les précipitations se produisent bientôt après la deuxième position zénithale du soleil, tandis qu'à Ujiji elles la devancent de deux mois. Il en est de même dans l'hémisphère boréal à l'égard des deux périodes de pluie de Gondokoro sur le Nil (5° lat. N.) [12], où les pluies printanières commencent en février et les pluies automnales en août, conséquemment dans les deux cas un ou deux mois avant le passage du soleil au zénith ; elles sont accompagnées de vents soit du sud, soit du nord-est, qui viennent des contrées plus élevées. Le Tanganyika constitue, à l'instar de la vallée du Nil dans les parages de Gondokoro, une dépression du continent comparativement aux hautes régions du lac Nyanza et aux terrasses littorales de l'Abyssinie jusqu'aux montagnes d'Usagara. Ces dépressions, rapprochées de la partie centrale du continent, sont échauffées par le soleil bien plus fortement que les pays plus élevés qui les entourent. Aussi s'y développe-t-il plus tôt que chez eux un courant atmosphérique ascendant qui laisse retomber la vapeur d'eau ; ces dépressions exercent une action aspirante sur le pays limitrophe avant même que le soleil ait atteint le zénith. Le déplacement et l'allongement des périodes de pluie est donc une conséquence de la configuration du continent. Il paraît qu'il existe au milieu de l'Afrique un groupe de centres de chaleur isolés, qui ne permettent cependant de tirer aucune conclusion sur le niveau de pays inconnus. La contrée basse du Benue, qui selon M. Baikie[13], n'est à Adamawa (9° lat. N.) que de quelques centaines de pieds au-dessus du niveau de la mer, peut tout aussi bien s'étendre au loin du côté du sud, qu'être séparée du bassin du Tanganyika par des régions élevées semblables à celles qui se trouvent le long des deux lacs Nyanza, régions dont l'extension équatoriale, depuis le Kilimandscharo jusqu'à la moitié du continent est aujourd'hui constatée, et qui séparent les plaines du Nil des dépressions méridionales. Le caractère de cette ligne intérieure de soulèvement paraît coïncider avec celle des terrasses littorales, et ne doit donc pas être considérée comme la chaîne montagneuse de la Lune, mais comme un simple renflement muni de pics isolés. La question de savoir si ce renflement continue à l'ouest de Albert-Nyanza jusqu'à l'Atlantique est, ainsi que nous l'aurons à examiner plus tard, d'une extrême importance pour la disposition de la flore montagneuse de l'Afrique ; cependant la direction des vents et d'autres valeurs climatériques ne permettent guère de constater s'il existe dans les contrées équatoriales des centres calorifiques séparés ou continus. Si le continent tout entier n'était qu'un seul plateau, l'espace intérieur deviendrait un centre aspirant de chaleur, plus fortement échauffé que les côtes équatoriales, parce que la surface est tellement étendue, que des différences entre les pouvoirs calorifiques de la terre ferme et de la mer se feraient valoir, et que par conséquent il serait encore question ici de contrastes entre le climat continental et le climat maritime, quoique dans un autre sens que dans la zone tempérée.

Mais comme les dépressions centrales sont assez élevées au-dessus des côtes pour neutraliser de telles influences, les proportions altitudinales contribuent à rendre plus concordantes les conditions de la vie végétale sur les côtes et dans l'intérieur. Les centres de chaleur possèdent, à la vérité, de plus longues périodes de pluie, et c'est là la cause d'une certaine variété ; mais leur durée diffère tout aussi bien selon la latitude géographique que selon les lignes de soulèvement, de sorte que la végétation est inégalement répartie, et peut-être n'est-ce qu'à l'ouest et au sud de l'équateur, dans la Guinée inférieure et à Londa, qu'elle constitue un domaine indépendant plus étendu, empreint du caractère des contrées tropicales humides *.

Les dimensions et l'uniformité du Soudan exercent également une influence particulière sur la marche de la température.

* D'après les observations faites par M. Schweinfurth dans le Soudan, notamment dans la contrée où se trouve l'établissement (Seriba) de Ghattas (7° 25′ lat. N.), le vent sud-ouest domine pendant sept mois, depuis mars jusqu'au commencement d'octobre, où s'établit le nord-est, sans cependant produire un grand changement dans la température jusqu'au 20 novembre ; après cette époque, le thermomètre ne marque guère au lever du soleil au-dessus de 21°,1 (*The Heart of Africa*, 2° édit.. t. II, p. 281). En 1870, M. Schweinfurth y fut témoin, le 25 août, d'une chute de grêle, les grêlons ayant la grosseur d'une cerise. C'était la première fois qu'il voyait de la grêle entre les tropiques. « La régularité de la température pendant toute l'année, dit M. Schweinfurth (*loc. cit.*, p. 304), caractérise d'une manière remarquable ces régions lointaines de l'intérieur de l'Afrique, qui en hiver ne sont point exposées, ni à la chaleur intense du midi, ni au froid de la nuit, ainsi que cela a lieu dans les steppes et les déserts de la Nubie. La température de 15°,5 était la plus basse constatée pendant un séjour de deux ans et demi, et elle fut tout à fait exceptionnelle et ne dura que quelques heures, seulement avant le lever du soleil. Comme terme de comparaison entre une telle température et celle relativement froide de l'Amérique tropicale, je rappellerai que les observations faites au Guatemala donnent, pour une période de 12 années, une moyenne annuelle exactement égale à celle que représentent le minimum exceptionnel constaté une seule fois pendant mon séjour de deux années et demie dans l'Afrique centrale. » — T.

L'Afrique diffère de l'Inde et de l'Amérique méridionale en ce
que l'atmosphère s'y refroidit toujours considérablement pendant
la nuit. Bien qu'à l'époque de la saison sèche, le soleil en plein
jour échauffe le sol au point que les blocs de rochers se fendent
à la suite de l'inégale dilatation de la surface et de l'intérieur,
ainsi que M. Livingstone le vit dans les contrées de Nyssa, néanmoins pendant la nuit le thermomètre y descend assez pour
qu'avant le lever du soleil, le voyageur éprouve le besoin d'en-
veloppes protectrices [11]. Aussi est-ce dans le Soudan un phénomène très-ordinaire que d'abondantes rosées. Ce sont ces
variations brusques et journalières de température qui sont
considérées comme cause principale de ce que les plaines du
Soudan sont inhabitables pour la race caucasienne. Ce qui
prouve déjà combien est général le caractère pernicieux du
climat, c'est que la plupart des savants voyageurs arrivés
de pays lointains ont péri sur les points les plus divers du
Soudan, tandis que les investigateurs célèbres ont pu presque
tous revenir heureusement des autres contrées tropicales. Quand
même les matières qui constituent la malaria et qui engendrent
les fièvres intermittentes mortelles des tropiques seraient plus
répandues dans le Soudan qu'ailleurs, en transportant au loin à
l'aide des alizés leurs germes délétères, il n'en est pas moins
vrai que c'est l'alternance constamment reproduite entre l'excitation et la suppression de l'action cutanée qui trouble la marche
régulière des fonctions organiques et paralyse la force de résister à la malaria. Les formes végétales indigènes ne seraient-
elles pas adaptées à ces conditions climatériques au même degré
que les organisations animales de l'Afrique? C'est une question
sur laquelle nous reviendrons; ici nous avons à examiner celle
de savoir à quoi tient la cause physique qui élève les contrastes
thermiques journaliers au delà de la mesure normale, ce qui
met l'indépendance de la faune et de la flore à l'abri des
immigrations, et explique pourquoi la race nègre, loin de se
retirer et de périr en présence de l'invasion des Européens (ainsi
que c'est le cas pour les Indiens Américains ou les insulaires de
l'Océanie); possède la faculté de demeurer à tout jamais dans
les limites naturelles du domaine où elle s'est développée. Ce qui

démontre qu'ici la nature tient à conserver une autonomie rigoureuse, c'est le peu d'influence qu'a exercé par son contact avec ces régions la civilisation de l'ancien monde, contact maintenu depuis l'antiquité la plus reculée et que n'ont entravé ni mers ni massifs montagneux quelconques.

La configuration de l'Afrique et son extension à travers deux zones tropicales établissent une distinction complète entre ce continent et les autres. D'après une évaluation approximative, l'étendue du domaine du Soudan seul est de 300 000 milles carrés géographiques ; elle est le double de l'Asie tropicale tout entière et correspond à la circonférence de l'Amérique comprise entre les tropiques, où cependant la répartition de la terre ferme dans les deux hémisphères est très-inégale et la plus grande moitié diffère tant par sa variété de l'uniformité africaine. Il s'ensuit que nulle part sur le globe les alizés ne se trouvent aussi fortement développés sur un continent qu'en Afrique, où ils font naître sous les deux cercles tropicaux des déserts dépourvus de pluie, dont l'un est d'une extension sans exemple. Les grands déserts de l'Asie et de l'Amérique sont situés dans la zone tempérée, ceux de l'Afrique pénètrent d'une manière décidée dans le domaine tropical. Mais c'est beaucoup plus loin encore que semble s'étendre l'influence de la sérénité du ciel africain sur le Soudan tout entier, puisque l'intensité du refroidissement nocturne doit nécessairement y être considérée comme la conséquence du rayonnement dans une atmosphère relativement dépourvue de nuages. En effet, si les pluies nocturnes et les orages de la saison humide peuvent exercer aussi une influence réfrigérante, le refroidissement nocturne n'est pas limité à cette période; et d'ailleurs il est trop général en Afrique et trop particulier à ce pays, pour qu'on puisse l'expliquer par des conditions que d'autres pays chauds possèdent également. L'alizé du nord souffle à travers le désert du Sahara vers le Soudan, tandis que l'alizé du sud n'arrive dans ce dernier qu'après avoir été dépouillé par la terrasse de la côte orientale de la vapeur d'eau empruntée par lui à l'Océan indien. Les périodes de pluie dans le Soudan ne tiennent pas seulement, comme en Asie et dans plusieurs contrées de l'Amérique, à l'humidité évaporée par les mers limi-

trophes, mais encore en partie à la circulation de l'eau dans
l'intérieur du continent même, à des fleuves considérables, aux
lacs et à la végétation qui absorbe l'eau pour la laisser échapper
de nouveau. Ce n'est pas seulement dans les îles tropicales, mais
aussi dans d'autres continents des tropiques, l'Australie exceptée,
que l'échange entre la mer et la terre ferme est plus actif,
l'atmosphère plus chargée de vapeurs et la formation des brouillards et des nuages plus aisée, toutes choses qui tendent à atténuer les contrastes entre la chaleur gagnée et la chaleur perdue,
contrastes que, sous ces latitudes, la durée uniforme de la nuit
ne pourrait qu'accroître. En Afrique, les phénomènes opposés se
prononcent naturellement d'une manière plus accentuée pendant
la saison sèche que pendant la période des précipitations :
lorsque des vents d'ouest refoulent l'alizé, et que l'humidité
fournie par l'Atlantique augmente, l'écart diminue entre la
température du jour et celle de la nuit. Toutefois il est surprenant que les relations des voyageurs répondent d'une manière différente à la question de savoir quand la malaria est
la plus dangereuse. Dans le Sennaar et sur le Niger, c'est la
saison humide qui est la plus redoutée, tandis que dans les contrées équatoriales. M. Burton la considère comme plus salubre [6].
Peut-être y aurait-il moyen de faire disparaître ce qu'il y a de
contradictoire dans ces opinions, en admettant que, bien que la
malaria prenne naissance sur un sol humide, elle se répand dans
l'atmosphère pour l'infecter à l'époque où la sécheresse fait
place à l'humidité, et où l'organisme humain se trouve affaibli
par les oscillations thermiques, plus considérables pendant la
période sèche, et rendu ainsi aisément accessible aux substances
morbides *.

Formes végétales. — Le riche développement de la forme
de Graminées constitue le trait le plus saillant du caractère de

---

* Parmi les contrées de l'Afrique à atmosphère très-sèche, M. Mauch (Petermann,
Mittheil., ann. 1874, t. XX, p. 48) signale la région de la côte orientale comprise entre les rivières Zambèze et Limpopo, où ce phénomène serait tellement
prononcé, qu'une plume trempée dans l'encre devient sèche avant d'être mise en
contact avec le papier, et que les couleurs s'épaississent dans le pinceau un moment après y avoir été plongées. A cette grande sécheresse atmosphérique se joi-

la flore du Soudan, et correspond à la périodicité du climat ainsi qu'à la durée relativement longue de la saison sèche qui règne dans les immenses espaces des savanes. Et pourtant l'Afrique n'a point de population pastorale, bien que partout où les Graminées dominent, elle soit susceptible d'une florissante agriculture, et que d'ailleurs toutes les plantes tropicales puissent y être cultivées. En effet, de même que les savanes diffèrent des steppes de la zone tempérée en ce qu'elles admettent la végétation arborescente, dont le développement se trouve accéléré par l'élévation de la température et l'abondance de l'humidité, de même la culture du sol y est illimitée; mais la race nègre, qui s'est élevée partout à la hauteur de l'agriculture, n'en a reçu aucune impulsion intellectuelle, ainsi que cela a été le cas dans les Indes. M. Livingstone [15], le meilleur connaisseur de ce pays, bien qu'il fût incapable de saisir avec l'œil du botaniste les caractères différentiels de la végétation, fait observer, relativement aux deux contrées, que le sol et la physionomie des plaines ondulées du midi de l'Afrique tropicale se présentent exactement comme dans le Dekkan, mais que les témoignages de l'industrie humaine, les voies de communication, les monuments, font défaut à l'Afrique, et que les États nègres lui apparaissent comme à peine sortis des mains du Créateur, l'homme n'y ayant fondé rien de durable. Il n'y a même pas su subjuguer et limiter la vie animale, qui y surgit puissante et hostile comme à l'époque quaternaire de l'Europe *. Mais c'est là précisément que se révèle un phénomène de relation particulière, c'est-à-dire l'équilibre parfait que la nature a établi entre la vie des animaux et celle des plantes; peut-être plutôt cet équilibre impressionne-t-il ici plus vivement que dans les autres pays où les Mammifères sont moins nombreux. Ici la masse de substances alimentaires fournies par les savanes se trouve dans une parfaite proportion avec les

gnent des oscillations très-considérables dans la température, puisque le thermomètre, qui marque à midi (à l'ombre) 25°, descend le matin à zéro. M. Mauch (Petermann, *Mittheil.*, *Ergänzungsheft*, ann. 1874, n° XXXVII, p. 46) fait observer que dans les contrées comprises entre le Zambèze et le Limpopo, le règne végétal est bien moins riche que le règne animal. — T.

* Voyez, sur l'extension des animaux sauvages dans les Indes, ma note, page 18.

troupeaux de gros animaux pâturants, et elle se manifeste également entre ces derniers et les carnivores, bien moins aptes à se
propager. Mais ce qui est encore plus remarquable, c'est que ces
proportions se traduisent non-seulement par le nombre des individus, mais aussi par la multiplicité des espèces. De même
qu'il n'est point de pays qui, sous le rapport de la variété des
grands Mammifères, puisse supporter la moindre comparaison
avec la richesse de la faune africaine, et que d'ailleurs parmi
ces Mammifères le genre le plus riche en espèces est celui des
Antilopes réunies en troupeaux ; de même les Graminées s'y distinguent non-seulement par leur caractère social, mais encore
par leur variété *. En Abyssinie [16], elles constituent presque
12 pour 100 du chiffre total des Phanérogames, tandis que, pour
ne citer qu'un exemple, dans l'Inde occidentale il n'y a que 4 à
5 pour 100 de Graminées relativement aux plantes vasculaires.
Pour l'Abyssinie, le soulèvement du pays contribue à la richesse
spécifique des Graminées, ce qui n'empêche pas les contrées
planes d'offrir un développement de gazon extraordinairement
varié, qui tantôt y déploie la plus grande énergie de la nature tropicale, tantôt, par le raccourcissement et l'agglomération serrée
des organes, se rapproche des tapis des prés du Nord, ou bien
est réduit à la pauvreté de la steppe. Les groupes des Panicées
et des Andropogonées, qui dans les savanes de la zone torride
prédominent toujours [17], manifestent une plus grande diversité
dans la formation de leur gazon, que les Poacées des latitudes
plus élevées. Cependant ordinairement leurs feuilles sont plus
rigides que chez ces dernières et se rapprochent par là davantage des Graminées des steppes : les groupes sus-mentionnés
correspondent aux précipitations périodiques et se conservent
quelque temps pendant la sécheresse, jusqu'au moment où ils
deviennent jaunes et dépérissent, tandis que les gazons des prés,
lorsqu'ils se trouvent humectés par l'eau du sol, restent frais
et verts, même sous l'enveloppe neigeuse. Aussi les savanes

---

* M. Schweinfurth à lui seul tua 15 espèces d'Antilopes (*The Heart of Africa*,
vol II, p. 445 et 508). Elles se présentaient en quantités immenses, surtout l'*A.
caama* et l'*A. leucotis*, dont le nombre, dit M. Schweinfurth, était vraiment inépuisable. — T.

de l'Afrique ne souffrent-elles guère de la pratique suivie par les nègres, qui, pour obtenir de petits lambeaux du sol cultivable, détruisent par le feu, pendant la saison sèche, les vastes surfaces revêtues d'herbe fanée ; aussitôt que commencent les pluies, une vie nouvelle surgit des organes souterrains avec une rapidité frappante. La physionomie diverse des Graminées qui constituent les savanes ne tient pas seulement au climat ou aux conditions des deux saisons, mais aussi à la nature du sol, et de la terre végétale ainsi qu'à la faculté de cette dernière de retenir l'eau. Ce qui le prouve, c'est la présence de hautes Graminées dépassant la taille de l'homme, dans des contrées où la période des pluies ne dure que quatre à cinq mois, comme dans la Sénégambie [18]. La relation de voyage de M. Barnim dans le Sennaar [19] retrace d'une manière graphique le tableau que présentent ces hautes Graminées : on y voit que même les Girafes peuvent, à tête redressée, se cacher aisément au milieu d'une végétation qui ne laisse apercevoir que la partie supérieure de leur cou. Il s'agit ici d'une Andropogonée, l'Adar, caractéristique pour les clairières du Nil, et dont le chaume muni de feuilles larges et ondulées atteint une hauteur de $4^m,8$ à $6^m,4$: c'est probablement la plus grande Graminée connue qui ne soit pas ligneuse *.

Dans cette contrée, la forme ordinaire des hautes Graminées tropicales se trouve représentée par la Canne à sucre sauvage (*Saccharum spontaneum*), dont le chaume s'élève, selon M. Hartmann, de $1^m,9$ à $3^m,8$. L'action considérable exercée par ces fourrés de Graminées sur la physionomie de l'Afrique tropicale est démontrée par les observations de M. Livingstone, qui en

---

* Dans la contrée de Nganye (5° 28′ lat. S.) habitée par les Niam-Niam, M. Schweinfurth (*The Heart of Africa*, vol. I, p. 437) signale des prés composés d'une herbe tellement forte et tellement volumineuse, qu'il déclare n'en avoir jamais vu de pareille nulle part ailleurs. Parmi ces vigoureuses Graminées figure une espèce de *Panicum* dont le chaume plein atteint une hauteur de 2 mètres et la grosseur d'un doigt d'homme, ayant toute la solidité du bois. Les Niam-Niam s'en servent comme matériel de construction pour les huttes. Les chasseurs d'Éléphants mettent le feu à ces herbes, et c'est dans cette gigantesque conflagration que les Éléphants trouvent leur mort. L'horrible scène que présente un tel massacre est retracée par M. Schweinfurth d'une manière émouvante, et il s'écrie : « Quand on se demande

a trouvé revêtue toute la contrée basse depuis le delta du Zambèze jusqu'à 20 à 60 milles géographiques dans l'intérieur
du pays [15]. Elles commencent immédiatement en dedans de la
ceinture de la forêt de Palétuviers, et bien qu'engagé dans des
sentiers étroits, le chasseur se trouve masqué par l'herbe, toute
chasse devient impossible à cause des fourrés. Sur le versant
occidental, dans la large vallée du Coango, l'un des affluents du
Congo, la savane consiste également en Graminées de 2^m,5 de
hauteur [10]. Dans les régions équatoriales, MM. Speke et Grant
observèrent aussi ces grandes Graminées des savanes, même
dans le voisinage du lac Victoria-Nyanza [7], à une altitude de
975 m. (3000 p.) : à Uganda, elles formaient un obstacle à l'élevage du bétail, parce que les troupeaux ne parvenaient pas à y
pénétrer; mais sur les collines, au nord du lac, elles se trans-
formaient en herbes qui n'avaient plus que 9 décimètres de
hauteur. Il en est de même des surfaces élevées de l'intérieur,
de l'autre côté de la terrasse de la côte méridionale du domaine
du Zambèze, que revêtent des savanes dont le gazon est assimilé
par M. Livingstone aux gras pâturages de l'Angleterre [15]. On voit
alterner encore entre elles des formes de haute et de petite taille,
lorsqu'on se rapproche des limites de cette région vers le désert
nubien : au sud de la savane de Bejudah, qui se déploie
sur la rive gauche de la jonction des bras du Nil à Chartum
(15°-18° lat. N.), M. Hartmann [19] signale un *Andropogon* qui
dépassait la tête du cavalier monté sur un chameau, tandis que
d'autres espèces n'avaient que de 0^m,3 à 0^m,9, de hauteur ; sur
plusieurs points la savane ressemblait, pendant la saison sèche,

---

cui bono, on ne peut répondre à cette question qu'en exhibant nos manches de
bâton, nos boules de billard, nos clefs de piano, nos peignes et autres menus articles de toilette... C'est pour obtenir de tels résultats, ajoute-t-il, qu'on fait une
guerre d'extermination à un noble animal qui, grâce à ces boucheries barbares et
gratuites, pourrait bien disparaître, même pendant notre génération, comme ont
disparu l'Aurochs, la Vache marine ou le Dodo. » En prophétisant la destruction
de l'Éléphant, M. Schweinfurth n'entend parler, comme de raison, que de l'Éléphant
de l'Afrique, puisque ce danger ne saurait menacer son congénère d'Asie, où certaines régions, telles que le Bengale, Siam, Birman et surtout la Cochinchine, sont
encore habitées par d'immenses troupeaux d'Éléphants sauvages, qui pendant bien
longtemps encore braveront l'action destructrice de l'homme. — T.

« à un immense champ de Céréales à épis serrés ». M. Steudner [20] s'exprime de la même manière à l'égard des savanes du Sennaar, mais il ajoute que ce n'est que de loin qu'on peut réellement avoir la ressemblance avec un champ de Céréales mûres, tandis que vues de près, les Graminées dépassent la taille d'homme, se séparent en touffes disjointes, en laissant à nu de petits intervalles sur le sol ; par conséquent on y voit se reproduire les gazons de la steppe, mais avec l'exubérance tropicale. L'eau à son tour fait naître partout dans le Soudan, notamment le long des rivières et dans les lacs, des ceintures touffues de Roseaux et de Joncs, à côté desquels se déploient les feuilles flottantes du Lotus ainsi que des Pistia. Sur le lac Victoria-Nyanza et le long du Nil Blanc, règne le Papyrus junciforme accompagné de l'Ambak ou arbuste à liége (*Herminiera elaphroxylon*), qui vient également dans les rivières de la Sénégambie et rappelle les Palétuviers de la côte par son *habitat* aquatique. C'est aux régions inondées par les fleuves africains à l'époque des pluies, et converties périodiquement en nappes étendues, qu'appartient cette Légumineuse à feuilles grasses pennées ; on voit son tronc spongieux s'y développer avec la plus grande rapidité et « s'élever encore de $3^m,2$ à $4^m,8$ au-dessus de la plus forte crue d'eau », pour mourir jusqu'à la racine aussitôt que le sol est desséché [21] *.

Parmi les arbres du Soudan, où les contrées les plus boisées offrent généralement de larges clairières ou bien sont disséminées dans les savanes, on ne trouve plus les formes de haute futaie de la sombre forêt vierge de l'Amérique. Les bois de construction de valeur ne se présentent que rarement, tandis que les bois de grande solidité sont communs [15] ; parmi ceux-ci, se place au premier rang le Teck africain (*Oldfieldia africana*, une Sapindacée). D'après M. J. Müller, parmi les formes afri-

---

* En signalant sur le Nil Blanc l'*Herminiera elaphroxylon* (*Ædemone mirabilis* Kotschy), ainsi que le Papyrus, M. Schweinfurth (*The Heart of Africa*, vol. I, p. 62) ajoute que ce dernier ne se trouve plus aujourd'hui ni en Nubie ni en Égypte. M. Schweinfurth a observé sur les rives du Nil Blanc le Melon d'eau à l'état sauvage, et il pense que c'est cette région de l'Afrique qui est la patrie de la Cucurbitacée si généralement cultivée en Europe. — T.

caines, il en est bien peu qui atteignent la taille des arbres forestiers de l'Europe : au nombre des plus élancées figure le Cèdre
Céril, Méliacée (*Khaya senegalensis*) [22] haute de 26 à 33 mètres
et voisine de l'Acajou ; elle est indigène au cap Vert, c'est-à-dire
sous un climat à courtes périodes de pluie. Dans les épais taillis
riverains, situés sur le partage des eaux du Congo et du Zambèze, quelques arbres possèdent un tronc droit de 19 à 26 mètres
de hauteur [10], parce que l'eau courante favorise leur croissance,
tandis qu'ils demeurent bas et rabougris dans la plaine, où les
précipitations atmosphériques agissent seules. Dans les forêts
clair-semées du versant occidental de la contrée élevée de l'Abyssinie, la hauteur des arbres varie entre 8 et 15 mètres [20] ; les
Acacias des savanes africaines se trouvent souvent réduits à des
arbres nains ou à des formes frutescentes. S'il est permis de
reconnaître dans ces phénomènes l'effet des courtes périodes
de pluie, par contre il n'en est que plus surprenant de voir que
quelques arbres se distinguent par des dimensions disproportionnées et par l'étendue colossale de certains organes, et que
ce soient précisément de tels arbres qui possèdent la plus vaste
aire d'extension, et par là contribuent le plus aux traits caractéristiques de la physionomie des contrées africaines. Au nombre
des plus notables figurent le Baobab (*Adansonia*), à cause de
la grosseur de son tronc ; une Bignoniacée (*Kigelia*) portant de
gros fruits de $0^m,6$ de longueur, et le Pisang Ensete (*Musa
Ensete*) dont les feuilles l'emportent en dimensions sur celles
de toutes les plantes connues. Parmi ces arbres, le Baobab s'é-
tend depuis la Nubie (limite septentrionale à 14°) jusqu'à la
Sénégambie (16° lat. N.), et à travers le midi, le long de la côte
orientale, jusqu'à 25° lat. S. [23]. Le *Kigelia* croît également en
Nubie, sur le Niger et jusqu'au Mozambique. L'Ensete d'Abyssinie paraît habiter de même la contrée élevée du Victoria-
Nyanza, ainsi que les bords du lac méridional de Nyassa. On ne
saurait expliquer par des causes climatériques ce développement
d'organes poussé jusqu'à la difformité, comparable à la tendance
créatrice qui, dans le règne animal, a engendré l'Éléphant,
l'Hippopotame, la Girafe, l'Autruche et le Crocodile. Ceci nous
rappelle que le Soudan constitue le plus ancien continent qui se

soit trouvé émergé alors que la nature se plaisait à produire des organismes terrestres supérieurs à ceux de la création actuelle. Il est vrai que chez les plantes les proportions de taille trouvent une limite indiquée par les conditions climatériques : les Graminées seules ne sont point arrêtées par un obstacle de cette nature ; cependant il est d'autres groupes végétaux dont certains organes reflètent la même tendance [*].

L'action la plus générale de l'alternance des saisons sur les végétaux ligneux se manifeste dans leur végétation périodique. Pendant la saison des pluies, ils se développent « avec une rapidité et une exubérance incroyables », ce qui n'empêche pas que les traces des coups de soleil et de sécheresse restent visibles. Dans les contrées du Nil, dit un naturaliste impartial [21], on chercherait en vain un arbre dont une branche n'ait souffert ou ne pende desséchée : une partie de l'ensemble est toujours morte, « que ce soit la partie inférieure de l'écorce du tronc, ou une branche brûlée par le soleil, ou bien une plante grimpante flétrie, qui défigure le tronc ». De même, l'observation de M. Schweinfurth est remarquable [24], savoir : que dans la Nubie beaucoup de végétaux ligneux ouvrent leurs fleurs avant le commencement de la période des pluies, « en se nourrissant encore des dernières séves du tronc, alors que les bourgeons des feuilles se trouvent complétement clos contre l'ardeur du soleil », comme si la plante était animée par une force qui prévoie que le fruit a, pour sa turgescence besoin de plus d'humidité que la fleur, ou bien afin que la semence puisse germer à une

---

[*] M. G. Rohlfs (*Quer durch Africa*, 2ᵉ partie, p. 112) signale dans les forêts de la partie sud-ouest des États de Bornou (12° lat. N.) de nombreux Baobabs (*Adansonia digitata*) à dimensions si colossales, que dans leur tronc excavé, ayant à la base une circonférence de 17 mètres, il pouvait se coucher commodément en s'étendant en tous sens. Le peu que nous connaissons du pays de Bornou nous ferait déjà supposer que les botanistes y trouveront un jour une riche récolte. Selon M. Rohlfs (*loc. cit.*, p. 10), Bornou figurerait au nombre des contrées de l'Afrique centrale où le Cotonnier est indigène ; son argument en faveur de cette hypothèse est basé non-seulement sur la grande extension que la culture du Cotonnier possède en Afrique, mais encore sur le nombre considérable de noms par lesquels le coton est désigné presque dans toutes les langues des populations nègres. Ainsi, par exemple, M. Rohlfs croit que le mot *Kottum* est d'origine arabe, et a été adopté par les nègres. — T.

époque favorable. Lorsque les arbres du Nord fleurissent antérieurement à la feuillaison, on peut admettre que, pour leur
développement, les fleurs exigent moins de chaleur que les
feuilles. Mais ici, pendant la saison sèche, les mêmes excitations
vitales avaient déjà également agi depuis longtemps, et cependant les fleurs ne s'ouvrent qu'à l'époque convenable[25]. Dans
le Soudan, la feuillaison coïncide avec le commencement de la
période des pluies; mais comme, à la fin de cette dernière, les
arbres sont gonflés de séve et que le sol ne se dessèche que graduellement, la période de végétation continue encore pendant
quelque temps après la cessation des précipitations. A Tete, sur
le Zambèze, la différence est peu considérable : ici la période
des pluies dure depuis novembre jusqu'à avril, mais dès le mois
de mai la plupart des arbres perdent leur feuillage et restent
dépouillés jusqu'au retour des pluies, par conséquent pendant
six mois[13]. Sur la Rovuma, rivière littorale (10° lat. S.) située plus
près du climat équatorial de Zanzibar, M. Livingstone a trouvé
en septembre la majorité des arbres privés de leurs feuilles;
même celles du Bambou demeuraient desséchées sur le sol[15].
Les formes toujours vertes ne sont partout que faiblement mélangées avec celles à feuilles caduques, mais elles deviennent
plus fréquentes sur la côte équatoriale occidentale, sur les rives
de quelques cours d'eau et sur les hauteurs des montagnes;
cependant nulle part les teintes vertes ne sont complétement
disparues pendant la saison sèche. C'est d'une manière inégale
que la nature distribue aux diverses organisations les moyens
qui les protégent contre l'aridité : chez la plupart, elle supprime
les organes en état de souffrir; dans d'autres cas, elle met l'épiderme à l'abri de l'évaporation. Les végétaux ligneux des savanes
eux-mêmes admettent des formes toujours vertes : dans les contrées les plus chaudes de la Nubie, alors que tous les autres végétaux sont desséchés ou sans feuilles, deux buissons conservent
« le chétif ornement de leurs feuilles» (*Balanites* et *Boscia*)[19].

Dans la série de formes relatives aux végétaux ligneux, la
périodicité du climat se manifeste par le fait que le développement du feuillage chez les Laurinées demeure arriéré, et que les
Fougères arborescentes ne se présentent que sur peu de points,

tandis que, par contre, on voit quelques formes particulières
réunir la configuration du Laurier à celle du Hêtre. Mais ce qui
dans les forêts et les savanes du Soudan est bien plus répandu
encore que ces formes, c'est celle des Mimosées, depuis la Nubie
jusqu'à la Sénégambie, puisque l'Acacia qui sécrète la gomme
du commerce, ainsi que le font d'autres espèces du même genre
dans les contrées méridionales de l'Afrique, constitue l'élément
principal de la végétation, des arbres comme des buissons. Les
Acacias africains portent souvent des épines, et leurs délicates
folioles sont ordinairement moins nombreuses que sous des climats plus humides. Ainsi que M. de Humboldt [26] l'avait déjà fait
observer à l'égard de la forme des Mimosées, la couronne se
dilate volontiers en éventail, lors même que le tronc demeure
tout à fait bas ; au reste, il est aussi parmi les Acacias des arbres
élevés, sans que cependant leur feuillage ténu donne beaucoup
d'ombre. Sous ce rapport, l'Acacia le cède au Tamarin (*Tama-
rindus indica*), également fort répandu dans le Soudan et probablement originaire de ce pays. C'est un arbre magnifique,
qui joint des feuilles largement pennées à la taille du Chêne. A
ces formes se joignent encore plusieurs autres genres d'arbres
à feuilles pennées, faisant partie des Légumineuses ainsi que
d'un petit nombre d'autres familles dicotylédonées, attendu que
cette forme, de même que toutes les autres formes de végétaux
ligneux, présente dans le Soudan bien moins de variété que dans
les contrées tropicales de l'Asie et de l'Amérique *.

Le représentant le plus important de la forme des Bombacées,
c'est le Baobab (*Adansonia*), dont l'extension a déjà été mentionnée. Cet arbre remarquable se trouve figuré dans plusieurs
relations de voyage ; mais l'opinion d'après laquelle la grosseur
de son tronc indiquerait un âge extraordinaire ne paraît guère

---

* M. Schweinfurth (*The Heart of Africa*, vol. I, p. 444) place la limite méridionale
du Tamarin de l'Inde dans la contrée du Nganye (5° 25′ lat. N.). Il y signale également parmi les Acacias une curieuse espèce gummifère qu'il a nommée *Acacia fis-
tula*, parce qu'à la suite de la piqûre d'un insecte, il se forme sur le tronc des
protubérances terminées par un aiguillon creux qui, par l'effet du vent, produit un
son particulier. Cet Acacia constitue des taillis étendus sur les bords du Nil Blanc,
dans les parages de Fashoda (*ibid.* p. 97). — T.

s'être confirmée. La circonférence du tronc acquiert au niveau
du sol un tel développement, que son diamètre mesure de 6 à
8 mètres, tandis que la voûte formée par les branches principales qui composent la couronne n'a que de 19 à 26 mètres de
hauteur. Le tronc va en s'amincissant graduellement, jusqu'à
ce que, vers la moitié de la hauteur de l'arbre ou même plus
bas, il se divise en branches puissantes qui, semblables à de
grosses cannes [27], d'abord infléchies à leur partie inférieure, puis
se redressant, se dilatent largement, et ne portent leurs feuilles
palmées qu'à leurs dernières ramifications. Ici encore le groupement des feuilles aux extrémités de la couronne correspond
au caractère de la forêt vierge tropicale ; mais on ne comprend
pas trop à quoi cela sert, puisque déjà, par suite de l'emplace-
ment espacé des branches, la lumière a un passage parfaitement
libre, au point qu'un voyageur [21] a pu qualifier le Baobab de
ruine dépourvue d'ombre, comparaison qui nous paraît d'autant
plus heureuse, que souvent l'intérieur des branches est frappé
de destruction. De plus, quand on considère combien de substances nutritives exigent de telles masses de bois, et que dans le
Sennaar, depuis décembre jusqu'à juin, cet arbre fait réellement
l'effet d'une ruine soustraite à la vie et dépourvue de frondaison,
il paraît s'y présenter une disproportion entre l'activité des
feuilles et la croissance du tronc. Aussi l'opinion de M. Perrottet [22]
ne manque-t-elle pas de sagacité lorsqu'il pense que l'épiderme
séveux du tronc prend part à l'activité des feuilles, comme
c'est le cas chez les plantes grasses. De même, les tablettes ligneuses placées à la base du tronc (voy. page 23), se trouvent
particulièrement développées chez le Baobab : ici, par la place
qu'elles occupent, elles correspondent aux branches principales,
d'où elles descendent comme autant de côtes, jusqu'à ce qu'elles
finissent par se renfler davantage près du sol [27]. Ces bandelettes,
faisant relief sur les racines, paraissent être constamment dans
un certain rapport avec la masse ligneuse ainsi que le poids du
tronc et de la couronne, et se présentent également chez d'autres
arbres (ex. *Sterculia cinerea*), qui par la forme de leurs feuilles
se rattachent aux Bombacées.

Le feuillage du Sycomore (*Ficus Sycomorus*) est l'expression

fidèle du climat du Soudan. Cet arbre, transplanté par a culture
le long du Nil jusqu'à la Méditerranée, constitue un phénomène
remarquable dans les contrées nord-est, et se trouve, depuis
le Niger et Natal, représenté par des espèces correspondantes.
C'est l'arbre dont Forskål dit que sa couronne a un si beau
feuillage, qu'elle projette son ombre sur l'espace d'un diamètre
de quarante pas. Mais il perd aisément ses feuilles et en reste
dépourvu pendant un temps considérable. Linné soutient même
que les Sycomores perdent deux fois leur feuillage dans le cours
d'une année. Les feuilles, arrondies et serrées, diffèrent de la
forme du Hêtre par un tissu plus solide et plus rigide, du Laurier par leur caractère fugace et leur éclat mat, et de l'Eucalypte australien également par leur développement périodique
et par un épiderme plus tendre. C'est ainsi qu'en reproduisant
ces trois formes dans un sens ou un autre, le Sycomore paraît
particulièrement destiné à prospérer dans une atmosphère pauvre
en vapeurs, n'absorbant que lentement l'eau dégagée par une
séve rare, et à s'adapter en même temps aux alternances des
saisons sèche et humide. Mais le Sycomore ne constitue qu'un
exemple isolé parmi les nombreux végétaux ligneux qui combi-
nent une organisation analogue des feuilles avec leur chute
périodique. Parmi ces végétaux, je considère comme appartenant à la forme de Sycomore des arbres plus élevés qui, cependant, faute d'observations, ne sauraient être, dans tous les
cas, séparés de la forme de Laurier. Quant aux végétaux plus
déprimés, à configuration foliaire analogue, et représentés par
des buissons ou tout au plus par des arbres nains, c'est la famille des Capparidées qui offre des traits particulièrement saillants, et, pour la désigner d'après un représentant caractéristique, je fais choix d'un nom emprunté à l'arabe, celui de forme
de Sodada. Le Sodada même (*S. decidua*) constitue généralement,
sur les côtes de la mer Rouge et dans les contrées du Nil, des
buissons à branches épineuses bleuâtres, dont les organes chétifs
indiquent un climat sec. M. Barth fait observer [28] que ce végétal
caractérise généralement les pays septentrionaux de l'intérieur
du Soudan (20°-15° lat. N.), et que sur le Niger, à Tombouktou,
il devient arborescent.

La forme de Banyan est commune aux Indes orientales et au Soudan. Appartenant au même genre (*Ficus*), elle relie par son feuillage, sur le sol sec de l'intérieur du pays, les Sycomores aux Rhizophora des forêts de Palétuviers, qui bordent les côtes africaines à l'instar d'autres contrées tropicales. Au sud du lac Tchad (10° lat. N.), M. Vogel jun. [29] a trouvé les Banyans très-répandus dans les forêts, où il vit des troncs souvent de $2^m,5$ de diamètre, ainsi que des couronnes étendues de $32^m,4$ de largeur. Ces arbres se présentent également à Londa (12° lat. S.) [10]. Une observation faite par M. Hartmann [19], relativement au Tertr, Banyan (*Ficus populifolia*) indigène dans le Sennaâr, serait de nature à confirmer une supposition déjà précédemment émise [30], d'après laquelle, sous les tropiques, la même espèce pourrait se développer tantôt comme arbre indépendant et tantôt comme végétal grimpant. On sait que les Figuiers tropicaux, lorsqu'ils sont débiles, s'appuient sur des arbres plus solides, et les enlacent au point de les étouffer. Les racines aériennes, fortement agglomérées chez le Banyan sus-mentionné, paraissent être destinées à remplacer un appui, dans le cas où il se développe en arbre considérable*.

Ce qui semblait indiquer combien peu l'activité longuement prolongée de la famille du Laurier correspond au climat du Soudan, c'était le fait qu'aucun arbre de cette famille n'y avait été découvert, fait que M. Brown [17] considérait comme d'autant plus remarquable, que les Laurinées sont indigènes à Madère, à Ténériffe et à Madagascar. Cependant, plus tard [31], M. Mann constata l'existence de cette famille sur la côte occidentale de l'Afrique tropicale. Après tout, quand il s'agit de considérations climatériques, ce qui importe, ce n'est pas l'organisation de la fleur, mais la configuration du feuillage, et c'était bien là l'idée de Humboldt lorsqu'il ne limitait point sa forme de Laurier aux seules Laurinées [26], mais désignait la physionomie des Guttifères comme analogue à celle des Laurinées. De tels représentants de

---

* Sous 7° 50ʹ lat. N. et à une altitude de 612 m. (1886 p.), M. Schweinfurth (*The Heart of Africa*, vol. II, p. 408) signale un magnifique *Ficus lutea*, remarquable par les gigantesques dimensions de ses branches, dont la grosseur peut rivaliser avec celle des troncs de nos plus vigoureux Pins et Sapins. — T.

la forme spéciale aux feuilles du Laurier, qui sont au nombre des éléments constitutifs les plus généraux des forêts de toutes les parties chaudes du globe, ne font pas complétement défaut non plus à l'Afrique tropicale ; ils composent souvent les essences toujours vertes de la forêt, et deviennent plus fréquents dans les contrées équatoriales humides de la côte occidentale. Ici se voient Guttifères, Diptérocarpées et Sapotées. Parmi les Rubiacées, c'est le Cafier qui se rattache à cette forme ; il croît à l'état sauvage dans l'Afrique orientale, depuis l'Abyssinie jusqu'à Rovuma[23] (10° lat. S.), et selon M. Vogel sen.[32], serait également indigène sur la côte occidentale*.

Je désigne, d'après un genre américain de la famille des Myrsinées, comme forme de Clavija, les arbres dicotylédonés qui portent sur l'extrémité du tronc non ramifié une rosette de grandes feuilles, et qui, par conséquent, joignent le port des Palmiers à l'organisation des arbres exogènes. Dans ce nombre figure le Papaw (*Carica Papaya*), cultivé dans toutes les contrées tropicales et originaire d'Amérique. Le Gibarra (*Rhynchopetalum montanum*, du groupe des Lobéliacées) diffère de ce type rare par ses feuilles étroites, jonciformes. C'est un arbre indigène dans les plus hautes montagnes de l'Abyssinie et de Schoa, dont le tronc ligneux devenant creux, a de 1^m,9 à 4^m,8 de hauteur ; il porte aussi une rosette de feuilles avec un régime de fleurs longuement détaché, et se rattache ainsi physionomiquement aux Liliacées arborescentes[33].

Le Casuarina australien, que l'on voit le long de la côte de Mozambique sur un sol sableux, doit être considéré, de même

---

* M. G. Rohlfs (*Quer d. Africa*, 2ᵉ part., p. 266) signale comme caractéristique pour toute la côte occidentale de l'Afrique un arbuste à facies de Cafier, dont le fruit des séché (nommé en cet état *Kola*) est d'un usage tout aussi répandu en Afrique que celui du Cafier chez nous, bien qu'il ne serve pas à la boisson, mais seulement à la mastication : c'est le *Sterculia acuminata* (*Goro* des indigènes), qui paraît avoir le Niger pour limite orientale. Il est assez curieux que même sous le rapport de ses propriétés chimiques, le fruit de cette plante appartenant à une tout autre famille rappelle celui du Cafier ; car M. Rohlfs ayant communiqué une certaine quantité de Kola à M. de Liebig, l'illustre chimiste constata par l'analyse que la graine de ce *Sterculia* non-seulement contient de la caféine, mais que cette substance y est même en plus grande proportion que dans la graine du Cafier. — T.

que dans l'Inde, comme une forme arborescente étrangère, introduite par les courants de la mer.

Les arbres monocotylédonés ont cet avantage sur les essences exogènes et résineuses, que l'accroissement annuel de leur tronc ne se faisant pas dans le sens de la largeur, ils exigent moins de feuilles pour parcourir le cercle de la nutrition. Aussi, dans leur développement, se passent-ils (à l'exception des Bambous) des bourgeons foliaires latéraux, bourgeons qui, chez les arbres dicotylédonés, donnent naissance au dôme des feuilles. On peut encore exprimer d'une manière frappante la disproportion entre les organes des deux classes lorsque l'on considère que, quand le nombre des feuilles simultanément développées est peu considérable, ce qui diminue le poids que le tronc a à supporter, ce dernier n'a pas non plus besoin de la consolidation fournie par l'accroissement en épaisseur du corps ligneux : c'est ce qui a lieu chez les Bambous à un degré plus élevé encore, puisque le poids des feuilles s'y répartit sur les articulations, et par conséquent sur toute la longueur du tronc, qui n'en est que plus svelte. C'est ainsi qu'en tout cas l'organisation du tronc ligneux se trouve accomplie à l'aide de moyens plus simples que chez les Dicotylédonés. Cependant le défaut de bourgeons latéraux crée un inconvénient : c'est que les feuilles, une fois détruites, ne se reproduisent plus. Ici il faut renoncer à l'avantage que possède le Chêne de remplacer en quelques semaines par de nouvelles pousses le feuillage en voie d'éclosion frappé par les gelées nocturnes du printemps. Le Palmier dont on enlève le bourgeon terminal pour servir de substance alimentaire succombe à cette opération. C'est pourquoi les arbres monocotylédonés sont plus endommagés par les oscillations de la température et de l'humidité qui font périr les jeunes feuilles, que par les autres influences climatériques. Mais les Palmiers ne se trouvent point exclus, ni des montagnes tropicales, ni des oasis du désert, soit parce que pendant l'année entière il règne chez eux une température uniforme, soit parce que leur organisation les met à l'abri des variations thermiques. Grâce à un tissu solide et à la vigueur de l'épiderme, leur feuille déjà développée peut résister plus aisément à la fraîcheur ou à la sécheresse de l'atmosphère am-

biante. Moins est considérable le nombre de feuilles èn pleine
activité que peut engendrer le bourgeon terminal isolé, plus
est longue la durée de cette activité, et plus elles acquièrent
de développement : ce qui satisfait en même temps aux exigences de la beauté, à la symétrie entre la rosette toujours
verdoyante et largement étalée de leurs feuilles, et leur tronc
ligneux svelte et dépourvu de branches. Avec ses variations
journalières de température et l'aridité de sa saison sèche, le
climat africain est moins favorable aux arbres monocotylédonés que celui de l'Amérique tropicale ou de l'archipel indien.
Bien qu'aucune des formes principales n'en soit exclue, le fait se
révèle cependant dans la plus grande simplicité de leur structure, et en ce que plusieurs ne peuvent venir que dans certains
districts.

Quelque répandus que soient les Palmiers dans le Soudan, le
chiffre de leurs espèces n'en offre pas moins une grande disproportion relativement à l'Amérique et à l'Asie. Ce chiffre
ne représente que la dixième partie de celui fourni par chacun
de ces deux continents, et il serait encore moins considérable, si
M. Mann n'avait découvert sur la côte occidentale une série de
Lianes, qui par conséquent n'appartiennent pas à la forme
de Palmier proprement dite. Par là se manifeste l'un des points
nombreux de similitude avec la flore de l'Inde orientale, qui
n'égale l'Amérique, sous le rapport de la richesse en Palmiers,
que par le grand nombre de Calamus à port de Lianes, mais
reste également inférieure au nouveau monde, eu égard à la
variété des Palmiers arborescents. En Afrique, l'uniformité de la
structure se trouve en quelque sorte compensée par la fréquence
des individus et la vaste aire d'extension que possèdent les trois
espèces principales. Tandis qu'en Amérique, la forêt de Palmiers proprement dite, c'est-à-dire un ensemble rigoureusement
délimité de Palmiers à l'exclusion d'arbres dicotylédonés, est
extrêmement rare, et même, d'après une communication verbale
de Humboldt, ne s'est pas présentée du tout dans les contrées
visitées par lui, nous trouvons en Afrique cet arbre à l'état social,
ainsi que c'est le cas à l'égard du Dattier dans le Sahara et du
Doum ou du Deleb dans les parties plus chaudes du Soudan. On

dirait que, sous ce climat et en présence des Éléphants qui cassent les troncs comme un roseau, les dangers que court l'espèce se trouvent conjurés par le grand nombre des individus. Sur le Nil, le Doum constitue des forêts qu'on traverse des heures durant [19]. M. Livingstone [15] trouva une forêt de Deleb de plusieurs lieues d'étendue dans la vallée du Shire, qui s'écoule du lac Nyassa dans le Zambèze. On trouve aussi des agglomérations considérables de cet arbre au sud du lac Tchad [20]. Sur la côte occidentale, dont la végétation rappelle en général l'Amérique plus que cela n'est le cas dans l'est de l'Afrique, les Palmiers surgissent souvent isolément, comme dans le nouveau monde, au-dessus des essences de la forêt épaisse d'arbres dicotylédonés, ou bien ils se trouvent dissimulés par ces dernières. Les trois espèces les plus fréquentes du Soudan ont un aspect extrêmement différent, et une physionomie spéciale : le Doum (*Hyphœne thebaica*), de taille moyenne, Palmier à éventail, qui se bifurque à l'extrémité du tronc et peut même répéter cette bifurcation deux ou trois fois; le Deleb (*Borassus Æthiopum*, mais, selon M. Kirk, identique avec l'espèce indienne, *Bor. flabelliformis*), également à feuillage flabelliforme, de $12^m,9$ à $25^m,9$ de hauteur, souvent muni d'un renflement au delà de la moitié du tronc, à feuilles pendantes de dessus le sommet; enfin le Palmier à huile (*Elæis guineensis*), qui se rapproche davantage du Dattier par les folioles de ses feuilles, mais de taille basse et dont le tronc est muni de grosses cicatrices foliaires, ainsi que de débris du pétiole qui persistent longtemps. Le dernier Palmier est limité à l'ouest et au sud de l'Afrique tropicale (15° lat. N. jusqu'à 15° lat. S.) ; les deux autres habitent la majeure partie du Soudan. Le Doum, qui avec le Nil émigre au delà de ses limites, est également fréquent dans les contrées du Tchad et les parages de Tombouktou [34] ; du côté du sud il est représenté par des espèces affines jusqu'à Natal. Le Deleb se trouve depuis la côte occidentale et depuis le Niger supérieur jusqu'au Nil, et dans la direction du sud atteint le système hydrographique du Zambèze (15° lat. N. jusqu'à 18° lat. S.). La forme du Palmier nain correspond en général aux limites extérieures du climat du Palmier, attendu qu'ici, à l'aide des parties souterraines du tronc et par l'intermédiaire des bourgeons latéraux, la conservation de l'individu est mieux assurée. Cependant ils ne font pas défaut non plus aux contrées plus chaudes (probablement ce sont autant d'espèces de *Chamærops*); ils accompagnent à Bornou et dans le Sennaar le Dattier, et se voient également dans le Mozambique *.

Les végétaux ligneux monocotylédonés à feuillage indivis sont moins généralement répandus. La forme de Pandanus se trouve sur la côte occidentale (*Pandanus Candelabrum*) et dans le delta du Zambèze [15]. Des Liliacées arborescentes (*Dracæna*) croissent dans la Guinée supérieure. D'après M. Welwitsch [35], une forme analogue revêt, dans l'intérieur du royaume d'Angola, les hauteurs rocheuses du Poungo-Andongo : cette découverte est d'autant plus remarquable que cette Liliacée appartient, à ce qu'il paraît, à un groupe caractéristique pour les savanes brésiliennes (*Vellozia*). Si la feuille étroite des Liliacées peut se développer sur le sol sec, l'humidité tropicale est de rigueur pour le large feuillage de la forme de Pisang, dont la solidité est assurée grâce à ses innombrables vaisseaux spiraux. Déjà Adanson décrivait la terre végétale humide des embouchures de la Gambie comme ornée de forêts de Pisang, à l'ombre desquels on cultivait des buissons de Poivrier et des plantes à épices (Scitaminées) ; mais ce sont là des plantations, et la culture du Bananier (*Musa sapientum*) suit le nègre à travers le Soudan tout entier. A Uganda, sur la rive septentrionale du Victoria-Nyanza, MM. Speke et Grant virent

---

* Dans la contrée de Ngaly (6° lat. N.), M. Schweinfurth (*The Heart of Africa*, vol. I, p. 127) signale beaucoup de *Phœnix spinosa*, qu'il considère comme la souche du Dattier, arbre dont le Sahara serait la patrie, selon M. Grisebach (p. 120, 122). Le *Phœnix spinosa* mûrit en juillet ses fruits, qui possèdent l'arome de la datte cultivée, mais n'ont que le tiers des dimensions de cette dernière; ils sont d'ailleurs désagréables au goût, étant secs et ligneux. Le *Ph. spinosa* est également très-répandu plus au sud, sous 4° 50′ lat. N. (*ibid.*, p. 467), ainsi que le long de la rivière Jabango (4° 30′ lat. N.), où il croît avec plus de magnificence que partout ailleurs ; les individus des deux sexes atteignent quelquefois une vingtaine de pieds de hauteur. Quant à l'*Elæis guineensis*, M. Schweinfurth place dans le pays du peuple anthropophage des Mombouttou (à environ 3° 55′) la limite septentrionale de la culture de ce Palmier, culture inconnue dans les régions du Nil. C'est également dans le pays des Mombouttou que M. Schweinfurth observa un *Cecropia*, le premier représentant de ce genre américain qu'il ait jamais vu sur le continent africain. — T.

une population qui se nourrit tout autant du Pisang que les habitants des oasis du Sahara se nourrissent du Dattier. Une forme de Pisang effectivement indigène en Afrique, c'est l'Ensete (*M. Ensete*)[36], de la terrasse montagneuse orientale, dont les feuilles gigantesques, de 6m,4 de longueur, trouvent suffisamment d'humidité dans les vallées de l'Abyssinie sillonnées par des ruisseaux forestiers. Les Bambous, de même, ne sont pas aussi fréquents en Afrique que dans d'autres contrées tropicales. Sur les versants occidentaux de la contrée élevée de l'Abyssinie, M. Steudner les trouva limités à une seule région, dans laquelle ils atteignaient une taille de 8 jusqu'à 11m,3 de hauteur, en formant sur les sommets des montagnes des fourrés où l'on voyait se dresser les troncs agglomérés entrelacés par les vents, tandis que d'autres gisaient desséchés sur le sol, ou bien s'appuyaient sur les individus vivants [20]. Dans le Sennaar, ils ne se présentent qu'au sud du 12e degré de latitude, et de l'autre côté de l'équateur ils se trouvent sur les limites orientales d'Angola, où ils suivent le cours du Coango (10° lat. S.), de même que sur le lac Nyassa (13° lat. S.) [10] [14] *.

* Dans une contrée abondamment arrosée par de nombreux ruisseaux, entre Kuddou et Mbomo (5° 19'-5° 50' lat. N.), M. Schweinfurth (*The Heart of Africa*, vol. II, p. 256) signale des jungles de Bambous (*B. abyssinica*) occupant un vaste espace, et servant de refuge à une foule d'animaux; les Bambous y atteignent quelquefois une hauteur de 12m,9 à 16m,2. Entre Marra et la colline de Gumango (5° 20' lat. N.), il observa (*ibid.*, p. 234) une grande quantité de Vignes sauvages (*Vitis Schimperi*); mais le fruit, aussi succulent que le raisin cultivé de l'Europe, dont il a la couleur, laisse un arrière-goût acerbe. C'est encore sur la colline de Gumango que M. Schweinfurth (*ibid.*, vol. I, p. 448) vit le premier *Encephalartos* qui ait jamais été constaté au nord de l'équateur; il se trouvait associé au *Musa Ensete*, que l'éminent botaniste considère comme la souche du *M. sapientum*, qui ne serait que la forme cultivée du premier. M. Schweinfurth nous apprend (*ibid.*, vol. II, p. 215) qu'en Afrique, l'Ensete ne croît jamais au-dessous d'une altitude de 974 m. (3000 p.); il le trouva en abondance sur le mont Baginze (4° 30' lat. N.), à 1300 m. (4000 p.), où il se présentait à toutes les phases de son développement, depuis les dimensions d'une tête de chou jusqu'à celles d'un arbre de 6m,4 de hauteur, pourvu de ses fruits. Quelquefois il rappelait d'une manière frappante le *M. sapientum*, arbre pour la culture duquel peu de contrées au monde offrent, selon M. Schweinfurth (*ibid.*, vol. I, p. 85), des conditions aussi favorables que le pays (3°-4° lat. N., alt. 811-907 m. ou 2500-2800 p.) habité par le peuple anthropophage des Mombouttou, et que le savant voyageur qualifie de véritable *Eden* : le *Musa sapientum* ainsi que le *Manihot utilissima* y fournissent aux habitants leur principale nourriture. — T.

Dans le Soudan, les Fougères arborescentes sont au nombre
des phénomènes rares ; elles caractérisent la terrasse littorale
ouest de la Guinée et d'Angola. Sur le Cameroun croissent des
Cyathées de 3 à 9ᵐ,7 de hauteur, et sur la lisière supérieure des
forêts [6], ainsi que dans l'intérieur du pays et à Cabango dans le
Londa (9° lat. S.), M. Livingstone vit les premières Fougères
arborescentes [10] (quoique de petite taille) qu'il eût observées
depuis qu'il se trouvait en Afrique.

Les plantes grasses de l'Afrique, si appropriées au climat des
savanes à cause de l'augmentation de la séve dans leur tissu,
correspondent en partie aux formes du Cactus et de l'Agave de
l'Amérique, tandis qu'une structure différente des fleurs ne les
place qu'au rang de représentants de ces deux formes. C'est
ainsi que dans les Euphorbes succulentes se reproduisent certaines formes de Cactées, comme les Agaves dans les Aloès. Par
la barrière que leur épiderme oppose à l'évaporation, les Euphorbes, tantôt s'élevant à la hauteur d'un arbre, tantôt ramifiées comme des arbustes, et dont les feuilles sont pour la plupart
remplacées par des épines, s'accordent avec la succulente rosette
de l'Aloès ; l'un et l'autre sont également appelés à résister à la
saison sèche et se trouvent susceptibles d'un développement
plus lent. Ces formes végétales ne sont guère variées dans le
Soudan et n'atteignent qu'au Cap leur centre africain. Cependant, par leurs dimensions et la configuration bizarre de leur
tronc, une part essentielle leur revient dans la physionomie du
pays. Le vert clair qui les colore anime la saison sèche, alors
que les autres végétaux ont perdu leurs teintes chaudes depuis
longtemps. Les Euphorbes grasses du Soudan sont encore peu
connues. Dans ses planches pittoresques, M. Livingstone figure
une espèce élancée dont le tronc redressé est orné de branches
verticillées à l'instar d'un candélabre [37]. Une Euphorbe arborescente de Nubie (*E. Candelabrum*), dont la séve laiteuse sert à
l'empoisonnement des flèches, atteint une hauteur de 9ᵐ,7 ; les
branches s'écartent longuement les unes des autres. Un arbre
succulent de l'Abyssinie (*E. abyssinica*) arrive à une hauteur
encore plus considérable. La question de savoir si, de même
que les Opuntia de la Méditerranée, les Cactées ont été toutes

introduites de l'Amérique, mérite d'être examinée de plus près. Depuis qu'un genre de Cactée (*Rhipsalis*) avait été constaté comme indigène par M. Welwitsch dans l'ancien monde, à Angola, et par M. Thwaites à Ceylan, il fut permis d'éprouver au moins quelque doute sur l'origine exclusivement américaine de la famille tout entière. Au reste, les baies de Rhipsalis sont avidement mangées par les oiseaux, et à cause de cela ce genre aura pu s'établir de l'autre côté de l'Océan plus aisément que les autres Cactées; d'ailleurs l'identité entre une espèce observée dans l'Inde et une autre espèce généralement répandue en Amérique vient à l'appui de cette supposition. Les espèces d'Aloès sont également moins variées dans le Soudan que dans le domaine de la flore du Cap, et il en est de même des Crassulacées, qui par leurs feuilles grasses tiennent lieu de la forme des Chénopodées.

Ce qui a une importance bien plus grande pour le caractère des contrées arides, c'est la présence de deux Asclépiadées, qui, sans appartenir aux plantes grasses, conservent leur teinte verte même sur le sol sec, et par leur développement social ne produisent que plus d'effet à l'époque où l'ardeur du soleil africain paralyse la vie des savanes et dépouille les arbres de leur feuillage. L'Oschur (*Calotropis procera*) [38] constitue des buissons touffus de 3^m,9 à 6^m,4 de hauteur, dont les grandes feuilles ovoïdes ne paraissent protégées contre la chaleur et la sécheresse que par un épiderme parcheminé, bleuâtre, qui s'oppose à l'évaporation de la sève laiteuse. Dans les contrées du lac Tchad, ces buissons revêtent de larges espaces [28], et à Bornou, pendant la saison sèche, on ne voit guère d'autre forme végétale [20]. Dans la Nubie, l'Oschur n'habite pas seulement les savanes, mais abonde également dans les forêts. Disséminé depuis la contrée basse septentrionale à travers les oasis du Sahara jusqu'à l'Algérie et à l'Égypte, de même que jusqu'à la Perse et aux Indes orientales, il n'en paraît pas moins le plus généralement répandu dans le Soudan, qui aura servi de point de départ à ses émigrations lointaines. L'autre Asclépiadée frutescente est un Leptadenia aphylle (*Leptadenia pyrotechnica*) qui habite également toute l'Afrique septentrionale et l'Arabie. Avec « ses

rameaux à balais », il remplace ici la forme de Spartium, et
« brille d'année en année dans l'éclat de sa teinte vert foncé » [39].
Par la suppression des feuilles vient se ranger ici la forme de
Tamarix (*Tamarix nilotica*), qui, le long du Nil, constitue
de grandes forêts et de broussailles, dont la teinte bleuâtre
se détache vivement sur le feuillage de la forêt limitrophe [19].

D'autres formes frutescentes se trouvent limitées aux régions
montagneuses du Soudan, ou bien ne jouent qu'un rôle secondaire dans le caractère du pays. La forme de Bruyère du Cap
(*Blairia*) se retrouve dans les contrées élevées de l'Abyssinie et
sur les Camerouns. La forme de Protéacée constitue ici également
un phénomène étranger et ne se trouve représentée par un petit
nombre d'espèces (*Protea*) que sur les terrasses montagneuses,
notamment dans l'intérieur du royaume d'Angola [35], sur la chaîne
de hauteurs du lac Nyassa [40], et en Abyssinie. Enfin, les buissons
toujours verts de la forme d'Oléandre (ex. l'Éricée *Leucothoe*),
dans les régions supérieures des Camerouns [31], constituent un
troisième exemple du mouvement ascensionnel que subissent les
formes végétales des deux zones tempérées en s'élevant dans les
montagnes tropicales ; cependant la formation foliaire sus-mentionnée ne fait pas non plus complétement défaut aux savanes
nubiennes, où M. Schweinfurth [24] signale le feuillage d'un
beau vert foncé d'une Capparidée (*Bascia*) comme ressemblant,
à s'y méprendre, à celui du Rhododendron pontique *.

Au nombre de phénomènes généralement répandus figure le
développement des épines, phénomène qui va en croissant avec
la sécheresse du climat. Les arbustes épineux plus petits qui
habitent les steppes asiatiques et les solitudes du Sahara
pénètrent dans les savanes de la contrée basse du Soudan (*Tragacantha, Alhagi*). L'exemple le plus remarquable de ce fait

---

* M. Schweinfurth signale (*The Heart of Africa*, vol. I, p. 21) une autre Capparidée fort curieuse (*Capparis galeata*, figurée *ibid.* p. 23) dans la contrée montagneuse entre Suakin (côte occid. du golfe Persique) et Singat, contrée qu'il représente comme fort riche en plantes remarquables, parmi lesquelles figurent des
Dracæna et Euphorbes. C'est dans la vallée d'Escowit, située à huit ou dix lieues
au sud-est de Singat, et déjà sur les ramifications du plateau septentrional de l'Abyssinie, que M. Schweinfurth découvrit (*ibid.*, p. 26) l'Olivier sauvage , qu'il considère comme identique avec l'Olivier de la Méditerranée. — T.

est fourni par le Sider (*Zizyphus spina-Christi*), qui, sous la forme d'un arbuste ou arbre nain, s'étend depuis la Palestine jusqu'au Sennaar et au Bornou. Mais dans le Soudan le développement des épines n'est point limité aux arbustes asiatiques de petite taille, ou à la forme de Sodada, puisque même les arbres, notamment les Acacias, aussi bien que les plantes grasses, sont également armés d'organes piquants. Dans la Nubie, la majorité des arbres sont épineux [27], et il paraît que dans certaines parties de l'Abyssinie et dans le Bornou il n'est presque point de végétal ligneux sans épines [20]. Une chose semblable est rapportée par M. Livingstone relativement aux contrées confinant avec le Kalahari [10], tandis qu'au contraire cette organisation s'évanouit sur le partage des eaux dans la direction du Congo.

Les Lianes et les épiphytes de l'Afrique tropicale ne sauraient être comparées d'aucune manière à l'ornement qui décore les arbres de l'Amérique du Sud. Toutefois il se présente une différence marquée entre les contrées du Nil et les forêts plus épaisses de l'ouest, sous le rapport de la variété des végétaux grimpants. Dans la Nubie, il n'y a qu'un petit nombre d'espèces se répétant partout, qui enlacent fréquemment les végétaux arborescents, sans cependant faire naître des fourrés impénétrables. Ici on trouve des Ampélidées ligneuses (ex. *Cissus quadrangularis*) qui sont très-fréquentes dans les forêts; des Convolvulacées à fleurs richement colorées sur les buissons riverains du Nil; des Cucurbitacées dans la savane*. Par contre, dans le système hydrographique du Congo [10], il est des forêts où les interstices entre les arbres sont comblés par des Lianes dont quelques-unes tellement solides et tenaces, que, pour avancer sur le sentier étroit, le voyageur ne peut se frayer le passage que la hache à la main. La terrasse littorale d'Angola est à Golungo Alto revêtue de magnifiques forêts vierges dont le

---

* M. G. Rohlfs (*Quer durch Africa*, 2° partie, p. 15) signale dans le royaume de Bornou, au sud de Kouka (à environ 12° 60′ lat. N.), une grande abondance de *Cissus quadrangularis* (Degessa) enlaçant partout les arbres. Le tronc de cette plante fournit aux habitants un venin dont ils se servent pour empoisonner leurs flèches, et qui serait tellement violent, que la plus petite goutte mise en contact avec la blessure causerait une mort instantanée. — T.

sol est abondamment orné de Fougères, et où M. Welwitsch recueillit un nombre extraordinaire de Lianes les plus diverses étroitement entrelacées [35]. C'est ainsi que la côte occidentale, dans la proximité de l'équateur, est le seul point où l'on voie les Palmiers grimpants. Malgré cela, eu égard au développement moins considérable des formes végétales relatives aux épiphytes, les forêts même les plus humides de l'Afrique paraissent le céder en puissance créatrice à la forêt vierge de l'Amérique. En Afrique, parmi les épiphytes, ce sont les Loranthacées qui sont le plus généralement répandues ; les Orchidées atmosphériques paraissent être rares, bien que récemment on en ait décrit quelques-unes de la Guinée et de l'Abyssinie *.

Maintenant enfin, quand on jette encore un regard sur les végétaux dicotylédonés non ligneux du sol, on voit l'influence du climat africain se manifester par ce fait, que la flore est pauvre en formes de Scitaminées et d'Aroïdées, et que, par contre, la forme de végétaux bulbeux se trouve plus richement développée dans quelques contrées. Ainsi, par exemple, en Nubie et en Abyssinie, les Amaryllidées constituent un ornement du paysage, lorsqu'au commencement de la période pluvieuse elles déploient leurs fleurs dans les savanes et sur les gazons des forêts clair-semées [24]. Parmi les nombreux points de ressemblance qui relient la flore du Soudan à celles de l'Asie et de l'Europe, figure également, comme un fait remarquable, la présence d'un genre particulier, le *Tacca*, constatée dans l'est et dans l'ouest, genre qui ne diffère guère des Asarinées que par la taille et l'embryon indivis **.

Formations végétales. — Les deux formations principales

---

* Dans les fourrés humides dont est hérissée la région d'A- Banga (4° 20 lat. N.), les Lichens recouvrent les arbres, au point que M. Schweinfurth (*The Heart of Africa*, vol. I, p. 538) déclare n'avoir vu nulle part encore une aussi prodigieuse agglomération de ces Cryptogames. Les Fougères y offrent souvent des formes singulières : par exemple un *Platycerium*, dont la forme simule les oreilles d'un Éléphant, et qu'il a nommé *P. elephantinum* (figuré *ibid.*, p. 538). Cette curieuse espèce croît de concert avec le *P. Stemmaria* que le voyageur avait déjà vu dans une autre partie de l'Afrique. — T.

** Parmi les végétaux bulbeux à tubercules comestibles cultivés dans l'Afrique centrale, M. Schweinfurth (*op. cit.*, vol. I, p. 250) cite : *Batatas edulis, Dioscorea alata, Helmia bulbifera* (les tubercules de ces deux dernières espèces sont figuré

qui se partagent la végétation du Soudan tout entier sont très-
explicitement distinguées l'une de l'autre, ainsi que du désert,
par la population à langue arabe des contrées du Nil, sous
les noms de *Khala*, ou savane, et *Ghabra*, ou forêt. Les forêts
en masse ne sont pas limitées aux vallées plus humides des
rivières, comme cela est le cas dans plusieurs contrées, et en
général sous les climats à alizés ; car ici, entre le Nil Bleu et le
Nil Blanc, elles interrompent déjà les savanes en s'étendant
dans l'intérieur sur de vastes espaces [19]. C'est dans cette contrée
basse que commence à se faire sentir l'influence des périodes de
pluie à durée plus longue. Au sud du 12e degré de latitude,
les forêts deviennent plus touffues [19], en sorte que, considérée
à un point de vue général, la partie équatoriale de l'Afrique

p. 251), le Manioc et le *Colocasia*. La culture du Manioc a été introduite d'Angola ;
elle fait défaut aux régions septentrionales du Nil, et, bien qu'elle ait pénétré dans
toutes les contrées côtières limitrophes, elle ne s'est point avancée jusqu'à la Nubie,
ni au delà de l'Abyssinie. L'Oignon (*Allium Cepa*) est inconnu dans cette partie
de l'Afrique centrale, et le Kordofan ainsi que le Darfour paraissent constituer la
limite méridionale de cette Liliacée. Dans la majorité de l'Afrique centrale, les
plantes bulbeuses sus-mentionnées remplacent, de concert avec le *Musa sapientum*
et le Manihot, toutes nos Céréales, à l'exception du Millet (*Sorghum vulgare*), qui y
joue un rôle assez important, bien que cependant cette Graminée ne soit pas cultivée dans le pays des Niam-Niam (5°-5° 30′ lat. N.), où l'*Eleusine Coracana* en tient
lieu. Le Maïs est partout fort peu répandu, de même que le Riz, dont la culture a
été récemment introduite par la voie de Zanzibar. Et pourtant le Maïs comme le Riz
prospéreraient admirablement dans l'Afrique centrale. En effet, M. Schweinfurth
essaya de cultiver le Maïs dans le pays limitrophe du Bahr-el-Tandy (7° 20′ lat. N.,
altit. de 502 mètr. ou 1545 p.), en se servant de semences de New-Jersey, et au bout
de 70 jours ces semences donnèrent des épis volumineux dont les graines étaient
d'une qualité supérieure à celles de la plante-mère. De même, dans la contrée
située au sud du Bahr-el-Gazal, le Riz sauvage de Sénégal, meilleur que celui de
Damiette, croît spontanément : c'est ce que M. Rohlfs (*Quer durch Africa*, vol. II,
p. 10) a également constaté dans le royaume de Bornou, où le Riz se présente à
l'état sauvage dans les localités humides, mais où le Froment est presque inconnu,
nos Céréales étant remplacées par *Holcus cernuus, Sorghum vulgare* et *Pennisetum typhoideum*. Au reste, M. Schweinfurth fait observer (*ibid.*, p. 253) que dans
l'Afrique centrale, aussi bien que dans la vallée du Nil, les Céréales en général ne
se prêtent guère à la panification, car le levain ne saurait y donner à la pâte la
légèreté et la porosité de la nôtre ; l'éminent naturaliste croit que cela tient à ce
que les Céréales des tropiques ne contiennent qu'une petite quantité d'amidon
soluble, bien que le montant total de l'amidon soit le même que dans les Céréales
d'Europe. La présence ou l'absence du gluten ne pourrait jouer un rôle quelconque
dans ce phénomène, puisque le Sorghum tropical, également peu propre à la
panification, est plus riche en gluten que notre Froment. — T.

aurait été plus généralement boisée que les contrées plus rapprochées des tropiques, si dans la moitié orientale du continent cette influence climatérique ne se trouvait limitée à son tour par l'exhaussement du sol de la contrée où sont situés les deux grands lacs du Nil. Si ces contrées élevées sont pour la plupart revêtues de savanes, ce n'est pas que les précipitations fassent défaut à la terrasse équatoriale, puisque, comme nous l'avons fait observer plus haut, elles se produisent chaque mois sur le Victoria-Nyanza; mais c'est parce que les conditions du niveau et des pentes paraissent y favoriser moins le boisement du sol. C'est par là, ainsi que par les modifications diverses que les périodes de pluies subissent dans le Soudan équatorial, qu'il faut sans doute expliquer comment la côte occidentale est plus richement boisée et possède des forêts plus luxuriantes que les contrées de l'est. Toutefois, dans l'Afrique occidentale, la répartition des forêts est aussi assez inégale. Depuis la Sénégambie jusqu'au delta du Niger (4° lat. N.), les savanes alternent avec des domaines forestiers relativement restreints [6]. M. Burton a trouvé la physionomie de Yoruba, sur le Niger inférieur, parfaitement semblable à celle d'Uniamwesi, situé au sud du lac oriental du Nil. C'est seulement là qu'à partir des Camerouns, le golfe de Guinée s'infléchit fortement dans la direction du sud, que commencent les épaisses et humides forêts vierges équatoriales du Gabon, qui dès lors revêtent la terrasse littorale à travers le Congo jusqu'à Angola (4° lat. N. jusqu'à 10° lat. S.). Puis, de l'autre côté de cette terrasse, se déploient les grands plateaux intérieurs où, d'après nos connaissances actuelles, les savanes, avec leurs forêts clair-semées, s'étendent sur la majeure partie du Soudan méridional jusqu'à la côte orientale. Cependant, là aussi, on voit alterner constamment des contrées ouvertes avec des contrées plus fortement boisées, selon l'action exercée par l'irrigation et les chaînes de hauteurs. Si tel n'était point le cas, l'Éléphant ne pourrait être aussi répandu, puisqu'il habite les forêts et évite les savanes ouvertes *.

---

* M. Schweinfurth (op. cit., vol. II, p. 133) signale dans le Soudan méridional le changement que subit la physionomie végétale, à l'endroit où se trouve le partage des eaux entre le système hydrographique du grand embranchement du Nil Blanc et

Bien qu'à cause de leur richesse luxuriante, les forêts de haute futaie de l'Afrique tropicale aient été l'objet d'éloges chaleureux de la part des voyageurs qui venaient de la zone tempérée, ou qui n'avaient pas été dans le cas de les comparer avec celles de Java et du Brésil, il n'en est pas moins vrai qu'à côté de ces splendides manifestations de la vie végétative, les forêts africaines, sur la plupart des points, demeurent infiniment au-dessous de ces dernières, non-seulement sous le rapport de la variété des produits, mais encore sous celui de l'utilisation de l'espace en faveur du développement organique. En effet, dans une seule et même forêt du Sennaar, M. Trémaux[27] ne distingue, en fait d'arbres, que 10 espèces différentes, dont 2 Acacias, 2 représentants de la forme Bombacée et 2 Palmiers. Il fait observer que sur le Nil Bleu, contrée dont la puissance créatrice a été particulièrement célébrée, on peut aisément se mouvoir dans les forêts en tout sens, pourvu que les arbres aient une hauteur suffisante. Les troncs agglomérés lui faisaient alors l'effet d'autant de colonnes couronnées de leurs chapiteaux de

les rivières qui, telles que le Welle, se dirigent de l'est à l'ouest. Ce partage d'eaux, dont la découverte constitue l'un des faits les plus importants révélés à la science par l'intrépide explorateur africain, se trouve non loin de Wando, à 4° 30′ lat. N. et à une altitude d'environ 975 m. (3000 p.). Or, au sud de cette ligne, les Pandanus, représentants d'une forme caractéristique pour la côte occidentale de l'Afrique, deviennent beaucoup plus nombreux, de même que les Anonacées, qui antérieurement aux explorations de M. Schweinfurth, avaient été considérées comme bien plus fréquentes en Amérique que partout ailleurs, tandis que cet éminent voyageur en constata une si grande richesse dans le pays des Niam-Niam, qu'aujourd'hui les Anonacées se trouvent aussi fortement représentées dans les régions tropicales de l'Afrique que dans celles du nouveau monde. D'ailleurs le règne animal paraît également subir une modification à l'endroit du partage des eaux sus-mentionné, car c'est dans les forêts vierges qui y sont situées que M. Schweinfurth vit pour la première fois le Chimpanzé, qu'il n'avait point rencontré plus au nord, et qui ici représente le *Troglodytes niger* de l'ouest de l'Afrique (*loc. cit.*, p. 497). Une autre localité de l'Afrique centrale, servant également de ligne de démarcation entre deux domaines végétaux distincts, est représentée, selon M. Rohlfs, qui donne à cet égard des renseignements curieux (*Quer durch Africa*, 2ᵉ partie, p. 175), par le massif montagneux nommé Gora, qui s'élève (à environ 10° lat. N.) au sud-ouest du lac Tchad, et forme le partage des eaux entre les affluents de ce lac et ceux du Niger. Enfin, le Niger lui-même constitue une ligne de démarcation bien tranchée entre la végétation des contrées situées au N. E. et celle des contrées situées au S. O. de ce fleuve, ainsi que nous l'apprend M. Rohlfs (*op. cit.*, p. 265). — T.

feuilles, sans qu'aucun autre végétal pût se montrer sur le sol. Mais souvent on avait de la peine à pénétrer dans l'intérieur, à cause de la taille trop peu élevée des arbres et des ramifications trop développées, ce qui rendait la masse feuillue tellement épaisse, que la lumière n'atteignait le sol que sur quelques points isolés. A l'ombre de telles forêts, on ne voit pas non plus les Lianes, qui, partout où le soleil peut exercer son action, servent d'ornement aux premières. Sur d'autres points, les forêts présentaient de vastes espaces vides, tantôt stériles ou revêtus de hautes Graminées, tantôt ornés d'arbres isolés ou groupés à la façon d'un parc. Cette description trace un tableau graphique du passage des forêts africaines à la savane. C'est à peu près la même impression qu'on reçoit sur le caractère des contrées situées au sud de l'équateur, le long de la côte orientale et jusque bien avant dans l'intérieur des plateaux, lorsqu'on examine les données fournies par MM. Grant et Livingstone, qui signalent l'alternance entre le gazon à hautes Graminées et les arbres ombreux des forêts, les troncs dénudés sans sous-bois [1], les groupes serrés d'arbres à feuillage d'un vert foncé le long des cours d'eau, et les clairières étalées sur les versants des montagnes [10].

Cependant, lorsque se trouvant au milieu du continent, M. Livingstone remonta le Zambèze supérieur dans la direction du nord, il atteignit dans cette vallée abritée les forêts équatoriales dès le 12e cercle parallèle de latitude méridionale, sur les confins du Londa. Ici, dit-il, la forêt devenait toujours d'autant plus touffue que nous avancions plus au nord ; nous cheminions dans la profonde obscurité de la forêt plutôt qu'à la clarté du soleil, et à l'exception du sentier étroit établi à l'aide de la hache, il n'y avait pas moyen de pénétrer à droite ou à gauche : de grands végétaux grimpants enlaçaient les troncs et les branches d'arbres gigantesques. C'est en même temps une image fidèle des forêts de la terrasse côtière occidentale d'Angola, que M. Welwitsch avait distinguées avec tant de précision d'avec des bois clair-semés et des savanes situés sur les plateaux plus élevés [35]. Selon ce voyageur, les forêts touffues de haute futaie revêtent le versant occidental à des altitudes comprises entre 325 m. (1000 p.) et 812 m. (2500 p.), tandis que les plateaux se trouvent à une altitude moyenne de 1072 m. (3500 p.). Ce qui distingue ces forêts, ce n'est pas seulement le groupement serré et l'association des formes végétales diverses, mais encore la variété des essences qui les composent. M. Welwitsch estime le nombre des espèces d'arbres recueillies par lui dans le district de Golungo Alto à 300, celui des Lianes même à 100, et il ajoute que le sol de la forêt lui a fourni au delà de 60 Fougères, et que les Orchidées atmosphériques y sont également assez fréquentes. Ainsi donc, dans les deux formations forestières se trouve exprimé le contraste le plus tranché, auquel le climat et l'irrigation puissent donner lieu dans l'enceinte de la vie de l'arbre africain ; mais les domaines habités par les végétaux arborescents sont d'une étendue tellement inégale, que la physionomie générale du continent n'en est que faiblement influencée. D'ailleurs la forêt, une fois éclaircie, ne paraît pas s'y reproduire aussi facilement que dans l'Amérique méridionale : à Angola, les champs abandonnés par les nègres se couvrent d'abord de Fougères et de Scitaminées [10] *.

Dans les savanes africaines, non-seulement la vigueur des Graminées varie, mais encore la taille de ces dernières exerce une influence sur les formes végétales dont elles sont accompagnées. Les Graminées élevées sont tellement touffues et exigent tant de substances nutritives, qu'elles excluent les herbes vivaces et les buissons. C'est à peine si l'uniformité se trouve ici interrompue par quelques arbres isolés. Plus le gazon est bas, plus

---

* Ce sont les explorateurs du pays traversé par le Congo, ainsi que de toute cette partie du littoral, qui nous permettront d'apprécier à leur juste valeur l'étendue et la nature de la forêt vierge africaine, car c'est là qu'elle paraît acquérir son développement le plus considérable. Aussi devons-nous nous attendre à des découvertes intéressantes de la part de l'expédition africaine organisée par l'Allemagne, dont M. E. Behm retrace (Peterm. Mittheil., ann. 1875, t. XXI, p. 5) en traits animés le plan grandiose. Bien que les savants qui composent cette expédition n'aient pas encore été dans le cas de transmettre les premiers résultats de leurs travaux, le président de la Société africaine vient de recevoir et de publier (Zeitschr. der Gesellsch. für Erdk., ann. 1875, vol. X, p. 62) deux lettres du botaniste H. Soyaux, qui fournissent quelques données sur la végétation de la côte de Loango, végétation qu'il ne vit malheureusement qu'à l'époque des grandes chaleurs (juin). En s'avançant du sud au nord le long de la côte, M. Soyaux la trouva d'abord enva-

la végétation gagne en variété, surtout celle des herbes vivaces
de la structure florale la plus diverse. Sur les plateaux intérieurs de l'Angola, les familles tropicales de forme herbacée
sont représentées par de nombreuses espèces ; quelques-unes de
ces familles, telles que les Verbénacées et les Acanthacées [35],
manifestent ici, comme dans tous les pays chauds, une tendance
à se lignifier et à passer aux demi-buissons. Tout ce qui dans
l'organisation s'adapte le plus aisément à un climat sec, les
savanes le possèdent avec abondance : tels sont la structure
solide des fleurs dans la forme des Immortelles (*Helichrysum*),
la feuille cotonneuse (ex. *Crozophora*), le parenchyme séveux
des plantes grasses et des Crassulacées, les réservoirs alimentaires souterrains des oignons et tubercules (Liliacées et Orchidées terrestres), les épines des buissons. Mais quant à la question de savoir s'il y a des végétaux ligneux plus considérables,
et si ces derniers sont réunis en groupes et forêts clair-semées,
ou bien surgissent isolément au milieu de la plaine herbeuse,
ce sont là des faits qui tiennent à des conditions encore peu
étudiées jusqu'à présent. La végétation arborescente paraît rarement faire complétement défaut aux savanes. Des cas de cette
nature peuvent quelquefois s'expliquer par une irrigation défectueuse. Sur ces plateaux plans, l'absence de pentes occasionne
souvent la submersion de vastes espaces pendant des mois
entiers, à la suite des averses tropicales ; or la végétation arborescente ne supporte guère ce défaut dans l'écoulement des
eaux [10]. En général, les arbres ne sont pas aussi svelies et élancés

hie par les végétaux herbacés, tandis que les forêts se montraient sur les hauteurs.
Parmi les essences remarquables figurent *Adansonia digitala*, *Eriodendron anfractuosum* DC. (*Bombax pentandrum* L.), *Borassus Æthiopum* et *Elæis guineensis*.
A Loango même, M. Soyaux signale la culture étendue dont le *Mangifera indica*
est l'objet, arbre qui y a été transporté du Gabon, mais qui a acquis dans ces parages un développement tel, que ce savant dit n'en avoir vu nulle part de semblable.
Au nord de Loango, la rivière Quillu sert de ligne de démarcation à une végétation toute différente, et l'on ne tarde pas à entrer dans le domaine des immenses
forêts de la contrée de Majambès : les *Rhizophora* y disparaissent complétement
et les *Pandanus* deviennent rares. M. Soyaux parle de ces forêts comme composées
d'une grande variété d'essences que sans doute il ne tardera pas à nous faire
connaître. La faune paraît y être également fort riche : M. Soyaux signale beaucoup
d'espèces de Singes, parmi lesquels figurent le Chimpanzé et le Gorille. — T.

dans les savanes que dans les forêts ; leurs troncs sont souvent qualifiés de chétifs, noueux et rabougris. Dans les contrées du Nil, les espèces d'arbres sont en partie les mêmes que dans la forêt [24], c'est ce qui suggère aisément l'idée que dans certaines contrées il aura pu se manifester une alternance séculaire entre les forêts et les savanes, fait qui expliquerait les transitions fréquentes entre les deux formations, puisque l'une a pu avoir été refoulée par l'autre. Cependant, là où les forêts touffues de haute futaie de l'ouest, ainsi qu'on le voit sur la terrasse montagneuse d'Angola, confinent aux taillis clair-semés des savanes, tels qu'ils se présentent sur les plateaux, les essences constitutives des deux formations sont complétement séparées les unes des autres. Et de même les forêts diminuent si graduellement dans la direction des déserts tropicaux, qu'on ne saurait attribuer ce phénomène qu'à la durée plus courte des périodes de pluie.

Sur les limites de Natal et de la Cafrerie, le contraste physionomique fortement tranché entre le Soudan et le domaine de végétation le plus méridional de l'Afrique, se reconnaît en ce que les formations des buissons qui revêtent la majeure partie du Cap, et constituent encore des fourrés sur la grande rivière des Poissons, s'évanouissent sur la limite des pluies d'été, en réservant la côte à une forêt tropicale non moins touffue, ainsi que les terrasses accidentées aux savanes ouvertes. On voit en général se reproduire fréquemment ce fait, que la présence des buissons sur de vastes espaces coïncide avec des pluies d'hiver plus faibles, tandis qu'au contraire les précipitations tropicales plus intenses de la saison chaude font naître la forêt et les savanes, parce que les arbres exigent plus d'humidité que les buissons, de même que les Graminées, qui ont besoin d'une plus forte alimentation minérale, réclament plus d'eau pour détremper le sol. Ainsi donc, entre la zone septentrionale dont les forêts et les prés sont humectés toute l'année, et les régions d'un climat tropical, nous voyons également le long de la Méditerranée, intercalés des maquis, que le Sahara sépare de contrées où les buissons sont pour bien peu dans la physionomie du paysage. Dans le Soudan, les formations de buissons constituent seulement des éléments subordonnés de la savane, ou bien, là où elles sont plus fréquentes, elles dépendent de l'inclinaison du sol. Ce sont, avec la forme de Sódada, certains Acacias qui dans les savanes nubiennes composent principalement les buissons atteignant $1^m,6$ jusqu'à $6^m,4$ de hauteur, et dont quelques espèces dressent au milieu des hautes Graminées un tronc indivis, et passent à la forme d'arbres nains. Il revient souvent une plus large part aux buissons entrelacés de plantes grimpantes, dans la végétation des savanes littorales de la Nubie [24] et de la Guinée[6]. Puis nous trouvons sur le sol incliné de l'Abyssinie des formations de buissons plus compactes[20], mélangés d'arbres; de même les sommets et les précipices de la contrée accidentée du lac oriental du Nil se trouvent revêtus de buissons touffus[4]. Comme dans ces districts montagneux les végétaux ligneux sont également épineux, il est permis d'admettre que sur les pentes, ainsi que sur le terrain rocailleux, l'écoulement des eaux, tant à la surface que dans le sens de la profondeur, est est trop violent pour le développement d'essences forestières plus élevées *.

* Nos connaissances de la région septentrionale de l'Abyssinie ont reçu de précieuses contributions, à la suite des explorations effectuées par M. Beccari dans le pays de Bogos. Il est vrai que ce savant ne nous a fait encore connaître qu'un seul représentant de la flore phanérogamique de cette contrée, notamment la famille des Rafflésiacées, dont il a décrit deux espèces nouvelles (*Nuovo Giornale bot. ital.*, vol. III, p. 5) ; en revanche, ses collections de Mousses, de Lichens et de Champignons, ont été l'objet d'études consciencieuses et ont fourni des résultats intéressants, et l'on pourrait dire inattendus. Ainsi le Dr G. de Venturi a publié (*op. cit.*, t. IV, p. 7) sur les Mousses un travail dans lequel il signale comme un fait très-remarquable l'absence dans cette contrée de toute espèce d'*Hypnum*, de *Brachythecium*, de *Rhynchostegium*, ou de tout autre représentant de la riche famille des Hypnées si éminemment cosmopolite. La collection de M. Beccari a fourni au Dr Venturi un nouveau genre qu'il a nommé *Beccaria*, représenté par 2 espèces, ainsi que plusieurs espèces nouvelles appartenant aux genres *Fissidens* (2 esp.), *Desmatodon* (4 esp.), *Pleurochæte* (1 esp.), *Orthotrichum* (1 esp.), *Macromitrium* (1 esp.), *Funaria* (1 esp.), *Brachymenium* (2 esp.), *Bryum* (2 esp.), *Erpodium* (1 esp.), *Leptodon* (1 esp.), *Rhacopilum* (1 esp.), *Leucodon* (1 esp.) et *Pseudoleskea* (1 esp.). En ajoutant à ces espèces, découvertes par M. Beccari, une nouvelle espèce de *Campylopus* et une autre de *Tortula*, qui avaient été constatées dans les collections de M. Figari provenant du même pays, ainsi que 10 espèces déterminées précédemment par MM. Schimper et Müller, le chiffre total des espèces nouvelles de Mousses fournies jusqu'à présent par le pays de Bogos, qui ne constitue qu'une fraction insignifiante de l'Abyssinie, ne serait pas inférieur à 33 espèces. — Les

Régions. — La végétation des montagnes du Soudan, notamment de celles de l'intérieur, est encore peu connue. Quelques données que nous avons rapportées dans la section relative à l'Inde s'appliquent également à l'Abyssinie. Les montagnes tropicales diffèrent de celles de la zone septentrionale par l'absence de régions étendues où la neige ne recouvre le sol que dans la saison plus froide. Des accumulations périodiques de neige ne peuvent avoir lieu que par suite de la concentration de cette dernière lors de la saison humide, ainsi que de son évaporation pendant la période sèche, phénomènes que par conséquent le changement de température ne produit que dans des limites altitudinales restreintes. La réduction de la période de végétation qui, dans les montagnes des zones tempérée et froide, se rattache à la disparition de la neige, est en majeure partie supprimée sous les tropiques, et dès lors s'évanouit en même temps l'une des conditions les plus importantes de la division tranchée en régions végétales, particulière aux latitudes plus élevées. Ici, comme à Java, le passage d'une région à une autre est graduel, et ne devient appréciable peu à

Lichens recueillis par M. Beccari aux altitudes de 1462 à 1625 mètres (4500-5000 p.) ont été étudiés par M. F. Baglietto (*loc. cit.*, vol. VII, p. 239), qui, sur 62 espèces, en a constaté 12 de nouvelles appartenant aux genres *Amphiloma* (2 esp. nouv.), *Acarospora* (3 esp.), *Callopisma* (2 esp.), *Hæmatomma* (1 esp.), *Acolium* (1 esp.), *Buellia* (1 esp.), *Lecidea* (1 esp.), *Anthothelium* (1 esp.). — Enfin, M. G. Passerini a publié (*loc. cit.*, vol. VII, p. 180) sur les Champignons recueillis par M. Beccari un travail qui nous fait connaître l'immense proportion d'espèces nouvelles que présente la flore mycologique de cette partie septentrionale de l'Abyssinie. En effet, sur 39 espèces, il a pu en constater 28 nouvelles, parmi lesquelles il en est d'extrêmement curieuses telles que : le *Mycenastrum Beccarii*, le superbe *Puccinia Tecleæ*, le *Delitschia elephantina*, etc.; parmi les 10 espèces déjà connues, 6 ne se trouvent qu'en Europe, 2 en Europe et en Afrique et 2 seulement en Afrique. Les 28 espèces nouvelles appartiennent aux genres suivants : *Polyporces* (1 esp. n.), *Hydnum* (1 esp.), *Hypochinus* (1 esp.), *Corticium* (1 esp.), *Calocera* (1 esp.), *Mycenastrum* (1 esp.), *Geaster* (1 esp.), *Lycoperdon* (1 esp.), *Puccinia* (1 esp.), *Peridermium* (1 esp.), *Pericladium* (n. genre avec 1 esp.), *Peziza* (1 esp.), *Xylaria* (1 esp.), *Nummularia* (1 esp.), *Valsa* (2 esp.), *Cryptosphæria* (1 esp.), *Phymatosphæra* (n. genre avec 1 esp.), *Nectria* (1 esp.), *Cucurbitaria* (2 esp.), *Leptospara* (2 esp.), *Delitschia* (1 esp.), *Septoria* (1 esp.), *Pestalozzia* (1 esp.) et *Diplodia* (2 esp.). On le voit, la flore cryptogamique du nord de l'Abyssinie est d'une richesse exceptionnelle, puisque le seul pays de Bogos, dont la surface est à peine le double de celle de la Suisse, a déjà fourni 73 espèces nouvelles d'Acotylédones cellulaires (33 Mousses, 28 Champignons et 12 Lichens). — T.

peu que selon la sphère thermique de chacun des végétaux. Ce n'est que lorsque ces derniers se distinguent par un extérieur anomal, ou par une croissance sociale, comme les Bambous, que la succession des régions est aussi fortement marquée que dans les montagnes de la zone tempérée. Dans les zones tropicales, nous pouvons nous figurer à de grandes hauteurs des arbres qui exigent peu de chaleur, tout en réclamant une longue durée de végétation ininterrompue. C'est là ce qui explique le phénomène particulier que présentent dans l'Abyssinie deux espèces d'arbres, qui viennent sur les hauteurs les plus élevées des montagnes, d'ailleurs si pauvres en forêts, savoir : l'arbre au cousso (*Brayera anthelminthica*) presque jusqu'à 3573 m. (11000 p.), et le Gibarra (*Rhynchopetalum*) jusqu'au delà de 4223 m. (13000 p.) [1]. De telles altitudes sont rarement atteintes par les arbres dans la zone tropicale. Ce n'est que dans les Andes et dans l'Himalaya indien qu'il se trouve encore des forêts à des altitudes semblables ; mais aussi les neiges fondantes y maintiennent les pentes dans un état d'humidité, parce que les montagnes y sont plus hautes que dans l'Abyssinie. Quelques sommets seulement parmi les plus élevés de l'Abyssinie, mais ne dépassant nulle part 4545 m. (14000 p.), portent de légères accumulations de neiges, qui, à ce qu'il paraît, s'évanouissent en grande partie pendant la saison sèche ; en sorte qu'au-dessus de la région du Gibarra, il n'y a point de végétation alpine parfaitement indépendante. Ce qui s'explique plus difficilement, ce n'est pas que la végétation arborescente s'élève à des hauteurs aussi froides, où le thermomètre descend quelquefois au-dessous du point de congélation, mais c'est que, placée tellement au-dessus de la région des nuages et dans un espace aussi restreint, cette végétation trouve une humidité suffisante. De même la configuration plastique de l'Abyssinie est peu favorable à la séparation de régions végétales déterminées. Des vallées abruptes, rocailleuses, y interrompent les terrasses, dont les surfaces étendues et unies s'élèvent à un niveau de 1624 à 2631 m. (5000-9000 p.) et sont irrégulièrement entourées de sommets volcaniques, pauvres en végétation. Le développement régulier de chaînes montagneuses dont les pentes doucement renflées favorisent la formation de forêts franchement délimitées, fait donc également défaut à ces contrées. Si l'on voulait attribuer le manque de forêts à ce que leur aménagement est négligé [42], il ne faudrait pas perdre de vue que ni dans les hautes plaines, ni sur les parois abruptes des vallées, il ne peut être question d'un système d'irrigation qui convienne à une végétation arborescente sociale, suffisamment abondante et uniformément répartie sur un espace étendu. Mais comme la contrée élevée est riche en rivières, et qu'une grande masse d'eau se concentre dans le beau lac alpestre de Tsana, la végétation, même pendant la saison aride, y souffre bien moins par le desséchement des affluents que dans la contrée basse du Soudan. Telles sont les conditions physiques sous l'empire desquelles les formations des buissons toujours verts, ainsi que des prés, refoulent les forêts, sans que nulle part la végétation arborescente soit complétement exclue. M. Schimper [41] paraît donc avoir eu raison de ne distinguer dans l'Abyssinie que deux régions végétales :

1° Région des vallées et de la côte (0-1949 m. ou 6000 p.), où la plupart des végétaux perdent leur feuillage pendant la saison sèche.

2° Région de la contrée élevée (1949-4223^m ou 6000-13000 p.), qu'il qualifie de région toujours verte. Ici on peut encore distinguer les terrasses inférieures à l'aide de Conifères abyssiniennes (*Podocarpus* et *Juniperus procera*), et les terrasses supérieures à l'aide de la forme de Bruyère et du Gibarra [42]. Dans la région inférieure, la beauté de la végétation tropicale des vallées humides constitue un contraste encore plus tranché avec l'aridité de la contrée littorale.

Les régions des Camerouns, sur la côte occidentale, s'écartent de la manière la plus prononcée de celles de l'Abyssinie, nonobstant la concordance entre beaucoup de plantes et la similitude entre les *substratum* volcaniques respectifs. Ici les forêts disparaissent dès l'altitude de 2274 mètres (7000 p.), et il n'y a, selon MM. Mann et Burton [44] que deux régions principales rigoureusement délimitées :

1° La région de la forêt tropicale touffue (0-2274^m ou 7000 p.), dont la section inférieure est, d'après la description de M. Burtion, riche en plantes, et correspond avec les essences toujours vertes de la côte ouest équatoriale, tandis que dans le sens des limites supérieures (à 1462 m. ou 4500 p.), et par conséquent à des altitudes où les nuages se forment le plus aisément, les Fougères deviennent prédominantes, et l'on voit apparaître les Orchidées épiphytes. Puis :

2° La région des versants découverts à Graminées, avec buissons toujours verts (2274-3995 m. ou 7000-12 300 p.), où le sol (à l'exception des couches nues de lave) est revêtu de gazon, jusqu'à ce qu'enfin, sur les cônes de cratère les plus élevés, les buissons disparaissent et les Graminées ne croissent plus qu'en touffes détachées. Il n'y a que peu d'arbres isolés [45], qui dépassent la limite inférieure de cette région (2274-2499 mètres. ou 7000-8000 p., en sorte que la végétation arborescente disparaît à 1624 mètres ou 5000 p. plus bas qu'en Abyssinie).

Les pentes douces du volcan qui, à l'instar de l'Etna, surgit au milieu d'un espace restreint, donne lieu à des forêts dont le caractère est conforme à la proximité de l'équateur. Mais elles disparaissent à des altitudes modérées, comme dans l'Europe méridionale, parce que, de même que sous l'équateur, l'humidité décroît rapidement avec la hauteur, et parce que l'étendue des sommets qui pénètrent dans les couches supérieures de l'atmosphère est trop restreinte pour exercer une action sur la proportion de vapeurs contenues dans cette dernière. L'influence de la configuration plastique des montagnes sur la disposition des régions est tellement considérable, qu'en Abyssinie les formes arborescentes s'étendent jusqu'à la proximité des neiges perpétuelles, sans que cependant on y voie nulle part de vastes ceintures forestières, tandis que sur les Camerouns les arbres pénètrent à peine dans l'enceinte du climat tempéré, et les arbres tropicaux se trouvent réunis en forêts vierges touffues.

Les données précises sur les régions montagneuses au sud de l'équateur font encore complétement défaut jusqu'à présent. M. de Decken n'atteignit point les neiges perpétuelles sur le Kilimandscharo, et l'on n'a appris que peu de chose sur ses collections. La limite forestière de la montagne, dont la hauteur s'élève environ à 6432 m. (18 800 p.) fut franchie à un niveau de

2761 m. (9400 p.), et la ligne des neiges estimée, à une certaine distance, à 5197 m. (16000 p.)[46]*. Sur le massif montagneux littoral de Quathlamba [47], dans le Natal, auquel on attribue une altitude de 3249 mètres (10000 p.), la forêt tropicale revêt la région la plus inférieure au-dessus des Mangliers, puis viennent des savanes de montagnes, et enfin une ceinture forestière de Podocarpes; cependant les limites altitudinales n'ont pas été mesurées.

Centres de végétation. — La richesse relativement peu considérable de la flore du Soudan ressort déjà de l'étendue restreinte des collections de plantes scientifiquement élaborées jusqu'aujourd'hui. Celles de MM. Leprieur et Perrottet, faites pendant un séjour de cinq années dans la Sénégambie, a été estimée à 1600 plantes, et même ce chiffre est probablement trop élevé, puisque dans la Flore du Niger de M. Hooker, donnant l'énumération de tous les végétaux connus à cette époque (ann. 1849) sur la côte occidentale entière de l'Afrique, il ne figure que 1870 Phanérogames. L'ouvrage de M. Richard sur la flore d'Abyssinie, ayant pour base les collections étendues de MM. Schimper, Quartin-Dillon et Petit, contient 1652 espèces, et ce ne fut que grâce à l'activité déployée par M. Mann sur la côte tropicale de l'Afrique occidentale, que furent recueillis des matériaux qui, à ce qu'il paraît, portent ce chiffre à 3000 espèces**. Si l'on compare avec cela les résultats fournis par

---

* Depuis l'intrépide et infortuné explorateur allemand, le Kilimandscharo a été visité par M. Ch. New (voy. *Life, wanderings and labours in Eastern Africa*, etc., London, 1874); et bien que ses données altitudinales ne reposent guère sur des mesures précises, le voyageur anglais eut sur son prédécesseur l'avantage de s'être élevé bien plus haut, en pénétrant dans la région même des neiges perpétuelles. — T.

** M. Schweinfurth (*the Heart of Africa*, vol. I, p. 218) insiste sur les richesses botaniques qui caractérisent certaines localités du Soudan, notamment la contrée limitrophe du Bahr-el-Ghazal (l'un des affluents principaux du Nil Blanc), où se trouve le Scriba (factorerie, établissement commercial) de Ghattas (7° 11′ lat. N., altit. 502 mètr. ou 1545 p.). Or, sur ce seul point, et seulement en quelques mois, il recueillit 700 espèces de plantes en fleur, parmi lesquelles le curieux *Kasaria palmata*. En rapportant ce fait, M. Schweinfurth ajoute qu'en Europe, une année n'eût point suffi pour faire une telle récolte dans les environs d'une seule ville. — T.

d'autres contrées tropicales, par exemple l'étendue des collections apportées de l'Amérique par MM. de Humboldt, Martius et Gardner, et de l'Asie par M. Wallich et les Hollandais, collections dont chacune peut être portée à 6000-8000 espèces, il est permis d'admettre que le Soudan n'a point engendré moitié autant d'organisations que d'autres domaines situés sous un climat analogue*. Mais la pénurie du règne végétal dans l'Afrique tropicale apparaît bien plus frappante encore, lorsque nous plaçons en regard la richesse du Cap, où un espace aussi restreint sur un sol d'une constitution géologique semblable a fréquemment fourni des collections dépassant par leur chiffre spécifique celles obtenues dans le Soudan du triple ou du quintuple. De tels contrastes ne sauraient être expliqués ici, pas plus qu'ailleurs, à l'aide de conditions physiques ; ils constituent une particularité des centres de végétation eux-mêmes. Ce n'est pas l'uniformité du climat et de la configuration plastique de la surface du sol, qui peut rendre compte d'une manière satisfaisante de la pauvreté de la flore du Soudan, puisque dans certaines parties les mieux explorées de cette contrée, le nombre d'espèces endémiques est très-considérable, et que par conséquent on y peut déjà constater une série de centres de végétation indépendante. C'est ainsi que dans la collection nubienne de M. Kotschy, d'après les explorations de M. Schnizlein[48], on trouve, sur 400 espèces, 120 qui s'étendent jusqu'à la côte occidentale de la Sénégambie et de la Guinée, et 140 limitées à la Nubie. Les centres de végétation eux-mêmes se montrent pauvres en produits tant dans la contrée basse que dans la montagne. On n'a pu constater dans la région supérieure du Cameroun que 237 Phanérogames[48], et sur ce chiffre un peu moins d'un tiers appartient aux espèces endémiques, proportion par conséquent la même que celle fournie par la collection rapportée des plaines de la Nubie. Bien moins considérable encore fut la récolte de M. Mahen, lors de son ascension réitérée de la montagne de Fernando-Po, dont l'altitude est de 3249 m. ou 10,000 p. (seulement 76 espèces au-dessus du niveau de 1629 m. ou 5000 p.) La

---

* L'herbier que j'ai rapporté de l'Asie Mineure et d'Arménie compte environ 5000 espèces. — T.

Sénégambie l'emporte sur la Nubie sous le rapport de la richesse
en plantes particulières, et c'est l'Abyssinie qui jusqu'à présent
a fourni le plus grand nombre d'espèces endémiques : 1200 espèces, et par conséquent plus des deux tiers du chiffre total [16],
se présentèrent comme endémiques lors de la publication de la
Flore de M. Richard, mais dont il faut retrancher maintenant
120 espèces constatées depuis sur les Camerouns. L'Abyssinie a
le même sol volcanique que les Camerouns, si pauvres en plantes,
mais elle possède, il est vrai, une étendue plus considérable, ainsi
qu'une surface plus diversement accidentée et plus abondamment irriguée. Le Sennaar et le Kordofan, où herborisa M. Kotschy, sont assurément tout aussi fertiles que la Sénégambie,
tout aussi variés quant à la répartition des forêts et des savanes,
et pourtant la récolte de cet infatigable voyageur demeura insignifiante. Au reste, l'inégalité des forces productrices dans les
centres divers de végétation paraît être un phénomène complétement indépendant de l'histoire géologique de l'Afrique. Si un
tel phénomène pouvait tenir à la longue durée du continent
africain depuis les périodes les plus anciennes, on ne comprendrait guère pourquoi certaines localités se trouveraient privilégiées ; et cette hypothèse serait également en contradiction, soit
avec la multiplication que l'organisation a dû éprouver pendant
de laps considérables de temps, soit avec le refoulement de
formes plus anciennes par des immigrations postérieures, lorsque l'on considère que la plupart des familles végétales sont
pauvres en espèces, tandis qu'au contraire les Graminées en possèdent une si énorme richesse. Si une force quelconque avait été
en jeu pour transformer la flore de l'Afrique tropicale dans un
sens ou un autre, comment cette force aurait-elle pu agir d'une
manière opposée dans les groupes divers? Le fait est que plus
les centres de végétation apparaissent irréguliers dans leur
répartition et leurs manifestations, plus nos tentatives d'explication doivent se résigner à s'arrêter devant les mystères de la
force génératrice, qui sait adapter ses créations aux conditions
physiques, mais n'appelle point à la vie tout ce qui serait capable
d'en jouir.

Malgré l'uniformité de l'Afrique, la plupart des contrées les

mieux explorées du Soudan se sont présentées comme autant de
systèmes particuliers de centres de végétation, notamment dans
l'ouest, la Sénégambie, le domaine équatorial et l'Angola; dans
l'est, la Nubie, l'Abyssinie, le Mozambique et Natal. Au reste,
nous ne constatons qu'une conséquence rigoureuse de l'uniformité physique du continent, lorsque nous voyons le mélange
des produits se prononcer fortement, et des espèces végétales
non-seulement nombreuses, mais encore remarquables sous le
rapport physionomique, s'étendre au loin d'une côte à une autre
et du nord au sud. C'est ce qui se fait voir dans la contrée
basse et notamment dans la comparaison précédemment indiquée entre la Nubie et la Sénégambie, deux contrées séparées l'une de l'autre par le plus grand diamètre du continent.
De telles conditions jointes aux traits de similitude entre les
formes végétales et les formations rendent plus difficile de diviser le Soudan, conformément à la nature, en domaines végétaux
plus limités. Mais plus remarquable encore est la connexion
signalée par M. Hooker, d'après les collections de M. Mann,
entre les flores montagneuses de l'Abyssinie et celles des
Camerouns, ainsi que de Fernando-Po [45]. La moitié du total
des espèces ainsi que presque tous les genres sont identiques.
On peut assimiler ce phénomène à la présence de plantes alpines
en Norvége et dans le Caucase; d'ailleurs, dans les deux cas, la
distance entre les massifs montagneux respectifs est sensiblement la même. Au commencement de cette section, nous avons
déjà signalé comme problématique l'opinion de M. Hooker,
d'après laquelle la connexion entre des centres de végétation si
lointains viendrait à l'appui de l'ancienne hypothèse relative aux
monts de la Lune, chaîne montagneuse qui s'étendrait, à travers
des contrées inexplorées, de l'Abyssinie jusqu'au golfe de
Guinée. C'est une région élevée, composée non de chaînes
montagneuses, mais de terrasses, qui relie sans doute l'Abyssinie aux lacs du Nil, et qui dans sa partie équatoriale s'étend
jusqu'à la moitié du continent; mais le reste de l'espace inconnu
encore entre l'Albert-Nyanza et les Camerouns n'est guère plus
considérable que la distance entre les Alpes et les Fjilde norvé-
giens, dont les plantes communes à ces pays ont effectué leur

migration à l'aide d'agents atmosphériques à travers la contrée basse et la mer *. La Norvége, il est vrai, n'a pas autant de part dans la flore alpine que les Camerouns dans celle de l'Abyssinie, et quant aux végétaux ligneux qui, ici, concordent fréquemment, peu se sont étendus depuis les Alpes jusqu'au nord européen. Mais on n'a qu'à se rappeler les forêts de Cèdres de l'Atlas, du Taurus et de l'Himalaya, pour se convaincre que les arbres peuvent aussi habiter des montagnes lointaines, sans que ces montagnes soient reliées par aucune chaîne de montagnes.

Sous les tropiques, le caractère des centres de végétation tient à un plus haut degré aux influences climatériques que dans les deux zones tempérées. Avec l'accroissement de la température et de l'humidité augmente la richesse des organisations tropicales; mais il y a moins de concordance entre les familles qui, sous le climat tempéré des montagnes ou sous le climat sec des savanes, se font remarquer par leur variété. La *Flore du Niger* de M. Hooker [49] nous donne une idée des centres de végétation des contrées plus humides de l'Afrique occidentale. En comparant cette flore avec celles de l'Inde occidentale ou de la Guyane, on trouve qu'elle s'accorde avec ces dernières, en ce que les Légumineuses et les Rubiacées sont au nombre des familles les plus riches, tandis qu'elle en diffère par l'accroissement des Graminées, des Acanthacées et des Malvacées, ainsi que par la diminution des Orchidées, des Mélastomacées et des Myrtacées. Cependant, vu l'état défectueux des collections qui ont servi de base à l'ouvrage de M. Hooker, il faudra attendre que ce fait ait été confirmé ou rectifié à l'aide des collections plus riches, mais non encore élaborées, que M. Mann a rapportées de l'Afrique tropicale **.

Pour le moment, nous connaissons moins encore la flore des savanes africaines, et ce ne sont que les collections nubiennes de M. Kotschy qui nous fournissent le premier terme de compa-

---

* Les phénomènes glaciaires peuvent être invoqués comme agents de transport, au moins pour une partie du trajet.

** On devra remarquer que quand ce passage a été écrit, nous ne possédions pas encore sur la flore de l'Afrique tropicale les données que nous devons aux publications de M. Oliver.

raison relativement aux chiffres proportionnels des éléments constitutifs de cette flore [48]. Ce qui démontre déjà combien le caractère des savanes est plus uniforme que celui des forêts tropicales, c'est que le nombre des familles qui s'y trouvent représentées n'est que la moitié (56) de celles de la flore du Niger (116). L'accroissement des Graminées ainsi que des Synanthérées, des Euphorbiacées, des Malvacées et des Convolvulacées, par contre le nombre bien moins considérable des Rubiacées, constituent les principaux traits différentiels entre les centres de végétation des savanes orientales et ceux de la contrée basse de l'ouest, tandis que dans les deux contrées les Légumineuses forment la famille la plus riche.

Les chiffres proportionnels de la flore de l'Abyssinie, tels qu'ils résultent de l'ouvrage de M. Richard [50], sont moins précis en tant qu'ils embrassent à la fois les organisations si dissemblables des chaudes vallées fluviales et de la haute contrée découverte. Cependant l'affinité avec la flore de la Nubie se manifeste en ce que les trois familles les plus riches, les Graminées, les Légumineuses et les Synanthérées, demeurent les mêmes, et que dans les deux pays les Cypéracées, les Malvacées et les Acanthacées contiennent au delà de 2 pour 100 du total. Mais l'action du climat montagneux de l'Abyssinie se traduit par ce fait que, tandis que le chiffre proportionnel des Graminées reste le même, les Légumineuses décroissent et les Synanthérées deviennent plus nombreuses. On parvient à apprécier plus complétement le caractère des régions montagneuses africaines, lorsque l'on compare la flore abyssinienne avec le catalogue, dressé par M. Hooker, des plantes recueillies sur la côte occidentale au-dessus de l'altitude de 1624 mètres (5,000 p) [51]. Dans les deux cas, les Graminées et les Synanthérées possèdent 10 pour 100 du montant total; parmi les autres familles prépondérantes figurent les Cypéracées, les Labiées et les Scrofularinées; sur le Cameroun, le nombre des Légumineuses décroît très-sensiblement; outre cela, ce massif montagneux diffère de l'Abyssinie par le chiffre beaucoup plus considérable des Orchidées.

L'autonomie de la flore du Soudan tient aux deux mers qui

baignent les côtes ouest et est de l'Afrique, de même qu'à la large ceinture de désert qui sépare les tropiques de la zone tempérée. Bien que la distance entre la terre ferme et les îles du Cap-Vert et de Madagascar ne soit pas considérable, ces îles n'en sont pas moins séparées du continent par des courants qui rendent plus difficile le mélange des flores respectives. De même, les îles de Sainte-Hélène et de l'Ascension ne se trouvent reliées à l'Afrique tropicale par aucun courant, et dès lors conservent leur position particulière. Cependant le Soudan est placé sur trois points en relation directe avec d'autres domaines floraux : sur le Nil, sur le golfe Arabique et dans le pays de Natal. Le Nil est le seul fleuve africain qui, en traversant le Sahara dans toute sa largeur, puisse sur ses rives transporter les plantes du Soudan jusqu'à la Méditerranée. La présence dans la haute Égypte des Acacias, des Casses et des Sycomores n'est que la conséquence de ces conditions; cependant le nombre de plantes nubiennes dans la vallée inférieure du Nil est peu considérable, parce que les germes charriés par le fleuve ne trouvent plus le climat de leur patrie; à peine une étroite bande de sol pourrait-elle leur convenir, mais la culture la leur enlève presque complétement. Il y a encore bien des végétaux de la région équatoriale qui atteignent le voisinage du tropique, et par conséquent la limite méridionale de l'oasis à laquelle sont dues les cultures spéciales de l'Égypte; c'est environ le sixième des plantes nubiennes de Kotschy qui s'étend jusqu'à la haute Égypte [48].

Bien plus intime est la connexion du Soudan avec l'Arabie tropicale, dont il n'est séparé que par le détroit d'Aden. Ici croît des deux côtés dans les montagnes un végétal buissonnant, le Cât (*Catha edulis*), dont les bourgeons l'emportent, dit-on, sur le thé, par leur action excitante sur le système nerveux; ici encore la culture du Cafier a pu aisément être transplantée de sa patrie africaine dans l'Yémen*. M. Schouw[52] considère l'Arabie

---

* M. W. P. Hiern vient de présenter à la Société Linnéenne de Londres (voy. l'*Athenæum* du 6 mai 1876) une étude intéressante sur l'extension géographique du genre *Coffea* L. Selon M. Hiern, le Cafier cultivé en Amérique appartient à une section particulière de ce genre et n'est point identique avec le Cafier afri-

méridionale comme un domaine indépendant de végétation, qu'il a dénommée d'après les buissons de Baumiers (*Balsamo-dendron*) qui s'étendent également jusqu'au Soudan et l'Inde orientale. Toutefois, d'après la description de M. Botta [53], dont les collections malheureusement n'ont pas été complétement élaborées*, la physionomie de l'Yémen concorde avec celle du

cain proprement dit. Le savant anglais distingue 15 espèces de ce dernier, parmi lesquelles 13 sont indigènes dans le continent africain et 2 dans l'île de France (Maurice). Il compte 11 espèces dans l'Afrique occidentale et 2 dans l'Afrique centrale et orientale, et fait observer que le Cafier ordinaire (*Coffea arabica*) croît à l'état sauvage, non-seulement en Abyssinie, mais encore dans les parages du lac Victoria-Nyanza, ainsi qu'à Angola, où M. Welwitsch l'avait trouvé. Selon M. Hiern, les variétés commerciales du Café ne consistent que dans les différences de forme, de grosseur et de couleur de la graine, différences qui tiennent, soit à la nature du sol, soit au degré de maturité que le fruit avait atteint au moment où il avait été cueilli, ou bien encore aux diverses manipulations qu'il a subies. Il considère le célèbre Café Moka comme une variété non spontanée, produite probablement par des procédés artificiels, et il croit qu'elle est menacée de céder la place à une autre espèce africaine, celle qui croît dans la république de Liberia (*Coffea liberica*), où M. Hooker l'avait déjà signalée, et qui a été introduite en Angleterre en 1874 par M. W. Bull, horticulteur. C'est un arbuste à larges feuilles et à grosses baies, bien plus aromatiques que le fruit de tout autre Cafier. D'ailleurs il est remarquablement rustique et productif, au point que, selon M. Bull, qui l'avait fait connaître aux planteurs de Ceylan, ceux-ci en ont trouvé la culture beaucoup plus rémunératrice que celle du *Coffea arabica*. De plus, le Cafier libérien croît et fleurit à une altitude moins élevée que son congénère, et ainsi peut s'établir dans plusieurs endroits défavorables à ce dernier; enfin il paraît résister à l'action d'un Champignon qui en ce moment menace de destruction le *Coffea arabica*. En un mot, M. Hiern est d'avis que le *C. liberica* a un grand avenir, et que lorsqu'il sera mieux connu en Europe il supplantera dans le commerce toutes les autres espèces de Café. — T.

* En choisissant une famille dans laquelle les plantes d'Arabie de Botta ont été étudiées, on arrive à confirmer par des faits probants l'opinion de M. Grisebach. Les Asclépiadées d'Arabie récoltées par Botta, et aussi celles de Bové, ont été soigneusement comprises par M. Decaisne dans sa monographie des Asclépiadées insérée au tome VIII du *Prodromus*. La famille des Asclépiadées se prête particulièrement à ce genre de recherches, parce que ses genres et même ses sections affectent en général une distribution géographique très-limitée (sauf le genre *Marsdenia*, qui comprend d'ailleurs des types assez divers). Dans le *Prodromus*, les Asclépiadées d'Arabie sont au nombre de 22. Celles de ces plantes qui se rencontrent également dans la région du Soudan ne sont qu'au nombre de 7 ; mais celles qui ont dans cette région des représentants de même genre s'élèvent au nombre de 10, soit 17 sur 22. Les 5 autres sont des espèces spéciales, dont une monotype, le *Steinheilia radians*, et quatre ayant leurs affinités dans l'Inde. Il ne serait donc pas conforme à la nature de détacher la flore de l'Yémen de celle du Soudan. — T.

Soudan oriental. Les forêts consistent également en Acacias, et possèdent beaucoup de formes végétales communes avec celles du Sennaar : les arbustes épineux et le Leptadenia aphylle, puis les formes de Mimosées, de Sycomore et de Sodada. Les plantes grasses sont représentées ici par la forme d'Aloès, dont le suc laiteux tire son nom commercial de l'île de Socotora, de même que par une Euphorbe à port de Chénopodée buissonnante (*E. Schimperi*). Sur la côte de Hadramaut[51] croît fréquemment une Liliacée arborescente de 6^m,4 de hauteur, appartenant au même genre (*Dracæna*) que celui de la Guinée. Dans les montagnes de l'Yémen, on voit des taillis composés d'un Genévrier arborescent (*Juniperus*) exactement comme dans l'Abyssinie. La collection nubienne de M. Kotschy renferme, selon M. Schnizlein[48], plus de 10 pour 100 de plantes qui croissent également en Arabie. En présence de tels faits, je crois qu'il n'est pas conforme à la nature de détacher la flore de l'Yémen de celle du Soudan, le désert arabique n'étant, après tout, qu'un membre du Sahara. Mais la végétation tropicale ne s'étend point dans l'intérieur de la péninsule ; elle n'est représentée le long de la côte que sur le bord montagneux du désert de Dahna, parce que les courants atmosphériques venant de la mer des Indes et de la mer Rouge déposent leur humidité sur les chaînes montagneuses extérieures, et que le sol de l'intérieur du pays à plateaux est trop sec et trop élevé pour donner lieu à des pluies zénithales. Il n'y a dans l'Yémen que la flore de la côte sud-ouest qui soit quelque peu connue ; quant à la partie orientale de Mascate (Oman), elle est déjà fort rapprochée de l'Inde, et sert par conséquent de facile intermédiaire au mélange des centres indiens et africains. Ainsi donc la végétation de l'Arabie tropicale doit être considérée comme une flore de transition, qui a emprunté des végétaux à trois climats, ceux du Soudan, du Sahara et des contrées indiennes à moussons, sans être elle-même riche en produits endémiques. Si l'on tenait à y distinguer des limites déterminées, ce qui semblerait être le plus convenable serait de rattacher au Sahara la majeure partie de l'Arabie, et au Soudan la lisière littorale située sous les tropiques ; et puisque, vu l'absence des pluies et la nature de sa végétation, la contrée du Sind se relie également au Sahara, on ne ferait commencer le domaine de la flore indienne que de l'autre côté des bouches de l'Indus.

Le travail de M. Anderson sur Aden[55] nous donne une idée précise des mélanges qui s'opèrent dans les flores de l'Arabie méridionale; c'est la seule description rigoureusement élaborée que l'on possède jusqu'à présent sur la végétation tropicale de ces contrées. Mais à cause de l'aridité du sol volcanique et des précipitations peu abondantes, qui dans certaines années font même complétement défaut, la péninsule d'Aden est tellement pauvre en plantes, qu'on n'a pu y constater que 95 espèces. Dans ce nombre, moins d'un tiers (30) est limité à l'Arabie, plus d'un quart (26) croît aussi dans le Soudan, presque autant (21) également dans le Sahara, et environ 10 pour 100 s'étendent jusqu'au Sind et aux Indes orientales, sans se retrouver en Afrique. L'une des plantes les plus remarquables de l'Arabie tropicale, c'est un arbuste de la famille des Apocynées (*Adenium obesum*), dont le tronc charnu présente un renflement globulaire et dont les branches nues, terminées par une rosette de feuilles, sont ornées d'une ombelle de fleurs à l'instar de celles de l'Oléandre. Mais comme, outre celle-ci, beaucoup d'autres espèces limitées à l'Arabie sont des plantes désertiques, la flore d'Aden a bien plus d'affinité avec celle du Sahara qu'avec celle du Soudan. Or, pour apprécier à leur juste valeur les relations qui se présentent entre ce fait et les résultats en apparence contradictoires fournis par les explorations botaniques de l'Yémen (côte sud-ouest), il convient de nous arrêter encore un moment sur les particularités climatériques de l'Arabie tropicale *.

Les plateaux intérieurs de l'Arabie forment au sud du tro-

* M. Charles Millingen, qui a récemment visité l'Yémen (*Proceed. of the Geogr. Soc.*, ann. 1874, vol. XVIII, p. 194) y signale l'*Adenium obesum* (sous le nom d'*Oleander obesum*), et mentionne également plusieurs arbres (entre autres un énorme Figuier), mais sans les caractériser botaniquement; il indique cependant le *Celastrus edulis* (*Catha edulis*), dont les jeunes pousses sont mâchées par les indigènes, comme la Coca par les Péruviens. Un autre voyageur qui vient de visiter la côte de Somâl, M. A. Hertz (*Verhandl. der Gesellsch. für Erdk.*, ann. 1873 p. 97), nous apprend que la véritable *regio thurifera* se trouve dans le pays de Somâl, et non dans l'Arabie proprement dite. Ainsi, contrairement à ce qui avait été admis jusqu'à présent, les arbres qui produisent l'encens (*Olibanum*), le *Gummi arabicum* et le *Gummi Myrrha*, ne croîtraient point sur la côte méridionale de l'Arabie, mais sur le

pique le désert de Dahna ou d'Akkaf (24-15° lat. N.)[56], bordé
le long de la côte par un large massif montagneux, et situé, du
moins dans la proximité de ce dernier, à une altitude considérable[57]. Ce qui constitue la partie fertile et habitée de l'Arabie
tropicale, partie à laquelle se rapporte la description de
M. Botta, c'est le massif marginal avec ses vallées dont les cours
d'eau subissent une crue pendant la saison humide, et ne
peuvent atteindre la mer qu'à cette époque. L'Yémen au
sud-ouest, l'Hadramaut le long de la côte méridionale, et l'Oman
sur la côte orientale, tels sont les pays auxquels ces chaînes
montagneuses doivent leur importance. Mais à leur pied se

littoral de Medjerten, du pays de Somâl, d'où ces substances odoriférantes seraient
transportées dans le reste de l'Arabie. Le célèbre Marco Polo avait commis à
l'égard du pays de Somâl une singulière erreur, qu'avec sa sagacité accoutumée,
son savant traducteur et commentateur, le col. Yule (*The Book of Marco Polo*, vol. II,
p. 347, note 1), signale et explique très-ingénieusement. Peu de temps après
M. Hertz, le pays de Somâl fut visité par M. J. Hildebrandt, et bien que ce savant
se soit borné à une simple excursion faite d'Aden (voy. *Zeitschr. der Gesellsch. für
Erdk.*, ann. 1875, t. X, p. 266), il a eu cependant l'avantage d'effectuer l'ascension
des monts Ahl qui longent à peu de distance la côte et s'élèvent à une hauteur
moyenne de 2000 mètres. M. Hildebrandt fait observer que la flore de cette bande
littorale diffère notablement de la flore de la mer Rouge. Au nombre de plantes
remarquables qu'il y signale, figure l'*Aristolochia (Acrostylis) rigida* Duchartre,
plante semi-frutescente probablement propre au pays de Somâl; sa fleur a dans le
tube de sa corolle un anneau de poils recourbés en dedans, qui emprisonnent tout
insecte cherchant à y pénétrer. Les Acacias à feuillage en éventail, ainsi que quelques *Zizyphus*, constituent les seules formes arborescentes de la bande littorale.
Les parois inférieures des monts Ahl sont revêtues de plusieurs espèces d'Acacias (*A. abyssinica, glaucophylla, eburnea, etbaica*, etc.), presque tous plus ou
moins gummifères, associés à des espèces nouvelles ou rares d'Euphorbiacées,
d'Acanthacées, etc. ; plus haut, ce sont les plantes grasses appartenant aux familles
les plus diverses qui dominent, telles que le Bolli edua (peut-être une Passiflorée)
à tronc charnu, *Aloe socotrina*, une Acanthacée (sp. nov.), un *Crotalaria*, une Ama-
rantacée, (sp. n.,) une Césalpiniée, *Lemas indica, Ærva lanata*, etc. M. Hildebrandt
y mentionne le *Buxus Hildebrandtii*, dont la présence dans le pays de Somâl est
d'une certaine importance pour la géographie botanique, puisque cette espèce
constitue un type intermédiaire entre un Buis des Baléares et un Buis de Madagascar. Enfin, en s'élevant vers les régions supérieures de la montagne, les demi-
buissons disparaissent et les formes arborescentes se multiplient (notamment
l'*Acacia etbaica*). A une altitude de 2178 mètres (6704 p.), M. Hildebrandt signale:
Withania somnifera, Lasiocorys argyrophylla Vatke, *Ballota Hildebrandtii* Vatke,
un curieux *Dracæna (Ambet ?)* qui y remplace les Euphorbes candélabres du
Habesch, *Cadia varia*, une nouvelle Solanée, une nouvelle variété de l'*Heliotropium thymoides* Jaub. et Sp., de l'Arabie, *H. pallens* Del. var., etc. — T.

déploie, tout autour de la péninsule, l'aride plaine littorale de
Tehama, variant en largeur de 4 jusqu'à 20 milles géographiques[57], plaine où les torrents de montagnes se tarissent et
où l'ardeur du soleil, portée à sa plus haute intensité par le sol
sablonneux ou par les roches nues, ne laisse venir que les plantes
du désert. Avec ses sommets élevés et ses falaises abruptes,
Aden est un promontoire du Tehama, ayant 534 mètres (1665 p.)
d'altitude. Ainsi, bien qu'après cela on puisse comprendre
pourquoi la végétation du Sahara arabique s'y est exclusivement
établie, et pourquoi les formes végétales de l'Yémen n'y jouent
qu'un rôle subordonné, néanmoins la flore d'Aden ne saurait
être considérée, sous le point de vue climatérique, comme un
membre du désert dépourvu de pluies. En effet, les pluies qui
s'y déversent depuis octobre jusqu'à la fin d'avril, et par conséquent pendant l'hiver, fournissent dans certaines années de
16 à 18 centimètres d'eau [58]. Il en est exactement de même du
climat de la côte abyssinienne dans les parages de Massoua, où
l'on voit cesser le caractère climatérique du Soudan par suite
des influences de la nature et du relief du sol. C'est seulement
dans la chaîne montagneuse de l'Yémen qu'on a constaté
le climat tropical normal, à pluies d'été de trois mois [59].
Et c'est précisément là la contrée dont le caractère climatérique
rattache l'Arabie au Soudan. Le fait remarquable, que dans le
Tehama et les montagnes, les pluies ont lieu par des saisons opposées, est la conséquence du vent de mer qui domine en été, et
qui, réchauffé encore davantage dans la plaine littorale, ne dépose
son humidité que sur la montagne, tandis qu'en hiver les courants atmosphériques viennent de la terre ferme; il en résulte
que de temps à autre, quoique irrégulièrement, l'air froid descend des points élevés, et peut donner lieu aux précipitations
assez rares du littoral. L'Arabie tropicale constitue à elle seule
un petit domaine à moussons, où les vents de mer et de terre
varient selon les saisons comme dans les Indes orientales, mais
soufflent dans des directions diverses déterminées par les lignes
littorales. Dans la partie nord-ouest de l'Océan indien qui
baigne la côte de Hadramaut, la mousson d'été se convertit en
un vent ssu-est [60], et à la même époque l'Yémen, par conséquent

la côte occidentale de la péninsule, dans la partie méridionale
de la mer Rouge, se trouve sous l'action d'un vent nord-ouest;
or, c'est précisément ce vent qui amène dans la montagne les
pluies tropicales. Bien que peu éloignée de la côte méridionale
de l'Arabie, l'île de Socotora (12° lat. N.) se trouve déjà dans
l'enceinte des moussons indiennes, c'est-à-dire vent sud-ouest
en été, nord-est en hiver. Cependant, quelque divers que soient
au sortir de la mer Rouge les points de contact entre les alizés
abyssiniens et les moussons arabiques et indiennes, il n'en est
pas moins vrai que la végétation n'y dépend point de l'é-
poque, mais de la durée et de l'intensité des précipitations, de
même que dans le Soudan. En opposition avec la côte chaude,
sablonneuse et rocailleuse de l'Arabie, Socotora est une île verdoyante, à montagnes boisées[61]. Les versants septentrionaux y
sont revêtus de riches dépôts d'humus qu'ornent une luxuriante
végétation et d'abondants herbages. Et pourtant, ici encore
comme dans le Tehama, la période du développement des
plantes coïncide avec l'hiver, parce que sur la côte septentrionale la période des pluies est produite par la mousson hivernale.
Ainsi donc cette île doit être considérée comme un nouveau
trait d'union entre la flore du Soudan oriental et celle de
l'Arabie tropicale, de même que Socotora emprunte à l'Hadramaut les formes d'Aloès et de Dracæna, dont les dernières
sont très-répandues dans la montagne (259-975 mètres ou
800-3000 p.)[61] *.

* Edrisi (*Géographie*, trad. de l'arabe par P. A. Jaubert, vol. I, p. 47) signale dans
l'île de Socotora la culture de l'Aloès, dont les feuilles fournissaient un suc doué
de précieuses propriétés médicinales; aussi ce suc desséché était-il un article de commerce très-important pour l'île. « On l'y vend, dit Edrisi, par quintaux, et on
l'exporte dans les diverses contrées que Dieu a créées à l'orient et l'occident; c'est
de cette production que Socotora tire sa célébrité. » Célébrité qui, selon le géographe arabe, remonterait à une époque très-reculée, puisqu'il prétend que cette
plante avait été signalée par Aristote à Alexandre le Grand, qui, pour ce motif, fit
la conquête de l'île et y établit des Grecs chargés du soin de cette culture. Il est
singulier qu'en parlant de l'île de Socotora (qu'il nomme *Scotra*), Marco-Polo (trad.
par le colonel Yule, vol. II, p. 340) ne mentionne pas ce produit végétal, qui, à cette
époque, paraissait y jouer un rôle aussi important; cependant Marco-Polo rapporte
comme Edrisi (dont il était presque contemporain) la légende relative à Alexandre
le Grand, de même qu'il signale l'introduction dans cette île du christianisme,

Les connexions entre la flore indienne et celle du Soudan ne tiennent pas seulement aux immigrations naturelles facilitées par l'Arabie, mais elles ont été aussi considérablement multipliées par le contact et le mélange des populations qui habitent cette partie du monde. La collection nubienne de M. Kotschy contient 80 espèces[62], par conséquent pas moins de 20 pour 100, qui sont également indigènes dans les Indes orientales ; cependant, dans la Flore d'Abyssinie de M. Richard, ce chiffre proportionnel descend à 6 et jusqu'à 7 pour 10). Dans la majorité des cas, ce mélange dépend de l'extension des plantes cultivées sous les tropiques : c'est pourquoi peu de végétaux ligneux y figurent ; encore ceux-ci ont-ils été introduits dans le Soudan à cause de leur utilité. Souvent il est permis de reconnaître que ces végétaux ont leur patrie dans l'Inde ; car, en général, on a vu se confirmer l'opinion de M. R. Brown, d'après laquelle les plantes cultivées par les nègres, en tant qu'elles le sont également en Asie, seraient originaires de l'Orient[63]. De concert avec ces plantes, on a vu s'étendre particulièrement dans la direction de l'ouest, et par conséquent des Indes vers l'Afrique, ceux des végétaux qui suivent l'homme dans ses migrations et l'accompagnent dans ses établissements. Par contre, des plantes de cultures qui, sans appartenir à l'Asie, sont cultivées en Afrique et en Amérique, sont pour la plupart d'origine africaine, et par conséquent ont cheminé également dans une direction occiden-tale, à travers l'Atlantique. On trouve des exceptions sur la

fait qui, dans les annales chrétiennes, a donné une certaine illustration à l'île de Socotora. C'est sur la partie de la côte arabique presque opposée à l'île de Socotora que M. William Carpenter signale (*Proceed. of the R. geogr. Soc.*, ann. 1874, vol. XVIII, p. 312) une atmosphère tellement sèche, que la différence entre deux thermomètres, l'un à boule humide et l'autre à boule non humectée, se monte à 25° ; mais aussi l'intensité des rayons solaires y est prodigieuse, car M. Carpenter nous apprend qu'à Aden le thermomètre à boule noircie, exposé au soleil, atteint le chiffre de 84°,4 (215° Fahr.). D'ailleurs la température de l'eau de la mer Rouge (prise à sa surface entre Aden et Suez) est remarquablement élevée. Le minimum de 18°,8 est au mois de janvier, et le maximum de 35°,5, au mois de septembre, mais qui fournit la plus forte température moyenne ; au mois de novembre 1856, l'eau de la surface de la mer Rouge offrit pendant quatre jours consécutifs les températures de 37°,7,4 1°,1, 37°,7 et 35°,5, la température de l'air étant de 26°,6, 27°,7 28°,3 et 27°,7. — T.

côte occidentale, puisque les jésuites, qui dans les deux continents consacrèrent leur activité en faveur des indigènes, avaient,
dit-on, introduit, par exemple à Angola [10], non-seulement des
plantes cultivées américaines, mais encore des arbres, à cause
de leur bois. Indépendamment de cela, le mélange des centres
transocéaniques de végétation, opéré par les relations internationales, prouve que, dès les temps les plus reculés, la civilisation
des nègres avait été influencée par les Indes et par l'Arabie, et
qu'ensuite, dans le courant des derniers siècles, le commerce
d'esclaves a enrichi l'Amérique de nouvelles plantes. Il en est
tout autrement à l'égard de l'immigration de végétaux où la
coopération de l'homme est inadmissible [64]. Ici la connexion
entre les Indes et le Soudan est encore très-appréciable et s'effectue particulièrement par l'entremise de l'Arabie, et dans certains cas par celle de Madagascar et des îles Mascareignes. Vu
l'absence de semblables agents intermédiaires, les relations
avec l'Amérique ont bien moins d'importance, et se trouvent
limitées presque aux plantes littorales et aquatiques. De telles
colonisations peuvent être attribuées à la ramification séné-
gambienne du Gulf-stream, et, par conséquent, elles se sont
opérées dans une direction opposée à celle qui eut lieu en Asie,
c'est-à-dire de l'ouest à l'est. Ces éléments américains de la
flore du Soudan se distinguent par leur station dans la proximité de la côte occidentale, dont ils ne franchissent pas les terrasses [65]. Dans l'intérieur, au contraire, les espèces indiennes
deviennent plus fréquentes à mesure que les espèces américaines s'évanouissent.

Parmi les relations de la Flore du Soudan avec d'autres centres
de végétation, celles qu'elle affecte avec les flores du cap Vert
et de Madagascar ont seules quelque importance. Mais ce qui
est encore plus remarquable, c'est la présence de quelques
végétaux de l'Europe et de l'Afrique méridionale dans les montagnes du Soudan. Le nombre des plantes européennes y est
sans doute considérable ; il se monte, dans la Flore abyssinienne
de M. Richard, à 6 pour 100 et même à 11 pour 100 sur les
Camerouns. Cependant peu d'espèces restent à l'Abyssinie,
lorsqu'on élimine les plantes répandues par l'agriculture, ainsi

que les plantes aquatiques et palustres[66]. Bien qu'il n'y ait point de culture quelconque dans la région supérieure des Camerouns, néanmoins les mêmes forces qui ont établi une relation entre les plantes endémiques de l'Abyssinie et celles des montagnes du golfe de Guinée ont pu agir également sur les plantes immigrées. La réapparition dans les montagnes tropicales de plantes de la zone tempérée est un fait rare, ce qui se conçoit, parce que, si les mêmes températures moyennes se reproduisent, il n'en est pas ainsi des autres influences climatériques. Les plantes des hautes latitudes font défaut, à de rares exceptions près, aux Andes et aux montagnes de Java. De telles migrations ne deviennent plus fréquentes qu'avec des distances géographiques moins considérables, comme pour les Nilgherries ou bien par des connexions entre les lignes de soulèvement qui facilitent les émigrations. La position isolée de l'Abyssinie se présente comme une barrière infranchissable qui s'oppose à l'introduction spontanée des plantes. Et pourtant nous savons que plusieurs oiseaux de passage pénètrent jusqu'aux contrées équatoriales. Ainsi donc, quelques exemples frappants d'aires d'extension interrompues par de larges lacunes ne suffisent point pour nous forcer d'admettre également, dans ce cas, que la même espèce ait eu son origine sur des points divers de la surface du globe. Relativement aux 27 espèces de plantes européennes[45], recueillies par M. Mann dans les montagnes voisines du golfe de Guinée, et notamment toutes à des altitudes supérieures à 2274 mètres (7000 pieds), M. Hooker fait observer combien par leur organisation elles se trouvent, presque sans exception, adaptées aux migrations atmosphériques : 6 par des organes en forme de crochet se cramponnant aisément aux plumes des oiseaux, 18 par l'exiguïté de leur semence, une espèce par sa qualité de plante aquatique, et enfin une autre pourvue de baies et conservant longtemps sa faculté germinative. Parmi ces végétaux, il n'en est point de ligneux, et trois espèces seulement ne se retrouvent pas en Abyssinie. La flore de montagne de l'Abyssinie ne possède que deux arbustes comme seuls et uniques représentants des végétaux ligneux de l'Europe, et encore l'un d'eux a-t-il pu y avoir été introduit par la culture, en sorte qu'il ne resterait, à titre énigmatique qu'une Bruyère (*Erica arborea*) faisant partie des produits les plus ordinaires du domaine méditerranéen. Eu égard aux conditions climatériques dans lesquelles elle se trouve, rien n'empêche d'admettre qu'elle se soit étendue de la Syrie en Abyssinie; cependant, d'après M. Fresenius, elle constituerait une espèce différente de celle d'Europe (*E. acrophya*).

En fait de plantes du Cap, la Flore de M. Richard en énumère 29 espèces, dont cependant quelques-unes (ex. *Podocarpus elongatus* Rich.) ne paraissent pas être identiques. Il n'en restera pas moins une série de végétaux ligneux indigènes, tout à la fois au Cap et dans les montagnes de l'Abyssinie[67]. Il faut attendre que nous sachions si la terrasse montagneuse, située le long de la côte orientale de l'Afrique, n'est peut-être pas à même de nous éclairer relativement à la migration de ces espèces. Sur les Camerouns on a constaté encore moins de plantes du Cap, parmi lesquelles un arbre à baies (*Ilex*) attire le plus l'attention. De même les cas isolés de la réapparition, dans ces montagnes et à Fernando-Po, de plantes des Mascareignes et de Madagascar[68], seront vraisemblablement expliqués, par suite d'explorations ultérieures effectuées dans les parties méridionales de l'Afrique *.

* Les infatigables botanistes des Kew Gardens si habilement dirigés par mon célèbre ami et confrère J. Dalton Hooker, et parmi lesquels se distingue particulièrement M. J. G. Baker (*Assistant curator of the herbarium*), viennent d'enrichir nos connaissances de la flore africaine comprise dans la domaine du Soudan, par la publication des plantes recueillies par les capitaines Speke et Grant, lors de leurs expéditions à la recherche des sources du Nil. Les plantes rapportées par ces explorateurs ont été décrites et en partie figurées dans le volume XXIX des *Linnean Transactions*, ann. 1875; le nombre total des espèces décrites se monte à 702, dont pas moins de 143 nouvelles. — T.

PIÈCES JUSTIFICATIVES

ET ADDITIONS

VIII. SOUDAN

1. PLANT, *Zulu country* (Hooker, *Journ. of Botany*, IV, p. 257); ECROYD (Peterm. *Mittheil.*, ann. 1855, p. 279). Dans certaines contrées ou dans certaines années, la période de pluie se manifeste sur la côte de Natal dès le mois de septembre et dure jusqu'en décembre (Krauss dans *Regensb. Flora : Jahresb.* ann. 1844, p. 64).

2. Revue des périodes de pluies dans le Soudan :

Époques régulières des pluies solsticiales.

Latitude septentrionale. — Sénégal (16°) : juin à octobre ; Sierra-Leone (8°) : mai à novembre ; Kordofan (13°-10°) : mai à septembre ; Chartum (15°) : mai à octobre ; Abyssinie et Shoa (16°-5°) : mai à septembre.

Latitude méridionale. — Uniamwesi, région quatrième de M. Burton (5°) : novembre à mai ; Zanzibar (6°) : octobre à décembre et mars à mai ; Tete (16°) : novembre à avril.

Périodes de pluies sous l'influence de la configuration littorale : Côte sud de Guinée (5° lat. N.) : mars à novembre ; Gabon (0°) : septembre à mai ; montagnes Usagara, deuxième région de M. Burton (6° lat. S.) : précipitations presque chaque mois, renforcées depuis janvier jusqu'à mars et en août ; Ugaro, troisième région de Burton (6° lat. S.) : fin décembre jusqu'à fevrier ; Natal (25°-30° lat. S.) : octobre à mars.

Périodes de pluies sous l'influence de la dépression centrale : Gondokoro (5° lat. N.) : février jusqu'à juin et août, jusqu'à novembre ; Ujiji, cinquième région de Burton (5° lat. S.) : septembre à mai.

3. Mesures hypsométriques faites dans le Soudan :

Méridiens centraux :

Altitude moyenne du Sahara, 488 mètres ou 1500 pieds (Rohlfs, dans Peterm, *Mittheil.*. ann. 1866, p. 370).

Lac Tchad (19° lat. N.), 260 mètres ou 800 pieds (Vogel, *ibid.*, 1855, p. 259).

Gondokoro, sur le Nil (5° lat. N.), 617 mètres ou 1900 pieds.) Baker, *ibid.*, 1866
Lac Albert-Nyanza (0°), 828 mètres ou 2550 pieds........)   p. 120

Lac Tanganyika (5° lat. S.), 562 mètres ou 1730 pieds (Burton).

Entre le Zambèse supérieur et le lac Ngami (12° jusqu'à 20° lat. S.), 763 mètres ou 2350 pieds (Livingstone).

Ligne occidentale de soulèvement :

Volcan des Camerouns (4° lat. N.), 3995 mètres ou 12 300 pieds (Burton).

Entre 8° et 12° lat. S., 1526 mètres ou 4700 pieds (Livingstone).

Ligne orientale de soulèvement :

Sommets les plus élevés de l'Abyssinie, 4482 mètres ou 13 800 pieds.

Lac Victoria-Nyanza (0°), 1105 mètres ou 3400 pieds (Speke).

Kilimandscharo (3° lat. S.), 6432 mètres ou 18 800 pieds.⎫
Limite des neiges ibid., 5197 mètres ou 16 000 pieds.....⎬ Decken.

Entre 15° et 18° lat. S., 1527 mètres ou 4700 pieds (Livingstone).

4. GRANT, *A Walk across Africa*, p. 149, 254, 60, 230, 237, 58, 122, 147.

5. BOUET-WILLAUMEZ, *Description des côtes de l'Afrique occidentale*.

6. BURTON, *Abeokuta*, I, p. 310, 311, 64, 66 ; — II, p. 115.

7. READE, *Savage Africa*, p. 36. D'après les données fournies par les Portugais au XVIᵉ siècle (chez Omboni, *Viaggi nell' Africa occidentale*, p. 262), à S.-Thomé, les périodes de pluies coïncident avec les deux positions zénithales du soleil (mars et septembre). De mai jusqu'en août, ainsi que de décembre jusqu'en février, on observerait des mois secs, du moins dans le nord de l'île. Les mois compris entre mai et août (ou avril et septembre (*ibid.*, p. 274) sont opposés aux périodes des pluies comme des mois à vents, et ceux-ci sont qualifiés par M. Omboni lui-même (p. 293) de « sereins et non nuageux ».

8. D'après M. SABINE, Annobon (1° 30′ lat. S.) se trouve encore dans le domaine du courant froid de l'Atlantique méridional ; S.-Thomé (0°) est atteint par ce courant seulement de juin à août, et Principe (2° lat. N.) ne l'est plus du tout (Cf. Wilkes, *United States exploring expedition*, V, p. 479) : c'est à quoi tiendrait le climat salubre d'Annobon, tandis que Principe serait aussi malsain que la côte de la Guinée.

9. VALDEZ, *Six years in Western Africa*, II, p. 24 ; Omboni (*loc. cit.*, p. 238).

10. LIVINGSTONE, *Missionary Travels*, édit. allemande, II, p. 130, 15, 6, 112, 104, 41 ; — I, p. 370, 333, 383, 309, 324, 349.

11. BURTON, *The lake regions of Central æquatorial Africa*, I, p. 232, 298 ; II, p. 8, 49.

12. DOVYAK, *Meteorolog. Beobacht. in Gondokoro (Denkschrift der Wien. Akad.*, ann. 1858).

13. BAIKIE (Peterm. *Mittheil.*, ann. 1855, p. 206).

14. LIVINGSTONE, *Expedition to the Zambesi*, p. 322, 570. — RUSSEGGER (*Reise nach Griechenland : Jahresb.*, ann. 1844, p. 58).

15. Livingstone, *ibid.*, p. 533, 588, 589, 590, 48, 69, 570, 100, 19, 562.

16. Le *Flora abyssinica* de Richard contient, sur 1652 Phanérogames, 194 Graminées (*Jahresb.*, ann. 1859, p. 59). Relativement à la proportion des Graminées dans l'Inde occidentale, comparez Grisebach, *Die geograph. Verbreitung der Pflanzen Westindiens*, p. 72).

17. R. Brown, *Mélanges*, I, p. 281, 291.

18. Reade, *loc. cit.*, p. 390.

19. Hartmann, *Reise durch Nordöstafrica*, p. 484, 278, 287, 481, 191, 483, 403, 402, 480; Atlas, pl. 20, 23, 21.

20. Steudner, *Zeitschr. für Erdk.*, 1864, XVII, p. 50, 38, 35, 24.

21. Werne, *Expedition zur Endeckung der Quellen des Weissen Nil*, p. 93, 449, 381.

22. Guillemin, Perrottet et Richard, *Floræ Senegambiæ Tentamen*, I, pl. 32.

23. Peters, *Reise nach Mossambique*, Botanik.

24. Schweinfurth, *Zeitschr. für Erdk.*, ann. 1865, XIX, p. 388, 418.

25. Comparez *Domaine méditerranéen*, t. Ier, p. 378.

26. Humboldt, *Ansichten der Natur*, II, p. 29, 237.

27. Trémaux, *le Soudan*, p. 279, 225, 281, 112.

28. Barth, *Reisen in Nord- und Central-Africa*, I, p. 324, 280.

29. E. Vogel (Peterm. *Mittheil.*, ann. 1856, p. 166).

30. Grisebach, *Flora of the British West Indian islands*, p. 253.

31. J. Hooker, *Journ. of the Proceedings of the Linn. Soc.*, VII, p. 218.

32. D'après Th. Vogel, le *Coffea arabica* croît également sauvage dans l'État de Liberia (Hooker, *Niger Flora*, p. 413).

33. Heuglin (*Reise nach Abyssinien*, p. 186) a donné un dessin de paysage qui retrace la physionomie du Gibarra.

34. Barth (Peterm. *Mittheil.*, ann. 1856, p. 381).

35. Welwitsch, *Journ. of the Proceed. of the Linn. Soc.*, III, p. 150-155.

36. Dans les contrées méridionales, M. Kirk a distingué du *Musa Ensete*, que Bruce a été le premier à faire connaître, une autre espèce de même taille qu'il nomma *M. Livingstoniana*, mais dont la valeur spécifique exige un examen ultérieur.

37. Livingstone, *Missionary Travels*, pl. 13. Selon M. Boissier (DC. *Prodr.*, XV, 2, p. 178), la plante grasse frutescente du Kordofan et du Sennaar, figurée par MM. Trémaux et Hartmann, et dont les branches se terminent en une rosette de feuilles charnues (*Euphorbia venenifica*), n'est probablement point une Euphorbiacée.

38. Schweinfurth, *Flora des Soturba an der nubischen Küste* (*Verhandlungen der zool.-botan. Gesellsch.*, XV, p. 544-557).

39. HARTMANN (*loc. cit.*, p. 287) considère le *Leptadenia* de Nubie comme le *Sarcostemma viminale* de la flore du Cap, espèce voisine de la première.

40. LIVINGSTONE, *Expedition to the Zambesi*, p. 490, 516 : on y voit également mentionné un *Rhododendron* à côté des Protéacées.

41. KLODEN (Peterm. *Mittheil.*, 1855, p. 170). — SCHIMPER (*Wiener Sitzungsberichte*, Histor. Klasse, VIII, p. 227) détermine la limite des arbres en Abyssinie à 3573 m. (11 000 p.), probablement eu égard à la présence du Kousso, et parce que peut-être il ne reconnaît pas pour un arbre proprement dit le Gibarra, qui s'élève plus haut, mais qui périt après sa floraison.

42. ROTH, *Schilderung der Naturverhältnisse in Süd-Abyssinien.*

43. HEUGLIN (*loc. cit.*, cf. Peterm. *Mittheil.*, ann. 1867, p. 434, ainsi que le *Compte rendu* in Behm *Jahrb.*, III, p. 197) rapporte que les régions végétales de l'Abyssinie sont distinguées par ses habitants. Le Kala correspond à la région des vallées (0-1786 m. ou 5500 p.); le Woina-Deka à la terrasse de Conifères, où la Vigne est cultivée (1786-2436 m. ou 3500-7500 p.), et le Deka (2436-3898 m. ou 7500-12 000 p.) aux Éricées.

44. MANN (*Journ. Proceed. Linn. Soc.*, VII, p. 175). — BURTON, *Abeokuta*, II, p. 77, 115.

45. J. HOOKER, *On the Plants of the Cameroons (Journ. Linn. Soc., loc. cit.*, p. 171-240). Dans cette élaboration des collections de M. Mann, je compte 11 arbres de la zone tempérée, dont trois ont été constatés jusqu'à 2599 m. (8000 p.), et le reste jusqu'à 2436 m. (7500 p.). Dans ce nombre, trois croissent également en Abyssinie; un *Podocarpus* est limité à S.-Thomé, où, de même qu'à Fernando-Po, les régions coïncident avec celles des Camerouns. Cependant, à Fernando-Po, un arbre de la hauteur de 9m,7 (*Hypericum angustifolium*) a été trouvé jusqu'à l'altitude de 3248 m. (10 000 p.); cet arbre jouit d'une grande extension sur les Camerouns (1299-2599 m. ou 4000-8000 p.), ainsi qu'en Abyssinie, jusqu'à Bourbon. Les deux autres arbres qui, sur les Camerouns, s'élèvent jusqu'à 2599 m. (8000 p.) sont *Leucothoe salicifolia* et *Myrsine angustifolia*, dont le premier croît également à Fernando-Po (jusqu'à 2761 m. ou 8500 p.), dans les Mascareignes et à Madagascar, de même que le dernier en Abyssinie, (Cf. J. Hooker, *On the Vegetation of Clarence peak*, *Fernando-Po*, *ibid.*, VI, p. 1-24.)

46. DECKEN, *Reisen in Ost-Africa*, bearb. von Kersten, t. II, carte I.

47. KRAUSS, *Regensb. Flora*, ann. 1846.

48. SCHNIZLEIN (*Regensb. Flora*, ann. 1842; *Jahresb.*, ann. 1842, p. 409 et feuille supplémentaire I, p. 139). Voici la série successive des familles prédominantes dans la collection nubienne de M. Kotschy : Légumineuses

(au delà de 15 pour 100), Graminées (12), Synanthérées (7), Euphorbiacées (5 à 6), Malvacées (5), Convolvulacées (4 à 5), Cypéracées (presque 4), Acanthacées (3 à 4 pour 100 sur 400 Phanérogames).

49. J. HOOKER et BENTHAM, *Flora nigritiana* (dans W. Hooker, *Niger Flora : Jahresb.*, ann. 1849, p. 47). Cet ouvrage contient (page 577) 1870 Phanérogames. Les familles dominantes forment les séries suivantes : Légumineuses (14 pour 100), Rubiacées (8-9), Graminées (8), Synanthérées (4-5), Cypéracées (presque 4), Acanthacées (au delà de 3), Malvacées (presque 3), Euphorbiacées (presque 3), Convolvulacées (2 à 3), Urticées (presque 2), Orchidées (1-2 pour 100).

50. Série successive des familles prédominantes dans la Flore de l'Abyssinie de Richard (note 16) : Graminées (près de 12 pour 100), Légumineuses (11), Synanthérées (11), Cypéracées (près de 5), Labiées (3 à 4), Scrofularinées (au delà de 3), Acanthacées (près de 3), Rubiacées (au delà de 2), Urticées, Asclépiadées et Orchidées (2 pour 100 chaque). Les plantes cultivées sont exclues du montant total (1625).

51. Série successive des familles prédominantes parmi les 237 Phanérogames recueillies par M. Mann sur les Camerouns, au delà de l'altitude de 1624 mètres ou 5000 pieds (note 45) : Graminées (13 pour 100), Synanthérées (12-13), Orchidées (près de 10), Labiées (près de 6), Cypéracées (4-5) Scrofularinées (au delà de 3), Légumineuses, Ombellifères, et Urticées (près de 3 pour 100 chacun).

52. SCHOUW, *Linnæa*, VIII, p. 639.

53. BOTTA, *Archives du Muséum d'hist. nat.*, vol. II; *Jahresb.*, ann. 1843, p. 49.

54. WELLSTED, *Travels in Arabia*, II, p. 449.

55. T. ANDERSON, *Florula Adenensis* (*Journ. Proceed. Linn. Soc.*, V, *Supplem.*, p. 1-47). La série successive des familles prédominantes se développe ainsi : Légumineuses (10-11), Graminées (9-10), Capparidées (9-10), Euphorbiacées (7-8), Synanthérées (5-6 pour 100).

56. PELGRAVE, *Central and Eastern Arabia*, carte.

57. WREDE (*Journ. Geogr. Soc.*, 1844, p. 110) est probablement le seul voyageur qui ait franchi le massif montagneux marginal de Hadramaut (sur la côte arabique) et visité le désert de Dahna. C'est ce qu'il fit dans la proximité de Makalla, en traversant un col de 2599 mètres (8000 p.) d'altitude. Il fait observer que la haute plaine située de l'autre côté, et où l'on ne peut découvrir aucune trace de végétation, se trouve à peu près 325 mètres (1000 p.) plus bas. Il paraît donc que, sur son bord méridional, le désert de Dahna s'élève à 2274 mètres (7000 p.).

58. ANDERSON, *loc. cit*, p. V, VII.

59. FORSKÅL, *Flora œgyptiaco-arabica*, p. LXXIII : pluie dans l'Yémen depuis juin jusqu'à fin septembre. — NIEBUHR, *Reise in Arabien* (éd. française, II, p. 337) : période de pluie depuis la mi-juin jusqu'à la mi-septembre. M. Niebuhr y dit également que sur la côte méridionale, la période des pluies dure depuis la mi-février jusqu'à la mi-avril, à Maskate depuis la mi-novembre jusqu'à la mi-février ; mais il n'a pas visité ces contrées lui-même, et il n'a pu tenir compte de la marche opposée des saisons dans le Tehama et dans les montagnes. En conséquence, on ne sait encore rien de certain sur la période des pluies dans l'Hadramaut. M. Wrede, qui y visita à la fin de juin les vallées des montagnes, trouva à cette époque la végétation en plein développement, et, le long des rivières, les arbres ornés de riche feuillage et les versants des montagnes revêtus de plantes aromatiques ; mais il ne dit rien relativement aux précipitations. Il est vraisemblable que les saisons s'y comportent à peu près comme dans l'Yémen. Toutefois il y a dans M. Wellsted un passage passablement obscur à cet égard, qui ne fournit guère d'information positive. Il fait observer qu'il est à même de juger par sa propre expérience de ce qui concerne la côte méridionale, ainsi que du climat à l'époque de la mousson du nord, qui dure depuis octobre jusqu'à la mi-mai et est dépourvu de pluie (*weather usually hazy, a cloudless sky*) ; ce qui ne s'accorde guère avec la direction des vents dont il s'agit, à moins qu'il ne soit permis d'admettre que le voyageur ait eu en vue, non l'Hadramaut, mais la côte occidentale d'Oman. Au reste, le ciel sans nuage dont il parle pourrait ne se rapporter qu'au Tehama, puisqu'il ne s'étendait point jusqu'à la montagne. D'après la direction du vent, on doit s'attendre à ce que les montagnes d'Amon, dont la côte tropicale est en effet sous l'empire des moussons régulières et modérées de l'Inde, aient des pluies d'hiver produites par le vent nord-est qui domine à cette époque, ce qui s'accorderait également avec l'assertion de M. Niebuhr.

60. BUIST, *Physical Geography of the Red sea* (*Journ. Geogr. Soc.*, 1844, p. 231). La mousson sud-est se dirige verticalement sur la côte de Hadramaut. Dans la mer Rouge, les courants atmosphériques suivent la direction de la vallée, selon la configuration de la mer et des chaînes montagneuses qui la bordent ; ces courants atmosphériques sont par conséquent des vents sud-ouest ou sud-est. Au nord de Dschedda (21° lat. N.), règne le vent nord-ouest (l'alizé dévié du Sahara) presque constamment ; dans la partie méridionale, le vent sud-est (selon M. Buist, la mousson nord-est déviée de la mer indienne) dure huit mois ; vient ensuite de juin à septembre le vent nord-ouest, qui accompagne la période de pluie de l'Yémen.

61. WELLSTED, *Travels to the city of the Caliphs*, II, p. 281, 283, 286.

62. D'après les comparaisons faites par M. Schnizlein (note 18). L'énu-

mération communiquée par lui des espèces indiennes de la Nubie fait voir qu'elles constituent en majeure partie des mauvaises herbes, qui accompagnent les plantes cultivées. Quant au petit nombre des végétaux ligneux indiens dans le Soudan, comparez *Jahresb.*, ann. 1847, p. 44, et ann. 1850, p. 59.

63. *Jahresb.*, ann. 1849, p. 47.

64. GRISEBACH, *Die geograph. Verbreitung der Pflanzen Westindiens*, p. 9-11.

65. M. BENTHAM fait observer, relativement aux plantes communes à l'Afrique tropicale et au Soudan, qu'elles paraissent se présenter particulièrement dans la proximité de la mer, et en tout cas ne franchissent point les premières hauteurs (Hooker, *Niger Flora*, p. XIII). Dans mon travail sur l'*Extension géographique des plantes de l'Inde occidentale*, j'ai donné (p. 13) une liste des plantes tropicales océaniennes, renfermant 31 espèces littorales, et à peu près autant d'espèces qui croissent dans l'eau ou dans les marécages.

66. *Jahresb.*, ann. 1850, p. 60.

67. Les végétaux ligneux du Cap qui reviennent en Abyssinie sont : 3 espèces de *Rhus, Acacia mellifera, Anthospermum cordifolium, Myrsine africana, Olea laurifolia, Halleria lucida* et *Hebenstreitia dentata;* sur les Camerouns, *Ilex capensis.*

68. Voici des exemples de connexion entre les plantes des régions montagneuses du Soudan et de Madagascar, ainsi que les Mascareignes : *Rubus apetalus* (Fernando-Po, Abyssinie, Madagascar, Bourbon), *Leucothoe salicifolia* (*ibid.*, mais non constaté en Abyssinie); *Senecio Bojeri* et *Sebaca brachyphylla* (Fernando-Po, Camerouns, Madagascar).

IX

KALAHARI

Climat. — Depuis le Gariep (Orange-river, 29° lat. S.) représentant les limites du pays du Cap, jusqu'au lac Ngami
(20° lat. S.), et dans le désert de Kalahari jusqu'à la côte atlantique de l'Afrique méridionale, se déploient des contrées dépourvues d'eau, généralement comparées au Sahara. De même
que dans le nord du monde africain, ce sont encore ici les
contrées situées sous les tropiques qui manquent d'eau courante ;
et de même que la flore méditerranéenne est séparée du Soudan
par le grand désert, de même la flore du Cap, touchant seulement à l'est, dans la Cafrerie, aux formes végétales des tropiques, se trouve partout ailleurs d'autant plus isolée qu'elle
subit plus décidément l'action du climat du Kalahari. Bien que
ce ne soient que les parties centrales du domaine qui portent
le nom de désert de Kalahari, je n'en comprends pas moins,
sous cette dénomination de Kalahari, les contrées situées
à l'ouest, et par conséquent le Grand-Namaqua et le Damara, qui sont tout aussi dépourvues d'eau, et dont la végétation paraît se fondre de diverses manières avec celle du
désert.

Ce n'est que depuis ces vingt dernières années qu'on a commencé à connaître ces contrées, et cela grâce à l'activité des
missionnaires et des amateurs de chasse ; mais sous le rapport botanique, elles n'ont pas encore été explorées jusqu'ici,
ou du moins ne l'ont été que sur quelques points peu nombreux.

En 1849 seulement, M. Livingstone parvint à triompher des obstacles que le désert du Kalahari avait opposés jusqu'alors à toutes les tentatives faites par les voyageurs du Cap, pour pénétrer plus avant vers le nord dans le continent. Bien que ces obstacles tiennent particulièrement au manque d'eau, on n'en a pas moins le droit de poser aujourd'hui une question : est-il réellement permis de parler d'un désert dans le midi de l'Afrique? En effet, bien que les lits de rivières y soient à sec ou n'y contiennent de l'eau que périodiquement, comme les Oueds du Sahara, et que même les sources et les puits ne s'y présentent qu'à de larges intervalles, néanmoins le domaine du Kalahari possède une période de pluie qui se reproduit avec assez de régularité, ce qui du reste n'empêche pas que souvent, dans des années de sécheresse, les précipitations n'y fassent complétement défaut. Si, d'une part, l'eau se tarit, ayant sans doute ici aussi un cours souterrain, d'autre part, les précipitations étant plus fréquentes que dans le Sahara et l'humectation du sol par les eaux souterraines s'opérant avec plus de persistance que dans ce dernier, il s'ensuit que la végétation du Kalahari est beaucoup plus touffue et plus variée, et que l'on voit s'y attrouper les grands Mammifères des savanes tropicales (non dans chaque saison toutefois), en groupes plus considérables que partout ailleurs. Cependant, si l'on rattache l'idée de désert, non à l'absence des pluies, mais au défaut de nappes d'eau persistantes, le Kalahari peut, sans doute, être considéré comme désert et inhabitable. C'est que précisément il constitue une région intermédiaire entre les déserts, les savanes et les steppes à buissons; il ne possède point, comme le Sahara, des oasis à population sédentaire, mais n'est habité que par des nomades errants [1], dont les troupeaux l'animent à l'instar de ceux des steppes asiatiques; enfin il diffère des savanes du Soudan par une aridité du sol qui exclut presque complétement l'agriculture. D'ailleurs, bien que le Kalahari ne soit pas une steppe déboisée, puisque sur certains points il est même revêtu de forêts, les Palmiers du Sahara lui font essentiellement défaut, et la limite méridionale de cette forme végétale [2] constitue en même temps la ligne où les tribus nomades des Hottentots et des Betschuans[3] se rencontrent avec les nègres et leur agriculture*.

Le climat du Kalahari se rattache de la manière la plus intime au relief du sol, et, sous ce rapport, l'Afrique méridionale s'accorde avec les parties limitrophes du Soudan, tant par les lignes de soulèvement qui longent la côte, que par les hautes surfaces unies qu'elles bordent. Seulement, les plateaux du centre sont, en général, plus élevés, et sur le Gariep ils passent insensiblement aux hautes plaines du Cap, en sorte que souvent ils masquent presque les massifs montagneux du bord extérieur, et en conséquence, ressemblent plutôt à une vaste terrasse montagneuse qu'à une plaine fermée. C'est pourquoi le climat de ces plateaux, ainsi que celui de leurs montagnes marginales, doit être considéré comme formant un ensemble qu'il convient de séparer du pays placé au devant de la côte occidentale.

Les plateaux, y compris le désert de Kalahari, diffèrent du Sahara sous le rapport climatérique, non-seulement en ce qu'ils reçoivent des précipitations plus fortes, mais encore en ce que ces dernières ont lieu pendant la saison opposée, — en été, — comme dans le Soudan. C'est assurément un phénomène remarquable, et qu'il n'est guère facile d'expliquer, que celui des deux déserts de l'Afrique qui, placés à la même distance de l'équateur et soumis à des précipitations analogues sous les rapports de leur formation et de leur irrégularité, se comportent néanmoins d'une manière assez différente pour que le développement des plantes ait lieu dans le Sahara en hiver et dans le Kalahari en été. Dans les deux cas, ce sont des pluies d'orage, ou bien des averses analogues à celles produites par des phénomènes orageux[4], qui fournissent des masses d'eau, puis se trouvent dans le Kalahari suspendues pendant longtemps, souvent des années entières, et dans le Sahara pendant des périodes bien

---

* Dans son journal de voyage, publié après sa mort par Horace Waller (*The last Journal of D. Livingstone*, etc., London, 1874, vol. I, p. 325), le célèbre voyageur donne une description fort intéressante des amas d'eaux souterraines répandus tout autour du lac Bemba, ainsi que dans le désert de Kalahari : ces amas, qu'il qualifie d'éponges (*Sponges*), sont recouverts par une terre poreuse et reposent sur un sable fin qui s'agglutine fortement et constitue de cette manière une solide couche imperméable. — T.

plus longues encore. Les précipitations ont lieu, à la vérité, dans le Soudan et dans le Kalahari, soumises aux mêmes conditions quant à la position zénithale du soleil ; mais dans le Soudan elles se reproduisent à l'époque de leur saison d'une manière si certaine et si précise, qu'elles remplissent d'eau de vastes systèmes hydrographiques, et répandent partout la corne d'abondance de la nature tropicale, tandis que dans le Kalahari les lits des rivières sont le plus souvent à sec et ne renferment que pendant peu de temps de l'eau qui ne tarde pas à tarir ou bien se concentre çà et là en sources. Plus le soleil demeure longtemps dans la proximité du zénith, plus est persistant le courant atmosphérique qui produit les précipitations. Sous les tropiques, où cette période va toujours en se réduisant graduellement, le développement des courants atmosphériques ne constitue qu'un phénomène passager, de même que sous les latitudes plus élevées. Quand il s'agit d'une force assez puissante pour faire naître des contre-courants, et par là des pluies d'orage, il faut tenir compte moins de la position du soleil même, que des différences locales de l'atmosphère et de la nature du sol, et par conséquent quant au soleil, de l'état du ciel relativement aux nuages, et quant au sol, des degrés divers de sa capacité calorifique. De tels effets, en tant qu'il est question de contrastes thermiques locaux, peuvent se produire en toute saison ; mais les orages d'hiver sont exceptionnels, parce que la position élevée du soleil donne à ces contrastes un plus grand développement. Il s'ensuit que le Sahara, avec ses orages d'hiver, a un désavantage considérable à l'égard du Kalahari, où pendant l'été on s'attend à une abondante irrigation. Même dans le nord de l'Europe, il est une contrée — la côte occidentale de la Norvége — où l'on ne voit presque que des orages d'hiver, si rares sous nos latitudes. Il en est donc de même du Sahara à l'égard du Kalahari ; mais en Afrique, où les mouvements de l'atmosphère se trouvent réglés d'une manière tellement plus uniforme et plus simple, un tel phénomène se conçoit mieux qu'en Europe.

Dans l'atmosphère sèche du désert, la production des précipitations tient encore à une condition particulière : il faut que

les couches supérieures ou au moins les couches inférieures de
l'atmosphère contiennent des régions plus riches en vapeurs
aqueuses; or ces dernières ne sauraient être engendrées sur les
lieux mêmes, et ne peuvent être amenées que du dehors. Il y a
lieu d'admettre que les orages d'hiver du Sahara empruntent
leurs précipitations aux contre-alizés, puisque c'est là la seule
source d'humidité que l'équateur répande sur le désert; tandis
que l'alizé venant du continent asiatique renferme, précisément
à cause de cela, une quantité tellement peu considérable de
vapeurs, qu'il n'y en a peut-être pas d'autre exemple sur notre
globe. Le Kalahari se trouve également sous l'empire de l'alizé;
seulement ici, c'est un vent sud-est qui, du moins en été, a sa
source dans l'Océan indien et amène en conséquence de la vapeur
aqueuse. Il est vrai que sur la terrasse littorale de Natal, l'alizé
d'été perd son humidité, mais cela n'a pas lieu dans les couches
supérieures de ce vent qui passe, sans subir d'atteintes, par-
dessus les montagnes, et dès lors apporte aux plateaux intérieurs la vapeur aqueuse qu'il renferme. En effet, la colonne
d'air qui se meut en qualité d'alizé s'élève bien plus haut dans
l'atmosphère que la terrasse littorale de l'Afrique méridionale.
On peut donc s'attendre à ce qu'en été, lorsque le sol du Kalahari
est le plus échauffé, il s'y forme des courants atmosphériques
ascendants, neutralisés par l'alizé qui descend rapidement des
régions supérieures et donne lieu aux orages, par suite du mélange des couches atmosphériques chaudes et froides. Conformément à cette manière de voir, la vapeur d'eau, qui se condense en nuages pluvieux, provient dans le Kalahari de l'alizé
de la mer de l'Inde, tandis qu'au contraire, dans le Sahara, elle
est empruntée au contre-alizé qui vient du Soudan, et qui, à
l'époque où les courants atmosphériques ascendants sont plus
fortement développés, répand la pluie dans le Sahara en été,
et dans le Soudan en hiver, lorsque ces courants atteignent à
une hauteur moins élevée les vapeurs aqueuses équatoriales et
peuvent ainsi établir plus aisément une action réciproque.

Mais il est encore un autre fait qui a de l'importance pour les
orages d'été du Kalahari, et qui tient aux vents variables de
Natal. Sous cette latitude, la côte orientale de l'Afrique ne pos-

sède point d'alizé durable; mais, ainsi que nous l'avons fait observer (p. 106) dans la section consacrée au Soudan, le vent, venant de la mer des Indes, ne souffle ici que de novembre à mars; pendant tous les autres mois, ce sont les vents de terre qui dominent. De l'autre côté de la terrasse latérale, les courants atmosphériques de l'est paraissent, à la vérité, prédominer l'année entière, du moins dans la partie septentrionale du Kalahari; cependant une aspiration qui a pour foyer le désert même, et non la mer, n'amène point des vapeurs d'eau : c'est pourquoi les orages se trouvent limités à l'époque où l'alizé est plus humide. M. Livingstone a expliqué avec une parfaite connaissance locale[5] l'action de l'Océan des Indes sur le climat et sur la végétation des contrées constituant les limites entre la côte orientale et le désert de Kalahari. Il affirme que dans le Kalahari on voit régner, durant la majeure partie de l'année, un vent venant de l'est ou de l'est-sud-est, que les montagnes littorales ont déjà dépouillé de son humidité; mais que là où ces montagnes se trouvent interrompues, ou bien où elles sont dépassées par les sommets des hauteurs de l'intérieur, on constate également un climat humide et une végétation qui y correspond. Ainsi, même tout à côté des limites du désert de Kalahari, on pourrait trouver certaines montagnes dont les hauteurs nourrissent des Fougères et des Pipéracées, qui ne se présentent jamais dans leurs régions inférieures. C'est ce qui explique le mélange, dans la république du Transvaal[4], de formes végétales appartenant à deux domaines, contrée où, sur quelques points seulement, on cultive des céréales européennes, et sur d'autres le Cafier et les diverses plantes des tropiques, et où, malgré l'élévation du niveau, on voit reparaître les types végétaux du Soudan.

Les périodes de *pluies altitudinales* des tropiques sur la côte orientale doivent donc être soigneusement distinguées des précipitations incertaines du Kalahari, bien que toutes les deux correspondent à la position zénithale du soleil et se rattachent aux mêmes mois. L'époque à laquelle on s'attend aux pluies d'orage dans l'intérieur des plateaux commence immédiatement aussitôt que le soleil a acquis sa plus forte déclinaison méridionale, savoir, vers le mois de décembre, et elle dure jusqu'au mois de mai [7]. Parfois quelques averses isolées ont lieu dès le mois de septembre et en octobre, et tirent la végétation de son sommeil hivernal ; ce sont là des exceptions comme il s'en présente également en été dans le Sahara, et comme en général elles peuvent se produire sous toutes les latitudes, lors de la formation des orages, aussitôt que l'équilibre local des courants atmosphériques généraux vient à subir une forte perturbation. A tout prendre, la période des précipitations dure donc au Kalahari même plus longtemps qu'à Natal, mais la différence entre les effets produits sur la vie des plantes dont la vigueur tient à la constance des contingents d'eau n'en doit être que plus considérable.

Les fréquentes interruptions que subit l'irrigation du désert, ainsi que les années complétement dépourvues de pluie qui dans les derniers temps ont exercé une influence si fâcheuse sur l'état du bétail, ont fait croire à un décroissement progressif des précipitations et de la fertilité. On s'est prévalu de la largeur des lits desséchés de rivières, que les plus fortes pluies ne sauraient remplir ; cependant, dans de tels cas, on manque de terme de comparaison pour décider si les érosions du sol se rattachent aux périodes géologiques précédentes, ou bien sont d'une origine moderne. M. Moffat parle de traditions [8], d'après lesquelles il fut un temps où dans ces localités se dressaient des forêts de haute futaie, et où les troupeaux pâturaient au milieu d'une herbe élevée ; il avait observé lui-même les restes de puissants *Acacia Girafæ*, dans des endroits où l'on voit à peine actuellement un arbre isolé s'élever au-dessus des buissons. La cause de cette destruction des forêts tient à l'habitude des indigènes de raviver les pacages par des incendies allumés dans les steppes, ainsi que cela se pratique si fréquemment parmi les nomades. Toutefois, même là où dans le pays de Damara il existe encore aujourd'hui des forêts étendues, le climat n'en est pas moins pauvre en précipitations atmosphériques, et le développement des arbres compatibles avec ce climat n'y est point limité, pas plus que dans le désert ou sur le sol le plus aride. Ce qui importe davantage, ce sont les observations de M. Wilson, constatant que les eaux souterraines dans les puits du désert se trouvent aujourd'hui à une plus grande profondeur que jadis [8] ; que sur les limites du Kalahari des sources et des rivières qui de mémoire d'homme renfermaient de l'eau, sont actuellement à sec ; que les forêts, une fois détruites, ne se renouvellent plus, mais sont remplacées par des buissons, et que de cette manière le pays dépourvu d'eau va toujours en s'étendant du côté de l'est. Sans doute la durée trop courte de telles observations ne permet guère de décider avec certitude si tout cela tient aux changements périodiques du climat ; néanmoins on ne saurait nier qu'ici la diminution des arbres ne doive contribuer tout autant que dans les contrées méditerranéennes à abaisser la proportion des vapeurs de l'atmosphère, ainsi qu'à élever la température par suite de l'affaiblissement de l'évaporation et de l'absence d'ombre projetée sur le sol. En effet, comme en proportion de leurs surfaces foliaires, le pouvoir d'évaporation est bien plus puissant chez les arbres que chez toute autre forme végétale, lors même qu'ils se trouvent vivifiés non par les pluies, mais seulement par les eaux souterraines, les forêts fournissent un contingent important à la masse de vapeurs contenues dans les alizés marins, et si ce contingent ne leur est pas immédiatement restitué, il ne leur en revient pas moins tôt ou tard, dès que se forme un orage, ou bien que les cours d'eaux souterrains se trouvent augmentés en dedans des montagnes littorales *.

Le climat de la contrée basse s'écarte de celui des plateaux ;

---

* Dans son ouvrage posthume (*The last Journals of David Livingstone in Central Africa*, etc., by H. Waller, London, 1874, t. II, p. 215-220), M. Livingstone discute la question fort intéressante de savoir si les vastes contrées de l'Afrique, si pauvres aujourd'hui en cours d'eau, ont toujours été dans cet état, et il arrive à la conclusion que « ces pays tellement arides qu'en les parcourant dans plusieurs directions, notamment dans celle du Kalahari, du côté de l'ouest, on s'expose à périr de soif (exactement comme dans l'intérieur de l'Australie), ont été jadis sillonnés en tout sens par des torrents et de grandes rivières coulant en moyenne au sud. » Il s'efforce de démontrer cette hypothèse non-seulement par des considérations géologiques, mais encore par la présence, sur beaucoup de points de la contrée, d'innombrables orifices arrondis, dont l'origine et la destination sont mises hors de doute, eu égard aux dépôts calcaires incrustant en couches concentriques les parois intérieures de ces conduits naturels qui, évidemment, représentent autant de sources jaillissant jadis à travers le sol. — T.

cette contrée, située au devant de la côte occidentale, et dont la largeur varie de 6 à plus de 20 milles géographiques⁰, sépare depuis le cap Negro, dans le Benguela méridional (15° lat. S.), jusqu'au delà du Gariep, la terrasse montagneuse de l'Atlantique. Cette bande littorale ne ressent pas les mêmes orages que les contrées de l'intérieur ; il n'y pleut presque jamais, et bien qu'une forte rosée y soit ordinaire et que même pendant les mois d'hiver d'épais brouillards y enveloppent le pays, le sol n'en est pas plus capable de retenir l'humidité, et il en résulte un désert sablonneux inhabitable. Jusqu'au cap Negro, cette côte est baignée par le courant froid de l'Atlantique méridional, et pendant neuf mois on y voit souffler des vents du sud avec un ciel serein, sans nuages, et accompagnés seulement d'une légère vapeur sur l'horizon. Pendant les trois mois d'hiver, l'atmosphère y est calme, ou bien quelques faibles brises viennent du nord, et ce sont celles-là qui produisent les épais brouillards. L'absence des pluies est l'effet de ce que les vents soufflent du sud, et de ce que l'alizé, quelque peu dévié par la ligne côtière, va, en se dirigeant vers le nord, se réchauffer et dissoudre les vapeurs aqueuses qui ne se condensent en rosée que pendant la nuit. Mais ce qui rend vraisemblable que les courants froids sont en rapport avec l'absence des nuages ainsi qu'avec les brouillards de l'hiver, ce sont les phénomènes analogues qui se présentent sur le littoral péruvien, phénomènes que nous examinerons de plus près quand il s'agira de cette contrée. Assurément c'est un fait non dépourvu de signification, que la concordance entre la côte du Kalahari et celle du Pérou sous un triple rapport, d'abord par son extension du nord au sud, puis par la prédominance des vents du sud, et enfin par la présence du courant froid, qui ne baigne la côte que précisément jusqu'au point qu'atteint l'aridité du climat. C'est ainsi que le Pérou possède également un ciel sans nuages, interrompu seulement par des brouillards d'hiver, de même que des réservoirs de guano ont pu s'accumuler sur les deux côtes, sans que les précipitations les enlèvent aux îles où ils se trouvent.

On ne possède jusqu'à présent que des renseignements fort incomplets sur les conditions thermiques du Kalahari, mais il paraît que même sous ce rapport la côte diffère essentiellement des plateaux de l'intérieur. Sous l'action du courant froid dont la température n'est sujette qu'à de faibles oscillations, le climat de la côte est uniforme, et, relativement à sa latitude géographique, il peut être considéré comme froid, comparable à peu près à celui de l'Irlande méridionale. Sur la côte de la mer, la température, paraît-il, oscille entre 10° et 16°,2 [10], et est par conséquent notablement inférieure à celle de la ville du Cap. Cependant la même autorité à laquelle nous empruntons ces données dit qu'avec une atmosphère excessivement sèche, en été, à Scheppmansdorf, à peu de milles de la côte, le thermomètre s'élève journellement, et pendant un long laps de temps, à 43°,7 [11].

Quoique les plateaux du Kalahari [12] aient une altitude moyenne de 1300 mètres (4000 pieds), la température y est sans doute plus élevée que sur la côte. Cependant on ne possède là-dessus jusqu'à présent que des données isolées [13], dont il résulterait que la différence principale consisterait en ce qu'au printemps et en été la chaleur est fort considérable, tandis qu'en hiver le thermomètre descend fréquemment au-dessous du point de congélation. Dans les parties méridionales du Kalahari (29° lat. S.), M. Burchell a constaté en été une moyenne journalière de 31°,2 avec des écarts de 11°,2 à 35°; en hiver, il vit à la vérité, à Litakun (27° lat. S.) le thermomètre descendre seulement à une moyenne de 21°,2, mais les variations fournirent des écarts plus considérables entre les températures nocturne et diurne. Pendant son voyage dans ces contrées, la glace et les gelées blanches se produisirent à plusieurs reprises et même il neigea une fois toute la journée. Dès le mois d'octobre, et par conséquent au cœur du printemps, il arriva une fois que de bonne heure, dans la matinée, le thermomètre descendit à 4°,2, mais s'éleva dans l'après-midi à 27°,5. Si l'on compare les mesures effectuées par M. Burchell pendant les années 1811 et 1812, avec les données récentes, on ne trouve guère des différences de nature à faire admettre que la destruction des forêts ait exercé depuis cette époque une influence appréciable sur la température du Kalahari.

Formes végétales. — Quelque considérables que soient les analogies thermiques qui relient entre eux les deux déserts tropicaux de l'Afrique, et malgré tout ce que l'aridité du sol et la nature arénacée ou rocheuse de la terre végétale ajoutent à la concordance qu'offrent ces deux contrées dans les conditions physiques de la vie, néanmoins la végétation du Kalahari ne rappelle que rarement la désolation du Sahara. Une grande partie des plateaux y est revêtue de végétaux ligneux ; sur plusieurs points on y voit des savanes dont les Graminées ne le cèdent guère à celles de la Nubie, et là où le sol dénudé du désert paraît privé de toute vitalité organique, les germes, répandus partout à l'état latent, n'attendent que les pluies fécondantes pour se développer. La seule contrée qui probablement ne se prête nulle part aux pâturages, c'est la région littorale, qui, tantôt formée de collines de sables mouvants, tantôt se déployant sans traces de charpente solide, reproduit le tableau du Sahara, et ne peut engendrer qu'une végétation extrêmement pauvre, consistant çà et là en quelques broussailles rabougries et déprimées, d'un vert grisâtre, ou quelques chaumes chétifs [14]. Et pourtant c'est précisément cette bande de terrain dépourvu de pluie qui a fourni, sous la forme du *Welwitschia,* le type végétal le plus remarquable du domaine entier, et qui, grâce à la monographie qui en a été tracée de main de maître [15], nous apparaît maintenant comme un des plus grands chefs-d'œuvre qu'ait produits la nature dans les conditions les plus défavorables et à l'aide des moyens les plus simples.

Cependant nous n'avons à considérer ici que le côté climatérique de cette organisation : or, ce qui, sous ce point de vue, se présente tout d'abord comme trait caractéristique, c'est que ce végétal, que les indigènes du cap Negro appellent *Tumbo,* a été découvert par M. Welwitsch précisément là, dans le Benguela méridional (16° lat. S.), où commence la côte dépourvue de pluies. Une plaine complétement aride, à 5 milles géographiques de la ville de Mossamèdes (15° lat. S.), dans la direction de l'intérieur du pays, n'offrait, à l'exception du Welwitschia, qu'une herbe rare et aucune trace d'autre végétation quelconque. La deuxième station connue du Welwitschia se trouve dans le pays de Damara, où MM. Andersson et Baines l'observèrent dans la proximité de la

baie de la Baleine et plus loin au sud (23°-25° lat. S.). Près de
cette baie débouche la rivière Swakop, au cours périodique, sur
les bords de laquelle ce végétal se développe d'une manière plus
luxuriante. M. Andersson dit qu'il n'y reçoit de la pluie que rarement ou jamais. En conséquence, son énorme masse ligneuse, en
grande partie enfoncée dans le sol, se trouve alimentée par les
eaux souterraines de la rivière, ainsi que par les abondantes
rosées propres à la côte du pays de Damara, et qui, interrompues
seulement par les brouillards d'hiver, viennent chaque nuit
arroser le sol et contribuent également à maintenir la plante
dans un état d'humidité. Si, de plus, on considère l'uniformité
tropicale qui caractérise la température de cette côte occidentale,
on voit que les conditions vitales extérieures du Welwitschia
consistent en ce qu'il peut jouir d'une végétation ininterrompue, sans qu'aucune variation considérable dans les saisons,
ni froid, ni sécheresse, soient de nature à causer, dans les phases
de son développement, des points d'arrêt périodiques.

Comme forme végétale, le Welwitschia, qui appartient à la
famille des Gnétacées, et se place par conséquent dans le voisinage du genre *Ephedra*, indigène dans le Sahara, se rattache
par ses organes végétatifs au type du Palmier nain ; car son corps
ligneux, étant enfoncé dans le sol à la manière d'un coin, ne
s'élève à l'instar d'une planche ou d'un plateau de table qu'à
quelques centimètres au-dessus du sol. Mais, comme sa croissance transversale n'est point limitée, ainsi que c'est le cas chez
les végétaux ligneux monocotylédonés, il l'emporte de beaucoup
avec l'âge sur le Palmier nain, par le développement horizontal
de son corps ligneux, qui quelquefois acquiert une circonférence
de $3^m,8$ à $4^m,4$. Ce qu'il y a de plus remarquable dans l'organisation extérieure du Welwitschia, c'est que pendant la durée, à
ce qu'on prétend, centenaire de sa vie, quoique bénéficiant d'un
accroissement ininterrompu, elle ne produit, outre les cônes, que
deux feuilles semblables à celles des Roseaux, mollement étendues, mais impérissables, qui sortent des parois sillonnées du
corps ligneux. Ce sont les cotylédons eux-mêmes, dont l'activité
permanente doit pourvoir à l'alimentation de l'organisme tout
entier, fonction qui, chez le reste des plantes, se rattache au

renouvellement non interrompu du feuillage. Comme ces deux feuilles commencent à prendre leur accroissement dès l'époque de la germination de la semence, le Welwitschia, eu égard au tissu qui compose son corps ligneux, se comporte comme un végétal réduit pour toute sa vie aux premières phases de développement d'une plante au début de sa germination. En effet, l'extrême solidité du cône qui constitue son tronc ne tient point, comme c'est ailleurs le cas chez les organes qui doivent jouir d'une longue durée, au développement du tissu ligneux, mais à la cohésion croissante du parenchyme qui prédomine dans les jeunes plantes, cohésion renforcée par le dépôt de sels calcaires.

Maintenant, toutes ces particularités de l'organisation doivent être appréciées d'après les conditions climatériques dans lesquelles se trouve le Welwitschia. Si l'on se demande pourquoi les feuilles d'un arbre se renouvellent, on a droit de répondre que, selon toute apparence, la chute périodique du feuillage tient à ce que ces organes plus délicats ne sauraient supporter le froid et la sécheresse pendant leur sommeil hivernal. Mais même chez les végétaux toujours verts, les feuilles paraissent souffrir en hiver ou, en général, ne point se prêter à l'interruption de leurs fonctions, puisqu'elles ne survivent qu'un certain temps à ce point d'arrêt et ne manquent pas de périr tôt ou tard. Au contraire, chez le Welwitschia, qui vit sous un climat où la végétation n'éprouve point de période d'arrêt, les cotylédons, représentant tout à la fois les premiers et les derniers organes feuillés de la plante, maintiennent leur activité pendant un laps de temps indéterminé et conservent indéfiniment leurs forces vitales, bien que le plus souvent, par suite d'orages ou d'autres circonstances accidentelles, ils se trouvent fendus en segments irréguliers dans le sens de leur longueur ou déchirés en lambeaux, ce qui les fait paraître fanés et comme frappés de mort. Et pourtant ces corps peu élégants constituent les seuls organes sur lesquels reposent l'accroissement progressif, la nutrition et le renouvellement des bourgeons destinés à la propagation de la plante. Puis, nous trouvons que chez les arbres dicotylédonés ligneux le nombre des feuilles augmente avec l'âge du tronc, parce que le besoin de substances nutritives élaborées dans les

organes foliacés s'accroît avec le développement des tissus et de
leurs centres de formation. Mais le même but peut être atteint
par l'accroissement des dimensions comme par la multiplication
des surfaces foliacées, ainsi que le démontre le petit nombre de
feuilles agissant simultanément chez les grands végétaux monocotylédonés, notamment chez les Palmiers ou chez le Pisang.
Or, c'est précisément une combinaison de cette nature qui, chez
le Welwitschia, est poussée au plus haut degré imaginable,
puisque le nombre de ses feuilles se trouve réduit à deux, et
qu'elles ont extérieurement $1^m,9$ de longueur, et, dans certains
cas, finissent par en avoir même de $3^m,8$ jusqu'à $5^m,7$. Ces deux
organes sont donc dans un juste rapport avec le corps ligneux
qui se dilate lentement en plateau; ils continuent probablement
à s'accroître à leur base pendant la durée entière de l'existence
du végétal, et remplacent de cette manière toute la couronne
de feuilles constamment renouvelée du Palmier nain. Enfin,
quant à la particularité de la structure anatomique par laquelle
le Welwitschia s'éloigne d'une manière si frappante de tous les
végétaux ligneux connus, et notamment aussi des Cycadées,
auxquelles il ressemble, il est bon de se rappeler qu'un tronc
ligneux peut servir à des fins complétement diverses. Lorsqu'il
s'élève à une forme arborescente dicotylédonée, sa première
tâche est de supporter le toit feuillé et une couronne de branches,
et plus le poids de cette charge augmente avec l'âge, plus le
pilier qui doit lui servir d'appui gagne en grosseur et en solidité. Mais, en même temps, le tronc de l'arbre est aussi un
réservoir de substances nutritives pour les bourgeons qui doivent
passer l'hiver, et qui, à l'aide de l'amidon contenu dans ces réservoirs hivernaux, sont appelés à se transformer en branches et
en feuilles nouvelles. Les cellules ligneuses solides, verticalement disposées, servent à l'accomplissement de la première
tâche, celle de fournir un support, et, quant à la deuxième,
chaque parenchyme y suffit. Sous le climat dépourvu de pluies
de la côte de Kalahari, il n'y a point d'arbres ; mais lorsqu'il
s'agit d'un végétal destiné à subsister comme un arbre pendant
un siècle, une quantité considérable de substances nourricières
doit, dans le cours du temps, être graduellement déposée à son

usage, quand ce ne serait que pour satisfaire à la production réitérée des bourgeons floraux. Le tissu plus ancien du Welwitschia ne se prête plus à servir de réservoir aux substances formées dans les feuilles ; c'est qu'il a dû se consolider comme le bois le pluscompacte, afin de pouvoir, avec une force suffisante, faire entrer ses racines dans le sol rocailleux qu'habite la plante. Un accroissement constant de la circonférence extérieure devient donc indispensable à la création des tissus nouveaux, destinés à ne pas figurer seulement comme charpente, mais encore comme trait d'union organique entre les deux feuilles et les bourgeons floraux et radicaux. Plus le végétal grandit et vieillit, plus il s'enfonce dans le sol, et se rapproche des eaux souterraines à mesure que le développement de ses dimensions exige plus d'humidité, jusqu'à ce qu'enfin, privées de toute protection, les feuilles finissent par périr ; alors le terme de la vie se trouve atteint. C'est ainsi que sous ce ciel tropical, sans nuages et à température uniforme, le Welwitschia, humecté par les rosées nocturnes, peut continuer à croître lentement, mais sans interruption, et subsister pendant un siècle entier.

Aussitôt que de la côte déserte du pays de Damara on s'élève vers les plateaux, la physionomie du sol subit un changement, sans devenir pour cela plus attrayante. C'est la forme des arbustes épineux, représentés presque uniquement par des espèces d'Acacias, qui, socialement groupés, déterminent le caractère du paysage [17]. Le développement des épines n'est certes nulle part plus généralement répandu qu'ici, et ne déploie nulle part plus de variété dans les limites circonscrites des formes. Tous les voyageurs signalent les buissons épineux du Kalahari comme un obstacle particulier à la libre circulation, et M. Burchell avait à peine franchi le Gariep, qu'il nous dépeint d'une manière graphique l'impossibilité de s'arracher au contact involontaire avec l'épine à crochets (*Acacia detinens*), sans y laisser ses vêtements [18]. C'est un arbuste de $1^m,4$ à $2^m,5$ de hauteur, que les colons connaissent plutôt sous le nom de « Pose un brin [19] », et dont les épines très-courtes, mais écartées en deux sens opposés, agissent à la manière d'un harpon. Nul végétal n'est, dans toute l'étendue du Kalahari, plus fréquent que celui-ci. M. Burchell nous rapporte qu'en voulant l'examiner, il fut averti du danger par les Hottentots, et, en conséquence, approcha du buisson avec la plus grande précaution. Néanmoins il ne put empêcher une petite branche de saisir la manche de son habit, et lorsqu'il se préparait à s'en débarrasser tout à son aise à l'aide de l'autre bras ; celui-ci fut également séquestré ; en sorte que plus il luttait, plus il se trouvait enchaîné aussi complétement qu'une mouche dans la toile de l'araignée, position dont il ne put être tiré qu'avec peine par ceux qui étaient venus à son secours. D'autres Acacias ont des épines encore plus puissantes, tantôt droites, à pointes acérées, tantôt courbées, faisant résistance, souvent les unes et les autres réunies sur la même branche, et les arbres du Kalahari sont même pour la plupart munis d'appareils analogues. M. Baines [19] décrit un Acacia portant des épines de deux espèces, disposées en sorte que lorsqu'on s'efforce de s'arracher aux épines recourbées en forme de crochet, on ne peut éviter de tomber à d'autres, rangées en ligne droite et par paires, ayant chacune 5 centimètres de longueur et une pointe aussi acérée que celle de l'aiguille la plus fine, de manière à causer des blessures graves. Linné qualifie les épines d'armes des plantes, et, en effet, quand elles sont comme celles dont il s'agit ici, elles doivent tenir en respect les animaux pâturants, et par là protéger l'organisme contre toute agression extérieure. C'est précisément une particularité propre à plusieurs, et notamment aux plus gros Mammifères africains, de se nourrir moins de Graminées que du feuillage des végétaux ligneux. Le Rhinocéros vivait jadis fréquemment dans les champs de Karroo du Cap, où il n'y a point d'herbe et où le sol n'est revêtu que de broussailles basses ; et quant à la Girafe, la structure de son corps lui assigne déjà pour nourriture les formes végétales d'un ordre plus élevé ; cependant, quand on voit que l'extension géographique des plantes épineuses est en rapport avec la sécheresse du climat, ainsi que cela a été démontré dans une section précédente (tome Ier, p. 417), il n'y a plus à se demander si c'est ce fait, ou celui admis par Linné, qui interprète le mieux la signification de tels organes. Il est certain que ce qui caractérise éminemment les opérations de la nature, c'est la tendance à réaliser simultanément, à l'aide des mêmes moyens, les fins vitales les plus diverses ; en sorte que les modifications aussi peu considérables que possible apportées au développement d'un organe, paraissent correspondre tantôt plus à un but qu'à un autre, selon que l'un ou l'autre est favorisé davantage.

Par une taille plus élevée et un tronc mieux isolé, les arbustes épineux de Kalahari passent aux formes arborescentes, parmi lesquelles les Acacias occupent encore la première place. M. Burchell a décrit cinq espèces de ce genre, et dans ce nombre l'Acacia de Girafe (*A. Girafæ*), dont le nom est tiré de ce que ce grand Mammifère se nourrit particulièrement de son feuillage. Ces Acacias sont des arbres de 6^m,4 à 12^m,9 de hauteur et viennent sur le sol le plus aride : il n'y a qu'une espèce (*A. horrida*) qui y fasse exception, et c'est la seule qui soit généralement répandue également au sud du Gariep, dans les vallées fluviales plus humides de la colonie du cap Oriental. Tous ils portent des épines qui, chez la dernière espèce (*A. horrida*), ont 5 à 8 centimètres de longueur. La division limitée du feuillage et l'exiguïté des surfaces sont autant de traits en rapport avec le développement des organes piquants et de la sécheresse du sol. Or bien que les forêts du Kalahari aillent, à ce qu'on prétend, toujours en diminuant, on peut néanmoins se demander comment un organe aussi délicat, aussi sensible que la feuille de l'Acacia, parvient à se maintenir sous un climat aussi sec, et même à se conserver pendant les longues périodes dépourvues de pluies. En effet, à peu d'exceptions près, ni les arbustes, ni les arbres, ne s'y trouvent, dans une saison quelconque, complétement dépouillés de feuillage[20]. Sans doute, une grande influence est exercée par le petit nombre et les dimensions réduites des feuilles, qui, en conséquence, n'exigent que peu d'eau, et cela s'accorde avec la lenteur de croissance qu'on peut admettre, à en juger par la solidité et la pesanteur du bois de l'*Acacia Girafæ* et d'autres arbres[21]. Aussi dans le pays de Damara, où les groupes d'arbres sont plus fréquents que dans les pays de l'est, on trouve à peine un endroit ombragé[22]. Les couronnes feuillées des Acacias ne servent donc que peu à abriter le sol contre les rayons solaires, qui peuvent l'atteindre presque sans obstacle, à travers les interstices entre leurs feuilles exiguës et leurs branches. On prétend que par un temps sec les feuilles de l'Acacia se ferment à midi, comme elles le font pendant la nuit[23]; cependant elles ne se rident point, et doivent par conséquent, posséder une force capable d'empêcher, malgré leur structure délicate, la perte qu'éprouverait la séve par suite de l'évaporation. Et cette force ne doit pas être la même chez les diverses espèces, puisque l'une de ces dernières ne se présente que là où les eaux souterraines peuvent être atteintes par les racines, ce qui n'est pas le cas pour les autres espèces qui, par conséquent, ne sauraient recevoir l'humidité qu'à de longs intervalles de temps. Généralement la nature de l'épiderme nous révèle l'aptitude des plantes à retenir leur séve. Toutefois cette aptitude n'est pas indispensable, puisque les mouvements des liquides dans l'intérieur des végétaux ne tiennent souvent qu'à des tissus déterminés d'une structure délicate, sans pénétrer dans les tissus limitrophes. C'est ainsi que l'émission de la vapeur aqueuse par les feuilles doit être considérée non-seulement comme une opération physique analogue à l'évaporation des surfaces aqueuses libres; mais encore faut-il admettre ici comme indubitable la coopération des membranes. Les diffé-rences entre les membranes ne sont pas toujours appréciables à nos sens, et d'autre part, dans de tels cas, la rétention de la séve pourrait également dépendre de la nature de la séve elle-même. Un exemple de ce genre nous est offert par les Hélophytes, car les proportions de sels qu'ils renferment limitent l'évaporation. Il se pourrait que la gomme des Acacias eût des effets analogues, sans que pour cela le tissu ait besoin de devenir succulent comme chez les Halophytes*.

Chez le petit nombre des autres formes arborescentes du Kalahari, on voit par contre reparaître, pour la plupart, l'épiderme épaissi du feuillage toujours vert, épiderme si répandu

---

* Dans un travail sur la production de la gomme des arbres fruitiers (*Comptes rendus*, ann. 1874, t. LXXVIII, p. 1190), Prillieux cherche à démontrer que l'écoulement de la gomme constitue une véritable maladie qu'il désigne par le nom de *gommose*, et qu'on peut détruire à la suite d'incisions longitudinales faites sur les branches : selon M. Prillieux, ces scarifications artificielles agissent en substituant l'irritation produite par la plaie à celle qu'entretient la maladie. — T

dans les climats chauds. Les formes de l'Olivier et du Laurier venant du Cap [24] se trouvent représentées ici par des espèces isolées, mais à large aire d'extension. Cependant un caractère plus particulier est propre à l'arbre Mopané, espèce du genre *Bauhinia*, dont la feuille double, d'un vert foncé, relève ses bords par en haut dans la direction du soleil [25], ce qui fait qu'il rappelle les forêts sans ombre de l'Australie. Ce mouvement de rétroflexion dans les organes les plus sensibles à la chaleur, procédé si simple et si aisément opéré par l'effet de la croissance, est apparemment un moyen suffisant pour garantir l'arbre contre l'ardeur du soleil, et modérer l'évaporation, en n'offrant aux rayons dévorants que la plus petite surface possible. C'est précisément une telle forêt, quelque peu nombreuse et quelque chaude qu'elle puisse être, qu'au milieu des tribulations de son voyage, M. Andersson a saluée avec extase, comme un lieu inespéré de repos, parce que dans cette triste contrée ce fut là qu'il aperçut pour la première fois des couronnes d'arbres munies de beau feuillage, ainsi que de sveltes troncs dénués d'épines [26]. Même la physionomie impassible de ses compagnons indigènes semblait perdre ici sa stupeur habituelle et devenir sensible aux beautés de la nature. Les épines qui défigurent le pays de Damara et créent les plus grandes difficultés aux voyageurs, constituent précisément un signe de l'arrêt opéré dans le développement des feuilles. Or, l'élégant feuillage du Bauhinia n'a pas besoin de ce moyen protecteur contre les rayons solaires, parce qu'il en possède un autre, non moins efficace*.

Dans le désert nu, les végétaux ligneux disparaissent; mais bien que les eaux souterraines n'y soient accessibles que sur

---

* M. Mauch (Petermann *Mittheil.*, *Ergänzungsheft*, n° 37, ann. 1874, p. 49) signale, au milieu des ruines de Zimbabye, découvertes par lui, et situées à environ 300 kilomètres (41 milles allemands) de la colonie portugaise de Sofala, un arbre gigantesque, dont quelques fragments avaient été soumis à M. Grisebach. L'examen anatomique de ces échantillons suggéra au savant botaniste de Gœttingue la supposition que le végétal dont il s'agit pouvait bien se rattacher à l'arbre Mopané, supposition que M. Mauch n'admet point (*loc. cit.*, p. 51), en déclarant que pendant ses longues pérégrinations dans l'Afrique méridionale, il a eu trop fréquemment l'occasion d'examiner le Mopané pour ne pas être convaincu que cet arbre diffère complétement de celui qu'il a signalé à Zimbabye. — T.

des points disséminés à des distances considérables, les substances alimentaires sont loin de manquer complétement au pâturage des animaux. La quantité de l'herbe, dit M. Livingstone [27],
est surprenante, et comme elle croît en touffes isolées à la manière des Graminées des steppes, les intervalles n'en restent pas
pour cela toujours nus, mais sont abondamment revêtus de
Cucurbitacées cirreuses, dont les fruits et bulbes succulents
fournissent aux animaux l'élément aqueux que le sol leur refuse.
Dans les saisons humides, « des espaces à perte de vue sont
recouverts d'un tapis touffu de la Pastèque de l'Afrique méridionale (*Citrullus cafer*) [28], et pour mettre à profit de telles
provisions, on voit alors se réunir dans le désert toutes les formes animales suivies par les Betschuanas avec leurs troupeaux.
Mais même pendant la longue période où le sol est complètement aride et nu, il recèle néanmoins dans son sein des substances alimentaires et des germes de vie organique. Le Kalahari
possède « plusieurs Asclépiadées à gros bulbes comestibles [29] »,
dont le tissu succulent fournit aux indigènes le moyen d'étan-
cher leur soif. Le désert produit jusqu'à des baies comestibles [30].
On se demande d'où vient l'eau qui se concentre dans les
organes de ces végétaux ; M. Livingstone a cherché à trouver
la réponse [31], en expliquant la végétation, comparativement si
riche du désert, à l'aide de la configuration en forme de bassin que présentent les hautes plaines de l'intérieur, et par suite
de laquelle les eaux souterraines fournies par les sources de la
terrasse de l'est peuvent se rapprocher ici de la surface du
sol plus que partout ailleurs. Cependant des eaux souterraines
que les indigènes ne sauraient atteindre et utiliser, sont également inaccessibles aux racines de petits végétaux. Aussi est-
il vraisemblable que la rosée constitue la seule source d'humidité accordée aux plantes pendant les périodes d'aridité, en
sorte que, de même que les Mollusques parviennent à recueillir
pour les besoins de leur coquille les minimes quantités de carbonate de chaux contenues dans la mer, de même, à l'aide de
leurs racines, ces plantes introduisent dans leur tissu l'eau
qu'elles doivent au bienfait de la nature.

Les autres formes végétales sont les mêmes qu'on retrouve

dans d'autres steppes et déserts, ou bien elles signalent l'intime affinité du Kalahari et du Soudan. A la première catégorie appartiennent les plantes grasses (*Euphorbia*[32], *Mesembrianthemum*[33]), les végétaux bulbeux qui ouvrent rapidement leurs fleurs après les orages d'été[34] (ex. *Amaryllis*) ; parmi les arbustes, les formes de Spartium (ex. *Lebeckia*), de l'Oléandre (par l'entremise d'une Rubiacée, le *Vangueria*) et du Myrte (par une Ébénacée, l'*Euclea*); enfin, les arbustes à feuilles velues, particulièrement fréquents dans la savane (*Tarchonanthus*)[35].

Mais là où sur les confins orientaux du Kalahari, les puits et les sources deviennent plus fréquents, où les rivières se remplissent périodiquement pendant plus longtemps, et où par conséquent les eaux souterraines se trouvent effectivement plus rapprochées de la surface du sol, on rencontre des savanes qui ne diffèrent en rien de celles du Soudan[36]. Ici, l'herbe touffue acquiert en été une hauteur à masquer presque complétement les troupeaux; ici la description faite par M. Burchell de la physionomie que présentent ces savanes revêtues de leur tapis de la saison sèche s'accorde si complétement avec celle que signalent les voyageurs dans la Nubie, qu'à l'instar de ces derniers, M. Burchell se sert de la même image pour comparer la savane du Kalahari à un champ de blé en voie de maturation. Et lorsqu'on a prétendu que de nos jours le désert progresse dans la direction de l'est, de telles assertions signifient que lors de longues périodes d'aridité, cette luxuriante végétation de Graminées doit de plus en plus faire place à de chétifs herbages. Mais quand on compare entre eux les climats du Kalahari et du Soudan, on trouve que la seule différence vraiment importante pour la végétation consiste précisément en ce que dans le Soudan la période des pluies est plus longue et plus abondante que dans le Kalahari ; en sorte qu'avec la hausse et la baisse qu'éprouvent par suite de cela les surfaces des nappes d'eau, les formes végétales des deux domaines doivent se mélanger ou se séparer.

Formations végétales. — La configuration plastique uniforme de l'Afrique méridionale a pour conséquence que les formations végétales du Kalahari se mélangent rarement entre elles, mais se trouvent uniformément répandues sur de vastes espaces. Les forêts jouent un rôle prépondérant dans la partie méridionale du domaine qui confine au Soudan : à l'ouest, dans la direction du sud, on voit se rattacher à ces forêts les buissons épineux du pays de Damara, et au milieu du continent, les contrées ouvertes du désert, contrées qui, avec peu de changement, continuent ensuite le long des limites du Cap et à travers le Grand-Namaqua, dans la région littorale inhabitable, tandis que du côté de l'est, elles passent aux savanes humides des deux républiques nommées d'après les affluents du Gariep.

Les forêts d'Acacias du nord, qui n'alternent que rarement avec des formes arborescentes à riche feuillage, sont, à la vérité, le plus souvent représentées comme impraticables ; mais puisqu'on est parvenu plus d'une fois à les traverser avec les voitures à bœufs usitées au Cap, en suivant des voies non encore frayées pour atteindre le pays des Nègres, sans l'aide de rivières ou d'espaces ouverts, on ne saurait se figurer la végétation aussi touffue, les arbres aussi agglomérés que dans les contrées tropicales moins sèches. Lorsqu'il s'agissait des voyages de découvertes dans les domaines des nègres du Soudan, il n'y avait guère moyen d'avancer qu'au pas en cheminant presque toujours à pied. Ici, au contraire, comme les essences de haute futaie, ainsi que la variété dans leurs éléments constitutifs, font défaut à la forêt, les arbres y paraissent souvent remplacés par les buissons. M. Andersson [37] dit, à la vérité, une seule fois que sur une distance de 20 milles géographiques, il fut forcé de se frayer passage à travers la forêt la hache à la main, mais il ajoute qu'il y avait à déblayer non-seulement des buissons, mais encore des arbres ayant plusieurs centimètres de diamètre, et même jusqu'à $0^m,60$. Malgré cela, les épines lui paraissent plus incommodes que les arbres : car, pour donner la plus grande preuve de l'impraticabilité de cette contrée et des difficultés du voyage, il dit que la toile qui surmontait sa voiture fut déchirée en lambeaux. Souvent la marche se trouve facilitée par les lits desséchés des rivières nommées ici *Vley*, et également revêtues d'arbres, mais non pas d'une manière assez serrée pour être un obstacle au passage de la voiture [38].

Les surfaces élevées du pays de Damara et les chaînes de
hauteur qui les séparent de la région littorale, et dont les ramifications se perdent du côté de l'est dans le désert, sont pauvres
en arbres, mais non moins pénibles à franchir à cause des
buissons épineux qui les hérissent. Malgré cela, ce pays offre des
pâturages excellents [37]. C'est que les buissons des Acacias épineux ne sont pas uniformément répartis. Souvent ils forment
des groupes dans une savane dont l'herbe, bien que jaunie par
la sécheresse, fournit encore un fourrage abondant. Tantôt ils se
réunissent en fourrés où l'on a de la peine à pénétrer [39], tantôt
ils abandonnent le sol aux Graminées, et alors on voit les buissons déprimés de l'*Acacia detinens* cachés dans le gazon et
comme frappés de mort [40], en sorte que les épines seules incom-
modent partout le voyageur. Au reste, de telles plaines à Graminées se trouvent également ornées de quelques groupes isolés
d'*Acacia Girafœ*. Ce n'est que sur les surfaces plus élevées
que l'herbe devient clair-semée [38], et que les buissons eux-
mêmes se rabougrissent.

Mais dans le midi (24° lat. S.) les massifs touffus des buissons
épineux disparaissent [41], et alors on voit se succéder jusqu'au
Gariep de vastes surfaces sablonneuses avec des galets de quartz,
interrompues par des montagnes à roche solide, surfaces où la
végétation arborescente ne peut être que rare et chétive. C'est
là le domaine du Grand-Namaqua. qui, selon M. Andersson,
constituerait la plus vaste étendue de terrain désert et inutile
que renferme notre globe en dehors du Sahara. Il paraît donc
que ce domaine l'emporte, comme désert, même sur celui du
Kalahari proprement dit, ce qui d'ailleurs se trouve confirmé par
le petit nombre des habitants. La constitution du sol du Grand-
Namaqua est encore trop peu connue pour qu'on puisse apprécier la cause de la triste désolation de ce pays, si semblable
pourtant à la terrasse du Damara tant par son niveau que par
l'absence des pluies. Mais ce qui semble prouver qu'ici encore
la répartition des formations végétales, et par conséquent la
valeur du pays sous le rapport de l'élevage du bétail, tiennent
à la structure géognostique des chaînes montagneuses, c'est que
le pays de Damara, plus fertile, a l'avantage de posséder un sol

d'une constitution plus variée. On y voit les terrains de calcaire et
de grès dont sont composées les chaînes montagneuses dirigées
d'ouest à l'est, se rattacher à la ligne de soulèvement granitique
qui court parallèlement à la côte[37]. La terre végétale plus riche
qui résulte de cette alternance des roches, doit favoriser le développement des Graminées, ainsi que la prédominance des végétaux ligneux.

Le désert du Kalahari proprement dit constitue une immense surface élevée et plane, où, bien que le sol consiste
généralement, comme dans le Grand-Namaqua, en sable sans
consistance[27], la position plus déprimée et l'absence de roches
sur pied offrent néanmoins certains avantages. C'est ainsi que
la formation de la steppe y trouve les conditions requises, telles
que nous les avons exposées plus haut. Vers le sud-est, dans le
pays de Litakun, où les bassins des rivières périodiques reposent sur le trapp et sur des roches schisteuses, les buissons
deviennent de nouveau plus fréquents, et les Graminées acquièrent un meilleur développement, ce qui prélude à la transition
aux savanes, situées dans les domaines élevés des sources des
affluents du Gariep. Dans ces districts-frontières de trois flores
— celles de Kalahari, de Natal et du Cap — les périodes de
pluie ont déjà un caractère plus stable, et manifestent leur
influence par une richesse insolite de végétation. A l'époque
du voyage de Burchell [42], par conséquent il y a cinquante à
soixante ans, une herbe fraîche de 9 décimètres de hauteur
recouvrait le pays de Litakun, et les montagnes étaient revêtues
de buissons qui cependant n'empêchaient pas le voyageur de
circuler librement. Lorsque les pluies d'été eurent lieu en janvier, la végétation ne se réveilla pas « graduellement, mais ce
fut comme au contact d'une baguette magique que la plaine
aride se transforma en un verdoyant jardin de fleurs, de manière
qu'en moins de deux semaines le désert fut remplacé par l'image
vivante d'un énergique développement; d'innombrables petites
fleurs couvrirent le sol », et partout l'œil rencontrait les groupes
touffus de buissons du *Tarchonanthus*, surgissant de 3m,2 à
3m,8 au-dessus du tapis herbacé. Mais lors même qu'avec la
cessation des pluies d'orage qui avaient fécondé les germes de

vie latente, le règne de la mort a repris son empire dans le désert, on y voit cependant encore certains endroits où le reste des eaux souterraines a conservé un niveau plus élevé, et donne lieu par là à une formation jouissant d'une plus longue durée de développement. L'indigène distingue à une grande distance certains groupes de végétaux ligneux qui, tels que l'Acacia à épines blanches (*A. horrida*), croissent également sur les rives du Gariep et sont accompagnés de Roseaux (*Phragmites*) ; il se hâte de les atteindre, parce qu'ils annoncent la proximité des eaux souterraines, si rares dans le désert.

Dans la solitaire région littorale où le Welwitschia est au nombre des curiosités, les brouillards d'hiver ne sauraient remplacer la pluie. Ici, comme nous l'avons déjà fait observer en parlant des formes végétales, se sont localement établis quelques fuyards isolés, échappés des terrasses limitrophes, une ou deux espèces d'arbustes (*Acacia*) de 60 centimètres de hauteur [14], ainsi qu'un petit nombre de Graminées venant sur le sol le plus aride, auxquelles pourraient bien s'adjoindre quelques plantes littorales.

Centres de végétation. — Comme la flore du Kalahari est encore assez peu connue sous le rapport systématique, on ne peut conclure à l'autonomie de ses centres de végétation qu'à l'aide de certaines formes végétales ainsi que de leur disposition ; de sorte que l'étendue géographique de cette flore doit en partie être déterminée d'après le caractère climatérique de l'absence des pluies. Ce qui prouve combien dans ce pays les formes végétales correspondent encore au climat, ce sont les faits : que les Palmiers y font défaut, et qu'avec eux se trouvent exclues beaucoup de formes tropicales du Soudan ; que dans sa pauvreté la végétation demeure bien au-dessous des domaines limitrophes, et qu'on voit s'évanouir non-seulement la variété, mais encore les familles particulières et les genres spécifiquement riches des buissons du Cap, pour être remplacés par les Acacias épineux à taille uniforme. Cependant, à elles seules, les conditions climatériques ne suffisent point pour maintenir la séparation des centres végétaux du Kalahari, et pour exercer ainsi, à l'instar d'une barrière naturelle infranchissable, une action décisive sur le caractère isolé de la flore du Cap. La transition du climat tropical de Natal à celui du désert dépend, comme nous l'avons déjà dit plus haut, de l'élévation variable des montagnes de Draken (Ouathlamba). Il est encore plus difficile d'établir sur le Gariep une limite climatérique certaine à l'égard du Cap. Cette position intermédiaire entre le Cap et le Soudan nous porte donc de nouveau à examiner la question de savoir si le principe de domaines végétaux à délimitations plus ou moins tranchées doit être maintenu partout; ou bien si, avec le changement des valeurs climatériques, les flores peuvent passer les unes aux autres par gradations assez peu prononcées pour qu'il soit complétement arbitraire de les circonscrire dans le sens de l'espace par des lignes déterminées.

Cette question est semblable à celle qui concerne la distinction des régions végétales dans la montagne. Quand la physionomie de la nature change subitement, comme c'est le cas sur la limite des arbres, aucune divergence d'opinion n'est possible, et il y a un intérêt scientifique à étudier les causes qui rattachent la forêt à un niveau déterminé. A l'égard des arbres comme aussi de beaucoup de végétaux plus petits vivant à l'ombre des premiers, l'extension verticale a été constatée; mais il est d'autres végétaux qui trouvent leur limite altitudinale climatérique dans l'enceinte de certaines régions, et, si l'on voulait attacher la même importance à ce dernier fait, les conditions vitales de chaque plante en particulier deviendraient l'objet d'une investigation qui rendrait plus difficile l'appréciation générale de l'ensemble, et pour laquelle d'ailleurs la science est rarement assez préparée. Puisque dans la distinction des régions végétales on se propose pour but de réunir des groupes de végétaux, des formations, rendues plus faciles à reconnaître par l'uniformité de leurs conditions de développement, la division du globe en domaines végétaux doit offrir le même intérêt, mais avec cette différence qu'on y admet pour base non-seulement le climat, comme lorsqu'il s'agit de la montagne, mais encore les obstacles mécaniques qui s'opposent aux réunions ou aux séparations des centres de végétation.

Quand, dans les descriptions physiques des montagnes tropi-

cales il est question de transitions graduelles entre les régions,
cela ne peut que confirmer ce fait, que chaque espèce végétale
possède une sphère déterminée de température, en sorte qu'avec
la diminution de la chaleur, la végétation doit se modifier graduellement. Mais lorsque la limite altitudinale d'une certaine
forme végétale dont les conditions de développement sont connues, se trouve déterminée, cette observation acquiert, autant
qu'à l'égard des formations, une signification plus précise, et il
y a lieu alors d'examiner laquelle, parmi les diverses valeurs
climatériques qui agissent sur cette forme végétale, met un
terme à son extension. Toute division du globe en domaines
floraux et en régions ne peut qu'être arbitraire, parce que la
nature se plaît en même temps à confondre une série de végétaux et à en séparer une autre; mais les efforts qu'on fait pour
découvrir des limites fixes n'en acquièrent pas moins un caractère scientifique par le fait même qu'ils frayent la voie qui conduit à la solution du problème.

Telles sont les considérations qui empêchent d'admettre, sur
la limite septentrionale du Kalahari, une transition graduelle de
la flore du Soudan à celle du désert, selon que les pluies tropicales d'été deviennent moins régulières; tandis qu'il est permis
de déduire de la limite des Palmiers une ligne de contact tranchée entre deux domaines végétaux indépendants. Cette limite
correspond, sous le rapport climatérique, à la cessation de
l'irrigation tropicale, au partage des eaux entre les affluents du
Zambèse et du Cunene; et dans le sens physiologique du climat,
ce fait est l'expression du besoin prononcé de l'humidité qu'exigent les Palmiers, auxquels les précipitations du Kalahari ne
suffisent point. Pour le caractère climatérique de la limite des
Palmiers dans le nord du pays de Damara, l'observation faite
par les missionnaires Hahn et Rath [43] est fort significative, savoir:
que les Palmiers qui s'avancent le plus dans la direction de
Damara sont encore dénués de tronc, par conséquent constituent
des Palmiers nains, tandis que dans le pays d'Ovampo, limitrophe de Damara, ils acquièrent une hauteur de $19^m,4$.

Bien plus compliquée est la tâche de fixer une limite naturelle
entre le Kalahari et le Natal. Quoique, sur la côte orientale, les

Palmiers ne paraissent guère franchir nulle part les montagnes de Draken, et ne point se présenter ni dans la république du Transvaal, ni dans celle du fleuve Orange, ils n'auraient pas manqué cependant de trouver ici sur plusieurs points l'humidité suffisante. Comme toutes les chaînes montagneuses de l'Afrique tropicale, les monts Draken ne constituent point une crête continue et uniforme, mais leurs sommets élevés se trouvent interrompus par des intervalles qui, ainsi que nous l'avons déjà indiqué (p. 156) d'après M. Livingstone, laissent passer intact l'alizé de la mer indienne dans la haute plaine située de l'autre côté, en sorte qu'il peut déposer sur des points favorables les vapeurs aqueuses dont il est chargé. On voit ici de véritables rivières qui, alimentées par la montagne, opèrent leur jonction avec le Gariep et le Limpopo. Les abondantes précipitations et l'eau courante constituent autant de conditions pour le développement des hautes Graminées des savanes, ainsi que des formes arborescentes à riche feuillage. Quant aux Palmiers, le pays est peut-être trop élevé pour eux, ou bien les montagnes en paralysent l'immigration.

Maintenant, s'il y a une certaine apparence de transition graduelle entre les savanes et les steppes arides du désert de Kalahari, c'est que, de même que les formations des deux domaines se mélangent, de même les climats se fusionnent diversement, selon l'élévation du sol, l'orientation des versants de montagnes et l'exposition aux vents pluvieux de l'est. Aussi la limite orientale du Kalahari pourrait, en général et d'une manière conforme à la nature, être marquée par les montagnes de Draken, bien que dans les contrées de transition, la plupart des formations du Soudan se reproduisent çà et là, exactement comme on voit reparaître les traits physionomiques du nord dans les régions montagneuses du midi de l'Europe.

La limite méridionale du Kalahari à l'égard du Cap est représentée par la rivière d'Orange ou Gariep, et ici déjà M. Burchell [42], en franchissant cette remarquable vallée située à la même distance des côtes ouest et est, nous a fourni des données précises relativement au contraste entre les contrées qui se déploient des deux côtés. M. Harvey [44] pense au contraire que la flore du Cap n'a point, dans la direction du nord, « une limite bien tranchée », et que cette limite ne saurait être représentée par le fleuve d'Orange, attendu que son cours inférieur ne borde point la flore du désert de Namaqua, mais la coupe au milieu. On peut d'abord répondre à cette objection en faisant observer que du côté de l'ouest, où le Gariep sépare le Petit-Namaqua méridional du Grand-Namaqua septentrional, les deux pays se trouvent, sans aucun doute, différenciés sous le rapport climatérique. En effet, d'après les rapports de la Société rhénane des missionnaires[45], dans le Petit-Namaqua les précipitations ont lieu en hiver comme au Cap, et par conséquent dans une saison opposée à celle où ce phénomène se produit au Kala·hari ; aussi le Grand-Namaqua est presque dénué de pluies. Dans l'intérieur au contraire, sur le théâtre des travaux de M. Burchell, on ne saurait effectivement constater aucune différence climatérique entre les deux bords du Gariep. Ainsi, sur toute la partie supérieure de la surface de Karroo, par exemple dans la région déserte du Roggeveld ,où l'on ne trouve que rarement de l'eau de source, les précipitations sont réduites à quelques orages d'été isolés [46], exactement comme dans le Kalahari. Sous le rapport climatérique, les montagnes du pays des Cafres se comportent, à l'égard de la plus haute terrasse du Cap, à peu près comme les monts Draken à l'égard du Kalahari. Aussi les plaines élevées se trouvent des deux côtés du Gariep au même niveau, et ne sont séparées que par le bassin plat de cette rivière, qu'une bande étroite de taillis riverains d'Acacias, de Saules et de quelques autres arbres accompagne jusqu'à son embouchure [47].

Mais M. Burchell [42] ne dit pas seulement d'une manière générale que, « sous plus d'un rapport », le Gariep constitue une limite botanique naturelle ; mais il permet encore de déduire de ses descriptions une différence positive entre les deux bords de la rivière, tant sous le rapport des formes végétales que sous celui de leur disposition. Le Roggeveld est complétement déboisé jusqu'au Gariep [47]; il ne possède point de groupes d'Acacias élevés, pas même les Graminées du désert. Bien qu'ici aussi les modestes cours d'eau ne coulent que périodiquement, toute

la haute plaine n'en est pas moins revêtue de basses broussailles, et presque exclusivement de Synanthérées ligneuses,
dont les feuilles arides, souvent aciculaires, suffisent cependant,
malgré leur exiguïté, à nourrir des troupeaux de grands animaux. Le grès ferrugineux, qui ne produit qu'une petite quantité de terre végétale colorée en rouge, est assurément la cause
principale de ce que ni les groupes d'arbres du Kalahari, ni les
steppes à Graminées et les savanes de ce dernier pays, ne parviennent à franchir le Gariep, attendu que toutes ces formations
exigent un sol profond, lors même qu'il serait également sablonneux. Mais le fleuve lui-même, qui dans ces contrées a environ la largeur du Rhin, et les taillis qui le bordent, ne se prêtent
pas non plus au mélange des deux centres de végétation. Toutefois ce qui fait voir que ces obstacles, auxquels tiennent au
reste la disposition et la séparation des formations, n'ont pas la
même importance pour tous les éléments constitutifs de la flore,
c'est l'extension de l'Épine à crochets (*Acacia detinens*), qui se
présente isolément aussi dans le Roggeveld, bien qu'à la vérité
cet arbuste ne devienne fréquent que de l'autre côté du Gariep,
où il finit par s'élever au rang d'une forme dominante et caractéristique de la végétation.

Il y a cependant, à ce qu'il paraît, des raisons suffisantes
pour considérer le Gariep non-seulement comme une limite de
formation, mais même, avec M. Burchell, comme une barrière
naturelle placée entre deux domaines floraux. En effet, dans la
prédominance des Synanthérées, ainsi que dans la configuration
uniforme et étroite de leurs feuilles, le Roggeveld possède encore
deux des particularités les plus essentielles de la flore du Cap.
La feuille aciculaire figure ici comme un moyen dévolu généralement à d'innombrables organisations frutescentes pour limiter
l'évaporation, et pour s'adapter ainsi au climat sec des plaines
de Karroo ; en vue du même but, la flore du Kalahari a été dotée
d'épines, ainsi que du feuillage des Mimosées dont la constitution
est toute différente, quoiqu'il soit également arrêté dans son
développement. De plus, la riche végétation de Graminées du
Kalahari constitue un phénomène non moins étranger à la majeure partie du Cap. C'est ainsi que dans le Kalahari se trouve

confirmée la loi en vertu de laquelle plus les centres de végétation sont géographiquement rapprochés les uns des autres, plus
il y a d'analogie entre l'organisation de leurs produits. En effet,
ce n'est que de cette manière, et non à l'aide du sol et du climat,
qu'on parvient à se rendre compte de ce que, tant par les Graminées que par les Acacias, les centres de végétation du Kalahari se rattachent bien plus intimement à la flore du Soudan
qu'à la végétation du Cap, essentiellement différente de celle de
l'Afrique tropicale. D'un autre côté, une liaison semblable paraît
être indiquée entre le Cap et le Kalahari par les végétaux bulbeux, qui ont produit sur M. Burchell une si vive impression.

Parmi ces végétaux bulbeux il mentionne aussi les Iridées, et
précisément des genres caractéristiques pour la flore du Cap
(*Babiana*, *Gladiolus*) [47]. Cependant il ne serait guère permis de
généraliser de tels rapprochements. Au reste, les centres végétaux du Cap se trouvent séparés les uns des autres d'une manière
tellement frappante, qu'à une distance aussi considérable on peut
bien s'attendre à des cas isolés d'affinité, mais non à une similitude soutenue d'organisation. Plusieurs, parmi les familles les
plus grandes et les plus saillantes de la flore du Cap, telles que
Éricées, Diosmées, Protéacées et Restiacées, disparaissent déjà
lorsqu'en venant de la côte méridionale, on arrive par le col de
Karroo sur la terrasse inférieure des contrées plus élevées [47].
C'est une de ces anomalies qu'on observe quelquefois en comparant entre eux des pays lointains, que de voir, parmi ces
familles, celle des Protéacées apparaître soudain encore une fois
de l'autre côté des plaines de Karroo ainsi que du Kalahari, sur
les hautes surfaces de la république Transvaalienne [48], et puis
accompagner les montagnes de la terrasse côtière orientale du
Soudan.

PIÈCES JUSTIFICATIVES

ET ADDITIONS

———

IX. KALAHARI.

1. L'insignifiante agriculture pratiquée sur quelques points, par exemple a Klaarwater par les Hottentots, ne tient qu'à l'irrigation artificielle faite à l'aide d'eau de puits. Si les semailles se font ici précisément pendant la saison sèche et la récolte en été, c'est par nécessité, attendu que pour leur développement, les Céréales exigent une température croissante ; en sorte qu'il ne faut pas attribuer ce fait aux précipitations, qui ne se produisent en hiver que très-exceptionnellement.

2. PETERMANN (*Geograph. Mittheil*, ann. 1858, pl. 7) a indiqué de la manière suivante, d'après les renseignements que nous possédons, la limite méridionale des Palmiers africains, et par conséquent la limite naturelle entre le Kalahari et le Soudan : cap Nègre dans le Benguela méridional (16° lat. S.), limite des Orampos et Dvamaras (19°), Ngami (20°), côté est de Natal et de la Cafrerie (32°). Plus tard (*ibid.*, pl. 11) les Palmiers se trouvent signalés dans le Damara, déjà sous la latitude S. de 20°.

3. ANDERSSON, *Lake Ngami*, 2° édit., p. 114, 187, 220. Une petite partie seulement du Grand-Namaqua et du Damara est habitable, le reste ne l'est guère, à cause du manque d'eau ou des fourrés de broussailles épineuses qui revêtent le sol. Ici on ne voit errer que des nomades avec de grands troupeaux de bœufs et de moutons, tandis que la transition des buissons épineux aux fertiles champs de blé des Ovampos (19° lat. S.) s'opère d'une manière subite.

4. BURCHELL (*Travels in the Interior of Southern Africa*, 1822-1824, I, p. 197, 370), qui atteignit la partie la plus méridionale du Kalahari, fit déjà cette expérience que, sur les plateaux du midi de l'Afrique, il n'y a pas d'autres précipitations que les orages d'été, et il qualifie de « fort irrégu-

liers et incertains » ceux qui se produisent au nord du Gariep. De même
M. Wilson (*Journ. Geogr. Soc.*, ann. 1865, XXXV, p. III) rapporte que, dans
le Kalahari et le pays de Namaqua, la végétation n'est irriguée que par les
averses d'orage : dans ces pays, un orage « est un phénomène formidable-
ment imposant », qui souvent ne dure qu'une heure.

5. LIVINGSTONE, *Expedition to the Zambesi*, p. 530. Ce n'est pas ici seulement, mais aussi par M. Baines (*Exploration in South-West Africa*,
1864, p. 61), qu'on voit constatée la prédominance des vents du sud-est.
M. Behm (Petermann, *Mitth.*, *loc. cit.*, p. 199) fait observer que ces données sont en contradiction avec celles fournies par M. Moffat (*Southern
Africa*, p. 87), qui, du sud de Kolobeng (25°-28° lat. S.), signale le vent d'est
comme rare et ceux d'ouest et de nord-ouest comme prédominants. Dans
le pays de Damara, des vents d'ouest se présentent aussi à de certaines
époques (Andersson, *loc. cit.*, p. 220), et de plus, dans le Kalahari, on voit
mentionné un vent de nord brûlant comparable au sirocco. En tout cas,
quand même on ne saurait se former encore une idée précise et complète
des conditions des vents de ce pays, toujours est-il que chaque aspiration,
ayant le désert pour foyer, doit être d'une nature sèche à cause de l'aridité
du sol.

6. FORSSMANN (Peterm. *Mitth.*, ann. 1867, p. 20). Dans la république
Transvaalienne se trouve la chaîne montagneuse de Magalies, fréquemment
mentionnée dans les collections de M. Zeyher (p. 20), qui vit à une altitude
de 1949-2274 mètres (6000-7000 p.; 25° lat. S.) des forêts tropicales de Légumineuses et de Combrétacées, alternant avec des savanes ouvertes, comme
en témoigne le catalogue des collections de M. Zeyher dans le *Linnæa* (XIX,
p. 583-680; *Jahresb.*, ann. 1846, p. 49).

7. ANDERSSON, *loc. cit.*, p. 118-220.— GALTON, *Tropical South Africa*,
p. 299; BAINES, *loc. cit.*, p. 176, 198.

8. MOFFAT, *Southern Africa*, p. 86. -- WILSON, *loc. cit.*, p. 116, 118.

9. ANDERSSON, *Lake Ngami*, p. 301, 323; *The Okavango river*, 1865,
p. 323.

10. ANDERSSON, *The Okavango river*, ibid.

11. ANDERSSON, *Lake Ngami*, p. 92.

12. Le pays à plateaux du Kalahari s'abaisse insensiblement vers le lac
Ngami à partir des montagnes marginales et dans la direction du nord au
sud. M. Galton a trouvé l'altitude de la partie occidentale de Damara (22°
lat. S.) à environ 1818 mètres (5600 p.); deux établissements de missionnaires au sud de Zwakop sont à 1621 mètres (4990 p.) et 1176 mètres
(3620 p.); Kolobeng (25°) à 1361 mètres (4220 p.); le lac Ngami, à 1132 m.
(3485 p.). L'altitude du lac Kumudau, à l'est du Ngami, a été déterminée seu-

lement à 821 mètres (2530 p.). Les points culminants de la terrasse côtière orientale sont représentés par le Cathkin dans les montagnes Draken, et ont une altitude de 3150 mètres (9700 p.); l'altitude de la terrasse côtière occidentale de l'Omatako, dans le pays de Damara, est portée à 2680 mètres ou 8250 pieds. (Comparez la carte de l'Afrique méridionale de M. Petermann, dans les *Geogr. Mitth.*, ann. 1858, pl. 7, ainsi que le tableau de toutes les déterminations altitudinales connues, *ibid.*, ann. 1867, p. 107.)

13. Le petit nombre de données relatives au climat excessif du Kalahari ont été réunies par M. Behm (Peterm. *Geogr. Mitth.*, ann. 1858, p. 197 et seq.); plus riches cependant, quoique également incomplètes, sont les observations moins récentes de Burchell (*loc. cit.*, I, p. 368, 375; II, p. 235, 259, 527), relativement à Klaarwater (29° lat. S.) et à Litakun (27°), auxquelles je me suis borné dans le texte. La chute de neige observée une fois en hiver constitue une exception à la marche habituelle des précipitations, de même que les pluies printanières qui ont lieu quelquefois.

14. ANDERSSON, *Okavango river*, p. 322.

15. J. HOOKER, *On Welwitschia* (*Linnean Transactions*, XXIV, ann. 1863). Comparez mon compte rendu dans les *Göttinger gel. Anzeigen*, ann. 1864, p. 127-147, d'où la supposition puisée dans le voyage de L. Magyar, relativement à une station de cette plante dans le Soudan, doit être retranchée.

17. GALTON, *Tropical South Africa*, p. VII, où dans une gravure sur bois se trouvent figurées les diverses formes épineuses des quatre espèces d'Acacias qui constituent la végétation de Damara « à l'exclusion de presque tous les autres végétaux ligneux ».

18. BURCHELL, *Travels in the Interior of South Africa*, I, p. 309.

19. Le terme hollandais *Wart-een-beetje* (en anglais, *Stop a bit*) s'explique de soi-même; mais M. Baines (*loc. cit.*, p. 147) s'en sert pour une autre espèce qui porte tout à la fois des épines stipulaires courbées et des épines isolées droites. L'*Acacia* à épines de deux formes, décrit dans le texte, est nommée par M. Baines *Haak-een-steek;* c'est peut-être l'*Acacia heteracantha* de Burchell.

20. BURCHELL, *loc. cit.*, II, p. 11.

21. HARVEY et SONDER, *Flora capensis*, II, p. 280.

22. GALTON, *loc. cit.*, p. 99.

23. LIVINGSTONE, *Missionary Travels*, édit. allemande, I, p. 28.

24. Dans le Kalahari, la forme de l'Olivier est représentée par l'*Olea verrucosa* Lk., fréquemment mentionné par M. Burchell, que ce voyageur qualifie de *Olea similis*. Par son port et la configuration de la feuille, ce type est semblable à l'Olivier européen, qui pénètre également du dehors dans

les oasis du Sahara. Quels sont les arbres du Kalahari appartenant à la forme Laurier? C'est là une question qui exige encore une étude botanique spéciale.

25. BAINES, *loc. cit.*, p. 482. On ne connaît pas encore le *Bauhinia* qui constitue les forêts dans les environs du lac Ngami. La seule espèce mentionnée dans le *Flora capensis* de Harvey, qui puisse lui être rapportée, est le *B. gariepensis*, mais celle-ci est décrite comme un arbuste à feuilles presque indivises.

26. ANDERSSON, *Okavango river*, p. 20.

27. LIVINGSTONE, *loc. cit.*, I, p. 62, 73, 140.

28. Le *Citrullus cafer* Schrad. est réuni spécifiquement par Souder (*Fl. capens.*, II, p. 494) au Melon d'eau du midi de l'Europe (*C. vulgaris* Schr.); cependant l'extension géographique de ce dernier n'est guère favorable à cette manière de voir. Ce qu'il y a de certain, c'est que le Melon de l'Afrique méridionale se présente tant avec un jus doux qu'avec un jus amer, et que dans ce dernier cas il n'est point comestible, de même qu'une autre espèce également affine : la Coloquinte (*C. Colocynthis*). Il paraît que malgré leurs différences chimiques, les deux formes sont tout aussi difficiles à distinguer que le sont les amandes douces et amères.

29. BURCHELL (*loc. cit.*, I, p. 465) paraît prendre pour le *Sarcostemma viminale* l'une des Asclépiadées à bulbes comestibles mentionnées par lui, mais je ne sache pas que l'on connaisse d'organe semblable chez cette espèce. Peut-être l'Asclépiadée de Burchell est-elle la même que Livingstone décrit sous le nom de *Leroschna*, qui possède, à la profondeur de $0^m,3$ à $0^m,4$, un bulbe de la grosseur d'une tête d'enfant, et dont il signale la séve rafraîchissante comme un nectar dans le désert. Une autre espèce, que Livingstone nomme *Mokuri*, est pourvue d'un réservoir encore plus riche de substances nutritives. D'après Burchell (II, p. 589), des bulbes comestibles sont également fournis par quelques Iridées, puis surtout par son *Bauhinia esculenta*, plante volubile dont la racine a une longueur de $0^m,4$ avec un diamètre de plus de $0^m,1$: il convient de comparer cette espèce avec celle que M. Bentham a nommée plus tard *B. Burkeana*.

30. Des fruits comestibles sont également fournis, pendant la saison sèche, par une Cucurbitacée (Livingstone, *loc. cit.*), de même que parmi les arbustes (Burchell, II, p. 388) par une Ébénacée, le Guarri (*Euclea myrtina*). et par une Tiliacée, le Morikwo (*Grewia flava*).

31. LIVINGSTONE, *loc. cit.*, I, p. 121.

32. ANDERSSON, *Lake Ngami*, p. 81. — BAINES, *loc. cit.*, p. 28.

33. BURCHELL, *loc. cit.*, I, p. 343.

BURCHELL, *Id.* II, p. 3. Les végétaux bulbeux (Liliacées, notamment les Amaryllidées) sont très-généralement répandus dans les contrées du sud-est, et fleurissent en janvier et février. L'*Amaryllis lucida* se développe avec 'tant de rapidité, que dans le cours de dix jours, non-seulement l'éclosion du bourgeon jusqu'à la maturité de la semence s'était accompli, mais encore les pédoncules floraux s'étaient épanouis.

35. Parmi tous les arbustes qui se présentent en groupes dans les savanes et les steppes de Litakun, celui que Burchell mentionne le plus souvent est le Mohaaka (*Tarchonanthus litakunensis* DC., constituant, d'après M. Harvey, une variété du *T. camphoratus* du Cap). Cette Synanthérée, haute de 3ᵐ,2 à 3ᵐ,8, ne conserve le revêtement pileux que sur la surface inférieure des feuilles, et est riche en huile éthérée. Livingstone (*loc. cit.*, I, p. 141), qui désigne le *Tarchonanthus* par le nom de *Mohatla*, fait observer qu'allumé, même à l'état frais, il brûle avec une vive flamme, à cause de sa substance résineuse odoriférante.

36. Cf. les figures de paysages chez Burchell, II, p. 340.

37. ANDERSSON, *Okavango river*, p. 16, 66, 67.

38. GALTON, *loc. cit.*, p. 281, 136.

39. HAHN (Peterm. *Mitth.*, ann. 1859, p. 297).

40. BAINES, *loc. cit.*, p. 110.

41. ANDERSSON, *Lake Ngami*, p. 223. L'auteur estime l'étendue du Grand-Namaqua à environ 5000 milles géogr. carrés, et sa population au chiffre d'à peine 3000 âmes (Cf. Behm, *Geogr. Jahresb.*, I, p. 101).

42. BURCHELL, *loc. cit.*, I, p. 516, 537, 324 ; II, p. 233, 260, 340.

43. PETERMANN, *Mitth.*, ann. 1839, p. 298.

44. HARVEY et SONDER, *loc. cit.*, Préface, p. 7.

45. Rapports de la Société rhénane des missionnaires, ann. 1831, n° 24 (d'après Behm, chez Peterm. *Mitth.*, ann. 1858, p. 199). Dans le Petit-Namaqua, la période pluvieuse dure depuis avril jusqu'à juin, et se trouve accompagnée par des vents marins d'ouest, tandis que pendant l'été les précipitations n'y ont pas lieu.

46. BURCHELL, *loc. cit.*, I, p. 197. Les pluies d'hiver du Cap ne s'étendent qu'à une certaine distance de la côte ; en dehors de cette ligne limite, on ne voit que des pluies d'été.

47. ID.; I, p. 317, 284, 314, 208 ; II, p. 589.

48. ZEYHER, *loc. cit.* (*Jahresb.*, ann. 1846, p. 48).

X

FLORE DU CAP

Climat. — Aucun pays ne se prête moins à voir déduire le caractère de sa Flore des conditions physiques de la végétation; nulle part on n'est plus vivement frappé par une activité indépendante de l'ordre actuel des choses et rattachée à l'origine des formes organiques. Le sol et le climat y retardent le développement des organes végétatifs; le pays apparaît même encore plus aride, plus pauvre et plus stérile qu'on ne s'y serait attendu, à en juger par les faits météorologiques, et pourtant la variété des espèces réunies dans des formations si uniformes et si peu propres au bien-être de l'homme est plus considérable que dans toute autre partie du globe. Sous le rapport géognostique, les terrasses les plus méridionales de l'Afrique ne diffèrent point des trois côtes, ni des chaînes montagneuses qui s'aplanissent dans la direction du pays élevé de l'intérieur, ni enfin des soulèvements tropicaux du continent; et cependant tous ces pays ont produit une variété de végétation bien moins riche. Les granites et les schistes argileux, ainsi que les grès siluriens qui s'étendent au loin, appuyés sur ces derniers, ne sont souvent revêtus que d'une mince couche de terre végétale, qui, par sa nature arénacée, s'oppose à une irrigation régulière et se trouve exposée à de fâcheuses oscillations de température. Toutefois, quelque exigu que soit le contingent de substances nutritives fourni par un sol aussi infertile, il n'en est pas moins vrai que ce qui exerce une influence extraordinaire sur la répartition des végétaux indigènes et les empêche de se répandre sur de plus vastes espaces, ce sont des particularités en apparence insignifiantes du sol, selon qu'il contient plus ou moins d'argile ou d'autres éléments constitutifs mélangés au sable siliceux, tels que l'oxyde de fer qui le colore, ou les sels de soude, dont les traces sont fréquentes.

Tout ce que la nature fournit ici aux plantes est peu de chose ; mais ce sont les nuances délicates qu'offre la terre végétale, dans sa composition et dans son humidité, qui sont d'un immense effet sur la végétation. Toutefois, comme les mêmes contrastes, entre les sols rocailleux, sablonneux et argileux, se reproduisent constamment, il faut bien qu'il y ait encore d'autres obstacles capables de limiter tant de végétaux à des stations particulières.

Ces obstacles généraux qui paralysent leur migration tiennent au relief du pays et à son climat. Par la configuration même de la côte, il existe, au sud du Gariep, un parallélogramme étendu en largeur, qui s'aplanit de telle manière que les plateaux de l'intérieur sont séparés, soit du littoral, soit entre eux-mêmes, par des terrasses successives que forment des montagnes rocheuses ou des abîmes abrupts. Les terrasses supérieures ou plaines de Karroo, reliées à la côte seulement par des vallées isolées ou des cols difficiles (les *Kloof*), sont revêtues de la végétation uniforme des steppes. Ici s'évanouit la plupart des produits de la flore du Cap, dont l'aspect, en hiver et au printemps, a fait donner la qualification de paradis des fleurs à la contrée littorale du sud-ouest. L'altitude moyenne de ce gradin inférieur, qui ne s'élève près de la ville du Cap que jusqu'aux hauteurs de Stellenbosch et de Hottenttotsholland, et n'a partout que peu d'étendue, est estimée à 163 mètres (500 p.) ; celle de la terrasse du milieu, ou plaine de Karroo proprement dite, à 650 mètres (2000 p.), et celle du Roggeveld, le point le plus élevé, à 1137 mètres (3500 p.).

Même indépendamment des changements climatériques produits par les différences de niveau, il existe, sur les lignes de soulèvement qui constituent les terrasses, des obstacles mécaniques constants qui s'opposent à l'extension des plantes du Cap.

T. II. 18

Et comme les steppes des plaines de Karroo l'emportent de beaucoup en superficie sur le littoral étroit de la terrasse côtière,
l'espace réservé aux richesses de la flore du Cap est tellement
circonscrit, qu'on a lieu d'être étonné du grand nombre d'espèces
endémiques et locales qu'ont fournies certaines stations, notamment les montagnes voisines de la ville du Cap. Les catalogues
des collections de M. Drège font voir[1] combien les plantes sont
inégalement réparties dans les plaines et dans les montagnes.
C'est sur les montagnes de la côte occidentale que se présente
la variété la plus grande : elle s'accroît sur les points où le sol
est incliné, parce qu'il suffit d'une légère modification dans l'irrigation et dans le climat, pour trancher la lutte que les espèces
se livrent sur le sol.

Sur une seule montagne, le Dutoitskloof, près de Paarl,
M. Drège a constaté, au printemps, environ 760 plantes vasculaires en ¡fleur, qui se trouvaient disposées de façon que pour
toute différence de 325 mètres (1000 p.) de niveau en plus ou
en moins, les éléments constitutifs de la végétation subissaient
un changement complet. Presque la moitié de ces végétaux étaient
des arbustes : car c'est ici la contrée où les groupes les plus
spéciaux de la flore du Cap appartiennent à ces formes de végétation, telles que : Éricées, Protéacées, Diosmées, Bruniacées,
Thymélées, Santalées, Pénéacées, ainsi que quelques grands
genres d'autres familles (*Cliffortia*, *Aspalathus*, *Pelargonium*).

Une action aussi exceptionnellement puissante exercée par
l'altitude tient surtout, sans doute, au décroissement de la température, de même que le mélange des espèces situées au même
niveau doit être déterminé par la nature et l'irrigation du sol.
Les végétaux se ressemblent tellement sous le rapport des forces
de résistance dont ils sont doués, que l'un ne saurait refouler
l'autre de la place qu'il occupe, et c'est ainsi qu'une multiplication sociale des individus ne devient que rarement possible.
Toutefois nous n'en savons pas mieux pourquoi l'altitude différencie sur ce point la végétation d'une manière plus tranchée
que sur un massif montagneux quelconque de notre globe : c'est
là un fait propre aux plantes nées dans le domaine du Cap, un

fait du passé qu'on ne saurait approfondir davantage et que
l'ordre actuel des choses est incapable d'expliquer.

Le climat maritime de la ville du Cap possède une température tellement élevée, qu'elle favorise la production du vin le
plus généreux : la moyenne annuelle[3] y est de 16°,2, la moyenne
de l'été de 20°, et celle de l'hiver de 12°,5. La courbe thermique
se rapproche de celle de Lisbonne, et la séparation entre les
hautes surfaces et la région littorale plus chaude peut être assimilée aux contrées de l'Espagne échelonnées en gradins, bien
que nulle part, dans les maquis du domaine de la flore méditerranéenne, les arbustes sociaux ne fassent défaut comme ici, et
que nulle part, sans en excepter le riche domaine du midi de
l'Europe, l'étendue des familles et des genres fournis par une
aire semblable ne puisse être comparée, même de loin, avec la
variété de la flore du Cap. Les Éricées du Portugal, témoignage
si explicite de l'affinité climatérique entre les flores des deux
pays, sont vingt-cinq fois moins nombreuses que celles du
Cap, et il en est de même à l'égard des proportions de la végétation tout entière dans chaque station prise séparément.

Cependant la cause la plus importante de la répartition irrégulière des plantes du Cap ne tient pas à la température, mais
à l'irrigation ; car, considéré dans son ensemble, c'est sous ce
dernier rapport que ce point de l'extrême Afrique est inférieur
au midi de l'Europe, tellement que le pays s'y prête peu à l'agriculture et se trouve réduit presque à l'élevage du bétail. Les
nombreuses rivières littorales qui le sillonnent n'ont guère d'importance, et subissent, dans le niveau de leurs eaux, des changements extraordinaires. Il paraît que dans les vallées profondes
qu'il s'est creusées, le Gariep[4] monte souvent subitement à
12^m,9, tandis qu'à d'autres époques il ne renferme que peu
d'eau et se perd presque dans les sables de son embouchure[5].
Dans les plaines de Karroo, on trouve souvent les lits des rivières
complétement desséchés, bien que leurs eaux ne soient pas
exclusivement alimentées par les pluies, mais aussi par les
neiges qui tombent accidentellement dans les montagnes plus
élevées. Les vents de mer déposent leur humidité sur toutes les
côtes ; ce qui n'empêche pas que dans l'une des contrées les plus

humides, dans les environs de la ville du Cap, la quantité de pluie tombée ne se monte qu'à 580 millimètres [3]. Dans l'intérieur, à Graaf-Reynet, partie orientale de la plaine de Karroo, cette quantité se réduit à 350 millimètres [4]. Comme la colonie du Cap, du côté du sud, ne dépasse guère le parallèle de 34°, elle se trouve tout à fait sous l'empire de l'alizé d'été, à l'instar du midi de l'Europe; mais il lui manque une irrigation régulière et suffisante, parce que les précipitations se trouvent en grande partie limitées aux versants des terrasses ainsi qu'aux montagnes littorales exposées à l'action des vents de mer. Des crêtes et des ravins saturés d'humidité ne sauraient compenser l'aridité générale des hautes plaines auxquelles ils ont enlevé les vapeurs d'eau. C'est pourquoi nous trouvons que les pluies vont en diminuant graduellement à partir des côtes jusqu'aux plaines de Karroo, au point que la haute surface traversée par le Gariep, du côté du Cap, finit par devenir tout aussi déserte que le Kalahari. Comme les soulèvements les plus considérables de la colonie se trouvent dans sa partie orientale, il s'ensuit que les vapeurs d'eau apportées par l'alizé se perdent sur les versants du pays des Cafres, situé vis-à-vis de la mer des Indes, et recevant par conséquent une irrigation plus abondante. C'est sur la côte occidentale seulement que la période pluvieuse a lieu, comme dans le midi de l'Europe, dans la saison d'hiver, pendant laquelle prédominent les courants atmosphériques équatoriaux. L'aridité se maintient le plus longtemps dans les hautes plaines, masquées également dans cette direction, par des lignes montagneuses. Les précipitations y succèdent, comme dans la Cafrerie, à la saison plus chaude, mais elles se présentent bien plus rarement que dans ce dernier pays : sur les côtes, elles sont la conséquence de l'altitude ; dans l'intérieur, elles se produisent dans les mêmes conditions que dans le Kalahari, sous forme de pluies d'orages, abondantes mais irrégulières.

La quantité inégale des précipitations annuelles, ainsi que les périodes opposées auxquelles elles ont lieu, ne constitue point le seul fait climatérique qui établisse une connexité entre l'irrigation de la colonie du Cap et la vie des plantes. La proportion des vapeurs contenues dans l'atmosphère a également de l'im-

portance pour certaines formes de végétation. Comme l'humidité
venant de la mer se condense sur les chaînes montagneuses
que renferme l'intérieur du pays, elle n'atteint les plaines de
Karroo que dans les couches supérieures de l'atmosphère, ou
bien sur les points où, à l'aide des vallées, les vents de mer parviennent çà et là à se frayer un passage. Sur les hautes plaines,
la sécheresse atmosphérique est extrême, même à l'approche
des orages. Lors d'une observation faite à l'est de la colonie [4],
au moment où l'on voyait déjà tomber les premières gouttes
d'une violente averse, la proportion de vapeurs d'eau, relativement au point de saturation, n'était que de 29 pour 100, un peu
moins peut-être que ce qui a été constaté dans le Sahara : dans
la ville du Cap, la moyenne d'une année fut déterminée à 72
pour 100. De semblables différences sont tellement considérables, que les mêmes plantes ne sauraient guère se maintenir
tout à la fois dans l'intérieur et sur la côte ; car il faut bien que
l'organisation ait une protection quelconque pour pouvoir résister à l'évaporation sous l'empire d'une sécheresse atmosphérique
aussi intense. C'est également grâce à la même influence que la
terre végétale, pourvue d'une certaine proportion d'argile, se
convertit en une masse compacte, au point d'avoir pu être comparée à des tuiles cuites [5] ; afin de résister à la force mécanique
d'une telle contraction, souvent les organes souterrains sont
protégés d'une manière particulière : les bulbes par des tégu-
ments compactes, élastiques, les troncs ligneux par la solidité et la dureté du bois. Il est de même évident que, eu
égard à la nature du sol, la germination des semences ainsi
que la multiplication des individus doivent être rendues plus
difficiles.

C'est la répartition des époques de floraison entre les diverses
parties de l'année qui nous permet d'apprécier le mieux les différences que présente la marche du développement selon les formes végétales, ainsi que selon chaque contrée en particulier. Ici,
en passant d'un pays à un autre, les collecteurs ont pu mettre à
profit l'année tout entière, quelque éphémère que soit la parure
végétale dont certains points se trouvent revêtus. Et quoique
également causé par l'inégalité de l'irrigation, ce fait seul suffit

pour opposer les plus grands obstacles à la migration et à l'extension des plantes sur de vastes espaces.

Lorsque nous comparons les contrées d'après l'époque des précipitations, ainsi que d'après la prolongation ou la réduction que subissent, par suite, les périodes de végétation, nous obtenons les résultats suivants :

Dans la ville du Cap, les pluies d'hiver embrassent les mois compris entre mai et septembre[3]; c'est à ce laps de temps que revient plus des deux tiers du montant annuel de la précipitation atmosphérique. L'époque de la floraison de la plupart des végétaux a lieu ici également pendant les mois d'hiver (de juin à août)[5]. D'abord apparaissent, en juin et en juillet, les végétaux bulbeux : on voit, dès les premières pluies, comme évoqué par une baguette magique, briller partout l'éclat de leurs vives couleurs; puis viennent les arbustes, et à la fin les plantes grasses. Cependant les saisons plus avancées ne sont pas non plus complétement dénuées de fleurs : le temps d'arrêt ne frappe point toutes les plantes, parce que, dans la proximité des côtes, le sol ne sèche jamais aussi complétement que dans les hautes plaines. Ainsi, placée en contact immédiat avec le jardin d'hiver de la flore du Cap, la montagne de la Table, s'élevant librement au-dessus de la ville, présente déjà un tableau tout différent. L'alizé sud-est qui constitue un vent sec pour la côte occidentale, enveloppe cette montagne, pendant l'été, de la calotte nuageuse si connue. En conséquence, en février et mars, on voit sur ses hauteurs un grand choix des fleurs les plus rares[6], de beaux végétaux bulbeux, d'Éricées et de Synanthérées, et cela à une époque où, avant la fin du printemps (fin de novembre), la végétation de la contrée basse est déjà fanée. Sur les collines et les chaînes montagneuses qui séparent la terrasse côtière occidentale des plaines de Karroo, là période de végétation s'allonge et se réduit tour à tour; ici la principale époque de floraison a lieu au printemps, pendant les mois de septembre et d'octobre. La durée réduite de la végétation est l'état habituel des plaines, même de Karroo; c'est pourquoi ces vastes espaces sont inhabités et ne se prêtent qu'à l'industrie du chalet. Ce qui y constitue la condition décisive, c'est la sécheresse des chaleurs estivales et non le défaut de pluie, défaut très-prononcé en tout temps et peu susceptible d'être compensé par les orages d'été. Quelques précipitations pendant l'hiver suffisent pour réveiller, après un long repos, les germes de la vie ; mais la plaine de Karroo est à peine en fleur pendant un mois, et déjà, vers la fin de septembre, elle est de nouveau complétement déserte [5]. Les pluies vivifiantes de l'hiver font même défaut à la terrasse supérieure du Roggeveld, « où l'on ne voit se décharger, sans régularité et comme par hasard, que des nuages rapidement emportés ». C'est d'une manière opposée et conformément à leur période de pluie que se comportent les sections orientales de la flore du Cap : en décembre et janvier, M. Drège avait achevé ses récoltes botaniques dans la baie d'Algoa et dans la Cafrerie [1].

C'est ainsi que partout les précipitations atmosphériques tirent la végétation de son état de repos, de même que la sécheresse qui survient en interrompt la marche. Pour certains végétaux seulement, introduits d'Europe, comme le Chêne, l'époque du sommeil hivernal coïncide avec la saison la plus froide [6], attendu que leur feuillaison s'adapte à la période telle qu'elle existe dans l'hémisphère méridional. Quant à la végétation indigène, le faible décroissement de la température pendant l'hiver ne paraît exercer aucune influence sur les phases annuelles de son développement ; toutefois, ici encore comme dans le midi de l'Europe, ces phases ne se produisent que lorsque la courbe thermique commence à s'élever. Comme elle tient à la circulation de la séve, la période de végétation est de courte durée chez la plupart des formes végétales, parce que les précipitations, selon la contrée, ou bien n'ont lieu que pendant des mois déterminés, ou bien sont en général incertaines, et même quelquefois font défaut des années entières. Ce sont les mauvaises récoltes, fréquemment occasionnées par les périodes irrégulières de sécheresse, qui paralysent le plus la culture du sol, de même que l'arrêt prolongé que subit la végétation indigène compromet souvent, sur une grande échelle, les intérêts du bétail *.

---

* Dans un travail sur l'influence que l'introduction des Mérinos a exercée sur la végétation de l'Afrique méridionale, M. John Shaw (*Report of the Brit. Associat.*

Les caractères différentiels climatériques de la flore reposent
sur des conditions d'irrigation tellement inégales que les terrasses
élevées et les côtes, ou ces dernières entre elles, n'ont en commun qu'un petit nombre de plantes. Il est difficile de récolter
d'une manière complète tous les éléments constitutifs de la flore,
parce que, pour beaucoup d'espèces, les stations sont circonscrites; que pour d'autres, la période de développement est fort
restreinte, et enfin que pour certaines, notamment dans les
plaines de Karroo, les conditions d'existence ne se présentent pas
chaque année [*]. La contrée qui donne la mesure du caractère
de la flore et qui constitue le véritable foyer des centres de
végétation, c'est la côte sud-ouest, où les seuls végétaux indigènes sont les Éricées et les Protéacées, qui, à peu d'exceptions
près, s'évanouissent déjà à une distance de 30 milles géographiques vers l'intérieur du pays. Sur quelques points de la côte
méridionale, les montagnes plongent brusquement dans la mer,
ce qui oppose également un obstacle au mélange des centres.
Ce sont les steppes de Karroo avec leurs broussailles de Synanthérées qui se trouvent complétement isolées.

Dans la partie est de la colonie, les précipitations atmosphériques ne sont pas moins incertaines ; les plantes grasses y jouent
un rôle plus saillant, et c'est sur les hauteurs humides de la
Cafrerie qu'apparaît le dernier membre de la flore, représenté
par une végétation plus vigoureuse et plus feuillue, qui passe
graduellement aux formes tropicales de la côte de Natal. Ici les
différences que présente l'irrigation atteignent leur maximum et
se trouvent déterminées par la position des versants montagneux
à l'égard de l'alizé.

Formes végétales. — On peut comparer la physionomie du

for the advanc. of. sc. at Bradford, ann. 1874, p. 105) signale non-seulement l'en-
vahissement funeste du Xanthium spinosum, apporté par la toison de ces Ruminants,
mais encore les modifications que la végétation des prés a subies à la suite de
l'introduction des troupeaux de Moutons, qui ont fait disparaître la plupart des
Graminées touffues, de manière que les surfaces dénudées ne conservent plus les
eaux pluviales, mais les laissent s'écouler en pure perte ; il en résulte, dit M. J. Shaw,
que les cours d'eau et le sol se dessèchent, au point qu'on peut prévoir l'époque
où les prés de la partie centrale du Cap seront convertis en une sorte de désert
(« the midland regions will turn into semi-desert »). — T.

pays du Cap à celle des Bruyères de la plaine baltique [6]; car, de même que dans cette dernière, les buissons qui revêtent la majorité de la colonie sont de taille peu considérable (ordinairement de $0^m,6$ à $1^m,6$)[7], et la plupart se ressemblent tellement entre eux par la simplicité de la conformation de leurs feuilles, que l'époque de la floraison révèle seule avec quelle prodigalité la nature répand sur ces chétives broussailles l'ornement de ses richesses. Le fait que les voitures chargées des colons, attelées de leurs longues files de bœufs, peuvent librement circuler en tout sens, depuis la ville du Cap jusqu'à la Cafrerie et au delà, est une preuve de la faible importance des végétaux ligneux sur un sol où les humbles buissons produisent peu d'humus et où le grès désagrégé est incapable de retenir l'humidité. Le feuillage des arbustes est toujours vert, et peut, par conséquent, tirer parti d'une irrigation non périodique aussitôt qu'elle a eu lieu ; pourtant les signes d'un énergique échange de substances lui font défaut : on voit prédominer dans la contrée les teintes froides, bleuâtres ou cendrées, soit parce que les surfaces des feuilles sont trop petites pour masquer la couleur brune des branches, soit que les teintes vertes manquent d'éclat et se trouvent souvent voilées par les poils. Les formes d'Erica et de Protéacées auxquelles appartiennent la plupart des buissons de la flore du Cap correspondent à ces deux genres de configuration du feuillage. Ce qui donne une signification plus générale à la feuille aciculaire de l'Erica, c'est que celle-ci se reproduit dans une série de familles et de genres de la structure la plus diverse, en sorte que quand les plantes sont sans fleurs, souvent on ne saurait aucunement les distinguer des Éricées elles-mêmes (notamment chez les Bruniacées, Diosmées, Stilbinées ; parmi les Rhamnées chez le *Phylica*, parmi les Protéacées chez le *Spatalla*, parmi les Polygalées chez le *Muraltia*, parmi les Synanthérées chez l'*Elytropappus* et autres, parmi les Rubiacées chez l'*Anthospermum*).

Par l'entremise de feuilles plus larges, mais tout aussi rigides, la forme des Éricées passe à celle des Myrtes (par exemple chez les Polygalées, les Sélaginées, les Thymélées). Les Éricées elles-mêmes renferment le genre le plus considérable de la flore du

Cap (environ 400 espèces), et comme elles habitent en partie
les plaines et en partie les montagnes de la côte sud-ouest, où
les précipitations ont lieu à des époques différentes, il n'est
presque pas de saison où l'aspect de la contrée ne soit embelli
par certaines de leurs espèces chargées de fleurs élégantes, à
couleurs vives. Même le feuillage de la forme de Protéacée avec
ses teintes vert bleuâtre, mates, ou bien ses revêtements pileux
à reflet argentin, se trouve quelquefois jusque sur le sol le plus
aride, orné de capitules floraux de dimensions extraordinaires,
dont les substances sucrées attirent des essaims d'insectes [8] :
chez l'une des espèces les plus fréquentes (*Protea cynaroides*),
les capitules blanc verdâtre atteignent un diamètre de 21 centimètres. La plupart des Protéacées sont propres au Cap ou à
l'Australie, les genres et les espèces de cette famille étant répartis assez uniformément entre les deux flores ; cependant des
formes analogues de feuilles se reproduisent également au Cap,
dans plusieurs autres familles. De même, les deux formes principales d'arbustes toujours verts sont loin d'épuiser le cercle
entier des types foliacés ; car il est encore bien des genres à
feuillages caractéristiques par leur tissu et leurs contours, qui,
tout en étant assez connus, n'en sont pas moins presque exclusivement propres à la flore du Cap (ex. : parmi les Géraniacées, *Pelargonium;* parmi les Byttnériacées, *Hermannia* et
Mahernia; parmi les Rosacées, *Cliffortia;* parmi les Térébinthacées, *Rhus*).

Avec une végétation insuffisante, l'accroissement du bois ne
peut progresser que lentement, mais le tissu du tronc, ainsi
que celui des organes souterrains lignifiés, n'en devient que
plus compacte et plus dur. Un phénomène peut-être unique
dans son genre, c'est celui que présente le corps ligneux souterrain ou aérien, qui subit parfois un gonflement ventru et dif-
forme. De telles masses ligneuses, dont les dimensions sont
quelquefois considérables, renferment à l'état latent une grande
force d'organisation qui rend plus aisément supportable l'irrégularité de l'irrigation, et qui fait que, lorsque tous les organes
tendres s'évanouissent, soit périodiquement, soit d'une manière
permanente pendant des années entières, de nouveaux bour-

geons se produisent soudain au contact de l'humidité. Au nombre des plus remarquables conformations de ce genre, figure
une Liane voisine des Dioscorées et connue sous le nom de Pied-
d'éléphant, dont la tige délicate sort d'un tronc ligneux polyé-
drique globuliforme (*Testudinaria elephantipes*). Chez un genre
d'Araliacées arborescentes (*Cussonia*), dont le tronc indivis représente ici la forme Clavija, la masse ligneuse souterraine constitue des corps ellipsoïdo-coniques d'une dimension considérable. C'est dans des proportions plus petites que se développent des bulbes ligneux chez une série de *Pelargonium* (*P.* sect.
Hoarea) dont le reste des organes succombe à la sécheresse.
Chez un arbuste de la même famille des Géraniacées (*Sarco-
caulon*), on ne voit plus que de gros troncs ligneux grisâtres,
armés de longues épines, comme autant de corps morts, après
que les autres organes ont complétement disparu.

Dans certains cas, on constate ici également quelques-unes des
propriétés des végétaux de la steppe, notamment la sécrétion
d'huiles éthérées (par exemple chez le *Rhus Tarchonanthus*, chez
les Diosmées), et encore plus fréquemment le développement
d'épines chez les arbustes, sans que toutefois ce dernier phénomène se présente aussi généralement que dans le Kalahari, ou
sous des climats à précipitations d'une périodicité plus accentuée. Le long des cours d'eau de l'intérieur du pays, les buissons riverains sont composés ordinairement de l'Acacia du
Karroo (*Acacia horrida*), reconnaissable à ses longues épines
blanches comme l'ivoire, et constituant presque le seul représentant de la forme Mimosée, qui n'acquiert un développement
plus varié que de l'autre côté du Gariep.

Les arbres de la flore du Cap ont tous une taille peu considérable, rarement inférieure à $6^m,4 - 9^m,7$; de même leur bois est
extraordinairement solide, de longue durée et d'un accroissement lent. Exclus des plaines arides, les végétaux arborescents
« s'abritent contre le soleil dans d'étroits ravins montagneux [7] »,
ou bien se retirent sur les rives des cours d'eau. Cependant, sur
le littoral méridional, dans la direction de la baie d'Algoa, on
voit, grâce aux vents humides de mer, des forêts plus étendues
et de plus haute futaie, qui, tout en offrant des éclaircies et en

étant peu ombreuses à cause du faible développement des feuilles, n'en possèdent pas moins des sous-bois qui les rendent impénétrables. D'après leur feuillage, ces arbres appartiennent pour la plupart aux formes de l'Olivier et du Laurier, et quelques-uns portent la feuille pennée du Tamarin. Le petit nombre de Conifères n'ont point de feuilles aciculaires, mais ressemblent soit au Cyprès (*Widdringtonia*), soit à l'Olivier (*Podocarpus*). En général, le chiffre des espèces arborescentes n'est guère élevé, mais celles-ci appartiennent aux familles dicotylédonées les plus diverses[9]. C'est dans les fourrés de ces forêts qu'il faut chercher les formes de la flore du Cap qui, étant le produit d'un sol humide, semblent devoir être si étrangères au climat de ce pays : telles sont les Fougères luxuriantes (*Todea*), même une Fougère arborescente (*Hemitelia*), des Lianes, une Scitaminée (*Strelitzia*), et une Aroïdée (*Richardia*), plantes dont les deux dernières sont anciennement connues pour faire l'ornement de nos serres et de nos habitations.

Néanmoins ces districts boisés abondamment irrigués, où se dresse, tout à côté du lit des rivières littorales, la terrasse rocailleuse, n'en admettent pas moins l'immixtion de plantes grasses, auxquelles pendant les saisons sèches se trouve limitée la force organisatrice, ou bien d'arbustes épineux, capables aussi de mieux supporter l'aridité. Les plantes grasses deviennent beaucoup plus fréquentes dans les districts orientaux de la Colonie où elles sont tout aussi riches en formes que les autres végétaux[10]. Sur le sol aride et rocailleux de la steppe de Karroo, on voit dans les proportions de taille les plus diverses, les Euphorbes, correspondant à la forme-Cactus; les nombreuses espèces d'un genre d'Asclépiadées (*Stapelia*) reproduisent en petit un extérieur analogue. Les troncs articulés des Euphorbes, à faces anguleuses, hérissés d'épines et gorgés de suc laiteux, se dressent souvent entrelacés à la manière d'un gazon : l'espèce la plus considérable (*E. grandidens*)[6] a un tronc de 12^m,9 à 16^m,2, dont les branches constituent une couronne ombelliforme. Par leur feuillage charnu, les espèces d'Aloès, ici particulièrement variées, correspondent à la forme Agave, mais dans quelques cas la rosette de leurs feuilles

rigides et pointues est supportée par un tronc ligneux indivis
(ex. *Aloe arborescens*), et dès lors leur port, en tant qu'élément
physionomique de la contrée, rappelle celui des Liliacées arborescentes. Parmi les arbustes et les herbes vivaces à feuilles
grasses, les Chénopodées, qui ne comptent que peu d'espèces
dans le Karroo (*Salsola*, sect. *Caroxylon*), se trouvent remplacées par des genres considérables de Ficoïdées (*Mesembrianthemum*), de Portulacées et de Crassulacées, comme aussi par
une Synanthérée (*Kleinia*), végétaux qui acquièrent plus de
variété sous le climat sec de la terrasse supérieure. Dans le Karroo, ainsi que dans les districts orientaux, les Portulacées présentent également un arbre nain à aspect insolite de $3^m,2$ à $3^m,8$
de hauteur (*Portulacaria*). Les feuilles grasses des Crassulacées ont de l'importance pour le maintien des troupeaux de
moutons[1], puisqu'elles fournissent une bonne nourriture, alors
que tout le reste du fourrage a déjà été détruit par la sécheresse. Les plantes grasses germent partout où le retrait ou les
fentes de la roche solide offrent une situation convenable quelconque. Chez l'un des genres les plus fréquents (*Mesembrianthemum*), les capsules détachées sont entraînées par le vent à
l'instar des *coureurs des steppes* de l'Asie (voy. vol. Ier, p. 625);
ces organes reproduisent le mécanisme propre à l'Anastatica :
celui de rester fermés pendant la sécheresse et de ne s'ouvrir,
pour répandre leurs semences, que lorsqu'ils se trouvent en
contact avec le degré d'humidité indispensable à la germination [11].

A l'exception des espèces d'Aloès munies d'un tronc, aucun
autre arbre monocotylédoné n'atteint guère la flore du Cap ; mais
de même que sur la Méditerranée, ici encore un Dattier nain
(*Phœnix reclinata*) borde le domaine africain des Palmiers
jusqu'à la côte méridionale de George. Il en est de même d'un
groupe analogue de Cycadées (*Encephalartos*), groupe qui
limité aux districts orientaux, se présente d'abord sur le Krom-
merivier, de ce côté de la baie d'Algoa, et habite particulièrement les contrées limitrophes de la Cafrerie, impraticables
à cause des fourrés de buissons[9]. C'est ainsi que des fourrés de
cette nature, sur la rivière des Poissons, sont caractérisés par

une espèce dont le tronc puissant, revêtu comme de tablettes
par les cicatrices des feuilles, s'élève à 0^m,9 au-dessus de la surface du sol, et dont la rosette terminale porte des épines sur les
pinnules (*E. horridus*).

Les plantes bulbeuses diffèrent des végétaux qui résistent à
la sécheresse du sol et retardent la circulation de la séve, en ce
que, grâce à la brièveté de leur période de développement, elles
se trouvent soustraites aux inconvénients du manque d'eau.
Nulle part ces plantes ne sont plus riches en formes qu'ici, ni
plus significatives pour la physionomie du pays, même dans
leurs apparitions passagères. On peut estimer au delà de
800 espèces les Monocotylédonées à fleurs colorées, qui deviennent pérennantes à l'aide de bulbes souterrains [12] ; à côté
des Liliacées et des Orchidées, la majeure partie des Iridées
constitue un trait caractéristique pour la flore du Cap et renferme une série de genres endémiques. Aussitôt après avoir profité des premières précipitations, pour utiliser les substances organiques de leur réservoir en faveur du développement des fleurs
luxuriantes, les végétaux bulbeux ne tardent pas à disparaître de
dessus la surface du sol, dans le sein duquel des germes nouveaux
viennent se reconstituer lentement pour servir aux besoins de
l'avenir. Chaque niveau ainsi que chaque terre végétale, l'argile
compacte, le gravier et jusqu'au sable incohérent, produisent
près de la ville du Cap leurs Iridées particulières. Elles revêtent le plus fréquemment des teintes très-vives d'écarlate, de
rose, de jaune d'or et d'orangé, et non moins magnifiques sont
les fleurs tachetées des Orchidées terrestres qui viennent au
milieu des broussailles (ex. *Disa, Disperis*). Aucun pays au
monde n'a jamais fourni aux jardins d'Europe autant de plantes
ornementales que la colonie du Cap, surtout au commencement
de ce siècle; aussi a-t-on l'habitude jusqu'à présent de qualifier
de ce nom les serres qui n'ont pas besoin d'une température
tropicale. En fait de plantes grasses, nous en possédons encore
aujourd'hui de riches collections : mais si plusieurs Éricées
et autres arbustes qui jadis remplissaient les habitations de
la colonie, ont été de nouveau perdus pour la culture, il
en fut de même, et sur une plus grande échelle encore, des

Iridées et des Liliacées, parce que leurs conditions vitales naturelles ne sauraient que difficilement être remplacées par des moyens artificiels. On peut bien composer un terrain compacte et pauvre en humus et imiter la rareté des irrigations, mais il n'est pas aisé de maintenir l'atmosphère au degré de sécheresse nécessaire pour l'évaporation et l'épanchement de la séve des organes aériens.

Les herbes vivaces et certains arbustes nous font également voir à quel point l'organisation se trouve adaptée à cette action desséchante du climat, chez les Gnaphales à l'aide des poils qui souvent les revêtent, de même que chez les Immortelles (*Helichrysum*), qui conservent leurs vives couleurs pendant si longtemps. Par contre, les Graminées de steppe nous prouvent combien précisément ces conditions diminuent la valeur des pâturages de la colonie. Ainsi, bien que les Graminées endémiques ne fassent pas défaut, cette famille n'y possède plus l'importance qu'elle a dans l'Afrique tropicale [13]. Des savanes de Graminées s'étendent depuis Natal et Kalahari à travers la Cafrerie, où dans les districts frontières de la colonie elles fournissent encore du fourrage au bétail, mais elles se terminent du côté de l'ouest dans la proximité de la rivière des Poissons [14]. Nulle part dans les plaines de Karroo, ni sur les terrasses de l'ouest et du sud, les Graminées ne suffisent à l'entretien du bétail. C'est ici qu'elles sont souvent remplacées par des Restiacées, dont les chaumes trop durs sont sans valeur comme fourrages. On y a constaté une structure particulière de l'épiderme qui, dans un air sec, rend plus difficile la déperdition de la séve [15]. Le fait est que les stomates par lesquels s'opère l'évaporation de la séve sont entourés d'une couche de cellules incrustées, qui empêche les vapeurs d'eau de s'exhaler du tissu vert. La feuille des Restiacées est en majeure partie propre aux centres de végétation du Cap et de l'Australie, c'est-à-dire de deux contrées où le développement des plantes se trouve aisément paralysé par les époques non périodiques de sécheresse. Il est remarquable cependant que M. Pfitzer, loin de constater le mécanisme sus-mentionné dans les Restiacées australiennes, y ait découvert une autre organisation de l'épiderme, douée cependant d'une signification analogue. Ici les stomates sont profondément plongés dans l'épiderme, et le vestibule supérieur se rétrécit de bas en haut, au point de s'être une fois réduit, grâce à l'expansion de la cuticule, à une fente cruciforme. Or, lorsque par un temps sec, ce petit vestibule se trouve clos à la suite de la contraction de la couche épidermique, l'évaporation ne doit plus avoir lieu. En Australie, les précipitations sont bien plus irrégulières encore qu'au Cap : là il incombe aux tiges de maintenir leurs facultés vitales au milieu des variations de sécheresse et d'humidité ; ici elles doivent savoir prolonger leur période de végétation en rendant l'évaporation plus lente. Il y a lieu d'admettre également à l'égard des feuilles toujours vertes des arbustes du Cap, comme chez les Protéacées, Éricées et Synanthérées (*Elytropappus*), que lorsque leurs stomates sont enfoncés et leurs vestibules revêtus de poils, le même résultat se trouve réalisé : c'est sur quoi nous reviendrons en étudiant l'Australie.

Au nombre des produits les plus remarquables de la flore du Cap, figure enfin le Jonc Palmito (*Prionium*), grâce auquel les cours d'eau sont préservés du desséchement pendant plus longtemps. A cause de son groupement social, cette Joncée, qui, par la disposition et la configuration de ses feuilles, rappelle la forme des Bromelia américains, constitue un épais tissu végétal, étendu sur la surface des eaux. Les tiges submergées, fortement agglomérées, spongieuses, qui, fixées au sol par une robuste racine, supportent la rosette foliaire, agissent à la manière d'une écluse sur l'eau qui les traverse, car elles l'absorbent et la retiennent. Elles rendent moins rapide la pente du cours d'eau, dont la surface se trouve en même temps ombragée par leur feuillage et abritée contre l'ardeur desséchante du soleil. M. Lichtenstein[5], qui décrit d'une manière graphique l'effet bienfaisant de cette plante aquatique, observa une fois que lorsqu'après la première pluie abondante le lit sec d'un torrent de montagne s'était de nouveau rempli d'eau, il avait fallu quatre jours à cette dernière pour franchir un espace de sept heures de marche, en se frayant un passage à travers le Jonc Palmito.

Formations végétales et régions. — Les formations généra-

lement dominantes de la flore du Cap consistent en buissons; les
colons les qualifient de *Buschland* (Bosjes), car les aborigènes de
cette contrée étaient appelés *Buschmen* (hommes des buissons).
Étendue de la côte jusqu'aux plaines de Karroo, la végétation
frutescente détermine la physionomie du pays. Sur la majorité
des points, ces buissons déprimés ne se trouvent pas assez agglomérés pour masquer complétement le sol nu, où pour ne pas
laisser place aux herbes vivaces, aux végétaux bulbeux et aux
plantes grasses. C'est dans la contrée littorale de l'ouest, ainsi
que sur les montagnes auxquelles elle se rattache, que le caractère mixte des espèces frutescentes est le plus prononcé. Une
réunion sociale de la même espèce est au nombre des phénomènes rares. Cependant on voit près de la ville du Cap quelques espaces isolés uniformément revêtus de certaines Éricées
et Protéacées. C'est de l'irrigation que dépendent l'agrégation
et la taille des essences. Dans les ravins arrosés des montagnes,
les buissons ressemblent aux maquis du midi de l'Europe; ils
acquièrent quelquefois la hauteur de $4^m,8$ à $6^m,4^s$, ou bien sont
accompagnés d'arbres; dans ce cas on voit les Protéacées et les
Conifères associées les unes aux autres.

Bien que les espèces frutescentes varient considérablement
selon le niveau, on ne saurait distinguer dans les montagnes
du littoral des régions déterminées par leur physionomie. La
montagne de la Table, qui, près de la ville du Cap, se dresse
(à 1088 m. ou 3350 p.) détachée des autres chaînes de hauteurs, est revêtue d'Éricées et de buissons analogues, sur son
sommet comme à ses pieds; en sorte que, malgré toutes les
différences individuelles, la physionomie de la végétation y est
restée la même. Mais aussi il s'agit ici d'une montagne qu
jusqu'à son sommet demeure constamment humide; il en est
autrement des montagnes situées de l'autre côté de la plaine
littorale, car elles surgissent nues et rocailleuses au milieu
du Buschland, toutes les fois qu'elles dépassent la région des
nuages ou que leurs versants ne sont point exposés aux vents
de la mer. C'est ce qui a lieu également à l'égard des montagnes
Neigeuses, montagnes les plus élevées (2499 m. ou 8000 p.) de
la colonie, situées sur le bord oriental du Roggefeld, près de

Graaf-Reynet, et dans le domaine desquelles le bois de chauffage même fait défaut[5]. Cependant on n'y a pas encore constaté de limite altitudinale précise pour les buissons.

Lorsqu'après avoir quitté la ville du Cap on a franchi les montagnes du pays des Hottentots, et qu'on a atteint la terrasse moyenne de Karroo, on voit celle-ci s'étendre en surface plane ou accidentée, où le sol, revêtu partout de buissons arides, ne porte que peu des Graminées de la steppe[6]. Avec les Éricées, les Protéacées et les Diosmées de la côte, disparaissent également les Restiacées[16]. Ce qui donne à la contrée un aspect complétement nouveau, c'est que l'arbuste dominant y constitue un végétal social et qu'il revêt exclusivement les plus vastes espaces, n'étant guère accompagné de plantes grasses d'autres formes. C'est l'arbuste des Rhinocéros (*Elytropappus Rhinocerotis*), qui n'a que 3 à 6 décimètres de hauteur, Synanthérée se rapprochant de la forme Erica. C'est à peine si l'on aperçoit sur le sol ferrugineux ses broussailles à teintes mates, tandis que le vert plus foncé des Mimosées frutescentes, qui bordent les sillons tracés par les lits périodiquement desséchés des cours d'eau, permet de distinguer ces dernières de loin[5]. Au mois d'août seulement, la plaine de Karroo s'anime par extraordinaire, lorsqu'on y amène les troupeaux en pâturage : alors elle se revêt d'un magnifique tapis verdoyant, et l'on y voit se développer des fleurs innombrables (Synanthérées, Liliacées, *Mesembrianthemum*). Mais, au bout d'un petit nombre de semaines, tout symptôme de vie s'est évanoui de nouveau, et, même chez les plantes grasses, l'épiderme des feuilles se recouvre d'un tégument grisâtre, qui masque la chlorophylle conservée dans l'intérieur du tissu.

Moins hospitalière encore est la terrasse supérieure du Roggefeld, privée de toute végétation de Graminées. Également revêtue de petites broussailles de Synanthérées[16], seulement d'un pied de hauteur, souvent elle passe, dépourvue d'eau qu'elle est, à un désert pierreux, complétement encombré de galets et à peine capable de nourrir les plus chétives plantes grasses[5]. Aussi, depuis les montagnes qui la bordent au sud jusqu'au Gariep, les Acacia font défaut, et ce n'est que sur ce cours d'eau qu'on aperçoit de nouveau les premiers taillis riverains.

Dans la baie d'Algoa, les buissons sont plus élevés et plus touffus que dans la proximité de la ville du Cap [17]. L'embouchure du Gamto constitue, sur la côte méridionale, la limite naturelle entre les deux domaines de l'ouest et de l'est, où la période du développement de la végétation a lieu dans les saisons opposées. Les Protéacées et les Éricées deviennent rares ou disparaissent complétement; les Restiacées se trouvent remplacées par les Graminées, et la prédominance des plantes grasses arborescentes se prononce d'une manière générale[6] : les Euphorbes nues, à port roide, l'Aloès avec ses grappes florales rouges et le *Portulacaria afra* avec ses teintes d'un vert blafard ; toutes formes qui, de concert avec l'arbuste Bœr, Légumineuse à feuilles pennées (*Schotia speciosa*), déterminent la physionomie étrangère du district littoral de l'est.

Tout le long de la grande rivière des Poissons[6] s'étendent, dans l'intérieur, les plus sauvages fourrés de buissons, mélangés d'un si grand nombre de plantes grasses, que, même par un temps sec, le feu ne saurait les détruire. Ici les végétaux, serrés les uns contre les autres, ne laissent point d'interstices ; à cause des épines et de la solidité des branches ligneuses, ces broussailles sont plus inaccessibles que la forêt vierge tropicale elle-même; elles ne servent que de demeure aux grands pachydermes, et c'est le long des sentiers tracés par eux que le Cafre déprédateur se glisse habilement, « sans que l'homme blanc puisse le suivre ». Les eaux souterraines de la rivière augmentent l'énergie de la croissance des végétaux ; la luxuriante feuille des Scitaminées peut se développer, mais les autres formes végétales correspondent à la sécheresse atmosphérique, telles que les arbustes à bois solide, les Cycadées et les troncs succulents des Euphorbes.

Les relations avec le climat tropical de Natal exigent encore des explorations ultérieures, faites dans la contrée des Cafres indépendants. Il y a sans doute quelque chose de surprenant à voir certaines familles tropicales représentées également dans l'enceinte de la colonie jusqu'à la baie d'Algoa [18], eu égard à la grande sécheresse du climat, d'ailleurs si fortement reflétée par les formes végétales dominantes. A Albany, la pluie est rare et

incertaine[8], bien qu'à la vérité l'irrigation du sol y soit favorisée par de nombreux cours d'eau littoraux, qui alimentent
les hauteurs, où l'alizé d'été condense l'humidité dont il est
imprégné. L'immigration des plantes tropicales paraît tenir à ce
que leurs stations sont librement exposées au vent de mer, ou
bien qu'elles se trouvent protégées par l'eau courante contre
la sécheresse atmosphérique.

Dans les provinces orientales, l'action exercée par l'exposition
aux vents de mer se manifeste également à l'égard des Graminées. Dans les parages de Grahamstown, dans le pays d'Albany, on voit déjà le pays à buissons (*Buschland*) alterner, sur
de vastes espaces, avec des savanes[6]; cependant, sous le rapport de leur valeur, on ne peut les considérer que comme une
steppe aride. Elles n'acquièrent l'importance de savanes tropicales que dans des positions plus ouvertes et plus élevées.
Lorsque M. Zeyher remonta la rivière des Poissons, ce fut dans
la région de ses sources (32° lat. S.), mais sur le côté oriental
des montagnes Neigeuses, tourné vers la mer indienne, qu'il
trouva ces prés à hautes Graminées, qui s'étendent, à partir de
là, sans varier, à travers les plaines élevées du Gariep supérieur
(à une altitude de 1299 à 1949 m. ou 4000-6000 p.), jusque
dans l'Afrique tropicale[14]. Ici, les saisons sèches sont plus
régulièrement interrompues par les pluies d'été que dans les
contrées à niveau moins considérable; c'est pourquoi les savanes
à Graminées tropicales s'étendent sur cette terrasse orientale de
Karroo, encore plus au sud que sur la côte de Natal.

Dans la colonie du Cap, les forêts ne se présentent presque
que sur la côte méridionale, entre le Cap et la baie d'Algoa;
c'est dans la direction de l'est, sur les versants montagneux exposés aux vents de mer humides, ainsi que dans les vallées à
travers lesquelles les affluents du Karroo se frayent un passage, que les forêts deviennent plus importantes et possèdent des
essences plus élevées. Dans la province George[17], on ne voit, à
la vérité, qu'une étroite ceinture de forêt close, à hautes futaies,
où les couronnes puissantes et à feuillage touffu dépassent de
beaucoup les essences déprimées, et où des Lianes (par exemple
des Ampélidées et des Asclépiadées) enlacent les troncs. Les

sous-bois de ces forêts sont très-denses, et les épines, ainsi que les végétaux volubiles, y rendent les fourrés presque impénétrables. On parle de Podocarpes que quatre hommes ne sauraient embrasser, mais aussi c'est là seulement que la colonie possède de bon bois de construction : déjà, dans le district limitrophe d'Uitenhage, les forêts sont de nouveau plus pauvres, de même que dans les parages de la ville du Cap. Elles ne prospèrent que dans les endroits auxquels l'humidité ne fait jamais défaut [5], sur les versants ombrageux du midi, où l'eau filtre constamment le long des parois des rochers, et où les arbres eux-mêmes, ainsi que la terre végétale, servent à la retenir. C'est dans ces ravins forestiers que se concentrent les ruisseaux colorés en brun par la richesse de l'humus. En s'élevant dans la montagne, la région forestière a une extension peu considérable : aussitôt qu'on s'est frayé péniblement un passage à travers les broussailles, on arrive dans des bois plus clair-semés ; les arbres deviennent plus petits, et dès lors on ne tarde pas à atteindre leur limite altitudinale, où recommence le Buschland.

Dans les steppes déboisées de l'intérieur, où les cours d'eau se trouvent bordés de forêts riveraines, les essences composantes sont de taille peu considérable. C'est ainsi que la vallée du Gariep est revêtue d'une forêt mixte [5], consistant en Acacias, Saules et autres arbres, dont plusieurs portent des épines, et quelques-uns perdent leur feuillage périodiquement [10].

Centres de végétation. — Nous avons déjà étudié la séparation de la flore du Cap d'avec le reste de l'Afrique, séparation qui n'admet que dans les contrées de l'est un certain mélange des centres. Les plantes non endémiques ne constituent qu'un élément tout à fait subordonné, et la majorité n'en est probablement devenue indigène que par suite de la colonisation. C'est ainsi que, de même que sur la Méditerranée, l'Opuntia américain a commencé à se répandre sur une grande étendue, notamment sur les collines sèches du Gariep [4]. De vastes espaces océaniques séparent le Cap des climats analogues d'autres continents, en sorte que, dans une position aussi isolée, les centres de végétation ont dû se conserver à l'abri de tout mélange. Un tel phénomène, se reproduisant dans le pays même, n'en est

que bien plus remarquable encore. M. Bunbury nous apprend[8]
que, dans la plantureuse contrée de Grahamstown, dans le pays
d'Albany, il n'a pu constater que 13 espèces, qui se trouvent
également près de la ville du Cap. C'est que les contrastes climatériques résultant de la diversité des expositions et des soulèvements de la terrasse de l'intérieur paralysent ici, presque autant que la mer, l'extension des aires de végétation.

Dans la proximité de la ville du Cap, où la flore a été suffisamment étudiée pour autoriser une telle assertion, on connaît
un certain nombre de plantes qui ne viennent que dans une seule
station, exactement comme si elles s'étaient développées dans
une île de l'Océan[20]. M. Lichtenstein a déjà connu quelques
exemples de cette nature parmi les Protéacées[5]. L'arbre argenté
(*Leucodendron argenteum*), ainsi que quelques autres Protéacées, se présente exclusivement dans une petite presqu'île de la
montagne de la Table, et nulle part ailleurs sur le globe : là ne
se trouve, prétend ce naturaliste, aucun des végétaux qui croissent dans les montagnes des Hottentots ; de même que les hauteurs de Stellenbosch, qui se rattachent immédiatement à ces
montagnes, aussi bien que le Drakenstein, posséderaient à leur
tour des espèces qui leur sont propres. Lorsque, placée dans
les mêmes conditions, chaque montagne fournit un contingent
particulier, on ne saurait assurément admettre que de tels végétaux n'aient été que refoulés vers leur station actuelle : l'envahis-
sement d'autres espèces aurait dû conduire à une certaine uniformité végétale qui n'a lieu nulle part. Ainsi nous ne saurons
tirer de tels phénomènes que cette conséquence : que les végétaux dont il s'agit se trouvent dans leur station primordiale, qui
n'a pu s'étendre, parce qu'ils étaient impuissants à refouler la
végétation qui les avoisine.

Le chiffre total des plantes vasculaires du Cap découvertes
jusqu'à ce jour a été estimé par Harvey, qui les connaissait si
parfaitement, à 7860 espèces [12]. Une évaluation faite par moi à
l'aide de l'ouvrage malheureusement inachevé de cet auteur
et de Sonder [21], fournit le chiffre de 8000, et, par conséquent
à peu près autant. L'étendue du Cap, de la colonie et de la Cafrerie, est d'environ 6000 milles géographiques carrés [22]; mais,

ainsi que nous l'avons déjà fait observer (p. 273), cela n'offre nullement un étalon pour l'appréciation des centres de végétation de la terrasse littorale et de ses montagnes, où, sur un espace restreint, ils sont disposés d'une manière incomparablement plus serrée que dans les plaines étendues de Karroo. Le Cap et l'Australie sont des contrées où la loi des analogies dans le sens de l'espace, telle qu'elle est établie par la classification systématique des genres, reçoit une meilleure justification et une plus large application que partout ailleurs. Des centres de création fortement agglomérés y produisent des genres très-étendus[23], et ceux-là sont dans la majorité des cas, ou du moins en grande partie endémiques. Par la structure variée de tels genres, ainsi que par l'espace étroit des districts que quelques-uns parmi eux habitent exclusivement, la colonie du Cap paraît l'emporter sous ce rapport sur l'Australie.

La disposition topographique des espèces du même genre, tantôt réglée selon l'altitude ou la nature du sol, tantôt indépendante de telles influences (les conditions physiques étant exactement les mêmes), s'accorde difficilement avec l'hypothèse qui rattacherait l'origine de ces espèces à une évolution généalogique. Dans le premier cas, on pourrait admettre que si le lieu d'habitation n'agit pas immédiatement sur la structure d'une plante, cette action s'exercerait peut-être dans le cours d'une longue série de générations. Cela nous conduirait à l'opinion d'abord émise par M. Wallace, et puis défendue par M. Wagner[24], d'après laquelle les nouvelles espèces auraient été produites non-seulement par la variation telle que l'entend M. Darwin, mais encore par la séparation qui en résulte dans le sens de l'espace. Mais si la localité habitée par des plantes très-affines dans des montagnes limitrophes est de la même nature, les différences entre les plantes resteraient inexplicables à l'aide de cette théorie. Ensuite, à côté des espèces locales, il y en a toujours d'autres qui, également très-voisines entre elles par leur structure, ont occupé une aire plus étendue sans avoir modifié leur organisation. Quand elles naissent associées à ces plantes locales, ce dont presque chaque flore nous fournit des exemples, elles ne sauraient rendre compte de l'origine et de la propagation des dernières. Si l'on suppose qu'une espèce provient d'une autre, ou bien toutes deux d'une source commune, des aires ainsi limitées (voy. vol. Ier, p. 184) conduiraient à conclure que la transformation n'a pas été effectuée seulement par les influences physiques de la station, agissant au même degré sur tous les individus, mais encore par une force qui n'atteint que quelques-uns de ces derniers.

Si les stations et leurs sections géographiques au Cap, si divergentes entre elles eu égard aux conditions extérieures de la vie, nous fournissent ample matière à l'étude des connexions que présente l'organisation dans le sens de l'espace, la comparaison avec d'autres flores élargit la sphère de nos connaissances relativement aux analogies climatériques, sous le rapport de la structure des végétaux. Dans l'hémisphère septentrional, l'affinité entre les plantes de climats similaires n'a d'importance que pour les familles qui habitent la majeure partie de la terre, ou bien cette affinité n'est rendue manifeste qu'à l'aide de certaines espèces équivalentes, telles que les Éricées et autres produits du domaine méditerranéen[25]. Dans la zone méridionale tempérée, l'Australie, dont le climat est tout à la fois semblable et différent sous certains rapports, nous fournit dans le caractère de sa flore les plus remarquables analogies, mais aussi des déviations non moins prononcées. C'est que l'affinité se rattache notamment aux Protéacées et aux Restiacées, deux grandes familles caractéristiques pour les deux pays. On peut également citer les Éricées du Cap comme une famille très-voisine de celle des Épacridées, qui, en majeure partie, est limitée à l'Australie. Par contre, la flore du Cap se distingue par la prédominance des Géraniacées, des Iridées et des Liliacées, de même que la flore de l'Australie diffère de celle du Cap par ses Myrtacées et ses Goodéniacées, parmi lesquelles seulement des espèces isolées se présentent au Cap [26], tandis qu'en fait de Myrtacées, le Cap ne possède qu'une seule espèce à type australien (*Metrosideros angustifolia*). De plus, au Cap, les chiffres proportionnels des Synanthérées sont accrus, ceux des Légumineuses diminués, de même que les Protéacées et les Orchidées sont également moins nombreuses[27]. Les deux flores possèdent des genres d'une étendue extraordinaire; mais dans aucune les genres ne sont les mêmes; comme aussi dans les familles concordantes il est peu d'exemples de genres identiques. Le vaste cercle de formes arborescentes australiennes comprenant les Eucalyptes et les Acacias à feuilles indivises fait défaut au Cap, qui n'a de ce dernier genre que des espèces isolées, éloignées du type australien. Quant aux Protéacées, les genres dans les deux contrées sont complétement différents.

Dans l'Amérique méridionale, Buenos-Ayres, pays de pâturages comme le Cap et l'Australie, offre un caractère climatérique analogue. Mais ici cette analogie est restée sans signification pour la flore, puisque aucune affinité ne saurait être constatée, ni dans la structure des plantes, ni dans leurs types essentiels, entre la végétation respective de ces différentes contrées[28].

Parmi les familles prédominantes de la flore du Cap[29], il en est plusieurs qui ne sont, dans aucun autre pays, plus riches en espèces, telles que les Iridées, Ficoïdées, Géraniacées et Crassulacées. Les Synanthérées, il est vrai, occupent le premier rang, et les Légumineuses le deuxième; mais les quatre familles susmentionnées, de concert avec les Protéacées, viennent immédiatement après les Liliacées et les Éricées. Cela fait voir combien la variété systématique des espèces coïncide ici avec les formes dominantes des arbustes toujours verts, des végétaux bulbeux et des plantes grasses.

Sous le rapport de la quantité de genres endémiques, aucune flore, à l'exception de celle de l'Australie, ne saurait se mesurer avec la flore du Cap : je compte environ 430 genres qui, selon leur étendue, se trouvent assez uniformément répartis entre 60 familles. On n'y observe guère beaucoup de monotypes : ici encore ce sont les analogies dans le sens de l'espace qui l'emportent, ce qui accroît le nombre des espèces[30]. La proportion moyenne générale des espèces à l'égard des genres est, selon M. E. Meyer, comme 6 : 1.

La flore du Cap possède également quelques familles endémiques plus petites, parmi lesquelles les Bruniacées, qui, dans la classification systématique, ne se rattachent directement à aucune autre famille; de même les Sélaginées[31] et les Stilbinées ont une structure particulière qui néanmoins se rapproche de

celle des Verbénacées ; les Pénéacées sont voisines des Thymélées, et un genre anomal (*Grubbia*), dont la place est encore incertaine, paraît être en rapport avec les Bruniacées.

Plus le caractère endémique se trouve fortement empreint
dans les centres de végétation, et est resté à l'abri des perturbations produites par les migrations, plus est remarquable ce fait
que la faune, au rebours de ce qui se passe dans l'archipel
indien, ne prend aucune part à ce phénomène, et se trouve privée de tout caractère autonome *. Aucune limite tranchée ne
sépare les animaux de l'Afrique tropicale de ceux du Cap, et
l'on aurait de la peine à constater sous ce rapport, entre le Cap
et l'Australie, les relations qui se manifestent entre les flores
respectives [32]. Les grands Mammifères qui, dans les savanes tropicales, en présence d'une végétation uniforme, offrent un si
riche tableau de la vie animale, avaient également établi leur
demeure au Cap, dont les maigres pâturages ne pouvaient guère
leur convenir. A l'époque où la colonisation n'avait pas encore
beaucoup progressé, le Buschland était animé par des troupeaux d'antilopes et par des animaux de proie, tout autant que
le Soudan, et les Pachydermes tropicaux se voyaient dans les
forêts de la côte méridionale. Ce n'est que devant les chasseurs
que ces formes animales se sont retirées de l'autre côté du
Gariep, tandis que celles qui habitaient les forêts vivent encore
aujourd'hui dans les contrées impénétrables situées sur les confins de la Cafrerie. Beaucoup d'Oiseaux sont indigènes tout à la
fois au Sénégal et au Cap ; ceux des animaux qui par leur nourriture ne se trouvent point limités à des plantes déterminées, ne
sont point arrêtés par les obstacles qui rivent la végétation à
leurs stations géographiques primordiales **.

---

* Le phénomène que présente le Cap serait, par conséquent diamétralement
opposé à celui qui se produit dans le Thibet, où le caractère éminemment spécial de
la faune ne se retrouve point dans la flore, ainsi que je l'ai signalé dans ma note
(vol. Ier, p. 616).

** Nos connaissances de la flore du Cap ne tarderont pas à recevoir un contingent important de la part de M. Harry Bolus, qui a résidé plusieurs années au Cap,
et qui prépare en ce moment un travail contenant les résultats de ses longues et
consciencieuses explorations. J'ai eu le plaisir de voir ce botaniste distingué au
Jardin de Kew, où il est occupé de son important travail, en mettant à profit les
immenses ressources de tout genre que fournit ce célèbre établissement. — T.

PIÈCES JUSTIFICATIVES

ET ADDITIONS

X. FLORE DU CAP

1. E. Meyer, *Zwei pflanzengeographische Documente*, p. 34, 44, 144, 14 (*Regensburger Flora*, ann. 1843, vol. II, supplément : *Jahresber.*, ann. 1843, p. 55). Sur le Dutoitskloof (p. 78), M. Drège récolta d'octobre à janvier :

Environ 230 plantes vasculaires entre 324 et	849 mètres	(1000-2000 p.)
270 —	649 et 974	— (2000-3000 p.)
210 —	974 et 1299	— (3000-4000 p.)

et de plus 9 espèces successivement recueillies sur le sommet entre 1299 et 1625 mètres (5000 pieds).

3. Maclear (Peterm. *Mitth.*, IV, p. 196, 199) : d'après quatorze ans d'observations météorologiques.

4. Fritsch, *Das Klima von Süd-Africa* (*Zeitschr. für Erdk.*, 1868, vol. III, p. 143, 147, 138, 141, 145).

5. Lichtenstein, *Reisen im südl. Africa*, II, p. 69, 315, 181, 110, 258, 199 ; VIII, p. 217, 364, 191 ; I, p. 197, 200, 178.

6. Bunbury, *Journal of a residence at the Cape of Good Hope*, p. 76, 206, 185, 218, 212, 114, 93, 118, 125, 139, 132.

7. Fritsch, *Drei Jahre in Süd-Africa*, p. 63, 494 (Cf. *Bericht* dans le *Jahrb.* de Behm, III, p. 200).

8. Bunbury, dans *Journ. of Botany*, 1842, p. 540 (*Jahresb.*, ann. 1842, p. 411, 414).

9. E. Meyer (note 1) a énuméré les végétaux ligneux qui s'élèvent au-dessus de 20 pieds, et dont quelques-uns atteignent quelquefois une hau-

teur de 50 pieds, mais son inventaire n'est point complet. Je compte environ 21 genres, appartenant à 14 familles : dans ce nombre, 5 Conifères (*Podocarpus* et *Widdringtonia*) ; à l'exception des Oléinées (*Olea*) et d'un genre des Araliacées (l'arbre Noje ou Samareel : *Cussonia*), les autres ne contiennent que des espèces isolées : les plus connues appartiennent aux Laurinées (*Oreodaphne*), aux Saxifragées (*Cunonia* et *Weinmannia*), aux Cornées (l'arbre Assagay, *Curtisia*), aux Protéacées (l'arbre argenté, *Leucodendron*, le *Protea grandiflora*, le Châtaignier cafre, *Brabejum*), aux Rutacées (*Calodendron*), aux Meliacées (Bois Essen, *Ekebergia*), aux Sapindacées (Bois Nies, *Pteroxylum*), aux Célastrinées (Bois de Safran, *Elæodendron*) et aux Légumineuses (*Virgilia*).

10. Quelques formes principales de plantes grasses ont été figurées par M. Bunbury (*Journal*, p. 120, 172) ; à côté des Euphorbes appartenant à la forme Cactus, et qui au sortir du sol sont entrelacées à la manière d'un gazon, on voit le tronc ligneux indivis de l'*Aloe arborescens*, et deux remarquables plantes grasses, à taille arborescente : *Euphorbia grandidens* et *Portulacaria afra*.

11. RŒPER, dans De Candolle, *Physiologie végétale*, édit. allemande, II, p. 247.

12. Chez HARVEY (*The Genera of South African Plants*, p. 11), je trouve l'évaluation suivante des familles monocotylédonées, chez lesquelles les bulbes et les tubercules sont ordinaires : 598 Liliacées (y compris les Amaryllidées), 300 Iridées, 150 Orchidées, 10 Hémodoracées. On doit retrancher de ce nombre beaucoup de Liliacées, qui n'appartiennent guère à la forme des végétaux bulbeux, notamment les Aloïnées grasses, si nombreuses.

13. NEES d'ESENBECK, dans sa *Monographie der Cap-Gramineen* (*Floræ Africæ australioris illustrationes*, I), compte à la vérité 359 espèces, mais leur nombre est multiplié outre mesure. Dans la collection Drège, les Graminées se trouvent, d'après l'évaluation de M. E. Meyer, dans la proportion de 4 à 5 pour 100, relativement aux plantes vasculaires.

14. ZEYHER (*London Journ. of Botany*, 1846; *Jahresber.*, ann. 1846, p. 46).

15. PFITZER (Pringsheim, *Jahrbücher fur wissensch. Botanik*, VII, p. 577, pl. 37).

16. BURCHELL, *Travels in the interior of Southern Africa*, I, p. 208, 314.

17. KRAUSS (*Regensb. Flora; Jahresb.*, ann. 1844, p. 63).

18. Les représentants des familles tropicales, dans la baie d'Algoa, appartiennent notamment aux Acanthacées, Apocynées, Bignoniacées, Rubiacées et Capparidées.

19. La forêt riveraine sur le Gariep est composée d'*Acacia capensis* (arbre à épines), *Salix capensis*, *Rhus viminalis* (arbre Karreе), *Zizyphus mucronatus* (Épine des buffles), qui perd son feuillage périodiquement (Burchell, *loc. cit.*, I, p. 317).

20. Ce n'est qu'avec circonspection qu'il est permis d'avancer qu'un végétal ne se présente que dans une seule et unique station. Ainsi, on n'a pas été dans le cas de confirmer l'assertion de M. Bunbury (*Journ.*, p. 77), d'après laquelle la plus belle Orchidée du Cap (*Disa grandiflora*) serait exclusivement propre à un petit marais situé à l'extrémité orientale du massif de la montagne de la Table; car M. Drège la recueillit également sur le mont Winterhœk, ainsi que sur le Dutoitskloof (E. Meyer, *loc. cit.*, p. 77, 82). De telles observations ont moins d'incertitude, quand il s'agit de végétaux ligneux aussi aisément reconnaissables que les Protéacées mentionnées par M. Lichtenstein.

21. Mon évaluation des plantes vasculaires du Cap actuellement connues repose sur le nombre de Synanthérées indiquées dans la flore de MM. Harvey et Sonder (*Flora capensis*, vol. III), déduction faite des espèces de Natal et des contrées situées de l'autre côté du Gariep, espèces dont le chiffre se monte environ à 1250. Or, d'après le calcul établi par M. E. Meyer sur la collection Drège (*loc. cit.*, p. 17), les plantes vasculaires sus-mentionnées constituent environ 17 pour 100 du chiffre total, chiffre qui, déduit de cette donnée proportionnelle, fournirait une moyenne de 8000. Dans sa propre évaluation des familles (note 12), le nombre des Synanthérées avait été porté trop bas (à 1000); dans le *Flora capensis* de Thunberg, leur chiffre proportionnel est encore plus considérable que chez E. Meyer (19-20 pour 100; comparez GRISEBACH, *Genera et species Gentianearum*, p. 63).

22. BEHM (*Geogr. Jahrb.*, I, p. 99 : 5920 milles géogr. carrés).

23. Au nombre des genres les plus considérables de la flore du Cap figurent : *Erica* (400), *Mesembrianthemum* (290), *Pelargonium* (160), *Senecio* (160), *Aspalathus* (148), *Helichrysum* (114), *Oxalis* (105), *Agathosma* (100), *Crassula* (94). *Indigofera* (88) : 10 genres appartenant à 8 familles différentes. Le chiffre des espèces a été, en grande partie, emprunté à l'ouvrage de MM. Harvey et Sonder (à l'exception du petit nombre d'espèces trouvées en dehors de ce domaine).

24. WAGNER, *Die Lehre Darwin's und das Migrationsgesetz* (*Bericht* dans le *Jarhrb.* de Behm, III, p. 175).

25. Les exemples les plus importants d'espèces équivalentes de la flore du Cap, dans le domaine méditerranéen, ont été mentionnés dans notre I⁰ʳ volume (p. 504), notamment *Othonna, Apteranthes, Pelargonium ;* les

espèces orientales d'*Helichrysum* peuvent également être incluses dans ce nombre.

26. Parmi les Myrtacées, il n'y a que le *Metrosideros angustifolia* qui soit généralement répandu dans la colonie du Cap : outre cela, 3 espèces d'*Eugenia* habitent les provinces orientales. En fait de Goodéniacées, le *Scævola Thunbergii* y est seul indigène.

27. Je compte, dans la monographie de M. Meissner (DC. *Prodr.*), 245 Protéacées du Cap, environ 680 d'Australie et seulement 85 d'autres contrées. M. Harvey porte le chiffre des Orchidées du Cap à 150 espèces.

28. M. BUNBURY, qui visita également Buenos-Ayres, ne trouve (*Journ.*, p. 220) de la ressemblance entre la flore de ce pays et celle du Cap que dans quelques végétaux bulbeux (Amaryllidées et Iridées).

29. Comme dans la collection Drège, d'après laquelle M. E. Meyer a calculé (note 21) la série des familles prédominantes, les plantes grasses et les *Erica* sont négligés, les Graminées traitées avec prédilection, et que, de plus, cette collection renferme également des plantes de Natal, j'ai établi un nouvel examen, dont le résultat, à l'égard de la majorité des familles, s'accorde avec celui qu'avait fourni précédemment la flore du Cap de Thunberg (*loc. cit.*). Dans ce travail, j'avais admis pour base les évaluations de M. Harvey (note 12), et ayant trouvé quelques familles évaluées trop haut, et les Synanthérées, Protéacées et Graminées trop bas, j'ai également consulté la flore de MM. Harvey et Sonder, ainsi que d'autres sources. Ce fut ainsi que j'obtins la série suivante des familles prédominantes : Synanthérées, Légumineuses, Liliacées, Éricées, Iridées, Ficoïdées, Géraniacées, Protéacées, Crassulacées, Graminées, Scrofularinées, Asclépiadées, Rutacées.

30. Voici des exemples de genres endémiques plus étendus (les chiffres se rapportent, en majeure partie, au nombre d'espèces indiqué par MM. Harvey et Sonder) : Crucifères : *Heliophila* (61); Polygalées : *Muraltia* (51) ; Byttnériacées : *Mahernia* (33); Rutacées : *Agathosma* (100); Rhamnées : *Phylica* (58); Légumineuses : *Aspalathus* (148); Rosacées : *Cliffortia* (39); Synanthérées : *Pteronia* (51), *Sphenogyne* (44), *Athanasia* (40), *Osteospermum* (38), *Arctotis* (30), *Stobœa* (43); Asclépiadées (chez Decaisne : 89), Sélaginées (chez Choisy) : *Selago* (71); Protéacées (chez Meissner) : *Leucodendron* (49), *Protea* (61), *Serruria* (52).

31. Parmi les Sélaginées, quelques espèces se sont répandues jusqu'à Natal ; une, *Hebenstreitia dentata*, jusqu'en Abyssinie.

32. TROSCHEL (Weigmann, *Archiv für Naturgesch.*; *Jahresb.*, ann. 1842, p. 415).

XI

AUSTRALIE

Climat. — Le climat de l'Australie correspond à la position que cette contrée occupe de chaque côté du tropique austral, à la vaste étendue de sa région basse et à la faible étendue de ses montagnes. La température, telle qu'elle se produit sous les latitudes méridionales de ce continent, peut être assimilée à celle des contrées méditerranéennes ; mais, du côté équatorial du tropique, comme dans l'intérieur du pays, aussi loin que l'alizé s'y fait nettement sentir, cette température atteint un degré vraiment tropical, en sorte que partout, même en hiver, elle satisfait aux exigences de la vie végétale. Réglées par les courants atmosphériques, les précipitations se trouvent réparties dans un ordre de succession constante : pluie tropicale d'été, au nord ; déserts sous les tropiques ; humidité limitée à l'époque hivernale, de l'autre côté des tropiques, jusqu'à ce qu'enfin, dans la Tasmanie, on voie disparaître encore l'aridité des mois secs. Telles sont les conditions qui permettent de reconnaître les effets de la position et de la configuration de l'Australie. Le mouvement solsticial y exerce, comme en pleine mer et sans restriction aucune, son action sur les courants de l'alizé, qu'il limite selon les saisons ; mais, dans le domaine tropical (10°-19° lat. S., selon Gregory), il fait naître une mousson nord-ouest pluvieuse, et parfois suscite des vents enflammés du désert, qui s'étendent jusqu'aux côtes méridionales. Cependant l'aride ceinture de l'alizé de l'intérieur (19°-29° lat. S., d'après M. Petermann) n'a pas été

trouvée aussi dépourvue d'eau que dans le Sahara, du moins sous
les méridiens où elle a été observée jusqu'à présent ; en effet,
les voyageurs ont pu y constater, de temps à autre, de violentes
averses d'orage, telles qu'elles ont lieu dans le Kalahari. Grâce
à l'action exercée par des chaînes isolées, ainsi que par des
cours d'eau, on voit se produire des oasis, et même de magnifiques pâturages confiner quelquefois immédiatement à des
déserts sablonneux, dont le sol est composé de roches trap-
péennes [1].

La durée de la période pluvieuse n'est guère considérable en
Australie, car, même dans le domaine tropical, elle ne dépasse
pas trois mois [2] ; cependant, à en juger par la quantité de précipitations que reçoit la côte méridionale, on s'attendrait à trouver
de l'autre côté des tropiques une végétation plus luxuriante.
M. Berghaus [3] a déduit de six stations météorologiques (entre
33° et 43° lat. S.) une moyenne pluviométrique présumable de
67 centimètres, qui l'emporte un peu même sur celle (62 centimètres) de la ville du Cap. En général, le climat du midi de
l'Afrique se reproduit sous beaucoup de rapports en Australie,
et pourtant il faut bien que des différences importantes, quand
même d'une nature délicate, se trouvent cachées dans ces conditions générales, pour qu'il soit possible d'expliquer les divergences du caractère végétal et jusqu'à certaines anomalies de la
nature inorganique. La rareté de cours d'eau considérables sur
toutes les côtes pourrait tenir à la configuration plastique du
continent ; mais ce qui se reproduit dans toute l'Australie et est
rare dans d'autres pays, au point de faire admettre ici des conditions spéciales présidant à l'alimentation des sources, c'est qu'en
général les cours d'eau restent à sec pendant longtemps, en ne
laissant subsister que sur les points inférieurs de leur lit des
nappes d'eau qui s'évanouissent graduellement ; c'est qu'enfin
ces artères fluviales donnent lieu au phénomène original d'un
certain nombre de réservoirs d'humidité alignés en forme de
chaîne et séparés les uns des autres par des espaces secs que,
dans leur langue, les colons qualifient de *creeks*. L'irrégularité
qui en résulte dans les affluences d'eau est aussi la cause principale qui ne permet pas à l'agriculture de se développer en

Australie. Elle n'a eu quelque succès que dans la Tasmanie, de même que récemment dans le Queensland, sur la côte tropicale nord, où, en venant de la mer, l'alizé longe les montagnes boisées. Dans toutes les autres colonies australiennes, le produit de la culture du sol est incertain; le développement et la richesse de cette dernière tient avant tout à l'élevage du bétail, tandis que la Nouvelle-Zélande est devenue le grenier d'un pays qui, bien que secondé par ses trésors minéraux, ne s'est élevé à l'état florissant où il se trouve que grâce à sa végétation indigène. En effet, cette végétation qui, sur d'immenses espaces, fournit aux troupeaux la plus abondante pâture et reste l'année entière à la disposition des pasteurs, sans leur imposer, comme dans les steppes de l'Asie, la vie nomade, est adaptée à des particularités climatériques que les végétaux soumis à l'agriculture ne supportent point. Mais ce qui est bien plus surprenant encore, c'est qu'en comparant les différences entre les parties tropicales et tempérées de l'Australie, les gradations de la température et la succession opposée des saisons, nous voyons néanmoins cette végétation, sans changer de caractère, revêtir le continent tout entier jusqu'à ses extrémités septentrionales, tandis qu'elle se trouve exclue des côtes opposées, ainsi que de la majorité des îles de la mer *.

On attribue généralement ces phénomènes à la sécheresse du climat australien; pourtant nous avons vu que la quantité des

---

* Rien ne éprouve les énormes ressources qu'offrent à l'Australie ses produits naturels mieux que le rapide accroissement des revenus fournis par les colonies de cette île au gouvernement britannique, ainsi que vient de l'exposer à la Société géographique de Londres sir George Bowen, gouverneur de Victoria (voy. Slip of Meeting of the Roy. Geogr. Soc. of the 12 April 1875, p. 5), qui nous apprend que le montant du revenu annuel du pays qu'il administre, et qui constitue la plus petite des colonies australiennes, se monte à 4 500 000 livres sterling (112 500 000 francs), c'est-à-dire au double du revenu du royaume du Portugal, bien que le revenu de Victoria ne soit que le résultat de droits fort modérés prélevés sur les propriétés territoriales et sur les chemins de fer. De même, sir G. Bowen porte le revenu annuel de Queensland à 800 000 livres sterl. (20 000 000 de francs), et il termine son intéressante communication par les réflexions suivantes : « On ne doit pas se laisser décourager par les chances peu satisfaisantes que l'intérieur de l'Australie pourrait offrir tout d'abord à l'explorateur. Il fut un temps où tout le monde prétendait que le Queensland était trop chaud pour les moutons ce qui n'empêche pas qu'aujourd'hui cette colonie n'en possède pas moins de onze,

précipitations suffirait largement à l'agriculture européenne ; nous avons bien, dans le midi de l'Allemagne, 67 centimètres de pluie, exactement comme à Sydney, et moins encore dans la plaine baltique. Mais, pour la vie des plantes, l'essentiel, ce n'est pas la quantité, c'est la constance de l'humidité. L'eau constitue une substance nutritive comme toute autre, et la terre végétale doit la tenir à la disposition des racines pendant la période du développement, en satisfaisant jour par jour à leurs exigences, à moins qu'une organisation particulière du tissu n'admette également d'autres modes d'affluence. Le pluviomètre recueille l'eau que les nuages apportent aux plantes ; mais ce qui est bien plus important pour ces dernières, c'est la question de savoir quand et dans quelle condition elles la reçoivent, et c'est là ce que les observations météorologiques ne nous apprennent pas aisément.

Les observations publiées par M. Neumayer sur le climat de la colonie de Victoria [4] font voir que, sur la côte méridionale, la proportion de la vapeur atmosphérique est peu considérable, et que dès lors les précipitations qui ont lieu à Melbourne pendant les quatre saisons sont bientôt enlevées du sol par suite d'une rapide évaporation. Nous trouvons ici une remarquable donnée ; c'est qu'en 1859 et en 1860 l'évaporation annuelle fut, à peu de chose près, deux fois aussi forte que la quantité de la pluie tombée, et qu'en été cette proportion s'éleva même au triple. Il est

millions de têtes. Qu'on ne s'imagine donc point que, parce qu'un territoire australien ne paraît pas être très-productif, l'élevage des moutons ne puisse pas y prospérer. Dans le Queensland, l'industrie rurale a marché presque avec la rapidité des flots de la marée montante ; à la fin de chaque année, on voyait quelques 200 lieues de terrain ajoutées au domaine du christianisme et de la civilisation, et, dans le cours de cinq à six années, l'industrie rurale s'est complétement emparée de toute la surface de ce vaste territoire, trois fois plus étendu que celui de la France. Tels sont les triomphes des progrès pacifiques, triomphes dont l'Angleterre a droit de se féliciter, car ils constituent autant de victoires remportées, sans verser une goutte de sang, non sur l'homme, mais sur la nature, non au profit exclusif de l'Angleterre, mais à l'avantage de tout l'univers, enfin non pas seulement pour une génération, mais encore pour la postérité tout entière » Combien ces nobles paroles, si justement flatteuses pour l'Angleterre, sont significatives à une époque comme la nôtre, où tous les efforts des gouvernements du continent tendent à grossir le nombre non des ouvriers de la civilisation et de l'industrie, mais celui des instruments aveugles appelés à détruire l'une et l'autre ! — T.

évident que de telles divergences doivent être aplanies, soit par
des différences locales, soit par le développement de la rosée ;
cependant elles donnent une idée de la brièveté du temps pendant lequel la végétation peut tirer parti des abondantes précipitations qui s'évaporent si rapidement et retournent vers l'atmosphère. Si, de plus, on voit souffler des vents chauds de l'intérieur qui se reproduisent chaque année (à Melbourne pendant
14 jours en moyenne), le sol perd ses derniers restes d'humidité ;
car, dans de tels jours, la proportion de la vapeur atmosphérique
descend à 30, jusqu'à 40, et, pendant quelques heures, même
à 13 ou 15 pour 100 [1]. C'est ainsi que les côtes de l'Australie
ne sont qu'une bande étroite, appartenant aux climats des
alizés, mais dépourvue de pluies, où, bien que des précipitations
aient lieu par suite de l'alternance constante entre l'air humide
de la mer et l'atmosphère aride du désert, l'intensité de l'évaporation empêche la circulation de l'eau à travers les plantes : la
côte orientale seule, en tant que les vents de mer y remontent les
terrasses montagneuses, est placée dans des conditions climatériques plus favorables ; aussi est-ce là que se trouvent les régions
les plus humides et les mieux boisées du continent [1]. Au reste,
il résulte de toutes les descriptions faites du climat australien
que, par les causes de leur durée, les périodes pluvieuses y
offrent plus d'irrégularité et d'incertitude que partout ailleurs,
et que, parmi les précipitations, y figurent de violentes averses
d'orage, qui ne sauraient compenser des mois de sécheresse par
quelques heures de surabondance. Cela s'applique également au
nord tropical, dont la période pluvieuse n'est nullement comparable en importance à celle des côtes indiennes à moussons ; il
en est ainsi de toutes les colonies situées de l'autre côté des tropiques, où, même pendant la saison humide, en hiver, des vents
chauds soufflant de l'intérieur du désert à l'instar du sirocco,
viennent dessécher le sol, et où, sur la rivière Murray (34° à 36°
lat. S.), l'époque pluvieuse fait parfois complètement défaut, et des
années entières s'écoulent sans précipitations. On se ferait donc
une idée plus juste peut-être du climat australien, en admettant
qu'il se trouve partout sous l'empire d'un alizé sec, et que, quoique dans les zones tropicales de l'Afrique les courants atmosphé-

riques réguliers subissent des perturbations plus fréquentes, dépendant du mouvement solsticial, néanmoins l'origine différente et la nature irrégulière de cet alizé le rendent peu propre à maintenir le sol à l'état d'humidité durable, et à alimenter les savanes par des contingents uniformes. En effet, comme les orages n'ont souvent qu'une extension restreinte et locale, les autres précipitations n'ont point lieu dans l'Australie avec cette constance et dans cet ordre régulièrement établi qui, dans d'autres parties du globe, résultent du mouvement général de l'atmosphère *.

Formes végétales. — Ce qui prouve combien la végétation de l'Australie est adaptée à son climat, c'est tout d'abord l'organisation foliacée des deux formes végétales dominantes. Ces deux formes sont l'*Eucalyptus* (*Gum-tree*) et les Protéacées, qui revêtent la surface de la majorité de la partie connue du continent; les dernières servent même de type aux fourrés de buissons ou *Scrubs*, qui, au reste, présentent la plus grande variété dans leur configuration. Mais les contrées littorales se trouvent revêtues, jusque bien avant dans l'intérieur, par des végétaux ligneux ; là où ils cessent, les solitudes désertes du climat sans pluies ne tardent pas à commencer. Or, dans les deux cas, qu'il s'agisse de forêts

---

* Il résulte des explorations remarquables effectuées par le colonel Warburton et dont une relation complète vient d'être publiée par M. W. Bates (*Journey across the western interior of Australia, with an Introduction and Additions by Ch. II. Eden*, London, 1875) que la partie occidentale de l'Australie est occupée dans son intérieur par un désert ininterrompu, que ce hardi voyageur fut le premier à traverser de l'est à l'ouest, au prix d'immenses fatigues et au péril de sa vie. Les observations du colonel Warburton ont été confirmées et considérablement développées par M. E. Giles, qui en 1875 franchit le vaste espace compris entre 27° et 31° latit. S., de l'est à l'ouest, depuis Betana (South-Australia) jusqu'à la ville de Perth, située sur la côte de l'Australie occidentale. Les travaux de M. Giles ont été reproduits dans les *Mittheilungen* (ann. 1876, t. XXII, p. 177) avec une carte détaillée de la contrée traversée par ce voyageur. M. Petermann résume en ces termes les résultats tant de cette expédition (exécutée aux frais et sous la direction de M. Thomas Elder) que de celles précédemment effectuées par Warburton (1873-1874) et par Forrest (1874) : « Ainsi ont été cruellement dissipées les illusions qu'on s'était faites sur l'existence, d'abord dans l'intérieur de toute l'Australie, et plus tard du moins dans l'Australie occidentale, de lacs, de rivières, de montagnes et de terrains cultivables ; ce qu'on y trouva réellement fut sans conteste un désert des plus désolés. Privé des pluies tropicales d'été de la côte septentrionale, de même que des pluies hivernales du midi, balayé seulement par l'alizé qui, avant d'atteindre l'intérieur, a déjà déposé ses vapeurs aqueuses fécon-

clair-semées ou de fourrés de *Scrub*, le feuillage est d'une telle rigidité et sécheresse, que s'il n'offrait pas généralement des surfaces planes, on pourrait l'assimiler aux feuilles aciculaires du Pin. Et encore n'y aperçoit-on pas même la nuance verte, vive ou foncée des essences résineuses, car les teintes blafardes et mates tirant sur le gris ou le bleuâtre caractérisent ici un s grand nombre de plantes, qu'en visitant une série de végétaux ligneux australiens, on croit voir des plantes dont la séve est à l'état de stagnation. En effet, nous sommes habitués à rattacher l'idée d'une intense énergie vitale à l'aspect printanier de nos prés et nos forêts revêtus de leur joyeuse parure, et nous avons le droit de le faire, puisque avec le développement des procédés chimiques, dans les feuilles, s'accroît le nombre des vésicules où la chlorophylle se distingue par transparence. D'ailleurs les Protéacées et les Eucalyptes australiens ne sont pas seulement plus foncés en teintes vertes, mais encore ces teintes se trouvent plus dissimulées dans l'intérieur de la frondaison, attendu qu'un épiderme serré, rigide et incolore recouvre les deux surfaces des feuilles et ne laisse paraître qu'incomplétement la ma-

dantes dans les contrées privilégiées du Queensland et du New-South-Wales, le désert australien s'explique, comme tous ceux des autres parties du globe, particulièrement par les conditions météorologiques, bien que la fréquence du sol arénacé doive y avoir sa part. Ce désert offre à peine quelques points complétement dépouillés de végétation, car plusieurs plantes australiennes sont douées d'une merveilleuse sobriété et ne demandent au sol que bien peu d'eau et de substances nutritives; les végétaux épineux à feuilles menues et rigides s'y maintiennent sous la forme de buissons (*shrubs*), et même çà et là sous celle d'arbres, et partout où le sol n'offre que du sable, il n'en est pas moins hérissé du redoutable *Triodia irritans*. Comme désert revêtu de végétation, le désert australien trouve son pendant dans le Kalahari sud-africain, quatre fois moins étendu cependant que le premier. Le Sahara nord-africain est incomparablement plus nu; cependant on y voit alterner des plateaux pierreux avec des plaines sableuses, des montagnes élevées avec de profondes dépressions, enfin des espaces inhabitables avec des groupes d'oasis occupées par des peuples de race et de langue diverses, par des villes et des villages avec leurs troupeaux, traversées par des routes et animées par le commerce et les transactions internationales; tandis que le désert australien, condamné à la plus accablante monotomie, n'offre absolument rien qui puisse inspirer un intérêt pratique ou scientifique quelconque, et ne possède sur le Sahara que l'avantage d'être moins considérable. Son extension égale à peu près celle du domaine des Touareg compris entre Ghadamès et le Niger, c'est-à-dire la moitié de l'extension de la partie occidentale du Sahara. — T.

tière verte de ¡cellules internes. Cet épiderme protecteur, qui
donne aux feuilles leur solidité, sert, comme chez les plantes
grasses, à limiter l'évaporation de la séve, sans cependant reproduire l'abondance de cette dernière. Placées ainsi à l'abri des
variations des saisons, les feuilles peuvent se maintenir longtemps sans se trouver nulle part soumises aux destructions ni
aux renouvellements périodiques. L'ensemble de l'organisation,
la sécheresse du tissu, la circulation retardée de la séve, l'accumulation réduite des substances organisatrices, tout indique une
lenteur dans le développement végétatif, qui correspond à l'incertitude de l'humidité fournie au sol par les précipitations. Le
petit nombre d'Eucalyptes qui, tels que l'arbre à gomme bleu
(*E. Globulus*), sont vantés pour leur rapide croissance, paraissent être limités aux fonds humides des vallées, bien qu'ils supportent avec facilité également les époques sèches. D'autre part,
on tire de ces formes végétales tous les avantages que le climat
leur accorde. Tandis que les plantes grasses utilisent la saison
humide pour retenir l'eau dans leur tissu et pour prolonger leur
période de développement, alors que ce liquide ne leur vient
plus du dehors, les végétaux ligneux de l'Australie demeurent
pendant la sécheresse dans le même état où ils avaient été précédemment. Ils tirent parti de chaque précipitation qui humecte le
sol : ils continuent à croître tant qu'ils en éprouvent l'effet, et
dès l'époque où celui-ci se manifeste, sans avoir besoin de s'y
préparer par le développement de nouveaux bourgeons, parce
que les anciens organes sont restés intacts. Les plantes grasses
sont des plantes de climats à changements périodiques; les végétaux ligneux australiens prospèrent à l'aide de précipitations
éventuelles, et tout en résistant à de longues périodes de sécheresse, on les voit, selon que l'irrigation est restreinte ou abondante, revenir promptement aux manifestations plus vives de
force organisatrice, sans tenir à une succession régulièrement
reproduite des phases du développement. D'ailleurs, quelques
autres particularités spéciales sont propres à leur organisation,
particularités qui, lors même qu'elles ne se présentent que chez
certaines familles, ou bien chez des végétaux isolés, doivent être
comme autant de moyens destinés à mieux sauvegarder ce qu

est commun à tous les végétaux, et c'est par là que se prononce davantage la connexité entre le climat et la végétation. Je range au nombre de ces propriétés les stomates pour la première fois décrits par R. Brown dans les feuilles des Protéacées (*Banksia*, *Dryandra*) [5] : ces organes se trouvent dans des dépressions protégées par un duvet, et situées sur la surface inférieure de la feuille, disposition évidemment destinée à limiter l'évaporation que règlent les stomates. Une semblable conformation anatomique de l'épiderme se reproduit chez les *Casuarina*. Il y a longtemps que l'on connaissait une organisation analogue chez l'Oléandre, qui se distingue des autres végétaux toujours verts de l'Europe méridionale, parce qu'il conserve fraîche sa teinte verte, même après un été dépourvu de pluie, et souvent ne développe ses fleurs qu'à ce moment. Une structure semblable, mais encore plus spéciale de l'épiderme, a été observée chez les Restiacées australiennes ; nous avons mentionné ce fait en traitant de la flore du Cap *.

Les formes d'Eucalypte et de Protéacées varient considérablement sous le rapport de la dimension et de la configuration du feuillage ; cependant les divisions et les segmentations des feuilles, même les incisions du bord, sont rares, et les poils,

---

* Peu de plantes ont été l'objet d'un intérêt aussi vif et aussi général que l'*Eucalyptus Globulus* de l'Australie. M. Gimbert (*Comptes rendus*, ann. 1873, t. LXXVII, p. 764), après avoir passé en revue les contrées où la plantation de cet arbre a subitement modifié le caractère fiévreux de certaines localités, notamment en Algérie, en Australie, au Cap, dans l'île de Cuba et dans la Provence, s'exprime ainsi : « Un arbre qui pousse avec une rapidité incroyable, qui peut absorber dans le sol dix fois son poids d'eau en vingt-quatre heures, qui répand dans l'atmosphère des émanations camphrées, antiseptiques, devait, à coup sûr, jouer un rôle très-important dans l'assainissement des contrées miasmatiques. » Quant aux travaux spéciaux dont l'Eucalyptus a été l'objet, on pourrait en former toute une bibliothèque ; le seul *Bulletin de la Société d'acclimatation*, et rien que depuis 1860 jusqu'à 1874, compte au delà de 130 articles plus ou moins étendus, consacrés à ce sujet, qui, sans doute, doit à la mode une partie de son importance, surtout en ce qui concerne les innombrables médicaments préparés avec les feuilles, l'écorce ou le bois d'Eucalyptus, médicaments dont un écrivain spirituel a pu dire, avec quelque raison, qu'il faut se dépêcher de s'en servir tant qu'ils guérissent. Il n'en est pas moins vrai que, tout en accordant une large part aux exagérations, on ne saurait méconnaître l'immense intérêt qui se rattache à l'Eucalyptus sous le double rapport scientifique et pratique. C'est ce que M. le professeur Planchon a essayé de faire

lorsqu'il y en a, se trouvent limités à la surface inférieure. Au nombre des familles les plus riches figurent (outre les Myrtacées, les Légumineuses et les Protéacées) les Rutacées et les Épacridées; plus de vingt autres familles fournissent également des types de cette configuration de feuillage.

La troisième forme caractéristique parmi les végétaux ligneux australiens, c'est celle de *Casuarina*; elle appartient au petit nombre de celles qui dépassent de beaucoup la mer des Indes. Cette forme arborescente ne trouve sa complète expression que dans le genre *Casuarina* lui-même, dont les feuilles, bien que morphologiquement indiquées, ne sont pas physiologiquement développées; en sorte que leurs fonctions doivent être exercées par la surface des branches délicates, striées comme chez les Prêles *(Equisetum)*. Puis viennent se ranger à leur suite, à cause de l'extrême exiguïté de leurs feuilles, quelques Conifères australiennes (*Callitris, Dacrydium*), tandis que d'autres, par la configuration de leur feuillage, se rattachent aux formes d'Eucalypte et d'Olivier (*Phyllocladus, Araucaria*). La nature aphylle des *Casuarina* se reproduit enfin chez une Santalacée arborescente (*Exocarpus cupressiformis*) généralement répandue et mentionnée souvent à cause de son pédoncule charnu,

---

ressortir, particulièrement à l'égard de l'*Eucalyptus Globulus*, dans un travail (*Revue des deux mondes*, ann. 1875, t. VII, p. 149) où, après avoir discuté la valeur des témoignages relativement aux propriétés médicinales attribuées à l'Eucalyptus, il est d'avis que ces témoignages sont trop unanimes et trop respectables pour ne pas admettre que cet arbre (depuis longtemps connu en Espagne sous le nom d'*arbre à la fièvre*) possède tout à la fois des propriétés préventives et curatives relativement aux fièvres paludéennes ; il pense de même que « seul entre ses nombreux congénères, l'*Eucalyptus Globulus* a vraiment pris pied en Europe, en Asie, en Afrique, en Amérique, partout où la culture de cette plante est compatible avec le climat. C'est le rare exemple d'un arbre vraiment australien, devenu citoyen du monde de par le droit de l'utilité et de la beauté. » Cependant M. Planchon croit que, parmi les contrées du midi de la France où l'on cultive l'Eucalyptus avec succès, celles exposées à de trop fortes oscillations, notamment à d'énormes abaissements de température, ainsi que cela se produit à Montpellier, à Marseille, à Narbonne même, n'offrent que des chances très-incertaines. Sous ce rapport, le fait qui vient d'être signalé à Tours (*Bull. Soc. d'acclim.*, ann. 1875, 3ᵉ sér., t. II, p. 53) est fort remarquable : il s'agit d'un Eucalyptus (l'espèce n'est pas indiquée) qui, à la vérité, planté dans une touffe de Sapins, a pu résister, au mois de décembre, à une température de 11 *degrés au-dessous de zéro*. — T.

comme aussi dans une série de buissons, soit de la même famille
(*Leptomeria*), soit parmi les Légumineuses (*Sphærolobium*,
Viminaria), qui dès lors doivent être assimilées, sous ce rapport, à la forme de *Spartium* du midi de l'Europe. Les végétaux aphylles ont en eux-mêmes quelque chose de paradoxal ;
aussi ne les trouve-t-on guère que dans un petit nombre de
contrées possédant toutes un climat sec ou du moins des saisons
sèches. En effet, comme parmi tous les végétaux ce sont les
arbres qui doivent élaborer la plus grande quantité de substances
nutritives organiques, afin de satisfaire aux exigences multiples
de l'organisme en raison directe de leurs propres dimensions,
l'abondance des feuilles, organes où se produisent les matériaux
nécessaires à la croissance, paraît devoir se trouver en rapport avec les destinations diverses de ces matériaux. Cependant,
lorsque le feuillage n'est point caduc, il n'y a plus lieu d'engendrer des bourgeons pour l'avenir et de leur préparer des substances nutritives ; par conséquent, les tâches se trouvent sim-
plifiées, et même la production du bois peut être ralentie. Dans
de telles conditions, le végétal peut se passer de la forme aplatie
de la feuille, faite pour emprunter à l'atmosphère plus de substances nutritives ; cette sorte de feuille peut alors être remplacée
par des feuilles aciculaires et même par des branches cylindriques. C'est pourquoi les végétaux ligneux aphylles de l'Australie constituent l'expression la plus simple d'un climat qui
exige dans la vie des plantes un développement lent, susceptible
d'être interrompu sans distinction d'organes essentiels. Mais la
réduction de la production du bois est également préjudiciable
aux grandes dimensions de l'organisme ; c'est ce qui fait que des
arbustes aphylles sont plus répandus sur la terre que les arbres
aphylles ; aussi les Casuarina de l'Australie restent déprimés,
quelques-uns sont dépourvus de tronc, et une espèce tropicale
croît près de l'eau. C'est seulement chez les Conifères de cette
série, dont les feuilles aciculaires sont réduites à des écailles,
que se présentent des formes arborescentes élevées, sans doute
parce que le grand nombre d'organes foliacés en compense l'exiguïté.

La feuille se réduisant au type aciculaire, la forme Protéacée

passe à la forme Éricée, qui en Australie ne se trouve pas représentée par des Éricées, mais par d'autres familles variées
(par exemple par les Épacridées, très-voisines des Éricées, par
des genres de Protéacées, de Légumineuses, de Myrtacées, etc.).

Au nombre des formes les plus spéciales de l'Australie qui
n'atteignent même pas le domaine tropical du continent, figurent les Xanthorrhées ou arbres graminiformes (*Xanthorrhea*
et *Kingia*), végétaux monocotylédonés dont la structure bizarre
imprime quelque chose d'étrange à la physionomie du pays où
ils se présentent en grand nombre, comme dans les colonies sud-
ouest. Le tronc ligneux est bas et porte à son sommet une énorme
touffe de feuilles de Graminées ; on ne saurait donc aucunement
le comparer au port des Bambous ou Graminées arborescentes,
parce qu'il manque d'articulations et n'est orné d'aucune feuille.
Aux arbres graminiformes plus élevés appartient une Xanthor-
rhée de la colonie de Swan-River (nommée *Blackboy*), décrite
par M. Drummond[6], et dont le tronc, de 3 décimètres de grosseur, atteint une hauteur de $3^m,2$ à $4^m,8$, et souvent se bifurque
à plusieurs reprises, tout en laissant aux branches la même grosseur : le pédoncule floral qui couronne le sommet est presque
aussi élevé que la plante elle-même. Mais ce sont les *Kingia* qui
acquièrent les plus grandes dimensions, car on les voit dans la
même colonie s'élever à $6^m,4$ jusqu'à $9^m,7$. Cependant la majorité des Xanthorrhées n'a qu'un tronc de quelques pieds de
hauteur, et chez d'autres il disparaît même complétement,
comme chez les Palmiers nains ; dans ce cas, cette forme végétale passe aux Graminées, qui constituent le gazon. Comme indi-
vidualités végétales d'aspect considérable, les arbres graminiformes se rapprochent le plus de la forme Pandanus de l'Inde
et de l'Océanie, ou bien des Liliacées arborescentes ou des Velloziées du Brésil, qui toutes deux se distinguent par la structure du tissu de leurs feuilles. Ce sont justement les lambeaux
de gazon placés à l'extrémité des branches qui indiquent la
nature particulière du climat australien. En effet, la feuille des
Graminées, contenant peu de séve et revêtue de son tégument
épidermique riche en silice, participe, précisément sous ce rapport, à l'organisation qui caractérise le reste des végétaux li-

gneux. Aussi partout, sous les climats secs des steppes, les gazons de Graminées présentent encore plus de rigidité, et se trouvent par conséquent mieux défendus que partout ailleurs contre l'évaporation.

Ainsi, à l'aide de nouveaux intermédiaires fournis par les genres *Xerotes* et *Dasypogon*, voisins des arbres graminiformes, nous voyons s'établir ici une transition à la plus importante production de l'Australie, aux richesses de ses pâturages, fondées sur le revêtement du sol par les Graminées gazonnantes, richesses qui nourrissent leurs troupeaux de moutons et les multiplient sans cesse, permettant aux établissements anglais, d'abord de se développer dans les contrées littorales les plus lointaines, puis, en appliquant toujours le même principe, de pénétrer avec une irrésistible rapidité jusque dans l'intérieur du domaine tropical, d'où, grâce à l'extension croissante des moyens de communication, ils ne manqueront pas d'atteindre les oasis du désert. Dans les contrées plus riches, les Graminées constituent, à l'époque de la période pluvieuse, un tapis continu de fraîche verdure. Sous un climat plus sec, les gazons se morcèlent, à la vérité, mais ils conservent pendant longtemps leur vive coloration, et lorsqu'ils deviennent arides, brunâtres ou jaunes, ils peuvent néanmoins fournir aux troupeaux une nourriture suffisante, pourvu, bien entendu, que les précipitations aient lieu à l'époque requise, afin de leur permettre de reverdir. On aurait dû s'attendre à ce que l'extension de tels pâturages donnât naissance, comme en Afrique, à une riche faune de Mammifères ; d'ailleurs, c'est ce que semblerait annoncer le nom de l'herbe à Kanguroo (*Anthistiria australis*), que R. Brown signale comme la Graminée la plus précieuse et la plus fréquente de l'Australie. Néanmoins, quelle qu'ait été la diminution subie par les animaux indigènes en présence de la multiplication des troupeaux, le petit nombre des formes animales aborigènes, ainsi que l'impossibilité où se sont trouvées toutes les expéditions d'exploration de se maintenir à l'aide de la chasse, démontrent évidemment que la nature ici n'a guère prodigué ses dons envers les Marsupiaux des pâturages, peut-être à cause de la difficulté de leur propagation. Sous ce rapport, l'Australie est comparable à l'Amérique du Sud, où l'abondance des substances alimentaires n'a profité qu'aux immigrants européens.

Parmi les plantes ornementales qui accompagnent les Graminées, les Immortelles et les végétaux bulbeux doivent être signalés comme caractéristiques du climat sec de l'Australie. Les Immortelles possèdent dans leurs fleurs et leurs bractées dénuées de séve un moyen de résister à l'aridité, et de garantir la fructification contre toute atteinte. Les végétaux monocotylédonés bulbeux (Liliacées, Hémodoracées, Orchidées) se contentent de la période de végétation relativement la plus courte pour s'acquitter de la fonction vitale la plus importante, celle d'épanouir leurs fleurs aussitôt que possible. Cependant l'Australie n'égale point la variété que présente le Cap dans le développement de ce groupe de formes.

Si, sous ce dernier rapport, il se manifeste l'un des rares traits de ressemblance avec d'autres pays possédant le climat des steppes ou des moussons, c'est une preuve nouvelle de l'irrégularité des précipitations, preuve qui nous fait voir combien d'autres produits des saisons sèches ont ici peu d'importance, ou bien ne se trouvent limités qu'à des parties isolées du continent: tel est le cas pour les plantes grasses de l'Amérique et de l'Afrique, les Halophytes de la Russie, les arbustes épineux de l'Asie et de la Patagonie. Il paraît que tous ces végétaux exigent dans les conditions vitales météorologiques une périodicité plus assurée que ne peut leur en offrir l'Australie. La forme Halophyte est la seule qui soit ici également caractéristique du sol salé, lequel, représentant un ancien bassin de mer, s'étend bien avant dans l'intérieur depuis le golfe de Spencer, dans les directions du nord et du nord-est, jusqu'aux affluents du Darling. Ici M. Mitchell trouva les Chénopodées demi-succulentes[8], dans lesquelles le sel retient la séve des feuilles : l'une d'elles est qualifiée d'*arbuste salé* (*Rhagodia esculenta*). De semblables constitutions de feuilles ne se voient dans d'autres contrées qu'à l'état isolé (ex. *Mesembrianthemum* sur les côtes, *Lobelia gibbosa* parmi les Graminées en automne). Il paraît qu'en fait de plantes grasses proprement dites, une Euphorbe charnue se présente dans les steppes sur le golfe Spencer. Quant aux arbustes épineux, je n'en trouve que peu d'exemples dans ma collection australienne ; cependant c'est un cas fréquent que de voir des feuilles aciculaires de la forme Erica, rigides qu'elles sont, se terminer en une pointe piquante.

Quelque prononcées que soient les différences systématiques qui séparent l'un de l'autre les centres de végétation des deux domaines australiens les plus riches en plantes, savoir, le sud-ouest et le sud-est, il y a néanmoins concordance entre les formes végétales dominantes. Malgré son climat plus chaud, le domaine tropical possède, comme c'est le cas en Afrique, une végétation spécifiquement bien moins riche. Quoiqu'une explication climatérique de ce phénomène ne paraisse guère possible, certaines formes végétales n'en manifestent pas moins l'influence d'une température plus élevée et plus régulière. On constate ici l'immigration d'une série de végétaux indiens qui n'ont point atteint la partie tempérée de l'Australie. M. Müller rapporte[1] que, dans le domaine tropical, on compte déjà environ cent espèces d'arbres qu'on ne saurait distinguer des espèces indiennes, et qui, par conséquent, doivent leur extension à un échange effectué avec Timor et d'autres îles. Un autre groupe de genres indiens se trouve représenté par des espèces endémiques. M. Hooker[2] place les limites de ces éléments tropicaux confondus comme des étrangers avec les formes de la végétation australienne, sous la latitude de 26°, sur la côte occidentale plus sèche, et sous la latitude de 27°, sur la côte orientale plus humide. Bien qu'ici, par exemple dans la baie de Moreton, quelques limites végétales tranchées sautent aux yeux, puisque la forme Pandanus et les Araucaria s'y présentent pour la première fois, néanmoins ce caractère général de la flore reste, jusqu'à l'extrême nord du continent, le même que dans l'Australie méridionale. Les Eucalyptus et les Acacia à feuilles indivises constituent partout la masse des végétaux ligneux plus considérables, les Casuarina et les Callitris ne manquent point, et si le Scrub devient plus prononcé en Protéacées et autres familles caractéristiques, le type physionomique de ces fourrés de buissons n'en demeure pas moins inaltéré. C'est un tableau fort semblable que R. Brown a tracé de la récolte faite par M. Sturt dans le domaine central de l'autre

côté des tropiques [10]. L'Australie tropicale souffre aussi précisément de l'absence d'humidité, et il en résulte que les formes
végétales de la zone torride n'y sont que faiblement représentées, et que d'autres font complétement défaut. C'est pourquoi le
climat, ainsi que les éléments tropicaux de la flore, rappellent
les arides plateaux de l'Inde, et ne sont guère comparables à ce
que nous présente l'archipel malais, bien qu'il soit plus rapproché de l'Australie. Au nombre des formes faiblement représentées figurent celles du Laurier et des Mimosées, des Palmiers,
les Pandanées, les Fougères, les Lianes ligneuses et les Orchidées aériennes ; on voit se reproduire également les Lianes-Pal-
miers (*Calamus*), les Cycadées (*Macrozamia*), les Fougères arborescentes, ainsi que les troncs de la forme Bombacée gonflés
en bouteille (*Sterculia*, sect. *Brachychiton*). Certaines formes
sont limitées à des districts particuliers : c'est ce que rapporte
M. Müller relativement à un Pisang (*Musa*) fort rare, ainsi qu'aux
Bambous, qui ne se présentent que dans la partie septentrionale
du pays d'Arnheim, et par conséquent sous la latitude du golfe
de Carpentarie. Sur la côte plus humide, les Fougères deviennent
plus variées qu'ailleurs ; c'est même là que se trouve la zone du
petit nombre de Fougères arborescentes [1] qui souvent atteignent
une hauteur de 16 à 22^m, 7. Ce qui prouve qu'aucune séparation
entre les domaines de végétation tropicale et non tropicale n'a
lieu en Australie, c'est que la plupart et les plus importantes
formes tropicales s'étendent jusqu'à la partie sud-est de l'île, et
que, sur toute la surface de cette dernière, on voit les formations dominantes revenir régulièrement. C'est ainsi qu'un Palmier (*Corypha australis*) se présente dans la Nouvelle-Galles du
Sud et des Fougères arborescentes [1] jusque dans la Tasmanie, de
même que la limite méridionale des Orchidées aériennes ne se
trouve, selon R. Brown, que sous la latitude de 34° S., et que
les forêts littorales de Palétuviers ne font pas non plus défaut à
la côte méridionale d'Adélaïde ; ce sont même les parages sud-est
de la Nouvelle-Galles du Sud, jusqu'à la Tasmanie, qu'habite la
Fougère arborescente la plus considérable de l'Australie (*Dicksonia antarctica*), qui, selon M. Müller, est aussi celle qui résiste le mieux à la sécheresse [1].

Formations végétales. — Les savanes forestières, qualifiées de *Grassland* par les colons, et les formations buissonnantes, ou le *Scrub*, occupent la majeure partie du continent australien, aussi loin qu'il est praticable à la colonisation. Comme l'élevage du bétail s'est développé en raison de l'étendue du Grassland, les établissements dépendaient de la disposition de ces formations. Ce fut précisément pour donner plus d'extension à ces établissements, que la découverte de nouvelles savanes dans les parties tempérées aussi bien que dans les parties tropicales de l'Australie, devint l'objet de tous les efforts, car il s'agissait d'utiliser un riche capital offert par la nature elle-même. Mais le progrès fut arrêté par le *Scrub*, qu'on ne pouvait faire disparaître, et qui diffère des formations frutescentes du Cap, par la densité et souvent par la taille. Parmi les autres formations, la steppe ouverte est la seule qui ait une plus grande importance : ses limites dans l'intérieur de l'Australie ne sont pas encore connues jusqu'à ce jour.

Les savanes forestières sont une particularité du sol australien. Ce qui les constitue, ce sont les forêts dégagées, clairsemées d'Eucalyptus, dont les arbres sont trop espacés pour se toucher par leurs couronnes de feuilles, dont le dôme ne projette qu'une ombre partielle, et dont la terre végétale ne produit point de sous-bois, mais un tapis continu de pré[1], tapis de Graminées mélangées d'herbes vivaces, riches en fleurs, et qui au commencement de la saison humide, donnent aussitôt naissance à un gazon frais et succulent. Ces fleurs s'y succèdent rapidement : ce sont les végétaux bulbeux monocotylédonés qui les portent d'abord ; viennent ensuite, de semaine en semaine, d'autres formes, de sorte que bien avant dans l'époque de la sécheresse, on voit se maintenir de nombreuses Synanthérées, notamment les Gnaphalium (Immortelles). Le gazon de Graminées lui-même, bien que sa densité ou sa durée dépende de l'humidité du climat, se conserve, lorsqu'il se trouve dans des conditions favorables, longtemps encore après la cessation des pluies, jusqu'à ce qu'il ne reste plus enfin qu'une steppe aride, et que toute vie se soit retirée sur les rives des creeks. Indépendamment de l'irrigation, dont les proportions sont si diverses, la

nature du sol a une large part dans la valeur des pâturages.
Dans la Nouvelle-Galles du Sud, M. Lhotzky trouva les savanes
forestières en rapport avec les terrains plus argileux [12], tandis
que le *Scrub* y caractérise le sol sablonneux : et cependant dans
la colonie de Swan-River, c'est ce dernier qui, d'après M. Drummond [6], est utilisé de préférence comme Grassland ; de même,
sur les arides plateaux de l'Australie tropicale, le *Scrub* paraît
dépendre d'une proportion plus considérable d'argile contenue
dans le grès, mais les prés du midi deviennent également de
maigres steppes de Graminées [13]. Or, c'est sur ce sol de pré et de
steppe que dans toute l'Australie se présente la forme Eucalyptus, en sorte que vers une certaine distance, les savanes donnent
à la contrée l'apparence d'une forêt qui, dès qu'on y pénètre,
peut être traversée en tous sens, même en voiture. La vive lumière qui éclaire ces forêts et qui évidemment est favorable à la
végétation des Graminées et des plantes herbacées, se trouve
accusée par la position verticale des surfaces foliaires, fait
formulé en ces termes dans le passage connu des écrits de
R. Brown [14] : les Eucalyptus et les Acacia australiens ont cela de
commun, que « leurs feuilles ou les parties chargées des fonctions
de feuilles, dirigent leur bord vers la branche, en sorte que les
deux surfaces se trouvent placées dans le même rapport à
l'égard de la lumière. Cette disposition, qui a constamment lieu
chez les Acacia, est chez ces derniers la conséquence du développement vertical du pétiole foliiforme, tandis que chez l'Eucalyptus, où elle est très-générale, mais non sans exception,
elle tient à la torsion du pétiole ». Plus tard, R. Brown [7] ajouta
cette observation : que les feuilles verticalement suspendues
sont munies de stomates sur chacune de leurs surfaces ; et que
c'est de cette particularité de l'organisation que provient le
défaut de brillant, qui frappe tellement dans les forêts australiennes. Grâce à leurs feuilles toujours vertes, une longue
période de végétation est accordée aux arbres de la savane forestière, qui projettent l'ombre moins par le feuillage qu'à l'aide
de leurs troncs et des couronnes peu touffues de leurs branchessLa
durée du temps pendant lequel se maintient la circulation de leur
séve après la cessation des pluies est proportionnée à la pro-

fondeur qu'atteignent leurs racines dans le sol; aussi au cœur de
la saison sèche, alors que le gazon se meurt, on les voit générale-
lement, de concert avec les Loranthus parasites qu'ils portent,
briller dans l'éclat de leur parure florale. Placés à des intervalles
larges et réguliers les uns des autres, les Eucalyptus atteignent
souvent une taille gigantesque ; mais sur un sol maigre, ils alternent avec des formes arborescentes bien plus basses, ne s'élevant
qu'à 6 mètres ou tout au plus à 9^m,7, telles que les Casuarines, dont
les branches brunâtres « contrastent singulièrement au printemps
avec le vert gai du gazon[11] », ou bien les Acacia, dont on signale
une espèce qui, sur un tronc de la hauteur d'homme, ne déploie
qu'une couronne umbraculiforme. Les savanes à végétaux arborescents plus bas et moins fréquents sont désignées par les
colons sous le nom de *Bay of Biscay land :* il paraît qu'elles
passent graduellement à la steppe déboisée. C'est d'une autre
manière que s'opère le changement dans l'aride savane forestière du nord, à l'aide des végétaux ligneux appartenant à des
genres indiens, et qui, sur le plateau tropical de grès, donnent à
cette formation un air de ressemblance très-prononcé avec les
contrées sèches du Dekkan.

On ne saurait douter qu'il n'existe une certaine connexité
organique entre la végétation arborescente et le revêtement herbeux du sol, quand on considère que, dans une si grande partie
de l'Australie, il existe un certain équilibre entre ces deux formes
de végétation. Ce revêtement herbeux dû à des végétaux gazon-
nants ne permet guère la végétation des semences d'autres
plantes. Les prés du nord restent exempts de végétaux ligneux,
lors même qu'ils ne subissent aucune gêne dans leur expansion ;
aucun élément étranger ne saurait triompher de l'énergique développement de leur gazon. Les herbes vivaces qui possèdent des
organes souterrains analogues pénètrent dans le fourré des Graminées, tandis que terrain et nourriture sont soustraits aux
germes à pousses radicales pivotantes et non ramifiées. Cela
explique pourquoi le sous-bois manque aux savanes forestières,
et pourquoi, à de larges intervalles, des arbres isolés sont les
seuls qui parviennent, en se développant, à affirmer le triomphe
de leur force vitale. Les Graminées, ainsi que quelques familles

voisines, exigent une quantité proportionnellement considérable
de substances nutritives minérales, notamment de la silice. Mais,
sous ce rapport, les prés à Graminées de l'Australie se trouvent
placés dans d'autres conditions que ceux de l'Europe, auxquels
d'ailleurs ils ressemblent tellement par leur mode de formation. Dans le nord, échelonnés le long des rivières et embrassant le domaine de leurs inondations, les prés dépendent de l'eau
courante pour obtenir la quantité d'éléments minéraux indispensables à leur développement, que l'intérieur de la terre fournit
constamment aux sources de cette eau. C'est même à la présence
d'un ruisseau émanant dans les profondeurs de la montagne que
souvent les prés forestiers doivent leur existence. En Australie,
de telles affluences n'ont pas lieu, et moins encore celles d'une
nature longuement productive; c'est là précisément que les prés
sont indépendants des lignes fluviales et se déploient largement sur les dépressions des plaines. Si les Graminées n'y sont
alimentées que par la terre végétale superficielle dans laquelle
pénètrent leurs racines, en revanche les organes des arbres de
haute futaie atteignent comparativement des profondeurs bien
plus considérables, ce qui leur donne la facilité d'emprunter à la
terre des substances minérales et de les déposer dans leurs
feuilles. D'autre part, le feuillage, une fois rejeté et putréfié,
exerce une action favorable sur la couche superficielle du sol,
ainsi que sur le tapis des Graminées. Les arbres enrichissent les
réservoirs de la nature inorganique : c'est ainsi que s'est établi
graduellement, entre eux et les Graminées, l'équilibre que nous
avons sous les yeux. Quoique toujours dominés par la nature du
sol, les arbres germeront et prospéreront mieux dans les endroits où le sol, dans sa profondeur, était encore vierge de tout
contact antérieur ; mais après un laps de temps long, incalcu-
lable, les dernières couches du sol susceptibles d'être atteintes
par les racines finissent par s'épuiser; et de cette manière une
forêt, avec son riche terrain, pourrait être refoulée par le Scrub
ou bien être convertie en steppe déserte. Voilà pourquoi les
savanes forestières de l'Australie, lors même qu'elles n'ont pas
été modifiées par la culture, paraissent faire partie de formations
à variations séculaires, tandis que les contrées montagneuses de

notre globe peuvent produire d'impérissables essences, parce
que leurs dernières sources d'alimentation — les roches lessivées
par les eaux — se trouvent à une plus grande profondeur.

Le caractère du Scrub, ou fourrés de buissons australiens,
repose sur ce qu'à l'exclusion d'herbages et de Graminées, le
sol est revêtu de buissons touffus et entrelacés appartenant aux
formes de Protéacées et d'Éricées, au milieu desquels peuvent
bien surgir çà et là quelques arbres. Les végétaux ligneux sont
de taille très-diverse : il y a des Eucalyptus qui rivalisent avec
les arbres des savanes forestières ; dans d'autres endroits (p. ex.
sur les plaines de sables de l'Australie méridionale)[11], le Scrub
reste partout au-dessous de la hauteur d'homme. Des plantes
appartenant aux familles les plus diverses offrent un facies tellement analogue, qu'on ne saurait les distinguer sans l'aide des
fleurs et des fruits. Les traits de configuration sont renfermés
dans des limites restreintes ; ce n'est que dans les contours des
feuilles que la nature se permet une plus grande variété, passant
du contour ovoïde par le limbe lancéolé jusqu'à la forme circulaire, et de l'agglomération la plus serrée par toutes les nuances
possibles, jusqu'aux branches nues, aphÿlles. Tandis que, malgré
une richesse apparente, les savanes ne possèdent que peu d'espèces sociales, et que celles-ci offrent sur de vastes espaces une
frappante concordance, le Scrub présente une variété infiniment
plus considérable ; l'habitus éminemment uniforme recèle dans
les individus la plus grande richesse de configuration ; chaque
localité l'emporte, par des formes qui lui sont propres, sur
d'autres localités, placées selon toute apparence exactement dans
les mêmes conditions : il est certains genres qu'on peut qualifier d'inépuisables en espèces (*Eucalyptus, Acacia, Melaleuca,
Pimelea, Grevillea, Hakea*, et autres). Au reste, vouloir énumérer tous les éléments du Scrub, ce serait passer en revue la
majorité des plantes dicotylédonées de la flore australienne. Et
pourtant, quant à l'ensemble, c'est toujours le même fourré uniforme, impénétrable, mystérieux. Les périodes pluvieuses même
ne modifient guère ce tableau physiologique : là où peu de
plantes s'épanouissent avec éclat, il y en a peu de fanées, et chaque
mois voit la même succession désordonnée de formes rigides,

dénuées de séve et pour la plupart se ressemblant les unes aux autres[11] ». Comme chez les arbres des savanes forestières, la saison humide est ici également employée surtout à la crois- sance des organes végétatifs ; en sorte que la majorité des ar- bustes ne fleurit qu'après la cessation des pluies. Cependant, dans aucun mois, le Scrub ne se trouve complétement privé de fleurs : ainsi, pendant la saison humide, ce sont notamment les Épacridées si variées qui le décorent. Plus tard, on voit avec étonnement ces broussailles à apparence de Bruyères qui, dans leur uniforme originalité, ne promettaient que peu d'espèces du même genre, se couvrir soudain de fleurs des structures les plus diverses, qui, variant constamment, mais ne déclinant que gra- duellement, ne cessent de se renouveler jusqu'à la fin de la sai- son sèche.

Ainsi, dans le Scrub, le développement périodique réglé par les époques de précipitations est bien moins prononcé que dans les savanes forestières, où les herbes vivaces et les Graminées succombent à l'aridité. La lumière qui éclaire la végétation des savanes et accélère la croissance pendant la saison chaude, ne saurait exercer son action au milieu de l'obscurité profonde du treillage serré des branches. Le développement doit être retardé, lorsque les feuilles supérieures seules sont mises par le soleil en activité énergique, et lorsque la circulation de la séve se trouve paralysée par l'exiguïté et la rigidité des feuilles. De cette ma- nière les conditions vitales du Scrub et des savanes forestières sont diamétralement opposées, et l'on conçoit que les deux for- mations soient si rigoureusement séparées dans le sens de l'es- pace. La disposition originelle a bien pu être déterminée par le sol et par son aptitude à retenir l'humidité, mais ce qui a agi dans la suite, c'est la nature des organes végétaux eux-mêmes, selon qu'ils donnent passage à une vive lumière ou projettent une ombre épaisse.

Soumis aux conditions topographiques les plus diverses, mais embrassant souvent d'immenses espaces, le Scrub est le fléau du pays, comme la savane forestière en est la bénédiction. C'est un inutile et impénétrable désert de buissons, indestructible même par le feu, qui se dresse devant l'industrie de l'homme comme

une barrière souvent insurmontable. Pendant longtemps le Scrub
a été, tout autant que les solitudes dépourvues d'eau, un obstacle qui ne permettait point non-seulement de pénétrer dans
l'intérieur de l'Australie, mais même de relier par des voies de
communication continentales les colonies florissantes établies
sur les points éloignés de la côte. La relation de M. Leichhardt
fait voir [15] que, dans l'Australie tropicale, cet énergique voyageur, le premier qui ait franchi l'intérieur depuis la côte est jusqu'à la côte nord, a été aussi retenu fréquemment des semaines
et des mois par les fourrés impénétrables du Scrub, obstacle
qu'il ne parvenait à surmonter qu'en le tournant, en s'efforçant
de suivre les lignes des cours d'eau, ce qui parfois lui ouvrait
des sentiers difficiles, mais aussi le détournait fréquemment de la
direction voulue. Là où la nature australienne se plaît dans la
production des formes les plus spéciales et les plus variées de la
vie végétale, elle paraît soustraire aux approches de l'homme
ses mystérieux laboratoires.

Le Scrub ne développe toute la plénitude de sa variété en
genres et en espèces que de l'autre côté des tropiques; mais
ce n'est pas cela seulement qui en modifie le caractère physionomique; c'est encore l'apparition de formes arborescentes
déterminées, fait qui a donné lieu à la distinction de certaines espèces particulières de formations de Scrub. Le Scrub-
à *Çallitris* (*Pine forest*), caractérisé par ce genre de Conifères,
s'étend jusqu'à l'Australie méridionale. Relativement au *Scrub
brigalow*, M. F. Müller fait observer [18] qu'il consiste en petits
arbres et arbustes les plus divers, parmi lesquels les genres indiens sont assez fortement représentés ; cette formation caractérise les hautes surfaces composées de grès, lesquelles s'étendent
à l'ouest des montagnes littorales à travers le Queensland tout
entier, et du côté du sud dépassent les tropiques : c'est ainsi
que, commençant au nord sur le Burdekin, le Scrub-brigalow
constitue, à ce qu'il paraît, un désert central jusqu'aux affluents
du Darling (s'étendant, par conséquent, entre le 18e et le
28e degré de latitude S.), et au sud-ouest jusqu'aux parages
du Cooper-river. Ce genre de Scrub contribuerait donc aussi
à effacer les limites entre la végétation tropicale et la végéta-

tion non tropicale de l'Australie. C'est à cette formation qu'appartient également une Bombacée (*Brachychiton*, voy. p. 318) qui, partout où elle se présente, a fait donner au Scrub le nom de Scrub à arbres-bouteilles (*Bottle-tree scrub*).

Un fourré forestier mixte (*Brushwood*), composé d'arbres ombreux, fortement agglomérés, désigne les stations humides des vallées riveraines. Douées d'un développement luxuriant, c'est là que se présentent les formes végétales qui s'écartent le plus du caractère général de la végétation australienne : on y constate, à la vérité, notamment dans la Nouvelle-Galles du Sud, la forme Eucalyptus (représentée par la Magnoliacée *Tasmania*), mais on y voit croître également les Palmiers (*Corypha* et *Seaforthia*), les Fougères arborescentes, et même un arbre de la famille des Liliacées (*Doryanthes*). Dans l'Australie méridionale, on trouve, sur la rive des criques, des Eucalyptus de taille imposante : des troncs de $2^m,5$ de diamètre sont communs [11]. Il ne manque au sol australien que l'humidité pour développer l'exubérance tropicale. Aussi n'est-ce que cette formation qui, alimentée par les eaux courantes ou maintenues dans un sol marécageux, paraît jusqu'à un certain point rattacher la flore australienne aux forêts de la Nouvelle-Zélande, sans qu'il y ait cependant aucune concordance entre les espèces arborescentes respectives.

Des versants montagneux favorablement situés et jouissant de précipitations plus abondantes et plus régulières, peuvent éprouver également l'influence de l'humidité dans le caractère des forêts. C'est là ce qui constitue l'originalité de l'épaisse forêt de *Cedrela* (*Cedar country*) [10] du Queensland, qui revêt les versants orientaux de la chaîne littorale, forêt où les éléments de la flore indienne se déploient avec le plus de richesse, où s'élancent les Palmiers-lianes couronnés d'une riche frondaison à formes tropicales, et constituant avec d'autres végétaux grimpants un fourré inaccessible, à l'ombre ou sur les ramifications duquel se développent les Fougères et les Orchidées ; enfin, où se présentent également mélangés les uns aux autres d'imposants Auracaria, des Méliacées, des Rubiacées, des Laurinées, et beaucoup d'autres arbres dicotylédonés. C'est ainsi qu'on voit comment, même dans l'aride Australie, le sol incliné enlève aux alizés venant de la mer l'humidité qu'ils contiennent, pour l'utiliser dans l'intérêt de la vie végétale. Il en est encore ainsi des autres contrées montagneuses (réduites, pour la plupart, à la partie sud-est de la Nouvelle-Hollande), de même qu'en Tasmanie, parce qu'avec l'accroissement des cours d'eau, les forêts plus humides se montrent davantage. Cependant ces domaines forestiers franchement délimités deviennent, dans le sud, graduellement plus uniformes, attendu que le climat plus froid exclut peu à peu les formes tropicales; alors dominent les Conifères et quelques Eucalyptes de haute futaie. Les montagnes élevées de Victoria reproduisent la flore de l'île de Tasmanie; c'est là que, sur les versants du mont Wellington, M. Darwin trouva une magnifique forêt à sombre ombrage, ainsi que dans les humides ravins les plus belles Fougères arborescentes [17]; de même, sur les rivières littorales de l'ouest, on voit les troncs vigoureux du *Dacrydium Franklini* s'élancer à une hauteur de 25 à 33 mètres. Par contre, quand, grâce à une direction convenable des chaînes de montagnes, l'alizé des tropiques ne dépose ses vapeurs d'eau que sur les versants qui lui font face, alors ce sont les montagnes de la zone tempérée qui possèdent l'avantage de pouvoir être humectées sur divers points, selon la variation des courants atmosphériques dominants. Cette condition se trouve encore renforcée par la position insulaire de la Tasmanie, où, à cause de cela, chaque courant atmosphérique est un vent de mer qui non-seulement concentre l'humidité, mais aussi modère les contrastes de température. Telles sont les conditions sous l'empire desquelles les Fougères arborescentes franchissent ici la latitude de 42 degrés, tandis que d'autres formes tropicales, comme les Palmiers, ne viennent plus dans la Tasmanie *.

---

* Parmi les plus remarquables végétaux forestiers de l'Australie figure également le *Laportea gigas* Wedd. (*Urtica gigas* Gaud.), décrit par M. Weddell (*Monog. Urtic.*), et que MM. Cunningham, Leichhardt, Verreaux et F. de Müller avaient successivement découvert dans l'Australie orientale, où il croît en abondance, dans les grandes forêts ombreuses, depuis la rivière Clarence jusqu'au district d'Hawarre. L'*Illustration horticole* de MM. Linden et André (ann. 1874, 3ᵉ sér., t. XX, p. 194) fournit des renseignements sur la culture de cet arbre en Europe, et signale les propriétés urticantes extraordinaires dont il est doué, et qui donnent lieu aux

Combien les pluies tropicales et les vents de mer humides enrichissent la flore en végétaux ligneux, c'est ce que démontre la répartition des arbres en Australie. M. F. de Müller énumère environ 950 espèces qui atteignent une hauteur d'au moins $9^m,7$, dont plus de la moitié (526) sont indigènes dans le Queensland, et au delà d'un tiers (385) dans le New-South-Wales. Ces chiffres descendent dans l'Australie sud-ouest (88) et dans l'Australie méridionale (63) au-dessous de 100, dans l'intérieur au-dessous de 30 (29); et même dans la Tasmanie, dont le climat se trouve simplifié par suite d'une altitude plus élevée et de la position insulaire, le nombre constaté des espèces arborescentes n'a pas encore atteint le chiffre de 70 (66). Ce sont les moins écartées et les moins humides des montagnes de Victoria qui présentent parfois les troncs les plus élevés : ainsi la taille de certains individus d'Eucalyptus (*E. amygdalina*) n'a pas été estimée ici à moins de $152^m,6$; il paraîtrait donc qu'ils rivalisent avec les arbres les plus élevés de la terre, avec les *Wellingtonia* de la Californie [18].

Plus on se rapproche des contrées peu pluvieuses de l'Australie intérieure et occidentale, plus les végétaux ligneux deviennent pauvres ; c'est alors que commencent les grandes steppes déboisées (*open downs* et *desert*). En quittant Sydney, on ne tarde pas à atteindre, de l'autre côté des montagnes Bleues, les plaines ondulées de Bathurst, qui, bien que dépourvues de toute végétation arborescente, n'en possèdent pas moins une grande valeur comme pays de pacage. De telles contrées, plus sèches que les savanes forestières, peuvent être qualifiées de steppes graminifères de l'Australie, vu qu'à l'instar des premières ; le sol y est revêtu d'un gazon mélangé d'herbes vivaces. Cette formation est fréquente et fort estimée également dans le domaine tro-

affections inflammatoires les plus graves. En Australie, les chevaux qui parcourent les taillis où croissent les buissons de *Laportea* meurent souvent des piqûres de ce redoutable végétal. Il atteint, dans sa patrie, au delà de 30 mètres de hauteur, quoique, le plus souvent, il conserve les proportions d'un arbrisseau ou d'un arbuste, avec de très-belles feuilles pétiolées, subcordiformes, de 35 centimètres et plus de diamètre, surtout dans le jeune âge. Ce terrible « stinging tree » produit de petites baies rosées, qui invitent à les manger, et elles sont en effet comestibles ; seulement, pour les cueillir, on risque de se blesser. — T.

pical : M. F. de Müller la décrit ici[13] comme alternant tantôt
avec des espaces déserts, tantôt avec le Scrub-brigalow, et, bien
que complétement dépourvue d'eau pendant la majeure partie de
l'année, produisant néanmoins à cette époque de luxuriants herbages, attendu la facilité que possède cette formation d'absorber les eaux pluviales, grâce à son sol riche en humus.

Les terres végétales plus pauvres, non susceptibles de retenir l'humidité ou rarement irriguées par les précipitations, rattachent les steppes graminifères au sol nu des déserts de l'Australie. La végétation se trouve ici presque exclusivement déterminée par les éléments constitutifs du sol. Dans les alentours
dépourvus d'eau du bassin du Torrens dans l'Australie méridionale, aussi bien que dans les contrées désertes du nord-ouest,
des terrains sablonneux, argileux ou salifères, alternent les uns
avec les autres ; c'est selon la présence de l'un de ces terrains
qu'on voit se produire tantôt des herbes vivaces et des Graminées (*Spinifex*), tantôt des buissons plus chétifs munis des
feuilles charnues des Chénopodées et des Zygophyllées, ou bien
encore les organes foliacés rigides de la forme Protéacée. Les
Protéacées, dont cependant on y compte une espèce (*Hakea
stricta*), se trouvent plus généralement remplacées par une Myo-
porinée (*Eremophila*), et la forme aphylle de Spartium par une
Santalacée (*Exocarpus aphyllus*).

Ainsi, on voit se reproduire en Australie les mêmes phénomènes que dans le domaine des steppes asiatiques. Ici également
on peut distinguer les steppes à Graminées des steppes sablonneuses, comme aussi ces dernières de la formation halophyte
propre aux steppes salées, jusqu'à ce que l'aridité du désert
mette un terme à la vie végétale. De plus, dans les steppes
de l'Australie, les familles caractéristiques de la flore sont
si faiblement représentées, que la physionomie australienne se
trouve souvent complétement effacée. Par suite de l'analogie
qui existe entre les conditions vitales les plus uniformes, l'émigration lointaine peut s'effectuer ici plus aisément qu'ailleurs ;
et bien que dans ces contrées si pauvres de l'Australie la majorité des espèces végétales soit décidément endémique, on voit
dans certaines steppes à Graminées une Verveine de l'Amé-

rique du Sud (*Verbena bonariensis*) prédominer au point que
M. Leichhardt a désigné ces contrées par le nom de plaines
à Verveines (*Vervainplains*) [19].

La disposition des steppes et des déserts australiens dans le
sens de l'espace est un sujet qui exige quelques développements
particuliers. Bien que les voyages de découvertes laissent encore
une très-grande partie de l'intérieur à l'état de terre inconnue,
ils permettent néanmoins dès à présent d'apprécier jusqu'à un
certain point l'étendue du pays habitable. On avait cru d'abord
que les contrées littorales étaient seules susceptibles de colonisation, et que plus avant dans l'intérieur il se déployait à travers le continent entier un désert sans eau, à l'instar de celui du
Sahara. En fait, c'est le manque absolu d'eau qui a paralysé
les diverses expéditions entreprises pour pénétrer dans l'intérieur. Cependant, depuis qu'on a appris à utiliser les diverses
périodes de pluies telles qu'elles se produisent sous les latitudes tempérées et tropicales, les résultats des explorations ont
acquis de si vastes proportions, qu'aujourd'hui bien des personnes considèrent comme accessible et habitable le continent
australien tout entier. Cela n'empêche pas que, sous ce rapport
encore, il est bon de se tenir en garde contre les exagérations.
Une grande partie de la moitié orientale de l'Australie s'est en
effet présentée dans des conditions bien plus favorables que
celles auxquelles on s'était attendu jusqu'alors ; toutefois il ne
faut pas perdre de vue que dans la direction du sud-ouest on
n'est pas parvenu à pénétrer beaucoup au delà du Swan–river ni
du King George's sound ; que du côté du nord-ouest se présentent des plaines dépourvues d'eau, qui sont restées infranchissables, et qu'entre l'Australie méridionale et les domaines des
sources ainsi que des oasis, situés dans le centre du continent,
viennent s'intercaler les contrées presque inaccessibles du bassin
du Torrens. De telles considérations conduisent à conclure qu'en
dehors des districts littoraux plus humides, la moitié occidentale
de l'Australie a moins de pluie et est par conséquent plus déserte
que la partie orientale. Mais la concordance essentielle qui s'est
manifestée entre la végétation des steppes tropicales et des
steppes subtropicales, témoigne sous ce rapport de conditions

semblables des deux côtés du cercle tropical. Il est évident que
la disposition des steppes tient en partie à la constitution géognostique du continent. D'anciens bassins de mer, tels que ceux de
l'Australie méridionale, dont le sol retient certaines quantités
de sel, donnent naissance aux Halophytes. La nature des terres
végétales qui séparent les diverses steppes les unes des autres
dépend des roches dont la désagrégation a constitué ces terres.
D'ailleurs on ne saurait méconnaître également la part que les
influences climatériques ont dans la répartition des steppes.
Ce sont ces influences qui ont eu pour effet de rendre la partie
orientale du continent relativement inférieure à la partie
occidentale, non-seulement parce que celle-ci est dépourvue de
montagnes et ne paraît être composée que de plaines basses ou
du moins de hautes surfaces relativement peu élevées, mais
aussi à cause de sa position à l'égard de l'alizé qui lui arrive à
l'état de vent de terre sec, après avoir perdu depuis longtemps
la vapeur aqueuse fournie par l'océan Pacifique. Ainsi, c'est
dans la direction de ces courants atmosphériques dominants, où
le continent a la plus grande extension du sud-est au nord-ouest,
que, toutes conditions d'ailleurs égales, on doit s'attendre à
trouver le moins de précipitations et les plus vastes steppes et
déserts. Dès à présent il est permis de reconnaître cette connexion climatérique. Même avant que l'alizé devienne un courant atmosphérique persistant, nous trouvons ici, dès l'extrême
sud-est, les steppes du Murray et du Darling, auxquelles les
Alpes placées au devant de ces dernières, enlèvent l'humidité
fournie par l'océan Pacifique. Plus loin, dans la direction
du nord-ouest, viennent les contrées dépourvues d'eau, situées
sur l'Eyre, et avec elles commence la zone de l'alizé persistant
du sud-est, zone qui, d'après les indications de M. Stuart, occupe sous ces méridiens tout l'espace compris entre les 29e et
19e degrés de latit. S. [20]. Puis encore, après une vaste lacune
de pays inconnu, on atteint, dans la même direction, un désert
dépourvu d'eau (18° 30' lat. S.) qui empêcha M. Gregory de
pénétrer de Victoria-river plus avant au sud-est dans l'intérieur [21]. C'est ici que se présente enfin le point de délimitation où la mousson tropicale nord-ouest se fait sentir en été et

où se produit une fertile zone littorale. En nous plaçant à un point de vue aussi général, nous pouvons, à la vérité, apprécier quelques-unes des causes qui, sous le rapport climatérique, donnent un avantage à la partie de l'Australie faisant face au Pacifique : mais comme d'autres facteurs y ont également leur part, il serait prématuré de vouloir baser sur ces considérations seules la disposition des steppes. Ainsi, la cessation des pluies d'hiver dans l'intérieur du domaine de Swan-river est particulièrement significative. Ici commencent, de l'autre côté des monts Darling, des contrées désertes, où les averses d'orages, tout en se produisant chaque mois, n'en ont pas moins un caractère isolé. Cette pauvreté en eau, qui n'avait pas permis jusqu'à présent de pénétrer à plus de cent milles géographiques à l'est de la colonie de Swan-river, pourrait bien tenir à ce que dans ces contrées planes l'alizé sec se développe en un courant atmosphérique persistant encore de l'autre côté du 30e degré de latitude, jusque près de la côte méridionale *.

Les formations du sol marécageux et des saillies de Palétuviers de la côte ne diffèrent pas des formations qui y correspondent dans d'autres domaines de végétation ; si les groupes d'arbres mixtes ne viennent dans les vallées des Creeks que là où l'eau se concentre, un tapis de gazon à Cypéracées et autres plantes palustres ne se produit que dans les endroits où la terre végétale seule retient l'humidité. Submergés pendant la période humide, ces gazons n'accomplissent leur croissance que tard à l'époque de la saison sèche; aussi les marécages conservent-ils leurs teintes vertes lorsque la savane forestière est déjà desséchée. Quelque peu que la nature ait fait en Australie pour la subsistance de l'homme, et bien que les indigènes y manquent

---

* Le *Bull. Soc. bot. de France*, t. XXII, ann. 1875, Revue bibliogr., p. 109, rapporte, d'après le *Gartenflora*, des observations intéressantes, faites dans l'intérieur de l'Australie par M. Ernest Giles, relativement à la distribution géographique des plantes dans cette contrée.« Parmi les plantes recueillies par M. Giles, M. le baron de Müller a déjà reconnu un certain nombre d'espèces nouvelles. Il nous apprend un fait inattendu, c'est que la végétation si extraordinaire de l'Australie connue jusqu'aujourd'hui ne pénètre pas bien loin dans la direction de l'ouest, où s'est avancé le courageux voyageur. M. Giles n'a retrouvé, dans l'Australie centrale, que deux genres propres à l'Australie occidentale, les genres *Antotroche* et *Microcorys*. » — T.

de fruits comestibles et d'autres substances alimentaires, un tel défaut ne se manifeste nullement à l'égard des Mammifères herbivores. Lorsque vers la fin de la saison sèche les savanes forestières deviennent plus pauvres en pâturages, les dépressions marécageuses sont encore en pleine activité, de même que dans la steppe salée on voit se maintenir les feuilles grasses des Halophytes, qui peuvent fournir aux troupeaux un excellent fourrage. Au reste, il est vrai que les marécages sont d'une valeur très-inégale. M. Stuart vante l'exubérance tropicale des Graminées de savanes dans le golfe de Carpentarie[23] : selon lui, le long des ruisseaux, ainsi que sur la terre végétale des environs d'un grand marais lacustre, le tapis de gazon[8] ressemble à un riche champ de froment vert qui, dans les endroits humides, arrive jusqu'aux épaules du cavalier. » Quel contraste entre de tels tableaux et les marécages salés inaccessibles de l'Australie méridionale, ainsi que les formations de Roseau qui se présentent dans les parties les plus diverses du continent, et sont composées de la même Graminée qu'en Europe (*Arando Phragmites*). Exemple remarquable de la vaste extension des plantes aquatiques, ainsi que de la concordance de la végétation palustre en général.

Centres de végétation. — La plupart des plantes de l'Australie appartiennent à des genres endémiques, et de tous les pays du globe il n'y a que l'extrémité méridionale de l'Afrique qui lui soit comparable sous le rapport de la richesse en plantes spéciales. D'ailleurs ici ce ne sont pas des monotypes ou des formes occupant une place incertaine dans la classification systématique, mais généralement de grandes séries d'une structure florale analogue par où se manifeste la particularité des centres de végétation. Le caractère le plus général de la flore australienne, eu égard à l'organisation, consiste en ce que dans la série des familles dominantes[24], les Myrtacées occupent la seconde place, les Protéacées la troisième, les Épacridées la septième, et les Goodéniacées la huitième. Tous ces groupes végétaux atteignent le plus grand nombre d'espèces dans les contrées littorales du sud-ouest, et beaucoup perdent de leur importance dans l'Australie tropicale. Le caractère spécial de la flore est donc le

plus fortement accusé là où la distance géographique des autres
domaines végétaux est la plus considérable, et le mélange
avec ces dernières rendu le plus difficile par l'Océan. Du côté de
l'intérieur du pays, ces centres du sud-ouest se trouvent également à peu près isolés, et soustraits à tout échange avec des
produits étrangers. Resserrés sur un espace étroit le long de la
côte, ces centres ont pour limite orientale des plaines dépourvues d'eau, que leur végétation ne saurait franchir aisément.
Sur la côte nord-ouest, des régions plus sèches alternent avec
des régions plus humides, où les saisons tropicales n'offrent plus
de concordance avec celles du pays de Swan-river, et avant
d'atteindre ces régions, la zone sèche des tropiques a déjà perdu
les richesses des latitudes plus méridionales. Le Scrub, qui renferme la majorité des éléments de la flore, est une formation qui,
à cause de la densité de sa végétation où un arbuste reçoit d'un
autre protection, ombre et support, se prête peu à la diffusion
des individus, tandis qu'à leur tour les végétaux de la contrée
ouverte ne sauraient vaincre aisément les obstacles qu'opposent
à leur migration des fourrés aussi étendus de végétaux ligneux.
Enfin, ce sont également les conditions géologiques des contrées
littorales, conditions différant de celles de l'intérieur, qui exercent une influence sur le sol et contribuent à sa position isolée.

R. Brown fut, ici encore, le premier à reconnaître l'autonomie des pays du Swan-river et du King George's sound [7]. Il
fait observer, à la vérité d'après des collections insuffisantes,
que cette partie de la côte occidentale ne possède probablement
que peu d'espèces en commun avec le même parallèle de la côte
orientale. De même, il savait déjà que c'est sur la côte sud-
ouest que se trouve le plus grand nombre de genres portant
l'empreinte propre à l'organisation australienne. M. Drummond
est allé encore plus loin dans l'application des centres de végétation séparés [8], car, en revenant d'un voyage dans le King
George's sound, il soutint qu'il y a un grand nombre de plantes
qui sont inconnues à une distance seulement de 3 degrés de
latitude, vers le Swan-river. Tous ces faits ont été complètement confirmés et considérablement développés par M. Hooker [9],
qui avait à sa disposition les matériaux les plus étendus. Seule-

ment le nombre des espèces communes au sud-ouest et au sud-est avait été évalué trop bas par R. Brown: d'après M. Hooker, ce nombre se monte à 10 pour 100 du total, mais les grands genres endémiques s'y trouvent très - faiblement représentés ; on n'y constata aucun Acacia ou Eucalyptus répandu d'une côte à l'autre. De plus, lorsque tout en confirmant les données de M. Drummond, M. Hooker rapporte qu'entre le pays de Victoria et la Tasmanie, la concordance est plus prononcée qu'entre King George's sound et Swan-river, il faut certainement renoncer à l'idée que la mer sépare toujours les centres de végétation d'une manière plus positive que la terre ferme : le fait est qu'un bras de mer étroit peut également servir de moyen de communication, et n'oppose pas à l'établissement des végétaux sur ses côtes autant d'obstacles que le Scrub, dont les éléments ne se séparent guère, ou bien encore que la diversité du sol, telle que M. Drummond paraissait l'avoir en vue, quand il disait que c'est une surface marécageuse du King George's sound qui lui avait fourni la récolte la plus riche en espèces endémiques.

On peut donc admettre, comme chose parfaitement décidée, que nulle part eu Australie les centres de végétation n'ont aussi bien conservé leur état primordial que dans l'angle sud-ouest de ce continent. Ils y demeurèrent séparés, à l'instar des îles d'un archipel, et tout aussi isolés de la terre ferme, que s'ils se trouvaient au milieu de l'Océan. C'est là ce qui donne à ces pays un intérêt tout particulier pour la consolidation de nos opinions quant à l'origine de la nature organique, puisque de tels faits nous démontrent une fois de plus que les mêmes lois qui, relativement à la séparation géographique des espèces, ont été déduites des archipels à formes endémiques, sont également applicables aux centres continentaux de végétation.

Or ici nous devons tout d'abord considérer de plus près la richesse de la flore du sud-ouest, richesse placée dans une relation si intime avec l'exiguïté des stations des espèces prises isolément. Le pays littoral de Swan-river et du King Georges sound a fourni 3600 espèces au catalogue total de la flore australienne de M. Hooker [9], le sud-est 3000, le domaine tropical 2200 ; à cela viennent s'ajouter encore les plantes endémiques de l'Australie méridionale, qui sont si peu nombreuses et d'une nature si peu spéciale, qu'on peut les considérer comme étant immigrées d'autres centres de végétation. Sur les 8000 Phanérogames connues alors de M. Hooker, moins de 1000 espèces appartiennent en même temps à deux ou à plusieurs sections du continent ; plus de 7000 sont restées endémiques dans l'un des trois domaines principaux. Si l'on considère chacun de ces derniers comme un groupe de centres de végétation, on est singulièrement frappé de l'inégalité de la répartition. La surface qui a fourni les collections faites dans les colonies du sud-ouest ne saurait être estimée à au delà de mille lieues géographiques carrées [25]. L'étendue du domaine sud-est est vingt fois plus considérable, puisque la majeure partie de la Nouvelle-Galles du Sud, de Victoria et de la Tasmanie, a été botaniquement explorée. Et en y comprenant les parties dépourvues d'eau et inconnues, l'Australie tropicale est presque six fois plus grande que la portion sud-est. D'après le produit de leurs centres de végétation, les trois domaines seraient entre eux comme 18 : 15 : 11, mais d'après leurs dimensions, comme 1 : 20 : 119. Si l'on considère comme centre d'une plante déterminée la localité où l'on admet que le premier individu de cette plante est né, la disposition de tels points pourrait être assimilée à la répartition des étoiles, qui dans certaines régions du firmament se présentent fortement agglomérées, tandis que d'autres se trouvent séparées par de vastes et obscurs espaces. Au reste, en soi-même, cette disparité énigmatique n'a rien d'incompatible avec ce que l'expérience nous apprend dans d'autres pays : en effet, de même que nous sommes dans le cas de distinguer des îles à végétation endémique et des îles qui n'en ont point, ainsi nous devons nous attendre à trouver sur les continents une disposition tout aussi irrégulière des centres de végétation. Cependant, moins on parvient à expliquer de tels phénomènes à l'aide de conditions climatériques ou autres influences physiques agissant encore de nos jours, plus on se sent vivement appelé à interroger, dans des cas semblables, les causes géologiques.

L'Australie est composée d'une région basse, centrale, ouverte

vers le sud du golfe de Spencer, et d'un large rempart de roches
plus anciennes, lequel a la forme d'un croissant et entoure sur
tous les autres points cette région médiane. On trouve générale-
lement, dans la dépression centrale de l'Australie méridionale,
des restes de Mollusques qui vivent encore aujourd'hui dans
l'Océan [9]. Cette partie du continent n'a donc été émergée que
pendant l'époque actuelle de nôtre globe; aussi aucun centre de
végétation n'y a-t-il été constaté, et les plantes paraissent-elles
y être immigrées du dehors. Il est permis de conclure du caractère de la végétation que ce sont seulement des plantes venant
de pays limitrophes qui s'y sont établies, notamment des plantes
dont la diffusion s'opère avec le plus de facilité, et qui dès lors
ont trouvé sur le sol récemment émergé les conditions nécessaires à leur existence. Dans la collection provenant de la première expédition de M. Stuart dans l'intérieur de l'Australie méridionale, M. F. de Müller n'a guère observé une seule
espèce qui fût propre aux formations touffues du Scrub [26].
Les Épacridées faisaient complétement défaut, les Protéacées
étaient peu nombreuses, de même que les Myrtacées, et toujours, quelque petit que fût le nombre d'espèces fournies par
cette dernière famille, la majeure partie des arbres n'en était
pas moins encore composée d'Eucalyptus. Ainsi donc, sous les
latitudes tempérées de l'Australie, ce domaine central doit
opposer un obstacle puissant au mélange entre les centres de
végétation de l'est et de l'ouest, tandis qu'un tel obstacle n'a
pas lieu sur la côte tropicale du nord. Et lors même que le climat et le sol auraient une part considérable dans la dépression centrale, le rôle que joue l'émersion récente de celle-ci ne
saurait non plus être considéré comme peu important.

Néanmoins c'est en vain que nous cherchons de semblables
solutions géologiques dans les contrées plus richement douées
de l'Australie. Ces contrées consistent, avec une uniformité
relativement grande, soit en roches granitiques ou autres
roches cristallines, soit en terrains sédimentaires, que l'on avait
même cru précédemment n'embrasser presque que les couches
comprises entre les époques silurienne et carbonifère. C'est là-
dessus que M. de Hochstetter bâtit une hypothèse en vue d'ex-

pliquer l'organisation de la flore australienne [27]. Considérant
les dépôts tertiaires comme insignifiants et circonscrits, il qualifia l'Australie de continent le plus ancien du globe, et crut
que par leur caractère, sa faune et sa flore se rattachent aux
restes fossiles de la formation jurassique ou en général de l'époque secondaire, et que, créées pendant cette période, elles se
seraient succédé depuis lors sans altération. Or cette hypothèse se trouve réfutée par les explorations géologiques récentes
de l'Australie. Il résulte des études étendues de M. Selwyn [28]
que les deux tiers de la surface de Victoria sont composés de
dépôts tertiaires. De plus, M. Hargraves a constaté [28] que les
plaines intérieures granitiques de Swan-river sont recouvertes
par « une roche sédimentaire blanche à facies crétacé et avec
des incrustations salines ». Ainsi du moins la partie méridionale
de l'enceinte australienne se sera trouvée au-dessous du niveau
de la mer bien plus tard que ne l'avait admis M. de Hochstetter,
en sorte que les centres de végétation de Victoria n'ont dû
entrer en activité qu'à l'époque où les terrains tertiaires se sont
trouvés émergés de nouveau. Pour sauver cette hypothèse, on
pourrait dire, à la vérité, que les montagnes élevées du sud-est
se seraient constamment maintenues à l'état de terre ferme, et
auraient conservé de cette manière les organismes de l'époque
jurassique, pour les transmettre plus tard au terrain tertiaire.
Toutefois cette interprétation est inapplicable à la contrée basse
du sud-ouest, à moins que les dépôts qui s'y trouvent n'en
viennent à ne plus être considérés comme d'origine marine
récente. C'est par des considérations semblables, mais apparemment avec plus de raison, que Sir Roderic Murchison [29] avait
qualifié l'Afrique de continent le plus ancien du globe, bien
qu'on n'y voie point les Marsupiaux qui servaient d'appui principal à l'opinion de M. de Hochstetter. Toutes ces conclusions,
déduites de l'époque à laquelle eurent lieu les diverses créations organiques, ont quelque chose de défectueux et d'obscur :
pourquoi la nature n'aurait-elle pas reproduit dans diverses
périodes des formes semblables*, alors que les conditions phy-

---

* C'est l'opinion qu'a développée M. de Candolle dans un article récent (*Bibliothèque universelle de Genève*. décembre 1875).

siques étaient semblables ? D'ailleurs le principe que la longue
durée d'un continent doive être favorable à la richesse des
formes ne saurait être constaté avec certitude. Quand même on
pourrait admettre que dans le cours d'une très-longue période,
les époques de création se succèdent plus fréquemment, et que
des souches anciennes produisent avec plus de variété de nouvelles espèces, ainsi que de nos jours on est si disposé à le
croire, on aurait aussi bien le droit de se figurer que pendant
une lutte longue et continue les organisations les plus fortes
triompheraient, et dès lors finiraient par nous laisser une végétation plus simple et un règne animal moins riche en formes.
Après tout, nos connaissances relativement à la marche des
développements organiques en Australie ne sont pas encore
complètes. La disposition des récifs madréporiques avait suggéré à M. Darwin cette conclusion, que jusqu'au détroit de
Torrès la côte septentrionale fait partie du domaine d'immersion de l'Océan du Sud, tandis que plus loin vers l'ouest, ainsi
que sur la côte méridionale, l'Australie paraît être encore de nos
jours en voie de soulèvement. Ces contrastes entre les émersions
et les immersions séculaires n'exercent aucune influence sur
l'existence ou la non-existence des centres de végétation : la
plupart des îles à coraux ne possèdent point ou bien n'ont que
peu de plantes endémiques, et celles-ci sont très-abondantes
dans le domaine d'immersion même, dans le Queensland. Nous
ne sommes pas mieux renseignés sur cette question par les
formations géologiques des anciens remparts qui bordent l'Australie, remparts qui sont tellement uniformes sur de vastes
espaces et souvent si simples dans leur constitution, tandis que
les centres de végétation sont si inégalement répartis, et que
leurs plus grandes richesses se trouvent concentrées précisément dans des localités restreintes, le moins susceptibles d'offrir
des conditions variées à la vie organique*.

* Il résulte des sondages exécutés par le *Challenger* (V. *Zeitschr. der Gesellsch.
für Erdk.*, t. X, ann. 1875, p. 127) entre l'Australie et la Nouvelle-Zélande, que la
côte sud-est de l'Australie descend dans la mer d'une manière très-abrupte, et que
cette côte se trouve séparée de la Nouvelle-Zélande par un canal de 2640 brasses
de profondeur, c'est-à-dire par une nappe d'eau dont la ligne verticale est supérieure à l'altitude du mont Blanc. — T.

En conséquence, si nous sommes forcés de considérer la disposition des centres de végétation en Australie comme un fait donné, et si cette disposition nous apparaît aussi obscure que si elle n'avait été que l'effet d'une diffusion de semences opérée par quelqu'un qui y aurait passé par hasard, néanmoins nous pouvons reconnaître, dans les formes d'organisation choisies par la nature, des lois telles que celles que nous offrent les archipels à plantes endémiques. Au nombre de ces lois figure la dépendance à l'égard de la position géographique. Plus les centres sont rapprochés les uns des autres, plus l'organisation des formes devient semblable. Dans un domaine où celles-ci se trouvent agglomérées, il en résulte la variété des formes analogues, la richesse des genres en espèces et des familles en genres. Nous trouvons à cet égard, pour les trois groupes australiens, des données instructives chez M. Hooker [9], puisqu'il a déterminé les chiffres proportionnels et énuméré les genres géographiquement isolés. Dans le sud-ouest, où les centres se présentent le plus agglomérés, il trouva le rapport des espèces aux genres comme 6 : 1, et sur 600 genres environ, 180 qui font complétement défaut au sud-est ou bien y sont à peine représentés : ces genres endémiques contiennent presque le tiers du total de la flore. Les centres du domaine sud-est, répartis sur un espace beaucoup plus grand, manifestent une affinité entre les formes moins prononcée, mais toujours encore très-considérable : le rapport entre les espèces et les genres est ici comme 4 : 1; les genres endémiques constituent la sixième partie du domaine de la flore. Dans l'Australie tropicale, au contraire, où les centres sont répandus sur une immense surface, le rapport entre les espèces et les genres descend, d'après l'évaluation de M. Hooker, comme 3,1 : 1, tandis que le nombre des genres se monte à 700, et par conséquent est plus considérable que dans le sud-ouest.

La loi des analogies climatériques se trouve également confirmée en Australie ; mais, dans les deux cas, on ne saurait s'expliquer pourquoi la nature ne se plaît que dans les organisations semblables, sans aller jusqu'à l'identité. Les deux groupes du sud-ouest et du sud-est, les parallèles principaux de la flore, comme R. Brown les a nommés, sont placés sous les mêmes influences climatériques ; ils se trouvent sous les mêmes latitudes, possèdent les mêmes périodes de pluie et sont soumis aux mêmes perturbations venant de l'intérieur du continent. Ces analogies se traduisent dans l'organisation par la concordance des familles végétales dominantes. Les centres tropicaux de végétation, au contraire, se comportent, sous ce rapport, tout différemment : les formes végétales et les formations y restent, à la vérité, en majeure partie les mêmes, et ne sont guère susceptibles d'une délimitation géographique plus précise ; mais les familles les plus riches ne sont pas les mêmes : les Myrtacées et les Protéacées n'ont que peu d'espèces, en nombreux individus, il est vrai, et beaucoup de familles tropicales de l'Inde se trouvent représentées. Ces contrastes semblent indiquer que l'humidité peu considérable du continent entier est suffisante pour l'organisation des végétaux, mais que les saisons tropicales ont un certain rapport avec la position de la flore dans la classification systématique.

Les éléments non endémiques de la flore australienne ont été également étudiés à fond par M. Hooker [9]. Leur répartition se trouve en relation manifeste avec l'éloignement géographique des domaines qui ont échangé entre eux leurs produits respectifs, mais ils présentent peu de faits qui ne puissent, dans l'état actuel de nos connaissances, être aisément expliqués par la position et les courants marins. Je ne veux faire ressortir encore une fois qu'un point (voy. p. 8) qui assurément contribue le plus au caractère endémique de l'Australie, c'est que l'échange avec la contrée la plus limitrophe — la Nouvelle-Guinée — est précisément le plus difficile. Le détroit de Torrès sépare deux flores des caractères les plus dissemblables, évidemment parce que le climat humide de la côte montagneuse méridionale de la Nouvelle-Guinée constitue un contraste trop tranché avec la côte plane du nord de l'Australie, pour que (abstraction faite des forêts de Palétuviers) les mêmes plantes puissent croître sur les deux bords du détroit *.

* La remarquable flore de l'Australie ne pourra être définitivement appréciée dans son ensemble qu'après que l'ouvrage classique de M. Bentham aura été achevé. Or le 6e volume du *Flora australiensis*, étendu des Thymélées aux Dioscoréacées,

a paru en 1873 et ne tardera pas à être suivi du 7ᵉ et dernier volume, qui, sans doute, sera muni d'un appendice consacré aux découvertes faites en Australie depuis la publication des premiers six volumes. Ces découvertes sont nombreuses, et désirant en apprécier l'étendue, je me suis adressé à l'éminent explorateur de la flore australienne, qui m'a répondu en ces termes : « M. de Müller a énuméré dans ses *Fragmenta* environ 450 espèces à ajouter au 6ᵉ volume du *Flora australiensis*, et dans sa liste il a indiqué les endroits où ces espèces ont été décrites dans les *Fragmenta* (VIII, p. 275, et IX, p. 199). [De plus, quelques additions y ont été faites dans les deux numéros du 10ᵉ volume qui me sont parvenus. N'ayant pas été à même d'examiner les échantillons, je ne puis savoir jusqu'à quel point toutes ces espèces sont distinctes ; d'ailleurs les descriptions sont tellement disséminées au milieu de volumes divers, qu'il faudrait un long travail pour constater les connexions avec les autres flores. Je crois qu'un bon nombre de ces espèces viennent du Queensland et sont, soit endémiques, soit en rapport avec la flore indo-australienne. Un certain nombre d'autres proviennent des régions désertiques de l'intérieur ainsi que de l'ouest, et la plupart sont probablement endémiques. M. de Müller m'écrit qu'il espère que sous peu il sera à même de porter à 1000 le chiffre des espèces à ajouter au *Flora australiensis*. Je me permets d'en douter ; mais pour le moment je ne possède aucun moyen de contrôle. » — T.

PIÈCES JUSTIFICATIVES

ET ADDITIONS

XI. AUSTRALIE

1. F. MÜLLER, *Notes on the vegetation of Australia* (*Bericht* dans *Jahrb.* de Behm, II, p. 210-214).

2. Les mois de novembre et de janvier sont ordinairement cités comme les mois pluvieux de l'Australie. Sur le Glenelg (16° lat. S.), la saison humide dura de décembre à février (Martin, *Exploration in North-Western Australia,* in *Journ. Geogr. Soc.,* 1865, p. 269); les mois les plus chauds et les plus secs furent de juillet à novembre.

3. BERGHAUS, *Physikal. Atlas,* I, n° 12.

4. NEUMAYER, *Die Kolonie Victoria,* édit. allemande, Melbourne, 1861, Les observations météorologiques (p. 133-163) se rapportent aux années 1840-1860. Les valeurs les plus importantes pour la description donnée dans le texte sont :

$$
\begin{array}{ll}
\text{Température moyenne} & 14,3 \\
\text{Point moyen de rosée} & 8,5 \\
\hline
\text{Différence} & 5,6 \\
\text{Quantité de pluie} & 0^m,71 \\
\end{array}
$$

Le 31 janvier 1861, en onze heures, il ne tomba pas moins de 56 millim. de pluie (p. 154).

5. R. BROWN, *Proteaceæ novæ* (*Mélanges,* V, p. 110, 114).

6. DRUMMOND, *Journ. of Bot., Jahresb.,* ann. 1840, p. 468, et 1841, p. 461.

7. R. Brown, *Vegetation in Swan-river* (*Verm. Schriften*,V. p. 306,311).

8. Mitchell, *Journal of an exped. into the interior of tropic. Australia* (*Jahresb.*, ann. 1848, p. 413).

9. J. Hooker, *Flora of Tasmania*, Introductory Essay, p. 31, 40, 51, 54.

10. R. Brown, *Appendix to Sturt's expedition into central Australia* (*Jahresb.*, ann. 1849, p. 61).

11. Behr, *Vegetationsverhältnisse der Kolonie Adelaide* (*Linnæa*, XX, p. 545-672; *Jahresb.*, ann. 1847, p. 56).

12. Lhotzky, *Journ. of Botany. Jahresb.*, ann. 1843, p. 74.

13. F. Müller, *Journ. Linn. Soc.*, II, p. 146.

14. R. Brown, *Bemerkungen über die Flora Australiens* (*Verm. Schr.*, I, p. 122).

15. Leichhardt, *London Journ. of Botany*, VI, *Jahresb.*, ann. 1847, p. 54).

16. Au nombre des principaux arbres de l'Australie utilisés dans l'industrie figure l'*Eucalyptus* (*E. marginata*), qualifié de *Mahogany* dans le sud-ouest, qui, à l'instar du Teck, résiste aux attaques des vers perforants et des Termites, de même que le Cèdre rouge de Queensland (*Cedrela australis*), qui a donné son nom au *pays de Cèdre*, nomenclature singulière, attendu que ce « Cèdre » porte le feuillage du Frêne. (Cf. F. Müller, *Notes on Australia*, loc. cit.).

17. Darwin, *Journal of researches*, éd. allemande, II, p. 228.

18. D'après M. F. Müller (*loc. cit.*), une mesure faite de l'*Eucalyptus amygdalina* donna, convertie en mètres : $127^m,8$; la hauteur de $152^m,6$, attribuée aux individus les plus élevés dans le domaine des sources du Yarra et du Latrobe, est égale à celle des plus grands *Wellingtonia* mesurés de la Californie, mais ne repose probablement que sur une évaluation. L'arbre le plus considérable de l'Australie occidentale est le Kaore, également un *Eucalyplus* (*E. colossea*), dont l'un des individus, mesuré dans la vallée de Warren, aurait une hauteur de $121^m,7$.

19. Leichhardt, *Journal*, édit. allemande, p. 38.

20. Stuart (Peterm. *Mittheil.*, ann. 1861, p. 191).

21. Gregory (*ibid.*, ann. 1857, p. 155).

22. Forrest, Carte de son voyage dans l'Australie occidentale (Peterm. *Mittheil.*, ann. 1869, pl. 23).

23. Stuart (Peterm. *Mittheil.*, ann. 1864, p. 96).

24. Série des familles prédominantes (d'après M. Hooker, *loc. cit.*, p. 35) : Légumineuses, Myrtacées, Protéacées, Synanthérées, Graminées, Cypéracées, Épacridées, Goodéniacées, Orchidées. Ces 9 familles contiennent, selon M. Hooker, la moitié des Phanérogames australiennes.

25. Circonférences des domaines botaniques principaux de l'Australie :

Sud-ouest : 1000 milles géographiques carrés. Les collections fournies par le sud-ouest viennent d'un district littoral ayant environ 50 milles géogr. carrés de longueur sur 20 milles géogr. carrés de largeur.

Sud-est : 19 900 milles géogr. carrés. L'aire de New-South-Wales a, en chiffres ronds, 14 500 ; celle de Victoria, 4200 ; celle de la Tasmanie, 1200 (d'après Behm, *Geogr. Jahrb.*, I, p. 72).

La surface du reste de l'Australie est (d'après la même source) de 118 800 milles géogr. carrés, notamment Queensland, 31 400 ; Northern Territory, 24 600.

Australie occidentale (déduction faite des 1000 milles géogr. carrés mentionnés ci-dessus); Australie méridionale, 17 900.

26. F. MÜLLER, Peterm. *Mittheil.*, ann. 1863, p. 307.

27. HOCHSTETTER, Peterm. *Mittheil.*, ann. 1859, p. 207.

28. SELWIN, *ibid.*, ann. 1865. — HARGRAVES, *ibid.*, ann. 1864, p. 79.

29. MURCHISON, *Address to the Geographical Soc.*, ann. 1864.

XII

DOMAINE FORESTIER

DU CONTINENT OCCIDENTAL

Climat. — Les domaines de végétation de l'Amérique du Nord
sont symétriquement disposés à l'égard de ceux de l'hémisphère
oriental, mais ils en diffèrent par leur configuration et leur circonférence ; d'ailleurs leur position se trouve essentiellement
influencée par la direction méridienne des deux grandes chaînes
montagneuses de l'Ouest, savoir : de la Sierra-Nevada de Californie et des montagnes Rocheuses. De plus, la flore des États
de l'Est sur l'Atlantique se rattache par des gradations climatériques à celle des forêts du Nord, et ne saurait prétendre à une
position isolée comme celle de la Chine. De même que dans
l'hémisphère oriental, une large zone forestière s'étend au travers du continent occidental tout entier, d'une part depuis le
détroit de Beering jusqu'à Terre-Neuve, et d'autre part au sud,
jusqu'à la Floride et à l'embouchure du Mississippi. A cause de
sa période estivale dépourvue de pluies, l'étroite zone littorale
californienne de l'ouest peut être assimilée au domaine méditerranéen, comme aussi c'est aux steppes que correspondent les
Prairies, entre la Sierra-Nevada et le Mississippi, jusqu'au tropique du côté du Mexique *.

* C'est le Muséum d'histoire naturelle de Paris qui possède aujourd'hui l'une
des plus riches collections (la plus riche peut-être) des plantes de l'Amérique du

En général, le domaine forestier de l'Amérique du Nord est, sous les mêmes parallèles, plus froid que celui de l'ancien monde. La différence, sous ce rapport, entre la côte occidentale de l'Europe et la côte orientale de l'Amérique a été estimée comme correspondant à une différence de 10 degrés de latitude; c'est bien là, en effet, la proportion qui se présente dans certaines localités, plus forte même sous les latitudes plus septentrionales, et moins forte ailleurs. Quand on compare New-York (41° lat. N.) avec Bruxelles (51°), localités qui concordent dans leurs températures annuelles (10°,4 et 10°,3), on obtient effectivement la valeur moyenne dont il s'agit. Même sur la côte occidentale, l'Amérique n'est pas aussi chaude que l'Europe sous la plupart des parallèles : la température moyenne de San-Francisco (38° lat. N.) est la même (13°) qu'à Venise (45° lat. N.). Mais comme en Amérique cette différence se trouve neutralisée sous les latitudes plus élevées, puisque Sitcha (57° lat. N.) est situé sous l'isotherme (6°,2) de Copenhague (56° lat. N.), on voit que l'inégalité dans la répartition de la chaleur ne tient pas partout aux mêmes causes. Dans la zone tempérée septentrionale, la température plus basse de la côte orientale constitue un phénomène général qui n'admet que des exceptions isolées, locales. Ce contraste entre la côte orientale et la côte occidentale, déduit d'abord en Europe et en Sibérie de l'action opposée des vents de terre et de mer, se reproduit également dans le nord de l'Amérique, quoique pas dans les mêmes proportions. En effet, un

Nord, grâce au legs généreux de M. Élie Durand, qui, établi depuis plus de trente ans à Philadelphie, avait consacré son existence, comme sa fortune, à réunir tous les végétaux croissant dans l'Amérique du Nord, du 26° degré de latitude aux régions polaires, et de l'océan Atlantique à l'océan Pacifique. Il s'acquitta de cette tâche difficile avec d'autant plus de succès qu'indépendamment du concours unanime et de la coopération libérale de tous les botanistes et voyageurs américains, il eut l'avantage d'incorporer à ses vastes collections les récoltes si rares et si précieuses, faites successivement dans les contrées polaires par les célèbres explorateurs Kane et Hayes. L'immense herbier de M. Durand, déposé actuellement au Muséum, ne comprend pas moins de 82 volumes, contenant environ 8000 espèces parfaitement distinctes, non compris les ordres inférieurs des Cryptogames. — Voyez la Notice sur M. Él. Durand, publiée par M. Éd. Bureau (*Bull. Soc. bot. de France*, ann. 1874, t. XXI, p. 325), qui donne beaucoup de renseignements intéressants sur la vie, ainsi que sur les splendides collections de cet éminent et patriotique botaniste. — T.

autre facteur, l'influence des courants de mer, agit ici dans un autre sens. Par suite des courants de mer, la différence de température entre les deux côtes de l'Atlantique se trouve élevée, le Gulf-stream donnant lieu au doux climat maritime de l'Europe, comme le courant polaire au froid du climat mixte du Labrador[1] : action qui se fait sentir encore dans la température peu élevée de Terre-Neuve. Mais dans l'angle isolé du Pacifique, dans le détroit de Beering, nous trouvons des courants froids aussi bien le long de la côte orientale de l'Asie que le long du littoral ouest de la Californie. La basse température de l'eau de mer contribue à refroidir le nord de l'Amérique sur ses deux côtes. Cependant ce n'est qu'au sud du 45° degré de latitude que son littoral occidental se trouve en contact avec ce courant froid, dont il faut chercher l'origine sur les côtes sibériennes. Dans la vaste baie d'Alaska, abritée par la presqu'île qui s'avance vers les îles Aléoutiennes, nous trouvons, d'après les observations faites à Sitcha, un littoral comparativement chaud, qui plus tard au nord, ainsi que dans l'intérieur, ne tarde pas à passer à un climat rigoureux.

Une autre particularité des deux côtes du nord de l'Amérique, c'est que la température diminue rapidement avec l'accroissement de la latitude, ce qui indique déjà la position plus méridionale qu'en Europe de la limite des arbres (66° lat. N. sur le détroit de Beering, 60° dans la baie d'Hudson). Les isothermes de 5° jusqu'au point de congélation[3], qui dans la Scandinavie comprennent un espace de 8 degrés de latitude, se trouvent rapprochés sous le méridien de Québec à la moitié, et à Alaska au quart de cet espace. Cela tient à ce que les eaux froides de la mer polaire ne peuvent, dans le premier cas à cause de la baie d'Hudson, et dans le deuxième par le peu de profondeur du détroit de Beering, trouver vers le sud un écoulement suffisant, et se réchauffer au contact des eaux qui remontent des latitudes plus basses ; c'est pourquoi ces eaux polaires exercent jusqu'à une certaine distance leur action réfrigérante sur les pays adjacents.

Dans l'enceinte du domaine forestier occidental, les contrastes climatériques, tels que les exprime la température moyenne des saisons, sont presque aussi considérables que dans l'ancien monde. Les valeurs des températures d'été et d'hiver concordent dans la plupart des cas, mais la disposition des localités de même température n'est pas la même, et les espaces à climats maritime, continental et mixte, sont d'une extension inégale. Humboldt a fait observer [4] qu'on trouve combinés à New-York l'été de Rome à l'hiver de Copenhague, à Québec la température estivale de Paris au froid hivernal de Saint-Pétersbourg. Cependant ces comparaisons n'ont pas été choisies heureusement, puisqu'elles sont de nature à faire supposer que la valeur climatérique des saisons dans le nord de l'Amérique diffère en soi-même de celle de l'ancien monde. On pourrait plutôt citer en Europe ou en Asie, pour chaque courbe thermique de l'Amérique septentrionale, une courbe d'une valeur approximativement égale. Ainsi les localités suivantes se correspondent sous le rapport de la moyenne des deux saisons, été et hiver [5] : fort Confidence, sur la limite des arbres (67° lat. N.), et Ustjansk en Sibérie; Québec (47°) et Kasan ; Boston (42°) et Ofen ; New-York (41°) et Vienne ; Richmond (37°) et Bologne ; Charlestown (33°) et Catane ; New-Orleans (30°) et Beyrouth. De même, sur la côte occidentale, il y a coïncidence entre Sitcha (57°) et Bergen ; entre fort Vancouver, sur le Columbia (46°), et Londres. On le voit donc, des stations du climat européen du Hêtre se reproduisent dans l'ouest comme dans l'est de l'Amérique septentrionale, ainsi qu'un froid sibérien dans le nord et une courbe thermique de l'Europe méridionale dans le sud des États atlantiques.

Mais ce qui est bien plus important, ce sont les contrastes qui se présentent entre les deux mondes, lorsque l'on compare l'étendue des pays d'un climat analogue ; car c'est là ce qui détermine le degré de facultés productives que possède chaque continent, ainsi que la mesure des ressources naturelles de sa richesse nationale. Grâce à ses mers intérieures, qui pénètrent bien avant dans les terres, l'Europe jouit de l'avantage d'un climat maritime moins variable, climat qui se trouve reproduit d'une manière analogue, mais sur un espace beaucoup plus restreint, dans l'enceinte du domaine forestier de l'Amérique septentrionale, notamment dans la Colombie anglaise, de même que sur le littoral d'Alaska et dans les États atlantiques du Nord placés sous l'influence des lacs canadiens. D'autre part, les États du Sud l'emportent sur le domaine méditerranéen, dont ils reproduisent les courbes de température, parce qu'en été leur végétation n'est pas interrompue par l'aridité ; aussi sont-ils comparables, sous ce rapport, à la contrée basse de la Chine. Toutefois, vu la grande extension des prairies dans le sens de l'ouest et l'abaissement considérable de la ligne des arbres sur la baie d'Hudson, on peut dire que, dans l'ensemble, la partie productive du continent occidental située dans la zone tempérée est bien moins étendue que celle de l'hémisphère oriental.

Les observations que nous possédons ne sont pas encore suffisantes pour délimiter, d'après les lignes de végétation des arbres dominants, les climats plus restreints du nord de l'Amérique. Ici nous pouvons également distinguer la zone septentrionale des essences résineuses dans les contrées de la baie d'Hudson, de celle des États atlantiques et du Canada, où les arbres à feuillage alternent avec les Conifères. Mais cela ne suffit point à la détermination de toutes les gradations climatériques, si importantes pour le caractère d'une flore. C'est pourquoi nous ferons usage particulièrement des températures variables d'été et d'hiver, afin de pouvoir, dans un résumé comparé, placer les domaines plus restreints de la flore en regard de ceux de l'hémisphère oriental. En agissant ainsi, on peut distinguer une série de diverses zones forestières, qui néanmoins ne correspondent pas complétement à celles de l'ancien monde *.

M. Richardson nous a fourni sur les forêts du haut Nord les données les plus étendues[6], dont il résulte qu'elles se comportent à l'instar de la zone de la Perse dans l'ancien monde. De même que dans la Sibérie, le sol congelé de la flore arctique pénètre bien avant dans l'intérieur de ces forêts à essences résineuses.

* Selon le professeur W. Brewer (de New-Haven), cité dans le *Bullet. Soc. d'acclimat.* (3ᵉ sér., ann. 1875, t. II, p. 78), la végétation ligneuse est remarquablement riche aux États-Unis, car leur flore ne compte pas moins de 800 espèces ligneuses et plus de 300 arbres. Dans ce dernier nombre, 250 espèces environ sont assez généralement répandues ; 120 espèces sont de grande taille ; 20 atteignent plus de 30 mètres de hauteur ; 15 plus de 60 mètres, et quelques-unes, 5 ou 6, ont jusqu'à 90 mètres. — T.

Dans la baie d'Hudson, même sous la latitude de 56°, on a constaté la glace souterraine, qui, à fort York (57° lat. N.), avait plus de 5ᵐ,5 de puissance. Ce qui garantit les arbres contre son action réfrigérante, c'est que leurs racines ne plongent qu'à une profondeur peu considérable, et qu'elles s'étalent latéralement aussitôt qu'elles ont atteint la glace, exactement comme si elles venaient à toucher une roche solide. Cette zone forestière constitue le domaine du Sapin blanc (*Pinus alba*), qui en Amérique remplace la Pesse de l'hémisphère oriental ; c'est, de toutes les essences résineuses de ce pays, celle qui s'avance le plus loin vers le nord, plus loin que le Mélèze américain (*Pinus microcarpa*), qui ne dépasse guère le cercle polaire sur le Mackenzie. Dans tout le nord du domaine forestier, le Sapin blanc est en possession exclusive du sol ; les forêts qu'il compose s'étendent sans interruption dans l'intérieur du continent à travers 14° de latitude (68° - 54° lat. N.). Au milieu de cette lugubre uniformité, il n'y a d'autre variété que celle qu'offrent les taillis riverains, où, à côté du Sapin à baume (*Pinus balsamea*), on voit aussi des essences à feuilles ordinaires, telles que Saules, Aulnes et Peupliers (*Populus balsamifera* et *tremuloides*). Bien qu'un Bouleau (*Betula papyracea*) s'avance ici vers le nord aussi loin que le Sapin blanc, cependant il ne constitue qu'un élément subordonné des forêts à essences résineuses. A l'ouest des lacs canadiens, le Saskatchawan (54° lat. N.) forme la limite méridionale de la zone des Sapins, et à partir de là les forêts à essences feuillues commencent à alterner avec les Conifères. Dans la direction transversale, le domaine du Sapin blanc a été constaté sur toute l'étendue du continent jusqu'aux côtes, depuis le détroit de Beering jusqu'au Labrador [8]. Cela fait voir que, de même que sur le golfe d'Okhotsk, le climat mixte de la côte orientale imprime à la flore un caractère identique avec celui qu'elle a dans le haut nord, non loin de la limite des arbres. Dans les deux cas, par suite de la faible température estivale et de la rigueur des hivers, la période de végétation se trouve réduite à la durée la plus courte que puisse supporter la vie de l'arbre. Mais dans la zone des Sapins, la température hivernale est sujette à des oscillations plus fortes (de —31°,2 à —17°,5) [9] que

la température estivale (de 8°,7 à 15°). Là où cette dernière descend au-dessous de 8°,7, le Sapin blanc ne vient plus, et dès
lors la limite polaire des forêts se trouve atteinte. Sur la côte
sud-ouest d'Alaska (61° lat. N.), les forêts de Sapin blanc du
nord sont interrompues par une bande de terrain déboisé [10], et
c'est précisément là que les observations météorologiques con-
statent une température estivale (7°,5) inférieure à cette valeur
limite, probablement parce que la terre ferme y est mise en contact avec un courant polaire de la mer. Dans une grande partie
de la Sibérie, le climat est plus continental et la température estivale plus élevée que dans l'Amérique du Nord, conditions avec
lesquelles se trouvent en rapport les écarts entre les limites respectives de la végétation arborescente. Depuis le détroit de Beering jusqu'au lac des Ours, cette limite est à peu près la même,
et, à l'instar de l'ancien monde, on voit les forêts refoulées à
une certaine distance de la côte septentrionale, que refroidissent
les glaces de la mer polaire. Mais ensuite la limite des arbres
en Amérique descend du côté sud-est jusqu'à la baie d'Hudson, et
dans le Labrador à la latitude la plus basse qu'elle atteigne dans
l'hémisphère septentrional tout entier (59°). La zone du Sapin
blanc est ici du double plus étroite que dans l'intérieur du continent. Ce contraste entre l'ouest et l'est du nord de l'Amérique
avait déjà été reconnu par Forster sur l'autorité des voyages de
Mackenzie. Pour l'explication de ce phénomène, M. Dove si-
gnala les courants arctiques qui charrient les montagnes de glaces
jusque dans la baie d'Hudson. Ce sont ces côtes refroidies par la
fonte des glaces que M. Dove qualifia de pays à printemps froid.
Mais il est aussi d'autres faits qui contribuent à ce phénomène.
Les vents nord-ouest balayent ici les grandes îles de la mer polaire entourées d'une ceinture de glace, îles qui, comparées à la
mer polaire découverte, constituent en hiver et au printemps des
foyers de froid, tout autant que les continents de la zone torride
constituent des centres de chaleur. Le cap Bathurst, sous le méridien duquel se termine cet archipel fortement aggloméré, représente, selon M. Richardson, une véritable barrière ou limite
climatérique, à l'ouest de laquelle se déploie le golfe découvert
de l'embouchure du Mackenzie ; tandis qu'à l'est, même en été,

des bancs de glace rattachent ce cap presque complétement aux
îles du détroit de Barrow. Enfin, comme nous l'avons déjà fait
observer (p. 248), la position géographique de la baie d'Hudson
doit être prise en considération particulière. Refroidies jusqu'au
plus haut degré de densité, les couches inférieures de ses eaux
ne sauraient s'écouler au sud vers la zone chaude, ainsi que cela
a lieu en plein Océan ; c'est ainsi que dans le fond de la baie se
maintient une source de froid qui agit constamment sur la terre
ferme limitrophe, sans que la température estivale parvienne
à la neutraliser. Un golfe semblable clos du côté du sud se comporte à la manière d'un lac profond, près des rivages duquel l'é-
chauffement moins considérable de l'eau se fait sentir, et comme
la baie d'Hudson est plus grande que tous les lacs de l'Amérique
du Nord pris ensemble, l'effet réfrigérant de ses eaux n'en est
que plus considérable.

Dans l'intérieur de la zone du Sapin de l'Amérique septentrionale, la limite polaire de la culture des céréales s'avance plus au
nord que dans la Sibérie. Presque inhabitée, ne servant que de
foyer de chasse au commerce des pelleteries, la contrée hudso-
nienne est sans doute fort loin de devenir une contrée à Céréales,
et pourtant elle a peut-être plus d'avenir que la Sibérie. Au fort
Simpson (62° lat. N.), sous la latitude de Yakoutsk, où en Sibérie il n'y a plus d'agriculture, on sème dans la seconde moitié de
mai l'Orge, qui mûrit au bout de trois mois, et même au fort
Norman (65°) elle fournit une bonne récolte lorsque l'année est
favorable ; de plus, on y cultive également la Pomme de terre et
divers végétaux culinaires [6]. Comme toute tentative de cultiver les
Céréales au fort Good Hope (67°) a échoué, on peut considérer
la latitude de 65°, sous le méridien de Mackenzie, comme la
limite septentrionale de l'agriculture. M. Richardson est d'avis
que, dans le haut Nord, la culture des Céréales n'exige qu'une
chaleur estivale déterminée, sans que les rigueurs de l'hiver lui
soient préjudiciables : mais sur la Léna l'été est bien plus chaud
que sur le Mackenzie, et pourtant la limite des Céréales est de
3 degrés de latitude plus basse, au lieu de s'avancer de 6 degrés
plus au nord, ainsi que devrait le faire supposer la température du mois de juillet [12]. Cela tient ici à l'action du sol con-

gelé, qui, dans les terrains peu cohérents de la Sibérie, pénètre à une bien plus grande profondeur que sur le Mackenzie, où les roches granitiques sur pied limitent l'accumulation de la glace souterraine. C'est parce que la masse de cette dernière est dans la Sibérie beaucoup plus puissante et se trouve refroidie bien au-dessous de zéro, qu'elle est moins susceptible de se fondre qu'en Amérique. D'après M. Erman, en été, dans les parages de Yakoutsk, les champs de Blé n'étaient débarrassés de la glace que jusqu'à une profondeur de $0^m,9$, tandis que sous la même latitude, sur le Mackenzie, la couche non congelée est presque de $3^m,5$. En tant que les racines des Céréales y sont exposées, une température du sol voisine du point de congélation agit sur la durée du développement végétatif encore plus directement que les valeurs thermiques de l'été ou du mois de juillet.

Sur le Saskatchawan, les prairies touchent immédiatement à la zone forestière du Sapin blanc. De l'autre côté des montagnes Rocheuses, la limite des Prairies descend jusqu'aux monts des Cascades (49^0-48^0 lat. N.) [13], continuation septentrionale de la Sierra-Nevada, et ainsi les zones forestières de l'Ouest et de l'Est se trouvent, sous ces latitudes, séparées les unes des autres par un vaste espace intermédiaire de plaines déboisées. Mais aussi ne concordent-elles point, sous le rapport des conditions climatériques. La transition des forêts du Nord à celles situées dans des zones plus méridionales tient, dans l'île de Terre-Neuve, à la moindre intensité des froids de l'hiver; dans le Canada, à l'augmentation de la température, et dans le *Far-West* du littoral pacifique, à la douce uniformité des deux saisons. Cependant ce climat maritime, qui a d'abondantes précipitations en toute saison [14], ne se trouve complétement développé que sur la côte elle-même, depuis l'île de Sitcha, et peut-être la péninsule d'Alaska, jusqu'à l'embouchure de l'Orégon (46^0 lat. N.) [5]. Ici également les essences résineuses constituent un dense revêtement forestier, composé d'arbres de taille peu commune, surtout d'une série de Sapins divers [13], tels que d'abord les Sapins de Douglas, de Menzies, de Mertens (*Pinus Douglasii, Menziesii, Mertensiana*), et ensuite le Cèdre de l'Orégon ou Cyprès jaune (*Thuia gigantea*). Cependant les essences feuillues ne font pas non plus complétement défaut à ces forêts, telles que les Érables, les Peupliers, les Aulnes, et même un Chêne semblable à celui de l'Allemagne (*Q. Garryana*). Des troncs de 64 à 81 mètres de hauteur ne sont pas chose rare : on prétend même [15] y avoir mesuré des arbres de 97^m,4. La position ouverte de la côte exposée aux fréquents orages de l'Ouest, jointe à la constante humidité du climat, est la cause de la chute prématurée des arbres dans ces forêts vierges [10]. Souvent le sol est tellement jonché d'une agglomération de vieilles et de jeunes branches tombées, qu'on se croirait en présence de l'époque carbonifère. En parlant de ces contrées, un voyageur dit [16] que la nature de l'Amérique du Nord étonne par ses proportions imposantes plus qu'elle ne charme par sa grâce, quand même les alternances entre la forêt, les nappes d'eau et les lignes montagneuses ne font point défaut, et que le coloris du paysage est vif et varié. L'étendue des fleuves, l'extension des montagnes, et jusqu'à la taille plus élevée des arbres sur ses côtes, tout cela, comparé avec l'Europe, paraît correspondre au caractère plus uniforme de la terre ferme. En tout cas, la puissante croissance du Sapin de Douglas, à laquelle celle du Cèdre de l'Orégon et d'autres Conifères n'est que peu inférieure, ne saurait être expliquée d'une manière satisfaisante à l'aide de causes climatériques. C'est une particularité propre à ces centres occidentaux de végétation, et qui se trouve même dépassée par les *Wellingtonia* de la Sierra-Nevada. Les États atlantiques du Midi reçoivent des précipitations tout aussi abondantes, et pourtant ne possèdent guère de tels arbres. Le Pin de Weymouth (*P. Strobus*) est l'arbre le plus élevé de l'Est, mais il ne devient jamais plus considérable que la Pesse de l'Europe (32 à 46 mètres). D'ailleurs l'humidité des montagnes littorales, ainsi que la douceur uniforme de la tem - pérature, ne sont pas non plus indispensables au développement en hauteur des essences résineuses ; elles s'étendent en partie jusqu'aux montagnes Rocheuses, où le climat devient complétement différent.

On n'a pas plutôt franchi les montagnes des Cascades et atteint les forêts de l'intérieur de la Colombie anglaise, que déjà ce changement de climat se produit. On voit alors se manifester immédiatement le contraste continental entre les saisons, et, grâce aux hautes montagnes littorales, l'action de la mer ne s'étend point, comme en Europe, à travers la région basse. Dans les forêts de la Colombie, la période de la végétation, celle comprise entre la feuillaison et la chute des feuilles, dure depuis avril jusqu'à octobre [17], et est accompagnée en été d'une chaleur excessive. En hiver, le thermomètre descend quelquefois à 33°,7 au-dessous de zéro [18]. Mais comme dans toutes les saisons la température est sujette à des variations rapides et énormes, il est probable que les valeurs moyennes se comportent à l'instar de la Russie européenne. Du moins on s'attend à voir la Colombie devenir un jour un second Canada. Toutefois, malgré les divergences considérables entre le climat de la côte et celui de l'intérieur, le caractère des forêts n'éprouve point de changement essentiel; les Conifères sont en majeure partie les mêmes, et le domaine des savanes du Spokan est revêtu de forêts du Cèdre de l'Orégon, qui acquiert encore ici [19] une hauteur de 64^m,9. Dans la Colombie supérieure, à côté des Sapins, un Pin (*P. ponderosa*), également très-élevé (48^{m}9), constitue l'arbre forestier dominant. Ici la concordance qui a lieu jusqu'aux montagnes Rocheuses entre les forêts à essences résineuses ne saurait assurément être considérée que comme la conséquence de l'humidité du climat. Il paraît, à la vérité, que dans la Colombie anglaise, ainsi que dans le Washington Territory, qui confinent à cette dernière du côté du sud, les pluies subissent une diminution notable [20], fait que constate la proximité des Prairies; cependant cette différence se trouve neutralisée par le caractère montagneux du pays. Quand même la chaîne littorale précipite une grande partie de la vapeur d'eau fournie par le Pacifique, elle n'en est pas moins interrompue sur plusieurs points par les vallées des rivières, ou bien les dépressions et les cols sont dominés par les montagnes qui s'élèvent de l'autre côté, et qu'atteignent par conséquent les vents humides de mer; ainsi s'explique la présence sur les versants de ces montagnes de forêts considérables qui se rattachent aux Prairies situées plus bas, et qui s'étendent de là jusqu'au Mississippi, à travers l'intérieur du continent.

C'est à l'est des Prairies septentrionales que nous trouvons
sur les lacs canadiens la troisième zone forestière, qui, eu égard
à son climat également continental, mais tempéré par l'action de
nappes d'eau lacustres d'un développement presque sans exemple,
pourrait être comparée à celle de l'Europe centrale et orientale.
Cette zone comprend le Canada et les États atlantiques septentrionaux ; le caractère de sa flore ne change point jusqu'à l'embouchure de la baie de Chesapeake en Virginie (37° lat. N.), et
jusqu'à la frontière méridionale du Kentucky (36° 30'), pas plus
de ce côté que de l'autre des Alleghanys, qui courent parallèlement à la côte [21]. C'est la zone des essences à feuillage périodique qui, refoulant d'abord çà et là sur le lac Winnipeg la forêt
à essences résineuses, revêt davantage du côté du sud la contrée
basse et acquiert plus de variété dans ses éléments constitutifs,
notamment en ce qui concerne les Chênes et les représentants
de la forme Frêne (Juglandées) [22]. C'est par là que ces forêts à
essences feuillues se distinguent des zones du Hêtre et du Chêne
qui leur correspondent en Europe. Déjà sur les lacs canadiens
on voit, à côté des Conifères, des Sapins et des Pins Weymouth
(ex. *P. canadensis, Strobus*), se présenter des taillis considérables de Chênes, d'Ormes, de Frênes et d'Érables, et ce sont ces
taillis, de concert avec les buissons à feuillage, qui, par suite de
la lente décoloration des feuilles telle qu'elle s'opère à l'époque
des automnes tant préconisés du Canada, déploient une profusion de traits gracieux, une richesse de teintes parcourant de la
manière la plus variée toutes les nuances de l'orangé, du jeune
et du rouge [c]. Sous la latitude de la Pennsylvanie et de l'Indiana
(41° lat. N.), les arbres forestiers dominants se composent [23] de
quatre espèces de Chênes, du Châtaignier et d'un Noyer (*Juglans
nigra*), auxquels s'associent le Hêtre du nord de l'Amérique
(*Fagus ferruginea*), le Tulipier (*Liriodendron*) et une Laurinée
(*Sassafras officinale*), qui cependant perd également ses feuilles
en hiver. Plus on voit réunies d'espèces diverses, plus il doit y
avoir de variétés de teintes à l'époque de la chute des feuilles.
Le décroissement de la température qui a lieu en automne,
et dont la marche est retardée par l'action de vastes surfaces d'eau, paraît exercer une influence sur la durée du temps

que les feuilles mettent à mourir, et qui dans le Canada supérieur embrasse un mois tout entier [24], M. Dove fait observer, à l'égard de ce phénomène climatérique [25], que dans tous les parages des lacs canadiens, les variations de température se trouvent atténuées et retardées, de même que février y est plus froid que janvier. C'est pourquoi ces surfaces d'eau situées au nord de la zone forestière servent également à rapprocher, un peu plus qu'en Europe [24], la durée de la période de végétation avec celle que présentent les contrées plus méridionales soustraites à de semblables influences; ce qui contribue à faire naître un caractère concordant entre les flores respectives.

Par sa position et son climat, l'île de Terre-Neuve, située vis-à-vis de l'embouchure du Saint-Laurent, peut être assimilée au Kamtchatka [1]. Elle constitue une zone séparée [26], où les arbres, tels que Sapins (*Pinus alba* et *nigra*), Mélèzes et Bouleaux, sont de taille peu considérable (6^m,4 à 9^m,7), et où les forêts, situées sur un sol accidenté et incomplétement irrigué alternent, partout avec des surfaces découvertes. La partie non boisée de l'île est revêtue de tourbières de Mousse, et les hauteurs plus sèches de buissons baccifères du Nord. La végétation est d'un caractère peu spécial et n'a absolument rien de ce développement luxuriant de végétaux herbacés et arborescents qui distinguent le Kamtchatka, et qu'on s'attendrait à trouver, eu égard à l'analogie qui existe entre les deux contrées sous le rapport de la succession des saisons, ainsi que de la durée de la période de végétation. Il est probable que ce qui imprime au pays cet aspect désert et boréal, c'est tout à la fois le manque d'insolation, les brouillards du courant arctique qui le baigne, et le défaut d'une inclinaison suffisante, susceptible de produire des marécages.

La position climatérique la plus spéciale revient aux États méridionaux atlantiques de la Caroline du Nord et du Tennessee jusqu'à la Louisiane et à la Floride, qui, par leur température, correspondent au midi de l'Europe, et par leurs étés humides rappellent la Chine, sans cependant en posséder le contingent pluviométrique, et sans que les précipitations offrent dans leur répartition annuelle la périodicité qui constitue la supériorité de l'Asie orientale. Ces États l'emportent sur le domaine méditer-

ranéen par la richesse en produits, tels que Coton, Riz, Canne à
sucre, mais ils sont inférieurs à la Chine quant aux chances de
succès que présentent les récoltes, ainsi qu'à l'étendue de l'irrigation par l'eau courante, par les affluents fécondants que fournissent les montagnes. Les Alleghanys exercent ici sur le climat
aussi peu d'influence que dans les États du Nord, parce que cette
chaîne montagneuse s'étend dans la direction des vents dominants. Des deux côtés, sur la côte comme sur les affluents orientaux du Mississippi, les États méridionaux reçoivent leurs précipitations du golfe mexicain, dont les vapeurs aqueuses se trouvent
répandues par les vents équatoriaux sur toute la surface de la
partie orientale du nord de l'Amérique jusqu'au Canada, et,
sans être arrêtées par des montagnes, fournissent à cette vaste
contrée basse une irrigation plus abondante que celle dont jouit
l'Europe[27]. La proximité de l'Atlantique a moins d'influence que
la quantité de la pluie, parce que les courants atmosphériques
polaires qui viennent de cette direction soufflent le long de la
côte. Ce qui donne à la partie orientale du nord de l'Amérique un
grand avantage que ne possède que la côte occidentale de l'Europe, c'est le réservoir d'humidité que constitue le golfe du
Mexique, et qui agit avec plus d'intensité en raison de l'alternance constante entre les deux vents dominants, soufflant l'année
tout entière. Mais un fait plus important encore, c'est qu'on y
voit, dans un état de culture non interrompue, même les contrées
plus méridionales et plus chaudes, dont la période de végétation
se trouve réduite en Europe par suite de la sécheresse de l'été.
Tandis que sur la Méditerranée le Sahara dessèche l'atmosphère,
en été, dans les États orientaux du nord de l'Amérique, la terre
ferme aspire les vapeurs fournies par une surface maritime.
Dans le midi de l'Europe, sous les mêmes isothermes, il n'y a
que le Portugal qui reçoive des précipitations aussi fortes, et
encore y cessent-elles pendant la saison la plus chaude.

La zone forestière des Etats du Sud, comme celle de l'Europe
méridionale, est surtout caractérisée par la persistance du feuillage, ainsi que par l'accroissement des représentants des familles
tropicales. Parmi les premières, celles qui correspondent parfaitement à sa limite septentrionale[21] sont : un Chêne ver

(*Q. virens*), l'Olivier américain (*Olea americana*), et une Ternstrœmiacée (*Gordonia*); en fait de formes tropicales, des Liliacées arborescentes (*Yucca*), une Broméliacée épiphyte (*Tillandsia usneoides*) et un Roseau se rattachant aux Bambous (*Arundinaria macrosperma*). Ce n'est que dans la Caroline.du Sud (34° 30' lat. N.) que commencent les Palmiers Palmetto (*Sabal*), ainsi que le Magnolia toujours vert (*M. grandiflora*); enfin, sur les côtes de la Floride (28° lat. N.)[28] et dans la Louisiane se présentent également les Palétuviers (*Rhizophora Mangle*)[25]. Mais parmi tous ces végétaux qui témoignent de la brièveté et de la douceur de l'hiver, aussi bien que de la longue période de végétation du Sud, nous ne comprenons pas les arbres forestiers qui prédominent par leur fréquence, notamment le Pin à longues feuilles aciculaires (*Pinus australis*), qui constitue les forêts d'une grande partie des États méridionaux. Ce Pin revêt un immense espace du sol sablonneux ou marécageux (le *Pine-barrens*), étendu depuis la Louisiane jusqu'à la Virginie [30], et jusqu'aux dépressions presque inaccessibles, marécageuses, de la côte atlantique (le *dismal swamp*). Par suite de la nature désolée de ces vastes plaines alluviales, se trouvent perdus les avantages que le climat a accordés aux États méridionaux. C'est que cette contrée basse est précisément un ancien fond de mer dont la surface n'a pas été suffisamment fécondée par des massifs montagneux et des roches sur pied.

La majeure partie du domaine forestier que la culture a commencé à éclaircir n'en est pas moins un terrain offert aujourd'hui encore à la population agricole de l'Europe, qui ne cesse d'y affluer; mais les chances de succès ont diminué depuis que les régions les plus favorisées par le climat et le sol ont été occupées. Comme on aurait cru inépuisables les substances nutritives déposées dans le sol forestier, les plantations de tabac de la Virginie n'ont pas tardé à devenir stériles. Lorsque, du côté de l'Ouest, la manie des pérégrinations eut atteint les Prairies, la colonisation commença à prendre pied sur l'Orégon et dans la Californie, sans se laisser effrayer par l'étendue du terrain non exploité. A cause de sa température, qui, après tout, n'est guère supérieure à celle de l'Italie, le Midi seul avait été considéré comme susceptible d'être cultivé par les nègres : un jour, des travaux de desséchement et de perfectionnement du sol créeront ici peut-être de nouvelles ressources. Mais dans le Nord, même au delà des bassins lacustres, un développement semblable à celui qui a lieu en Russie est praticable des deux côtés des montagnes Rocheuses; aussi a-t-il déjà commencé à s'y manifester çà et là.

Cependant, quand on considère l'extension des terrains encore vierges et les résultats d'exploitation jusqu'à ce jour sans exemple dans l'histoire, on est porté à exagérer l'avenir du domaine forestier du nord de l'Amérique. De telles étendues de plaines basses dépourvues de montagnes, dans lesquelles l'intérieur de l'écorce terrestre, cette inépuisable source de substances nutritives pour la végétation, n'a pas été mis à jour par les forces volcaniques, ne promettent guère, comme l'Europe ou la Chine, une fécondité persistante pendant des milliers d'années. Ce qui manque au continent occidental, dont les montagnes lointaines gaspillent la force de leurs artères fluviales dans les Prairies ou sous les climats septentrionaux, ce sont ces soulèvements ramifiés qui, à l'instar des Alpes à leur point de contact avec les plaines lombardes, exercent immédiatement leur influence sur l'agriculture à l'aide de leurs eaux courantes. A présent, tout est encore neuf; des trésors métalliques et houillers incalculables fournissent à la richesse nationale croissante une base qu'aucune autre partie de notre globe ne possède dans de telles proportions. Pour toute une série de générations humaines, le progrès de l'agriculture y est assuré, grâce à la végétation forestière qui porte à la surface du sol les substances nutritives puisées à une certaine profondeur; mais c'est peut-être un préjugé de supposer que la civilisation du continent oriental, qui ne tient précisément qu'à la conservation de ses forces naturelles, soit destinée à passer un jour au continent occidental. Ce ne serait, après tout, qu'un élargissement de sa sphère, à l'instar de ce qui eut lieu au commencement du moyen âge dans l'Europe centrale et septentrionale, quand on vit se développer des nations, à l'égard desquelles les habitants du Midi et de l'Orient se trouvaient paralysés plutôt par des obstacles politiques que par l'épuisement des ressources naturelles de ces anciens siéges de civilisation.

Lorsque nous nous représentons comme une seconde Europe le domaine forestier du continent occidental, il y a lieu de prendre en considération encore quelques phénomènes climatériques qui déterminent en partie le choix des végétaux cultivés. En présence des précipitations plus abondantes, il est curieux de voir prétendre que la proportion de vapeurs contenues dans l'atmosphère soit moins considérable qu'en Europe. M. Blodget fait observer qu'en Angleterre la quantité moyenne de la vapeur émise par une surface d'eau est inférieure à la quantité de pluie tombée, tandis que dans les États atlantiques du nord de l'Amérique, c'est l'inverse qui aurait lieu. Ce n'est qu'une autre expression pour désigner une plus grande sécheresse atmosphérique, susceptible d'accélérer l'évaporation des eaux de l'intérieur, dont la perte se trouve compensée par les précipitations qui affectent le système hydrographique tout entier. Évidemment le phénomène tient à une particularité générale propre à la courbe de température dans les États orientaux, courbe dont les valeurs varient par bonds bien plus fortement qu'en Europe, et qui en toute saison, et même dans des laps de temps plus courts, s'écartent davantage de la moyenne, et subissent aussi de plus grands contrastes non périodiques. Une baisse soudaine de température purifie l'atmosphère en la débarrassant de ses vapeurs aqueuses ; la hausse qui lui succède immédiatement accélère l'évaporation des surfaces d'eau. Déduits de leur position géographique, les deux phénomènes, aussi bien que la quantité plus grande de pluie qui tombe dans les États orientaux mêmes, peuvent être considérés comme un effet de l'action exercée par les contrées limitrophes. Des climats de température inégale se trouvent ici plus rapprochés les uns des autres : enfermés entre deux mers, les Prairies et les grandes surfaces lacustres du Canada, et peu éloignés de la baie d'Hudson, qui exercent une action réfrigérante, les États atlantiques se trouvent, par leur position découverte, exposés à toute cette diversité d'influences. Plus est circonscrit l'espace où se touchent des climats chauds et froids, tempérés et excessifs, plus est intense et fréquente l'action qu'ils exercent les uns sur les autres à l'aide de courants atmosphériques. Avant que les vents de la Sibérie, qui apportent les plus basses températures à l'Europe occidentale, aient atteint cette dernière, leur propriété réfrigérante se trouve déjà atténuée. Dans les États atlantiques, les sources des grandes variations de température étant plus rapprochées les unes des autres, le climat y subit, selon les diverses directions des vents, de ces brusques oscillations de température qui se reproduisent de jour en jour et de semaine en semaine, et qui ne peuvent manquer d'exercer une influence sur la végétation.

Néanmoins la plupart des végétaux cultivés en Europe réussissent dans l'Amérique du Nord aussi bien que chez nous. Pour certaines cultures de végétaux originaires des tropiques, tels que les Orangers, les variations de température sont défavorables dans la majeure partie des États du Sud. Ce n'est que dans la Floride (30° lat. N.), où le climat commence à offrir une uniformité presque tropicale [31], que l'Oranger s'est établi comme à Cuba. De plus, il est deux faits plus importants et diversement étudiés, dans lesquels se reflète l'action particulière propre au climat des États de l'Est : l'un est relatif au Maïs, cultivé même jusque sous des latitudes plus élevées qu'en Europe, et l'autre à la Vigne, dont la culture n'a guère pu être introduite avec succès nulle part *.

Le Maïs manifeste, dans l'est de l'Amérique septentrionale, la plus grande puissance d'acclimatation. Ce végétal, qui en Europe exige une longue période de développement pour la maturation de ses graines, réduit dans le Canada cette période à moins de trois mois [32]. Dans les États atlantiques, on a produit les variétés les plus diverses à durée inégale, qui en Europe retournent à leur type [33]. La limite septentrionale de la culture du Maïs se trouve sur la rivière Rouge (50° lat. N.), affluent méridional du lac Winnipeg : elle atteint même, à ce qu'il paraît, le

---

* On lira avec intérêt, sur les causes de cet insuccès, le livre récemment publié par M. J.-E. Planchon, à la suite de sa mission aux États-Unis. Dans cette publication, le savant professeur de Montpellier, qui parle en témoin oculaire, prouve que si les Vignes françaises ne réussissent pas en Amérique, c'est qu'elles y sont dévorées par le *Phylloxera*. — E. F.

Saskatchawan (53°), tandis que de l'autre côté des montagnes Rocheuses, ce végétal ne vient qu'en Californie, mais non dans l'Orégon ni dans la Colombie anglaise. M. Blodget cherche l'explication de ce phénomène en ce que le maïs exige une courbe thermique rélevée, et il trouve que dans le Canada et la contrée de l'Hudson cette limite septentrionale coïncide avec une température déterminée du mois de juillet (19°,2). Mais dans l'Allemagne septentrionale, il est bien des endroits où la température du mois de juillet est encore plus élevée, sans que le Maïs y parvienne à maturation. D'ailleurs cela n'expliquerait pas pourquoi en Amérique ce végétal peut tellement réduire sa période de végétation, fait dont on ne connaît pas non plus d'exemple sous les climats plus continentaux de l'Europe. Ici nous sommes en présence d'une preuve évidente que les plantes ne sont jamais adaptées à une seule valeur climatérique, mais que, pour parcourir toute l'étendue des cercles vitaux possibles, elles doivent en même temps subir les influences les plus diverses. Il se peut que le décroissement plus lent de température à l'époque des automnes canadiens soit favorable à la maturation des graines; mais ce que le Maïs ne trouve nulle part sous les climats de l'Europe correspondant à cette latitude, c'est la réunion d'une température estivale convenable avec les abondantes précipitations de l'Amérique du Nord. De même que les Graminées en général, le Maïs, doté d'aussi puissants organes de végétation, doit venir mieux et croître plus rapidement, lorsque l'affluence de l'eau augmente, et que par là le développement des substances siliceuses dans les gaînes des feuilles se trouve facilité. Placée dans des conditions que le climat du Canada peut encore favoriser, la puissance d'acclimatation des Graminées s'accroît au point de produire des variétés dont les unes accomplissent leur croissance dans le plus court laps de temps possible, et d'autres acquièrent une taille qu'elles ne sauraient avoir en Europe. Il y aurait lieu peut-être d'étendre une observation analogue à la Canne à sucre, Graminée également originaire de la zone tropicale, mais à peine susceptible d'être cultivée dans le midi de l'Europe, ou du moins ne réussissant que dans les contrées les plus chaudes de l'Espagne. Sur le Mississippi, au contraire, la culture de la Canne à sucre s'étend jusqu'à la latitude de 35° ³¹, et même au Kentucky on produit encore des quantités peu considérables de sucre de Canne. Chez la Canne à sucre, le besoin d'humidité saute encore plus fortement aux yeux que chez le Maïs *.

C'est dans un sens opposé que se comporte dans le raisin la production du sucre, si considérablement développée par l'insolation d'un ciel sans nuages. Lorsque toutes les tentatives d'acclimater la Vigne dans les États orientaux de l'Amérique du Nord eurent échoué, on en vint à l'idée de perfectionner des espèces indigènes (*Vitis vulpina* et *Labrusca*), et depuis cette époque on a parfaitement réussi à produire un vin qui convient au goût du pays. Or, puisqu'en Californie la Vigne européenne est cultivée avec succès, il doit y avoir des valeurs climatériques qui rattachent ce pays au domaine de l'ancien monde et le distinguent des États atlantiques. Dans les forêts de la côte orientale, des raisins indigènes sont répandus comme la Vigne européenne l'est au voisinage de la mer Noire; ils doivent même y être très-communs, puisqu'ils firent désigner par les *North-men* les États-Unis sous le nom de *Vineland* (pays du vin). Sur l'Ohio, où des colons suisses s'étaient efforcés depuis longtemps à faire du vin avec des raisins européens, les fruits se détachent de la Vigne avant d'être mûrs, et souvent sont détruits par la putréfaction ³⁵ **. D'après une observation faite dans l'Illinois, les ceps périssent par la gelée au bout de quatre ou cinq années ³⁶, et cela dans une localité (39° lat. N.) dont la moyenne hivernale reste au-dessus du point de congélation. A Cincinnati, sur l'Ohio, les moyennes

---

* M. Boussingault (*Agronomie, Chimie agricole et Physiologie*, t. III, p. 71) admet l'origine américaine du Maïs (voyez sur l'origine du Maïs, ma Notice, vol. I, p. 160), et il rappelle qu'à l'époque de la découverte du nouveau monde cette Céréale était cultivée depuis la partie la plus méridionale ¶du Chili jusqu'en Pennsylvanie, et même dans la zone tropicale, depuis le niveau de la mer jusqu'à l'altitude de 2900 mètres (Quito). M. Boussingault fait observer que, quand avec la chaleur se trouve combinée une fertilité exceptionnelle du sol, le Maïs rend, en Amérique, de 300 à 400 pour 1 de graines semées, et que, de plus, les tiges fournissent une substance sucrée, que les Mexicains en extrayaient *avant* l'arrivée des Espagnols. « Je me suis assuré, dit-il, à Mariquita, que le traitement des tiges de Maïs pour en extraire le sucre n'offre pas plus de difficulté que celui de la Canne ».— T.

** Voy. la note de la page 263.

estivales, et, ce qui est plus important encore pour la maturation
du raisin, les moyennes automnales correspondant à celles des
contrées de l'Europe produisant le meilleur vin, et même tous
les mois de l'année, sont plus chauds à Cincinnati qu'à Pesth.
M. de Candolle avait déjà fait voir [37] que la cause de l'insuccès
de cette acclimatation ne tient ni à la température moyenne de
certaines parties de l'année, ni aux valeurs moyennes que l'on
obtient en additionnant les ordonnées de la courbe annuelle. Ce
qui lui paraît plus défavorable, c'est la quantité plus grande de
pluie qui tombe dans les États-Unis; et pourtant cette quantité
est égalée ou même dépassée dans quelques pays vitifères de
l'Europe, tels que le Portugal ou la Vénétie. Une explication plus
juste avait été indiquée, mais insuffisamment développée, par
M. Blodget, lorsqu'il crut reconnaître la cause de la putréfaction
du raisin dans les oscillations irrégulières et non périodiques de
la température autant que dans l'excès de l'humidité. Il est certain que la maturation et le développement du raisin exigent une
période sèche et chaude d'une durée déterminée. Aussi la pluie
est préjudiciable même à la floraison. D'ailleurs un organisme
affaibli par un développement irrégulier est en général moins
susceptible de résister aux perturbations extérieures. Dans
l'Illinois, la gelée ne détruisit les organes souterrains que jusqu'à la profondeur de quelques millimètres, et cela avait suffi
pour faire périr les ceps. En Europe aussi, la Vigne est plus facilement affectée par la gelée dans la proximité de sa limite septentrionale que sous le climat continental de l'Asie; mais le plus
souvent elle triomphe de ses souffrances, et parvient à se rétablir,
grâce à l'énergie de ses organes et à la profondeur que ses racines atteignent dans le sol. C'est dans sa patrie, sur la mer
Noire (où le développement harmonieux de ses organes doit
être sans doute porté au plus haut degré de perfection), que la
Vigne résiste le mieux au froid*. Dans la Californie, elle retrouve
l'été sec qui lui convient sous les latitudes plus méridionales de
l'Europe et des pays de steppes. Or, rien n'est plus contraire

---

* Voyez ma note (vol. I, p. 164), relativement aux basses températures que la Vigne
supporte impunément dans plusieurs contrées de l'Orient. — T.

à son développement que l'affluence démesurée d'eau alternant
sans cesse avec une évaporation accélérée, alors qu'il s'agit
d'une opération chimique constamment progressive, telle que
la transformation de l'amidon en sucre s'effectuant dans les
fruits, où la quantité de sucre formé est en raison de l'élévation
de la température, et se trouve paralysée par chaque perturbation violente dans la circulation de la sève. Mais ce qui a rendu
particulièrement importants les faits fournis par la viticulture
dans le nord de l'Amérique, c'est l'exemple instructif qu'ils nous
donnent du peu de valeur qu'a la place occupée par une plante
dans la classification systématique, pour rien conclure sur ses
conditions vitales, puisque les Vignes indigènes de ce pays,
quelque voisines qu'elles soient par leur structure de celles de
l'Europe, ne s'en comportent pas moins tout différemment selon
leur sphère climatérique *.

Formes végétales. — La physionomie du domaine forestier
de l'Amérique septentrionale ressemble tellement à celui de
l'hémisphère oriental, qu'il ne peut plus être question pour nous
de passer de nouveau en revue les formes et les formations végétales, mais seulement de nous attacher à saisir les traits distinctifs entre les deux continents. Les essences résineuses de l'Europe se trouvent représentées dans l'Amérique du Nord par des

---

* Un autre fait fort important qui se rattache aux Vignes de l'Amérique du Nord,
c'est la question de savoir comment elles se comportent à l'égard du terrible insecte
qui, depuis quelque temps, est le fléau de la viticulture européenne, et jusqu'à quel
point le nouveau monde, auquel nous devons ce legs désastreux, peut nous aider à
nous en débarrasser. C'est une question qui préoccupe tout le monde civilisé; aussi
les travaux publiés récemment sur ce sujet formeraient presque une bibliothèque.
Au milieu de l'immense diversité d'opinions et d'hypothèses émises à cet égard, on
peut distinguer deux camps principaux : celui des défenseurs de l'idée qu'on ne
peut régénérer nos Vignes qu'à l'aide de cépages américains, et celui des avocats de
l'application des procédés divers, propres à détruire le Phylloxera sur les lieux
mêmes où il exerce ses ravages. La première opinion a pour représentant le professeur Planchon, qui l'a développée avec son talent habituel dans plusieurs écrits,
et entre autres dans la *Revue des deux mondes* (ann. 1874, t. I). Il cherche à y démontrer que le Phylloxera a été importé en Europe d'Amérique, où, parmi les espèces
indigènes de Vignes (qu'il porte au chiffre de 10), il en est beaucoup qui résistent
parfaitement à cet insecte; dans ce nombre figure le cépage connu sous le nom
de *Clinton*, que M. Planchon considère comme l'un de ceux destinés à fonder, en
Europe la souche d'une Vigne capable de braver le terrible ennemi; il le croit

espèces affines, même en ce qui concerne les conditions de leur existence, et il en est également ainsi des essences angiospermes, telles que les formes de Hêtre, de Tilleul, de Frêne et de Saule. Dans quelques-uns des genres, le chiffre des espèces est plus élevé, dans d'autres cela n'a pas lieu : parmi les Hêtres et les Châtaigniers, il ne se présente, comme en Europe, que des espèces isolées ; de même, en fait de Platanes et de Balsamifluées arborescentes (*Liquidambar*) d'Orient, d'espèces de Chêne et de Pin, il ne s'en trouve que quatorze de chacun de ces genres dans la zone orientale des essences feuillues [38]. Dans aucun cas, l'identité entre les grands arbres des deux côtes de l'Atlantique n'a été constatée [39], mais on connaît des exemples d'espèces franchissant les points les plus rapprochés des deux côtes du Pacifique (ex. *Pinus Menziesii*). Parmi les Conifères, la majeure partie consiste en essences résineuses proprement dites ; les Sapins sont sans doute prédominants, mais la forme Cyprès se trouve également représentée par plusieurs espèces (*Thuia*, *Chamæcyparis*). En tout, on connaît environ 50 espèces de Conifères arborescentes dans le domaine forestier de l'Ouest ; comparée à l'Europe, la variété paraît donc notablement plus grande. Toutefois plusieurs des espèces de la Californie, pays plus riche en Conifères variées qu'une autre partie quelconque

d'autant plus, qu'une expérience de dix années, faite en Provence, vient à l'appui de cette assertion. D'autre part, l'Académie, par l'organe de M. Dumas, a successivement déclaré (*Comptes rendus*, ann. 1874, tome LXXVIII, p. 1609 et 1807; t. LXXIX, p. 850, et ann. 1875, t. LXXX, p. 1048) « qu'il ne faut pas désespérer des Vignes françaises, et que l'on finira par avoir raison du Phylloxera » ; que, de plus, « l'industrie viticole, à qui seule appartient le soin d'en tirer parti, est désormais en possession de *deux moyens certains* pour la destruction du Phylloxera : les sulfocarbonates alcalins (sulfocarbonate de potassium et de sodium) et le goudron de houille ». D'ailleurs, M. L. Rœsler écrit à M. Dumas (*Comptes rendus*, ann. 1875, t. LXXX, p. 29) que, près de Bonn, dans la province rhénane de la Prusse, on a trouvé le Phylloxera dans un vignoble *sur des Vignes américaines;* fait qui, après tout, n'est point en contradiction avec les assertions de M. Planchon, qui déclare positivement que, parmi les Vignes indigènes de l'Amérique, il en a trouvé qui sont effectivement accessibles au Phylloxera. En présence d'appréciations si diverses, il serait prématuré peut-être de se prononcer d'une manière exclusive sur une question aussi compliquée, tout en reconnaissant cependant le poids considérable dont pèse, dans la balance, l'opinion émise par l'Institut, surtout lorsque cette opinion a pour organe une autorité commec elle de M. Dumas. — T.

de l'Amérique du Nord, ne font qu'effleurer les montagnes de l'Orégon. Quand, de plus, on considère que les États orientaux, qui correspondent par leur position à la Chine, ne se trouvent pas séparés du reste du domaine forestier, il y aura peu d'écart entre le chiffre des espèces de la zone tempérée des deux hémisphères, et il est probable que la Chine, de concert avec l'Himalaya, possède plus de Conifères qu'une partie quelconque de même étendue du nord de l'Amérique. D'ailleurs ce qui diminue la variété des essences résineuses, c'est que la plupart se rattachent, comme en Europe, à de certaines conditions climatériques déterminées, et n'appartiennent qu'à l'un ou à l'autre des cinq domaines forestiers ; ou bien, lorsqu'elles sont communes à plusieurs de ces derniers, elles habitent par préférence, soit les limites des contrées de transition, soit des régions montagneuses moins séparées les unes des autres. Le Sapin noir (*P. nigra*) se comporte à l'instar de la Pesse et du Sapin argenté, en s'élevant des plaines basses du Nord dans les régions plus hautes des Alleghanys. Quelques essences résineuses des montagnes Rocheuses passent, à l'aide de chaînes intermédiaires, à la Sierra-Nevada et aux montagnes des Cascades ; d'autres s'étendent depuis la zone des essences feuillues jusqu'aux États du Midi, parce qu'elles suivent les Alleghanys ou bien croissent dans un sol sablonneux.

Ainsi le nombre des essences résineuses propres à chacune des zones forestières n'est guère plus considérable qu'en Europe ou dans l'Asie du nord ; mais le fait que chacune de ces zones (à l'exception de Terre-Neuve) peut être caractérisée par des espèces particulières constitue une preuve en faveur de conditions climatériques diverses indispensables à leur existence. De même que le Sapin blanc marque la zone forestière du Nord, et les essences résineuses de l'Orégon celle du Nord-Ouest, de même certaines formes Cyprès (*Thuia occidentalis* et *Chamæcyparis thuioides*, toutes deux comprises en ce pays sous le nom collectif de Cèdre blanc) s'étendent jusqu'à la limite des essences angiospermes. Le Taxodium monotype (*T. distichum, bald Cypress*), qui, grâce à ses délicates feuilles aciculaires disposées sur deux rangs et tombant en automne, devient un arbre éminemment ornemental pour les contrées marécageuses, franchit à peine le climat des États du Midi (sur la côte jusqu'au Delaware).

Considérés sous un autre point de vue, les Conifères de l'Amérique septentrionale nous prouvent également qu'une structure déterminée de l'organe doit avoir avec les conditions climatériques des relations d'une nature beaucoup plus délicate que tout ce que nous pouvons saisir sous ce rapport dans l'ensemble des phénomènes vitaux. On observe dans plusieurs cas qu'ici la ressemblance entre les espèces endémiques de contrées lointaines est proportionnée à l'accroissement des analogies climatériques. Ce sont des espèces qui ne paraissent correspondre à des valeurs climatériques déterminées que précisément à cause de l'affinité aussi prononcée entre leurs organisations respectives. On les a souvent considérées comme de simples variétés, ou bien on les rattachait à une origine commune ; mais on se plaçait par là sur un terrain purement conjectural. Il existe sans doute sur les deux hémisphères, et cela dans plusieurs familles, des espèces équivalentes, ainsi que l'atteste l'énumération qu'en a donnée M. Asa Gray [40], en comparant les côtes orientales de l'Asie et de l'Amérique ; mais quelques Conifères font ressortir mieux que tout autre exemple l'adaptation de ces espèces à des climats analogues. Le Sapin blanc, le Mélèze américain et le Pin rouge des forêts du Nord (*P. alba*, *microcarpa* et *resinosa*) correspondent à des espèces très-voisines dans l'Europe septentrionale et la Sibérie (*P. Abies*, *Larix* et *silvestris*). Le Pin Weymouth et le Cèdre rouge de la zone des essences feuillues (*P. Strobus* et *Juniperus virginiana*) se rattachent intimement à deux Conifères que nous trouvons répandues depuis l'Himalaya jusqu'au domaine méditerranéen oriental (*P. excelsa* et *Juniperus foetidissima* *). Le rapport climatérique entre les États de l'Est et le

---

* Le *Juniperus virginiana* a acquis récemment une grande importance industrielle, comme bois employé dans la fabrication des crayons. Selon M. O. Sachot (*Bull. Soc. d'acclimat.*, 3º sér., ann. 1874, t. I, p. 797), en France, une seule maison, celle de M. Faber, en achète annuellement de 12000 à 15000 kilogrammes, et la demande dont ce bois est l'objet va tellement en croissant, qu'on a commencé à cultiver, en Europe, le Genévrier virginien sur une grande échelle. M. J.-L. Faber, à lui seul, possède déjà, dans son domaine, plus de 5000 pieds de cette utile Conifère. — T.

Japon se trouve exprimé par le Sapin canadien, le Cèdre blanc et par le genre *Torreya* dans la Floride (*P. canadensis*, *Chamæcyparis thuioides* et *Torreya taxifolia*, correspondant aux formes japonaises de *P. Tsuga*, *Chamæcyparis pisiformis* et *Torreya nucifera*). Enfin, le domaine de l'Orégon possède également des espèces correspondant à celles du Canada, et qui de même indiquent la concordance de certaines valeurs climatériques (*P. Mertensii* et *P. canadensis*, *Thuia gigantea* et *occidentalis*, *Chamæcyparis nutkaensis* et *C. thuioides*).

Chez les essences angiospermes à frondaison périodique, le mélange des espèces dans les forêts de l'Amérique septentrionale est bien plus frappant que chez les Conifères. Dans l'Indiana, le prince de Neuwied trouva les forêts à essences angiospermes composées de 60 espèces diverses d'arbres[23]. Ce mélange des essences forestières tient en partie à ce que les Chênes et les Juglandées renferment une plus grande série d'espèces, et en partie à ce que, dans les États de l'Est, le caractère mixte se trouve rehaussé par la présence de certains représentants de familles tropicales qui y sont indigènes, et qui pénètrent jusqu'à la zone des essences feuillues. Dans certains cas, cela a lieu de manière que les espèces plus méridionales sont toujours vertes et celles des contrées septentrionales ont des feuilles caduques. Parmi les arbres qui appartiennent particulièrement à des familles tropicales, on voit s'étendre jusqu'au Canada le Tulipier (*Liriodendron*) et une Laurinée (*Sassafras*), jusqu'à New-York un Magnolia (*M. acuminata*), ainsi que l'arbre Persimmon (l'Ébénacée *Diospyros virginiana*), et le Catalpa (Bignoniacées) probablement jusqu'à l'Illinois. Puis viennent se succéder isolément dans les États méridionaux encore quelques Laurinées (*Tetranthera*), des Ternstrœmiacées, des Palmiers, des Liliacées arborescentes (*Yucca*); d'autres formes végétales empreintes du caractère tropical se comportent d'une manière analogue[41]. Les mêmes familles auxquelles appartiennent tous ces végétaux sont également représentées dans la flore indo-japonaise, mais aucune au contraire ne l'est sur l'Orégon. L'explication qui a été donnée (voy. t. Ier, p. 716) de la présence d'organisations tropicales en Chine est en partie applicable aux États orientaux de l'Amérique du Nord, où la quantité de pluie tombée est également plus considérable que dans la majeure partie de l'Europe. Sous un autre rapport, le phénomène est comparable plutôt au Japon qu'à la Chine, en tant que sur la terre ferme de l'Asie orientale, des plantes tropicales viennent immigrer même de l'Inde, tandis que dans les îles, au contraire, les représentants des familles tropicales sont pour la plupart endémiques, et par conséquent ne manifestent qu'une analogie climatérique avec les contrées tropicales. Les organisations tropicales ne sont venues dans les États atlantiques ni de Cuba ou des Bahamas, ni du Mexique, car ce qu'ils possèdent en fait de formes semblables y a été produit originairement. De même que le Japon se trouve isolé des Indes par la mer, ainsi les États méridionaux sont si complétement séparés des Indes occidentales par le Gulf-stream, et du Mexique par les Prairies, que peu de mélange a eu lieu par-dessus ces barrières naturelles, et que l'échange est limité à quelques plantes littorales.

Ce qui s'explique moins aisément, c'est que les familles tro- picales des forêts de l'Est soient demeurées étrangères aux con- trées de l'Ouest, contrées semblables par l'uniformité de leur climat littoral aux montagnes tropicales, et recevant une quantité non moins grande de pluies [11]. Un fait qui paraît significatif, c'est que les organisations tropicales ont toutes leur patrie dans le États méridionaux, d'où elles ont pénétré dans la zone septen- trionale, où la température estivale ne décroît que lentement, si bien qu'elle est plus élevée au Canada que sur la côte de l'Oré- gon [5]. Quoique dans l'intérieur de la Colombie anglaise l'été soit probablement aussi chaud qu'au Canada, une immigration aurait de la peine à s'effectuer en partant de là à travers de vastes sur- faces forestières, où se produit une réduction continentale de la période de végétation, et au milieu desquelles surgissent les montagnes Rocheuses ; une immigration serait encore moins aisée par la côte du Midi, où les Prairies occupent l'espace intermédiaire. Mais ce qui décide la question, c'est que la flore de la Californie elle-même contient à peine des traces de familles tropicales, et, sous ce rapport, s'éloigne complétement des États atlantiques méridionaux. Il suit de là que ces formes ne pouvaient pas non plus passer de là dans le domaine de l'Orégon. Par les Prairies occidentales et le désert, la Californie est complétement isolée du Mexique ; et comme ce pays est extrêmement pauvre en représentants de familles tropicales qui lui soient propres, son climat ne nous fournira sur le phénomène dont il s'agit d'autre éclaircissement que la preuve qu'ici la température estivale est également moins élevée que dans les États orientaux.

Le nombre plus considérable, relativement à l'Europe, d'arbres à feuilles composées, dans la zone des essences angiospermes, peut de même être considéré comme un rapprochement vers les organisations tropicales. D'après la dimension des surfaces de leurs feuilles, tous ces arbres se rattachent, il est vrai, à la forme Frêne, même dans le cas où la division pennée se répète deux fois (*Gymnocladus*) ; cependant, à côté des genres de la zone tempérée (*Fraxinus*), nous trouvons ici également des Légumineuses arborescentes comme dans les forêts tropicales (*Robinia, Gleditschia*) ; d'autres offrent certains rapports systématiques avec les Sapindacées tropicales (*Negundo*) et les Térébinthacées (Juglandées).

La présence d'essences feuillues toujours vertes dans les États méridionaux rappelle en partie des phénomènes analogues du domaine méditerranéen, même par des espèces équivalentes de genres similaires (*Quercus virens, Olea americana*). Ici, comme dans ce domaine, les formes Laurier et Olivier ne se trouvent représentées que par peu d'arbres, dont quelques-uns remontent jusqu'aux latitudes plus hautes ; une Laurinée (*Persea carolinensis*) jusqu'au Delaware, une Ilicinée (*Ilex opaca*) même jusqu'au Canada. Les essences feuillues toujours vertes ne font pas non plus complétement défaut à la zone forestière : on y observe un Châtaignier californien dont les feuilles sont colorées en jaune d'or sur leur surface inférieure (*Castanopsis chrysophylla*), de même qu'une Éricée semblable à l'Andrachne de l'Europe méridionale (*Arbutus Menziesii*).

La forme propre à la zone des essences feuillues, c'est celle d'une Liliacée arborescente qui, ici comme dans les Prairies, remonte bien avant dans la zone tempérée. Voisine du Pandanus par sa taille, elle s'étend, sous les climats de savanes de l'Amérique tropicale, depuis le Mexique jusqu'au Brésil, et au sud des États atlantiques jusqu'à l'embouchure de la baie de Chesapeake (37°), représentée par un genre particulier (*Yucca*). Mais là ont déjà disparu les espèces plus grandes de la Caroline méridionale, dont le tronc indivis n'atteint cependant qu'une hauteur de 3^m,9 (ex. *Y. gloriosa*) ; il ne reste plus qu'une forme naine (*Y. filamentosa*), chez laquelle la rosette, composée de feuilles jonciformes et ne s'élevant tout au plus qu'à 0^m,3 au-dessus du sol, repose sur un tronc raccourci surmonté d'une panicule florale quatre ou huit fois aussi longue. Sur la limite septentrionale des arbres monocotylédonés, de semblables réductions des organes ligneux se présentent également, dans le tableau du paysage des États méridionaux, chez les Palmiers et les Bambous. On pourrait, à ce qu'il paraît, les considérer comme mesurant la durée constamment décroissante des parties de la courbe thermométrique qui correspondent à leur végétation. Cependant il ne faudrait pas y perdre de vue les lois qui président à la croissance de chacune des espèces prises séparément. Certaines formes naines s'avancent le plus au nord, mais il est aussi des espèces dont la sphère thermique ne le cède pas à celle des espèces plus grandes. Dans la Caroline du Sud, des Palmiers nains dépourvus de tronc (*Sabal Adansonii*) croissent de concert avec le Palmier Palmetto (*S. Palmetto*) à taille considérable (de 9^m,7 à 12^m,9). Les Bambous élancés, qui, dans l'Asie orientale, s'avancent aussi loin vers le nord, ne paraissent guère, dans l'Amérique septentrionale, dépasser nulle part les tropiques. Mais les *Arundinaria*, qui les remplacent dans le domaine forestier et viennent jusqu'en Virginie, même jusque dans l'Illinois, ont une taille plus élevée dans la Louisiane (3^m,2 à 6^m,4) que dans l'Ohio (2^m,5 à 3^m,2)[23]. Dans leur disposition géographique, ces Roseaux se comportent à l'instar des Arundinaria des îles Kuriles, qui s'y étendent également au delà de la limite septentrionale des Bambous japonais. Les espèces de l'Amérique du Nord non-seulement croissent sur les bords riverains dont elles revêtent les alluvions de fourrés impénétrables (appelés *Cane-breaks*), mais encore constituent dans les forêts des buissons touffus (*A. macrosperma*) qui demeurent verts pendant la saison hivernale, et cela même dans des contrées où les essences toujours vertes n'existent plus.

A l'exception de Terre-Neuve, dans leur état originel, les forêts du nord de l'Amérique ne paraissent guère avoir été nulle part interrompues sur de vastes espaces. C'est pourquoi les buissons, et notamment ceux qui conservent leur feuillage, ont dû leur importance non à ce qu'ils formeraient des formations indépendantes (comme les maquis dans le midi de l'Europe), mais plutôt à leur qualité de sous-bois, et à ce qu'ils croissent sous l'ombre de la forêt. Tandis qu'en Europe la forme Oléandre fait défaut à la majeure partie du domaine forestier, ici, depuis la zone méridionale des arbres angiospermes jusqu'au Canada et à la côte de l'Orégon, nous trouvons généralement cette forme représentée par des Éricées à riche feuillage, notamment par une série de Rhodorées (ex. *Rhododendron maximum*). Les Rhododendrons plus méridionaux se trouvent en connexion géographique directe avec les espèces arctiques et alpines. En fait d'autres familles, appartiennent aux formes Oléandre et Myrte plusieurs Ilicinées (*Ilex*), certaines Sapotées dans la zone forestière méridionale (*Bumelia*), et une Berbéridée (*Mahonia*) sur l'Orégon. Mais ce sont les Rhodorées et les Vacciniées correspondant à la forme Myrte qui sont de beaucoup les plus fréquentes, et les premières comptent plusieurs genres particuliers. C'est précisément une particularité propre aux centres de végétation de l'Amérique septentrionale que le nombre d'espèces de semblables Éricées toujours vertes ou à feuilles caduques (ex. *Azalea*), est tellement considérable, qu'elles y ont pris une extension plus large et occupent un espace plus vaste qu'en Europe. Dans le feuillage des Rhodorées (*Empetrum*, *Menziesia*), la feuille aciculaire de la forme Bruyère ne joue qu'un rôle complétement subordonné, et les *Erica* y manquent tout à fait : ce n'est qu'à Terre-Neuve qu'on a trouvé le *Calluna* européen, évidemment à titre de végétal immigré, lequel tout récemment s'est aussi montré sur quelques points restreints dans le Massachusetts et dans le Maine. C'est l'un des exemples les plus rares d'un échange entre les deux hémisphères à travers l'Atlantique ; car pour tout le reste des végétaux européens constatés dans le nord de l'Amérique, ils peuvent presque toujours être rattachés à un seul domaine· d'habitation s'étendant à travers l'Ouest et la Sibérie.

Parmi les buissons à feuillage périodique appartenant aux formes *Rhamnus* et Saule, il en est qui s'écartent de ceux de l'Europe par leur structure, ou bien que leur extension sociale rend remarquables. Dans la zone forestière méridionale, les Calycanthées aromatiques (*Calycanthus*) occupent, ainsi que nous l'avons déjà fait observer (t, Ier, p. 745), une place intermédiaire entre les Magnoliacées et les Myrtacées; souvent, à lui seul, le Papaw, une Anonacée (*Asimina triloba*), constitue exclusivement les sous-bois. Dans les forêts à essences angiospermes du Nord, il se présente fréquemment une Myricée (*Comptonia asplenifolia*) remarquable, à cause de sa ressemblance très-prononcée avec certaines Protéacées de la Nouvelle - Hollande par la configuration et par la nervation des segments, ressemblance qui, observée par M. de Buch, l'avertit qu'il fallait se garder de considérer les empreintes de plantes fossiles tertiaires comme provenant toujours de formes australiennes, puisque ici le même réseau de nervation se produit encore aujourd'hui dans un groupe de végétaux septentrionaux. Dans la contrée comprise entre l'Orégon et l'île de Sitcha, on est particulièrement frappé par l'aspect d'un arbuste social de la famille des Araliacées (*Fatsia horrida*), dont les troncs de 1^m,9 à 3^m,9 de hauteur, couronnés de grandes feuilles palmilobées, fortement entrelacés et hérissés d'épines jaunes, paralysent aisément tout effort de pénétrer dans l'intérieur des forêts de haute futaie : ce qui rappelle les configurations analogues du Ginseng chinois, ainsi que du buisson dont on fabrique du papier dans l'île de Formosa.

Les végétaux volubiles et grimpants des forêts du nord de l'Amérique se comportent à l'instar des arbres eux-mêmes ; ce sont des genres européens et sibériens (*Vitis, Humulus, Menispermum*), auxquels, dans la zone méridionale des essences feuillues, s'associent des familles tropicales, telles que les Bignoniacées et Smilacées (*Bignonia, Smilax*). A l'ombre de la forêt, les herbes vivaces acquièrent aussi un développement luxuriant : parmi ces végétaux figurent les genres de la flore les plus riches en espèces (*Aster* et *Solidago*).

Des espaces ouverts sont rares à constater dans les forêts encore intactes de l'Amérique septentrionale : comme en Europe, les prés y sont les compagnons de l'eau courante, et dans plusieurs contrées, surtout sur l'Orégon, ils se font remarquer par leurs Graminées nutritives (*Triticum, Festuca*[19]).

Formations végétales. — La forêt est la seule formation qui, sous le rapport de la disposition de ses éléments constitutifs, ait lieu de nous occuper ici; mais il ne nous reste que peu à ajouter à ce que nous avons déjà dit sur ce sujet, afin de compléter le tableau du paysage forestier de l'Amérique septentrionale. D'immenses plaines où surgissent dans le lointain de rares montagnes, mais qui reçoivent des précipitations plus abondantes qu'en Europe, se divisent en une série de systèmes hydrographiques, moins nombreux à cause de l'uniformité des pentes, mais d'autant plus riches en eau. Leur fertilité se trouve accrue par la variété de leur constitution géologique. Depuis l'époque des dépôts houillers, les plus étendus de notre globe, jusqu'à celle de la formation des alluvions, toutes les périodes géologiques avaient laissé un champ libre à la végétation, en lui permettant de se développer sans obstacles et de parcourir graduellement l'échelle des organisations modifiées dans des directions déterminées. Toutefois la réunion des arbres en éléments mixtes, telle qu'elle se produit sous de semblables conditions dans les contrées plus chaudes et plus humides, ne saurait être considérée comme la conséquence nécessaire d'une plus grande affluence d'eau. Le fait est qu'en Europe les arbres de l'Amérique du Nord s'acclimatent aisément, bien qu'ils y reçoivent des précipitations moins abondantes. Mais la consistance du bois paraît être dans un certain rapport avec l'humidité du sol. Lorsque, dans le cours du siècle dernier, les arbres du nord de l'Amérique commencèrent à être mieux connus et transplantés en Europe, on attendait de leur acclimatation des avantages particuliers pour l'industrie forestière. Cette attente ne s'est guère réalisée, car o n'a point tardé à constater que, sous le rapport de la valeur du bois, ils sont inférieurs aux arbres indigènes de l'Europe, tandis qu'ils l'emportent sur ces derniers en rapidité de croissance, comme cela est ordinairement le cas pour les bois plus tendres. On admet pour le Pin Weymouth (*P. Strobus* [42]) un accroissement annuel en hauteur de $0^m,9$ à $1^m,2$; à Paris, on vit cet arbre acquérir en trente années une hauteur de $25^m,9$ et une épaisseur de $0^m,9$. D'ailleurs ce qu'on rapporte de l'effet destructeur des coups de vent dans les plantations forestières de l'Orégon, où le sol est jonché d'arbres gigantesques renversés, dépose également en faveur d'une réduction plus grande de leur période de croissance, réduction combinée avec une moindre force de résistance aux perturbations du dehors.

Une agglomération plus touffue et une taille plus élevée dans le sous-bois paraissent caractériser les forêts de l'Amérique septentrionale, et tenir aux mêmes influences d'où dépend le développement plus rapide de la plupart des arbres. Le Papaw (*Asimina*) a de $3^m,2$ à $6^m,4$ de hauteur ; c'est la taille qu'atteint aussi le Rhododendron (*R. maximum*) des forêts d'arbres angiospermes. Même dans les forêts septentrionales de Sapin blanc, on voit le sol revêtu d'un sous-bois touffu, ce qui fait que la physionomie de ces forêts diffère de celle des forêts d'essences résineuses de l'Europe. M. Richardson [6] trouva souvent les forêts de Sapin du pays d'Hudson encombrées de massifs impénétrables de buissons de Saule, qui constituent particulièrement leurs sous-bois, et il ajoute, dans un langage pittoresque, que tandis que ces buissons, ainsi que les anciens troncs renversés ou en voie de s'écrouler, arrêtent les pas de l'homme blanc, l'Indien fluet et adroit se glisse sans bruit et avec facilité à travers ces fourrés touffus, n'ayant aucun souci des nuées de Moustiques dont l'air est imprégné.

Les zones forestières de l'Amérique septentrionale peuvent être distinguées avec autant de précision, d'après les élément constitutifs des sous-bois et d'autres végétaux croissant à l'ombre, que d'après les arbres. Les formes Saule et Rhamnus prédominent encore dans les forêts septentrionales à essences feuillues, par exemple dans l'Indiana ; mais dans certaines contrées s'étendant jusqu'au domaine fluvial du Saint-Laurent, elles sont déjà remplacées par des Rhodorées et des Vacciniées. Sur le versant oriental des Alleghanys, les sous-bois sont principalement composés de Rhodorées, souvent exclusivement du grand Rhododendron, et au delà de cette chaîne, vers l'ouest, on voit apparaître d'abord le Papaw, puis sur le Mississippi les Arundinariées. Dans la zone forestière de l'Orégon, les végétaux qui croissent à l'ombre (mais d'une nature non moins spéciale) sont plus diversifiés : c'est là que le Fatsia épineux et le Mahonia toujours vert (*M. Aquifolium*) se trouvent associés, soit à de petites Éricées (*Arctostaphylos*) et à des Vacciniées, soit à d'autres arbustes à type européen, ou bien à des Fougères (*Aspidium munitum*).

Les modifications séculaires subies par la végétation forestière de l'Amérique du Nord ont été encore peu étudiées. M. Credner rapporte à ce sujet un fait curieux qui lui permet de déduire de la vie domestique du Castor l'origine des prés sur une grande échelle [43]. Ce Rongeur, extrêmement répandu dans la plus grande moitié du nord de l'Amérique, construit des barrages à travers les vallées, ce qui convertit en étangs les cours d'eau bordés de forêts marécageuses et de broussailles, étangs qui deviennent très-nombreux, par exemple dans la contrée du lac Supérieur, et dont l'étendue, à ce qu'il paraît, est parfois de plus de 100 acres. D'après M. Simpson, dans les parages de la baie d'Hudson, la moitié du total du terrain forestier se trouve ainsi submergée. Quand au printemps les flots viennent à rompre ces barrages, les étangs, œuvres du Castor, sont mis à sec, une herbe luxuriante fait son apparition, et l'on voit alors se former dans les ténèbres de la forêt vierge des prés verdoyants qui donnent les plus riches récoltes de foin, et où « le Cerf vient chercher son pâturage ». Dans le vaste domaine des réseaux hydrographiques qui alimentent les grands bassins lacustres du Canada, ce sont là les seules et uniques clairières revêtues d'herbes. Les animaux deviennent ici les pionniers de la culture du sol, et font plus que les habitants originels du pays, que les chasseurs qui se bornent à indiquer la voie à cette culture. Mais avec les chasseurs, les animaux eux-mêmes doivent se retirer et périr, lorsque de nouvelles races d'hommes viendront s'emparer de l'héritage de ces forêts et les consacrer à une plus haute destination.

Régions. — La flore montagneuse du nord de l'Amérique diffère de celle de l'hémisphère oriental par son uniformité, et en ce que les plantes des latitudes plus élevées se reproduisent en proportions bien moins considérables sur les hauteurs plus méridionales. Les essences forestières du Nord et les végétaux qui les accompagnent se comportent, à la vérité, à peu près comme en Europe. Ainsi les Sapins blancs du pays d'Hudson constituent, au-dessus des arbres angiospermes, la zone supérieure à essences résineuses des Alleghanys septentrionaux ; mais même là où l'espace ne lui fait pas défaut, la végétation alpine ne se trouve enrichie que par un nombre relativement peu considérable de plantes arctiques. Nulle part on ne voit les hautes montagnes se dessinant dans le lointain revêtues de leur parure de pacages alpestres, et la vie du chalet n'a guère de place sur le sol de ce continent. D'après la direction de leurs arêtes principales correspondant aux lignes occidentales et orientales des côtes, les montagnes Rocheuses septentrionales, ainsi que les montagnes des Cascades, sont comparables aux Fjelde scandinaves, de même que les Alleghanys, dans leur position isolée, le sont à l'Oural ; mais aussi ces chaînes méridiennes de l'Europe possèdent une flore bien plus pauvre et plus uniforme que les Alpes, qui courent de l'ouest à l'est, ou bien l'Altaï et même l'Himalaya. Il semblerait presque que sur les arêtes alpines qui ouvrent de larges flancs aux courants atmosphériques polaires, l'établissement des plantes arctiques s'effectue plus aisément. D'ailleurs la position éloignée ainsi que la structure des montagnes américaines sont moins favorables à l'échange des plantes que les systèmes de soulèvements de l'Europe et de l'Asie, se rattachant les uns aux autres par des ramifications presque ininterrompues ; ainsi, sous ce rapport encore, ressemblent-elles davantage aux Fjelde et à l'Oural.

Les massifs montagneux du domaine forestier occidental ne constituent que deux groupes, dont l'un se rapproche de la côte ouest du continent et l'autre de la côte est. Le premier, représenté par les Alleghanys, s'étend en plusieurs séries parallèles depuis le Saint- Laurent jusqu'à l'Alabama, et comprend les White Mountains du New-Hampshire qui s'élèvent au-dessus de la limite des arbres.

WHITE MOUNTAINS (44° lat. N.)[44].

RÉGION FORESTIÈRE. 1332^m (4100 p.).

Chênes	260^m (800 p.).
Essences feuillues avec Conifères	260-633^m (800-1950 p.).
Essences résineuses (*Pinus alba* et *balsamea*......................	633-1322^m (1950-4100 p.).

RÉGION ALPINE. 1332-1900^m ou 4100-5850 p. (mount Washington).

ALLEGHANYS DANS LA CAROLINE DU NORD (36° lat. N.)[45].

RÉGION FORESTIÈRE. 2035^m ou 6265 p. (Black mountains).

Essences feuillues (Chênes avec *Robinia hispida*)....	1218^m (3750 p.).
Essences résineuses (*Pinus nigra* et *Fraseri*)......	2035^m (6265 p.).

Les Alleghanys jusqu'à leur crête sont presque partout boisés, et ce n'est qu'à leur extrémité septentrionale que les White mountains, ainsi que quelques sommets limitrophes peu nombreux, laissent place à la flore alpine au-dessus de la limite des arbres. Les arbres angiospermes constituent la ceinture inférieure de végétation des White mountains : au pied de ce massif on en voit 18 espèces mélangées avec 4 espèces d'essences résineuses (jusqu'à 260 mètr. ou 800 p.). Plus haut, la variété des essences feuillues va en diminuant; déjà à 650 mètres (2000 p.) dominent les essences résineuses, et la région forestière supérieure n'est plus composée que de deux espèces de Sapin (*P. alba* et *balsamea*) mélangées de Bouleaux (633-1332 mètr. ou 1950-4100 p.). M. Asa Gray a donné l'énumération de la totalité des végétaux alpins de la région non boisée[46]. Ils ne se montent qu'à 33 espèces, dont 4 endémiques et les autres arctiques. Bien que la région alpine occupe un espace de 532 mètres (1700 p.). qui, comparé par exemple aux Sudètes, aurait suffi à une flore plus riche, il paraît néanmoins que les relations avec la flore arctique se trouvent rendues plus difficiles par les courants atmosphériques dominants. Les vents de nord-est viennent du Labrador, pays pauvre et isolé, et les vents nord-ouest de la baie d'Hudson.

Le niveau auquel les forêts se terminent dans les White mountains s'accorde avec les conditions climatériques de la végétation arborescente de l'Europe. Entre Québec et Boston[5], on peut s'attendre à une disposition des régions analogue à celle qui a lieu dans les Carpathes : c'est ainsi que nous voyons la limite des arbres occuper une place intermédiaire entre les Carpathes et les Sudètes.

Dans les Alleghanys mêmes, série allongée de montagnes centrales, la disposition des essences feuillues et résineuses peut être comparée à celle que présentent les Alpes. Si sur les sommets les plus élevés, les Black mountains de la Caroline du Nord, la limite des arbres n'est pas encore atteinte (à 2035 m. ou 6265 p.) c'est que cela correspond aux conditions climatériques, qui, sous cette altitude, ressemblent à celles de l'Italie du Nord. Sur le Grand Father, les arbres dominants de la région des essences angiospermes sont les Chênes, les Châtaigniers, les Tulipiers et les Magnolia (*Quercus alba, Castanea americana, Liriodendron, Magnolia Fraseri*); la région des essences résineuses ne consiste qu'en Sapins (*Pinus Fraseri* et *P. nigra*). Dans cette dernière région, on voit se reproduire exactement le caractère des forêts sombres et solitaires du fleuve de Saint-Laurent; seulement, dans les Alleghanys de la Caroline, les arbres restent plus petits que dans les plaines septentrionales. Selon M. Asa Gray, cette similitude s'étend sur toute la végétation, en sorte que les buissons et les herbages ont également le caractère canadien, et que les blocs de schiste micacé ainsi que les troncs d'arbres renversés se trouvent revêtus d'un tapis serré de mousses et de Lichens. Les sous-bois des Alleghanys méridionaux se composent de Rhodorées, de Vacciniées et de quelques Rosacées. C'est la région des forêts à essences angiospermes qui offre le plus d'attraits. Grâce à l'humidité, pendant les mois de mai et de juin, les fleurs des buissons de Rhodorées y brillent d'un éclat resplendissant, comme on ne le voit surpassé nulle part dans l'Amérique du Nord (les plus fréquents sont le *Rhododendron catawbiense*, à fleurs d'un rouge pourpre vif, le *Kalmia latifolia*, à corolle rose, et l'*Azalea calendulacea*, de couleur orangée). Puis, pour rehausser cette richesse, aux Chênes et aux Robinia viennent encore se joindre les plus beaux arbres à grandes fleurs colorées, tels que trois Magnolia, le Tulipier et le Catalpa.

Les montagnes Rocheuses et la Sierra-Nevada, de concert avec la chaîne des Cascades, sont les seuls massifs montagneux du nord de l'Amérique, qui s'élèvent au-dessus de la ligne des neiges perpétuelles.

MONTAGNES ROCHEUSES (51° lat. N.) [17].

Région forestière (*Pinus alba*). 1981^m (6100 p.).
Région alpine. 1981-2631^m ou 6100-8100 p. (ligne des neiges).

CHAINE DES CASCADES (47° lat. N.) [48].

Région forestière. 1818^m (5600 p.).
Région alpine. 1818^m. — Ligne des neiges, dont le niveau est resté indéterminé.

Les masses de neige qui revêtent les sommets plus élevés, qui dans les deux chaînes dépassent sur certains points l'altitude du mont Blanc [49], sont très-considérables. Or, bien que, par conséquent, l'humidité et les abondants cours d'eau n'y manquent guère, néanmoins, ici encore, la flore alpine n'a fourni jusqu'à présent qu'une maigre récolte. Cela tient à la structure de ces massifs, et non pas, comme dans ceux situés plus au sud dans le domaine des Prairies, à l'étendue limitée de la région alpine. M. Bourgeau, l'un des plus habiles collecteurs de plantes de nos jours, qui explora dans le domaine des sources de Saskatchawan le côté oriental des montagnes Rocheuses, n'y put, pendant un séjour assez prolongé, recueillir au delà de 460 espèces de plantes ; les forêts de Sapins étaient uniformes et peu accessibles, la flore alpine pauvre jusqu'à la ligne des neiges. Comme sous cette latitude le voyageur se trouvait déjà dans la zone septentrionale du Sapin blanc, les forêts n'offraient point la succession des régions. Elles ne consistaient qu'en trois essences résineuses mélangées avec des Bouleaux et des Peupliers, deux Sapins dont l'espèce blanche s'élève le plus haut, et un Pin de petite taille (*P. Banksiana*). La limite des arbres fut constatée par M. Bourgeau au niveau (1981 m. ou 6100 p.) qu'elle présente également dans l'Altaï, situé presque sous la même latitude. En attribuant à la région alpine un développement altitudinal de 650 mètres (2000 p.), il fait observer en même temps qu'il n'y a point de pacages alpestres, parce que les ruisseaux des montagnes se trouvent trop profondément excavés dans les vallées rocheuses abruptes, et que, par suite, le sol convenable à la végétation alpine n'a pas assez d'étendue. Il paraît en être de même des montagnes des Cascades sur le Pacifique, montagnes dont les sommités volcaniques sont séparées les unes des autres par des cols bas et d'étroites vallées.

Le phénomène le plus remarquable que présentent les hauts massifs montagneux du nord de l'Amérique, c'est que sur les montagnes Rocheuses, sous le même méridien, la limite des arbres, ainsi que celle des neiges (bien que cette dernière à un moindre degré), se relèvent d'une manière extraordinaire dans la direction du sud. En traitant des Prairies, nous ferons voir que dans les parages du Parks (40° lat. N.), la limite des arbres est de 1250 mètres (4000 p.) plus élevée que dans le domaine des sources du Saskatchawan (51°), et qu'à cause de l'extension des forêts jusqu'aux limites supérieures des versants des montagnes, il reste peu de place à la flore alpine. Cet exhaussement des régions forestières se trouve en rapport avec la position élevée des Prairies sur le cours supérieur du Missouri et du Nebraska, ce qui fait monter également les forêts à un niveau plus haut. Sur le Saskatchawan les Prairies cessent, et commence la terre basse du pays d'Hudson[50]. De même, dans la partie ouest des montagnes Rocheuses méridionales, tout l'espace jusqu'à la Sierra-Nevada est occupé par un plateau élevé qui, du côté du nord, descend dans la plaine profonde de l'Orégon, dont les sources se trouvent exactement vis-à-vis de celles du Saskatchawan. C'est de l'ouest du Pacifique que viennent les vents pluvieux dont les vapeurs aqueuses se déposent d'abord sur les montagnes des Cascades et ensuite sur les montagnes Rocheuses. L'époque pendant laquelle il neige dure ici bien plus longtemps, et réduit la période de végétation dans les régions de la montagne. Sous de telles influences, la limite des arbres s'abaisse, et cela d'autant plus, que la distance au Pacifique est moins

grande ; ce qui dans les montagnes des Cascades (où cette limite
est à 1818 mètr. ou 5600 p.) s'opère conformément à la loi qui
domine dans le Portugal et dans la Norvége. Sous ces latitudes,
les montagnes Rocheuses ont une position semblable à celle de
l'Altaï, qui de même touche par sa base à la terre basse sibé-
rienne et est également l'origine de grands cours d'eau.

Centres de végétation. — Par suite du développement peu
considérable des flores particulières de montagnes, qui dans
l'ancien monde, tout en servant quelquefois de lien entre des
contrées lointaines, paralysent et empêchent à un bien plus haut
degré les migrations des plantes, le domaine forestier de l'Ouest
se trouve privé de la condition principale dont dépend le caractère endémique, ainsi que la variété des produits. Dans ces vastes
plaines, les aires des végétaux sont étendues, et de même que
dans le nord de l'Europe et dans la Sibérie, elles sont déterminées moins par la configuration du continent que par la variation graduelle du climat. Chacune des cinq zones forestières a
sa végétation particulière, mais leurs centres ne possèdent pas
une égale puissance de production. On connaît peu de végétaux
endémiques dans l'île de Terre-Neuve, et la zone septentrionale
du pays d'Hudson est également plus uniforme que le domaine
de l'Orégon, tandis qu'à son tour ce dernier reste inférieur aux
États orientaux sous le rapport de la richesse et du caractère
spécial de la flore[51]. Cela s'explique en partie par le fait qu'avec
l'accroissement de la température et la prolongation de la période
de végétation, les organisations acquièrent plus de variété, et
d'ailleurs on peut en même temps constater avec évidence que
l'échange plus ou moins facile entre les centres de végétation a
une part dans la manière inégale dont se trouve douée chacune
des zones forestières.

Or ce n'est qu'à l'aide de la différence de la position géographique qu'on parvient à se rendre compte de ce que, dans les
deux zones forestières à essences angiospermes de l'Est, le caractère endémique est le plus prononcé, tandis qu'il l'est le moins
dans les forêts à essences résineuses du Nord. La concordance
de la flore arctique sous tous les méridiens est jusqu'à un certain degré encore reconnaissable sous les latitudes plus élevées

du domaine forestier, où le détroit de Beering oppose à peine un obstacle à la connexion entre les flores de l'Asie et de l'Amérique. Du côté du sud, la proportion entre les espèces communes aux deux continents diminue à mesure que les côtes s'écartent l'une de l'autre. M. Hinds est d'avis [10] qu'à peu près la moitié des plantes croissant dans les forêts d'Alaska se retrouvent également en Sibérie et en Europe, ce qui au reste ne doit être accepté que comme une estimation approximative, et non comme une assertion basée sur des comparaisons plus précises d'une nature systématique. Mais ce qu'il y a de certain, c'est que les espèces européennes indigènes dans les zones forestières de l'Amérique septentrionale situées plus au sud tirent leur origine du nord; ce sont des végétaux septentrionaux qui, sous les méridiens des deux continents, se sont répandus également plus au sud. Leur nombre est moins considérable dans les États atlantiques que sur l'Amur, mais dans les deux cas les espèces sont pour la plupart identiques [52]. Ainsi, de même que nous avons vu la flore se modifier graduellement depuis l'occident de l'Europe jusqu'à la Sibérie orientale, de même, dans l'Amérique septentrionale, l'étendue géographique, avec laquelle croissent les obstacles à l'immigration, est le point capital dont dépend la pénétration des végétaux européens dans les zones forestières de ces contrées. Or, non-seulement la voie à travers le continent de l'Europe jusqu'aux États atlantiques est la plus longue, mais encore les communications se trouvent limitées par le fait que c'est entre les Prairies et la baie d'Hudson que la zone des forêts à essences résineuses est le plus étroite. C'est pourquoi le Canada se présente isolé à un bien plus haut degré que la moitié occidentale du continent. Entourés par deux mers et par les Prairies, les États orientaux ont, sous le rapport de l'échange avec d'autres flores, une position en quelque sorte insulaire et ne se rattachent à l'Ouest que par l'isthme boisé le long du lac Winnipeg. Ce qui d'ailleurs favorise encore la séparation entre la flore de l'Orégon et la zone atlantique à essences angiospermes, c'est que cet isthme est exclusivement occupé par la zone septentrionale, et conséquemment uniforme, du Sapin blanc, et qu'en outre viennent se placer au milieu les montagnes Rocheuses, qui paralysent l'échange entre l'Ouest et l'Est. Par ses comparaisons, M. Asa Gray[40] a constaté qu'il y a près du quart (515 espèces) des plantes indigènes dans la zone à essences angiospermes du Nord qui ne franchissent pas les montagnes Rocheuses, et quatre cinquièmes de ces plantes (1675 espèces) qui n'atteignent pas le climat littoral du Pacifique. Cela nous permet d'apprécier jusqu'à quel point les centres de végétation se trouvent déterminés par le relief, mais bien plus encore par les variations du climat. On n'a encore fait aucune étude de ce genre sur les relations entre les États méridionaux et septentrionaux. Nous savons seulement que dans ces plaines non interrompues l'échange peut s'effectuer sans obstacles des deux côtés des Alleghanys, en tant que le climat le permet. M. Asa Gray n'a pu énumérer comme endémiques dans la zone à essences angiospermes du Nord que 71 espèces (un peu plus de 3 pour 100 du total). Dans les États méridionaux, le caractère endémique doit être bien plus fortement prononcé, parce que les plantes septentrionales peuvent plus facilement pénétrer au sud que les plantes méridionales ne pourraient le faire dans la direction du nord.

L'autonomie de la flore du domaine forestier de l'Amérique septentrionale se manifeste par un grand nombre de genres spéciaux. M. Asa Gray trouve que rien que parmi ceux qui habitent la zone à essences feuillues du Nord, plus de la moitié (694 : 353) sont étrangers à la flore européenne, et presque le quart l'est à la flore asiatique. Il reconnaît 120 genres comme caractéristiques pour cette partie du domaine et en compte 37 de monotypes, chiffre qui serait bien plus considérable si l'on comprenait le domaine forestier tout entier. Les genres endémiques offrent un caractère continental sous un double rapport, d'abord parce que la plupart ne sont pas monotypes, mais se trouvent représentés par des séries d'espèces endémiques[53], ensuite par leur organisation, qui sans doute est le plus souvent tout à fait spéciale, mais ne s'en rattache pas moins à de grandes familles. Les cas où la classification systématique est douteuse sont rares ici (ex. *Galax* à côté des Éricées). C'est précisément parce qu'un vaste espace continental est offert au développement d'organisations alpines, que les familles peuvent devenir étendues et naturelles. Il en est ici de certains groupes de Synanthérées et d'Éricées comme des Ombellifères et des Crucifères, qui dans la zone tempérée du continent oriental ont acquis un riche développement.

Parmi les familles, M. Asa Gray[40] compte 26 groupes ou genres isolés qui ne se présentent pas en Europe, mais appartiennent en majeure partie aux contrées plus chaudes, et ne constituent, dans la zone des essences feuillues du Nord, qu'à peine 3 pour 100 du total des Phanérogames. La plupart de ces familles se trouvent également dans l'Asie orientale (18 familles); parmi le reste, les Hydrophyllées seules sont remarquables comme type franchement américain. On en connaît à présent déjà 13 espèces dans les États atlantiques du Nord. D'autres familles, également limitées à l'Amérique, telles que les Cactées, les Loasées et les Broméliacées, ne touchent qu'à peine au domaine forestier, ou bien n'y sont représentées que par des espèces isolées.

Sous le rapport de la richesse, cette flore pourrait bien rivaliser avec celle de la contrée basse européo-sibérienne, mais nulle part dans les États méridionaux elle ne saurait se mesurer avec celle du domaine méditerranéen. Mes propres estimations de la flore du domaine forestier tout entier, passablement épuisé comme celui de l'Europe par les explorations faites jusqu'à présent, donnent à peine le chiffre de 5000 espèces. Grâce à l'absence de riches flores de montagnes, à l'uniformité des influences physiques et aux obstacles qui rendent plus difficile l'immigration des flores limitrophes, le nord de l'Amérique, malgré son énergique puissance de production, se présente comme moins richement doué que l'Europe. Au reste il convient d'ajouter que, rétréci par les Prairies et par l'exhaussement de la limite forestière arctique sur la baie d'Hudson, le domaine forestier du nord de l'Amérique est de moitié moins étendu que le domaine européo-sibérien[54].

D'ailleurs l'analogie des conditions vitales se trouve indiquée par ce fait, que bien que les zones forestières diffèrent entre elles spécifiquement et souvent même génériquement, les familles prédominantes n'en offrent pas moins plus de concordance qu'on ne s'y serait attendu. Ainsi, des centres de végétation séparés par un vaste espace ont engendré ici des organisations similaires qu'il s'agissait d'adapter aux influences exercées sur toutes également par le climat, l'irrigation et l'ombrage des forêts. Dans une comparaison faite avec l'Europe, on voit la série successive des familles prédominantes manifester ces analogies[55], lors même qu'il ne nous est pas toujours permis d'en saisir les conditions. Le nombre des Crucifères, des Ombellifères et des Caryophyllées est diminué, tandis qu'il y a accroissement dans celui des Cypéracées et des Éricées, qui habitent un sol humide et profond. Parmi les Synanthérées (la famille la plus considérable dans les deux continents), prédominent ici les Astéroïdées et les Hélianthées, dont le développement a plus d'exubérance, tandis que les Anthémidées et les Chicoracées de l'Europe ne sont représentées que par un petit nombre de genres.

D'un autre côté, bien que les disparités entre les zones forestières puissent être envisagées d'une manière générale comme l'expression des diversités de climats, néanmoins certaines particularités de leur végétation ne nous révèlent guère de rapport avec les conditions climatériques. Le développement luxuriant des sous-bois et des végétaux qui croissent à l'ombre peut bien être considéré comme un effet de pluies plus abondantes, mais le caractère mixte des essences feuillues, la taille élevée des arbres dans le domaine de l'Orégon, et par contre leurs dimensions en moyenne moins considérables dans les États atlantiques, n'en restent pas moins sans explication. Ce sont là des phénomènes relatifs à la sphère vitale de certaines espèces, ou bien ils correspondent à un type particulier de centre déterminé de végétation, comme un témoignage en quelque sorte de la tendance qu'a la nature de varier le tableau physionomique d'une contrée. Le développement en hauteur d'un tronc d'arbre peut être favorisé par l'humidité du climat, lorsqu'il en résulte une accélération dans la croissance du bourgeon terminal. Mais le contraire aussi peut avoir lieu, quand il s'agit de garantir l'arbre contre les dangers des coups de vent, par la suppression hâtive de cette croissance. Le mélange des espèces se conservera partout où le même centre engendre des arbres divers, concordants dans leurs conditions vitales et doués de forces suffisamment équilibrées pour maintenir leur station. Il peut y avoir tout autant d'espèces dans le domaine d'autres centres, mais chacune d'elles diffère par la nature des substances nutritives qu'elle exige, et se sépare des autres selon la qualité de sol qui lui convient et qui rehausse son énergie vitale.

La colonisation a eu pour conséquence un établissement étendu de végétaux européens qui, de concert avec la culture du sol, transforment la physionomie des forêts de l'Amérique septentrionale. Dans ses études sur la statistique de la flore[46], M. Asa Gray a soigneusement distingué ces végétaux d'avec les espèces indigènes ou rendues telles à la suite de migrations spontanées : dans la zone à essences feuillues du Nord, leur nombre se monte, d'après lui, à 260 espèces. Le mode de leur répartition dans les États atlantiques en place l'origine immédiatement sous nos yeux. On a observé que dans la partie orientale des Alleghanys, mise plus anciennement en contact avec l'agriculture européenne, ils sont beaucoup plus fréquents que dans l'intérieur. Accompagnant les végétaux cultivés et transplantés à l'aide des semences introduites de l'Europe, ils ont, sur certains points, envahi en masse et presque refoulé la végétation indigène (au nombre des intrus les plus fréquents figure l'*Echium vulgare* dans quelques parties de la Virginie). A mesure qu'on pénètre davantage à travers les Alleghanys dans l'intérieur de l'Amérique du Nord, où la forêt n'a été éclaircie que plus tard, on voit diminuer ces produits étrangers qui, sans doute, ne manqueront pas un jour d'essayer ici aussi leurs forces dans la lutte pour le sol. En effet, c'est dans l'Amérique septentrionale, plus uniformément boisée, que parmi les herbes vivaces et indigènes les végétaux croissant à l'ombre sont le plus fortement représentés, tandis que les espèces habitant la contrée découverte y sont moins nombreuses qu'en Europe. Il s'ensuit que les premiers ne sauraient subsister après l'éclaircissement de la forêt, et que dès lors les espaces dépouillés des arbres à ombrage sont dévolus d'abord à la culture, et ensuite à ces nombreuses plantes originaires des formations déboisées et plus intensivement éclairées de l'Europe, qui constituent en même temps autant d'ennemis de la culture*.

* Ainsi que je l'ai fait voir dans ma note, vol. I, p. 304, parmi les deux riches florules de plantes exotiques, — celles de Marseille et de Montpellier, — c'est la florule de Montpellier qui offre un grand nombre d'éléments américains, tandis qu'ils font défaut à la florule adventive de Marseille. Il serait intéressant de constater si cette différence entre deux villes si voisines et à climat analogue tient exclusivement à la nature du mouvement commercial, et si, par conséquent, il est prouvé qu'il n'y a réellement point ou très-peu d'échanges entre Marseille et l'Amérique par vaisseaux transportant des marchandises.— T

PIÈCES JUSTIFICATIVES

ET ADDITIONS

XII. DOMAINE FORESTIER DU CONTINENT OCCIDENTAL.

1. A Nain, dans le Labrador (57° lat. N.; hiver, — 17°,5; été, 8°,7 : Dove, *Klimatolog. Beiträge*, I, p. 47), l'été est encore un peu plus froid qu'à Okhotsk. S.-John, à Terre-Neuve (47° 30′ lat. N.; hiver, — 5°; été, 12°,5: *ibid.*), le climat du Kamtchatka (cf. Domaine forest. du continent oriental, notes 43, 44).

2. BLODGET, *Climatology of the United States*, p. 118.

3. KIEPERT, *Isothermen-Karte* (dans *Klimatolog. Beitr.* de Dove).

4. HUMBOLDT, *Lignes isothermes* (*Mémoires d'Arcueil*, III, p. 522).

5. Tableau des températures estivales et hivernales approximativement d'égale valeur dans les hémisphères O. et E. (celles de l'Amérique du Nord d'après les *Klimatol. Beitr.* de Dove, I ; les européo-asiatiques d'après ses *Temperaturtafeln;* les unes et les autres en chiffres ronds) :

		Hiver.	Été.	Année.			Hiver.	Été.	Année
Fort Confidence.	67° lat. N.	—30°	8°,7	—11°,2	Ustjansk.	71°00′ lat. N.	—37°,5	10°,0	—15°
Québec.........	47°	—10°,6	20°,6	+ 5°	Kazan....	56° »	—13°,7	16°,7	+ 1°,9
Boston	42°	— 2°,5	20°,6	+ 8°,9	Ofen	47° »	— 2°,5	18°,7	+ 9°,4
New-York	41°	0°	21°,2	+10°	Vienne....	48° »	0°	21°,2	+10°
Richmond......	37°	+ 2°,5	23°,7	+13°,7	Bologne..	44°30′	+ 3°,7	25°	+13°,7
Charlestown ...	33°	+10°,6	26°,2	+18°,7	Catania...	37°30′	+11°,2	28°,7	+20°
New-Orleans ...	30°	+13°,7	27°,5	+21°,2	Beyruth .	34° »	+13°,7	20°,2	+21°,2
Sitcha.........	57°	+ 1°,2	13°,7	+ 6°,2	Bergen...	60° »	+ 2°,5	15°	+ 8°,1
Fort Vancouver.	46°	+ 3°,7	18°,7	+11°,2	Londres..	51°30′	+ 3°,7	17°,5	+10°

6. RICHARDSON, *Arctic searching Expedition*, I, p. 165, 70; II, p. 273 (*Jahresb.*, ann. 1851, p. 49).

7. SEEMANN, *Journ. of. Bot.*, II, p. 181 : *Jahresb.*, ann. 1850, p. 61.

8. E. MEYER, *Plantœ labradoricœ*, p. 30.

9. Dans le pays d'Hudson et à Alaska, les températures hivernales les plus basses sont de — 31°,2 (à fort Entreprise, sous la latitude de 64°, au nord du Slave Lake et sur le Sukan, dans la proximité du détroit de Beering sous 66° lat. N. ; Dove, *loc. cit.*) ; les températures les plus élevées sont dans le Labrador (voy. note 1). La température estivale de la zone des Sapins oscille entre 8°,7 (fort Confidence, note 5) et 15° (Cumberland-House sur le Saskatchawan, 53° 30′ lat. N. ; *ibid.*).

10. HINDS, *The region of Vegetation (Jahresb.*, ann. 1842, p. 426). Par suite de cette constatation d'une contrée déboisée sur la mer de Beering, une erreur dans l'indication de la limite des arbres était restée dans ma carte des Domaines de végétation (Peterm. *Mittheil.*, ann. 1866), erreur que j'ai rectifiée maintenant d'après la donnée de M. Seemann (voy. note 7).

11. La baisse de la température estivale jusqu'à 7°,5 a été observée (Dove, *loc. cit.*) à Port Clarence (60° 45′, lat. N., 165° long. O. de Greenwich).

12. La température de juillet n'est à fort Franklin (65° lat. N.), sur le lac des Ours, que de 11°,2 ; à Ustjansk (71° lat. N.), elle est presque de 15° (Dove, *loc. cit.*).

13. LORD, *The Naturalist in Vancover*, II, p. 99, 63. La grande plaine déboisée de la Colombie inférieure confine, entre les latitudes de 48° et 49°, par une ligne irrégulière, avec la zone forestière, et s'étend du côté de l'ouest jusqu'à la chaîne des Cascades.

14. Quantités de pluie tombées à Sitcha, 187 centimètres ; au fort Vancouver, sur l'Orégon, 101 centimètres (Dove, *Klimat. Beitr.*, I, p. 137, 107).

15. PARLATORE (De Candolle, *Prodromus*, XVI, p. 430) ; DRAYTON (in Wilkes, *United States exploring Expedition*, V, p. 116), Dans le dessin se trouvent figurés des troncs dont le plus gros, à 2ᵐ,5 au-dessus du sol, avait 4 mètres de diamètre.

16. COKE, *A Ride to Oregon*, p. 317.

17. COX (Peterm. *Mittheil.*, ann. 1858, p. 504).

18. LORD, *loc. cit.*, I, p. 305. L'auteur passa deux hivers à fort Colville (49° lat. N.) et fut souvent témoin d'un froid de — 29° à — 30°Fahr.; la neige avait une puissance de 0ᵐ,9.

19. GEYER. *Lond. Journ. of Botany*, ann. 1845 : *Jahresb.*, ann. 1849, p. 52.

20. BLODGET, *Pacific Railroad Operations*, I, p. 570. Les plaines à l'ouest des montagnes Rocheuses (entre 47° et 49° lat. N.) reçoivent peu de pluie

ou de neige; cependant des précipitations plus abondantes ont lieu au printemps et au commencement de l'été.

21. ASA GRAY, *Statistics of the Flora of the Northern United States*, p. 2 (*American Journ. of Science*, 1856).

22. Les limites septentrionales des arbres dans la zone des essences feuillues, d'après Richardson (*loc. cit.*); quelques-uns, qui ne se présentent qu'au sud de 43°, d'après Asa Gray (*Botany of the Northern United States*):

Jusqu'à 54° lat. N.   *Negundo fraxinifolium; Fraxinus americana; Ulmus americana.* — *Thuia occidentalis.*

— 50°   *Tilia americana; Acer,* 6 espèces; *Quercus alba, rubra, obtusiloba; Fagus ferruginea* (sporadiquement, ne devient plus général que jusqu'à 47°). — *Pinus Strobus.*

— 49°   *Fraxinus pubescens; Quercus macrocarpa;* — *Pinus canadensis.*

— 47°   *Juglans nigra* et *cinerea; Carya,* 3 espèces; *Quercus bicolor, Prinos, ilicifolia, tinctoria* et *palustris; Betula nigra (excelsa); Platanus occidentalis.*

— 46°   *Robinia Pseudacacia; Gymnocladus canadensis.*

— 43°   *Magnolia glauca.*

— 41°   *Liquidambar styraciflua.*

— 40°   *Taxodium distichum.*

Dans le Canada, le *Liriodendron* et le *Sassafras* (voy. note 41) atteignent également leurs limites septentrionales, mais ils manquent chez Richardson.

23. Prince de WIED, *Reise nach Nordamerica* (*Jahresb.*, ann. 1842, p. 421).

24. Observations sur la durée de la décoloration du feuillage jusqu'à la chute de ce dernier (Blodget, *Climatology*, loc. cit., p. 503-506): ..

Sur la rivière Albany (51° 30' lat. N.), la décoloration se manifeste au commencement de septembre, la chute des feuilles au commencement d'octobre.

Sur le lac Supérieur (48° 30' lat. N.), les Bouleaux et les Peupliers se décolorent le 7 septembre; chute des feuilles, 7 octobre.

Observations sur la période de végétation (*ibid.*):

Sur le Saskatchawan (54° lat. N), la séve printanière monte dans le *Negundo* le 20 avril, les arbres ont perdu leur feuillage le 5 octobre.

Sur le lac Supérieur (48° 30' lat. N.), la séve printanière monte dans l'*Acer saccharinum* le 2 avril; les arbres ont perdu leur feuillage le 7 octobre.

Sur le lac des Hurons (45° lat. N.), la séve printanière monte dans l'*Acer saccharinum* fin de mars; les arbres ont perdu leur feuillage à la mi-octobre.

Philadelphie (40° lat. N.), la séve printanière commence à monter à peu près la seconde ou la troisième semaine de mars; les arbres ont perdu leur feuillage à la fin d'octobre.

Comme la feuillaison commence quelque temps après le mouvement ascensionnel de la séve printanière, j'évalue la période de végétation sur le Saskatchawan (lac Winnipeg) à environ cinq mois, et en Peunsylvanie à sept mois. En Europe, dans le domaine de la zone du Hêtre, la différence est d'un mois en plus (5-8 mois).

25. DOVE, *Klimatolog. Beiträge*, I, p. 145.

26. PERLEY,*Observations on Newfoundland* (Peterm. *Mittheil.*, IX, p. 263).

27. Exemples des quantités de pluie dans les zones forestières orientales de l'Amérique du Nord (Dove, *loc. cit.*, I, p. 147) : sur la côte de Boston, 89 centimètres ; à Charleston, 101 centimètres ; à la Nouvelle-Orléans, 108 centimètres ; dans l'intérieur du Détroit, dans le Michigan, 63 centimètres ; à Cincinnati, dans l'Ohio, 99 centimètres ; à Nashville, dans le Tennessee, 117 centimètres.

28. BLODGET, *loc. cit.*, p. 410.

29. TORREY et ASA GRAY, *Flora of North America*, I, p. 484.

30. LINDENKOHL (Peterm. *Mittheil*, XI, p. 326).

31. FORRY (*American Journ. of Science*, 1844 ; *Jahresb.*, ann. 1845, p. 42). A S. Augustin (30° lat. N.), la différence entre la température d'été et celle d'hiver est de 12°,5 (27°,5 et 15°) ; à Key West (24° 30' lat. N.), seulement de 7°,5 (20° et 27°,5) (Dove, *loc. cit.*, p. 40). La Floride diffère de la Californie en ce que dans la première les précipitations se trouvent réparties entre tous les mois de l'année (*ibid.*, p. 153).

32. Je trouve chez Blodget la plus courte période de végétation du Maïs sur la rivière Rouge indiquée comme étant seulement de 60 jours (p. 417), plus tard (p. 420) de 2 mois et demi. La température de juillet y serait de 19°,2. En Allemagne, parmi les localités situées en dehors de la limite de la culture du Maïs, Gotha. par exemple, possède une température de juillet de 20°,8, et Swinemünde 19°,4. D'après M. Richardson, la latitude la plus élevée jusqu'à laquelle on cultive le Maïs est dans le pays d'Hudson (51°), et selon M. Blodget la culture du Maïs atteint à présent le bras septentrional du Saskatchawan (53°, lat. N.).

33. Comparez le Domaine forestier du Continent oriental, p. 160.

34. BEHM (in Peterm. *Mittheil.*, ann. 1856, p. 429, d'après le *Patent Office Report* des États-Unis).

35. GÜMPRECHT (in Peterm., *Mittheil.*, ann. 1856, p. 224, d'après Buchanan, *the Culture of the Grape*).

36. BLODGET, *loc. cit.*, p. 440.

37. DE CANDOLLE, *Géographie botanique*, p. 367.

38. ASA GRAY, *Manual of the Botany of the Northern United States* (5° édit.), contient 16 Chênes, dont 2 appartiennent à la zone forestière méridionale, 8 Pins, 5 Sapins et 1 Mélèze. Voici les espèces d'Amentacées, de Platanées et d'Hamamélidées mentionnées dans le texte comme équivalentes :

Fagus ferruginea, Castanea americana, Platanus occidentalis et *Liqui-dambar styraciflua.*

39. On admet ordinairement que le Châtaignier est une variété de celui de l'Europe; pourtant le fruit donne lieu à des distinctions d'une nature plus délicate, de même que les feuilles chez le Hêtre. D'après M. Emerson (*A Report on the trees and shrubs of Massachusetts*, p. 166), les fruits du Châtaignier américain sont à peine d'un quart aussi gros que ceux du *Castanea vesca* de l'Europe. On ne saurait non plus accueillir l'opinion de M. Regel, qui pense qu'il y a lieu de réunir au *Betula alba*, comme autant de variétés, les *B. papyracea, nigra* et *populifolia.*

40. ASA GRAY, *Botany of Japan*, p. 424.

41. Limites septentrionales observées de représentants des familles tropicales dans l'est de l'Amérique (d'après Asa Gray) :

Magnoliacées...	*Liriodendron Tulipifera*, jusqu'au Canada.		
	Magnolia glauca.........	—	Massachusetts (Cap Ann, 43° lat. N.).
Anonacées	*Asimina triloba*..........	—	Ouest de New-York.
Ménispermées ..	*Menispermum canadense*..	—	Canada.
Ternstrœmiacées	*Gordonia lasianthus*......	—	Virginie (Norfolk, 37°) (forme Laurier).
	Stuartia virginica........	—	Virginie (Norfolk, 37°) (forme Rhamnus.)
Mélastomacées..	*Rhexia virginica*.........	—	Massachusets.
Passiflorées	*Passiflora lutea*..........	—	Illinois (?)
Ébénacées	*Diospyros virginiana*......	—	New-York et Rhode-Island.
Sapotées.......	*Bumelia lycioides* et *lanuginosa*...............	—	Illinois.
Bignoniacées...	*Catalpa bignonioides*	—	Illinois (?).
Acanthacées....	*Ruellia ciliosa*...........	—	Michigan.
	R. strepens et *Dianthera americana*........... ..	—	Wisconsin.
Laurinées......	*Persea carolinensis*.......	—	Delaware, 39° (forme Laurier).
	Sassafras officinale.......	—	Canada.
	Tetranthera geniculata....	—	Virginie (Norfolk, 37°).
	Lindera Benzoin.........	—	Canada.
	L. melissifolia..........	—	Virginie.
Nyctaginées....	*Oxybaphus nyctagineus*...	—	Wisconsin.
Pipéracées	*Saururus cernuus*........	—	Canada.
Podostémées ...	*Podostemon ceratophyllus.*	—	États du Nord.
Commélynées...	*Commelyna virginica*.....	—	Michigan.
Palmiers.......	*Sabal Palmetto* et 3 autres espèces	—	Caroline du Sud.
Broméliacées...	*Tillandsia usneoides*	—	Virginie (Norfolk, 37°).
Burmanniacées.	*Burmannia biflora*........	—	Virginie.

forme Hêtre. (Sassafras officinale, Tetranthera geniculata)

forme Rhamnus. (Lindera Benzoin, L. melissifolia)

Parmi toutes ces familles, l'*Oxybaphus* et le *Saururus* seulement ont été observés sur la côte occidentale ; en Californie et sur l'Orégon, la présence d'une Cyrtandracée (*Martynia :* Asa Gray, *Statistics*, p. 13) est douteuse. Je ne tiens pas compte ici des Cactées et des Loasées, qui des tropiques passent dans les Prairies et effleurent à peine les forêts.

42. EMERSON, *Trees of Massachusetts*, p. 65.

43. H. CREDNER, Peterm. *Mittheil.*, ann. 1869, p. 139.

44. AGASSIZ, *Lake Superior*, p. 185. (Les déterminations des limites de végétation dans les White mountains sont de M. Guyot ; quant à l'altitude du point culminant du mount Washington, comparez Peterm. *Mittheil.*, ann. 1860, p. 267.)

45. BUCKLEY, Peterm. *Mittheil.*, ann. 1860, p. 268; Asa Gray (*Journ. of Bot.*, 1842-43; *Jahresb.*, ann. 1842, p. 422). C'est également M. Guyot qui détermina avec le plus d'exactitude la sommité des Black mountains, soulèvement le plus considérable des Alleghanys.

46. ASA GRAY, *Statistics*, loc. cit., p. 9, 13, 22, 27, 28.

47. BOURGEAU, *Journ. Linnean Soc.*, IV, p. 16. C'est au versant oriental des Rocky mountains (51° 9′) que se rapporte ce qu'il dit sur la limite des arbres ainsi que sur l'étendue de la région alpine (1980-2620 mètres ou 6500-8600 p. anglais), chiffres convertis en pieds français dans le texte (et en mètres dans l'édition française). L'altitude de la ligne de neiges, dans le domaine des sources du Saskatchawan et de l'Orégon, fut déterminée à 2465 mètres (8070 p.) par M. Bourgeau, qui accompagna M. Palliser en qualité de botaniste.

48. COOPER, *Pacific Railroad Explorations*, I, chez Stevens, *Puget Sound*, p. 220.

49. Le sommet le plus élevé du domaine forestier occidental est : dans les montagnes Rocheuses le Mont Hooker (53° lat. N.), 5099 mètres ou 15700 pieds (Douglas, d'après le *Geogr. Jahresb.* de M. Behm, 1, p. 258); dans la chaîne des Cascades, le mont Hood (45° lat. N.), 5375 mètres ou 16550 pieds (Hines, in *Proceed. Geogr. Soc.*, XI, d'après Peterm. *Mittheil.*, ann. 1858, p. 56). Aucune altitude supérieure à celle du mont Hood près de fort Vancouver sur l'Orégon, ne paraît avoir été constatée jusqu'à présent dans l'Amérique du Nord.

50. Le niveau du Saskatchawan à Carlton-House est de 334 mètres ou 1030 pieds (Richardson) ; celui de l'Orégon, à Wallamalla, seulement de 105 mètres ou 325 pieds (Fremont). Les Prairies sur le Missouri supérieur sont évaluées à une altitude de plus de 1299 mètres ou 4000 pieds (comparez Blodget, *loc. cit.*, p. 109).

51. HOOKER, *Flora boreali-americana*. Cette flore, renfermant les riches

récoltes faites par Drummond, Richardson et Douglas dans le domaine de l'Orégon, ainsi que la végétation du pays d'Hudson, de Terre-Neuve et du Canada, de plus les plantes des Prairies et de la Californie, sans exclusion des plantes naturalisées, ne compte qu'un peu plus de 2400 végétaux vasculaires. Par contre, ont été décrites par Asa Gray (*Manual*), rien que dans la zone septentrionale des essences feuillues, 2100 plantes phanérogames, et par M. Elliot (*Sketch of the Botany of South Carolina and Georgia*), 2200 provenant d'une partie des États du Sud.

52. MAXIMOWICZ, *Primitæ Florae amurensis*, p. 443. Comparez notes 2 et 3 du Domaine forestier oriental (d'après cela, il y a 15 pour 100 dans la zone septentrionale des essences feuillues de l'Amérique du Nord, 30 pour 100 sur l'Ussuri).

53. Exemples de genres endémiques non monotypes : *Sarracenia* avec environ 6 espèces, *Lechea* avec 5, *Petalostemon* avec 14, ce dernier également dans les Prairies.

54. J'estime l'aire du domaine forestier occidental à 150 000 milles carrés géographiques.

55. Série des familles prédominantes. J'obtiens la série suivante du *Flora boreali-americana* de M. Hooker (contenant 2439 plantes vasculaires): Synanthérées (12-13 pour 100), Cypéracées (7-8 pour 100), Graminées (presque 6 pour 100), Rosacées (5-6 pour 100), Légumineuses (5 pour 100), Crucifères (4-5 pour 100), Scrofularinées (presque 4 pour 100), Caryophyllées, Renonculacées et Éricées (chacune 3 pour 100), Saxifragées et Orchidées (chacune 2-3 pour 100).

La zone forestière à essences feuillues du Nord a fourni (d'après A. Gray, *Statistics*) sur 2091 Phanérogames : Synanthérées (13 pour 100), Cypéracées (10 pour 100), Graminées (7 pour 100), Légumineuses (4-5 pour 100), Rosacées (3-4 pour 100), Éricées (3 pour 100), Scrofularinées, Orchidées, Renonculacées, Labiées et Crucifères (chacune 2-3 pour 100).

La Flore de la Caroline du Sud et de la Géorgie par M. Elliot (d'après De Candolle, *Géographie botan.*, p. 1213) a donné, sur 2198 Phanérogames : Synanthérées (16-17 pour 100), Graminées (8-9 pour 100), Cypéracées (6-7 pour 100), Légumineuses (5-6 pour 100), Rosacées (3 pour 100), Amentacées et Renonculacées (chacune 2-3 pour 100), Éricées (2 pour 100).

XIII

DOMAINE DES PRAIRIES

Climat. — Les Prairies sont les steppes de l'Amérique du
Nord. Dans le nouveau comme dans l'ancien monde, les plaines
déboisées occupent l'intérieur des continents, où les froids de
l'hiver sont rigoureux et où le défaut de pluies limite la vie des
plantes. La concordance de la végétation tient également, dans
les Prairies, aux trois saisons des steppes ; sa courte période de
développement est inaugurée par des précipitations passagères,
et ne tarde pas à être interrompue, d'abord par la sécheresse, et
plus tard par l'hiver. De même que dans les steppes, les taillis
sont voisins des cours d'eau, ou sont refoulés sur les pentes des
montagnes. C'est encore comme dans les steppes que, sur certains points, on voit les pacages dépourvus de précipitations se
convertir en déserts sans eau.

Malgré cela, ni la position géographique, ni la constitution
plastique du relief, ne sont de nature semblable dans les steppes
et dans les Prairies. La similitude des climats n'est point la conséquence des mêmes conditions atmosphériques. A l'aide de
grands fleuves qui atteignent la mer, les Prairies sont plus abondamment irriguées que les steppes de l'Asie ; les affluents du
Mississippi, du Colorado et du rio Grande del Norte sont alimentés par les neiges des Rocky mountains. Mais, sous le rapport
de l'irrigation du sol, ces fleuves n'offrent que rarement les
avantages que possèdent ceux de l'Asie, attendu que, par suite
d'érosions extraordinairement profondes, ils descendent telle-

ment au-dessous de la surface du sol, que dans les ravins ou *cañons*, comme on les appelle ici, il ne reste plus de terrain exploitable, et que même souvent les arbres font défaut, ou que personne ne songerait à y établir des routes. Les *cañons* se produisent là où, arrivant des montagnes éloignées, les rivières à pente rapide coulent sur des roches peu consistantes, de manière que la sécheresse de la surface qu'elles creusent empêche leur thalweg de dévier latéralement. Il est de hautes plaines, telles que l'inhospitalier llano Estacado, sur les confins du Texas et du Nouveau-Mexique, qui se trouvent si complétement encaissées entre des rochers abrupts, qu'elles deviennent presque inabordables. C'est à cause d'obstacles de cette nature que certaines parties de la vallée du Colorado, au sud de l'Utah, n'ont jamais été atteintes par aucun voyageur*.

L'absence des pluies à la fin de la période de végétation ne résulte point, comme dans le midi de la Russie, de la prédominance d'un courant polaire. Les mouvements atmosphériques des Prairies ne peuvent être assimilés qu'à ceux des steppes, où les vents équatoriaux sont secs parce qu'ils ont été dépouillés de leurs vapeurs aqueuses par les massifs monta-

* Les régions comprises par notre auteur dans le domaine des Prairies contiennent probablement les contrées possédant la moyenne altitudinale la plus considérable de l'Amérique du Nord : c'est ce qui résulterait des travaux importants dont le territoire du Colorado a été récemment l'objet (en 1873) de la part de MM. Haydon et Gardner. Aussi M. Petermann fait-il observer (*Mitth.*, ann. 1874, t. XX, p. 434) que, conformément à ces explorations, « dans cette contrée, des centaines de sommets atteignent l'altitude de 3890 à 4540 mètres (12 à 14000 pieds anglais) et dépassent même ce dernier chiffre, bien qu'aucun n'égale le mount Whitney dans la Sierra-Nevada de Californie, qui, d'après M. Ch. Rab, s'élève à 4834 mètres (14898 pieds angl.) au-dessus du niveau de la mer, et paraît constituer le point culminant des États-Unis. » M. Petermann reproduit (*loc. cit.*) le tableau fort intéressant des altitudes mesurées par les deux savants sus-mentionnés dans le territoire du Colorado. Ce tableau ne renferme pas moins de 77 points déterminés; et ce qui est assez remarquable, c'est que sur ce total, le minimum se trouve encore représenté par le chiffre de 1650 mètres (5084 p. angl.), tandis que l'altitude maximum est de 4718 mètres (14540 p. angl.). D'ailleurs, sur le chiffre total de 77 points, il en est 16 d'au delà de 4540 mètres (14000 p. angl.), 26 de plus de 4220 mètres (13000 p. angl.) et 11 de plus de 3890 mètr. (13000 p. angl.); ce qui donnerait pour les 53 points une moyenne de 2406 mètres (7411 p. angl.), moyenne égalant presque la hauteur de l'hospice du grand Saint-Bernard (2491^m).
— T.

gneux qui font face à la mer. Sur l'Orégon, ainsi que dans les
contrées traversées par le Missouri, on voit généralement dominer les courants atmosphériques de l'ouest venant du Pacifique,
auxquels les chaînes littorales californiennes et les montagnes
Rocheuses enlèvent leur humidité; celle-ci, absorbée par les
cours d'eau sortant de ces montagnes, retourne à la mer sans que
les surfaces des Prairies elles-mêmes en profitent. Les précipitations qui atteignent ces dernières et portent leur végétation à un
développement rapide, mais passager, n'ont lieu qu'avec d'autres
directions de vent; d'ailleurs elles sont de courte durée et se
trouvent exclues de certaines contrées.

On peut distinguer dans les Prairies plusieurs sections, d'après
l'époque et l'importance de leur période de végétation, dont le
caractère dépend en partie du relief du sol et en partie de la position géographique. De même que dans les steppes, les régions
élevées sont ici séparées également des contrées plus basses,
mais ces régions ne descendent point, comme dans les steppes,
du sud au nord, mais plutôt dans la direction de l'est vers le Mississippi. Les montagnes Rocheuses constituent le bord oriental
et la Sierra-Nevada de Californie le bord occidental d'une surface élevée comprise entre ces chaînes, et qui, dans la direction
du sud, se rattache sans discontinuer au Mexique.

De ce côté des montagnes Rocheuses se trouvent les Prairies
orientales, dont les cours d'eau débouchent dans le golfe mexicain. Cette partie du domaine peut être considérée comme une
plaine oblique qui s'élève au pied des montagnes Rocheuses à
une altitude moyenne de 1624 mètres (5000 pieds[2]), et descend
graduellement, par une pente à peine sensible pour le voyageur
qui traverse ces surfaces ondulées, vers la basse contrée des
forêts situées sous le méridien du Mississippi. Sur cette plaine
inclinée, les courants atmosphériques occidentaux doivent s'é-
chauffer constamment à mesure qu'ils la descendent, ce qui suffit
déjà pour qu'ils soient accompagnés par un ciel serein. Ce n'est
que lorsqu'ils se trouvent refoulés par des vents opposés venant
de la mer Atlantique et des lacs canadiens et remontant les Prairies, qu'on voit se former des nuages qui, pendant tout l'hiver,
ensevelissent le sol sous la neige, et au printemps poussent la

végétation à un rapide développement. La succession des saisons
au fort Union, dans la partie la plus septentrionale des Prairies
(48° lat. N.), telle que le prince de Neuwied a été le premier à la
signaler [1], trace un tableau lumineux de la concordance du climat avec celui des steppes de la Russie. L'atmosphère est, en
général, sèche et orageuse. A un hiver rigoureux et long succède au printemps la saison la plus humide, pendant laquelle
les Prairies sont en fleur, tandis que tous les autres mois elles ne
possèdent que des herbages desséchés ou recouverts de neige.
En effet, depuis la mi-juillet commence une période parfaitement sèche qui dure jusqu'à la fin de l'automne, presque sans
précipitations atmosphériques. Comme dans les steppes de la
Russie, la végétation se trouve donc ici également, pour ainsi
dire, interrompue par un double sommeil hivernal. Pendant le
mois d'avril, on voit encore quelquefois de violents orages de
neige, et dans les villages canadiens la feuillaison des arbres n'a
guère lieu avant le mois de mai, quoique un peu plus tôt dans
les forêts riveraines ; mais on a eu aussi des années où, sur le
Missouri, les arbres n'étaient pas encore verts à la fin de ce mois.
En mai, les fleurs s'épanouissent dans les Prairies, mais à la fin
de juin il n'y en avait plus sur les collines autour de Fort-Union.
A cette époque, toute la contrée n'était revêtue que de Graminées courtes et sèches au milieu desquelles on voyait des taches
arrondies, abondamment jonchées des tiges succulentes d'une
Cactée de petite taille (*Opuntia missouriensis*), qui ouvre ses
fleurs jaunes en même temps qu'une Armoise (*Artemisia gnaphalodes*). La végétation ne dure dans les Prairies que de mai
à juillet, et cependant le mois de juillet est le seul où il ne
gèle pas pendant la nuit. Par contre, dans les forêts situées
le long des bandes des rivières, le feuillage se maintient jusqu'en octobre. Le Missouri ne se congèle qu'en novembre,
après quoi la neige demeure sur le sol et ne disparaît de nouveau
qu'en mars. Dans ces Prairies, les couches superficielles du sol
consistent en une argile sablonneuse renfermant souvent des
particules salines. Ce terrain n'en serait pas moins productif
pour l'agriculture, s'il ne se trouvait pas aussi fortement desséché par le vent, qui ne cesse de souffler de la haute contrée des

montagnes Rocheuses. Aussi, si les Indiens cultivent ici le Maïs, ils ne le font avec succès que dans les dépressions des cours d'eau abritées contre le vent d'ouest. D'importantes oasis cultivées ne peuvent, en général, se produire dans les Prairies que là où, comme le long du lac Salé de l'Utah, l'irrigation du sol est praticable. Dans le Nouveau-Mexique, l'agriculture se rattache également, le plus souvent du moins, au régime de l'irrigation artificielle; mais, comme le fait observer M. Emory [b], sous la domination des États-Unis, l'agriculture y sera toujours languissante, parce que l'administration despotique, nécessairement inséparable d'un tel régime, ne s'accorde guère avec les mœurs de ce pays.

C'est sur le bombement le plus considérable du sol des Prairies (1818 mètres ou 5600 pieds [a]) que surgissent les montagnes Rocheuses, soit en sommets isolés, soit en chaînes boisées, traversées par des cols qui conservent le caractère de steppes. Les colons qui, avec leurs bêtes de somme, se transportent du Mississippi en Californie, n'ont pas plutôt franchi ce partage des eaux, qu'ils commencent déjà à lutter contre la difficulté de nourrir et d'abreuver leurs animaux. Sur les versants qui descendent dans la contrée basse, la plaine est sillonnée par de nombreuses lignes fluviales, et il n'y a que rarement défaut d'excellents pâturages où les buffles convient à la chasse et animent la solitude par leurs innombrables troupeaux. En haut, au contraire, on a de la peine à rencontrer un animal susceptible d'être chassé, et l'on voit entre les cols et la Sierra-Nevada, à une altitude d'environ 1299 jusqu'à 1625 mètres (4000-5000 pieds), se déployer une haute contrée déserte et en majeure partie inhabitée, un bassin entouré par l'Orégon et le Colorado, avec quelques systèmes de soulèvement isolés, et comparable aux plus inhospitalières contrées de la Perse sous les rapports de la nature du sol et de l'inclinaison de ses surfaces. C'est là le désert salé de l'Amérique septentrionale, qualifié par M. Frémont de grand bassin intérieur [1]. Le sol uni y est sans pluies, sans herbages, sans eau, et aride sur un espace de plusieurs jours de marche; les eaux intérieures venant de la montagne tarissent dans le désert ou bien dans les lacs salés. Le désert salé se dis-

tingue des Prairies du Missouri et de l'Orégon par une excessive
aridité, par un sol pierreux à roches volcaniques, par une proportion plus abondante du sel dans la terre végétale, et, comme
conséquence de telles conditions, par le défaut de pâturages.
Cependant, là où les cours d'eau descendant des montagnes
se sont moins profondément creusés dans la plaine, ou qu'à
cette dernière se trouvent superposées quelques masses montagneuses, il existe certaines lignes que l'on peut franchir,
comme dans le Sahara, même avec des troupeaux, ou bien des
oasis se détachant du désert, oasis dont la plus importante
paraît être celle de l'Utah, habitée par les Mormons. C'est sous
la latitude de cet établissement (41° lat. N.) que le désert salé a
son plus long diamètre, lequel se monte à au moins 120 milles
géographiques [4]. A partir de là, les précipitations vont en diminuant rapidement, tant dans la direction de l'ouest que dans celle
du sud, et finissent par faire complétement défaut à de vastes
espaces [5], attendu que du côté interne de la Sierra-Nevada jusqu'au
rio Gila (33° lat. N.) se déploient des contrées arides. Comme
le désert salé est entouré et traversé de tous côtés par des montagnes plus hautes, chaque courant atmosphérique, dans quelque
direction qu'il souffle, a été dépouillé de ses vapeurs aqueuses
avant d'atteindre l'intérieur de ce bassin. Sur le bord méridional, où la Gila opère sa jonction avec le Colorado inférieur, le
montant pluviométrique annuel n'est que de 8 centimètres. Dan
le domaine de tout le désert salé, la végétation ne consiste
qu'en buissons disséminés de Chénopodées (*Sarcobatus*, *Atriplex canescens*), ainsi que d'Armoises sociales ; souvent le sol
est complètement exempt de toute vie végétale.

Tandis qu'au nord les Prairies se trouvent délimitées d'une
manière tranchée par la limite des arbres du domaine forestier,
sur le Saskatchawan, dans la Colombie anglaise [6], du côté du sud
la transition aux contrées tropicales du Mexique est graduelle et
s'opère à l'aide de hautes plaines ininterrompues. Dans le Nouveau-Mexique, les chaînes des montagnes Rocheuses expirent
sur la surface de la contrée élevée, et l'on voit la continuité de
la grande chaîne méridienne de l'Amérique s'interrompre sur
une grande étendue. Comme cette lacune entre les montagnes

Rocheuses et les Andes mexicaines se trouve uniformément comblée par les plateaux des Prairies méridionales, et que les eaux qui courent à l'ouest et à l'est ne sont séparées que par des séries de montagnes insignifiantes, il en résulte que, depuis la Sierra-Madre dans la Sonora jusqu'à l'intérieur du Texas, et depuis le rio Gila jusqu'aux tropiques, le climat et la végétation possèdent un caractère concordant[5]. Le domaine hydrographique du haut rio del Norte, aussi bien que le nord du Nouveau-Mexique de ce côté des tropiques, consiste exclusivement en contrées arides[5] où les précipitations ne suffisent point aux exigences de l'agriculture et où les forêts sont également exclues des hauts plateaux, étant limitées aux versants des montagnes. Le défaut de pluies est déjà la suite de l'élévation considé-rable de ces plaines, puisque l'altitude moyenne de la vallée du rio del Norte est d'environ 1299 mètres (4000 p.) et atteint à Santa-Fé, comme aussi dans le Chihuahua sud-ouest, 1949-2274 mètres (6000-7000 p.), pour passer graduellement aux hautes plaines tropicales ayant la même altitude. Mais les Prai-ries méridionales reçoivent également peu de vapeurs d'eau du dehors. Les vents du nord viennent des Prairies du domaine du Mississippi, en sorte que, sur le long trajet qu'ils parcou-rent depuis les sources où ils puisent leurs vapeurs aqueuses ils n'arrivent que dépouillés de ces dernières. Si avec les cou-rants atmosphériques de l'ouest la sérénité du ciel n'est trou-blée que dans des circonstances particulières, cela est dû à la position intermédiaire qu'occupent dans cette direction la Sierra-Madre, la cordillère de la Sonora; ce phénomène paraît, en partie du moins, se trouver également en rapport avec la basse température de la mer qui baigne la péninsule californienne, ainsi que nous aurons ailleurs à le considérer de plus près.

C'est ainsi que le climat des Prairies méridionales est semblable à celui des Prairies septentrionales, c'est-à-dire sec, mais moins excessif que sous les latitudes plus élevées. Une différence parti culière consiste dans une autre disposition des saisons, car la pé-riode de végétation se trouve déplacée du printemps à l'été. Cepen-dant, malgré la moindre rigueur de température, cette période ne gagne pas en durée. En effet, lors même que le sommeil

hivernal est supprimé, le défaut des précipitations et l'aridité
du sol n'embrassent qu'un laps de temps plus considérable.
A Santa-Fé, dans le Nouveau-Mexique (36° lat. N.), le ciel est
serein presque toute l'année [10]. Néanmoins on constate dans la
vallée du rio Grande une période de pluies qui dure depuis
juillet jusqu'à octobre, et qui, tout en n'étant ni régulière ni
abondante, fournit des précipitations plus fréquentes dans la direction des tropiques. Cette pluie estivale, probablement la conséquence du mélange des deux alizés opéré pendant ces mois
sur leurs limites septentrionales (32° lat. N.), fait qu'ici le développement des plantes des Prairies n'a pas lieu, comme sous les
latitudes plus élevées, au printemps, mais bien dans une saison
beaucoup plus avancée. C'est ainsi qu'à l'époque du mois d'août
où M. Wislizenus traversa la haute plaine entre El Paso et
Chihuahua, elle était dans tout l'éclat de sa parure florale. Bien
que le caractère de la végétation du Nouveau-Mexique ressemble
à celui des Prairies septentrionales, par la limitation des végétaux arborescents aux vallées fluviales et aux montagnes, par
le nombre considérable d'espèces concordantes, ainsi que par
la forme Cactus, néanmoins, un rapprochement avec la flore
mexicaine se manifeste d'une manière tout aussi prononcée.
C'est ce qui se trouve déjà exprimé par la variété plus grande
des plantes grasses, des Agavés et des Cactus plus nombreux,
mais surtout par l'extension plus générale des formations de
buissons, des Mezquites composés de Mimosées ou des Chaparals
mélangés de buissons épineux*.

* Le Nouveau-Mexique ainsi que l'Arizona ont été récemment l'objet d'une importante expédition scientifique organisée par les États-Unis, sous la direction du
lieutenant G. Wheeler; ceux des résultats de cette exploration connus jusqu'ici ont
été publiés dans les *Mittheil* de M. Petermann (ann. 1874, t. XX, p. 402-416 et
453-461, et ann. 1875, t. XXI, p. 440), dont nous extrairons les données suivantes.
Sur plusieurs points du Nouveau-Mexique, particulièrement dans la contrée élevée,
la sécheresse atmosphérique ainsi que les extrêmes de température sont très-considérables. La première se trouve compensée par l'humidité concentrée à peu de
profondeur, en sorte que des semences enfouies à $0^m,3$ ou à $0^m,5$ se développent
rapidement, tandis qu'à la surface même du sol sablonneux et aride elles ne tardent pas à périr. Quant aux variations thermiques, elles ont cela de remarquable,
que souvent elles sont indépendantes des conditions altitudinales et agissent en
sens opposé à ces dernières, étant particulièrement déterminées par des causes

Sur les deux versants des Prairies méridionales descendant vers les golfes mexicain et californien, dans le Texas et la Sonora, le climat est plus humide que dans l'intérieur de la contrée élevée. Les vents de mer manifestent ici leur action. Elle se traduit moins par la quantité de pluie tombée pendant l'année entière que par la prolongation de la période de la végétation[5].

locales. Des conditions climatériques aussi diverses doivent nécessairement inspirer à la végétation du Nouveau-Mexique la plus grande variété déployée sur des espaces restreints. Ainsi, entre la ville de Santa-Fé (35° 45′ lat. N.) et le village Ildefonso (situé à peu de distance au nord de la première), s'élève un plateau où la végétation subit une brusque transformation en revêtant le caractère de la flore du nord de l'Europe : les Cactus et les formes méridionales se trouvent remplacés par de magnifiques Pins, Chênes et Peupliers, tandis que les prés sont tapissés de *Gnaphalium sylvaticum*, *Tormentilla erecta*, *Cerastium arvense*, *Sambucus nigra*, etc. Cependant les Céréales ne sont point cultivées sur ce plateau, à cause de l'abaissement extrême qu'y subit la température nocturne pendant l'été, car le 26 juin M. Wheeler y constata — 4°. A peu de distance à l'ouest de la petite ville Defiance (35° 50′ lat. N.; altit. 2111 m. ou 6500 p.), s'élève un autre plateau également revêtu d'essences européennes; les Pins et les Peupliers y acquièrent non-seulement des dimensions colossales (le tronc ayant à la base une grosseur de 0m,9 à 1m,2 et au delà de 39 mètres de hauteur), mais encore un développement tellement exubérant, que les branches émettent quelquefois de longues racines adventives qui se balancent dans les airs. Non loin du sommet du mont Graham (3379 mètres ou 10 400 p.), M. Wheeler trouva en fleur, à la fin de septembre, *Campanula rotundifolia* et *Achillea Millefolium*. Au nombre des végétaux frutescents et arborescents les plus caractéristiques pour le Nouveau-Mexique (y compris l'Arizona) figurent : le Genévrier (*Juniperus occidentalis*), buisson qui n'atteint que de 3m,5 à 8 mètres de hauteur, et le *Pinus edulis* de 12m,9 à 16m,1 de hauteur: celui-ci s'élève à une altitude de 1850 mètres (5500 p.) à 2209 mètres (6800 p.) au-dessus du niveau de la mer; l'extension verticale du Genévrier est de 1592 mètres (4700 p.) jusqu'à 2209 mètres. A 2209 mètres, commence la région de la Pesse, accompagnée d'une flore qui rappelle beaucoup celle de l'Europe; seulement parmi les Mousses le *Sphagnum* paraît manquer complétement. La famille des Cactus ne possède pas moins de 30 espèces; parmi les Liliacées, le genre *Yucca* en compte 6. En fait de Graminées, M. Wheeler signale *Chondrosium fœneum*, très-estimé dans le pays comme fourrage, le *Buchloe dactyloides* et le *Brizopyrum spicatum*, halophyte qui croît sur tous les terrains salés. Enfin, parmi les Cryptogames, le savant américain cite une espèce d'Algue à teinte verte très-vive, qui revêt les sources dont la température est de 48°,3; les masses mortes de cette Algue sont incrustées d'oxyde de fer, et lorsqu'elles nagent dans de petits bassins, elles donnent lieu à la formation d'une couche de sulfure de fer qui se produit à la suite de la réduction, par l'acide sulfhydrique, de l'acide sulfurique contenu dans les sulfates. Un autre phénomène chimique fort intéressant est fourni par les pousses foliaires non développées de l'Agave (*Maguey* des Mexicains) qui, exposées pendant quelques heures à l'action de charbons brûlants, se convertissent en grande partie en sucre de canne; ce qui pourrait faire supposer qu'il s'agit ici d'une nouvelle sub-

La proximité des tropiques renforce en général chaque précipitation ; c'est pourquoi, même sous le climat aride du Nouveau Mexique, un montant annuel de 541 millimètres de pluie n'a rien d'extraordinaire, mais selon que les précipitations conservent pendant des périodes de certaine durée un plus haut degré de constance et de régularité, elles modifient le caractère

stance isomérique de l'amidon, ou bien d'un glycoside tout particulier. Enfin, l'exploration effectuée en 1874 ajoute beaucoup de nouveaux faits relatifs à la partie orientale du Nouveau-Mexique. Le point de départ de cette expédition fut la petite ville de Puebla, située sur l'Arkansas, d'où M. Wheeler se porta dans la direction sud-ouest-sud en traversant plusieurs des chaînes qui constituent les ramifications occidentales des montagnes Rocheuses jusqu'au pic Faylar. Il signale au pied méridional de la Sierra-Blanca la plaine nommée Luis Park, qui devient mortelle aux troupeaux à cause de la plante connue dans le pays sous le nom de *Poison-weed* et que le Dr Rothrock a déterminée *Oxytropis Lamberti ;* au reste, l'*Aconitum Napellus*, qui s'y trouve également, pourrait avoir sa part dans cette action délétère. Sur la Sierra San-Juan (35° 28'), l'une des chaînes latérales (du côté de l'ouest) les plus élevées des montagnes Rocheuses, car elle a plus de douze pics dépassant 4223 mètres (13 000 p.), les essences résineuses varient avec les altitudes. L'*Abies alba* et le *Pinus ponderosa* occupent les régions supérieures à 2858 mètres (8800 p.) tandis que le *Pinus contorta* et l'*Abies Douglasii* prédominent [dans les régions moins élevées, à des altitudes de 2208 à 2858 (6800-8800 p.). Parmi les angiospermes, le Chêne blanc (*Quercus alba*) se rattache aux deux dernières Conifères, et le Peuplier Tremble (*Populus tremuloides*) aux premières. Les Mousses sont loin d'être aussi abondantes que dans les forêts de l'Allemagne, à cause d'une humidité moins considérable ; elles sont remplacées ici par les Graminées. Sur le versant méridional de la Sierra San-Juan, la culture du Maïs n'est plus praticable à l'altitude de 2572 mètres (7900 p.). Dans le groupe montagneux situé (environ 35° 8') non loin à l'ouest du rió Grande del Norte, M. Wheeler a constaté que les sources ont une température plus élevée que celle des sources dans d'autres montagnes à la même hauteur : ainsi, tandis qu'à 2923 mètres (9000 p.), les sources ont à peine une température de 6°, ici il n'en a point trouvé qui eussent moins de 11°, plusieurs en avaient 28, et une même 40°,5. En s'écoulant, ces sources forment des marais d'eau tiède habités par des animaux qui n'auraient pu s'y établir à cause des nuits froides : entre autres, on y voit des Grenouilles, qui ne se trouvent nulle part à cette altitude, de même que des Neuroptères sur les rives ; le *Ceratophyllum demersum* est extrêmement abondant dans ces eaux chaudes. M. Wheeler a constaté, sur plusieurs points de cette partie du Nouveau-Mexique, une température plus chaude sur les montagnes que dans les vallées : ainsi il signale des vallées où le minimum descend à — 4°,4, tandis que sur les montagnes limitrophes la température était + 8°,3 ; en revanche, dans les premières, à midi, le thermomètre était à 18° sans que dans les dernières il eût dépassé 14°, 8. Quant à l'humidité absolue de l'air, M. Wheeler croit qu'elle est moins considérable dans cette partie du Nouveau-Mexique que dans les pays où des phénomènes de cette nature ont été signalés, entre autres, par Humboldt, et par MM. A. d'Abbadie et G. Rohlfs dans les déserts asiatiques ou africains. — T.

de la végétation en y ajoutant des formes nouvelles. Là où
l'irrigation naturelle du sol se maintient pendant une plus longue
partie de l'année, on voit les essences forestières s'introduire
dans la flore des Prairies : c'est ainsi que les contrées littorales
du Texas deviennent accessibles à l'agriculture, même sans
l'aide d'irrigations artificielles. Dans la partie nord-est de cet
État, la végétation est encore semblable à celle de la Louisiane[11];
mais à l'ouest du partage des eaux entre le rio Brazos et le
Colorado texien, commence une flore d'un caractère spécial, qui
ici se relie aux buissons et aux plantes grasses des Prairies méridionales. Elle contient une série considérable de végétaux endémiques, qui pour la plupart correspondent aux genres des États
méridionaux du domaine forestier, mais dans quelques cas se
rattachent plutôt aux formes mexicaines. Avec ces Prairies et
leurs Chaparals alternent quelquefois les forêts de Chênes qualifiées de *Post-oak land* dans les contrées du rio del Norte inférieur, et dont les espèces dominantes ne diffèrent point de celles
des États du golfe (*Q. virens* et *stellata*). Aussi, jusqu'aux tropiques, ces terrasses pauvrement boisées du bas Texas constituent entre les trois flores limitrophes un domaine de transition
doué d'un certain degré d'autonomie, où, par suite d'une double
période de pluie, les végétaux arborescents se présentent dans
la plaine des Prairies. Avec février commence le développement
des plantes : c'est un printemps qui par ses précipitations humecte
le sol jusqu'en mai ou juin ; puis vient la saison sèche, à laquelle,
en septembre, succèdent les pluies d'automne, qui remettent la
végétation de nouveau en activité et lignifient la tige de plusieurs
végétaux annuels. Le climat du Texas rappelle donc celui de
l'Europe, sans que néanmoins les conditions atmosphériques des
deux époques végétales soient les mêmes.

La flore jusqu'à présent moins connue de la contrée basse de
la Sonora[9], limitée à l'est par la Sierra-Madre, possède également l'avantage d'un climat plus humide qui refoule ici même
les Chaparals. Au lieu de ces broussailles, c'est un tapis touffu
de plantes franchement herbacées qui revêt les versants de
l'intérieur du pays, tandis que sur les hauteurs se présentent
les forêts à essences résineuses, et sur leurs versants des

buissons et des groupes de Chênes toujours verts. Ce qui est
plus surprenant, c'est de voir, dans la proximité de la mer,
reparaître la steppe nue avec ses buissons épineux : preuve
qu'ici le climat devient de nouveau plus sec, comme c'est aussi
le cas sur la péninsule californienne située vis-à-vis, sans doute
parce que les vents de mer ne perdent leur humidité qu'en
s'élevant jusqu'aux hauteurs de la Sierra-Madre.

Si jusqu'ici nous avons pu déduire presque exclusivement de la
répartition et de la quantité des précipitations, les divers caractères de la flore des Prairies, et nous en servir comme base pour
la comparer sous le rapport climatérique avec les steppes asiatiques, il reste encore à poser la question de savoir jusqu'à quel
point la courbe thermométrique se trouve également caractérisée
par des traits particuliers. On a droit, en général, de s'attendre
dans l'Amérique du Nord à un climat moins continental qu'en
Asie, soit à cause de la dimension moins considérable du continent, soit parce que les courants atmosphériques de l'ouest y
prédominent davantage. Ici il n'y a point de ces vastes foyers
d'aspiration qui, comme le Sahara et l'Arabie dans l'ancien
monde, exercent leur influence sur les contrées situées au nord-
est, et qui pendant la saison chaude permettent aux vents
polaires de s'étendre jusqu'aux latitudes plus élevées. Bien que
ce ne soit pas la direction des courants atmosphériques par eux-
mêmes, mais encore la sérénité du ciel qui détermine les contrastes thermiques du climat continental, il n'en reste pas moins
cette grande différence que les Prairies se trouvent beaucoup plus
rapprochées de l'océan Pacifique que ne le sont les steppes
asiatiques de l'océan Atlantique, et que c'est précisément dans
le premier que les couches atmosphériques des Prairies se renouvellent le plus fréquemment. Or, les observations s'accordent
avec ces hypothèses. Le climat maritime, dont le caractère se
manifeste dans l'hémisphère oriental sur le continent de l'Europe jusqu'à l'Oural, embrasse dans l'Amérique du Nord le
domaine des Prairies tout entier; les contrastes continentaux
entre les saisons, tels qu'ils se présentent dans les steppes asiatiques ou en Sibérie, n'ont lieu ici que dans le domaine forestier,
non loin du cercle polaire ; encore n'y voit-on pas se produire les

grands extrêmes de température qu'offrent les contrées sus-mentionnées. A l'hiver et à l'été des Prairies les plus septentrionales sur le Missouri correspondent, dans le domaine des steppes, les hautes plaines de l'Arménie ; sous le rapport des saisons, la plaine élevée du Nouveau-Mexique peut être assimilée à la Hongrie, et la contrée basse du Texas à la Syrie. Toutefois ces avantages dévolus au climat des Prairies se trouvent atténués par les oscillations de la courbe thermique qui se produisent durant l'année entière, oscillations qui, dans le nord comme dans le midi, sur les hautes plaines comme sur les versants du golfe californien, atteignent, même pendant la saison chaude, au delà de 12° pendant une journée, et auxquelles, par conséquent, l'organisation des végétaux indigènes est constamment exposée. Ces brusques alternances entre la gelée et la chaleur se prononcent ici encore plus fortement que dans le domaine forestier, parce qu'aux conditions résultant des différenciations climatériques plus limitées sur le continent, vient s'adjoindre ici la sérénité du ciel, qui augmente le contraste créé par l'insolation diurne et le rayonnement nocturne.

Formes végétales. — Aucun groupe de plantes ne différencie les climats secs de l'Amérique de ceux des autres parties du monde plus fortement que les Cactées [13], puisque celles-ci, qui n'existent nulle part autochthones hors de l'Amérique, constituent dans ce continent une grande famille autonome, dont on a déjà distingué près de mille espèces, sans que le riche répertoire de ces formes soit aucunement épuisé. Comme la structure de leurs organes nutritifs, la conversion de leurs feuilles en épines et l'accumulation de la séve dans les troncs chargés des fonctions du feuillage, sont des traits reproduits, du moins extérieurement, par certaines plantes grasses d'ailleurs bien moins variées d'autres contrées, sans qu'il y ait aucune affinité systématique entre de telles plantes physionomiquement si analogues et les Cactées, nous nous trouvons en présence d'un exemple qui démontre que l'adaptation aux conditions vitales extérieures est limitée à la vie végétative de l'individu, tandis que le développement des organes destinés à la conservation de l'espèce — fleurs et fruits — dépend d'influences complétement inconnues exercées par la position géographique, influences que nous devons admettre eu égard à la disposition des centres de végétation. Si l'on ne considère pas l'organisation des fleurs, base de la classification systématique actuelle, comme un fait inexpliqué et originel, et qu'on veuille déduire cette organisation des migrations à l'instar des variétés climatériques, quelle immense échelle de transformations les végétaux d'autres parties du monde ne devraient-ils point parcourir afin de produire une Cactée américaine! En effet, pour ne parler que des affinités les plus proches, combien de formes intermédiaires étranges et successivement perdues ne faudrait-il pas se figurer pour mettre en relation généalogique un Mesembrianthemum du Cap avec une Cactée de l'Amérique. Il ne resterait ici qu'à transplanter dans le monde antérieur au nôtre de telles formes fantastiques, dont il ne nous a légué aucun monument et sur la nature desquelles nous ne saurions avoir aucune idée précise.

C'est dans la zone tropicale, sur les savanes rocailleuses du Mexique et dans les Andes de l'Amérique du Sud, que les Cactées déploient toutes les splendeurs de leur développement telles que nous les voyons réunies dans nos serres. Dans les parages du Colorado, leur séve abondante subit pendant l'hiver un mouvement rétrograde, et elles se colorent alors d'une teinte rougeâtre [14], comme si la croissance interrompue et lente était pour elles une exigence à laquelle elles ne sauraient satisfaire ici. Mais malgré cette perturbation qu'éprouvent les Cactées dans leur activité, et qu'on pourrait à peine qualifier de sommeil hivernal, les Prairies méridionales n'en possèdent pas moins un tout aussi grand choix d'espèces particulières que les zones tropicales, représentant presque toutes les formes principales. Mais ensuite on les voit décroître rapidement dans la direction du nord : les formes massives et verticalement redressées s'évanouissent, jusqu'à ce que de l'autre côté du Missouri, sur le Rainy lake (49° lat. N.), il ne reste plus qu'un seul Opuntia (*O. missouriensis*) [16]. Semblable sous ce rapport aux Palmiers nains, cette espèce marque dans la contrée limite de la végétation du type qui la représente. Et comme dans les régions du Missouri cet Opuntia est au nombre des plantes les plus fréquentes, la physionomie du domaine des Prairies tout entier se trouve déterminée par la forme *Cactus*, d'autant plus que les forêts de l'Amérique septentrionale ne possèdent point de Cactées, et que sur les côtes des États atlantiques l'Opuntia Figue d'Inde (*Opuntia vulgaris*) est la seule qui ait immigré de la zone tropicale (jusqu'à 40° lat. N.).

Quelque grande que soit la ressemblance extérieure entre d'autres plantes grasses, telles que les Euphorbes charnues de l'Afrique, et certaines formes de Cactus, ces dernières ne s'en conduisent pas moins d'une manière spéciale dans l'économie de leur végétation. Dans la section consacrée aux steppes (voy. t. Ier, p. 640), nous avons examiné comment sous les climats secs, par suite des dispositions les plus variées dans l'organisation, l'évaporation de la séve est retardée, et comment chez les plantes grasses et les Halophytes, c'est tantôt par une sorte de cuirasse épidermique, tantôt à l'aide de substances salines tenues en dissolution, que l'eau se trouve retenue dans le tissu, et, par là, la prolongation de la période de végétation assurée. Les Cactées ne sont point des Halophytes et elles remplacent les substances salines par leur richesse en mucus végétal. Une solution de gomme s'évapore aussi lentement qu'une solution saline, en sorte que le même but est atteint par d'autres moyens. La paroi extérieure des cellules de l'épiderme n'est point épaissie considérablement, mais elle repose sur une couche particulière de tissu qu'on a nommée collenchyme[17]. Cette couche consiste en un parenchyme fortement incrusté dont les parois sont perforées jusqu'à une tendre membrane par quelques grands canaux, et qui facilite l'échange entre les cellules et l'épiderme. Afin de donner place à la quantité de séve accumulée dans le tronc, le parenchyme spacieux se trouve développé sur une bien plus grande échelle que chez d'autres végétaux de semblables dimensions, dont la cohésion et la force comme support reposent sur le tissu ligneux des vaisseaux vasculaires. Chez les Cactées, de tels faisceaux se développent bien moins que le parenchyme, et ils ne constituent souvent qu'un réseau lâche dans l'intérieur du tronc. Ce que l'organisation doit se proposer ici, c'est de donner la solidité requise à un tronc destiné à atteindre la taille d'un arbuste et même celle des troncs d'arbres, tout en laissant à son tissu la ténuité suffisante pour remplir les fonctions du feuillage qui fait défaut. L'incrustation des cellules corticales vient à l'appui du premier but, et en même temps leurs canaux poreux ouvrent à la séve la voie par laquelle elle peut se mettre plus aisément en communication avec l'air atmosphérique contenu dans les conduits des stomates.

Une autre particularité anatomique des Cactées, c'est l'accumulation de cristaux d'oxalate de chaux dans les cellules du parenchyme destinées à ces sécrétions. Dans ce cas, ces dernières servent évidemment à débarrasser les séves de l'excès des sels de chaux solubles qui, constamment empruntés au sol, ne sauraient être éloignés de nouveau par l'évaporation, dont l'effet se borne à l'expulsion de l'eau pure. Par suite de l'introduction de l'eau qui lessive le sol et son retour dans l'atmosphère à l'état exempt de sels, la juste proportion des substances contenues en dissolution dans la séve se trouve rompue et ne peut être conservée que dans le cas où elles sont complétement épuisées en faveur de la croissance des parties solides du tissu. Mais comme la quantité de ces substances dépend de la variété de composition de la terre végétale, il faut qu'il y ait des moyens qui permettent d'écarter les éléments inutiles; car, pour comprendre que la croissance produise toujours les mêmes résultats, il faut supposer la même composition de la séve pendant une certaine durée de temps. Quand il s'agit d'un développement normal, la plante est débarrassée de l'excès des sels par le changement des organes périodiques, tel que chez les végétaux ligneux la chute du feuillage et le renouvellement de l'écorce. Mais, chez les Cactées, il se présente ce cas tout particulier que pendant la longue série d'années que dure la croissance du tronc, il n'y a point de tissu, point de cellule parenchymatique de perdus. Pour que l'équilibre dans la concentration de la séve soit conservé, il faut donc que toutes les substances dissoutes dans la séve et non susceptibles de servir à la nourriture des parties mêmes du tissu, soient éliminées et déposées à l'état insoluble dans des cellules spéciales qui les font voir sous forme de cristaux.

Grâce aux dispositions si diverses dans leur économie, à leurs accumulations de gomme, leurs cellules collenchymatiques et leurs cristaux, c'est dans la famille des Cactées que les formes des plantes grasses acquièrent le plus haut degré de perfection, et nous voyons ici se déployer la plus grande variété dans la configuration des troncs. Par leurs dimensions, leurs formes, leur architecture, elles dépassent de beaucoup l'échelle des formations que parcourent d'autres plantes grasses, et pourtant dans leur type elles manifestent, même extérieurement, certains traits qu'elles possèdent en commun et qui leur sont propres. C'est ainsi que les épines se trouvent réunies en groupes sur la surface du tronc, ce qui expose les interstices régulièrement espacés à l'action libre des rayons solaires. D'ailleurs les rosettes d'épines elles-mêmes offrent le tableau le plus varié de nuances individuelles, selon les dimensions et le nombre de leurs éléments constitutifs et selon la solidité ou la ténuité de ces derniers, ayant quelquefois la finesse du plus tendre poil de la toison. D'après la proportion des dimensions, on distingue les colonnes cylindriques ou prismatiques des Cierges d'avec la forme globulaire ou ovoïde des Melocactus; d'après l'ornementation de la surface, l'Echinocactus angulaire d'avec les Mamillaires arrondis, et d'après la force de résistance du tronc, les formes redressées, indivises ou ramifiées en couronne d'avec celles qui, mollement étendues sur leur support, sont composées à la manière d'une chaîne, d'articulations planes, frondiformes ou de chétifs cylindres.

C'est dans les Prairies méridionales de l'ouest, notamment dans le domaine hydrographique du rio Gila, que la forme des Cierges acquiert, dans le Cactus Suwarrow ou monumental (*Cereus giganteus*), les proportions de développement en hauteur les plus fortes que l'on ait observées dans cette famille ou chez les plantes grasses en général. Il est remarquable de voir que si les montagnes californiennes ont produit les plus grands arbres de l'Amérique, c'est précisément dans le voisinage de ces montagnes que le Cactus colomnaire des Prairies occupe également par sa taille le premier rang parmi les végétaux succulents. Les individus les plus élevés du Suwarrow atteignent, selon M. Emory [3], de 16^m,2 à 19^m,4, mais ils fleurissent dès qu'ils ont

3^m,2 ou 3^m,8. Dans ces solitudes, on les voit d'abord recherchant la protection d'un buisson, mais bientôt se dresser isolément et sans appui en lourdes colonnes cylindriques avec une circonférence qui va jusqu'à 0^m,6; cependant ils sont encore assez fréquents pour fixer la physionomie des Prairies du sud-ouest par l'une des formes végétales les plus bizarres de notre globe. Dans un paysage qui accompagne l'un des mémoires de M. Engelmann [18] ils se présentent se dressant verticalement à de longs intervalles sur la surface nue de vallées fluviales rocailleuses, et ils ressembleraient aux colonnes des ruines d'un temple antique, si l'on ne voyait pas sortir irrégulièrement des parois latérales du tronc un certain nombre de branches de la même grosseur, indivises, s'élevant en voûte comme autant de bras d'un candélabre. Ce n'est guère là un ornement pour ces sauvages solitudes; mais quelle surprise n'éprouve-t-on pas à la vue de ces puissantes constructions ainsi qu'à l'idée des mystérieuses forces organisatrices qui ont profit des plus chétives quantités d'eau pour y accumuler de telles masses de sève et de substances organiques façonnées dans les plus menus détails! — et tout cela, dirait-on, exclusivement dans leur propre intérêt. En général, parmi les formes végétales des Prairies, c'est dans la famille des Cactées que nous trouvons poussé le plus loin le développement en volume de la substance organique. Dans les contrées de l'est, depuis l'Arkansas jusqu'au Mexique, le Suwarrow est remplacé par un Opuntia (*O. arborescens*) à articulations cylindriques, ramifié en une couronne verte que composent des branches verticillées : verticalement redressé, il n'a dans le nord que la taille d'homme, mais dans le midi il paraît atteindre la hauteur de 6^m,4 à 9^m,7. Les Opuntia à articulations aplaties, ordinairement lâches, constituent par leur ramification ou leur développement gazonnant des masses de tissu extraordinairement étendues. Même parmi les formes appartenant à la série des Echinocactus à forme de Melon, on voit, dans le Nouveau-Mexique, une espèce de dimensions disproportionnées (*E. Wislizeni*), qui, avec une puissance de 0^m,6, atteint quelquefois une hauteur de 1^m,2. Les Cactées possèdent à un degré plus considérable que toutes les autres plantes grasses la propriété que

leur donne leur organisation de retenir la séve et de prolonger
ainsi indéfiniment la période de végétation. Environ un tiers
seulement des espèces indigènes dans les Prairies consiste en
formes arrondies (*Mamillaria* et *Echinocactus*) plus petites, se
présentant tantôt isolées, tantôt en groupes, parmi lesquelles
deux Mamillaires accompagnent l'Opuntia septentrional (*O. missouriensis*) jusqu'au Missouri. Des fleurs d'un rouge vif ou colorées en blanc qui surgissent comme à l'improviste des troncs
verts et ont souvent des dimensions considérables, sont communes à toutes ces Cactées, et de même que les Figues d'Inde
de la Sicile, les fruits succulents du Suwarrow et d'autres
espèces[19] constituent une source d'abondante alimentation pour
les tribus indiennes, d'ailleurs si parcimonieusement pourvues
dans les Prairies par la nature.

Parmi les autres plantes grasses, la forme Agave (*Agave*) est
limitée aux Prairies méridionales (jusqu'à 35° lat. N.)[14], et
c'est par son intermédiaire, ainsi qu'à l'aide des grandes Cactées
et d'une série d'autres genres dépassant considérablement les
tropiques dans la direction de la Sonora[20], que s'effectue la transition au caractère végétal du Mexique tropical. Les grandes et
succulentes rosettes foliaires de l'Agave (ou Maguey) croissent
sur le sol le plus aride et ne fleurissent qu'au bout de bien des
années, pour mourir ensuite après la maturation des fruits ; mais
comme elles se rajeunissent constamment à l'aide de leurs dra-
geons, il en résulte que, par suite de cette croissance continue
du même individu, on ne manque jamais de voir, au retour régulier de la période annuelle des pluies, se dresser de nouveau ces
hautes hampes florales, dont la séve saccharine ainsi que la
moëlle du tronc raccourci servent d'aliment et de boisson.

A l'aide de la forme Chénopodée du sol salifère, les plantes
grasses des Prairies se rattachent plus intimement aux steppes
de l'Asie. En effet, bien que le nombre des espèces soit peu considérable, il en compense la variété par la masse des individus
sociaux, qui constituent, de concert avec les buissons d'Armoises
(*Artemisia tridentata*), encore plus fréquents, la végétation
dominante de l'aride désert salé. Toutefois ce sont précisément
les Chénopodées les plus répandues, telles que le Bois à suif (*Atri-*

plex canescens, *Grease-wood*), qui, sans être *grasses*, supportent, comme les Armoises, la saison sèche, grâce au revêtement farineux ou pileux de leur épiderme. Parmi les Halophytes doués d'un feuillage charnu à l'instar des Salsolées asiatiques, l'arbuste le plus fréquent est le *Pulpy-thorn* (*Sarcobatus vermicularis*), qui occupe une place anomale au milieu des Chénopodées. La structure toute particulière de ce végétal nous rappelle que, parmi les Halophytes de l'Amérique du Nord, les côtes de la Floride et des Indes occidentales offrent encore un autre genre fort analogue (*Batis*), que, par des motifs insuffisants à mon avis, la majorité des botanistes excluent complétement des Chénopodées, et avec lequel le *Sarcobatus* avait été d'abord confondu. Le Pulpy-thorn des Prairies est un buisson de 0^m,9 à 2^m,5 de hauteur [21], à branches espacées, épineuses, et à feuilles succulentes d'un vert foncé, Halophyte qui sert à marquer d'une manière plus tranchée encore que les Armoises qui l'accompagnent le sol salifère étendu à travers le domaine du Missouri et de l'Orégon, jusqu'au rio Gila et au rio Grande.

Une série d'autres buissons qui, sans revêtir le sol d'un tapis serré et continu, n'en reparaissent pas moins constamment, se trouvent répartis selon les conditions climatériques des Prairies : à l'exception de l'*Arrow-wood*, ils remplacent le Pulpy-thorn là où le sol est exempt de substances salines. On voit se reproduire ici toutes les ressources de l'organisation destinées à assurer pendant quelque temps la résistance à la sécheresse : c'est, chez une Rosacée de l'Orégon (*Purshia tridentata*), l'exiguïté de l'organe foliaire muni à sa face inférieure de poils blancs ; chez les Éléagnées du nord-est (*Shepherdia argentea* et *Elœagnus argentea*), le feuillage revêtu d'écailles d'un blanc argentin ; chez l'Arrow-wood cotonneux du désert salé (*Tessaria borealis*), c'est la sécrétion d'une huile éthérée ; enfin, la formation d'une résine à odeur fétide chez la Créosote en buisson (une Zygophyllée, le *Larrea maxima*), qui, dans les contrées plus chaudes du midi, est un des plus fréquents parmi les végétaux sociaux. De plus, dans les Prairies, les feuilles aciculaires du Genévrier (*Juniperus*), des branches nues de la forme Spartium (*Ephedra*), ainsi que les arbustes épineux, se trouvent également représentés, le dernier par le Pulpy-thorn, et dans le midi par une Légumineuse correspondant aux Astragales de la section *Tragacantha* (*Dalea spinosa*), par le *Fouquieria* (*F. splendens*), voisin des Tamariscinées, et par d'autres éléments constitutifs du Chaparal.

Nous trouvons les influences climatériques exprimées d'une manière particulièrement tranchante dans la forme Mimosée, représentée par les arbustes Mezquites (*Prosopis*) des Prairies méridionales jusqu'au 36e degré de latitude. Dans l'intérieur du Texas et dans le Mexique septentrional jusqu'au rio Gila [22], ils revêtent une grande partie du pays, et ne manquent pas d'importance à cause de leurs fruits saccharins, qui servent d'aliment et de bois de chauffage aux indigènes. Ces Mimosées fournissent également une gomme abondante à l'instar des Acacias africains. De même l'action du climat sur la végétation du Mezquite se traduit notamment par ce fait que, dans la partie septentrionale de son district d'habitation (33⁰-36⁰ lat. N.), l'espèce la plus fréquente (*Prosopis glandulosa*) perd graduellement de hauteur, tandis qu'en avançant vers le midi, on voit les arbustes se déprimer en troncs rabougris, quoique ne dépassant que rarement $6^m,4$. Il est donc permis de considérer ce fait comme preuve d'une transition entre l'absence des forêts dans les Prairies et leur présence dans les savanes tropicales du Mexique.

Il en est à peu près de même des Liliacées arborescentes, qui sur le Missouri sont encore indiquées par une forme naine sans tronc (*Yucca angustifolia*), tandis que, dans les Prairies méridionales, elles se trouvent représentées par un grand nombre d'espèces du même genre, quelquefois de haute taille, et en outre par une forme Dracæna américaine (*Dasylirion*). Chez ces végétaux monocotylédonés, les pointes piquantes des feuilles, ainsi que les bords cartilagineux des dentelures, sont en rapport avec l'aridité du climat ; aussi le genre Yucca (*Spanish bayonet*) s'avance ici bien plus au nord (jusqu'à 49⁰ lat. N.) que dans les États atlantiques. Au pied oriental de la Sierra-Nevada, M. Whipple observa des taillis de ces Arbres à baïonnette, dont le tronc atteignait une hauteur de $9^m,7$, hauteur à laquelle ils ar-

rivent également dans le nord du Mexique [14]. Dans les vallées de
la Sierra-Madre en Sonora, ils coïncident avec les premiers Palmiers du Mexique, qu'ils égalent par la taille, mais non par les
rosettes foliaires. Dans le Texas, les plaines à Graminées, sur le
cours inférieur du rio Grande, présentent un Palmier nain.

Des Graminées et des herbes vivaces revêtent, dans les Prairies orientales, la majeure partie de la surface du sol, et dans
l'ouest et le sud, où, sous le rapport numérique, elles se trouvent
subordonnées à d'autres formes de végétation, elles n'en sont pas
moins d'une nature analogue. Comme pays à pâturages, les
Prairies orientales ont une grande supériorité sur les steppes.
Malgré une marche longue et pénible, les troupeaux que l'on conduit du Mississippi au Nouveau-Mexique arrivent au lieu de leur
destination dans les conditions d'animaux engraissés. L'étendue
des bons pacages est si grande, que lorsque ces contrées seront
peuplées, le développement de l'élevage des bestiaux leur offrira
un avenir plus satisfaisant que ne sauraient en avoir les steppes.
Les animaux indigènes des pâturages se sont jadis multipliés ici
dans des proportions bien plus fortes qu'en Asie : tel est avant
tout le cas des troupeaux de Buffles. Voilà pourquoi on ne trouva
point les tribus indiennes indigènes adonnées à la vie pastorale,
mais plutôt à la chasse et à un peu d'agriculture. C'est qu'ici
l'existence nomade n'est point une condition du maintien de la
vie, parce que les Graminées y conservent leur valeur nutritive
aussi bien pendant la saison sèche qu'en hiver [14]. Les plus importantes appartiennent au groupe des Chloridées (*Bouteloua*)
célèbres sous le nom de *Gramma-grass*, dont le développement
est ici prédominant et dont plusieurs grandes espèces s'étendent
vers l'ouest jusqu'à la Sierra-Nevada. On estime également le
Buffalo-grass et le *Bunchgrass* (la première est le *Sesleria dactyloides* et la seconde un *Festuca*)*. Dans les steppes, les Gra-

---

* Les Prairies possèdent plusieurs genres de Graminées à sexes séparés qui
couvrent de grands espaces. Les uns ont de larges feuillages, analogues à ceux du
Maïs, bien faits pour le pâturage des grands animaux. Ce sont des Rottbœlliacées
plusieurs espèces de *Tripsacum* (parmi lesquelles on doit compter le prétendu
Reana luxurians de nos jardins botaniques) et plusieurs espèces appartenant au
genre *Euchlæna* Schrader (*Reana* Brignoli). D'autres sont bien plus réduites de
taille, ce sont des Chloridées gazonnantes voisines du genre *Opizia* de Presl, et

minées nutritives sont comme perdues, tandis que dans les Prairies orientales elles constituent le revêtement prédominant du sol.

Dans les Prairies, les herbes vivaces se trouvent mélangées aux Graminées avec autant de variété que dans les steppes. Mais ici d'autres organisations prennent la place des groupes végétaux qui prédominent dans les steppes par leur richesse spécifique : ainsi, parmi les Synanthérées, ce sont les Hélianthées et les Astéroïdées qui l'emportent, formes à grandes fleurs radiées, de même que parmi les Légumineuses les Galégées; parmi les Polygonées, les Ériogonées sont caractéristiques; les Onagrariées (OEnothera) se distinguent par des fleurs élégamment colorées; enfin, les Scrofularinées sont plus nombreuses que les Labiées *. Parmi les herbes vivaces, qui à elles seules croissent en masse et notamment parmi les Halophytes, nous trouvons cependant des espèces représentant les équivalents de genres et de familles qui dans les steppes possèdent l'extension la plus considérable, telles que des Armoises (ex. *Artemisia gnaphalodes*) et des Chénopodées ; on connaît également un assez grand nombre d'Astragalées. Au reste, partout où se présentent les Halophytes, la végétation herbacée disparaît ordinairement.

Les arbres des forêts riveraines et des versants montagneux sont pour la plupart immigrés du domaine forestier. Suivant

qui sont monoïques ou dioïques. La principale est le Buffalo-grass, qui doit porter le nom de *Buchloe dactyloides* Engelm. (*Sesleria dactyloides* Nutt., *Bouteloua mutica* Griseb.), dont la zone s'étend du Missouri au centre du Mexique. Ces plantes ont dû à leur polymorphisme d'être placées dans des genres différents, selon que l'on avait sous les yeux le sexe mâle ou le sexe femelle, dont les épillets respectifs varient considérablement. — E. F.

Parmi les plantes qui appartiennent à la famille des Polygonées, le *Polygonum amphibium*, très-commun dans les vallées du Missouri et de ses tributaires, semble appelé à jouer un rôle important dans l'industrie, à cause de sa richesse en tannin. Selon M. Octave Sachet, auquel nous devons ces renseignements (*Bull. Soc. d'acclimat.*, 3e série, ann. 1876, t. III, p. 333), il a été fondé récemment à Lincoln, dans le Nebraska, une tannerie qui n'emploie que cet agent. L'expérience en a été faite à Chicago avec autant de succès que d'économie. Cette plante est, comme on sait, annuelle, et peut se couper, se faner et s'empiler comme le foin; elle contient 18 pour 100 de tannin, tandis que la meilleure écorce de Chêne n'en contient que 12 pour 100. En Algérie, c'est une tout autre plante (le *Scilla maritima*) qui paraît pouvoir remplacer le tannin du Chêne. — T.

l'enchaînement des lignes de soulèvement, ils se sont surtout répandus dans les parties occidentales des domaines de l'Orégon et de la Californie jusqu'aux montagnes Rocheuses, dans les directions de l'est et du sud. Cependant quelques espèces spéciales appartenant aux essences résineuses, au Chêne ainsi qu'à la forme Frêne, ont été constatées notamment sur les contreforts méridionaux du Nouveau-Mexique. Il y a moins de variété qu'ici dans la composition des forêts des lignes fluviales, où l'on établit une différence entre les bois légers, le *Cotton-wood* (*Populus monilifera* et autres, *Salix*) et le Cèdre rouge (*Juniperus virginiana*).

Formations végétales. — Ainsi que nous l'avons déjà vu, la distinction entre les steppes à Graminées et les steppes salées peut s'appliquer également aux Prairies septentrionales en deçà et au delà des montagnes Rocheuses, mais la disposition des plantes dominantes n'en a pas moins des particularités qui lui sont propres. Le tapis gazonné des Prairies a moins de variété, et certains végétaux de la steppe salée manifestent à un plus haut degré une sociabilité uniforme. Les Graminées du sol exempt de substances salines se trouvent accompagnées de Cactées charnues et des rosettes de feuilles des Yucca. Parmi les herbes vivaces mêlées aux Graminées, il en est plusieurs également sociales ; toutefois sur de vastes espaces on les voit se présenter à tour de rôle, en sorte que, eu égard au petit nombre de ces formes que possède le nord, on pourrait s'orienter dans cette immense solitude à l'aide de certaines plantes. Il en est de même de celles du désert salé, ainsi que des buissons de petite taille appartenant aux deux formations, mélangés avec les Graminées ou avec les herbes vivaces, et qui, après avoir occupé uniformément des surfaces considérables, soudain font place, sur un point quelconque, à une autre espèce tout aussi sociale. Sous les latitudes plus méridionales de l'Arkansas (39°-37° lat. N.) [21], les Prairies sont mieux pourvues de fleurs, et au printemps les herbes vivaces, plus diversement mélangées, déploient tour à tour leurs richesses florales, jusqu'à ce qu'à une époque plus avancée de l'été des Synanthérées d'un ordre supérieur viennent enfin terminer le cercle parcouru par la végétation.

Cependant ce n'est que de l'autre côté de cette zone (36° lat. N.), qu'avec le Mezquite commencent les formations non interrompues de buissons étrangères aux latitudes plus élevées. Dans le Texas et dans le Mexique du Nord, les buissons ont une plus grande extension, et par l'intermédiaire des Mimosées dominantes, mélangées avec divers arbustes épineux, ils passent à la formation des Chaparals, qui, de concert avec le Mezquite, caractérisent cette contrée sous le rapport physionomique. La réunion dans ces Chaparals d'une série de familles diverses dont les représentants sont pour la plupart munis d'épines constitue une transition vers la multiplicité complexe des végétaux ligneux des tropiques[23].

C'est d'une manière différente que, sous les latitudes plus méridionales, se comportent les contrées de l'ouest dans le domaine du Gila et du Colorado, où le développement de la végétation en groupes sociaux se trouve entravé par suite d'une sécheresse plus grande du climat et de la présence plus fréquente de la roche nue sur les diverses masses de soulèvement volcanique, ainsi que dans les étroites vallées des cañons. Ces contrées peuvent être assimilées aux steppes rocheuses de l'Asie, avec lesquelles néanmoins elles contrastent si étrangement par leurs Cactées. Ici les taillis riverains ont également moins d'importance que dans l'est, tandis que la disposition plus variée des chaînes montagneuses laisse à la végétation arborescente du Nouveau-Mexique une plus vaste sphère d'activité.

Régions. — Les montagnes Rocheuses n'ont qu'un petit nombre de sommets qui dépassent la limite des neiges perpétuelles ; mais comme l'ensemble du massif s'en rapproche presque partout, même quand dans les partages des eaux il se trouve interrompu par des cols déprimés, il s'ensuit que ce massif montagneux n'en est pas moins revêtu de quantités considérables de neige périodique et abondamment irrigué par des précipitations. Dans de telles conditions, les forêts qui occupent les versants, et qui sont principalement composées d'essences résineuses, sont très-étendues et atteignent un niveau tellement élevé, que sous ce rapport les montagnes Rocheuses n'ont point de rivales dans la zone tempérée de l'hémisphère septentrional et ne sont à comparer qu'à l'Himalaya indien.

MONTAGNES ROCHEUSES.

43° lat. N. : Fremont's Peak (4015 mètres ou 12360 pieds)[1].

     RÉGION FORESTIÈRE, 3095 mètres ou 9530 pieds (limite des arbres).

     RÉGION ALPINE, 3095-3768 mètres ou 9530-11600 pieds (ligne des neiges).

40° lat. N. : Middle-Park (niveau de la surface où commencent les Prairies ouvertes), 1202-2134 mètres ou 3700 et 6570 pieds)[24].

     RÉGION FORESTIÈRE, 1202-3573 mètres ou 3700-11000 pieds (moyenne de, cinq limites du *Pinus flexilis*).

     RÉGION ALPINE, 3573-4337 mètres ou 11000-13 350 pieds (soulèvements les plus considérables des montagnes Rocheuses représentés par les sommets de Torrey, Gray et Pike, qui n'atteindraient point la ligne des neiges).

35° lat. N. : Nouveau-Mexique (niveau des Prairies 1949ᵐ ou 6000 p.)[25].

     RÉGION FORESTIÈRE, 1949-3711 mètres ou 6000-11420 pieds (soulèvement le plus considérable dans le niveau de la limite des arbres).

MONTAGNES DE SAN-FRANCISCO DANS L'ARIZONA, AU SUD DU RIO COLORADO (35° lat. N.)[26].

Limite des arbres, 3521 mètres ou 10 840 pieds.

M. Frémont fut le premier qui, en franchissant les montagnes Rocheuses dans les parages désignés par le nom de *Parks* (41°-39° lat. N.), vit la forêt à essences résineuses s'élever à une altitude extraordinaire et acquérir une extension telle, qu'il ne restait à la région alpine qu'un espace comparativement restreint. Ses assertions ont été confirmées par tous les voyageurs qui lui succédèrent, en sorte que l'exhaussement de la limite des arbres s'est trouvé avéré, comme un trait caractéristique de cette chaîne montagneuse, depuis les monts Windriver (43° lat. N.) jusqu'au Nouveau-Mexique (35°), de même que dans l'ouest, à l'égard des montagnes de San-Francisco sur le Colorado (35°). C'est seulement dans les parties plus septentrionales des montagnes Rocheuses, dans le domaine des sources du Saskatchawan[27], que cesse l'influence des plateaux sur la température, que le climat plus rigoureux des lacs canadiens et de la baie d'Hudson agit sur la végétation montagneuse, et qu'avec la ligne des neiges on voit descendre la limite des arbres au même niveau que sous une latitude semblable dans l'Altaï.

De nombreuses déterminations de la limite des arbres ont été effectuées par M. Parry dans les parages du col central des Parks, où la ceinture forestière supérieure est composée d'un Pin voisin du Cembro (*Pinus flexilis*), qui se présente également dans la chaîne des Cascades, sur l'Orégon, ainsi que dans la Sierra-Nevada. D'après une moyenne de cinq mesures qui paraissent être les plus exactes, là où les montagnes Rocheuses s'élèvent à la plus grande altitude (4337 m. ou 13 350 p.), sans cependant atteindre celle du mont Blanc, la forêt à essences résineuses s'élève jusqu'au niveau moyen de 3573 mètres (11 000 pieds), valeur dépassée de 98 mètres (300 p.) par l'altitude maximum (3671 m. ou 11 300 p.) du versant nord du Pikes-Peak (38° lat. N.). Du côté du sud, la limite des arbres monte encore un peu plus dans le Nouveau-Mexique (d'après M. Marcou, à 3711 m. ou 11 420 p.). Mais dans la direction du nord l'abaissement de cette limite ne laisse pas que d'être appréciable, même sur le Fremont's Peak (43° lat. N.), où, d'après la détermination faite par M. Frémont lui-même, la forêt cesse à 3095 mètres (9530 p.). Comme la ligne des neiges dépassée par ce dernier pic élevé y fut atteinte à une altitude de 3768 mètres (11 600 p.), il ne reste pour la région alpine qu'un espace de 650 mètres (2000 p.) de diamètre vertical. Le fait est que dans les montagnes Rocheuses la ligne des neiges ne se trouve pas sur le même niveau que la limite des arbres. C'est aux explorations ultérieures qu'il appartiendra de nous faire connaître dans quelles proportions relatives a lieu l'élévation des limites forestières sur le Saskatchawan (51° lat. N.), dans les montagnes du Windriver (43°), ainsi que dans les Parks, et si, avec l'accroissement altitudinal de la contrée élevée des Prairies, cet exhaussement des limites forestières s'effectue graduellement ou d'une manière soudaine.

Maintenant, lorsque nous comparons les données que nous venons de rapporter avec celles que nous fournissent les limites des arbres sous les latitudes correspondantes de l'ancien monde, nous trouvons que dans les Alpes méridionales et sur le Thianchan (2176 m. ou 6700 p.) le niveau des forêts descend de plus de 1299 mètres (4000 p.) ; que sur le Caucase cette dépression relative dépasse de beaucoup 975 mètres (3000 p.), et que sur le versant nord du Kuen-lun (36° lat. N., alt. 2761 m. ou 8500 p.) elle est également près de 1299 mètres plus basse comparativement au Nouveau-Mexique (35° lat. N.). Par contre, dans l'enceinte du domaine des steppes asiatiques, les lignes des neiges sont presque aussi élevées que sur le Fremont's Peak. Les deux phénomènes ne sauraient être complétement expliqués par l'action d'exhaussement que pourraient exercer les surfaces élevées situées au pied des montagnes Rocheuses. Dans les parages des Parks, la montagne domine une surface dont l'altitude est estimée à 1202 mètres (3700 p.) sur le côté est, et à 2069 mètres (6370 p.) sur le côté ouest, tourné vers l'intérieur du pays. C'est à la limite inférieure des forêts que commence la végétation des Prairies. Ce qui nous fournit un étalon pour l'appréciation de l'action calorifique des hautes surfaces qui servent de base aux montagnes, c'est la comparaison avec les soulèvements de l'Asie centrale. Cette comparaison nous permet d'expliquer la dépression de la ligne des neiges relativement aux Alpes et aux autres montagnes de la contrée basse de l'Europe, aussi bien que la concordance très-rapprochée entre la position de cette ligne telle qu'elle se présente dans l'Asie intérieure et l'Amérique du Nord, position qui dépend de l'accroissement de la température estivale sur les hautes surfaces; ce qui fait que la fonte des neiges accumulées pendant l'hiver peut s'étendre à une hauteur plus considérable. Toutefois les considérations de cette nature ne suffisent guère pour expliquer d'une manière satisfaisante la position des limites des arbres, qui dans les mêmes conditions altitudinales se comportent néanmoins si différemment sur les deux continents.

Les arbres exigent non-seulement la température susceptible de prolonger leur période de végétation, mais encore l'humidité du sol que leurs racines doivent absorber en quantité suffisante. Les précipitations déchargées par les courants atmosphériques de l'ouest sur les hautes montagnes de l'Amérique septentrionale sont bien plus abondantes que celles que reçoivent les montagnes de l'Asie centrale, beaucoup plus éloignées de la mer. Les masses de neige qui recouvrent en hiver les montagnes Rocheuses sont tellement considérables, qu'on a dû en tenir grand compte dans le choix des lignes de chemins de fer. Ainsi, par suite de la fonte graduelle des neiges en été, l'humidité ne manque jamais aux forêts. Ce qui prouve également ces conditions, ce sont les nombreux cours d'eau sortant des montagnes et souvent grossis en larges torrents, et çà et là entourés de ces vastes prés unis qui constituent précisément les Parks. Le seul trait de ressemblance avec l'Asie centrale, c'est la répartition de la température, tandis que l'humidité y fait défaut; et si dans le Thibet on voit sur quelques points des arbres isolés s'élever à un niveau encore plus considérable (4090 m. ou 12600 p.) que dans le Nouveau-Mexique, ce n'est que la conséquence d'une irrigation locale. En fait, l'intérieur de l'Himalaya ne possède guère de forêts. Ici, où la haute contrée s'élève en plateaux jusqu'à la ligne des neiges, les neiges de l'hiver sont bien vite consommées; elles s'évaporent pendant leur fonte sans humecter le sol. C'est également l'aridité du terrain qui dans le Thian-chan et le Kuen-lun fait descendre la limite des forêts et des formes arborescentes à un niveau plus bas que ne le permettrait la température de l'atmosphère.

Aussi nulle part sous les latitudes du midi de l'Europe nous ne trouvons les forêts d'une telle étendue que dans les montagnes Rocheuses. Dans toute la zone tempérée de l'hémisphère septentrional, ce n'est que sur les versants indiens de l'Himalaya que la limite des arbres est aussi élevée, et encore ce fait ne se reproduit-il que sous des latitudes plus méridionales. Dans les deux cas, des vents de mer chargés de vapeurs aqueuses apportent à la végétation forestière le degré voulu d'humidité. Mais quant à la durée de la période de développement indispensable à la vie de l'arbre, la température des plateaux compense dans l'Amérique du Nord les avantages que la proximité de l'Inde tropicale procure à l'Himalaya.

Les masses considérables de neige hivernale, bien que pour la plupart seulement périodiques, sont communes aux deux chaînes montagneuses de l'Amérique du Nord. Mais dans la Sierra-Nevada l'arbre ne trouve pas partout des conditions de développement aussi favorables que dans les montagnes Rocheuses, dont le soulèvement s'est opéré d'une manière plus régulière. Ainsi que cela résulte des mesures que nous rapporte-

rons plus tard, la limite des arbres dans la Sierra-Nevada dépasse
à peine 2599 mètres (8000 p.), et reste par conséquent moins
haute que dans les montagnes Rocheuses. Bien que non explorés
encore sous ce rapport, les massifs les plus considérables de
l'Orégon, supérieurs en altitude au système des montagnes
Rocheuses (5376 m. ou 16 550 p.)[28], doivent offrir une dépression encore plus basse dans la limite des arbres, à en juger par
l'analogie de la chaîne des Cascades située dans leur voisinage[29].
En effet, là, où la proximité de la mer tempère les chaleurs
estivales, et où le soleil est voilé par les brouillards de la côte,
la période de végétation cesse d'être prolongée par l'action de la
contrée élevée située plus au sud du côté des versants des montagnes, lesquels font face à l'intérieur du pays. Dans la Californie,
là où le haut désert salé se rattache à la Sierra-Nevada, la chaîne
montagneuse est bien plus basse et se trouve interrompue sur
plusieurs points par des cols praticables et des dépressions. Il a
été observé ici que les forêts avec leurs arbres de haute futaie
se présentent sur les versants selon que ceux-ci sont atteints par
les vents de mer, tandis que sur le côté tourné vers l'intérieur
du pays, et où les vallées sont abritées contre les courants atmosphériques de l'ouest, la forêt est refoulée par la végétation des
Prairies. Dans de telles conditions, les limites des arbres ne
sauraient monter aussi haut que dans les montagnes Rocheuses,
sur lesquelles le sol à surface élevée et les soulèvements en
masse exercent leur action de toutes parts.

Il en résulte que les forêts des Rocky mountains sont plus
liées et plus compactes. Dans les vallées montagneuses du Platte
et d'autres rivières, on voit à la vérité également des prés où,
à l'instar des Pyrénées, se déploient ces espèces de cirques
ouverts, ornés de groupes d'essences résineuses, et qui précisément donnent lieu à cette assimilation avec les Parks. Mais au-
dessus de ces cirques surgissent les versants abrupts, revêtus
d'essences agglomérées de Pins (ex. *P. contorta*) et de Sapins
(*P. alba* et *balsamea*), où les buissons ombragés des Airelles et
des Mahonios rappellent les forêts à essences résineuses de
l'Orégon.

Le phénomène climatérique en vertu duquel les végétaux des

latitudes plus élevées reparaissent dans les régions montagneuses se reflète ici également par les arbres forestiers dominants et par les formations alpines, mais en nombre d'espèces bien moins considérable que dans les Alpes européennes. Par suite des conditions moins variées du relief, les forêts deviennent plus uniformes, et en s'élevant à des hauteurs extraordinaires, elles rétrécissent trop l'espace assigné à la région alpine, pour qu'une riche végétation puisse se produire quelque part. De même que les latitudes plus élevées de la région forestière[29], les parties plus méridionales des montagnes Rocheuses n'ont fourni aux collections que des contingents peu considérables. Dans la région alpine au-dessus du Middle-Park, où d'ailleurs le développement des prés est limité par une Conifère voisine du Pin de montagne (*P. aristata*), M. Parry n'a pu réunir pendant tout un été que 140 espèces[30], et ses récoltes dans la région forestière ont été encore plus restreintes. Au reste, plus d'un tiers (57 esp.) des éléments constitutifs de la flore alpine appartenait à la végétation circompolaire de la zone arctique; les formations étaient semblables à celles des Alpes.

Centres de végétation. — Quelque prononcée que soit la concordance entre les conditions physiques de la végétation en Asie et en Amérique, les Prairies n'en sont pas moins trop éloignées des steppes de l'ancien monde, pour qu'un échange de plantes à l'aide des migrations ait pu avoir lieu. Aussi, bien que les mêmes familles et parfois des espèces semblables se remplacent fréquemment les unes les autres, l'identité entre les organisations se trouve néanmoins limitée presque uniquement aux cas où il s'agit d'une extension sur la surface de toutes les zones de la terre, indépendamment d'influences particulières. Mais dans l'Amérique elle-même, les centres de végétation des Prairies ont conservé à un haut degré leur caractère d'isolement, attendu qu'ils sont entourés presque de tous côtés par des domaines forestiers. Ce n'est que dans le midi que ces hautes plaines passent à des configurations plastiques analogues à celles du Mexique tropical, et cela d'une manière si graduelle, que nous avons pu y constater, du moins dans l'intérieur du continent, des transitions graduelles entre les flores. Bien plus brusque est le changement

de végétation sur le golfe mexicain, où, d'après les collections
faites par M. Erdvenberg à Tamaulipas, de l'autre côté des
tropiques, on voit se présenter soudain des plantes tropicales
qui manquent au Texas[31]. Sur l'océan Pacifique, avec l'accroissement de la sécheresse dans la direction du sud, la flore
californienne se rattache à celle des Prairies, plus intimement
que là où la Sierra-Nevada détermine une différence si tranchée
entre les climats des deux côtés de la chaîne. Jusqu'à ce jour
la péninsule californienne n'a pas encore été explorée sur une
grande étendue. D'après les communications et les collections
du voyageur Xantos[32], elle se comporte exactement comme la
côte du Mexique située vis-à-vis d'elle; aussi, dans la proximité
des tropiques (24° lat. N.), où au sud de la baie de Magdalena
les Palmiers et les forêts littorales de Palétuviers apparaissent
pour la première fois, on voit la péninsule californienne, de même
que la côtn mexicaine, passer à une flore tropicale pauvre.

Nous avons vu (p. 273) comment la séparation et l'autonomie
de la flore des Prairies sont, exactement comme dans les steppes,
une conséquence de sa courte période de végétation, et comment, à cause de cela, il se produit un mélange avec la végétation du domaine forestier, partout où cette barrière se trouve
rompue à la suite de l'irrigation spontanée du sol, soit dans les
montagnes, soit sur les rives des cours d'eau. Or, la connexion
peu interrompue entre les lignes de soulèvement explique le
fait que les régions forestières des montagnes Rocheuses, de la
Sierra-Nevada et de la série des hauteurs qui relie ces deux
chaînes principales, s'accordent à un si haut degré, et jusqu'aux
basses latitudes du Nouveau-Mexique, avec le massif montagneux
des Cascades de l'Orégon. Grâce à l'inflexion nord-ouest que
décrivent les montagnes Rocheuses au nord des Parks, elles se
rattachent davantage au massif des Cascades, et, par suite des
soulèvements divers que présente l'Orégon, la migration des
arbres forestiers se trouve facilitée, lors même que dans la
direction du méridien les variations climatériques sont assez
fortes pour donner lieu à une modification graduelle de la flore
du Midi et à un développement croissant de sa richesse. La similitude entre les régions montagneuses du Nouveau-Mexique et

de celles du nord-ouest n'en restera pas moins plus prononcée qu'entre ces dernières et la Sierra-Madre mexicaine, qui, bien que se rapprochant davantage de ces régions, eu égard à son climat et à sa position, en est séparée par la haute plaine des Prairies méridionales. Au reste, généralement parlant, dans l'Amérique du Nord comme dans les steppes d'Asie, les flores de montagnes ont un caractère moins spécial que celles des arides plaines elles-mêmes.

Dans l'enceinte des plaines des Prairies, ce qui maintient la séparation des centres de végétation, ce sont, d'une part les lignes climatériques en vertu desquelles, dans les contrées méridionales, la variété des espèces augmente avec la hausse de la température, tandis qu'elle diminue dans les contrées de l'ouest avec l'accroissement de la sécheresse, et d'autre part ce sont les différences qui se produisent dans les divers terrains et dans la configuration du relief. Le contraste entre le désert salé et les Prairies de l'est repose autant sur ce que les Halophytes tiennent à la présence de la soude dans le sol que sur les niveaux divers des hautes plaines de l'ouest. De même, la flore des Prairies du nord-ouest sur l'Orégon est tout aussi isolée de celle des Prairies du Missouri, où l'échange se trouve paralysé par les montagnes Rocheuses qui séparent ces deux versants.

Quand on examine les éléments constitutifs de la flore des Prairies d'après la place qu'ils occupent dans la classification systématique, on voit que, sous le rapport de la variété de ses produits, elle concorde avec les steppes, et de même que dans celles-ci, la séparation des centres de végétation s'y accroît avec le développement plus varié des massifs montagneux du sud. Quelque difficile qu'il soit de tracer un aperçu général de la flore à l'aide des travaux disséminés dont quelques collections isolées ont été l'objet, je crois néanmoins pouvoir porter à 3000 le chiffre total des espèces endémiques constatées jusqu'à présent[33], ce qui établirait une concordance assez prononcée avec la richesse des steppes, puisque l'étendue du domaine des Prairies ne constitue qu'environ le tiers de celle de ces dernières[34].

Sous le rapport de la classification systématique, la flore des Prairies diffère de celle des steppes par le notable décroissement

des Crucifères, des Chénopodées, des Caryophyllées et des
Labiées. Les Synanthérées et les Légumineuses sont les seules,
parmi les familles importantes [35], qui soient encore dans les Prairies les plus riches en espèces. C'est au caractère général, indépendant des conditions physiques, du continent de l'Amérique du
Nord que correspond le chiffre élevé des Synanthérées, ainsi
que le rôle prépondérant que jouent dans cette famille les Astéroïdées et les Hélianthées. En effet, dans la flore du domaine
forestier occidental, de même qu'au Mexique, ces groupes conservent leur prédominance, bien que placés sous des influences
tout autres de végétation. C'est ici que nous reconnaissons
l'importance qu'a la position géographique pour l'organisation
des fleurs et des fruits, c'est-à-dire pour la place qu'occupent
les produits d'un pays dans la classification systématique. Un
caractère semblable des particularités propres à l'Amérique se
trouve également exprimé par les Cactées, par le nombre considérable des Euphorbiacées, des Malvacées et des Solanées, puis
par les Onagrariées, les Loasées, les Hydrophyllées, les Polémoniacées et les Nyctaginées. Quelques genres (*Aster*, *Yucca*, le
Petalostemon, Légumineuse d'une organisation si irrégulière)
communs au domaine forestier et aux Prairies sont représentés
ici par des espèces particulières, par conséquent dans des
conditions climatériques complétement dissemblables. Parmi les
genres les plus riches en espèces, la majorité est étrangère au
continent asiatico-européen (ex. *Dalea*, *Lupinus*, *OEnothera*,
Eriogonum, *Pentstemon*, *Gilia*, *Phacelia*). Quelques-uns ont
leurs centres d'extension dans les Prairies mêmes; d'autres
fois, la proximité de l'Amérique tropicale exerce de l'influence
(ex. les Mimosées, les Acanthacées, les genres *Baccharis*, *Croton*
et les Euphorbes à feuilles stipulées). Certains genres offrent
cependant, pour ainsi dire à titre exceptionnel, des analogies
avec des climats semblables dans la zone tempérée de l'Amérique
méridionale (entres autres une Légumineuse, le *Cercidium;*
une Zygophyllée, le *Larrea;* une Rafflésiacée, le *Pilostylis,*
genres représentés par des espèces isolées dans les deux contrées, fort éloignées l'une de l'autre); dans deux cas, cette
analogie se manifeste même à l'égard de l'Afrique méridionale

(ex. *Talinopsis*, Portulacée très-voisine des *Anacampseros ; Hermannia texana*, Byttnériacée) *.

En proportion de l'étendue des Prairies, le nombre des genres endémiques est plus considérable encore que dans les steppes ; cependant on ne sait si quelques-uns, parmi ces genres, ne se présentent pas aussi en Californie, tandis que d'autres pourraient bien encore se retrouver au Mexique. Environ la moitié de ces types consiste en Synanthérées, famille où les genres, tels qu'ils sont établis par la classification systématique, sont plus restreints que dans d'autres. J'ai dressé un catalogue qui, sur 64 genres endémiques, contient 53 monotypes et où environ 20 familles se trouvent représentées. Parmi les monotypes, c'est la série des arbustes qui est la plus remarquable (14 genres, dont 3 Rosacées, autant de Célastrinées,' 2 Saxifragées et 2 Rutacées ; enfin des genres uniques de Légumineuses, Portulacées, Synanthérées et Labiées). Outre cela, on avait constaté même deux arbres monotypes de petite taille, dans les Prairies méridionales (une Sapindacée voisine du Marronnier d'Inde et une Légumineuse du groupe des Galégées). A côté de tant de Synanthérées on voit figurer des herbes vivaces monotypes, notamment des Crucifères, des Capparidées, des Rutacées, des Loasées, des Nyctaginées et des Liliacées. Enfin, aux genres monotypes possédant plusieurs espèces viennent se rattacher quelques autres genres dont l'aire d'extension atteint également la Californie[37].

---

* L'*Hermannia texana* rappelle le *Sparmannia*. Le genre *Mortonia*, classé parmi les Célastrinées, reproduit le port de la famille voisine des Bruniacées.

PIÈCES JUSTIFICATIVES

ET ADDITIONS

XIII. DOMAINE DES PRAIRIES.

1. Pr. Wied, *Reise in Nordamerika* (*Meteorolog. Beobacht. in Fort Union*, 48° lat. N.; *Jahresb.*, ann. 1842, p. 417). Fremont, *Exploring Expedition to the Rocky Mountains and to Oregon* (*Jahresb.*, ann. 1845, p. 46).

2. Blodget, *Climatology of the United States*, p. 38. La moyenne altitudinale des plateaux des montagnes Rocheuses est estimée à 1818 mètres ou 5600 pieds (p. 89); celle du Nevada Territory, entre l'Utah et la Californie, à 1526 mètres ou 4700 pieds (Bell, in *Journ. Geogr. Soc.*, XXXIX, p. 113), avec des vallées qui souvent descendent au-dessous du niveau de la mer, à Death Valley (36° lat. N.), jusqu'à 52 mètres ou 160 pieds (*ibid.*, p. 116).

3. Emory, *Notes of a military reconnaissance from Fort Leavenworth in Missouri to S. Diego in California* (*Jahresb.*, ann. 1848, p. 398).

4. Davis, in *Pacific Railroad Explorations*, I, p. 7.

5. Montants annuels pluviométriques dans le domaine des Prairies (Blodget, *loc. cit.*, p. 61, 63) :

Prairies orientales et septentrionales :

Fort Kearny, dans le Nebraska (40° lat. N., alt. 714^m ou 2200 p.)....... 747^{mm}
Dales, sur l'Orégon (45° lat. N. alt. 97^m ou 300 p.).................. 378^{mm}

Bord méridional du désert salé :

Fort Juma, à l'embouchure du Gila (33° lat. N., alt. 32^m ou 100 p.)..... 81^{mm}

Prairies méridionales :

Santa-Fé, dans le Nouveau-Mexique (36° lat. N., alt. 2079^m ou 6400 p.)... 541^{mm}
El Paso, dans le Nouveau-Mexique (32° lat. N., alt. 1170^m ou 3600 p.) ... 207^{mm}
Fort Duncan, dans le Texas (29° lat .N., alt. environ 227^{m}ou 700 p.).... 547^{mm}

6. La limite septentrionale des Prairies atteint, sur le Saskatchawan, le 34e degré, et de l'autre côté des montagnes Rocheuses, le 49e degré de latitude (cf. les données de MM. Fremont et Richardson sur la première valeur dans le *Jahresb.*, ann. 1851, p. 54, où les détails sont discutés, ainsi que sur la limite forestière dans la Columbie, la note 13 du Domaine forestier occidental).

7. L'altitude moyenne des plateaux qui constituent le partage des eaux entre le Nouveau-Mexique et le Colorado inférieur est de 1818 mètres ou 4700 pieds (Stigreaves, *Expedition down the Zuni and Colorado rivers*, p. 17; *Jahresb.*, ann. 1853, p. 22). Les monts San-Francisco, groupe montagneux le plus élevé (2306 m. ou 7100 p.) que M. Sitgreaves ait franchi sur sa route au Colorado (35° lat. N.), n'avait que 389 mètres (1200 p.) au-dessus de la haute plaine de Pueblo Zuni (1916 m. ou 5900 p.).

8. EMORY, in *Pacific Railroad Explorations*, IIe part.; *Appendice*, p 19.

9. FRŒBEL, *Aus America*, II, p. 249, 240. — HUMBOLDT, *Ansichten der Natur*, 3e édit., I, p. 349. Le niveau des hautes plaines dans le domaine du Colorado varie de 1234 à 2143 mètres (3800-6600 p.), et atteint sur quelques points 2436 mètres ou 7500 pieds (Bell, *loc. cit.*, p. 98).

10. WISLIZENUS, *Tour to Northern Mexico*, p. 28 (*Jahresb.*, ann. 1848, p. 398).

11. ENGELMANN, *Character of the vegetation of South Western Texas* (d'après les observations de M. Lindheimer, dans les *Proceedings of American Association*, 1831; *Jahresb.*, ann. 1852, p. 72). La cause de la limite de la végétation dans la proximité du Colorado texanien paraît tenir à l'exposition de la côte. Aussi loin que celle-ci est tournée au sud, les vents du sud du golfe apportent une quantité bien plus grande de précipitations (1m à 1m,3 d'après M. Uhde, *Die Länder am unteren Rio Bravo del Norte*, p. 118); mais là où la ligne côtière passe à la direction méridienne du Mexique du Nord, ce sont les vents secs des Prairies qui l'emportent.

12. LINDHEIMER, dans Wiegemann, *Archiv für Naturgesch.*, ann. 1846, p. 277, *Jahresb.*, ann. 1846, p. 53).

13. Sur la présence du *Rhipsalis* dans l'ancien monde, comparez le chapitre du Soudan (voy. II, p. 129).

14. BIGELOW, dans Whipple, *Expedition*, p. 7 (*Pacific Railroad Explorations*).

15. Dans deux de ses mémoires les plus étendus, M. Engelmann a décrit environ 100 Cactées des Prairies méridionales (*Cactaceæ* dans Whipple, *Expedition, loc. cit.*, ainsi que Emory, *United States and Mexican Boundary Survey*).

16. BACK, d'après Humboldt, *Ansichten der Natur*, 3e édit., II, p. 177).

17. SCHLEIDEN, *Anatomie der Cacteen*, pl. 3, fig. 1; pl. 7, fig. 3.

18. ENGELMANN, *Cactaceæ of the Boundary* (*loc. cit.*, gravure placéc en titre).

19. THURBER, dans Asa Gray, *Pl. Thurberianæ*, (*Memoirs of the American Academy*, new Ser., V, p. 305).

20. Exemples de genres et familles du Mexique tropical dans la Sonora, notamment dans la Sierra-Madre : Malpighiacées, *Hiræa;* Zygophyllées, *Guajacum;* Tamarascinées, *Fouquiera;* Légumineuses, *Erythrina* Myrsinées, *Jacquinia*.

21. GEYER, *London Journ. of Botany*, 1845; *Jahresb.*, ann. 1845, p. 44.

22. MARCY (Peterm. *Mittheil.*, IV, p. 44). Les buissons de Mezquites se trouvent mélangés avec des Palmiers nains, sur le cours inférieur du Rio Grande (Uhde, *loc. cit.*, p. 47).

23. Exemples d'éléments constitutifs des Chaparals dans le Texas (d'après M. Lindheimer, note 12) : Légumineuses, *Prosopis, Cercis;* Rosacées, *Prunus;* Juglandées, *Juglans nana;* Urticées, *Acanthoceltis* et *Morus parvifolia;* Sapindacées, *Æsculus discolor;* Rhamnées, Rutacées, *Castela* et *Zanthoxylon;* Berbéridées, *Berberis trifoliata*.

Sur le plateau entre Chihuahua et Saltillo (29°-26° lat. N., d'après Wislizenus, note 10) : Mimosées, Euphorbiacées, Rhamnées, Célastrinées; parmi les Rutacées, *Kœberlinia;* parmi les Zygophyllées, *Larrea* et *Guajacum;* parmi les Rosacées, *Greggia;* parmi les Bignoniacées, *Chilopsis;* parmi les Berbéridées, les sus-mentionnées, de plus une Tamariscinée, *Fouquiera*, et parmi les Liliacées, *Yucca*.

24. PARRY, *Transactions of the Academy of S. Louis*, II, p. 532. Peterm. *Mittheil.*, XIV, p. 445.

25. MARCOU, *Bulletin de la Soc. géogr. de Paris*, 1867, p. 462; Peterm. *Mittheil.*, XIV, p. 36.

26. WHIPPLE, *Pacific Railroad Explorations*, IV, p. 20.

27. BOURGEAU, *Journ. of Linn. Soc.*, IV, p. 16; voyez Domaine forestier de l'Amérique du Nord, vol. II, p. 266.

28. Altitude du mont Hood (*ibid.*, note 49).

29. Comparez : Amérique du Nord, Domaine forestier, II, p. 265.

30. PARRY, *Physiographical Sketch of the Rocky Mountains Range* (*American Journ. of Science*, 1862; Peterm. *Mittheil.*, IX, p. 312). Les chiffres donnés dans le texte relativement à l'étendue de la récolte faite par M. Parry se rapportent à l'année 1861. Les années suivantes, les collections s'accrurent beaucoup, il est vrai, mais le catalogue qu'en a dressé M. Asa Gray (*Proceed. Acad. of Philadelphia*, 1863, p. 55) contient des plantes provenant également de la plaine.

31. Asa Gray, *Examination of a collection made by Ervendberg near Tantoyuca* (*Proceed. Americ. Acad.*, V, p. 174).

32. Xantos (Peterm. *Mittheil.*, VII, p. 133). Entre 28° lat. N. et les tropiques, la physionomie de la presqu'île californienne correspond à celle des Prairies méridionales; même à Todos-Santos (23° 30′) le voyageur mentionne *Sarcobatus*, *Cereus giganteus*, et des Mimosées, auxquels vient ensuite s'associer ici un Palmier à éventail. Sa collection du oap Sud à S.-Lucas a été examinée par M. Asa Gray (*Proceed. Amer. Acad.*, V, p. 153) : il y trouva 121 espèces, dont quelques-unes nouvelles.

33. J'ai admis, pour base de mon évaluation de la richesse de la flore des Prairies, particulièrement l'ouvrage de M. Torrey sur les collections de plusieurs voyageurs dans les contrées méridionales (*Botany of the United States and Mexican Boundary, in Emory's Report on the Boundary Survey*). Ce travail embrasse presque la série tout entière des plantes vasculaires, et s'appuie sur la collection relativement la plus considérable : avec l'adjonction de Cactées et Graminées qui y avaient été omises et que j'ai pu évaluer à l'aide d'autres sources, cet inventaire se monte à plus de 2200 espèces. Toutefois une grande partie de la collection ne provient guère des Prairies, mais de la Californie, et c'est d'après cette considération qu'a été modifiée ma conjecture que cette collection contenait peut-être la moitié des plantes des Prairies connues jusqu'à présent.

34. J'estime l'étendue du domaine des Prairies à 100 000 milles géogr. carrés.

35. Voici, dans l'ouvrage de M. Torrey (note 33), la série successive de familles les plus riches en espèces, sans que cependant les éléments de la flore californienne en aient été éliminés : Synanthérées (20 pour 100); Légumineuses (10 pour 100) ; puis viennent (celles où la proportion n'est point au delà de 1 pour 100) : les Euphorbiacées, les Cactées (d'après l'énumération d'Engelmann), les Scrofularinées; enfin, avec 3-2 ou à peine 2 pour 100) les Graminées, les Cypéracées, les Labiées, les Crucifères et les Borraginées, les Polygonées et les Liliacées.

36. Aperçu des genres endémiques les plus remarquables des Prairies :

a. Arbustes monotypes : Rosacées, *Purshia, Cowania, Fallugia;* Célastrinées, *Mortonia, Glossopetalum, Pachystima;* Saxifragées, *Jamesia, Fendlera;* Rutacées, *Kœberlinia, Astrophylgum;* Légumineuses, *Eysenhardtia;* Portulacées, *Talinopsis;* Synanthérées, *Zaluzania;* Labiées, *Leucophyllum.*

b. Arbres monotypes : Sapindacées, *Ungnadia* (dans le Texas et le Nouveau-Mexique); Légumineuses, *Olneya* (sur le Gila).

c. Exemples d'herbes vivaces : Synanthérées (Labiatiflores), *Hemipti-*

lium (Liguliflores), *Calycoseris;* les autres genres de la famille, répartis entre les Astéroïdées et les Sénécionidées, possédant un grand nombre d'espèces, notamment *Pyrrhocama, Laphamia, Balsamorrhiza;* Crucifères, *Dryopetalum, Greggia, Synthlipsis;* Capparidées, *Wislizenia, Cristatella;* Malvacées, *Thurberia;* Rutacées, *Holacantha;* Légumineuses, *Peteria;* Onagrariées, *Stenosiphon;* Loasées, *Petalonyx, Cevallia;* Cucurbitacées, *Sicydium;* Labiées, *Brazoria;* Nyctaginées, *Pentacrophys;* avec plusieurs espèces, les genres *Nyctaginia, Selinocarpus* et *Acleisanthes;* Polygonées, *Acanthogonum;* Amarantacées, *Acanthochiton;* Liliacées, *Cooperia, Cremassia, Androstephium.*

37. Exemples de quelques genres communs aux Prairies et à la Californie : Légumineuses, *Hosackia;* Rosacées, *Cercocarpus;* Euphorbiacées, *Simmondsia;* Malvacées, *Fremontia;* Onagrariées, *Eulobus;* Rutacées, *Thamnosma;* Caryophyllées, *Spraguea;* Crucifères, *Pachypodium;* Cornées, *Garrya;* Scrofularinées, *Eunanus, Cordylanthus;* Nyctaginées, *Abronia.*

XIV

DOMAINE LITTORAL CALIFORNIEN

Climat. — La flore de la contrée littorale de la Californie supérieure ne possède pas des formes végétales assez spéciales pour qu'il en résulte précisément une grande différence physionomique à l'égard des pays limitrophes. Néanmoins, vu la position climatérique tout à fait particulière qui donne lieu à la production de plantes endémiques, on est en droit de considérer comme un domaine végétal indépendant le littoral de l'océan Pacifique, depuis l'embouchure de l'Orégon (46° lat. N.) jusqu'à l'origine de la péninsule californienne (33°). Favorisée par la douceur et la brièveté de l'hiver, et différant par ses étés sans pluie du domaine forestier situé de l'autre côté de l'Orégon, de même qu'elle diffère des Prairies par une période de végétation appropriée au développement des formes arborescentes, la Californie ressemble au domaine méditerranéen de l'Europe, auquel, toutefois, cette Italie du Pacifique est si inférieure en extension, à cause de l'uniformité de la configuration littorale que détermine le voisinage de la Sierra-Nevada.

Il n'en est pas moins vrai que l'uniformité de la température de toutes les saisons est plus prononcée en Californie que dans l'Europe méridionale[1], tellement qu'à l'exception des climats tropicaux de montagnes, l'hémisphère septentrional tout entier ne possède rien de semblable. Cela tient au courant froid qui baigne la côte, et qui, renforcé en été, atténue la température de cette saison[2]. D'autre part, la Sierra-Nevada sert d'abri contre les froids hivernaux des Prairies : et c'est ainsi que cette contrée jouit du climat marin dans sa plus complète expression. Nous devons les premières données sur la courbe thermique plane dans la baie de San-Francisco (38° lat. N.) aux observations météorologiques faites à l'établissement, alors russe, de Ross[3], où il fut constaté qu'avec une température moyenne singulièrement basse pour cette latitude (11°,5), il n'y avait que 5 degrés de différence entre l'été (14°,1) et l'hiver (9°,1), et que même entre le mois le plus froid (février, 8°,6) et le mois le plus chaud (août, 14°,8), l'écart n'était que de 6 degrés. Or ce qui prouve que ces phénomènes sont produits par la basse température de la mer, c'est que, sous la même latitude, dans l'intérieur de la vallée du Sacramento, la moyenne annuelle est supérieure de 4 degrés (15°,4) et que la différence entre l'été (21°,2) et l'hiver (8°,2) se monte déjà à 13 degrés. Bien que les courbes thermiques planes de la Californie soient parfaitement comparables à celles que présentent les hautes plaines tropicales du Mexique, les éléments constitutifs des flores respectives n'ont point de connexion, et il n'y a dans les formes végétales que ce trait d'analogie, que dans les deux cas les forêts se composent d'essences résineuses et de Chênes, dont les espèces, au reste, ne concordent point, parce que les prairies placées entre ces contrées empêchent la migration des arbres.

Ce qui est encore plus important pour le caractère végétal et le développement des ressources de la Californie, c'est l'alternance régulière entre une saison humide et une saison exempte de pluie. Comme, à l'instar de l'Europe, les précipitations ont lieu ici pendant les mois d'hiver[4], on y voit se reproduire les principaux avantages du climat méditerranéen, sans en atteindre cependant la température élevée. Cela explique le grand développement de la Californie depuis que la découverte de ses trésors minéraux a créé une population plus nombreuse, développement qu'elle doit aussi à la variété et à l'abondance des produits de son sol. Ici la viticulture européenne a pris racine ; la figue, la pêche et d'autres fruits y sont d'une qualité rare, et sur certains points les céréales et les plantes fourragères donnent des récoltes exceptionnelles. Mais aussi convient-il de ne pas perdre de vue également l'action exercée par la position géographique et l'irrigation opérée par les cours d'eau littoraux, la première se manifestant par ce fait qu'à mesure qu'on s'avance du nord au sud, les pluies perdent graduellement de leur durée, jusqu'à ce que dans la péninsule californienne la période de végétation finisse par se trouver soumise aux mêmes restrictions que dans les prairies méridionales. Il est vrai que dans le nord le montant des précipitations n'est pas non plus considérable ; il reste de moitié inférieur à celui des États atlantiques ; mais à San-Francisco le sol se trouve humecté pendant six mois, de novembre à avril, et à San-Diego déjà le mois de mars est sec, et avec avril commence une saison exempte de pluies qui dure sept mois ; c'est que les avantages que l'agriculture californienne retire de la latitude consistent précisément en ce que, plus on se rapproche de la baie de San-Francisco et de l'Orégon, plus la période réservée au développement des végétaux cultivés gagne de temps, avant d'entrer dans l'époque de la sécheresse estivale.

Dans la Californie supérieure, l'alternance entre la saison sèche et la saison humide ne tient pas, comme dans le midi de l'Europe, aux mouvements généraux de l'atmosphère, mais à la nature des vents littoraux locaux, ainsi qu'au froid courant marin qui y exerce, à l'instar du Pérou, une action particulière sur les précipitations ; tant que dure la saison dépourvue de pluie, les vents nord-ouest dominent sur ces côtes sans interruption[5]. C'est en été que se prononce de la manière la plus tranchée[2] la différence de température entre les chaudes vallées longitudinales situées au pied de la Sierra-Nevada, et le courant marin se refroidit à la même époque. L'air se réchauffe en affluant vers ces vallées ; il ne saurait donc donner lieu à des précipitations ; ce n'est que sur la mer elle-même que se produisent des brouillards qui, même dans cette saison, n'humectent guère la côte. Ainsi que tout corps relativement froid condense à sa surface les vapeurs aqueuses contenues dans l'air ambiant, de même une nappe d'eau plus fraîche exerce une action d'attraction et de concentration, en sorte que les brouil-

lards émanés des courants littoraux peuvent contribuer même
à rendre sèche l'atmosphère de la côte voisine. Ce qui fait voir
que la basse température de ce courant est en rapport avec
l'absence des pluies estivales, c'est que la limite septentrionale
de la flore californienne coïncide avec celui des cercles parallèles, où le courant froid atteint la côte pour la première fois
(45° lat. N.)[2]. Le fait est que, plus au nord, le courant polaire
longe la côte de l'Orégon en se tenant à une certaine distance de
la terre; aussi y pleut-il même en été[6].

La période pluvieuse californienne se trouve accompagnée
d'un courant atmosphérique sud-est ou sud, et par conséquent
équatorial, au-dessus duquel on voit cependant les nuages
situés dans les couches supérieures de l'atmosphère se diriger à
l'est[2]. C'est le mélange de ce contre-courant limité aux régions
inférieures, avec le courant occidental plus froid des couches
atmosphériques supérieures, qui paraît produire de la pluie.
Mais la majeure partie des vapeurs aqueuses que l'océan Pacifique apporte de loin au continent ne se décharge que sur les
hauteurs de la Sierra-Nevada et des montagnes Rocheuses.

Ainsi donc la répartition des précipitations entre les divers
mois de l'année est, dans la Californie supérieure, semblable à
celle que présentent les Prairies septentrionales. Comme dans
ces dernières et dans le midi de l'Europe, le développement de
la végétation y a lieu au printemps et se trouve interrompu
en été. La prédominance des courants atmosphériques occidentaux venant de l'océan Pacifique et aspirés par le continent
constitue un phénomène qui se reproduit également dans la
péninsule d'une manière semblable, quoique sans exercer la
même action sur la végétation. En effet, ici comme dans les
Prairies méridionales, la période plus humide de l'année a lieu
exactement en été, et la position zénithale du soleil exerce une
plus grande influence, mais la quantité des précipitations est
minime et leur durée peu considérable : cela explique la concordance que présentent les deux côtes du golfe californien sous
le rapport de leur caractère de végétation. « L'imagination,
dit M. Duflot de Mofras, ne saurait se figurer rien de plus
triste, de plus désolé que ces deux côtes réduites à l'état de

désert à cause du manque d'eau. » Ce n'est que dans la proximité du tropique, de l'autre côté de la baie de Magdalena (24° lat. N.)[7], que l'humidité s'accroît, et c'est alors qu'on voit les formes tropicales du Mexique se présenter sur l'extrémité méridionale de la péninsule.

Formes végétales. — Dans les forêts de Conifères de la Californie, notamment dans celles de la Sierra-Nevada, les formes d'arbres à feuilles aciculaires et de Cyprès présentent plus de variété que tout autre domaine du nord de l'Amérique de même étendue. Le chiffre d'espèces de Conifères constatées jusqu'aujourd'hui (28 espèces) est presque aussi considérable qu'au Japon. Plus de la moitié sont exclusivement propres à la contrée littorale, si restreinte, ou bien à ses montagnes ; tandis que le plus grand nombre des autres espèces qui franchissent l'Orégon, ou qui s'étendent jusqu'aux montagnes Rocheuses, paraissent avoir eu la Californie pour point de départ de leurs migrations. Le fait que sous ces latitudes moyennes la famille des Conifères est plus riche en espèces que partout ailleurs, est du nombre de ceux qui prouvent l'influence de la position géographique sur la répartition des groupes systématiques du règne végétal, influence qui se manifeste d'une manière indépendante de l'action exclusivement physique exercée par les conditions vitales sur l'organisation. En effet, comment démontrerait-on que les climats dissemblables du Japon et de la Californie, dont les Conifères sont d'ailleurs tous spécifiquement différents, exercent sur cette famille une action plus favorable qu'une contrée quelconque de l'hémisphère septentrional? D'autre part, on ne saurait nier la solution en apparence satisfaisante que fournit dans ce cas la théorie darwinienne, qui déduirait ce phénomène des immigrations facilitées par la position géographique, mais tout en laissant cependant inexplicable l'agglomération des espèces. En effet, entre les îles du Japon et le littoral américain, il existe également, dans le sens de la classification systématique, cette analogie qu'à côté des espèces particulières de Pins et de Sapins, figure une série de genres plus petits de nature locale, appartenant pour la plupart à la forme Cyprès, et parmi lesquels deux, *Chamæcyparissus* et

Torreya), se trouvent représentés dans l'une et l'autre flore. Un troisième genre relie la Californie à d'autres flores de l'hémisphère austral (*Libocedrus*) ; et en outre il y a encore un genre endémique (*Sequoia*) *.

Comme forme végétale, les Conifères californiens sont bien plus remarquables par les dimensions qu'acquièrent plusieurs d'entre eux, et qui sont supérieures à celles d'un pays quelconque. Ce n'est que dans le domaine de l'Orégon, situé non loin de ce pays, que se manifeste encore à un certain degré cette tendance à la production d'arbres de haute futaie. Mais dans le cas que nous allons mentionner tout à l'heure, la masse de bois que contient le même tronc est tellement considérable, qu'en général aucun arbre du globe n'en possède davantage. Or, ici encore, nous ne saurions découvrir aucune relation entre le climat et la végétation. La température uniforme qui rend possible une période de végétation de longue durée ne suffit guère à

* Dans son remarquable ouvrage sur la flore arctique (*Flora fossilis arctica*), dont le 3ᵉ et dernier volume vient de paraître à Zurich, le Dʳ Oswald Heer fait ressortir l'énorme extension qu'a eue à l'époque crétacée le genre *Sequoia*, notamment le *S. Reichenbachii* Gein., dont la présence a été constatée non-seulement dans la plupart des dépôts crétacés de l'Europe et de l'Amérique (Saxe, Bohême, Moravie, Autriche, Belgique, France méridionale, Russie, Nebraska, etc.), mais encore dans le Groënland, où cette espèce s'étend jusqu'au 71ᵉ lat. N., et dans le Spitzberg, même jusqu'au 78ᵉ. De son côté, M. Léon Lesquereux (*Contributions to the fossil Flora of the Western Territories*, part. I, *the Cretaceous Flora*) signale la riche flore crétacée des États occidentaux de l'Amérique, où le groupe du *Dacotah* lui a fourni 101 espèces dicotylédones (soigneusement décrites et en partie figurées) et 8 Conifères, parmi lesquels figure le *Sequoia Reichenbachii*. Parmi les espèces actuelles, le *Sequoia sempervirens* paraît trouver en Europe des conditions de développement tout aussi favorables que dans le nouveau monde ; c'est ce qui résulterait des renseignements fournis par M. Léo d'Ounous (*Bull. Soc. d'acclimat.*, 3ᵉ sér., ann. 1876, t. III, p. 296) sur la culture de cet arbre dans le département de l'Ariége (Pyrénées, 43ᵉ lat. N.), où un *Sequoia sempervirens* à peine âgé de seize ans offre déjà 2ᵐ,60 de pourtour à hauteur d'homme, et 55 centimètres en mesurant autour des branches inférieures qui couvrent le terrain sur cette vaste étendue. « Cet arbre colossal, dit M. d'Ounous, dont la végétation n'est pas arrêtée par les froids les plus rigoureux, est couvert en ce moment de milliers de chatons et de strobiles à graines fertiles qui font gracieusement pencher l'extrémité élégante des jeunes ramilles ; il a 50 mètres de haut. » M. d'Ounous signale des résultats tout aussi brillants fournis par la culture dans l'Ariége du Cèdre de l'Atlas, qui, lui aussi, à peine âgé de seize ans, égale en hauteur les Cèdres du Liban et de l'Inde, ainsi que les plus beaux Tulipiers d'Amérique âgés de soixante à soixante-dix ans. — T.

nous éclairer à cet égard : aussi cette relation doit être également considérée comme une particularité propre aux centres végétaux californiens, mais dont la cause nous reste inconnue.

C'est par le développement extraordinaire de cette faculté de soulever l'eau du sol à travers les tissus, et de faciliter ainsi la croissance continue du bourgeon terminal et le renforcement correspondant du tronc, que se fait remarquer comme une forme des plus saillantes de la flore californienne le *Wellingtonia* ou l'arbre Mammuth de la Sierra-Nevada (*Sequoia gigantea*), le plus grand Conifère de la terre, dont la taille dépasse la hauteur des constructions humaines les plus élevées, telles que la cathédrale de Strasbourg, et même les pyramides d'Égypte. A la suite des premières nouvelles qu'on eut de la découverte faite de l'arbre Mammuth sur les affluents du San-Joaquim[8], dans la région forestière supérieure du versant californien de la Sierra-Nevada (38° lat. N.), sa hauteur fut évaluée à 91^m,4 (300 pieds anglais), évaluation qui aujourd'hui encore, peut être considérée comme le chiffre moyen du développement vertical de cet arbre. Mais plus tard M. Bigelow examina un tronc[9] qui possédait cette taille dès le dessous de sa couronne, en sorte qu'il estima à 136-152 mètres (420-470 p.) la hauteur totale de l'arbre, y compris la couronne. Les seuls exemples d'une taille semblable n'ont été constatés, ainsi que nous l'avons indiqué en étudiant l'Australie (p. 328), que chez quelques individus d'un *Eucalytus* (*E. amygdalina*), dans la colonie de Victoria, à l'égard desquels M. F. de Müller fait observer qu'ils pourraient ombrager la pyramide de Chéops. Toutefois, chez les *Wellingtonia*, la valeur moyenne des dimensions est bien plus considérable que chez ces Eucalyptes. On n'avait d'abord constaté dans la Sierra-Nevada que peu d'individus de cet arbre gigantesque, et seulement sur des points isolés, dans le ravin nommé ravin des Mammuth, situé dans le domaine des sources des rivières de S.-Antonio et de Stanislas. Ils ne s'y trouvaient qu'au nombre d'environ 300 individus, se dressant en petits groupes ou isolément au-dessus du reste de la forêt à feuilles aciculaires. Mais ensuite M. Brewer[11] découvrit plus au sud (36°-37° lat. N.) beaucoup de ces essences sur le versant occidental de la Sierra-

Nevada, où, dans la région de 1526 à 2111 mètres (4700-6500 p.) d'altitude, elles se présentaient en nombre considérable, mélangées à la forêt. Là où l'on pouvait embrasser d'un seul coup d'œil des centaines d'arbres Mammuth, les troncs les plus forts, n'ayant cependant que 84^m,2 (260 p.) de hauteur, présentaient à 1^m,3 au-dessus du sol une circonférence de 32 mètres (99 p.). M. Bigelow constata à 11 mètres (34 p.) le diamètre du tronc de ces arbres Mammuth les plus élevés, diamètre notablement supérieur à celui que présentent les plus grands Eucalyptes (environ 8 mètr.) signalés par M. Müller, et dont la masse ligneuse doit être par conséquent bien moins considérable. Les frais d'abatage d'un tel arbre se montaient, d'après les prix du pays, à 550 dollars (environ 2800 fr.). Les données relatives à l'âge des troncs les plus élevés sont encore incertaines ; leur croissance paraît marcher lentement, bien que leur bois soit léger. M. Lindley croyait pouvoir faire remonter à 3000 années les grands *Wellingtonia* du ravin des Mammuth, et M. Torrey compta plus de 1100 couches annuelles concentriques sur un tronc qui n'avait pas tout à fait 4^m,2 de diamètre : dans ce cas, la moyenne de l'accroissement transversal ne serait donc que de 4^{mm},5 [*].

A côté de l'arbre Mammuth viennent se ranger plusieurs autres Conifères californiens qui acquièrent également des dimensions extraordinaires et jouent en partie un rôle important dans les forêts de la Sierra-Nevada. La deuxième espèce du même genre, l'Arbre au bois rouge (*Sequoia sempervirens*, *Red-Wood*) s'élève à 65-98 mètres, tout autant que le Pin à sucre (*P. Lambertiana*), remarquable par le goût sucré de son bois,

[*] Les observations de MM. Bigelow et Brewer paraissent avoir échappé à M. le professeur Planchon, lorsque dans son travail sur l'*Eucalyptus* (voy. ma note, p. 311), il admettait que dans la Californie les plus grands *Sequoia* ne dépassaient pas la hauteur de 98 mètres. Dans tous les cas, M le vicomte de Puligny (*Bull. Soc. d'acclimat.*, ann. 1875, t. II, p. 24) nous apprend qu'en Californie il n'est pas très-rare de trouver des *Sequoia* de 130 mètres de hauteur sur 30 à 35 mètres de circonférence ; d'ailleurs, ainsi qu'il le rappelle, le public de Londres a été à même d'admirer au palais de Sydenham le gigantesque fragment d'un tronc de *Sequoia* qui malheureusement fut détruit par l'incendie dont ce splendide édifice a été récemment victime : c'était une bille de 40 mètres sur 10 mètres de large, dans l'intérieur de laquelle on avait disposé à San-Francisco, une chambre élégamment meublée où *quarante personnes* pouvaient se tenir assises. — T.

arbre qui, à la vérité, ne se présente qu'isolément, mais cependant est répandu jusqu'aux montagnes Rocheuses (45°-35° lat. N.). Un des Sapins californiens (*P. nobilis*) acquiert également une hauteur de 65 mètres (200 p.). D'ailleurs, nous avons déjà fait observer précédemment (p. 384) que la zone des Sapins de l'Orégon possède des Conifères non moins élevéos : seulement elle le cèdent toutes à l'arbre Mammuth*.

Le reste des formes végétales de la Californie se rattache à la flore méditerranéenne de l'Europe, quant à la formation de leurs organes de nutrition. En considérant l'espace qui sépare les deux côtes occidentales de l'Atlantique et du Pacifique, aussi bien que l'impossibilité d'une connexion entre ces côtes à l'aide de migrations tant aujourd'hui que dans le passé, nous nous trouvons à même de constater avec certitude jusqu'à quel point le développement végétal dépend des conditions vitales climatériques. Chez les essences à feuillage, la concordance s'étend également à la position que les genres californiens occupent dans la classification systématique ; mais les arbustes et les herbes vivaces ne sont point dans ce cas, ou du moins ne s'y

---

* Si l'assertion du journal américain *New York Herald* (reproduite par le *Pall Mall* du 13 juin 1873) relativement à la gigantesque Vigne de Santa-Barbara, se confirmait par le contrôle d'un observateur scientifique, il en résulterait que les proportions extraordinaires qui caractérisent les Conifères de la Californie ne s'y trouveraient point limitées aux arbres de cette famille. En effet, le *New York Herald*, qui qualifie cette Vigne de « la plus grosse Vigne du monde », la décrit comme ayant un tronc de 4 pieds de circonférence un peu au-dessus de ses racines, en conservant cette grosseur sur une longueur de 8 pieds, où il se ramifie ; ses branches, bien que les feuilles en soient constamment taillées, couvrent une surface de *quatre mille pieds carrés*, et elle donna en 1872 une masse de raisin pesant 12 000 pounds ou 6 tonnes. Au reste, il paraîtrait que dans la Californie la Vigne n'est pas seulement remarquable par ses dimensions, mais qu'elle possède aussi l'avantage de donner un raisin propre à la production d'un excellent vin. Dans une note sur la viticulture de la Californie (*Bull. Soc. d'acclimat.*, 3ᵉ sér., ann. 1876, t. III, p. 320), M. Octave Sachot dit qu'aujourd'hui les vins californiens s'exportent au Chili, aux Sandwich, au Japon et même en Angleterre. Tout en faisant une large part aux exagérations suggérées par la vanité nationale ou par les calculs des producteurs, M. Sachot ajoute : « La Californie se vante de posséder des terrains propres à la culture de la Vigne égaux en étendue aux vignobles réunis de la France, de l'Allemagne et de la Hongrie, et les vignerons du lieu voient déjà, *en espérance*, arriver le jour prochain où ils nous battront sur tous les marchés du monde. » — **T.**

trouvent que rarement. Parmi les plantes grasses nous voyons ici aussi se présenter la forme Cactus, qui n'a pris pied sur la Méditerranée qu'à la suite d'immigrations modernes ; cependant les espèces californiennes diffèrent complétement de celles qui croissent de l'autre côté de la Sierra-Nevada[42]. Il y a des formes méditerranéennes qui ne sont pas représentées en Californie, telles que celle du Palmier nain, attendu que sur la côte occidentale du nord de l'Amérique, les Palmiers, ainsi qu'en général les familles tropicales, ne franchissent pas les tropiques, ou du moins ne les dépassent guère. Eu égard à la position isolée du pays, les formes végétales de la Californie, prises dans leur ensemble, sont moins variées que celles de la Méditerranée.

La concordance entre les essences angiospermes se manifeste aussi bien chez les formes toujours vertes, représentées par les Amentacées et par une Laurinée, que chez les formes à feuilles caduques représentées par des genres dont l'aire embrasse l'hémisphère septentrional tout entier, ou du moins en majeure partie. Outre la Laurinée sus-mentionnée, qualifiée d'Olivier dans le pays (*Tetranthera californica*), la forme Laurier compte en Californie plusieurs Chênes toujours verts (ex. *Quercus agrifolia* et *Q. densiflora*), de même qu'un arbre voisin du Châtaignier (*Castanopsis chrysophfilla*), le seul de cette série qui, ainsi que nous l'avons fait observer (p. 372), franchisse l'Orégon. Parmi le reste des arbres angiospermes on voit se reproduire la forme du Hêtre, notamment dans quelques espèces voisines des Chênes du nord de l'Europe (ex. *Q. Douglasii*), puis la forme du Tilleul (*Platanus Æsculus*), celle du Frêne (*Fraxinus, Juglans*) et celle du Saule (*Salix*).

Les buissons toujours verts se rattachent aux formes de l'Oléandre, du Myrte et de l'Erica du midi de l'Europe ; mais les seuls qui s'accordent avec les genres du pays sont les Chênes (*Quercus agrifolia*) souvent réduits à l'état frutescent, ainsi qu'une Éricée de haute taille (*Arbutus Menziesii*), qu'il possède en commun avec le domaine de l'Orégon : fréquemment même les familles sont différentes. A côté des Éricées (en outre de l'*Arbutus Menziesii*, quelques espèces d'*Arctostaphylos*) et des Rosacées (*Photinia arbutifolia* et *Prunus salicifolia*), on voit également dans les maquis californiens des Euphorbiacées (*Simmondsia*), des Hydroléacées (*Eriodictyon*) et des Polygonées (*Eriogonum fasciculatum*). Les revêtements résineux et pileux des *Eriodictyon* endémiques, souvent utilisés à S.-Diego comme combustible, révèlent les relations connues entre ce mode d'organisation et la sécheresse croissante du climat de cette contrée. Dans la Californie, la forme d'Erica est représentée par un genre de Rosacées (*Adenostoma*). Le voisinage des Prairies est indiqué par des buissons de Synanthérées (*Artemisia californica, Baccharis*).

De même, parmi les herbes vivaces, tout aussi variées que dans les prés montagneux de la Méditerranée, ce sont les Synanthérées qui se trouvent représentées d'une manière prépondérante. Au nombre des groupes caractéristiques figurent, parmi les Légumineuses, les Lupins et les Trèfles ; puis les Polémoniacées (*Gilia*), les Hydrophyllées (*Phacelia*) et les Papavéracées (ex. *Eschscholtzia*). Enfin la dernière analogie avec la flore méditerranéenne se produit dans les Graminées annuelles (*Avena*), qui croissent par groupes sociaux.

Formations végétales et Régions. — C'est d'une manière uniforme que la contrée littorale de la Californie supérieure s'élève depuis le Pacifique jusqu'à l'arête de la Sierra-Nevada[13]. De l'autre côté de la série des hauteurs qui longent la côte, mais dont l'altitude n'est pas assez considérable pour condenser l'humidité des vents du large, se déploient au pied occidental de la haute contrée montagneuse les nombreuses vallées longitudinales bien irriguées et alimentées par des fissures transversales. Au sud de l'embouchure de l'Orégon, où les Sapins cessent sur le littoral, les forêts vont toujours en s'évanouissant graduellement dans la plaine, sur les collines et sur les versants inférieurs des montagnes. Au delà du rio San-Francisco (38° lat. N.), il n'y a plus de grandes forêts et les arbres sont partout peu nombreux[7]. Lorsque de la côte on remonte cette rivière, on aperçoit une vaste plaine d'alluvion, ouverte et revêtue de taillis de Chênes clair-semés à l'instar d'un parc naturel ; elle est traversée par la rivière, qui la submerge pendant les saisons humides. De concert avec les Chênes toujours verts ou à frondaison caduque, les taillis feuillés contiennent également la Laurinée californienne, de même que des individus isolés de Frêne et de Marronnier d'Inde; des Saules ainsi qu'un Platane endémique (*P. racemosa*) longent les rives du fleuve. Ici les forêts à Sapins élevés du littoral de l'Orégon se sont retirées dans des régions plus hautes, sur le versant occidental de la Sierra-Nevada, tout en laissant souvent pleine liberté à la végétation des Prairies de pénétrer de l'est dans les interstices et les sinuosités de la montagne*.

Si dans la physionomie des pays californiens à facies de parc naturel, avec leurs alternances de taillis et de surfaces ouvertes, la végétation arborescente joue un rôle moins saillant que dans la flore méditerranéenne, les autres formations ne reproduisent que davantage le caractère de cette flore, et cette similitude devient encore plus prononcée dans le sud de ce littoral si prolongé. Ici les buissons toujours verts sont comparables aux maquis, les collines sèches se revêtent au printemps de prés

---

* D'après M. Oscar Loew, qui accompagna le lieutenant Wheeler dans ses expéditions au Nouveau-Mexique et au Colorado, les forêts californiennes éprouvent un décroissement tellement considérable et tellement rapide, que si la consommation et la destruction gratuite du bois continuent sur la même échelle, *quarante années* suffiront pour les faire disparaître toutes; car M. Loew fait observer (Petermann, *Mittheil.*, ann. 1875, t. XXI, p. 446) que la Californie a déjà perdu le tiers de ses anciennes forêts, et qu'il résulte des calculs statistiques, que la consommation du bois opère *chaque jour* le déboisement d'une surface de 500 acres (plus de 7 hectares, et par conséquent 2555 hectares par an). Le savant américain constate le même phénomène dans une contrée limitrophe de la Californie : dans le Nouveau-Mexique, où plusieurs chaînes des montagnes Rocheuses, entre autres la Sierra del Sangre, présentent dans des proportions immenses la destruction des forêts, destruction d'autant plus grave qu'elle est presque irréparable; car, selon M. O. Loew, dans les montagnes Rocheuses, eu égard à la sécheresse atmosphérique, le reboisement spontané s'opère avec la plus grande difficulté : ce n'est qu'à des altitudes au delà de 2500 mètres (8000 p.), que sur le sol où croissaient précédemment des essences résineuses, on voit surgir, quelquefois avec une extrême abondance, une sorte de Tremble (*P. tremuloides*), mais les fourrés qu'il forme ne tardent point à dépérir, précisément à cause de l'agglomération des individus. M. O. Loew signale dans tout le Nouveau-Mexique une tendance croissante à devenir de plus en plus aride, et il attribue ce phénomène à ce que la sécheresse de l'atmosphère augmente à la suite d'un abaissement que subit le niveau du sol, abaissement qu'il évalue à 52 pieds par siècle, et dont l'effet se manifesterait par le décroissement des précipitations que reçoivent les montagnes et qui constituent la source principale d'irrigation pour les régions plus basses. — T.

fleuris, et les Graminées annuelles occupent un espace considérable.

M. Parry a fourni des descriptions graphiques de certaines particularités des environs de San-Diego[12]. Il distingue une région littorale, où prédominent les maquis, broussailles déprimées et rabougries, où, chez quelques arbustes, le vert luisant du feuillage révèle la faculté de résister à la sécheresse de l'été, tandis qu'un grand nombre frappent par leur teinte blafarde, qui ne tient pas seulement au revêtement pileux des Armoises. Parmi les Cactées, associées aux maquis, les diverses formes végétales de cette famille méritent d'être remarquées. En fait d'arbres, on ne voit ici qu'un Pin silvestre, si l'on ne tient compte ni des essences légères qui bordent les rives des cours d'eau, ni du Cotton-wood, consistant, comme dans les Prairies, particulièrement en Peupliers et en Saules. Au-dessus de la région littorale se présentent d'autres espèces de broussailles, formant également des buissons déprimés, composés notamment de Chênes toujours verts, tandis que les Armoises disparaissent à un certain niveau ; de même, sur les versants des séries de hauteurs (jusqu'à 909 mètr. ou 2800 p.), de tels maquis sont fréquents, et ils forment des fourrés tellement serrés, qu'on a peine à y pénétrer.

Les prés alpestres qui alternent avec les maquis sont, comme ces derniers semblables à ceux du midi de l'Europe, tant par la diversité des herbes vivaces qui les constituent que par les contrastes entre les splendeurs d'une végétation florissante et les solitudes dépourvues de tout ornement, contrastes qui se succèdent si rapidement selon les phases de la période de végétation. Les époques de floraison de la plupart des végétaux coïncident avec la dernière moitié de l'hiver, ou bien avec les deux premiers mois du printemps : c'est en février que la contrée brille le plus par l'intensité et la variété de ses teintes. A San-Diego l'alternance de ces phénomènes dure jusqu'en avril, mais alors les collines arides commencent à prendre l'aspect d'une steppe abandonnée. Sur le littoral de la mer, les prés se convertissent en riches pâturages, toutes les fois que prédominent les Trèfles et autres herbes fourragères ; c'est ce qui a également lieu

dans l'intérieur du pays, grâce à la formation des Graminées
annuelles, qui, placées sur un sol convenable, refoulent au loin
les herbes vivaces. Lorsqu'en se dirigeant vers los Angeles
(34° lat. N.), M. Frœbel eut quitté les prairies et franchi les
cols des montagnes, il vit une espèce d'Avoine former des masses
tellement compactes, qu'après leur maturation, les graines
recouvraient le sol complétement[14]. Il fait observer que cette
Graminée, de concert avec un Trèfle annuel, revêt d'énormes
espaces, et que, pendant des mois entiers, ses graines constituent
presque l'unique nourriture d'une quantité considérable de
troupeaux.

On n'a pas encore comparé d'une manière assez précise les
régions de la Sierra-Nevada d'après les diverses latitudes, ainsi
que sur ses deux versants. Voici quelques données relativement
au versant tourné vers le Pacifique :   -

0m-909m (0-2800 p.). Région des maquis (33° lat. N)[12].
909m-2598m (2729m) ou 2800-8000 p. (8400 p.). Région forestière (39° lat. N.)[13].
   Région forestière infér., 909m-1526m ou 2800-4700 p. (33° lat. N.).
   Région des Wellingtonia, 1526-2111m ou 4700-6500 p. (36° lat. N.)[14].

Dans la région forestière inférieure au-dessus de San-Diego,
M. Parry trouva une chétive ceinture d'essences résineuses alternant encore avec des Chênes à cette altitude ; les cols étaient
trop bas pour atteindre la région des Conifères proprement dite.
En fait d'essences résineuses, on y voyait six espèces en partie
de haute futaie, mais aussi des Pins plus petits (ex. une espèce
de Nut-Pins (P. Parryana)[12]. Ce n'est que dans les contrées
septentrionales (au delà de 36° lat. N.), ainsi que dans les
sections moyennes de la région forestière, que les arbres gigantesques de la Californie deviennent prédominants; une série de
diverses espèces (environ 12) de Pins et de Sapins forment une
large ceinture d'essences résineuses (909m.-2598 m. ou 2800-
8000 p.)[15], où en hiver s'accumulent de prodigieuses masses
de neige, qui, en se conservant jusqu'en mai ou juin, constituent
une source d'humidité pendant la période sèche. Nous manquons
encore de données relativement à la région alpine de la Sierra-
Nevada : à en juger par l'altitude moyenne de la chaîne monta-

gneuse[12], elle n'a point de caractère plus particulier que dans les montagnes Rocheuses. Il paraît que sur le Shasta, dont le sommet est revêtu de neiges perpétuelles, c'est avec le Pin tordu (*P. flexilis*), que la végétation disparaît complétement à l'altitude de 2729 mètres (8400 p.)[15].

Centres de végétation. — A en juger par les obstacles mécaniques et climatériques qui s'y opposent aux mouvements de migration, la majeure partie de la flore californienne a dû conserver toujours son caractère d'autonomie et d'isolement. Seulement les espèces indifférentes aux variations du climat ont pu passer au domaine plus humide de l'Orégon, ou bien défier les températures plus excessives des Prairies. Des relations de cette nature sont nombreuses; mais aussi elles sont les seules qui se présentent. Ce qui prouve combien, malgré sa température plus uniforme, le climat de la Californie se prête moins aux organisations tropicales que celui des États atlantiques méridionaux, c'est que les familles caractéristiques de la zone chaude y sont très-faiblement représentées, en sorte qu'à l'exception d'Acanthacées, de Nyctaginées et d'une Laurinée déjà mentionnée, toute autre forme arborescente tropicale y fait défaut.

Dans quelques cas, bien qu'isolés, la Californie affecte des rapports avec la côte occidentale du Chili, en dépit du vaste espace qui la sépare d'un climat analogue de l'hémisphère austral, espace que n'interrompt aucune station intermédiaire analogue. L'identité entre plusieurs plantes californiennes et chiliennes est démontrée [16], et de plus il existe une affinité intime entre les espèces des deux contrées, notamment à l'égard des Polémoniacées. Dans le premier cas, l'unité des centres de végétation doit faire admettre que des migrations ont eu lieu, et le deuxième cas permet de conclure à la similitude des conditions vitales, ou, si l'on préfère, à des modifications subies par les espèces primordiales. Le commerce des grains ne saurait rendre suffisamment compte de tels transports (par ex. difficilement à l'égard d'une Rosacée, l'*Acæna pinnatifida*), mais ils trouveraient leur explication dans les transports opérés par des oiseaux de passage à travers l'Océan; sans doute, ce n'est que par extraordinaire qu'ils franchissent l'équateur, puisque leurs migrations n'ont d'autre but que celui de rechercher, selon la saison, des contrées plus chaudes, ou bien les substances alimentaires des diverses latitudes. Mais c'est précisément le long de la côte occidentale de l'Amérique qu'on voit passer d'une zone tempérée à une autre des essaims d'oiseaux qui recherchent l'été des deux hémisphères, fait qui permet même d'expliquer le phénomène, encore bien plus rare, de l'identité entre des plantes arctiques et des plantes antarctiques.

On ne saurait pour le moment formuler une opinion décisive sur le caractère systématique de la flore californienne, puisqu'elle n'a pas été jusqu'à présent l'objet d'une revue générale, et que les collections suffisantes font défaut. Néanmoins déjà les genres monotypes permettent de conclure à l'importance qu'y possèdent les centres de végétation, et en admettant qu'ils sont à peu près aussi riches que ceux de la flore méditerranéenne, nous aurions droit de nous attendre à environ 1000 espèces endémiques[17].

Un catalogue, dressé par moi, de 50 genres endémiques de la Californie[18], consiste en majeure partie en monotypes (42). Il est probable, cependant, que ces chiffres subiront une diminution, lorsque les connexions avec les Prairies auront été mieux constatées : on connaît déjà maintenant une série de genres dont l'aire se trouve limitée à la Californie ainsi qu'à ses deux pays limitrophes[19]. De même que dans les Prairies, ici également, parmi les genres endémiques, le nombre des arbustes (11 genres) est considérable, auxquels d'ailleurs viennent se rattacher, en fait d'arbres, le genre Sequoia (Conifères). Les monotypes se répartissent entre 23 familles, dans lesquelles ici les Synanthérées constituent encore la majorité (9). Puis viennent les Polygonées (4), les Papavéracées, les Rosacées, les Onagrariées et les Liliacées (chacune avec 3 genres) : chez les autres familles, on n'observe que quelques genres monotypes isolés*.

_____

* Les remarquables explorations du docteur Wheeler, bornées jusqu'à présent au Nouveau-Mexique (voyez ma note page 406), viennent d'embrasser également la Californie méridionale, qui a été, durant l'année 1875, soumise par le même savant à une étude détaillée, dont M. Oscar Loew nous fait connaître les principaux résultats publiés par M. Petermann (*Mittheil.*, ann. 1876, vol. XXII, p. 327). Ils sont moins riches en renseignements botaniques qu'en données relatives à la zoologie, à la

topographie et à la climatologie ; cependant on peut signaler comme dignes d'intérêt les observations suivantes : Les Fucus répandus le long de la côte californienne paraissent être très-pauvres en iode, en sorte qu'ils ne sauraient servir à l'exploitation de cette substance, ainsi que c'est le cas dans plusieurs pays de l'Europe, notamment en Angleterre. Le *Larrea mexicana* marque d'une manière précise les limites ouest et nord du désert de Mohave. Enfin, sous le nom de Mesquit, les indigènes de la Californie désignent deux arbres qui jouent un rôle important dans leur régime alimentaire, savoir : le *Strombocarpa pubescens*, à fruit peu agréable, vu les fortes proportions de tannin qu'il renferme, et l'*Algarobia glandulosa*, à fruit sucré, dont les Indiens font une espèce de pain très-recherchée parmi eux. — La configuration plastique de la Californie méridionale offre de grandes variétés. Comme les montagnes se dirigent ordinairement parallèlement à la côte, les bons ports y sont fort rares et se réduisent à ceux de San-Francisco et de San-Diego. Le climat du littoral est caractérisé par la rareté des pluies, malgré la fréquence des brouillards. A Santa-Barbara, M. Wheeler vit chaque jour d'épais brouillards se produire à une température tellement élevée, qu'on devait supposer l'atmosphère saturée d'humidité, et malgré cela, les vapeurs aqueuses ne se condensaient point en pluie, lors même qu'au moment où apparaissaient les brouillards, le thermomètre baissait de 32° à 5°-6°. A San-Francisco, la température moyenne de l'été dépasse rarement 29°. Dans le désert de Mohave, désert qui jusqu'à présent avait été une véritable *terra incognita*, la température s'accroît rapidement à mesure qu'on s'éloigne de la côte : à Point of Rocks (altitude de 877 mètres ou 2700 pieds), la température nocturne était de 13° ; à Camp Cavly (alt. 395 mètres ou 1200 pieds), de 26°, tandis que la température diurne atteignait (à l'ombre) 41°. M. Wheeler trace un tableau saisissant du désert de Mohave, qu'il compare à tout ce que le génie du Dante a pu créer de plus lugubre pour donner une idée de l'enfer. De plus, la rivière Mohave, qui traverse ce terrible désert, offre un phénomène très-curieux : c'est que sur l'espace de 130 milles anglais qu'elle parcourt, depuis ses sources (situées sur le versant oriental des montagnes de San-Bernardino) jusqu'à la vallée du Mohave, cette rivière disparaît et reparaît successivement environ dix fois ; c'est dans la vallée du Mohave qu'elle s'engouffre définitivement dans le sol trachytique, pour ne plus reparaître. — D'un autre côté, nos connaissances de la flore californienne ont été considérablement étendues par les découvertes qui y a faites M. Asa Gray. En effet, le savant botaniste américain donne (*Proceedings of the Americ. Acad. of Arts and Sciences*, t. XI, ann. 1876) la description de plusieurs genres nouveaux, tels que : *Palmerella* (Liliacées), *Hesperella* (Oléacées), *Harpagonella* (Borraginées) et *Echidiocarya* (id.). De plus, M. Asa Gray signale des espèces nouvelles dans une quarantaine de genres. — T.

PIÈCES JUSTIFICATIVES

ET ADDITIONS.

XIV. DOMAINE LITTORAL CALIFORNIEN.

1. Exemples de températures estivales et hivernales de la Californie
(Dove, *Klimatol. Beiträge*, I, p. 42) :

Sur la côte :

	Hiver.	Été.	Année.
Humboldt-city (41° lat. N.).......	7°,5	13°,7	11°,2
Ross (38° 30′ lat. N.)............	8°,7	13°,7	11°,2
San-Francisco (38° lat. N.)..	10°	15°	11°,1
San-Diego (38° lat. N.)...........	11°,2	21°,2	16°,2
Dans l'intérieur de la vallée du Sacramento :			
Sacramento (38° lat. N.).........	8°,7	21°,2	15°

2. BLODGET, *Climatology of the United States*, p. 199, 195, 194.

3. TSCHERNYCH (Erman, *Archiv für Russland*, 1841 ; *Jahresb.*, ann. 1841, p. 453).

4. Quantité de pluie tombée en Californie (Dove, *loc. cit.*, p. 107 ; cf.
Blodget, dans *Pacific Railroad Explorations*, 12, I, p. 328) (en pouces
anglais) :

	Pendant l'année.	Plus de 2″ par mois.	Moins de 1″ par mois.
San-Francisco.	24″	Nov.-avril.	Mai-octobre.
Sacramento...	21″	Nov.-)anv. et mars jusqu'à avr.	Mai-oct. et févr.
San-Diego....	20″	Déc. et févr., 1-2″ nov. et mars.	Avril-oct. et janv.
—		(D'après Blodget, seulement 10″).	

5. DUFLOT DE MOFRAS, *Exploration du territoire de l'Orégon*, II, p. 46;
I, p. 239, 205 (*Jahresb.*, ann. 1843, p. 50).

6. Cf. Domaine forestier de l'Amérique septentrionale, note 14. Le fort
Vancouver, situé sur la ligne de séparation entre les deux climats, a cepen-

dant encore 13,5 centimètres dans les mois d'été, bien moins, à la vérité, que dans l'arrière-automne et en hiver.

7. HINDS, dans *Botany of H. M. S.* Sulphur (*Jahresb.*, ann. 1844, p. 70).

8. LINDLEY (*Gardeners' Chronicle*, 1853; Peterm. *Mittheil.*, I, p. 89).

9. BIGELOW, dans *Whipple's Expedition*, p. 23 (*Pacific Railroad Explorations*).

10. F. MÜLLER, *Notes on the Vegetation of Australia* : Rapport dans Geogr. *Jahresb.* de Behm, II, p. 213 (cf. Australie, note 18).

11. BREWER, *Journ. Linnean Soc.*, VIII, p. 274.

12. PARRY, dans Torrey's *Botany of the Boundary*, p. 21, 17. Parmi les Conifères recueillies à San-Diego par Parry, il se trouverait un Pin à se-mences comestibles, lequel serait identique avec une espèce du Mexique tropical (*P. cembroides*) : M. Torrey (*Botany of the Boundary*, pl. 53) la fit figurer. D'après l'examen de M. Engelman, il constitue une espèce par-ticulière que ce botaniste appela *P. Parryana*.

13. Le sommet le plus élevé mentionné par M. Whitney, mount Whitney (36° 30′ lat. N.), aurait une altitude d'environ 4548 mètres ou 14 000 pieds (Peterm. *Mittheil.*, 1870, p. 111). L'altitude moyenne de la Sierra-Nevada est, d'après M. Blodget (*loc. cit.*, p. 111) :

Entre 42° et 38° lat. N.................. 3674 mètres (11250 p.).
 — 38° et 35° lat. N.................. 2761 id. (9400 p.).
Altitude du col sous 40°................. 1884 id. (4900 p.).
Altitude de la chaîne littorale évaluée à.... 1364 id. (3300 p.).

14. FRŒBEL, *Aus America*, p. 490, 502.

15. FRÉMONT, *Exploring Expedition to the Rocky mountains* (*Jahresb.*, ann. 1845, p. 47). La limite des arbres est encore incertaine : sur le ver-sant oriental de la Sierra-Nevada, que sous la latitude de 38° 44′ on fran-chit par un col situé à 2826 mètres (8700 p.), la forêt à essences résineuses était composée d'arbres gigantesques, même à une altitude de 2436 mètres (7500 p.). D'après M. Whitney (*loc. cit.*, p. 16), la ceinture forestière, com-posée de Conifères divers, s'élève jusqu'à 2729 mètres (8400 p.) ; cepen-dant l'auteur fait observer qu'à cette altitude, le *Pinus flexilis* se trouve réduit aux proportions du Pin tordu.

16. Exemples d'espèces identiques dans la Californie et au Chili : *Acœna pinnatifida* (Rosacée), *Lepuropetalum spathulatum* (Saxifragée), *Collomia gracilis* (Polémoniacée), *Pectocarya chilensis* (Borraginée).

17. J'estime l'aire de la flore californienne à peine au quart de l'étendue de la flore méditerranéenne, notamment à 9000 milles géographiques

carrés, avec 1000 espèces endémiques et un nombre un peu moins consi-- dérable d'espèces non endémiques.

18. Revue des genres monotypes de la Californie (chez les genres non monotypes, c'est-à-dire ceux qui renferment plus de deux espèces, j'ai indiqué le nombre des espèces décrites).

a. Arbres : Conifères, *Sequoia*.

b. Arbustes : Rosacées, *Adenostoma, Coleogyne, Chamœbatia;* Saxi- fragées, *Carpenteria*, *Whipplea;* Onagrariées, *Zauschneria;* Légumi- neuses, *Pickeringia ;* Rutacées, *Cneoridium ;* Capparidées, *Isomeris ;* Papavéracées : *Dendromecon;* Hydroléacées, *Eriodictyum* (3 espèces).

c. Autres genres : Synanthérées, *Corethrogyne, Pentachœta , Whit- neya* (genre alpin), *Tuckermannia, Actinolepis, Hulsea , Oxyura, He- mizonia* (3 espèces), *Coinogyne, Crocidium* (on a omis, ainsi que cela a été fait dans des cas semblables, les genres plus anciens dont l'habitat est constaté avec moins de précision); Polygonées, *Nemacaulis, Mucronea, Centrostegia, Pterostegia;* Liliacées, *Calochortus* (4 espèces), *Brodiœa, Calliproa, Chlorogalum ;* Crucifères, *Stanleya* (6 espèces), *Tropidocar- pum* (6), *Lyrocarpon, Thysanocarpus* (8); Papavéracées, *Platystemon, Romneya, Platystigma;* Onagrariées., *Eucharidium, Heterogaura;* Sar- racéniées, *Darlingtonia;* Caryophyllées, *Calyptridium;* Labiées, *Monar- della* (4 espèces), *Pogogyne;* Géraniacées, *Limnanthes* (3 espèces); Om- bellifères , *Sphenosciadium* (alpestre, rattaché au genre *Selinum* par MM. Bentham et Hooker) ; Valérianées, *Plectritis;* Borraginées, *Kry- nitzkya;* Hydrophyllées , *Emmenanthe;* Euphorbiacées , *Eremocarpus;* Saururées, *Anemiopsis*.

19. Les genres communs à la Californie et au domaine de l'Orégon sont : Papavéracées, *Eschscholtzia;* Rosacées, *Nuttalia* (Amygdalée frutescente); Synanthérées, *Ericameria* (arbustes), *Logia;* Labiées, *Audibertia.* Quant aux genres communs à la Californie et aux Prairies occidentales, nous en avons donné des exemples dans la section comprenant les Prairies (note 37).

DOMAINE MEXICAIN

Climat. — Humboldt compare le climat du Mexique à celui
du Pérou : dans chacune de ces deux contrées, la sécheresse du
pays élevé de l'intérieur tient à ce que les montagnes sont voisines de la côte [1]. En élargissant ce point de vue, on reconnaît
que l'Amérique tropicale doit les contrastes de son climat aux
conséquences du soulèvement des Andes, c'est-à-dire à l'action
des alizés ; de même qu'en Afrique, ces vents maritimes font
naître sur les chaînes parallèles à la direction des méridiens des
pluies auxquelles est soustrait leur versant occidental. Cependant ce n'est qu'au Mexique que les Cordillères, exposées
aux alizés, constituent un cordon littoral ; au Pérou, celles-là
s'élèvent au-dessus de l'immense plaine du Brésil. D'ailleurs,
même indépendamment de la variété de l'orographie, l'interruption des Andes dans l'isthme de Panama donne au Mexique une
situation à part, et à sa flore un degré très-prononcé d'autonomie. Cette flore a, dans ses formes prédominantes, des forêts
de Chênes et des forêts de Pins : formes qui ne franchissent point
l'équateur (les dernières ne dépassent même pas l'isthme), qui
ne reparaissent nulle part dans l'Amérique méridionale, et n'atteignent même qu'une partie des Antilles.

Par sa configuration littorale, ainsi que sous quelques autres
rapports, on pourrait assimiler le Mexique aux Indes orientales,
ainsi que la partie tropicale de l'Amérique du Sud au Soudan.
Ainsi, de même que l'Hindoustan, le Mexique présente des climats
dépendants de différences de niveau et d'exposition ; des deux

côtés il existe de vastes espaces, d'où la flore des tropiques est exclue. Mais, comme les hauts plateaux du Mexique s'étendent sur une large surface bien plus élevée que le Dekkan (1949-2599 m. ou 6000-8000 p.)[2], la végétation y porte, sur une grande partie du pays[3], le cachet de la zone tempérée. Il n'y a que quelques types, des Orchidées et des Broméliacées épiphytes, parasites sur des Conifères[4], qui y rappellent une latitude sous laquelle, en descendant dans le creux des vallées ou vers la région littorale, on se trouve en peu d'heures entouré de toute la splendeur de la végétation tropicale. Il est, par conséquent, de la plus grande importance de distinguer la végétation du Mexique d'après ses régions, pour en exposer le caractère conformément à la nature : cette distinction est si frappante, que les habitants l'ont exprimée par des termes de la langue vulgaire. Leur division du Mexique en terres chaudes, tempérées et froides (*Tierras calientes*, *templadas* et *frias*) montre qu'ils considèrent ces régions comme caractérisées par la diminution de la température suivant leur niveau, d'où dépendent tous les produits de leur sol.

Outre la chaleur, on doit encore tenir compte des inégalités de la durée et de l'intensité des pluies, afin de pouvoir apprécier les gradations de la végétation d'après son exposition aux vents dominants. Ce n'est que sur le versant oriental du Mexique, où l'alizé dépose les vapeurs atmosphériques du golfe, que l'humidité atteint un degré correspondant au développement de la végétation tropicale, et rappelle, dans le voisinage du tropique, les contrées équatoriales de l'Amérique du Sud. Cependant, lorsque le sol est plan ou peu incliné, et surtout sous les influences desséchantes qui affectent l'étendue des hauts plateaux, il règne des climats secs, dont la végétation ne reçoit que des pluies zénithales passagères. Sur le versant du Pacifique, depuis le tropique jusqu'à l'isthme, la période des pluies est partout réduite, parce qu'elles ne tombent que pendant la durée des vents du sud-ouest, sorte de mousson qui naît dans les mêmes circonstances que dans l'Hindoustan, et que refoule l'alizé sec des autres mois; aussi les pluies suivent-elles, là aussi, la position zénithale du soleil.

Pour embrasser d'un coup d'œil les climats divers du Mexique, il convient, abstraction faite des régions tout à fait supérieures, formées par quelques sommités volcaniques isolées, de diviser la région entière, d'après ses traits orographiques généraux, en trois zones parallèles aux méridiens. Nous commençons par le versant tourné vers le golfe, versant qui constitue une zone littorale étroite, exposée à l'est (23°-19° lat. N.), au-dessus de laquelle on voit de la haute mer briller le pic neigeux d'Orizaba. La région chaude de la Vera-Cruz s'élève au-dessus de la lisière aride du littoral (162 m. ou 500 p.)[5] en savanes herbeuses, doucement inclinées de 500 à 3000 pieds[6], souvent interrompues par des taillis et même des groupes d'un seul Palmier (*Sabal mexicanum*[7]). Ces groupes sont fréquents, même au milieu d'essences angiospermes (ex. *Acrocomia spinosa*), et accompagnent ici les formes des Mimosées, des Bombacées et d'autres arbres, dont la majorité perd ses feuilles pendant la saison sèche. C'est une végétation bien plus riche en produits tropicaux, qui revêt les ravins humides, les *Barrancas*, lesquels pénètrent de tous côtés, comme autant de fentes, dans les cônes des volcans du Mexique. Dans cette région chaude, où la température ne décroît, en montant verticalement, que de quelques degrés (15°-18°,7), la quantité de pluie augmente avec le niveau et l'angle de la surface d'inclinaison. Sur la côte et là où l'inclinaison est uniforme, la vapeur aqueuse de l'alizé reste en dissolution, et la période de végétation, limitée à la saison humide, est de courte durée. La période pluvieuse embrasse quatre mois, de juillet à octobre, et s'étend au plus à une demi-année (de juin à novembre)[8]. Ici, la position zénithale du soleil et l'altitude des Cordillères se réunissent pour produire le même effet ; la position zénithale du soleil, insensible sur la côte même, augmente graduellement d'importance avec l'élévation du lieu. A cela s'ajoute, en hiver, une autre influence, celle d'un changement de vent, pour empêcher les précipitations pendant cette saison. Souvent alors l'alizé nord-est du golfe est interrompu par le *Norte*, vent orageux du nord-ouest, qui n'est qu'une déviation de cet alizé, produite par l'aspiration des terres basses du Yucatan, et qui, venant de la terre et des Prairies, exerce une action desséchante sur le littoral mexicain.

C'est dans la subdivision supérieure de la région tropicale, qui, chez les Mexicains, passe déjà pour une contrée tempérée (de 975 à 1949 m. ou 3000-6000 p.), que, sur le versant oriental de la Cordillère, les précipitations causées par l'alizé acquièrent toute leur puissance. Ici les pluies durent jusqu'à neuf mois, et ne sont, à proprement parler, jamais interrompues, puisque même les vents du nord produisent du brouillard en hiver[9]. La température ne décroît pas notablement dans le sens vertical (de 18°,7 à 15°). C'est sous ces latitudes que se trouve la région la plus plantureuse, revêtue d'humides forêts ; la verdure persistante de ses montagnes se distingue des essences arborescentes de la savane. Les formes tropicales y déploient la plus grande variété : Liebmann[6] a recueilli, dans cette région, 200 espèces d'Orchidées[6]. Les Chênes toujours verts, dont il a distingué sur l'Orizaba plus de 20 espèces *, forment l'élément principal de la forêt ; ils sont accompagnés de Laurinées et d'autres arbres de la forme de Laurier **. Aux arbres angiospermes de haute futaie se joignent des Fougères et des Liliacées (Yucca) arborescentes, de plus petits Palmiers (*Chamædorea*) et des Cycadées (*Ceratozamia*). Entrelacés de lianes et ornés

---

* Je dois à M. E. Fournier l'observation suivante sur les Chênes du Mexique Les Chênes du Mexique sont, d'après le *Prodromus*, au nombre de 71. Depuis la publication de leur monographie, due dans cet ouvrage à M. Alph. de Candolle, M. Œrsted a reconnu quelques espèces nouvelles dans les récoltes des naturalistes attachés à l'expédition scientifique. M. de Candolle s'est d'ailleurs montré dans sa monographie un partisan très-prononcé de la réunion des types spécifiques. Il est probable que ce nombre doit être porté approximativement à 80. Il est extrêmement remarquable que ces Chênes soient presque tous particuliers au Mexique, et qu'ils y aient même, pour beaucoup d'entre eux au moins, une distribution assez locale. Un seul, le *Quercus virens* Ait., s'étend de la Virginie au Nicaragua. Il reste d'ailleurs beaucoup à faire pour la connaissance des Chênes du Mexique.

** Les Laurinées ne sont pas nombreuses en espèces au Mexique. M. Meissner n'en signale que 35 dans le *Prodromus ;* depuis, il en a reconnu lui-même, dans les collections de l'expédition scientifique, deux de plus, dont une, le *Persea Meissneri* Fourn., est un grand arbuste de Cordova. Mais la famille a de l'importance dans la flore, par la taille de certaines espèces, ou par leur diffusion. Le *Tetranthera glaucescens* couvre la région des hautes plaines. Il est à remarquer que la flore mexicaine a par ses Laurinées quelque analogie avec la flore tropicale de l'ancien monde. — E. F.

d'Épiphytes, ces arbres des forêts ombragent un sous-bois composé des familles les plus diverses, où les Mélastomacées se réunissent aux Synanthérées ligneuses et aux Bambous. Des cultures tropicales, celle du Café (jusqu'à 1674 m. ou 5000 p.), comme celles du Pisang et de la Canne à sucre (jusqu'à 1787 mètr. ou 5500 p.), trouvent dans cette région tempérée leur limite altitudinale.

Au sud de Vera-Cruz (18° lat. N.), ainsi que sous la latitude d'Oaxaca (17°), là où la côte du golfe se recourbe à l'est, en suivant la presqu'île du Yucatan, le domaine des contrées chaudes s'élargit, puisque la Cordillère (et avec elle les hauts plateaux du Mexique) tend à disparaître et à se fondre avec cette zone étroite de soulèvement qui s'étend du Guatemala jusqu'à l'isthme de Panama.

A cette extension de la contrée basse orientale se rattache un changement prononcé du climat ; l'humidité de la région tempérée descend encore dans la région chaude, et cette coïncidence d'une température plus élevée avec de longues périodes de pluie engendre la forêt tropicale, qui recouvre l'État de Tabasco, avantage qui, en deçà du golfe de Honduras, ne se reproduit nulle part au Mexique. Là seulement le caractère de la végétation atteint les proportions grandioses des forêts équatoriales du Brésil[10]. Sous l'épais dôme de feuillage d'essences variées, appartenant aux formes de Laurier et de Tamarin, et dans une cohue de Palmiers, la forêt se hérisse de Lianes molles ou ligneuses, d'Épiphytes, d'Aroïdées à grandes feuilles, de Fougères, de Broméliacées, de Pipéracées et d'Orchidées. Dans cette contrée basse, plus ou moins inondée, de juillet jusqu'à mars, par les débordements des cours d'eau, la période pluvieuse dure près de neuf mois, c'est-à-dire aussi longtemps que dans la région tempérée de Vera-Cruz, mais la quantité d'eau tombée est beaucoup plus considérable. Ici l'alizé du golfe frappe les chaînes montagneuses du Chiapas, qui s'élèvent au sud et se rattachent aux Andes du Guatemala, puis, se dirigeant au nord-est et passant dans le Yucatan, ce vent vient expirer sur les contrées basses de cette presqu'île.

C'est pour cela que le Yucatan[11], en opposition tranchée avec son voisin immédiat, l'État de Tabasco, se trouve en grande partie dépourvu de forêts, et constitue une savane unie, quoique chaude et sèche, où la végétation ne se développe que pendant la période beaucoup plus courte de l'automne et de l'hiver (d'octobre à février), et où la stérilité du sol est causée tant parce que l'humus y fait défaut sur le calcaire corallien sous-jacent, que par la rareté et le peu d'importance des cours d'eau. Par suite des mauvaises conditions de l'inclinaison du sol, on voit quelquefois, à l'époque des pluies, de vastes savanes converties en lacs. Seules les parties du littoral possèdent des forêts étendues de bois de Campêche (*Hæmatoxylon*), qui ont donné au Yucatan son importance ; cependant, aujourd'hui, la meilleure sorte de ce bois nous vient de Tabasco.

Aux environs de Campêche, l'*Hæmatoxylon* se présente sans mélange, à l'exclusion de toute autre forme arborescente ou sous-arborescente ; de même, sur les côtes septentrionale et orientale du Yucatan, il en existe encore des forêts considérables et intactes.

Les États de Yucatan et de Tabasco offrent un exemple saillant de l'inégalité d'action qu'exercent sur l'alizé le sol, suivant qu'il est plan ou incliné, et les montagnes, suivant leur direction. Le même courant atmosphérique frappe du golfe les deux côtes de la presqu'île, mais conserve au-dessus d'elle ses vapeurs aqueuses et ne les dépose que quand, après avoir longé les hauteurs, il se refroidit sur les versants directement opposés des Andes de Chiapas et du Guatemala, ou par l'évaporation des immenses forêts de Tabasco. Dans de telles conditions, la période pluvieuse du Yucatan (que cause, paraît-il, le Norte, vent de mer plus frais, en pénétrant dans la zone d'un courant atmosphérique ascendant) ne peut se maintenir que dans la saison la plus froide de l'année, et l'humidité ne peut se conserver dans les interstices du sol aussi longtemps que l'exige le développement des forêts tropicales : celles-ci se trouvent donc limitées à la région littorale, plus humide, ainsi qu'aux vallées de ses fleuves. Dans le Tabasco, au contraire, la présence de forêts est la conséquence d'une plus longue période de pluies, qui ne tient pas seulement à la situation du soleil, mais encore à l'influence prolongée des massifs montagneux sur le souffle des alizés.

Comme les forêts du Tabasco et du Honduras n'ont pas été encore suffisamment explorées, non plus que les savanes du Yucatan, il est difficile de décider d'une manière certaine et satisfaisante où il convient de fixer, du côté du sud, la limite naturelle de la flore mexicaine. Le plus vraisemblable, c'est qu'il y a des transitions graduelles de la flore mexicaine à celle des Indes occidentales et à celle de l'isthme. Sur la côte des Mosquitos, au Nicaragua (15°-11° lat. N.), le climat est tout à fait semblable à celui de Tabasco [12]; les bois, qui fournissent l'Acajou (*Swietenia Mahogany*), doivent aussi contenir des Conifères, et sont interrompus par des savanes entre les lignes serrées de leurs artères fluviales [13]. D'après une collection de San-Juan del Norte [14] (11° lat. N.), la végétation du Nicaragua* conserve prédominant le caractère de celle de l'isthme de Panama. L'État de Tabasco, au contraire, se rattache si intimement à ceux d'Oajaca et de Vera-Cruz, que sa flore ne peut être séparée de celle du Mexique. Pour moi, au préalable, la limite méridionale du domaine de la flore mexicaine, que j'étends en dedans

---

* Le Nicaragua, dont il serait impossible d'écrire encore aujourd'hui la flore, a cependant été l'objet, de la part de Friedrichsthal, d'OErsted, des naturalistes du *Sulphur*, de Seemann, et en dernier de M. Paul Lévy, d'explorations assez diverses pour que l'on puisse consigner ici quelques traits de sa végétation. Cette végétation est très-variée. La région chaude, humide et boisée qui borde la côte à Greytown ou San-Juan de Nicaragua, et qui se continue par la vallée du fleuve San-Juan, le long du lac jusqu'à Grenade et à Managua, offre les types les plus vulgaires de la flore tropicale commune aux Antilles et à la partie septentrionale de l'isthme de Panama. La plupart des genres et beaucoup d'espèces y sont les mêmes que dans les forêts qui règnent le long de la côte orientale du Mexique, à quelques lieues en dedans de Vera-Cruz. Nous citerons particulièrement, d'après les collections de M. Lévy : *Poinciana pulcherrima*, *Anona Cherimolia*, *Mangifera indica*, *Bixa Orellana*, *Terminalia Catappa*, *Copaifera officinalis*, *Mammea americana*, *Chrysobalanus Icaco*, *Carica Papaya*, *Curatella americana*, *Gyrocarpus americanus*, *Crescentia alata*, *Castilloa elastica*, parmi les plus remarquables par leurs propriétés ou par leur port. Les mêmes rapports sont établis par des types tels que : *Tecoma mexicana* Mart., *Cochlospermum serratifolium* Moç. et Sessé, *Dorstenia mexicana* Benth., *Bignonia diversifolia* H. B. K., *Luffa acutangula*, *Sponia canescens*, *Byrsonima crassifolia*, *Guazuma ulmifolia*, et des espèces des genres *Combretum*, *Phyllocactus*, *Coccoloba*, *Antigonum*, *Cassia*, *Bauhinia*, *Cordia*, *Passiflora*, *Piper*, *Cecropia*, *Sida*, *Carolinea*, *Waltheria*, *Hibiscus*, et

des Andes jusqu'à l'isthme, sera la ligne de partage des eaux dans l'État de Chiapas (17° lat. N). Et d'ailleurs, en attendant que le Yucatan soit mieux exploré, on peut, d'après la situation géographique de cette presqu'île, supposer que sa végétation est dans des rapports plus étroits avec celle des Indes occidentales qu'avec celle du Mexique.

D'après son altitude moyenne (de 6000 à 8000 p. ou 1949-3599 m.), le plateau élevé du Mexique tropical (23°-17° lat. N.) est considéré par les habitants comme appartenant en majeure partie à leur *tierra fria*, ce qui pourtant ne répond guère à la notion européenne d'un climat froid, puisque, dans la capitale, située à 2274 mètres (7000 p.), la moyenne annuelle de température est de 16°,2 [15], et, par conséquent, au moins aussi élevée qu'à Naples. D'ailleurs, eu égard aux faibles différences des saisons (l'été ne différant de l'hiver que de six degrés), aucune comparaison ne saurait être admise avec le climat de l'Italie, puisque l'été de Mexico est à peine plus chaud que celui de Paris. A cette latitude, la courbe thermique devient plane, parce qu'en tout temps l'insolation agit plus fortement que le rayonnement de la nuit et de l'hiver. L'extension des vastes

même par des types herbacés tels que : *Solanum, Herpestis, Jatropha, Acalypha, Phytolacca, Œnothera, Kallstrœmia, Crotalaria, Zornia, Martynia*, etc. Ce n'est pas seulement avec la région la plus chaude du Mexique que les bois ou les savanes des environs de Grenade présentent ainsi de l'affinité par leur végétation, mais même avec la *tierra templada* de Jalapa, par les Convolvulacées, les *Plumeria, Thevetia, Luhea*, l'*Echites tomentosa*, le *Conostegia jalapensis*, etc. Si l'étude des collections de M. Lévy était terminée, elle fortifierait beaucoup cette manière de voir, qui est déjà ressortie de l'étude des Fougères (voy. Fournier, *Sertum nicaraguense*, in *Bull. Soc. bot. Fr.*, t. XIX, p. 247 et 303), et qui ressort aussi de celle des Graminées, à peu près complète aujourd'hui.

Les autres régions du Nicaragua sont beaucoup moins connues. Il résulte toutefois des travaux d'OErsted que la partie méridionale de ce pays présente une flore spéciale, qui vient expirer aux environs du volcan Monbacho, lequel domine la ville de Grenade; c'est là que les Lécythidées trouvent leur limite septentrionale. De l'autre côté du lac, la région élevée des Chontalès, bien caractérisée maintenant dans l'herbier de Kew, présente des types particuliers (*Goduinia gigas, Hypoderris...*). Enfin il se dresse dans l'île d'Omotepe, au milieu du lac de Nicaragua, un pic qui, parti de 45 mètres, s'élève jusqu'à plus de 1400 mètres d'altitude, et dont la végétation diffère beaucoup de celle de Grenade. En deux courses, malgré des difficultés de toute sorte, M. Lévy y a recueilli beaucoup de nouveautés. Son sommet offre une Saxifragée (*Mitella*) des États-Unis. — E. F.

plaines élevées est si considérable, leur surface si faiblement excavée par les vallées et les dépressions, que, pour un soulèvement d'une masse aussi immense, le décroissement vertical de la température devient peu remarquable.[16]

Mais la végétation est influencée par la sécheresse du climat des plateaux à un bien plus haut degré que par la température. Ici les vents qui soufflent du golfe ont perdu leur humidité, et la période pluvieuse zénithale (qui dure de juin à septembre [17]) n'est pas assez généralement prononcée pour assurer la fertilité du sol. Le pays élevé du Mexique est, par le caractère de sa végétation comme par l'époque de ses pluies, semblable aux Prairies méridionales, dont il ne diffère que par une plus grande uniformité dans la température. On y rencontre des espaces presque déserts et encore plus fréquemment privés d'arbres, ainsi que de hautes steppes, ici encore salifères, dont les faibles cours d'eau ne trouvent point de débouchés et vont s'évaporer dans des lacs intérieurs [1]. Néanmoins, grâce à l'action des montagnes qui dominent les hauts plateaux, ainsi qu'à l'irrigation qui en résulte, une grande partie du pays élevé est suffisamment fertile pour admettre les pratiques de l'art forestier et la culture des Céréales. Celle de l'Agavé (le *Maguey*) est étendue, et ce qui la rend physiologiquement remarquable, c'est que la séve obtenue par l'incision, et dont on fait une boisson spiritueuse (le *pulque*), continue à couler, pendant plusieurs mois, après que l'ablation de la tige florale a fait cesser cette manifestation vitale exagérée *. Le climat de la contrée élevée est également favorable à l'Olivier, au Mûrier et à la Vigne **.

* M. Boussingault donne (*Comptes rendus*, ann. 1875, t. LXXXI, p. 1070) des renseignements intéressants sur le *pulque* fourni par l'*Agave americana*, qu'on rencontre, dit-il « depuis le niveau de l'Océan jusqu'à l'altitude de 3000 mètres, situation climatérique que le Froment, le Maïs, les Pommes de terre ne supporteraient pas, vu des sécheresses prolongées, une température descendant fréquemment au-dessous de zéro, la neige, la grêle, les vents les plus impétueux. » — T.

** Parmi les plantes cultivées au Mexique, les Céréales jouent un rôle considérable sous le rapport de leur fécondité, ainsi que M. de Humboldt (*Essai sur la Nouvelle-Espagne*, t. III, p. 67) l'avait déjà signalé, en nous apprenant que, grâce à une abondante irrigation artificielle, le Froment y donne de 55 à 60 et même 80 fois la semence. M. Boussingault (*Agronomie, Chimie agric. et Physiologie*, t. III, p. 63) qui, avec sa consciencieuse exactitude (qualité qui de nos jours de-

Le haut plateau est, au point de vue climatérique, si parfaitement isolé du côté du golfe, que la végétation du versant intérieur est complétement différente de celle du versant extérieur[8].
Les forêts seules sont composées sur le versant extérieur, comme
dans les régions forestières de la Cordillère, de Chênes et de
Conifères. Quant aux autres formations, bien qu'en général leurs
éléments constitutifs aient subi un changement, elles n'en sont
pas moins semblables à celles des Prairies méridionales. Les
formes de Cactus et d'Agave, de concert avec les buissons épineux des Mimosées, déterminent, ici encore, le caractère de la
végétation[8]; la température est trop basse, ou bien l'irrigation
insuffisante, pour la production de savanes tropicales.

Le versant Pacifique du haut plateau mexicain est d'une constitution moins simple que la zone étroite et plus fortement
inclinée vers le golfe. Dans la chaîne occidentale des Andes,
Humboldt[17] a distingué quatre grandes vallées longitudinales,
disposées en terrasses, vallées qu'en allant de la capitale à Acapulco (17° lat. N.), on coupe transversalement d'un col à un
autre, en descendant rapidement dans la zone tempérée et dans
la zone chaude. La flore n'a pas, sur le versant occidental, la
richesse de celle de la zone du golfe, parce qu'il n'y a que de
courtes périodes de pluies zénithales, et que le sol reçoit une
quantité moins considérable d'humidité. On n'y trouverait guère
de forêt aussi luxuriante et aussi riche en formes qu'à Orizaba;
et d'ailleurs les limites altitudinales des régions forestières y

vient si rare) cite Humboldt, rapporte que les riches moissons que l'on admire
aujourd'hui dans plusieurs provinces du Mexique ne sont que le produit de trois
ou quatre grains trouvés par un nègre, esclave de Cortès, parmi le Riz destiné à
la nourriture des troupes : ce sont ces grains qui furent semés en 1530. Un autre
passage de Humboldt est tout aussi remarquable relativement à l'origine de la
culture du Froment au Chili et au Pérou ; M. Boussingault le rapporte en ces termes : « L'inca Garcilasso nous a transmis le nom d'une femme, Maria Escabar,
qui-la première apporta quelques grains de Blé à Lima, alors Rimac. Le produit
de la récolte fut distribué pendant trois ans entre les colons, de manière que chacun d'eux reçut vingt à trente graines. Ceci se passait en 1547 ; de sorte que la
culture du Froment serait moins ancienne au Pérou qu'au Mexique et au Chili.
A Quito, le premier Blé a été semé près du couvent de Saint-François, par un
Flamand, le P. José Risi. Les moines m'ont montré en 1831 le vase dans lequel ce
Froment avait été apporté d'Europe. » — T.

sont rabaissées. Les Conifères, qui, d'après l'observation de Humboldt[1], ne descendent pas vers le golfe au delà de 1850 mètres (5700 pieds), se présentent au-dessus de la côte de Mazatlan (19° lat. N.) dès 974 mètres (3000 pieds), et les Chênes, dès 649 mètres (2000 pieds)[18].

Cet abaissement du niveau habité par des formes végétales semblables, qui paralyse l'extension de la forêt tropicale, se reproduit fréquemment sur le versant Pacifique du Mexique, comme, en général, dans l'Amérique centrale, et il a été constaté jusqu'à l'isthme de Panama. Sur le Viejo, un volcan du Nicaragua dans la baie de Fonseca (13° N. B.), qui constitue le point le plus méridional de cette côte où les Conifères (sous forme de Pins) aient été observés, M. OErsted[19] les trouva aussi à la hauteur de 974 mètres (3000 p.), et les Chênes y descendent jusqu'à 487 mètres (1500 p.). On serait porté à voir dans ces phénomènes l'effet de la position isolée des montagnes[20], puisque sur l'océan Pacifique l'influence du soulèvement général du continent se trouve annulée, et, par suite, le décroissement de la température en sens vertical accéléré[16]. Cela expliquerait la concordance qui se présente entre le Viejo, surgissant brusquement au milieu de la plaine littorale, et les Andes de Mazatlan, qui s'élèvent doucement, sillonnées par des vallées profondes.

Toutefois cette manière de voir suggère des objections qu'il convient d'examiner de plus près. La Cordillère élevée de Vera-Cruz subit, à la vérité, l'action de la haute plaine de Puebla, à laquelle elle se rattache directement ; mais sur le versant faisant face au golfe, les régions forestières supérieures, y compris les Conifères, se trouvent abritées contre l'insolation par les nuages, en sorte que, de même qu'à Sumatra, on devrait plutôt s'attendre ici à une dépression des limites végétales. Néanmoins les observations thermométriques faites par Liebmann sur l'Orizaba[16] font voir que, dans cette localité, malgré un ciel nuageux, le décroissement vertical de la température est tout aussi retardé que dans la contrée élevée elle-même. C'est que le soulèvement en masse égalise les effets de l'affaiblissement de l'action solaire.

Nous constatons donc ici des phénomènes opposés à ceux que

nous présentent les îles de la Sonde, où les essences résineuses croissent à la même altitude que sous le ciel plus serein des hauts plateaux mexicains : le même Sapin (*Pinus religiosa*) habite même une région plus élevée [21]. Les observations faites dans l'isthme jettent un jour plus lumineux sur cette question. Dans le Costa-Rica, où le haut plateau de Carthago n'a, comparativement au Mexique, qu'une extension peu considérable, on voit sur le versant septentrional (10° lat. N.) une forêt mélangée de Palmiers et d'autres formes arborescentes tropicales s'élever presque jusqu'à la crête de la Cordillère. De l'autre côté de cette forêt, dans une contrée ouverte, on n'observe guère que les taillis de la savane, et l'on n'atteint la forêt tropicale que dans la proximité de la côte. Ainsi donc, ici encore, se produit la même différence entre le versant Pacifique et le versant de la mer Caraïbe, exposé aux nuages que fait naître l'alizé. Il paraît que, dans l'Amérique centrale, le décroissement en sens vertical de la température, dû à l'influence des hauts plateaux, se trouve combiné avec une autre action de nature à déterminer les limites altitudinales de la végétation. Les arbres tropicaux, qui exigent une irrigation abondante du sol, doivent rester, sur les versants Pacifiques, où elle leur fait défaut, à une altitude plus basse que sur les versants du Mexique et de Costa-Rica exposés à l'alizé. Ici ils peuvent se conformer à leur sphère de température, tandis que là ils ne le pourraient qu'autant qu'ils reçoivent l'influence de l'atmosphère maritime. Dans les régions où cette atmosphère circule librement, on voit descendre les essences résineuses et les Chênes, arbres des climats tempérés, exactement comme la végétation alpine des montagnes du midi de l'Europe commence à un niveau inférieur, parce que la limite des arbres s'y trouve déprimée par défaut d'humidité. D'après cette manière de voir, la différence qui se présente, relativement à la distribution de la végétation, entre la côte mexicaine orientale et l'île de Sumatra, tiendrait à ce que, sur la côte, l'action des plateaux et l'humidité tendent à élever, tandis qu'à Sumatra la température, diminuée par les nuages, tend à rabaisser la limite altitudinale des arbres, qui, bien qu'appartenant aux mêmes genres, tels que les Chênes et les Conifères, n'en occu-

peut pas pour cela exactement la même place dans la distribution climatérique des espèces.

N'étant pas humecté par les précipitations de l'alizé, le versant Pacifique diffère de la côte orientale du golfe déjà par ce
ait que, dans la région chaude, la côte est immédiatement bordée par une forêt tropicale, à laquelle les savanes ne succèdent
qu'à une certaine altitude (650 mètr. ou 2000 p.). A Mazatlan,
cette région forestière fournit le bois de Campêche, qu'elle possède en commun avec la côte méridionale du golfe [18]. Au sud du
Guatemala, ces forêts sont riches en Palmiers. Depuis S.-Salva-
dor jusqu'à l'isthme de Darien, le Cocotier se présente à titre de
produit indigène (de 0 à 519 m. ou 1600 p.) ; c'est de ce centre
de végétation qu'il s'est répandu dans les îles à coraux de la
mer du Sud, ainsi que dans d'autres contrées tropicales. Sur
le Viejo, au Nicaragua, les Chênes pénètrent dans la zone
des Palmiers, qui passent dans les savanes en s'y élevant à une
altitude de 649 mètres (2000 p.) [19].

La formation des savanes se trouve favorisée par la pente plus
douce des Andes Pacifiques. Mais leur importance devient bien
plus générale encore dans le midi, où le plateau élevé se rétrécit
graduellement en s'avançant vers l'isthme, et subit, à partir du
Guatemala, une dépression dans son niveau (1299-1624 m. ou
4000-5000 p.). Ici les savanes à Graminées occupent la place
des formations des Prairies du Mexique, et refoulent les régions
forestières continues vers les surfaces inclinées des soulèvements, où souvent, même sur de certaines étendues, on les voit
descendre à des niveaux plus bas. Dans la proximité de l'isthme,
les taillis des savanes, ainsi que le reste de leurs éléments constitutifs, laissent apercevoir un mélange des deux domaines
floraux.

Formations végétales. — La plupart des traits qu'offrent
les divers paysages du globe se trouvent réunies dans la flore
du Mexique. M. de Humboldt a soutenu que les Andes reproduisent sur une échelle resserrée la physionomie de tous les
degrés de latitude ; mais cette opinion a bien moins de valeur
pour la région mexicaine que pour l'Amérique du Sud, parce
que le soulèvement en masse, plus puissant au Mexique, y donne

aux formes végétales de la zone tempérée une bien plus grande extension géographique. Comparé avec les tropiques de l'ancien monde, le caractère américain des centres de végétation est exprimé par les deux familles spéciales à ce continent, les Cactées et les Broméliacées, ainsi que par une richesse plus grande de formes chez les Palmiers, les Mélastomacées, les Malpighiacées et les Gesnériacées; mais, si l'on excepte les plantes grasses, ces groupes n'ont que dans les contrées chaudes une variété plus grande, et sont presque complétement exclus des hauts plateaux.

Les plantes grasses, qui rattachent la flore mexicaine à la partie méridionale des Prairies, y constituent souvent, sur un sol aride ou rocailleux, la production principale, frappante d'ailleurs par la variété de conformation de ses troncs. Les Cactées qui ont passé dans nos serres viennent, pour la plupart, du Mexique. Elles s'y trouvent presque dans toutes les régions [22]; quelques Mamillaires s'élèvent jusqu'à un niveau de 3573 mètres (11 000 p.). Les Phyllocactus épiphytes, chez lesquels seulement le tronc prend la forme aplatie d'une feuille, et qui sont également étrangers aux Prairies, se trouvent limités aux forêts ombreuses de la région chaude.

Quant au reste des plantes grasses, la plupart des Agaves ont leur patrie sous les climats secs du Mexique, qui offrent aussi un genre de Crassulacées (*Echeveria*) à feuilles élégamment colorées, se rattachant à la forme Chénopodée, et dont le plus proche parent habite le Cap [23]. Une coloration riche des pétales, ainsi que des dimensions insolites des fleurs, constituent, en général, des phénomènes fréquents dans l'Amérique tropicale : la splendeur des Cactées du Mexique (p. ex. du *Cereus speciosus*) permet de les placer à côté du *Victoria* des fleuves de l'Amérique méridionale. Ce fait peut fortifier une opinion [24], d'après laquelle la fécondation de certaines plantes américaines ne serait pas opérée seulement par les insectes, mais aussi par les Colibris, qui, tout en poursuivant ces derniers, concourraient eux-mêmes à cette opération, parce que, habitués à l'aspect de leur propre plumage, ces oiseaux rechercheraient également les teintes vives dans le monde végétal, et que, les dimensions des fleurs correspondant à celles de leur propre corps, le pollen fécondant pourrait être emporté par eux et transporté ailleurs.

La forme Bromelia, dont l'Ananas est le représentant le plus connu, diffère des Agaves par une rosette de feuilles non succulentes, rigides, de la nature du Roseau, et des Liliacées par l'absence de bulbes ou d'appareil tigellaire. Répandues dans toute l'Amérique tropicale en espèces nombreuses, de dimensions les plus diverses, les Broméliacées habitent tant les forêts humides que les pays à période pluvieuse plus restreinte.

N'exigeant point de contact avec le sol, les formes épiphytes, aux inflorescences richement colorées et souvent multiples, servent à l'ornementation des troncs des arbres. Les feuilles réunies au-dessous de la hampe florale s'élargissent souvent à leur base en une cavité aplatie, qui leur permet d'y emmagasiner l'eau des averses périodiques. On voit sur la côte de la baie de Campêche l'une des plus grandes espèces, le *Bromelia Pinguin*, qui couvre le sol par places, et dont les feuilles rigides, longues de 1^m,6 à 1^m,9, portent sur leurs bords une rangée d'épines recourbées ; elles semblent adaptées au climat sec des alizés. Chez beaucoup d'espèces, on observe une teinte bleuâtre ou bien le développement d'écailles sur l'épiderme : ce sont là des moyens de retarder l'évaporation et de maintenir la tension des tissus au milieu d'une atmosphère sèche. Les formes plus réduites d'Épiphytes (*Tillandsia*) remontent dans les régions plus froides du Mexique ; mais sous des latitudes plus élevées, dans le sud des États-Unis, cette famille, si éminemment propre à l'Amérique tropicale, ne se trouve plus représentée que par une seule espèce, très-éloignée du reste de l'organisation des Broméliacées, par le défaut d'une rosette de feuilles.

La plus grande partie des Palmiers de l'Amérique tropicale se trouve limitée à une seule région florale, ou même à des aires locales encore plus circonscrites, et habite les climats chauds. Les espèces plus petites (*Chamædorea*) sont nombreuses dans les forêts humides des montagnes du Mexique, tandis que des arbres de haute futaie caractérisent la région littorale. Ce qui prouve combien cette famille a besoin d'humidité, c'est le développement qu'acquièrent les Palmiers dans les contrées équato-

riales du Brésil; malgré cela, la flore du Mexique en a déjà
fourni une cinquantaine (à peu près le sixième du chiffre total
des espèces américaines), dont les Chamædorées constituent la
grande partie. Dans la zone du golfe, les Palmiers montent
jusqu'à 1624 mètres (5000 p.); mais, dans l'intérieur du pays
élevé, quelques autres espèces se présentent à une altitude de
2598 mètres (8000 p.)[6]. Plusieurs Cycadées particulières, qui
par leur taille se rattachent aux Palmiers (*Dioon, Ceratozamia*),
sont encore indigènes au Mexique.

Les Liliacées arborescentes, en partie des formes les plus élégantes (*Dasylirium, Fourcroya*), sont largement répandues sous
les climats secs du Mexique, et atteignent les régions forestières
supérieures, sans que, pour certaines espèces, le décroissement
de la température porte préjudice à la taille. C'est précisément
le plus élancé de ces arbres (*F. longæva*), dont le tronc a de
12^m,9 à 16^m,2 de hauteur, qui fut observé, à Oaxaca, à une altitude de 3248 mètres (10000 pieds). La plupart des espèces
de cette série de formes sont cependant, comme à l'ordinaire,
de faible grandeur, et d'autres, dont le tronc (comme chez les
Palmiers nains) se trouve caché dans le sol, se rapprochent par
leur aspect de la forme Bromelia (*Hechtia, Beschorneria*).

Le reste des formes arborescentes se trouve réparti d'après les
régions ou les formations des niveaux déterminés. Les Fougères
arborescentes, qui, à ce qu'il paraît, font défaut au versant
Pacifique tout entier [25], n'habitent, dans la zone du golfe, que les
humides forêts de montagne (811-1624 m. ou 2500-5000 p.)[6*].
La forme Bambou borde les rives humides des torrents dans les
forêts vierges ; elle s'élève, dans l'État de Vera-Cruz, jusqu'à la
région des Chênes toujours verts, et, dans les Barrancas du
pic d'Orizaba, à des altitudes bien plus considérables (jusqu'à

---

* Il y a des Fougères arborescentes qui montent très-haut au Mexique, sans
doute parce qu'elles rencontrent sur certaines chaînes l'humidité qui leur est nécessaire. Ainsi, le *Trichosorus densus* Liebm. croît, d'après ce naturaliste, à 2436 m.
(7500 p.) dans la Cordillère d'Oaxaca; son *Tr. glaucescens* à 1949 m. (6000 p.) à Ama-
tlan, et son *Tr. frigidus* atteint de 1598 à 3249 m. (8000 à 10000 p.) sur un des
groupes les plus élevés, le Cerro de Sempoaltepec, dans la province d'Oaxaca. Le
Cyathea Schauschin Mart. se mêle avec les Pins dans les montagnes d'Oaxaca, au
témoignage de Galeotti. — E. F.

3085 m. ou 9500 p.)[6] : sur les pentes de la haute plaine de l'isthme[20], elle se trouve aussi associée aux Fougères arborescentes (617-1104 m. ou 1900-3400 p.) *. Les essences ligneuses angiospermes toujours vertes, telles que les formes de Laurier et de Tamarin, habitent, avec le Pisang américain (*Heliconia*), la région tropicale (dans la zone du golfe jusqu'à 1948 mètres ou 6000 pieds). Les Palétuviers accompagnent la côte de l'océan Pacifique, depuis l'extrémité méridionale de la Californie jusqu'à l'isthme, mais font défaut à une grande partie de la province de Vera-Cruz. Dans les taillis des savanes, nous rencontrons les formes de Sycomore et de Bombacée; mais, conformément à l'étendue et au niveau des masses de soulèvement, les forêts sont, dans la majeure partie des Mexique, composées de genres d'arbres de la zone tempérée. Au-dessus des Chênes toujours verts de la région tropicale, se présentent les espèces du même genre, à frondaison périodique, dont les feuilles, aussi peu lobées que celles des premiers, ressemblent à celles du Châtaignier (jusqu'à 3085 m. ou 9500 p.)[1]. Les Chênes et les Conifères sont accompagnés d'un Aulne à feuillage semblable (*Alnus acuminata*), espèce répandue dans les Andes sur tout leur développement, depuis le Mexique jusqu'au Chili. Le genre Tilleul (*Tilia*) atteint également le Mexique.

---

* Depuis quelques années, surtout depuis la dernière expédition française au Mexique, les Fougères de ce pays ont été l'objet de nombreux travaux. M. Eugène Fournier, qui a consacré de patientes et fructueuses études aux riches collections de Fougères mexicaines réunies en France, et sur lesquelles il avait déjà fourni plusieurs communications insérées dans les *Comptes rendus* de 1869 et dans le *Bulletin de la Soc. bot.* de la même année, vient de présenter à l'Académie un travail (*Comptes rendus*, ann. 1875, t. LXXXI, p. 1337) qui résume très-habilement nos connaissances actuelles de cette partie importante de la flore mexicaine. Il résulte de l'ensemble de ce travail que les Fougères recueillies au Mexique constituent 595 espèces distinctes, dont 178 sont spéciales à ce pays et 417 se retrouvent dans d'autres contrées, mais pour la plupart dans d'autres parties de l'Amérique tropicale. De son côté, M. Bescherelle a présenté (*ibid.*) un travail également fort intéressant sur les Mousses du Mexique, « dont les espèces se montent à 359, parmi lesquelles beaucoup sont nouvelles ou du moins étaient encore inédites; un assez grand nombre d'espèces nouvelles, nommées par M. Schimper, ayant été communiquées à l'auteur. Ce travail comprend ainsi un grand nombre d'espèces encore inconnues, décrites avec exactitude, et montre que ces petits végétaux sont plus nombreux qu'on ne le croyait dans les régions tropicales. » — T.

Au reste, on ne saurait toujours établir, dans les régions forestières plus élevées, une distinction rigoureuse entre les essences
ligneuses angiospermes, d'après leur altitude, attendu que certaines formes tropicales peuvent également supporter une température plus basse. Ainsi une Bombacée monotype, particulièrement remarquable par sa structure (*Cheirostemon*), a été observée dans la haute plaine de Toluca, à une altitude de 2615 mètres
(8050 pieds)[26]. Pendant longemps on n'avait connu de cet arbre
qu'un seul exemplaire, provenant probablement du Guatemala,
où il habite le volcan del Fuego, également à une station
élevée, sur la limite des Chênes et des Conifères[27].

C'est d'une manière un peu plus précise que la région des
Conifères, la ceinture forestière la plus élevée du Mexique, se
trouve séparée des arbres angiospermes. Il est vrai que les
Pins sont accompagnés par ces essences à de certaines altitudes
(sur le pic d'Orizaba par les Chênes et les Frênes, par les premiers jusqu'à 3573 m. ou 11 000 p.)[5] ; mais ensuite les essences
résineuses s'élèvent encore plus haut (1948 à 3996 m. ou 6000-
12 000 p.)[1], et constituent exclusivement la limite des arbres.
Sous le rapport de la variété des espèces, elles ne le cèdent probablement guère aux montagnes de la zone tempérée de l'Amérique du Nord, car on en a déjà constaté avec certitude plus
de 20 espèces[28], répandues, à la vérité, sur une aire bien plus
vaste que dans la Sierra-Nevada de Californie.

La majorité des Conifères du Mexique sont de véritables
essences à feuilles aciculaires ; cependant la forme Cyprès y est
également représentée (par les genres *Cupressus* et *Juniperus*).
Les espèces sont presque toutes endémiques : il n'y a, paraît-il,
que le *Pinus Douglasii*, de l'Orégon, qui franchisse le tropique
et se présente à Real del Monte (20 lat. N.). La grande majorité
des essences résineuses consiste en Pins à trois et à cinq feuilles
dans la même gaîne; de plus, on constate une deuxième espèce
du genre *Taxodium*, de l'Amérique septentrionale. Le Sapin
mexicain (*Pinus religiosa*) constitue, sur le pic d'Orizaba, une
ceinture forestière particulière, rigoureusement délimitée depuis
2926 jusqu'à 3573 m. ou 9000-11 000 p.)[6], au-dessus de laquelle
deux espèces de Pins s'élèvent encore plus haut (*P. Montezumæ*

et *P. Hartwegi*). Le Taxodium mexicain (*T. mucronatum*) est remarquable par la grosseur différente du tronc : dès l'époque de la conquête espagnole, l'arbre de Tula, à Oaxaca, était célèbre ; on l'avait comparé au Boabab africain, sa circonférence ayant, d'après une mesure récente[20], 30m,8 (1m,6 au-dessus du sol). Sous le rapport de la hauteur, les Conifères mexicains restent bien inférieurs à ceux de la Californie, aussi le géant de Tula n'élève guère sa couronne au-dessus de 32m,4.

Les arbustes du Mexique varient, comme les arbres, selon les régions, mais plus encore dans leur forme et dans leur station selon leur famille. Par leur feuillage, ils se rattachent pour la plupart aux formes Oléandre et Myrte. Dans les régions plus chaudes, on voit, parmi les sous-bois des forêts, figurer les Mélastomacées (jusqu'à 2273 mètr. ou 7000 p.)[8], reconnaissables aux nervures latérales recourbées de leurs feuilles ; les Myrtacées croissent au pied du pic d'Orizaba (jusqu'à 1559 mètr. ou 4800 p.)[6] ; les Gesnériacées sont fréquentes dans les Barrancas, et les Synanthérées ligneuses accompagnent les forêts des Chênes verts. Puis, les formations autonomes de buissons se présentent dans la contrée élevée : ici nous rencontrons de nouveau les *Mimosa* frutescents et autres arbustes épineux des Prairies méridionales (*Fouquieria*). Par ses Éricées (*Arbutus, Vaccinium*), la partie plus élevée du Mexique se relie aux montagnes de l'Amérique septentrionale, et, par quelques genres particuliers (*Fuchsia, Buddleia*), aux Andes de l'Amérique méridionale. Enfin, dans la proximité de la limite des arbres, il se détache une ceinture de Synanthérées buissonnantes (*Stevia*), plantes sociales qui, par la petitesse de leurs feuilles agglomérées, ressemblent aux Erica ou encore à la forme Myrte.

Par ses herbes vivaces, eu égard à sa position géographique, le Mexique se rattache encore, partie aux latitudes plus élevées de l'ouest de l'Amérique septentrionale et même de la zone arctique, partie aux Andes méridionales[30] *.

---

* Le genre *Eryngium*, que dans la note 30 notre auteur cite comme l'un de ceux possédés en commun par le Mexique et par l'Amérique méridionale, offre dans le nouveau monde une particularité que M. Decaisne (*Bull. Soc. bot. de Fr.*, t. XX, n° 1, *Comptes rend. des séances*, p. 10) signale en ces termes : « Le genre

Mais, dans le cas même où un emprunt a été fait du Mexique aux Prairies méridionales, on ne connaît point de cas où un végétal de la contrée basse du nord ait reparu dans les montagnes du Mexique, sans être en même temps indigène dans les plaines élevées, qui servent d'intermédiaire entre les zones tempérée et tropicale. Cette séparation des espèces se manifeste très-clairement dans les genres que possèdent en commun les montagnes tropicales du Mexique et la zone arctique. Il paraît que les migrations, si ordinaires de ce côté des tropiques entre les montagnes et les plaines, ne s'étendent pas aisément au delà des tropiques, où, grâce à la courbe thermique plane, il se produit des contrastes si prononcés dans la durée de la période végétale.

Les savanes du Mexique, comparées à celles de l'Amérique méridionale, concordent moins par la végétation des Graminées que par la prédominance des Panicées (*Paspalum*) *. Ce qui rend leur développement moins luxuriant, c'est qu'ici, de même que dans les prés montagneux du nord, les Graminées recherchent les surfaces montagneuses inclinées, et, par conséquent, ne dépendent pas des averses tropicales autant que les savanes unies de l'Amérique méridionale.

Plus grande est l'affinité, dans toutes les flores de l'Amérique tropicale, entre ceux des végétaux de la forêt vierge qui croissent à l'ombre. Partout la variété des Lianes et des Épiphytes

Eryngium présente dans sa distribution géographique un phénomène singulier que ne possèdent que peu d'espèces : il renferme un groupe d'une trentaine d'espèces environ, confinées aujourd'hui entre les 35° et 40° degrés de latitude dans les deux hémisphères du nouveau continent, et dont les feuilles, parcourues par de fines nervures parallèles, rappellent, à s'y méprendre, certains Monocotylédons, tels que les Pandanées, Broméliacées, Graminées, Joncées, etc. Ces espèces singulières vivent cependant en compagnie d'espèces à feuilles découpées, semblables à celles de nos Eryngium de l'ancien continent. » M. Decaisne se demande si ces espèces du nouveau continent caractérisées par des feuilles à nervures parallèles, ne seraient pas les représentants d'un ancien type, refoulé et graduellement appauvri par l'Eryngium à feuilles découpées, qui en serait le descendant. — T.

* Les Graminées prennent au Mexique un développement très-important. Pour le faire apprécier, je transcrirai le relevé des Panicées et des Andropogonées, extrait de la monographie de la famille que j'espère publier prochainement. Les Panicées comprennent 213 espèces, dont 43 *Paspalum*, 10 *Dimorphostachys*, 81 *Panicum*, 12 *Orthopogon*, 7 *Gymnothrix*, 21 *Setaria*, 8 *Cenchrus*, etc. Les Andropogonées comprennent 67 espèces, dont 34 ou 35 *Andropogon*. — E. F.

peut servir à mesurer les contrastes qu'offrent les quantités variables de lumière et d'humidité. Les Lianes et certaines familles prédominantes parmi les Épiphytes, telles que les Pipéracées, les Aroïdées et les Fougères, se trouvent favorisées également par la température plus élevée de la contrée basse. Les Orchidées, l'une des familles les plus riches [31] au Mexique, aussi bien que sur le mont Khasia, dans l'Inde, paraissent même s'accroître sous les climats plus frais de la région tropicale ; une foule de formes aériennes y déploient, dans les forêts des chaînes, un luxe inépuisable, de splendides Épidendrées et Vandées, ainsi que les gracieuses, mais moins grandes Malaxidées. Parmi les Lianes du Mexique, il faut faire ressortir, à cause de leur importance commerciale, une Smilacée qui fournit la Salsepareille (*Smilax officinalis*), ainsi que la Vanille (*Vanilla aromatica*) : cette dernière est la seule Orchidée grimpante qui soit indigène dans les forêts vierges, humides et froides, notamment à Oaxaca.

Formations végétales et régions. — Les forêts humides d'un climat chaud, où la végétation n'est jamais simultanément et complétement interrompue, et les savanes périodiquement desséchées, avec repos hivernal pendant la saison sèche, sont les formations principales de l'Amérique tropicale, de même que de la majorité des flores à caractère concordant : par leurs forêts, elles ressemblent à l'archipel Indien, et, par les savanes, elles rappellent la physionomie du Soudan. Les descriptions des forêts abondamment arrosées de Tabasco, ainsi que de la partie méridionale de la province de Vera-Cruz, ne laissent guère apercevoir de différence notable entre ces contrées et la Guyane ou le Brésil. Quelque divergents que soient, sous le rapport systématique, les éléments constitutifs des végétations respectives, la relation entre les formes végétales n'en est pas moins la même. Mais, comme, vu l'espace qu'elles occupent, ces formes végétales se déploient au Mexique encore plus que dans les Andes du sud, sillonnées davantage par des sinuosités plus profondes, la distinction des régions acquiert ici une bien plus grande importance, et peut cadrer avec celle des formations. Les traits principaux de ces gradations du domaine floral mexicain ayant déjà été signalés dans nos considérations sur le climat, il ne nous reste que l'examen des régions supérieures des hauts cônes volcaniques qui se dressent au milieu du soulèvement en masse des Andes, soit sur le golfe, soit dans l'intérieur de la contrée élevée, ou le long de certaines lignes déterminées de pentes.

ANDES MEXICAINES (21°-17° lat. N.).

Zone du golfe :

Région tropicale, 0-1949 mètres (0-6000 pieds) [5].

Région chaude avec familles tropicales prédominantes, 975 mètres (3000 p.).
Région de la forêt de Chênes toujours verts mélangés de formes tropicales, 975-1949 mètres (3000-6000 pieds).

Zone du golfe et contrée élevée :

Région tempérée, 1949-3996 mètres ou 6000-12 300 pieds (limite des arbres) [1].
Région de la forêt de Chênes indépendante, 2534 mètres (7800 pieds) [5].
Région des Conifères, 2534-3996 mètres ou 7800-12 300 pieds (à 3573 mètres ou 11 000 pieds, sur le pic d'Orizaba).
Région alpine, 3996 mètres (3573 pieds) ou 12 300 mètres (11 000 pieds).— 4515 ou 13 900 pieds (ligne des neiges. — Sur le pic d'Orizaba, 4872 mètres ou 15 000 pieds [6].

VOLCANS AU-DESSUS DE LA HAUTE PLAINE DE GUATEMALA
(14° 30' lat. N.).

Haute plaine, 1624 mètres (5000 pieds).

Région forestière, 2274-3378 mètres (7000-10 400 pieds) [27].
Région des Conifères, 2858-4548 mètres (8800-14 400 pieds) [20].

VOLCAN IRASU DANS LE COSTA-RICA (10° lat. N.) [34].

Haut plateau de Carthago, 1624 mètres (5000 pieds).

Région des Chênes, 2274-3248 mètres (7000-10 000 pieds).
Région alpine, 3248-3573 mètres ou 10 000-11 000 pieds (sommet).

Parmi les hauts sommets des Andes mexicaines, il n'y en a qu'un petit nombre qui portent des neiges perpétuelles, et c'est dans la proximité du 19ᵉ parallèle que tous ces pics sont situés. Dans les contrées tropicales, la ligne des neiges tient moins à la latitude géographique qu'au relief des massifs montagneux et à leur humidité. Malgré l'action du climat des plateaux, elle est légèrement rabaissée au Mexique, parce que les brouillards apportés par l'alizé s'élèvent jusqu'aux plus grandes hauteurs ; tel ne paraît pas être cependant le cas à l'égard du pic d'Orizaba, dont la silhouette élancée se découpe au-dessus de la Cordillère.

Cependant, sous cette latitude géographique, les différences thermiques des saisons se font déjà sentir à un plus haut degré que dans les montagnes équatoriales. Humboldt trouva[1] que, lorsqu'en janvier la ligne des neiges descend le plus, elle se trouve à un niveau inférieur de 812 mètres (2500 p.) à celui qu'elle atteint en septembre (à 3603 m. ou 11 400 p.). Toutefois la réduction de la période de végétation, par suite de chutes de neige périodiques, n'est pas assez considérable pour limiter beaucoup l'extension des végétaux ligneux en sens vertical. Au nombre des Phanérogames qui s'élèvent le plus haut sur le pic d'Orizaba (4712 m. ou 14 600 p.), on constata encore des arbustes (Senecio[6], Ribes[4]), et Liebmann a vu des arbres à feuilles aciculaires isolés, bien qu'en partie rabougris (Pinus Montezumæ), bien au delà de la délimitation nette de la forêt, telle qu'elle se trouve dans la région alpine (jusqu'à 4547 mètr. ou 14 000 p.), phénomène comparable à la présence des arbres au niveau le plus élevé de l'Abyssinie. On ne saurait donc admettre que là où cesse la ceinture forestière, la limite climatérique de la vie des arbres se trouve atteinte. Si le sol volcanique, peu favorable, composé de galets, ne venait pas arrêter cette limite, la forêt pourrait s'élever jusque près de la ligne des neiges, où l'humidité nécessaire ne fait point défaut et où la température n'est pas trop basse[35].

Il en est de même des régions des volcans mexicains en général, où certains individus, bien que la prédominance de types végétaux établisse des gradations tranchées, dépassent cependant de beaucoup ces limites dans leur extension locale ou sporadique. Il en résulte que la séparation des régions tient moins aux valeurs climatériques, susceptibles de variations graduelles, qu'à des influences exercées par le sol et déterminant le caractère physionomique des formations. Sur le pic d'Orizaba, on a distingué, dans la région alpine, plusieurs ceintures de végétation qui indiquent cette relation[6]. Les Stevia, qui correspondent aux Rhododendron des Alpes et qui vivent socialement au-dessus de la région forestière (3573-4418 m. ou 11 000-13 600 p.), habitent, associés à des herbes vivaces alpines, les galets volcaniques de la Cordillère. Composé de substances arénacées plus ténues, le sol de la plus haute surface montagneuse produit un pacage alpestre herbeux (4418-4642 mètres ou 13 600-14 800 p.), et, sur les bords du cratère qui surgit au milieu de ce pacage, il ne reste presque plus que des Lichens et des Mousses (4642-4805 m. ou 14 300-14 800 p.). Avec les essences résineuses, cette ceinture de *Stevia* fait défaut au Costa-Rica [12], et elle est remplacée, sur l'Irasu, par des Éricées (*Vaccinium, Pernettya*), qui, accompagnées de pacages alpins, s'élèvent ici jusqu'au sommet de la montagne (3248-3573 m. ou 10 000-11 000 p.).

Mais la région des Conifères accepte aussi, au-dessous de la limite forestière, des éléments étrangers. L'uniformité du Nord ne règne aucunement dans les forêts à essences résineuses du pic d'Orizaba (de 2534 à 3573 m. ou 7800-11 000 p.) [6]. On y voit partout se mélanger des essences angiospermes, telles que Chênes et Frênes ; les herbes qui recherchent l'ombrage continuent à être variées, et les barrancas, qui commencent ici, nourrissent une luxuriante végétation : des versants entiers de montagnes sont dénués de toute végétation arborescente et revêtus de hautes Graminées et d'herbes vivaces alpines. Ajoutons que les bois de Chênes, d'essences moins mélangées, qui suivent en descendant (de 1994-2534 mètr. ou 6000-7800 p.), sont interrompus là où les précipitations se trouvent amoindries par les formations du haut pays, telles que les buissons de Mimosa et les plantes grasses.

Ce n'est qu'au pied de la Cordillère (à une altitude de 1949 m. ou 6000 p.), où la végétation tropicale commence à être refoulée, qu'il se produit un changement climatérique plus tranché. Toutefois, même dans l'enceinte de ce domaine altitudinal, le caractère mixte des formes végétales, caractère propre aux montagnes mexicaines, se reflète par ce fait que la section supérieure de la région forestière tropicale (945-1949 mètr. ou 3000-6000 p.), réunit, comme dans l'archipel Indien, les Chênes aux formes arborescentes du climat tropical. Des forêts de Chênes toujours verts revêtent, près d'Orizaba, une grande partie de la contrée montagneuse [36], ce qui n'empêche pas que les représentants de la forme Laurier (Laurinées, Anonacées, Sapotées, etc.) n'y soient partout fréquents, et que les Chamædorées, les Cycadées, les

Mélastomacées et les Myrtacées, ne constituent les sous-bois. Par le mélange des éléments constitutifs, par l'agglomération des végétaux ligneux et par l'abondance des Épiphytes, cette végétation rappelle les forêts de la côte méridionale du golfe, composées exclusivement de formes tropicales, mais où la température augmente la variété des arbres, la taille des Palmiers, l'importance des Lianes ligneuses, et où l'on voit plus fréquemment s'agrandir les dimensions du feuillage des plantes qui croissent à l'ombre, telles que les Aroïdées, les Scitaminées et les Fougères.

Les savanes de l'Amérique diffèrent de celles de l'Afrique tropicale par un mélange plus prononcé des éléments constitutifs, comme aussi en ce qu'elles admettent plus fréquemment ces forêts clair-semées composées d'arbres bas ou de médiocre hauteur, qu'on désigne, au Brésil, par le nom de *Catingas*; et qui perdent leur feuillage pendant la saison sèche. Ces taillis consistent en arbres appartenant aux familles les plus diverses, dont la majorité concorde sous ce rapport et correspond à la forme Sycomore. Les *Chumicales* à Panama représentent des groupes d'arbres de cette nature, composés d'une Dilléniacée (*Curatella*), dont les feuilles, semblables à du papier, sont bruyamment agitées par le vent, comme le sont nos feuillages secs exposés au souffle de l'automne[37]. D'après les observations faites par M. Wagner dans l'isthme[38], il existe une oscillation séculaire entre les savanes et les catingas, attendu que certains arbres des savanes (*Duranta, Curatella*) s'avancent graduellement de la lisière de la forêt vers la surface ensoleillée, et, en enrichissant le sol d'humus, préparent ainsi un abri aux arbres qui leur succèdent. Mais il vient un moment où les substances nourrissantes du sol se trouvent épuisées, et alors la savane ouverte refoule ces arbres à son tour.

Les savanes mexicaines ne sont développées sur de vastes espaces que sur le versant Pacifique. Sur le sol incliné où l'irrigation opérée par les précipitations ne dure qu'un petit nombre de mois, les Graminées sont souvent d'une taille assez réduite : ainsi, sur les Andes de l'isthme, M. Wagner ne trouva au gazon qu'une moyenne de 5 centimètres de hauteur[20]. A la rigueur, de telles formations ne sauraient être qualifiées de

prés de montagne, puisque la « teinte brun jaunâtre », pendant
la saison sèche, indique le type des savanes, et que les végétaux
herbacés et les sous-arbrisseaux revêtent une notable partie du
sol : quelquefois la Sensitive (*Mimosa pudica*) y occupe, paraît-
il, la moitié de la surface[38]. D'ailleurs, dans d'autres contrées,
les Graminées passent aux formes plus gazonnantes de la savane.
Dans l'étroite zone de savane de la région chaude de Vera-Cruz,
on voit les touffes de plantes herbacées traversées par des buissons de Malvacées (*Sida*) de deux pieds de hauteur et accompagnées de Mimosa buissonnants[6].

   Centres de végétation. — Il y a une notable série de plantes
répandues sur la surface entière de l'Amérique tropicale, et une
autre série, non moins considérable, dont l'aire a été constatée
sur une grande partie de cette étendue de ce côté de l'équateur[39]. Lorsqu'il s'agit de déterminer le caractère systématique
de chaque flore, il ne faut pas tenir compte de ces végétaux, dont
les migrations peuvent être admises, à en juger par leur organisation même ou par les conditions de leur *habitat*. Ce sont là
des plantes appartenant aux familles dont les semences sont
douées de facultés germinatives de plus longue durée; beaucoup
d'entre elles sont annuelles, leurs végétaux ligneux étant rares :
la plupart suivent les cultures, ou bien recherchent un sol humide, et plusieurs s'attachent aux côtes maritimes. Si l'on y
ajoute celles qui passent d'un continent à un autre ou qui franchissent les tropiques, on pourra estimer à 1700 espèces de
plantes vasculaires le chiffre de celles qu'il y a lieu d'éliminer du
Mexique. Et pourtant, grâce à la configuration si particulière de
ce pays, due à l'isolement maritime et au relief du sol, la flore
mexicaine est restée éminemment soustraite à l'action des domaines limitrophes. Ce n'est que dans les parages septentrionaux
qu'il s'effectue graduellement une transition climatérique entre
la zone tropicale et la contrée élevée des Prairies méridionales;
là les effets produits par le soulèvement du sol et par son irrigation offrent tant de similitude, que l'échange opéré entre les
centres de végétation en deçà et au delà du tropique se trouve
dans les mêmes rapports que la physionomie du pays. Dans la
direction du midi, les variations que subit la flore sur le versant

Pacifique du Mexique sont encore peu connues ; mais, comme les
savanes s'évanouissent de l'autre côté de Panama, les forêts
touffues qui revêtent l'isthme de Darien mettent un terme à
leur migration vers l'Amérique méridionale. Déjà, au sud du
Guatémala, la végétation de l'intérieur de la haute contrée est
influencée par la position plus déprimée de cette dernière, et,
par suite de l'interruption que les soulèvements subissent à
Panama, elle se trouve complétement séparée, dans le même
sens, des Andes méridionales, ainsi que nous l'avons déjà fait
observer.

De même, les végétaux de la côte orientale du Mexique trouvent, dans le climat modifié du Yucatan, un obstacle à leur
extension vers le sud ; cependant le grand courant qui fait le
tour du golfe les rattache à Cuba. Malgré cela, le nombre des
plantes mexicaines qui atteignent les Indes occidentales est minime [40], ce qui tient probablement au peu de concordance entre
le climat des côtes et des îles baignées par le Gulf-stream. Mais
ce qui prouve déjà que ce sont ces courants marins qui ont opéré
cette immigration, quoique limitée, c'est que la majorité des
espèces répandues depuis le Mexique jusqu'aux Indes occidentales se trouve seulement à Cuba et non sur les autres îles. En
effet, le Gulf-stream, venant de la côte orientale du Mexique,
ne touche qu'à Cuba, dans les parages de la Havane. Humboldt
a déjà signalé un exemple remarquable des relations établies,
suivant les espèces et non le climat, entre les Antilles occidentales et le Mexique [41] : c'est qu'à Cuba et à Haïti, les Pins descendent jusqu'à la région chaude, et, dans l'île plate de Piños,
croissent mélangés avec l'Acajou (*Swietenia*), tandis que ce
genre d'essences résineuses ne se présente, sur les Andes mexicaines, qu'à une altitude considérable au-dessus du niveau de
la mer, et n'a jamais été constaté au-dessous de 975 mètres
(3000 p.). Les espèces qui se comportent si différemment sous
le rapport des conditions climatériques de leur habitat sont sans
doute très-voisines l'une de l'autre ; jadis on les réunissait en
partie (sous le nom de *Pinus occidentalis*), mais, bien qu'elles
n'aient pas été encore étudiées d'une manière plus précise, toujours est-il qu'en les supposant spécifiquement différentes, on

s'expliquerait, ce que j'ai déjà mentionné plus haut, comment il se fait qu'un Pin habite aussi la région chaude, au Nicaragua, et y soit, comme à Piños, le compagnon de l'Acajou.

Humboldt avait déjà supposé que c'est le Gulf-stream qui avait répandu ce Pin depuis le Yucatan jusqu'aux Indes occidentales ; mais, quand il admettait que la présence des Pins dans les régions diverses ne se rattache point au climat, mais aux influences du sol, c'est parce qu'il ne connaissait guère les contrastes qui se produisent, dans la sphère climatérique, entre des espèces très-voisines, contrastes qui ici semblent résulter précisément des faits dont il s'agit.

Les travaux systématiques sur la flore du Mexique se trouvent disséminés dans les annales scientifiques ; un résumé manuscrit que M. Kotschy essaya, en 1852, de dresser à l'aide de ces matériaux [42], fournit un chiffre total de 7300 espèces réparties sur une surface d'à peine 30 000 milles géographiques, ce qui, eu égard à l'étendue restreinte du pays complétement exploré jusqu'aujourd'hui, laisse encore un assez vaste champ aux nouvelles découvertes [6]. En retranchant les espèces non endémiques, on pourrait néanmoins estimer à plus de 5000 le chiffre des plantes particulières au Mexique, connues à présent, richesse qui probablement l'emporte sur celle des Indes occidentales, d'autant plus qu'un tel résultat n'est fourni que par une petite partie du domaine [43]. Ce résultat, qui se reproduit si fréquemment dans la comparaison faite entre les continents et les îles, se trouve, jusqu'à un certain point, en opposition avec la nature endémique des genres. Dans l'Inde occidentale, on a constaté près de 100 genres endémiques [44], et, quoique j'estime à 160 le chiffre de ces genres au Mexique, près du tiers se concentre dans les Synanthérées, chez lesquelles la classification systématique les a multipliés à un plus haut degré que dans d'autres familles. Néanmoins la prédominance des espèces endémiques est incomparablement plus forte au Mexique. Les genres continentaux y ont en général, en moyenne, une étendue plus grande que ceux des îles, parce que l'extension de l'aire et la variété des stations donnent lieu à l'accroissement des espèces en raison de l'affinité dans le sens de l'espace. Tou-

tefois ce sont précisément les genres endémiques du Mexique
qui sont moins riches en espèces que les genres à aire plus
étendue. Les genres endémiques sont répartis entre plus de
quarante familles, parmi lesquelles, sans tenir compte des
Synanthérées, les suivantes sont notamment représentées par
un grand nombre de genres particuliers : Graminées, Scrofularinées, Rutacées et Onagrariées [45]. Dans les familles qui exercent une action sur la physionomie de la contrée mexicaine, des
genres endémiques sont fournis par les Palmiers, les Cycadées
et les Cactées. Parmi les genres voisins des Liliacées, les Agaves
ne sont pas, à la vérité, rigoureusement endémiques, bien plus
nombreux cependant ici qu'ailleurs, de même que les Chamædorées, parmi les Palmiers. La série des familles prédominantes
de la flore mexicaine se comporte très-irrégulièrement dans les
trois régions principales. Nous ne possédons pas encore un tableau satisfaisant de la végétation des régions chaudes des deux
côtes, mais, quant à la haute plaine, déjà les collections de
Humboldt [46] font voir la grande concordance entre cette dernière
et les Prairies méridionales, d'abord par le chiffre prédominant
des Synanthérées, et puis par les Graminées, les Légumineuses,
les Scrofularinées et les Labiées. Les mêmes rapports ont été constatés plus tard entre les Cactées ; ce résultat fournit un remarquable exemple des affinités dans le sens de l'espace aussi bien
que dans le sens climatérique *.

* *Note de M. E. Fournier.* — On se représente généralement le Mexique comme
un plateau élevé à deux versants, l'un atlantique et l'autre pacifique, se continuant
largement au nord-ouest avec la région montagneuse du Texas, et s'abaissant
graduellement au sud-est pour se relier aux chaînes du Guatemala : plateau d'où
se détachent les cônes volcaniques du Cofre de Perote, du pic d'Orizaba, du Popocatepetl et quelques sommets de moindre élévation. De là la division ancienne
en trois régions rapportée par M. Grisebach : la côte forme la *Tierra caliente,* les
versants la *Tierra templada,* et le plateau la *Tierra fria.* Il est temps de montrer
combien cette division, vraie dans sa généralité, devient fausse quand on prétend
l'appliquer avec rigueur. Il y a plus de trois régions botaniques au Mexique, et la
plupart d'entre elles s'entrecroisent de manière à confondre souvent dans le même
district leurs végétaux caractéristiques. De quelque point que l'on parte de la côte
pour atteindre un des sommets, on traverse presque toujours toutes ces régions,
et même ordinairement on traverse plusieurs fois certaines d'entre elles, mais on
leur trouve, suivant le point choisi, une étendue très-différente.

La première de ces régions est la *zone littorale,* où règne la fièvre jaune. Elle

est assez mal représentée dans les herbiers, la plupart des voyageurs ne s'y arrê-
tant que le temps strictement nécessaire pour organiser leurs excursions dans l'intérieur. Aussi paraît-elle pauvre; Schiede n'en évaluait la végétation qu'à 140 espèces. Pendant l'expédition scientifique, M. Gouin, médecin de l'hôpital de la Vera-
Cruz, l'a explorée avec fruit sur la côte orientale, et M. Thiébaut, lieutenant de
vaisseau, à Acapulco, sur la côte occidentale. Leurs récoltes contiennent des espèces
identiques.

La zone littorale présente des récifs, un cordon de dunes, et en dedans des dunes
une bande herbeuse parsemée de bouquets d'arbres. Les récifs ont une population
végétale dont l'existence a été niée, mais dont l'étude a été commencée par J. Agardh
(*Öfversigt af kongl. Vetenskaps Akademiens Forhandlingar for den 13 januari 1847*).
Les dunes, au premier aspect stériles et nues, ont une végétation dense, mais peu
élevée, généralement grisâtre. Elle est formée de types appartenant à des familles
et à des régions fort diverses, empruntés soit à la région chaude du globe en général (*Cynodon Dactylon, Dactyloctenium œgyptiacum, Eleusine indica, Paspalum vaginatum, Hemarthria fasciculata*), soit à celle des Antilles et de la Guyane
en particulier : des Graminées (*Oplismenus, Stenotaphrum americanum* Schrank,
Cenchrus, Eragrostis reptans Nees, *E. ciliaris* Link ; des Asclépiadées (*A. curas-
savica*) ; des Euphorbiacées (*Croton rivinœfolius* Kunth, *C. reflexifolius* Kunth,
C. cortesianus Kunth) ; des Convolvulacées (*Convolvulus Hermanniœ* Lhér., *C. rosi-
florus* Desr., *Calystegia Soldanella* Br.) ; des Légumineuses (*Tephrosia littoralis,
Desmodium arenarium, Indigofera ornithopodioides, Rhynchosia menispermoides*) ;
des Polygonées (*Coccoloba uvifera* Jacq., *C. Humboldtii* Meissn.); des Amarantacées
(*Amarantus spinosus, Iresine diffusa, Gomphrena interrupta*) ; des Acanthacées
(*Cryphiacanthus barbadensis, Dipteracanthus procumbens, Adhatoda dipteracan-
tha*). Des plantes d'autres familles (*Martynia diandra, Priva lamiifolia, Lamou-
rouxia viscosa, Tournefortia elliptica*) et des Graminées, telles que l'*Eragrostis
Verœ-Crucis* Rupr., le *Leersia Gouini* Fourn., le *Trachypogon Gouini* Fourn., ou
sont spéciales à cette zone, ou en sortent pour se continuer sur le littoral du
Texas.

La prairie intérieure aux dunes présente un tapis de Graminées dont le fond est
formé, près de la Vera-Cruz, par le *Buchloe dactyloides* Engelm., le Buffalo-gras
des Prairies américaines. Il faut y joindre des *Eleusine*, des *Leptochloa*, l'*Agrostis virginica* L. Le caractère géographique de ces plantes dépend évidemment de
l'influence du vent des prairies, le Norte, influence sur laquelle a insisté M. Grisebach. Des bouquets de bois sont constitués par le *Cellis littoralis* Liebm., entremêlés de quelques *Jatropha*, et il faut citer encore un Platane, le *P. Liebmanni*,
très-voisin du *P. occidentalis* et même confondu avec lui, et enfin un Chêne,
qui ne paraît pas exister dans les herbiers, mais qui a été constaté sur plusieurs
points de la côte orientale, à l'embouchure des fleuves, et qui s'y mélange à des
Palmiers des genres *Cocos* et *Iriartea*. D'après M. l'abbé Liturgie, qui a passé
dans sa jeunesse plusieurs années au Mexique, où il exerçait la médecine, le Chêne
qui habite les environs de Minatitlan, du côté du volcan de San-Juan, nourrit un
Bombyx exploité par les indigènes pour la soie de ses cocons.

Les dunes et les prairies du littoral sont interrompues par des lagunes, causes
d'insalubrité, dont les eaux sont peuplées ou bordées par des végétaux qui ne
diffèrent plus que spécifiquement de ceux que l'on observe dans ces conditions, dans l'Europe méridionale. On trouve nageants : *Potamogeton natans* L. var.
Salvinia auriculata Aubl., *Marsilia polycarpa* Hook., *Villarsia Humboldtiana*,

Pistia occidentalis Bl., un *Azolla*, des *Jussiœa*, et sur les dunes *Cyperus pygmœus* Roth, *Salix Humboldtiana* Willd., *Pancratium mexicanum*, *Convolvulus palustris* Cav., *Lythrum marilimum* H. B. K., *Ammannia sanguinolenta*, etc.

Ce mélange des genres appartenant aux flores les plus différentes, et dont nous aurions pu augmenter beaucoup l'énumération, offre à tout botaniste amateur de considérations géographiques un sujet de méditations d'un grand intérêt. Ajoutons qu'il acquiert un caractère plus proprement mexicain par la présence de deux plantes, l'*Opuntia Tuna* et le *Baccharis xalapensis*, qui descendent jusque sur le rivage, bien qu'elles se rencontrent sur beaucoup d'autres points du pays.

La deuxième région est la *forêt tropicale*. Sur la côte orientale, elle apparaît à une lieue du rivage, plus loin sur la côte occidentale. A la hauteur de la Vera-Cruz, elle est parfaitement caractérisée, mais peu profonde ; elle ne prend son développement que dans les États de Tabasco et de Chiapas, pour se relier plus bas aux forêts humides du Guatemala et du Nicaragua. Des arbrisseaux tels que des Laurinées (*Nectandra sanguinea*, *N. Willdenowiana* Meissn.), des Verbénacées (*Citharexylon reticulatum* Kunth, *Clerodendron ligustrinum* R. Br., *Cornutia pyramidata* L., *Petrea arborea* H. B. K.), des Euphorbiacées (*Croton ciliato-glandulosus* Ortega, *Jatropha gossypiifolia* L., *Phyllanthus acuminatus* Vahl, etc.), entremêlés de Fougères herbacées (*Chrysodium vulgare* Fée) ou grimpantes (*Lygodium Schiedeanum* Presl), précèdent la forêt elle-même, qui, quand elle est en contact avec les lagunes, commence immédiatement par les Palétuviers (*Rhizophora*, *Mangifera*, *Avicennia nitida* Jacq. et *A. tomentosa* Jacq.). La forêt elle-même se compose des types tropicaux les plus connus, de Légumineuses arborescentes (*Inga*, *Lonchocarpus*) ou même moins élevées (*Poinciana pulcherrima*, *Canavalia*, *Diphysa*, *Bauhinia*, *Æschynomene*) ; des Anonacées, des Myrtacées (*Eugenia*), le *Chrysobalanus Icaco*, des *Combretum* (*C. farinosum*, *C. mexicanum*, *C. obtusifolium*), des arbres appartenant aux genres *Ficus*, *Cecropia*, *Castilloa*, *Maclura*, *Achras*, *Sideroxylon*, et même le *Swietenia Mahogany*, qu'entourent des lianes appartenant aux Orchidées (*Vanilla*), aux Bignoniacées , aux Polygonées (*Antigonum*), aux Verbénacées (*Petrea Virletii* Bocq.). Les bois du Mexique, qui sortent presque tous de ces forêts ou de la zone tempérée chaude qui la suit, ont une grande importance commerciale pour la teinture, la charpente navale ou l'ébénisterie. Le catalogue de l'exposition mexicaine pour 1855 en énumérait jusqu'à 213 espèces.

Cette zone est remarquable par la culture du Cacao et des Bananiers, ainsi que de la Vanille et de divers fruits des tropiques appartenant aux genres nommés plus haut. Elle fournit très-peu de végétaux propres à la flore mexicaine.

En troisième lieu, et toujours en s'éloignant de la mer, vient la *zone des savanes*. Des herbes hautes de plusieurs mètres y appartiennent non-seulement à des Bambusées (des genres *Guadua*, *Chusquea* et *Merostachys*), mais encore à des Panicées géantes. telles que des *Panicum* de la section *Lasiacis* Griseb. (*P. altissimum* C. A. Mey.; *P. divaricatum* H. B. K., etc.), des *Gymnothrix* (*G. tristachya* H. B. K., *G. distachya* Fourn.); à des Rottbœlliacées (*Tripsacum fasciculatum* Trin. et autres, *Euchlœna mexicana* Schrad.). De grandes Cypéracées les accompagnent ; la savane elle-même est interrompue par des Fougères arborescentes, des Cycas, des Chênes (*Quercus oleoides* Chàm. et Schl.), des Mimosées (*Schrankia aculeata*, *Acacia cornigera* et aff.). Il faut rattacher à cette zone les cultures de Canne à sucre, de Riz, de Coton, etc. Les types purement mexicains, même génériques, y sont remarquables et se développent en espèces.

La quatrième zone est la *zone tempérée*, que l'on peut subdiviser facilement en diverses sous-régions. L'observation des climats y prêterait (voyez THOMAS, *Recueil des Mémoires de médecine, de pharmacie et de chirurgie militaires*, t. XVII, p. 335), depuis Cordova (880ᵐ) à Orizaba (1260ᵐ), jusqu'à Jalapa (1420ᵐ) et à la base du Cofre de Pero te. Salimite supérieure est environ à 1800 mètr. sur la côte orientale, où elle occupe un versant assez abrupt ; sur la côte occidentale, elle se développe plus longuement, sur un plan moins incliné, et paraît monter plus haut. Cuernavaca, qui n'est qu'à 16 lieues de Mexico, appartient déjà à cette région.

La région tempérée du Mexique est celle qui est le mieux représentée dans nos herbiers et dans nos serres ; son climat enchanteur y rend le séjour facile, les recherches charmantes. La plupart des familles végétales y sont représentées avec une variété infinie dans le nombre des espèces. Nous n'essayerons pas même d'en esquisser la végétation ici. Disons seulement que pour la caractériser d'un mot il faudrait la nommer région des Mélastomacées ; les Fougères et les Apocynées (*Plumeria*) y atteignent aussi une grande richesse en formes. Les Rubiacées, les Malvacées, les Acanthacées, les Solanées, les Commelynées, les Gesnéracées, les Nyctaginées, y prennent un développement spécial et y abondent en espèces locales. La division de la région est tirée de la nature des Chênes, en général à feuilles persistantes dans la partie inférieure, à feuilles caduques dans la partie supérieure : ces Chênes se chargent de parasites qui sont des *Loranthus*, des Pipéracées, des Aroïdées, des Broméliacées (*Vriesea*), des Bégoniacées, et autour de leurs troncs s'enroulent des Lianes appartenant aux Convolvulacées (*Exogonium Purga, Ipomœa orizabensis*, etc.), aux Apocynées (*Echites*), aux Asclépiadées (*Metastelma, Marsdenia, Gonolobus*), aux Légumineuses (*Clitoria, Phaseolus*, etc.), à des Sapindacées (*Serjania, Paullinia, Cardiospermum*), à des *Passiflora*, à des Cucurbitacées, etc. La culture la plus intéressante y est celle de l'Oranger, qui descend du reste dans la partie inférieure ; les fruits et les légumes d'Europe ne réussissent que dans la partie supérieure de la région.

Un sujet de recherches très-importantes, et actuellement de dissidences, est le rapport de la végétation des deux versants du Mexique. Il est difficile à apprécier encore, parce que le versant occidental est moins connu ; d'après l'examen des herbiers, il ne nous paraît pas qu'on soit encore fondé à admettre une grande différence entre la végétation des deux versants. Il serait facile de dresser une liste assez longue de genres et même d'espèces recueillies simultanément à Acapulco ou à San-Blas et à la Vera-Cruz ou à Tampico : et il se présente bon nombre d'identités entre les plantes trouvées à l'occident, aux environs du volcan de Jorullo par Humboldt et Bonpland, et celles que de très-nombreux voyageurs ont recueillies à l'orient, aux environs de Villa Alta, de Cordova, d'Orizaba, de Mirador, d'Huatusco, de Jalapa, de Misantla, de Papantla et de Tantoyuca. Le genre *Elaphrium*, qui fournit le copal du Mexique, et qu'on croyait isolé depuis Jorullo jusqu'à Queretaro, a été trouvé par Schiede aux environs de Jalapa, et il existe même sur les hauts plateaux. Il est vrai qu'un fait reste jusqu'à présent : plusieurs des genres monotypes paraissent propres au versant occidental. Mais il importe de reconnaître que ces genres, notamment ceux de Liebmann, sont pour la plupart mal connus, que leur attribution à une famille donnée est souvent incertaine, et qu'il faut attendre de nouvelles recherches avant de rien conclure de ce qui les concerne.

La cinquième région est celle des *Agave*. Elle règne de 5000 à 7000 pieds, de Mexico, son centre, à Puebla, à Tehuacan et à Oajaca vers le sud, à San-Luis de Potosi et jusqu'au Texas vers le nord. Les Liliacées arborescentes, *Agave, Yucca, Foucroya, Dasylirion*, la caractérisent par leur vulgarité et leur port étrange, de même que les Cactées; si nombreuses et si spéciales, mais celles-ci manquent sur les points où pendant l'hiver il règne des pluies ou seulement des brouillards. Les Composées y prennent un développement extraordinaire, surtout en individus. Aux environs de San-Luis de Potosi, M. Virlet d'Aoust, qui ne consacrait à la botanique que ses loisirs, a recueilli 196 espèces de cette famille ; les types sous-frutescents y comptent pour une grande part. Parmi les familles importantes du haut plateau mexicain, citons encore : les Vacciniées et Éricinées (*Thibaudia, Clethra, Pernettya, Gay-Lussacia, Gaultheria, Arctostaphylos*) ; les Crassulacées (*Echeveria, Sedum*) ; les Onagrariées (*Gaura, Lopezia, Hartmannia, Fuchsia, Œnothera*) ; les Saxifragées (*Weinmannia*) ; les Laurinées (*Tetranthera*) ; les Ternstrœmiacées (*Ternstrœmia pedunculata* Gœrtn., *Saurauja, Freziera*); les Térébinthacées (*Pistacia mexicana, Schinus Molle, Smodingium Virletii*) ; le *Morus mexicana*, les genres *Symplocos, Cornus, Dodonœa, Fraxinus, Mentzelia, Salvia, Hyptis, Hoffmanseggia, Verbena, Zornia, Mahonia, Vitis*, etc. La culture la plus importante est celle de l'Agave, et, parmi les céréales, celle du Maïs. Quant aux Lianes, elles sont ici formées par quelques *Tropæolum* et surtout par des *Dioscorea* et des *Smilax* qui rampent sur les buissons à feuillage persistant des Éricinées et des Composées, et autour des arbres assez rares de la région ; les parasites sont des *Tillandsia* et des *Phoradendron*. Mais le caractère général est ici l'uniformité, nous dirions presque la monotonie, du moins sur le plateau qui s'élève légèrement de Puebla à Mexico. Si l'on s'avance davantage vers le nord, le plateau se trouve irrégulièrement coupé de profondes vallées ou surmonté de crêtes qui en altèrent le caractère et en modifient la végétation.

On distinguerait dans cette région des Agaves, ou des hauts plateaux, d'après l'état actuel et encore imparfait de nos collections, trois subdivisions. La partie méridionale répond surtout à la description que nous venons de faire. La vallée de Mexico, un peu plus élevée et entourée de montagnes, s'ouvrant à la base du Popocatepetl, se distingue par la plus grande abondance ou par l'apparition des genres *Clematis, Thalictrum, Ranunculus, Geranium, Erodium, Nymphœa, Sisymbrium, Nasturtium, Lepidium, Polygala, Trifolium, Potentilla, Valeriana, Verbena, Polygonum, Lemna, Setaria, Agrostis, Eragrostis, Cyperus, Scirpus*, etc. La partie plus septentrionale, qui ne nous est guère connue que par les récoltes faites par M. Virlet d'Aoust de San-Luis de Potosi à Valle del Maïz, présente toujours le même caractère général, mais elle offre un grand nombre d'espèces qui manquent à la partie plus méridionale du haut plateau mexicain. On peut juger, en parcourant les trois derniers volumes du *Prodromus*, publiés à l'époque où M. de Candolle et les divers monographes ont eu communication des récoltes de M. Virlet d'Aoust, de l'immense intérêt qu'offre cette région, où existent même des genres spéciaux, bien que les explorations de ce savant géologue, attaché à l'exploitation des mines de la province, n'aient pas été dirigées spécialement vers la botanique, et qu'un bon tiers de ses récoltes, mal conservées, ait été perdu.

Dès qu'on s'élève sur les montagnes qui entourent les hauts plateaux mexicains, on entre dans la cinquième région, la *région supérieure*, où la végétation, arborescente d'abord, puis herbacée, cesse à 4800ᵐ environ sur le pic d'Orizaba. Le Nevado de Toluca, le Cerro de Sempoaltepec, appartiennent à cette région, ainsi que le Popocatepetl, malheureusement à peine abordé. Les forêts sont formées principalement d'un grand nombre de Chênes et d'un petit nombre de Conifères, mais il ne faudrait pas se hâter d'attribuer à ces forêts les caractères de celles de l'Europe. Sur le pic d'Orizaba, à 8000 pieds de hauteur, Liebmann trouvait des

Bambous grimpants (*Chusquea Mülleri* Munro) entourant le tronc des Chênes et des Laurinées. La végétation herbacée présente un caractère curieux, c'est que plus on s'élève, plus elle rappelle la végétation européenne; ce sont guère les mêmes espèces (du moins pour la phanérogamie), mais ce ne sont presque toujours les mêmes genres. On en jugera par la liste suivante : *Ranunculus nubigenus*, *Draba*..., *Eutrema*..., *Arenaria lycopodioides* Willd., *A. serpens* H. B. K., *A. scopulorum* Schl., *Trifolium amabile* H. B. K., *Potentilla Richardi* Lehm., *Acæna elongata* L., *Alchimilla hirsuta* H. B. K., *A. vulcanica* Schlecht., *Rubus trilobus* Moç. et Sessé, *Œnothera*..., *Lobelia Orizabœ* Mart. Gal., *Vaccinium geminiflorum*, *Polemonium grandiflorum* Benth., *Cobœa minor* Mart. Gal., *Eutoca gracilis* Mart. Gal., *Gentiana ovalis* Mart. Gal., *Penstemon lanceolatus* Benth., *Castilleja tolucensis*, *Lithospermum distichum* Ortega, *Cynoglossum mexicanum* Schlecht., *Calceolaria telephiifolia* Mart Gal., *Mimulus andicola* H.B.K., *Veronica xalapensis* H.B.K., *Verbena teucriifolia* Mart. Gal., *Alnus jorullensis* H. B. K., *Salix cana* Mart. Gal., *Juncus Orizabœ* Liebm., *Carex olivacea* Liebm., *Luzula vulcanica* Liebm., *Phleum alpinum* L. var., *Deyeuxia Schiedeana* Schl., *Agrostis virescens* H.B.K., *Poa conglomerata* Rupr., *Festuca livida* Spr., *Acrostichum Lindeni* Bory, etc. Les genres qui dans cette liste n'appartiennent pas à la catégorie des types européens sont des genres de la flore tempérée de l'Amérique qui poussent des représentants particuliers presque dans la zone alpine. Il est cependant à remarquer que dans cette zone le caractère de la flore mexicaine tend à disparaître à peu près complétement; l'intérêt est surtout excité par la présence de types qui se continuent, soit par eux-mêmes, soit par des espèces affines, jusque dans les Andes de l'Amérique du Sud. Le type du *Sisymbrium canescens* Nutt., des montagnes Rocheuses, parvient ainsi jusqu'en Patagonie, où il est représenté par le *Sisymbrium antarcticum* Fourn. (*S. canescens* Griseb.).

Mais, comme nous l'avons dit au commencement de cette note, il ne faudrait pas se figurer que les régions botaniques du Mexique, si bien que l'on puisse les caractériser, soient absolument distinctes. Il serait facile de citer un grand nombre d'espèces qui montent de la côte jusque dans la région des Agaves (*Heliotropium curassavicum*, *Argemone mexicana*, *Baccharis xalapensis*, *Oligogyne tampicana*, *Chloris elegans*, *Croton reflexifolius*). On trouvera dans ces deux régions et dans la région tempérée intermédiaire, des Chênes et des Cactées, des Acanthacées et des Gentianées. Même des genres que l'on croirait *à priori* propres à la *Tierra fria*, comme le genre *Ranunculus*, se retrouvent à Orizaba et même à Cordova. Les Pins se rencontrent à 600 mètr. d'altitude seulement sur les flancs du volcan de Jorullo (*Pinus oocarpa* Schiede). De tels faits sont nombreux. Les causes n'en sont pas toutes connues; elles sont d'ailleurs multiples. L'une d'elles, la différence d'humidité des deux versants, a été exposée par M. Grisebach; elle n'explique qu'une partie des phénomènes. Une autre est certainement la facilité avec laquelle les graines sont emportées par les eaux des *barrancas* de la région froide dans la région tempérée; une autre encore, la brièveté du temps nécessaire au développement de certaines plantes annuelles. Il faut rapprocher de cette dernière considération un fait important, c'est que la même espèce fleurit au Mexique à des époques de l'année très-différentes, sans doute selon les altitudes et les expositions où on la rencontre. Une autre cause de cette fusion, souvent réelle, quelquefois seulement peut-être apparente, des flores, c'est que les hauts plateaux sont creusés de vallées profondes, que la végétation y varie considérablement à quelques lieues de distance, et qu'on est facilement induit par les étiquettes un peu générales des voyageurs, à croire à la coexistence dans un même lieu de végétaux de flores différentes. Mais la meilleure raison est dans l'étude du climat, qu'on doit aux naturalistes de l'expédition du Mexique. En comparant les observations de MM. Rives et Thomas, on voit que San-Luis de Potosi, sur les hauts plateaux, a une moyenne générale de température (diurne) de 18°,09, et Orizaba, en pleine région tempérée, une moyenne seulement de 21°. Encore faut-il noter que dans les gelées du 25 janvier et du 5 février 1863, à Orizaba, les cultures de Canne à sucre, de Café et de Tabac furent perdues. Il y a donc entre ces deux régions, si nettement distinguées dans bien des ouvrages, plus d'affinité botanique et climatérique qu'on ne l'a cru jusqu'à ce jour.

J'espère que la note que je dois à l'amitié de M. E. Fournier sera appréciée à sa juste valeur, tant par le lecteur que par l'éminent auteur dont je suis heureux d'être l'interprète. La végétation du Mexique est encore si peu connue, qu'on ne peut qu'accueillir avec un vif intérêt des données fournies sur ce sujet par un savant qui, comme M. E. Fournier, s'occupe spécialement de cette intéressante contrée, et possède l'herbier peut-être le plus riche en plantes mexicaines. — T.

PIÈCES JUSTIFICATIVES

ET ADDITIONS

XV. DOMAINE MEXICAIN.

1. Humboldt, *Essai sur l'état politique de la Nouvelle-Espagne*, édition allemande, I, p. 57, 60, 63 ; son *Asie centrale*, édit. allemande, II, p. 139, 172.

2. Niveau de quelques villes situées sur le haut plateau mexicain :

23° » lat. N. Zacatecas, 2436 mètres ou 7500 pieds (Burckhardt, *Reisen in Mexico*, II).

22° » id. Potosi, 1818 mètres ou 5600 pieds (*ibid.*).

21° » id. Queretaro, 1949 mètres ou 6000 pieds (Humboldt, *Ansichten der Natur*, I, 349).

19° 30' id. Mexico, 2274 mètres ou 7000 pieds (*ibid.*, confirmé par la *Commiss. scientif. du Mexique*).

19° 30' id. Toluca, 2664 mètres ou 8200 pieds (Burckhardt, *loc. cit.*).

19° » id. Puebla, 2209 mètres ou 6800 pieds (*Commiss. scientif. du Mexique*, Peterm., *Mitth.*, XIV, 98).

3. Humboldt (*Essai*, etc., *loc. cit.*, I, 39) estima la circonférence du haut plateau aux trois cinquièmes de la surface entière du Mexique tropical, estimation qui ne comprend pas cependant la partie méridionale de notre domaine floral (depuis Guatemala jusqu'à l'isthme).

4. Müller, *Reisen in den Vereinigten Staaten und Mexico* (I, 261). Des Orchidées et des *Tillandsia* revêtaient les arbres sur le pic d'Orizaba,

même jusqu'à la limite des essences résineuses. Relativement à la culture des Agaves, le voyageur fait observer (I, 315) que la séve s'écoule pendant deux à cinq mois, après que la hampe florale, qui se présente la huitième ou la dixième année, a été enlevée de concert avec les feuilles supérieures.

5. LIEBMANN, *Mexikos Bregner* (*Danske videnskab. selskabs skrifter*, V, *Jahresb.*, ann. 1849, 54). Dans ces données altitudinales, l'auteur a omis l'indication de l'échelle de mesures dont il s'est servi : je les ai reproduites dans le texte telles quelles, parce qu'en admettant les pieds français, elles s'accordent suffisamment avec d'autres mesures. Il donne au pic d'Orizaba une hauteur de 5522 mètres (17000 p.) et à sa ligne des neiges 4872 mètres (15000 p.); la première, probablement trop forte, se trouve également chez M. Müller (voy. notre note 32), et la dernière concorde avec l'observation de Humboldt (*Central Asien*, II, 171) d'après laquelle ce volcan reste dénué de neige à un niveau bien plus élevé que les sommets intérieurs de la haute contrée.

6. LIEBMANN, *Vegetation des Piks von Orizaba* (*Bot. Zeit.*, 1844; *Jahresb.*, ann. 1843, 59).

7. LIEBMANN, *Botanische Briefe aus Mexico* (*Regensb. Flora*, ann. 1843; *Jahresb.*, ann. 1842, p. 427).

8. MARTENS et GALEOTTI, *Fougères mexicaines* (*Mém. de l'Académie de Bruxelles*, 1842; *Jahresb.*, ann. 1844, p. 72).

9. HELLER, *Mexico*, p. 18, 31.

10. HELLER, *Tabasco* (Peterm. *Mitth.*, II, p. 104).

11. HELLER, *Reisen in Mexico*, p. 216 (*Jahresb.*, 1853, p. 25). — MÜHLENPFORDT, *Schilderung der Republik Mejico*, II, p. 5 : « Au Yucatan, depuis octobre, jusqu'à la fin de février, les pluies tropicales se précipitent en torrent, mais le sol sablonneux et rocailleux absorbe l'humidité rapidement; depuis février jusqu'en octobre, un ciel serein brille presque constamment au-dessus de la péninsule. »

12. BELL, *Remarks on the Mosquito territory* (*Journ. Geogr. Soc.* XXXII, p. 248). La période pluvieuse dure sur la côte de Mosquito de juin à mars.

13. FROEBEL, *Seven years Travel in Central America*, p. 127.

14. La comparaison de la collection faite par M. Fendler à Greytown me fournit la conclusion que, sur la côte de la mer des Antilles, la flore de Panama s'étend jusqu'au-Nicaragua.

15. Dans la ville de Mexico, la température moyenne annuelle est de 15°,8, celle de l'été de 18°,7, celle de l'hiver de 12,°5. (Dove, *Temperaturtafeln*, p. 3.)

16. HUMBOLDT (*loc. cit.*) admet les valeurs suivantes comme limites thermiques pour les trois régions culturales mexicaines :

Tierra caliente........	25°,0–18°,7
— templada.......	18°,7–16°,2
— fria............	16°,2–11°,2

Ces valeurs s'accordent assez bien avec les données adoptées par MM. Martens et Galeotti (*loc. cit.*) et mentionnées dans notre texte, pour le versant de la zone du golfe. D'après les observations faites à Vera-Cruz (26°) et à Mexico (16°,2, avec une altitude de 2274 mètres ou 7000 pieds), il y aurait, depuis la côte jusqu'à la haute plaine, un décroissement de température en sens vertical, d'un degré par 325 mètres (1000 p.). Quand on compare la limite inférieure des essences résineuses (voyez plus bas dans le texte), on obtient un degré par 309 mètres (950 p.), vu l'exhaussement de ces limites par suite de l'influence des plateaux, et en admettant pour les montagnes isolées de la côte Pacifique le décroissement normal de température d'un degré par 195 mètres (600 p.). M. Schlagintweit obtint des résultats semblables dans l'Inde (*Berichte der bayerischen Acad.*, ann. 1845, p. 246) : au Dekkan, 396 mètres (1220 p.); à Ceylan, 191 mètres (600 p.). Ce qui prouve que la Cordillère de la zone du golfe se trouve également sous l'influence du plateau, c'est une observation faite par M. Liebmann, qui, pendant un séjour, à la vérité, seulement de quinze jours à une altitude de 3248 mètres (10 000 p.) sur l'Orizaba, détermina la température moyenne à 11°, ce qui correspondrait à un décroissement de température d'un degré par 318 mètres ou 809 pieds (voy. sa *Vegetation des Piks von Orizaba*, note 6).

17. Les quatre vallées qui se succèdent dans la direction du sud, depuis Mexico jusqu'à Acapulco, se trouvent, selon Humboldt (*loc. cit.*, I, p. 48), aux altitudes suivantes : Ixtla, 981 mètres (3020 p.); Mexcala, 514 mètres (1580 p.); Papagallo, 169 mètres (520 p.); Peregrino, 156 mètres (480 p.). C'est ce qui fait que la première de ces vallées descend déjà jusqu'à la limite inférieure de la région tempérée, tandis que les autres sont toutes situées dans la région chaude.

18. SEEMANN (Hooker, *Journ. of Bot.*, I; *Jahresb.*, ann. 1849, p. 54).

19. ŒRSTED (*Bot. Zeit.*, VI, p. 875; *Jahresb.*, ann. 1848, p. 403); *l'Amérique centrale*, I, 1863). Les données altitudinales sont particulièrement basées sur le nivellement barométrique de Don B. Espinach; les mesures sont, d'après une correspondance épistolaire, à l'étalon anglais.

20. M. WAGNER, en partant d'un point de vue semblable, déduisit la dépression des limites végétales, dans l'Amérique centrale, du rétrécisse-

ment du continent, où le décroissement de la température en sens vertical s'effectue plus rapidement que dans les hautes plaines étendues (*Sitzungsb. der bayer. Acad.*, ann. 1866, I, p. 151; cf. *Jahresb.* dans Behm *Geogr. Jahrbuch*, II, p. 214). Pour la région des Chênes toujours verts et de l'Aulne (*Alnus acuminata*), il signale à Chiriqui le niveau de 1429-2793 m. (4400-8600 p.), ce qui sans doute doit se rapporter au versant tourné vers la mer des Antilles.

21. D'après M. LIEBMANN (*Vegetation des Pics von Orizaba*), le Sapin du Mexique (*Pinus religiosa*), qui se présente encore près de la ville de Mexico, ne se montre sur l'Orizaba qu'à 2923 mètres (9000 p.). En général, sur cette montagne, ce voyageur vit les essences résineuses descendre seulement jusqu'à 2208 mètres (6800 p.), tandis que Humboldt avait placé au Mexique leur limite inférieure à 1851 mètres (5700 p.), évaluation qui ne tient pas compte du versant Pacifique.

22. C. EHRENBERG, *Linnæa*, XIX, p. 337 (*Jahresb.*, ann. 1846, p. 33).

23. Le genre *Echeveria* est tellement voisin du genre *Cotyledon*, que MM. Bentham et Hooker les ont réunis.

24. DELPINO, *Appunti di geographia botanica* (*Bulletino della Soc. geogr. italiana*, ann. 1869, II, p. 17).

25. HINDS, *Botany of the Voyage of H. M. S.* Sulphur (*Jahresb.*, ann. 1844, p. 74). D'après ce voyageur, les Fougères arborescentes font complétement défaut au Mexique occidental. M. Liebmann (*Mexikos Bregner*) fait cependant observer que du moins une Fougère arborescente (*Alsophila mexicana*) avait été observée par M. Karwinski à Oaxaca, sur le versant Pacifique du Mexique.

26. HUMBOLDT, *Naturgemälde der Tropenländer*, p. 72.

27. SALVIN, Peterm. *Mitth.*, VII, 396.

28. Dans la monographie des Conifères par M. Parlatore (De Candolle, *Prodromus*, t. XVI), je compte 21 Conifères mexicains, 14 espèces de *Pinus* (12 Pins, tous à 3 jusqu'à 5 feuilles dans la même gaîne), 2 Sapins, et parmi ceux-ci un seule Conifère (*Pinus Douglasii*) non endémique, 1 *Taxodium*, 3 espèces de *Cupressus* et autant de *Juniperus*.

29. La mesure faite du Taxodium de Tule (Müller, *loc. cit.*, II, p. 273, avec figure à la page 269) donna, comparativement aux proportions indiquées dans le texte et se rapprochant du diamètre du tronc du *Wellingtonia* californien, une hauteur seulement de 38 mètres, et, à en juger par la figure, plus de la moitié de cette hauteur revient à la couronne, dont la circonférence a été déterminée à 48 mètres.

30. Des exemples de genres qui dans la série des herbes vivaces rattachent la flore mexicaine à l'ouest de l'Amérique septentrionale, sont fré-

quents. Parmi les Synanthérées et parmi les Légumineuses, se trouvent dans ce cas : *Lupinus, Dalea, Astragalus.* Sont possédés en commun avec la zone arctique, par exemple : *Ranunculus, Draba, Viola, Gentiana, Pedicularis,* et avec les Andes méridionales, ainsi qu'avec des latitudes plus élevées de l'Amérique méridionale, par exemple : *Sida, Cuphea, Eryngium.*

31. RICHARD, *Comptes rendus,* XVIII; *Jahresb.,* ann. 1844, p. 71. Il avait à sa disposition des matériaux consistant en 500 Orchidées mexicaines.

32. HUMBOLDT détermina l'altitude du pic de l'Orizaba à 5294 mètres ou 16 300 pieds (d'après d'autres déterminations, elle est de 5456 mètres ou 16 800 pieds: Peterm. *Mitth.,* III, p. 374, et Behm, *Geogr. Jahr.,* I, p. 264); le relevé trigonométrique de M. Müller (*Reisen, loc. cit.,* p. 394) donne le chiffre de 5522 mètres ou 17 000 pieds. Les mesures faites du Popocatepetl, près de Mexico, fournirent 5197 mètres ou 16 000 pieds (Peterm. *Mitth.,* XIV, p. 98).

33. HUMBOLDT, *Centralâsien, loc. cit.,* p. 170, valeur moyenne de la ligne des neiges au Mexique.

34. ŒRSTED, *l'Amérique centrale, Tableau physique,* I. Ses données altitudinales doivent être réduites à cause de l'étalon dont il a fait usage (cf. Frantzius dans Peterm. *Mitth.,* VII, p. 381, d'après les mesures duquel l'Irasu n'aurait que 10 500 pieds de France.

35. HUMBOLDT observa en septembre, sur le Nevado de Toluca, à une altitude de 4618 mètres (14 220 p.), une température de 4°,2 (isotherme de Moscou); à l'altitude de 3603 mètres (11 400 p.), le thermomètre indiquait 11°,5 (*Centralasien, loc. cit.,* II, p. 140).

36. HELLER, *Der Vulkan Orizaba* (Peterm. *Mitth.,* III, p. 369).

37. SEEMANN (Hooker, *Journ. of Bot.,* III; *Jahresb.,* ann. 1851, p. 66). Au reste, les familles représentées dans les taillis des savanes, le plus souvent seulement par des genres isolés, ont été pour la plupart mentionnées parmi les exemples des formes végétales.

38. M. WAGNER, *Die Provinz Chiriqui* (Peterm. *Mitth.,* IX, p. 66).

39. GRISEBACH, *Die geographische Verbreitung der Pflanzen Westindiens,* p. 17, 31. On y trouve l'énumération de 1742 végétaux répandus au loin sur la surface de l'Amérique tropicale; 555 habitant la zone tropicale septentrionale, 105 répandus tout à la fois dans l'Amérique et dans l'Inde occidentale; 408 indigènes ou établis dans plusieurs ou tous les continents tropicaux, et 34 espèces ubiquistes.

40. *Ibid.,* p. 48. Je n'ai pu indiquer, parmi les types génériques mexicains, que 35 espèces qui atteignent les Indes occidentales, auxquelles il

faut ajouter encore 10 espèces répandues plus loin par le Gulf-stream au delà des tropiques.

41. HUMBOLDT, *Relation historique*, III, 377.

42. KOTSCHY, *Ueberblick der Vegetation Mexicos*, p. 5 (*Sitzungsberichte der Wiener Acad.*, t. VIII).

43. Jusqu'à présent on connaît 2240 espèces endémiques dans les Indes occidentales (voy. plus bas). Il est vrai qu'en admettant 30 000 milles carrés pour le Mexique tropical, ainsi que pour les parties de cette flore incluses dans l'Amérique centrale, l'aire des Antilles est six ou sept fois plus petite ; néanmoins les contrées du Mexique explorées botaniquement seront à peine plus étendues.

44. GRISEBACH, *loc. cit.*, p. 64.

45. Je trouve plus de 5 genres endémiques chez les Synanthérées (51), Graminées (8), Rutacées (7), Onagrariées (6) ; puis viennent avec 5 genres qui leur sont propres les Légumineuses et les Orchidées. Parmi les Acanthacées, on voit également figurer un grand nombre de genres endémiques, mais ils doivent être soumis à une critique ultérieure. Les genres endémiques des Palmiers ont *Reinhardtia* et *Brahea; Dioon* et *Ceratozamia* parmi les Cycadées, *Pelecyphora* et *Leuchtenbergia* parmi les Cactées. Parmi les Agavées, les genres *Agave, Fourcroya* et *Dasylirion* sont remarquables par le grand nombre d'espèces endémiques.

46. La collection de Humboldt faite au Mexique contient au delà de 900 espèces, dont plus de 600 ont été recueillies dans la contrée haute. Parmi ces dernières, j'avais déterminé précédemment la série des familles prédominantes (Grisebach, *Genera et species Gentianearum*, p. 45) : Synanthérées (24), Graminées (12), Scrofularinées, Labiées et Légumineuses (2 pour 100) ; puis viennent les Amentacées, Solanées, Ombellifères, Rubiacées et Verbénacées. Quant aux Cactées et Orchidées, elles avaient été négligées.

XVI

INDES OCCIDENTALES

Climat. — L'archipel des Indes occidentales se prête particulièrement à l'examen de la disposition des végétaux dans des
îles océaniques, parce qu'après celui des Indes orientales, c'est
un des plus considérables, et qu'en ne tenant pas compte de
l'île de la Trinité, l'échange avec les flores du continent s'y est
effectué à un moindre degré que dans le second. Complètement sous l'empire des alizés, le climat y est néanmoins influencé
sous plusieurs rapports par la position géographique et le relief
du sol[1]. Conformément à la variété de ces influences, la durée
et l'intensité des périodes pluvieuses diffèrent considérablement,
au point qu'il en résulte quatre groupes climatériques distincts
d'îles, savoir : les grandes Antilles, les séries occidentales et
orientales des îles Caraïbes, et enfin les Bahamas[2]. Eu égard à la
position zénithale deux fois occupée par le soleil et suivie par
les précipitations, on distingue, outre la grande période pluvieuse, qui dure ordinairement depuis août jusqu'à la fin de
novembre, une autre période plus courte et printanière, deux
périodes qui sous le tropique coïncident en été[3].

Dans les grandes Antilles, il est vrai, les pluies solsticiales
durent moins par suite d'une latitude plus élevée ; mais là où
l'alizé frappe verticalement les montagnes et s'élève le long de
leurs parois, c'est indépendamment de la position du soleil et
de même pendant les autres saisons, que cet alizé décharge
d'abondantes précipitations auxquelles les versants méridionaux

plus secs se trouvent soustraits. Dans la Jamaïque [4], sur le côté septentrional de l'île, les forêts sont plus verdoyantes, parce que même en hiver (jusqu'à fin de février) l'alizé continue à fournir des précipitations; elles ne cessent jamais dans les montagnes Bleues, de même que dans la Havane il n'est point de mois dépourvu de pluie [5]. Sur le côté méridional des chaînes montagneuses de la Jamaïque, il règne un climat de savanes, attendu que ce n'est qu'en automne que la pluie est considérable, tandis qu'au printemps elle dure peu. Ici l'intensité des précipitations annuelles, que les pluies altitudinales font monter dans les Indes à $2^m,7$, peut descendre au tiers (à $0^m,9$) de la valeur mesurée dans d'autres endroits. C'est de ces conditions que dépend la répartition de la forêt tropicale et des savanes, parsemées de groupes d'arbres et de taillis.

Les Caraïbes occidentales ont de longues périodes pluvieuses; mais ces périodes sont courtes et insignifiantes dans les Caraïbes orientales. Dans les premières, les précipitations se trouvent renforcées par des cônes volcaniques fortement boisés sur lesquels les vents de mer se déchargent; mais dans les dernières, qui sont petites et déboisées, l'alizé empêche les précipitations de se développer énergiquement. La Guadeloupe combine les climats des deux séries d'îles, attendu que sa moitié orientale (Grande-Terre), complétement séparée du reste de l'île, ne participe guère au soulèvement volcanique. Cette île, dont les valeurs pluviométriques, fournies par plusieurs stations d'observations, diffèrent entre elles de plus du double [5], se distingue en conséquence par la variété de sa végétation, plus que toute autre île d'une étendue correspondante [6].

Les Bahamas sont des îles complétement planes, situées en partie au delà des tropiques sous la latitude de la Floride; elles concordent avec la côte qui leur est opposée, en ce que pendant l'été les précipitations s'y trouvent renforcées [5]; cependant, malgré la similitude du climat et la proximité du continent, elles ne participent point de la flore de ce dernier.

Ainsi, bien que ce ne soit que dans quelques montagnes seulement que la végétation forestière déploie toute l'énergie des contrées à périodes pluvieuses équatoriales, les Indes occiden-

tales n'en possèdent pas moins une foule de variétés climatériques réunies sur un espace circonscrit. De même, par suite
d'une latitude plus élevée en dehors des tropiques, la température des Bahamas n'est pas aussi uniforme que dans les îles
Caraïbes : l'un et l'autre de ces archipels s'étendent à travers
plus de quinze parallèles (27°-12° lat. N.). Dans les Antilles,
les différences de température que possèdent les saisons n'ont
encore aucune importance [1]; même dans la Havane, située
sous les tropiques, l'été n'est que de 5 degrés plus chaud que
l'hiver. Mais à Nassau, dans l'île New-Providence (25° lat. N.),
l'une des Bahamas, la différence entre les deux saisons s'élève
déjà à 7 degrés, et elle est plus considérable que même à Key
West, situé à l'extrémité de la Floride. Toutefois, dans toute
l'étendue des Indes occidentales, la température annuelle de la
région littorale est à peu près la même (25°-27°,5).

Or, quelque faible que soit la discordance, tant sous le rapport de l'humidité et des précipitations que sous celui de la
température, entre les Bahamas septentrionales et la Floride,
dont les côtes n'en sont éloignées qu'à peine de 14 milles géographiques, néanmoins, par leur végétation tropicale, les Bahamas se détachent du continent de la manière la plus tranchée.
La flore des Bahamas n'est qu'un membre de celle des Indes
occidentales [1] : la grande majorité de leurs plantes croissent
également à Cuba et dans d'autres Antilles; on y voit des
familles tropicales, des arbres des Indes occidentales, des Lianes
et des Épiphytes qui ont franchi les tropiques. La Floride, au
contraire, concorde en général, par le caractère de sa végétation, avec la Géorgie et la Caroline. Parmi les végétaux ligneux
des Indes occidentales, quelques-uns seulement, et en petit
nombre, y ont immigré : colonisations qui n'ont pas considérablement enrichi même le petit archipel de Key West, situé
encore au delà de l'extrémité méridionale et presque sous la
même latitude que New-Providence, mais plus près du continent. Le contraste entre les deux domaines de végétation s'expliquerait encore moins par la nature du sol que par celle du
climat; en effet, de même que la Floride est bordée de bancs
de coraux, ainsi le vaste archipel des Bahamas n'est autre

chose qu'une immense charpente construite par les polypiers.
Or comment se fait-il que la végétation des Indes occidentales
se soit emparée de cet archipel et non des îles Key de la Floride,
situées tout aussi près et constituées par des matériaux analogues? Le petit nombre de végétaux communs aux deux pays ont
même été en majeure partie constatés également sur les côtes continentales du golfe mexicain, en sorte qu'ils peuvent avoir atteint
les îles Key, venant de là aussi bien que de Cuba. Évidemment
la cause véritable de ce phénomène, c'est que les Bahamas se
rattachent aux grandes Antilles par des îles et des bas-fonds
innombrables, tandis que la Floride avec ses îles Key se trouve
séparée de ce domaine par le Gulf-stream, qui, rétréci dans
ces parages, s'y développe avec le plus de force : c'est là une
preuve que ce ne sont pas toujours les courants de mer qui
réunissent les domaines floraux, mais qu'ils peuvent également
contribuer au maintien des limites des créations originairement
séparées [1]. En même temps le Gulf-stream ne paraît pas être
sans influence sur la végétation tropicale des Bahamas. En
effet, quand même, par suite de la violence de ce courant, les
bois de flottaison et les fruits qui y nagent, sont le plus souvent
transportés dans l'Atlantique, on n'en a pas moins observé [8]
qu'ils se déposent plus aisément sur le bord oriental, et par
conséquent dans les Bahamas, que sur la côte de la Floride, ce
qui facilite l'immigration des plantes de Cuba aux Bahamas.
Ensuite c'est encore au Gulf-stream que ces îles doivent une
température élevée, conforme à leur végétation arborescente
tropicale ; car la température de la mer se maintient à plus de
25 degrés (26°-28°) aussi loin qu'elle s'en trouve baignée au
delà des tropiques *.

* C'est dans l'archipel atlantique, à environ 85 milles marins au nord de l'île
Saint-Thomas, que les sondages exécutés par le *Challenger* avaient constaté la
profondeur de 7081 mètres, profondeur supérieure à toutes celles mesurées jusqu'alors à l'aide des appareils de précision récemment introduits. La *Gazelle*, bateau à
vapeur germanique, suivit de près le *Challenger*, et trouva qu'à une distance peu
considérable de Saint-Thomas, notamment autour des Bermudes, la sonde atteint
le fond à des profondeurs de 4389-4755 mètres, en sorte que le groupe des Bermudes représente une colonne élevée reposant sur une base peu étendue (voy. *Ver
handl. der Gesellchs. für Erdk.*, t. II, p. 13). Au reste, le *Challenger* ne tarda pa

Formes végétales. — Par suite de la culture, la végétation a subi dans les Indes orientales des modifications tout aussi importantes que dans les pays cultivés. Dans l'ouest de Cuba, les deux tiers des propriétés territoriales sont consacrés à la production de végétaux cultivés; un tiers à peine consiste en forêts et en pâturages. Les savanes qui nourrissent les troupeaux (elles sont désignées dans la Jamaïque par le nom de *Pens*) ne se trouvent pas non plus dans leur état originaire, mais ont été améliorées par l'introduction des herbes de Guinée et de Para (*Panicum maximum* et *molle*). A l'époque de la découverte de l'Amérique, la Jamaïque était presque complétement revêtue de forêts composées de deux Méliacées, d'Acajou (*Swietenia*) et de *Cedrela*[11]; les habitants primitifs, depuis disparus il y a longtemps, ne connaissaient d'autre culture que celle du Maïs : par suite, les régions inférieures (910 mètr. ou 2800 p.) devinrent le siége principal de la production de la Canne à sucre, qui, depuis l'émancipation des esclaves, fut remplacée en grande partie par des pacages, tandis que les plantations du Caféier se développèrent dans les montagnes (910-1818 mètr. ou 2500-5600 p.)[12]. Toutefois la physionomie des Indes occidentales, en tant qu'archipel boisé jusqu'aux sommets des montagnes, ne s'en conserva pas moins dans ses traits principaux, d'abord parce que la culture elle-même a pour objet en partie la plantation d'arbres ainsi que l'introduction des arbres fruitiers et des Palmiers, et que les savanes se trouvent accompagnées de forêts; ensuite parce que, ainsi que cela a lieu dans toutes les contrées humides des tropiques, des végétaux ligneux ne tardent guère à succéder au défrichement du sol abandonné à lui-même. Aussi, si la végétation

---

à obtenir dans l'océan Pacifique des résultats bien plus remarquables encore ; car peu de temps après que le *Tuscarora* (voy. ma note, vol. I, p. 733) y eut constaté une profondeur de 8519 mètres, le *Challenger* découvrit (le 23 août 1875) dans le même Océan, mais plus au sud (11° 24′ lat. N., 145° 16′ long. E.), une profondeur encore plus grande, celle de 8671 mètres, ainsi que viennent de l'annoncer les journaux anglais. C'est donc le sondage effectué par le *Challenger*, au sud-est du Japon, qui représente la plus grande profondeur de mer connue aujourd'hui, et non celui du *Tuscarora*, ainsi que je l'avais dit dans ma note sus-mentionnée, ne connaissant pas alors le brillant exploit du *Challenger*. — **T.**

actuelle est autre que jadis, c'est seulement parce que les nouvelles générations n'appartiennent pas aux mêmes espèces que
celles d'autrefois, et qu'on a vu s'établir beaucoup d'arbres qui
ont refoulé les arbres indigènes.

Dans les forêts des Indes occidentales, on trouve encore à
présent réunies toutes les formes végétales qui se produisent
dans les régions chaudes de l'Amérique tropicale. Partout où,
grâce aux précipitations altitudinales fournies par les alizés, la
forêt vierge s'est conservée, elle est aussi riche en formes que
sur la terre ferme. Les formes arborescentes dominantes, à feuillage de Laurier ou d'Olivier, présentent un mélange particulièrement riche de familles, varié de dimensions et de taille ;
elles passent des troncs à haute futaie à des proportions plus
réduites, ainsi qu'aux buissons toujours verts qui constituent
les sous-bois. A côté des groupes ordinaires de Laurinées,
Sapotées, Rubiacées et Urticées, figurent, parmi les arbres, des
genres remarquables de Guttifères (*Symphoria*), de Myrtacées,
de Mélastomacées, de Tiliacées, d'Anonacées, de Bixinées, de
Canellées (*Canella*), d'Ochnacées, d'Ilicinées, de Combrétacées,
de Bignoniacées, d'Apocynées, de Borraginées, de Verbénacées
et de Conifères (*Podocarpus*). Au nombre des représentants de
la forme *Clavija* plus rare, dont le tronc non ramifié combine
avec le port des Palmiers un feuillage des végétaux dicotylédones, se produisent dans la Jamaïque deux genres endémiques,
une Myrtacée (*Grias*) à feuilles indivises de plusieurs pieds de
longueur, et une Rutacée (*Spathelia*) à feuilles pennées.

Les Palmiers n'offrent pas tout à fait autant de variété que
sur le continent ; ceux à éventail (*Thrinax*) sont les plus fréquents. Un genre à feuilles pennées se fait remarquer par la
hauteur de son tronc (*Oreodoxa*) : à ce nombre appartient le
Palmier à chou (*O. oleracea*), qui accompagne et domine les
essences feuillues de la forêt vierge, ainsi que le célèbre Palmier
royal de Havane (*O. regia*), qui, par sa taille, ne lui est que peu
inférieur [13] ; la hauteur du premier ayant donné jusqu'à 39 mètres, et celle du dernier jusqu'à 36 mètres. Les Fougères arborescentes ne commencent qu'à une certaine altitude au-dessus
du niveau de la mer, se réunissent quelquefois dans les forêts

de montagnes en formation indépendante et s'élèvent plus haut que sur la terre ferme (98-1818 m. ou 300-5600 p.). Dans les stations situées plus bas, elles se trouvent disséminées à l'ombre de la forêt, accompagnées de Palmiers plus petits, du Pisang américain (*Heliconia*) et de Bambous. Les Bambous proprement dits (*Bambusa*) sont d'origine indo-orientale, mais largement répandus par la culture ; les genres des Indes occidentales (p. ex. *Arthrostylidium*) qui leur sont voisins s'éloignent par la structure des fleurs, mais non par leur taille. L'un de ces genres (*A. excelsum*), indigène à la Dominique, atteint une hauteur de 26 mètres ; un autre, dans la Jamaïque (*Chusquea abietifo!ia*), grimpe sous forme de liane jusqu'aux couronnes des arbres *.

Beaucoup d'arbres croissant sur le côté exposé aux alizés, ainsi que dans les îles plates, perdent leur feuillage pendant la saison sèche. Les formes à feuilles pennées, telles que Méliacées, Sapindacées, Térébinthacées et Légumineuses, sont plus fréquentes que dans la forêt vierge ; les Palmiers n'y font pas défaut non plus (*Acrocomia, Thrinax*). Ce sont ces contrées moins hu-

---

* La Dominique, située entre la Martinique et la Guadeloupe, a été récemment explorée par M. H. Prestoc, botaniste, dont quelques observations fort intéressantes ont été publiées dans les *Proceedings of the Roy. Geogr. Soc.* (ann. 1876, vol. XX, p. 230). Ce savant y découvrit un lac qu'il qualifie de *boiling lake*, parce qu'il se trouve dans un état de perpétuelle ébullition : c'est une gigantesque solfatare dont l'eau est soulevée à deux ou trois pieds de hauteur et souvent au delà ; sa température est de 63 à 73 degrés, et sa profondeur doit être considérable, car M. Prestoc ne put en atteindre le fond avec une corde de 135 pieds de longueur. Les gaz sulfureux qui s'en dégagent exercent une action mortelle sur la végétation limitrophe ; cependant M. Prestoc fait observer que tel n'a pas dû être toujours le cas, car près des rives du lac se trouvent des troncs vigoureux de *Clusia*, à la vérité complétement morts, mais qui n'auraient pas pu atteindre un semblable développement s'ils avaient été placés dans les conditions actuelles. Cela semblerait indiquer que ces manifestations volcaniques de l'île se rattachent à une époque très-récente. M. Prestoc a trouvé que, partout où l'action délétère des gaz ne peut agir, le sol de l'île est remarquablement fertile et se prête particulièrement à la culture des *Cinchona*. Le savant anglais fut étonné de la température atmosphérique relativement basse de l'île, car il n'a jamais été dans le cas de la constater au-dessus de 18°,3, tandis que les minima descendaient à 13°,3. Or la Dominique se trouve sous la latitude nord de 15° ; c'est, à peu de chose près, celle de Massouah (Abyssinie) et de l'île de Manille, dont la première a une moyenne annuelle de 31 degrés et la dernière de 26°,4. — T.

mides qui fournissent des produits tirés d'arbres indigènes, tels
que la résine de Gaïac (du *Guajacum*), et la résine de Ca-
rana (du *Bursera*). Puis c'est encore dans les mêmes parages
que l'on exploite le bois d'Acajou, ainsi qu'une espèce de tissu
d'aubier treillagé, à l'instar de dentelles de Bruxelles (fourni
par des Thymélées des genres *Lagetta* et *Linodendron*). Pour
les pays littoraux du midi de la Jamaïque, les Mimosées sont
caractéristiques, et dans ce nombre quelques espèces à tronc
élevé (*Enterolobium, Calliandra Saman*), mais celles-ci paraissent avoir toutes été importées de la terre ferme.

C'est à la forme Bombacée qu'appartient l'arbre dont l'aspect est le plus saillant parmi tous les arbres des Indes occidentales (*Eriodendron anfractuosum*), qui, qualifié d'arbre à coton
à cause de la substance laineuse qui revêt sa semence, habite
les deux côtés de la Jamaïque et n'est étranger qu'à la forêt
vierge. Il acquiert une hauteur de 49 mètres, et se distingue
par la grosseur considérable du tronc, conservant les mêmes
proportions jusqu'à la couronne (de 3^m,8 de diamètre), ainsi
que par les larges tablettes ligneuses [1] faisant saillie depuis le
sol jusqu'à une hauteur de 5 mètres. L'extension générale de
quelques végétaux tels que cet arbre, qui a lieu indifféremment
sur les deux versants de la Jamaïque, et par conséquent, à ce
qu'il paraît, indépendamment de la différence du climat, pourrait s'expliquer par ce fait, que le sol du calcaire tertiaire qui
compose la majeure partie de l'île ne retient point l'humidité,
même dans les parages humides. C'est aussi ce substratum
poreux du versant tourné du côté de l'alizé [1] qui caractérise une
Myrtacée arborescente aromatique, dont les fruits figurent dans
le commerce comme poivre de Girofle (*Pimenta vulgaris*),
tandis que des espèces affines (ex. *P. acris*) sont généralement
répandues sur le sol sec.

Les essences résineuses (ex. *Pinus cubensis*), qui, comme
nous l'avons déjà dit (p. 485), descendent aux Indes occidentales dans la région littorale, se trouvent limitées à Cuba, aux
Piños, îles limitrophes qui en tirent leur nom, à Haïti et aux
Bahamas. Et comme elles font complétement défaut à la Jamaïque, cela établit une relation entre leur extension géogra-

phique et les centres plus importants qu'elles possèdent au Mexique et dans la Floride. C'est d'une manière analogue, quoique différente, que se comporte la forme Cyprès, représentée par deux Genévriers arborescents. Le premier, espèce importée de Cuba, est notamment le Cèdre américain (*Juniperus virginiana*); l'autre, qui habite les Caraïbes et les Bahamas (*J. barbadensis*), est, dit-on, identique avèc celui des Bermudes [15]. Il faudrait donc admettre, dans le premier cas, l'introduction de l'arbre de la terre ferme, et dans l'autre une migration naturelle opérée en sens opposé par le Gulfstream. .

- La quantité d'espèces diverses d'arbres et d'arbustes dans les forêts est si considérable, que leur nombre est égal à celui de tous les Phanérogames contenus dans la flore des Indes occidentales [1]. Parmi les arbustes des formes Oléandre et de Myrte, les plus riches en espèces endémiques sont les Rubiacées (par ex. *Rondeletia, Psychotria*), les Myrtacées (*Eugenia, Calyptranthes*), les Mélastomacées (*Clidemia, Calycogonium*) et les Euphorbiacées (*Croton, Phyllanthus*); dans les montagnes, plusieurs Éricées à feuillage analogue se placent au premier rang. La forme des Palmiers nains (*Sabal, Copernicia*), à laquelle se rattachent quelques Cycadées (*Zamia*), est, jusqu'aux Bahamas, le produit de côtes arides et rocailleuses.

Les Lianes et les Épiphytes sont tout aussi variées dans les forêts constamment humides que dans celles où la végétation se trouve interrompue par des périodes d'aridité; cependant elles présentent un certain contraste, soit sous le rapport des familles auxquelles elles appartiennent, soit sous celui de la structure de leurs organes nutritifs. Dans la forêt vierge dominent les Lianes proprement dites à tronc ligneux; leur développement est plus luxuriant, et quelquefois elles recouvrent les arbres comme un treillage. Mais sous un climat plus sec, c'est la forme Convolvulus qui l'emporte, parce que, quand le sol est exposé à une lumière plus vive, cette forme peut se passer du renforcement du tronc qui s'élance jusqu'à la couronne de l'arbre. J'ai estimé le chiffre des Lianes des Indes occidentales à 8 pour 100 du chiffre total des plantes vasculaires [1]. Les familles parmi lesquelles elles se trouvent réparties sont les mêmes dans la majorité des contrées tropicales.

C'est dans les Épiphytes qu'on peut apprécier le plus généralement l'influence que la durée de la période pluvieuse exerce sur la végétation. Sous le climat de la savane, les arbres servent de support aux formes Bromelia et Cactus ; des Loranthacées, ainsi que des parasites filiformes (ex. *Cassytha*) leur enlèvent souvent la séve. Même sur le puissant Arbre à coton il n'est pas rare de voir ces Figuiers (ex. : *Ficus pertusa*), dont les racines aériennes se cramponnent tout autour du tronc-mère, et finissent par l'écraser, ce qui, précisément ici, a donné lieu au proverbe : « Que le créole est étouffé dans les étreintes de l'Écossais. » Sur les arbres de l'humide forêt vierge, ce sont les Fougères qui dominent par la prodigieuse variété dans les contours de leurs feuilles. Ces Fougères représentent pour ainsi dire les arabesques vivantes des colonnes à chapiteaux de feuillage, depuis les formes colossales dont les rosettes ont quelque fois la longueur de plusieurs bras d'homme (ex. : *Gymnopteris, Polypodium aureum*), jusqu'au tissu transparent des élégantes Trichomanées, que leurs proportions réduites et la délicatesse de leur structure font ressembler aux Mousses, et qui comptent déjà à elles seules plus de quarante espèces. Enfin les Orchidées aériennes sont représentées (bien que par des espèces dissemblables), tant dans l'atmosphère humide que dans celle qui subit des retours périodiques de sécheresse.

Parmi toutes les formes végétales des Indes occidentales, ce sont les Cactées et les Fougères qui expriment le plus grand contraste climatérique : cependant les premières sont limitées ici à la région chaude, parce que c'est dans celle-ci seulement que l'aridité du sol et la sécheresse de l'atmosphère répondent à leur végétation ; les dernières sont les plus fréquentes dans les montagnes, au contact desquelles la condensation des vapeurs aqueuses s'opère le plus régulièrement, parce que ces plantes n'ont besoin que de l'humidité et de l'ombre, et sont indifférentes à la température. Ce sont de semblables contrastes entre les stations arides et humides que manifestent également les formes d'Agave d'une part, et d'autre celles des Scitaminées et de la majorité des Aroïdées, qui toutes exigent en même temps un climat chaud. Parmi toutes les familles de la flore des Indes occidentales, celle des Fougères est la plus grande ; cependant, eu égard à la facilité avec laquelle leurs spores sont emportées par l'alizé, elles ne contiennent qu'un nombre peu considérable d'espèces endémiques.

Formations végétales et Régions. — Boisées jusqu'aux sommets, les îles montagneuses sont comparables à celles de l'archipel des Indes orientales, et de même que dans celles-ci, les régions végétales des premières se trouvent reliées entre elles par des transitions graduelles. C'est M. OErsted qui, dans son travail sur la Jamaïque, a le mieux retracé leur végétation, en essayant de déterminer les régions par des limites altitudinales moyennes. Au reste, la littérature botanique est tellement pauvre en travaux de cette nature, que nous sommes forcés de nous limiter presque à cette île, qui d'ailleurs peut bien servir de type au tableau tout entier de la végétation des Indes occidentales, eu égard à l'altitude du massif montagneux des montagnes Bleues (2436 m. ou 7500 p.), situées du côté de l'est, et à la diversité du climat, selon les positions exposées ou non exposées aux vents.

La côte méridionale de la Jamaïque est bordée le long de ses lagunes par des taillis de Palétuviers, et sur le sol plus sec par des plantations de Cocotiers. Viennent ensuite les plaines d'alluvion interrompues par des hauteurs rocailleuses de roches calcaires, et ce sont là les parties les plus arides de l'île, où même les Graminées de savanes ne naissent pas, et où les arbres se trouvent accompagnés de Cactées. Ici les forêts consistent principalement en Mimosées qui, de même que le bois de Campêche (*Hæmatoxylon*), paraissent avoir été introduites de la terre ferme. Les végétaux ligneux endémiques, refoulés par ces dernières, sont de dimensions peu considérables (par ex. *Brya Ebenus, Cæsalpinia bijuga*). Sur les écueils, les grands *Cereus* se présentent quelquefois en masses, s'élevant à plus de $6^m,4$ de hauteur. On avait admis que ces Cactées provenaient également de la terre ferme, mais une comparaison plus précise des espèces a démontré qu'elles étaient endémiques, et que par conséquent il fallait les considérer comme constituant une végétation propre à ces stations. Lorsque, comme ici, les pluies du solstice ne durent que peu de mois, et constituent les seules précipitations, on voit à Cuba, où la désagrégation donne plus généralement lieu à un sol fertile, se produire des savanes ouvertes, à hautes Graminées, brûlées par le soleil, et qui peuvent se ranger à côté des Campos du Brésil [17].

La contrée accidentée et montagneuse, qui occupe la majeure partie de la Jamaïque (0-617 mèrt. ou 1900 p.), et où le terrain est également exposé à une longue aridité par suite, soit de la nature du sous-sol, soit de la courte durée de la période pluvieuse, a été le plus modifiée par la culture. Quand le sol est abandonné à lui-même, la forêt se renouvelle. Les additions successives se reconnaissent alors particulièrement par les *Cecropia* (*C. peltata*) et par les Pipéracées (*Artanthe geniculata*). Dans les forêts qui sont restées intactes, on peut distinguer, selon M. OErsted, une douzaine de genres divers d'essences feuillues dicotylédonées, appartenant à presque autant de familles, et à côté de ceux-ci trois Palmiers; cependant c'est l'Arbre à coton (*Eriodendron*) qui frappe le plus les yeux. On peut distinguer sur chaque tronc séparément une foule de plantes diverses parmi les végétaux grimpants et les Épiphytes qui revêtent les arbres. Même les rochers qui se détachent au milieu de la forêt, portent des végétaux analogues ou identiques à ceux qui ailleurs se présentent sur les arbres en qualité d'Épiphytes, et retiennent l'eau pluviale dans leurs propres organes (Orchidées, Fougères, Broméliacées et Gesnériacées). Lorsque, par suite de la position d'une pente, l'irrigation se trouve considérablement accrue pendant la période pluvieuse, la forêt, clair-semée, peut, ici également, devenir tellement obscure par l'agglomération des troncs des *Swietenia* et des *Cedrela*, que les sous-bois sont complétement exclus, de même que les autres plantes végétant à l'ombre. Alors, attirés par la lumière, on voit se déployer sur les bords des ruisseaux les buissons de Bambous et des Pipéracées, ainsi que les grandes rosettes des feuilles d'Aroïdées en forme de piliers. Çà et là se présente parfois, arrosé par l'eau qui s'infiltre, un taillis de Pal-

miers à éventail (*Thrinax parviflora*), se détachant d'une manière indépendante.

Cette région de la Jamaïque, chaude et ne recevant que des
arrosements périodiques, coïncide particulièment par son climat
et sa végétation avec la série orientale des îles Caraïbes, ainsi
qu'avec celles des Bahamas[18]. Le versant septentrional des montagnes Bleues, au contraire, offre une similitude plus grande avec
les volcans boisés des Caraïbes occidentales, grâce à ses précipitations altitudinales. Comme cette circulation d'eau ne cesse
jamais, les forêts vierges y sont revêtues pendant toute l'année
du même feuillage richement verdoyant. Ici les arbres plongent
leurs racines dans une terre végétale profonde et fertile, produite par la décomposition des roches de la Jamaïque, plus
susceptibles de se désagréger, notamment par celles des porphyres qui traversent la grauwacke de la haute contrée montagneuse. Quand on aborde cette île par la côte septentrionale,
la région chaude des sombres forêts, on voit les formes arborescentes se distinguer par la hauteur relative de leurs troncs, et
leurs interstices comblés par le sous-bois. Parmi les arbres les
plus grands figure une Myrtacée (*Psidium montanum*), ainsi
qu'une Guttifère (*Symphoria*) ; les Palmiers sont plus nombreux que partout ailleurs, et l'on voit les Bambous s'incliner et
se balancer sous le souffle le plus léger ; les Héliconies et les
Scitaminées, avec leurs grandes rosettes de feuilles, offrent un
certain contraste avec les arbustes dont elles se détachent.

M. OErsted distingue la deuxième région, dans les montagnes
de la Jamaïque (617-1218 m. ou 1900-3750 p.), par la variété
croissante des végétaux ligneux. La majorité d'arbres qui se
rattachent à ces altitudes est endémique[19]. On remarque
dans ce nombre plusieurs Mélastomacées. De vigoureux sous-
bois écartent du sol les autres plantes qui recherchent l'ombre ;
le nombre des Épiphytes augmente et celui des Lianes diminue.

Tandis que la température baisse, l'humidité va toujours en
croissant en sens vertical, jusqu'à l'altitude que la région des
nuages atteint dans les montagnes Bleues (1527-2143 m. ou 4700-
6600 p.), où, pendant toute l'année, chaque jour, les vapeurs
aqueuses se condensent après les heures de la matinée, et se

précipitent en pluie après midi. Alors ce ne sont que les sommets les plus élevés qu'on voit percer cette couche de nuages, dans le domaine desquels la température descend déjà au-dessous de 15°, grâce aux obstacles qui s'opposent à l'insolation.

Nous trouvons au même niveau, où la culture du Cafier est encore pratiquée, une ceinture forestière séparée (1218-1818 m. ou 3750-5600 p.), consistant presque exclusivement en Fougères arborescentes [20]. On en voit, à la vérité, des individus isolés descendre plus bas dans la forêt à essences angiospermes, même sur les collines de la côte septentrionale ; mais ce n'est qu'à ces altitudes qu'elles se réunissent en masses parfaitement délimitées, où les troncs les plus grands atteignent une hauteur de 16 à 20 mètres. M. OErsted fait observer que, sur le globe entier peut-être, il n'est point d'endroit où les Fougères arborescentes se présentent à l'état social comme ici, et où, en refoulant tout le reste de la végétation, elles reproduisent pour ainsi dire le tableau des époques anciennes du monde passé. Elles ne sont accompagnées que par deux Conifères (*Juniperus barbadensis* et *Podocarpus coriaceus*), par quelques arbustes, tels que des individus isolés d'Éricées, de Mélastomacées et d'un *Viburnum*, ainsi que par un genre endémique voisin des Cornées (*Fadyenia*). En outre, les Épiphytes ne font point défaut ; et cependant, parmi ceux-ci également, prédominent les Fougères herbacées et les Lycopodiacées. Les Orchidées ne sont représentées que par des formes à petites fleurs (*Lepanthes*, *Stelis*).

Au-dessus de la région des Fougères arborescentes, les sommets des montagnes Bleues (1818-2436 m. ou 5600-7500 p.) se trouvent revêtus d'un Conifère social, l'arbre Jakka (*Podocarpus coriaceus*), qui par conséquent remplace ici les essences résineuses de la région tempérée du Mexique. Sur la limite supérieure des nuages, il constitue presque exclusivement la forêt : les arbres y ont encore une hauteur de 16 mètres ; mais sur les sommités les plus élevées ils deviennent frutescents (finissant par n'avoir plus que 5 mètr. de hauteur). Les sous-bois consistent en arbustes élevés, tels qu'une Myrtacée (*Euge-*

nia alpina), une Lobéliacée à grandes fleurs pourpres (*Tupa ascendens*), deux Éricées (*Vaccinium meridionale* et *Clethra Alexandri*), et une Bambusée dont on ne connaît pas l'espèce ; on observe même sur ces buissons une plante grimpante (une Rubiacée, le *Manettia Lygistum*).

Centres de végétation. — Ce sont de petits archipels océaniques, tels que les îles des Canaries et les Galapagos, qui avaient fourni les premiers renseignements sur la disposition originaire des plantes et leur mélange opéré par les migrations. Pour appliquer ces renseignements aux flores de la terre ferme, il m'a paru important d'examiner un domaine insulaire de la dimension des Indes occidentales, qui puisse servir de trait intermédiaire aux continents. M'appuyant sur des collections étendues, et admettant leur élaboration systématique pour point de départ[21], je me suis appliqué à cette tâche; et tout en renvoyant le lecteur à mon travail[1], je me borne à résumer ici, sous des points de vue plus généraux, les résultats qui confirment parfaitement ma supposition, en vertu de laquelle les mêmes lois qui ont lieu dans les petits archipels, règnent également dans le grand archipel des Indes occidentales.

D'après leur position géographique, les Indes occidentales se comportent à l'égard du continent américain, aux parties principales duquel elles se rattachent des deux côtés, comme les îles Britanniques se comportent à l'égard de l'Europe. Mais, tandis que la flore de ces îles est la même que sur la terre ferme, la moitié de la flore des Indes occidentales est composée d'espèces endémiques. Dès lors il y a lieu de distinguer, d'une manière générale, entre des archipels doués de centres de végétation qui leur sont propres, et les archipels qui ne produisirent jamais d'espèces particulières, ou du moins où l'origine de celles-ci ne saurait plus être constatée. Dans le dernier cas, le domaine insulaire ne constitue, sous le rapport de sa flore, qu'une partie de la terre ferme, à laquelle il a emprunté sa végétation, ou avec laquelle il l'a échangée. Mais de même qu'un tel domaine insulaire, le reste des îles océaniques se trouve le plus souvent, quoique pas toujours, en relation avec un continent limitrophe déterminé, grâce aux immigrations qui en ont enrichi la flore*.

Également rapprochées des côtes de la Floride et du Venezuela, les Indes occidentales n'ont échangé avec l'Amérique du Nord que quelques végétaux isolés, et c'est à la terre ferme de l'Amérique du Sud qu'elles doivent la majeure partie des espèces immigrées. L'analogie climatérique constitue la cause principale de ce phénomène. L'assertion formulée par M. Hooker[22], en vertu de laquelle les flores insulaires correspondraient à une latitude supérieure à celle des flores continentales les plus limitrophes, subit ici une exception, et, généralement parlant, n'est guère applicable à la zone tropicale, parce que dans le domaine de cette dernière le climat ne dépend guère des conditions de latitude. D'ailleurs le Gulf-stream nous a déjà révélé la cause qui fait que de ce côté des tropiques, sous la même latitude, la flore des Indes occidentales se trouve séparée d'une manière si tranchée de celle des États méridionaux de la terre ferme. Mais il reste maintenant à savoir pourquoi le Mexique a également moins d'espèces communes avec les Indes occidentales que le Venezuela et même la Guyane[23]. En effet, abstraction faite de celles des plantes des Indes occidentales qui sont répandues dans l'Amérique tropicale entière, et dont, par cela même, la patrie particulière est rarement déterminable, l'échange avec le Mexique est tout aussi insignifiant qu'avec la Floride et la Louisiane. Au contraire, pour le reste des végétaux qui occupent un domaine plus rétréci sur la terre ferme tropicale, on peut dans plusieurs cas constater que le

---

* Les importantes explorations géologiques dont plusieurs îles des Indes occidentales ont été récemment l'objet semblent indiquer qu'à une certaine époque de la période miocène il existait dans ces parages une communication directe entre les océans Pacifique et Atlantique. C'est la conclusion que suggèrent à M. R. J. L. Guppy non-seulement ses propres études des fossiles miocènes de l'île d'Haïti (voy. the Quart. Journ. of the Geolog. Soc., ann. 1876, vol. XXXII, p. 516-532), mais encore l'examen de la riche collection que possède la Société géologique de Londres, de fossiles tertiaires recueillis dans la Jamaïque, l'île de la Trinité et autres. M. Guppy, qui donne une liste de 122 espèces miocènes d'Haïti, accompagnée de deux planches où se trouvent figurées 21 espèces, fait particulièrement ressortir la ressemblance que présente la faune miocène des Indes occidentales avec celle du littoral ouest de l'Amérique du Sud. — T.

point de départ de leurs migrations se trouve sur le continent
méridional, et non pas dans les Antilles elles-mêmes. Ici les
courants marins ne figurent plus, ainsi que cela a lieu entre
les îles et la Floride, comme un élément de disjonction, mais
comme un moyen de connexion. La partie du grand courant
équatorial qui baigne la Guyane, et qui, venant de l'Atlantique,
se dirige le long de la côte septentrionale de l'Amérique méridionale vers l'isthme et le Yucatan, rencontre tout d'abord sur
son chemin les îles Caraïbes. C'est ce courant qui sert de véhi-
cule aux fruits du *Manicaria*, un Palmier indigène de la Guyane,
transportés aux Barbades et sur la côte méridionale de la
Jamaïque. Le passage des produits insulaires à la terre ferme
s'opère moins aisément que l'établissement de végétaux continentaux sur un sol étranger, lorsqu'ils habitent un domaine
plus vaste, et par suite répandent leurs semences en quantité
plus considérable. L'extension moins grande de la superficie de
l'archipel, ainsi que le nombre plus petit des individus qu'il
renferme, sont autant de motifs qui déterminent la conservation de leurs espèces endémiques. A en juger par leur position
systématique et par la configuration du domaine qu'ils occupent, peu de plantes, parmi celles qui sont communes à la terre
ferme et aux Indes occidentales, proviennent des îles ; la plupart ont été fournies par le continent. Leur nombre diminue
avec l'accroissement de la distance géographique. Dans les
grandes Antilles, il croît moins de végétaux de l'Amérique
méridionale que dans les Caraïbes, parce que la voie de mer est
plus longue, et que les grandes Antilles possèdent une végétation endémique beaucoup plus riche, qui a pu opposer à
l'immigration une résistance plus vive.

Dans plusieurs cas, on ne saurait constater si l'échange avec
la terre ferme s'est opéré par des causes naturelles, ou bien si
une plante n'a pas été introduite par hasard avec les cultures.
L'incertitude de leur origine et de l'histoire de leurs migrations
s'accroît avec l'étendue de l'aire des végétaux. Mais même les
espèces répandues dans les deux zones tropicales de l'Amérique, et dont le nombre est bien plus considérable qu'on ne
l'avait supposé jadis, ne manquent pas de fournir certaines

indications de nature à faciliter la solution de telles questions [23]. Parmi les plantes à aire aussi vaste, la diversité offerte par les végétaux ligneux est bien moins considérable [24] que celle des végétaux endémiques; cette diversité affecte surtout les familles dont les germes conservent le plus longtemps leur force vitale [25]; la proportion entre les espèces et les genres y va en décroissant. Tous ces phénomènes tiennent toujours aux proportions inégales que possède la faculté naturelle de migration : c'est ce qui se manifeste à un degré plus élevé encore dans la comparaison des spores cryptogamiques avec les semences peu mobiles des Phanérogames, et cela explique la rareté de l'endémisme chez les Fougères des Indes occidentales [26], dont les germes peuvent être aisément transportés par l'alizé jusqu'à la terre ferme méridionale.

L'affinité systématique des espèces restées endémiques dans leur patrie fournit le moyen le plus certain pour reconnaître les voies probables suivies par la migration naturelle. Quelquefois la configuration de l'aire peut servir à donner des indications relativement à l'origine de centres végétaux déterminés. Tel est notamment le cas à l'égard des espèces qui non-seulement habitent l'Amérique tropicale tout entière, mais encore ont pénétré dans les contrées plus chaudes de la zone tempérée. Quand elles ne franchissent les tropiques que sur une seule direction [27], il y a lieu d'admettre que le point de départ de leur migration était situé dans l'hémisphère de même nom.

Les plantes ubiquistes, les plantes communes à plusieurs continents tropicaux, ainsi que les plantes transocéaniques des Indes occidentales (300 espèces), sont presque toutes des végétaux aquatiques, palustres ou littoraux (pas tout à fait 100), ou bien satellites des cultures, ayant suivi la colonisation sur la surface du globe (au delà de 200). La majorité des derniers consiste, comme dans les champs cultivés de la zone tempérée, en plantes passagères annuelles à semences abondantes. Beaucoup d'entre elles franchissent aussi les tropiques, car, grâce à la brièveté de leur période de végétation, elles

trouvent également en dehors des tropiques la température
estivale qu'elles réclament. Elles peuvent encore passer pour
plantes végétales tropicales, lorsque leur aire ne dépasse point
la latitude de 40°, et elles revêtent le caractère ubiquiste
quand elles échappent à l'action des contrastes climatériques
qui se produisent entre la zone tempérée et la zone torride.
Ce caractère se prononce d'une manière plus saillante chez
les végétaux ligneux. Sous les tropiques, les herbes vivaces
se convertissent aussi aisément en demi-buissons, dont la tige
tendre se lignifie par en bas, de sorte que, grâce à l'uniformité de la température, on voit disparaître les limites entre
la végétation annuelle et celle qui persiste pendant plusieurs
années. Ici, parmi les végétaux accidentellement répandus
avec la culture du sol, se présentent également de véritables
arbustes [28], qui accompagnent les plantations des arbres, ou
bien qui se multiplient en masse lorsque les dernières sont
abandonnées. Dans ce nombre figurent également les orangers devenus sauvages, fréquents surtout dans l'île de Cuba,
et dont la présence indiquerait une connexion préhistorique
entre l'Asie et l'Amérique, puisqu'ils paraissent avoir existé
dans les Indes occidentales antérieurement à l'arrivée des
Européens [29].

Les vastes aires des plantes aquatiques et palustres constituent un phénomène qui sert de lien entre toutes les zones,
ainsi qu'entre les domaines floraux les plus lointains du globe.
Ce phénomène s'explique, soit par la diffusion des semences
à l'aide des oiseaux de passage, soit par le fait que les différences de température sont moins considérables dans l'eau que
dans l'atmosphère. Les plantes littorales des tropiques sont
transportées par les grands courants océaniques d'une côte à
une autre, où elles retrouvent des conditions physiques analogues. Quelques-unes habitent la forêt de Palétuviers dont les
produits offrent en partie une certaine concordance dans toutes
les contrées tropicales. R. Brown dressa les premiers inven-
taires de semblables végétaux transocéaniques, en émettant
l'opinion que leur semence contient le plus souvent un germe
très-développé, et possède par là une plus longue durée de

faculté vitale[30]. Depuis on a constaté un nombre bien plus considérable de ces végétaux, en sorte qu'aujourd'hui leurs différences de structure sont devenues trop grandes pour que l'opinion de R. Brown puisse être maintenue. On ne saurait découvrir partout les moyens à l'aide desquels se trouve renforcée la durée de la puissance germinative requise par des migrations si lointaines.

A côté des plantes littorales et de celles qu'a répandues la colonisation, il est également quelques végétaux de l'intérieur du pays qui ont franchi l'Atlantique dans l'enceinte des tropiques[31]. Mais ici encore leur présence dans les forêts riveraines des fleuves indique souvent que ce sont les eaux courantes qui ont amené leurs fruits dans la mer, dont les courants ont pu s'en emparer. A l'état de repos, l'eau de mer constitue la barrière la plus efficace entre le mélange des centres végétaux, tandis que ce mélange est favorisé par son mouvement, en supposant toutefois que les courants baignent réellement des côtes ayant un sol et un climat analogues. Tel n'est pas le cas à l'égard des grands courants équatoriaux, parmi lesquels celui de l'Atlantique ne se manifeste qu'à une certaine distance de l'Afrique, de même que celui du Pacifique a pour point de départ la côte déserte du Pérou et n'atteint guère l'Asie. Dans la plupart des cas, les migrations transocéaniques des plantes ne se dirigent pas comme ces courants de l''est à l'ouest, mais, dans les deux mers, de l'ouest à l'est. Des végétaux américains se sont établis sur la côte africaine, à travers l'océan Atlantique[32]. Le Gulf-stream, qui paralyse toute communication entre Cuba et la Floride, entraîne dans son courant des fruits flottants non-seulement jusqu'aux Bahamas, mais encore jusqu'aux Bermudes ; c'est après tout la seule voie qu'ils puissent suivre pour atteindre les continents de l'ancien monde. Les îles Bermudes (32° lat. N.), archipel de polypiers calcaires, semblable par sa structure au groupe insulaire des Bahamas, mais situé à 200 milles géographiques de ce dernier, ont, à la vérité, produit quelques Mollusques terrestres particuliers, mais ne paraissent guère posséder un centre végétal séparé, et, selon toute apparence, ont emprunté leur flore soit aux Indes occidentales, soit aux États méridionaux de la terre ferme[33]. Elles sont en grande partie revêtues de taillis de Cèdre des Bermudes (*Juniperus barbadensis*), sous l'abri desquels on cultive les oranges les plus exquises.

Comparées d'après leurs produits indigènes, les îles d'un archipel ont entre elles le même rapport qu'à l'égard de la terre ferme. La mer empêche l'échange de leurs centres végétaux et les maintient dans leur isolement primordial. En excluant Haïti et Porto-Rico, à cause du manque des documents nécessaires, ainsi que la Trinité, qu'il est plus convenable de rattacher au Venezuela, mon catalogue de plantes des Indes occidentales renferme, sur environ 4500 plantes vasculaires, 2240 espèces endémiques. Sans tenir compte des Fougères, susceptibles de se répandre aisément au-dessus du golfe, non plus que des Orchidées dont l'aire n'est pas suffisamment connue, plus de la moitié des végétaux endémiques (1270) ont été constatés dans une seule et unique île[34]. La répartition de ces végétaux se règle d'abord sur les dimensions si singulièrement inégales des diverses îles; toutefois ce fait, à lui seul, n'est nullement décisif. Possédant une aire qui embrasse presque la moitié des Indes occidentales tout entières[35], c'est Cuba qui a fourni le nombre de beaucoup le plus considérable d'espèces endémiques (929); néanmoins la Jamaïque, dix fois plus petite, jusqu'à présent s'est montrée proportionnellement encore bien plus riche (avec 275 espèces). Des résultats tout aussi inégaux sont fournis par les petites îles volcaniques des Antilles, où c'est à la Dominique qu'on a observé la majeure partie d'espèces particulières (29). Enfin, sur les calcaires tertiaires des îles Caraïbes dépourvues de montagnes, on a à peine pu découvrir quelques traces de centres végétaux, dont pourtant la présence est constatée dans les Bahamas, îles d'âge encore plus récent. Pas plus que la durée vraisemblable de l'isolement insulaire, la constitution géognostique ne saurait révéler une connexion avec la disposition des centres végétaux. Quand même on a droit d'admettre que plus l'émersion d'une île a été tardive, moins doivent y être rares les conditions favorables à la procréation de produits endémiques, toutefois, même sur le sol le

plus ancien, de telles traces de leur isolement géographique ont
pu s'évanouir de nouveau par suite de facilités apportées aux
échanges. Or, la différence entre la Jamaïque et Cuba, sous le
rapport de la richesse de leurs produits endémiques, s'explique
aisément à l'aide de la constitution physique des deux îles ; la
variété des stations est partout la cause de l'accroissement de
la richesse d'une flore. La Jamaïque possède des montagnes
plus élevées et plus étendues, un relief compliqué, une structure
géognostique variée, et avant tout ce qui exerce une influence
décisive, ce sont les contrastes climatériques auxquels donnent
lieu les deux versants d'une ligne de soulèvement dirigée de
l'ouest à l'est. Cuba est construite d'une manière plus uniforme,
et les montagnes élevées s'y trouvent resserrées dans un espace
plus restreint. Toutes ces conditions agissent de concert pour
limiter dans la Jamaïque la diffusion des plantes, et il en résulte
qu'en tant que les centres végétaux relèvent de la loi la plus
générale de la nature, — celle de l'adaptation, — ils possèdent
pour leur développement une sphère plus vaste dans la Jamaïque qu'à Cuba.

En admettant que les plantes immigrées de la terre ferme
sont douées d'une force d'extension plus grande que les plantes
nées dans les lieux mêmes, on parvient à expliquer deux phénomènes en apparence sans connexion, dont le premier a trait à la
disposition des individus et l'autre au rapport entre les espèces
et les genres. La conséquence qui résulte tout d'abord d'une
immigration, c'est que les plantes endémiques se trouvent refoulées, qu'elles deviennent moins sociales, au point de ne se
présenter souvent que dans des stations isolées, et peut-être de
finir par disparaître complétement, de même que ce refoulement s'accroît à mesure que l'établissement de végétaux étrangers est favorisé par la colonisation. C'est ainsi que nous avons
vu combien dans la Jamaïque la physionomie du paysage s'est
altérée depuis l'arrivée des Européens. De plus, un autre fait
se rattache également à ce genre de changements, c'est que
ce sont les espèces endémiques qui constituent les plus grands
genres de la flore. Parmi ces dernières, il n'y a toujours que
certains types qui soient doués de la force particulière capable

de vaincre les obstacles physiques et physiologiques qui se produisent dans leur migration ; les types moins vigoureux restent rivés à l'espace circonscrit de leur patrie. Les premières sont, pour ainsi dire, assez solidement armées, pour pulluler et se propager en masse ; étant moins dépendantes du climat et du sol, elles étendent leur demeure de plus en plus et pourraient enfin parvenir à traverser la mer. Et c'est ce qui fait que les îles d'un archipel ne reçoivent que des espèces isolées des genres de la terre ferme, tandis qu'elles-mêmes, elles ont produit des genres à espèces nombreuses, conformément à la loi de l'analogie dans le sens de l'espace qu'offrent leurs centres végétaux [36]. Il en résulte qu'il est souvent possible de distinguer les espèces endémiques des espèces immigrées, rien que par le chiffre spécifique plus élevé d'un genre [37]. Cette distinction se trouve, il est vrai, obscurcie par les monotypes endémiques, ainsi que par le fait, que grâce à la proximité de la terre ferme, on a vu se produire également dans les Indes occidentales, des espèces endémiques isolées empruntées à des genres continentaux.

Les espèces établies sur un sol étranger donnent lieu, dans certains cas, à des variétés climatériques, et distinguer ces dernières d'avec les espèces endémiques est souvent une tâche ardue pour le classificateur. De même que les variétés se rapprochent des espèces-mères, ainsi les espèces et même les genres endémiques offrent fréquemment une affinité étroite avec ceux du continent. Cette spécialisation dans les caractères des produits insulaires, qui n'est qu'une question de degré, a fourni un appui aux prosélytes du darwinisme, car ils ont cru n'apercevoir dans l'endémisme des archipels qu'une transformation graduelle des organismes de la terre ferme. Pourtant, à côté de la variation constatée dans les plantes immigrées, ainsi que des exemples, fournis par les espèces et genres endémiques, d'analogie dans le sens de l'espace, les archipels possèdent également des séries de types qui n'ont aucune relation avec la contrée limitrophe [38]. Dans les Indes occidentales, les genres endémiques (environ 100) sont plutôt monotypes (plus de 60), et c'est précisément parmi ces derniers que se trouvent les formes les plus particulières. Elles n'ont pas pu immigrer, ni être issues d'espèces immigrées, lorsque leur organisation est subordonnée aux règles, non de l'analogie dans le sens de l'espace, mais de l'analogie climatérique, ou bien lorsqu'elles occupent dans la classification systématique une place non intermédiaire. A l'instar des autres archipels, ou peut-être à plus haut degré que dans tout autre, les Indes occidentales se distinguent par une série de monotypes, qui doivent trouver leur place invariable dans chaque système des plantes, indépendamment des opinions variables de la classification, en sorte que ce n'est point leur autonomie, mais bien leur position relativement aux autres groupes qui est de nature à donner lieu à des doutes et à des difficultés [38]. Dans quelques cas, ces séries de monotypes constituent des traits d'union entre deux familles naturelles, de manière que leurs limites se trouvent par là effacées (par ex. *Canella* entre les Bixinées et les Guttifères, *Picrodendron* entre les Juglandées et les Rutacées, *Theophrasta* entre les Sapotées et les Myrsinées, *Bellonia* entre les Gesnériacées et les Solanées).

Les genres endémiques se répartissent entre environ 40 familles pour la plupart dicotylédonées, parce que la moitié de ce nombre appartient aux Légumineuses (11), Synanthérées (10), Euphorbiacées (9), Rubiacées (9) et Mélastomacées (5). Des espèces endémiques se présentent dans 118 familles. Parmi ces dernières, les végétaux ligneux l'emportent, et les plantes annuelles sont rares, ce que M. Hooker cite au nombre des propriétés des îles océaniques [22]. Mais il est probable que les deux phénomènes s'expliquent par le fait, que les premiers trouvent en général plus de difficulté à se développer sur un sol étranger, tandis que les secondes s'y établissent le plus aisément, parce qu'elles n'occupent le sol que peu de temps, et doivent par conséquent, pour se maintenir, être plus abondamment pourvues de semences. La diffusion, étendue à travers les latitudes septentrionales tempérées, de quelques arbres croissant en groupes considérables, constitue un cas exceptionnel. Dans les autres zones, les aires des végétaux ligneux sont également très-circonscrites sur la terre ferme; tandis que, ici même, les plantes

annuelles sont rarement maintenues dans leur patrie originaire.

Douze familles embrassent la plus grande moitié des Phanérogames des Indes occidentales [39] ; les Fougères sont à peu près en
nombre égal relativement aux 3 familles les plus considérables,
savoir : les Légumineuses, les Orchidées et les Rubiacées. Le
caractère américain de la flore se manifeste d'abord par les
familles des Cactées et des Broméliacées propres à ce-continent,
ensuite par l'accroissement des Mélastomacées, des Solanées
et des Palmiers. Comparée aux flores du Venezuela et de la
Guyane, les deux flores de la terre ferme qui lui sont le plus
affines, celle des Indes occidentales fournit ce fait caractéristique, que dans la direction de l'équateur au tropique du nord,
les Synanthérées, les Euphorbiacées et les Urticées vont chez
elle en augmentant.

PIÈCES JUSTIFICATIVES

ET ADDITIONS

XVI. INDES OCCIDENTALES.

1. GRISEBACH, *Die geographische Verbreitung der Pflanzen Westindiens*, pages 33, 19, 80, 73 (*Abhandlungen der Götting. Gesellsch. der Wissensch.*, vol. XII).

2. GRISEBACH, *Flora of the British West Indian islands*, page VI.

3. EDWARDS, *History of the British West Indies*, I, p. 10. — SCHOMBURG *History of Barbadoes*, p. 28. Les données du texte sur les limites des périodes pluvieuses solsticiales se rapportent d'abord aux Caraïbes, mais il en est de même également dans la Jamaïque (Œrsted, voy. *infra*, p. 443). Ici on qualifie de grande période pluvieuse l'espace de temps compris entre la mi-août et la fin de novembre ; la petite période a lieu au mois de mai. Mais ce qui démontre combien les conditions peuvent devenir bien plus compliquées, ce sont les observations faites par M. Ackermann dans la partie occidentale d'Haïti (Peterm. *Mittheil.*, vol. XIV, p. 382), où les contours littoraux sont plus irréguliers, et où plusieurs chaînes montagneuses se succèdent les unes aux autres. A Port-au-Prince, sur le golfe qui s'avance dans l'intérieur de l'île, du côté de l'ouest, l'époque des pluies printanières (avril et mai) passe pour être la plus forte, tandis que des précipitations plus faibles embrassent le laps de temps d'août à octobre. Sur la côte septentrionale, au cap Haïtien, la période pluvieuse dure de décembre jusqu'à avril ; sur la côte méridionale, dans les parages des Cayes, elle a lieu pendant les mois compris entre mai et juillet. Mais, au Port-au-Prince, aucun des autres mois n'est exempt de pluie, et il est probable qu'il en est de même au cap Haïtien, où les montagnes littorales sont atteintes par le vent des alizés.

4. ALEXANDRE PRIOR, *Journ. of Bot.*, II ; *Jahresb.*, ann. 1850, p. 62.

5. Dove, *Klimatologische Beiträge*, I, pages 92, 93. Les extrêmes des chiffres pluviométriques observés à la Guadeloupe par M. Deville (voyez *infra*, p. 319) représentent des valeurs plus que doubles (plantations de Café à Pérou, 322 cent. ; à la Basse-Terre, 140 cent.) ; le chiffre encore bien plus élevé fourni par Matouba (743 cent.), tel que le donne M. Dove, d'après M. Vrégille, n'a probablement qu'une signification locale, et a besoin d'être confirmé, attendu qu'il ne se rapporte qu'à une seule année.

6. Grisebach, *Systematische Untersuchungen über die Vegetation der Karaiben*, page 7 (*Abhandl. der Göttinger Gesellsch. der Wissensch.*, vol. VII).

7. Observations thermométriques faites dans les Indes occidentales (Dove, *Temperaturtafeln*) :

St-Vincent. (13° lat. N.). Temp. ann. : 27°,5. Diff. entre l'été et l'hiver , 1°,4
Kingston... (18° lat. N.).   —   26°,2.   —   2°,7
Havane.... (23° lat. N.).   —   25°,6.   —   4°,1
Nassau.....(25° lat. N.).   —   26°,9.   —   8°,5

Key West, sur la côte de la Floride (*ibid.*, p. 8), fournit un terme de comparaison :

Key West   (22° 30′ lat. N.). Temp. ann. : 24°,6. Diff. entre l'été et l'hiver, 6°,7

8. Maury, *Physical Geography of the sea*, page 38.

9. Sainte-Claire-Deville, *Recherches sur les phénomènes météorologiques aux Antilles*, tome I, carte.

10. Ramon de la Sagra, *Histoire physique de l'île de Cuba*, I, 2, page 63. C'est dans le tiers occidental de Cuba, où, d'après cet auteur, la surface cultivée dans les propriétés est à la forêt et aux pacages comme 41 : 19,5, que la culture a le plus d'extension ; dans l'île entière, la cinquième partie de la surface est seule en culture, et les forêts n'en occupent pas tout à fait la moitié (Klöden, *Erdkunde*, III, p. 1071).

11. Œrsted, *Skildring of Naturen paa Jamaica* (*Naturskildringer*, p. 415-526).

12. Purdie, *London Journal of Bot.*, 1845 ; *Jahresb.*, année 1845, page 50.

13. Ch. Wright, dans Grisebach *Catalogus plantarum cubensium*, p. 222.

14. Le port du Cotonnier arborescent se trouve figuré chez Œrsted, *loc. cit.*, p. 473.

15. Parlatore, dans De Candolle, *Prodromus*, XVI, II, p. 49.

16. Les plus grandes Cactées de la Jamaïque sont : *Cereus Swartzii* Gr., *C. eriophorus* Lk et Ott., et *C. repandus* Haw. C'est avec le *C. peruvianus* du continent que le premier fut confondu par Swartz ; le deuxième,

l'avait été par Linné, et le troisième par de Tussac (Grisebach, *Flora of the West Indian islands*, p. 301).

17. POEPPIG, *Reise in Chile*, II, page 79.

18. Voici des exemples de végétaux ligneux de la Jamaïque répandus jusqu'aux Bahamas et aux Caraïbes : *Canella alba, Swietenia Mahogany, Guajacum officinale, Amyris balsamifera, Bursera gummifera, Sabal umbraculiferum*. Les plantes suivantes sont communes aux Bahamas et aux grandes Antilles : *Croton Eleutheria* et *C. Cascarilla, Cæsalpinia Crista*.

19. Les arbres caractéristiques, pour la deuxième région d'Œrsted, sont, dans les montagnes de la Jamaïque : des Mélastomacées, *Diplochila Fothergilla* et *D. serrulata, Conostegia procera;* une Myrtacée, *Anamomis fragrans;* une Malvacée, *Paritium elatum;* une Tiliacée, *Sloanea jamaicensis;* une Bombacée, *Ochroma lagopus;* une Combrétacée, *Terminalia latifolia;* des Laurinées, *Nectandra sanguinea* et *Phœbe montana;* une Urticée, *Ficus lævigata;* une Éricée, *Clethra tinifolia;* un Conifère, *Podocarpus Purdieanus*.

20. En fait de Fougères arborescentes des montagnes Bleues, j'ai reçu 14 espéces différentes appartenant aux genres *Cyathea* (3), *Alsophila* (4), *Hemitelia* (4), et au *Lophosoria pruinata*. Les végétaux mentionnés dans le texte qui les accompagne sont : *Clethra tinifolia, Vaccinium meridionale, Pleurochœnia rigida, Viburnum villosum, Fadyenia Hookeri*.

21. GRISEBACH, *Flora of the British West Indian islands* (1864), et *Catalogus plantarum cubensium* (1866).

22. J. HOOKER, *Lecture on insular Floras*, p. 9, *delivered before the British Association in* 1866; Behm, *Jahrbuch.*, II, p. 191.

23. Les rapports entre la flore des Indes occidentales et celle de l'Amérique tropicale se manifestent par les chiffres suivants que fournit mon catalogue (*Geogr. Verbreitung der Pflanzen Westindiens*, p. 80). Élimination faite des Orchidées et des Fougères, j'ai constaté comme :

Répandues dans les deux zones tropicales de l'Amérique..	640 plantes des Indes occidentales
Communes avec l'Amérique du Sud ciséquatoriale jusqu'à l'isthme...	605
Ubiquistes ou généralement tropicales (transocéaniques)..	300
Exotiques ou introduites............................	156
Communes avec le Mexique...........................	105
Communes avec l'Amérique septentrionale..............	85

24. Le rapport entre les plantes à tronc ligneux et les autres plantes a été évalué comme 1 : 1 ; chez les espèces répandues à travers l'Amérique tropicale tout entière, comme 1 : 3, et encore faut-il retrancher de ces

chiffres les espèces introduites dans les Indes occidentales par la culture, dont le nombre, parmi les arbres, peut être évalué à environ moitié (*ibid.*, p. 20).

25. Les Légumineuses, les Convolvulacées, les Solanées, les Malvacées, les Graminées et les Cypéracées appartiennent aux familles douées d'une longue persistance de la faculté germinative, familles dont le chiffre proportionnel se trouve rehaussé par des espèces répandues à travers toute l'Amérique tropicale.

26. Les Fougères des Indes occidentales constituent 8 pour 100 du chiffre total des plantes vasculaires, mais 2 pour 100 de ces Fougères seulement sont endémiques (*ibid.*, p. 69).

27. Exemples d'espèces voisines qui ne franchissent que le tropique du nord ou que le tropique du sud (*ibid.*, p. 22) :

Cuphea viscosissima	Brésil — Connecticut (42° lat. N.).
— *hyssopifolia*	Mexique — Uruguay (35° lat. S.).
Myrsine læta	Brésil — Floride (36° lat. N.).
— *floribunda*	Cuba — Uruguay (33° lat. S.).
Lantana odorata	Trinité — Bermudes (32° lat. N.).
— *Camara*	Bahamas — Buenos-Ayres (32° lat. S.).

28. Exemples de végétaux ligneux qui avaient été répandus au delà de l'Océan sous les tropiques avec les plantes cultivées (*ibid.*, p. 14) : *Pisonia aculeata, Guazuma tomentosa, Colubrina asiatica , Melia sempervirens, Cœsalpinia pulcherrima, Cassia alata* et *glauca, Mimosa asperata, Leucœna glauca, Acacia Farnesiana , Chrysobalanus Icaco, Hernandia Sonorœ, Ximenia americana, Capsicum frutescens* et *baccatum, Solanum verbascifolium* et *torvum.*

29. HUMBOLDT, *Essai politique sur l'île de Cuba*, I, page 68. Cf. note 79 de la section relative au Domaine forestier du continent oriental.

30. R. BROWN : *Plantes du Congo* (*Mélanges*, I, p. 319, 327).

31. Exemples de végétaux ligneux transocéaniques et des Lianes des Indes occidentales (*Geogr. Verbreitung*, p. 13).

Plantes littorales. — Arbres : *Anona palustris, Paritium tiliaceum, Thespesia populnea, Rhizophora Mangle, Laguncularia racemosa, Conocarpus erectus, Avicennia nitida* et *A. tomentosa.* — Arbustes : *Suriana maritima, Dodonœa viscosa, Drepanocarpus lunatus, Hecastophyllum Brownii, Sophora tomentosa, Scœvola Plumieri.* — Lianes : *Guilandina Bonducella, Argyreia liliifolia.*

Végétaux de la contrée intérieure. — Arbres : *Andira inermis, Lonchocarpus sericeus.* — Lianes : *Cissampelos Pareira, Paullinia pinnata, Abrus precatorius, Dioclea reflexa, Mucuna pruriens* et *urens, Entada scandens.*

32. Ce qui démontre la migration effectuée de l'Amérique tropicale en Afrique, c'est l'extension géographique de plantes telles que *Paullinia pinnata, Drepanocarpus lunatus, Hecastophyllum Brownei* (*ibid.*, p. 10), ainsi que la place qu'elles occupent dans la classification.

33. Plantes caractéristiques pour les Bermudes, constituant en partie la masse principale de la végétation de ces îles, et qui y sont immigrées des Indes occidentales : *Juniperus barbadensis* (d'après M. Parlatore, note 15 : syn. *J. Bermudiana,* de même d'après M. Reid, dans *Lond. Journ. of Bot.; Jahresb.*, 1844, p. 67); *Elæodendron xylocarpum, Lantana odorata, Rhachicallis rupestris* (d'après mes propres comparaisons).

Immigrés de l'Amérique du Nord : *Sabal Palmetto, Sporobolus virginicus, Sisyrinchium Bermudianum, Pteris aquilina, Osmunda regalis* (la plupart d'après les données de M. Rein, *Bericht über die Senckenbergische naturforschende Ges.*, 1870, p. 149).

34. Parmi les espèces limitées à une seule île des Indes occidentales, Cuba a fourni 929 espèces, la Jamaïque 275, Saint-Domingue 29, les Bahamas 18, Saint-Vincent 12, Montserrat, la Martinique et Grenade, 2 espèces chacune, la Guadeloupe, Sainte-Lucie, Antigua et la Barbade, 1 espèce chacune (*Verbreitung,* etc., p. 55).

35. D'après le *Jarhbuch* de Behm, on peut évaluer à environ 4200 milles carrés géographiques l'aire des Indes occidentales, à l'exclusion de la Trinité et de Tabago, et en tenant compte de la dimension de la Jamaïque (portée à un tiers de trop, selon Petermann, *Mittheil.*, XVI, p. 395). Cuba est évaluée ici à 2160 milles géographiques carrés, et la Jamaïque doit être réduite à 200 milles géographiques carrés.

36. Au nombre des genres les plus considérables de la flore des Indes occidentales figurent les suivants (*Verbreitung,* etc., p. 63 ; les chiffres qui y sont joints se rapportent aux espèces endémiques de mon catalogue, et dans ce cas, y compris l'île de la Trinité) : *Epidendrum* (37), *Pleurothallis* (32), *Croton* et *Rondeletia* (31 espèces chacun), *Pilea, Psychotria* et *Eupatorium* (30 chacun), *Eugenia* (29), *Clidemia* (24), *Phyllanthus* et *Ipomœa* (23); de plus, figurent à titre de formes typiques : *Calyptranthes* et *Calycogonium* (13 chacun), *Stenostomum* et *Conradia* (12 chacun), *Exostemma* et *Tupa* (11 chacun), *Pentarraphia* (9).

37. Le rapport entre les espèces dicotylédonées et les genres est représenté (à l'exclusion des monotypes), chez les espèces endémiques, par les chiffres proportionnels de 3,7 : 1, et chez les espèces non endémiques par 2,4 : 1 (*ibid.*, p. 63).

38. Un exemple d'analogies climatériques, avec centres végétaux non américains, est fourni par le *Carpodiptera*, qui se rapproche le plus du genre *Berrya* (Tiliacées) dans le domaine des Moussons. Outre les exemples cités dans le texte de genres occupant une place intermédiaire entre des familles naturelles, il faut mentionner encore : *Lunania*, qui rattache les Samydées aux Flacourtianées, et *Spathelia*, qu'on range parmi les Simarubées, mais qui est également voisin du genre *Boswellia* (Térébinthacées), indigène en Afrique et en Asie. De plus, le *Gœtzea* constitue une Solanée anormale, et ce n'est que d'une manière douteuse que l'on peut réunir l'*Hypelate* aux Sapindacées, le *Peltostigma* aux Rutacées, et le *Dacryodes* aux Térébinthacées.

39. Série des familles prédominantes (mais en y comprenant la Trinité, *Verbreitung*, etc., p. 72) : Légumineuses (7-8), Orchidées et Rubiacées (6-7), Synanthérées (6), Euphorbiacées et Graminées (4-3), Mélastomacées et Cypéracées (3-4), Urticées et Myrtacées (plus de 2), Solanées et Convolvulacées (2 pour 100). En ne tenant compte que des espèces endémiques, on a la série suivante : Rubiacées (8-9), Myrtacées (près de 4), Urticées (plus de 3), Graminées (près de 3), Cypéracées (2-3), Apocynées et Gesnériacées (plus de 2), Fougères (2 pour 100).

XVII

DOMAINE SUD-AMÉRICAIN

EN DEÇA DE L'ÉQUATEUR

———

Climat. — L'Amérique méridionale reçoit l'alizé du nord de la mer Caraïbe ainsi que de l'Atlantique, et diffère de l'Afrique en ce que dans cette direction, le Soudan est séparé de la mer par des déserts arides, exposés en été aux rayons brûlants du soleil. Il en résulte que, dans l'Amérique du Sud, le centre de chaleur se maintient sur la terre ferme lors même que le soleil est au nord de l'équateur, en sorte que ne pouvant pas dévier du côté de la mer, l'alizé domine sur les côtes septentrionales durant l'année entière. Des vents de nord-est et d'est règnent sans interruption sur les lignes littorales de la Guyane et de l'Amérique centrale situées dans cette direction[1]. Mais en sa qualité de vent de mer, cet alizé est tellement imprégné de vapeurs aqueuses, qu'une légère baisse de température suffit pour déterminer des précipitations sur la terre ferme. Or, comme la majeure partie des côtes de la mer Caraïbe est bordée de montagnes, de telle manière que les Andes de l'Amérique centrale reçoivent tout d'abord l'alizé (et ensuite la chaîne montagneuse qui, partant de la Nouvelle-Grenade, serre de près le littoral et continue à travers le Venezuela jusqu'à la hauteur de la Trinité), il en résulte qu'on voit ici se reproduire les phénomènes de la zone du golfe mexicain. D'épaisses forêts revê-

tent le sol, et peuvent alterner avec des espaces déserts, là
où l'inclinaison est peu considérable, ou lorsque, comme à
Cumana[2], une langue de terre saillante enlève l'humidité au
pays situé plus à l'intérieur. Mais c'est également dans des contrées planes que de vastes espaces compris dans le delta de
l'Orénoque, au delà de la Guyane, se trouvent revêtus de forêts
vierges ininterrompues, dont la nature fait supposer de longues
périodes pluvieuses. Ici on a droit d'admettre que les forêts
de la contrée basse contiennent en elles-mêmes les conditions
de leur conservation, et que le niveau du sol n'exerce directement qu'une faible action sur les précipitations. Là où des différences de température si peu considérables suffisent pour
produire ces dernières, la fraîcheur requise est maintenue par
l'ombre épaisse qui abrite le sol, par les couronnes des arbres
qui paralysent l'effet des rayons solaires. Si l'on se figurait les
arbres supprimés, la vapeur aqueuse ne se condenserait pas
aussi fréquemment, et il se produirait des savanes, comme dans
l'intérieur du pays. De plus, ce qui favorise encore l'extension
des forêts de la Guyane, c'est la réunion de fleuves puissants,
qui, alimentés par les monts Parime qui entourent les plaines
basses demi-circulaires, relient entre elles leurs forêts riveraines. L'échauffement inégal de la forêt, ainsi que l'action exercée par les surfaces d'eau qui s'y croisent, facilitent la formation des brouillards et des nuages. Ces différences croissent
avec la position zénithale du soleil, et comme sous ces latitudes
(5°-10° latit. N.), les périodes du plus grand échauffement,
selon la saison, se trouvent déjà considérablement divergentes, on distingue dans la Guyane deux périodes zénithales,
pendant lesquelles les pluies augmentent en intensité, sans
cependant être complétement exclues des autres mois de
l'année.

Une deuxième zone forestière continue s'étend depuis la côte
Caraïbe de l'Amérique centrale, à travers l'isthme de Panama et
le golfe de Darien, puis le long du littoral Pacifique jusqu'à la
baie de Choco (16°-4° lat. N.). Aussi loin que se continuent
les Andes directement exposées à l'alizé, les versants qui font
face à la mer Caraïbe se trouvent, sous le rapport de l'hu-

midité, dans les mêmes conditions que Tabasco. Partout où l'isthme n'a plus le caractère de montagnes élevées, la forêt revêt la langue de terre d'une mer à l'autre, et une irrigation non moins abondante est attestée par la foule des petits cours d'eau littoraux. On y voit agir des influences semblables à celles qui se manifestent dans la Guyane, dont les forêts ont fourni plus d'un végétal répandu jusque-là par le courant maritime qui vient de ces contrées. Sur quelques points littoraux de la mer Caraïbe, les précipitations atmosphériques embrassent une période de dix à onze mois [1], et dans la contrée du Darien les savanes cessent également sur le côté Pacifique de l'isthme. Mais ici on voit dans la direction méridionale se produire de nouvelles conditions de nature à renforcer l'abondance des pluies ; ce sont la latitude équatoriale et le soulèvement des Cordillères de la Nouvelle-Grenade qui accompagnent la côte. Plus on se rapproche de l'équateur, et par conséquent plus les positions zénithales du soleil embrassent une grande partie de l'année, plus s'allongent les périodes des précipitations. Déjà à Panama elles durent au moins huit mois (d'avril à septembre); dans le Darien méridional ainsi que sur les baies de Cupica (7° lat. N.) et de Choco (4° lat. N.), elles arrosent le sol presque constamment l'année entière [1]. En deçà et au delà de l'équateur même (4° lat. N. jusqu'à 4° lat. S.), on voit sur la côte de l'Équateur diminuer de nouveau la période pluvieuse en passant par de rapides transitions ; des espaces déserts alternent alors avec des parages boisés, jusqu'à Tumbez (4° lat. S.), où se produit soudain le climat sans pluie de la côte du Pérou, qui met un terme aux forêts. Les contrées qui bordent le Pacifique sont abritées, par la Cordillère placée derrière elles, contre l'alizé, qui ne reparaît qu'en pleine mer à une distance considérable de la terre ferme; mais les vents marins d'ouest qui échauffent cette dernière, et dont les vapeurs aqueuses se précipitent sur les versants des montagnes, sont également de nature à produire de longues périodes de pluie. Quant à savoir pourquoi tel n'est pas le cas sur la côte péruvienne, nous essayerons de l'expliquer dans la section consacrée aux Andes; et pour la flore du littoral humide situé au nord du Pérou, elle est moins connue que celle de l'isthme à laquelle elle passe cependant par des transitions graduées.

Dans les contrées maritimes de l'Amérique du Sud en deçà de l'équateur, nous avons trouvé, partout l'extension des forêts déterminée par l'humidité que la mer apporte à la terre ferme. Mais il en est tout autrement de l'intérieur des continents, où les grandes savanes de la Guyane et du Venezuela, les immenses *Llanos* si graphiquement retracés par Humboldt, correspondent à un contraste tranché entre des saisons sèches et humides, contraste qui tient à la position du soleil. Ici l'action de la mer est paralysée, parce que les vapeurs aqueuses ont été soustraites aux vents maritimes par les chaînes montagneuses et les forêts. Dans le vaste domaine des plaines basses, entre le pied oriental des Andes de la Nouvelle-Grenade et les forêts de la contrée littorale atlantique, on voit régner la plus grande sécheresse tant que dure l'alizé septentrional : c'est l'époque où les savanes paraissent en repos et comme dépourvues de vie, et ce n'est que lorsque avec la position zénithale du soleil le centre de chaleur se trouve transporté dans ces plaines elles-mêmes, que le vent sud-ouest de l'hémisphère méridional amène, comme dans le Soudan, les pluies fournies par les humides forêts équatoriales qui viennent renouveler la vie végétale. Au devant de ces savanes, qui au nord et à l'ouest atteignent le pied des montagnes, surgissent, dans toutes les autres directions, les forêts de la contrée basse, notamment du côté du sud dans le domaine des bifurcations de l'Orénoque et de l'Amazone, et ces forêts embrassent une si vaste étendue, qu'elles rendent presque complétement impossible l'échange des plantes avec les Campos du Brésil, d'ailleurs fort analogues sous le rapport climatérique. Ici la limite méridionale des savanes du Venezuela peut être placée environ au 6ᵉ degré de latitude septentrionale, à l'endroit où, remontant l'Orénoque, Humboldt entra dans les forêts d'Atures, qui conduisent par d'insensibles transitions dans celles de l'Amazone (6°-2° lat. N.). Au contraire, sur la côte Pacifique du continent, la limite végétale, bien plus tranchée encore, étant déterminée par l'absence des pluies sur le littoral péruvien, s'avance, ainsi que nous l'avons déjà fait observer

(p. 360), à quelques degrés vers le sud au delà de l'équateur. Cependant la partie des Andes comprise entre ces deux points climatériques extrêmes, si inégaux, offre tant de concordance sous le rapport de sa constitution, que la flore de cette chaîne se maintient presque inaltérée jusqu'à l'isthme. La zone des Cordillères vient, en suivant le méridien, s'intercaler comme un coin entre la végétation de la vallée du Magdalena et celle de la côte occidentale de la Nouvelle-Grenade, séparées ainsi l'une de l'autre.

Formes végétales et formations. — Si d'une part nous avons réuni dans toute leur étendue les contrées tropicales de l'ancien monde, en essayant de les représenter, malgré toutes les dissemblances locales, comme formant un seul ensemble, et que d'autre part nous distinguions en Amérique une série plus grande de flores séparées, nous n'entendons pas par là que le continent du nouveau monde soit soumis à de plus fortes variations climatériques, ou qu'il possède une configuration plus variée que le domaine indien des moussons, mais seulement que l'échange entre les centres végétaux y est rendu bien plus difficile par suite des contours littoraux, des montagnes et du climat. Parmi les végétaux indigènes dans les flores particulières, la grande majorité ne franchit ni la mer des Indes occidentales, ni la chaîne méridienne des Andes, ni la large zone des forêts vierges équatoriales de l'Amazone, l'Hylæa de Humboldt. Ce qui est propre aux plaines de l'Amérique tropicale, c'est le caractère systématique de leur flore et leur richesse en espèces endémiques; mais elles ne se distinguent pas au même degré par leurs formes végétales, qui se répètent dans chaque domaine selon les conditions climatériques, et qui, par suite, n'ont pas besoin d'être chaque fois énumérées à nouveau. Elles peuvent concorder entre elles au Mexique et au Brésil, sous les deux tropiques, ainsi que sous l'équateur, lors même qu'elles se trouvent représentées par des genres et des espèces d'autant plus différents que les localités où elles prirent naissance sont plus éloignées les unes des autres. Toutefois, comme chaque flore correspond toujours à une station climatérique, et qu'il se trouve à peine, dans l'Amérique méri-

dionale, un seul espace circonscrit qui réunisse une aussi grande
variété de formes végétales qu'au Mexique, il paraît convenable
de signaler les traits distinctifs basés sur la prédominance de
certaines formes, et qui se prononceront plus nettement encore
par leur distribution géographique. Il faudra donc recourir à
une méthode comparée dans ces esquisses, afin de compléter
le tableau du paysage tropical de l'Amérique. Mais, ainsi que
nous l'avons fait précédemment, ici encore nous ne tiendrons
pas compte de tous les points de vue, mais seulement de ceux
fournis par les travaux des voyageurs les plus considérables.

Ce fut précisément dans le Venezuela, sur l'Orénoque supérieur, que Humboldt crayonna le premier tableau graphique de
la forêt vierge tropicale[1], tableau sur lequel nous reviendrons
lorsque nous aurons à retracer le domaine équatorial. Dans les
forêts de la Guyane, sur l'Essequebo, M. Richard Schomburgk[7]
envisagea leurs conditions de végétation sous un point de vue
qui avait déjà été précédemment saisi par M. de Kittlitz pendant
son séjour dans les Carolines[8]. Le problème est ici un problème d'éclairage. Il s'agit de faire voir comment la lumière,
indispensable à l'activité des feuilles, leur est consacrée partout, malgré la luxuriante végétation qui ombrage le sol. Là
où sous les tropiques l'humidité et la chaleur s'élèvent à un
degré notable, on voit se reproduire constamment la réunion de
différentes formes végétales, ainsi que le contraste entre la configuration et les dimensions des troncs d'arbres : dans la Guyane,
la Mora (*Dimorphandra excelsa*), Légumineuse de la forme de
Tamarin, le bois le plus utile du pays, se dresse librement à 52 m.
au-dessus du dôme de feuilles de la forêt vierge.

Après avoir retracé l'agglomération des arbres, et des Lianes
qui les réunissent par des réseaux qu'on ne saurait rompre,
ainsi que les Épiphytes qui revêtent les troncs abattus ou
vivants, M. Schomburgk s'arrête au mode dont se trouvent
éclairées ces forêts, où la lumière, déjà modérée d'abord par les
nuages du ciel, l'est encore par le toit du feuillage. Selon lui,
le regard cherche en vain sur le sol les fleurs splendides qui
l'orneront dans d'autres contrées, et il ne rencontre que des
Champignons, des Fougères et des organes putréfiés ; car

même en plein midi, il ne règne dans la forêt qu'une lumière atténuée ; presque nulle part une bande du ciel ne se laisse apercevoir à travers le feutrage compacte des branches. Donc, même sous un toit feuillu aussi épais, il n'en existe pas moins une lumière atténuée, et sans doute il y en a plus que dans les sombres forêts à essences résineuses. C'est ainsi que M. de Kittlitz résout l'importante question de savoir comment les plantes peuvent aussi bien prospérer et la respiration des organes verts s'effectuer à l'ombre de la végétation la plus compacte que le sol puisse produire quelque part que ce soit. Il fut frappé de trouver encore autant de lumière, même sous les arbres les plus splendides dont le feuillage largement étalé obscurcissait le ciel presque complétement. Cette lumière ne pouvait être attribuée à celle qui à midi descend verticalement, car l'éclairage qui en résultait était le même à toutes les heures du jour ; elle tient à ces innombrables ondes lumineuses qui, tombant d'en haut dans toutes les directions entre les masses feuillées agglomérées, se trouvent réfléchies d'une branche à l'autre, et finissent ainsi par atteindre les espaces inférieurs du fourré, où elles produisent « ce ton de lueur mate propre à la nature tropicale ». En effet, lors même que le sol ne paraît pas toujours animé, que deviendrait ce monde d'Épiphytes destinés à vivre précisément dans cette ombre, si les énormes masses feuillées qui la projettent n'avaient pas été douées par la nature « d'un mode de conformation et de répartition qui permette aux rayons lumineux, bien qu'innombrablement réfléchis, de pénétrer en force suffisante jusqu'aux végétaux des espaces inférieurs ». C'est dans ce sens que M. de Martius signale, dans ses tableaux de la forêt vierge du Brésil, les contrastes de profondes ténèbres et d'intenses réflexions lumineuses qui s'y succèdent sans transition.

Cela nous conduit à rechercher pourquoi, dans les forêts à essences angiospermes de la zone tempérée, l'ombre est modérée par la lumière transparente, et sous les tropiques par la lumière réfléchie, et pourquoi les forêts à essences résineuses jouissent moins de ces deux sources de lumière, en sorte qu'elles se trouvent si souvent dépourvues des plantes qui croissent à l'ombre.

Quand on considère les voies par lesquelles la lumière peut pénétrer librement à travers les couronnes des feuillages, on se
représente tout d'abord les Palmiers et la forme Mimosée pour-
vus de ce système de feuilles composé, et par suite peu susceptible de projeter une ombre complète, ce qui contribue immen-
sément à faire naître cette lumière d'un ton clair propre à la
forêt tropicale; toutefois les ombres ayant ce caractère ne constituent qu'une partie et non la totalité de la végétation arborescente, où, par la richesse et la dimension du feuillage,
ce sont plutôt les formes à feuilles indivises, telles que celle de
Laurier, qui prédominent. Or c'est précisément la forme de la
feuille toujours verte du Laurier, reproduite par tant de familles
tropicales, qui ne possède point cette texture transparente
à laquelle les ombres imparfaites des forêts septentrionales
à essences feuillues doivent leur lumière. Cependant un autre
caractère plus général propre aux arbres fruitiers tropicaux a
été signalé par M. de Kittlitz dans la répartition du feuillage,
caractère qui paraît destiné à compléter celui que nous venons
d'indiquer. Sous les climats où le froid ou la sécheresse pro
cure aux végétaux ligneux le repos du sommeil hivernal, ils
développent un bien plus grand nombre de petites branches qui
constituent un toit plus continu, quoique dans l'ensemble moins
compacte que chez les arbres tropicaux. Il s'ensuit que ce toit
ombrage le sol plus uniformément, bien qu'il soit plus transparent, mais moins épais que dans la forêt à essences résineuses,
dont les feuilles aciculaires fortement agglomérées sont complétement opaques. D'autre part il est évident que la chaleur
et l'humidité continues du climat équatorial assurent une plus
grande durée aux branches formées tout d'abord, parmi lesquelles beaucoup périssent chaque hiver de la zone tempérée,
ou bien ne se développent point, et par conséquent doivent se
régénérer par de nouvelles ramifications, afin que le nombre requis de feuilles puisse se produire. Se dirigeant vers la lumière
et attirant les courants de séve, ces premières branches continuent, dans la forêt tropicale, à croître constamment en sens
excentrique, et il en résulte qu'elles laissent des interstices plus
ou moins considérables entre leurs couronnes de feuilles termi-

nales, développées dans les parties les plus jeunes et les plus tendres des branches. Par suite de cette double condition de la configuration et de la répartition du feuillage, on constatera partout sous ce climat un système de nombreux « interstices tout particuliers », système qui, développé le plus simplement chez les Palmiers et le plus complétement chez les Mimosées, se manifeste même chez les végétaux ligneux, d'ailleurs si peu comparables à ces formes, et chez lesquelles le développement plus libre des ramifications du tronc produit ce caractère, attendu qu'ils simulent et remplacent la croissance terminale naturelle du Palmier. « De grandes masses de feuillage » en lui-même sombre et non transparent « acquièrent par là une apparence tellement légère, qu'elles paraissent pour ainsi dire nager dans l'atmosphère » ; au reste, tous les autres végétaux, les Lianes comme les Épiphytes, et jusqu'à la plus petite Fou - gère rampant sur le sol, manifestent également une tendance à la diffusion excentrique, qui empêche les organes de peser les uns sur les autres, et produit partout, sur les lignes qui se croisent constamment, des interstices destinés à donner passage à l'air et à la lumière ». Ici l'homme se trouve environné d'une na- ture comparable aux plus nobles mouvements de l'architecture du moyen âge, dont les voûtes pointues, d'origine arabe, sem- blent avoir été empruntées aux Palmiers à feuilles percées se touchant entre elles, ce système d'interstice qui se manifeste dans des masses gigantesques et au milieu de la plus grande richesse d'ornementation. Aussi la nature inaccessible du sol s'oppose moins à la distinction des éléments constitutifs de la forêt tropicale, que ne le fait cette tendance de tous les végétaux à se diriger vers les sources de lumière venant plus abondam- ment d'en haut : en effet, souvent les Lianes ne laissent aperce- voir que les axes aphylles qui, grâce à leur allongement illimité, cachent les autres organes de la couronne terminale; de même les Épiphytes ne sauraient être vus que de loin, chaque fois qu'ils recherchent pour leur point d'appui les endroits plus éclairés.

Comme deuxième formation principale dans le domaine forestier de la Guyane, M. Richard Schomburgk distingue la végétation riveraine des fleuves, sur la lisière de la forêt vierge, végétation telle que Martius et Pöppig nous l'ont fait générale- ment connaître dans le Brésil septentrional. Ici, sur un espace plus libre et un sol plus humide, les sous-bois refoulent les gros troncs, et l'on voit le premier plan occupé par une ceinture de Bambous et d'Urticées à larges feuilles appartenant à la forme Bombacée (*Cecropia*), tandis que des Lianes tendues enlacent les arbres et les buissons à l'instar d'une haie luxuriante, sur le bord riverain de laquelle des Aroïdées et des Scitaminées ornées de belles fleurs, viennent rehausser la splendide variété du tableau.

Le littoral maritime est bordé, dans la Guyane, d'alluvions marécageuses dont la culture s'est emparée en grande partie [10]. Ces gains réalisés sur la mer continuent à s'étendre, grâce à l'action des forêts de Palétuviers, parmi les éléments consti- tutifs ordinaires desquelles figurent les Rhizophores et les Avi- cennia, de même que des Combrétacées (*Laguncularia*) et les Urticées (*Ficus*). Ces Rhizophores, qui retiennent le limon des fleuves, sont doués d'une telle force vitale, que selon les obser- vations faites par M. Seemann à Panama [4], où le flot monte à 7 mètres de hauteur, on voit souvent les vagues se briser par- dessus leurs couronnes, sans porter atteinte à leur croissance, car, grâce à l'échafaudage de leurs racines aériennes, ils se trouvent solidement fixés au fond de la mer comme par autant d'ancres.

De même que dans les autres contrées tropicales, ce sont les formes de Laurier et de Tamarin qui prédominent parmi les végétaux arborescents de la forêt vierge ; quelques troncs isolés perdent seuls leur feuillage pendant la saison sèche (quelques Érythroxylées et Bignoniacées). Quant aux autres formes, les plus fréquentes dans la Guyane sont les Légumineuses et les Rubiacées : malgré leur qualité de plantes toujours vertes, elles n'en poussent pas moins de nouveaux bourgeons de feuilles pen- dant la période pluvieuse [10]. Les plus grands arbres de l'isthme de Panama n'atteignent qu'une hauteur de 29 à 42 mètres, et par conséquent sont dépassés par la Mora de la Guyane [4]. Parmi les Palmiers associés aux essences dicotylédonées, en-

viron 60 espèces s'y trouvent citées : les plus nombreux sont les
espèces moins grandes de *Geonoma* et de *Bactris* à feuilles pennées, et parmi les Palmiers à éventail les plus largement répandus sont les *Mauritia* (*M. flexuosa*), qui habitent le sol humide de
la forêt vierge tout aussi bien que celui des savanes, et s'élèvent
dans les monts Parime jusqu'à l'altitude de 1300 mètres.[10]. Une
espèce sociale de ce genre (*M. setigera*) revêt une grande partie de l'île de la Trinité, composée d'un terrain marécageux[11].
Dans le delta des fleuves, depuis l'Orénoque jusqu'à l'Amazone,
il se présente un Palmier à feuilles indivises (*Manicaria saccifera*)
dont les dimensions (de 4 à 6 m.) le cèdent peu à celles des
feuilles de l'Ensete africain. C'est à l'ombre des humides forêts
vierges que la forme Pisang (*Heliconia*) accompagne partout
les Palmiers ; sous l'influence des vents de mer, elle s'élève dans
la chaîne côtière du Venezuela, comme à Java, à une altitude
extraordinairement considérable : ainsi, au delà de la région où
dominent les buissons des Éricées, à 2143 mètres au-dessus du
niveau de la mer, Humboldt[12] trouva encore sur la Silla de Caracas un fourré presque impénétrable de troncs de 5 mètres de
hauteur, appartenant à cette forme végétale. Dans l'Amérique
méridionale de ce côté de l'équateur, les Fougères arborescentes et les Bambous sont bien moins répandus que les Palmiers,
dont la variété va en croissant dans la direction de l'équateur.
Au sud du 6e degré de latitude, Humboldt vit dans les forêts
de l'Orénoque disparaître les Fougères arborescentes, qui sont
fréquentes sur le versant septentrional du Venezuela, et en admettant qu'elles se rattachent à un climat modéré et humide,
Humboldt pensa qu'elles ne descendent vers la côte que là
où le sol s'exhausse et où en même temps elles se trouvent placées sous une ombre épaisse[12] ; cependant il s'en présente dans
la Guyane non-seulement sur les hauteurs des monts Parime,
mais encore sur les rives des fleuves, tandis que dans l'ouest on
les voit tant sur la baie de Choco que sur l'isthme de Panama.
Elles ne fuient que les rayons solaires ainsi que les localités insuffisamment arrosées ; ce sont là des conditions qu'elles trouveraient également sur l'Orénoque. De même il n'y a guère plus
de raison de rattacher les Bambous à l'action d'agents clima-

tériques généraux, de nature à assurer leur existence partout
où ils se présentent. Sur la côte du Venezuela et sur les bords
du Cassiquiare, ils ne constituent que des groupes isolés [42],
et font presque complétement défaut aux dépressions marécageuses de l'Orénoque inférieur : sur le revers Pacifique des
Andes de la Nouvelle-Grenade et de l'Équateur, on voit au
contraire de vastes versants, depuis les hautes vallées jusqu'à
la côte, revêtus d'épais taillis de Bambous, bien que cependant
ils ne s'y élèvent que jusqu'à 1689 mètres (5200 p.), et par
conséquent pas aussi haut que dans l'Himalaya. Parmi les autres
formes arborescentes, celle des essences à feuilles aciculaires fait
complétement défaut, puisque la famille des Conifères n'est
représentée que par un seul genre (*Podocarpus*) dont le feuillage toujours vert se rattache chez la plupart des espèces à la
forme Olivier.

Quand on embrasse d'un coup d'œil l'ornementation intérieure
de la forêt vierge, on trouve que les formes végétales sont les
mêmes que sous les autres climats humides et chauds de
l'Amérique tropicale : parmi les arbustes et les arbres nains, les
formes les plus saillantes par leur richesse spécifique sont celles
de l'Olivier et du Myrte, les Rubiacées, les Mélastomacées,
les Myrtacées et les Euphorbiacées; parmi les Lianes, les Légumineuses, les Sapindacées, les Malpighiacées, les Apocynées,
les Smilacées, les Convolvulacées et les Passiflorées ; parmi les
Épiphytes, les Orchidées, les Pipéracées et les Fougères. Au
nombre de quelques-uns des végétaux de ce domaine floral
remarquables par leur organisation figurent : la Pandanée de
l'isthme qui se rattache à la forme des Palmiers nains et sert
à la fabrication des chapeaux de Panama (*Carludovica palmata*); le Palmier indigène sur la côte du Darien à facies semblable à celui du Pin tordu [13], et qui fournit l'ivoire végétal
(*Phytelephas*), tissu nourricier endurci de la semence, dont la
cohésion n'est surpassée par aucun produit du règne végétal ; le
Palmier à chapeaux précédemment mentionné (*Manicaria saccifera*), dont les gaînes servant d'enveloppe aux panicules florales
ont reçu de la nature elle-même la forme d'une coiffure conique
toute faite ; enfin, l'Arbre à vache (*Galactodendron*) des monta-

gnes du Venezuela, Urticée de la forme de Laurier, qui contient
un suc laiteux dont les éléments chimiques se rapprochent
beaucoup de ceux du lait animal.

La végétation des savanes du Venezuela est plus uniforme que
dans la Guyane ; elle en diffère par l'absence complète d'arbres. Nous emprunterons les traits principaux qui suivent à la
célèbre description que fit Humboldt de ces surfaces planes des
Llanos [14]. Parmi les Graminées et Cypéracées (*Kyllingia*) dominantes, on ne voit apparaître que çà et là les herbes vivaces
dont les fleurs ornent le gazon, et surtout, comme sur l'isthme,
les Sensitives (*Mimosa*) qualifiées dans ces contrées de Dormi-
deras. Les arbres manquent complétement à de larges espaces :
ce n'est qu'isolément que surgissent au milieu de l'aride prairie
une Protéacée (*Rhopala*), une Malpighiacée (*Byrsonima*) et des
groupes de Palmiers en éventail, notamment d'un *Copernicia*
(*C. tectorum*) ayant $7^m,06$ de hauteur, mais qui n'offre guère
d'abri contre les ardents rayons solaires. Pendant la saison
sèche, lorsque la température de la surface arénacée du sol
monte à 50 degrés, le calme règne au milieu de la nature entière ; le sol, privé de toute humidité, commence à se fissurer, et
la vie végétale paraît éteinte comme dans le désert : ce n'est
que le long des rivières que se maintient le feuillage frais du
Mauritia. Mais avec le commencement des pluies la vitalité des
organismes se réveille de nouveau, et soudain on voit la plaine
ornée des vives teintes verdoyantes de son gazon de Graminées.
Ce qui paralyse la culture du sol et le développement de la
végétation arborescente, c'est la rareté des cours d'eau, leur
profondeur qui empêche l'irrigation artificielle, ou l'exhaussement des surfaces, et ensuite la puissance trop peu considérable
du dépôt d'humus, qui ne saurait se renouveler par la chute du
feuillage des végétaux ligneux. L'aridité se trouve accrue par
le sol sablonneux, et par les rayons solaires qui échauffent le sol
privé d'ombre. Enfin Humboldt examine l'origine de ces steppes qui, par leur prodigieuse étendue et les plantes sociales dont
elles sont revêtues, doivent opposer au changement de la végétation un obstacle invincible, même dans le cours du temps.

Comme pendant la saison sèche ces Llanos se trouvent soustraits aux précipitations par les chaînes montagneuses placées au devant d'eux, les forêts ne sauraient jamais pénétrer dans leurs prairies. Au contraire, une alternance séculaire entre la végétation arborescente et la végétation herbacée peut avoir lieu dans la Guyane, où les forêts sont susceptibles de produire des précipitations, même lorsque le soleil est loin du zénith. A l'ouest de Paramaribo, on voit dans la contrée de Surinam des savanes bordées par la forêt vierge, à l'instar de vastes prairies forestières [15]. Cependant, dans l'intérieur de la Guyane anglaise, où les savanes s'étendent au loin entre l'Essequebo supérieur et les ramifications des monts Parime, c'est à ces séries de hauteurs qu'elles doivent leur saison sèche. De telles savanes diffèrent de l'uniformité plane des Llanos par un relief accidenté, et elles se trouvent plus fréquemment interrompues par des îlots forestiers plus ou moins étendus. Leur période pluvieuse zénithale est simple; elle dure depuis avril jusqu'à juillet; mais même dans les autres saisons elle peut être remplacée en quelque sorte par d'abondantes rosées. Aussi la plupart des essences forestières y sont toujours vertes, et les espèces n'y diffèrent que peu de celles de la forêt vierge ; seulement elles ne sont pas aussi élevées et n'atteignent pas un développement aussi luxuriant. Les forêts accompagnent les cours d'eau des savanes, ou bien se produisent dans les endroits où le sol retient l'humidité et leur fournit plus d'humus. Dans les dépressions marécageuses, le Mauritia domine ici également.

Il n'en est pas de même des végétaux ligneux qui se mélangent avec la prairie de Graminées et qui participent du sommeil hivernal de cette dernière. De petits groupes d'arbustes se font remarquer par leur élégante frondaison ou par la riche ornementation de leurs fleurs [16]. Les arbres isolés des savanes restent rabougris, ou bien offrent une ramification disgracieusement tordue. Ce sont en partie des espèces largement répandues, telles que la Protéacée des Llanos (*Rhopala*), ainsi que la même Dilléniacée (*Curatella*) qui habite les savanes de l'Amérique centrale. Mais c'est également dans ce cercle de formes auxquelles s'associent les Myrtacées arborescentes, que la Guyane se présente comme supérieure aux contrées plus occidentales.

Comparés aux Llanos de Venezuela, ces végétaux ligneux font voir combien la variété des produits végétaux est accrue par l'inégalité des stations, telle qu'elle résulte du relief et de la constitution du sol, ainsi que d'une plus abondante irrigation par l'eau courante.

Dans la Guyane, entre les Graminées, la savane elle-même possède de nombreuses Cypéracées à poils rigides, et se trouve amplement pourvue d'herbes vivaces susceptibles de se lignifier, ainsi que de fleurs élégamment colorées. Au printemps, elle ressemble au tapis des prés du Nord, M. de Schomburgk nous trace le tableau que présente ce fond d'un vert tendre sur lequel se détachent brillamment, en revêtant des espaces entiers comme de planches de fleurs, les Xyridées et les Gentianées (*Schultesia*) colorées de bleu et de rouge vif, au milieu desquelles se pressent en foule les étoiles blanches d'une Amaryllis, des Orchidées (*Habenaria*), des Légumineuses (Phaséolées) tantôt grimpant sur des chaumes desséchés, tantôt surgissant librement, des Malvacées à grandes fleurs et d'autres herbes vivaces. A la mi-octobre, les Graminées dont la taille s'élève de $0^m,9$ à $1^m,2$ de hauteur, perdent leur coloris vert, et l'on peut comparer alors la savane à « un champ de blé mûr, mais très-clairsemé », où les rayons du soleil impriment aux débris de la végétation une teinte jaune ou livide. Avec l'arrivée de la période pluvieuse, les bourgeons poussent de nouveau rapidement, plusieurs fleurs apparaissent, même avant le développement des feuilles, d'autres simultanément, et en peu de temps on voit se renouveler les brillantes teintes vertes avec leurs ornementations ordinaires.

Dans ces parages, de même qu'au Mexique, la mesure des extrêmes de l'aridité et de l'humidité est fournie par les plantes grasses telles que les Cactées, qui font complétement défaut à la baie de Choco et constituent quelquefois sur la côte du Venezuela la végétation dominante. Celle-ci consiste, sur la plage marine de la Guayra[17], en *Cereus* ramifiés et en *Opuntia;* des parois chaudes des rochers surgissent les *Melocactns*, tandis que les Mamillaires recherchent les stations ombragées. C'est ainsi que les Cactées se répandent ici, mélangées de chétives broussailles, depuis la côte jusqu'au niveau de 650 mètres (2000 p.), où commencent les forêts, reconnaissables aux nuages qu'elles font naître.

Régions. — Bien que la ligne côtière du Venezuela se rattache aux Andes, ce n'est cependant que dans les environs du lac au golfe de Maracaïbo, notamment dans les parages de Santa-Marta (11° lat. N.) et dans ceux de Merida (8° lat. N.), qu'elle s'élève sous forme de deux bourrelets montagneux, au-dessus de la limite des arbres et des neiges. Indépendamment de la latitude nous trouvons ici la ligne des neiges au niveau de 4544 mètres (14 000 pieds), et par conséquent à la même altitude qu'au Mexique. La limite des forêts, au contraire, se trouve atteinte, à ce qu'il paraît, dans la Sierra-Nevada de Merida, dès 2696 mètres (8300 p.)[18]. La Silla de Caracas et les monts Parime de la Guyane s'élèvent au-dessus des altitudes accessibles aux forêts. Mais une grande partie des montagnes de la Guyane est nue et couverte d'herbages alpestres mélangés de broussailles basses[10]. C'est ce qui fait que la disposition des régions dans cette partie de l'Amérique méridionale a plus de ressemblance avec l'Abyssinie qu'avec le Mexique. Comme le degré d'humidité requis par la croissance des arbres ne fait guère défaut à la Guyane, il paraît que les forêts se retirent des stations élevées, parce que les centres végétaux de cette contrée n'ont point produit les espèces arborescentes du climat tempéré, attendu que les Chênes et les Conifères du Mexique y manquent.

Moins boisée encore est la Silla de Caracas, car déjà on n'y voit plus les Chênes, qui pourtant ne sont pas étrangers aux Andes de la Nouvelle-Grenade. L'absence des arbres sur les deux sommets est attribuée par Humboldt à l'aridité du sol, à la violence des vents du large et à la destruction des forêts, refoulées par les herbages alpestres[12]. Pourtant c'est précisément ici que dans les endroits abrités, où peut-être l'eau de source se fait jour, se présentent les taillis d'un Palmier (à 1851 m. ou 5700 p.) ainsi que d'un *Heliconia* (à 2143 mètr. ou 6600 p.) à des altitudes extraordinairement élevées. C'est avec beaucoup plus de facilité encore que des essences dicotylédonées peuvent prospérer à des altitudes pareilles ou même bien plus considé-

rables. Mais, de même que dans des montagnes déboisées on
voit si fréquemment les formes propres aux régions plus élevées descendre plus bas que sur les points où la végétation
arborescente borne leur extension, de même, ici également, les
buissons d'Éricées se présentent déjà à une altitude où la
température atmosphérique est encore de 17°,5 ou au delà [10].
A 1949 mètres (6000 p.) au-dessus du niveau de la mer, ils
constituent déjà une formation indépendante que les Espagnols ont désignée par le nom de Pejual, d'après l'arbuste
dominant (*Gaultheria odorata*) [12]. Toutefois il y a lieu de distinguer entre ces Éricées subalpines et celles qui ne réclament
aucunement une température plus fraîche : car, à la Trinité
comme à Cuba, il est des espèces qui appartiennent à la région
chaude elle-même [20].

L'action exercée sur les arbres par l'altitude supramarine se
manifeste dans la Guyane, de la même manière que dans les
autres flores de l'Amérique tropicale méridionale. La présence
des Cinchonées rappelle les Andes : car en Guyane, dans les
montagnes de Roraïma (à 1949 m. ou 6000 p.), ce groupe est
représenté par un genre voisin des *Cinchona* (*Buenaa* seu *Cascarilla*), tandis que les savanes de la contrée basse du Brésil se
reflètent dans la forme des Liliacées arborescentes (un *Barbacenia* endémique à 1300 mètres ou 4000 p.), et ici encore les
Fougères arborescentes sont plus fréquentes que dans la plaine.
Mais c'est la chaîne côtière du Vénézuela qui, eu égard à sa
position, se rattache aux Andes par des analogies systématiques, encore plus intimement que la Guyane, ainsi que cela
est démontré, soit par les Éricées, soit par ce fait que les véritables Cinchona se trouvent répandus depuis le rio Magdalena
jusqu'au méridien de Caracas [21]. La distribution des Fougères
arborescentes y est semblable à celle qui a lieu dans la Jamaïque; elles croissent particulièrement à des altitudes de 974 à
1625 mètres (3000-5000 p.) [22] *.

_____

* Selon le docteur Ernst (voy. *Bull. Soc. bot. Fr.*, ann. 1875, t. XXII, p. 239),
c'est le *Cinchona cardiofolia* var. *rotundifolia*, croissant aux environs de la capitale du Venezuela (dans le lieu dit *el Papelon*), qui représente la station la plus
septentrionale du globe où l'on ait observé des Quinquinas. — T.

Centres végétaux. — Nous avons vu combien la flore des Indes occidentales se rattache plus intimement à l'Amérique méridionale qu'au Mexique. Admettant que la Guyane et les Indes occidentales aient été explorées dans les mêmes proportions, il en résulte qu'outre les espèces répandues dans une grande partie de l'Amérique tropicale, il en reste environ 14 pour 100 qui sont communes à ces deux domaines floraux, et dont plus de la moitié a été constatée dans la direction du nord jusqu'à Cuba [23]. Dans cette évaluation, les îles limitrophes de la côte du Venezuela sont considérées comme membres de la flore de la terre ferme elle-même, et par conséquent ne figurent point dans cette comparaison. La Trinité est située si près des bouches de l'Orénoque, que cela seul suffit déjà pour que la végétation de cette île concorde bien plus avec la végétation de la terre ferme qu'avec celle des Antilles [24]. Une humidité plus grande du climat vient s'y joindre encore, et fait que beaucoup de plantes des petites Antilles les plus rapprochées se trouvent exclues de l'île dont il s'agit. Les plantes immigrées de la Trinité, non constatées dans les Indes occidentales, proviennent en majeure partie de la Guyane et du Venezuela, tandis qu'une autre série de ces végétaux est d'origine brésilienne, et toutes ces plantes atteignent ici leur limite septentrionale ou bien sont répandues jusqu'à l'isthme de Panama, en longeant la côte du continent. On reconnaît aussitôt que ces migrations correspondent exactement au grand courant atlantique qui, au cap Roques, commence à baigner la côte brésilienne, atteint la Trinité sous le nom de courant de la Guyane, et continue ensuite dans la mer Caraïbe à longer le continent jusqu'à l'isthme.

Les forêts de la Guyane et du Venezuela méridional se rattachent sans interruption à la flore équatoriale du Brésil. Ici la transition entre les deux flores ne peut s'opérer que graduellement. Lorsqu'en suivant les communications fluviales qui relient l'Orénoque à l'Amazone, Humboldt était descendu au sud, dans la proximité de l'équateur, il constata déjà le changement opéré dans le caractère de la flore; notamment il fait observer que sur le Cassiquiare (1° lat. N.), la forme Laurier est plus fortement représentée non - seulement par des Laurinées, mais encore par des Guttifères et des Sapotées. Lorsque après avoir franchi le 3ᵉ parallèle de latitude nord, il se trouva sous le climat équatorial, il eut rarement occasion d'observer le soleil et les étoiles ; le ciel était, dit-il, constamment voilé, et il pleut presque l'année entière. A cette modification climatérique doit correspondre également une modification dans les éléments constitutifs de la forêt ; mais nous manquons jusqu'à présent de données suffisantes pour les comparer de plus près, et pour reconnaître ceux des végétaux qui supportent cette modification et ceux qui en sont influencés dans un ou dans un autre sens. Dans toute l'Amérique tropicale du Sud, de ce côté des Andes, au Venezuela comme dans la Guyane, de même que dans la majeure partie du Brésil, les forêts vierges suivent les côtes et les lignes fluviales, tandis que l'enceinte intérieure des partages d'eau est marquée par de vastes savanes. C'est pourquoi l'échange des plantes de la savane entre les divers domaines se trouve paralysé partout par les espaces boisés, en sorte qu'il ne peut presque être maintenu qu'à l'aide de courants atmosphériques, ainsi que d'oiseaux qui se nourrissent de leurs fruits. Au nombre des arbres forestiers les plus fréquents des savanes étendus depuis le Mexique et Cuba jusqu'au Brésil, figure une Verbénacée à fruit drupacé (*Duranta*), dont les semences sont répandues par les pigeons, attendu qu'elles germent après avoir traversé intactes le canal intestinal, et avoir, de cette manière, été, pour ainsi dire, fumées par les excréments de ces oiseaux [26]. Eu égard à des restrictions de cette nature, on conçoit qu'un si grand nombre de végétaux du domaine situé de ce côté de l'équateur ne se retrouvent point dans les savanes brésiliennes au delà de l'Amazone, où les conditions vitales extérieures sont les mêmes que dans la Guyane. Parmi tous les obstacles mécaniques qui s'opposent à la migration, le plus considérable, c'est précisément la large ceinture de forêts vierges qui remplit les contrées équatoriales du Brésil et embrasse le cours de l'Amazone dans une tout autre étendue que ses affluents. Elle constitue une barrière non - seulement pour les plantes des savanes, mais aussi pour les produits des forêts humides elles-mêmes. En effet, cette forêt vierge contient un grand nombre d'essences endémiques qui doivent aux précipitations mensuelles, ainsi qu'aux inondations du fleuve, une force végétative qui n'a nulle part sa pareille en Amérique, au point que les fourrés, étendus sans interruption sur de vastes espaces, constituent pour les domaines limitrophes des barrières impénétrables et infranchissables[25].

La flore des Andes de la Nouvelle-Grenade n'est isolée du Venezuela que par le soulèvement du sol, de même que les vallées du fleuve de la Magdalena et de ses affluents se trouvent séparées par les Cordillères orientales du domaine de l'Orénoque. L'enchevêtrement des chaînes montagneuses ne permet guère de donner l'explication d'un phénomène qui, sur la Silla de Caracas, a attiré l'attention de Humboldt[27]. Il y avait trouvé la végétation alpine non-seulement conforme à celle des hautes Cordillères de Bogota, mais même composée en partie d'espèces identiques. Il ne put s'expliquer comment des Éricées (*Gaultheria odorata* et *Gaylussacia buxifolia*) habitent tout à la fois deux massifs élevés, séparés sur une longueur de soixante-dix lieues par des rangées de hauteurs déprimées, où ces plantes ne sauraient nulle part trouver une température suffisamment fraîche pour prospérer. C'est ainsi que Humboldt fut le premier à signaler sous les tropiques de l'Amérique un problème en présence duquel nous sommes si souvent en Europe, et qui ne trouve sa solution que dans les voies de communication atmosphériques, tant qu'on s'en tient à l'unité des centres végétaux, et qu'on cherche à l'expliquer à l'aide des forces actuelles.

L'inventaire dressé par M. Richard Schomburgk des plantes de la Guyane anglaise connues jusqu'à l'année 1848 constitue le seul travail qui puisse servir à la comparaison des plantes relativement à la classification systématique de la flore[28]. L'espace auquel cette dernière se rapporte peut être évalué à seulement la septième partie environ du domaine floral tout entier[29]; mais les autres contrées ont été explorées avec bien moins de précision que la Guyane. Cependant les faits déjà exposés démontrent que le continent est ici encore bien plus riche en plantes endémiques que les Indes occidentales; toutefois le nombre des genres endémiques est bien moins considérable qu'au Mexique et se trouve dépassé par celui des genres propres aux Antilles, fait qui exprime les connexions continentales entre le Brésil et les Andes. Les genres particuliers, dont je compte 70, se répartissent entre vingt-huit familles. Les plus fortement représentées parmi ces dernières sont les Orchidées, les Rubiacées, les Malpighiacées, les Légumineuses et les Urticées [30]. Dans la Guyane, la série des familles prédominantes par le nombre des espèces est semblable à celle que présentent les Indes occidentales : elle se distingue par l'accroissement du chiffre des Légumineuses, des Malpighiacées et des Apocynées, comme aussi par la diminution de celui des Synanthérées [31].

PIÈCES JUSTIFICATIVES

ET ADDITIONS

XVII. DOMAINE-SUD AMÉRICAIN
EN DEÇA DE L'ÉQUATEUR.

1. Dans la Guyane (50° lat. N.) règnent l'année entière les vents d'est qui ne tournent que rarement au nord et au nord-ouest (Dove, *Klimatol. Beiträge*, I, p. 89). Les mêmes relations sont constatées dans le port Limon, sur la côte nord-est de Costa-Rica (Frantzius, in *Zeitschr. für Erdk.*, ann. 1868, III, p. 312). Une concordance aussi persistante dans la direction du vent paraît être déterminée par l'orientation nord-est de la côte exposée à l'alizé en sens vertical : lorsque la côte s'infléchit au nord-ouest, comme cela est le cas à Carthagène, la mer Caraïbe peut être atteinte par les vents sud-ouest de l'intérieur, lesquels suivent la position zénithale du soleil.

2. HUMBOLDT, *Relation historique*, I, p. 305.

3. La petite période pluvieuse (de décembre à février) passe, dans la Guyane, immédiatement à la grande période (de mars à juin), et ce ne sont que les mois de juillet à novembre qui ont moins de précipitations (Dove, *loc. cit.*).

4. SEEMANN (Hooker, *Journal of Botany*, II; *Jahresb.*, ann. 1851, p. 63.

5. WEDDELL, *Voyage dans le nord de la Bolivie*, p. 51.

6. HUMBOLDT, *Relation historique*, II, p. 315.

7. Rich. SCHOMBURGK (*Botan. Zeit.*, ann. 1844, 1845; *Jahresb.*, ann. 1844, p. 75).

8 KITTLITZ, *Vegetations-Ansichten*, p. 6.

9. MARTIUS, *Flora brasiliensis*, planches pittoresques, p. ex. pl. 8, 9.

10. Rich. Schomburgk, *Reisen in British Guiana*, III, p. 795 (*Jahresb.*, ann. 1848, p. 404).

11. Grisebach, *Flora of the British West Indian islands*, p. 516.

12. Humboldt, *Relation histor.*, I, p. 606; — I, p. 437, et II, p. 414; — I, p. 372, et III, p. 571.

13. Seemann, *Narrative of the Voyage of. H. M. S.* Herald, I, p. 223, (*Jahresb.*, ann. 1853, p. 26).

14. Humboldt, *Ansichten der Natur*, I, p. 150; *Relat. hist.*, II, p. 146, 166; III, p. 4, 31.

15. Kappler, *Sechs Jahre in Surinam*, p. 73, 143; *Expedition in's Innere von Guiana* (Peterm. *Mitth.*, VIII, p. 249).

16. Les buissons des savanes dans l'intérieur de la Guyane consistent nommément en Myrtacées, Mélastomacées, Rubiacées, Samydées, Légumineuses et Verbénacées. (Rich. Schomburgk, *Reisen, loc. cit.*)

17. Otto, *Berliner Gartenzeitung*, ann. 1840; *Jahresb.*, ann. 1840, p. 460.

18. D'après M. Acosta, sur la Sierra-Nevada, dans les parages de S.-Marta, la ligne des neiges est à 4685 m.(14430 p.); d'après M. Codazzi, sur la Sierra-Nevada de Merida. à 4538 m. (13970 p.); la limite des arbres ibid., à 2696 m. ou 8300, p. (Behm, *Geogr. Jahrb.*, I, p. 264.)

19. Sur la Silla de Caracas descendent : jusqu'à 1949 mètr. (6000 p.), *Gaultheria odorata* (Peualj) et *Befaria ledifolia;* jusqu'à 1559 m. (4800 p.), *Vaccinium caracasanum* et *Gaylussacia buxifolia;* jusqu'à 1364 mètres (4200 p.), *Thibaudia pubescens*. (Humboldt, *loc. cit.*, et De Candolle, *Prodromus*, VII.)

20. En fait d'Éricées de la région chaude on observe à la Trinité le *Sophoclesia apophysata*, à Cuba le *Befaria cubensis* et autres.

21. Weddell, *Histoire des Quinquinas* (*Jahresb.*, ann. 1849, p. 58).

22. Appun, *Unter den Tropen*, I, p. 153. D'après ce voyageur les limites extrêmes des Fougères arborescentes se trouvent au Venezuela entre 487 et 2599 m. (1500-8000 p.)

23. Parmi les espèces communes à l'Amérique du Sud ciséquatoriale et limitées à ces deux flores, 570 espèces ont été constatées (Grisebach, *Geogr. Verbr. der Pflanz. Westindiens*, p. 80). Le catalogue dressé par M. Rich. Schomburgk (note 10) de la flore de la Guyane britannique contient 3478 plantes vasculaires.

24. Grisebach, *Geogr. Verbr. der Pflanz. Westind.*, p. 43. On y voit indiqués environ 50 genres observés à la Trinité, et qui, appartenant à la terre ferme, ne se trouvent point représentés dans les îles des Indes occidentales.

25. HUMBOLDT, *Relat. hist.*, II, p. 417, 497, 496, 669.

26. WAGNER, *Vegetations Character von Chiriqui (Sitzungsber. der bayer. Acad.*, ann. 1866; Rapport dans Behm, *Jahrb.*, II, p. 216).

27. HUMBOLDT, *Relat. hist.*, I, p. 602.

28. Rich. SCHOMBURGK, *loc. cit.* (note 22). L'inventaire des plantes de Panama chez M. Seemann (*the Botany of H. M. S.* Herald, part. 3; *Jahresb.*, ann. 1853, p. 26) contient seulement 1200 espèces, et la collection faite par Humboldt au Venezuela, moins de 1000 (Kunth, *Nova Genera*, cf. Grisebach, *Genera et species Gentianearum*, p. 36) : toutes ces collections sont trop incomplètes pour pouvoir être utilisées en vue de comparaisons statistiques.

29. La Guyane britannique compte 4700 milles géographiques carrés (Behm, *Jahrb.*, I, p. 119); j'estime à 33000 milles carrés le domaine floral tout entier. Si l'on élimine 40 pour 100 des espèces commen'étant pas endémiques, et que l'on admette la même proportion numérique pour les plantes observées au Vsnezuela et dans les autres contrées, mais non dans la Guyane, on trouvera que le Mexique l'emporte considérablement sous le rapport de la richesse en plantes spéciales : je ne porte guère au delà de 3500 le chiffre des espèces décrites jusqu'à présent.

30. Parmi les genres endémiques dont toutefois plusieurs seront encore constatés probablement au Brésil et dans les vallées des Andes, les plus nombreux se trouvent être les Orchidées aériennes (11) ; viennent ensuite les Rubiacées (7), les Malpighiacées, presque toutes monotypes (6), les Légumineuses (5) : dont 2 Sophorées et 3 Césalpiniées, toutes monotypes, les Urticées (5), les Synanthérées (4), les Mélastomacées (4), les Podostémées, les Apocynées et les Bignoniacées (chacune 3), Euphorbiacées (2). Les autres familles ne contiennent que des genres isolés. Sont remarquables par leur structure une Sarracéniacée, *Heliamphora*, ainsi que le genre anormal *Catostemma*, voisin des Myrtacées.

31. Voici la série des familles prédominantes des plantes vasculaires dans la Guyane, d'après M. Schomburgk : Légumineuses (11), Fougères (6-7), Orchidées (6), Rubiacées (5), Mélastomacées (4), Cypéracées (3-4), Graminées (3), Synanthérées (3), Euphorbiacées (2-3), Apocynées, Malpighiacées, Myrtacées et Pipéracées (2), Palmiers (1-2 pour 100).

XVIII

HYLÆA

DOMAINE DU BRÉSIL ÉQUATORIAL

———————

Climat. — Comme le plus grand fleuve de la terre [1], l'Amazone doit exprimer dans les plus vastes proportions les influences que sous un climat équatorial l'eau courante est susceptible d'exercer sur la végétation. Tandis que dans notre zone tempérée nous voyons les vallées fluviales accompagnées de prés, sous les tropiques les forêts descendent jusqu'au niveau de l'eau et refoulent toute végétation non ombragée. Parmi les végétaux ligneux riverains il n'y a que la forme Saule qui soit commune à toutes les latitudes : on la trouve quelquefois également sur les fleuves de l'Amérique méridionale [2]. Chez les Graminées des prés, le travail annuel se répartit entre le renouvellement des feuilles et l'accumulation des substances nourricières dans les organes souterrains ; leur économie domestique ressemble à celle des savanes tropicales, en ce que leur végétation exige une interruption périodique de la croissance, parce que leurs chaumes débiles ne peuvent atteindre qu'à des dimensions peu considérables, puis périssent après la maturation des semences. L'uniformité de la température tropicale permet au contraire un développement continu, en supposant toutefois que l'affluence de l'humidité vers les racines n'éprouve aucune suspension, que cette humidité provienne de précipitations constamment répétées ou de l'action de l'eau courante. Dans de telles con-

ditions, rien ne peut s'opposer à l'extension des arbres, dont les
formes végétatives possèdent le plus d'intensité et la croissance
le plus de durée. Sur l'Amazone, l'étendue des forêts est en rapport avec les dimensions du fleuve; et c'est à cause de leur vaste
extension que Humboldt désigne leur domaine par le nom de
Hylæa. Ici les phases de développement, telles qu'elles se manifestent par la période de floraison de chacune des plantes,
se trouvent réparties dans l'année tout entière. Cependant les
espèces prises séparément ne se comportent pas de la même
manière sous ce rapport, et, comme le dit M. Spruce[3] « un botaniste qui resterait inoccupé seulement un mois laisserait échapper
chaque fois quelques arbres ». La vie végétale est donc également périodique dans ces contrées, et pour l'expliquer, il faut
distinguer plusieurs questions, ou bien les étudier dans leur
connexion. Ces phases inégales de croissance tiennent-elles
seulement à l'organisation, ou correspondent-elles ici aussi à
la variation des saisons, et par conséquent du climat? Ou bien
la série déterminée des phases de développement n'est-elle fondée
que sur le niveau du fleuve qui s'élève et s'abaisse selon les
pluies périodiques?

Bien qu'on distingue également, dans la forêt de l'Amazone,
des périodes particulières de pluie, néanmoins presque nulle
part les précipitations ne se trouvent interrompues de manière à
arrêter complétement la croissance des plantes. Cela n'empêche
pas les différentes sections du fleuve de se comporter très-inégalement sous le rapport climatérique; l'embouchure du rio Negro
est le point de démarcation, en sorte que plus on se rapproche
des Andes péruviennes, en remontant le fleuve, plus l'air devient
humide[4]. Comme toute la vallée se trouve dans une vaste contrée
basse[5], et ne quitte guère la proximité de l'équateur (0°-5° lat. S.),
ces différences entre l'est et l'ouest, sous le double rapport de la
durée et de l'intensité des précipitations, se présentent comme
un problème qui demande à être envisagé de plus près. Sous
l'empire de conditions particulières, on voit ici se reproduire
dans l'intérieur du continent une extension des périodes pluvieuses semblable à celle qu'offre le Soudan. La zone équatoriale
des calmes, telle qu'elle existe en mer, où elle suppose une cer-

taine uniformité dans l'échauffement, ne saurait être constatée sur les continents que là où se trouvent réunies des causes suffisantes pour donner lieu à des courants atmosphériques s'élevant sans interruption ; puisqu'ils acquièrent ordinairement le caractère de phénomènes périodiques à la suite de la variation, même peu considérable, de la température. Dans l'intérieur du continent on voit, sur des surfaces horizontales très-étendues, se produire des centres de chaleur à l'instar de ceux des calmes sur mer, mais qui agissent ici par voie d'aspiration en tout sens, non-seulement dans la direction du nord et du sud, mais aussi dans celle des côtes, où l'échauffement par insolation tend à diminuer. Un espace de cette nature s'étend dans l'Amérique méridionale depuis le pied des Andes jusqu'au rio Negro; et en effet on n'observe ici que des courants atmosphériques irréguliers et variables, ainsi que l'absence des vents, comme dans la zone des calmes sur mer [6]. Dans cette section du fleuve où il prend le nom de Solimoes, la forêt acquiert le plus d'étendue et d'impénétrabilité; elle n'est nulle part interrompue par des savanes; les précipitations y ont lieu l'année entière, et l'organisme humain y est affecté par la chaleur et l'humidité comme s'il se trouvait constamment plongé dans un bain d'étuve. Les isothermes les plus élevées (25°) se trouvent ici dans la proximité de l'équateur; du côté de l'est, elles passent aux Campos ouverts du Brésil sous des latitudes plus méridionales [7]. C'est à ce centre intérieur de chaleur qu'il faut attribuer la présence sur l'Amazone inférieur d'un vent d'est ininterrompu, qui renouvelle constamment les vapeurs aqueuses de l'Atlantique et les transporte sur la terre ferme [3]. C'est pourquoi la zone des calmes fait complétement défaut à la section inférieure du rio Negro, et ce sont plutôt les alizés du nord et du sud qui s'y réunissent en une direction moyenne, exactement orientale [6], et répandent dans l'intérieur l'atmosphère relativement fraîche de la mer, en assurant en même temps au climat de la vallée une salubrité toute particulière. Plus ce vent a de la vigueur, plus les nuages s'évanouissent : les saisons sèches y deviennent donc possibles, et les savanes, bien que rarement d'une étendue considérable, peuvent se détacher des forêts. Car, après tout, cet alizé dominant n'est point un vent sec, pas plus que dans la Guyane. Imprégné de vapeurs aqueuses, il perd déjà ici une partie de son humidité, grâce à l'influence des forêts. De même de telles précipitations doivent s'accroître en raison de la diminution de la force de l'alizé, lorsque pendant la saison plus chaude, ou aux heures les plus chaudes de la journée, se produisent ici également des centres de chaleur à courants atmosphériques ascendants.

Après ce coup d'œil jeté sur les deux climats principaux de la vallée, il faudra expliquer les observations relatives aux saisons elles-mêmes. Dans la vallée supérieure du fleuve, bien que les précipitations ne fassent jamais défaut, même pendant les mois les plus secs, on distingue néanmoins deux périodes plus humides qui se trouvent en rapport avec les positions zénithales du soleil [6]. Dans cette contrée, la période pluvieuse principale dure depuis la fin de février jusqu'à la mi-juillet; la période moins considérable depuis la mi-octobre jusqu'au commencement de janvier : la première donne lieu à la plus forte crue des eaux, tandis que pendant la dernière la crue est trois fois moindre ($4^m,8$). Sur l'Amazone inférieur, on ne connaît qu'une seule période pluvieuse, mais les précipitations y sont réparties moins régulièrement. Au Para, et par conséquent à l'embouchure du fleuve, où la différence des saisons est insignifiante, on compte dans la période humide les mois de janvier à juin, et pour la période plus sèche ceux de juillet à décembre. A Santarem, à peu près à la moitié du cours inférieur du fleuve, la période pluvieuse se manifeste au commencement de février et atteint son plus fort développement d'avril à juin ; depuis août jusqu'à février, les vents d'est acquièrent plus de violence, après quoi règne une complète aridité; le ciel demeure serein des semaines entières, et dans de telles conditions les savanes se séparent des forêts. En réunissant les observations recueillies par M. Bates pendant un séjour de plusieurs années dans les diverses stations, nous aurons pour résultat que les deux positions zénithales du soleil se produisent à la fin de mars et de septembre, et qu'à l'instar de l'intérieur de l'Afrique, les précipitations précèdent d'un ou de deux mois la première de ces positions correspondant à l'équinoxe du printemps, tandis que la position automnale du soleil a sur la fréquence de pluies une influence bien moins grande et même absolument nulle dans le cours inférieur du fleuve. On peut déduire du premier fait cette conséquence, que le courant atmosphérique ascendant, qui dans les plaines basses est la seule cause d'un plus fort développement des nuages, se produit avant que le soleil arrive au zénith, parce qu'alors la vallée du fleuve est plus échauffée que les contrées plus élevées du Brésil et du Venezuela. D'autre part, l'inefficacité des équinoxes d'automne nous révèle la position particulière de la terre ferme sud-américaine, où le soleil, en se transportant au tropique du Bélier, pousse, à la suite de l'échauffement des Campos brésiliens, l'alizé de l'hémisphère septentrional par-dessus l'équateur, déplacement que le soleil peut opérer même avant son entrée dans le domaine de l'hémisphère méridional. Ces effets se manifestent par la réduction que la période pluvieuse subit dans le cours supérieur du fleuve, ce qui établit une différence entre la seconde et la première partie de l'année. Le fait est que le mouvement du soleil vers le nord ne peut faire franchir uniformément à l'alizé de l'hémisphère méridional la vallée équatoriale du fleuve, puisque ici la mer des Antilles et l'Atlantique s'opposent à son écoulement, et que le centre d'aspiration se maintient avec ténacité sur la terre ferme, même pendant cette saison. La position de ce centre n'y a également d'importance qu'à l'époque où il passe aux *Llanos* de Venezuela et y produit la période pluvieuse; les précipitations diminuent dans l'Amazone supérieur. En juillet et en août, il ne tombe presque point de pluie à Barra, sur l'embouchure du rio Negro [5], et le vent rafraîchissant du sud qu'on remarque en mai à Ega pourrait également être considéré comme un alizé de l'hémisphère méridional [6].

D'ailleurs, des différences aussi grandes dans la répartition des saisons que celles qui se produisent entre le cours supérieur et le cours inférieur de l'Amazone concordent à un haut degré avec le caractère de la végétation, depuis le pied des Andes à Mainas jusqu'à l'embouchure du fleuve. Partout ce dernier est accompagné de forêts s'étendant au loin et dont le développement n'est jamais arrêté. Or on ne saurait expliquer cela que parce que, malgré la variété de direction des vents, les périodes plus sèches n'en reçoivent pas moins assez de précipitations pour maintenir la végétation constamment fraîche. Ce qui prouve que, de même que dans la Guyane, c'est la forêt qui se procure elle-même en partie ces précipitations, c'est que, de même que dans ce pays, les savanes (et avec elles les saisons sèches) ne sont pas complétement exclues du cours inférieur du fleuve. Les savanes recouvrent toute la partie orientale de l'île Marajo[5], la plus grande parmi celles du delta de l'Amazone, et quelquefois elles viennent interrompre la forêt jusqu'à la jonction avec le rio Negro, par conséquent exactement aussi loin que l'alizé conserve sa puissance. Elles correspondent à un sol sableux, caillouteux, ou bien à une contrée riveraine relevée[6]. Elles sont particulièrement étendues dans les parages de Santarem. Partout où, les mouvements atmosphériques déterminent à eux seuls la période des précipitations, on voit également ici la saison sèche presque aussi dépourvue de pluie que dans la Guyane ; là au contraire où la forêt parvient une fois à se maintenir, elle ne manque jamais de recevoir l'irrigation requise. Ce n'est qu'ainsi qu'il est permis d'expliquer la différence qui se présente entre les observations faites à Santarem et au Para, dont les environs sont boisés. Dans les forêts, l'air est plus humide que dans les savanes, parce que là le sol ne laisse pas évaporer les précipitations aussi promptement que dans les savanes[8]. Ainsi donc celles-ci jouissent encore ici des conditions dont dépend la répartition des deux formations dans le sens de l'espace, conditions qu'il devient possible de considérer comme susceptibles de variations séculaires. Cependant c'est dans les mêmes proportions où l'Amazone l'emporte en masse d'eau sur les fleuves de la Guyane, que la forêt se trouve élargie dans son extension latérale. Si, d'une part, elle favorise la condensation de la vapeur aqueuse et se crée par là un moyen de conservation, d'autre part elle doit en même temps son extension au fleuve, qui alimente le sol par ses eaux souterraines et le submerge par ses crues.

Ces crues donnent la mesure de l'intensité des précipitations qui se produisent dans la vallée pendant la période pluvieuse;

cependant elles tiennent également aux crues qui ont lieu dans les domaines limitrophes, dont les contrées lointaines fournissent leurs masses d'eau aux divers affluents. Le niveau le plus élevé est atteint à l'époque du solstice d'été (le 21 juin)[8]. Dans le fleuve principal, la différence entre les maxima et les minima du niveau est de 13 et souvent de 16 mètres, et, comme la contrée riveraine est presque partout parfaitement plane, chaque année la forêt se trouve inondée des deux côtés à une distance de 4 à 5 milles géographiques. Telle est l'extension de la formation de l'Igapo, laquelle comprend les forêts où pendant des mois entiers les troncs d'arbres se trouvent à 3 ou même 13 mètres sous l'eau et en partie jusqu'à leurs couronnes. D'ailleurs le sol argileux des alluvions est quelquefois détruit par la force croissante du courant. A côté du thalweg se forment des canaux et des lagunes; l'Igapo se décompose en îles, et, tandis que le sol miné par les eaux s'écroule, on voit successivement les troncs élevés se précipiter avec un éclat retentissant dans le fleuve, qui, encombré de bois flottants, est agité sur un large espace par des vagues tumultueuses.

Les conditions du développement de la végétation varient ici constamment avec la hausse et la baisse du fleuve. C'est ce fait, joint à l'intensité périodiquement alternante des précipitations, qui explique les dissemblances qui se produisent chez les divers végétaux dans le cercle annuel de leurs phases, selon que leur organisation exige un afflux d'eau plus ou moins considérable. Pour assurer la durée ininterrompue de la croissance, il suffit que le sol ne se dessèche jamais, et c'est ce que la forêt peut opérer par elle-même; mais les phases de sa végétation sont influencées par la périodicité du climat et le niveau des eaux. Selon M. Spruce[3], chez les arbres de l'Igapo, à Santarem, la période principale de la floraison et de l'évolution des feuilles nouvelles commence en juillet et dure jusqu'à la fin de septembre; elle coïncide avec la baisse des eaux. Mais ce qui semble prouver combien les formations, ou même les végétaux isolés, se comportent différemment, ce sont les observations de Martius[10] faites au Para, d'après lesquelles la majorité des plantes y fleurissent de novembre à mars, et les fruits mûrissent

de juin à septembre. Pourtant ce sont précisément les principaux produits des forêts, savoir : la noix du Para (*Bertholletia
excelsa*) et le Cacao (*Theobroma Cacao*), qui sont récoltés en
mars et en avril [6]. Quelques plantes fleurissent aussi plusieurs
fois la même année, ou bien tel est le cas seulement dans le
haut et non dans le bas du fleuve. L'opinion, parfois énon-
cée, d'après laquelle, sous ce climat, les couches concentriques des arbres dicotylédonés peuvent se développer à plusieurs reprises, ne paraît reposer sur aucune observation certaine. Sans doute c'est une loi intimement liée à la nature des
plantes, que toujours, et lors même que les influences extérieures y contribuent peu, leurs évolutions se rattachent à des
phases périodiques parfaitement accomplies dans l'espace d'une
année.

Maintenant, quand on compare sous un point de vue plus
général les conditions climatériques et hydrographiques de
l'Amazone avec celles de la contrée basse de la Guyane, on voit
qu'elles ne diffèrent, sans déviation essentielle, que par les proportions plus vastes qu'acquièrent tous les phénomènes. Mais c'est
précisément par là qu'elles constituent une barrière beaucoup
plus puissante aux migrations des plantes. Des submersions de
la forêt, comme celles que l'Igapo éprouve tous les ans, ne
sont acceptées que par certaines organisations végétales, bien
que la plupart d'entre elles puissent les supporter sans préjudice pendant un court laps de temps. Ce n'est pas seulement la
suite ininterrompue des forêts équatoriales échelonnées depuis
les Andes jusqu'à l'Atlantique qui sépare la flore de ce côté de
celle de l'autre côté, mais ce sont encore les flots d'un fleuve
qui, comme la mer entourée de ses Palétuviers, est bordé d'arbres dont l'organisation exige un contact périodique, mais de
longue durée, avec les eaux de ce fleuve.

Formes végétales et formations. — Sur l'Amazone inférieur, la forêt vierge équatoriale s'étend du pays des monts
Parime, sur un espace en moyenne de 6° de latitude, dans la
direction du sud (0° — 5° lat. S.) [11]. Mais là où dans l'intérieur
l'eau courante se répand sur de plus vastes espaces, grâce aux
connexions fluviales avec l'Orénoque, ainsi que par le Madeira

et les autres affluents brésiliens, l'étendue des forêts non interrompues s'accroît considérablement (6° lat. N., 7° lat. S.). Cependant Martius a ici également limité le domaine floral de
l'Hylæa, dans le sens du nord, au rio Negro (jusqu'à environ
1° lat. N.) et en a exclu le Cassiquiare et l'Orénoque comme faisant partie du Venezuela. Sans doute les observations climatériques de Humboldt, déjà précédemment rapportées [12], peuvent
venir à l'appui de cette opinion. Toutefois, en nous fondant sur
sa description du caractère végétal d'Atures sur l'Orénoque
(6° lat. N.) [13], nous serions plutôt porté à admettre qu'avec l'accroissement de l'humidité du climat, ces forêts subissent peu à peu
une altération dans leur physionomie, ainsi que c'est également le
cas sur la côte de la Guyane jusqu'au delta de l'Amazone. Mais sur
l'Orénoque supérieur les arbres prédominants appartiennent aux
formes Mimosée et Laurier (Mimosées, Laurinées et Figuiers).
Au milieu de ces arbres apparaissent des groupes de Palmiers,
de Bambous et de Musacées (*Heliconia*); les troncs sont revêtus d'Orchidées épiphytes, de Pipéracées, d'Aroïdées, et ornés
par les fleurs de leurs lianes, les Malpighiacées et les Bignoniacées; un seul arbre porte, y compris les Mousses, un plus grand
nombre de diverses formes végétales qu'il ne s'en rencontre
dans la zone tempérée sur un espace considérable. Mais parmi
toutes les formes végétales, ce sont les Palmiers de haute futaie qui occupent le premier rang par la profonde impression
que produit le prestige de leur beauté. C'est ce qui résulte du
tableau tracé par Humboldt, et qui, dans ses traits saillants,
s'accorde tellement avec ce qu'il est permis de dire en général
dans un aperçu sommaire des forêts équatoriales de l'Amérique,
qu'une tentative de distinguer les productions végétales des
flores de l'Amérique et de l'Amazone d'après les divers parallèles serait prématurée : cette distinction ne peut être admise
que pour des considérations climatériques, ou pour faciliter le
groupement des flores mieux caractérisées, d'après un ordre
géographique.

Une distinction plus importante et plus caractéristique, c'est
celle qu'a admise Martius dans le domaine de l'Hylæa, d'après
les diverses formations forestières, dont la disposition est déter-

minée par leur relation avec la flore et la nature du sol. C'est ici
que se présente la tâche de comparer l'Igapo, sous le rapport de
l'espace envahi par les inondations de l'Amazone, avec les forêts
non exposées à des submersions. Les essences feuillées qui demeurent trois ou quatre mois sous l'eau [9] n'atteignent point une
taille considérable et se trouvent dépassées par les Palmiers [11],
qui, répondant aux exigences d'humidité requises par cette forme
végétale, se développent ici en plus grand nombre et en groupes
plus serrés que sur un point quelconque de notre globe. Offrant
les plus grandes divergences quant à la hauteur, quant aux dimensions du tronc, taillé tantôt en colonne massive, tantôt en
svelte roseau, enfin quant à la division et surtout à la disposition
du feuillage [13], chaque espèce semble réaliser un type architec-
tural particulier, d'une beauté qui lui est propre. Mais aussi, avec
les Palmiers, le charme de ces forêts se trouve presque épuisé.
Les troncs des arbres incrustés de limon ne présentent guère un
aspect agréable, d'autant moins qu'ils sont privés de l'ornement
des Épiphytes et possèdent peu de végétaux grimpants. En effet,
ici les Lianes ligneuses ne peuvent pas aisément prospérer, en
sorte qu'après la baisse des eaux, elles sont remplacées par les
formes molles des Convolvulacées, qui dès lors ont le temps
nécessaire pour s'élever. D'ailleurs le bois des arbres a moins
de consistance, ainsi que c'est généralement le cas à l'égard des
forêts riveraines, où la circulation de l'eau à travers le tissu
s'opère plus rapidement. On ne voit que rarement des fleurs
colorées, mais dans l'épais feuillage des couronnes d'arbres se
manifeste déjà ce caractère de *frondosité* dans lequel Humboldt
apercevait le type particulier de l'Amérique tropicale [16]. Dans
ces forêts, le vert, de teinte vive, variant dans ses nuances, exclut presque partout tout autre coloris, parce que les Épiphytes,
les Orchidées aériennes y sont si rares, que la grande majorité
des arbres ne portent que des fleurs insignifiantes, blanchâtres
ou verdâtres, et que d'ailleurs le développement des fleurs passe
rapidement [8]. On prétend même qu'ici ce n'est pas dans ces dernières, mais plutôt dans les sécrétions des organes de végétation que les abeilles vont butiner la substance sucrée [9]. De même
le mélange plus riche des formes fait défaut à l'intérieur de la

orêt, et souvent, redevenu sec, le sol n'est revêtu que de Graminées rigides ou d'un tapis de Lycopodes (*Selaginella*), mais
presque dénué de toute autre végétation. Ce n'est que dans
les espaces forestiers demeurés marécageux qu'une luxuriante végétation de Monocotylédonés à larges feuilles accompagne les Palmiers. Dans de telles stations, on voit prospérer
les Scitaminées, ainsi qu'un représentant à croissance sociale,
de la forme Pisang, dont les feuilles, de 2ᵐ,5 de longueur,
partent d'un tronc ayant la hauteur d'homme (*Urania ama-
zonica*).

C'est la forêt Ete ou Guaçu[14], dont la physionomie exprime
le climat équatorial, humide et chaud, qui, en dehors du domaine des eaux, se range à côté de l'Igapo. Ici la forme Laurier
l'emporte sur toutes les autres formes arborescentes, et c'est à
elle qu'appartiennent les plus hautes couronnes, dont plusieurs
ombragent même les Palmiers les plus élevés, et se dressent
au-dessus du dôme feuillu de la forêt, « comme les coupoles et
les dômes qui dépassent les autres constructions d'une ville ».
C'est ce qui fait que le vert lugubre de ces masses feuillues
apparaît plus uniforme, la teinte de la frondaison y constituant
aussi le caractère décidément prédominant ; cependant, en général, la forêt se trouve hérissée de vigoureuses Lianes et ornée
d'Épiphytes dont les fleurs colorées se font jour quelquefois.
La hauteur des arbres les plus élevés est évaluée de 58 jusqu'à
65 mètres[9], et ils ne sont point ramifiés jusqu'à leur moitié. Çà
et là on voit des troncs d'une grosseur insolite[17], qui attirent
les substances nutritives du sol limitrophe, et dès lors excluent
de leur voisinage les autres végétaux. Parmi les essences arborescentes colossales de la forme Laurier, se présente comme
caractéristique, pour les forêts Ete, la Myrtacée (*Bertholletia
excelsa*) qui fournit les noix du Para, et dont les fruits, tombant
avec le poids d'un boulet de canon d'une hauteur de 33 mètres,
occasionnent quelquefois des accidents[8]. Les Palmiers n'arrivent point à la hauteur d'un dôme feuillu aussi élevé, et, bien
que souvent socialement groupés, ils ne manquent pas de revêtir
un caractère saillant ; ils sont moins variés dans l'Ete que dans
l'Igapo. Au nombre des plus considérables figure le Palmier

urucuri (*Attalea excelsa*), qui, avec une hauteur de 13 à 17 mètres, constitue des taillis épais, ombragés par les couronnes feuillues[9].

Il est évident que ces deux formations principales se trouvent soumises, selon leur irrigation, à des conditions physiologiques complétement différentes. Dans l'Igapo, les eaux pénètrent dans les tissus avec la plus grande intensité, parce que les troncs y restent immergés pendant longtemps; la circulation peut s'opérer avec une rapidité relative, parce que l'alizé quotidien, ou bien le courant atmosphérique ascendant emporte tout aussitôt la vapeur aqueuse exhalée par les feuilles. La forêt Ete se déploie généralement sur un sol argileux dépourvu de pierres, où, bien que la conservation de l'humidité absorbée par le sol soit favorisée, l'air, dans les espaces ombragés, n'en reste pas moins toujours saturé de vapeur, ce qui fait que la circulation de l'eau à travers les tissus ne peut s'opérer que lentement. Les premières conditions sont les plus favorables aux Palmiers, et les dernières le sont aux Épiphytes, aux Fougères et aux grandes feuilles des formes Pisang, Scitaminées et Aroïdées. Quand à ces influences vient s'ajouter une périodicité plus fortement tranchée dans les précipitations ou dans le niveau des eaux, on voit, parmi les Épiphytes, devenir plus fréquentes les Orchidées aériennes, dont la végétation dure moins, ou bien, sur le bord des canaux qui coupent la forêt Ete et d'où le fleuve se retire pendant la saison sèche, il se forme des fourrés de Bambous que le retour des eaux pousse à un rapide développement.

Les forêts du rio Negro diffèrent de celles de l'Amazone par la rareté des Palmiers et des Lianes[14]. Les Indiens les rattachent aux Capoes[18], terme par lequel ils désignent des terrains boisés ayant de loin l'aspect d'une colline où les arbres vont en augmentant de hauteur dans le sens de la partie centrale de la forêt, tandis que, sur ses bords, celle-ci passe aux buissons et aux arbres nains. Contrairement à la vallée de l'Amazone, composée d'un sol argileux profond, le substratum des forêts du rio Negro consiste en une formation de grès, qui par conséquent permet à la terre végétale de se dessécher plus aisément[11]. Les Lianes, qui cherchent la lumière, y font défaut, parce que ces forêts sont interrompues par des buissons qui y produisent des clairières ; les essences feuillées n'y atteignent point la taille qu'elles acquièrent dans l'Ete[19]. Dans le petit nombre des Palmiers, l'un d'eux (*Leopoldinia pulchra*) n'a que 5 mètres de hauteur ; toutefois l'humidité de l'air au-dessus du sol irrigué est indiquée par la présence des Aroïdées et de masses de Fougères épiphytes. Bien qu'on soit naturellement porté à expliquer ces particularités par les propriétés diverses que possède la terre végétale de laisser pénétrer l'eau, cela ne suffirait guère pour se rendre compte de chacune des limites des formations en particulier. M. Bates fait observer que, dans la vallée de l'Amazone, un terrain géologique semblable n'exerce point d'action sur le développement de la forêt, et M. Spruce admet une alternance séculaire entre ces Capoes et l'Ete, dans l'intérieur de laquelle les Capoes se présentent sous forme d'îlots comme restes d'une végétation plus ancienne.

Toute formation végétale ayant eu une certaine durée doit exercer une action graduelle sur la nature du sol superficiel, lors même que, par suite de la putréfaction, elle lui restitue les substances minérales qu'elle lui avait empruntées, et cette action serait déjà suffisamment motivée par ce fait que les racines pénètrent à travers une couche d'une certaine profondeur moyenne qu'elles soumettent à une opération de lessivage, sans lui offrir une compensation dont la surface du sol profite seule. Aussi, généralement parlant, quand on dit que les formations végétales dépendent du substratum géognostique, on doit comprendre par là qu'une végétation déterminée peut subsister d'une manière durable partout où la nature de la terre végétale est fortement caractérisée, soit par l'influence physique qu'elle exerce sur la répartition de l'eau, soit par les substances nutritives chimiques qu'elle contient, tandis que là où le gisement des corps minéraux est moins tranché et où leur action se trouve neutralisée par leur état mixte, chaque végétal peut en refouler un autre en moins de temps et plus aisément, en sorte que la victoire est remportée tantôt par un groupe, tantôt par un autre, selon que la forme des éléments constitutifs du sol vient à se modifier.

Dans les forêts dont le réseau radiculaire se trouve généralement
à une profondeur plus considérable que dans les autres formes
végétales, un changement séculaire a plus de chances d'avoir
lieu, qu'il soit d'une nature spontanée, comme l'admet M. Spruce
dans le cas dont il s'agit, ou bien produit par des clairières
artificielles auxquelles, dans le Brésil, on voit constamment
succéder un mélange d'arbres ou de buissons nouvellement
développés, engendrant les Capoeires; dès lors ceux-ci peuvent
bien être assimilés à ces Capoes qui, sur le rio Negro, précèdent la forêt Ete et sont destinés à être localement remplacés
par cette dernière.

Du fleuve et des lignes de canaux qui l'accompagnent, le regard ne saurait pénétrer nulle part dans l'intérieur des forêts,
vouées à d'éternelles ténèbres, parce que leurs lisières, vivement
éclairées, sont bordées par un cadre particulier de formes végétales, à l'instar de haies épaisses. Une formation spéciale revêt
les innombrables îles planes de l'Amazone, où ordinairement on
voit, à travers les buissons de Saules[2], se dresser les pâles Cecropia, seule essence arborescente élevée[9], dont l'énorme feuillage, du type Bombacées, se trouve tendu entre les extrémités
espacées des rameaux, en présentant uu limbe inférieur argentin, soulevé par l'alizé. Mais la surface même de l'eau est enca-
drée de fourrés de Roseaux de 5 à 7 mètres de hauteur (*Arundo
saccharoides*), dont les panicules laineuses s'étendent en gerbes.
Une végétation bien plus luxuriante, se multipliant avec la
puissance des plantes sociales, recouvre les bords de la forêt
d'Igapo, où, à travers les masses feuillues des Scitaminées et des
Musacées, se dressent, en s'échelonnant, des Palmiers plus élevés, tels que le Jawari épineux (*Astrocaryum Jauari*), ou bien se
trouvent réunis, sur le sol limoneux, les troncs serrés et hauts de
5 mètres d'une Aroïdée, le *Montrichardia*[9]. Quelles que soient
les transitions par lesquelles ces végétaux riverains et insulaires
se succèdent les uns aux autres, on n'en distingue pas moins,
même ici, les formations principales de la forêt, par ce fait
que là où l'Ete est en contact immédiat avec les canaux profondément excavés, les Bambous trouvent les conditions les plus
avantageuses à leur croissance, et que, dans le domaine aré-

nacé du rio Negro les buissons insignifiants refoulent cette
végétation plus riche.

Bien que sur l'Amazone inférieur les savanes perdent beaucoup de leur étendue comparativement aux forêts, le climat
équatorial s'y manifeste cependant par ce fait que les arbres de
ces surfaces ouvertes sont toujours verts, et dès lors ne constituent point de véritables Catingas [9]. C'est pourquoi, dans aucune
saison, l'air ne paraît aussi pauvre en vapeur aqueuse que dans
les plaines et les Campos du Venezuela et du Brésil plus méridional. En général, la nature du sol refoule ici la végétation
arborescente, car, sur le cours inférieur du fleuve, les savanes
ne se présentent que là où le terrain superficiel est composé de
sable grossier et de galets [9]. Dans de telles conditions se produisent jusqu'au milieu de la forêt Ete des surfaces plus petites,
revêtues de Graminées de savanes, où la végétation herbacée
n'est point interrompue, pas même par des buissons. Ici, également, une végétation particulière de buissons et d'arbres déprimés, de Mélastomacées, de Myrtacées et de Malpighiacées,
sert de limite entre la lisière de la forêt et le sol librement
éclairé. Dans les savanes plus étendues de Santarem, les Graminées n'atteignent qu'une hauteur de 3 décimètres [9] : fleurissant
en février et mars, elles sont complétement desséchées en septembre [3]. Sur ces surfaces se présentent des arbres isolés ou des
îlots forestiers qui, à l'instar de la forêt Ete, sont richement
ornés de Lianes et d'Épiphytes, mais sont composés d'espèces
particulières, parmi lesquelles les Myrtacées paraissent être les
plus nombreuses.

Au point de vue des ressources que le climat et la végétation mettent à la disposition du Brésil, M. Agassiz [19] a établi
entre les contrées plus méridionales particulièrement propres,
par leur position élevée, à la culture du Cafier, et le fertile domaine équatorial de l'Amazone, cette distinction que, dans ce
dernier, les produits naturels de la forêt occupent le premier
rang dans les transactions commerciales *. Sans tenir compte

* Le Cafier a été naturalisé au Brésil par les Portugais vers la fin du XVIIIe siècle (voy. *Bull. de la Soc. d'acclimatation*, 3e sér., t. I, p XXXVIII, ann. 1874).
« La culture de cette plante y était demeurée pour ainsi dire nulle jusqu'au com-

des noix du Para, la place la plus importante parmi ces produits
appartient au caoutchouc, au cacao, à la vanille et à la salsepareille, auxquels se rattachent une foule de bois, de fibres végétales et de drogues. Le caoutchouc américain est fourni, dans
les dépressions du Para, par le suc laiteux d'une Euphorbiacée
(*Siphonia elastica*) également fréquente, répandue dans l'intérieur, et le cacao (semence d'une Buettnériacée, le *Theobroma Cacao*), fréquemment cultivé dans les îles du fleuve, est
aussi un produit indigène dont la patrie embrasse particulièrement les forêts qui bordent le Solimoes[9]. La vanille brésilienne
est moins épicée, son fruit moins gros que celui de la vanille
mexicaine. La salsepareille paraît également appartenir à une
espèce particulière (*Smilax papyracea*), dont la racine ne
s'accorde guère avec celle que fournissent d'autres contrées de
l'Amérique tropicale[20].

Centres de végétation. — Il résulte de nombreuses observations que les plantes qui habitent les contrées littorales du
Brésil se trouvent répandues sur un espace beaucoup plus vaste
que celles qui croissent dans l'intérieur du pays. M. Gardner[21]
a constaté dans les provinces de Ceara et de Pernambuco beaucoup de plantes qu'on voit non-seulement sur toute la côte tropicale du Brésil, mais encore dans la Guyane et dans l'Inde

mencement du siècle actuel, et en 1820 ce vaste empire ne produisait encore que
7 millions de kilogrammes de café. A partir de cette date, la cherté croissante des
cafés, ainsi que le ralentissement des transactions sur cet article dans les colonies
françaises et espagnoles, mirent en faveur le Cafier chez les propriétaires brésiliens, qui couvrirent de plantations la riche province de Rio-Janeiro. On vit monter
successivement leurs exportations à 59 millions de kilogrammes en 1836, à 106 millions en 1846, à 155 millions en 1860. Dès cette époque, le Brésil était devenu le
plus grand marché du monde pour les cafés : sa production atteignit un chiffre vingt-
quatre fois plus considérable que quarante années auparavant, et on évaluait à
183 millions de kilogrammes sa récolte totale, contre 175 millions fournis par tous
les autres pays ensemble. » — « Le Cafier, dit M. Boussingault (*Agronomie, Chimie,
agricole et Physiologie*, t. III, p. 21), donne des produits abondants et excellents
sous l'influence d'une chaleur de 24 à 26 degrés ; c'est du moins dans ces conditions
que le café acquiert les qualités qui le distinguent de celui que l'on récolte dans
les stations ayant une température inférieure ou supérieure à celle que je viens de
désigner. La limite thermique de la culture profitable du café peut être fixée
à 22 degrés, celle de la Canne à sucre à 23 degrés, celle du cacao à 24 degrés.»
— T.

occidentale, tandis que sous les mêmes degrés de latitude, à partir d'une certaine distance vers l'intérieur, il se produit une végétation éminemment spéciale. Les deux courants qui, séparés par le cap Roques, longent les côtes au nord-est et au sud-est du Brésil, et facilitent les migrations des végétaux littoraux ainsi que des germes charriés dans la mer, fournissent une explication à ce phénomène, et permettent ainsi de comparer les observations faites par Spruce sur l'Amazone même. Conformément aux communications établies par l'eau courante, plusieurs végétaux ligneux suivent le fleuve, depuis les limites du Pérou jusqu'à la côte du Para et de la Guyane[22]. Aussi la flore de l'Amazone s'accorde-t-elle plus avec celle de l'Orénoque qu'avec la flore sud-brésilienne, et malgré cela, dans le domaine du cours supérieur du fleuve, la végétation endémique acquiert une surprenante richesse, grâce à la variation des espèces. D'après M. Spruce, une différence d'un seul degré de latitude ou de longitude suffit pour que la flore se modifie dans la moitié des espèces indigènes. Sur l'Igapo, l'échange des espèces est le plus facilité, en sorte que les mêmes arbres habitent les deux rives du fleuve. Au contraire, malgré leurs limites restreintes, les centres primordiaux se sont conservés dans la forêt Ete, et à un plus haut degré encore dans l'intérieur des Capoes, enceinte formée par cette forêt et où le voyageur sus-mentionné ne manquait jamais de trouver, au milieu des divers éléments forestiers, quelques espèces que, plus tard, il ne revit jamais. C'est que l'eau élargit le domaine des plantes, tandis que celui-ci est rétréci par la forêt, où tous les trésors du sol ont déjà été dépensés en faveur d'organisations vigoureuses.

Parmi les plantes aquatiques elles-mêmes, il en est peu qui soient propres à l'Amazone. Tandis que dans le fleuve la vie animale se développe bien plus abondamment que dans les forêts inaccessibles et silencieuses, et que ces eaux offrent l'exemple d'une accumulation inouïe de poissons concentrés dans des espaces étroits[15], la végétation contraste singulièrement avec ce tableau de richesse. Le produit le plus splendide de cette végétation, le Victoria, qui appartient à la série des fleurs dites Lotus, leur est commun avec d'autres fleuves lointains de l'Amérique méridionale. Un seul fait paraît remarquable, c'est que cette forme, la plus grande parmi celles des feuilles nageantes, se trouve réunie ici avec les formes les plus exiguës et les plus simples des plantes aquatiques. M. Spruce, qui avait donné à toutes ces plantes une attention particulière [3], trouve que le puissant fleuve lui-même produit moins de végétation que les petits bassins lacustres qui s'y rattachent. Quand ses eaux baissent, on voit quelquefois sur ses rives apparaître un reflet éphémère d'humbles Phanérogames (Cypéracées et Utriculariées), parmi lesquels la plus grande espèce (*Utricularia uniflora*), bien qu'ornée d'une fleur blanche, ressemble par ses dimensions et sa figure à une aiguille à coudre. Par sa fleur solitaire, sa tige dépourvue de feuilles, insérée sur un cône radiculaire qui se renfle en forme de bouton, elle contraste singulièrement dans sa petitesse avec les organes gigantesque du Victoria.

On a signalé parmi les produits endémiques des forêts des analogies dans le sens de l'espace [14], qui semblent favoriser l'idée d'une corrélation généalogique entre les espèces. De même que dans d'autres flores, des plantes de montagne et de plaine placées à peu de distance les unes des autres correspondent aux variations du climat dans le sens vertical; ainsi les relations systématiques entre l'Igapo et l'Ete sont basées ici sur l'irrigation. M. Spruce était d'avis que, dans chacune de ces formations forestières, les diverses familles de plantes sont représentées à peu près par un nombre égal d'individus et d'espèces endémiques. Séparées par les conditions physiques de leur existence, ces espèces manifestent néanmoins un type qui leur est commun dans la conformation de leurs organes [23]. Se prêtant aux idées de Darwin sur la variation des genres, M. Spruce pense que la diversité de telles espèces équivalentes offre une mesure du temps qui s'est écoulé depuis qu'elles se sont développées d'une seule forme primordiale. Mais depuis que le relief de l'Amérique méridionale possède sa configuration actuelle, on voyait déjà établis les contrastes entre les formations forestières séparées par l'irrigation et le climat, et dès le principe les forces qui adaptèrent les espèces affines à ces diverses conditions physiques ont dû être en activité.

Quelque régulières et uniformes que soient les conditions de la vie sur un continent placé d'une manière tellement particulière que les variations du relief du sol ne peuvent y différencier les climats, néanmoins, ici encore, la nature a répandu les centres de végétation avec la même délimitation créatrice que dans les îles d'un grand archipel. Mais comme, sur les limites extérieures du domaine floral, les conditions climatériques se modifient par des nuances graduelles, la manière de tracer ces limites devient jusqu'à un certain point arbitraire. En ce qui regarde le Venezuela et la Guyane, cela a déjà été indiqué (p. 562); et c'est ainsi que le domaine floral de l'Amazone se rattache également par des transitions aux grands affluents brésiliens. On peut de même apprécier dans un sens semblable leurs rapports avec la flore des Andes, dans les profondes vallées desquelles pénètre la flore brésilienne. Au reste, il y a encore une parfaite ressemblance entre le tableau que présente Solimoes et celui qui a été tracé des sombres forêts de Mainas, au pied des Andes péruviennes [24], où M. Pœppig recueillit quarante Palmiers différents, mais où, dans la direction de l'ouest, les Fougères arborescentes reparaissent pour la première fois et où l'on aperçoit de nouveau des traces de formation de savanes. Martius avait rattaché la limite de la flore des Andes sur l'Amazone à la première apparition de véritables Cinchonées [10], et tout en adhérant également, dans ce cas, à sa manière de voir, je dois pourtant faire observer que les forêts sur le versant est des Cordillères orientales pourraient avec autant de droit être rattachées à la flore du Brésil. Cela aurait même l'avantage de considérer les forêts indépendamment des régions non boisées des Andes; mais il en résulterait aussi que les particularités qui caractérisent les vallées des montagnes avec leur climat tropical ne se présenteraient point dans le tableau d'une manière aussi saillante.

Une détermination plus précise du caractère systématique de la flore de la vallée de l'Amazone, ainsi que du Brésil en général, ne saurait être donnée, faute d'une réunion convenable de matériaux. Martius fit particulièrement ressortir l'analogie avec la Guyane, et énuméra les familles les plus riches en espèces [25], sans cependant arriver à un jugement définitif sur leurs rapports

statistiques. La présence dans ces contrées des Fougères arborescentes d'un côté, et de l'autre la diminution des Cactées,
doivent être considérées comme la conséquence de l'humidité
de ce climat équatorial.

En fait de genres endémiques, j'en trouve décrits plus
de trente, renfermant une majorité de Mélastomacées (5),
de Malpighiacées (3) et de Palmiers (3)[26]. Parmi les Palmiers
connus jusqu'à présent [27], j'estime les espèces endémiques
seules à soixante, auxquelles il y aurait lieu d'en ajouter beaucoup d'autres qui dépassent les limites de la flore : on y voit réuni
un nombre plus considérable de Palmiers que dans un domaine
quelconque d'une semblable étendue. Bien que ceux de haute
futaie l'emportent par leur multiplicité sur toute autre partie de
l'Amérique méridionale, les espèces plus petites y sont également prédominantes (*Bactris, Geonoma*). Les grandes collections de troncs de Palmiers rapportées par Agassiz de son
voyage sur l'Amazone n'ont pas encore été étudiées et renferment probablement plus d'une nouveauté *.

* Par sa richesse exceptionnelle en Palmiers, constatée depuis longtemps, la
vallée de l'Amazone paraît être appelée à représenter, pour ainsi dire, le véritable
royaume de ces végétaux. En effet, l'énorme chiffre de genres et d'espèces de Palmiers signalé dans cette vallée par Martius, Wallace et Spruce, vient d'être encore
grossi par M. J. Barbosa Rodriguez, dont l'important travail, publié en 1875 à
Sebastianopolis (*Enumeratio Palmarum novarum quas in valle fluminis Amazo-
num invenit et ad sertum Palmarum conficiendum descripsit et iconibus illustravit
J. Barb. Rodr.*), a ajouté 59 espèces nouvlles (sans compter les variétés) appartenant en majeure partie au genre *Bactris*. — T.

PIÈCES JUSTIFICATIVES

ET ADDITIONS

XVIII. HYLÆA.

1. Sous le rapport de la longueur de son thalweg (750 milles géogr., d'après Martius, dans son *Voyage au Brésil*, p. 1342), l'Amazone est dépassé par le Nil; mais ce dernier l'égale à peine par l'étendue de son système hydrographique (150 000 milles géogr. carr., *ibid.*) et par son volume d'eau. Sa largeur moyenne est d'environ un mille géographique (3-6 milles anglais, d'après M. Wallace, *Travels on the Amazon*, p. 137); la profondeur au-dessus d'Abidos, à mi-chemin de l'embouchure du rio Negro, au delà de 32^m,4 (15 à 24 brasses, d'après Martius, *loc. cit.*, p. 1355). Martius estime sur ce point le volume d'eau à 500 000 pieds cubes par seconde, ce qui, d'après M. Wallace (*loc. cit.*, p. 412), ne serait applicable qu'aux eaux basses : à la suite de la crue, cette valeur devient extraordinairement plus considérable.

2. Le Saule sud-américain (*Salix Humboldtiana*) est fréquent, notamment dans les îles de l'Amazone. (Martius, *Physiognomische Tafeln* du *Flora brasiliensis*, pl. II; *Jahresb.*, ann. 1842, p. 428.)

3. SPRUCE, *Botanical Mission on the Amazon* (Hooker, *Journ. of Botany*, III, p. 145; *Jahresb.*, ann. 1851, p. 69).

4. BATES, *The Naturalist on the river Amazon*, p. 444.

5. Niveau du thalweg : Ega, à peu près à la même distance de l'Atlantique et du Pacifique, n'est qu'à une altitude de 185 m. ou 570 p. (Martius, *loc. cit.*, p. 1349); Tabatinga, sur les confins du Brésil et du Pérou, à 205 m. ou 630 p. (*ibid.*). Même la vallée des Andes dans laquelle l'Amazone sort du lac Lauricocha (10° lat. S.) est si profondément excavée, que l'altitude de Tomependa n'y a été trouvée que de 376 mètr. ou 1160 p. (194 toises). (Humboldt, *Relat. hist.*, III, p. 208.)

6. Bates, *loc. cit.*, p. 290, 251, 361, 326-330, 214-218.

7. Dove, *Verbreitung der Wärme : Isothermenkarte*, à la page 25.

8. Wallace, *Travels on the Amazon*, p. 189, 433, 404, 418, 441, 437.

9. Bates, *loc. cit.*, p. 174, 301, 172, 39, 29, 37, 297, 125, 335, 216, 218, 162.

10. Martius, *Reise in Brasilien*, p. 894, 1101, 1259.

11. Martius, *Tabula geographica Brasiliæ*, dans son *Flora brasiliensis*.

12. Comparez : Domaine sud-américain de ce côté de l'equateur (II, p. 548).

13. Humboldt, *Relation historique*, II, p. 315.

14. Spruce, *On Insects migrations in Equatorial America* (*Journ. of Linn. Soc.*, *Zoology*, IX, 348).

15. Agassiz (*Journey in Brazil*, p. 335; *Jahresb.* daus Behm, *Geogr. Jahrb.*, III, p. 203) distingue les Palmiers de l'Hylæa d'après la situation de leurs feuilles : le plus particulier sous ce rapport est le Palmier bacaba du Para (*OEnocarpus distichus*), à cause de la disposition distique de ses feuilles.

16. Humboldt, *Ansichten der Natur*, 3ᵉ édit., I, p. 14.

17. Martius, *Physiognomische Tafeln*, dans le *Flora brasiliensis*, pl. ıx; *Jahresb.*, ann. 1841, p. 460.

18. Bates, *loc. cit.*, p. 202. Spruce (*loc. cit.*, note 14) qualifie ces Capoes sur le rio Negro et le Cassiquiare de forêts basses et blanches (*low or white forests*), et les cite également sous le nom de Catingas, nom par lequel cependant on désigne dans le Brésil méridional la formation toute différente des forêts de savanes, qui pendant la saison sèche perdent leurs feuilles.

19. Agassiz, *loc. cit.*, p. 504.

20. D'après les exemplaires, bien que stériles, recueillis par Martius sur l'Amazone, j'ai reconnu dans la Salsepareille brésilienne le *Smilax papyracea* Duh. (Grisebach, *Smilaceæ brasilienses*, dans Martius, *Flora brasiliensis*). Plus tard M. Seemann considéra cette espèce comme identique avec le *S. officinalis*, Humb. de la Nouvelle-Grenade, ainsi qu'avec le *S. medica* Schlecht., du Mexique, dont cependant les racines se distinguent de celles de la première par leurs sillons longitudinaux.

21. Gardner, *Travels in the interior of Brazil*, édit. allemande, II, p. 368

22. Spruce, *On Insects migrations*, *loc. cit.*, p. 352. On peut citer parmi les exemples d'arbres qui se présentent le long de tout le cours du fleuve, depuis les Andes péruviennes jusqu'à l'embouchure, notamment dans l'Igapo (en sus du *Salix Humboldtiana*), une Myrtacée, le *Couroupita guianensis*, et une Cinchonée, l'*Enkylista;* parmi les arbres riverains com-

muns à l'Orénoque et à l'Amazone figurent comme les plus fréquents l'*Inga splendens* et l'*I. corymbifera*, ainsi que parmi les Palmiers le *Maximiliana regia*.

23. Un exemple caractéristique d'espèces figurant comme équivalentes dans le même genre selon les formations forestières, est fourni par des Urticées (*Pourouma*) voisines des *Cecropia* : le *P. cecropifolia* habite la partie moyenne de la vallée du rio Negro aussi bien que les contrées du Japura et du Solimoes, tandis que le *P. retusa* se présente dans le domaine de l'embouchure du rio Negro, et le *P. apiculata* dans les forêts sur l'Uaupès (Spruce, *loc. cit.*, p. 350).

24. POEPPIG, *Reise in Chile, Peru, und auf dem Amazonenstrom*, I, p. 462.

25. Voici les familles que Martius (*loc. cit.*, p. 1374) énumère comme les plus riches en espèces : Légumineuses (notamment les Césalpiniées et les Mimosées), Mélastomacées, Myrtacées, Sapindacées, Malpighiacées, Loranthacées, Rubiacées, Apocynées, Bignoniacées, Solanées, Laurinées, Myristicées, Euphorbiacées, Urticées, Pipéracées, Broméliacées et Palmiers. De plus on peut signaler comme caractéristiques : les Bombacées, Guttifères et Vochysiacées. J'estime l'étendue de l'Hylæa à 28 000 milles carrés, et à 2000 espèces le nombre de plantes endémiques connues jusqu'à présent, en me fondant sur les collections de M. Spruce.

26. Les genres endémiques des Mélastomacées sont : *Opisthocentra, Microphysia, Myrmidone, Heteroneuron* et *Myriospora;* parmi les Malpighiacées : *Burdachia, Glandonia* et *Clonodia;* parmi les Palmiers : *Hyospathe, Leopoldinia* et *Lepidocaryum.* Plusieurs Mélastomacées se distinguent par une structure particulière, offrant un renflement considérable du pétiole, phénomène dont la signification physiologique exige encore une étude plus spéciale; quoique très-fréquent ici, ce mode de conformation n'est point étranger aux climats humides de la Guinée et de la côte orientale du Brésil. De plus, sont remarquables comme monotypes endémiques à structure anomale ou à affinité douteuse : une Ochnacée (*Wallacea*), l'*Euphronia*, récemment rattaché aux Rosacées; une Myrtacée (*Asteranthus*) voisine du *Napoleona* d'Afrique, et enfin le *Labatia*, que peut-être il faudrait éloigner des Sapotées.

27. M. WALLACE a fourni de chacun des 48 Palmiers observés sur l'Amazone des dessins physionomiques, et en a indiqué les usages (*Palmtrees of the Amazon*, 1853).

XIX

BRÉSIL

Climat. — Les forêts de l'Amérique méridionale se comportent différemment en dedans et en dehors des Andes. Tandis que, dans l'intérieur de la zone tropicale, le versant étroit tourné vers l'Océan est déboisé, les vastes plaines du Brésil ne sont nulle part complétement dépourvues de ces groupes forestiers, tantôt disséminés, tantôt agglomérés, qui alternent avec les savanes ouvertes et se terminent vers le sud dans les pampas de la Plata. D'autre part, les steppes qui dominent dans la partie australe et tempérée du continent sont à leur tour séparées, par les Andes, de la côte occidentale et boisée située sous des latitudes plus élevées. La ligne où se terminent les périodes pluvieuses régulières, et avec elles les forêts du Brésil méridional, peut, bien qu'elle dépasse de beaucoup les tropiques, être considérée comme la limite naturelle de la flore tropicale. En effet, quoique la richesse des produits tropicaux aille graduellement en décroissant de l'autre côté des tropiques, les collections qui proviennent de la côte orientale, c'est-à-dire de la province de Rio-Grande do Sul[1], n'en manifestent pas moins le type brésilien jusqu'au 30° parallèle, et à Sainte-Catherine les essences forestières sont aussi richement revêtues d'Épiphytes que sous l'équateur[2]; mais, dans l'intérieur, la ligne de contact entre les Pampas et les forêts décrit une courbe vers le nord jusqu'au point où elle atteint les Andes[3], dans la proximité des tropiques.

Le Brésil tout entier se trouve de l'autre côté de l'équateur, sous l'empire de l'alizé sud-est, qui souffle de l'Atlantique à travers le continent jusqu'à l'Hylæa et jusqu'aux Andes. Mais, d'après le relief du sol, la flore se décompose en plusieurs sections d'étendue inégale, séparées les unes des autres par la répartition des précipitations et par l'irrigation de la végétation. Toute la côte sud-est est longée par une chaîne montagneuse de 2274 mètres (7000 p.) d'altitude, la *Serra do Mar*, qui, grâce à ses versants exposés à l'alizé, fait naître une période de pluies altitudinales, et, étant revêtue de magnifiques forêts, peut, pendant toute l'année absorber assez d'humidité pour que, même sous les tropiques, à Rio, le développement de la végétation ne se trouve jamais interrompu. Vient ensuite dans l'intérieur un vaste pays de plateaux d'une altitude moyenne de plus de 650 mètres (2000 p.), qui occupe la majeure partie du Brésil[5]. Ces hautes plaines, à contours irrégulièrement ondulés, renflées vers les lignes de partage des eaux, et dont les points les plus élevés atteignent, à Minas-Geraes, une altitude moyenne de 1300 mètres (4000 pieds), et à Itambe près de 1819 mètres (5600 p.); ne possèdent que dans la Serra do Mar une chaîne montagneuse marginale, étant partout ailleurs entourées de contrées basses. Ces plaines descendent graduellement vers les régions arides et planes de la côte septentrionale, de même que du côté du sud vers le domaine fluvial du rio de la Plata. Puis elles se trouvent circonscrites par les profondes excavations de l'Amazone, du Madeira et du Paraguay, et de cette manière isolées des Andes, puisque les rivières qui coulent au nord et au sud dans la province de Mato-Grosso, n'étant séparées que par des lignes de faîte peu proéminentes, sont presque en contact immédiat les unes avec les autres. Il en résulte que si le continent avait un niveau plus bas, son grand triangle oriental formerait une île indépendante, à peu près à l'instar de la Nouvelle-Hollande, et que les végétaux de la contrée élevée ne peuvent franchir les forêts des thalwegs, ce qui est probablement la cause principale du caractère spécial, rigoureusement circonscrit, conservé par la flore du Brésil. Or la Serra do Mar soustrait à ce vaste pays de l'intérieur les vapeurs aqueuses de l'Atlantique, en sorte que partout où le sol n'est point abreuvé par les eaux courantes ou les marais, on y voit régner les savanes qualifiées de *Campos* par les Brésiliens, et dans lesquelles la période pluvieuse zénithale, telle qu'elle a lieu en été dans l'hémisphère du sud, est séparée d'une manière tranchée des mois dépourvus de pluie, pendant lesquels souffle l'alizé.

Quand on compare les traits principaux du climat brésilien avec d'autres contrées tropicales, ils ne paraissent différer que peu de celui de la majeure partie du continent africain situé sous les mêmes degrés de latitude : contours littoraux analogues, même position à l'égard de la mer et de l'alizé qui en provient, même échauffement du sol propre aux savanes déboisées, relief ne paraissant différer que par l'importance moins grande que possède la circonvallation extérieure du Soudan, enfin répartition des périodes pluvieuses conformément à la position géographique ; tout cela crée entre les conditions physiques de la végétation des deux pays une concordance que pourtant le caractère des flores respectives ne reflète point. En effet, indépendamment des forêts éternellement vertes de la côte, le Brésil développe une variété de produits végétaux dont, même sous les tropiques, il n'y a point d'exemple, et qui, en regard de l'uniformité du Soudan, constitue le plus frappant contraste, semblable à celui que fait naître une comparaison avec la luxuriante contrée du Cap ; ce qui doit faire admettre que de telles différences ont eu pour cause des forces organisatrices incomparablement plus actives. Il est vrai que des considérations puisées dans une plus grande irrégularité du niveau, ainsi que dans les différences d'irrigation et de fécondité du sol résultant de la complexité du substratum, pourraient expliquer, bien que d'une manière insuffisante, la perpétuelle variété et l'agglomération des espèces végétales dans certains districts des Campos. Entouré de terrains tertiaires et d'alluvions provenant des profondes dépressions des fleuves, le Brésil est composé de roches granitiques, ainsi que de grès et de schistes d'âge différent[1], souvent interrompus par des calcaires, et dont les divers dépôts superficiels retiennent plus ou moins l'humidité. Cependant, de même qu'au Cap,

on voit également au Brésil, sous l'empire de conditions extérieures concordantes, un progrès extraordinaire se réaliser dans
l'agglomération des centres végétaux, dont les produits, s'équi-
librant mutuellement à cause de la similitude de l'organisation,
ne sauraient se refouler les uns les autres *.

La contrée granitique littorale du Brésil, revêtue de forêts
vierges, est séparée, par les partages des eaux entre le rio Francisco et le Parana (la *Serra de Espinhaço*), des Campos, dont les
schistes argileux commencent sur ce point [8]. Toutefois on se trom-
perait beaucoup si l'on voulait se fonder sur ces contrastes géologiques, qui coïncident avec la séparation de deux domaines végétaux et modifient nécessairement la nature de la terre végétale,
pour conclure à une connexion directe entre ces deux ordres de
phénomènes. C'est plutôt dans la configuration platisque du Brésil
et dans les subdivisions climatériques qu'elle détermine, que gît
l'unique cause des formations des Campos et des forêts vierges,
tandis que la charpente géologique ne saurait être prise en considération, qu'autant que son soulèvement a dû exercer une
influence sur les conditions altitudinales lors de la formation du
continent. Au milieu de la Serra do Mar, composée de granite,
les sommités abruptes, et dès lors moins humides, produisent
les Vellozies et autres formes végétales des Campos [9]. Sans doute,
là aussi, ce n'est pas seulement l'exhaussement du sol, mais
encore les forêts elles-mêmes qui sont la source des précipitations durables que reçoivent les versants exposés à l'alizé. Par
suite du déboisement des environs de Rio, les précipitations qui

* La richesse de la flore brésilienne en plantes phanérogamiques ne paraît guère
en rapport avec l'étendue des produits de sa flore cryptogamique, du moins
en ce qui concerne l'importante famille des Champignons. C'est ce qui résulterait
d'un travail que viennent de publier MM. Berkeley et Cooke sous le titre de *On
the Fungi of Brazil*, et d'après lequel la totalité des Champignons connus dans ce
vaste empire ne se monterait qu'à 437 espèces, chiffre contrastant singulièrement
avec celui qu'offrent des contrées américaines incomparablement moins étendues,
telles que Cuba, qui possède 886 espèces, ou encore l'île de Ceylan avec 1190 espèces.
En revanche, sur les 437 espèces du Brésil, environ 300 espèces seraient propres
exclusivement à cette contrée. Parmi les Champignons du Brésil, ce sont les Hymé-
nomycètes qui constituent la grande majorité, puisqu'ils contiennent 356 espèces ;
viennent ensuite les Ascomycètes avec 55 espèces, les Gastéromycètes avec 13 esp.; le
Hyphomycètes avec 7 esp. et les Coniomycètes avec 5 espèces seulement. — T.

y ont lieu pendant les mois où le soleil est à une grande distance du zénith ont considérablement diminué. Autrefois il y pleuvait presque toute l'année, mais aujourd'hui on peut y distinguer une saison plus sèche et une saison plus humide (de mai à septembre). Au reste, M. Gardner, à qui nous devons ces données, fait positivement observer qu'aujourd'hui encore les précipitations ne font pas défaut à la saison sèche[9]. Si cette zone humide s'étend ici même bien loin en dehors des tropiques, deux faits servent à expliquer ce phénomène : d'abord la grande variété du relief de la contrée, dû à d'étroites et abruptes chaînes montagneuses qui enlèvent aux vents maritimes leurs vapeurs aqueuses; ensuite l'exposition sud-est de la côte, qui présente à l'alizé son axe de soulèvement dans un sens plus ou moins vertical. Bien qu'ici comme dans les Campos la véritable période pluvieuse soit l'effet du mouvement solsticial, et en conséquence coïncide avec l'été de l'hémisphère austral, la contrée littorale a cependant cet avantage que, dans les autres saisons, pendant lesquelles souffle l'alizé sud-est, elle n'en possède pas moins une source d'humidité favorable à la production de la forêt. Au reste, tant dans les forêts vierges littorales que sous le climat équatorial de l'Amazone, la quantité inégale des précipitations pendant les deux sections de l'année a pour effet d'introduire dans la vie végétale une périodicité qui, grâce aux différences thermiques liées à la position du soleil, se manifeste d'une manière encore plus tranchée sous une latitude déjà assez élevée pour les végétaux tropicaux, comme celle qui s'étend au delà de Rio. Les mois de printemps (septembre à novembre) sont attendus à Rio avec la même impatience que le mois de mai en Allemagne[8].

Dans le nord, ce n'est que sous la latitude de Pernambuco (8° lat. S.) que nous rencontrons un point climatérique culminant, où commence l'inflexion de la côte vers le nord-est et où la Serra do Mar se décompose en chaînes montagneuses isolées. Dans cette section des contrées littorales, les périodes dépourvues de pluie sont, comme dans l'intérieur, rigoureusement séparées de la saison humide, et c'est précisément sur l'espace compris entre l'embouchure du rio Francisco (10° lat. S.) et celle du Maranhao (3° lat. S.) que les Campos s'étendent jusqu'à l'Atlantique [10]. Quant au climat de Pernambuco, il se comporte d'une manière tout à fait anomale, car c'est le seul pays du Brésil où les précipitations aient lieu pendant l'hiver de l'hémisphère austral (d'avril à août) [11]. Cela paraît tenir à ce que c'est précisément sous cette latitude que la chaîne littorale se trouve interrompue, et que pendant la position zénithale du soleil le climat plus chaud du *sertão de Piauhy* agit comme un centre thermique d'aspiration sur le vent maritime, vent qui, pendant son passage, acquiert une température plus élevée et soustrait les côtes aux précipitations, tandis qu'au printemps et en hiver les chaînes montagneuses littorales sont atteintes par l'alizé.

Partout où dans le domaine des Campos le sol perd son humidité, la saison sèche coïncide avec un sommeil hivernal dans la vie végétale. Cette influence se manifeste le plus clairement dans les *Catingas*, forêts de savanes toutes particulières et largement répandues ici, qui perdent leur feuillage périodiquement. Lorsqu'à Minas-Geraes, après avoir duré six mois, les pluies cessent en février, les feuilles commencent à tomber, et en juin les arbres sont presque complétement nus [12]. Dans cette saison, le sol desséché ne fournit plus au tissu l'eau nécessaire, et, d'autre part, les précipitations de la période pluvieuse, souvent très-considérables, paraissent sur plusieurs points se produire avec moins de constance que dans les contrées littorales. Aussi souvent que cessent les mouvements de l'atmosphère, les nuages peuvent se dissoudre de nouveau sous l'action des rayons solaires. Si donc dans les Campos les périodes pluvieuses n'ont point partout la même intensité ou bien alternent avec des périodes plus courtes de temps serein, leur durée néanmoins est en général plus longue que celle de la position du soleil dans la proximité du zénith. Cela tient à ce que, par suite de l'échauffement du sol non ombragé, des centres de chaleur peuvent se produire déjà plusieurs mois auparavant sur les plateaux du Brésil et pousser ainsi vers le sud l'alizé de l'hémisphère boréal. En effet, les périodes pluvieuses sont accompagnées de vents du nord [13] qui soufflent à l'encontre de l'alizé du midi, en sorte

que là où ils se trouvent en contact, il se produit des courants
atmosphériques ascendants qui donnent lieu aux précipitations.
Les premières pluies se rattachent toujours, comme dans les
Indes, à l'époque où l'insolation sous un ciel serein a son plus
grand effet. La durée des précipitations ne dépend point de la
latitude, mais de la configuration plastique du pays. A Goyaz,
sous le 13e parallèle, où le soleil passe au zénith à la fin de
novembre et y revient à la fin de janvier, la saison humide se
présente dès le mois de septembre et dure jusqu'en avril[14], tandis
que sous la même latitude, dans le *sertão de Minas-Novas*, elle
dure de décembre à mai[13]. Dans le Piauhy, à Oeiras (7° lat. S.),
les premières pluies tombent en octobre, lorsque le soleil se
trouve pour la première fois au zénith ; cependant la véritable
période pluvieuse n'a lieu qu'au commencement de janvier, deux
mois avant le retour du soleil au zénith, et ce n'est qu'alors
qu'elle se maintient sans interruption jusqu'en mai[15]. D'après
d'autres données, sous le 12e degré de latitude, on attribue
pour la période humide le temps écoulé d'octobre à avril[15], de
même qu'en dehors des tropiques, à Saint-Paul, les mois compris d'octobre ou novembre à mars ou avril[16]. On peut admettre
d'une manière générale que, dans la majorité des contrées des
Campos, le développement de la végétation se trouve maintenu
par les précipitations au moins pendant six mois, et tout au plus
pendant huit mois, ce qui assure aux Catingas et aux arbres plus
disséminés des conditions de croissance bien meilleures que
celles que possèdent d'autres contrées tropicales.

Ce qui est beaucoup plus remarquable que la production
hâtive des centres de chaleur dans les Campos, c'est l'observation physiologique déjà faite par Humboldt dans les Llanos de
Venezuela[17], et confirmée par Saint-Hilaire dans les Minas-
Geraes[18]. Elle consiste en ce que le feuillage de certains arbres
s'ouvre avant le commencement des premières précipitations, à
une époque où rien dans la nature inorganique n'annonce encore
l'approche des nuages pluvieux. Dans de tels cas, Humboldt vit
au Venezuela le renouvellement des feuilles précéder les pluies
d'un mois, comme si leur développement répondait non-seulement aux conditions présentes, mais encore aux conditions

futures, sans lesquelles les organes ne peuvent commencer réellement à fonctionner. Auguste de Saint-Hilaire remarqua dans les Catingas de Minas-Geraes que des arbres dépouillés de leurs feuilles développent leurs bourgeons dès le mois d'août, alors que la température et l'aridité du sol ont acquis leur plus grande intensité, ce qui l'amena à penser que, bien que la circulation de la séve soit d'abord accélérée par la pluie, ce liquide commencé son mouvement grâce à des conditions dont on ne saurait se rendre compte. En effet, les causes d'une telle croissance échappent à nos explorations, puisque la feuillaison fait supposer un afflux renforcé de la séve, dont la source demeure cachée pendant la saison sèche. L'explication que Humboldt essaya, en admettant qu'à cette époque la quantité de la vapeur atmosphérique se trouve accrue, n'est guère applicable aux Campos du Brésil, et d'ailleurs est peu satisfaisante, parce que la circulation de l'eau dans les plantes exige l'afflux d'une humidité liquide. Sans doute, il s'agit ici de ces manifestations de la vie végétative comparables à l'instinct des animaux, sujet dont nous avons dû nous occuper (t. Ier, p. 370) dans la flore méditerranéenne, en traitant de la dépendance où se trouve la période végétale par rapport à l'élévation de la température. De même que l'Olivier ouvre ses bourgeons lorsque l'hiver menace le plus ses feuilles, ainsi ces dernières se produisent ici à une époque où elles sont compromises par l'évaporation sans afflux fourni par le sol. Les conditions de leur croissance ne font jamais défaut, parce que, même pendant le sommeil hivernal et la saison sèche, le tissu des plantes conserve les substances nourricières requises, ainsi qu'une quantité suffisante de séve; ce qui n'empêche pas que la feuillaison ne se rattache à une époque précise. Il suffit d'un mouvement ou d'une répartition modifiée de la séve, pour que les bourgeons se gonflent, et son accumulation dans les extrémités de l'arbre peut très-bien s'opérer par l'exhaussement de la température qui précède la période pluvieuse. Toutefois les parties inférieures du tronc ne tarderaient pas à périr à la suite de l'épuisement de la séve, si elles n'étaient pas capables de supporter la perte pendant un court espace de temps, jusqu'au moment où les premières précipitations viennent humecter abondamment le sol. Dans un cas, on a découvert un arrangement particulier destiné à prévenir ce danger : chez une Térébinthacée arborescente des Catingas (*Spondias tuberosa*), dont les racines, horizontalement étendues, se gonflent en un renflement creux d'environ 16 centim. de diamètre, contenant quelquefois « plus d'un huitième » d'eau potable, et qui évidemment est destinée à offrir un réservoir à la circulation de la séve pendant la saison sèche. Chez d'autres arbres, l'humidité du bois suffit aux mouvements périodiques. Ces dispositions, qui tendent à accélérer ainsi le début de la végétation, même avant qu'il se soit produit des conditions plus convenables à son développement, peuvent également indiquer ici que la nature cherche à gagner du temps afin de conserver la vie exposée plus tard à des influences défavorables, rebelles à tout autre moyen. La loi de l'hérédité, qui avec la semence transmet également la périodicité de la croissance et la rattache à des époques déterminées, ne fait qu'exprimer la forme du phénomène, sans nous apprendre l'essence des activités intérieures. On pourrait dire plutôt que si elles nous apparaissent aussi étrangères à nos habitudes de comprendre la nature, c'est parce qu'elles ne s'adressent extérieurement qu'aux sensations, tandis que les procédés des facultés créatrices intérieures de l'organisme restent, dans le sens mécanique, tout aussi inexplicables. Chaque cellule qui se développe lors de la germination est en rapport nécessaire avec la forme future de la plante complétement développée : c'est ainsi que dans les deux règnes de la nature organique l'instinct ne se manifeste que par des fonctions qui concourent aux phénomènes vitaux de l'avenir. Dans l'organisme, l'opportunité ne s'applique guère au présent ; et de même que l'esprit méditatif s'efforce d'établir un lien entre le passé et l'avenir, de même une idée d'opportunité est indépendante du temps tel que nous l'envisageons, comme composé d'une série de diverses manières d'être.

Malgré toute la variété de leurs produits, les formations des Campos brésiliens se relient entre elles par des transitions graduelles, depuis le voisinage de l'équateur jusqu'au delà du tropique austral. Cependant Martius[10] a admis comme séparées d'après la latitude géographique trois sections, savoir : la contrée plane septentrionale (3°-15° dans la vallée du rio Francisco — 20°), les plateaux du centre (15° à 23°) et les pays situés de l'autre côté du tropique (23°-30° lat. S.). Dans les Campos situés plus au nord [20], dominent, comme dans les Llanos de ce côté de l'équateur, les Graminées des savanes, avec leur gazon interrompu, qui jaunit promptement pendant la saison sèche, et au milieu duquel s'élèvent les colonnes isolées formées par les troncs des *Cactus*. Sur les plateaux, avec l'exhaussement du sol, s'accroît le nombre d'herbes vivaces richement colorées (notamment des Mélastomacées et des Gentianées); on voit des Velloziées appartenant aux Liliacées arborescentes, et au lieu des *Cereus* se présente la forme plus réduite des *Melocactus ;* les buissons et les formations forestières sont communs aux deux sections des Campos, mais composés de deux éléments constitutifs. Enfin les savanes du midi possèdent en propre les essences forestières non mixtes des Araucariées (*A. brasiliensis*), des *Pinheiros* qu'on observe isolément même jusqu'à Minas-Geraes (18°-30° lat. S.). Les différences de température entre les saisons, qui augmentent sous les latitudes plus élevées, conviennent à cette Conifère, bien que sur la limite méridionale de la flore brésilienne [21] ces différences ne dépassent guère 7°,5. Mais entre les plateaux et leur déclivité septentrionale vers l'Atlantique, on ne saurait constater d'autres différences climatériques que celles qui tiennent au niveau, et conséquemment n'ont pas d'importance. Le caractère original et la richesse plus grande de la flore dans les contrées élevées, sont plutôt la conséquence de la configuration irrégulière de la surface et du changement fréquent de substratum géologique, que d'un climat frais de la montagne. C'est sur les plateaux de Minas-Geraes, diversement sillonnés par les fleuves, ou renflés soit en montagnes, soit en hautes plaines, aussi bien que dans les Campos ouverts ou revêtus de buissons déprimés (18°-20° lat. S.), que la végétation atteint son plus haut degré de variété. M. Gardner représente ces contrées comme un magnifique, un immense jardin de fleurs, où même, après les longues pérégrinations de ce voyageur, chaque plante lui semblait nouvelle et l'une plus élégante et plus rare que l'autre[15]. D'après ses données, il faut admettre que le mélange des espèces trouve encore ici d'autant plus d'obstacles, que le niveau s'élève davantage et que les hauteurs sont séparées par des échancrures plus profondes.

Du côté de l'ouest, les Campos s'étendent à travers la province de Mato-Grosso jusqu'aux affluents du Paraguay et du Madeira, où la dépression marécageuse de Cuyaba n'est que de 150 mètres (460 p.) au-dessus du niveau de la mer.[22] Ici comme sur la côte, on voit reparaître dans toute la splendeur tropicale les forêts vierges qui constituent la zone méridienne des *Pantanals*. Tandis que dans Minas et à Bahia le thalweg du rio Francisco est accompagné de Catingas, ces Pantanals rappellent les forêts de l'Hylæa, et, de même que dans cette dernière, doivent les particularités qui leur sont propres à l'eau courante qui les baigne. Comme dans l'Igapo, les poussées paraissent pénétrer dans les lits mêmes des rivières, car de temps à autre les troncs plongent dans l'eau, et le limon nourrit les mêmes Roseaux (*Arundo saccharoides*) que l'Amazone. C'est donc à l'aide du Madeira, son affluent le plus considérable, ainsi que du Paraguay, que la flore de l'Hylæa pénètre bien avant dans le sud du Brésil ; en tout cas, les formations de la forêt sont les mêmes, mais leurs éléments constitutifs varient graduellement, en sorte qu'il paraît que quelques arbres utiles de l'Amazone cessent de se présenter dès qu'on arrive au Guaporé (13° lat. S.)[20]. Ce qui prouve que ce n'est pas le climat, mais bien l'irrigation du sol qui sépare des Campos les forêts pantanals, c'est que ces dernières reparaissent également de l'autre côté du Paraguay, dans la province bolivienne de Chiquitos, jusqu'aux contre-forts des Andes, en alternant sous forme de zones avec les Campos.

On trouve plus tranchée, bien qu'elle ne modifie pas essentiellement le caractère physique de la contrée basse des affluents du rio de la Plata, la frontière méridionale des Pantanals (21° lat. S.)[22], au delà desquels l'espace compris entre les Andes et les plateaux méridionaux du Brésil est presque entièrement occupé soit par les plaines riches en Palmiers du Grand-Chaco s'élevant tout au plus à 187 mètres (575 p.) au-dessus du niveau de la mer, soit par les collines boisées du Paraguay alternant avec des plaines ouvertes à Graminées. Déjà sur le rio Grande de Chiquitos, affluent bolivien du Madeira, disparaissent les Campos avec leurs végétaux ligneux (17° lat. S.). Au delà de cette latitude, les contrées ouvertes ne sont composées que de Graminées et d'herbes vivaces, et les habitants ne les appellent plus *Campos*, mais *Pampas*, quand elles sont d'une étendue considérable, et *Potreros*, lorsqu'elles sont entourées de forêts. De même, les forêts ne possèdent plus la richesse de formes qui distingue le Brésil; souvent elles ne consistent qu'en Algarobes, même genre de Mimosées que dans le Texas (*Prosopis*). Dans la plaine du Grand-Chaco, puis sur le Paraguay où les Pantanals cessent à Nueva-Coïmbra (21° lat. S.), le sol arénacé ou marécageux est souvent salifère, et ne se trouve boisé que par les essences uniformes du Palmier à cire du Brésil (*Copernicia cerifera*) ou par des Algarobes. Une forêt de Palmiers constituant un ensemble indépendant, tel que le Dattier de l'Afrique, phénomène d'ailleurs si rare en Amérique, se présente ici dans des proportions beaucoup plus grandes que ne l'offrent les contrées de l'est avec le *Mauritia*. Cela pourrait bien ne pas tenir autant au climat qu'à l'irrigation et au niveau déprimé de ces vastes plaines.

Formes végétales. — Dans les forêts vierges des contrées littorales du Brésil, depuis les frontières de la Serra do Mar jusqu'aux Palétuviers de la côte, les formes végétales sont les mêmes que sous d'autres climats humides et chauds de l'Amérique tropicale. Mais sous les latitudes plus hautes, la présence plus fréquente de grandes fleurs brillamment colorées rehausse l'impression produite par l'exubérance et la variété de la vie végétale, en formant un contraste avec les épais feuillages de l'Hylæa; de même que la richesse en fleurs dans les savanes des plateaux constitue un trait propre au Brésil. Parmi les splendides végétaux des forêts riveraines, Martius mentionne plusieurs Rutacées (*Erythrochiton, Almeidea*) et Mutisiacées (*Stiftia, Mutisia*). Le dernier groupe, les Synanthérées labiatiflores, sont pour les centres de végétation de l'Amérique méridionale des produits caractéristiques qui rattachent ce continent aux végétaux ligneux de quelques îles océaniques de l'Atlantique et du Pacifique.

Les Palmiers des forêts humides à longues périodes pluvieuses ne le cèdent que peu sous le rapport de la végétation à ceux de l'Hylæa; d'ailleurs les Campos sont aussi habités par des espèces particulières[23]. Parmi les formes plus considérables du Brésil, ce sont les Cocoïnées (*Cocos*, *Attalea*) qui l'emportent; chez les formes plus petites, on en voit fréquemment armées d'aiguillons (*Bactris*), et plusieurs se développent aussi à la manière des Lianes. Les Fougères arborescentes habitent les versants ombreux de la Serra do Mar jusqu'au delà des tropiques, mais elles font défaut à une grande partie du Brésil; une Fougère arborescente dans la *Serra dos Orgãos*, près de Rio (*Hemitelia polypodioides*), est remarquable à cause de son affinité avec une espèce du Cap. Les formes de Bambous (*Guadua*) et de Pisang (*Heliconia*) se comportent comme dans les autres flores de l'Amérique méridionale. Il en est de même des arbres dicotylédones des forêts vierges toujours vertes : comme produits particuliers de la forme Laurier, il y a lieu de mentionner les Vochysiacées et les Ochnacées (*Luxemburgia*), ainsi que les Légumineuses de la forme Tamarinde, qui fournissent les bois utiles les plus précieux (les Dalbergiées et les Césalpiniées, notamment le Jacaranda fourni par le *Dalbergia nigra*[24], et les bois du Brésil par le *Cæsalpinia echinata*). La foule de Lianes et d'Épiphytes des forêts de la zone littorale, tels que Rugendas[25] les a retracés sous le rapport pittoresque, et Martius[26] sous celui de la variété des formes, n'ont peut-être point leurs semblables dans aucune autre contrée tropicale.

Dans les forêts des Campos, ces végétaux sont moins riches en formes; parmi les Épiphytes ce sont les Loranthacées parasites qui y prospèrent ici, mais les Orchidées aériennes y sont tellement rares, que dans l'intérieur de la province de Ceara la présence d'une Orchidée est signalée comme un phénomène tout à fait isolé[18]. Dans les Catingas, la forme Loranthus, grâce à son feuillage toujours vert ainsi qu'à sa fréquence, constitue un phénomène frappant, attendu que les arbres mêmes qui les portent, perdent pendant la saison froide la majorité de leurs feuilles. Appartenant à la forme de Sycomore, comme dans les forêts de l'Afrique, les essences forestières sont composées ici de tout autres familles, et celles-ci se trouvent représentées avec bien plus de variété. Dans les Campos septentrionaux, on rencontre très-fréquemment une Bombacée (*Chorisia ventricosa*), dont le tronc se renfle vers le milieu en forme de tonneau ; elle ressemble par son mode de croissance aux Sterculiées de l'Australie tropicale (*Sterculia*, sect. *Brachychiton*).

Sous le climat des savanes, parmi tous les végétaux ligneux, ce sont les Liliacées arborescentes (*Vellozia, Barbacenia*) qui se font remarquer le plus par leur extension sociale ; elles habitent les plateaux où, sur les collines nues ainsi que dans les hautes plaines aurifères ou diamantifères, elles se trouvent généralement répandues à un niveau de 650 à 1300 mètres (2000 à 4000 p.)[13]. Leur tronc résineux, fourchu, souvent très-bas, d'autres fois s'élevant à la taille d'homme et parvenant quelquefois à la grosseur d'un pied, porte sur son sommet des rosettes de feuilles roides, jonciformes. C'est ainsi que, séparés l'un de l'autre par des espaces assez grands, ces singuliers arbres nains se trouvent disséminés sur ce sol nu mais riche en fleurs[15]. Ils font complétement défaut à la contrée plane du nord ; pourtant, ici encore, sur le rio Francisco inférieur, la forme de Pandanus est représentée par le tronc ligneux indivis d'une Broméliacée (*Puya saxatilis*)[13].

Les *Araucaria*, qui, sur les hautes surfaces méridionales de San-Paulo refoulent les Catingas[16], sont les seuls Conifères du Brésil qui constituent des forêts franchement délimitées. Par leurs feuilles, plus analogues à celles de l'Olivier qu'à celles des arbres aciculaires (que néanmoins ils rappellent par la teinte sombre de leur feuillage), ils ont été assimilés au Pin pignon, à cause de leur taille et de leur ramification à tendance verticale. Plus remarquable encore est au Brésil l'extension des Cycadées, qui, représentées seulement d'une manière toute sporadique dans les Pantanals de Mato-Grosso par une forme rappelant celle du Palmier nain (le *Zamia Brongniartii*), ne dépassent guère le 17e degré de latitude[22]. Dans le Mexique et dans l'Inde occidentale, les Cycadées atteignent le tropique septentrional, et en Afrique elles s'avancent jusqu'à la côte méridionale du Cap, bien au delà des tropiques. Cette famille ne paraît s'être conservée que dans certaines flores des climats plus chauds, comme reste d'une végétation d'un monde passé, dans les périodes plus anciennes duquel elle avait une bien plus grande importance.

Une partie des Campos est revêtue de formations frutescentes désignées par le nom de *Carrascos*, lorsqu'elles occupent exclusivement le sol. Dans certains endroits, elles consistent en Mimosées [16] (*Acacia dumetorum*), ou bien sont composées de végétaux appartenant aux formes d'Oléandre, de Myrte et de Rhamnus. Elles se distinguent par la variété de leur structure florale, en sorte que les Mélastomacées, les Myrtacées, les Malpighiacées et toute une série d'autres familles offrent ici un riche choix. On y voit des genres étendus contenant un nombre inépuisable d'espèces, à feuilles tantôt grandes, tantôt petites et serrées (ex. : des Mélastomacées, *Lasiandra, Microlicia;* une Myrtacée, *Eugenia*); les formes microphylles se groupent en broussailles basses et ramifiées, à l'instar de celles du Cap. De même la forme d'Erica, dont elles se rapprochent, développe franchement l'élément aciculaire de son feuillage dans un genre de Synanthérées (*Lychnophora*), dont le revêtement cotonneux paraît destiné à les garantir contre le climat aride des Campos. Ce qui est plus particulier, c'est le fait que, même parmi les Restiacées appartenant au type des Graminées de savanes, il se présente des buissons (*Eriocaulon*) qui, par leurs capitules floraux blanchâtres, rappellent les Synanthérées ligneuses.

La forme de Bromelia est au Brésil, comme au Mexique, commune aux forêts humides ainsi qu'aux savanes sèches. Dans ces dernières, les feuilles piquantes des Ananas revêtent souvent le sol des Campos; dans les premières, les Ananas se présentent plus fréquemment sur les troncs d'arbres en qualité d'Épiphytes. M. Gardner observa dans la Serra dos Orgâos, près de Rio, un remarquable exemple de la plus rigoureuse utilisation de l'espace ainsi que de l'adaptation à des conditions vitales les plus spéciales[15]. Ici, à une altitude supérieure à 1624 mètres (5000 p.), on voit fixé aux rochers un grand Tillandsia qui, comme le font en général les Broméliacées, concentre une quantité d'eau dans le fond de sa rosette. Dans ces réservoirs, et là seulement, nage une plante aquatique considérable, à fleurs couleur de pourpre, dont la fleur orbiculaire est comparée à celle du Nénuphar (*Utricularia nelumbifolia*). Elle se propage à l'aide de stolons, qu'elle allonge, comme guidée par un instinct, d'un pied de Tillandsia à un autre, et qu'elle plonge dans le nouveau réservoir aussitôt qu'elle l'a trouvé, afin de développer de nouvelles pousses.

Parmi les plantes grasses, la forme Agavé du Mexique (*Fourcræa*) a suivi sa migration le long de la côte jusqu'à Rio[13]. Dans les Campos, les Cactées, ainsi que cela a déjà été dit plus haut, se trouvent réparties de manière que les petites formes se présentent sur les plateaux ouverts, et les Cérées, de 7 mètres de hauteur, ainsi que les Opuntia rameux, particulièrement dans les plaines plus basses de Ceara et de Pernambuco. Cependant les troncs plus élevés ne font pas défaut non plus aux Catingas, où, pendant la saison sèche, ils se conservent verts au milieu des arbres dépouillés.

Les Graminées des savanes, qui dans les Campos brésiliens consistent principalement en Panicées et Stipacées, et sont souvent mélangées avec des Restiacées (*Eriocaulon*), acquièrent rarement ici des dimensions aussi considérables que dans beaucoup de contrées de l'Afrique. Elles n'ont ordinairement que quelques pieds de hauteur; c'est précisément là ce qui paraît favoriser le développement des herbes vivaces ornées de fleurs qui leur font un ample cortége. C'est ce qui fait que, comme pâturages, les Campos n'occupent pas un rang aussi élevé que les plaines à Graminées d'autres continents.

Une herbe vivace remarquable des forêts vierges, c'est l'Ipécacuanha (une Rubiacée, le *Cephælis Ipecacuanha*), qui, lorsqu'il fut devenu rare dans les contrées littorales et ne répondit plus aux exigences commerciales, a été découvert dans les Pantanals de Mato-Grosso[27], où il est assez commun pour qu'on ne craigne plus de voir disparaître cette plante médicinale que rien ne remplacerait. Elle peut servir d'exemple aux connexions qui rattachent la végétation des dépressions intérieures des fleuves à celle de la zone littorale *.

Formations végétales. — Les forêts du Brésil, ainsi que d'autres formations, sont distinguées par les habitants à l'aide de désignations particulières [28]. Ils appellent *Mato virgem*, la forêt vierge qui correspond à l'Ete de l'Hylæa, mais est encore plus riche en formes diverses. La même forêt éclaircie, mais dont le sol est plus uniformément revêtu d'autres végétaux ligneux, reçoit le nom de *Capoeira*. Enfin on qualifie de *Capoes* (îles forestières) [13] des forêts toujours vertes, semblables au *Mato virgem*, mais de peu d'étendue, qui peuvent se produire dans l'intérieur, lorsque la saison dépourvue de pluie se trouve neutralisée par l'humidité du sol, soit que cette dernière est retenue par la terre

* Une autre plante médicinale du Brésil, destinée probablement à jouer un rôle important dans la thérapeutique, c'est une Rutacée attribuée par M. le professeur Baillon au *Pilocarpus pennatus*. Elle vient de donner lieu à deux travaux auxquels l'Académie a cru devoir accorder le prix Barbier (*Comptes rendus, etc.*, ann. 1875, t. LXXXI, p. 1332). Il résulte de ces travaux, dus à MM. Alb. Robin et Hardy, que le médicament nouveau désigné par le nom de *Jaborandi* possède une action sudorifique de beaucoup supérieure à celle des autres médicaments de ce genre, action d'autant plus remarquable que le liquide produit par la sudation renferme des quantités considérables d'urée et de chlorures; de plus, la sudation est accompagnée d'une salivation (chargée de sels minéraux) bien supérieure à celle qu'un homme pourrait produire dans l'état normal. Le Jaborandi a été employé avec succès contre beaucoup d'affections, entre autres contre les rhumatismes goutteux et musculaires, contre la pneumonie, la bronchite, etc. Il paraîtrait, selon M. Hardy, que les précieuses propriétés du Jaborandi tiennent à un alcaloïde particulier, contenu dans les feuilles de la plante et auquel ce savant a donné le nom de *pilocarpine*, du nom du genre *Pilocarpus* auquel la plante appartient. Dans le *Bulletin de la Société d'acclimatation* (3e sér., ann. 1876, t. III, p. 671), M. Hardy a publié un travail plus étendu sur le *Pilocarpus pennatus*, travail qui résume toutes les connaissances que nous possédons sur cette plante précieuse, dont il détermine ainsi la station géographique et les conditions climatériques : « Le *Pilocarpus pennatus* croît dans les régions équatoriales du Brésil, loin des lieux exposés aux chaleurs brûlantes; il recherche les climats doux, modifiés par la végétation, le souffle des brises et l'élévation du sol. La température ambiante ne dépasse jamais 36 degrés. La différence entre le jour et la nuit est d'environ 2 degrés. Les pluies commencent en automne et durent jusqu'en juin : l'humidité active la végétation. D'autres *Pilocarpus* poussent au Brésil dans des régions plus fraîches et résistent mieux à l'intempérie des saisons. » M. Hardy croit que l'Algérie offre des conditions très-favorables à l'acclimatation du *Pilocarpus pennatus*, qui enrichirait cette colonie d'un végétal éminemment utile. — T.

végétale ou concentrée par les marais et des afflux de cours
d'eau.

Il est à peine un point sur notre globe, à l'exception peut-être
de l'Archipel indien, où la splendeur de la nature tropicale ait
été retracée sous d'aussi brillantes couleurs que la forêt vierge
de la contrée littorale du Brésil. Toutefois, quand la chaleur
humide du climat déprime nos facultés et que l'observateur lutte
contre la difficulté de pénétrer au travers de ces fourrés et d'étudier les fleurs et les fruits des arbres et des Lianes, ce qui rend
incomplète, même dans les contrées les plus fréquemment visitées, la connaissance de tous les éléments constitutifs de leur
végétation, le premier mouvement de surprise causée par des
développements aussi luxuriants ne tarde point à céder à un
sentiment de lassitude, qu'augmente la répétition d'impressions
de même nature. Les détails, dit un voyageur récent[20], sont
merveilleux, mais l'ensemble n'est guère satisfaisant; l'harmonie
manque à cette foule d'organismes chevauchant les uns sur les
autres, l'air et la lumière font défaut; le tableau n'est limité
par aucun horizon, et une atmosphère d'une chaleur accablante,
imprégnée d'une odeur de pourriture, resserre le cœur, qui
aime à se dilater par la vue de larges perspectives et se trouve
soulagé par l'étendue illimitée de l'espace.

Tant sous le rapport du mélange des formes arborescentes que
sous celui du nombre des Épiphytes et des végétaux qui recherchent l'ombre, les versants découverts de la *Serra dos Orgâos*,
près de Rio, sont plus richement dotés, quoique ornés de végétaux d'un aspect moins grandiose, que les profondes vallées
fluviales revêtues d'un terreau naturel[8]. Dans ces dernières, des
colosses d'arbres, entourés au loin de troncs plus petits, forment un toit feuillé tellement serré, que le sol se trouve soustrait
à la lumière. C'est pourquoi les buissons bas font défaut et les
arbres sont pauvres en Épiphytes. Au nombre des formes arborescentes les plus singulières figurent quelques Myrtacées, ainsi
que le Palmier ayri (*Astrocaryum Ayri*). Parmi les formes
arborescentes que contiennent les forêts des montagnes de Rio,
les Fougères arborescentes et les Bambous manquent à ces sombres enceintes, tandis que dans les clairières, sur la limite de la

forêt de haute futaie, ces végétaux atteignent 17 mètres de hauteur. On n'y voit pas non plus ni les Palmiers à chou (*Euterpe oleracea*), qui croissent à l'ombre de la forêt, ni les Cecropia, caractérisés par leurs grandes feuilles blanchâtres.

Dans les Campos, les Capoes manifestent à peu près la même richesse en formes végétales intimement reliées entre elles. Ici la diversité même des formations imprime au pays une physionomie attrayante. Vus d'en dehors, ces Capoes ressemblent à des collines boisées, les troncs plus élevés occupant la partie moyenne et étant entourés d'arbres plus bas disposés en gradins. Dans l'intérieur domine la forme de Laurier, représentée par une foule de familles végétales[28]. Cette disposition fait également voir comment l'humidité du terrain, qui distingue les Capoes du reste des formations des Campos, se trouve retenue par les arbres mêmes, ainsi que par leurs organes souterrains.

Dans les Pantanals, sur les fleuves de l'ouest, ces humides îles forestières se développent en forêts riveraines non interrompues, parce que le niveau profond de la vallée fluviale modère le mouvement de l'eau. C'est par là que ces forêts diffèrent des Catingas, moins contenus et fanés pendant la saison sèche, qui longent les rivières de la contrée élevée, où les pentes plus abruptes de leurs versants nord et est accélèrent l'écoulement des eaux. La ressemblance entre les Pantanals et les forêts vierges de l'Hylæa se traduit par le nombre croissant des Palmiers; mais ceux-ci offrent, comme dans le Brésil oriental, un plus riche mélange avec d'autres formes[28]. Dans le domaine des inondations se présentent, à côté des Roseaux, des fourrés impénétrables de Bambous, tandis que les terrains humides sont ombragés par des Fougères arborescentes, deux formations végétales qui, ici comme au Venezuela, descendent des vallées des Andes dans la plaine basse. Mais c'est ainsi encore que, même au pied du soulèvement bolivien des Andes, l'action de la flore du Brésil oriental se manifeste dans les forêts où dominent les Myrtacées arborescentes. Pendant ses voyages, embrassant la majeure partie de l'Amérique méridionale, M. Weddell n'avait vu nulle part la forme Bromelia plus fréquemment qu'ici, car non-seulement le sol de la forêt était revêtu de ses rosettes de feuilles, mais encore la voyait-on se présenter parmi les Épiphytes des troncs d'arbres. Jusqu'aux dernières limites occidentales de la flore brésilienne, le caractère des Catingas change encore moins partout où, s'attachant au sol aride, ces forêts alternent à leur tour avec les Pantanals. Ici encore on voit se produire les formes des Cactus colomnaires et de Palmiers particuliers (le Palmier saro, (*Trithrinax brasiliensis*); même la Bombacée à tronc renflé (*Chorisia ventricosa*) sus-mentionnée a été constatée depuis les Campos nord-est jusqu'ici.

Ces Catingas sont les formes forestières les plus fréquentes des Campos et constituent le trait le plus saillant dans la physionomie de la contrée brésilienne[30]. Presque complétement dépourvus de feuillage pendant la saison sèche, les arbres, dans l'intérieur de la contrée élevée de Bahia, n'ont, pour la plupart, que de 7 à 13 mètres de hauteur et se trouvent moins serrés que dans la forêt vierge. Lorsque la période pluvieuse fait défaut, ainsi que cela arrive dans certaines années, on n'aperçoit sur le sol, tant que dure la sécheresse, aucun végétal vert, à l'exception des Cactées. Comparés avec les forêts de l'Europe, les Catingas, tout en offrant plus d'une ressemblance physionomique, possèdent une bien plus grande diversité d'arbres et d'arbustes[28]. Quand vient l'époque de la chute des feuilles, il reste à côté des plantes grasses, toujours vertes, encore d'autres végétaux mieux protégés par la texture ou le revêtement pileux des feuilles, tels que les formes de Bromelia et de Myrte. Lorsque l'humidité augmente, quelques arbres reprennent leur feuillage plus aisément que d'autres. D'ailleurs les Catingas diffèrent des forêts de la zone tempérée par la quantité de parasites et d'Épiphytes qui restent verts sur les troncs dénudés. De même que les premiers sont représentés par la forme Loranthus, les derniers le sont par les Broméliacées et les Cactées. Dans aucune formation du Brésil, les Cactées, les Cérées à colonnes ramifiées et les Opuntia à organes axiles aplatis ne sont aussi nombreux et aussi variés qu'ici. Ils viennent parfaitement jusque sur la couche mince et pauvre en humus de la terre végétale que possèdent ces forêts clairsemées. La variation des éléments constitutifs de la forêt n'est

pas moins remarquable dans les Catingas que dans les autres
formations des Campos. Martius a trouvé que, sur les rives du
Francisco, ces forêts offrent une composition toute différente de
celle des autres contrées, quoique leur caractère physionomique
reste toujours le même[13]. Bien que rapprochés du fleuve, les
arbres y étaient cependant moins élevés et les essences forestières plus clair-semées, en sorte qu'à mesure qu'on s'éloignait
du fleuve, la contrée revêtait graduellement le caractère du
Campo (qualifié de *Taboleiro coberto*), composé de quelques
troncs isolés.

Des forêts uniformes, composées d'arbres sociaux d'espèces
similaires, ne se rencontrent au Brésil que sous les latitudes
plus élevées de la région méridionale : tels sont dans la partie
orientale, les Pinheiros, consistant en Araucaria, ainsi que dans
la vaste plaine du Grand-Chaco de l'autre côté du Parana, les
taillis exclusivement composés du Palmier à cire ou Caranda
(voyez plus haut). Les Araucaria, de même que ce Palmier à
éventail, ne sont pas étrangers à la haute contrée tropicale : il
est vrai que les premiers disparaissent déjà sous une latitude
plus élevée (18° lat. S.), tandis que le Palmier à cire suit le
rio Francisco jusqu'à Pernambuco. Mais le fait que ce n'est
que dans la zone tempérée que, grâce à leur croissance sociale,
ces deux arbres se trouvent associés pour constituer des forêts
étendues, tient peut-être à l'absence d'arbres tropicaux des
Catingas qui ont dû les refouler dans la haute contrée, tandis
que de cette manière ils obtiennent un plus libre espace à leur
extension. C'est ainsi que la majorité des autres formes de végétation tropicale fait défaut aux Pinheiros, qui, sur les plateaux
mêmes de Saint-Paul, alternent avec les prés à Graminées : de
l'autre côté des tropiques, les Lianes s'évanouissent graduellement, la forêt devient uniforme, et une foule de Fougères végètent à l'ombre des arbres[31]. Des éléments forestiers aussi considérables ne se trouvent à Minas que sur le sol incliné des chaînes
montagneuses, mais non sur les plateaux mêmes.

C'est également de l'autre côté du tropique méridional
qu'avec l'humidité croissante on voit, sur les terrasses littorales,
les Pinheiros circonscrits s'évanouir et remplacés dans la province

de Sainte-Catherine par des forêts mixtes à essences feuillues, qui s'étendent jusqu'aux confins de l'Uruguay et se trouvent souvent converties en fourrés impénétrables par le menu bois et les Roseaux. Quand même le mélange des éléments constitutifs de la forêt vierge décroît ici peu à peu, et que, prématurément courbés par les orages, les troncs n'acquièrent point la vigueur qu'ils ont sous les tropiques, leurs couronnes n'en sont pas moins aussi abondamment revêtues d'Épiphytes que sous ces dernières[2]. Sur l'Atlantique, le *Mato virgem* s'étend du côté du sud aussi loin que le permettent les différences croissantes entre la répartition de la température selon les saisons.

Là où les forêts vierges du Brésil sont éclaircies et les espaces ouverts abandonnés à la nature, on voit se produire la *Capoeira*, taillis dont les arbres, mélangés de buissons, diffèrent essentiellement de ceux du *Mato virgem*[28]. Ici la compensation symétrique des formes fait défaut, et l'aspect moins gracieux du feuillage et des fleurs produit une impression peu agréable. Ce retour régulier de végétaux ligneux, pour la plupart à surfaces rugueuses et velues, probablement riches en silice, et qui ont complétement remplacé le feuillage glabre de la forêt originaire, porte à admettre que leurs substances nutritives minérales diffèrent de celles de la végétation précédente, et qu'en vue d'une telle modification séculaire, leurs semences auraient été emmagasinées dans le sol depuis une époque reculée, afin d'opérer leur germination après que le terrain aurait été rendu impropre au développement des arbres existant jusqu'alors. Les vieux troncs auront pu se conserver jusqu'à l'occurrence d'une catastrophe soit naturelle, soit artificiellement amenée, et pourtant on peut aussi observer le cas où la terre végétale se trouverait assez appauvrie pour ne plus admettre même la formation de la Capoeira. Puis un certain laps de temps se sera écoulé avant que des arbres aient pu s'élever au milieu des basses broussailles. Mais, à la fin, la désagrégation et les eaux viennent ouvrir de nouvelles sources de fertilité, et l'ancienne splendeur de la forêt tropicale est rétablie en refoulant même la Capoeira. Ces conditions deviennent bien moins favorables sur les plateaux des Campos, où les dépôts puissants d'humus sont rares, et où la

mince couche de terre végétale reposant sur la roche qui compose la série des hauteurs peut aisément être épuisée par les
végétaux ligneux. En effet, plus un tronc grandit et son tissu
devient plus compacte, plus complétement les substances nutritives minérales se trouvent annexées au corps ligneux soustrait à la putréfaction. De vastes surfaces autrefois boisées par
des Capoes et des Catingas sont maintenant, à Minas-Geraes,
désertes et à peine propres au pâturage, car elles se sont revêtues en partie d'une Fougère sociale (*Pteris caudata*) sans
valeur, en partie d'une Graminée visqueuse et indestructible
(*Melinis minutiflora*), qui, bien qu'acceptée par le bétail, paraît
lui être préjudiciable [15].

Comme en général c'est en proportion de leurs dimensions et
du grand afflux d'eau que les arbres enlèvent au sol plus de
substances minérales que les végétaux moins considérables, on
voit en conséquence sur les Campos, à côté des Catingas et des
troncs isolés du *Taboleiro coberto*, se produire, chaque fois que
la terre végétale offre moins d'aliments, des formations frutescentes ininterrompues, qui font défaut aux humides contrées littorales et dont la composition a déjà été mentionnée (p. 592).
On les appelle *Carrascos*, lorsque la taille des végétaux permet
au cavalier d'embrasser de son regard un vaste espace au-dessus
de ces derniers, ou bien lorsqu'ils ne constituent que de basses
broussailles ; ils prennent le nom de *Carrasceinos*, quand ils ont
de 7 à 10 mètres de hauteur [8]. Ainsi, sous ce climat tropical, ils
paraissent en moyenne l'emporter sur la taille des buissons
du Cap.

Comme toutes ces formations des Campos se relient par des
transitions, de même les Carrascos se décomposent en buissons
isolés répandus sur la plaine (*campo serrado*), ou bien sont remplacés par des Liliacées arborescentes (*campo aberto*). Ce n'est
qu'après la disparition complète des végétaux ligneux, que la
franche prairie de Graminées, avec ses riches ornements floraux,
se déploie à travers d'immenses espaces (*campo vero*). On a bien
assimilé la diversité des produits des Campos à un jardin richement fleuri [32], mais cette exubérance ne tient pas cependant,
comme au Cap, tant aux gradations climatériques du niveau, mais

plutôt à la nature dissemblable et compliquée du substratum géognostique. M. Tschudi a trouvé que dans la province de Minas la végétation luxuriante est celle des Campos ayant pour sous-sol les roches granitiques et amphiboliques, dont les produits de désagrégation fertilisent la terre, tandis que les formations auri-fères et diamantifères du grès siliceux (itakolumite), ainsi que les schistes, ne produisent qu'une maigre végétation, et ne sont propres ni à l'agriculture, ni à l'élevage du bétail. Voilà pour-quoi les villes qui doivent leur naissance aux exploitations mi-nières ne sont guère un champ favorable au botaniste collecteur : leur sol stérile est une des causes de leur décadence, aussitôt que le décroissement des produits minéraux a tari les sources de leur prospérité. C'est au contraire dans les solitudes loin-taines que la végétation de l'intérieur du Brésil déploie toute la splendeur de formes; c'est donc là qu'à l'aide de la colonisa-tion, un avenir important est réservé au développement de la contrée *.

Même dans les Campos ouverts, l'interruption que subit, pen-dant la saison sèche, la période de végétation, peut disparaître lorsque l'écoulement des eaux se trouve empêché, soit par les conditions du niveau, soit par l'effet d'un sous-sol imperméable. De telles localités marécageuses toujours vertes se présentent

---

* M. Gorceix vient de publier des observations intéressantes (*Comptes rendus*, ann. 1876, t. LXXXII, p. 631) sur l'âge de certains dépôts aurifères et diamanti-fères du Brésil, où l'on désigne sous le nom de *canga* un conglomérat ferrugineux qui renferme ces substances précieuses. Or, tandis que le *canga* avait été consi-déré comme appartenant à des terrains plus ou moins anciens, M. Gorceix a con-staté qu'il est au contraire de formation moderne et provient du remaniement des itabirites. Le fait que ce savant cite à l'appui de son assertion est que, bien qu'à l'est de la Serra de Carace, le canga repose directement sur le gneiss et les schistes cristallins, à Fonseca il se trouve superposé à des schistes avec minces couches de lignite, schistes très-riches en empreintes végétales parfaitement conservées et qu appartiennent toutes à la flore actuelle de la région, notamment aux *Schizolobium excelsum*, *Mimosa calodendron* et *Miconia ligustroides*. Il existait vraisemblable-ment à Fonseca, dit M. Gorceix, un lac dans les eaux duquel tombaient les feuilles des végétaux qui croissaient sur ses bords. Puis des torrents ont raviné les flancs de la Serra do Espinhaço en entraînant au loin des débris d'itabirite qui, cimentés ensuite, ont passé à l'état de *canga*. Le lac a d'ailleurs été desséché, et les eaux ont pris leur régime actuel. Les *cascalhas* diamantifères, que l'on a quelquefois confondus avec de véritables grès, se sont formés de la même manière. » — T.

quelquefois dans l'intérieur, mais c'est dans la contrée littorale du Maragnon qu'elles alternent sur une plus grande échelle avec les forêts vierges[13]. Dans des conditions semblables, on voit se produire des prés flottants composés de Cypéracées, ou bien des groupes de Palmiers (*Mauritia vinifera*, Palmier buriti) se dresser au milieu du sol limoneux.

Régions. — Les soulèvements les plus considérables du Brésil se trouvent dans la *Serra do Mar;* ils n'atteignent point le niveau de la limite tropicale des arbres, et cependant ne sont nullement boisés jusqu'à leurs sommités[4]. Dans la *Serra dos Orgãos*, la forêt tropicale ininterrompue cesse dès l'altitude de 1300 mètres, puis vient une ceinture de Bambusées, d'où les Fougères arborescentes ne sont pas encore exclues. Enfin, dans la région supérieure, on se trouve d'une manière assez inattendue en présence de cette végétation des Campos, caractérisée notamment par la forme de Vellozies (*Vellozia candida*). Même sur le Corcovado près de Rio, qui pourtant ne s'élève guère au-dessus de 650 m. (2000 p.), cette diminution d'arbres de haute futaie se prononce d'une manière manifeste[8], et s'explique par ce fait, que les sommités abruptes des rochers offrent à l'alizé un volume trop peu considérable, pour donner aux précipitations l'intensité nécessaire à la production de toute l'exubérance de la forêt tropicale. C'est ce qui fait qu'en général les arbres n'atteignent même pas les sommets de cette basse montagne ; sur les versants plus élevés ils se rapetissent graduellement, la forêt devient plus clair-semée ; les Bambous, sveltes encore, dressent bien leurs hampes, mais le sol devenant en même temps plus sec, on voit enfin ici encore apparaître la région des Liliacées ligneuses et rabougries. Sans contredit, le déboisement progressif a également contribué tant au décroissement des pluies qu'au changement de la végétation. Au reste, la présence des Vellozia dans les montagnes littorales, peu heureusement assimilées aux régions alpines d'autres contrées, tient aux mêmes influences que la formation des Campos mêmes, c'est-à-dire à l'aridité du sol, pendant les saisons où le soleil s'éloigne de sa position zénithale.

Les petites chaînes, ainsi que les ondulations du sol

qu'offrent les plateaux, demeurent au-dessous de l'altitude des montagnes littorales. Dans ces dernières, les végétaux ligneux se trouvent plutôt favorisés qu'entravés par l'inclinaison de la surface et par les pentes plus douces où l'humidité se concentre. Toutefois l'Itambe[32], considéré comme la plus haute montagne de l'intérieur (1818 m. ou 5600 p.)[6], ne parvient guère à produire sur son sommet que des arbres nains, qui y croissent de concert avec des Vellozia et autres plantes des Campos. Plus bas, ici également, les végétaux ligneux deviennent plus fréquents; une ceinture de Carrascos occupe l'espace (environ de 974 à 1625 m. ou 3000-5000 p.) entre ces hauteurs nues et la forêt de Capoe qui borde le pied de la montagne. Grâce aux stations tantôt humides, tantôt sèches, ainsi qu'à l'influence exercée par le substratum géognostique, M. Gardner trouva sur l'une de ces chaînes de hauteurs, à Minas-Geraes, entre Lavinha et Diamantina, un si riche butin de végétaux divers, rares et beaux, qu'il déclara que les Carrascos de cette Serra étaient le territoire le plus productif qui se fût offert à lui pendant ses voyages si étendus à travers l'intérieur du Brésil[33].

Centres végétaux. — Les forêts vierges des contrées littorales du Brésil ont beau réunir dans un espace circonscrit la plus grande multiplicité d'organisations, néanmoins c'est dans l'intérieur des plateaux que le caractère original de la flore se trouve bien plus fortement empreint. En effet, ici des barrières déterminées, disjonctives, s'opposent au mélange avec les plantes des contrées limitrophes. Les végétaux des Campos ne sauraient prospérer ni dans la zone équatoriale éternellement humide, ni sous les latitudes plus élevées des Pampas, où, à la vérité, les Graminées prédominent également, mais auxquelles font défaut les périodes de pluies intenses qu'exigent les plantes tropicales. D'ailleurs, du côté de l'ouest, les Campos sont délimités d'une manière encore plus tranchée par les vallées fluviales au pied des Andes, aussi bien que par leur propre élévation; et lors même que leur végétation parviendrait à franchir les hautes montagnes, elle se trouverait, au delà de ces dernières, refoulée par le climat dépourvu de pluies. Dans l'intérieur des Campos, l'existence indépendante des centres de végétation est favorisée par les différences de niveaux, l'irrigation et le substratum géognostique. L'expérience des collecteurs a prouvé que c'est dans les chaînes plus élevées que se trouve la majorité d'espèces particulières limitées à un habitat circonscrit, et qu'en conséquence de tels centres répartis sur toute la surface des plateaux ont été pour la plupart préservés, par les conditions du niveau, du mélange de leurs éléments respectifs. Cette multiplicité de localités géographiquement rapprochées et à climat analogue, où se sont produites des organisations non identiques, mais seulement similaires, se manifeste également dans plusieurs genres riches en espèces, phénomène qui établit une réssemblance entre la flore du Brésil et celle du Cap. (C'est ce qui, par exemple, a lieu indépendamment des Mélastomacées et Myrtacées sus-mentionnées, parmi les Labiées chez les *Hyptis* et parmi les Restiacées chez les *Eriocaulon :* ce dernier genre a plus de 200 espèces [34], dont la majorité habite un district de peu d'étendue dans les montagnes qui entourent le domaine des sources du rio Francisco.)

On ne saurait, d'après les analogies climatériques, établir d'affinité entre la flore brésilienne et celle de contrées lointaines, que dans un petit nombre de cas. En Amérique même, à peine existe-t-il une contrée d'une élévation semblable, puisque l'altitude moyenne du Brésil est de beaucoup inférieure à celle du Mexique, tandis qu'elle l'emporte sous ce rapport sur d'autres savanes : néanmoins les formes des Cactées et des Broméliacées brésiliennes se trouvent rapprochées de celles du Mexique et du Venezuela. Si le climat de l'intérieur du Brésil concorde plus avec celui des zones tropicales méridionales de l'Afrique, cela n'empêche pas qu'à l'exception des Vellozia du Benguela, les flores des deux continents, comparées entre elles, n'offrent que peu d'analogie (voy. p. 193).

Le caractère des centres végétaux du Brésil tient à la plus rigoureuse utilisation de l'espace telle que le présentent diverses formes végétales; c'est là ce qui dans les forêts et les montagnes de la zone littorale frappe le plus, même l'observateur peu versé dans la connaissance des détails. Dans ce nombre figure la plante qui nage dans les réservoirs d'eau d'une Broméliacée, et dont l'origine est ensevelie dans des ténèbres énigmatiques. Des Utriculariées d'espèces voisines à feuilles indivises et à fleurs rouges habitent les marécages de Minas-Geraes. Ceux qui aiment à séparer généalogiquement, d'après leurs ressemblances, des organismes indépendants et rattachés à des conditions vitales déterminées, peuvent profiter de cette occasion pour donner libre cours à leur fantaisie, sans toutefois parvenir à fonder leurs hypothèses sur un autre fait que celui des analogies dans le sens de l'espace.

Comme jusqu'à présent toute revue sommaire de la flore brésilienne nous fait complétement défaut, et que dans le grand ouvrage commencé par Martius, la plupart des familles prédominantes ne sont pas encore élaborées, il devient impossible, pour le moment, de formuler sur la richesse spécifique d'autre opinion que celle que les collections dont il s'agit sont les plus considérables de toutes celles que l'on a rapportées d'Amérique. Les résultats des explorations faites par des voyageurs tels que Martius, Burchell et Gardner, ne sauraient être comparés qu'à ceux qu'a fournis le Cap; le nombre des espèces est peut-être encore plus considérable, et dans leur ensemble le chiffre des espèces endémiques pourrait bien être évalué à 10 000. L'étendue de pays, il est vrai, est plus de vingt fois aussi vaste[35] que celle de la colonie du Cap; et bien que quelques provinces seulement aient été aussi bien étudiées au Brésil que cette dernière, il n'en est pas moins permis de conclure que, sous le rapport de sa richesse, la flore brésilienne est bien loin de rivaliser avec celle de la pointe méridionale de l'Afrique.

La série des familles prédominantes au Brésil a été établie par Burchell d'après ses propres collections[36], qui avaient été faites particulièrement dans les Campos : comme familles les plus riches en espèces, se présentent, de même qu'au Mexique, les Synanthérées; parmi les autres, les Rubiacées, les Mélastomacées, les Myrtacées, les Légumineuses, les Malpighiacées et les Broméliacées peuvent être considérées comme caractéristiques.

En fait de genres endémiques, j'ai dressé un catalogue contenant au delà de 200 types, parmi lesquels prédominent ceux qui

appartiennent aux familles suivantes : Synanthérées (27), Mélastomacées (20), Légumineuses (18), Malpighiacées (10) et Orchidées (10) *.

* Dans un important travail publié dans le *Bulletin de la Soc. bot. Fr.* (ann. 1872,
t. XIX, *Comptes rendus des séances*, I, p. 50), M. H.-A. Weddell fournit des renseignements sur la famille des Podostémacées, inconnue à Linné, et comptant aujour-
d'hui plus de 100 espèces, dont 42 n'ont été trouvées qu'au Brésil ; c'est donc une
forme qu'il faut ajouter aux formes brésiliennes. De même, sur les 145 espèces de
Serjania que M. le professeur Radlkofer a décrites dans sa remarquable monographie de ce genre (*Serjania, Sapindacearum genus monographice descriptum*,
ann. 1875), 82 appartiennent au Brésil, le reste au Mexique, à la Guyane, à la Nouvelle-Grenade, au Pérou, à la Bolivie, à l'Amérique centrale, et enfin aux Grandes
et Petites-Antilles. C'est, comme on le voit, un genre éminemment américain dont
les espèces sont en grande majorité propres exclusivement au Brésil. — T.

PIÈCES JUSTIFICATIVES

ET ADDITIONS

XIX. BRÉSIL.

1. Les plantes de la partie la plus méridionale du Brésil comparées par moi, et d'après lesquelles la flore littorale de ces contrées s'accorde dans ses traits généraux avec celle de Rio-de-Janeiro, avaient été recueillies par M. Macrae, dans l'île de Sainte-Catherine (28° lat. S.), et par M. Fox au Porto-Allegro (30° lat. S.).

2. NIEMEYER, *Die Kolonie Donna Francisca* (Peterm. *Mitth.*, VIII, p. 438).

3. A Tucuman (27° lat. S.), les pluies sont limitées aux mois d'octobre jusqu'à avril, mais même le mois le plus humide, novembre, n'avait que huit jours de pluie (Burmeister, dans les *Abhandl. der Haller. naturf. Gesellsch.*, VI, p. 100). Dans les plaines du Grand-Chaco les pluies d'été paraissent avoir l'intensité tropicale (Moussy, *Description de la confédération Argentine*, p. 391). Sur les affluents supérieurs du rio Vermejo (dans la province Argentine de Salta), les pluies tropicales durent quatre mois, et la forêt tropicale se trouve développée (*ibid.*, p. 423).

4. GARDNER, *Travels in the interior of Brazil*, édit. allemande, II, p. 344; *Jahresb.*, ann. 1853, p. 33. Le soulèvement le plus considérable de la *Serra do Mar* (montagnes des Orgues de la province de Rio-de-Janeiro) est, d'après Gardner : 2436 mètres (7500 pieds anglais).

5. L'altitude moyenne des Campos est évaluée à plus de 650 mètres ou 2000 pieds (*Jahresb.*, ann. 1853, *ibid.*); dans la province de Saint-Paul, elle est, d'après Saint-Hilaire, de 812 mètres ou 2500 pieds anglais (*Ann. sc. nat.*, III, 14; *Jahresb.*, ann. 1850, p. 65).

6. Selon MARTIUS (*Reise in Brasilien*, p. 456), l'altitude de l'Itambé, la montagne la plus élevée du domaine des Campos, est de 1816 mètres

(5590 pieds); d'après d'autres autorités, son élévation serait encore plus considérable (Tschudi, *Minas Geraes*, dans Peterm. *Mitth.*, *Ergänzungsheft*, IX, p. 4).

7. FŒTTERLE, *Geologische Uebersichtskarte von Südamerika* (Peterm. *Mitth.*, ann. 1856, carte 11). Déjà M. Gardner avait constaté que la formation qualifiée ici de grès brésilien constitue, dans la partie septentrionale des Campos, un bassin crétacé (*loc. cit.*, I, p. 240), tandis que les hautes contrées du midi, avec leur itacolumite, ou bien avec la grauwacke et les schistes argileux, avaient été soulevées plus anciennement pendant la période de transition.

8. BURMEISTER, *Reise nach Brasilien*, p. 323, 253, 104 (*Jahresb.*, ann. 1853, p. 31, 34).

9. MARTIUS, *Reise*, p. 141 ; Gardner, *loc. cit.*, I, p. 39, 14.

10. MARTIUS, *Tabula geographica Brasiliæ*, dans son *Flora brasiliensis*.

11. GARDNER, *loc. cit.*, I, p. 178; Dove, *Klimatologische Beiträge*, I, p. 90. A Pernambuco, la quantité de pluie était de 106″, dont 83″ pendant les mois compris entre avril et juin.

12. SAINT-HILAIRE, *Voyages dans l'intérieur du Brésil*, II, p. 101.

13. MARTIUS, *Reise*, p. 465, 526, 324, 757, 167, 207, 395, 563, 848.

14. SAINT-HILAIRE, dans *Nouv. Annales des voyages*, 1817; *Jahresb.*, ann. 1837, p. 50.

15. GARDNER, *loc. cit.*, II, p. 7, 107, 235; — I, p. 211, 112; — II, p. 338, 278.

16. SAINT-HILAIRE, dans *Ann. sc. nat.*, III, 14; *Jahresb.*, ann. 1850, p. 65.

17. HUMBOLDT, *Relation historique*, II, p. 45.

18. SAINT-HILAIRE, *Voyages*, II, p. 101, 416. Les arbres des Catingas dont la feuillaison avait été observée pendant la période pluvieuse étaient nommément une Myrtacée (*Eugenia dysenterica*), une Euphorbiacée (*Jatropha apiifolia*) et une Légumineuse.

19. A la page 401, MARTIUS, *Reise*, p. 718. — GARDNER, *loc. cit.*, p. 270.

20. MARTIUS, *Die Florenreiche*, p. 36 et seq. (*Jahresberichte der bayerischen Gartenbau-Gesellschaft*, ann. 1865).

21. D'après les isothermes mensuels et les tables de température de M. Dove, la température du mois de janvier à Rio (23° lat. S.) est de 26°,2, et sous 30° lat. S., de 25°; la température de juillet à Rio est de 20°, et sous 30° lat. S., 17°,5.

22. WEDDELL (*Ann. sc. nat.*, III, 13; *Jahresb.*, ann. 1850, p. 67).'

23. MARTIUS rapporte que deux espèces de Cocos (*C. capitata* et *coronata*) habitent la portion septentrionale des Campos, deux (*C. flexuosa* et

campestris) la portion centrale, et à leur tour deux (*C. australis* et *Batai*) celle du midi; les deux dernières n'atteignent leur limite méridionale que dans les flores des Pampas (sous 36° lat. S.). (Martius, *Florenreiche*, loc. cit.)

24. Le bois du Jacaranda porte en France le nom de Palissandre, et en Angleterre celui de *Rose-wood;* il diffère de ce que les Allemands appellent *Rosenholz* (*Tulip-wood* des Anglais). D'après Allemâo (Bentham, *Dalbergiæ*, p. 36, dans *Journ. Linn. Soc., Suppl.*), le Jacaranda provient en grande partie du *Dalbergia nigra*. M. Tschudi (*Reisen durch Südamerica*, III, p. 41; *Jahresb.*, dans le *Geogr. Jahrb.* de Behm, III, p. 204) qualifie de Jacaranda le *D. Miscolóbium*, espèce voisine de la précédente. D'après Martius (*Florenreiche*, p. 30), le Jacaranda-tan est une variété particulière du Jacaranda, notamment le bois du *Machærium legale* et du *M. Alemani* (cf. *Jahresb.*, ann. 1853, p. 34). Le bois dit *Zebra* provient du *Centrolobium robustum*.

25. RUGENDUS, *Mahlerische Reise in Brasilien.*

26. MARTIUS, *Tabulæ physiognomicæ* de son *Flora brasiliensis.*

27. WEDDELL, dans les *Ann. des sc. nat.*, III, 11; *Jahresb.*, ann. 1849, p. 57.

28. Données sur les formes végétales des forêts brésiliennes, disposées d'après les formations telles qu'elles se trouvent expliquées dans le texte :

Mato virgem des contrées littorales :

Contrée basse : Forme Laurier (Myrtacées : *Lecythis, Bertholletia*); forme Tamarinde; Palmiers (*Astrocaryum Ayri*). — *Versants de la Serra do Mar :* Forme Tamarinde; forme Laurier (Myrtacées, Laurinées, Rubiacées, Sapotées, Mélastomacées); forme Bombacée (Urticées : *Cecropia*); Fougères arborescentes; Palmiers (*Euterpe oleracea*); Bambusées; Épiphytes (Aroïdées, Orchidées, Broméliacées, Fougères); Lianes (Malpighiacées, Bignoniacées, Asclépiadées; Dilléniacées : *Davilla;* Renonculacées : *Clematis;* Euphorbiacées : *Anabæna*); formes frutescentes (Pipéracées, Légumineuses, Rubiacées, Euphorbiacées, Verbénacées, Rutacées, Mélastomacées); forme Scitaminéc; herbes vivaces (Bégoniacées, Acanthacées, Gesnériacées) ; végétaux bulbeux (*Amaryllis*); Cypéracées; Graminées (Cf. Martius, *Tab. physiogn.*, I, *Jahresb.*, ann. 1841, p. 458.)

Capoes. — Forme Laurier (Myrtacées, Vochysiacées, Anonacées, Laurinées, Styracées, Rubiacées, Apocynées, Ilicinées, Combrétacées, Euphorbiacées, Samydées, Polygonées, Mélastomacées); forme Tamarinde (Légumineuses : *Inga;* Térébinthacées : *Schinus;* Sapindacées : *Cupania*); Lianes, Épiphytes. (Cf. Martius, *loc. cit.*; Gardner, *loc. cit.*, II, p. 223.)

Pantanals. — Palmiers (*Cocos capitata* et *Copernicia*, dans le domaine des inondations; en dehors de ce domaine : *Euterpe oleracea, OEnocarpus Bacaba, Iriartea exorrhiza, Mauritia*); forme Laurier (Myrtacées, par exemple *Eugenia cauliflora*); forme Bromelia; Lianes, Épiphytes. (Weddell, dans *Ann. sc. nat.*, III, 11 et 13; *Jahresb.*, ann. 1849, p. 57, et ann. 1850, p. 69.)

Catingas. — En fait de formes arborescentes sont mentionnées :

A Bahia, des Bombacées: *Cavanillesia, Chorisia ;* Térébinthacées : *Bursera, Spondias ;* Légumineuses : *Cæsalpinia, Erythrina ;* Euphorbiacées : *Cnidoscalus ;* Palmiers: *Cocos coronata*. (Martius, **Tab**. *phys.*, X, *Jahresb.*, ann. 1842, p. 429; *Reise*, p. 611.)

A Ceara, des Mimosées, Combrétacées, Chrysobalanées. (Gardner, *Reise*, I, p. 196.)

A Goyaz, des Vochysiacées : *Qualea, Salvertia, Vochysia ;* Légumineuses : *Commilobium ;* Synanthérées : une Vernoniacée, *Albertinia*. (Gardner, *Jahresb.*, ann. 1848, p. 412.)

A Minas, des Légumineuses : *Acacia, Andira, Copaifera ;* Urticées : *Ficus ;* Bombacées : *Chorisia, Bombax ;* Bignoniacées : *Jacaranda ;* Palmiers : *Cocos capitata*. (Martius, *Reise*, p. 499, 511.)

Sur les rives du Francisco, des Légumineuses et un Cactus colomnaire de 6-10 mètres de hauteur. (Gardner, *loc. cit.*, I, p. 143.)

Au pied des Andes boliviennes, des Bombacées : *Chorisia ;* Palmiers : *Trithrinax brasiliensis*, avec un Cactus colomnaire.

Pinheiros. — Araucaria brasiliensis.

Taillis de Palmiers du Grand-Chaco. — Copernicia cerifera.

Capoeiras. — Formes arborescentes (Urticées : *Celtis ;* Verbénacées : *Ægiphila ;* Laurinées, Malpighiacées; Borraginées : *Cordia ;* Tiliacées : *Sloanea*); Arbustes (Verbénacées : *Lantana ;* Synanthérées, Solanées; Euphorbiacées : *Croton*); Lianes (Malpighiacées); Fougères : *Pteris caudata ;* Graminées : *Melinis minutiflora*. (Martius, **Tab**. *phys.*, VI, *Jahresb.*, ann. 1841, p. 459; Gardner, *Reise*, II, p. 278.)

29. Tschudi, *Reisen durch Südamerika*, II, p. 210; *Jahresb.* dans Behm, *Geogr. Jahrsb.*, III, p. 204.

30. Martius, **Tab**. *phys.*, X, *Jahresb.*, ann. 1842, p. 429. Gardner fait observer qu'en regard des arbres perdant leur feuillage pendant la saison sèche dans les Catingas de Piauhy, une seule Rhamnée seulement (*Zizyphus*) le conserve dans cette contrée (*Reise*, II, p. 31).

31. Martius, *ibid.*, tab. VIII, *Jahresb.*, ann. 1841, p. 460.

32. Martius, *Reise*, p. 456. Sur le sommet de l'Itambe, les arbres consistaient en une Ochnacée (*Ochna*), une Synanthérée (*Lychnophora*) et une Laurinée (*Ocotea*).

33. GARDNER, *loc. cit.*, II, p. 233.

34. MARTIUS, *Florenreiche*, p. 46.

35. La superficie du Brésil embrasse 15 200 milles géogr. carrés (Behm, *Geogr. Jahrb.*, I, p. 117). En éliminant les provinces équatoriales, il n'en reste pas moins plus de 12 000 milles géogr., domaine dont les espèces endémiques connues jusqu'à présent ont été évaluées dans le texte au chiffre de 10 000 (chiffre proportionnel un peu plus fort que dans l'Hylæa).

36. BURCHELL (*Hooker's Botanical Miscellanies*, II, p. 131). Les familles spécifiquement les plus riches de sa collection, qui renferme 7000 espèces provenant du Brésil, forment, d'après lui, la série suivante : Synanthérées, Graminées, Rubiacées, Malvacées, Mélastomacées, Myrtacées, Légumineuses, Orchidées, Térébinthacées, Euphorbiacées, Cypéracées, Aroïdées, Malpighiacées, Acanthacées, Bignoniacées, Convolvulacées, Apocynées, Scrofularinées, Solanées, Scitaminées, Guttifères, Broméliacées, Urticées, etc.

XX

FLORE DES ANDES TROPICALES

DE L'AMÉRIQUE MÉRIDIONALE

Climat. — Aux vastes contrées basses de l'Amérique méridionale succède, du côté de l'ouest, le bombement des Andes, qui, ne le cédant en hauteur qu'à l'Himalaya, mais constituant par l'étendue de ses lignes de soulèvement le massif montagneux le plus considérable du globe, occupe complétement et sans interruption tout l'espace étendu jusqu'au Pacifique, ainsi que depuis l'isthme jusqu'à la pointe méridionale du continent. Cette série de hauteurs, d'une si grande extension longitudinale, dont le diamètre, du nord au sud, est égal aux deux tiers d'un quart de cercle terrestre (de 9° lat. N. jusqu'à 56° lat. S.), n'a nulle part la largeur qu'acquièrent les Andes mexicaines; néanmoins leur structure est, en un sens, semblable à celle de ces dernières, car des surfaces élevées s'y trouvent aussi closes ou bordées par des crêtes parallèles ou des Cordillères. Presque partout on peut distinguer une Cordillère littorale occidentale, surgissant directement de la côte du Pacifique, d'une série orientale de hautes crêtes qui avoisinent également le bord du massif montagneux et descendent vers les profondes vallées fluviales de la contrée basse. Se rapprochant sous l'équateur, à Quito, de manière à former une haute vallée de peu de largeur, les deux Cordillères marginales bordent, dans le Pérou et dans la Bolivie, une vaste contrée élevée désignée dans le pays par les noms de région de la Sierra et de la Puna. Sous le tropique méridional, les hautes sommités et les crêtes disparaissent presque complétement sur un certain espace; le désert d'Atacama, qui forme une plaine fortement voûtée, s'étend à travers le bombement depuis le Pacifique jusqu'aux Pampas, et y marque une section naturelle qui sépare la flore des Andes tropicales de celle du Chili[1].

La végétation des Andes sud-américaines possède un caractère de parfaite autonomie déjà comme flore monticole, par opposition aux plaines basses, avec lesquelles elle ne peut se confondre que dans les vallées qui descendent de la montagne. En deçà des tropiques, elle embrasse, dans la gradation de ses régions, toutes les isothermes du globe jusqu'à la ligne des neiges perpétuelles; mais, sous ces latitudes, elle se montre plus variée dans ses formes, d'après les conditions altitudinales, que dans un même milieu simultanément habité par des espèces différentes, parce que la majeure partie de la surface manque d'une irrigation suffisante, et que le climat des hautes régions paralyse les immigrations des pays limitrophes. Quant à la richesse de leurs régions forestières, les Cordillères sont très-inférieures à l'Himalaya, de même que, par la diversité de leurs produits, les Andes mexicaines l'emportent sur les contrées montagneuses de l'Amérique méridionale[*].

C'est sur le versant Pacifique des Cordillères occidentales du Pérou que le défaut d'irrigation se fait le plus sentir, la côte elle-même étant une zone complétement dépourvue de pluie et humectée seulement en hiver par de légères précipitations de brouillard, par les *garuas*. Comme cette chaîne andienne n'est

---

[*] Cela peut être vrai d'une manière générale, mais il y a de nombreuses exceptions en faveur de la richesse en espèces de certains centres végétaux dans la Cordillère des Andes. Il suffit de citer la province d'Antioquia dans la Nouvelle-Grenade, certaines parties du Choco, la région des Colorados dans la république de l'Équateur, et un grand nombre de points de la Cordillère orientale sur les versants qui regardent les plaines de l'Orénoque et celles de l'Amazone. D'un examen sommaire et de la comparaison du nombre des espèces de ces contrées privilégiées avec les plus riches du Mexique, il résulte que ces dernières ne l'emportent en rien au point de vue de la variété des types et de l'exubérance de la végétation. Je fournirai ultérieurement la preuve de cette assertion en comparant mes herbiers avec ceux des voyageurs qui ont exploré le Mexique et recueilli le plus grand nombre d'espèces dans des régions et des laps de temps déterminés. — ÉD. ANDRÉ.

nulle part interrompue, les rivières n'y ont qu'une faible extension et peu d'eau ; ce n'est que sur leurs bords, ou bien là où leurs
eaux ont été réunies pour servir à l'irrigation, que le désert a été
converti localement, comme à Arequipa, en oasis cultivées et
garnies de fleurs. Mais dans les stations plus élevées, ainsi qu'en
dehors de la Cordillère littorale, la quantité de pluie est également minime, ou bien la répartition des précipitations n'est guère
de nature à favoriser une végétation vigoureuse. La ligne climatérique où, en regard de ces arides contrées montagneuses, la
richesse de la nature tropicale peut se déployer, n'est atteinte
que sur le partage des eaux de la Cordillère orientale, sur les
versants tournés vers les plaines basses de l'Amérique méridionale, ou bien dans les vallées qui, en bordant ou en coupant cette
chaîne, se trouvent ouvertes dans la direction de la mer Caraïbe
et de l'Atlantique, et concentrent leurs eaux pour les verser dans
les grands fleuves, tels que la Magdalena, l'Orénoque et les
Amazones. En effet, il n'y a que ce versant des Andes qui soit
exposé à l'alizé amenant la pluie, alizé qui apporte les vapeurs
aqueuses des mers lointaines, les décharge sur la Cordillère,
mais ne se fait plus sentir à l'ouest de la crête de cette dernière.
L'obstacle mécanique qui interrompt ici le courant atmosphérique général, ou du moins le rejette dans les couches supérieures de l'atmosphère, exerce une action tellement étendue,
que ce n'est qu'à une distance considérable de la côte péruvienne
que les navigateurs rencontrent l'alizé sud-est du Pacifique. Sur
la côte tropicale occidentale même de l'Amérique du Sud, règnent
les courants atmosphériques sud et nord, qui soufflent parallèlement à la ligne de soulèvement des Andes, et par conséquent
ne sauraient produire de précipitations altitudinales. Toutefois
cela ne répond pas encore à la question de savoir pourquoi les
périodes pluvieuses solsticiales font également défaut à la côte
péruvienne, puisqu'elles ont lieu en deçà de l'équateur dans des
conditions en apparence semblables.

C'est au contraste entre les deux climats littoraux du Pacifique,
contraste prononcé surtout sous le 4e degré de latitude méridionale, que la côte occidentale de la Nouvelle-Grenade et de l'Équateur doit de participer à la végétation de l'isthme, tandis que le

versant des Andes péruviennes se trouve dépourvu de forêts[2]. Les mêmes influences doivent exercer leur action plus loin au delà des tropiques, puisque de l'autre côté du désert d'Atacama la région forestière continue fait également défaut sur un vaste espace aux Andes chiliennes. De même que la forêt tropicale s'évanouit tout à fait dans la proximité du cap Blanco (4° lat. S.), juste à l'endroit où la côte du Pérou s'infléchit au sud-est, ainsi les conditions de la vie de l'arbre en général ne se reproduisent qu'au sud des capitales chiliennes de Valparaiso et Santiago (33° lat. S.), et c'est à peu de distance au delà de la Conception (36° lat. S.) que commencent ces épaisses forêts qui correspondent au climat humide de Valdivia et de Chiloe, ainsi que plus loin les Hêtres antarctiques, qui s'avancent jusqu'au détroit de Magellan et au cap Horn. Le vaste espace, de plus de 29 degrés de latitude, compris entre le cap Blanco et Valparaiso, est déboisé par suite de la sécheresse du climat, et c'est cette aridité qui détermine le caractère de la contrée ainsi que la nature des produits du Pérou, de la Bolivie et du Chili. Partout où la pluie fait défaut ou n'est point suffisante par sa quantité et sa durée, et où elle n'est point compensée, soit par l'eau courante, soit par des brouillards, les végétaux à longue période de végétation, exigeant beaucoup d'humidité, ne sauraient prospérer. L'opinion qui admet l'absence des forêts non comme effet, mais comme cause du manque de pluie, n'est guère applicable à des contrées où l'aridité du climat peut être expliquée par des influences générales, agissant sur de grands espaces et complétement indépendantes de la végétation, ainsi que par des mouvements de l'atmosphère ou des courants maritimes. Cependant, dans ce cas, à peine a-t-on tenté de signaler une relation de cette nature, qui puisse rendre compte du climat sec de la côte occidentale du sud de l'Amérique[*].

---

[*] Ces influences générales ne suffisent point pour expliquer la dénudation de certains espaces dans les environs de l'Équateur, non plus que la luxuriante végétation de certains autres. Je crois qu'il faut en chercher la cause simplement dans la constitution physique du sol, et j'en ai trouvé la preuve dans les espaces aréna- cés que j'ai fréquemment rencontrés, dans leur sauvage nudité, au milieu même de contrées pluvieuses par excellence. Je fais remarquer plus loin, dans mes notes sur le chapitre XVII, que le milieu de la vallée du Dagua est d'une sécheresse parti-

M. Raimondi, naturaliste péruvien, a consacré à ce problème quelques études plus sérieuses[3]. Il reconnaît que dans le culièrement frappante, tout auprès des versants généralement si verdoyants et si humides de la Cordillère occidentale dans le Choco. Comme la formation arénacée n'existe pas dans cette partie moyenne qui commence à Tocota et s'étend jusqu'à la hacienda del Dagua, où commencent les terrains schisteux, pour se poursuivre jusqu'à Cordova, mais que le pays se compose au contraire d'argiles rouges, profondes et fertiles, on ne peut attribuer le climat sec qui a fourni à une localité le nom si caractéristique de *el Horno* (le four) qu'au changement climatérique produit par un défrichement séculaire des montagnes et une agriculture pastorale permanente. Dans cette fournaise artificielle se sont implantés des *Agave*, *Cereus*, *Opuntia*, *Mamillaria*, Mimosées épineuses, Euphorbiacées (*Croton*), Verbénacées, Amarantacées, tout le cortége des savanes les plus desséchées de la *Costa* du Pérou. Il n'y pleut presque jamais. Mais dès que l'on pénètre dans les vallées et sur les sommets non défrichés, à quelques lieues de là, au Salado par exemple, et au delà de la vallée du rio Bitaco, les précipitations recommencent, et la flore redevient d'une abondance et d'une variété inépuisables.

J'ai constaté le même fait sur plusieurs points, dans les chaudes vallées du Chota, du Pisque et du Guaillabamba, au nord de l'Équateur, dans les déserts de Santa-Elena et de Manabi, à l'ouest, où des climats arides sont causés par la présence d'un sol de sable pur, tandis qu'à peu de distance la végétation est abondante dans les vallées fertilisées par les dépôts d'humus et d'alluvions.

Bien plus, au dire de la population des pentes orientales de la Cordillère, dans le territoire de San-Martin (Colombie), des climats locaux se sont formés depuis quelques années seulement au-dessus des concessions de terrains défrichées avec quelque extension, et dans une région malsaine d'où la fièvre disparaît graduellement avec les pluies excessives d'autrefois.

Le contraire a lieu sur le chemin de Mallama à Barbacoas, où partout les versants même les plus rapides des montagnes sont couverts d'un terreau abondant, et où habite une population indolente qui n'a pas fait la moindre tentative de défrichement. Là il pleut *treize mois sur douze*, disent les indigènes, pour indiquer d'une manière paradoxale la continuité des pluies, et cela à moins d'un degré de latitude du rio Guaillabamba, où la pluie est presque inconnue. Mais, dans le premier cas, le sol est formé d'argile et d'humus, et dans le second, de sables pulvérulents et de roches dénudées, sans fissures.

J'ai été surtout frappé de ces faits en me dirigeant du sud de la Colombie vers les hautes vallées volcaniques de l'Équateur. La végétation était magnifique depuis la base des montagnes jusqu'au faîte, dans la région de Pasto, Tuquerrès et Ipialès, où le sol est partout profond et fertile. Dès que j'eus dépassé la frontière équatorienne, commença la région des sables volcaniques, et avec elle disparut graduellement la végétation arborescente, que je ne retrouvai plus sur les hauteurs tant que durèrent les mêmes terrains, c'est-à-dire, jusqu'à la province de Loja (5° ou 125 lieues plus au sud), où la fertilité est de nouveau en rapport avec la formation de la couche (*capa*) végétale.

Je n'infère pas de ceci que les grands déserts du globe ne soient pas le résultat de causes générales indépendantes de la constitution géologique du sol ; je crois seulement qu'elle exerce une plus grande influence qu'on ne l'admet généralement sur les climats locaux. — ÉD. ANDRÉ.

Pérou les mouvements de l'atmosphère empêchent la formation des nuages, et il remarque que les vents de pluie, qui, pour produire des précipitations, devraient atteindre les Cordillères en sens vertical, y font défaut. Mais il ajoute que, puisqu'il en est de même à Guayaquil et dans le Chili, l'absence des pluies sur la côte péruvienne doit tenir encore à une autre cause, et il croit la trouver dans la nature arénacée du sol, dont les surfaces échauffées empêcheraient la condensation des vapeurs aqueuses. Toutefois, bien que boisée, la côte de l'Équateur a un climat beaucoup plus chaud que celle du Pérou, qui, malgré son ciel serein, possède, relativement à sa latitude, une température plutôt fraîche. Ainsi donc il n'est ni constaté ni admissible que la zone dépourvue de pluie coïncide avec la même constitution de la surface du sol. Nulle part les grands déserts de notre globe ne se trouvent déterminés par les conditions physiques du sol, dont les variations s'opèrent irrégulièrement sur une échelle bien moins considérable. Sur d'autres continents, l'absence des pluies tient aux courants atmosphériques desséchants qui s'opposent à la condensation des vapeurs aqueuses; mais ici la mer, cette source inépuisable d'humidité atmosphérique, confine immédiatement au littoral dépourvu de pluie. La vapeur aqueuse n'y fait donc point défaut, seulement elle ne se condense pas, ou du moins ne produit, en hiver, que de faibles brouillards.

La formation des nuages, due à des vents de mer fortement imprégnés de vapeurs, tient à ce que ces vents se trouvent placés en contact avec des corps plus froids, fait auquel les montagnes littorales, telles que la montagne de la Table au Cap, donnent le plus généralement lieu. Mais, au Pérou, la température du continent, même jusqu'à des hauteurs assez considérables, est supérieure à celle de la mer qui baigne les côtes. D'après Humboldt[1], au commencement de novembre, la température de la mer, dans les parages du Callao, n'était que de 15°,4; celle de l'air ambiant étant de 22°,7 : la différence était, par conséquent, de plus de 7 degrés. C'est là l'effet du courant antarctique, portant le nom de Humboldt, qui amène constamment des masses d'eau froide des hautes latitudes et exerce son action réfrigé-

rante sur les côtes nues du Pérou, effet diamétralement opposé
à celui que le Gulf-stream produit en Europe. Ici, c'est la mer
elle-même qui est le corps le plus froid, qui condense les vapeurs
aqueuses, qui enlève aux vents de mer leur humidité et l'éloigne
de la côte montagneuse. Ce qui est parfaitement décisif en faveur de ce fait, c'est que le courant Humboldt baigne la côte
exactement sur l'espace que comprend le climat littoral. Passant
à peu de distance de Valparaiso, le courant se trouve à Coquimbo
(30° lat. S.) en contact immédiat avec le littoral du Chili, exactement à l'endroit qui marque la limite méridionale du climat
dépourvu de pluie, et de là il longe la côte jusqu'au cap Blanco
(4° lat. S.), par conséquent jusqu'à la latitude où les pluies tropicales commencent de nouveau. Humboldt avait déjà apprécié
l'influence du courant sur la température modérée de la côte
péruvienne, sans toutefois prendre en considération la sécheresse du climat, qui domine autant en mer que sur la terre
ferme, ainsi que le prouvent déjà les dépôts de guano dans les
îles Chinchas*. La cause pour laquelle la condensation des
vapeurs aqueuses, et par suite le desséchement de l'atmosphère
au-dessus du courant Humboldt, n'avait pas été prise en considération jusqu'à présent, c'est vraisemblablement parce que les
phénomènes ne se manifestent point comme sur les corps solides,
sous forme de pluie. Semblable à une rosée, cette condensation
sur la surface froide de l'eau doit s'opérer invisiblement et
insensiblement. En effet, par sa basse température, le courant

---

* M. Boussingault considère l'accumulation du guano sur plusieurs points de la
côte chilienne, mais surtout dans les îles Chinchas, comme une des preuves les
plus péremptoires de la sécheresse atmosphérique de cette contrée. L'éminent physicien a consacré au guano une étude très-étendue qui n'occupe pas moins de
154 pages dans son remarquable ouvrage intitulé : *Agronomie, Chimie agricole et
Physiologie* (t. III, p. 94-148). M. Chevreul a enrichi ces études de nouvelles observations développées dans une série de notes, dont la huitième a paru dans les
Comptes rendus de 1874 (t. LXXIX, p. 273). De son côté, M. Hahel, en Amérique,
a formulé sur l'origine du guano (voy. *Société d'acclimatation*, 3° sér., ann. 1874,
t. I, p. 430) une théorie complétement en désaccord avec celle admise jusqu'à
présent; car, selon le chimiste américain, loin d'être un résidu d'excréments d'oiseaux, le guano ne serait qu'un amas de plantes et d'animaux fossiles, dont la
matière organique aurait été transformée en une substance azotée, la partie minérale étant restée intacte. M. Hahel cite à l'appui de son opinion la découverte qui,
d'après lui, avait été faite de dépôts de guano dans le fond de l'Océan. — T.

arctique agit comme une surface qui aspire et concentre les vapeurs aqueuses du milieu limitrophe, en desséchant également l'atmosphère de la côte voisine, et qui ne rend possible que la formation de légers brouillards (*garuas*); ou bien les précipitations insignifiantes ne se produisent, à une plus grande distance dans les régions andines supérieures, que lorsque la chaleur solaire décroît et que, par suite de vents réfrigérants, le point de saturation des vapeurs se trouve dépassé. Les forêts et les formes tropicales de végétation ne sauraient prospérer partout où, embrassant dans ses mouvements des zones entières, la nature inorganique porte atteinte à la condition la plus importante du développement végétal, en paralysant la circulation normale de l'eau à travers l'atmosphère.

Plus les différences de température entre l'eau de la mer et l'atmosphère sont considérables, plus la voûte céleste de ces côtes est dégagée de nuages. Or, de même que la saison des garuas a lieu pendant les mois d'hiver (mai à septembre), à l'époque où le soleil s'éloigne du zénith et où les températures des deux milieux se trouvent équilibrées [4], ainsi une semblable neutralisation s'opère sur les pentes des Andes par l'exhaussement du sol, en sorte qu'avec l'altitude croissante il commence à se former des précipitations liquides au lieu des brouillards de la côte. Aussi ces effets produits par le changement de niveau sont-ils indépendants des saisons, au point qu'ils se renferment plutôt en été dans les régions supérieures, alors que la température de la côte est le plus élevée et que sa décroissance jusqu'aux Cordillères neigeuses parcourt l'échelle la plus vaste. Ces conditions expliquent pourquoi, dès une altitude encore médiocre, les garuas se convertissent en pluies d'hiver, et pourquoi, sur des points plus élevés, c'est au contraire pendant la saison chaude que les précipitations ont lieu [5] : c'est alors, dans la région Puna [6], que l'on voit chaque jour se produire des orages dont les coups de tonnerre sont entendus au loin par les habitants de la côte, sans qu'au-dessus de leur tête le ciel laisse apercevoir aucun nuage. On porte à 455 mètres (1400 p.) le niveau jusqu'auquel la région inférieure de la côte péruvienne demeure complétement dépourvue de pluies [6], bien que, grâce à l'influence locale exercée par les vallées et les eaux, celles de l'hiver puissent descendre beaucoup plus bas (par exemple à Lima, à une altitude de 163 m. ou 500 p.)[7]. Mais, comme cependant la quantité de la vapeur atmosphérique est tout aussi peu considérable dans les régions élevées que dans la région basse, les précipitations que reçoivent les premières n'en sont pas moins insuffisantes pour y donner à la végétation beaucoup de vigueur. Le cachet de dénûment imprimé à la contrée reste toujours le même, bien que quelques arbres isolés, de petite taille, aient été observés à des stations extraordinairement élevées (jusqu'à 4386 mètres ou 13 500 p.)[6]. Cette insuffisance d'irrigation est rendue encore plus défectueuse sur la Cordillère occidentale par la direction qu'ont dans les régions supérieures les vents dominants des montagnes qui, descendant des deux côtés de la crête, soufflent, à l'est le long du versant occidental, et à l'ouest le long du versant opposé, de sorte qu'en s'avançant vers les vallées et les hautes surfaces plus chaudes, ils conservent les vapeurs dont ils sont imprégnés[6]. De plus, lorsque, comme cela a lieu sur la surface bombée du désert d'Atacama, on n'observe plus les contrastes entre les hauts sommets, les défilés et les vallées, qui, par leur échauffement inégal, favorisent la formation des nuages, alors le climat dépourvu de pluies peut s'étendre jusqu'aux niveaux les plus élevés. Voilà pourquoi ce n'est qu'en dehors du courant Humboldt, et notamment dans la république de l'Équateur, que, sous l'empire de périodes de pluies solsticiales plus abondantes, nous trouvons également des pentes boisées sur le versant occidental des Andes. Au même niveau élevé où au Pérou il se présente seulement des arbres isolés dans des stations lointaines, on les voit ici se réunir en forêts continues qui, plus bas, se rattachent directement aux formes de la flore de l'isthme[8].

Quand on dépasse les limites méridionales des Andes tropicales, on remarque, entre les flores du Pérou et du Chili, une certaine affinité qui se manifeste par la physionomie des pays de montagnes, ainsi que par la diffusion dans les deux contrées de quelques espèces végétales identiques. Ici nous nous trouvons en présence d'un fait rare, celui de voir leur migration ne pas s'arrêter devant les tropiques, qui cependant sont ailleurs d'une importance si étendue pour les phases périodiques du développement végétatif, en marquant la limite générale des contrastes progressifs entre les saisons chaudes et froides. Je citerai comme exemple la Pomme de terre, dont la patrie s'étend depuis les côtes du Pérou jusqu'aux îles humides de l'archipel des Chonos (45° lat. S.), ainsi que cela a été positivement constaté[9] *. L'indépendance des influences climatériques dont jouit cette plante, qui figure au premier rang parmi tous les dons que l'ancien monde doit au nouveau, s'est, à la vérité, maintenue par la culture dans les plus larges limites; mais, dans sa migration naturelle, elle est restée confinée à la région inférieure de la chaîne occidentale des Andes. Car, bien qu'elle ait à supporter ici les plus grandes différences relatives à l'irrigation et à la sécheresse, elle n'a pu ni franchir la Cordillère ni s'accommoder à la chaleur uniformément élevée des tropiques. La Pomme de terre est un végétal essentiellement périodique. Le mois le plus chaud à Lima est de près de 8° supérieur au mois le plus froid[7]. Ce qui, sous les tropiques, rehausse généralement l'uniformité de toutes les saisons, c'est qu'avec la position zénithale du soleil, se produit la période des pluies, et par conséquent à une époque de l'année où les rayons solaires ont le plus de chaleur, dont l'effet se trouve atténué par le ciel nuageux. Mais quand, au contraire, comme au Pérou, le ciel est serein en été, et en hiver couvert de brouillards et de nuages, alors on voit s'accroître la différence entre le pouvoir calorifique du soleil, selon qu'il occupe sa position la plus élevée ou la plus basse. Dans de telles conditions, la périodicité de la vie végétale n'est pas déterminée, comme dans d'autres contrées tropicales, seulement par les variations de sécheresse et d'humidité, mais aussi par la courbe thermique des saisons. D'ailleurs, l'action réfrigérante exercée par le courant Humboldt sur toute la côte constitue un trait d'union de plus entre le climat du Pérou et celui du Chili.

* Voyez plus loin, page 650, une note sur la patrie de la Pomme de terre, dont l'habitat spontané n'est pas limité au Pérou vers le nord, mais s'étend jusqu'à la Nouvelle-Grenade, par 4°-5° lat. N. — T.

Toutefois ces traits de ressemblance se trouvent limités seulement aux contrées littorales du Pérou et de la Bolivie[*]. Dans les Andes du Pérou, la majeure partie de la surface est tellement élevée, que la végétation alpine seule peut subsister, et ce qui distingue cette haute contrée de celle du Mexique, c'est précisément que l'espace compris entre les Cordillères, ou du moins entre les régions les plus élevées de la Puna, n'est point, comme au Mexique, accessible aux formes végétales de la zone tempérée, mais se trouve sur une vaste étendue au delà de la limite des arbres (3319 jusqu'à 4256 m. ou 10 200 à 13 100 p.). Et c'est précisément ici que la courbe thermique annuelle est plus uniforme, parce que les précipitations ont lieu en été : souvent ce n'est que par suite de tempêtes violentes que des masses de neige se précipitent dans les vallées étroites, et qu'après beaucoup d'oscillations, la moyenne annuelle se trouve ainsi rétablie. Au lac de Titicaca (4126 mètr. ou 12 600 p.), sur les vastes surfaces élevées qui constituent les limites entre le Pérou et la Bolivie, on ne récolte

---

[*] M. le professeur Hermann Wagner vient de publier sur le littoral de la Bolivie (Petermann, *Mittheil.*, nov. 1876, vol. XII, p. 221) un travail qui permet d'apprécier l'étendue de la partie des transformations qu'a éprouvées cette contrée depuis peu d'années sous le double rapport de son importance commerciale et politique, en sorte que la côte bolivienne, représentée par les voyageurs les plus récents, tels que MM. de Philippi et Tschudi, comme la partie la plus désolée et la plus inhabitée du désert d'Atacama, est devenue le siége d'une population constamment croissante, attirée par les bénéfices de lucratives exploitations. Ce qui y a donné lieu, c'est particulièrement la découverte de riches dépôts de minéraux et de guano. Les premiers ont été constatés à 180 kilomètres à l'est de la baie Mejillonès et consistent en minerais d'argent ; de plus, on a découvert d'immenses dépôts de salpêtre, également à peu de distance de la côte. Quant au guano, il se trouve accumulé en couches puissantes, tant sur la côte occidentale de la baie de Mejillonès que dans une île (*isla de los Alcastraxes*) située près de cette baie. D'après l'évaluation des experts, les couches de guano n'y renferment pas moins de 2 millions de tonnes de cette substance. La carte qui accompagne le travail de M. Wagner fait parfaitement ressortir les traits caractéristiques du relief de cette contrée, renflée en vastes terrasses qui se superposent les unes aux autres, depuis la côte jusqu'au lac salé d'Atacama. Les principales terrasses sont au nombre de trois : celle qui se termine sur le littoral a une altitude de 1000 mètres, celle qui lui succède 1500 mètres, et enfin la troisième et dernière (la plus orientale) 2200 mètres. Ces trois terrasses se trouvent séparées les unes des autres par autant de chaînes montagneuses courant en moyenne du nord au sud ; la chaîne la plus rapprochée de la côte (*Cordillera de la costa*) a une altitude d'environ 2000 mètres, et celle qui lui succède immédiatement (*Cordillera central*), plus de 3000 mètres. — T.

que des végétaux cultivés dont la période de végétation est courte : les brusques variations de température du jour et de la nuit, propres à des plaines aussi élevées, et augmentées encore ici par les mouvements de l'atmosphère, ne sauraient compenser le défaut d'une saison chaude assez longue[7]. Cependant, malgré les époques différentes auxquelles les précipitations ont lieu, l'affinité entre les flores alpines du Pérou et du Chili est pour le moins aussi grande qu'entre les régions littorales respectives. Dans les deux cas, la période de développement de la végétation est de courte durée ; si sous les latitudes tropicales ce sont les précipitations des mois d'été qui la raniment le plus, au Chili la neige fondante de la saison plus chaude a pour les plantes alpines une importance analogue. Mais ni au Pérou, ni au Chili, ces hautes régions ne sauraient produire des fourrés d'herbages ou de Graminées. Ici les conditions sont semblables et même encore moins favorables que dans le Tibet : la sécheresse de l'atmosphère refoule les pacages alpestres et produit une haute steppe déserte. L'action dominante exercée sur l'irrigation du sol par la Cordillère qui surgit du côté de l'est se fait sentir jusqu'aux régions des neiges. Là où, comme dans les hautes vallées de Quito, ainsi que dans les Paramos, qui correspondent à la Sierra supérieure et à la région Puna, l'alizé fortement imprégné de vapeurs parvient à pénétrer, la région alpine des Andes est ornée d'herbes vivaces à fleurs abondantes, à l'instar des Alpes[10].

Pour trouver dans les Andes péruviennes une végétation plus riche ou en général une végétation tropicale, il faut descendre le versant est des Cordillères orientales, ou bien choisir les vallées de la Sierra qui, sillonnant, au milieu de leurs hautes parois de rochers, la région Puna, sont ouvertes vers la plaine basse et vers la mer. C'est à de telles conditions qu'au nord de l'équateur, dans la Nouvelle-Grenade, le domaine du rio Magdalena doit sa luxuriante forêt tropicale. Jusqu'aux crêtes des montagnes, la haute vallée de Bogota est revêtue d'une végétation éternellement verte[11], parce que les vapeurs aqueuses de la mer des Antilles, poussées en amont des vallées, s'y condensent constamment : à un niveau (2697 mètr. ou 8300 p.) où la température

de l'air est encore aussi élevée* (18°,9) qu'à Lima, il pleut tous
les mois de l'année. En dehors de l'équateur, ce sont les affluents de l'Amazone qui ouvrent aux vents humides l'accès
jusqu'au cœur des Andes. Dans la république de l'Équateur, où
les deux Cordillères se rapprochent tellement, les forêts s'étendent, à travers les vallées latérales agglomérées du versant
oriental, sur une grande partie du pays**. Enfin, au Pérou et
dans la Bolivie, les fissures qui traversent la haute montagne
donnent lieu à ces grandes vallées longitudinales de la Sierra et
de la Montaña, qui pénètrent bien avant dans la région Puna,
dans lesquelles se trouvent réunis par gradation les produits
du climat tempéré et du climat chaud, et où les demeures des
habitants tantôt sont agglomérées, tantôt reculent devant l'en-
vahissement de la forêt vierge. Lorsqu'en quittant la région
déserte de la côte, on franchit les hauts défilés des Andes et la
vaste Puna, c'est seulement dans ces vallées, ainsi que sur le
versant est des Cordillères orientales, qu'on trouve la richesse
de la nature tropicale. Des périodes prolongées de pluies solsticiales, dont l'effet est renforcé par l'élévation du sol, sont la
source d'une inépuisable fertilité, au seuil même d'une zone
montagneuse et déserte qui rend plus difficile la communication
avec les villes littorales et la mer.

C'est là ce qui indique en même temps comment les centres
de végétation du Pérou sont séparés des flores limitrophes ou
leur sont mélangés. Tandis qu'au pied et dans les vallées de la
Cordillère orientale, les produits de la région chaude passent
graduellement à ceux de la flore brésilienne, la ceinture forestière
supérieure, nommée le Sourcil (*Ceja*) de la Montaña (1527 à
2436 mètr. ou 4700-7500 p.), renferme les végétaux les plus
spéciaux, parmi lesquels les Cinchonées figurent comme la forme
arborescente la plus remarquable. Il n'y a que le Quinquina de

---

* Dans la haute plaine de Bogota, à 2650 mètres, la température moyenne
annuelle n'est pas de + 18°,9 centigr., mais bien de 15°. Il y pleut souvent, mais
on y trouve aussi une période de sécheresse qui s'étend de novembre à mars. —
ÉD. A.

** Pas une seule des forêts des deux Cordillères de l'Équateur ne s'étend à travers les vallées latérales jusqu'à franchir la haute vallée centrale, couverte de
sables volcaniques, où la végétation arborescente est très-pauvre. — ÉD. A.

la Nouvelle-Grenade (*Cinchona lancifolia*) qu'on puisse faire parvenir aux ports de mer par la vallée du rio Magdalena; mais l'exportation des autres contrées se trouve paralysée par la voie longue et pénible à travers les deux Cordillères, tandis qu'on ne saurait aisément utiliser les localités encore plus éloignées de ces voies lointaines. Le développement progressif de la navigation de l'Amazone aura pour résultat un approvisionnement plus assuré des marchés européens *.

Formations végétales. — Nulle part sur notre globe il ne devient plus évident que dans les Andes combien la végétation dépend des conditions de température et d'irrigation. L'un des premiers principes formulés par Humboldt, qui sert de base à son tableau des pays tropicaux de l'Amérique[13], c'est que là où le climat réunit toutes les gradations thermiques, depuis la moyenne atmosphérique la plus élevée jusqu'à la ligne des neiges, les formes végétales de toutes les zones, depuis l'équateur jusqu'aux contrées polaires, doivent également être réunies. Cette manière de voir n'a pour les hautes montagnes tropicales qu'une valeur générale, mais en même temps subit partout certaines restrictions, soit à cause d'une uniformité plus grande de température, qui ne correspond guère aux différences entre les saisons sous des latitudes plus élevées, soit à cause des forces organisatrices spéciales inhé-

---

* Les Quinquinas de la Nouvelle-Grenade ne sortent pas seulement du *Cinchona lancifolia*, mais de plusieurs autres espèces, comme l'ont prouvé les travaux de Mutis, Weddell, Triana, etc. Quand l'exploitation des forêts de Quina des environs de Popayan avait encore lieu, il y a quelque trente ans, les écorces descendaient en effet la Magdalena depuis Neiva jusqu'à la mer. Mais il y a longtemps que cette exploitation est réduite, dans la Nouvelle-Grenade, aux versants de la Cordillère orientale dans le territoire de San-Martin, région produisant des qualités d'ordre secondaire, passant par les mains des trafiquants de Bogota, et dans le sud, aux régions limitrophes de la frontière de l'Équateur. Ces derniers produits descendent par Tuquerrès, et de là sont expédiés à la côte du Pacifique, au port de Tumaco, par les *cargueros* de ce terrible chemin de Barbacoas qui est la seule voie des hauts plateaux à la mer. On se préoccupe, depuis plusieurs années, de créer des débouchés à cette grande industrie en ouvrant la route de Pasto à l'Amazone par le rio Putumayo, et celle de Quito au Napo; les essais de navigation faits, il y a deux ans, par MM. Reyes frères, avaient été des plus satisfaisants, mais l'état de trouble permanent de ces républiques empêche les projets les plus simples et les plus utiles de se réaliser. — ÉD. A.

rentes aux divers centres de végétation, forces qui, par exemple,
ont attribué aux Andes du Mexique une zone étendue d'essences
résineuses, qu'elles ont au contraire refusée à celles de l'Amérique du Sud. Ce qui pour ces dernières est plus caractéristique
que les gradations climatériques en sens vertical, c'est la séparation des centres de végétation d'après les limites des méridiens, séparation qui, consécutive à l'extension dans la direction
de leur axe, tient à l'inégalité de leur irrigation. Presque toutes
les formes tropicales font défaut aux Andes occidentales, partout où celles-ci se trouvent soustraites aux vents pluvieux,
tandis que sur les versants ouverts du côté de l'est ces formes
végétales se développent avec autant d'exubérance qu'au Brésil.
Et sous le climat sec des Andes il n'y a que quelques familles tropicales, telles que les Pipéracées, les Broméliacées *, qui soient
représentées, et faiblement encore ; toutes celles qui consistent
en végétaux ligneux, et exigent des pluies dans des proportions tropicales, sont exclues de ces contrées.

Les périodes pluvieuses faibles ou irrégulières des Andes
occidentales du Pérou ne profitent guère beaucoup plus à la
végétation que les brouillards hivernaux de la côte ; et comme
les surfaces inclinées, ainsi que la nature rocailleuse du sol,
s'opposent au développement social des végétaux, il s'ensuit que
toutes ces régions ressemblent plus aux steppes de la zone tempérée et aux déserts de la zone torride qu'aux savanes des montagnes mexicaines. C'est en vain qu'on remonte et qu'on franchit les cols, dans l'espoir de constater sur les hauteurs une plus
vigoureuse manifestation de la vie naturelle que dans la contrée
aride qui s'étend au pied des Andes. D'autre part, quand toute

---

* Les Broméliacées, qui sont essentiellement des Épiphytes de la région chaude
et humide, font parfois à cette loi de curieuses exceptions. Sans parler des *Puya*
(*Pourretia* aliq. auct.), *Bromelia, Karatas, Pitcairnia,* qui souvent se plaisent dans
une sécheresse absolue, j'ai souvent rencontré des Tillandsiées proprement dites
qui semblaient affectionner particulièrement les formations arénacées et rocheuses
les plus stériles. Les hauts affluents du rio Mira et du rio Esmeraldas, sous l'é-
quateur, montrent en profusion le *Tillandsia yuccœfolia* et le *T. incarnata* croissant dans les fissures de rochers brûlés du soleil et ne recevant jamais une goutte
d'eau; la première de ces deux espèces y présente même un phénomène de vivi-
parisme fort curieux, sur lequel j'aurai à revenir. — ÉD. A.

la contrée littorale du Pacifique est qualifiée de désert, il y a lieu d'ajouter dans le temps des garuas, elle se revêt cependant de gazon verdoyant, ainsi que d'herbes vivaces, dont les fleurs ne sont pas dénuées d'un certain caractère ornemental. Partout où en été se produit une solitude exempte de végétation, le sol des steppes n'en recèle pas moins des germes et des bourgeons, et ce n'est que dans les portions supérieures du désert d'Atacama que, même au delà de la région des brouillards (également dépourvue des pluies d'été), se déploient de vastes espaces de sol pierreux, sans aucune trace de végétation. Vue de loin, de la mer, la bande verdoyante du littoral tranche nettement sur le versant des montagnes, au niveau d'environ 650 mètres (2000 p.) qu'atteignent les garuas[14].

De même que dans les déserts de l'Afrique, ici encore la végétation arborescente, sans être tout à fait exclue, est limitée à des manifestations isolées et réduite à des proportions insignifiantes. Le nombre des arbres indigènes est peu considérable, et sur la côte ils ne se présentent que presque sur les bords des rivières; sur le versant occidental de la Cordillère péruvienne (1300 à 3735 m. ou 4000-11 500 p.), on ne signale que trois ou quatre espèces[15] *. Même dans les lugubres contrées du désert d'Atacama on aperçoit parfois un pied solitaire d'une Mimosée (*Prosopis Siliquastrum*)[14], peut-être arrosé par quelque cours d'eau souterrain. La plupart des arbres de ces contrées sont toujours verts; ils appartiennent aux formes de l'Olivier (*Buddleia*),

---

* Il n'en est plus de même sur le versant occidental de la Cordillère néo-grenadine et équatorienne. Entre 1300-3735 mètres, la végétation arborescente est dans une telle abondance, que je n'entreprendrai même point d'en citer les représentants principaux. Il suffit de nommer les familles des Mélastomacées, Clusiées, Palmiers, Artocarpées, Bignoniacées, Solanées, Cinchonées, toutes brillamment représentées à ces altitudes. Ce n'est que vers 2800-3000 mètres que la végétation frutescente proprement dite, qu'on peut appeler la zone subandine, prend le caractère dominant jusqu'à la région andine, et se caractérise par les *Barnadesia, Salvia, Drimys, Escallonia, Thibaudia, Befaria, Chætogastra, Miconia, Datura, Osteomeles, Psammisia, Macleania, Calceolaria, Oreopanax, Gaultheria, Durania, Rubus, Cestrum, Gynoxis, Vallea, Ribes, Mutisia, Buddleia, Croton, Siphocampylus,* etc., etc.

Entre 3000 et 4000 mètres, cette végétation se développe dans toute sa vigueur, c'est-à-dire beaucoup plus haut que ne l'avaient pensé les premiers explorateurs des Andes tropicales et équatoriales. — Éd. A.

du Tamarin et des Mimosées, et c'est par leur présence que
la physionomie du pays diffère de celle des steppes de la zone
tempérée, autant que par leur maigre développement, de celle
des savanes forestières des tropiques. Nulle part la taille des
arbres n'y rivalise avec celle qu'ils acquièrent dans les vallées
des Andes orientales; ils passent insensiblement à la forme
frutescente, plus généralement répandue. Voilà pourquoi ici,
comme dans beaucoup d'autres montagnes tropicales, la végétation arborescente n'admet guère de limite tranchée. Dans
l'hémisphère boréal, cette limite affecte plutôt les essences résineuses, qui conservent leur taille élevée jusqu'aux hauteurs où
les neiges d'hiver la dépriment; tandis que dans la contrée dont
il s'agit, le développement des végétaux ligneux tient aux proportions de l'humidité du sol et des vapeurs atmosphériques.
Humboldt fait observer[13] qu'à Quito, des troncs de 14 à 20 mètr.
de hauteur ne se trouvent que rarement au-dessus du niveau
de 2696 mètr. (8300 p.), et que les buissons deviennent d'autant
plus fréquents que les arbres se rapetissent. Ainsi la véritable
limite forestière est ici bien plus basse que celle des essences
résineuses mexicaines, tandis que les arbres nains équatoriaux
(*Polylepis*) s'élèvent dans la montagne environ 325 mètres
(1000 p.) plus haut qu'au Mexique[8].

Les formes frutescentes, qui, vers la limite inférieure de la région, acquièrent plus d'importance à cause de leur groupement
social, sont de même faiblement représentées dans les contrées
littorales plus basses; les surfaces nues sont ici caractéristiques pour les versants éboulés, fortement allongés. Le développement des épines chez les arbustes permet de reconnaître
l'analogie climatérique entre le Pérou et le Chili (par exemple
dans le genre *Colletia*, de la famille des Rhamnées, chez lequel le feuillage est souvent complétement supprimé, et chez
les *Berberis*); la structure florale des Synanthérées ligneuses
révèle l'affinité géographique des centres de végétation, notamment chez les Mutisiacées (par exemple, *Chuquiraga*), ainsi que
chez d'autres genres (*Baccharis*) répandus aussi dans les contrées limitrophes. De même, dans le groupe des Synanthérées
frutescentes à fleurs labiées (Mutisiacées), les feuilles piquantes

ainsi que les épines se présentent fréquemment, et leurs capitules floraux, à séve peu abondante, se conservent longtemps comme la forme des Immortelles. C'est sur l'une de ces formes (*Barnadesia*) que Humboldt avait fondé une région particulière[13], au delà de la limite de la forêt de haute futaie, dans la république de l'Équateur (2696 mètr. ou 8300 p.), région à laquelle succèdent plus haut des arbustes subalpins appartenant à des genres affines (*Chuquiraga, Mutisia*), qui, sur ces hauteurs, accompagnent toute la série des Andes occidentales. Les arbustes sans épines appartiennent pour la plupart à la forme du Myrte, attendu que dans la majorité des familles, on voit se reproduire les feuilles toujours vertes, de petites dimensions : parmi ces familles dominent d'abord les Synanthérées, puis les Myrtacées, ainsi que des genres isolés d'Onagrariées (*Fuchsia*), de Polémoniacées (*Cantua*) et de Scrofularinées (*Buddleia*). D'autre part, de cette série de formes de Myrte se séparent, sous le rapport climatérique, les nombreuses Éricées subalpines (*Gaultheria, Befaria, Vaccinium*), qui, au Pérou, ne se présentent que sur la Sierra orientale[15], ce qui ferait supposer qu'elles exigent pour leur développement les vents de pluie. Dans les Paramos plus humides des républiques de l'Équateur et de la Nouvelle-Grenade, elles se trouvent associées aux Wintérées (*Drimys*), voisins de la forme Oléandre, ainsi qu'aux Escalloniées, qui leur ressemblent, et d'après lesquelles Humboldt avait nommé cette région *.

De même que sous tous les climats arides de l'Amérique, les formes des plantes grasses, les Cactées, sont représentées dans toutes les régions de la Cordillère occidentale aussi bien que jusqu'à la crête de la Cordillère orientale **, et c'est sur les hauteurs moyennes du versant Pacifique qu'elles paraissent être le plus fréquentes. Elles constituent ainsi le trait d'union le plus

---

* Voyez plus loin des observations critiques sur les régions végétales de Humboldt, d'après son tableau des Andes équatoriales (10° lat. N., 10° lat. S.). — Éd. A.
** Je n'ai jamais trouvé de Cactées sur la crête de la Cordillère orientale, que j'ai cependant visitée sur des points bien divers. Aucune espèce de cette famille, dans les régions que j'ai parcourues, ne dépasse la région tempérée. Il n'en est pas de même dans l'Amérique du Nord, où de nombreuses Cactées sont ensevelies l'hiver sous les neiges des provinces du Far-West. — Éd. A.

important entre les Andes mexicaines et péruviennes ; d'ailleurs, à côté des grands *Cereus* verticaux (*C. peruvianus*), la deuxième forme des plantes grasses, représentée par les *Agave*, ne fait pas défaut non plus. Lorsque pendant l'été les versants des montagnes et les contrées littorales du Pérou ressemblent à un désert dénué de végétation, ces plantes grasses conservent leur teinte verte ainsi que leur force vitale.

Quant à la faculté d'opposer une résistance durable ou passagère à l'action des saisons sèches, les végétaux qui se rapprochent le plus des plantes grasses sont les Liliacées (*Pancratium*, *Alstrœmeria*), dont les organes souterrains maintiennent leur fraîcheur, ainsi que, parmi les herbes vivaces, la forme *Gnaphalium*, dont le revêtement pileux offre un abri contre les rayons solaires. Dans la région alpine, cette forme est représentée par plusieurs Synanthérées dont l'épiderme s'enveloppe d'une très-longue et épaisse substance cotonneuse (ex. : *Culcitium*, *Werneria*), et en deçà de l'équateur le *Frailejon* ou *Espeletia*, mentionné et nommé ainsi par Humboldt d'après la robe blanche des moines *.

Parmi les herbes vivaces de la région inférieure, on observe encore plus souvent que parmi les végétaux ligneux une affinité,

---

* Le *Frailejon* (genre *Espeletia*) présente un phénomène singulier de distribution géographique. Humboldt et Bonpland en ont découvert trois espèces dans la Nouvelle-Grenade : *E. grandiflora*, près de Bogota ; *E. argentea*, plus au nord, à Cipaquira ; *E. corymbosa*, près d'Almaguer (dans les environs de Pasto). Ce genre est représenté dans d'autres endroits. M. Linden l'a vu au Venezuela et en Colombie ; je l'ai trouvé moi-même dans plusieurs localités. Sa dernière station au sud est à la frontière même de l'Équateur, au pied du volcan de Cumbal, sur le *paramo* dit *del Angel*. Je ne crois pas qu'on l'ait signalé plus au sud, et encore n'ai-je pas récolté moi-même la plante à cette latitude en contournant le Cumbal. Je tiens le renseignement de mon peon Daniel, qui avait campé sur le *paramo del Angel*, au Cumbal, et qui m'a dit s'y être fait un lit avec des feuilles de *Frailejon*. Je considère toutefois son assertion comme exacte.

A partir de là, les *Espeletia* disparaissent tout à coup et franchissent des centaines de lieues sans reparaître sur aucune des montagnes de l'Équateur ni du haut Pérou. Ni Jameson, ni le P. Sodiro, n'ont trouvé un seul *Espeletia* dans l'Équateur. Mais M. Weddell et d'autres voyageurs ont rencontré ce genre en abondance dans le sud du Pérou et en Bolivie.

Le nom de *Frailejon* a été donné par les Espagnols parce que les feuilles rappellent le drap de la robe blanche des moines (*frailes*) ; celui d'*Espeletia* est dû à Mutis et non à Humboldt. — ÉD. A.

manifestée par des genres considérables, avec la flore du Chili (ex. :*Oxalis, Solanum, Calceolaria*). Par contre, les végétaux alpins de la région Puna paraissent se conformer à une autre loi d'organisation. Ici nous retrouvons le type gazonnant et les dimensions restreintes des organes végétaux, comme si, dans la zone tempérée, nous avions franchi la limite des arbres, ou comme si nous étions transportés sous des latitudes arctiques : c'est qu'ici les analogies climatériques l'emportent sur les rapprochements géographiques. Une température plus uniforme des saisons ne saurait être d'un grand avantage dans une contrée où la chaleur et le froid alternent constamment, où la vie organique est toujours compromise par des orages, des grêles et des neiges, mais où en même temps elle est aisément excitée par les brouillards épais et par un soleil éclatant. Dans de telles conditions, les genres des zones lointaines[10] y sont plus riches en espèces que partout ailleurs dans les Andes, et se trouvent accompagnés d'autres genres qui, bien que géographiquement mieux caractérisés, n'en suivent pas moins les mêmes lois de développement. Comme sur la haute plaine du Tibet, on voit ici mélangées les formes de la partie humide du climat arctique avec celles du climat des steppes tropicales, ou bien elles se disposent d'après les stations ; car, dans les deux cas, leur conservation est assurée par une organisation qui les garantit contre les brusques interruptions auxquelles leur développement est exposé. Cependant la série des genres arctiques et alpins de la zone tempérée est plus considérable que celle des plantes de steppe (exemples des premiers : *Gentiana, Ranunculus, Alchimilla ;* des derniers : *Astragalus*). Les mêmes rapports climatériques rattachent également la région Puna aux Prairies et aux contrées élevées de l'Amérique septentrionale : par certains genres (ex. : *Lupinus*), et par le grand nombre de Synanthérées, la région Puna se rapproche plus de ces dernières contrées que des steppes de l'Asie. D'ailleurs, à l'aide de plusieurs genres, les plus riches spécifiquement, dont les organes de végétation ont à peu près la même structure que dans la flore arctique, cette végétation d'herbes vivaces se relie également dans le sens géographique aux Andes du Chili, ainsi qu'aux latitudes antarc-

tiques (par exemple par les *Azorella, Acæna, Adesmia, Ourisia*).
Enfin, il est aussi quelques cas où des familles de la contrée
basse tropicale, représentées par des espèces à taille alpine,
s'élèvent jusqu'aux plus hautes régions de la végétation phanérogamique (ex. : Malvacées, Mélastomacées, Lobéliacées).

Bien que dans les portions supérieures de la région alpine des
Andes occidentales, les Graminées associées aux herbes vivaces
deviennent plus abondantes, elles ne suffisent pas toujours à la
nourriture des troupeaux de Lamas qui descendent des hauteurs
dans les vallées. Ces herbages consistent en Graminées de steppe
(Stipacées, Poacées, *Deyeuxia*) *, et dans la région Puna **, particulièrement en une Graminée piquante, dite Ichu (*Stipa Ichu*),
qui conserve quelquefois des semaines entières la teinte jaunâtre
ou noirâtre produite, à ce qu'il paraît, par les masses de neige
qui paralysent la croissance de la plante. Les formations
gazonnantes n'atteignent point la limite des neiges, et de même
on ne trouve pas partout la végétation phanérogamique ; puis
les dénudations du sol durent trop peu de temps pour le maintien de la végétation, et l'on ne voit plus sur les galets arides
que des Lichens saxicoles. On peut dire que ni les riches pâturages des Alpes, ni les Graminées vigoureuses des zones polaires
n'existent dans les Andes, où avec l'humidité croissante, les végétaux ligneux se multiplient plus aisément que les Graminées.

Passer en revue les formes végétales du climat tropical et humide des Andes, serait reproduire le tableau que nous avons déjà
tracé des contrées boisées de Venezuela et du Brésil. En descen-

---

* Voyéz la note de la page 641. — Éd. A.

** On ne doit plus employer le mot *Puna,* usité au Pérou pour les hautes plaines
ou savanes glacées, dès qu'on arrive dans le nord de l'Équateur et en Colombie.
Dans ces républiques, les prairies andines des hauts sommets, où dominent les
Graminées des genres *Deyeuxia* et *Stipa,* se nomment *pajonales,* et couvrent généralement les flancs dénudés des montagnes qui ont été déboisées, ou que leur
formation arénacée empêche de porter une végétation arborescente (altit. 3500-
4200 mètres).

Le nom de *paramo* s'applique à une contrée analogue en altitude, mais dans
es régions où une végétation frutescente (et souvent arborescente) couvre les hauts
sommets jusque près des neiges et où les brouillards et les précipitations sont
permanents. On trouve les *paramos* principalement sur les Cordillères centrale et
orientale de la Colombie et du Venezuela. — Éd. A.

dant dans la plaine basse, on ne peut, ainsi que nous l'avons déjà fait observer d'après Martius [17], assigner à l'étendue de la flore andine qu'une limite facultative; celle qui conviendrait le mieux pourrait être représentée par la lisière inférieure de la forêt de Quinquinas, dont la vaste extension le long de tout le versant est de la Cordillère orientale fournit en quelque sorte une mesure du caractère endémique imprimé à la végétation des hauteurs moyennes et tempérées. Les *Cinchona*, le produit le plus important de la forêt des Cordillères, constituent un grand genre de Rubiacées qui, d'après son feuillage, se rattache aux arbres tropicaux de la forme Laurier. Les limites altitudinales dans l'enceinte desquelles elles se présentent particulièrement (au Pérou, de 1526 à 2436 mètres ou 4700-7500 p.) avaient reçu de Humboldt une trop grande extension [18]: elles ne descendent pas aussi bas que les Fougères-arborescentes, à côté desquelles il les a placées; et elles correspondent plutôt à la région que, dans son tableau des régions tropicales, il a nommée région des Chênes. La forêt de Chênes du Mexique se maintient à peu près aux mêmes hauteurs que les Cinchonées de l'Amérique du Sud; mais, de l'autre côté de l'isthme, les Chênes n'habitent encore que les montagnes de la Nouvelle-Grenade, sans atteindre l'Équateur *.

Au-dessous de la région des Cinchonées, dans les vallées fluviales profondément excavées des sierras, les formes végétales du climat humide et chaud de ces montagnes pénètrent bien avant dans la flore andine. Ainsi donc les régions des Palmiers et du Pisang (0 à 1007 m. ou 3100 p.), aussi bien que celles des Fougères arborescentes (390 à 1592 m. ou 1200-4900 p.), comme Humboldt les avait caractérisées [13], ne se trouvent plus, rigoureusement parlant, dans le domaine de cette flore, qui n'est plus guère en contact avec les forêts de Bambous (0-1689 m. ou 5200 p.) répandues au loin sur le versant Pacifique de la Cordillère de la Nouvelle-Grenade, et de là jusqu'à Quito; ce n'est que dans certaines contrées que l'on trouve cette forme végétale à titre d'élément mixte, même dans les plus hautes

---

* Voyez page 636 mes notes sur les régions végétales de Humboldt. — Éd. A.

régions*. Aussi, pour le soulèvement des Andes et leurs surfaces inclinées, par opposition aux plaines basses, c'est précisément un fait caractéristique que la fréquence et l'abondance plus grande des Fougères arborescentes et des Bambous dans les plaines basses que dans les Andes. Par contre, les formes du Pisang (*Heliconia*) et des Aroïdées sont moins nombreuses dans la Cordillère et le deviennent davantage dans la vallée de l'Amazone[a].

Le mélange opéré par la connexion, dans le sens de l'espace, entre les vallées humides et chaudes et les hauteurs plus froides, mais également humides, est moins frappant que celui qui se produit entre les formes végétales des climats différents, lorsque les limites altitudinales de chacun de leurs représentants ne coïncident point avec celles de leurs régions. Sous ce rapport, il y a lieu de faire ressortir particulièrement les Palmiers indigènes dans ce pays. De même que la région limitrophe de l'Hylæa, les vallées des Andes orientales produisent également de fort nombreux Palmiers. On en a déjà fait connaître plus de cinquante espèces provenant de cette contrée, et la plupart sont endémiques. Comme caractéristiques pour les vallées humides, ils ont été placés avec raison, par Humboldt, au premier rang. Mais, même à une grande distance de ces stations, on voit, au niveau beaucoup plus élevé de la région des Cinchonées, deux Palmiers, dont l'un (*Oreodoxa frigida*, jusqu'à 2436 mètres ou 7500 p.) est, à la vérité, de petite taille, tandis que l'autre, le Palmier à cire de la Nouvelle-Grenade (*Ceroxylon andicola*), atteint la hauteur de 52 mètres (160 p.)**, et par conséquent est au nombre des arbres les plus élevés de toute la famille, ce qui ne l'empêche pas de monter jusqu'aux limites de la forêt de haute futaie (1754 à 2923 m. ou 5400-9000 p.), associé aux Chênes et aux Noyers[18]. Il y a également encore des Fougères

---

* Même observation qu'à la page 630. — ÉD. A.

** J'ai mesuré à las Cruces (Quindio) des *Ceroxylon andicola* de 60 mètres de hauteur. Le tronc de l'un de ces colosses, que j'avais abattu, a été scié en rondelles en haut et en bas et en partie expédié par moi en Europe avec mille difficultés. Ces fragments sont chez moi à Paris. Ceux du bas de ce stipe gigantesque, à un mètre du sol, mesurent 1m,30 de circonférence; ceux du sommet, à 58 mètres de hauteur, ont encore 0m,74. — ÉD. A.

arborescentes dans la région des Cinchonées, comme aussi des Broméliacées et des Orchidées épiphytes[19]; toutefois ces dernières paraissent se terminer à un niveau plus bas qu'au Mexique, où la forêt de haute futaie, condensatrice des brouillards, s'élève de plus de 975 mètres (3000 p.) au-dessus du niveau où elle s'arrête sur l'équateur. Enfin, les taillis de Bambous ont été constatés, sous l'équateur, à un niveau plus élevé que partout ailleurs (jusqu'à 4577 mètres ou 14 000 p.), ainsi que, dans la suite, nous aurons à l'examiner de plus près.

Formations végétales et régions. — Les régions distinguées par Humboldt dans son tableau des Andes équatoriales (entre 10° de latitude septentrionale et méridionale) doivent être comparées avec celles constatées plus tard dans les contrées montagneuses méridionales de la Bolivie et du Pérou, afin qu'on puisse apprécier les progrès que nos connaissances ont faits depuis cette œuvre magistrale. Voici ce qui résulte de la revue des mesures les plus importantes, dont celles relatives aux Andes équatoriales, sans indication d'autorités, appartiennent toutes à Humboldt :

ANDES ÉQUATORIALES (10° lat. N. à 10° lat. S.).

RÉGION TROPICALE, 0–1592 mètres (4900 p.) :
  Région du Palmier et du Pisang, 1007 mètres (3100 p.).
  Région des Fougères arborescentes, 390–1592 mètres (1200–4900 p.).
RÉGION TEMPÉRÉE, 1592–3314 (4223 m.) ou 4900–10 200 (13 000 p.) :
  Région de la forêt de haute futaie sous l'équateur, 2696 mètres (8300 p.).
  Région du Chêne dans la Nouvelle-Grenade, 1689–2988 mètres (5200–9200 p.).
  Région des Cinchona sous l'équateur, 1982–2501 mètres ou 6100–7700 pieds (stations locales de Cinchona, 1202–3298 m. ou 3700–10 000 p.) [12].
  Région de la forêt rabougrie sous l'équateur, c'est-à-dire de buissons subalpins (*Barnadesia, Escallonia, Drimys*) avec arbres nains, 2696–3314 mètres (8300–10 200 p.).
  Synanthérées arborescentes sur le Pichincha, 4093 mètres (12 600 p.).
  Ceintures d'arbres nains (*Polylepis*) sur le Chimborazo, 3963 à 4223 mètres (12 200–13 800) [8].
RÉGION ALPINE, 3314–4000 mètres ou 10 200–12 310 pieds (limite des neiges) :
  Région d'arbustes alpins (*Chuquiraga*), 4158 mètres ou 12 790 pieds (sur le Pichincha, 4329 m. ou 13 300 p.) [11].

Buissons de Bambous (*Chusquea*), 4580 mètres (14 100 p.).

Région d'herbes vivaces alpines (*Culcitium*) sur le Pichincha, 4840 mètres (14 900 p.) [21].

Région nue (région des Lichens de Humboldt), 4613-4800 mètres (14 200-14 780 p.) [*].

ANDES PÉRUANO-BOLIVIENNES (10° à 20° lat. S.) [21].

VERSANT OCCIDENTAL ET CONTRÉE ÉLEVÉE (sans forêt) :

Région littorale (végétaux culturaux des tropiques), 0-1218 mètres (3750 p.).

Région des garuas dépourvue de pluie, 454 mètres (1400 p.).
Région des pluies d'hiver, 454-1218 mètres (1400-3750 p.).

Sierra (céréales européennes : pluie d'été).

Sierra occidentale, 1218-3508 mètres (3750-10 800 p.).
Côté ouest de la Cordillère orientale (Sierra orientale), 2436-3314 mètres (7600-10 200 p.).

RÉGION ALPINE, 3508-5272 mètres ou 10 800-16 200 pieds (limite des neiges). — Localement, 5645 mètres (17 380 p.).

Région d'arbustes alpins (*Chuquiraga*, *Baccharis*), 4256 mètr. ou 10 100 pieds (*Senecio glacialis* sur le Sorata, 5002 mètres ou 15 400 p.) [22].

Haute plaine entre les deux Cordillères (région Puna), 3314-4223 mètres (10 200-13 000 p.).

VERSANT EST DE LA CORDILLÉRE ORIENTALE :

Région tropicale (Montaña), 309-1526 mètres (950-4700 p.).

Végétaux cultivés : Pisang, Canne à sucre et Coca, 2030 mètres (6250 p.)

Région tempérée, 1526-3314 mètres (4700-10 200 p.).

Région des Cinchonées (Ceja de la Montaña), 1526-2436 mètres (4700-7500 p.) [23].
Limite des arbres sur la Sorata, composés de *Alnus* et *Escallonia*, 2820 m. (8700 p.) [23].
Région des Éricées, 2436-3314 mètres (7500-10 200 p.).

RÉGION ALPINE, 3314 mètres ou 10 200 pieds, jusqu'à la limite des neiges.

La comparaison de ces régions avec celles du Mexique démontre clairement que l'action exercée par la latitude géogra-

---

* La distinction des zones végétales dans les Andes de l'Équateur, comme l'a établie Humboldt, présente un tel vague,—qu'on me permette de dire de telles inexac-
titudes, — qu'on ne sait comment l'expliquer, sinon par une conception entrée
dans l'esprit du grand naturaliste après des observations très-superficielles. Sans
doute la raison trouverait une satisfaction à l'exposé bref et lucide des lois précises
qui régissent la distribution végétale sur le globe. En réalité ces lois existent, il s'a-
git de les démêler. Pythagore a dit : L'homme ne fait pas les lois, il les découvre.

phique est d'une importance bien insignifiante, comparativement aux conditions qui déterminent le niveau des régions. C'est, au

Mais nos renseignements sont si incomplets, les faits si mal observés, les voyageurs laborieux et véridiques si rares et leurs manières de voir si diverses, les explorations des contrées lointaines si difficiles et si peu encouragées, que la tâche des hommes de synthèse devient bien ardue quand il s'agit pour eux de coordonner ces éléments et de dégager la vérité de tant de contradictions.

A envisager les choses à ce point de vue, on devrait plutôt s'étonner que Humboldt ait commis si peu d'erreurs, eu égard au peu de temps qu'il a passé dans l'Équateur. Pendant son court séjour à Quito, il n'a pu faire que quelques excursions dans le voisinage de cette capitale, visiter le volcan de Pichincha ; mais il ne pénétra jamais (nous le savons de source certaine), dans les grandes forêts qui s'étendent sur les flancs des Cordillères des deux côtés de la haute plaine des volcans de l'Équateur.

Le temps est venu de revoir ces assertions et de soumettre à une critique impartiale des théories qui peuvent être contrôlées aujourd'hui par des observations plus nombreuses et mieux faites. Mais avant d'esquisser un essai nouveau de classification des zones végétales, — ce qui aura lieu aussitôt que mes herbiers seront classés, mes plantes déterminées et mes calculs d'altitudes revus, — je dois dire les raisons qui me font différer d'opinion sur la plupart des limites par lesquelles Humboldt caractérisait ses zones.

ANDES ÉQUATORIALES (10° lat. N., 10° lat. S.).

Région du Palmier et du Pisang (1007 mètres).

Ces deux formes végétales (Palmiers et *Heliconia*), ne peuvent être réunies comme caractérisant une région végétale. Les Palmiers des contrées chaudes commencent au niveau même de la mer, comme le Cocotier (*Cocos nucifera*), qui se plaît surtout sur le littoral. Ils ne dépassent guère 380 à 400 mètres au-dessus de la mer pour les *Phytelephas, Elæis, Cocos, Iriartea, Attalea, Mauritia*, etc. Mais quel nombre bien plus considérable se trouve dans la montagne ! Les *Chamædorea, Euterpe, Geonoma, Jubæa, Martinezia, Œnocarpus*, etc., sont surtout des plantes de terre tempérée, et plusieurs touchent à la région froide, comme les *Ceroxylon*. C'est même au-dessus de la limite supérieure indiquée par Humboldt que se trouvent les plus nombreuses espèces dans la Nouvelle-Grenade, c'est-à-dire entre 1000 et 1500 mètres. Je ne parle pas du *Ceroxylon andicola*, qui arrive à 3000 mètres supramarins, ni du *C. ferrugineum*, qui descend seulement 500 mètres plus bas, mais de bien d'autres espèces qui ornent maintenant les cultures de l'Europe et auxquelles suffit la serre froide, puisqu'ils sont originaires de la zone tempérée (entre 1000 et 2000 mètres).

Les *Heliconia* ne peuvent pas davantage être resserrés dans ces limites, avec les *Canna, Costus, Phrynium*, etc., et autres Scitaminées aux magnifiques feuillages et aux brillantes fleurs. La plupart sont des plantes de terre chaude, mais d'autres se trouvent jusque dans la région tempérée froide. C'est ainsi qu'à la descente du volcan de Cumbal, avant Piedra Ancha, sous la zone des *Befaria*, j'ai rencontré des Scitaminées, comme aussi à Niebli et sur les pentes du Corazon, à plus de 2000 mètres au-dessus du niveau de la mer, et que plusieurs espèces dépassent cette altitude l'est de Pasto, vers les sources du rio Putumayo.

reste, ce qu'il serait aisé de prévoir rien qu'à l'aide des observations de la température. En effet, sous l'équateur, la limite

Il ne faut donc pas confondre la zone des Palmiers avec celle des *Heliconia*, même en tenant compte des exceptions ci-dessus, car on peut affirmer que la succession des espèces de Palmiers est continue depuis le niveau de la mer jusqu'à 2500 mètres au moins (et 3000 mètres au plus), sous l'équateur.

Région des Fougères arborescentes (390-1592 mètres).

Ces deux chiffres sont presque exactement ceux donnés par Humboldt, qui s'exprime ainsi : « Après la région des Palmiers et des Scitaminées commence celle » des Fougères arborescentes et des Quinquinas. Cette dernière est plus étendue » que celle des Fougères, quine vivent que dans les climats tempérés, entre 400 et » 1600 mètres d'altitude, tandis que les Quinquinas montent jusqu'à 2900 mètres » au-dessus du niveau de la mer (*Semanaric de la Nova-Granada*).

Je dirai plus loin (chapitre XVII) comment ces limites ne sont rien moins qu'exactes, puisqu'on rencontre des Fougères à Angas (Équateur), entre 200 et 300 mètres d'altitude, des *Cyathea* à 2900 mètres, près de Bogota, et sur le Pichincha à 2700 mètres, à Niebli et Calacali à 2800 mètres, des *Alsophila* au Corazon à 3000 mètres, et le *Dicksonia Sellowiana* à 3500 mètres, dans la zone des *Polylepis*. La plus belle forêt de Fougères en arbre, la plus variée en espèces, la plus riche en troncs élevés que j'aie observée pendant mon exploration dans l'Amérique du Sud, est au nord de Fusagasuga (Colombie). Cette localité est à 1772 mètres au-dessus du niveau de la mer, et la forêt de Fougères à 500 mètres plus haut, soit à 2250 mètres environ. Humboldt avait dit avec raison (*Tableaux de la nature*), que les Fougères arborescentes prospèrent surtout entre 975 et 1624 mètres; mais il n'aurait pas dû ajouter qu'elles ne pouvaient vivre ni au-dessous de 400 ni au-dessus de 1600 mètres, ce qui est inexact. J'ajouterai que l'humidité atmosphérique constante, régulière, me paraît plus nécessaire à la belle végétation des Fougères en arbre que certains degrés de température. Humboldt déclare que cette température doit se maintenir entre + 14°,5 et 17°. Or, si ces plantes descendent à 400 mètres, comme il le dit, la moyenne dépasse toujours + 22°, et si elles atteignent 3500 mètres, elle baisse à + 6°. La température a donc bien moins d'influence sur ces végétaux que l'humidité.

RÉGION TEMPÉRÉE (1592-3314 mètres).

Région des hautes forêts sous l'équateur (2996 mètres).

Cette altitude est considérablement dépassée presque partout où la nature est restée vierge, et où la grande arborescence se rencontre jusqu'au-dessous de 3000 mètres (Pasto, volcans de l'Équateur et de Colombie sur les versants est et ouest de la Cordillère). Les observations de Humboldt avaient porté principalement sur les grandes vallées et pentes intérieures de l'Équateur, où la végétation frutescente remplace les arbres à ces hauteurs.

Région du Chêne dans la Nouvelle-Grenade (1689-2988 mètres).

Mes propres observations coïncident assez bien avec celles de Humboldt pour l'altitude moindre; elles en diffèrent notablement pour la plus forte.

des neiges ne se trouve que de 260 mètres (800 p.) plus haute que dans la proximité du tropique septentrional. Par contre, au

Les principales stations de Chênes que j'ai observées dans la Nouvelle-Grenade sont :

	Altitude.
A Fusagasuga......	1730 mètres.
Entre Panché et Viota........	1697-1862
Versant ouest du Quindio...........	2258
Rio-Cofre......................	1833

Soit entre 1697 et 2258 mètres, tandis que Humboldt dit 1689-2988. Il affirme aussi avoir trouvé le *Ceroxylon andicola* associé aux forêts de Chênes du Quindio. Je n'ai pas vu de Chênes sur les pentes orientales de cette montagne, où croissent les grands *Palmares*, mais seulement sur le versant ouest, au-dessus de Salento, où l'on trouve non plus le *C. andicola*, mais une autre espèce, le *C. ferrugineum* (?), que le grand voyageur ne semble pas avoir remarqué.

Région des Cinchona (1982-2500 mètres).

En affirmant que la zone des Quinquinas atteint des hauteurs supérieures à celle des Fougères en arbre, Humboldt a causé la plus regrettable confusion. En effet, nous avons vu que ces Cryptogames arborescentes montent jusqu'à 3500 mètres ; de sorte qu'on devrait trouver des *Cinchona* au-dessus de cette limite, tandis qu'on ne les trouve en réalité qu'au-dessous.

Il faut donc dire, —non pas que la zone des Quinquinas sous l'équateur est *plus* étendue, — mais au contraire qu'elle est beaucoup *moins* étendue que celle des Fougères arborescentes, ce qui sera conforme à la vérité et aux nombreuses observations faites par MM. Clément Markham, Spruce, Sodiro, et par moi-même. Je n'ai jamais trouvé les Quinquinas au-dessus de 2600 mètres, et si on les a signalés à de plus grandes hauteurs, c'est qu'on a eu affaire à des Cinchonées qui n'étaient pas des Quinquinas vrais.

Une autre observation qui doit être faite à propos de la question des Quinquinas envisagée par Humboldt s'applique aux paroles suivantes : « Depuis Loja les Quin-» quinas s'étendent dans le royaume de Quito jusqu'à Cuenca et Alausi, croissent et » se multiplient à l'est du Chimborazo, mais cessent de paraître dans la haute » plaine de Riobamba et de Quito et dans la province de Pasto jusqu'à Almaguer. »

Cette assertion formelle a été démentie par les faits : non-seulement les versants ouest du Chimborazo ont fourni à Spruce ses meilleures graines de *Cinchona Calisaya*, mais toutes les pentes orientales des Cordillères sous l'équateur et au nord de Quito, près de Tuza, de Tulcan, de Tuquerrès, de Pasto, abondaient en écorces qui ont été l'objet d'un grand commerce et s'exploitent encore aujourd'hui, quoique raréfiées par une destruction croissante.

Région des buissons subalpins (2696-3314 mètres).

Ces deux chiffres répondent à peu près à ce qu'on peut appeler la région subandine sous l'équateur. Cependant on peut l'élever jusqu'à 3600 mètres et quelquefois plus. Au-dessus commence la végétation andine proprement dite, et les végétaux ligneux disparaissent à l'exception de quelques rares *Chuquiraga*, Vacciniées, Synanthérées diverses, et parfois de Myrsinées, Myrtacées et Mélastomacées, qui dépassent un peu cette limite.

Pérou et dans la Bolivie, où la chaleur et la sécheresse du climat de plateaux agissent dans le même sens sur cette limite, elle

A la base de cette zone subandine se trouvent encore les *Fuchsia ampliata, Escallonia, Barnadesia, Calceolaria, Drimys, Datura (Brugmansia) sanguinea* et *arborea, Ageratum, Thibaudia*, toute la liste que j'ai donnée à la note page 627, et bien d'autres espèces. A mesure que l'on monte, les *Baccharis*, les Myrsinées, l'*Hypericum laricifolium*, les *Acœna*, les *Gaultheria*, les *Pernettya* prédominent et nous font passer à la végétation andine herbacée.

Mais il serait inexact de dénommer cette patrie des essences frutescentes d'après Humboldt, qui l'appelait région des *Barnadesia, Escallonia* et *Drimys*. Les *Drimys* sont épars çà et là sur les hautes montagnes de la Nouvelle-Grenade et n'ont pas été jusqu'à présent rencontrés dans l'Équateur. En Colombie même ils sont rares et ne sauraient caractériser une zone végétale. Il en est de même des *Escallonia*. L'espèce la plus répandue est l'*E. myrtilloides* aux fleurs d'un blanc verdâtre, mais elle n'est jamais très-abondante, et si elle avoisine souvent la région andine, elle descend aussi à des altitudes de 1600 mètres, ainsi que je l'ai constaté dans l'Équateur.

Pour ce qui est des *Barnadesia*, de quelle espèce entend-on parler ? Ce n'est pas à coup sûr des *B. arborea* et *corymbosa*, qui vivent dans le climat tempéré. Il s'agit sans doute du *B. spinosa*, très-commun dans la zone subandine. Mais il faut préciser l'espèce, et d'ailleurs il y aurait matière à confusion, car les types divers passent graduellement des uns aux autres avec la succession des altitudes.

Rien ne serait plus vague que d'adopter des dénominations de plantes pour caractériser de pareilles zones végétales, et je crois qu'il suffit, pour l'intelligence de la géographie botanique de ces contrées, d'employer les termes de : zone chaude, zone tempérée, zone subandine et zone andine, en distinguant çà et là quelques climats locaux, fournissant matière à des dissertations particulières.

Synanthérées arborescentes sur le Pichincha (4093 mètres).

Si l'on entend par *arborescentes* les Composées *frutescentes* qui se trouvent sur les pentes du Pichincha, elles dépassent de beaucoup cette altitude, puisque j'ai trouvé sur ce volcan, ainsi qu'à l'Azufral et au Chimborazo, des *Baccharis* à 4200-4400 mètres. Si au contraire il fallait comprendre les Composées à grande végétation arbustive, elles appartiendraient à la zone précédente. De toute façon cette mention incertaine ne satisfait aucunement l'esprit et est en désaccord avec la distribution véritable des végétaux synanthérés du Pichincha.

Ceinture d'arbres nains (Polylepis) sur le Chimborazo (3963-4223 mètres).

Les *Polylepis* sont des arbres sporadiques et ne forment nulle part cette *ceinture* dont il est ici question. On les rencontre çà et là, avec leurs troncs rougeâtres, tordus, comme subéreux, à écorce exfoliée, leur feuillage penné et leurs curieuses fleurs vertes en pseudo-chatons pendants à la manière des *Garrya*. Ils sont classés dans les essences arborescentes qui atteignent les plus grandes hauteurs : mais quelques Myrsinées les accompagnent, et j'ai vu au Chimborazo, près de l'*Arenal*, le *Podocarpus Sprucei* mêlé à d'autres arbrisseaux, atteindre la région des *Polylepis*.

Région alpine (de 3314 à 4800 mètres, limite des neiges).

La limite inférieure de 3314 mètres est trop basse pour la région alpine

s'élève quelquefois de 812 mètres (2500 pieds) plus haut qu'à Quito. Elle correspond toujours à la ligne où la chute annuelle

ou pour mieux dire, pour la région andine), qu'il faudrait compter à partir de 3600 mètres jusqu'aux neiges éternelles.

Region d'arbustes alpins (Chuquiraga), 4158-4329 mètres.

La même objection se présente ici. De quelle espèce de *Chuquiraga* parle-t-on ? Est-ce du *C. lancifolia*, qui se trouve sur le volcan Illiniza, à la hauteur de 3261 mètres, d'après les mesures barométriques prises par MM. Reiss et Stübel, ou du *C. microphylla* (variété du *C. insignis* H. B.), que j'ai récolté sur l'Azufral à 4200 mètres, sur le Pichincha à 4550 mètres, et sur le Chimborazo à peu près à cette hauteur. On voit quel est l'inconvénient de ces divisions incertaines, caractérisées seulement par le nom de quelques plantes.

Buissons de Bambous (Chusquea), 4580 mètres.

Quelques *Chusquea* atteignent, dit-on, de pareilles altitudes, bien que je ne l'aie amais vu. Sous l'Antisana, m'a dit le P. Sodiro, ils forment d'épais taillis vers 4000 mètres, mais c'est dans la région de 3000 mètres qu'ils sont le plus fréquents.

Région des herbes vivaces (Culcitium) sur le Pichincha (4840 mètres).

Il y a là une erreur évidente. La cime même du Rucu-Pichincha est de 4737 mètres seulement. Les *Culcitium* s'y rencontrent en abondance depuis 4200 mètres et même plus bas. J'en ai recueilli cinq espèces dans l'ascension que j'ai faite le 3 juillet 1876 (*Culcitium rufescens, C. ledifolium, C. longifolium, C. adscendens, C. nivale*). Sur l'Azufral, on les trouve entre 4000-4200 mètres, et un peu plus haut sur le Chimborazo. On peut constater une différence de plus de 500 mètres entre les stations des différentes espèces de ce genre.

Région nue (des Lichens de Humboldt), 4613-4800 mètres.

Il n'y a pas dans les Andes de région des Lichens à la manière dont l'entendait Humboldt. La région des Graminées n'existe pas davantage suivant les bases qu'il a fixées : « Les Graminées, dit-il, se substituent aux plantes alpines à l'altitude de » 4100 mètres, et la région qu'elles occupent est proche de 4600 mètres. Après cette » hauteur les Phanérogames disparaissent entièrement sous l'équateur. »

Nous avons vu déjà que selon le même auteur, la zone alpine commençait à 2000 mètres pour finir à 4100, mais qu'en réalité ce premier chiffre doit être beaucoup plus élevé, car à 2000 mètres la température moyenne est encore de 18° c'est-à-dire suffisante pour la culture du Bananier, du Café et de la Canne à sucre.

En réalité, la zone alpine (ou mieux andine) doit être comprise entre 3600 mètres et les neiges éternelles. On ne trouve point de zone des Graminées à l'état spontané dans les Andes équatoriales. Les pentes où dominent les plantes de cette famille ont été autrefois couvertes de forêts d'arbustes, et après avoir été brûlées par l'homme, elles se sont couvertes de ces gramens d'aspect uniforme qui leur a valu le nom de *pajonales* et sont communs dans l'Équateur et au Pérou. Dans ces savanes, les Graminées ne sont pas seules à occuper la place et sont entremêlées de nombreuses plantes frutescentes et herbacées : *Gentiana, Werneria, Pernettya*

des neiges est en équilibre avec la fonte de cette dernière ou sa vaporisation ; dès lors sa position tient autant à la sécheresse qu'à la température de l'atmosphère. Toutes les différences de niveau, telles qu'elles se présentent dans les Andes tropicales, en deçà et en dehors de l'équateur, peuvent être considérées comme résultant de l'inégalité de la configuration des montagnes.

La ligne des neiges est ordinairement dans certaines relations avec les limites de la végétation ; les déviations constatées par nous sous des latitudes plus hautes pouvaient être déduites des conditions physiologiques de la vie végétale. Dans les Andes tropicales, la limite des arbres présente un problème compliqué qui rappelle des phénomènes analogues dans les Indes orientales, sans que cependant on puisse, comme dans cette dernière contrée, les expliquer directement par la diversité de constitution des montagnes voisines de l'équateur et des tropiques. De même que sur l'Himalaya les limites asiatiques des arbres montent considérablement plus qu'à Java, ainsi la forêt de haute futaie du Mexique est de 1300 mètres (4000 p.) plus élevée qu'à

Acæna, Hypericum, Senecio, Acrostichum, Draba, Ephedra, Baccharis, Acipura, Chirophorus, Ourisia, Valeriana, et bien d'autres genres.

Même au-dessus de l'habitat de ces plantes se rencontrent encore des Phanérogames, et jusqu'au sommet même des hauts volcans. J'ai récolté en fleur, sur le sommet du Pichincha, à 4737 mètres, le *Malvastrum pichinchense*, deux *Draba*, un *Culcitium*, et j'ai retrouvé ces plantes également fleuries, au Chimborazo, à demi enfouies sous la neige, en compagnie d'un *Astragalus* (*A. geminiflorus*), du *Viola nivalis* et de plusieurs autres espèces phanérogames non fleuries. Quelques Lichens se rencontrent dans toute cette région, sur les rochers. Plusieurs ressemblent plus ou moins aux *Lecanora* de nos montagnes d'Europe ; d'autres appartiennent au genre *Stereocaulon*, surtout sur les coulées de lave et les rochers trachytiques ; mais nulle part ces plantes ne sont communes, ni ne peuvent caractériser une région. Je les ai trouvées plutôt moins abondantes à la rencontre des neiges, où cesse toute végétation.

La dernière zone végétale des Andes équatoriales ne saurait donc prendre le nom de zone des Lichens, et l'on peut affirmer sans crainte que, sous cette latitude, les Phanérogames atteignent, à l'égal des Cryptogames inférieures, l'extrême limite de la végétation.

En résumé, l'examen attentif du tableau phyto-géographique qui précède conduit à une critique qui porte sur presque toutes les divisions proposées. Il m'en coûte un peu de faire ici œuvre de démolisseur sans être prêt encore à reconstruire quelque chose. Mais on se doit avant tout à la vérité, quoi qu'il en advienne, et je n'ai dit que ce que j'ai vu. Je pourrai sans doute ajouter un peu plus tard quelques considérations nouvelles sur ce sujet. — Éd. ANDRÉ.

Quito, sous l'équateur, et ses valeurs altitudinales demeurent partout très-inférieures à celles du Mexique, même sur les versants des Andes sud-américaines, abondamment humectés par les alizés *. Ni le sol caillouteux de débris volcaniques, peu favorable comme celui de Java, ni le défaut de chaleur ou d'humidité, ne sauraient être cause de la dépression de la limite des forêts, limite qui reste la même dans toute la série des Cordillères de la Nouvelle-Grenade jusqu'à la Bolivie. Peu importe que la surface des montagnes soit composée de laves ou de roches cristallines, ou que les Cordillères soient rétrécies ou élargies en plateaux, humides ou sèches. Ce qui semble prouver qu'ici la moyenne altitudinale climatérique des arbres est encore moins atteinte qu'au Mexique, c'est que, sur le Chimborazo comme sur le pic d'Orizaba, certaines espèces d'arbres, quoique à l'état rabougri, montent bien au delà de la forêt de haute futaie. Mais pourquoi les troncs des arbres restent-ils petits, si ce n'est par des causes climatériques? L'agglomération des plus hauts cônes volcaniques du globe et d'autres colosses montagneux, dont plusieurs dépassent de beaucoup la limite des neiges en s'élevant à 6497 mètres (20000 p.), et même davantage, et se trouvant interrompus tantôt par des hautes plaines nues, tantôt par des vallées profondes et chaudes, donne lieu à ces commotions atmosphériques d'une violence inouïe, qui sont la suite du rétablissement de l'équilibre thermique sur les pentes abruptes, ainsi que des brusques variations de température. Ces violents orages, fréquents sur les paramos de Quito et dans la région Puna du Pérou, qui compromettent la vie du voyageur quand il franchit les cols élevés, au milieu des brouillards et des chasse-neige, constituent des obstacles puissants au déve-

* M. de Humboldt, s'il avait pu visiter les versants de la Cordillère occidentale vers Mindo, Niebli, Lloa, ou ceux de la Cordillère orientale vers Papallacta, pendant son court séjour dans la capitale de l'Équateur, se serait convaincu que la végétation arborescente monte beaucoup plus haut sur ces pentes que sur celles qui regardent la haute vallée de Quito, et que le déboisement a depuis longtemps dénudées, sans que la formation arénacée, qui y domine, en ait permis la reconstitution spontanée après cette opération. On peut donc affirmer que, sous cette réserve, la végétation arborescente, en Colombie et dans l'Équateur, atteint à peu près les mêmes altitudes qu'au Mexique. — ED. A.

loppement des arbres de haute futaie. Cependant, là où des troncs déprimés, moins susceptibles d'être renversés, se maintiennent isolément, les arbres trouveraient encore plus de facilité à se grouper si les localités s'y prêtaient, et ils résisteraient plus aisément aux coups de vents, ainsi que le font les essences résineuses des Alpes en présence du Föhn. Aucun obstacle climatérique ne paraît s'opposer ici à la réunion de telles essences; aussi, dans la région des *Polylepis* du Chimorazo (3898 à 4256 m. ou 12 000 à 13 100 p.), Humboldt constata encore une température de plus de 6°,2. Or, il ne peut y avoir de forêts que là où les arbres dont elles sont composées sont en état de refouler d'autres formes végétales. On devra donc déduire de leur apparition sporadique la même conséquence que nous ont fournie (p. 575) les montagnes déboisées de Venezuela, savoir : que l'absence d'arbres appartenant à un climat uniforme et plus froid constitue une particularité des centres végétaux du Venezuela, et que le petit nombre d'espèces qui s'y sont produites n'ont aucune tendance à se grouper socialement, et parviennent à peine à maintenir leur station en présence des envahissements de la végétation frutescente.

Ainsi, au lieu de porter des arbres de haute futaie, les régions assignées ailleurs aux forêts n'offrent, dans les Andes équatoriales, que des buissons ornés, grâce à l'humidité et à l'uniformité du climat, d'un feuillage toujours vert et dépendant de limites déterminées en latitude en dehors desquelles ils s'évanouissent graduellement, ce qui n'a lieu complétement que dans le domaine des herbes vivaces et souvent même dans la proximité des neiges perpétuelles. Ici les *Rhododendron* des latitudes septentrionales se trouvent remplacés par des Synanthérées ligneuses (Mutisiacées) et par des Escalloniées toujours vertes; dans les deux cas, par des groupes végétaux caractéristiques pour l'hémisphère austral de l'Amérique, qui se développent en formes variées dans les Cordillères jusqu'aux latitudes tempérées du Chili. Cette large ceinture d'arbustes, située au-dessus de la région de haute futaie, admet cependant encore certaines formes végétales des tropiques, parmi lesquelles les Bambous (*Chusquea*) méritent un examen plus précis,

comme un exemple de la connexion intime entre des régions
placées par leur climat le plus loin les unes des autres. Humboldt, ainsi que nous l'avons fait observer, désigna la forêt de
Bambous comme formation principale des régions tropicales
de l'Équateur et de la Nouvelle-Grenade[13]; mais c'est précisément dans les Andes, en deçà de l'équateur, ainsi que depuis la
côte jusqu'à travers toutes les hauteurs de la région tempérée
(0 jusqu'à 3638 mètres ou 11 200 pieds), que se présente
une espèce de Bambusée (*Chusquea Fendleri*), en sorte que, par
son intermédiaire, la végétation de climats à température si
diverse se trouve réunie. La différence des températures
moyennes auxquelles ces végétaux se prêtent peut bien être
portée à 18°,8 (25° à 6°,2). A des altitudes encore plus considérables (3963-4680 m. ou 12 200-14 400 p.), notamment dans la
Cordillère orientale plus humide de Quito, M. Jameson a trouvé
une espèce particulière du même genre de Bambou (*Chusquea
aristata*) qui y constitue des fourrés complétement impénétrables, de la taille d'un homme : c'est un végétal exclusivement
alpin, puisqu'il touche presque à la ligne des neiges perpétuelles. Ces Bambous font singulièrement ressortir la loi des
affinités dans le sens de l'espace, en vertu de laquelle les espèces
du même genre sont disposées d'après les conditions climatériques des diverses altitudes d'une montagne, loi que là physionomie du pays reflète ici plus clairement que partout ailleurs,
parce que ce phénomène se manifeste à l'aide d'une forme végétale éminemment spéciale et en même temps d'une formation
parfaitement délimitée par le caractère social des individus. Le
décroissement de la chaleur, depuis la température équatoriale
jusqu'à celle de la limite des neiges, n'a ici sur les Bambous
d'autre influence que de restreindre le développement de leur
taille. L'uniformité et l'humidité de toutes les saisons constituent
les facteurs climatériques qui rattachent entre elles les deux
espèces établies dans des stations si élevées; mais, tandis que
la sphère thermique de l'espèce tropicale est vaste, celle de
l'espèce alpine est restreinte.

La région nue que Humboldt a distinguée dans les Andes
équatoriales au-dessus de la région alpine jusqu'à la ligne des

neiges, où se terminent les herbes vivaces phanérogamiques et où l'on ne voit plus que les Lichens * saxicoles[13], n'est point fondée sur des influences climatériques, ainsi que nous l'avons déjà fait observer. De tels phénomènes ne sont que l'effet du sol stérile situé dans la proximité des cratères et composé de galets volcaniques. Ce n'est pas que la température y soit trop basse pour les végétaux à organisation supérieure ; tout au plus le climat peut-il leur devenir défavorable, à cause de l'agglomération périodique des masses de neige. Aussi, dans les localités convenables, on voit les herbes vivaces alpines orner de leurs fleurs jusqu'aux points limitrophes des neiges, puisque c'est immédiatement sur la lisière de ces dernières, sur le col de Sorata, en Bolivie (à 5002 m. ou 15 400 p.), que M. Weddell observa une petite Synanthérée frutescente (*Senecio glacialis*)[25], appartenant au même genre, qui, près d'Orizaba, au Mexique, renferme également l'un des végétaux ligneux qui s'élèvent le plus haut[26].

Au Pérou et dans la Bolivie, bien qu'à l'instar du Mexique les régions soient distinguées par des noms déterminés, destinés à indiquer le caractère naturel de chaque pays en particulier, toutefois, sur le versant occidental, les limites sont moins appréciables, parce qu'au milieu de toutes ces pentes et de ces hautes plaines vastes et invariablement nues, le regard ne peut reposer presque nulle part sur des formations végétales caractéristiques ou sociales. Pendant les saisons sèches et sans nuages, la bande littorale arénacée (*Arenal de la costa*, de 0 à 1218 m. ou 3750 p.) est, partout où l'irrigation fait défaut, complétement déserte et dénuée de plantes. Mais, aussitôt qu'en hiver se présentent les garuas, elle se revêt avec une prodigieuse rapidité de fleurs et de feuilles vertes, végétation de courte durée, qui ne tarde pas à s'évanouir sans traces après la cessation des brouillards[27]. Ou bien encore, là où le sol est composé de gravier, les groupes de plantes grasses et d'arbustes épineux déprimés ne se voient qu'isolément[28] ; la contrée présente l'image de la plus accablante stérilité, et le sol inorganique, d'une

* Voyez la note page 641, sur la région nue (dite des Lichens), d'après Humboldt.

teinte uniforme, ne laisse que peu de place à la végétation. Mais
là où avec l'exhaussement croissant du pays les pluies d'hiver se
produisent, les dépôts de galets augmentent, et par suite l'humidité doit rester sans effet. Ce n'est que dans les vallées arrosées
par les cours d'eau littoraux que le désert péruvien possède ses
oasis, ses formes arborescentes tropicales et ses végétaux cultivés tropicaux [15]. Ici le sol, dont la culture est favorisée par l'irrigation, est d'une grande fertilité. La Canne à sucre y prospère
parfaitement (jusqu'à 1105 m. ou 3400 p.), et les arbres fruitiers des tropiques, le Cherimolia (*Anona Cherimolia*) ainsi que
le Pisang, s'étendent jusqu'à la région subséquente (jusqu'à
1818 m. ou 5600 p.).

Les versants de la Sierra occidentale (*Sierra occidental*,
1248 à 3508 m. ou 3750 à 10 800 p.), où les précipitations commencent en été, n'ont aucun avantage sur la région littorale.
L'atmosphère est trop sèche et le refroidissement nocturne très-
considérable. Des dépôts nus de galets revêtent la Cordillère,
doucement inclinée dans sa partie inférieure, mais, plus haut,
sillonnée de vallées abruptes et étroites. Dans la partie de cette
Cordillère que traverse le chemin de Lima à Pasco, M. Pœppig
ne trouva qu'un désert pierreux [28]; des Cactées et quelques Broméliacées (*Tillandsia*) en sont les produits sporadiques, et les
rives rocailleuses des cours d'eau n'ont pour tout ornement que
des arbustes à fleurs élégamment colorées. Les arbres ne constituent que de rares phénomènes [15]; même dans les vallées, le
Saule des rivières [29], qui supporte tous les climats de l'Amérique
tropicale, refoule la végétation ligneuse ordinaire. Parmi les
végétaux cultivés, si toutefois le sol est en général susceptible de culture, on voit, à côté des Céréales européennes,
la Luzerne ou Alfala (*Medicago sativa*) occuper, comme dans
le Chili, une place importante en qualité de plante fourragère,
qui, dans les vallées andines occidentales, acquiert des dimensions extraordinaires.

La région alpine des deux Cordillères et la région Puna placée
entre ces dernières, ainsi que la haute plaine du Pérou et de la
Bolivie, peuvent très-bien être réunies comme empreintes du
même caractère naturel (3314 à 5262 m. ou 10 200 à 16 200 p.).

Des surfaces d'une maigre végétation alternent avec des marais, des lacs et des torrents alpestres, et deviennent, dans la Cordillère, de sauvages contrées montagneuses hérissées de rochers abrupts que bordent des neiges perpétuelles et des glaciers [6]. Le caractère de la région Puna [30] est déterminé par une Graminée, le *Stipa Ichu* (page 632), dont les touffes roides, disposées en cercle, ont de $0^m,3$ à $0^m,6$ de diamètre et sont presque toujours incrustées de sable dans la direction du vent dominant, de sorte que, pendant la majeure partie de l'année, l'absence de toute teinte verte les fait paraître comme « ayant été brûlées ». De concert avec ces Stipacées et des Cactées (*Echinocactus*) anguleuses, cette formation contient quelques Synanthérées (*Baccharis*), Ombellifères (*Azorella*), Verbénacées, Gentianées et Valérianées. Les herbes vivaces et les Graminées gazonnantes alternent avec des arbustes isolés, déprimés et arides. L'Ichu (*Stipa Ichu*) et le Tola (*Baccharis Tola*) constituent dans toute la Puna de la Bolivie les végétaux les plus fréquents, les plus étendus dans leur aire. L'arbuste Tola habite, dans les Andes sud-américaines, un immense espace jusqu'aux montagnes des États de la Plata; de même l'Ombellifère vivace, surnommée le Baume de marais (*Azorella* seu *Bolax glebaria*), imprimant la forme demi-globuleuse au gazon qu'elle constitue, et complétement emprisonnée dans de petites écailles foliacées, s'étend jusqu'à la Terre de Feu et aux îles Falkland. Presque aucune des plantes sociales de cette région n'a de valeur comme alimentaire, l'Ichu pas plus que le Thyrsa de la steppe russe, qui appartient au même genre de Graminées, et croît également en touffes gazonnantes et distinctes. Ce n'est qu'à l'aide des ruisseaux, dont les rives produisent des pâturages de meilleure qualité, mais qui n'en disparaissent pas moins promptement dans les sables, que cette large steppe montagneuse peut être franchie par des bêtes de somme. On voit également des oasis plus petites, au nombre desquelles il faut compter celles que revêt l'arbuste Tola; cependant, d'après l'estimation de M. Tschudi, elles n'occupent, dans le désert d'Atacama, que la vingt-cinquième partie de la surface.

En venant de l'est à travers la Cordillère, la Sierra orien-

tale (*Sierra oriental*, de 2436 à 3314 m. ou 7500 à 10 200 p.)
pénètre dans les déserts de la région Puna. Composée de
vallées fluviales vastes et découvertes, les mieux peuplées du
Pérou, cette sierra est séparée du haut plateau par des versants rocailleux. Elle ressemble par ses produits à la Sierra occidentale et a un climat semblable, mais une période pluvieuse
estivale plus régulière, qui dure d'octobre à février. Toutefois,
ici encore, les versants sont déboisés ; seulement la végétation
arborescente est moins rare et les rives des cours d'eau sont
ordinairement bordées par un Saule riverain, de 7 mètres de
hauteur [15]. Cette région aussi abonde en Cactées, de même qu'en
arbustes épineux aphylles (*Colletia*). On cultive le Maïs de concert avec les arbres fruitiers européens ; mais, dans des vallées
chaudes et abritées contre le vent, les fruits du midi de l'Europe
viennent également, le Pêcher quelquefois jusqu'à l'altitude de
3249 mètres (10 000 p.). Plus bas, dans les vallées, la sierra
passe directement à la région forestière, dont cependant elle est
séparée par la crête alpine de la Cordillère orientale.

Dans le Pérou, la région des Cinchona (*Ceja de la Montaña*,
1526 à 2436 m. ou 4700 à 7500 p.) est la seule ceinture forestière de climat tempéré qui soit distinctement séparée des versants alpins de la Cordillère orientale, revêtus d'arbustes d'Éricées ; toutefois, là encore, la limite des arbres se trouve oblitérée
par le changement graduel des formes et par la taille amoindrie
des troncs. Des arbres bas, couverts de Mousses, commencent à
se montrer au milieu des buissons dès 2924 mètres (9000 p.) ;
ils deviennent plus grands et plus vigoureux à mesure qu'on
descend. En même temps on voit, sur la lisière supérieure de la
forêt, les *Thibaudia* prendre la place des Vacciniées plus petites,
et d'autres Éricées de la région alpine. La Ceja consiste en vallées abruptes situées entre d'étroites montagnes boisées ; cette
variété dans les conditions plastiques de la surface favorise
l'échange des espèces, et, de concert avec l'alternance entre la
roche et l'humus, détermine les proportions de la taille des végétaux ligneux. Cependant le climat y a aussi sa part, car, sans
paralyser la croissance des arbres, il paraît déprimer la taille
des troncs, qui, grâce à l'action d'une température chaude,

s'étendent plus énergiquement en longueur, tandis que, sous
des climats plus froids, les bourgeons latéraux, mieux protégés,
se développent plus vigoureusement et se transforment en
rameaux ombreux. Dans les deux régions, celle de la forêt des
Quinquinas et celle des arbustes éricoïdes, l'action des rayons
solaires se trouve paralysée; c'est le milieu de la plus forte condensation des vapeurs apportées par les alizés. C'est ainsi que
le climat devient humide, froid, âpre, attendu que le ciel est
toujours voilé de nuages et que le soleil de midi ne peut pénétrer. Sans distinction de saisons, on y voit le soir se produire
des brouillards qui, pendant la nuit, sont suspendus sur la forêt
et qui, pendant le jour, sont charriés par les vents. Ces brouillards descendent jusqu'à 1949 mètres (6000 p.) et se dissolvent
souvent en violentes averses. Les Céréales ne sauraient être cultivées dans une région à laquelle la température solaire directe
fait défaut; la Pomme de terre seule prospère, comme sous le
climat analogue de Chiloe *.

* La patrie de la Pomme de terre a été l'objet des assertions les plus opposées;
car tandis que Humboldt (*Nouv.-Esp.*, t. II, p. 400) dit : « La Pomme de terre
n'est pas indigène au Pérou », Cuvier (*Hist. des sc. nat.*, partie II, p. 186) déclare
tout aussi péremptoirement « qu'il est impossible de douter qu'elle ne soit originaire du Pérou ». De son côté, M. Ch. Darwin (*Journ. of Researches into the Nat.
History. and Geology*, p. 285, London, 1870) trouva dans les îles de l'archipel de
Choros, situé noin loin de l'île de Chiloe, la Pomme de terre sauvage, croissant
abondamment sur le sol arénacé près de la plage. Les tubercules étaient petits et
ressemblaient sous tous les rapports à la Pomme de terre anglaise ; seulement étant
bouillie, elle se resserrait considérablement et devenait aqueuse et insipide, mais
sans goût amer. M. Darwin nous apprend que ces Pommes de terre sauvages croissent jusqu'à 50° lat. S., et il fait observer « qu'il est remarquable que la même
plante vienne sur les montagnes du Chili central, où il ne tombe pas une goutte de
pluie pendant plus de six mois, et dans les forêts humides de ces îles australes
Selon M. Boussingault (*Agronomie, Chimie agric. et Physiologie*, t. III, p. 21), « les
localités américaines où la Pomme de terre est cultivée avec le plus de succès,
sont comprises entre les altitudes de 2918 mètres (Quito) et 2090 mètres (Loxa au
Pérou) et entre 15°,2 et 18 degrés de température moyenne annuelle ». A des altitudes
moindres, ajoute-t-il, lorsque la température moyenne est supérieure à 22 degrés,
la Pomme de terre est peu farineuse, son rendement plus limité, ainsi que j'ai eu
l'occasion de le constater dans un essai de culture fait à la Vega de Zupia dont
l'altitude est de 1225 mètres et la température de 22 degrés. Enfin, M. André a
bien voulu me donner les indications suivantes : « La Pomme de terre existe
en Colombie, où je l'ai rencontrée spontanée, loin de toute civilisation, par
4° 35' lat. N. Je l'ai revue depuis près de Popayan, formant des touffes à rameaux
vigoureux, à très-belles fleurs, grandes, d'un violet foncé brillant. Les tubercules

Conformément à son abondante irrigation, la forêt de Quinquinas possède encore le caractère tropical d'essences agglomérées à espèces mixtes. Les troncs déprimés, souvent recourbés
comme le Pin tordu, ou bien supportés par des racines aériennes,
viennent s'y enchevêtrer en masses impénétrables ; ils sont em-
brassés par des Lianes, et leurs branches sont ornées d'Orchidées
épiphytes et de Broméliacées, comme dans la région chaude.
Cependant, en fait de Palmiers, on n'y mentionne qu'une seule
espèce, dont il a déjà été question (*Oreodoxa frigida*), et ils
font complétement défaut aux forêts de Quinquinas examinées

en étaient peu abondants, petits — moins grands qu'une noix — oblongs ou
arrondis, d'un gris fauve. Au Pérou, près de Lima et dans l'île de Lorenzo,
la Pomme de terre qu'on trouve spontanée est d'une végétation plus faible et
porte des fleurs lilas tendre. » Il paraît que l'usage de la Pomme de terre,
très-ancien en Amérique, y avait cependant une extension fort inégale, car
W. Prescott (*History of the Conquest of Peru*, t. I, p. 40) fait observer qu'à
l'époque de l'arrivée des conquérants espagnols au Pérou, ils trouvèrent que le
fond de la nourriture du peuple y consistait en Pommes de terre, tandis que
celles-ci étaient complétement inconnues aux Mexicains ; ce qui prouve combien,
aux époques reculées de l'histoire américaine, les relations internationales étaient
imparfaites, même entre les peuples les plus civilisés, tels qu'étaient les Péruviens et les Mexicains. D'ailleurs Prescott rapporte d'autres exemples frappants de cet isolement : ainsi, tandis que les Mexicains possédaient un représentant
monétaire, les Péruviens n'en avaient point, et à leur tour ceux-ci ignoraient les
poids et mesures linéaires, qui étaient parfaitement en usage chez les Mexicains. Au
reste, si la Pomme de terre était inconnue aux Mexicains à l'époque de la conquête
de ce pays par les Espagnols, un autre végétal y jouait le rôle de substance alimentaire pour le moins aussi importante, le Bananier, à l'égard duquel Humboldt
(*loc. cit.*, t. II, p. 362) fait cette observation : « Je doute qu'il existe aucune autre
plante sur le globe, qui puisse, sur un petit espace de terrain, produire une masse
de substance nourrissante aussi considérable... Le produit des Bananes est à celui
du Froment comme 133 à 1, à celui des Pommes de terre comme 44 à 1. » D'autre
part, si l'Europe doit à l'Amérique la Pomme de terre, c'est aussi l'Amérique
qui a engendré l'ennemi qui menace de compromettre la jouissance de ce don
précieux. En effet, dès 1825 on avait observé, dans les régions des montagnes Rocheuses, un insecte vorace (*Doryphora decemlineata*) sur un *Solanum* sauvage,
le *S. rostratum*, qu'il abandonna promptement pour la Pomme de terre cultivée, le
Solanum tuberosum, et depuis il n'a cessé de ravager les États compris entre
les montagnes Rocheuses et l'Atlantique, s'attaquant également à d'autres plantes,
telles que Datura, Jusquiame, Cirsium, Polygonum, Chenopodium, Tomates,
Choux et Maïs. On pouvait espérer que l'Atlantique suffirait pour mettre l'Europe
à l'abri de ce terrible ennemi ; malheureusement son arrivée en Europe vient
d'être signalée (voy. *Bull. Soc. d'acclimat.*, 3ᵉ sér., 1876, t. III, p. 660), car un
de ces insectes a été trouvé vivant à la gare du Weser, à Brème, dans un sac de
Maïs, importé par un vaisseau venant de New-York. — T.

par M. Pœppig lors de son voyage à Maynas. En général il n'y a
que les espèces arborescentes analogues qui soient mélangées,
sans que les formes des arbres le soient au même degré. Les
arbres signalés dans les Ceja péruviens [15] sont presque tous
les représentants toujours verts de la forme Laurier, voisine
de celle des Quinquinas (ex. *Buena*). Parmi d'autres formes, les
Fougères arborescentes sont remarquables. Quand on descend
dans la région chaude, la transition à la contrée tropicale
riche en Palmiers s'opère graduellement. Dans l'enceinte de la
région des Quinquinas se présentent encore les *Cecropia* brésiliens, les Guttifères (*Clusia*); les Mélastomacées deviennent
plus nombreuses, et l'on voit apparaître les Scitaminées (*Amo-
mum*). Parmi les végétaux cultivés des tropiques, le Cafier se
trouve, dans ces contrées humides des montagnes, relégué à un
niveau (jusqu'à 1027 mètr. ou 3160 p.) inférieur à celui qu'il
atteint au Mexique, de même que la culture si importante de la
Coca (*Erythroxylum Coca* jusqu'à 2030 m. ou 6250 p.) ne s'é-
lève pas ici à la limite supérieure des Cinchona *. Mais il est
permis de se demander si les limites altitudinales des cultures
tropicales se trouvent réellement atteintes dans une contrée où
le débit est tellement restreint et presque exclu, par les impraticables cols des Andes, du grand marché du monde en dehors de
l'Atlantique, en sorte qu'on ne considère comme opération rémunératrice que l'exploitation des vallées les plus fertiles pour l'exportation du Quinquina et de la Coca, deux produits qui exercent
sur le système nerveux une action spéciale si énigmatique, et qu'il
serait impossible de remplacer. Dans le développement de leurs
ressources naturelles, l'Équateur et la Nouvelle-Grenade auraient
de grands avantages sur le Pérou et la Bolivie, si la voie du
rio Magdalena n'offrait pas les mêmes obstacles, tant à cause
de la longueur de la route que de la nature impraticable des
forêts vierges **.

* Selon M. Carrey (*Le Pérou*), la Coca de première qualité ne vaut au Pérou que
2 à 5 francs le kilogramme, tandis qu'à Paris le kilogramme de cette substance
n'est jamais au-dessous de 8 francs et quelquefois monte à 16 francs. Quant à
l'élixir préparé pour l'usage médical, il coûte à Paris plus de 5 francs la bouteille,
et par conséquent aussi cher que le bon vin de Bordeaux. — T.

** Observation très-juste. Il est si facile de posséder et cultiver le terrain dans

C'est précisément cette position isolée de la région des Quinquinas, qui a fait tenter de cultiver dans d'autres contrées tropicales un arbre dont les propriétés médicinales sont d'une immense valeur. On peut dès à présent apprécier les résultats probables de telles tentatives, en considérant l'extension de la Pomme de terre, originaire des contrées sud-américaines tout aussi éloignées. Les plantations de Quinquinas ont réussi, sous l'empire de conditions climatériques analogues, dans les Nilgherries aux Indes orientales, comme aussi à une moindre altitude à Java, et même au Queensland, dans l'Australie tropicale. Il s'ensuit que, de même que celle de la Pomme de terre, la sphère climatérique des Quinquinas s'étend bien au delà des conditions que leur offre leur patrie primitive, puisqu'ils viennent indifféremment dans les montagnes élevées et sur les collines, comme aussi dans une atmosphère humide dont les nuages arrêtent les rayons solaires, de même que dans des endroits plus secs. Or si, malgré cela, ils se trouvent dans les Andes limités en hauteur à une zone étroite, c'est que la position des centres où ils sont nés était telle qu'ils n'ont pu ni franchir les Cordillères, ni pénétrer par en bas dans les forêts vierges, qui, douées de formes végétatives plus vigoureuses, s'étaient emparées du sol de la région chaude *.

ces régions, où les travailleurs seuls font défaut, que les rares tentatives de culture qui sont faites ne s'appliquent qu'aux endroits d'une fertilité exceptionnelle et d'une facilité d'accès relative. Mais il est certain que de nombreuses cultures, sans produire autant qu'en terre chaude, donneraient encore des récoltes rémunératrices à des stations plus élevées que celles où on les exploite. Comme compensation à un moins fort produit, on aurait le climat sain, l'air vif et fortifiant, l'alimentation meilleure et plus variée, la puissance de travail enfin considérablement augmentée.

Le Café donne encore d'excellents et abondants fruits à 1500-1800 mètres, altitude où la Canne à sucre, l'Arracacha, la Yuca (Manioc), la Batate, et bien d'autres plantes alimentaires, prospèrent également. — Éd. A.

* Dans son ouvrage intitulé le Pérou (Paris, 1875) M. E. Carrey, qui a passé trois années sur le continent sud-américain, déclare sans fondement des craintes fréquemment manifestées, de voir cet arbre précieux disparaître ou du moins devenir fort rare dans les forêts du nouveau monde. En parlant des Quinquinas du Pérou, où il en distingue 12 espèces, M. Carrey dit : « Il en naît plus qu'il n'en meurt, et d'ailleurs on cultive aujourd'hui cet arbre au Pérou. » M. Éd. André combat cette opinion, car il me communique à cet égard l'observation suivante : « Je ne saurais partager l'opinion de M. Carrey ni ses espérances sur la production

Centres de végétation. — La connexion entre la flore andine tropicale et celle du Chili affecte d'abord des plantes répandues le long du versant Pacifique en deçà et au delà des tropiques méridionaux, et dont les produits littoraux pouvaient aisément être transportés par le courant Humboldt. Toutefois ce point de vue s'élargit, quand on considère les régions supérieures, où l'on peut suivre toute une série d'espèces, depuis les Andes équatoriales et péruviennes jusqu'aux hautes latitudes antarctiques[31]. Nous avons vu (p. 479) que sur les montagnes du Mexique,

indéfinie des Quinquinas dans les Andes. En ce qui concerne l'Équateur et la Colombie, la destruction totale de ces précieux arbres sera bientôt un fait accompli; nul ne l'ignore dans ces contrées. Les anciens centres de production, Loja, le Chimborazo, Almaguer, Popayan, ne produisent presque plus d'écorces. J'ai vu à Tuquerrès (Colombie) et à Tuza (Équateur), deux marchés importants autrefois, où le commerce des Quinquinas est presque mort aujourd'hui. Dans la Cordillère orientale on trouve encore de nombreux points inexplorés, mais la compagnie de San-Martin a acheté du gouvernement colombien une vaste portion de territoire dans cette région et fait exploiter activement les forêts à Quinquinas. Plusieurs des *quineros* ou récolteurs d'écorces à Susumuco, d'autres à Tuquerrès, m'ont convaincu, par leurs récits, de la rareté croissante de ces arbres. » M. Weddell (voy. *Comptes rendus*, ann. 1877, t. LXXXIV, p. 168), non-seulement constate les solides garanties pour l'avenir, fournies par le développement croissant de la culture de cet arbre, mais fait encore ressortir l'importance pratique qu'offre la présence dans l'écorce du Cinchona, à côté de la quinine, de trois alcaloïdes : la cinchonidine, la cinchonine et la quinidine. Or les nombreuses expériences exécutées par plusieurs commissions que, dès l'année 1866, le gouvernement des Indes anglaises avait chargées de soumettre à une épreuve rigoureuse la valeur thérapeutique de ces trois alcaloïdes, ont eu pour résultat : que les effets de ces derniers, employés et administrés à dose variable, ne différaient pas, ou différaient à peine de ceux qu'eût produits la quinine; que, de plus, la cinchonidine peut être obtenue aujourd'hui, en fabrique, au tiers ou à moins du tiers du prix de la quinine, et qu'enfin tout porte à croire que le prix actuel de la cinchonidine ne subira aucune augmentation avec le temps, les arbres qui la fournissent le plus abondamment existant encore à profusion dans les forêts de l'Amérique, et l'espèce la plus rustique des plantations de l'Inde, le *Cinchona succirubra*, étant également une espèce riche en cinchonidine, « ce qui revient à dire que l'on peut compter dès aujourd'hui sur un approvisionnement presque illimité de ce produit ». M. Weddell ajoute : « Plusieurs des médecins qui ont expérimenté la cinchonidine ont pu constater que certains estomacs la tolèrent plus facilement que la quinine; il me serait facile, pour mon compte, de citer un certain nombre de cas de fièvre intermittente traités vainement par la quinine, et dans lesquels le sulfate de cinchonidine a produit un soulagement immédiat ». Aussi M. Weddell nous apprend que non-seulement le gouvernement des Indes anglaises a déjà largement approvisionné ses pharmacies de cinchonidine, mais que dans les grands hôpitaux de Londres, la cinchonidine fait également une concurrence heureuse à la quinine, son aînée. » — T.

lors même que les genres alpins étaient ceux de la zone arctique, il n'y avait, dans aucun cas peut-être, d'identité parfaite dans les espèces avec celles de la contrée basse du Nord. C'est là un phénomène que nous présentent seulement les Andes sud-américaines, où des plus hautes régions de l'Équateur et du Pérou jusqu'au détroit de Magellan, le long de leur ligne de soulèvement, on voit graduellement descendre deux Ombellifères et deux Saxifrages à un niveau plus bas, jusqu'à la plage maritime antarctique ; et des faits géographiques analogues se reproduisent également chez quelques autres végétaux des montagnes. Cette divergence dans la manière dont se comportent les végétaux des climats froids en deçà et au delà de l'équateur tient à ce que dans l'hémisphère austral, sous des latitudes plus élevées, l'étendue de la terre ferme est considérablement inférieure à celle de la mer, ce qui fait que le climat maritime plus uniforme se développe ici comme la température également plus uniforme des montagnes tropicales. Mais ce n'est qu'en Amérique, le continent le plus allongé vers le sud, qu'il se présente une telle connexion, exprimée d'une manière bien plus générale encore chez les espèces affines, et favorisée chez les espèces identiques par l'extension non interrompue de la chaîne des Andes, depuis l'isthme jusqu'au détroit de Magellan[32].

Avec ces migrations toujours assez rares qui relient entre elles les contrées les plus lointaines, contraste le caractère endémique prédominant imprimé aux Andes tropicales de l'Amérique du Sud, caractère qui, à cause de la pauvreté de la flore, est moins manifeste sur le versant Pacifique que sur le versant oriental, mais se prononce le plus fortement dans la région alpine. Le nombre des genres alpins est relativement peu considérable, mais ils ne sont que plus caractéristiques dans quelques-uns parmi eux, ainsi que dans le plus grand nombre des espèces de certaines familles, ce qui prouve l'affinité intime entre les produits[33]. Parmi les deux plus grands genres de Dicotylédones alpines, chacun a déjà vu décrites plus de 50 espèces (83 *Senecio*, 57 *Gentiana*). La plupart des herbes vivaces paraissent être limitées à des contrées déterminées ; beaucoup d'espèces n'ont été observées que dans des groupes montagneux

spéciaux et sur des sommets isolés. Plus les Andes se présentent uniformes dans leur structure, offrant d'innombrables montagnes neigeuses, de hautes plaines et de vallées abruptes,
qui ne cessent de se succéder à travers plusieurs latitudes, plus
aussi sont semblables les produits endémiques de leur végétation, sans que l'échange entre les centres en devienne plus facile. Il n'est peut-être pas d'exemple plus riche en traits saillants,
qui nous démontre aussi bien qu'ici comment cette répétition
des conditions vitales analogues, ou réunies par d'imperceptibles
gradations, se trouve accompagnée de séries correspondantes
d'organisations affines, mais distinctement séparées, qui se sont
produites sous l'empire de telles influences. D'ailleurs, quand
on compare la flore alpine des Andes tropicales avec celle du
Chili, on trouve de nouveau un nombre considérable de genres
identiques[34], dont les espèces disjointes se remplacent mutuellement en deçà et au delà des tropiques, et qui servent d'intermédiaires pour établir l'affinité dans le sens de l'espace entre les
centres de végétation, depuis l'équateur jusqu'à la Terre de Feu.
Plus rares sont de telles analogies de genres alpins (exemple
les *Espeletia*) entre les Cordillères et les montagnes du Venezuela, qui, séparées par des séries de hauteurs plus basses, se
trouvent à une plus grande distance des premières, ce qui sans
doute ne paralyse pas complétement le transport par voie de migrations. Isolée par la mer et par l'isthme, la flore andine a, dans les
autres directions, généralement conservé le caractère endémique,
conformément à l'autonomie climatérique et géographique dont
elle jouit, tandis que ce caractère a été maintes fois oblitéré
dans les vallées ouvertes sur la contrée basse de l'est.

Aux travaux plus anciens, mais très-incomplets, sur la flore
andine, succéda l'œuvre malheureusement encore inachevée
de M. Weddell, et qui d'ailleurs ne se rapporte qu'à la région
alpine[35]. Malgré la grande étendue de certains genres, cette
flore ne paraît guère riche, comparativement à d'autres contrées
de l'Amérique méridionale. Sur une aire, qu'en rapport avec les
quatre États appartenant aujourd'hui aux Andes tropicales au
delà de l'isthme il est permis de porter à 60 000 milles géographiques carrés, le nombre d'espèces constatées dans la région

alpine ne dépasse guère le chiffre de 1200, dont 1000 pourraient bien être endémiques. Il est probable qu'élimination faite des plantes habitant également les pays limitrophes, les autres régions ne fourniront point au delà du double de ce chiffre ; par conséquent, on ne pourrait admettre pour la flore andine qu'un total de 3000 plantes endémiques[22]. Cependant, ce qui démontre à un haut degré l'autonomie de ces centres de végétation, c'est le caractère endémique des genres : un inventaire des genres propres à ces centres en renferme plus de 90, répartis entre environ 36 familles[36]. De même qu'au Mexique, les Synanthérées y occupent le premier rang : le plus grand nombre appartient ensuite aux Orchidées, aux Solanées et aux Mélastomacées. Plusieurs s'éloignent par leur structure des familles dont ils sont le plus voisins (ainsi le *Malesherbia* s'écarte des Passiflorées, les Calycérées des Synanthérées, le *Columellia* des Scrofularinées, le *Bougueria* des Plantaginées) ; quelques-uns se distinguent par un habitus anomal (par exemple une Polémoniacée, le *Cantua*, par de grandes fleurs et par son tronc ligneux ; une Scrofularinée, l'*Aragoa*, par un feuillage aggloméré, squamiforme).

Pour le moment on ne peut donner qu'un petit nombre d'indications relativement à la série des familles prédominantes susceptibles d'être distinguées d'après les régions. De même que dans la haute contrée du Mexique, ce sont les Synanthérées qui constituent la plus grande famille de la région alpine ; mais tandis qu'au Mexique elle est en grande partie composée de Corymbifères, ici près de la moitié consiste en Labiatiflores (Mutisia-cées et Nassauviacées) : dans la collection de Humboldt (provenant de la république de l'Équateur), les Synanthérées constituent 22 pour 100 du chiffre total[90]. Viennent ensuite, d'après la revue faite par M. Weddell des végétaux alpins des Andes, ainsi que d'après les données fournies par M. Jameson sur Quito, les Scrofularinées, les Gentianées et les Graminées, puis les Rosacées, les Légumineuses et les Valérianées. Quant à la collection, d'ailleurs restreinte, faite par Humboldt dans la région des Cinchonées de la Nouvelle-Grenade[38], elle contient déjà dans une proportion plus considérable des familles tropicales, telles que les Mélastomacées : le chiffre de leurs espèces l'emporte sur celui des climats plus froids (*).

* Dans un travail récent sur les *Calamagrostis des hautes Andes* (*Bull. Soc. bot. Fr.*, t. XXII, ann. 1875, *Comptes rendus des séances*, p. 153). M. H.-A. Weddell fait ressortir le rôle dominant assigné dans ces montagnes aux Graminées qui prennent rang immédiatement après les Synanthérées, famille la plus importante et la plus caractéristique pour la flore des hautes Cordillères. D'ailleurs, de même que dans cette famille, le genre *Senecio* est aussi remarquable par le nombre de ses espèces (dont M. Weddell a déjà décrit 120), que par l'immense agglomération des ndividus, de même dans la famille des Graminées le genre *Calamagrostis* (dont M. Weddell compte 60 espèces) joue un rôle saillant sous ce double rapport. « Comme les Seneçons, les *Calamagrostis* habitent de préférence les régions supérieures des montagnes et atteignent avec eux les limites extrêmes de la végétation phanérogamique, c'est-à-dire, une élévation de 3000 mètres et beaucoup plus. Comme eux aussi, ils deviennent plus rares dans la région tempérée et disparaissent presque complétement dans la région chaude. Plusieurs espèces, enfin, constituent le fond même de la végétation, sur beaucoup de sommités des parties centrales de la chaîne, et y forment ces pelouses rases où paissent habituellement les Vigognes et les Guanacos, que l'on a comparés avec tant de justesse aux Chamois ou Isards des montagnes de l'Europe ». M. Weddell fait sur les Calamagrostis américains une observation particulièrement intéressante pour la géographie botanique : c'est que les Calamagrostis de l'Amérique australe appartiennent, sans exception aucune, au genre *Deyeuxia* (caractérisé par la présence dans l'épillet d'une seconde fleur), tandis qu'en Europe ce groupe est représenté également, à côté des *Calamagrostis* (*Eucalamagrostis*) proprement dits. — T.

PIÈCES JUSTIFICATIVES

ET ADDITIONS

XX. FLORE DES ANDES TROPICALES

DE L'AMÉRIQUE MÉRIDIONALE.

1. Philippi, *Florula atacamensis*, p. 3 (dans son *Voyage dans le désert d'Atacama*).

2. Weddell, *Voyage dans le nord de la Bolivie*, p. 51. D'après M. Weddell, le climat sec du Pérou s'étend du côté du nord presque jusqu'à Tumbez; près de Payta (5° lat. S.), le caractère désertique de la côte est encore complétement développé. Humboldt (dans *Länder und Völkerkunde* de Berghaus, I, p. 579) désigne comme point diamétrique culminant la colline d'Amotape, entre Punta Parina et le cap Blanco.

3. Raimondi, dans Paz Soldan, *Geografia del Peru*, p. 595, 150.

4. Température du courant Humboldt à Callao (12° lat. S.) :

	Eau de la mer.	Air.	
Commencement de novembre :	15°,5	22°,7	(Humb., *loc. cit.*, I, p. 57.)
26 février-4 mars	18°,7	20°,2	(Duperrey, *Voy. autour du monde, Hydrogr.*, p. 162)
20 juin	18°,7	18°,2	(Dirckinck, d'après Berg-
9 août	12°,1	16°,1	hans. *loc. cit.*, p. 586.)

5. Dans la Sierra occidentale (1300-3736 mètres ou 4000-11 500 pieds du versant occidental de la Cordillère littorale du Pérou), la période pluvieuse commence en octobre. (Raimondi, *loc. cit.*, p. 136.)

6. Tschudi, *Untersuchungen über die Fauna peruana*, introduction (*Jahresb.*, ann. 1844, p. 79 et seq.). Les arbres qui dans les Andes s'élèvent le plus haut appartiennent au genre *Polylepis* de la famille des Rosa-

cées ; leur taille ne dépasse guère ordinairement 4 mètres. A Tacna et à Cuzco, le *P. tomentella* a été observé même à 4483 m. ou 13 800 p. (Weddell, *Chloris andina*, II, p. 237.)

7. *Resumen de las observaciones meteorologicas hechas en Lima durante* 1869, por Rouaud y Paz Soldan :

La quantité de pluie tombée à Lima en 1869 = 340 millimètres, dont, pendant le mois de juin à octobre, $62^{mm},3$, $69^{mm},2$, 63 millimètres, $59^{min},3$, $54^{mm},8$ (p. 18).

Jours de pluie, 141 ; point de précipitations depuis janvier jusqu'à avril (p. 18).

Température moyenne d'après 4 années d'observations = $19°,2$ (p. 10).
Température du mois le plus chaud en 1869, janvier = $23°,5$.
—   le plus froid   —   juillet = $14°,2$ (p. 9).

Dans la haute plaine de la Bolivie, à la Paz (3736 m. ou 11 500 p.), la température annuelle est de 10° ; mais comme la différence entre l'insolation diurne et le rayonnement nocturne est très-considérable, les extrêmes de température observés (23° et 7°) offrent une différence de 30 degrés, (Weddell, *Voyage dans le nord de la Bolivie*, p. 137.)

8. JAMESON, *A botanical Excursion on the Chimborazo* (*London Journ. of Bot.*, 1845 ; *Jahresb.*, ann. 1845, p. 51). Sur le côté ouest de la Cordillère occidentale de la république de l'Équateur, entre 3963 et 4256 mètres (12 200-13 100 pieds), le *Polylepis lanuginosa* constitue la ceinture la plus élevée des plantes ligneuses munies d'un tronc. Dans la Sierra occidentale du Pérou se trouvent trois arbres, quoique rares jusqu'à l'altitude de 4116 m. (12 670 p.), savoir : *Polylepis racemosa* (arbre Quinuar), *Sambucus peruviana* et *Buddleia incana*. (Raimondi, *loc. cit.*, p. 136.)

9. DE CANDOLLE, *Géographie botanique*, p. 812. Il est vrai que M. Weddell élève des doutes sur la spontanéité de la Pomme de terre, mais uniquement parce qu'il n'avait pas été dans le cas de la constater lui-même, tandis que Pavon et d'autres avaient positivement admis le fait. (Cf. Hooker, *Flora antarct.*, p. 330.)

10. M. WAGNER, *Naturwissenschaftliche Reisen im tropischen America*, p. 474.

11. KARSTEN, *Reiseskizzen aus Neu-Granada* (*Zeitschr. für Erdk.*, 1862, XIII, p. 125).

12. WEDDELL, *Histoire naturelle des Quinquinas; Jahresb.*, ann. 1849, p. 58.

13. HUMBOLDT, *Naturgemälde der Tropenländer*, p. 36, 73, 159.

14. PHILIPPI, *Reise durch die wüste Atacama*, p. 30, 47 et pl. XII; p. 59.

15. Les seules espèces d'arbres dans la Sierra occidentale du Pérou (1300-3735 m. ou 4000-11 500 p.) sont: *Buddleia incana*, *Sambucus peruviana* et *Polylepis racemosa*, dont les deux derniers s'élèvent jusqu'à l'altitude de 4380 mètr. ou 13 500 p. (Raimondi, *loc. cit.*, p. 136). A ces arbres se joint dans la Sierra orientale encore *Prunus Capuli* (*ibid.*, p. 142); sur les bords des rivières, dans les deux pays, *Salix Humboldtiana;* dans la région littorale (0-1300 m. ou 4000 p.), se trouvent des Algarobes (*Prosopis*), *Schinus*, *Campomanesia cornifolia* (Parillo), *Vasconcelloa* (*Carica integrifolia* Raim.), *Alnus acuminata.* En fait d'arbustes sont mentionnés comme sociaux *Baccharis Feuillei* et *Tessaria legitima* (*ibid.*, p. 132). Il y est également rapporté que parmi les buissons, les Éricées sont limitées au versant humide oriental des Andes péruviennes. Les espèces alpines consistent en : *Gaultheria*, 2 espèces; *Befaria*, 1 esp., et en Vacciniées (*Gaylussacia*, *Macleania*, *Vaccinium*, 2 esp.); les hauteurs incluses dans les limites des arbres sont habitées par 2 espèces d'une Vacciniée, *Thibaudia* (p. 144). — Parmi les arbres de la région des Cinchonées, ne se trouvent signalées que presque des Rubiacées (*Cinchona*, *Buena*, *Lasionema*, *Condaminea*); puis une Protéacée (*Rhopala peruviana;* la deuxième Protéacée, l'*Oreocallis grandiflora*, est frutescente), un Palmier (*Oreodoxa frigida*) et des Fougères arborescentes; plus bas se présentent le *Cecropia peltata* et des *Clusia* (p. 145).

16. Parmi les genres arctico-alpins de la région alpine des Andes sud-américaines sont connus (d'après le *Flora andina* de M. Weddell): *Senecio*, 122 espèces; *Gentiana*, 59 esp.; *Bartsia*, 31 esp.; *Valeriana*, 29 esp.; *Erigeron*, 22 esp.; *Ranunculus*, 18 esp.; *Alchemilla*, 13 esp.; *Plantago*, 12 esp. M. Weddell rapporte 21 espèces d'*Astragalus*.

17. Comparez *Hylæa*, p. 573.

18. GRISEBACH, *Die Wirksamkeit Humboldt's im Gebiete der Pflanzengeographie*, p. 14.

19. Sous la latitude du lac de Titicaca, sur le versant oriental des Andes boliviennes (à Yungas), M. Weddell observa, au même niveau de 2177 m. (6700 p.), les Fougères arborescentes et les Palmiers qui s'élèvent le plus haut (*Voyage dans le nord de la Bolivie*, p. 337.)

20. M. WAGNER, *Reisen im tropischen America*, p. 548, 583.

21. L'altitude des régions dans les Andes péruviano-boliviennes est fondée, là où une autorité particulière n'est pas indiquée, sur les données de M. Tschudi (*Untersuchungen über die Fauna peruana*, in *Jahresb.*, ann. 1844, p. 79), qui ont passé, sans subir de changements, dans la description de M. Raimondi. Ces mesures, probablement approximatives, se

rapportent aux pieds anglais, qui ici, comme dans tous les cas semblables, ont été convertis en chiffres ronds de pieds français.

22. Pissis (d'après Behm, *Geogr. Jahrb.*, I, p. 266). Cette mesure de la limite des neiges se rapporte au mont Sorata (Illampu), la sommité la plus élevée des Andes (7562 m. ou 23 280 p., sous 16° lat. S.) ; sur le Sahama (6916 m. ou 21 600 p., sous 20° lat. S.), la limite des neiges a été constatée par M. Pentland à 5645 m. ou 17 380 p. (*Ibid.*).

23. Weddell, *Voyage dans le nord de la Bolivie*, p. 321, 344.

24. D'après les *Bambuseæ* de Munro (*Linnean Transactions*, 26, p. 61).

25. Weddell, *Chloris andina*, I, p. 113; *Voyage dans le nord de la Bolivie*, p. 321.

26. *Domaine mexicain*, p. 480.

27. Tschudi, *Reisen durch Südamerica*, V, p. 369.

28. Pœppig, *Reise in Chile, Peru und auf den Amazonenstrom*, II, p. 7, 159.

29. Relativement au *Salix Humboldtiana*, comparez *Hylæa*, note 2.

30. Tschudi, *Reisen*, loc. cit., V, p. 53, 108, 191, 235; *Berich* dans le *Jahrb.* de Behm, III, p. 206.

31. Exemples d'espèces antarctiques dans les Andes tropicales de l'Amérique méridionale : *Drimys Winteri* (Nouvelle-Grenade jusqu'à la Terre de Feu, 10° lat. N. - 54° lat. S.); *Gunnera chilensis* (Venezuela jusqu'à l'archipel de Chonas, 10° lat. N. - 46° lat. S.); *Saxifraga magellanica*, syn. *S. Cordillerum* Prl (république de l'Équateur, 3249 m. ou 10 000 p. — 4808 m. ou 14 800 p., jusqu'au détroit de Magellan, 0°-52° lat. S.); *Azorella glebaria*, syn. *Bolax* Comm. (Bolivie d'après Tschudi, jusqu'à la Terre de Feu, 18° lat. S. - 54° lat. S.); *Oreomyrrhis andicola* (Nouvelle-Grenade jusqu'aux îles Falkland, 10° lat. N., près de la limite des neiges. à 52° lat. S.); *Desfontainea spinosa* (Équateur, 3573 m. ou 11 000 p., jusqu'à Statenisland, 0°-54° lat. S., mais faisant défaut aux parties non boisées des Andes chiliennes).

32. L'affinité entre les flores du Pérou et du Chili se manifeste par une série de genres que les sections tropicales et extratropicales possèdent en commun comme genres endémiques. De ce nombre sont notamment : parmi les Malvacées, *Palava;* les Tiliacées, *Vallea;* les Malpighiacées, *Dinemandra;* les Géraniacées, *Wendtia, Balbisia (Ledocarpum), Rynchotheca;* les Rhamnées, *Retinilla, Trevoa;* Sapindacées, *Llagunoa;* Légumineuses, *Adesmia,* Rosacées, *Kageneckia;* Ombellifères, *Mulinum ;* Bignoniacées, *Eccremocarpus;* Solanées, *Fabiana, Dolia, Alibrexia ;* Gentianées, *Desfontainea;* Orchidées, *Chlorœa ;* Smilacées, *Luzuriaga.* — Comparez la note 34.

33. Parmi les genres dicotylédonés étudiés dans le *Chloris andina* de M. Weddell, voici ceux qui (élimination faite des espèces du Chili et de Venezuela) possèdent plus de 12 espèces : Synanthérées : *Senecio*, 23 esp.; *Baccharis*, 23 ; *Werneria* et *Erigeron*, 16 ; *Diplostephium*, 15 ; *Culcitium*, 12 ; Valérianées : *Valeriana*, 12 ; *Phyllactis*, 13 ; Gentianées : *Gentiana*, 57 ; Solanées : *Solanum*, 13 ; Scrofularinées : *Bartsia*, 30 ; *Calceolaria*, 23 ; Rosacées : *Alchemilla*, 13 ; Légumineuses : *Astragalus*, 16 ; *Lupinus*, 15 ; Malvacées : *Malvastrum*, 16 ; Berbéridées : *Berberis*, 12 ; Renonculacées : *Ranunculus*, 14.

34. Exemples de genres alpins des Andes, en deçà et au delà des tropiques du sud (d'après le *Chloris andina* de M. Weddell, qui ne tient compte que de la région alpine) :

Mutisia possède dans les Andes tropicales..	9 esp., au Chili.....	10
Perezia................................	11	id.	10
Senecio................................	83	id.	36
Espeletia..............................	5 esp., au Venezuela.	6
Valeriana..............................	20 esp., au Chili.....	9
Ourisia................................	6	id.	6
Calceolaria............................	23	id.	11
Plantago...............................	8	id.	4
Azorella...............................	9	id.	9
Acœna.................................	7	id.	9
Astragalus.............................	16	id.	5
Adesmia...............................	6	id.	7
Oxalis.................................	8	id.	4
Ranunculus............................	14	id.	4

35. WEDDELL, *Chloris andina*, vol. I et II contiennent la majeure partie des Dicotylédonés, puisque les familles apétales seules n'ont pas encore été élaborées. Dans ces deux volumes sont décrites presque 1200 espèces de la région alpine ; mais comme les Andes du Chili et la Silla de Caracas y sont également comprises, il n'y a parmi ces espèces que 900 seulement (j'en compte 895) appartenant à la portion tropicale des Andes sud-américaines. C'est là-dessus que je me suis fondé pour estimer à 1200 les espèces alpines de la flore des Andes décrites jusqu'à présent.

36. Je trouve dans les Synanthérées plus de 5 genres endémiques (19 genres); chez les Orchidées, 12 ; chez les Solanées, 6 ; et chez les Mélastomacées, 6 ; viennent ensuite avec 4 genres qui leur sont propres, les Crucifères et les Éricées, ainsi que les Scrofularinées et les Rubiacées avec 3 genres chacune. En sus des genres endémiques remarquables rapportés dans le texte, on peut citer les suivants : *Hypseocharis* (Géraniacées),

Polylepis (Rosacées), *Oreocallis* (Protéacées), *Morenia* (Palmiers), et autres.

37. La collection de Humboldt faite dans la région alpine de la république de l'Équateur (comparez Grisebach, *Genera et species Gentianearum*, p. 43) contient 575 espèces, dont les familles [prédominantes forment la série suivante : Synanthérées (22 esp.) , Graminées (10), Scrofularinées (6), Solanées, Labiées et Légumineuses (chacune 4 esp.), Rubiacées (3 1/2), Mélastomacées, Orchidées et Euphorbiacées (3 pour 100 chacune). — Dans la collection de M. Jameson, faite au Chimborazo (contenant 250 espèces recueillies à une altitude d'au delà de 3573 m. ou 11 000 p.; *Jahresb.*, ann. 1845, p. 51), la série des familles est la suivante : Synanthérées (12 esp.), Scrofularinées (6), Graminées et Rosacées (4 1/2), Légumineuses, Gentianées, Ombellifères et Crucifères (3 pour 100 chaque). — Voici la série que forment les familles les plus grandes rapportées par M. Weddell et au nombre desquelles figurent les Graminées : Synanthérées (330 espèces, et par conséquent, en tout cas, comme chez Humboldt, au delà de 20 pour 100), Scrofularinées, Gentianées, Rosacées, Légumineuses, Valérianées, Solanées, Éricées, Ombellifères, Malvacées, Rubiacées.

38. La collection de Humboldt faite dans la région des Cinchonas de la Nouvelle-Grenade *(loc. cit.*, p. 42) contient seulement 182 Phanérogames; les plus grandes familles sont : les Mélastomacées, les Orchidées, les Solanées, les Monimiacées, les Pipéracées, les Graminées, les Gesnériacées, les Synanthérées, les Aroïdées, les Éricées, les Araliacées et les Oxalidées.

SUPPLÉMENT

A LA SECTION XVII, PAGE 631

Les annotations faites par M. Éd. André à la section XVII m'étant parvenues à une époque où cette partie de l'ouvrage était déjà imprimée, je n'ai pas voulu priver le lecteur d'observations originales et toutes récentes sur une contrée aussi peu connue encore; en conséquence, j'ai cru devoir reproduire ici ce travail, auquel se rapportent les renvois que M. André, dans ses annotations à la section précédente, a été dans le cas de faire au chapitre XVII. — T.

Page 533, ligne 25.

On peut citer comme exemple le rio de Guaillabamba et ses affluents, sous la ligne équatoriale même, où la région sèche se prolonge assez loin vers l'ouest avant la jonction de cette rivière avec le rio Esmeraldas. — Éd. A.

Page 533, ligne 33.

Les faits dont j'ai été témoin ne me permettent pas, je l'avoue, de laisser ce passage sans une observation. Les vents d'ouest sont presque nuls sur cette côte du Choco, qui a valu au grand Océan le nom de Pacifique que lui avaient donné les « conquistadores ». Dans tout l'arc de cercle qui s'étend entre la pointe de la Galera et le golfe de Panama, les vents ne se font que rarement sentir. C'est la région dite « de las calmas ». J'en ai été si frappé, qu'il m'a été donné de cheminer dans cette contrée pendant des mois entiers sans sentir la moindre brise. Les orages mêmes se forment, éclatent et se dissipent sur place, sans être entraînés par aucun courant. Ce n'est qu'à l'équateur que commencent les vents, et encore se tiennent-ils principalement dans les hautes régions de l'atmosphère, passant entre les hautes cheminées des volcans. Ils soufflent du sud-ouest et viennent de la « costa » ou région chaude littorale du Pérou, dont ils entraînent les effluves embrasés, qui se condensent rapidement sur les sommets glacés de l'Assuay, du Chimborazo, de l'Antisana, du Cotopaxi, du Pichincha, du Cayambé, du Cumbal et du Chilès, pour se déverser en un déluge continuel sur la province du Choco. Ces vents glacés passent au-dessus des vallées arénacées, dénudées, du Guaïllabamba et de ses affluents, les rios Pisque et Chota, où la végétation des Cactées, des Agaves et des Mimosées offre le spectacle d'une nature féroce et désolée.

Page 534, ligne 5.

Voy. l'observation précédente, qui ne permet pas d'attribuer l'exubérance de la végétation du Choco à une autre cause qu'à celle des vapeurs refroidies qui s'abattent sur une région boisée, et y maintiennent une humidité perpétuelle. Que de fois n'ai-je pas vu, des sommets de la Cordillère occidentale, cette mer moutonneuse de nuages d'argent immobiles, — écran opaque au-dessus de la forêt immense, — compactes le matin et le soir, à peine entr'ouverts par les rayons du soleil de midi, se résolvant chaque jour en épouvantables orages et en torrents d'eau, tandis que le vent du sud-ouest, refroidi par son passage entre les hauts volcans, nous glaçait jusqu'aux os et continuait sans cesse son œuvre de condensation des vapeurs inférieures !

Page 535, ligne 5.

Je ne puis partager cette opinion. La constitution géologique est très-variée dans la Cordillère occidentale et la végétation très-hétérogène. J'ai visité le Choco sur plusieurs points : aux frontières de la province d'Antioquia, dans la vallée du Dagua et dans le sud, de Tuquerrès à Barbacoas. Ces trois flores sont tout à fait distinctes, la dernière surtout ; les herbiers et les plantes introduites vivantes de ces pays en Europe durant les vingt dernières années en font foi. Antioquia et ses terrains métamorphiques, ses gisements métallifères si riches ; les schistes et les argiles rouges du Dagua et du San-Juan ; les terrains volcaniques du sud, donnent lieu à une diversité d'espèces qui a peu d'égales au monde et sur laquelle j'aurai occasion de revenir en classant mes récoltes.

Sans doute la végétation revêt un aspect uniforme à première vue, à distance, en ce sens que les mêmes familles et les mêmes genres se retrouvent souvent ; mais j'espère être en mesure de montrer plus tard que des flores locales tranchées se rensur le littoral du Pacifique, depuis l'équateur jusqu'au golfe du Darien, et que les espèces y sont confinées dans des limites peu étendues, au moins pour un bon nombre de genres.

Page 538, ligne 3.

Les Palmiers jouent un rôle moins important que l'auteur ne le pense dans la constitution de l'ombrage des forêts vierges. Même dans les endroits où les représentants de cette famille sont le plus abondants, ils ne croissent pas en groupes considérables comme nos forêts de Pins. Parfois, dans les plaines, des *Mauritia* sont rassemblés en bouquets assez denses, mais peu étendus. Les arbres de cette famille, dans leur quartier général, c'est-à-dire sur les pentes de la Cordillère orientale qui regardent le vaste territoire des *llanos* de la Colombie et du Venezuela, ne sont jamais réunis par plus de dix à quinze espèces diverses dans un espace restreint. Le plus grand nombre que j'aie observé en trois jours de courses a été vingt-cinq espèces, et il m'est difficile de croire que ce total soit dépassé ailleurs. Dans ces conditions, ils croissent entremêlés avec les autres arbres de la forêt, isolés, ou par quelques pieds rapprochés les uns des autres, mais de hauteur et d'âge très-différents. Ils ont donc peu d'influence sur la répartition de la lumière et de l'ombre sous le couvert des grands bois, même quand ils sont à l'état dominant, comme dans les « Palmares » du Quindio, formés d'innombrables *Ceroxylon*.

Page 539, ligne 35.

Une autre explication peut être donnée sur la diffusion de la lumière sous les hautes forêts de la région chaude en Amérique. L'abondance relative de cette lumière diffuse m'a étonné bien souvent. Sans doute les fleurs brillantes sont moins nombreuses sous ce dôme épais qu'au grand air, et la végétation cryptogamique y domine, mais on trouve à cette loi de nombreuses exceptions. Des Orchidées aux périanthes éclatants s'y épanouissent; des Broméliacées (Tillandsiées surtout) écarlates par leurs bractées et même par leurs feuilles se développent dans des régions où ne paraît jamais le soleil. Que de fois n'ai-je pas admiré, dans la famille des Gesnériacées, les feuilles tachées de sang, et les fleurs colorées des *Columnea*, ou encore les calyces cinabre des *Alloplectus*, dans un jour tout à fait crépusculaire !

Suivant moi, la lumière se répand, non pas, comme le dit M. Grisebach d'après M. de Kittlitz, à travers les interstices des branches à diffusion excentrique, — car cette disposition n'est pas commune à un grand nombre d'espèces, — mais grâce aux inégalités de stature des arbres qui se dépassent les uns les autres dans leur lutte éternelle pour l'existence *(struggle for life)*.

Dans les forêts de la zone tempérée, les espèces arborescentes sont peu nombreuses (Chênes, Hêtres, Charmes, Peupliers, Bouleaux, Conifères), et celle qui domine localement s'empare de la tête de la forêt et donne aux sommets une hauteur à peu près égale qui produit un écran uniforme. Cela est frappant surtout dans les essences résineuses, où une espèce doit nécessairement dominer les autres (Pins, Sapins, etc.). Dans la forêt vierge américaine, au contraire, les hauteurs des arbres sont d'une inégalité constante. L'ensemble de leur ombrage, vu de dessous, plonge le spectateur dans un demi-jour apparent, mais la lumière n'en arrive pas moins par mille sentiers aériens et obliques, en abondance suffisante pour gorger de chlorophylle et de matières colorantes diverses les feuilles et les fleurs. J'ajouterai que les feuillages simples et opaques, comme ceux des *Laurinées*, des *Ficus*, des *Clusia*, au lieu d'être un obstacle, comme le croit M. Grisebach, à la diffusion de la lumière, contribuent au contraire à la répandre par leur surface vernie, qui reflète et réfracte les rayons de mille manières. J'ai remarqué plusieurs fois ce phénomène et noté, sous les grands arbres, la lumière *pailletée* que transmettaient les feuillages luisants des Laurinées, des Myrtacées et essences analogues.

Page 540, ligne 30.

Et d'autres arbres encore, comme des *Erythrina*, *Vitex*, *Jacaranda*, Sophorées, etc.

Page 541, ligne 20.

Ce fait n'est pas rare. J'ai observé dans le sud de la Colombie, et surtout dans la Cordillère occidentale de l'équateur, de nombreuses Scitaminées croissant à des altitudes de 2000 à 2500 mètres. C'est sur les versants occidentaux du Chimborazo, du Pichincha, de l'Azufral, qu'on trouve le plus tôt les plantes de cette famille en descendant les pentes.

Page 541, ligne 23.

Le nombre des espèces de Fougères en arbre recueillies par Lindig et par le docteur Karsten dans la Nouvelle-Grenade, par conséquent en deçà de l'équateur, est plus considérable que celles trouvées sous la ligne et au delà. Lindig seul en a désigné trente-deux. Mes propres observations sont conformes à ce qui précède. J'ai récolté beaucoup plus de Fougères arborescentes dans la Nouvelle-Grenade que dans l'Équateur, et je crois pouvoir affirmer que les espèces sont plus nombreuses dans la première de ces régions. D'ailleurs il est aujourd'hui prouvé que les théories qu'on croyait pouvoir bâtir sur les observations publiés par Humboldt reposeraient sur des bases peu solides, les observations faites à ce sujet par le savant naturaliste berlinois ayant été beaucoup trop superficielles. Ainsi, il appelait « zone des Fougères en arbre » celle qui succède aux Palmiers et aux Scitaminées, et il lui donnait pour limites 400 à 1600 mètres au-dessus du niveau de la mer. Or, dans les bois d'Angas (Équateur), croît une espèce de *Cyathea* (encore indéterminée) entre 200 et 300 mètres seulement au-dessus de l'Océan. Quant à la limite supérieure, voici quelques indications précises. Sur ce même volcan du Pichincha qui a été le théâtre des investigations de Humboldt, il aurait pu rencontrer, dans la vallée de Lloa, de beaux troncs de *Cyathea* à 2700 mètres. Un peu plus loin, près du petit volcan Pululagua, en allant à Calacali et à Niebli, ces plantes se retrouvent à 2800 mètres. J'ai récolté le *Cyathea patens* à Guadalupe, près de Bogota, croissant à 2900 mètres. Au pied du Corazon, j'ai vu un *Alsophila* monter à plus de 3000 mètres. Le *Dicksonia Sellowiana*, une admirable espèce, croît dans cette même région à 3500 mètres d'altitude, dans la zone même des *Polylepis*, c'est-à-dire à la limite de la végétation arborescente. Autour de Pasto et de Tuquerrès, en Colombie, et au pied des volcans de Cumbal et de Chilès, ainsi que dans d'autres hautes vallées néo-grenadines, les habitants construisent leurs *ranchos* avec des troncs de ces Fougères, tout près de la région des *Paramos* (3000 à 3500 mètres). Au sommet du boqueron du Quindio, que Humboldt a franchi, croît le beau *Cyathea quindiuensis* de Karsten. Enfin, c'est à ces mêmes hauteurs qu'on trouve souvent les « *caminos empalisados* », ou chemins de poutres faits avec des stipes de grandes Fougères en arbre, sur les marais mouvants de tourbe des *Paramos* On peut donc affirmer que Humboldt, pour fixer ainsi les limites de la région des Fougères arborescentes, n'avait pas pu voir ces végétaux dans leurs diverses stations ; autrement il n'eût pas dit (*Ansichten der Natur*) qu'elles *ne pouvaient vivre qu'entre* 400 *et* 1600 *mètres*, et que leur véritable zone était entre 975 et 1624 mètres.

Il faut donc modifier ces chiffres, et dire aujourd'hui que les Fougères arborescentes prospèrent entre 300 et 3000 mètres, et que ces limites peuvent même être dépassées en haut et en bas.

Page 543, ligne 1.

Le *Galactodendron utile* croît aussi en Colombie, dans l'Équateur et au Pérou.

Page 543, ligne 15.

Dans les plaines des affluents occidentaux de l'Orénoque, on voit d'abord apparaître, au début de la saison des pluies, quelques plantes bulbeuses, des *Moræa* surtout, quelques Acanthacées à grosses fleurs bleues, et plusieurs espèces annuelles qui disparaissent ensuite sous la puissante végétation des Graminées.

Page 545, ligne 31.

Les Cactées sont rares, mais ne font pas défaut dans la baie du Choco. J'ai parcouru, au sud de la Colombie, et même jusqu'au 4e degré de latitude N, des localités d'une grande aridité. Dans la vallée du Dagua, à très-peu de distance de la mer, en plein Choco, une région entière est caractérisée par la végétation armée des Cactées et des Agaves, dans toute sa férocité. La chaleur y est si intense et si sèche, qu'une partie de la route a reçu le nom d'el Horno (le four). Mais ce sont là des exceptions à l'état général hygrométrique de la région.

Page 545, ligne 36.

Il faut y ajouter les Agave et les Fourcroya, si abondants et qui caractérisent la contrée d'une manière si frappante. Les espèces de ce dernier genre se retrouvent à des altitudes élevées, jusqu'à 3000 mètres, où on les emploie à la fabrication de ficelle dite « pita ».

Page 546, ligne 31.

Il serait inexact de croire que les sommets de la Cordillère côtière du Venezuela soient dénudés. On les voit au contraire, dès la pleine mer, couverts d'une végétation dense, car ils n'atteignent que rarement les hauteurs dépouillées des Paramos ou Pajonales.

La « silla » de Caracas fait une exception, mais elle n'est pas une chaîne de montagnes ; c'est un fragment de la Cordillère qui présente la forme d'une selle, d'où lui est venu son nom. Dans cette région comme dans la masse principale des Andes, les Chênes ne constituent nulle part le fond de la végétation arborescente dans les endroits où on les trouve. Le Quercus granatensis et les formes voisines font des arbres magnifiques et parfois de petits bouquets de bois, sans doute, mais nulle part ils ne prennent une place prépondérante comme leurs congénères dans les forêts de la zone tempérée.

Page 546, ligne 35.

Il est utile de noter ici que le Ceroxylon andicola constitue les immenses forêts dites « palmares » du Quindio à de bien plus grandes altitudes. Il atteint 2 825 mètres suivant Humboldt, et même un peu plus d'après mes observations personnelles.

Page 549, ligne 20.

On peut remarquer cependant l'existence d'un autre genre de diffusion des végétaux à travers les savanes ou llanos de l'Orénoque. Il ne faut pas se figurer ces plaines comme d'immenses déserts ininterrompus, sans le moindre cours d'eau en dehors des grandes artères. J'ai parcouru ces llanos qui s'étendent sur le territoire de San-Martin et de Casanare, par 4° moyens de latitude N., et principalement

dans le voisinage du rio Meta, qui se jette dans l'Orénoque par 70° environ de longitude O. de Paris. Le Meta coule à travers la plus vaste portion des grandes plaines.
Ces solitudes sont sillonnées par un grand nombre de petits cours d'eau (nommés *caños* ou *riachuelos*) coulant lentement entre des rives couvertes d'une puissante végétation. Quand on les aperçoit au loin, du haut des sommets de la
Cordillère orientale, ces filets d'eau présentent d'interminables bandes étroites,
sinueuses, qui circonscrivent les parties planes, couvertes d'une végétation graminée d'un ton jaune uniforme. Ces canaux sont de puissants moyens de dissémination, de transport des espèces. A mesure qu'ils augmentent en largeur et en
puissance, que de ruisseaux ils deviennent rivières, la bande de végétation qui les
borde s'élargit et passe insensiblement à la forêt compacte, infranchissable, qui
occupe tout le grand bassin de l'Orénoque et de l'Amazone. Là, en effet, l'obstacle
est insurmontable, surtout si la conformation orographique des terrains vient nettement séparer l'hydrographie des régions contiguës.

XXI

DOMAINE DES PAMPAS

Climat. — On qualifie de Pampas les plaines déboisées comprises entre les Andes chiliennes et l'Atlantique. Dans la contrée même, cette dénomination s'applique à des parages revêtus de Graminées et d'où les végétaux ligneux se trouvent exclus. Toutefois, afin de mieux faire apprécier le caractère naturel du pays, il convient de donner plus d'extension au sens attaché au terme de Pampas et de réunir en un seul ensemble tout le domaine de steppes compris entre les confins du Brésil, où les périodes pluvieuses régulières de la zone tropicale n'ont plus lieu, et le détroit de Magellan, y compris les États de la Plata et la Patagonie. De même que le climat du Chili peut être assimilé à celui de la Californie, de même nous voyons les Prairies de l'Amérique du Nord se reproduire dans le continent austral sous des latitudes correspondantes, avec cette différence cependant que, dans le domaine des Pampas, les steppes s'étendent partout jusqu'à la mer et qu'elles n'ont point les forêts qui, dans l'hémisphère septentrional, contribuent au développement végétal, beaucoup plus riche, de l'Amérique du Nord. Les Pampas proprement dites correspondent aux plaines à Graminées du Missouri, comme les chaparals ou les taillis dits *mezquite* au Texas et au Nouveau-Mexique rappellent les arbustes et les taillis clair-semés des provinces de la Plata situées plus près du tropique. Sous le rapport climatérique, il y a encore entre la position des Prairies orientales et celle des Pampas une concordance, car ces deux contrées basses, du côté de l'ouest, se trouvent dans toute leur étendue délimitées par de hautes chaînes montagneuses qui enlèvent les vapeurs aqueuses aux vents équatoriaux régnant sous ces latitudes. Un examen plus précis des climats permet d'ailleurs de découvrir des traits différentiels. d'une nature moins superficielle ; il nous explique, quoique incomplétement, pourquoi les Pampas de l'Atlantique sont dépourvues de ces forêts fertiles qui, sous de plus hautes latitudes, revêtent le versant Pacifique des Andes, exactement comme sur l'Orégon, mais sans néanmoins atteindre l'entrée orientale du détroit de Magellan.

D'abord, quant au climat, le domaine des Pampas diffère des Prairies par la courbe du climat maritime [1]. Nulle part la période de végétation ne s'y trouve, comme sur le Missouri, interrompue par le froid et la couche neigeuse de l'hiver. Même, quand dans l'intérieur du continent, au pied des Andes, près de Mendoza, la différence entre les saisons est plus considérable que sur la côte, cependant la neige n'y dure point. Du côté du sud, le continent se rétrécit jusqu'à une langue de terre, tandis que dans notre hémisphère il s'élargit dans la direction du cercle polaire. Il en résulte que, de même que dans toute la zone tempérée australe, le climat maritime doit en général prévaloir dans l'Amérique méridionale. Du nord au sud, le domaine des Pampas offre à peu près la même extension que les Prairies ; mais, dans les deux cas, la température moyenne, qui diminue avec l'augmentation de la latitude, a peu d'action sur la physionomie du pays.

L'absence des forêts sous le climat maritime des Pampas ne saurait être expliquée, comme dans les Prairies, par la durée de la période de végétation. Il s'agit maintenant d'examiner de plus près, sous ce rapport, l'effet que peut avoir le défaut des vents pluvieux réguliers qui animent au printemps les steppes de l'hémisphère boréal. Dans l'Uruguay, et en général dans les contrées littorales, les précipitations sont très-considérables [2]. A Montevideo, elles atteignent un mètre, et par conséquent autant que dans le domaine forestier de l'Amérique du Nord [3]. Elles

diminuent graduellement avec l'éloignement de la mer, jusqu'à
ce qu'enfin, au pied des Andes, à Mendoza, elles se trouvent
réduites à 0^m,21. Ici, sur le versant oriental de la Cordillère,
l'air est aussi sec que dans le nord du Chili; les pentes sont
nues, tandis que les chaînes montagneuses de Tucuman et de
Cordova, situées plus près de la mer, se trouvent, du moins
dans leur partie inférieure, bordées d'une ceinture forestière. Et
ce qui y est remarquable, c'est que les plaines elles-mêmes
se comportent d'une manière diamétralement opposée, de telle
sorte que les contrées arides de l'intérieur sont pour la plupart
revêtues d'arbustes et de taillis clair-semés, mais que, par contre,
là où les précipitations deviennent plus abondantes, les Pampas
ne produisent qu'une végétation de Graminées, à l'exclusion de tout végétal ligneux. Le fait est que dans ce pays,
ce qui importe le plus, ce n'est point la quantité de pluie
tombée, mais sa répartition, ainsi que le mode d'irrigation.
On a généralement constaté que la majorité des précipitations
a lieu sous forme d'averses orageuses soudaines, tandis qu'à
d'autres époques l'atmosphère est d'une sécheresse extraordinaire. Dans ces vastes plaines, revêtues de Graminées, le
rayonnement nocturne d'un ciel sans nuages dépouille l'atmosphère de son humidité; aussi voit-on s'y produire toujours
d'abondantes rosées[1]. Plus les vents de mer, imprégnés des
vapeurs aqueuses de l'Atlantique, progressent dans l'intérieur,
moins l'atmosphère conserve d'humidité, parce que celle-ci se
trouve constamment diminuée par la décharge des nuages orageux ainsi que par la rosée. A cela vient s'ajouter l'irrégularité dans la variation des deux courants atmosphériques dominants, de même que le fait que, parmi ces derniers, ceux qui
arrivent du désert d'Atacama et des Andes sont les plus fréquents, comme le prouve dans les Pampas la configuration des
dunes de sable, dont les pentes tournées du côté du nord sont
plus abruptes[1]. Aussi on y voit de longues périodes de sécheresse, et les pluies d'orage peuvent y faire défaut des années entières[2]; en sorte que l'élevage du bétail éprouve quelquefois les
pertes les plus graves, par suite de la suppression du développement des Graminées. Mais, grâce à la résistance de ses organes,

.le gazon lui-même endure ces variations irrégulières d'humidité et de sécheresse et renaît brillamment au retour des pluies abondantes. Les végétaux ligneux exigent une autré période d'irrigation, une période plus certaine, et, tant que leur feuillage est en activité, ils doivent constamment recevoir du sol la quantité d'eau nécessaire, bien que, considérés dans leur ensemble, les arbustes en demandent moins qu'il n'en faut pour le développement des Graminées, pourvu seulement que cette quantité ne leur manque pas pendant la période de végétation.

Le relief de la surface du sol a également son importance pour l'irrigation des végétaux ligneux et des Graminées. Il est vrai que, depuis la côte jusqu'aux Andes, les Pampas forment, comme les Prairies orientales, une plaine oblique, mais moins inclinée que ces dernières et d'une structure moins régulière, bien qu'elle déploie aux regards une étendue tout aussi illimitée. M. Burmeister a reconnu à Mendoza une altitude de 764 mètres (2350 p.) et a fait voir que cette partie occidentale des Pampas constitue un bassin indépendant dont les cours d'eau ne peuvent atteindre l'Atlantique[5]. Cependant les accidents du sol sont tellement peu prononcés, qu'à de grandes distances ils ne sauraient être constatés qu'à l'aide de mesures hypsométriques. Or M. Darwin, à l'égard de l'absence des forêts dans les Pampas, fait observer que, dans d'aussi vastes contrées planes, les arbres croissent difficilement, parce que les vents les balayent sans obstacle et que le mode d'irrigation ne leur convient point[6]. Quand il ne pleut pas, le sol, exposé au soleil, s'y durcit en une masse compacte, impénétrable, et, ainsi que M. Moussy l'a constaté [4], l'eau des pluies d'orage s'écoule superficiellement le long de la plaine inclinée des Pampas sans pénétrer jusqu'aux racines, situées à une plus grande profondeur. Toutefois M. Darwin lui-même ne regardait pas de semblables considérations comme satisfaisantes, car, malgré les hauteurs dont il est hérissé, l'Uruguay est aussi déboisé que les Pampas. Il n'en est pas moins vrai que, pour satisfaire aux exigences des arbres, les plaines revêtues de forêts ont besoin d'une plus grande quantité de pluie que des steppes ouvertes à Graminées. D'ailleurs les pluies leur arrivent à l'abri du soleil, contre lequel la forêt se protége elle-même, et réparties d'une manière plus convenable pendant un laps de temps plus long. Le domaine forestier des États-Unis reçoit sa vapeur aqueuse et ses nuages pluvieux de trois côtés, de l'est, du sud et des lacs canadiens, tandis que dans les Pampas l'irrigation n'est due qu'aux vents qui arrivent de l'Atlantique.

L'époque à laquelle les précipitations sont le plus fréquentes dans les Pampas n'a point d'importance pour les Graminées, qui reprennent leur développement aussitôt qu'elles sont humectées; mais il n'en est pas de même des végétaux ligneux, qui, vu les phases successives de leur évolution, renouvelée chaque année, tiennent à une périodicité plus rigoureuse. Or on voit, sous ce rapport, se produire des divergences remarquables : dans quelques contrées, les précipitations se trouvent réparties entre toutes les saisons, tandis que Mendoza et Montevideo se comportent d'une manière opposée. Bien que sous la latitude de Mendoza le climat soit aride sur les deux côtés des Andes, dans le Chili, exposé à l'action directe du désert d'Atacama, les précipitations ont lieu en hiver, saison à laquelle elles font défaut à Mendoza. Dans cette dernière contrée, elles se produisent particulièrement en été [2], dans la saison la plus chaude, pendant laquelle les courants atmosphériques ascendants, engendrés par l'échauffement, se prêtent plus aisément à ces actions alternantes qui donnent lieu à la brusque accumulation des nuages orageux. Cela est plus favorable à la croissance des arbres que l'été sec ou même complétement dépourvu de pluies, tel qu'il se produit dans les steppes de Graminées situées sur l'Atlantique, été qui, sous ces latitudes, peut être considéré comme un état normal déterminé par l'écart que subit l'alizé dans la direction du sud. Dans l'Uruguay comme dans les Prairies, l'époque de la floraison de la majorité des végétaux tombe dans le printemps, mais en été le gazon est flétri par les rayons solaires [7]. Dans la région basse de Buenos-Ayres, le vent sud-est est en été un alizé sec, mais en hiver il amène la pluie, parce qu'alors la terre ferme est plus froide que la mer, tandis qu'elle l'est moins en été [8].

Ainsi il paraît résulter de tous ces faits que la rareté ou la

complète absence des végétaux ligneux dans les Pampas tient
à toute une série de particularités dans le mode de leur irrigation. Mais ce qui prouve que néanmoins le climat, considéré à
lui seul, ne s'oppose point à la vie des arbres, c'est qu'on peut
les planter avec succès, même dans les endroits dénués d'eau
courante. Sous ce rapport, les Pampas se comportent tout
différemment des Prairies et des steppes de l'ancien monde.
Dans l'Uruguay, l'arboriculture est partout praticable ; dans les
Pampas de Buenos-Ayres, le Pêcher est fréquemment cultivé,
non pour ses fruits, mais pour obtenir du bois. Même l'aride
pays de Mendoza s'est tellement transformé depuis le commencement de ce siècle par la plantation du Peuplier d'Italie, que
de loin il simule un grand taillis. De tels faits ont suggéré à
M. Darwin[6] que si les forêts sont absentes dans les Pampas,
cela tient à la nature de leur sol, et que « les végétaux non
ligneux, mais nullement les arbres, avaient été créés pour
servir de revêtement à ces vastes surfaces ». Selon lui, les arbres
viendraient ici par la culture et non spontanément, attendu
que la seule contrée limitrophe qui soit forestière possède un
climat tropical, sans lequel les végétaux qui y sont indigènes
ne sauraient subsister. A en juger par leur constitution géologique, les Pampas ont été émergées et ajoutées à la terre ferme
plus ancienne à une époque récente, époque où la faculté de
créer de nouveaux organismes était déjà affaiblie. La flore et la
faune indigènes y restèrent pauvres, mais nulle part des végétaux européens étrangers ne se sont établis dans de telles proportions ni avec autant de facilité que s'y sont multipliés les
animaux domestiques, tels que chevaux et bêtes à cornes.

Si, par suite de plantations continues, les Pampas étaient
revêtues de forêts, sans doute le climat en serait modifié, et au
lieu des époques de sécheresse alternant tour à tour avec des
violentes pluies d'orage, il s'y établirait une répartition plus
régulière des précipitations. Ainsi les conditions agricoles pourraient s'améliorer dans un pays voué aujourd'hui presque exclusivement à l'élevage des troupeaux, et par conséquent faiblement peuplé. Même à présent, le sol labouré y est éminemment
fertile, seulement sa culture exige des irrigations qui ne sont

praticables que dans peu de contrées, à cause des variations que subit le niveau des rivières. Toutefois il reste à savoir si une modification agricole est réellement désirable, et si les besoins de l'homme ne trouvaient pas plus d'avantage à ce qu'à côté des pays fournissant des céréales, il y en eût d'autres offrant des produits animaux et les échangeant avec les premières. Dans l'hémisphère boréal, les steppes se rattachent à un climat continental, et elles sont habitées par des peuples nomades, parce que chaque prairie ne peut être utilisée que peu de temps. L'hémisphère austral seul possède de vastes pacages situés sous un climat maritime, où, par suite, le même endroit peut toujours fournir une nourriture suffisante, en sorte que l'élevage des troupeaux, pratiqué par une population sédentaire, donne un produit beaucoup plus considérable. Parmi ces steppes du climat maritime, les Pampas occupent le premier rang. La viande, les peaux et la laine qu'elles produisent, approvisionnent les marchés du monde, et pèsent dans la balance pour maintenir l'équilibre qui doit exister entre les diverses régions de notre globe, afin que chacune apporte le contingent qu'elle peut le mieux fournir *.

* C'est surtout la république Argentine qui paraît être appelée à fournir un jour au commerce international les plus grandes quantités de viande de boucherie, de peaux et de laines. Dans son important ouvrage, publié en 1876, à Buenos-Ayres, sous le titre de *République Argentine*, M. Ricardo Napp fournit des renseignements intéressants sur l'industrie relative à la préparation des viandes et des peaux, ainsi que sur l'élève des animaux domestiques en général dans la république Argentine. Il nous apprend que le nombre des bêtes à cornes (non sauvages) s'y monte déjà à 13 493 090, ayant une valeur de 400 millions de francs, tandis que le nombre des moutons atteint le chiffre de 57 546 448, évalués à 420 millions de francs; de plus, on compte sur le territoire argentin 3 960 332 chevaux ayant une valeur de 85 millions de francs : ce qui donne un total de 73 996 772 quadrupèdes domestiques, représentant un capital de 885 500 000 francs. Pour le moment, la république Argentine est encore loin de tirer de la viande de boucherie tout le parti qu'elle pourrait fournir ; car on n'est pas parvenu à conserver la viande fraîche en masse, susceptible de supporter un transport lointain, et l'on se borne, généralement, à exporter l'extrait de viande de Liebig. Cependant on exporte dans les différents États de l'Amérique une viande non salée, sous forme de tranches minces séchées au soleil. Ceci rappelle le mode de conservation usité à l'égard de la viande de mouton dans plusieurs provinces de la Turquie d'Asie, où cette viande ainsi desséchée est connue sous le nom de *pastarma*. En Asie Mineure, j'en ai souvent fait usage et l'ai trouvée fort bonne; c'est notamment à Kaïsaria que cette industrie est largement pratiquée. — T.

Le domaine des Pampas se divise, d'après sa végétation, en
trois zones naturelles, savoir : l'intérieure ou steppe nord-ouest
de Chanar, les Pampas proprement dites, et les plaines méridionales de la Patagonie. La steppe nord-ouest de Chanar commence sous le méridien de Cordova, et s'étend jusqu'au pied
des Andes ; elle est en grande partie revêtue de broussailles
basses et est pauvre en Graminées : les oasis cultivées, telles
que celles de Mendoza, exigent l'irrigation. Ici encore l'élevage
des troupeaux constitue l'occupation principale des habitants :
mais comme les animaux ne peuvent prospérer, soumis au
régime exclusif des feuilles d'arbustes et de broussailles,
cette industrie ne se trouve dans un état florissant que parce
que les limites entre les buissons et les prairies gazonnées ne
sont point marquées d'une manière tranchée, puisque des pacages plus riches, tels que ceux de Tucuman, alternent avec
des endroits stériles[9]. Dans la direction du tropique, la steppe
de Chanar commence graduellement à offrir certains arbres qui
se réunissent en taillis clair-semés, souvent d'une extension
considérable[5]. Sur la lisière septentrionale de la steppe, il n'y a
point de limite forestière précise. Les renseignements que nous
possédons jusqu'à présent sur la végétation de la contrée située
au delà du Parana ne permettent guère de reconnaître partout
avec certitude la limite naturelle entre les flores du Brésil et du
domaine des Pampas[10], et l'on ne sait même pas jusqu'où pénètrent dans l'intérieur du continent, du côté du sud, les périodes
des pluies zénithales, ce qui eût permis d'apprécier cette limite.
Des deux côtés du rio Salada (28° lat. S.) la plaine est revêtue
d'Algarobes (*Prosopis*), qui suivent la steppe de Chanar et viennent également dans le Grand-Chaco tropical jusqu'au Brésil.
On ne voit pas pourquoi les arbres d'un climat à alizés tropicaux
(ou du moins ceux parmi eux qui sont moins affectés par les
variations des saisons) ne pourraient pas s'avancer dans une
steppe dont le climat ne s'oppose guère à la végétation arborescente. Tel n'est point le cas sous le climat plus humide des contrées littorales ; là, avec ses savanes et ses forêts vierges, la flore
du Paraguay se trouve rigoureusement délimitée par les pluies
tropicales, en sorte que, même parmi les végétaux qui consti-

tuent la forêt riveraine du Parana au-dessous de Corrientes, il est peu de genres tropicaux.[11]*.

Là où, au pied des Andes, la steppe de Chanar a la plus grande extension (environ entre 24° et 36° lat. S.), elle renferme en même temps les contrées les plus arides de ce domaine[4]. Au delà du bombement extrême du sol qui détermine l'écoulement des eaux vers le rio de la Plata, les rivières tarissent, et il se forme des bassins lacustres ainsi que des dépressions salifères (*salinas*), où le sol limoneux, imprégné de sulfate de soude, ne nourrit qu'un petit nombre d'Halophytes. Aussi voit-on se reproduire ici des conditions climatériques analogues à celles qui ont lieu dans le désert salé du nord de l'Amérique. Les courants atmosphériques dépouillés par les montagnes de leurs vapeurs aqueuses sont les seuls qui puissent pénétrer dans les contrées entourées par la Sierra Aconquija, ainsi que par le plateau des Andes. C'est pourquoi le campo del Arenal, dans le Catamarca, grande plaine revêtue de galets, trop froide et trop aride pour les végétaux des steppes, est tout aussi désolé que le désert d'Atacama, situé de l'autre côté[12].

Les Pampas s'étendent, couvertes uniquement de Graminées, depuis Cordova et le rio Salado jusqu'aux limites de la Patagonie sur le rio Negro (29° à 40° lat. S.). Ici le sol est presque complétement exempt de pierres roulées, car celles-ci, formées de débris empruntés aux Andes, ont été d'autant plus recouvertes par les alluvions, qu'elles sont à une plus grande distance de la montagne. Dans ces plaines, on ne trouve point

* M. Keith Johnston vient de publier (*Proceed. of the R. Geogr. Soc.*, ann. 1876, vol. XX, p. 494) un travail étendu sur la géographie physique du Paraguay. On y trouve réunies des séries d'observations météorologiques et hypsométriques, ainsi que plusieurs considérations intéressantes sur l'hydrographie du pays, et, entre autres, sur les niveaux relatifs des rives du cours d'eau du Paraguay, qui, sous ce rapport, confirment la loi formulée par M. de Baer relativement à l'action que la rotation de la terre exerce sur l'abaissement de l'une des rives et l'exhaussement de l'autre. Parmi les données botaniques fournies par le travail de M. K. Johnston, je me contenterai de signaler les observations relatives au célèbre Arbre à thé ou *Yerbaado mate* (*Ilex paraguayensis*), qui, très-répandu à l'état spontané, n'est cultivé nulle part, bien qu'il joue un rôle tellement important dans le régime alimentaire du pays, que la frêle existence de cette république en dépende complètement (*the tea-tree upon which alone the feeble existence of the Republic now depends*). — T.

jusqu'au Parana un seul caillou de la grosseur d'une noix[9];
mais, bien que la partie de l'Uruguay située de l'autre côté soit
composée de collines granitiques, la steppe n'en a pas moins la
même constitution des deux côtés du fleuve [11]. Cela tient à ce
que le granite est recouvert par les mêmes couches d'argile calcaire sur lesquelles reposent les nappes du gazon des Pampas[6].
Ainsi donc la nature du sol détermine également le caractère de
la végétation, lors même que le climat plus humide des contrées
littorales convient mieux, ainsi que nous l'avons vu, à la végétation herbacée qu'à la végétation ligneuse *.

Ces pâturages diffèrent des autres steppes de Graminées en ce
que les herbes vivaces s'y présentent en nombre bien moins considérable, et que ce n'est que sur quelques points isolés que le
gazon se trouve refoulé par des Verveines à fleurs ornementales
et autres plantes analogues. On ne voit s'élever du milieu de ces
herbages ni un arbre indigène, ni le moindre arbuste. Les cours
d'eau seulement ont pour lisière une forêt riveraine, et encore
les arbres n'y sont-ils point de taille considérable (dans l'Uruguay aucun ne dépasse 10 mètres de hauteur)[5]. Pendant l'hiver,
ils perdent leur feuillage, ainsi que c'est le cas pour les arbres
plantés et pour la plupart des végétaux ligneux du désert de

---

* Selon le professeur Hermann Burmeister, directeur du musée de Buenos-Ayres,
toute la surface des Pampas de la confédération Argentine est recouverte par un
terrain récent ayant $0^m,6$ d'épaisseur. Au-dessous se trouve le terrain diluvien ou
quaternaire, appelé par Ch. d'Orbigny *argile pampéenne*, ayant de 6 à 13 mètres
d'épaisseur et renfermant une riche faune fossile de mammifères. Les ossements
fossiles se trouvent surtout vers la base de cette formation, qui existe dans toutes
les vallées des montagnes et s'élève même jusqu'à 1624 à 2260 mètres au-dessus du
niveau de la mer. Au-dessous de l'argile pampéenne à mammifères se trouvent les
terrains tertiaires d'origine marine, dont M. d'Orbigny distingue deux étages : le
patagonien et le *guaranien*. On a constaté l'existence du guaranien (composé principalement d'argiles plastiques rouges non fossilifères) au-dessous de la ville de
Buenos-Ayres, au moyen de sondages, à une profondeur de 260 mètres. L'absence
de cailloux roulés dans la puissante formation de l'argile pampéenne porte M. Burmeister à croire que tous ces immenses dépôts diluviens des Pampas ne sont que
le produit d'une action prolongée des agents atmosphériques. Nous nous trouve-
rions donc ici en présence d'un phénomène signalé en Chine par le baron de
Richthoffen, qui rattache également à une semblable origine les dépôts très-impor-
tants de lœss qui recouvrent une partie de la vaste surface du Céleste Empire. Ce
rapprochement entre deux contrées séparées par des espaces aussi considérables
ne manque pas d'offrir une certaine importance géologique. — T.

Chanar. Malgré le climat maritime, la courbe de température exerce ici une influence plus générale sur la périodicité de la vie végétale que la sécheresse de certaines saisons. Parmi les contrées de la zone méridionale tempérée, le domaine des Pampas paraît être le seul auquel le feuillage toujours vert des végétaux ligneux soit en grande partie refusé.

Tandis que les deux membres septentrionaux de la flore argentine sont séparés par les conditions climatériques non-seulement de la flore des contrées limitrophes, mais encore l'une de l'autre, c'est le changement dans la nature du sol qui détermine la brusque transition de cette flore à celle de la steppe patagonienne sur le rio Negro [11]. C'est à cause du rétrécissement du continent ainsi que de sa disposition en terrasses, que les graviers roulés des Andes s'étendent de leur base jusqu'à la mer sans être recouverts par les alluvions. On n'a pas encore constaté si les buissons de la Patagonie croissant sur le sol rocailleux depuis le rio Negro jusqu'au détroit de Magellan (40° à 55° lat. S.), dans le domaine desquels on voit encore quelques Mimosées, se trouvent en connexion géographique avec la steppe de Chanar, située au pied des Andes [13]. Mais ce qui démontre que le sol graveleux, qui dans la steppe méridionale n'admet qu'une pauvre végétation de Graminées au milieu de broussailles épineuses, ne constitue point, dans la partie septentrionale, une condition essentielle du développement des arbustes, c'est que les buissons de la steppe de Chanar s'étendent bien au delà des surfaces détritiques de Mendoza.

Là où sur le Colorado patagonien et sur le rio Negro se termine la steppe à Graminées des Pampas, on voit aussitôt apparaître çà et là, sur les roches détritiques des Andes, parmi lesquelles les porphyres sont les plus fréquents, les arbustes épineux déprimés, comme pour avertir l'étranger, dit M. Darwin, de ne point mettre le pied dans un pays aussi inhospitalier [6]. Dominée par les vents d'ouest qui balayent la Cordillère, l'atmosphère de la Patagonie est aussi sèche que le sol, qui ne retient point les eaux [13]. Au port Désiré (47° lat. S.), la solitude devient un désert, où même les broussailles épineuses sont rares et où le sol caillouteux ne nourrit que quelques touffes isolées d'un gazon

rigide, de teinte brune [6]. Grâce aux Andes qui interceptent les
vents pluvieux, quel contraste entre les forêts toujours vertes de
leur versant Pacifique, et une végétation impuissante à produire
de l'humus ! Nulle part dans la Patagonie la végétation arborescente ne paraît possible ; sur la lisière septentrionale, dans la
proximité du rio Negro, la plaine illimitée ne présente qu'un
seul petit arbre isolé, un Acacia, qui constitue pour les indigènes
un phénomène tellement remarquable, qu'ils le vénèrent comme
une chose sacrée [14]. Ici du moins les rives des cours d'eau possèdent une meilleure végétation de Graminées et des individus
plus élevés de Saule. A Santa-Cruz (50° lat. S.), M. Darwin
trouva même les bords des eaux courantes à peine colorés d'une
teinte verte plus animée. « La malédiction de la stérilité, dit-il,
pèse sur le pays, et cette malédiction frappe également les eaux
qui coulent dans leur lit de galets. » *

    Formes végétales et formations. — Comme la physionomie
générale des contrées argentines résulte déjà de ce que nous
avons dit, il ne reste, pour compléter ce tableau, qu'à examiner
de plus près les principaux éléments constitutifs de la végétation d'après ses formes et sa disposition. Un voyageur appelle
les plaines de Pampas une mer de Graminées sans rivages, où
l'œil ne découvre sur l'horizon aucun point de repos, à l'excep-

---

    * Le Dr C. Berg a fourni quelques renseignements intéressants sur la partie de la
Patagonie limitrophe de l'embouchure du rio Negro (voy. Petermann, *Mittheil.*,
ann. 1875, t. XXI, p. 364). La végétation frutescente y est particulièrement concentrée sur les collines, où il signale comme formes prédominantes : *Gourliea
decorticans* Gill., *Adesmia bicolor* DC., *Prosopis dulcis* Benth., *Duvaua dependens*
DC., *Cassia corymbosa* Linn., *Colletia longispina* Hook. et Arn., *Margyrocarpus
setosus* R. et Pav. Les Graminées dominent dans les plaines, mais sans former de
véritable gazon. Les Dicotylédones sont assez bien représentées dans les Pampas,
où se présentent fréquemment : *Trifolium polymorphum* Poir., *Lupinus multi-
florus* Desv., *Senebiera pinnatifida* DC., *Statice brasiliensis* Boiss., etc. Dans la
proximité immédiate du rio Negro, la végétation est plus variée et plus riche ; mais
ce qui frappe surtout l'Européen, c'est l'immense quantité de nos plantes les plus
communes qui y ont été introduites et s'y sont établies souvent d'une manière envahissante. Parmi les arbres indigènes sur les rives du rio Negro, figurent : *Salix
Humboldtiana* Willd., *S. chilensis* Malin. et *S. magellanica* Poir. La contrée qui
environne le rio Santa-Cruz est uniforme et aride ; la végétation y est très-inférieure
à celle du rio Negro. M. Berg n'a pu y recueillir que 60 espèces, les Cryptogames
y comprises ; dans ce nombre 10 espèces sont identiques avec celles du rio Negro,
les autres appartiennent à la flore antarctique. Ce qui caractérise la végétation du

tion de ceux où le soleil se lève et se couche [14]. Il n'est peut-être pas de steppe au monde qui, sur d'aussi vastes espaces, soit revêtue avec une telle régularité par une nappe de gazon d'un vert pur. Même en hiver, on voyait au sud du Salado la plaine brillant dans son éclat : « il n'est point de pré d'un aspect plus rafraîchissant», A Montevideo, la végétation des Graminées a la même hauteur que dans les prés secs de l'Europe [7]; au delà du Parana, le gazon s'élève généralement dans les Pampas à mi-jambe [8], et, comme dans les steppes russes, laisse voir partout des intervalles de sol nu, ce qui au reste ne s'aperçoit que de près. Une prairie est uniformément humectée par des eaux courantes ou souterraines, mais ici la rosée doit suffire, quand la pluie manque, et il en résulte des endroits nus au milieu du gazon. Nous ne connaissons pas encore en particulier les espèces des Graminées des Pampas, mais nous savons qu'ici également les groupes à organes rigides (*Stipa*) [7] se présentent à côté des Graminées plus délicates et plus nutritives (Poacées et Avénacées) [15], ce qui par conséquent établit une concordance non avec les savanes tropicales, mais avec les steppes de notre hémisphère. Aussi, quand les semences sont mûres et que les herbes vivaces commencent à se lignifier inférieurement, on a l'habitude de mettre le feu aux Pampas à l'instar du Thyrsa russe,

cours inférieur du rio Santa-Cruz, ce sont les Adesmies, notamment l'*Adesmia tri-jugata* Gill., et les *A. boronoïdes* et *pinifolia*. Les Graminées y font presque complétement défaut, et les Légumineuses ne sont représentées que par très-peu d'espèces, parmi lesquelles figure un Trèfle à neuf feuilles, qui paraît propre au pays. M. Berg signale, à peu de distance de l'embouchure du rio Santa-Cruz, la petite île de *los Leones*, presque complétement dépourvue de végétation, puisque ce voyageur n'a pu y découvrir que 3 espèces (1 Salicornia, 1 Synanthérée et 1 Crassulacée), mais en revanche animée par d'innombrables essaims d'oiseaux qui ont revêtu toute la surface de l'île d'un riche dépôt de guano. Enfin, M. Berg fournit des données sur le climat de cette partie de la Patagonie (parages limitrophes du rio Negro, du rio Santa-Cruz, etc.). La sécheresse atmosphérique en constitue un trait saillant, de même que de tout le littoral oriental de la Patagonie; les pluies y sont très-rares et la température modérée. En été, le thermomètre s'élève au delà de 30 degrés, et descend en hiver jusqu'à — 8° et — 3°. Pendant cette dernière saison, la neige acquiert quelquefois une puissance de 0^m,5, mais ne se maintient sur le sol que peu de temps. Les vents sont forts et très-variables, en sorte qu'en vingt-quatre heures ils font le tour de la rose du compas; cependant les vents d'ouest prédominent. — T.

afin de favoriser le développement des Graminées de meil eure qualité.

Le petit nombre d'herbes vivaces indigènes associées ordinairement aux Graminées des Pampas[16] se trouvent inégalement réparties selon la nature du terrain[13]. Leur rareté paraît tenir aux proportions d'argile contenues dans les alluvions, parce que leurs semences ont de la peine à germer dans le sol endurci. Dans la province de Corrientes, là où la terre végétale est d'une nature arénacée, la plaine à Graminées se trouve, au printemps, richement ornée de fleurs colorées, parmi lesquelles les petites Mimosées et autres Légumineuses annoncent déjà la proximité des savanes du Paraguay. Mais si, généralement, les herbages n'ont pu, en présence des Graminées gazonnantes, acquérir une certaine extension dans les Pampas, il n'en est nullement de même de quelques végétaux immigrés du sud de l'Europe, qui, par leurs envahissements ont modifié l'aspect du pays et essentiellement compromis la valeur des pacages. De vastes surfaces ont été occupées par quelques Chardons (*Cynara*, *Silybum*, *Lappa*), et par une Ombellifère, le Fenouil (*Fœniculum*). Le Cardon (*Cynara Cardunculus*) a, sur l'espace de plusieurs milles carrés[17], refoulé complétement toute autre végétation et formé des fourrés tellement impénétrables, s'élevant à la taille d'homme, que tant qu'ils sont en pleine végétation, certaines localités se trouvent protégées contre les courses déprédatrices des Indiens du Chaco[9]. Ce n'est que dans leur jeunesse que les Chardons peuvent être utilisés comme fourrage ; plus tard les épines leur enlèvent toute valeur, et ils deviennent un embarras incurable pour le pays. Les établissements dans les Pampas, et par suite les tentatives agricoles, augmentent le danger de voir les Graminées refoul.es par des plantes étrangères et moins utiles, dont la semence, apportée par les vents ou avec les grains des Céréales, vient plus aisément lorsque le sous-sol, peu consistant, a été remanié par la culture : c'est ce qui fait que les plantes rudérales suivent toujours l'établissement d'une ferme. On sait que les premières semences du Cardon furent, en 1769 environ, transportées d'Espagne dans le poil d'un âne ; et lorsqu'on voit maintenant cette plante sous un climat analogue croître avec bien plus de vigueur que dans sa patrie et jouir d'un caractère social qu'elle n'y avait pas, on reconnaît dans ce fait une des preuves les plus évidentes en faveur des centres de végétation. Car, en présence de tels phénomènes, comment voudrait-on encore prétendre que les espèces végétales se sont produites partout où les conditions physiques sont favorables à leur développement *.

Les prairies à Graminées si uniformes se trouvent interrompues partout où l'eau courante n'a point de surface suffisamment inclinée. Ici les Roseaux acquièrent une telle hauteur, qu'ils cachent sinon le cavalier, mais du moins son cheval⁵. C'est une espèce (*Arundo Quila*) voisine d'une Arundinacée de l'Amérique tropicale, mais plus petite, habitant également le Chili, et dont les panicules, d'un éclat argentin, s'élargissent, comme chez cette dernière, sous forme de gerbe et « sont balancées par le vent ». C'est le premier exemple de

---

* Si l'ancien monde a fourni au nouveau continent certaines plantes qui, pour ainsi dire furtivement échappées à leur patrie, se sont multipliées dans des proportions qu'elles n'y avaient jamais eues, le nouveau monde a payé de retour avec usure peut-être, car c'est exactement ce qui a lieu à l'égard de beaucoup de plantes américaines introduites également en Europe d'une manière tout à fait accidentelle, telles qu'entre autres : *Panicum Digitaria, Stenotaphrum americanum, Stratiotes aloides, Collinsonia canadensis, Elodea canadensis*, etc., dont la dernière surtout a acquis en Europe un développement bien supérieur à celui qu'elle offre dans son pays natal. Des exemples analogues ont été fournis par quelques plantes cultivées, bien que, dans ce cas, il faille naturellement tenir compte de l'action exercée par le perfectionnement des moyens artificiels de culture et des voies de communication; cependant il est des plantes dont le développement, tel que la culture le leur a donné de nos jours, contraste trop fortement avec celui qu'elles présentaient dans leur pays natal où elles avaient été également cultivées, pour que l'influence de l'industrie humaine puisse à elle seule expliquer ce phénomène, si ces plantes n'avaient pas trouvé dans leur nouvelle patrie des conditions physiques particulièrement favorables. Ainsi, dans son remarquable ouvrage sur l'introduction des plantes cultivées et des animaux domestiques (*Kulturpflanzen und Hausthiere in ihrem Uebergang aus Asien nach Griechenland und Italien, so wie in das übrige Europa*, p. 120), M. Hehn fait observer que de même que l'Amérique imprima au Coton. qui y fut naturalisé, le caractère d'une importance universelle, de même le nord de l'Europe ouvrit au Lin une sphère de développement qu'il n'avait jamais eu dans sa patrie (Indes et Égypte). Ainsi encore l'Amérique fournit aujourd'hui au commerce européen, selon M. Hehn (*loc. cit.*, p. 374), des quantités plus considérables de riz (originaire des Indes) que le midi de l'Europe et l'Orient. — T.

formes brésiliennes représentées isolément dans les Pampas, et qui ne trouvent leur limite méridionale qu'à une certaine distance des tropiques. C'est ainsi qu'on voit encore des Bambous dans les Corrientes et les Pampas[13], de même que des Agavés (probablement introduits), des Bromelia, et dans les îles et les forêts riveraines du fleuve, des Lianes ligneuses appartenant à des familles tropicales, une Scitaminée et des Orchidées aériennes isolées[18].

En fait d'arbres de genres brésiliens, on n'en connaît que peu dans les parties boisées du domaine des Pampas : tels sont un *Dalbergia* (*Machærium*) dans la forêt riveraine de l'Uruguay, et une Bombacée à tronc renflé dans la Sierra de Catamarca[3]. Mais ce sont également des formes tropicales qui, dans la partie septentrionale de la steppe de Chanar, constituent de vastes forêts clair-semées et composées uniquement, soit d'Algarobes (une Mimosée du genre *Prosopis*), soit d'arbres ayant un feuillage à l'instar de l'Olivier et du Sycomore, et qui, peu étudiés encore, ont été réunis sous le nom collectif de Quebracho[19]. Déjà plus mélangés sont les éléments qui constituent la ceinture forestière au pied des montagnes nues de Tucuman et de Cordova, composés dans les premières particulièrement de Laurinées, et dans les dernières d'une Rutacée appartenant à la forme de Tamarinde (*Zanthoxylum*)[5]. Les couronnes de feuilles pennées des Algarobes donnent un libre passage à la lumière; il en résulte que certaines Lianes (Asclépiadées) et Épiphytes (*Loranthus* et *Tillandsia*) jouissent d'un développement que rien ne gêne, et que de même les buissons du sol sont atteints par la lumière. Les couronnes des Algarobes peuvent se toucher sans que la croissance de ces végétaux en soit paralysée ; les troncs du Quebracho à feuillage indivis se trouvent plus espacés *.

* Selon M. Napp (*loc. cit.*), trois espèces de *Prosopis*, savoir : *P. alba, ruscifolia* et *adstringens*, possèdent une importance pratique plus ou moins considérable. Le bois de la première sert à la construction des cabanes et comme combustible; la pulpe tendre et sucrée de ses fruits constitue un excellent aliment pour le bétail; on en fait encore une sorte de pain et l'on en extrait une liqueur qui devient mousseuse après la fermentation. Les fruits du *P. ruscifolia* sont également un aliment recherché par le bétail, et ses feuilles sont employées contre les

Plusieurs de ces traits suffisent pour faire comprendre les conditions auxquelles la croissance des arbres est soumise, et à l'aide desquelles elle peut se maintenir malgré l'absence des pluies dans les Pampas. Les forêts ne se trouvent que dans les localités plus humides servant de limites, ou bien sur les versants orientaux des montagnes atteints par les vents du large, mais on ne les voit plus dans les Andes, où l'atmosphère est déjà trop sèche. Les arbres ont des dimensions peu considérables et s'élèvent au milieu des buissons, isolément et n'ayant qu'un maigre feuillage; ce n'est que la forêt de Lauriers du Tucuman, jouissant de pluies plus abondantes, qui offre un ombrage rafraîchissant au voyageur qui a parcouru les plaines ensoleillées. La petite taille des troncs dans les forêts riveraines et insulaires, abreuvées par les eaux souterraines du rio de la Plata, pourrait bien être l'effet de la nature limoneuse du sol; cependant leur aspect n'en est pas moins attrayant à cause de la richesse de la croissance et du mélange des formes. Ici encore prédominent les Légumineuses arborescentes à feuillage penné[20], mais associées à des taillis de Saule, aux Laurinées toujours vertes et aux Orangers et Poiriers sauvages, et enlacées de Lianes dont les fleurs, ainsi que celles d'autres plantes recherchant l'ombrage, leur servent d'ornement. Parmi les arbres indigènes, l'Ombu (une

---

maladies des yeux. Enfin les feuilles et les fruits du *P. adstringens* sont utilisés pour teindre depuis le gris jusqu'au noir, les sels de fer servant à fixer les nuances. — Le Quebracho blanc de Salta (*Aspidosperma Quebracho*) contient dans son écorce 12 pour 100 de tannin et les feuilles 25,5 pour 100, tandis que le bois du Quebracho colorado (*Loxopterium Lorentzii* Griseb.) teint la laine en brun plus ou moins foncé sans préparation préalable. C'est au même usage que servent les matières tinctoriales extraites des racines du Saule de Humboldt (*Salix Humboldtiana* Willd.). Enfin des substances tinctoriales sont fournies par un très-grand nombre de plantes, soit indigènes, soit naturalisées ou cultivées dans la confédératioa Argentine, telles que : le *Duvaua fasciculata* (Térébinthacée), dont les feuilles et les fruits servent à teindre la laine en gris au moyen de la couperose, tandis que les feuilles et les fruits d'une autre espèce de *Duvaua* contiennent 19 à 20 pour 100 de tannin; le *Lapacho* (Bignoniacée) dont l'écorce contient 7,5 pour 100 d'une matière colorante jaune, très-estimée pour la teinture de la laine et de la soie; le *Cæsalpinia melanocarpa*, dont deux espèces, l'une cultivée, l'autre sauvage, donnent toutes les deux la même couleur bleue; l'*Althæa rosea*, le *Rubia tinctorum*, le *Chuquiraga chrysantha* Griseb., dont la première décoction donne une couleur jaune e la deuxième une couleur rouge. — T.

Phytolaccée, *Pircunia dioica*) a cela de remarquable qu'à cause de sa rapide croissance et de son large feuillage, il est fréquemment cultivé dans la steppe à Graminées : en Espagne, on l'a très-heureusement qualifié de *Belombra*. Ce qui paraît le rendre particulièrement approprié au climat des Pampas, c'est que son bois est peut-être le plus spongieux que l'on connaisse[5]; ses anneaux concentriques, fragiles et sans liens, se trouvent juxtaposés les uns aux autres comme des feuilles de carton ; le tronc a la grosseur de celui du Chêne et s'appuie au-dessus du sol sur de hautes tablettes de bois, ce qui le protége en quelque sorte contre les pamperos ou orages des steppes soufflant du sud-ouest.

Enfin, les Palmiers, quoique s'étendant bien au delà des tropiques jusqu'à l'embouchure de la Plata (jusqu'à 35° lat. S.), ne se trouvent qu'en un petit nombre d'espèces (4) limitées à des stations déterminées, et, ainsi que cela est ordinairement le cas sur les points qui représentent leurs limites climatériques, ils manifestent une tendance au raccourcissement de leur tronc. Le Pindo (*Cocos australis*)[21] est le Palmier qui s'avance le plus loin au sud ; il dépasse rarement la hauteur de 10 mètres. Cependant il l'emporte en dimensions sur les essences non mélangées du Yatay (*Cocos Yatay*) de l'Entre-Rios et de Corrientes, remplaçant ici les Palmiers à cire du Grand-Chaco, qui atteignent à peine Corrientes et sont exclus de la flore argentine en leur qualité de Palmiers tropicaux. En fait de Palmiers à éventail, on en a distingué deux espèces, une plus petite (*Trithrinax brasiliensis*), associée aux Cactées, notamment dans les forêts rabougries, sur le Parana, ordinairement sous forme de Palmier nain de $0^m,9$ à $1^m,2$ de hauteur (tout au plus $3^m,2$), et une autre espèce plus grande (*Copernicia campestris*), dans les arides forêts à Algarobes de Cordova .

Les forêts font défaut à une grande partie de la steppe de Chanar ; des buissons déprimés dépassant rarement la taille d'homme, ainsi que des Cactées, constituent presque le seul revêtement du sol[5]. Les espèces d'arbustes sont si peu nombreuses, que leurs noms indigènes sont généralement connus, et l'aire de la plupart de ces espèces embrasse toute la largeur du continent, à travers la haute plaine des Andes jusqu'au Chili[22]. Le *Chanar* lui-même (*Gourliea*), ainsi que l'Acacia de Santiago (*A. cavenia*, appelé ici *Espino* et là *Espinillo*), se présentant tous deux dans ce pays également sous forme d'arbres nains, constituent les exemples les plus importants de la connexion entre les deux flores *. La steppe peut parfaitement être désignée par le nom de l'arbuste *Chanar*, terme qui se reproduit fréquemment dans les noms locaux des formes. Les arbustes de cette formation sont en partie les mêmes Légumineuses que celles qu'on voit dans la forêt riveraine du Parana, où, comme dans le Chili, elles acquièrent plus aisément la forme arborescente. Il paraît en résulter que le climat sec de la steppe retarde leur croissance. Leur feuillage est pauvre ou nul, leurs feuilles de faible dimension, et presque toujours armées d'épines. Elles sont accompagnées (ou çà et là remplacées) par des Synanthérées toujours vertes qui, par leur feuillage, appartiennent à la forme de Myrte, et ont une vaste extension dans les hautes plaines arides des Andes (*Tessaria, Baccharis*)[23]. Toute la contrée, dit M. Burmeister[5], se présente comme aride et stérile, parce que sa teinte, à cause de l'exiguïté des feuilles, est peu animée, en sorte qu'on aperçoit bien plutôt les branches serrées, brunes, armées de leurs longues épines, que le vert frais d'un buisson revêtu de feuillage. Mais un aspect bien plus misérable encore est celui que présentent, dans la steppe patagonienne, les broussailles épineuses qui ne peuvent prendre racine qu'à de larges intervalles, au milieu des graviers roulés. Elles ne consistent ici, du moins dans la proximité du rio Negro, qu'également en Légumineuses et en quelques arbustes parmi lesquels une espèce de Synanthérée (*Chuquiraga*) des Andes tropicales est remarquable par sa réapparition dans la plaine.

---

* Selon M. Napp (*loc. cit.*), l'*Acacia cavenia* est la plus riche en tannin de toutes les plantes connues, car les gousses de l'Espinillo ne contiennent pas moins de 32,2 pour 100 d'acide tannique pur. Quand on considère qu'une contrée comme la république Argentine, si éminemment propre à l'élevage du bétail, se trouve en même temps si abondamment pourvue des substances nécessaires au tannage des peaux et à la teinte des laines, on ne peut s'empêcher d'être frappé de la prévoyante sollicitude avec laquelle la Providence a doué le territoire argentin de tout ce qui pourrait en faire le grand marché international, capable d'approvisionner un jour presque toute l'Europe de viandes, de peaux et de laines. — T.

Les prairies à Graminées des Pampas paraissent être trop humides pour les Cactées. Dans la steppe de Chanar, elles accompagnent généralement tant les buissons que les forêts, et sur le Parana elles se présentent dans les endroits où le sol argileux se dessèche : là croît l'une des grandes espèces, un Cactus colomnaire de 6 à 10 mètres de hauteur[13]. Dans la steppe de Cordova, vient un grand Opuntia[25] dont les épines blanches acquièrent une longueur de $0^m,1$ à $0^m,2$. Dans les parages de Mendoza, on a distingué douze petites espèces[5], parmi lesquelles les Cérées, les Opuntia et les Mamillaires se trouvaient réunis dans toute la variété de leurs formes. Comme dans les Prairies, ces plantes grasses viennent également sous des latitudes plus élevées, mais elles deviennent graduellement moins nombreuses; dans la Patagonie, il ne reste qu'un seul Opuntia (*Opuntia Darwinii*), ainsi que cela est le cas sur le Missouri[6].

Dans la steppe salée argentine se reproduit la forme Chénopodée, qui, dans les contrées les plus diverses, indique dans le sol la présence du sodium (Salsolées, *Salicornia*, *Atriplex*)[5]. Mais aussi de vastes espaces sont souvent dépourvus de toute végétation et se trouvent blanchis par les efflorescences du sulfate de soude. C'est précisément dans ces stations desséchées que les Halophytes paraissent faire défaut ou bien croître seulement en groupes, peut-être parce que l'accumulation du sel en rend l'absorption par les racines plus difficile. Du moins, sur les bords des bassins lacustres, elles se montrent plus agglomérées.

Le Parana, le plus grand fleuve des latitudes méridionales, qui, après sa jonction avec l'Uruguay, forme le rio de la Plata lui-même, a dans son cours inférieur une pente si peu considérable, que des lagunes et des marécages se sont produits sur de vastes espaces. La moitié de la surface du Corrientes n'est qu'un tel marécage. Là se développe avec la plus grande exubérance une végétation qui, bien que semblable aux formations tropicales du sol humide et des eaux, manifeste néanmoins un groupement particulier des plantes prédominantes. Au nombre des plus fréquentes figure un *Pontederia* (*P. azurea*) resplendissant de ses fleurs azurées, tandis que sur la surface des eaux nagent parfois les feuilles gigantesques de la Victoria*.

Centres de végétation. — L'uniformité de la végétation des
Pampas est si grande, que lors de son voyage de Buenos-Ayres
à Tucuman, au commencement de l'automne, M. Tweedie ne
trouva, sur un espace de 24 milles géographiques, que 9 espèces
diverses de plantes en fleur[25]. Dans de grandes plaines presque
horizontales, émergées lentement du sein de la mer avec leur
sédiment uniforme, les stations n'offrent point, dans la composition ou l'humidité du sol, ces différences locales qui permettent
aux plantes de conserver leur indépendance les unes à l'égard
des autres, chacune d'elles se maintenant là où elle trouve le
terrain qui lui convient le plus. De même que, d'après une observation précédemment rapportée[26], dans un pré artificiellement
irrigué à surfaces parfaitement nivelées et uniformément arrosées, la végétation peut se simplifier au point que le gazon finisse
par ne plus être composé que d'une seule Graminée ; de même,
dans le cours naturel de la formation successive des Pampas, le
caractère social d'un petit nombre de végétaux, et particulièrement des Graminées, a été tellement développé, qu'il n'est plus

* Une nouvelle espèce de *Victoria*, le *V. cruziana*, avait été découverte par
M. d'Orbigny dans la province de Corrientes, mais elle est restée jusqu'ici
imparfaitement connue. M. Balansa la signale dans le Paraguay (*Bull. Soc. bot.
Fr.*, ann. 1875, t. XXII, *Comptes rendus des séances*, 2, p. 92), et il a été tellement frappé par les proportions imposantes et la beauté de cette gigantesque
Nymphéacée, qu'il déclare que la *Victoria regia* « pâlirait devant sa sœur ». Au
reste les contrées arrosées par le Parana, le Paraguay et l'Uruguay ne tarderont
guère à fournir des contingents importants à la flore de cette partie de l'Amérique, grâce aux persévérantes et fructueuses explorations de M. Balansa, qui, en
ce moment même, est occupé à étudier le territoire de la république du Paraguay.
Ce qu'il nous apprend, en termes très-généraux, de ses travaux, promet les résultats
les plus satisfaisants. En parlant de l'extrême richesse de la végétation de cette
république, il dit : « Je n'ai jamais fait plus ample moisson, et cependant le pays
que j'ai parcouru présente presque partout la même constitution géologique. L'altitude des divers points visités ne dépasse pas d'ailleurs 300 mètres. On ne peut
donc attribuer la grande diversité de la végétation à l'influence du sol ou de l'altitude. » Or, comme on ne saurait davantage invoquer les considérations de
latitude, puisque la république du Paraguay ne s'étend guère que sur un espace
de 6°, cette observation de M. Balansa fournit un argument de plus à la doctrine selon laquelle, dans le monde physique (comme c'est aussi fréquemment le
cas à l'égard du monde politique et social), on ne peut expliquer le présent qu'à
l'aide du passé. — T.

resté de place pour la conservation ou l'établissement d'autres espèces. Cependant cela ne nous explique guère pourquoi les mêmes formations qui, mieux adaptées au climat et au sol de leur patrie, avaient repoussé les végétaux des pays limitrophes, n'en ont pas moins été incapables de se défendre contre des immigrants venant de climats analogues mais lointains, et se sont ainsi trouvées de plus en plus refoulées par eux. C'est en effet ce qui a eu lieu non-seulement à l'égard de ces Chardons devant lesquels la flore indigène a reculé sur une si vaste étendue, mais encore dans les contrées dont la physionomie paraît s'être conservée inaltérée, et où l'on aperçoit des Graminées et des herbages d'origine européenne, qui, sous l'empire de la colonisation, ont imprimé un tout autre caractère aux éléments constitutifs de la végétation[2]. La pauvreté des centres de végétation paraît être en rapport avec la faiblesse de leur pouvoir de résistance, et lorsqu'on voit certains produits de la steppe de Chanar se présenter également dans le Chili et d'autres au Brésil, on serait tenté de se demander si en général les Pampas possèdent réellement un caractère endémique, et si ce qui paraît leur être propre ne leur est pas également, à une époque plus ancienne, venu du dehors. La classification systématique de la flore argentine ainsi que l'aire des espèces et des genres endémiques n'ont pas encore, selon toute apparence, été suffisamment étudiées, pour nous permettre de répondre à cette question avec complète certitude[*]. Mais ce qui peut être du moins considéré comme bien établi, c'est que les vastes terrains tertiaires et leurs alluvions n'ont produit qu'un petit nombre de végétaux particuliers, et que, sous ce rapport, la vigueur de leur flore ne saurait être comparée, même de loin, à la puissance créatrice qui caractérise les flores du Cap et de l'Australie, peu ou nullement favorisées par le climat, mais où le sol offre des stations plus variées et paraît avoir existé comme terre ferme depuis une époque géologique bien plus reculée [*].

Il n'y a que peu de collections de plantes du domaine des

---

[*] M. Grisebach a dernièrement publié sur la végétation de la Confédération argentine un ouvrage important, les *Plantæ Lorentzianæ*, où il décrit les récoltes importantes faites aux environs de Cordova par M. le professeur Lorentz. — E. F.

Pampas qui, jusqu'à présent soient arrivées en Europe, et même celles-là n'ont été que très-incomplétement élaborées[28]. En ajoutant aux espèces qui n'avaient été observées qu'ici les espèces non endémiques et établies, le chiffre total ne saurait être estimé à plus de 1000. Bien que M. de Saint-Hilaire ait herborisé pendant la meilleure saison dans l'Uruguay, il n'y a recueilli que 500 espèces[7]. Il fait observer que, sur ce nombre, 15 seulement appartiennent à des familles non européennes, mais qui cependant, pour la plupart, se retrouvent également dans l'Amérique du Nord. L'opinion émise par lui que la flore de l'Uruguay serait plus voisine de celle de l'Europe que de celles de l'hémisphère austral, fut contredite par M. Bunbury, qui aussi avait visité le pays et avait pu utiliser l'une des collections les plus complètes (celle de M. Fox)[11]. Il fit observer que quelques familles (les Solanées, les Verbénacées, les Amarantacées, peut-être aussi les Malvacées) y sont fortement représentées, plus faiblement qu'en Europe; que quelques-unes, prédominantes chez nous, y manquent complétement, et que parmi les genres non européens (plus de 100), plusieurs constituent un élément important de la végétation, soit par le chiffre de leurs espèces, soit par le caractère de leurs individus. Quand cependant on compare la flore argentine non avec l'Europe, mais avec le nord de l'Amérique, de telles objections perdent de leur force, et il en résulte ce fait applicable tant aux Pampas qu'au Chili, que sous des latitudes correspondantes, il y a une analogie bien plus prononcée à l'égard de l'hémisphère boréal qu'à l'égard des domaines non américains de l'hémisphère austral. La concordance sous le rapport systématique est peut-être plus grande encore que dans le Chili, où se présentent quelques cas d'affinité, dans le sens de l'espace, avec les îles opposées dans le Pacifique, tandis que les Pampas n'ont rien de commun avec la flore du Cap. M. Bunbury énumère 12 familles non européennes[20], dont cependant la plupart ne contiennent dans les États de la Plata que des espèces isolées, et de ce nombre le petit groupe des Calycérées est le seul qui fasse défaut à la flore de l'Amérique septentrionale. Dans la famille la plus considérable, les Synanthérées, la flore argentine ressemble même plus à celle des Prairies qu'à celle du Chili, puisqu'elle ne renferme que peu d'espèces de Labiatiflores, ce groupe si caractéristique des Andes, tandis que les Hélianthées y sont nombreuses.

Parmi les genres endémiques décrits comme appartenant au domaine des Pampas, j'en compte 13, pour la plupart monotypes [30], parmi lesquels les Synanthérées (4) et les Ombellifères (2) sont les plus remarquables (et quelques-uns caractéristiques) pour la Patagonie. Au reste, la flore de la steppe patagonienne est encore beaucoup plus pauvre que celle des Pampas ; dans les parages de Carmen, sur le rio Negro, M. d'Orbigny n'a guère pu trouver plus d'une centaine (103) de Phanérogames.

PIÈCES JUSTIFICATIVES

ET ADDITIONS

___

XXI. DOMAINE DES PAMPAS.

1. Observations de température dans le domaine des Pampas.

	MOYENNE		
	annuelle.	hivernale.	estivale.
Tucuman (27° lat. S., 343ᵐ ou 1360ᴘ).	20°,6	27°,5	11°,6
Parana (32° lat. S., sur le Parana)...	19°,6	25°,9	13°,2
Mendoza (33° lat. S., 764ᵐ ou 2350ᴘ).	16°,5	23°,7	8°,3
Montevideo (35°lat.S.,niveau de la mer).	16°,7	21°,7	11°,7
Buenos-Ayres (35° lat.S., niv.de la mer).	17°,5	23°,5	11°,7

(Burmeister, in *Ab-handl. der Haller. naturf. Gesells.*, VI, p. 104.)

(Moussy, *Descr. de la Conféd. Argentine*, 1, p. 347).

(Parish, *Buenos-Ayres*, p. 347.)

2. Observations pluviométriques dans le domaine des Pampas.

	Quantité de pluie tombée.	Jours de pluie.		Jours d'orage.	
Montevideo.	1ᵐ	57	dont	36	(Moussy, *loc. cit.*, I, p. 366.)
Parana.....	0ᵐ,8	47	—	32	(Burmeister, *loc. cit.*, p. 72, 75.
Mendoza...	0ᵐ,3	37	—	19	(*Ibid.*, p. 31, 38. 14 orages furent observés de déc. à févr.)

Cependant toutes ces valeurs ne se rapportent qu'à de courtes périodes, et d'ailleurs la quantité de pluie tombée diffère beaucoup selon la fréquence des orages pendant les diverses années. Dans une période de sept années, la quantité de pluie tombée varia entre $0^m,4$ et $1^m,4$. (Burmeister dans Peterm., *Mitth.* X, p. 9.)

3. Comparez *Domaine forestier de l'Amérique septentrionale*, note 27.

4. MOUSSY, *Description de la Confédération argentine*, I, p. 363, 249, 527, 243.

5. BURMEISTER, *Reise durch die la Plata-Staaten*, I, p. 179, 391, 133, 96, 221 ; — II, p. 204, 68, 143, 48.

6. DARWIN, *Journal of researches*, édit. allemande, I, p. 52, 71, 77, 187, 210.

7. A. DE SAINT-HILAIRE, *Voyage au Brésil* (*Mém. du Muséum*, X, p. 369).

8. AZARA, *Voyages dans l'Amérique mérid.*, 1, p. 34.

9. MIERS, *Travels in Chili and la Plata*, I, p. 103, 77, 23 .

10. Ce que je considère comme placé en dehors des limites du domaine des Pampas où se manifeste encore une période pluvieuse zénithale, et en opposition aux parties boisées de la steppe de Chanar, ce sont : la forêt compacte du Brésil remplie de Lianes et d'Épiphytes; puis les savanes à hautes Graminées, et enfin les individus du Palmier à cire (*Copernicia cerifera*, sur le sol marécageux du Grand-Chaco). D'après cette manière de voir, la limite septentrionale du domaine des Pampas, limite représentée par la courbe qui se dirige de l'Atlantique vers les Andes, peut être retracée par les points suivants :

30° lat. S. — Porto-Allegro sur l'Atlantique (comparez *Brésil*, note 1).

27° lat. S. — Forêt tropicale sur le Parana, près d'Itaty, à la limite méridionale du Paraguay, au-dessus de Corrientes (d'Orbigny, *Voyage dans l'Amérique mérid.*, I, p. 193). Par contre, vaste steppe à Graminées dans l'Entre-Rios, alternant avec des forêts de Mimosées (*ibid.*, p. 435). Dans le Paraguay, des savanes avec Graminées de 1 à $2^m,2$ de hauteur (Rengger, *Reise nach Paraguay*, p. 14), des séries de hauteurs boisées avec une végétation toujours verte, une période pluvieuse qui suit la position zénithale du soleil (*ibid.*; p. 66, 76), et des forêts remplies de Lianes (Page, *la Plata*, p. 109).

26° lat. S. — Sur le rio Bermyo, dans le Grand-Chaco, d'immenses troncs de Palmiers s'élèvent sur un sol revêtu de Graminées et atteignent une hauteur de plus de 23 mètres (Page, *loc. cit.*, p. 250); au-dessus de ce fleuve, sur le Pilcomayo, des Campos avec Palmiers s'étendent jusqu'aux limites de l'horizon (Rengger, *loc. cit.*, p. 17). Par contre, on observe une forêt clair-semée d'Algarobes dans le Grand-Chaco (Azara, *loc. cit.*, I, p. 104) ; cependant on voit encore une forêt épaisse dans la proximité du Salado (27° lat. S.) Page, *loc. cit.*, p. 378).

24° lat. S. — Sur le Jujuy, dans la province de Salta, les Pampas sont encore déboisées, à basses Graminées (Page, loc. cit., p. 441); une forêt d'Algarobes s'étend depuis Salta jusqu'à Mendoza (Lahl, Reisen durch Chile; Bericht dans le Jahrb. de Behm, III, p. 205).

11. DUNBURY, On the vegetation of Buenos-Ayres (Transact. of Linnean Soc., XXI, p. 189).

12. BURMEISTER, in Peterm. Mitth., 1868, p. 51.

13. D'ORBIGNY, Voyage dans l'Amérique mérid., II, p. 308, 295, 164; — I, p. 355, 336, 338, 320.

14. PAGE, la Plata, p. 344, 336.

15. STROBEL, in Peterm. Mitth., XVI, p. 403.

16. En fait d'herbes vivaces et d'herbages qui accompagnent les Graminées des Pampas, il faut mentionner les suivants : Verbena (ex. V. erinoides et V. chamœdrifolia), Portulaca, des Synanthérées, Légumineuses (Mimosées annuelles), Scrofularinées, une Apocynée (Echites), des espèces d'Eryngium avec phyllodes étroits à nervures parallèles.

17. D'après M. Darwin (loc. cit., I, p. 137, 168), dans les États de la Plata, le Cardon couvre peut-être des centaines de milles carrés. Le Cynara Cardunculus y acquiert une hauteur qui atteint « le dos d'un cheval, le Silybum arrive jusqu'à la tête du cavalier ; en sorte qu'on ne peut s'écarter de la route d'un seul pas. »

18. Dans la forêt qui borde le Parana, on trouve mentionnés : parmi les genres d'arbres brésiliens, une Légumineuse (Machœrium); parmi les Lianes, les Passiflorées, les Malpighiacées (Stigmaphyllum), Sapindacées, Bignoniacées, Légumineuses; parmi les Orchidées aériennes, Oncidium; parmi les végétaux recherchant l'ombre, une Mélastomacée (Arthrostemma) et un Canna. (Bunbury, loc. cit.)

19. On distingue le Quebracho blanco et le Quebracho colorado. M. de Schlechtendal (Bot. Zeit., XIX, p. 137) a examiné les fruits du Quebracho blanco, et l'a placé dans un genre tropical d'Apocynées, l'Aspidosperma. D'après la figure qu'il en donne, le fruit s'accorde avec ce genre ; mais comme la fleur est inconnue, et que les feuilles sont verticillées ou opposées, tandis qu'elles sont alternes dans les espèces complètement connues de ce genre, cette détermination doit être examinée à nouveau. Mais il est décidément dans son tort, quand il rapporte également à ce genre le Quebracho colorado, dont sans doute il n'avait pas vu d'exemplaire, et sans considérer que, d'après M. Tweedie (Ann. nat. Hist., IV, p. 101), ce dernier n'a point les capsules plates, bivalves, de l'Aspidosperma, mais porte de gros bouquets de fruits rouges, ressemblant à ceux du Sycomore (Ficus). Ce qui semble prouver que le terme Quebracho, ou plus correctement

Quebrahacho (ce qui casse la hache), se rapporte à la dureté du bois et non à un genre particulier d'arbres, c'est que dans sa relation sur le Corrientes (*loc. cit.*, I, p. 335) il paraît désigner par ce terme un Acacia : « *Quebrachos ou Espinillos, dépouillés entièrement de verdure en hiver; les feuilles pennées ou découpées l'emportaient partout en nombre sur les feuilles entières.* » Les relations que nous possédons jusqu'à présent ne permettent guère de décider si les Quebrachos de la steppe de Chanar conservent leur feuillage en hiver, et par conséquent appartiennent à la forme de l'Olivier ou à celle du Sycomore. — Voyez des détails sur les différents arbres dits *Quebrachos* dans Grisebach, *Plantæ Lorentzianæ*, ouvrage publié récemment.

20. Arbres de la forêt riveraine du Parana et de l'Uruguay : en fait de Légumineuses, *Prosopis, Acacia, Gourliea, Coulteria tinctoria* (Burmeister, *loc. cit.*, I, p. 390); 2 Laurinées (d'Orbigny, *Voy.*, I, p. 89), et *Salix Humboldtiana*.

21. MARTIUS, *Palmetum Orbignyanum* (dans A. d'Orbigny, *Voy.*, VII, III, p. 95); les données sur le *Cocos Batai* et sur le *Trithrinax brasiliensis* s'y trouvent également, (pp. 93 et 44).

22. Comparez *Domaine du transition de Chili*, note 13.

23. TSCHUDI, *Reisen durch Südamerica* (IV, p. 290 ; *Bericht* dans le *Jahrb.* de Behm, III, p. 205). Les arbustes de la forme Myrte le plus fréquemment mentionnés dans la steppe de Chanar sont le Brea (*Tessaria absinthoides*) et le Tola (*Baccharis Tola*).

24. Les arbustes de la Patagonie observés par d'Orbigny à Carmen, sur le rio Negro (41° lat. S.) sont : 4 Légumineuses (*Acacia, Cassia*), une Rhamnée (*Colletia serratifolia*), une Synánthérée (*Chuquiraga*), 2 Solanées (*Lycium*) et une Nyctaginée (*Bougainvillea*). (D'Orbigny, *Voy.*, II, p. 308.)

25. TWEEDIE, *Journey across the Pampas* (*Annals of. natur. Hist.*, IV, p. 100, 13).

26. GRISEBACH, *Der gegenwärtige Standpunkt der Geographie der Pflanzen* (dans Behm, *Geogr. Jahrb.*, I, p. 376). L'observation a été rapportée dans la section relative au domaine forestier oriental (vol. I, p. 150).

27. Parmi les Graminées des Pampas, M. Bunbury nomme les *Lolium perenne* et *multiflorum*, l'*Hordeum pratense*, avec lesquels se sont généralement répandus le *Trifolium repens* et le *Medicago denticulata*. En fait de Graminées établies, annuelles, d'origine européenne, on mentionne : *Cynodon Dactylon, Setaria glauca* et *italica, Polypogon monspeliensis, Hordeum murinum*. Au nombre des Graminées tropicales qui, dans d'autres contrées aussi, dépassent les tropiques, figurent : *Eleusine indica, Steno-*

taphrum americanum, Chloris petræa. Dans l'Uruguay, l'*Avena sativa* se présente en masses à l'état sauvage (Saint-Hilaire). Quant aux plantes rudérales européennes, MM. Bunbury et de Saint-Hilaire ont cité des exemples empruntés à 15 genres.

28. C'est M. W. Hooker (dans *Bot. Miscellanies* et dans le *Journ. of Bot.*) qui a fourni les documents les plus considérables sur la flore argentine. M. de Philippi a décrit quelques nouvelles plantes provenant de Mendoza et de la Patagonie. Depuis j'ai publié un nombre considérable de plantes nouvelles dans mes *Plantæ Lorentzianæ.*

29. Les familles non européennes de la flore argentine (Bunbury, *loc. cit.*, p. 187) sont : Commélynées, Pontédérées, Broméliacées, Scitaminées, Calycérées, Bignoniacées, Passiflorées, Loasées, Buettnériacées, Malpighiacées, Tropéolées, Mélastomacées (les Bégoniacées sont à exclure comme douteuses, de même que les Sapindacées, puisque les Acérinées y avaient été également comprises). M. Bunbury indique comme genres caractéristiques : *Pontederia, Gomphrena, Telanthera, Jussiæa, Nicotiana, Petunia, Nierembergia, Verbena, Mitrocarpum, Solanum, Oxalis, Amaryllis,* etc.

30. Les familles renfermant des genres endémiques sont : Synanthérées (4), Ombellifères (2), et possédant chacune un genre : Malpighiacées (*Tricomaria*), Cucurbitacées, Asclépiadées, Borraginées, Verbénacées (*Dipyrena*), Nyctaginées et Santalacées (*Jodina*).

31. Dans les collections patagoniennes de M. d'Orbigny, les familles prédominantes constituent la série suivante (*Voy.*, II, p. 308) : Synanthérées (26), Graminées (17), Légumineuses (6), Chénopodées (6), Ombellifères (5), Solanées (4).

XXII

DOMAINE DE TRANSITION

DU CHILI

Climat. — En entrant dans la zone tempérée, sur la côte de l'Amérique méridionale, nous avons tout d'abord à indiquer les conditions climatériques générales qui constituent les traits distinctifs entre l'hémisphère austral entouré par la mer, et notre hémisphère. Dans le premier, à mesure qu'on s'avance vers le pôle, la température s'abaisse sur une échelle si rapidement décroissante, que déjà sous la latitude de l'Angleterre, la végétation a été rattachée à celle du haut Nord et qualifiée de flore antarctique. Cette transition soudaine au climat froid se reconnaît particulièrement dans la baisse extraordinairement brusque que subit dans les Andes chiliennes la limite des neiges ; car, tandis que sur l'Aconcagua (33° lat. S.) elle est encore à 4483 mètres (13 800 p.), et par conséquent seulement de 325 mètres (1000 p.) moins élevée que sous l'équateur, on la voit, dès la lisière septentrionale de Valdivia (39° lat. S.), descendre à 1709 mètres (5260 pieds), presque aussi bas qu'en Norvége. Mais ce n'est qu'en Amérique que se produit cette transition presque sans intermédiaire entre le climat de l'Andalousie et celui du nord, phénomène qui y donne la mesure de la séparation des flores naturelles, parce que ce n'est que ce continent qui s'étende du côté du sud jusqu'aux latitudes exposées à l'action réfrigérante de la mer polaire antarctique, et se rétrécit précisément

là à un tel point, qu'on dirait que son climat ne dépend plus que
de la mer qui baigne notre globe. Le climat maritime se manifeste en ce que l'hiver est modéré, mais par contre l'été est froid.
Un ciel constamment voilé, dit M. Darwin ? en parlant de ces
latitudes, ne permet que rarement aux rayons solaires d'atteindre
la surface du grand Océan, qui, d'ailleurs, est peu susceptible
de se réchauffer. Sans cependant entrer dès à présent dans la
question relative aux diverses influences réfrigérantes exercées
par la mer polaire antarctique, qu'il suffise de faire observer
que la répartition de l'eau et de la terre, telle qu'elle se présente sous les latitudes méridionales, est la moins favorable à
l'échauffement de notre globe. Lorsque Ross atteignit la terre
ferme de la zone polaire antarctique, il la trouva dépourvue de
végétation ; car il s'y produit un phénomène inconnu ailleurs,
savoir : l'abaissement de la limite des neiges au niveau de la
mer ; dès lors la vie organique se trouve complétement refusée
au sol. Mais ce qui nuit au climat de la zone tempérée de l'Amérique méridionale, ce n'est pas seulement la température basse
des hautes latitudes, ainsi que les courants et les glaciers auxquels cette contrée sert de point de départ, c'est encore l'humidité créée par d'immenses surfaces pélagiques, ainsi que les
brouillards et les pluies qui enveloppent et imprègnent constamment la côte occidentale de la terre ferme jusqu'à la latitude
où dans le Chili méridional se termine le caractère de la flore
antarctique. Car c'est à partir de là que commence, le long
de la chaîne andine, une zone littorale brûlée par le soleil,
au-dessus de laquelle brille presque aussi constamment un
ciel serein.

C'est donc dans de telles conditions que sur cette bande littorale montagneuse, de tout côté serrée de près par la mer, il se
détache une flore particulière qui s'étend jusqu'à 10 degrés de
latitude au delà du tropique (jusqu'à 34° lat. S.), embrassant
dans son enceinte les provinces septentrionales et moyennes
du Chili. Or notre tâche a pour objet d'examiner de plus près
ces provinces et de les distinguer de celle du Chili austral. Je
désigne cette dernière par le nom de flore de transition, parce
que son caractère naturel, tout en ayant encore beaucoup de

celui de la côte sèche du Pérou tropical, appartient néanmoins
déjà à la zone tempérée. Presque partout dénuée de végétation
arborescente continue [3], cette flore trouve sa clôture naturelle
là où dans le Chili austral commencent les forêts épaisses et
toujours vertes qui, à partir de ce point, recouvrent la côte
occidentale de l'Amérique jusqu'à la Terre de Feu. Ainsi délimitée, la plus septentrionale de ces deux flores littorales se
trouve également caractérisée sous le rapport climatérique, soit
par sa haute température, soit par ses pluies hivernales et par
l'interruption, pendant l'été, de sa période de végétation ; dans
ce sens, cette flore peut être assimilée à celle de la Californie
ainsi qu'à la flore méditerranéenne de l'Europe. La différence
climatérique à l'égard de la côte péruvienne est moins prononcée, et la physionomie indépendante que possède le Chili est
due moins à la courbe thermique plus convexe ou aux précipitations, qui cessent dans la direction des tropiques, qu'à l'accroissement de la fertilité du pays en s'avançant vers le midi, à la
plus grande variation de la végétation et au chiffre prédominant
des plantes endémiques.

Quand on compare le Pérou au Chili, Coquimbo (30° lat. S.)
peut être considéré comme un point de démarcation climatérique. Ici il ne tombe encore que peu de pluies, en sorte que
pendant un hiver entier on ne s'attend guère qu'à cinq ou six
averses [5], et tandis que dès la latitude de Copiapo (27° S.) toute
précipitation liquide cesse complétement et que les *garuas* viennent y suppléer, la flore passe graduellement au caractère du
désert de l'Atacama [2]. Mais cette décroissance de la pluie dans
la direction des tropiques se manifeste également dans les autres
parties de ce domaine. Sur la limite méridionale, l'intensité de
la pluie hivernale est très-considérable : à Santiago (33° 30'
lat. S.) [4], elle offre à peu près le même montant qu'en Lom-
bardie (environ 1 mètre et plus) ; mais déjà à 15 milles géographiques plus loin vers le nord, la quantité de la pluie tombée
paraît être diminuée de moitié. Cependant les champs de neige
de la Cordillère limitrophe offrent une certaine compensation,
de sorte que, par suite de leur fonte, les vallées du Chili septentrional se trouvent également humectées et deviennent fertiles,

malgré la sécheresse de leur climat. A Santiago, et probablement dans le domaine entier de la flore chilienne, le feuillage de tous les végétaux ligneux indigènes est toujours vert, bien que les précipitations n'aient lieu qu'en hiver et qu'à Santiago le ciel conserve constamment sa sérénité de septembre à mai [3].

De même qu'au pied des Andes péruviennes, les vents du nord et du sud règnent également au Chili jusqu'à la latitude de Santiago; leurs variations sont déterminées par les saisons. Avec le vent du sud, le ciel est toujours sans nuages, et le vent du nord amène la pluie hivernale; le premier s'échauffe sur son passage, tandis que le dernier se refroidit. De même que sur les hauteurs plus froides du Pérou, les garuas deviennent plus riches en précipitations liquides; ainsi un phénomène semblable paraît se produire également ici avec l'élévation de la latitude : le brouillard littoral du désert d'Atacama se convertit en pluie de l'époque hivernale chilienne, parce qu'ici le décroissement de la température pendant l'hiver est plus considérable. Car, dans cette contrée, le caractère de la zone tempérée, contraire à celui de la zone des tropiques, ne s'en manifeste pas moins par ce fait qu'avec une température moyenne presque semblable, à Lima la différence entre le mois le plus chaud et le plus froid ne dépasse guère 8 degrés [5], tandis qu'elle s'élève à Santiago à près de 17 degrés, c'est-à-dire au double [6]. En même temps la moyenne de janvier de cette partie de l'hémisphère austral offre dans son accroissement des proportions plus fortes (29°) que le décroissement de la moyenne de juillet (12°); mais ce qui paraît encore plus remarquable, c'est que malgré une distance de l'équateur de 22° de latitude plus considérable, la moyenne annuelle de Santiago (19°,7) est pour le moins aussi élevée que celle de Lima. Le Chili central se trouve déjà en dehors de l'action réfrigérante du courant Humboldt, et d'ailleurs, dans les diverses zones, l'effet des rayons solaires est en général neutralisé, parce que la longueur des jours croît dans les mêmes proportions que la hauteur méridienne du soleil s'éloigne de la position zénithale. Mais, sous le ciel serein du Chili, la température estivale plus élevée favorise l'évaporation, et la sécheresse atmosphérique s'accroît à mesure qu'on s'éloigne de la côte. Et voilà pourquoi ici encore, comme sur les versants occidentaux des Andes péruviennes, toutes ces contrées disposées en gradins restent déboisées, pas autant à cause de la brièveté de la période pluvieuse que parce que l'atmosphère est trop sèche.

En réunissant les faits que nous avons exposés, le climat du Chili, tel qu'il est caractérisé par ses traits principaux, paraît être comparable en quelque sorte à celui de l'Espagne méridionale : Gibraltar a la même température moyenne que Santiago, ainsi que des pluies d'hiver de même intensité. En conséquence, la période de végétation parcourt dans le Chili des phases analogues à celles que présente le domaine méditerranéen ; seulement, dans ce dernier, elles sont moins longtemps que dans le Chili interrompues par la saison aride. Dans la moitié de juillet [3] commencent à Santiago les époques de floraison, car, dès le début de l'hiver (depuis juin) le sol est humecté par les pluies, et à la fin de novembre la période de végétation est complétement terminée, alors que les précipitations ont déjà cessé deux mois auparavant. Dès lors, pendant plus d'une demi-année, la vie végétale se trouve éteinte et le pays entier presque converti en désert, partout où, faute d'eau courante, les végétaux ligneux sont privés d'irrigation. A cette époque, il n'y a que les formes Cactus qui, sur les collines arides, conservent toute leur séve. La côte plus humide de Valparaiso elle-même n'a été qualifiée de paradis que parce que au printemps elle se présente comme un véritable jardin. Malgré l'aspect imposant des montagnes neigeuses et des volcans qui du côté de l'est limitent l'horizon par une ligne longuement développée, la physionomie du pays chilien manque de ces belles formes végétales qui ornent le domaine méditerranéen. Il lui manque la vigoureuse végétation arborescente ; le feuillage des arbustes y est remplacé par des épines, et la floraison printanière, fugace, n'y est nullement en rapport avec les époques prolongées de désolation, que renforce encore la nature sauvage des montagnes. Aussi, dans le domaine presque entier de la flore de transition du Chili, les versants Pacifiques des Andes, avec leurs chaînes montagneuses subordonnées, occupent complétement tout l'espace compris entre les sommités neigeuses des Cordillères et la côte.

Privées du contact des vents du large, les masses de galets qui composent ces versants, percent partout dans leur nudité à travers la végétation clair-semée ; avec leurs vallées arrosées, abondamment pourvues de plantes fourragères, ces contrées montagneuses se prêtent moins à la culture des Céréales qu'à l'élevage des bestiaux. Ce n'est que dans la proximité de Santiago, où une Cordillère littorale se détache vers le sud de la chaîne principale, que commence cette longue et très-fertile vallée longitudinale, qui a fait du Chili méridional le grenier de la côte occidentale de l'Amérique du Sud.

Formes végétales. — La rareté des arbres, parmi lesquels le Boldu (*Boldu*), une Laurinée, est peut-être le seul qui acquière une taille considérable, constitue un phénomène que le domaine chilien de transition a en commun avec la majeure partie du Pérou, mais qui ne saurait être expliqué seulement à l'aide de conditions climatériques. En effet, en admettant que les forêts antarctiques de haute futaie exigent une humidité atmosphérique beaucoup plus forte, et en conséquence se terminent du côté du nord par une ligne climatérique, d'autres essences forestières auraient pu les remplacer, et pourtant elles ne se trouvent point au delà de cette ligne comme produits indigènes du sol. Sous un climat où la période de végétation jouit d'une durée suffisante, et où les précipitations ne le cèdent guère à celles du midi de l'Europe, on ne voit point de forêts comme dans cette dernière, pas même dans les vallées arrosées. Là où des arbres plantés ne manquent pas de venir parfaitement et où les fruits d'Europe et ceux du Midi, même certains fruits tropicaux tels que le Cherimolia, se trouvent abondamment cultivés, les troncs des espèces indigènes n'en sont pas moins rabougris ou refoulés par les broussailles. Or, comme de tels faits se reproduisent sous les mêmes latitudes à travers toute la terre ferme jusqu'à l'Atlantique, et que les arbres d'une taille plus élevée ne sauraient s'établir ni dans les Andes méridionales ni au delà de la Cordillère, cette absence de forêts doit être considérée comme une propriété remarquable des centres de végétation dans les contrées plus chaudes de la zone tempérée de l'Amérique méridionale. Dans le Chili, de même que dans les Pampas, le sol argileux qui domine partout, en se desséchant et s'endurcissant complétement à l'époque de la saison aride, est peu favorable à la végétation arborescente. M. Pœppig fait observer à cet égard[7] que le manque d'arbres de haute futaie, ainsi que la manière dont les espèces plus petites se trouvent disséminées, ne tient pas à la sécheresse du climat, mais bien à la stérilité du sol.

Quant aux arbres qu'offrent les portions moyennes et septentrionales du Chili, on peut, comparativement aux climats analogues de l'hémisphère boréal, leur appliquer collectivement cette observation, que, de même que c'est presque toujours le cas dans la zone tempérée méridionale, les espèces à feuilles caduques font défaut, et par contre on y voit représentées les formes et en partie les familles tropicales. L'Espino (*Acacia cavenia*)*, presque le seul arbre indigène dans la contrée de Santiago[3], est une Mimosée basse et rabougrie, à branches rigides et épineuses, forme qui correspond à la sécheresse de l'intérieur du pays, mais étrangère à la côte[2]. Une taille tout aussi réduite est de même propre à une Légumineuse également épineuse, à feuilles chétives et pennées (connue dans les Pampas sous le nom de *Gourliea*), qui se présente dans les provinces septentrionales et se trouve aussi répandue dans le désert d'Atacama dépourvu d'eau. Par contre, les formes de Laurier et d'Olivier exigent pour leur conservation une humidité plus considérable[8] : on voit des arbres à feuillage semblable le long des rivières, ainsi que dans les ravins abrités des vallées andiennes[2], et il n'y a que ces arbres qui acquièrent en partie une taille considérable[8] (une Laurinée, le Boldu, jusqu'à plus de 16 mètres, et une Rosacée, le *Quillaja*, jusqu'à $9^m,7$). Les autres sont tout aussi petits que dans les contrées arides. Ces arbres nains des stations humides franchissent pour la plupart également les limites du Chili méridional, où le climat est différent (ex. parmi les Rosacées : *Quillaja* et *Kageneckia*) ; c'est là un exemple d'affinité des formes dans le sens de l'espace ainsi que de similitude de croissance dans des centres végétaux limitrophes, alors que les troncs, comme ceux qui viennent sur les

---

* Voyez sur cet *Acacia* ma note de la page 689. — T.

hauteurs arides, peuvent rester déprimés, bien que les afflux d'eau et une constante période de développement leur soient uniformément assurés, tantôt par l'irrigation, tantôt par les précipitations.

Un seul Palmier (*Jubæa spectabilis*) est propre au Chili (au sud jusqu'à 35° lat. S.), arbre d'environ 9 mètres de hauteur, à feuilles pennées et dont le tronc se renfle à sa moitié ; c'est un monotype endémique qui s'élève le long du sol incliné des Andes jusqu'à 1300 mètres (3000 p.)[2], et est fréquent localement, mais succombe maintes fois sous la hache, parce qu'on en utilise la richesse saccharine. Ce Palmier paraît résister énergiquement à la saison sèche, puisqu'il conserve la plénitude de sa séve des mois entiers après les pluies mensuelles : il prouverait d'une manière remarquable que dans une famille si fortement caractérisée par son besoin d'eau, il est des cas où pendant un laps de temps considérable le sol ne peut donner que peu d'humidité. Ce Palmier chilien est quelquefois accompagné également par un Bambou (*Chusquea*) de près de 5 mètres de hauteur, différent des espèces qui habitent le climat humide de Valdivia, où cette forme végétale vient beaucoup mieux.

Sur le sol le plus aride, mais surtout le long de la côte[7], la forme des Liliacées arborescentes se trouve remplacée ici par un genre particulier de Broméliacées (*Puya*). Comme son tronc ligneux est peu perceptible, étant le plus souvent recourbé vers le sol, et que la rosette est armée d'épines, cette Broméliacée a une certaine ressemblance avec l'Agavé : de même que chez ce dernier, la hampe florale, terminée par une grappe de fleurs jaunes, est d'une longueur considérable (2ᵐ à 3ᵐ,2) et fortement redressée.

Les autres formes végétales sont pour la plupart les mêmes que sur le versant Pacifique du Pérou. Dans les régions inférieures, on aperçoit partout, sur les pentes arides, les figures grotesques des Cérées et des Opuntia : parmi les premières l'une des plus fréquentes est le Cactus Quisco (*Cereus Quisco*), dont la colonne, ramifiée à l'instar d'un candélabre, s'élève à près de 7 mètres. Plus haut, viennent les Cactées renflées en globe

(*Echinocactus* et *Mamillaria*); mais ici encore on voit à côté
des Mamillaires plus petits, des Echinocactes dont le diamètre
a une dimension disproportionnée.

Chez les arbustes, le développement des épines, qui souvent
arrêtent ou même suppriment celui des feuilles (comme chez
les *Colletia*), est bien plus général encore que sous les autres
climats secs de l'Amérique, et se trouve en rapport avec l'aridité du sol. Par contre, dans les stations plus humides, les
arbustes épineux cèdent la place aux buissons toujours verts
des formes de Myrte et d'Oléandre, les Synanthérées ligneuses
(Mutisiacées) deviennent ici encore plus variées qu'au Pérou.
Sur les rives fluviales des vallées andines, le Saule sud-amé-
cain (*Salix Humboldtiana*) est également fréquent *.

La désagrégation des roches volcaniques donne naissance,
au Chili, à une couche superficielle d'un rouge brunâtre,
qui durcit par suite de la sécheresse : c'est ce sol argileux,
partout prédominant, qui produit une foule de végétaux bulbeux et d'herbes vivaces, de même que la forme Bromelia, en
sorte qu'en hiver et au printemps la contrée se trouve ornée de
belles fleurs et colorée de teintes riches, mais pour disparaître
bientôt au milieu de l'aride désolation de la steppe. Au nombre
des végétaux bulbeux figurent particulièrement des Liliacées
qui ici se rattachent aux Amaryllidées à l'aide de plusieurs
genres endémiques intermédiaires (les Conanthérées). Chez
beaucoup d'herbes vivaces et chez quelques végétaux ligneux,
on voit se reproduire la sécrétion d'huile volatile et de résine,
si fréquente sous les climats arides. De concert avec les Graminées de steppe qui les accompagnent (Stipacées, Avénacées,
Poacées), ces herbages déprimés procurent aux hauteurs nues
du Chili, dépourvues d'ombre, la valeur d'un vaste pâturage,
qui, abandonné à lui-même, ne peut nourrir les troupeaux qu'en
hiver et au printemps, mais néanmoins donne lieu à une espèce
d'industrie alpestre, soit parce que sur les hauteurs plus élevées la période de développement se prolonge davantage pendant l'été, grâce à la fonte des neiges, soit à cause des soins
dont sont l'objet les endroits fertiles, les *potreros*, qui, étant

* Voyez sur cet arbre ma note de la page 687.

entourés de haies et traités avec ménagement, fournissent du fourrage durant l'année entière[7].

Formations végétales et Régions. — Si au Pérou on n'avait besoin que de descendre dans les vallées humides des Sierras pour échanger la solitude du désert montagneux contre le charme d'une contrée tropicale, de tels contrastes cessent avec le désert d'Atacama. Dans le Chili, les formations tropicales n'existent plus nulle part, et au versant oriental de la Cordillère se rattache immédiatement le domaine non moins aride de la flore des Pampas. Mais ici encore, comme au Pérou, malgré de grandes différences de niveau jusqu'à la limite des neiges, on n'observe pas de distinction nette entre ces régions successives sur le versant Pacifique, parce que dans les forêts du Chili méridional on n'aperçoit guère de formes végétales prédominantes, qui puissent déterminer le caractère physionomique de la contrée. Tandis que dans les parages du col Planchon (35° lat. S.) le côté chilien de la Cordillère est encore revêtu de forêts luxuriantes, ce qui n'est pas le cas pour le versant opposé (tourné vers le territoire argentin), où l'on ne voit que des rochers nus et des vallées déboisées[9], à 2° de latitude plus au nord, à peine reste-t-il aucune trace d'une région forestière, et les deux versants sont semblables. A l'endroit où l'on franchit le col Cumbre (35° lat. S.)[7], dans la proximité d'Aconcagua, ne se présentent, au pied de la Cordillère, que des arbres isolés qui tracent une bande verdoyante de peu d'étendue (environ à un niveau de 2274 m. ou 7000 p.) au milieu de galets grossiers; plus haut, viennent de chétives broussailles épineuses à feuillage pauvre, ou bien seulement des Cactées pour toute végétation. Il est vrai que les espèces varient ici avec la hauteur; mais, sans tenir compte de quelques vallées abruptes et isolées, la physionomie des versants arides que leur végétation rare fait paraître nus, demeure la même jusqu'à la proximité de la limite des neiges. Dans la région supérieure de ce col andin (de 3898 m. ou 12 000 p. d'altitude) qui conduit de Santiago à Mendoza, il ne reste guère sans doute que des herbes vivaces, comme perdues au milieu des dépôts étendus de galets qui composent la contrée, et parmi lesquelles les formes arctiques sont moins fréquentes qu'au Pérou ; on y voit également quelques arbustes des mêmes genres que dans ce dernier pays (*Chuquiraga, Mutisia, Berberis*), et en fait de Cactées, encore plusieurs Mélocactes et Opuntia à surface laineuse et à articulations étroites, tous de petites dimensions.

La contrée littorale est également presque déboisée : ce n'est que dans la baie de Quintero, non loin de Valparaiso (33° lat. S.), qu'il apparaît un taillis quelque peu considérable, mais disgracieux et dépourvu de troncs élevés et vigoureux[7]. Cependant, à mesure que, venant de l'intérieur, on se rapproche de la mer, la flore, revêtue de ses parures hivernales ou printanières, acquiert plus d'attrait, grâce à ses éléments consécutifs, tels que les herbes vivaces et les arbustes partout en fleur. Et pourtant M. Pœppig déclare[7] que les ravins latéraux des montagnes, débouchant dans les vallées transversales plus étendues, étaient les seuls endroits sur lesquels il ait pu jouir de l'aspect luxuriant d'une verdure analogue à celle de l'Europe[1]. Il y voyait le feuillage des végétaux ligneux, de nuances variées, chargé de plantes volubiles, et à leur pied un tapis bigarré des végétaux bulbeux ou herbacés, tantôt ombragé, tantôt étendu en prés alpestres découverts ; ce sol argileux et aride nourrit même de délicates Fougères. Les surfaces revêtues de broussailles épineuses sont désignées sous le nom d'*Espinales* : les *Colletia* à bois solide, entrelacés les uns avec les autres, de concert avec les Cactées et les Bromelia, s'y trouvent agglomérés en fourrés inaccessibles ; puis viennent des rochers herbeux avec les Orchidées (*Chloræa*) ou bien des espaces composés de sol argileux endurci, portant des végétaux bulbeux, ensuite de nouveau un mélange pittoresque d'herbes vivaces florissantes, et enfin, sur le dernier gradin des hauteurs, un terrain pulvérulent, aride, où les buissons de Synanthérées ligneuses se présentent en groupes disséminés. Mais partout les formations, comme les régions, se rattachent les unes aux autres par des transitions graduelles, jusqu'au moment où l'été vient leur appliquer à toutes le même niveau de désolation. Autant que l'humidité ou la concentration de la terre végétale le permet, la nature a étendu ce jardin de fleurs jusqu'aux dépôts nus des galets, à travers les hauteurs du Chili.

C'est encore dans les mêmes proportions que, du côté du nord, l'entrée dans le désert d'Atacama se trouve ménagée par des transitions graduelles, selon que les pluies d'hiver s'affaiblissent, jusqu'à ce qu'enfin elles cessent complétement. Lorsque M. Darwin[2] arriva dans ce désert dépourvu de toute végétation, où pendant une traversée à cheval de quatorze heures il ne put apercevoir un végétal quelconque, à l'exception d'un petit Lichen, assez rare d'ailleurs, l'impression qu'il en reçut ne fut pas trop vive, parce que, dans son voyage de Coquimbo à Copiapo, il s'était déjà familiarisé avec de semblables contrées. Mais, bien que, vues de loin, ces dernières aient pu paraître tout aussi désolées, cependant il y avait rarement un espace de quatre cents pas de longueur, où un examen attentif ne pût faire découvrir quelque petit arbuste, quelque Cactus ou Lichen ; d'ailleurs le sol y recèle des semences qui conservent leur puissance germinative, et qui se développent à la première averse.

La flore littorale du midi du Chili se comporte autrement que celle du nord. Dans la première, le jardin de Valparaiso se termine par une ligne de végétation fortement accentuée, où les forêts épaisses commencent brusquement. C'est ce qui a lieu sous une latitude un peu plus élevée que dans la Cordillère des Andes : d'après les observations de M. Darwin, les deux flores se trouvent presque en contact sur la côte de Concepcion (36° lat. S.); il dit : « elles se confondent presque soudainement. » M. Pœppig porte la limite septentrionale des forêts un peu plus au nord, sur la rivière de Maule (35° lat. S.)[7]. Les régions forestières de la Cordillère intérieure se terminent précisément là (environ sous 34° lat. S.) où la ligne des neiges descend si brusquement. Quant au niveau de la limite des neiges dans le Chili, nous possédons à cet égard des données plus précises se rapportant à la latitude de Valparaiso (33° lat. S.) : ainsi que nous l'avons déjà dit, cette limite se trouve à 4483 mètres (13 800 pieds), par conséquent elle est tout aussi élevée que dans le Mexique tropical. Cela tient à la sécheresse atmosphérique, qui diminue la production de la neige et laisse libre accès aux rayons solaires. Comme la région Puna

fait défaut au Chili, ce qui supprime l'action exercée par la haute
contrée sur le climat tel qu'il résulte de l'altitude, on ne peut
rattacher la sécheresse atmosphérique qu'à ce fait qu'ici les Andes
ne sont point atteintes par les vents de mer, ni à l'occident,
ni sur le côté opposé. Quand nous les comparons avec d'autres
montagnes situées sous des latitudes correspondantes, nous
ne trouvons, en Asie, de limites de neige aussi élevées que
là où elles sont rehaussées par l'action de hautes contrées limitrophes. Les Andes du Chili sont sous ce rapport sans pareilles,
ce qui fait qu'elles offrent à la flore alpine des régions altitudinales d'une étendue disproportionnée, tandis que c'est le contraire, qui a lieu dans la même chaîne montagneuse, mais sous
une latitude moins élevée. Mais les mêmes conditions d'aridité qui
exhaussent la limite des neiges restreignent également le développement de la flore alpine, en sorte que, quelque considérables
que soient les espaces qui, dans le sens vertical, séparent entre
elles les limites de la végétation alpine, leur extension horizontale, comparativement au Pérou, n'en est pas moins circonscrite,
parce que la crête des Andes se resserre ici en une Cordillère
simple ou du moins étroite. En effet, la chaîne montagneuse
méridionale qui surgit du côté de la mer peut bien être considérée comme une reproduction de la Cordillère littorale, sans
qu'il en résulte une extension de la région alpine, attendu que
cette Cordillère est beaucoup trop basse et se trouve séparée de
la chaîne principale des Andes à l'aide d'une dépression profonde,
précisément par la grande vallée longitudinale, qui donne un si
grand avantage à ce pays sur le Pérou, sous le rapport des ressources naturelles *.

---

* Dans une note sur la végétation du Chili, M. Verlot (*Bull. Soc. d'acclimatation*, 3e sér., ann. 1875, t. II, p. 596), fournit à cet égard des renseignements
intéressants, surtout au point de vue de l'agriculture. Il divise sous ce rapport le
pays en trois régions : celle du nord, celle du centre et celle de la partie montagneuse proprement dite. La première, la plus rapprochée de l'équateur, est naturellement la plus chaude et soumise, comme le Pérou, au régime de longues sécheresses. Sa température moyenne annuelle est évaluée à environ 18°, c'est à peu près
celle de l'extrème midi de l'Espagne et de la Sicile. Cette région est encore peu
cultivée, comparativement du moins à celle qui lui fait suite, mais les forêts y sont
exploitées, et parmi les arbres utiles du pays figure le superbe Cocotier du Chili
(*Jubæa spectabilis*), dont la sève fournit du sucre et des mélasses devenus l'objet

Centres de végétation.—Bien qu'il y ait un mélange entre la flore du Chili et celle des pays limitrophes, le nombre de plantes endémiques n'en est pas moins de beaucoup prépondérant. Relativement, la majorité des espèces sont possédées en commun par les provinces moyennes et méridionales du Chili, et néanmoins, autant que j'en puis juger à l'aide des données existant à cet égard [10], leur chiffre ne monte pas à 20 pour 100 du total des plantes vasculaires connues jusqu'à présent dans la flore de transition. Cette séparation est d'autant plus remarquable que la large vallée longitudinale qui facilite la communication entre les Andes et la Cordillère littorale s'étend sans interruption à travers 8° de latitude (33° à 41° lat. S.), depuis Santiago jusqu'à la mer intérieure de Chiloe [11]. Le phénomène dont il s'agit n'est point l'effet seulement d'un contraste climatérique, mais tient aussi à ce que les produits des pays ouverts ne sauraient aisément se mélanger avec ceux des épaisses forêts méridionales. C'est précisément là ce qui nous autorise à distinguer dans le Chili deux domaines végétaux indépendants, séparés l'un de l'autre tant par la nature endémique de leurs produits que par la diversité des conditions climatériques, ainsi que par la

---

d'un commerce important. La deuxième région, celle du centre, qui est de beaucoup la plus importante, jouit d'un climat comparable à celui des côtes orientales d'Espagne, des côtes de Provence et d'Italie; c'est ce que prouvent les diverses cultures arborescentes du pays, celles de l'Olivier, de la Vigne, du Figuier, du Grenadier et de l'Oranger. La température moyenne de cette région varie suivant les lieux de 15° à 16°. La troisième région (la plus éloignée de l'équateur) est moins favorisée; ses latitudes plus hautes en abaissent déjà notablement la température, et à cette première cause de refroidissement s'ajoute l'effet de pluies prolongées et de brumes fréquentes qui diminuent la lumière solaire. Les températures moyennes y varient de 12° à 8°; néanmoins les gelées n'y sont jamais bien fortes, et il est rare qu'elles atteignent 7° au-dessous de zéro. C'est à peu près le climat maritime de la Bretagne, de l'Angleterre occidentale et de l'Irlande; aussi c'est dans ces derniers pays que réussissent le mieux les plantes introduites de cette partie du Chili en Europe. Quant à la végétation spontanée de la région montagneuse proprement dite, M. Verlot fait observer (observation déjà formulée par M. Grisebach), que bien qu'on retrouve sur les Andes les climats des régions polaires, la flore y est autrement composée que sur les montagnes de l'Europe. M. Verlot pense qu'il conviendrait de la qualifier de *flore andine*, plutôt qu'*alpine*, parce qu'elle est propre aux Andes. « Cette curieuse flore, dit M. Verlot, est encore peu connue, et elle permet aux explorateurs d'intéressantes découvertes également profitables à la science et à l'horticulture. » — T.

limite forestière résultant de ces conditions. Nous ne possédons
pas encore de travaux comparés précis sur la connexion entre les
flores du Chili et du Pérou. Cependant le nombre des espèces
qui leur sont communes n'est guère considérable, car, bien que
les climats des deux pays passent graduellement l'un à l'autre,
le désert d'Atacama oppose aux migrations des plantes une
barrière rarement susceptible d'être franchie, puisque, malgré
son niveau élevé au-dessus de la côte, 400 plantes vasculaires
seulement ont pu y être constatées [12]. Mais si cette portion des
Andes dépourvue de pluies sépare la flore chilienne de celle du
Pérou, la configuration particulière de ses surfaces planes en fait
d'ailleurs la voie de communication la plus importante pour
l'échange des plantes entre le nord du Chili et les Pampas. Ici
le climat est semblable des deux côtés des Andes; mais plus loin
l'arête continue et neigeuse de la Cordillère se dresse comme un
obstacle mécanique au mélange des deux flores. L'échange, limité
d'ailleurs, s'effectue plus aisément par l'intermédiaire des hautes
plaines découvertes, qu'à travers les cols élevés [13]. Enfin les
régions alpines des Andes chiliennes permettent de reconnaître,
dans une plus grande étendue encore qu'au Pérou, les migrations pendant lesquelles, le long de la chaîne de la Cordillère jusqu'à la Terre de Feu, certaines espèces, en descendant graduellement, atteignent le niveau de la mer dès le détroit de Magellan,
de manière qu'on y voit se reproduire des phénomènes analogues à ceux qui sont si ordinaires à l'hémisphère boréal. Pour
tout le reste, les centres végétaux du Chili se trouvent si parfaitement isolés par le Pacifique, que l'île isolée de Juan-Fernandez prend à peine part à leurs produits.

Mais ce qui a empêché l'établissement des plantes, ce n'est
pas seulement la mer, c'est encore le défaut d'affinité des organisations végétales avec celle des îles voisines de la Nouvelle-
Zélande et des autres terres fermes de la zone tempérée méridionale [14]. En tout cas, cette affinité est bien plus prononcée à
l'égard de l'Amérique septentrionale, et se manifeste notamment
par ce fait que la majorité des grandes familles sont les mêmes,
quelques groupes plus petits seulement, ainsi que les Synanthérées à fleurs labiées (Labiatiflores) sont caractéristiques pour les

centres méridionaux du continent. Aussi de tels groupes ne constituent point, comme les Protéacées et les Restiacées du Cap et de l'Australie, des types particuliers de formation, mais ils représentent autant de types divergents de familles plus grandes qui habitent également l'hémisphère boréal[15]. Les analogies climatériques, qui existent aussi bien dans d'autres parties du monde, ne suffisent guère à expliquer à elles seules l'affinité plus intime qui a lieu entre les organismes des deux zones tempérées de l'Amérique. Dans le Chili, cette affinité a eu pour résultat l'établissement singulièrement abondant de plantes rudérales européennes, ainsi que de végétaux des stations humides[16]; mais l'échange par voie de migration, comme celui dont il a été question en Californie (page 454), eût pu avoir lieu en Afrique tout aussi aisément qu'en Amérique, et pourtant en Afrique on observe à un bien moindre degré que dans le Chili la concordance des familles et des genres que la théorie darwinienne met, sous le point de vue géologique, au même rang que l'établissement des espèces. L'affinité entre les organismes paraît ici pouvoir se rapporter plutôt à la formation synchronique de l'ancien continent, conclusion suggérée par le soulèvement uniforme du système andien dans les deux hémisphères. De même que dans chaque période géologique certaines familles constituaient la végétation dominante, ainsi il est permis d'admettre également, à l'égard des époques plus récentes pendant lesquelles les espèces actuelles ont apparu, une contemporanéité dans la naissance des formes analogues. Or, le système orographico-géologique du soulèvement du Cap s'étend, à la vérité, jusqu'à l'Abyssinie, mais non jusqu'à l'Europe, tandis que celui de l'Australie s'en détache d'une manière encore plus indépendante ; ce n'est donc qu'en Amérique que nous trouvons une semblable connexion entre les chaînes montagneuses qui déterminent la configuration des continents, et ce n'est aussi qu'ici que se produit dans la zone tempérée des deux hémisphères une certaine concordance entre leurs flores, concordance qu'on ne saurait expliquer qu'à l'aide de forces naturelles agissant actuellement.

L'étendue des provinces appartenant à la flore de transition du Chili, savoir, Atacama jusqu'à Valparaiso, n'est que de

3000 milles géographiques carrés. Je porte le nombre des plantes qui y ont été constatées jusqu'à présent à 2500 espèces phanérogames, dont 1800 pourraient bien être considérées comme endémiques. Quant aux genres, sans compter ceux non encore établis avec certitude, j'en trouve 35 de particulièrement caractéristiques, et presque autant de possédés en commun par cette flore et par la flore du Chili méridional : les premiers sont répartis entre 22 familles [17], et les Synanthérées ainsi que les Liliacées sont les seules qui possèdent un plus grand nombre de genres. La plupart de ces genres endémiques sont monotypes. Au reste, de même que dans les Andes péruviennes, il y a dans le Chili une série de genres contenant un chiffre d'espèces singulièrement élevé [18].

La série des familles dominantes [19] ressemble ici à celle des Andes tropicales, surtout en ce que les Synanthérées sont extraordinairement nombreuses et que les Labiatiflores constituent un élément considérable. Viennent ensuite, rangées d'après le nombre des espèces indigènes, les Légumineuses, les Graminées, les Caryophyllées (représentées particulièrement par les Portulacées), les Liliacées (y compris les Amaryllidées), les Crucifères, les Ombellifères, les Scrofularinées et les Solanées, par conséquent, pour la plupart, des familles qui, sous les climats analogues de l'hémisphère boréal, constituent également l'élément prédominant de la végétation.

PIÈCES JUSTIFICATIVES

ET ADDITIONS

XXII. DOMAINE DE TRANSITION DU CHILI.

1. La ligne des neiges sur l'Aconcagua (4483 m. ou 13 800 p.), le sommet le plus élevé des Andes chiliennes (6868 m. ou 21 140 p.), a été mesurée par M. Gilliss (d'après M. Behm, *Geogr. Jahrb.*, I, p. 266) : cette montagne avait passé pour le soulèvement le plus considérable du système entier des Andes, jusqu'à l'époque où l'altitude supérieure du Sorata dans la Bolivie (7562 m. ou 23 280 p.) fut constatée. La ligne des neiges du volcan Villarica (alt. 4873 m. ou 15 000 p.; 39º lat. S.), à Valdivia (1708 m. ou 5260 p.), a été déterminée par M. Cox (*ibid.*). Sur le volcan d'Osorno (40' lat. S.), M. Philippi l'a constatée dès 1462 mètres (4500 p.). (*Jahresb.*, ann. 1852, p. 75.)

2. DARWIN, *Journal of researches*, édit. allemande, I, p. 268; II, 120, 12; III, 15, 121, 137, 273.

3. GILLISS, *Chile (United States astron. Expedition to the Southern hemisphere*, vol. I, p. 3, 86, 465, 81, 340).

4. A Santiago, la quantité de pluie tombée fut, en 1850, 1^m,4, et en 1851, un mètre (*ibid.*, p. 79).

5. Comparez *Domaine des Andes*, note 7.

6. Température moyenne à Santiago, au pied de la Cordillère, 552 m. ou 1700 p. au-dessus du niveau de la mer (King, *Surveying Voyages*, p. 210), 19º,7; température du mois de juillet. 12º; celle de janvier, 29º. (Domeyko in *Anal. Acad. de Chile*, 1851.)

7. PŒPPIG, *Reise in Chile*, etc., I, p. 179, 80, 120, 227, 234, 138, 156, 153, 294.

8. Hauteurs d'arbres chiliens des formes de Laurier et de l'Olivier (d'après Cl. Gay, *Flora chilena*) : *Boldu chilenum* (Laurinée), au delà de 17 m.;

Quillaja saponaria (Rosacée), 9^m,7; *Kageneckia oblonga* (Rosacée) 4-5^m,8; *Lucuma valparadisea* (Sapotée), 5-6^m,7; *Tricuspidaria dependens* (Tiliacée), 6^m,4 - 8^m.

9. STROBEL (Peterm. *Mitth.*, ann., 1870. p. 300).

10. Les autorités principales pour la classification systématique de la flore chilienne sont : Cl. Gay, *Flora chilena* (dans son *Historia fisica y politica de Chile*) et les additions que M. de Philippi a fournies à cette flore (*Linnæa*, vol. XXVIII-XXX et XXXIII) : ces travaux embrassent tout le Chili jusqu'au détroit de Magellan. Afin d'arriver à une évaluation de la richesse de la flore, il a fallu éliminer chez M. Gay plusieurs espèces non indigènes et douteuses, et chez M. Philippi les plantes de Mendoza et de la Patagonie. C'est avec de telles réserves qu'ont été obtenues les évaluations suivantes :

Domaine de transition : chez Gay, 1530 Phanérogames; chez Philippi, 470.. 2000 espèces.
Communes au Chili septentrional et méridional.. .... 400 esp.
Domaine antarctique (— 34° lat. S.) : chez Gay, 730 Phanérogames;
  chez Philippi, 470.. 1200 esp.

11. PHILIPPI, *Reise durch die Wüste Atacama*, p. 122.

12. PHILIPPI. Le *Flora atacamensis* contient 414 Phanérogames, parmi lesquelles plusieurs sont endémiques jusqu'à présent.

13. PHILIPPI (*Statistik der chilenischen Flora*, dans le *Linnæa*, XXX, p. 237) considère la flore des Pampas argentines comme complétement différente de celle du Chili ; quelques espèces seulement de la région alpine supérieure se trouveraient sur les cols des deux versants. Cependant parmi les végétaux ligneux du Chili septentrional, ce sont précisément les espèces de la famille des Légumineuses qui sont les plus fréquemment répandues jusqu'à l'Uruguay, notamment *Acacia cavenia*, *Prosopis Siliquastrum*, *Gourliea decorticans* (Burmeister, *Reise durch di Plata-Staaten*, I, p. 391) : la dernière, selon toute apparence, ne diffère point du *G. chilensis*. De même M. Tschudi (*Reisen durch Südamerica*, vol. V; cf. *Jahresb.* dans Behm *Jahrbuch*, vol. III, p. 205) trouva à Cordova plusieurs arbustes de la flore chilienne et de celle d'Atacama, tels que *Tessaria absinthoides*, *Baccharis Tola;* de plus, il constata dans le même endroit le *Cereus atacamensis*.

14. M. Hooker trouva que seulement 17 genres sont communs aux flores de l'Amérique méridionale et de la Nouvelle-Zélande, sans tenir compte des genres qui ont une plus grande extension dans l'Australie et dans l'ancien monde (Hooker, *Flora of New-Zealand, introductory Essay*, p. XXXII): les plus remarquables sont *Fuchsia* et *Calceolaria*. Dans le Chili méri-

dional, les analogies deviennent plus fréquentes. On n'y a pu constater que peu de cas d'échange entre espèces identiques.

15. Voici les cas d'organisation particulière qui ont donné lieu à l'établissement de groupes distincts : les Lédocarpées et Vivianiées à côté des Géraniacées; les Malesherbiacées à côté des Passiflorées ; les Francoacées parmi les Saxifragées ; les Calycérées, qui peuvent être considérées comme des Synanthérées anomales ; les Nolanacées, qui tiennent du plus près aux Conanthérées et figurent comme un membre intermédiaire entre les Liliacées et les Amaryllidées.

16. Philippi (*Statistik*, p. 243) a réuni les espèces européennes établies dans le Chili : elles comptent environ 50 plantes rudérales, qui pour la plupart ont probablement été introduites avec des semences de Céréales, et parmi lesquelles le Cardon (*Cynara Cardunculus*) s'est répandu dans les pâturages du nord, aussi bien que dans les Pampas. Quant aux plantes européennes, qui croissent dans l'eau, sur la côte maritime ou sur le sol humide, il est à présumer qu'on en a également retrouvé environ 50 espèces dans le Chili septentrional et moyen (*ibid.*, p. 246).

17. Le catalogue dont on s'est servi ici contient, en fait de Synanthérées, 7 genres endémiques; de Liliacées, y compris les Amaryllidées 6 ; 2 genres, sont fournis par les Caryophyllées (tous deux du désert d'Atacama, et le *Microphyes*, également dans le Chili du nord), par les Zygophyllées, les Scrofularinées (dans ce nombre le *Salpiglossis*), et les Borraginées. Dans les autres familles, les genres spéciaux ne se présentent qu'isolément. Parmi ces derniers, on remarque une Crucifère (*Schizopetalon*), une Malphigiacée (*Dinemagonium*), une Lythrariée (*Pleurophora*), une Phytolaccée (*Anisomeria*), une Polygonée (*Lastarræa*), un Palmier (*Jubæa*).

18. Au nombre des genres les plus considérables de la flore de transition figurent les suivants (les chiffres ci-joints se rapportent seulement aux espèces endémiques encore non observées jusqu'à présent dans le Chili méridional) : Malvacées : *Cristaria* (22) ; Oxalidées : *Oxalis* (1) ; Légumineuses : *Phaca* (26), *Astragalus* (27), *Adesmia* (69) ; Loasées : *Loasa* (28) ; Portulacées : *Calandrinia* (47) ; Valérianées : *Valeriana* (24) ; Synanthérées : *Mutisia* (23), *Haplopappus* (30), *Baccharis* (34), *Senecio* (93), *Gnaphalium* (21) ; Borraginées: *Eritrichium* (21) ; Verbénacées : *Verbena* (27); Scrofularinées : *Calceolaria* (34) ; Liliacées : *Alstrœmeria* (20).

19. La statistique des familles a été rédigée d'une manière étendue par M. Philippi (*loc. cit.*), d'après le *Flora* de Cl. Gay; mais, comme les résultats qu'il a obtenus ne se rapportent pas seulement à la flore de transition, mais au Chili tout entier, je n'ai guère pu les utiliser. Les différences consistent principalement en ce que chez lui les grandes familles fournissent des

chiffres proportionnels plus faibles ; pour les Synanthérées ils sont de 21 pour 100, pour les Légumineuses de 7,5. Au reste, ce qui également a donné lieu à ces différences, c'est que les nouvelles découvertes ont enrichi beaucoup plus les familles prépondérantes que les groupes plus petits. Ma supputation, basée sur la Flore de Cl. Gay et les suppléments de M. de Philippi, et qui, à l'exclusion du Chili méridional, comprend les espèces communes aux deux portions du pays, ainsi quelles espèces endémiques, a fourni la série suivante : Synanthérées (28 p. 100), Légumineuses (11), Graminées (7-8), Caryophyllées y compris les Portulacées (5), Liliacées y compris les Amaryllidées (4-5). Crucifères (4) ; puis, les Ombellifère, les Scrofularinées et les Solanées contiennent 3-4 pour 100; les Malvacées, 2-3; les Oxalidées, Loasées, Cactées, Boraginées, Verbénacées et Cypéracées, 2 p. 100. De même que les Labiatiflores sont particulièrement caractéristiques pour les Synanthérées, ainsi le sont pour les Ombellifères les groupes anomaux des Mulinées et des Hydrocotylées, pour les Légumineuses les Astragalées et l'*Adesmia*, pour les Caryophyllées une Portulacée (*Calandrinia*), pour les Scrofularinées les *Calceolaria*, pour les Borraginées les *Eritrichium*, et pour les Verbénacées les *Verbena*.

XXIII

DOMAINE FORESTIER

ANTARCTIQUE

Climat. — On a qualifié d'antarctiques les pays les plus voisins du cap Horn, parce que des trois continents de l'hémisphère austral, c'est l'Amérique qui atteint ici la latitude méridionale la plus élevée. La même qualification s'est également établie à l'égard de la végétation, depuis que Forster désigna les arbres de ces contrées par le nom d'antarctiques ; toutefois, autant de telles latitudes correspondent peu aux latitudes de la zone polaire, autant il serait erroné de croire que la flore des côtes de la Terre de Feu soit une contre-empreinte de la flore arctique. Cette île, qui par la configuration de ses montagnes rappelle la haute contrée norvégienne, ainsi que ses fiords, est entourée de forêts, et ce n'est qu'au delà de ces dernières, mais, il est vrai, dès une altitude peu considérable au-dessus du niveau de la mer, qu'elle produit une végétation semblable à celle de la zone arctique. Il en résulte donc que la flore antarctique ne saurait être assimilée à celle des contrées polaires situées au delà de la limite des arbres, mais bien à celle du nord de l'Europe et de ses régions alpines *.

---

* Dans un remarquable travail sur la faune de l'Amérique méridionale, de l'Afrique et de l'Australie (*Comptes rendus*, ann. 1874, t. LXXIX, p. 1643), travail couronné par l'Académie, qui lui a adjugé le prix Bordin, M. Alph. Milne Edwards développe sur l'origine de la faune antarctique des considérations parfaitement

Les forêts de la Terre de Feu, avec leurs Hêtres antarctiques, s'étendent le long du versant Pacifique des Andes jusqu'au
Chili méridional (34°-56° lat. S.). Bien qu'avec la température
croissante dans la direction du nord, on voie s'accroître ici les
éléments constitutifs de leur végétation, qui finissent par acquérir la plus grande variété sur la limite forestière du Chili,
néanmoins il ne s'agit ici que d'une gradation, et non d'une
limite naturelle déterminée, soit dans la végétation, soit dans le
climat. Ce qui est commun à toutes ces forêts, c'est la masse
d'humidité apportée sur ces côtes par la mer et précipitée par
la chaîne andine qu'atteignent directement les vents pluvieux.
De même que, sous les latitudes plus élevées de l'Europe, les
courants atmosphériques équatoriaux, avec leurs nuages, alternent par petites périodes et irrégulièrement avec le ciel serein
des courants polaires, et par suite les précipitations atmosphériques se trouvent réparties entre toutes les saisons, de même
ici également les vents d'ouest équatoriaux apportent les vapeurs
aqueuses fournies par la mer, et reviennent si fréquemment, que
la végétation ne paraît jamais manquer d'humidité. Les nuages
s'accumulent ici comme dans les Alpes ou sur les côtes de la
Norvége, parce que les froides cimes de montagnes revêtues
de neiges perpétuelles viennent se présenter aux vents chargés
de vapeurs aqueuses. C'est ainsi que le Chili est la seule terre
ferme de l'hémisphère austral où, comme en Europe, on voie
du côté polaire se détacher de la zone subtropicale des pluies
d'hiver, une autre zone qui pendant toute l'année est humectée
et arrosée.

Mais comme ici cette humidité se trouve combinée avec une
température hivernale plus douce, la plupart des arbres conservent leur feuillage, et toute la côte, même chaque île, de Chiloe
jusqu'à l'extrémité de la Terre de Feu, est revêtue d'une forêt
impénétrable[1]. De plus, ce domaine forestier antarctique diffère

d'accord avec la théorie admise par M. Grisebach pour le règne végétal ; les
idées énoncées par le savant zoologiste français dans le cours de ce travail, relativement aux *centres de création*, offrent des rapprochements frappants avec celles
que l'éminent botaniste de Cœttingue a émises dans plusieurs endroits de son ouvrage, entre autres vol. I, p. 265 (*hypothèse de migration*). — T.

de celui de l'Europe en ce que l'hiver est encore plus humide
que l'été, et que les précipitations sont si fortes, les jours de
pluie et de ciel nuageux si fréquents, que de tels exemples ne se
présentent que dans peu d'endroits en dehors de la zone tropicale. A Valdivia (40° lat. S.), on eut à enregistrer pendant une
seule année 156 jours de pluie, et en sus de cela 70 jours nuageux [2]; à Puerto-Montt (41° 30′ lat. S.)[3], la moyenne pluviométrique de six années fut de 2^m,5. C'est ce qui fait que les forêts
y ressemblent plus à celles de montagnes tropicales qu'à celles
des contrées basses de l'hémisphère boréal tempéré. Les fruits
du midi, qui viennent si parfaitement dans le Chili central, ne
mûrissent plus ici [1]; la rareté de l'insolation est préjudiciable à
la production de la substance sucrée dans la séve du fruit. Les
fruits européens souffrent moins, et il est remarquable que sous
le climat humide de Concepcion et jusqu'à Chiloe, le Pommier
se soit établi sur un vaste espace, à l'état presque sauvage [4].

Depuis les forêts du Chili méridional jusqu'à la Terre de Feu,
la température décroît considérablement [5] : à Valdivia (40° lat. S.),
la température moyenne est de 11°,2, et à Port-Famine, sur le
détroit de Magellan; probablement de 5°,6. Cela donne une idée
des rapports climatériques entre les deux hémisphères nord et
sud, puisque ces moyennes annuelles s'accordent beaucoup
avec celles de Paris et de Stockholm, localités dont la première
est de 10° et la deuxième de 6° plus rapprochée de l'équateur. Toutefois ce qui est bien plus important pour la végétation, c'est la différence moins considérable entre les saisons.
M. Darwin a assimilé le climat du détroit de Magellan à celui
de l'Irlande; or il se trouve que dans le détroit l'été est d'environ 5 degrés et l'hiver de 2°,5 plus froid, et que la température
annuelle est peut-être de 4 degrés inférieure à celle de l'Irlande.
Ainsi, sur aucun point de la côte occidentale de l'Europe, le climat maritime n'est aussi fortement prononcé qu'ici. A Valdivia,
la différence entre la température des saisons opposées est moins
de 7°,5. Le domaine littoral californien peut seul présenter de
semblables rapports, mais l'humidité permanente lui fait défaut,
et là où de l'autre côté de l'Orégon les pluies s'accroissent, la
température ne paraît pas être suffisamment élevée pour repro-

duire les analogies avec la forêt tropicale, telles que les offre Valdivia*.

Malgré l'uniformité de la température, qui paraît ne point s'opposer dans une saison quelconque au développement des plantes, on ne saurait méconnaître un point d'arrêt dans la végétation, pendant l'hiver, déjà dans le Chili méridional[6]. Même là où n'ont lieu ni gelée, ni chutes de neige, l'action de la température croissante ou décroissante se manifeste par la périodicité de la vie végétale. L'été, qui par sa sécheresse arrête à Valparaiso la circulation de la séve, est déjà à Concepcion une saison riche en fleurs. Là c'est en juillet, pendant l'hiver, mais ici c'est seulement en septembre qu'à l'entrée du printemps, l'activité des plantes commence à se réveiller, en sorte que les arbres forestiers ne fleurissent qu'à la fin d'octobre. A Valparaiso, l'ac-

* Une plante originaire du détroit de Magellan, le *Veronica decussata*, a été signalée par M. Thiébault (*Soc. bot. de France*, ann. 1875, t. XXII, *Comptes rendus des séances*, I, p. 26), comme très-abondante dans l'île d'Ouessant (l'une des îles situées vis-à-vis du cap Finistère, 48° 30′ lat. N.), tandis qu'à l'exception des jardins de Brest, cette plante n'a point été constatée sur les côtes de la France. M. Thiébault fait observer que ce phénomène prouve que l'île d'Ouessant se trouve dans les conditions climatériques particulières qui caractérisent le détroit de Magellan, où l'humidité est extrême (il y tombe de 5 à 6 mètres d'eau par an) et où, malgré la latitude élevée, le thermomètre ne descend jamais au dessous de — 5°. C'est à cause de cela qu'à Port-Famine (52° 50′ lat. S.), de même que dans la Bretagne, on voit prospérer les Fuchsias, qui gèlent à Paris sous une latitude plus méridionale. A cette occasion, M. Thiébault signale parmi les plantes indigènes de Brest des exemples frappants de la tendance qu'ont ces végétaux à rechercher certaines conditions atmosphériques, beaucoup plus que la température proprement dite. — La découverte du détroit de Magellan constitue l'une des pages tout à la fois les plus importantes et les plus dramatiques des annales maritimes. M. J. G. Kohl en a fait l'objet d'un travail étendu, plein de faits curieux et peu connus (voy. *Zeitschr. der Gesellsch. für Erdkunde zu Berlin*, ann. 1876, t. XI, p. 315). Après avoir énuméré les innombrables difficultés avec lesquelles Magalhaens, que nous continuerons à appeler Magellan selon l'orthographe française, eut à lutter, avant d'atteindre le détroit qui porte son nom, M. Kohl retrace, d'après les documents authentiques, l'impression profonde que ces parages mystérieux firent sur le célèbre navigateur, lorsqu'en 1521 il aborda le détroit par son embouchure orientale, et qu'il eut à contempler, comme il le dit, un des plus beaux spectacles que la nature lui ait jamais offerts. D'abord nues et arides, les côtes se revêtirent de forêts et se trouvèrent hérissées de magnifiques montagnes à sommets neigeux. Dans l'admiration que lui causa ce coup d'œil, Magellan proclama ce détroit le plus beau et le plus extraordinaire de l'univers, et s'estima l'homme le plus heureux du monde d'avoir fait une telle découverte. Le nom de

croissement de la force vitale coïncide avec la période des pluies, tandis qu'à Concepcion, les arbres qui ne conservent pas leur feuillage le perdent précisément à l'époque des pluies les plus fréquentes, mais alors qu'en même temps la température est en voie de baisser. La période végétale a sous ce climat une longue durée, mais, comme de raison, elle se raccourcit à mesure qu'on descend vers le sud.

D'après cela, ainsi que d'après la valeur de la température moyenne, on peut distinguer une zone septentrionale et une zone méridionale de la flore antarctique, dont la première embrasse encore l'île Chiloe et la deuxième l'archipel Chonos[7]. Dans la section septentrionale (34°-44° lat. S.), la forêt a l'avantage de posséder un plus grand nombre d'arbres de familles diverses, ainsi que la forme Bambou ; les troncs sont abondamment revêtus de Lianes et d'Épiphytes : l'espace est complétement

Terre de Feu (*Tierra do Fuego*), qu'il donna au littoral méridional du détroit, lui fut suggéré par les nombreux points lumineux qu'il y aperçut de toutes parts, phénomène que plus tard le navigateur américain Wilks explique d'une manière curieuse et inattendue, en nous apprenant que les habitants sauvages de la contrée avaient tant de difficulté à se procurer du feu, que lorsqu'ils l'obtenaient, ils s'efforçaient de ne point le laisser s'éteindre, et dès lors non-seulement ils laissaient constamment en état d'ignition les substances combustibles, mais encore avaient l'habitude de les porter avec eux. L'admiration exagérée qu'inspirèrent à Magellan ces parages situés sous un ciel rigoureux s'explique sans doute par l'immense satisfaction qu'il a dû éprouver d'être enfin parvenu à toucher au terme de la tâche périlleuse qu'il s'était imposée, et dont l'accomplissement immortalisa son nom presque à l'égal de celui de Colomb. D'ailleurs il fut singulièrement favorisé par les conditions atmosphériques qui lui permirent de franchir le détroit en moins de trois semaines, tandis que plusieurs de ses successeurs eurent à consacrer des mois entiers à cette funeste traversée. En effet, seulement quatre années après Magellan, le navigateur espagnol Loaysa passa deux mois à lutter avec les tempêtes et les chasse-neige. Aussi le détroit de Magellan finit par acquérir une réputation tellement mauvaise, qu'au XVIᵉ siècle, non-seulement on n'osa plus s'y aventurer, mais qu'encore beaucoup de navigateurs et de géographes commencèrent à révoquer en doute l'existence même de ce détroit, ou bien admettaient que s'il avait réellement existé, des catastrophes volcaniques l'avaient encombré et complétement oblitéré. Ce ne fut qu'en 1578, et par conséquent cinquante-sept années après l'immortel exploit de Magellan, que sa découverte fut confirmée par le célèbre et aventureux navigateur anglais Drake. L'un des vaisseaux appartenant à sa flottille, et commandé par le capitaine Winter, découvrit sur la côte occidentale de la Terre de Feu un Laurier qui fut nommé en son honneur *Laurus Winteriana*, espèce douée de propriétés antiscorbutiques remarquables, dont les effets bienfaisants ont été signalés par plusieurs navigateurs récents. — T.

utilisé par des massifs impénétrables reliés les uns aux autres,
à l'instar de la forêt tropicale, mais sans avoir la même richesse
de formes. Au delà de l'île de Chiloe, où dans le golfe de Peñas
les glaciers des Andes commencent à atteindre la mer, les Hêtres
antarctiques dominent au contraire presque seuls jusqu'au cap
Horn ((44°-56° lat. S.). Mais comme l'espèce l'arbre prédominante qui perd son feuillage en hiver (*Fagus antarctica*) est
accompagnée d'un autre Hêtre toujours vert (*F. betuloides*), la
physionomie de la forêt ne s'en écarte pas moins ici de celle
du nord de l'Europe. Dans la direction du pôle austral, la Terre
de Feu constitue la contrée extrême parmi celles qui produisent
la végétation arborescente. Déjà, en deçà de la zone polaire méridionale, toute trace de plantes terrestres paraît en général
s'évanouir.

Formes végétales. — L'humidité, ou plutôt la prolongation
de la période de végétation qui en résulte, exerce dans le Chili
l'action la plus considérable sur la taille des arbres. Au lieu de
végétaux ligneux rabougris, nous nous trouvons en présence
d'une forêt de haute futaie parfaitement close dans son ensemble,
qui revêt la contrée presque tout entière. Valdivia peut fournir
abondamment du bois de construction de qualité supérieure ; les
essences de cette contrée possèdent des troncs aussi vigoureux
que ceux des arbres forestiers de l'Europe, bien qu'on n'y ait
point constaté de ces dimensions encore plus considérables
comme en présente le domaine de l'Orégon. Je remarque que
chez plusieurs espèces, les feuilles sont plutôt petites, notamment chez le Hêtre antarctique, et c'est là probablement la
cause de l'erreur commise par Forster, lorsqu'en signalant pour
la première fois ces arbres, il prit l'espèce toujours verte de
Fuegia (*Fagus betuloides*) pour un Bouleau. En tout cas, les
faibles dimensions d'une feuille peuvent être compensées par le
nombre de ces organes qui doivent être dans un rapport déterminé avec le développement du tronc. C'est en opposition avec
cette frondaison caractéristique pour les arbres qu'on y trouve
une herbe vivace (*Gunnera chilensis*) dont les feuilles arrondies, à bords découpés, acquièrent d'étonnantes dimensions.
M. Darwin a décrit des échantillons de cette plante[1] chez les-

quels les feuilles, réunies au nombre de quatre ou cinq sur une tige, auraient près de $2^m,5$ de diamètre, et ordinairement elles sont plus grandes que celles de la Rhubarbe, qui lui ressemble sous ce rapport et se trouve placée dans des conditions climatériques tellement différentes. Ces *Gunnera* se prêteraient à l'ornementation des jardins, de même que certains végétaux antarctiques à belles fleurs, mais il ne serait pas aisé de reproduire dans leur culture le ciel nuageux qui les protége contre le soleil, ni de leur procurer la température uniforme qui en retarde le développement.

Les arbres toujours verts des formes du Laurier et de l'Olivier sont répartis, à Valdivia, entre douze familles dont cependant la plupart ne possèdent que des espèces isolées. Plusieurs Laurinées (ex. *Persea Lingue*) peuvent être considérées comme représentants d'une famille tropicale : il en est peu qui correspondent aux formes propres à l'Amérique méridionale : telles sont une grande Myrtacée arborescente (*Luma*), puis la Magnoliacée des Andes (*Drimys*) qui, dans la Terre de Feu, accompagne le Hêtre en qualité d'arbre de haute futaie, et enfin un monotype semblable à l'Olivier sauvage et voisin des Euphorbiacées (*Aextoxicum*). Les autres se trouvent, d'après leur position systématique, en connexion intime avec les espèces et les genres disséminés au milieu des contrées littorales et des îles en deçà du Pacifique. Dans la Nouvelle-Zélande et en Tasmanie, se présentent des Hêtres analogues ainsi que des espèces d'un genre de la famille des Tiliacées (*Aristotelia*), et dans la dernière île on voit se reproduire la structure d'une Rosacée arborescente (*Eucryphia*) ; de même encore, dans la Nouvelle-Zélande et en Australie les genres les plus voisins des deux Monimiées (*Laurelia* et *Peumus*) ainsi que d'une Saxifragée (*Caldcluvia*). La flore du Chili méridional se rapproche encore davantage de celle de l'Australie, à l'aide des Protéacées, dont deux genres (*Embothrium* et *Lomatia*) rappellent par leur frondaison plutôt celle de l'Olivier que le tissu foliacé rigide et terne dominant en Australie; d'autres espèces ont des feuilles divisées et se rattachent à la forme Tamarinde (ex. *Guevina*). Une Synanthérée arborescente (*Flotowia*), considérée comme la plus grande de

cette famille (s'élevant jusqu'à 33 m.)[8], relie le Chili méridional aux îles océaniques de Juan-Fernandez, des Galapagos et
de Sainte-Hélène. L'ensemble de ces formes arborescentes paraît
exprimer un fait favorable au darwinisme, mais non confirmé
par les contrées plus septentrionales du Chili, savoir : une connexion généalogique avec des côtes lointaines, mais qui cependant appartiennent à la même zone géographique, ou bien sont
baignées par les mers dont l'Amérique du Sud est entourée. Toutefois il est difficile de déterminer la part qu'y ont les analogies
climatériques communes aux latitudes tempérées de l'hémisphère austral. En effet, de même que dans ces contrées les forêts
correspondent à une courbe thermique plane, à une température
modérée et à une longue période de végétation, ainsi nous
retrouvons encore les Hêtres, sans doute non ceux à feuillage
toujours vert, dans l'hémisphère septentrional et dans des conditions analogues, bien qu'il ne soit guère possible d'admettre
un échange avec cet hémisphère à l'époque de leur naissance.

Ce sont les Hêtres à feuilles caduques et élégamment plissées
lors de leur éclosion, qui appartiennent exclusivement à la
forme Hêtre proprement dite correspondant à toute l'étendue du
domaine. Sans s'exclure réciproquement, les deux espèces
principales sont réparties de manière que l'une (*Fagus antarctica*) se présente dans la Terre de Feu, et l'autre (*F. obliqua*)
à Valdivia, comme arbre forestier dominant. La dernière,
reconnaissable à ses feuilles un peu plus grandes, est exportée
comme bois de construction sous le nom de *Roble :* l'une et
l'autre sont accompagnées par des espèces toujours vertes.
Dans la partie occidentale et plus humide de la Terre de Feu,
c'est le Hêtre toujours vert (*F. betuloides*) qui est plus fréquent,
tandis que celui qui perd ses feuilles en hiver revêt les versants
orientaux, mieux abrités contre les vents pluvieux[9]. Cependant
M. Hooker fait remarquer[7], en rapportant cette observation, que
puisque les deux espèces se présentent également l'une à côté
de l'autre, dans des conditions parfaitement semblables, il en
résulterait une forte présomption en faveur d'une origine respec-
tivement indépendante. Mais chacune d'elles, examinée séparément, offre de nombreuses variations dans la forme et la nerva-

tion de la feuille, en sorte que plusieurs des espèces distinguées par les botanistes doivent être considérées comme douteuses (ex.: *F. procera* et *Pumilio*, comme variétés du *F. obliqua*; le *F. Dombeyi* de Valdivia, comme variété du *F. betuloides*). Nous sommes ici en présence d'un cas qui prouve que quand il s'agit du problème des centres végétaux, on a tort de réunir sous le même point de vue l'origine des espèces et celle des variétés. Lorsque l'on compare deux minéraux semblables, composés de substances différentes, avec les formes semblables d'un autre minéral qui toutefois a la même composition, on ne songera guère à placer les deux cas au même rang. A l'égard des formes organiques de la nature, on croit pouvoir traiter de la même manière les attributions variables et les attributions constantes, en les déduisant de la même origine. Le fait est que la différence consiste en ce que l'origine des minéraux est indiquée par leurs éléments constitutifs, tandis que ceux des espèces végétales sont soustraits à nos investigations. Les Hêtres antarctiques donnent lieu, sous plus d'un rapport, à des considérations de cette nature. Ils appartiennent à un genre qui, sous les latitudes tempérées de l'Amérique du Sud, se plaît dans les formes variables, ce qui ne l'empêche pas de produire sur le même sol des espèces indépendantes, tandis que partout où on le voit dans l'hémisphère boréal, il ne présente dans chacune de ses aires particulières (en Europe, au Japon et dans l'Amérique du Nord) que des espèces isolées, qui ne sont soumises à aucune variation remarquable. Ce genre trouve dans l'hémisphère austral une plus vaste sphère d'action, mais seulement sur les côtes du Pacifique; en s'éloignant du domaine antarctique où le cercle de ses formes est le plus étendu, le nombre des espèces décroît; la Nouvelle-Zélande en a également plusieurs, et la Tasmanie en possède encore deux.

Cette connexion des centres végétaux des hémisphères sud et nord, centres entre lesquels un ancien échange serait inadmissible, se reproduit de la même manière chez les Conifères, dont environ 10 espèces sont positivement connues dans la flore antarctique. Bien que quelquefois de grande importance comme bois de construction, elles se trouvent pour la plupart limitées à

des habitat restreints et en partie mélangées avec des essences
feuillues, seulement d'une manière isolée ou par groupes.
L'Araucaria du Chili (*A. imbricata*) orne les deux Cordillères
de l'Araucanie (37°-39° lat. S.), et, à ce qu'il paraît, ne franchit
point les cours d'eau qui séparent cette contrée de Concepcion et
de Valdivia et entre lesquels il se trouve renfermé[10]. Cet arbre
magnifique, qui orne si gracieusement nos jardins d'Europe,
atteint dans sa patrie souvent la hauteur de 33 mètres ; sa taille
est svelte comme un mât, et sa couronne, façonnée à l'instar
d'un demi-globe aplati à sa face supérieure, consiste en une
sombre frondaison composée de feuilles agglomérées, pointues,
mais planes[*]. Parmi les autres Araucaria non américains se
trouvent, au delà de l'océan Pacifique, deux espèces indigènes
dans la Nouvelle-Calédonie, une dans l'île de Norfolk, et une,
la plus occidentale de toutes, dans l'Australie. Ce genre sud-
américain se comporte autrement que les essences résineuses
proprement dites, qui, d'après leur affinité systématique, ont
des relations avec des centres lointains de l'Amérique elle-
même : ainsi un genre (*Podocarpus*) se rattache au domaine
forestier tropical, et les autres à certaines Conifères de
l'hémisphère boréal, en tant que la structure des Cyprès et de
l'If se trouve remplacée ici par des types endémiques particuliers. C'est également par les feuilles que dans deux genres
(*Libocedrus* et *Fitzroya*), les Conifères du Chili ressemblent au
Cyprès, puisque ces feuilles revêtent les branches à la manière
d'écailles, et que dans un troisième genre (une Taxinée, *Saxo-
gothæa*, comme aussi chez les *Podocarpus*) elles sont façonnées
à l'instar des feuilles aciculaires du Sapin. Ces essences résineuses commencent à se montrer dans les montagnes littorales,
là où cessent les Araucarias (39° lat. S.) : sur le versant occidental de la Cordillère intérieure, elles ont été constatées du
côté du sud, en partie jusqu'au détroit de Magellan. L'Alerze
(*Fitzroya*)[11] est le plus considérable parmi les arbres de cette
contrée et au nombre des plus importants comme bois servant à
l'usage pratique ; mais rattaché aux terrains marécageux revêtus
de tourbe, il ne peut se présenter qu'isolément dans les forêts de
Valdivia. L'autre genre de Cupressinées (*Libocedrus*) contient

deux espèces, dont l'une (*L. tetragona*) est qualifiée de Cyprès au Chili même. Il en est de l'extension géographique de ce genre comme de celle des Hêtres : aussi, parmi les deux espèces non chiliennes, l'une est indigène dans la Nouvelle-Zélande et l'autre en Californie.

Là où la végétation arborescente cesse ou se trouve supprimée, il se présente comme représentant du Pin tordu un autre genre (une Taxinée, *Lepidothamnus*) semblable aux Cyprès, à cause de son revêtement squamiforme. Dans de telles conditions, cette dépression dans la croissance est également propre au Hêtre sus-mentionné (*Fagus Pumilio*), dont les branchages entrelacés souvent donnent lieu, à la Terre de Feu, à un tapis feuillu de 0^m,3 de hauteur[9].

La forme Bambou constitue le menu bois dans les forêts de Valdivia et de Chiloe, que cette agglomération de Graminées ligneuses rend parfaitement inaccessibles. Un genre semblable (*Chusquea*), habitant également les Andes, fournit ici une série d'espèces indigènes (jusqu'à 44° lat. S.), mais on ne le voit plus dans l'archipel de Chonos. Les principales espèces sont le Quila (*Chusquea Quila*), sous forme de buissons de 2 à 3^m,2 de hauteur, mais grimpant également le long des arbres[12], et le Colihue (*Ch. Colihue*), pourvu de feuilles plus dures et de taille plus élevée (jusqu'à 5^m,7)[13]. Les articulations de la tige du Quila ne sont pas creuses comme chez les vrais Bambous, et par ses tendances volubiles il se rattache aux autres Lianes dont ces forêts sont si riches.

L'impression produite par la forêt, que les rapports des voyageurs comparent avec les forêts tropicales, tient moins aux formes de la végétation qu'à la présence des plantes volubiles et épiphytes dont les arbres se trouvent chargés. Dans ce dernier domaine, on ne voit ni Palmiers, ni autres arbres monocotylédonés mélangés avec la forêt à essences feuillues. De même les Fougères arborescentes proprement dites y font défaut, bien qu'elles arrivent jusqu'à la Nouvelle-Zélande : toutefois cette forme se trouve indiquée par les grandes pennes insérées sur un tronc ligneux déprimé d'une Fougère herbacée (ex. *Lomaria magellanica*). D'ailleurs, à côté des Bambous, on peut citer les

Bromelia comme une forme tropicale (genre *Bromelia*). Les Lianes consistent pour la plupart en familles et genres particuliers, au nombre desquels figurent comme les plus remarquables plusieurs Smilacées endémiques (*Luzuringa*), notamment une espèce particulièrement belle, à grandes fleurs de Lis de teinte rouge (*Lapageria*). La Liane ligneuse la plus vigoureuse est une Saxifragée (*Cornidia*) à tige de la grosseur du bras et qui s'élève considérablement le long des arbres, en laissant flotter son feuillage du haut de leurs couronnes. Le groupe des Lardizabalées rattache la flore du Chili à celles du Japon et de l'Himalaya [13]. Les Épiphytes sont bien loin d'être aussi variés que dans les forêts tropicales, les Orchidées aériennes font complétement défaut ; cependant celles de ces formes qui s'y présentent sont d'une nature analogue : ainsi, de même que sous les tropiques, on voit ici parmi les parasites la forme Loranthus, puis un couple de gracieuses Gesnériacées à fleurs d'un rouge écarlate, et parmi les Fougères le groupe élégant (*Hymenophyllum*), dont la frondaison est semblable à celle des Mousses.

Dans les contrées méridionales, où les Bambous ne viennent plus, les sous-bois des forêts consistent en arbustes toujours verts des formes de l'Oléandre, du Myrte et des Éricées. Appartenant à plus de douze familles diverses, parmi lesquelles les Éricées et les Myrtacées, ainsi que les genres *Berberis* et *Escallonia*, contiennent le plus grand nombre d'espèces, ces végétaux sont fréquemment ornés de fleurs à teintes éclatantes. Sur les côtes orageuses, inhospitalières de la Terre de Feu, elles donnent à la forêt de Hêtres un attrait tout particulier, lorsqu'au milieu du terrain marécageux ou au contact même des glaciers, les fleurs du *Fuchsia* (*F. coccinea*) ou du *Veronica* frutescent antarctique (*V. elliptica*) viennent à réjouir le regard. Ces végétaux ligneux offrent des rapports géographiques analogues à ceux que présentent les arbres, d'une part avec la Nouvelle-Zélande, à l'aide de la Véronique sus-mentionnée ainsi que d'une Cornée valdivienne (*Griselinia*), et d'autre part avec le haut nord, par l'intermédiaire de la Camérine (*Empetrum rubrum*). L'affinité avec la région alpine des Andes tropicales est exprimée particulièrement par les Éricées et les Escalloniées aussi bien que par le *Desfontainea*. Dans les stations plus froides, les petits arbustes des Éricées (*Pernettya*), et notamment la croissance gazonnante et l'agglomération des organes foliacées, font voir de la manière la plus manifeste l'analogie climatérique qui rattache la flore arctique à la flore antarctique, et souvent présente l'apparence d'identité entre les plantes des deux zones [14].

Formations végétales. — Le caractère principal de la forêt depuis Concepcion jusqu'à Chiloe, c'est l'impénétrabilité causée par la masse de la végétation. A Chiloe, où il n'y a que peu de terrain cultivé, quelques sentiers isolés seulement conduisent d'un point de la côte à l'autre, et encore sont-ils difficilement praticables par suite de la nature pâteuse du sol marécageux. Tout le reste est une inaccessible forêt. Même à l'aide du feu, on a de la peine à détruire ces essences humides, et leur valeur comme bois d'exportation serait plus grande s'il y avait moins de difficulté à les aborder. M. Darwin considère ces forêts comme incomparablement plus belles que les taillis uniformes de Hêtres de la Terre de Feu ; mais lorsque dans une île, sur la côte méridionale de Chiloe, il voulut monter une colline, il ne parvint point à en atteindre le sommet. Imprégnée des exhalaisons des Laurinées et du Drimys, la forêt était rendue tellement impénétrable par l'agglomération d'arbres vivants et morts, que souvent le pied ne pouvait toucher au sol. Ce n'est que plus haut que se présentèrent, mélangés avec des essences résineuses, les Hêtres antarctiques à formes rabougries, et pourtant le passage y était encore plus difficile. A Valdivia, la forêt est tout aussi inaccessible, non pas à cause de l'agglomération des arbres, mais parce que les plantes volubiles les entrelacent et que les Bambous occupent les intervalles [4]. Les couronnes du feuillage y brillent d'une teinte plus claire et plus gaie, attendu que les arbres toujours verts sont moins fréquents et que le Hêtre roble prédomine. C'est à l'instar des forêts de Valdivia et de Chiloe, que M. Pœppig décrit également celles des parages de Concepcion [6]; il nous les dépeint animant de belles teintes vertes les chaînes de hauteurs qui se déploient en contours gracieux le long de la côte, tandis que les arbres élevés qui couron-

nent ces hauteurs laissent flotter les plantes volubiles au-dessus
des rochers éboulés ou le long des champs et des vignobles envahis par les buissons. Les Lianes disparaissent dans la région
supérieure des forêts d'Antuco (37° lat. S.), où alors elles se présentent quelquefois mélangées avec des prairies fleurissantes ;
les Bambous n'y font pas défaut non plus, et on les voit, réduits
peu à peu à l'état de broussailles, s'élever dans la montagne jusqu'à la limite des arbres.

Par opposition à ces forêts d'essences angiospermes ainsi
agglomérées, se présentent, dans cette partie des Andes, sur un
sol rocailleux, les *Pinares*, forêts composées exclusivement
d'Araucarias, dont les graines comestibles servent de nourriture
aux Indiens araucaniens. Ce sont de franches forêts de Conifères
dont le sol est stérile et nu comme celui d'une forêt de Pins,
à cause du défaut de terre végétale.

Immédiatement vis-à-vis de l'île de Chiloe, le caractère forestier de la Terre de Feu commence déjà à se manifester[1]. A partir de là, toute la côte occidentale, jusqu'au cap Horn, se trouve
morcelée en archipels et déchirée en fiords, sans que les rochers
littoraux, battus par les tempêtes, laissent une surface quelconque du sol fertile; aussi la végétation est conforme à cette configuration du pays. Ici point d'autres arbres forestiers que les
Hêtres et le Drimys toujours vert, les sous-bois étant composés
de Berberis et autres arbustes antarctiques[2]. Ce n'est que dans
les ravins humides ou dans quelques stations de l'intérieur que
vient la forêt de haute futaie, car elle exige un abri contre les
vents orageux du cap Horn. Sur le côté exposé à ces derniers,
le Hêtre se convertit en bois tordu, ou bien laisse libre champ aux
buissons, parce qu'il ne peut résister aux vents, qui d'ailleurs
ainsi que les ruisseaux, emportent la terre végétale. Aussi, sur le
détroit tortueux de Magellan, ce sont les parages de l'intérieur
abrités par les montagnes, comme à Port-Famine, qui possèdent
les forêts de haute futaie les plus considérables, tandis qu'à
l'entrée occidentale du détroit, leur croissance est paralysée, et
que dans la contrée plane du côté oriental, les arbres font complétement défaut, parce qu'ici la flore antarctique a son terme.
Mais ce qui prouve que ce ne sont pas seulement ces tempêtes

néfastes, mais aussi le défaut d'un humus plus puissant, qui arrêtent le développement de la forêt de Hêtres; c'est la description d'un espace montagneux stérile dans la *Cordillera pelada*, au sud du port de Valdivia[8], où, sur un plateau de micaschiste, la forêt de haute futaie cesse soudain, dès le niveau peu considérable de 812 à 975 mètres (2500 à 3000 pieds), tandis que de jeunes troncs seulement se maintiennent encore quelque temps, jusqu'au moment où leurs racines atteignent la roche solide. Puis, sur cette haute surface nue reparaissent quelques végétaux de la Terre de Feu, ce qui fournit une preuve de plus en faveur de la connexion entre les sections nord et sud de la flore antarctique.

Les contrées déboisées n'occupent relativement qu'une petite partie du domaine antarctique. Au pied des hautes Andes de Valdivia, on voit une bande de pâturages ouverts se détacher de la forêt vierge[12], ce qui, peut-être, s'expliquerait par ce fait que la vallée comprise entre les deux Cordillères se trouve mieux abritée contre les vents pluvieux par les montagnes littorales. Cependant ces Llanos de Valdivia sont boisés en majeure partie[15], et en suivant, dans la direction du nord, cette grande vallée longitudinale, on les voit passer à la plaine cultivée du Chili méridional, dont la très-fertile terre végétale revêtant les galets des Andes aura été originairement empruntée à la forêt elle-même. Aussi n'est-il pas impossible que les districts à pâturages y doivent également leur origine au refoulement de la forêt. Mais la puissante couche d'humus engendrée par le feuillage tombant des arbres fait défaut aux pâturages de Valdivia[13], dont M. Philippi compare la végétation à celle des Bruyères baltiques, parce qu'au gazon à Graminées se rattache la forme d'Éricée (*Pernettya*), qui constitue des broussailles à peine d'un pied de hauteur. De même, après les incendies des forêts, on voit, dans ces contrées, l'espace occupé aussitôt par des buissons de végétaux ligneux ainsi que par des Bambous, à côté des Cypéracées[6]. Conformément au climat humide, une plus forte énergie a été accordée aux végétaux ligneux qu'aux Graminées.

Ce n'est que dans le midi, où l'humidité retenue par le sol

donne lieu à la naissance de la tourbe à l'aide d'organes en voie
de décomposition, que les forêts cèdent la place à une autre
formation, à une surface marécageuse ouverte. Tandis qu'à Chiloe le pays plan est revêtu de forêts plus luxuriantes, à la Terre
de Feu les arbres ne croissent que sur les versants inclinés [1], où
l'écoulement des eaux se trouve facilité. Ici chaque surface unie
produit une puissante couche tourbeuse constamment renouvelée
par deux herbes vivaces sociales dont le gazon ramifié n'a que
quelques centimètres de hauteur et se trouve revêtu de feuilles
étroites, appliquées et agglomérées. Toutes deux sont remarquables par leur structure et se ressemblent par leur feuillage
et leur exiguïté : l'une est une Saxifrage (*Donatia fascicularis*),
l'autre voisine des Liliacées (*Astelia pumila*). Une couple d'arbustes, un Empetrum et une Myrtacée (*Myrtus nummularis*);
parmi les végétaux non ligneux, une Renonculacée (*Caltha*) et
un Jonc (*Rostkovia*) accompagnent cette végétation des marais
tourbeux, ce qui prouve une fois de plus combien les centres
de végétation antarctique se rattachent aux formations analogues de l'hémisphère boréal, tout en leur ajoutant des formes
particulières.

Régions. — Dans les Andes méridionales, la limite des arbres
se rapproche de la ligne des neiges perpétuelles plus que dans
des montagnes européennes quelconques; dans la Terre de Feu,
la région alpine se trouve séparée d'une manière plus fortement
accentuée. Mais comme les données relatives à la ligne des neiges
dans le Chili méridional offrent de notables discordances [16], je
ne fais usage, pour l'élucidation de telles conditions, que d'observations dignes de confiance.

VOLCAN D'OSORNO à Valdivia (41° lat. S.).

RÉGION FORESTIÈRE. — 1462 mètres ou 4500 pieds (limite des neiges) [17].

TERRE DE FEU (54° lat. S.) [18].

RÉGION FORESTIÈRE. — 455 mètres (1400 pieds).
RÉGION ALPINE. — 1137 mètres (3500 pieds).

M. Pœppig fut le premier à émettre l'opinion [o] que dans les
Andes sud-chiliennes, la limite des arbres coïncide presque avec
la ligne des neiges. Lorsqu'il visita la forêt d'Araucarias

(37° lat. S.), la plus septentrionale parmi celles qui se présentent dans les Andes, il observa que ces Conifères paraissaient fréquemment s'élever dans la montagne jusqu'aux neiges perpétuelles. A Valdivia, où la limite des arbres est formée par les Hêtres, M. Philippi confirma et étendit cette observation [15]. Il alla même jusqu'à soutenir « que la majorité des arbres et des arbustes de la plaine s'élèvent, sur le volcan d'Osorno (41° lat. S.), à peu près jusqu'aux neiges perpétuelles, dont il détermina ici la limite inférieure à 1462 mètres (4500 p.). Dans la proximité de la ligne des neiges, il y trouva encore, outre le Hêtre toujours vert (*Fagus Dombeyi*), le Bambou colihue sous forme rabougrie; à côté de ces plantes croissaient aussi beaucoup d'arbustes alpins, comparables par la beauté de leurs fleurs aux Rosages des Alpes, et appartenant en partie aux mêmes espèces que ceux de la Terre de Feu (une Protéacée, vraisemblablement l'*Embothrium coccineum;* un *Drimys,* des Escalloniées, des Éricées, *Fuchsia, Berberis* et *Empetrum*). Ainsi donc l'élévation de la limite des arbres n'exclut point la végétation alpine. Celle-ci se trouve abondamment représentée par les arbustes et par diverses herbes vivaces croissant sur les parois humides des rochers, mais elle est circonscrite dans des limites altitudinales restreintes, en sorte que les régions ne sauraient être distinctement séparées d'après les niveaux.

Partout où le soleil fait fondre la neige et où la végétation arborescente se trouve refoulée par la température hivernale, les forêts de montagne s'éloignent du névé et laissent un vaste espace à la région alpine, en sorte que les limites altitudinales s'élèvent et s'abaissent en conséquence. Mais, sous le climat antarctique, nous sommes en présence d'un cas où l'exception à ce principe se trouve poussée à l'extrême, car ici la plus grande élévation de la limite des forêts est combinée avec la plus forte dépression de la ligne des neiges; le fait que ces deux lignes se touchent ici presque au même niveau prouve que ces phénomènes tiennent à des conditions opposées, ou plutôt qu'ils sont de nature à pouvoir se produire indépendamment l'un de l'autre. La végétation arborescente dépend de la durée de la période végétale qui, sous un climat aussi uniforme, est illimi-

tée, du moins pour les arbres toujours verts, en sorte qu'ils s'é-
lèvent à un niveau où domine la température moyenne qu'ils sont
tout juste capables de supporter. La limite des neiges est une
ligne jusqu'à laquelle s'avance la fonte des neiges pendant l'été :
dans ce pays où les contrastes entre les saisons sont peu prononcés et où les nuages atténuent l'action du soleil, cette fonte
se trouve retardée et s'effectue dans des proportions d'autant
moins considérables que les nouvelles chutes de neige ne
cessent jamais. Dans de telles conditions, la température à la
ligne des neiges peut être notablement au-dessus du point de
congélation, mais il n'en est pas moins vrai que les arbres ne
sauraient se maintenir dans la proximité de cette ligne que sur
des surfaces suffisamment inclinées, pour que la neige fondue,
dont ils ne supportent pas la basse température, puisse rapidement s'écouler.

Lors même que les conditions climatériques n'ont subi aucun
changement, les influences locales exercées par les stations peuvent, en refoulant la végétation arborescente, donner à la région
alpine un espace plus étendu, et ainsi lui procurer en même
temps une plus grande variété de produits. De même que nous
avons déjà mentionné un fait semblable dans la Cordillera
pelada, cette haute plaine presque déboisée de la côte de
Valdivia, au-dessus de laquelle elle s'élève à 975 mètres (3000 p.),
ainsi M. de Philippi [19] signale sur le volcan de Chillan, au-dessus
des forêts, une ceinture d'arbustes alpins, dont les limites lui
semblèrent être déterminées plutôt « par la station et les vents
violents que par la température ». Un fait vient à l'appui de
cette manière de voir, c'est qu'en général les arbustes situés sur
la lisière de la forêt revêtent très-facilement la forme de bois
tordu. Ainsi s'explique pourquoi, dans la Terre de Feu, la
végétation arborescente, qui a besoin d'être protégée contre
le vent, cesse à une altitude si peu considérable, qu'une région
d'une circonférence d'au moins 650 mètres (2000 p.) s'y trouve
occupée par les végétaux alpins. Elle constitue ici la végétation
du sol, uni en général. C'est la même formation dont sont revêtus
les dépôts aplatis de tourbe qui s'étendent au loin au-dessus des
versants latéraux abrupts. Dans les Andes chiliennes, plus la

SÉPARATION DES CENTRES DE VÉGÉTATION.

forêt se retire de la ligne des neiges, plus est prononcée la concordance avec cette flore alpine de la Terre de Feu ; seulement ici c'est la pauvreté, tandis que dans la Cordillère c'est l'abondance. Exactement comme les Alpes l'emportent par l'ornementation végétale sur les hauteurs de la Laponie, de même la région alpine du Chili méridional est belle et riche en espèces, bien qu'elle dispose de si peu d'espace[6]. Au bois tordu et aux arbustes alpins se rattache un mélange d'herbes vivaces qui ont emprunté leurs éléments constitutifs tant aux Cordillères tropicales qu'aux contrées antarctiques, et qui, de plus, ont produit leurs espèces particulières.

Centres végétaux. — Grâce à la mer, à la Cordillère et à un climat complétement différent de celui des contrées limitrophes, le domaine antarctique se trouve tout aussi isolé et aussi peu propre à l'échange avec d'autres flores que s'il était une île océanique. D'après son climat et sa position, il se rapproche le plus de la Nouvelle-Zélande, mais les formations forestières respectives n'offrent point de similitude, et le chiffre des plantes communes aux deux pays est insignifiant, lorsqu'on ne tient pas compte de celles qui embrassent une aire plus étendue jusqu'à l'Australie et au delà[20]. Quelque remarquable que puisse être le fait qu'ici certains végétaux ligneux se sont même répandus à travers le Pacifique, néanmoins leur migration peut aisément s'expliquer à l'aide, soit du courant antarctique, soit des vents dominants ou de la coopération d'oiseaux pélagiens, sans qu'on ait besoin d'admettre des jonctions entre ces terres aux époques précédentes de notre globe, hypothèse que ne justifie aucun fait géologique.

Une bien plus grande difficulté pour la théorie des centres végétaux surgit des relations qui se présentent entre la flore antarctique de l'Amérique et les hautes latitudes de l'hémisphère boréal, espaces qui semblent exclure tout moyen d'échanges. La similitude entre les espèces équivalentes est, à la vérité, seulement une confirmation de la loi des analogies climatériques, mais l'assertion d'après laquelle environ cinquante espèces de plantes vasculaires restées dans les contrées magellaniques presque sans contact avec la civilisation européenne,

seraient identiques avec celles de notre hémisphère, pourrait
assurément servir d'objection contre le principe en vertu duquel
chaque espèce n'est issue que d'un seul et unique centre[14]. En
m'appuyant sur les collections faites par M. Lechler dans les
contrées du détroit de Magellan, j'avais soumis cette question
à un examen approfondi[14], qui a eu pour résultat que, dans ce
cas encore, les forces agissant de nos jours paraissent suffisantes
pour que la diffusion de la semence puisse s'opérer d'un seul
point. J'ai fait voir que presque la moitié (22 esp.) des espèces
européennes du détroit de Magellan ont pu provenir de vaisseaux
débarqués ou échoués ; que d'autres (10), en leur qualité de
plantes aquatiques et littorales, sont répandues sur toute la
terre et sont plus ou moins ubiquistes ; et que le reste (17), à
une seule exception près, offre des caractères spécifiques différentiels qui doivent les exclure des espèces identiques pour les
placer parmi les espèces équivalentes. Quant à la plante qui
constituait alors la seule exception restée non expliquée (*Gentiana
prostrata*), je crois pouvoir aujourd'hui rendre compte de sa diffusion, aussi bien que de celle de certains produits du sol humide, à l'aide des migrations de l'albatros (*Diomedea*), qui,
contrairement au genre de vie de la plupart d'autres oiseaux de
passage, se transporte à travers les deux hémisphères, depuis le
cap Horn jusqu'aux îles Kouriles et au Kamtchatka, et établit
ainsi une communication entre les stations de cette plante dans
les flores arctique et antarctique. La proie engloutie par l'albatros a pu contenir des semences de plantes qui, charriées dans la
mer par les cours d'eau, étaient passées dans l'estomac des
poissons, et c'est ainsi qu'il a pu arriver quelquefois que, dépo-
sés sur des côtes lointaines, les excréments de ces oiseaux fournissent les semences qui s'y sont développées. Du moins de
telles interprétations ne renferment qu'un seul élément hypo-
thétique, c'est le fait que la translation de la semence n'a pas
été directement observée, tandis qu'il faudrait avoir recours à
des hypothèses bien moins constatées et souvent inadmissibles,
si, avec M. Hooker, on voulait rattacher de semblables impor-
tations à une époque glaciaire préhistorique, en admettant qu'à
l'époque où notre globe s'est réchauffé, il se sera produit une mi-

gration de plantes ayant pour point de départ l'équateur et se
dirigeant vers les deux pôles. De telles hypothèses géologiques
excluent toute investigation ultérieure et laissent sans réponse
les questions qui surgissent aussitôt : celle de savoir pourquoi
les plantes arctiques et antarctiques ne sont identiques que dans
des cas extrêmement rares, ou bien encore pourquoi cette Gen-
tiane ne s'est point maintenue quelque part dans les Cordillères,
où les conditions indispensables à son existence se trouvent tout
autant que dans les Alpes et dans les montagnes de l'Asie. Les
migrations réelles des plantes le long de la chaîne des Andes,
telles que celles du *Drimys* et du *Desfontainea*, peuvent être
constatées à l'aide de la connexion entre les points où ces plantes
ont été trouvées, et ce fut l'isthme de Panama qui mit un terme
à leur extension ultérieure.

Ce qui, pour le caractère de la flore antarctique, est plus important que l'échange avec d'autres domaines, c'est l'analogie
que présente la structure des espèces équivalentes, analogie
à l'aide de laquelle la région forestière se trouve rattachée à la
Nouvelle-Zélande, et la région alpine à celle du haut nord de
notre hémisphère. M. Hooker a donné l'énumération des genres
antarctiques représentés dans la Nouvelle-Zélande par des espèces très-voisines [21]. Dans la flore australienne, des cas pareils
sont plus rares, et ils le sont bien davantage encore au Cap, ainsi
que cela est conforme aux relations que présentent entre eux les
centres végétaux, soit dans le sens de l'espace, soit sous le rapport climatérique. Mais ce ne sont que ces dernières relations
qui fournissent un étalon pour l'appréciation de l'affinité entre
la flore antarctique et celle du haut nord [22].

On peut porter à environ 4000 milles géographiques carrés
l'aire du domaine antarctique [23]. Malgré l'humidité du climat
et la plus grande diversité des stations, on constate, à partir de
la flore de transition du Chili, un décroissement dans la richesse
des espèces tout aussi prononcé que celui qui se produit en Europe avec l'élévation de la latitude. L'évaluation des plantes
constatées jusqu'aujourd'hui donne environ 1600 espèces, dont
1200 sont endémiques [24]. La flore des contrées magellaniques
due à M. Hooker, qui ne comprend que la section méridionale

de notre domaine, ne contient pas tout à fait 300 Phanérogames. En fait de genres endémiques, la flore antarctique en a fourni 25 environ [26], répartis entre 13 familles et étant tous monotypes (à l'exception du *Myzodendron*). Un chiffre plus élevé de genres appartient aux Synanthérées (6), aux Conifères et aux Smilacées (3 chacun).

La série des familles prédominantes se présente diversement, selon qu'il s'agit du domaine tout entier ou seulement de la section méridionale des contrées du détroit de Magellan [26]. Néanmoins les deux séries offrent une grande analogie avec les flores alpines de l'hémisphère boréal, ce qui n'est nulle part le cas dans les autres continents méridionaux et se présente seulement dans la Nouvelle-Zélande. Ce qui constitue une particularité, c'est que, conformément aux centres végétaux des flores limitrophes, ici encore les Labiatiflores se trouvent représentées parmi les Synanthérées *.

* Il est probable que les collections faites par le Dr Cunningham, lors de son voyage avec le prince de Nassau, dans l'Amérique antarctique (1867-1869), nous fourniront des renseignements intéressants sur la flore cryptogamique de cette contrée, encore si peu connue sous ce rapport. Dans un aperçu très-sommaire sur ces collections, M. J. M. Crombie nous apprend (voy. l'*Athenæum* du 1er avril 1876) qu'elles renferment 97 espèces et variétés de Lichens, dont 13 des premières et 11 des dernières servent à l'usage de l'homme. — T.

PIÈCES JUSTIFICATIVES

ET ADDITIONS

XXIII. DOMAINE FORESTIER ANTARCTIQUE.

1. DARWIN, *Journal of researches*, édit. allemande, I, p. 55, 262; II, p. 33, 27, 57, 41.

2. ANWANDTER (chez Gillies, *Chile*, I, p. 83, 89), Ses observations se rapportent du mois d'avril 1851 jusqu'à mars 1852. Sur les 156 jours de pluie à Valdivia, 28 appartiennent aux trois mois d'été et 54 à ceux d'hiver.

3. GEISSE, Observations météorologiques à Puerto-Montt, de 1859 à 1864 (communiquées par Fonck, dans Petermann, *Mittheilungen*, ann. 1866, p. 464).

4. GILLISS, *loc. cit.*, p. 61, 65, 69.

5. La température moyenne de Valdivia (d'après une année d'observation) est de 11°, celle de l'été de l'hémisphère austral de 15°,5, celle de l'hiver de 8°,2 (Philippi, dans *N. Jahrb. für Mineralogie; Jahresb.*, ann. 1852, p. 75). À Port-Famine (d'après les données incomplètes de King), la température de l'été est de 10°, celle de l'hiver de — 0°,6; la moyenne étant évaluée à 5°,6 (Darwin, *loc. cit.*, p. 164).

6. PŒPPIG, *Reise in Chile*, etc., I, p. 294, 360.

7. HOOKER, *Flora antarctica*, p. 212, 347.

8. F. PHILIPPI (Peterm. *Mitt.*, XII, p. 172; *Bericht* dans Behm, *Jahrb.*, II, p. 417). La hauteur du tronc du *Flotowia diacanthoides* et du *Myrtus Luma* (syn. *Luma Chequen*) est évaluée à 33 mètres; ils sont assimilés à des mâts. Il paraît cependant que la hauteur ordinaire du *Flotowia* n'est que de 9m,7 (d'après A. Philippi, dans *Bot. Zeit.*, XVI, 275).

9. KING, *Narrative of the surveying Voyages of H. M. S.* Adventure and Beagle, I, p. 141, 41, 22, 575.

10. Philippi (*Linnœa*, XXX, p. 735) : « les Araucaria ne se trouvent qu'entre les rivières Biobio et Tolten. »

11. Relativement à l'Alerze, d'après l'assertion de Philippi père, et plus tard de son fils, le meilleur connaisseur de la flore de Valdivia, c'est une erreur que M. Cl. Gay (*Fl. chilena*, V, p. 406, etc.) a commise en considérant cet arbre comme étant le *Libocedrus tetragona*, et en désignant le *Fitzroya* par le nom de Cyprès (cf. A. Philippi, *Bot. Zeit.*, XVI, p. 268, et Peterm. *Mitth.*, VI, p. 133, F. Philippi, *ibid.*, XII, p. 172). Je crois devoir employer cette triple citation, pour faire voir que l'assertion opposée de A. Philippi dans un autre endroit (*Linnœa*, XXX, p. 735) tiendrait à quelque *lapsus calami*, puisque les preuves qui démontrent que le *Fitzroya* est l'Alerze, et le *Libocedrus* le Cyprès, se rapportent tant aux années précédentes qu'aux années subséquentes.

12. Philippi (Peterm. *Mitth.*, VI, p. 129).

13. Id. (*Bot. Zeit.*, XVI, p. 273, 275, 267).

14. Grisebach, *System. Bemerkungen über die beiden ersten Pflanzensamml. Philippi's und Lechler's im südl. Chile und an der Magellan-Strasse*, p. 3.

15. Philippi (*N. Jahrb. für Mineralogie; Jahresb.*, ann. 1852, p. 75).

16. Là où entre le 33e et le 40e degré de latitude, la ligne des neiges s'abaisse si extraordinairement (cf. Chili, note 1), la limite des arbres paraît s'élever en sens inverse ; cependant les données relatives aux Andes d'Antuco ne concordent guère. Chez M. Gilliss (*loc. cit.*, p. 11, 13) on trouve les données numériques suivantes :

Limite des arbres sur le col Planchon (35° lat. S.), 1280 mètres (3940 p.) (d'après Domeyko).

Ligne des neiges sur le Descabezado (35° lat. S.), 2582 mètres (7930 p.).
Ligne des neiges sur le volcan d'Antuco (37° lat. S.), 2014 mètres (6200 p.)
Ligne d'Osorno (40° lat. S.), 1462 mètres (4500 p.).

D'après le tracé de M. Hooker (*Fl. antarct.*, p. 348), à Antuco, la limite du Hêtre se trouve au niveau de 1527 mètres (4700 p.) ; la ligne des neiges y est d'environ 975 mètres (3000 p.) plus élevée : cependant M. Pœppig y trouve l'Araucaria s'élevant jusqu'à la proximité des neiges perpétuelles. Philippi (Peterm. *Mitth.* IX, p. 247) rapporte que la limite des forêts de Chilan (36' lat. S.) est de 32 à 65 mètres (100-200 p.) au-dessus de l'établissement des bains, dont l'altitude est, d'après M. Domeyko, de 2217 varas (1851 mètr. ou 5700 p., et non de 1649 mètr. ou 5071 p., ainsi qu'on l'admet dans le pays même), et nous apprend que les sources chaudes, dont l'altitude y est évaluée à 2111 mètres (6500 p.), se trouvent déjà dans le domaine des neiges perpétuelles. D'après cela, il n'y resterait pour les arbustes alpins et le bois tordu qu'une étroite ceinture, ainsi que Philippi le fait observer également. Il s'ensuit que cette observation s'accorde bien avec celle de M. Pœppig; relativement à l'Antuco.

17. PHILIPPI (*N. Jahrb. für Mineralogie*, 1852, p. 941 ; *Jahresb.* loc. cit.). Cette mesure s'accorde avec celle de Domeyko : une triangulation faite par M. King, à partir de la mer, donna pour la ligne des neiges sur le volcan d'Osorno, même seulement 1365 mètres ou 4200 pieds (Darwin, *loc. cit.*, I. p. 269).

18. KING, d'après Darwin, *loc. cit.*, I, p. 223.

19. PHILIPPI (Peterm. *Mitth.*, IX, p. 247).

20. M. Hooker a trouvé que 89 plantes vasculaires sont indigènes tout à la fois dans la Nouvelle-Zélande et dans l'Amérique méridionale, mais que 77 espèces s'étendent également jusqu'à la Tasmanie (*Introductory Essay to the Flora of New-Zealand*, p. xxxi ; plus tard le premier chiffre s'éleva à 111, d'après son *Handbook of the New-Zealand Flora*, préface, p. 14). Parmi le petit nombre d'espèces appartenant exclusivement à la Nouvelle-Zélande, mais que celle-ci possède en commun avec la flore antarctique, les plus remarquables sont des végétaux ligneux : *Edwardsia grandiflora*, *Veronica elliptica*, et 2 espèces de *Coriaria*. Ainsi qu'il le rapporte dans le texte, M. Hooker croit pouvoir expliquer le phénomène en admettant une connexion préhistorique entre les continents de la zone méridionale tempérée.

21. HOOKER (*Introductory Essay*, loc. cit., p. xxxiv). Les cas les plus remarquables d'espèces équivalentes du même genre dans la Nouvelle-Zélande sont fournis par les familles suivantes : Magnoliacées (*Drimys*), Tiliacées (*Aristotelia*), Rosacées (*Acœna*), Onagrariées (*Fuchsia*), Haloragées (*Gunnera*), Saxifragées (*Donatia*), Cornées (*Griselinia*, syn. *Decastea*), Stylidiées (*Forstera*), Scrofularinées (*Calceolaria*, *Ourisia*), Monimiées (*Laurelia*), Thymélées (*Drapetes*), Amentacées (*Fagus*), Smilacées (*Callixene*), Liliacées (*Astelia*), Joncées (*Rostkovia*). — Au nombre des genres affines figurent les Myrtacées *Tepualia* et *Metrosideros*, parmi les Protéacées *Embothrium* et *Knightia*, dont chacune des premières est antarctique, et la deuxième indigène dans la Nouvelle-Zélande. Quant aux cas beaucoup plus rares où les espèces équivalentes ne se produisent qu'en Tasmanie, je mentionnerai la Rosacée *Eucryphia*, la Protéacée *Lomatia*, ainsi que l'affinité de certaines Épacridées du domaine antarctique (*Lebetanthus*) avec un genre australien (*Prionotes*).

22. Des exemples d'espèces antarctiques figurant comme équivalentes de la flore arctique sont fournis, entre autres, par les genres suivants :

Caltha, Ranunculus, Draba, Cardamine, Melandrium, Epilobium, Geum, Saxifraga, Chrysosplenium, Galium, Erigeron, Gentiana, Primula, Empetrum.

23. Les provinces méridionales du Chili jusqu'au détroit de Magellan embrassent 2500 milles géographiques carrés (Behm, *Geogr. Jahrb.*, I, p. 124). J'évalue l'aire de la Terre de Feu à 1500 milles géographiques carrés.

24. L'évaluation de la flore antarctique est fondée sur le *Flora chilena* de Cl. Gay, ainsi que sur les Suppléments de M. Philippi (cf. Chili, note 19).

25. Le catalogue dont je me suis servi ici contient des genres endémiques de familles suivantes : 6 Synanthérées, 3 Conifères (*Fitzroya, Saxogothea* et *Lepidothamnus*), 3 Smilacées, 2 Saxifragées, 2 Gesnéracées, 2 Protéacées (*Embothrium* et *Guevina*), et un genre de chaque famille des Rutacées, Myrtacées, Calycérées, Solanées, Laurinées, Santalacées (*Myzodendron*) et Joncaginées (*Tetroncium*).

Au nombre des genres les plus riches en espèces de la flore antarctique, figurent : *Senecio* (64), *Carex* (31), *Calceolaria* (20), *Acœna* (20), *Azorella* (11).

26. Voici les séries des familles prédominantes (d'après la classification mentionnée dans le chapitre relatif au Chili, note 19) : Synanthérées (10 pour 100), Graminées (10), Cypéracées (5), Légumineuses (1-5), Scrofularinées (4-5), Ombellifères (4), Orchidées (3-4), Caryophyllées (3), Saxifragées (2-3), Rosacées, Myrtacées, Valérianées (2 de chacune).

Séries des familles dans les contrées magellaniques (d'après le *Flora* de Hooker, où je ne compte que 277 Phanérogames, après avoir éliminé toutes les plantes trouvées seulement dans les îles Falkland et Kerguelen) : Synanthérées (18 pour 100), Graminées (11-12), Cypéracées (7), Rosacées (4-5), Renonculacées (4), Ombellifères (3-4), Saxifragées (3-4), Légumineuses, Caryophyllées et Scrofularinées (3 de chacune), Crucifères et Joncées 2-3 de chacune).

XXIV

ILES OCÉANIQUES

Après la description des domaines continentaux de la végétation, il nous reste encore à étudier celles des îles océaniques où un développement indépendant des plantes a été constaté : quant aux autres, il n'est pas certain qu'elles n'aient pas emprunté leur végétation du dehors, ou que par suite des échanges, les traces de leurs propres forces organisatrices n'aient pas été oblitérées. Une grande importance s'attache aux îles et aux archipels lointains, où les voies suivies par le mélange des flores se laissent plus aisément reconnaître, où souvent les végétaux endémiques diffèrent considérablement par leur structure, même de ceux de toutes les terres fermes, et où la disposition originaire des centres s'est conservée plus intacte qu'ailleurs. Ce sont précisément de telles flores insulaires qui ont servi de point de départ à la théorie de la nature endémique et de la migration des plantes. Cependant, comme les traits qui leur sont communs ont déjà été en grande partie examinés dans les sections précédentes, nous pouvons ici nous borner à une description sommaire, disposée à l'instar des séries des flores continentales avec lesquelles chacun des groupes insulaires a le plus de rapport *.

* Parmi les îles océaniques, une place saillante appartient, sous plus d'un rapport, aux îles madréporiques, qui ont été l'objet d'un travail important récemment publié par le professeur James D. Dana, sous le titre de *Coral and Coral islands* (London, 1875), accompagné de nombreuses gravures et cartes. Cet ouvrage, qui jette un nouveau jour sur l'origine, la structure et la répartition géographique

1. Iles Açores. — Entre le 40ᵉ degré de latitude et le tropique boréal, se trouvent dans l'Atlantique trois archipels, qui, quoique séparés les uns des autres par de vastes intervalles, se rattachent néanmoins intimement par leur végétation. Leur flore, produite d'une manière indépendante, par une surface montueuse de 200 milles géographiques carrés, a été qualifiée de flore atlantique, et par M. Webb, de flore makaronésique. On peut se faire une idée de l'étendue des trois archipels en les com-

de ces constructions dont les zoophytes ont hérissé les mers situées des deux côtés de l'équateur (jusqu'aux latitudes nord et sud d'environ 29°), fournit également des données intéressantes sur le caractère végétal de ces singulières constructions, formant tantôt des ceintures tout autour des îles (*fringing reefs* et *barriers*), tantôt des circonvallations plus ou moins circulaires (*attols*), n'ayant au centre qu'une lagune. Il résulte des intéressantes études de M. Dana, que ce qui caractérise particulièrement toutes ces îles sous les rapports des règnes animal et végétal, c'est la pauvreté et l'uniformité. Dans plusieurs de ces îles, l'homme se présente à l'état éminemment primordial, et la végétation, malgré les formes luxuriantes des tropiques, est si peu variée, que l'archipel Tuamotou (renfermant les îles Marquises et Taïti) ne possède que 28 à 30 espèces (*loc. cit.*, p. 238); parmi ces plantes, c'est le Cocotier (*Cocos nucifera*) et le *Pandanus* qui jouent le rôle le plus important, surtout le premier, puisqu'à lui seul, il fournit aux habitants nourriture, breuvage et matériaux de construction. Le sol n'est formé que par la désagrégation de la substance (carbonate de chaux) qui constitue les coraux, ainsi que des éléments accumulés par les vagues de la mer sur les récifs. Cependant M. Dana signale (p. 248) la curieuse transformation chimique que subit la roche par l'action des dépôts de guano qui recouvrent plusieurs points des récifs de coraux, et qui convertissent le calcaire en phosphate de chaux; de même l'évaporation de l'eau de mer donne lieu à des dépôts de sulfate de chaux ou de gypse. Après avoir tracé de main de maître le tableau physique des îles madréporiques, M. Dana fait observer qu'il serait curieux de rechercher « quelles sont, parmi les diverses industries de la vie civilisée, celles qui pourraient être pratiquées dans un pays où les coquilles constituent les seuls instruments tranchants, où il n'y a qu'environ 29 espèces de plantes, qu'un seul minéral (le calcaire), point de quadrupèdes, à l'exception de quelques rats et souris importés par l'homme, ni d'eau douce en quantité suffisante aux besoins domestiques, ni rivières, ni montagnes, ni collines. Il serait curieux de rechercher jusqu'à quel point la poésie et la littérature de l'Europe seraient intelligibles à des hommes dont les idées n'ont guère franchi les limites des îles madréporiques; qui n'ont jamais pu concevoir une surface de pays ayant au delà d'un demi-mille de longueur, ni un talus dépassant la hauteur de la plage, ni des changements de saisons au delà des variations dans la quantité de pluie Quel degré de faculté morale peut-on attendre d'une île restreinte, tellement surchargée de population, que la crainte de la famine porte sans cesse à l'infanticide et à tous les excès d'un brutal égoïsme ? Assurément, il n'est point dans le vaste univers de lieux moins favorables au progrès intellectuel et moral que les îles madréporiques. » — T.

parant à celle de certains cantons suisses, notamment le Valais aux Açores (54 milles géogr. carrés, entre 37° et 40° lat. N.), le canton de Schwyz à Madère y compris Porto-Santo (16 milles géogr. carrés, sous 33° lat. N.), et enfin les Grisons ou le canton de Berne aux îles Canaries (132 milles géogr. carrés, sous 28° et 29° lat. N.). Composés tous de laves et de rochers volcaniques, de concert avec lesquels ont été soulevés également quelques dépôts calcaires de l'époque tertiaire, ces archipels paraissent avoir été dès leur origine ce qu'ils sont aujourd'hui; car l'hypothèse qui les considère comme autant de débris d'un continent englouti, l'Atlantide, est en contradiction avec la profondeur uniforme de la mer qui les sépare, et au milieu de laquelle ils s'élèvent, sans liaison, en sommets sourcilleux, à l'instar des volcans insulaires qui surgissent de nos jours. D'ailleurs ils ne se trouvent guère habités par aucun de ces animaux terrestres nomades; que l'on puisse considérer comme restes d'une ancienne extension ou connexion continentale; en sorte que les archipels dont il s'agit sont semblables sous ce rapport à toutes les autres îles océaniques, qui ont toujours joui d'une parfaite autonomie, et dont l'étendue restreinte ne se prête point aux exigences de la vie animale.

Le Gulf-stream baigne les archipels océaniques les uns après les autres : d'abord les Açores, sur les côtes desquelles la mer apporte très-fréquemment les fruits d'une Mimosée des Indes occidentales (*Entada*) à semences susceptibles de germer, sans que cependant elles parviennent à leur développement[1]; puis Madère, et enfin les îles Canaries. Et cependant dans ces îles, malgré leur climat plus chaud, il ne s'est établi aucune plante de l'Amérique tropicale, pas plus que dans les Açores. La végétation immigrée de ces dernières est originaire de l'Europe, avec laquelle ces îles se trouvent en communication à l'aide des alizés d'été, et d'où elles reçoivent également en hiver des essaims d'oiseaux[2]. De même, par leur climat et leur position géographique, les Açores, bien que plus éloignées vers l'occident, ont néanmoins plus de rapport avec l'Europe qu'avec l'Amérique. Elles sont d'un tiers plus rapprochées de la côte du Portugal que des parties de Terre-Neuve les plus avancées

vers l'est, ainsi que du Brésil. Leur climat[a], influencé comme
celui de l'Europe méridionale par l'alizé d'été, s'accorde, en
moyenne, avec les valeurs thermiques fournies par Cadix, bien
que la température y soit encore plus uniforme que dans l'Andalousie, puisque le mois le plus froid y correspond encore au mois
de mai de Berlin. Les pluies d'hiver du Portugal (de novembre
à mars) se reproduisent également à S. Miguel, où, pendant la
saison plus chaude, les précipitations sont faibles. Il est vrai
que ces observations se rapportent seulement à la côte des
Açores : dans les régions plus élevées, la vapeur aqueuse se
condense à chaque changement dans la direction du vent, et
alors, même en été, les nuages enveloppent les montagnes,
dont les forêts se trouvent ainsi constamment humectées par
les brouillards et les pluies.

La végétation des Açores est analogue à celle du domaine
méditerranéen, en ceci que les arbres appartiennent à la forme
Laurier, et que les arbustes toujours verts constituent les végétaux ligneux qui revêtent la majeure partie des îles. Conformément au climat marin plus franchement développé, ainsi qu'à
une plus grande humidité, les Fougères y croissent d'une manière luxuriante et forment des groupes plus étendus, notamment dans la région des nuages, où se présente pour la première
fois la plus considérable des espèces atlantiques (*Dicksonia
Culcita*, depuis l'altitude de 650 mètr. ou 2000 p.). D'ailleurs
l'action du climat humide de montagnes se manifeste par ce
fait, que la région toujours verte atteint un niveau bien plus
élevé qu'en Europe, au point que dans plusieurs îles, elle constitue la seule végétation jusqu'aux sommets des montagnes.
C'est ainsi que même les pentes intérieures du cratère de
Fayal (de 423 m. à 975 m. ou 1300-3000 p.) ne le font apparaître que comme un abîme humide à parois revêtues d'un tapis
vert serré de Fougères et de maquis[b]. Les végétaux ligneux,
précisément les formes qui par leur croissance sociale déterminent la physionomie du pays, sont en majeure partie étrangers à l'Europe. La plupart viennent également dans les deux
autres archipels atlantiques, et c'est précisément par ces végétaux, qui servent de trait d'union entre des groupes insulaires

éloignés les uns des autres, que le caractère systématique de la
flore atlantique se trouve déterminé. Au reste, dans les Açores,
le nombre n'en est guère considérable : on y voit figurer notamment les trois arbres qui constituent leurs forêts de Lauriers (le *Laurus canariensis*, une Oléinée, *Picconia excelsa*, et
le Fayal, le *Myrica Faya*), ainsi qu'un Genévrier, seule Conifère qui y soit indigène (*Juniperus brevifolia*). Tous ces végétaux se trouvent également à l'île de Madère, sans doute considérablement plus rapprochée des Açores que de la terre ferme
de l'Europe (à une distance d'environ 150 milles géographiques). Si la diffusion a eu lieu à l'aide du Gulf-stream, on
conçoit que la variété des végétaux ligneux soit plus grande
à Madère que dans les Açores, qui n'ont pu céder que ce qui
leur appartient en propre, mais sans rien recevoir par l'entremise de la mer.

La disposition verticale de la végétation dans l'île de Pico, la
plus élevée de l'archipel (2307 mètr. ou 7100 p.), a été représentée d'après les observations de M. Seubert et M. Hochstetter[5]. Il en résulte qu'au-dessus de la région toujours verte, on
ne peut distinguer que des traces d'une végétation de l'Europe
centrale; c'est dans le cadre de la première que sont comprises toutes les autres îles, puisqu'elles s'élèvent à peine au-
dessus de 975 mètres (3000 p.).

RÉGION TOUJOURS VERTE DE PICO, 1689 mètres(5200 p.).

 Région cultivée, 487 mètres (1500 p.).
 Forêt de Lauriers, 812 mètres (2500 p.).
 Juniperus brevifolia, 1689 mètres (5200 p.).
 Maquis, 812-1689 mètres (2500-5200 p.).
 RÉGION DE L'EUROPE MOYENNE, 1689-2307 mètres (5200-7100 p.).

La forêt de Lauriers paraît à l'origine avoir recouvert les îles
jusqu'aux côtes de la mer, ainsi que cela est le cas encore aujourd'hui dans les endroits incultes, par exemple à Florès. Au-
dessus du niveau où cesse la culture, la forêt s'est conservée
(depuis 487 jusqu'à 812 m. ou 1500-2500 p.), et là où elle a été
refoulée par la culture, bien que les plantes immigrées y soient
les plus fréquentes, ni les maquis ni les produits endémiques ne

font cependant défaut. Dans la forêt de Lauriers elle-même, on voit également des espèces européennes de la flore atlantique (ex. *Osmunda regalis*, *Pteris aquilina*) figurer au milieu des végétaux ombragés et des Fougères qui·recouvrent le sol. Les arbres sont tous de dimensions peu considérables, et passent en partie aux formes buissonnantes[6]. C'est la conséquence de leur position non abritée, au milieu d'un océan où les vents acquiè-rent le plus de force : à Madère et dans les îles Canaries, des arbres analogues possèdent une taille plus considérable. Aussi, dans les Açores, la forêt se sépare moins distinctement des maquis. Sur les versants du volcan de Pico, domine, au-dessus de la région des Lauriers, le Genévrier açoréen, qui, à l'état de buisson ou d'arbre nain, ne permet guère de reconnaître une limite d'arbres déterminée. Au reste, dans les deux autres archi-pels atlantiques, les forêts à essences angiospermes toujours vertes demeurent également au-dessous du niveau des maquis, et comme l'humidité n'y fait point défaut, il paraît que c'est le sol revêtu de laves et de galets volcaniques qui s'oppose à l'exten-sion de la forêt dans le sens vertical. Les buissons de la région du Genévrier (812-1462 mètr. ou 2500-4500 p.) contiennent, à côté du Fayal, qui se ramifie ici au sortir du sol, le seul arbuste d'origine africaine (*Myrsine africana*), qui, comme au Cap et en Abyssinie, n'a pu être répandu que par les oiseaux, friands de ses baies. Les autres arbustes des maquis sont encore un mé-lange d'espèces endémiques, atlantiques et européennes (sont endémiques : les Éricées, *Erica azorica* et *Vaccinium cylin-dricum*; atlantiques : *Vaccinium maderense* et *Ilex Perado*; européennes : *Daphne Laureola*). Parmi le peu de plantes qui restent encore sur les versants les plus hauts du cratère de Pico (1689 jusqu'à 2307 m. ou 5200-7100 p.), dans les crevasses de la lave, on remarque d'abord, à côté d'une Éricée de la côte du golfe de Biscaye (*Dabœcia*), encore le même Erica endémique, commun presque à toutes les régions (jusqu'à 1949 mètr, ou 6000 p.), mais à la fin on ne voit plus qu'un seul arbuste, le Calluna d'Europe. Outre ces plantes on ne trouve mentionnées encore que deux herbes vivaces et une Graminée, également immigrées de l'Europe.

Malgré le tapis verdoyant dont les plantes sociales revêtent gaîement le sol humide des Açores, la flore n'en est pas moins uniforme et plus pauvre que dans les îles rapprochées davantage de la terre ferme. Des explorations étendues ne sont pas arrivées jusqu'à présent au chiffre de 500 espèces de plantes vasculaires (478)[5], et la part que leurs propres centres végétaux ont dans la flore est moins considérable que dans les dernières îles. Le nombre des espèces atlantiques n'est que de 7 à 8 pour 100 (36), et tel est à peu près le chiffre des végétaux endémiques (40). On se serait attendu à voir le caractère spécial de la végétation se prononcer davantage en raison de la distance croissante de la terre ferme, mais c'est précisément le contraire qui a lieu. Madère s'écarte de l'Europe méridionale et de l'Afrique septentrionale, à un degré plus marqué que ne le font les Açores. Et il en est de même, non-seulement du nombre, mais encore de la structure des plantes endémiques. Tandis que dans les deux autres archipels atlantiques il se présente des genres qui n'ont point d'affinité avec ceux de l'Europe, le caractère endémique des Açores est constamment en rapport intime avec le continent d'où les plantes immigrées tirent leur origine, ainsi qu'avec les côtes à climat le plus analogue, mais non point, comme on a cru pouvoir l'admettre, avec des latitudes supérieures à celles où ces plantes se trouvent. Les Açores n'ont fourni que deux genres endémiques, appartenant à la famille des Synanthérées et voisins de genres européens (*Seubertia* voisin du *Bellis*, et *Microseris* voisin du *Picris*). Les seuls cas où la structure des espèces endémiques reflète d'autres centres végétaux, se rapportant à l'Amérique du Nord, sont fournis par deux Orchidées (*Habenaria*), une Ombellifère (*Sanicula*), ainsi que par les Vacciniées, dont il n'y a qu'une espèce endémique, l'autre étant atlantique.

Les végétaux endémiques sont répartis en 29 genres et 19 familles; l'exiguïté de leur nombre laisse peu d'intérêt à indiquer la série successive des familles. La majorité des espèces appartient aux Synanthérées (6) et aux Cypéracées (6 espèces de *Carex*). Bien que les neuf îles ne soient nullement rapprochées les unes des autres, on n'a constaté que peu de différence entre

leurs produits endémiques. L'exemple le plus remarquable est
fourni par une Campanulacée des Açores, formant un petit
buisson (*Campanula Vidalii*), qui ne se trouve que sur un seul
rocher baigné par la mer, non loin de la côte orientale de Florès.
Dans ce cas il y aurait lieu d'admettre non que l'habitat originaire se soit restreint, mais seulement que les plantes s'y sont
conservées invariablement. La Campanule dont il s'agit se sera
maintenue dans la localité où elle est née, sans se répandre plus
loin, parce qu'elle ne pouvait atteindre même la côte la plus
limitrophe : en effet, comment une aussi vigoureuse organisation se trouverait-elle refoulée des îles, puisqu'elle se contente
d'un sol rocailleux où elle était parfaitement à l'abri d'immigrations? Ce n'est qu'après avoir été cultivés dans les jardins
européens, que se sont multipliés les individus de ce végétal,
qui, par son seul et unique habitat, reproduit sous nos yeux un
centre de végétation dans son état primordial *.

2. MADÈRE. — L'archipel de Madère (33° lat. N.) comprend
l'île principale et ses satellites : Porto-Santo et Desertas. La
distance de la côte africaine est d'environ 100 milles géographiques, et celle du Portugal du double plus forte. Le climat
est plus chaud et moins humide que dans les Açores [8], mais la
différence n'est pas assez considérable pour que la végétation

---

* Dans un travail intitulé *Voyage géologique aux Açores*, publié dans la *Revue
des deux mondes* (ann. 1873, avril, p. 829), M. J. Fouqué fournit des renseignements intéressants sur la constitution physique de ces îles, dont je ne mentionnerai
que ce qui a rapport à la flore et à la faune. Ainsi que M. Grisebach, M. Fouqué
porte le chiffre des plantes indigènes de l'archipel açoréen à 478 espèces comprises
dans 80 familles diverses ; sur ce chiffre, 40 au plus sont spéciales à cet archipel,
400 se retrouvent également en Europe, surtout dans la région méditerranéenne.
4 seulement appartiennent à l'Amérique (*Lepidium virginicum, Cakile americana,
Cyperus vegetus* et *Lycopodium cernuum*), et une seule (*Myrsine africana*) à l'Afrique.
Il n'existe aux Açores, ni Saxifrages, ni Orobanches, ni Pommiers, et seulement
une seule espèce de Cerisier : *Cerasus lusitanica ;* de plus, le Chêne, le Hêtre et
la plupart des essences forestières de l'Europe y manquent également. Toutefois tel
n'a pas toujours été le cas, car dans l'île San-Miguel, complétement privée d'essences
forestières considérables, il se trouve, sous une couche de ponce de plus de 30 mètres
d'épaisseur, des troncs d'arbres dont l'un a près d'un mètre de diamètre ; et dans
un autre endroit de cette île on voit une couche de lignites recouverte par une
série d'assises de lave de plus de 200 mètres de puissance totale. Sous le rapport

·en soit essentiellement influencée. Si la température moyenne annuelle de San-Miguel a été assimilée à celle de Cadix, cela n'empêche pas l'Andalousie de posséder des localités tout aussi chaudes que Funchal à Madère. Dans cette ville, située dans la partie méridionale de l'île, la moitié de l'année (de mai à octobre) est presque dépourvue de pluie, mais les versants de montagnes exposés à l'alizé d'été ont leur ciel nuageux et leurs pluies altitudinales, dans chaque saison, comme aux Açores ; cependant, ici encore, c'est la pluie d'hiver qui l'emporte.

À l'époque de la découverte, on trouva Madère inhabitée et les vallées bien irriguées boisées jusqu'aux côtes de la mer. Un arbre, nommé le Cèdre de l'île, fournissait un bois de construction estimé et odoriférant [9], mais il disparut à la suite d'une grande conflagration de la forêt. Il paraît qu'à Funchal, dans les anciennes constructions en bois, on peut encore aujourd'hui constater des restes du matériel fourni par cet arbre : il est probable qu'il s'agit du Genévrier des Açores (*Juniperus brevifolia*), dont on découvre encore de gros troncs dans les endroits écartés [10] ; peut-être aussi est-ce le Cèdre des Canaries (*J. Cedrus*), qui acquiert une taille plus élevée, mais n'est plus indigène à Madère. Par suite de la culture, la région inférieure de l'île (650 m. ou 2000 p.), du moins dans sa partie méridionale, a été complétement dépouillée de ses forêts. Toutefois la contrée fertile, bien exhaussée et s'élevant hardiment le long des

de la distribution des plantes, c'est le groupe oriental (constitué par San-Miguel et Santa-Maria), qui offre la végétation la plus variée. C'est aussi dans ces îles, surtout dans la première, que l'Oranger est le plus cultivé. L'Oranger à fruit doux n'appartient pas plus qu'aucun de ses congénères de la même famille à la flore primitive de San-Miguel, mais ce fut certainement peu de temps après la découverte de l'île qu'il y fut introduit. Aujourd'hui l'Oranger forme l'un des articles les plus importants du commerce des Açores : à San-Miguel, le prix moyen des oranges est de 9 francs le mille. — La faune des Açores offre un caractère analogue à celui de la flore : parmi les 53 espèces d'Oiseaux, 3 seulement sont propres à cet archipel, une est américaine, le reste appartient également à l'Europe ; de même que pour les plantes, c'est le groupe insulaire oriental qui possède le plus d'espèces ornithologiques. Les Insectes sont presque tous européens, à l'exception de 3 espèces américaines et de 14 espèces propres aux Açores. Les espèces de Mollusques fluviatiles, les Poissons d'eau douce, les Reptiles, les Batraciens, et, ce qui est plus étonnant, les Mammifères, font complétement défaut aux Açores. (*Loc. cit.*, p. 851) — T.

montagnes à 1949 mètres (6000 pieds) d'altitude, n'en a pas‹
moins conservé le charme d'une riche végétation, charme
encore augmenté par l'association des plantes cultivées dans le midi
de l'Europe avec la plupart de celles des tropiques. De concert
avec la Canne à sucre, qui remplace la Vigne, depuis que celle-ci
a succombé, en 1852, à la maladie du raisin, on cultive
généralement le Pisang; les arbres fruitiers des tropiques sont
fréquents, mais les Palmiers manquent ou bien se cachent isolément dans les jardins.

. En général, à Madère, le produit de l'ensemble de la culture
. des plantes tropicales n'égale point celui qu'elle fournit dans la
zone torride, fait qui nécessite une étude comparée plus précise
des conditions climatériques de cette culture, car ce n'est
qu'ainsi qu'on parvient à placer sous leur véritable jour les rapports entre la flore atlantique et celle du midi de l'Europe. Là où
ont lieu les périodes des pluies solsticiales, les manifestations
les plus actives de la vie végétale coïncident avec l'échauffement
le plus favorable : c'est là la base naturelle de toute végétation
tropicale. Or, à Madère, où, de même que dans la Méditerranée,
les pluies d'hiver prédominent, cet état d'excitation vitale
commence à l'époque où la température est en voie de
décroissance. Les désavantages qui en résultent se manifestent
d'abord, dans la culture des plantes tropicales, par la diminution
de leurs produits, puis par l'influence qu'elles exercent sur
le caractère de la végétation indigène [11]. C'est sur le temps
d'arrêt que subit cette dernière avec la température décroissante
pendant les deux derniers mois de l'année, que repose son affinité climatérique avec la flore du midi de l'Europe ; mais, d'autre
part, l'humidité plus grande de l'air, conséquence de la position
océanique, lui procure en même temps l'avantage d'une plus
longue période de développement. D'après sa courbe thermique
et la proportion des précipitations, le climat de Madère se rapproche le plus de celui de l'Andalousie, mais la sécheresse estivale, propre à cette dernière contrée, ne saurait se produire là
où chaque courant atmosphérique balaie la mer et où les montagnes sont enveloppées de nuages. Par ce fait ainsi que
par la douceur de l'hiver, la période de végétation acquiert,

à Madère même, une plus longue durée que dans beaucoup de
pays tropicaux ; mais, à l'instar de la Méditerranée, le plus
vigoureux développement a lieu au printemps et non à l'époque
où le soleil a atteint son point culminant [11]. Dès lors plus la
croissance du tissu se prolonge, plus la formation de la substance
ligneuse est favorisée, et c'est là ce qui explique les différences
les plus générales entre la flore atlantique et la flore méditerranéenne. Aux herbes vivaces de l'Europe correspondent des
espèces voisines dont la tige se lignifie et acquiert plus de solidité [12]; et bien que des plantes annuelles à brève existence aient
pu s'établir par suite d'immigration, elles n'y sont nées que
rarement, parce que, parmi les formes possibles, la nature
tend toujours à réaliser celles qui sont les plus accomplies et se
prêtent le mieux à une utilisation complète des ressources du
climat. Ici encore on voit les formes diverses de la flore indigène se grouper, quoique en apparence sans connexion, sous le
même point de vue climatérique, et en tant que des conditions
analogues se reproduisent sur plusieurs autres îles océaniques, ces formes démontrent en même temps qu'à l'origine
de la végétation endémique, la position de leur habitat a été
tout aussi insulaire qu'aujourd'hui, ce qui précisément a conservé à ses produits un caractère tellement particulier. Quand le
transport des plantes atlantiques d'un archipel à un autre à
travers la mer était révoqué en doute sans motifs suffisants,
et que dès lors on se croyait autorisé d'admettre que jadis il
y eut une connexion continentale à l'aide de l'Atlantide, on avait
perdu de vue que, par leur organisation, les plantes dont il
s'agit ne sont point adaptées à un climat continental, mais précisément à un climat insulaire.

Il importe peu que l'on rattache le caractère de la végétation
endémique à l'analogie climatérique avec le midi de l'Europe,
ou bien avec la côte de l'Afrique encore plus rapprochée, puisque,
sous cette latitude, la flore africaine fait également partie du
domaine méditerranéen : à l'aide d'une Sapotée (*Sideroxylon*),
Madère se relie au Maroc, où la même famille tropicale se trouve
représentée (par l'*Argania*). Cependant une forme végétale
propre à l'Afrique et à l'Asie tropicales, mais étrangère à l'Eu-

rope, vient s'associer ici également aux organisations de la flore méditerranéenne, modifiées d'après un type déterminé. C'est le Dracæna atlantique (*Dracæna Draco*), qui se rattache aux Liliacées arborescentes, mais qui, contrairement à la nature normale des troncs ligneux monocotylédonés, forme, à un âge plus avancé, une couronne ramifiée d'une manière particulière. Mais, afin d'assurer la continuation de la croissance du tronc, on voit, après que la panicule florale est sortie du bourgeon terminal, se dégager de la rosette foliacée, aussitôt évanouie, des pousses latérales qui, à leur tour, se comportent à l'instar du tronc principal, et, par suite de la répétition du même procédé, produisent peu à peu une couronne de branches disposées en verticilles apparents, dont chacune, nue sur sa face latérale, est couronnée à son extrémité supérieure, par les feuilles renouvelées [10]. Le tronc lui-même n'a que peu de hauteur et se renfle inférieurement; les vieux individus, avec leur singulière couronne, sont au nombre des formes les plus bizarres que l'on connaisse. Ce Dragonnier atlantique est propre à la région chaude de l'archipel de Madère ainsi qu'aux îles Canaries et au cap Vert; il ne paraît avoir été transplanté aux Açores que par suite de la culture. Ce qui le rend également remarquable, c'est que, semblable à une relique du passé, il semble près de s'évanouir : il est devenu rare partout, au point qu'à Ténériffe les gros troncs sont considérés comme un objet de curiosité. On prétend qu'à Porto-Santo, où ils auraient été le plus fréquents, il n'en reste plus un seul; le très-ancien Dragonnier d'Orotava, décrit par Humboldt, a également disparu.

Or, si dans un cas semblable, un végétal endémique a reculé devant les végétaux immigrés, il ne s'ensuit pas que la puissance envahissante de ces derniers, qui finirait par détruire la végétation autochthone, soit une force généralement agissante, puisque, dans les Açores, beaucoup d'autres espèces endémiques se sont conservées intactes, et que de même le groupement social de leurs individus n'a subi aucune restriction. Dans sa gradation en sens vertical, le mélange de la flore provenant des deux sources est partout reconnaissable, et comme les montagnes sont un peu moins élevées à Madère (1949 m. ou 6000 p.),

la flore de cette île appartient en entier à la région toujours
verte.

Région toujours verte, 1949 mètres (6000 p.).

Région cultivée, 650 mètres (2000 p.).
Forêt de Lauriers, 1300 mètres (4000 p.).
Maquis, 1300-1949 (4000-6000 p.).

Sur la lisière supérieure de la région cultivée, là où les vallées
à parois abruptes ne s'y opposent point, on voit s'étendre une
ceinture de Châtaigniers; au-dessus de ces derniers, la forêt de
Lauriers occupe un espace considérable; elle descend davantage
encore sur le côté septentrional plus humide, et atteint même
la mer dans les vallées abritées. Ici la taille des arbres et des
arbustes est plus élevée que dans les Açores; le mélange des
espèces plus varié [13]. Les Laurinées à elles seules présentent
quatre espèces qui toutes croissent également dans les Canaries:
en général, dans ces forêts humides, les végétaux ligneux atlantiques prédominent considérablement. En fait d'arbres, j'en vois
cités plus d'une douzaine dont la plupart ressemblent aux Laurinées par leur feuillage; quant aux arbustes, j'en compte environ trente espèces : beaucoup d'entre ces dernières sont endémiques, mais seulement deux parmi les arbres (*Ilex Perado* et
Clethra arborea), tandis qu'à l'exception de deux arbres européens (*Prunus lusitanica* et *Taxus*), les autres sont atlantiques.
Souvent les masses agglomérées du menu bois refoulent la forêt
de Lauriers plus élevée : d'impénétrables fourrés, double de la
taille de l'homme, entrelacés de Ronces, ne permettent aux
arbres que de se réunir en groupes, ou bien de luxuriantes Fougères s'élancent du sol fertile et humide [10]. Même plusieurs
buissons revêtent également le caractère d'arbres, notamment la
Bruyère sud-européenne (*Erica arborea*), dont les troncs atteignent parfois la hauteur de 13 mètres [10]. Là où cesse la forêt de
Lauriers se développe la région indépendante des Maquis, par
ce fait que plusieurs des arbustes qui en composent le menu bois
s'élèvent dans la montagne plus haut que les autres; or, ce sont
précisément la Bruyère sus-mentionnée et une Airelle endémique (*Vaccinium maderense*) qui constituent la masse prin-

cipale de la végétation. C'est pourquoi la limite des arbres ne se
trouve pas marquée à Madère par un niveau déterminé, pas plus
que dans les Açores.

D'après le tableau dressé par M. Cosson [11], travail remarquable par un scrupuleux esprit de critique, il a été constaté
jusqu'à présent, dans l'archipel de Madère, environ 700 plantes
vasculaires (696), dont 15 pour 100 (106) sont endémiques, et
dont plus de 8 pour 100 (58) appartiennent à la flore atlantique
en général. Le reste est, à peu d'exceptions près, originaire
du domaine méditerranéen. Parmi les plantes endémiques se
trouvent quatre monotypes, tous végétaux ligneux, fort voisins
de genres européens, savoir : *Chamæmeles* (Rosacée), à côté
de *Cotoneaster*, *Musshia* (Campanulacée) près de *Campanula*;
tandis que les deux Ombellifères ligneuses, *Melanoselinum* et
Monizia, diffèrent du *Thapsia* plutôt par leur port que par
des caractères génériques. Ensuite figurent au nombre des
végétaux ligneux sept genres atlantiques dont trois ont des rapports avec la flore européenne (une Crucifère, *Sinapidendron*,
avec *Sinapis*, une Oléinée, *Picconia*, avec *Olea*, et une Scrofularinée, *Isoplexis*, avec *Digitalis*); les autres possèdent une structure particulière et sont des représentants de familles tropicales (le *Visnea* parmi les Ternstrœmiacées, l'*Heberdenia* parmi
les Myrsinées), ou bien ont une affinité, quoique éloignée, avec
la flore du Cap (*Bencomia*, Rosacée, avec *Cliffortia-Phyllis*,
Rubiacée, avec les Anthospermées). M. Hooker rapporte [1] qu'à
Madère on n'a constaté du genre *Bencomia* que deux individus,
un mâle et un femelle, et qu'en conséquence leur immigration
des Canaries paraît presque inconcevable ; mais ce qui inva.ide-
rait une telle observation, c'est que dans la collection de plantes
de Madère de M. Mandon, je trouve indiqué cet arbuste comme
croissant dans toute la région depuis 390 jusqu'à 813 mètres
(1200-2500 p.).

Les végétaux endémiques de Madère se répartissent entre 35
familles : plus de la moitié appartiennent aux Synanthérées (23),
Légumineuses (12), Crassulacées (8), Crucifères (7), Labiées
(7), Graminées (7), Ombellifères (5), Scrofularinées (5) et Fougères (3). Peu de genres renferment un grand nombre d'es-

pèces (les genres *Lotus, Sempervivum, Chrysanthemum* et *To pis* sont les seuls qui en possèdent plus de trois). La majorité des espèces appartenant aux genres non endémiques se rattache directement à la flore européenne. Les plus remarquables exceptions sont fournies par les deux Éricées très-voisines des espèces de l'Amérique septentrionale (*Clethra arborea* et *Vaccinium maderense*). Parmi les centres végétaux séparés à Porto-Santo et aux Desertas, on ne connaît que peu d'exemples isolés (dans la première île 3 Légumineuses, et dans la dernière une Ombellifère, *Monizia*, et une Synanthérée).

3. ÎLES CANARIES*. — A Santa-Cruz, sur la côte méridionale de Ténériffe (29° lat. N.), la température moyenne annuelle est aussi élevée qu'au Caire, l'hiver à peine moins rigoureux qu'à Madère, mais l'été considérablement plus chaud[15]. Rapproché de moins de 20 milles géographiques de la terre ferme africaine, l'archipel des Canaries est, comme le Sahara, dans le domaine des alizés permanents, dont les vapeurs aqueuses se condensent en nuages au contact des montagnes, et en humectent les versants septentrionaux. Là où elles sont assez élevées pour atteindre en tout temps la région du contre-alizé, elles produisent aussi, à l'aide de cette source, des nuages légers qui s'accroissent en hiver et descendent alors dans des régions plus basses[16]. En effet, les fortes précipitations tiennent à l'abaissement du contre-alizé; voilà pourquoi, dans les archipels situés plus au nord, le développement de la végétation dépend de la période des pluies hivernales: Néanmoins le climat de Madère est bien plus sec que celui de ces archipels; au-dessous de la

---

* On sait que les îles Canaries avaient été connues aux anciens sous le nom d'îles Fortunées (*Beatorum insulæ* de Strabon, *Fortunatæ insulæ* de Pline); mais ce que l'on sait moins, c'est que le nom moderne de ces îles, qui, après avoir été oubliées si longtemps, furent découvertes de nouveau au commencement du XV° siècle, est tout aussi ancien que celui des îles Fortunées, car Pline (*Hist. nat.*, VI, 32) nous a conservé un curieux fragment des écrits de Juba, roi de Numidie, où ce prince mentionne, au nombre des îles les plus importantes de ce petit archipel, l'île *Canaria*, nom qui lui aurait été donné à cause de la quantité de gros chiens qui l'habitaient : « Canariam vocari a multitudine canum ingentis magnitudinis. » — T.

région des nuages, le ciel y est exempt de pluies la majeure partie de l'année, en sorte que l'irrigation du sol n'est suffisante que là où il est fertilisé par les eaux de la montagne[17]. Il en résulte de grandes différences entre les îles montagneuses et les îles basses les plus rapprochées de l'Afrique, dont la flore s'éloignerait complétement de celle des autres îles, si la région littorale n'y avait pas sa part dans leur aridité.

Aussi, d'après les conditions climatériques de la végétation, les îles Canaries diffèrent des deux autres archipels atlantiques, en ce que les formes du domaine méditerranéen n'y règnent qu'à une certaine hauteur, tandis que, dans la région inférieure, la physionomie des plantes est plutôt africaine. En conséquence, le tableau que l'on voudrait tracer de la végétation des Canaries doit avoir pour base la gradation des régions, qui, d'après les données de MM. de Buch[16] et Berthelot[18], se succèdent, sur le pic de Ténériffe, de la manière suivante :

	Versant septentrional.	Versant méridional.
Région des plantes grasses[18].	0-487m (1500 p.).	0-812m (2500 p).
Région toujours verte :		
Forêt de Lauriers....... 487-1169m (1500-3600 p.).		
Maquis (Cistus vaginatus). 1169-1624m (3600-5000 p.),		812-1300m (2500-4000 p.).
Rég. du Pin (P. canariensis). 1624-2274m (5000-7000 p.),		1300-1917m (4000-5900 p.)[10].
R. des Retama(Spartocytisus).1917-2826m (5900-8700 p.).		
Région nue............... 2826-3607m ou 8700-11 440 p. (sommet).		
Phanérogames s'élevant le plus haut. 3169m (9850 p.).		

La région des plantes grasses emprunte au Sahara le Dattier et la forme Tamarix (T. canariensis); mais la série des plantes grasses s'y développe plus richement que dans cette dernière contrée, grâce aux Euphorbes simulant les Cactées comme dans le Soudan, ainsi qu'aux végétaux à tissu succulent appartenant à d'autres genres. Ce sont là les formes qui, de concert avec quelques arbustes également endémiques, prédominent par la masse des individus sur les terrains incultes : un Euphorbe charnue (E. canariensis) constitue des prismes verticaux ramifiés ayant jusqu'à 6m,4 de hauteur[10]; tout aussi fréquente est

une Synanthérée grasse appartenant à un genre qui, au reste,
habite le Cap (*Kleinia neriifolia*). Alors les bocages consistent
principalement en d'autres Euphorbes feuillus (*E. balsamifera*
et *E. regis Jubæ*), ainsi qu'en une Rubiacée frutescente monotype,
ressemblant au Saule pleureur (*Plocama pendula*). Les broussailles des barrancas se trouvent accompagnées de beaucoup
d'autres végétaux, soit ligneux, soit charnus. Ce qui fait voir combien les plantes grasses sont variées, c'est que les Crassulacées
comptent à elles seules plus de 20 espèces endémiques décrites
Le vert pur s'évanouit dans les teintes bleuâtres des plantes
grasses ; mais sur le tuf volcanique et au milieu des débris des
rochers qui revêtent la côte, cette teinte même se soustrait au
regard. La nature aride du sol se reflète d'une manière générale
jusque dans les plantes cultivées, depuis qu'à la suite de la
maladie de la Vigne, il s'est produit ici aussi un changement,
et que les Opuntia servant à l'élevage de la cochenille sont devenus un objet principal de culture [10].

A Ténériffe, dont le pic élevé est entouré au loin d'une contrée
montagneuse déprimée, la région des plantes grasses occupe un
vaste espace, et c'est même la seule qui se présente dans les îles
orientales de Fuerteventura et de Lanzarote. La culture s'est
étendue autant que le sol le permet, et avec elle se sont avancées
les plantes immigrées par lesquelles la végétation originaire s'est
trouvée refoulée de plus en plus. Si ici certaines plantes endémiques ne se voient que dans une seule et unique station, tandis que d'autres se conservent en masses, cela prouve seulement
l'inégalité des forces de résistance dans la lutte pour le terrain.
C'est dans ce sens qu'on peut considérer ce qui reste encore de
certaines espèces comme débris du temps passé, car les plantes
qui, venues de loin, sont capables de s'établir ailleurs, manifestent, par ce fait seul, une énergie vitale supérieure à celle qui
est dévolue aux espèces endémiques. Avec le développement des
transactions maritimes, les intrus étrangers ont dû se multiplier
toujours en plus grand nombre et modifier avec plus de force
les conditions primitives. Ce sont précisément les Canaries qui
nous fournissent le plus de témoignages historiques relativement
à de telles immigrations : un cas de cette nature à l'égard d'une

Synanthérée annuelle a été cité précédemment[19]; quant à une Asclépiadée fréquente à Gomère (*Gomphocarpus fruticosus*), on prétend qu'elle ne s'est fait voir que dans le courant de ce siècle, et que, s'attachant aisément à l'aide de leur molle substance cotonneuse aux corps étrangers, les semences en auront été transportées de la terre ferme par les sauterelles[2]. Dans ce nombre figure également l'observation que les fruits de Laurinées servent de nourriture aux pigeons des archipels atlantiques[2], ce qui explique pourquoi, nonobstant leur station dans la montagne, ce sont précisément ces arbres qui sont les mêmes dans les Canaries et à Madère.

Le refoulement de la végétation primitive s'étend aussi aux régions forestières, où la culture du sol a également pénétré jusqu'à un certain niveau (jusqu'à 975 m. ou 3000 p.). C'est dans la région des plantes grasses qu'il ne reste guère qu'un petit nombre d'arbres indigènes : le Dattier se présente jusqu'à l'altitude de 325 mètres (1000 p.)[10]; le Dragonnier est devenu rare (162-650 m. ou 500-2000 p.) Dans les îles orientales, c'est seulement sur le côté exposé aux alizés que des saillies d'inaccessibles rochers présentent de petits taillis composés d'une Célastrinée (*Catha cassinoides*) et d'Oliviers sauvages[20]. La destruction des forêts toujours vertes a acquis, dans les Canaries, une grande extension, en augmentant la sécheresse du climat; cependant il arrive parfois que, sur des espaces abandonnés à eux-mêmes, la végétation arborescente s'est reproduite de nouveau. A Ténériffe, il ne reste, sur la face septentrionale du pic, qu'un petit nombre de superbes forêts de Lauriers; les fortes précipitations altitudinales paraissant être indispensables au maintien des essences feuillues, attendu que les forêts de Conifères des Canaries, les *Pinares*, non-seulement se séparent de ces premières par leur niveau plus élevé, mais encore se contentent d'un moindre degré d'humidité. Bien que seulement de 1950 mètres (6000 p.) d'altitude, les montagnes de Canaria sont revêtues d'essences résineuses et ne possèdent que peu de forêts de Lauriers. D'ailleurs à l'île de Fer, qui n'est même pas aussi élevée (1403 m. ou 4320 p.), on voit sur le côté méridional une forêt clair-semée de Pins, tandis que des essences angiospermes toujours vertes

revêtent le versant septentrional plus humide. C'est dans l'île de
Palma que les Pinarès sont les plus beaux, et où prospère
non-seulement le Pin, mais encore le Cèdre des Canaries (*Juniperus Cedrus*), devenu fort rare sur le pic de Ténériffe. Gomère
est plus riche en eau, et possède par suite une magnifique forêt
de Lauriers qui occupe la partie moyenne de l'île [21]. Il est remarquable que les essences angiospermes toujours vertes des Canaries
soient pour la plupart atlantiques, tandis que les deux Conifères
sont endémiques. L'humidité et la fraîcheur règnent dans la forêt
de Lauriers, mais les versants arides favorables à la végétation
des essences résineuses ne sont propres qu'à l'archipel canarien.
La calotte de nuages qui, engendrée par l'alizé, ne disparaît
jamais sur le côté septentrional du pic, n'enveloppe précisément
que la région de la forêt de Lauriers; au delà de cette dernière,
ainsi que sur les versants sud et ouest, le ciel qui éclaire la forêt
des Pins se trouve dépourvu de brouillards pendant la majeure
partie de l'année [2]. Les forêts de Lauriers des Canaries sont composées exactement comme celle de Madère, lors même que s'y présentent quelques végétaux ligneux endémiques, puisque ceux-ci
appartiennent également à la série des formes atlantiques ou
sud-européennes (ex. *Ilex platyphylla* et *I. canariensis*, *Arbutus
canariensis*). Les maquis, auxquels la Bruyère arborescente ne fait
pas non plus défaut, se distinguent par leurs Cistes (le *C. vagi-
natus*, endémique, et le *C. monspeliensis*, sud-européen), ainsi
que par plusieurs Génistées particulières, parmi lesquelles le Retama blanc (*Spartocytisus nubigenus*) se présente au-dessus de
la limite de la végétation arborescente, en s'élevant considérablement dans la région (jusqu'à 2826 m. ou 8700 p.) à nuits froides et
à jours chauds. Dans les deux cas, c'est l'analogie climatérique
avec le plateau espagnol qui se réflète dans des formes végétales
affines. Le seul terme de comparaison avec la flore de l'Europe
centrale, c'est la forêt de Pins, qui rappelle l'ensemble franchement délimité des essences d'Épicéa, et qui, sans être accompagnée d'autres arbres ou de menu bois, ne souffre sous son
ombrage aucun végétal, si ce n'est quelques herbes vivaces clair-
semées. Toutefois ce n'est que par sa taille que le Pin des
Canaries ressemble à nos Conifères, car ses feuilles aciculaires

ont presque un pied de longueur, et il se ramifie jusque près
de la surface du sol[10]. Une végétation alpine est à peine perceptible sur le pic de Ténériffe, et le sommet de cette montagne
est dénué de toute végétation, ce qui s'explique par les mêmes
considérations que nous avons développées à l'égard de l'Etna
(vol. Ier, p. 481).

Le grand travail systématique de MM. Webb et Berthelot sur
la flore canarienne[22] a donné pour les végétaux vasculaires un
chiffre qui n'atteint pas 1000 (977), et qui depuis n'a pas été
considérablement accru. Dans ce nombre figurent les espèces endémiques, 27-28 pour 100 (269), et les espèces atlantiques, 6-7
pour 100 (64) ; la plus grande partie du reste (581, et par conséquent 60 pour 100 du chiffre total) est immigrée d'Europe. La
majorité des plantes endémiques appartient également à des
genres européens ou voisins de ces derniers ; cependant ici encore, dans plusieurs cas, les espèces sont d'une nature plus
ligneuse qu'en Europe[23] (par exemple, chez les Synanthérées,
Crassulacées, Labiées, Borraginées). Bien plus rares sont les
exemples de relations exclusives avec l'Afrique*, avec le Soudan,
par des 'Euphorbes charnus, des *Dracæna*, des *Ceropegia;* sous
ce rapport, il y a lieu de faire ressortir la présence d'espèces
isolées de genres de la flore du Cap, tels que *Anthospermum*,
Manulea, Kleinia. Chez les genres endémiques (15), pour la
plupart monotypes, l'affinité avec certaines organisations du
continent se prononce d'une manière évidente dans plusieurs cas
(parmi les Crucifères, chez le *Parolinia;* parmi les Légumineuses,
chez le *Spartocytisus ;* parmi les Crassulacées, chez le *Monanthes*
et l'*Aichryson;* parmi les Ombellifères, chez le *Todaroa* et l'*Astydamia;* parmi les Synanthérées, chez le *Schizogyne* et le *Lugoa*).
Dans d'autres genres, cette affinité n'est qu'éloignée (parmi
les Rubiacées, chez le *Plocama;* parmi les Campanulacées, chez
le *Canarina;* parmi les Gentianées, chez l'*Ixanthus;* parmi les
Chénopodées, chez le *Bosia;* parmi les Urticées, chez le *Ges-
nouinia*). C'est ainsi que se manifeste l'autonomie de la flore

---

* Voyez plus haut (page 454), sur les affinités de la végétation des Canaries avec
celle du Maroc, un passage de l'importante note de M. Cosson. — T.

atlantique, et à un plus haut degré encore, par deux monotypes qui se trouvent en rapport avec des genres de contrées lointaines (le *Pleiomeris* et les deux autres Myrsinées de Madère et des Açores reliés à la flore du Cap), ainsi que par le *Drusa*, qui ne s'écarte guère du genre sud-américain *Bowlesia*.

Cependant on a essayé de réunir sous un seul point de vue collectif les plantes immigrées et les plantes atlantiques et endémiques. M. Hooker a signalé l'affinité intime qui existe entre les plantes endémiques et certains restes de la flore tertiaire européenne [1], et il en a conclu qu'ici les traces d'une immigration effectuée à cette période se seraient conservées*. Toutefois on ne connaît que peu d'exemples de pareilles relations, et même, dans de tels cas, les plantes tertiaires, bien que semblables aux

---

* Il convient de faire remarquer que le point de vue de M. Hooker, dont la première aperception se trouve dans les dernières pages de la *Géographie botanique* de M. Alph. de Candolle, a été singulièrement étendu par les résultats des recherches de plusieurs naturalistes, et notamment par celles de MM. de Saporta et Marion, brillamment résumées dans leurs *Recherches sur les végétaux fossiles de Meximieux* (in-4° de 209 pages, Genève et Bâle, H. Georg, 1876). C'est un fait accepté aujourd'hui par la grande majorité des naturalistes, que l'état actuel de la végétation est la conséquence de l'état antérieur. Il ne s'agit pas, pour l'expliquer, de conclure précisément à des *migrations* antérieures ; car si l'on étudiait la flore de la période pliocène, elle nous apparaîtrait de même comme le résultat, localement amoindri, de celle de la période miocène, et celle-ci comme un dérivé restreint de la flore éocène. Les types éocènes, éliminés les premiers de la végétation de la France, sont ceux qu'on retrouve aujourd'hui soit en Afrique, soit en Asie méridionale, soit dans les îles de la mer des Indes. L'Europe pliocène possédait, partiellement au moins, les formes du Japon et de l'Amérique du Nord à côté des siennes propres, et y joignait celles de l'Asie, celles des bords de la Méditerranée et des Canaries. Pour les Canaries, on peut citer en particulier : le *Woodwardia radicans*, l'*Adiantum reniforme*, le *Phœbe barbusana* (*Laurus Guiscarsi* Gaudin), le *Persea indica* (qui a du moins son représentant presque semblable dans le *P. amplifolia* Sap.), l'*Oreodaphne fœtens* (très-voisin, sinon identique avec l'*O. Heerii* Gaud., fossile dans les tufs de Meximieux), le *Laurus canariensis* Webb lui-même, le *Viburnum rugosum* Pers., l'*Ilex canariensis*, etc. M. Ch. Martins a vulgarisé ces faits dans plusieurs articles intéressants de la *Revue des deux mondes* et dans diverses communications à la Société botanique de France. Si nous les rappelons, ce n'est pas seulement pour rendre hommage à des travaux autorisés par la compétence de leurs auteurs et, somme toute, à la vérité scientifique, mais c'est aussi pour établir, avec M. Grisebach, qu'il n'est pas nécessaire, pour interpréter ces faits, d'admettre la manière de voir de M. Darwin. Il est évident aujourd'hui, après les recherches des paléontologistes que nous venons de rappeler, de M. Gaudry, de M. Heer et de quelques autres, que les végétaux qui peuplaient à l'époque pliocène ce qui est au-

plantes atlantiques, ne sont guère identiques avec ces dernières
(ex. : *Laurus princeps* et *L. canariensis, Dracæna australis*
et *D. Draco*). Or, si, conformément à la manière de voir de
M. Darwin, on voulait admettre que pendant de longs laps de
temps il a pu se produire dans la structure des plantes des modifications non encore perceptibles dans les végétaux immigrés
de nos jours, cette hypothèse n'en est pas moins incapable
d'expliquer, ni les phénomènes analogues de centres végétaux
autonomes que présentent d'autres archipels océaniques, ni la
différence entre les îles à plantes endémiques et les îles à plantes
non endémiques. Si l'isolement d'une station océanique avait eu
pour conséquence la conservation et la transformation des plantes
de la période tertiaire, comment se fait-il que l'Islande, pas plus

jourd'hui l'Europe, existent encore, soit dans les mêmes régions, soit sur d'autres
points du globe, représentés par des types ou semblables ou légèrement différents.
On a fondé sur ces différences des affirmations fort absolues, qui soulèvent quelques observations. A une époque où l'on supposait à priori, et d'une manière pour
ainsi dire instinctive, que les espèces fossiles différaient des espèces actuelles, on a commencé par leur imposer des noms différents, et souvent, suivant des localités différentes, plusieurs noms pour la même espèce. Cela est antérieur aux travaux de
M. Darwin. Plus tard, lorsqu'on s'est aperçu que l'espèce actuelle B ne s'écartait de
l'espèce antérieure A que par la longueur relative de certains organes, c'est-à-dire,
pour ainsi parler, par des caractères de race, alors on a conclu à la transformation
des types, et l'on est venu à affirmer que l'espèce actuelle B dérivait d'une espèce
voisine, différente et antérieure A, constatée à l'état fossile. Mais plus les découvertes se multiplient, plus les modifications reconnues arrivent à combler par des
transitions graduelles l'espace qui séparait B de A. Et de même que, suivant les
principes de l'école linnéenne, deux formes végétales du monde actuel, distinctes
mais réunies par des types intermédiaires, doivent être groupées dans un ensemble
unique auquel on donne le nom d'espèce, de même deux formes, l'une éteinte,
l'autre vivante, mais reliées de même par des transitions doivent être réunies dans
la même conception spécifique. Il n'y a là qu'une application fort simple des lois
de la logique, application qui suffirait pour faire évanouir bien des controverses
passionnées soulevées par la doctrine du transformisme. Il est vrai que certains
types anciens ne se sont point modifiés, que certaines feuilles fossiles d'une
époque éloignée de plusieurs milliers de siècles sont identiques avec des feuilles de
certains arbres de nos forêts; en un mot, que certains types ont montré une
grande persistance à travers les âges. Il n'y a rien dans ce fait que la culture ne
nous offre tous les jours, et l'on ne peut, à ce sujet, que répéter une parole élo-
quente écrite par M. Decaisne en tête de ses travaux sur les Poiriers : « L'espèce
se présente à nous sous des aspects très-divers, tantôt resserrée entre d'étroites
limites, nettement caractérisée et ne variant pas sensiblement, mais tantôt aussi
prodigieusement large, polymorphe, et, pour ainsi dire, divisible à l'infini. — E. F.

qu'une grande partie des îles de l'Océan austral, ne révèle aucune trace d'un semblable effet? Et pourtant, dans sa structure géologique, l'Islande offre avec les îles Canaries une similitude qui ne saurait être méconnue : de la disposition offerte par les roches plutoniques de ces deux îles on peut conclure qu'elles ont dû avoir été émergées à une époque ancienne, et que depuis la période tertiaire elles continuent à s'élever *.

Répartis entre 47 familles, les végétaux endémiques des îles canariennes, nonobstant leur richesse près de trois fois plus considérable, constituent une série semblable à celle qu'offre l'archipel de Madère; il n'y a que les Crassulacées, et par conséquent les plantes grasses correspondant à un climat plus sec, qui soient devenues plus nombreuses. La majorité des espèces endémiques se trouve dans les Synanthérées (53 espèces), les Crassulacées (28), les Légumineuses (25), les Labiées (24) et les Borraginées (13) ; puis dans les Caryophyllées, les Convolvulacées et les Plombaginées (9 chacune), dans les Ombellifères et les Scrofularinées (8 chacune). Comparées entre elles, les îles Canaries présentent de grandes dissemblances, et l'on voit le chiffre des

* La similitude géologique supposée entre l'Islande et les Canaries est une erreur, à la vérité pardonnable, parce qu'elle était partagée par des géologues éminents tels que Murchison et Dumont, qui, sur leur grande carte géologique de l'Europe, ont représenté l'Islande comme une immense formation volcanique. Or les explorations plus récentes, surtout celles du docteur Winckler, de Munich, ont prouvé qu'à l'égard de l'Islande on avait commis la méprise, comme le dit très-bien M. Jules Marcou (*Explicat. de la seconde édit. de la Carte géol. de la terre*, p. 128) de prendre la partie pour le tout, en faisant du mont Hécla toute l'Islande, exactement comme si en Sicile on avait étendu à toute l'île le volcan de l'Etna, et qu'une seule couleur des roches volcaniques y eût remplacé les autres formations géologiques tertiaires et crétacées. Le fait est que, grâce au docteur Winckler et aussi au professeur Steenstrup, de Copenhague, nous savons maintenant qu'une fraction seulement de l'Islande est occupée par les roches volcaniques, mais que la grande majorité de l'île est composée de dépôts tertiaires miocènes, dont les plantes fossiles ont été décrites par le professeur Heer dans son bel ouvrage *Die fossile Flora der Polarländer*. Dès lors la ressemblance entre les Canaries et l'Islande se réduit à bien peu de chose, car elle ne repose que sur la présence des roches volcaniques, mais avec cette différence essentielle que, tandis que ces roches ne jouent qu'un rôle subordonné en Islande, elles constituent presque exclusivement les Canaries, et que les quelques dépôts sédimentaires insignifiants qui se trouvent çà et là dans ces dernières sont bien plus récents que l'époque miocène, à laquelle appartient au contraire la majeure partie de l'Islande. — T.

espèces endémiques s'accroître notablement à mesure qu'on
s'avance vers le centre de l'archipel ; mais la chétive végétation
des Salvages, îles rocailleuses déprimées, situées à une distance
plus grande vers le nord, prend une part encore large à la flore
canarienne [1]. Or, bien que quantité de plantes locales ne se
trouvent que dans une seule île, la proportion entre les espèces
et les genres est cependant peu considérable (elle est, selon
M. Berthelot [24], pour le total de la flore, comme 1,5 à 1). Les
dissemblances climatériques entre les îles sont trop prononcées ;
on n'y voit pas assez de stations similaires, condition qui précisément donne lieu aux genres à espèces nombreuses. De telles
conditions ne se produisent le plus généralement qu'au milieu
des stériles galets volcaniques et sur les rochers ; en effet, c'est
là que se présentent quelques-uns des genres les plus considérables, par exemple *Aichryson, Sideritis* et *Statice*, sur les
bords de la mer *.

4. ÎLES DU CAP-VERT. — L'archipel des îles du Cap-Vert est
situé dans la zone tropicale boréale (15°-17° lat. N.), à une distance d'environ 80 milles géographiques du cap Vert et de la
Sénégambie. D'une surface (78 milles géographiques carrés)
supérieure à celle des îles Açores, cet archipel ressemble à ces
dernières par sa constitution géologique, et l'on y voit le volcan de
Fuego, encore en action, se dresser à 2599 mètres (8000 p.) au-
dessus du niveau de la mer. Mais les îles du Cap-Vert diffèrent

---

* Dans la lettre qui accompagne l'envoi à la Société d'acclimatation du premier
volume de son ouvrage sur les *Oiseaux voyageurs et Poissons de passage*, M. Berthelot (*Bullet.*, 3ᵉ sér., ann. 1876, p. 315) fait observer que le trait le plus saillant de la faune comme de la flore des Canaries, c'est leur ressemblance avec
l'Afrique septentrionale et le midi de l'Europe. « La végétation spéciale, dit-il, qui
se retrouve aux Canaries, sur les hauts plateaux, dans les forêts ombreuses, dans
les ravins et sur la côte, s'offre au naturaliste telle que je la décrivais il y a
longtemps, quand j'entrepris de faire connaître cette curieuse contrée, véritable
région botanique, avec ses plantes spéciales et sa faune primitive. » L'ouvrage de
M. Berthelot est de la plus grande importance pour la géographie botanique, et
sans doute, lorsque cet intéressant travail du vénérable Nestor des naturalistes
contemporains aura été achevé, on verra s'éclairer d'un nouveau jour bien des
questions relatives à la propagation des germes végétaux par l'entremise des
oiseaux voyageurs et des poissons de passage. — T.

des archipels atlantiques par un climat tropical à alizés ; elles possèdent une période pluvieuse solsticiale d'août jusqu'à la fin
d'octobre), et se rapprochent encore du Soudan par leur insalubrité, due probablement aux oscillations considérables de
leur courbe thermique journalière [25]. Il est remarquable que
l'alizé qui, à l'exception de la période pluvieuse, souffle constamment, et souvent avec une grande violence, ne produit
point dans des îles aussi montagneuses de précipitations altitudinales, comme sur le pic de Ténériffe. Une étendue moins
considérable peut bien en être la cause principale, mais l'absence des forêts y doit avoir sa part; par l'ardeur des rayons solaires, les rochers et les galets dépourvus de terre végétale sont
trop échauffés pour permettre aux vapeurs aqueuses de se condenser. De plus, quelquefois la période pluvieuse fait complétement défaut [26] ; alors la vie végétale se trouve compromise
comme dans les déserts de l'Afrique, et d'ailleurs la nature du
sol est tellement uniforme et si peu fertile, que seulement une
flore chétive peut s'y maintenir.

En conséquence, bien que placée sous la latitude des Antilles
et dans le climat à alizés du Soudan, la flore des îles du Cap-Vert
ne possède aucunement la splendeur de la végétation tropicale.
Bien qu'on y aperçoive çà et là des Cocotiers et des Dattiers
cultivés, des plantations de Cafiers, ainsi que des arbres fruitiers,
et qu'en général les végétaux cultivés y soient ceux de la zone
chaude, néanmoins ils n'occupent qu'un espace restreint : les
quatre cinquièmes de la surface demeurent, à ce qu'il paraît,
non utilisés [25]. De maigres broussailles revêtent le fond des
vallées, dont les ruisseaux ne tardent pas à tarir après la période
pluvieuse. Dans les champs pierreux, les versants des montagnes, ainsi que les crevasses des rochers, produisent çà et là une
chétive végétation, jusqu'à ce qu'au mois de mars le sol se
trouve de nouveau complétement desséché et qu'il ne reste
plus aucune feuille verte [26]. Les arbres indigènes paraissent
manquer tout à fait [27], et bien qu'on aperçoive de petits taillis
d'Acacias et de Tamarix nains, ainsi que de végétaux ligneux
des tropiques (3 Rubiacées ont été constatées dans l'intérieur de
Santiago) [28], c'est précisément Fuego, l'île montagneuse la plus

élevée, qui se trouve tellement encombrée de substances éruptives et de lave, que la surface nue du sol rocailleux n'y produit,
à ce qu'il paraît, que des plantes exiguës et insignifiantes [25].

D'après les formations prédominantes des arbustes, M. Schmidt
a distingué à San-Antonio plusieurs régions [25], dont l'inférieure
peut être qualifiée de tropicale, parce qu'elle seule se trouve
occupée par des végétaux qui ont immigré du Soudan ou bien
ont été empruntés à une contrée et propagés par la culture.

Région tropicale, 0-488ᵐ (1500 p.).

Région tempérée, 488-1462ᵐ (1500-2500 p.).

Synanthérées frutescentes, 812-975ᵐ (2500-3000 p.).

Labiées frutescentes, 812 (975) jusqu'à 1462ᵐ ou 2500 (3000) — 4500 p.

Quant aux plantes spéciales appartenant aux familles et
aux genres tropicaux, on ne sait pas encore si elles ne se trouvent pas toutes ou en partie sur le continent africain. Mais ce
qui constitue le phénomène le plus remarquable, c'est que
d'après la place qu'ils occupent dans la classification systématique, la plupart des végétaux positivement reconnus comme
endémiques se rapprochent le plus de la flore atlantique, notamment de celle des Canaries, bien que ni le climat ni la position
géographique ne permettent guère de s'attendre à une semblable connexion, et que les plantes immigrées soient en effet
pour la plupart originaires de la Sénégambie, située à une
distance beaucoup moins considérable. Plusieurs observateurs
ont cru pouvoir expliquer cette connexion [20] en admettant que
les types canariens sont propres à la montagne, et ceux de la
Sénégambie à la région chaude; mais cette hypothèse se trouve
contredite par le fait qu'à San-Antonio, déjà dans la région
chaude, les buissons consistent en un Euphorbe social (*Euphorbia Tuckeyana*), ainsi qu'en Synanthérées ligneuses (*Nidorella*) [25], de même que sur les rochers de la côte on voit également plusieurs demi-arbustes très-voisins de ceux des Canaries
(ex. : *Sinapidendron, Ech ium, Aichryson* sect. *Æonium*).

Parmi les plantes immigrées, celles de l'Afrique sont en quantité tellement prépondérante, qu'ici ce n'est plus le midi de
l'Europe qu'il faut considérer comme continent originaire, ainsi

que c'est le cas avec les archipels atlantiques, mais bien la Sénégambie [30]; sans doute, une grande partie des espèces non
endémiques ne se sont évidemment établies qu'avec les plantes
des cultures, et dès lors se trouvent tout aussi généralement
répandues en Amérique et dans d'autres contrées tropicales. Il
n'en reste pas moins un nombre considérable de végétaux
tropicaux, qui ont été transportés par des agents naturels de
l'Afrique aux îles du Cap-Vert. D'autre part, une immigration
d'espèces de la flore canarienne (12 espèces) [31] s'est effectuée
sur une échelle à peine plus considérable qu'entre le midi
de l'Europe et les montagnes du Soudan. Des cas isolés de
retour de plantes méditerranéennes ont été observés également
dans les régions montagneuses des îles du Cap-Vert (exemple :
Rosmarinus).

Ces îles offrent dès lors un phénomène en apparence contradictoire : par leur flore endémique elles se rattachent aux
archipels de la zone tempérée, tandis que par leurs plantes immigrées elles tiennent à la terre ferme la plus voisine par sa
position et possèdent le climat le plus analogue. Sans doute
elles s'accordent également avec les Canaries par leur constitution géographique et avec la région littorale par l'aridité du
sol, ainsi que par l'uniformité de la courbe thermique annuelle;
cependant, parmi les formes caractéristiques de la végétation,
c'est précisément l'Euphorbe social (*E. Tuckeyana*) qui vit
dans un climat tout différent que l'espèce de Ténériffe (*E. regis
Jubæ*), à organisation parfaitement similaire, tandis que les
Euphorbes gras aphylles font complétement défaut. Si l'on
admettait dans ce cas que les plantes endémiques des îles du
Cap-Vert soient issues des Canaries, et que, immigrées avant les
autres plantes, elles auraient subi une transformation grâce au
climat tropical, la difficulté à laquelle donne lieu la distance
maritime, assez considérable, serait aisément écartée, puisque le
bras méridional du Gulf-stream rétablit une voie de communication entre les deux archipels. Les îles du Cap-Vert ne commu-
niquent point avec la Sénégambie à l'aide de courants marins,
en sorte que l'échange avec la terre ferme a dû s'opérer par
d'autres moyens; et comme ici il n'y a point de ressemblance

climatérique, l'organisation des végétaux tropicaux n'aura éprouvé que de rares modifications. Nous nous trouvons donc ici en présence d'un cas que l'on pourrait invoquer en faveur de l'hypothèse de transmutation. En effet, on gagnerait peu à admettre comme seulement apparente l'origine des espèces nouvelles, puisqu'en partie elles se rapprochent tellement de celles des Canaries, qu'on pourrait les considérer comme autant de variétés tropicales, et il serait tout aussi peu satisfaisant de supposer que d'autres espèces aient existé à une époque plus reculée dans les deux archipels et ne se soient conservées que seulement dans les îles du Cap-Vert. D'ailleurs la diffusion des espèces endémiques dans ces îles mêmes parle en faveur d'une connexion généalogique, puisque c'est dans les îles de la région nord-ouest — San-Antonio et Santo-Vicente — que les types canariens paraissent être les plus nombreux, tandis que Santiago, située plus au sud-est, est la seule île qui possède ces Rubiacées buissonnantes qui se rattachent au Soudan ; l'existence d'espèces endémiques limitées à des îles particulières ne saurait être expliquée que partiellement à l'aide de la constitution physique de ces dernières. Tel paraît être le cas chez la moitié à peu près des espèces [25] ; mais ce n'est que le groupe oriental de Sal et de Boavista qui se distingue par ses sables du désert, ainsi que par sa surface unie, et c'est ce groupe qui est le plus pauvre en produits spéciaux.

La flore des îles du Cap-Vert n'a pas encore été explorée d'une manière aussi étendue que celle des archipels atlantiques, et elle n'a fourni que moitié moins de plantes vasculaires que les Açores. La proportion entre les espèces endémiques (66) et le chiffre total (400)[30] est de 16 pour 100. On n'a constaté que deux monotypes, dont l'un (une Graminée, *Monachiron*) appartient au type sénégambien, et l'autre (une Ombellifère, *Tornabenea*) au type atlantique. Dans la première série[32], ce sont les Graminées qui sont généralement les plus nombreuses, et dans la deuxième les Synanthérées, et ces dernières se distinguent dans la plupart des cas par leur nature ligneuse.

5. ÎLE DE L'ASCENSION. — Les rochers non volcaniques de Saint-Paul, situés au milieu de l'Atlantique, dans la proximité de l'équateur, ont été trouvés complétement dénués de toute végétation terrestre[26], bien qu'ils soient habités par des araignées et par quelques insectes. Par contre, la petite île volcanique de l'Ascension (8° latit. S.) offre quelques Graminées clair-semées au milieu de laves et de stériles galets[33]; le plus grand soulèvement, qui n'est point insignifiant, révèle un soupçon de verdure : il a reçu le nom de *montagne-Verte*, parce qu'il est revêtu d'un tapis de Fougères herbacées, consistant en neuf espèces, dont quelques-unes (3) sont endémiques. Au reste la flore ne compte que peu d'espèces, qui n'ont pas assez de valeur systématique pour qu'on puisse y reconnaître une relation plus prononcée avec d'autres centres végétaux. Les végétaux ligneux plus considérables font complétement défaut ; cependant deux sous-arbrisseaux sont endémiques, une Rubiacée (*Hedyotis Ascensionis*) et un Euphorbe (*Euphorbia origanoides*); une Campanulacée(*Wahlenbergia linifolia*) croît également à Sainte-Hélène *.

6. SAINTE-HÉLÈNE. — L'île la plus rapprochée de celle de l'Ascension, quoique à une grande distance, c'est Sainte-Hélène (16° lat. S.), île également volcanique, et de même d'une altitude modérée (812 m. ou 2500 p.), d'une étendue un peu plus considérable (2 milles géogr. carrés) et plus éloignée encore de la terre ferme africaine (de plus de 250 milles géogr.) : l'île des plus remarquables de toutes celles de l'Océanie par sa flore endémique, qui, à la vérité, a disparu aujourd'hui en grande partie de la surface de notre globe **. Lors de sa découverte au

* Parmi les données scientifiques que nous devons à l'expédition de *la Gazelle*, navire à vapeur prussien, figurent quelques renseignements sur la végétation de l'île de l'Ascension (voy. *Zeitschr. der Gesellsch. für Erdk.*, ann. 1876, t. XI, p. 75). Les botanistes de l'expédition y recueillirent 33 espèces de plantes dicotylédonées (parmi lesquelles *Ulex europœus*); 7 monocotylédonées (dont 5 Graminées) et 37 Cryptogames, dont 9 vasculaires (7 Fougères et 2 Lycopodiacées). L'*Agave americana* et l'*Opuntia Ficus indica* constituent les végétaux caractéristiques de la région moyenne de l'île, comprise entre 324 et 650 mètres d'altitude. — T.

** Dans son *Report on the progresses of the R. Gardens of Kew during the*

commencement du xvi° siècle, on la trouva revêtue de forêts[34],
dont le renouvellement fut paralysé par l'introduction des chèvres
qui s'y étaient beaucoup multipliées. Quand, trois siècles plus
tard, la pénurie de bois se fit sentir, on éloigna ces troupeaux
et l'on planta des arbres tirés de toutes les parties du monde.
Rafraîchi par l'alizé qui souffle constamment, le climat n'est ni
trop chaud ni trop humide[35], et comme les parois rocheuses de
la côte ont été soulevées en une haute surface revêtue d'une
fertile terre végétale, ce climat est gradué de telle sorte que
les végétaux des contrées les plus diverses peuvent prospérer comme dans une serre. Grâce à l'uniformité de la température, la période de végétation n'est pas restreinte, de même
qu'elle n'est pas exposée à être interrompue par la sécheresse,
puisque les précipitations s'accroissent deux fois par an, notamment après la position zénithale du soleil et lorsque pendant
l'hiver l'alizé se trouve refoulé des latitudes plus élevées. A l'é-
poque où Burchell (1805-10) et Roxburgh (1813-14) exploraient
sa flore, l'île était, à la vérité, dépouillée de ses forêts ; cependant il y existait encore tant de restes de végétaux ligneux
endémiques, que leurs collections donnaient une idée étendue
du rôle que les essences forestières avaient jadis joué. Mais depuis,
l'établissement d'organisations plus robustes de contrées étrangères, surtout celui du Pin européen (*P. silvestris*), ont refoulé
la plupart, des plantes indigènes au point qu'à peine trente
années plus tard (1839 et 1843), M. Hooker ne put découvrir
aucune trace de certains arbres et arbustes, tandis que d'autres
ne se trouvaient représentés que par des troncs morts qui se
dressaient sur des rochers inaccessibles[1].

Fondé sur les collections de Burchell et les données de Roxburgh[36], M. Hooker évalue la flore de l'époque où ils herbori-
saient à 45 Phanérogames indigènes positivement reconnus et
à 5 espèces douteuses ; sur ce nombre il en reconnaît 40 pour
endémiques : à ce total viennent s'ajouter 26 Fougères dont
10 constituent également des espèces propres à l'île[33]. Roxburgh

year 1875, M. Hooker annonce la publication prochaine d'un travail par J. C. Me-
liss sur l'île de Sainte-Hélène, contenant les figures coloriées de presque toutes
les espèces endémiques de l'île. — T.

ne cite pas moins de 16 arbres et 9 arbustes qui alors étaient presque tous nouveaux et ont conservé leur caractère endémique. En général, l'immigration naturelle s'est bornée à peu d'espèces, mais le nombre de celles introduites exprès n'en est que plus considérable, au point que M. Pritchard (1836) énumère déjà plus de 400 végétaux vasculaires colonisés.

La majorité des arbres endémiques se ressemble par leur feuillage, qui appartient à la forme Olivier, de même que par ce fait, qu'ils portent pour la plupart des fleurs blanches : dans de tels traits en apparence insignifiants, il se reflète cependant une certaine communauté des forces qui les avaient produits. A côté de ces essences feuillées toujours vertes, une Fougère arborescente endémique de plus de 6 mètres de hauteur (*Dicksonia arborescens*) habitait les sommets de la contrée montagneuse la plus élevée. C'est par leur structure que les végétaux ligneux sont le plus remarquables, attendu que la majorité d'entre eux ne se trouve guère en communication systématique avec aucune flore continentale ou insulaire déterminée : dans ce nombre figurent au moins 5 genres particuliers[37], 4 genres de Synanthérées (avec 10 espèces) et une Rhamnée monotype. M. Hooker a supposé que la végétation de Sainte-Hélène se rattache de près à celle du Cap, et il cite 5 genres communs à ces deux flores[38]. Toutefois, d'après le témoignage de Roxburgh, plusieurs de ces derniers ont été introduits du Cap; ce n'est que sur les Rhamnées (*Phylica*) et les Campanulacées (*Wahlenbergia*) que l'opinion de M. Hooker peut être appuyée. Dans les autres cas, nous trouvons des affinités avec les centres végétaux les plus divers et les plus éloignés, et particulièrement avec d'autres îles océaniques. Avant tout, les Synanthérées rappellent des buissons analogues des archipels atlantiques, ainsi que les arbres de certains archipels pacifiques qui tracent un vaste cercle autour de l'Amérique méridionale, où la même famille est plus riche en végétaux ligneux continentaux que partout ailleurs. Mais, parmi les quatre genres eux-mêmes de Sainte-Hélène, le *Petrobium* est le seul qui appartienne à un type positivement sud-américain; les trois autres se rattachent à des genres plus étendus, qu'on peut désigner comme polycentriques à cause de leur vaste extension[37]. Ces Synanthérées avaient été nommées *Arbre à gomme* et *Arbre à choux*, et de concert avec eux l'*Arbre d'acajou* et le *Bois rouge de Sainte-Hélène* figuraient au premier rang parmi les essences forestières : or, ces deux derniers appartiennent à un genre de Sterculiacées (*Trochetia*) qui, en dehors de Sainte-Hélène, n'est indigène que dans les Mascareignes, dans lesquelles croît encore une Euphorbiacée que, trompé peut-être par une affinité étroite, on a déclaré n'être qu'une variété d'un arbre de Sainte-Hélène (*Acalypha rubra*). Puis, un Lobelia ligneux (*L. scævolifolia*), qui constitue dans ce genre une section particulière, rappelle les végétaux ligneux de la famille des Lobéliacées, caractéristiques des îles Sandwich ; et enfin il reste encore trois autres arbustes appartenant à des genres qui se rapportent à l'Europe et aux archipels atlantiques, mais qui en même temps sont également polycentriques (*Frankenia, Physalis, Plantago*). D'après ces faits, il ne peut guère être question d'un continent originaire ; on ne saurait admettre non plus que la flore se soit enrichie par suite d'immigrations naturelles venues d'un tel continent, ni que les espèces endémiques aient été engendrées grâce à la transformation de plantes qui, à une époque antérieure, y seraient arrivées du dehors. Ce n'est que de certaines analogies climatériques que leur organisation est l'expression. Dès lors Sainte-Hélène se comporte tout différemment que les îles du Cap-Vert, et démontre d'une manière péremptoire que, dans les îles comme sur les continents, les plantes ont pu se produire indépendamment d'autres centres de végétation. D'ailleurs, pourquoi l'étendue géographique d'un domaine aurait-elle de l'influence sur les forces qui ont engendré les organisations ? Dans l'espace le plus restreint comme dans le plus vaste, elles ont pu se développer d'une manière particulière ; seulement, dans le premier cas, elles doivent être plus nombreuses.

7. MADAGASCAR. — Rapprochée du littoral de Mozambique jusqu'à 60 milles géographiques environ, plus étendue que la France (10 900 milles carrés), et dépassant dans la zone de l'alizé méridional le tropique du Capricorne (12°-25° lat. S.),

surgit dans la mer des Indes l'île de Madagascar, la plus considérable de toutes les îles de cette mer et douée d'une végétation
endémique prépondérante. Elle est sillonnée dans le sens de sa
longueur par de hautes chaînes granitiques dont on évalue à
3573 mètres (11 000 p.) le soulèvement le plus considérable,
et qui des deux côtés s'aplanissent en une dépression littorale
marécageuse ou remplie de lagunes et insalubre. On compte
sept mois (d'octobre à avril) de période pluvieuse[39] ; mais comme
les montagnes sont atteintes par l'alizé sud-est, la plus grande
partie de l'île est revêtue d'humides forêts tropicales qui, dans
l'intérieur, alternent avec de hautes savanes à Graminées où la
saison sèche se trouve plus fortement accentuée[39]. Ce n'est
que dans le midi (21°-25° lat. S.) que cessent les forêts : là se
présentent de basses plaines sablonneuses à chétive végétation
composée de plantes épineuses[40].

Au reste le caractère végétal de Madagascar n'a pas encore été
jusqu'ici retracé d'une manière graphique : certaines spécialités
seulement ont été traitées avec plus de développement, et l'Europe a reçu des collections considérables, dont l'élaboration
a rendu des services à la classification systématique, sans que
cependant il en soit résulté une revue coordonnée de l'ensemble.
Parmi les formes végétales des forêts, le phénomène le plus remarquable est probablement l'Arbre des voyageurs (*Ravenala*),
un Pisang de haute taille, qui joue dans certaines localités un
rôle prédominant parmi tous les végétaux[41], et dont la rosette
de feuilles, disposée sur deux rangées et élargie verticalement,
peut être comparée à un grand éventail ; à leur point d'attache, les pétioles sont creusés en une cavité spacieuse qui
recueille et retient l'eau, en sorte que, quand on perce ce réservoir, l'eau s'en échappe comme d'une source pour offrir un breuvage rafraîchissant. Ensuite, parmi les Épiphytes, c'est une Orchidée fréquente (*Angrecum sesquipedale*) qui a attiré l'attention
par les dimensions de ses fleurs, qui ont 14 centimètres de diamètre et dont l'éperon atteint 0^m,4 de longueur ; de même que
parmi les plantes aquatiques, l'Ouvirandra, dont les feuilles
allongées sont composées d'un réseau de veines percé à l'instar
d'un tissu de dentelles.

Dans les forêts de la dépression littorale, les arbres dominants constituent un mélange de formes africaines et asiatiques : les Acacias, répandus partout, rappellent le Soudan [41], ainsi que les formes de Pandanées et de Casuarina l'archipel Indien. Ce n'est pas seulement dans la végétation immigrée, mais encore dans la végétation endémique de la côte comme des forêts des montagnes, que se manifeste cette double direction des formes, phénomène qui s'explique par le fait que, par sa position géographique, Madagascar se rattache au Soudan, tandis que par son climat cette île se rapproche davantage de l'Inde. Au caractère de la flore africaine correspond le nombre peu considérable des Palmiers (6) : une des plus grandes espèces (*Raphia Ruffia*), qui se distingue par ses feuilles d'une longueur extraordinaire, accompagne généralement les essences dicotylédonées ; une autre (*Areca madagascariensis*) appartient à un type indien ; le reste constitue un genre spécial de petits Palmiers jonciformes (*Dypsis*). La flore de Madagascar se rattache même à celle du Cap, à l'aide d'un genre d'Éricées (*Philippia*) indigène également dans ce dernier pays, et dont les maquis se présentent sur la lisière de la forêt vierge de la montagne [41]. Aux contrées humides de l'Inde correspond la physionomie des forêts, ainsi que la masse des Fougères : même une espèce particulière de Népenthès a été retrouvée ici comme à Ceylan et aux Seychelles [42]. Les forêts monticoles sont entrelacées par des Lianes ligneuses et encombrées d'inaccessibles fourrés de sous-bois : aussi est-ce la station des Fougères arborescentes ; moins fréquents sur les Dicotylédones élevées sont les Épiphytes, qui ne consistent souvent qu'en Fougères herbacées. Enfin, la forme de Bambou caractérise la ceinture végétale située au-dessus des Ravenala et des Palmiers Ruffia. Les savanes paraissent semblables à celles de l'Afrique, mais on y trouve également des Fougères herbacées sociales (*Osmunda regalis*).

Il est vraisemblable que la majeure partie des plantes indigènes sont endémiques : c'est ce qui résulte de la quantité de genres propres à Madagascar et dont on a déjà distingué une centaine, répartis entre environ quarante familles. Du Petit-Thouars a même accordé à l'île une famille endémique (ses Chlénacées), composée d'un nombre d'espèces peu considérable et peu connu : il est vrai qu'elle est généralement admise comme famille indépendante, sans cependant avoir été étudiée de plus près postérieurement à lui ; eu égard à sa structure, elle pourrait bien n'être qu'un groupe anomal de genres qui se placeraient dans la proximité des Tiliacées. Plusieurs genres endémiques à Madagascar ont été décrits dans les familles suivantes : Synan- thérées (14), Apocynées (7), Mélastomacées, Rubiacées et Eu- phorbiacées (6 pour chacune), Asclépiadées (5), Acanthacées (4), Orchidées (3). Dans neuf familles, chacune possède deux genres particuliers, les autres n'en contiennent qu'un seul*.

8. LES MASCAREIGNES. — Au delà de Madagascar, à une distance d'environ 80 à 100 milles géographiques, se trouvent les deux Mascareignes : Bourbon et Maurice, îles volcaniques d'étendue modérée (75 milles géographiques carrés), la première surgissant en cratères élevés (jusqu'à 2970 m. ou 9450 p.), la deuxième ayant une altitude moins considérable (746 mètr. ou 2300 p.). En égard à la proximité des tropiques (20° - 21°), ici encore le climat et la végétation sont parfaitement tropicaux et semblables à ceux de Madagascar. A Maurice, la période pluvieuse dure

* M. Ém. Blanchard a publié des considérations étendues (voy. *Revue des deux mondes*, t. CI, p. 204 et 443), sur la végétation et la faune de Madagascar. Il cite deux familles propres à cette île : les Chlénacées Pet-.Th. et les Brexiées, que M. Don a formées du genre *Brexia* placé tour à tour dans les Guttifères, les Aquifoliacées, les Rubiacées et les Sapotées, mais ne comprenant que des espèces originaires de Madagascar. Parmi les genres endémiques les plus remarquables figurent : *Agathophyllum* (renfermant le célèbre *A. aromaticum* Willd.), de la famille des Laurinées; *Dicoryphe* Pet.-Th. (Hamamélidées); *Ptelidium* Pet.-Th. (Célastrinées); *Deidamea* Pet.-Th. (Passiflorées); *Chrysopia* Pet.-Th. (Clusia- cées); *Thenginia* Pet.-Th. (Apocynées). Dans la réunion du 5 avril 1877 de la Société linnéenne de Londres, M. J. G. Baker lut un travail sur les collections de Fou- gères faites à Madagascar par Miss Gilpin; ces collections renferment plus de 150 es- pèces de Fougères, parmi lesquelles M. Baker croit que 17 sont nouvelles, tandis que beaucoup d'autres sont de nature à élucider des espèces déjà connues. Selon M. Blan- chard, l'originalité de la flore ferait supposer que Madagascar n'a jamais été nnie à l'Afrique depuis que la vie organique s'est développée dans cette île. Cette conclu- sion, tirée de la flore, serait encore bien plus solidement établie à l'aide des considérations fournies par la faune. En effet, l'originalité de la faune de Mada- gascar se manifeste autant par l'absence de certaines formes qu'on s'atten- drait à y trouver (les Ruminants et les grands Carnivores y manquent) que par le

cinq mois (de décembre à avril) [48], mais ces îles n'ont jamais à souffrir de la sécheresse ; la Canne à sucre y constitue le produit principal. La culture a refoulé, à Maurice, vers les montagnes la végétation arborescente spontanée, dont la beauté est rehaussée par la plus attrayante contrée tropicale ; dans l'île Bourbon, les forêts sont limitées par les champs de lave, et ici encore le côté de l'île exposé à l'alizé est le plus humide et le plus fertile.

L'affinité avec Madagascar, indiquée par quelques genres que

caractère éminemment local des formes qui y sont représentées, au point qu'une curieuse espèce de Sanglier (Sanglier à masque) est le seul Mammifère qu'on rencontre à la fois à Madagascar et sur le sol africain. — Le premier volume de l'*Histoire naturelle des Mammifères de Madagascar,* par MM. Grandidier et Alph. Milne Edwards, qui vient de paraître, a suggéré à M. Milne Edwards (*Comptes rendus,* 1875, t. LXXXI, p. 1280) des considérations intéressantes sur l'importance que présentent les travaux de ces deux savants relativement à l'étude anatomique des Propithèques ; car il résulte de ces études qu'il y a des différences profondes entre le type Lémurien et le type Simien, différences qui se montrent déjà à une époque reculée de la vie intra-utérine. De plus, M. Milne Edwards fait observer que « ces faits, qui par eux-mêmes ont une importance considérable, acquièrent un nouvel intérêt par l'usage qu'on en peut faire pour combattre certaines hypothèses émises récemment en Allemagne par un des principaux représentants de l'école darwinienne, M. Haeckel », d'après lequel les Lémuriens auraient été les ancêtres de presque tous les Mammifères pentadactyles, qui, en se perfectionnant, seraient devenus successivement des Singes, lesquels, à leur tour, auraient engendré l'homme. « Or, dit M. Milne Ewards, les observations de MM. Grandidier et Alph. Milne Edwards montrent que M. Haeckel a dans sa théorie pris pour point de départ une erreur anatomique, et qu'ainsi s'écrouleraient toutes les conséquences déduites de faits dont la fausseté vient d'être constatée. » — Nous ne pouvons quitter cette île si remarquable sans mentionner les observations intéressantes que vient de publier M. J. M. Hildebrandt (*Zeitschr. der Gesellsch. für Erdk.,* t. XI, ann. 1876, p. 37) sur le petit archipel de Camoro, situé à l'entrée septentrionale du canal de Mozambique qui sépare Madagascar du continent africain. L'île la plus considérable est l'Anaziga (aussi appelée grand Camoro), située non loin du continent africain. Une autre île, nommée Johanna, très-montagneuse, est ornée d'une belle végétation arborescente : les troncs y atteignent souvent 40 mètres de hauteur ; l'intérieur de la forêt vierge y est revêtu d'Orchidées, de Pipéracées, de Palmiers (2 esp.), et d'une grande variété de Cryptogames, dont M. Hildebrandt a recueilli 30 espèces. Parmi les Fougères prédominent l'*Alsophila Boivini* et une nouvelle espèce de *Cyathea* nommée par M. Kuhn *C. Hildebrandtii.* Au nombre des plantes cultivées figure au premier rang la Canne à sucre ; puis viennent le Cafier, le Cocotier, le *Cycas Thouarsii* R. Br. (s'élevant jusqu'à l'altitude de 800 m.), et les espèces suivantes : *Musa paradisiaca* et *sapientum, arica Papaya, Curcas purgans Mangifera indica,* Palmier bétel, *Artocarpus integrifolia, Caladium esculentum, Cytisus Cajanus, Arachis hypogœa, Sorghum,* le Maïs, et enfin le Riz. — T.

ces îles possèdent en commun, se manifeste d'une manière plus positive encore par des rapports similaires à l'égard de l'Afrique ; néanmoins la majorité des éléments constitutifs de la flore, en tant qu'ils ne sont pas immigrés du Soudan et de l'Inde, sont décidément propres aux Mascareignes. Du Petit-Thouars [45], qui avait étendu ses explorations jusqu'à Madagascar, recueillit dans les Mascareignes mille plantes indigènes, dont une moitié étaient endémiques. La récolte la plus abondante lui a été fournie par l'île Bourbon, favorisée par ses montagnes élevées : il y trouva deux cents espèces étrangères à l'île Maurice ; cependant celle-ci possède aussi quelques arbres qui lui sont propres, en sorte que les espèces endémiques communes aux deux Mascareignes n'atteignent guère le chiffre de trois cents.

Éclaircie par la culture, la forêt de haute futaie dont Maurice était jadis complétement revêtue, et qui à l'île Bourbon s'élève encore davantage dans la montagne (jusqu'à 1164 mètres ou 3600 pieds) [46], est plus accessible que partout ailleurs, parce que les épais ombrages excluent le sous-bois. La forme Pandanus ainsi que le peu de variété dans les Palmiers (6 espèces), tous endémiques cependant, rappellent Madagascar * : parmi les végétaux ligneux, les Rubiacées sont surtout richement représentées, et parmi les arbres monocotylédonés figure un Dracæna. Dans l'île Bourbon, une ceinture végétale non interrompue de Bambous (*Nastus borbonicus*) de 16 mètres de hauteur succède d'abord à la forêt tropicale mixte [46], et puis commence (à 1559 m. ou 4800 p.) la région des maquis, ou, comme on l'appelle ici, des Ambavilles. Ce sont des buissons parmi lesquels cependant il se présente aussi des arbres encore plus petits, et où les broussailles revêtent en partie la forme du

* Dans la dernière réunion de l'Association britannique à Glascow (1876), M. le Dr I. B. Balfour a lu un travail important sur les Pandanées constatées par lui dans les îles Mascareignes. Il a fait observer que sur les 22 espèces de Pandanées connues jusqu'à présent, 20 sont propres au groupe des Mascareignes ; dans ce nombre 9 espèces appartiennent à l'île Maurice, 2 à l'île Rodrigue, 4 à l'île Bourbon et 3 aux Seychelles. A cette occasion, M. Bentham a fait ressortir le grand intérêt qu'offre la famille des Pandanées, qu'il considère comme l'un des types les plus anciens du Règne végétal. — T.

bois tordu. Elles recouvrent le sol de fourrés qui ont la taille
de l'homme; un Pandanus déprimé (*P. montanus*), qui les
accompagne, ne les dépasse guère; de nombreuses Fougères
s'associent à ces arbrisseaux dont les rameaux (même à une
altitude de 2143 mètr. ou 6600 p.) se trouvent encore ornés
d'Épiphytes tropicaux, tels qu'Orchidées, Loranthacées et Pipéracées.

Les végétaux ligneux de cette région montagneuse sont endémiques et ont de l'importance pour les rapports des centres de
végétation, soit avec l'Afrique, soit avec d'autres îles océaniques.
On y voit une série d'Erica (*Philippia*), espèces très-voisines
de celles de Madagascar, mais différentes néanmoins, et, de concert avec celle-ci, d'autres formes du Cap se trouvent encore
représentées, telles que des Gnaphales et même une Synanthérée
(*Seriphium passerinoides*) très-voisine de l'arbuste dit Rhinocéros dans les champs du Karroo. Par contre, d'autres arbustes
de la même famille (*Senecio*) correspondent avec les flores d'îles
lointaines, et il en est de même des Fougères. Mais le phénomène le plus remarquable, c'est un Acacia (*A. heterophylla*),
le plus grand arbre de cette région : il a cela de particulier qu'il
perd aisément ses feuilles pennées, qui en partie se trouvent
remplacées par les pétioles ; par là il réunit le type des espèces
africaines et australiennes et concorde tellement avec l'Acacia
Koa des îles Sandwich, que celui-ci a été considéré comme de
même espèce, car jusqu'à présent on n'a pu l'en distinguer
avec certitude. Tous les deux végètent sous un climat océanique, mais les localités où ils croissent se trouvent éloignées l'une de l'autre de la moitié de la périphérie du globe
terrestre.

Dans une comparaison avec le Soudan, le caractère africain
de la flore des Mascareignes se manifeste aussi sous plusieurs
rapports par les familles prédominantes [47], tandis que sous d'autres, l'autonomie climatérique de ces îles est exprimée par certains faits, tels que le décroissement du nombre des Graminées
et l'importance plus considérable des Fougères. Quant aux
genres endémiques, on en a distingué plus de 40, répartis entre
22 familles : le plus grand nombre appartient aux Rubiacées (7),

aux Synanthérées (6), aux Sapindacées, aux Sterculiacées et aux Saxifragées (3 genres dans chacune)*.

9. SEYCHELLES. — Les Seychelles, situées au nord de Madagascar (5° latit. S.), constituent un petit archipel (de 4 milles carrés) d'îles granitiques, remarquable seulement par le Cocotier maritime endémique (*Lodoicea Seychellarum*). Ses fruits, d'une configuration singulière, et dont on tire de l'huile, se trouvent transportés par le courant au loin dans la mer des Indes, sans que cependant ce végétal se soit jamais établi sur aucune autre côte. Au contraire, le Palmier est à son déclin dans les Seychelles mêmes[48]. Il n'en reste qu'un taillis de quelques centaines d'arbres à Praslie, ainsi qu'un certain nombre d'individus plus jeunes dans l'île Curieuse : cependant des mesures ont été prises pour protéger ces essences **.

10. ÎLES SANDWICH. — Les archipels tropicaux, ou sont composés de calcaire madréporique peu élevé au-dessus de la surface de la mer, ou bien constituent des soulèvements volcaniques qui, eux aussi, se trouvent le plus souvent entourés d'une ceinture de madrépores. La végétation des îles basses est pour la plupart originaire de l'Asie ; les centres végétaux indépendants se rattachent ici partout aux foyers de l'action volcanique, et leur importance s'accroît avec l'étendue et l'altitude des cratères. Avec son aire (de 360 milles géographiques carrés),

---

* A 5° environ à l'est des Mascareignes se trouve la petite île de Rodrigue dont la flore a été récemment explorée par M. I. B. Balfour (voy. *Athenæum*, ann. 1876, 11 mars), qui en a rapporté une collection composée de 280 espèces, dont 170 indigènes. Le caractère général de cette florule la rapproche de la région tempérée. Parmi les formes nouvelles recueillies par M. Balfour, figure le nouveau genre *Mathurina* appartenant à la famille des Turnéracées : ce genre est voisin du genre *Erblichia*, mais parfaitement différent du *Turnera* et du *Wormskioldia*. Dans la séance du 15 février 1877 de la Société Linnéenne, M. le professeur Dickie a communiqué des observations faites dans l'île de Rodrigue sur les Algues qui y avaient été recueillies en 1874. Il en résulte que les Algues d'eau douce de cette île ont plutôt un caractère africain, tandis que d'autres sont ubiquistes. — T.

** Dans son Rapport sur les progrès des jardins de Kew pendant l'année 1875, M. Hooker annonce la publication prochaine de la flore des Seychelles et de Maurice, par M. Baker. — T.

l'un des archipels les plus considérables, qui atteint par le
volcan Maunakea de l'île Hawaï l'altitude de 4158 mètres ou
12800 pieds, est l'archipel des Sandwich, qui possède parmi les
groupes insulaires tropicaux le chiffre proportionnel le plus
élevé de plantes endémiques.

La majorité des îles montagneuses situées dans l'enceinte
de la zone des alizés de l'océan Pacifique possède également,
sous le rapport du climat, un type qui leur est commun et qui
ressemble à celui de la Jamaïque. Elles sont plus humides et
plus fortement boisées sur leur côté exposé aux vents, où les
nuages peuvent se concentrer en tout temps. Mais lors même
que le côté opposé n'a que peu de pluie tropicale, ainsi que le
fait voir la chétive végétation de son sol aride et rocailleux, il
peut néanmoins devenir très-fertile par suite de l'irrigation des
vallées fournie par les hauteurs. Dans l'île Hawaï, où l'on compte
sur une période pluvieuse de cinq mois (mai-septembre), les
précipitations que reçoit la côte sont insignifiantes, mais déjà
à une lieue plus avant dans l'intérieur, les eaux qui descendent
des hauteurs et se trouvent alimentées par les brouillards des
montagnes maintiennent une verdure constante, en sorte que
la majeure partie de l'île se présente revêtue d'une luxuriante
végétation : les plantations de Cocotiers et d'Arbre à pain
alternent avec des champs de Canne à sucre, et au-dessus de la
dépression cultivée on voit une ceinture forestière tout autour
des volcans [49].

La plupart des plantes endémiques des îles Sandwich habitent
la région forestière (293-1819 métr. ou 900-5600 p.) ; environ
20 espèces seulement se présentent aussi ailleurs [50]. L'arbre
forestier dominant, le Koa (*Acacia Koa*), étend ses couronnes
par-dessus un fourré compacte de sous-bois toujours vert [51].
Ainsi que nous l'avons déjà fait observer, le Koa combine le
type des Acacias de la Nouvelle-Hollande dont le feuillage de
Mimosée se trouve supprimé, avec les espèces tropicales chez
lesquelles ce dernier est développé. Si cet arbre était réellement
le même qu'un Acacia semblable de Bourbon, on pourrait y
voir une exception positive à l'unité des centres de végétation :
en effet, de semblables cas ont été admis à l'égard de deux

autres végétaux qui, paraît-il, seraient communs à l'archipel des Sandwich et à l'île Bourbon (*Bœhmeria stipularis* et *Carex Commersoniana*). Mais si au contraire une étude comparée plus précise faisait de ces végétaux autant d'espèces distinctes, le phénomène dont il s'agit pourrait être assimilé à l'affinité qui a lieu entre la flore arctique et la flore antarctique, et se trouverait rattaché à la loi des analogies climatériques. Il se présente également, parmi les autres arbres associés au Koa, quelques genres australiens (*Metrosideros, Myoporum,* etc.), dont l'un (*Santalum*) est même devenu assez rare par suite de l'exportation dont son bois odoriférant a été l'objet. Parmi les végétaux ligneux du sous-bois, composé d'un mélange d'arbustes variés et de petites formes arborescentes, de semblables rapports avec la flore australienne ne se produisent qu'isolément (chez les *Exocarpus, Scævola, Cyathodes*) : en général, la plupart de ces végétaux ne se rattachent guère d'une manière plus intime à aucun continent déterminé qui puisse en être considéré comme la patrie. La plus grande série d'espèces parmi ces arbustes (20), qui comprennent cinq genres endémiques, constitue un groupe isolé de Lobéliacées.

Dans ces cas comme dans d'autres, notamment chez les Violacées (*Isodendron*), les Caryophyllées (*Alsinodendron*), les Géraniacées (*Geranium arboreum*) et les Synanthérées (*Gaillardia, Wilkesia, Hesperomannia*), il se présente ici des végétaux ligneux dans des familles et des genres chez lesquels les troncs ligneux sont très-rares sur les continents, ou bien seulement limités à des contrées lointaines. Si dans les archipels atlantiques les sous-arbrisseaux manifestent surtout ce type océanique, ici ce sont de véritables végétaux ligneux, susceptibles de jouir, dans la région des nuages, d'une croissance continue, et par conséquent n'ayant pas besoin de se garantir contre les interruptions de leur croissance, par l'entremise de rhizomes souterrains, ainsi que le font les herbes vivaces sous les climats à phases périodiques. D'autres arbustes et arbres, comme aussi la plupart du reste des végétaux endémiques des îles Sandwich, sont, à titre de produits éminemment autonomes, en relation systématique avec les flores des diverses contrées littorales de

l'océan Pacifique, soit avec l'Asie tropicale, soit avec le nord et
le sud de l'Amérique ou avec le reste des archipels océaniques[52].
Parmi les arbustes endémiques, les plus nombreux, après les
Lobéliacées, sont des Rubiacées (28), des Rutacées (17) et des
Araliacées (7). Par les végétaux monocotylédonés ligneux, cette
flore se rattache aux îles de la mer des Indes et du Pacifique
(par un Palmier, *Pritchardia*, propre à ces îles, puis par les
genres *Freycinetia*, *Dracæna*, *Flagellaria*) : mais, par contre,
il y a absence d'autres formes asiatiques, telles que les Orchidées épiphytes, et parmi les arbres, des espèces de Figuier.

Au-dessus de la région forestière, le Maunaloa se trouve
presque complétement revêtu de torrents de laves ; aussi à une
distance peu considérable des hauteurs nuageuses, on y voit
déjà disparaître toute végétation (à 2143 m. ou 6600 p.) ; au-
dessus du niveau de 2729 m. (8400 p.), on n'y a plus constaté
aucune plante, à l'exception d'une Mousse humectée par les
vapeurs volcaniques[49]. Cependant le Maunakea, volcan un peu
plus élevé, composé non de laves, mais de substances volcaniques incohérentes, prouve que les arbres mêmes peuvent trouver les conditions nécessaires à leur existence dans des stations
bien plus hautes. En effet, ces matières incohérentes portent çà
et là des lambeaux de gazon à Graminées, et bien qu'au-dessus
de la ceinture forestière close les arbustes disparaissent complétement, des individus isolés de l'arbre Manati (une Légumineuse, l'*Edwardsia grandiflora*, de 6 à 10 m. de hauteur) n'en
montent pas moins à un niveau de 3346 m. (10300 p.), niveau
que dépassent ici, sur un certain espace, quelques autres plantes
(jusqu'à 3670 m. ou 11300 p.)[49]. Le Manati appartient à un
genre disséminé au milieu des contrées et des îles lointaines :
genre dont les espèces les plus voisines croissent les unes à
Bourbon, d'autres dans la Nouvelle-Zélande, et l'une de celles-ci
se retrouve sur le détroit de Magellan. Au reste, à Hawaï comme
dans le reste des îles Sandwich, la région montagneuse ouverte
n'a fourni que peu de plantes et presque point de plantes alpines ;
à Maui, certains arbustes sont caractéristiques pour les hauteurs
déboisées (ex. : *Vaccinium*, des Synanthérées, *Raillardia* et
Argyroxiphium).

Le chiffre total des Phanérogames observés dans les îles
Sandwich atteint un peu au-dessous de 600 espèces[53]*, dont plus
de 60 pour 100 (environ 370 espèces) sont endémiques : en fait
de Fougères et d'autres Cryptogames vasculaires, on a constaté
130 espèces. Sur les plantes immigrées, la moitié à peu près en
est généralement tropicale ou ubiquiste, un quart est originaire
de la flore du domaine indien des moussons, la septième fraction est possédée en commun par l'archipel et autres îles de la
mer du Sud, et enfin la dernière fraction est commune avec
l'Amérique. Les plantes endémiques constituent une série caractéristique de familles[53], dans laquelle les Synanthérées occu-
cupent la première place, et les Lobéliacées déjà la deuxième.
En fait de genres endémiques, on en a distingué 24, dont à
peu près la moitié est composée de monotypes. Le reste, ainsi
que quelques genres non endémiques, renferme un plus grand
nombre d'espèces (on connaît au moins dix genres contenant
chacun plus de dix espèces). La majorité des genres endémiques
se range aisément dans le cadre de la classification systématique : une Bégoniacée (*Hildebrandia*), qui se rapproche des
Datiscées, est remarquable par sa structure anomale; puis
vient une Loganiacée (*Labordea*) qui paraît être voisine des
Rubiacées**.

11. ÎLES FIDJI. — La plupart des îles à coraux de la mer
du Sud se rattachent si intimement à la flore du domaine indien

---

* Un mémoire important sur la végétation des îles Sandwich a été publié en
1875 par M. le docteur Wawra, dans le *Flora*, avec la description de nouveautés
intéressantes. Les Cryptogames vasculaires ont été étudiés avec M. Wawra, dans
ce travail, par M. Luerssen, qui a également ajouté quelques Fougères nouvelles
à celles qu'avait fait connaître auparavant M. Brackenridje. On trouvera encore
d'importants détails, surtout au point de vue pittoresque, sur la végétation des
Sandwich (et d'autres îles de l'Océanie), dans l'important traité de *Géographie zoologique et botanique*, publié en ce moment aux États-Unis par M. Pickering, qui
était attaché comme naturaliste à l'expédition de circumnavigation des États-Unis,
commandée par le capitaine Wilkes. — E. F.

** Selon M. Meinickie (*loc. cit.*, vol. II, p.279), le chiffre total des espèces constatées dans les îles Sandwich se monte à 689, chiffre ne comprenant que les Phanérogames (moins les Graminées) et seulement les Fougères, en fait de Cryptogames ;
il est donc à présumer que la végétation entière de l'archipel doit dépasser considérablement le chiffre de 700 espèces. Le savant professeur fait observer que les
Orchidées y sont fort rares et que les Casuarinées manquent complétement.—T.

des moussons, qu'elles ne sauraient en être séparées, pas plus que l'archipel Indien de la terre ferme. Car là même où le chiffre des espèces endémiques va en croissant, la flore n'en est pas moins semblable à celle de l'Inde, tant sous le rapport de la position systématique des plantes que sous celui du caractère de la végétation. Dans les vallées de Taïti[54] domine la forme Pisang (195-487 m. ou 600-1500 p.); et sur les pentes abruptes des montagnes les Fougères arborescentes sont enlacées de Fougères grimpantes (*Mertensia*), qui plus haut constituent d'inaccessibles fourrés. Des forêts tropicales plus épaisses, hérissées de Lianes et d'Épiphytes, revêtent le groupe des Samoa ; les Banyans (*Ficus*), les Pandanées et les Palmiers s'y trouvent également accompagnés de Fougères arborescentes. De même, sous le rapport des végétaux cultivés, il y a concordance avec les îles de la mer du Sud : les plantes alimentaires les plus importantes sont, hormis le Cocotier, l'Arbre à pain (*Artocarpus incisa*), le Pisang, dans les plantations le Faro (*Colocasia*), le Yam (*Dioscorea alata*), le Pia (*Tacca*) et les Batates (*Ipomœa Batatas*) *.

Après tout, les groupes insulaires tropicaux les plus considérables, tels que les îles Fidji (16° à 20° lat. S.), qui ont fourni le plus grand nombre de formes spéciales, se comportent également ment à l'instar des autres groupes : les formes endémiques n'y

* Dans son travail sur les plantes alimentaires de l'Océanie (voy. *Bullet. Soc. d'acclimat.*, 3ᵉ sér., ann. 1877, t. III, p. 63), M. Henry Jouan fournit des renseignements intéressants sur les végétaux mentionnés ici. L'*Artocarpus incisa*, ou Arbre à pain, joue un rôle important dans toutes les îles de l'Océanie, où l'on n'en distingue pas moins de 33 variétés. Le fruit, qui ne peut se conserver que quatre ou cinq jours, est mangé grillé sur des charbons et le plus souvent sous forme de pâte fraîche ou fermentée ; assaisonnée de plusieurs ingrédients, cette pâte fournit un grand nombre de mets recherchés par les classes plus aisées de la population, tels que le *kaku*, le *makika*, le *keïkaï*, etc. Les rhizomes du *Colocasia esculenta* constituent, dans les îles Sandwich et Fidji, la substance alimentaire par excellence : un hectare planté de cette Aroïdée peut nourrir 58 personnes et n'exige que trois individus pour la culture. Les *Dioscorea*, ou Ignames, employés comme nourriture, comptent cinq espèces : *Dioscorea alata, bulbifera, pentaphylla, aculeata*, et une espèce sauvage non décrite. Aux îles Fidji, qui produisent d'énormes quantités de ces végétaux, les naturels en distinguent plus de 50 variétés. Le poids moyen des racines est de 1 à 4 kilogrammes, mais quelques-unes atteignent 25 kilogrammes. Elles peuvent se conserver pendant six mois ; on les plante de juin en septembre et l'on récolte en avril. Dans quelques localités on fait deux récoltes par

ont nullement ce caractère exclusivement local et étranger à la terre ferme qu'elles présentent dans les îles Sandwich, dont elles dépassent même un peu l'étendue (380 milles géographiques carrés), bien qu'à la vérité elles soient géographiquement moins distantes des continents que ces dernières et soient loin d'être aussi élevées (moins de 1625 m. ou 5000 p.) *. Elles sont revêtues d'une luxuriante végétation tropicale jusqu'à leurs sommités basaltiques[54]. Avec son dôme de feuillage, la forêt n'admet que peu de sous-bois : dans la région supérieure (au delà de 650 m. ou 2000 p.), où la forêt s'éclaircit, les Fougères deviennent plus fréquentes, et les troncs sont revêtus d'une manière plus serrée d'Épiphytes et de Lianes (ex. *Freycinetia*). Le contraste est encore plus prononcé entre les versants exposés ou opposés aux alizés[55]. Sur les premiers, les saisons humide et sèche sont séparées d'une manière moins tranchée ; aussi sont-ils richement boisés : on y voit les Palmiers, les Fougères arborescentes, les Bambous, les formes Scitaminées, les Orchidées aériennes. Sur le sol de savane non exposé aux vents, et dès lors moins humecté par les précipitations, on voit se dresser, au milieu du gazon et des broussailles formées par les Fougères, des troncs isolés de Pandanus, ainsi que des Casuarines, ou bien les arbres peu nombreux par lesquels le type australien passe également

an, l'une en mai, l'autre en novembre. Le *Tacca pinnatifida* Forst. vient à l'état sauvage dans les vallées humides et ombreuses. Ses tubercules ressemblent beaucoup à ceux de la Pomme de terre ; ils ont un goût âcre et amer qui disparaît par la culture et même par le lavage. Dans les archipels de Cook et de la Société, on fait de cette plante une fécule très-estimée, surtout pour la nourriture des enfants et des convalescents. Enfin, l'*Ipomœa Batatas* n'a plus dans les îles de l'Océanie l'importance qu'il y avait eue avant l'introduction de la Pomme de terre ; cependant on y cultive encore beaucoup la variété qui a la pulpe de la racine blanche. M. Jouan ne pense pas que cette Convolvulacée ait été importée en Océanie par les premiers navigateurs européens, ainsi qu'on l'admet généralement ; il croit au contraire qu'elle y est venue de l'Asie méridionale, et qu'elle a été transportée d'île en île, lors de la dispersion de la race d'hommes qui a peuplé la Polynésie. Selon le père Montrouzier, ce seraient les missionnaires français qui auraient introduit la Patate douce à la Nouvelle-Calédonie, vers 1844. — T.

* D'après M. Meinickie (*loc. cit.*, vol. II, p. 2), on évalue à 200-230 le nombre des îles qui composent l'archipel Fidji ou Viti, et parmi lesquelles 2 sont d'une étendue considérable et 15 du second ordre, tandis que toutes les autres sont plus ou moins petites. — T.

à celui des îles de la mer du Sud (*Acacia laurifolia, Metrosideros*); toutefois, à un niveau plus élevé, ici aussi les forêts tropicales deviennent prédominantes, grâce à l'irrigation.

Plus de 700 Phanérogames ont été recueillis dans les îles Fidji[56], dont moins de la moitié endémiques, à peu près un quart indiens et le reste composé d'espèces généralement tropicales ou pacifiques. Les genres endémiques, dont 13 ont été constatés appartenant à 14 familles, sont presque tous monotypes et la plupart très-voisins de types indiens. De même, parmi les espèces endémiques, la grande majorité se rattache directement à la flore indienne : elle se trouve répartie entre 66 familles[56], au nombre desquelles les Rubiacées, les Euphorbiacées et les Orchidées occupent le premier rang, les Palmiers (11) étant aussi relativement nombreux *.

Le reste des archipels compris entre les Carolines et les îles de la Société n'a presque point fourni de genres endémiques : dans les dernières il se présente un monotype ligneux appartenant à la famille des Lobéliacées (*Sclerotheca*); c'est là un des phénomènes peu nombreux grâce auxquels les îles Sandwich se trouvent placées en relation avec la flore indienne du reste des archipels **.

---

* D'après M. Meinickie (*loc. cit.*, vol. II, p. 3), le chiffre total des espèces dans les îles Fidji peut être estimé à plus de 100, bien que jusqu'à présent on n'en connaisse encore que 750 à 800 Phanérogames et Fougères; il porte à 13 le nombre des espèces de Palmiers. — T.

** Les nombreux archipels situés entre les îles Carolines et les îles de la Société (Taïti) ont été soigneusement décrits par M. le professeur Meinickie dans son ouvrage (plus d'une fois cité par nous), sur les îles de l'océan Pacifique; parmi ces archipels, celui des Nouvelles-Hébrides, situé entre les îles Fidji et la Nouvelle-Calédonie, mérite une mention spéciale, à cause de quelques traits intéressants qui le caractérisent. D'ailleurs !M. Meinickie s'est occupé de cet archipel d'une manière toute particulière, car, indépendamment de son grand ouvrage où les Nouvelles-Hébrides se trouvent décrites (vol. I, p. 178), il a publié sur le même sujet un travail considérable dans le journal de la Société géographique de Berlin (*Zeitschr. der Gesellsch. für die Erdk. zu Berlin*, ann. 1874, t. IX, p. 275). Les Nouvelles-Hébrides, composées de 26 îles plus ou moins montagneuses et richement boisées, avaient déjà frappé par leur remarquable fertilité Cook et Forster, qui déclarèrent que, sous ce rapport, elles l'emportaient sur toutes les îles qu'ils avaient vues dans la Polynésie. La flore de cet archipel se rapproche beaucoup de celle des îles indiennes, et Forster faisait observer qu'il s'y trouvait beaucoup d'arbres fruitiers de l'Inde inconnus dans les îles de la Polynésie, tels que *Garcinia Man-*

12. NOUVELLE-CALÉDONIE. — A peu de distance des Nouvelles-Hébrides se trouve, étendue vers le tropique austral
(20°-22° 60′ lat. S.), l'île plus considérable de la Nouvelle-Calédonie (ayant une aire de 315 milles géographiques carrés), dont
la physionomie est complétement distincte de celle de la flore
indienne. Déjà Forster[57] avait été frappé par le contraste tranché
entre cette île et les Nouvelles-Hébrides qu'il venait de quitter
et où la végétation tropicale est développée de la manière la
plus luxuriante : il trouva que la Nouvelle-Calédonie ressemble
plutôt au continent australien, que le sous-bois manque à ses
forêts, que les Myrtacées arborescentes (*Melaleuca*) y sont disséminées à de longs intervalles au milieu d'arides prairies, et que
le sol rocailleux des montagnes annonce une grande sécheresse
du climat. L'île n'est irriguée que par des pluies solsticiales
(de janvier à avril) ; la sécheresse du reste des mois étant évidemment déterminée par le fait que l'alizé souffle le long des
côtes, ainsi que des montagnes dont l'axe est dirigé du nord-
ouest au sud-est.

Mais, lors même que les formes végétales ressemblent à celles
de l'Australie tropicale, la distance maritime (150 milles géographiques) est trop considérable pour permettre un échange

gostana, *Nephelium pinnatum*, *Sterculia Bolangos* et *fœtida*, *Terminalia Catappa*, etc. Cependant à cet élément indien se mêle, surtout dans les îles méridionales de l'archipel, un autre élément appartenant aux flores de la Nouvelle-
Zélande et de la Nouvelle-Calédonie, lequel se manifeste par certaines formes
caractéristiques, par des espèces de Dammara et d'Araucaria, par des Fougères,
par le *Santalum austro-caledonicum*, etc. Parmi les formes prédominantes figurent
les Fougères, dont la petite île d'Aneitéum possède à elle seule plus de 100 espèces.
Il est assez remarquable que, tandis que l'archipel des Nouvelles-Hébrides a une
flore composée (en diverses proportions) d'éléments indiens, néo-zélandiens et
néo-calédoniens, sa faune est au contraire exclusivement indienne. Le climat des
Nouvelles-Hébrides est d'une chaleur extrême, quoique très-variable dans les parties méridionales : ainsi, dans l'île d'Aneitéum, la température oscille entre 15° et 35°.
L'archipel se trouve complétement dans le domaine des alizés ; le vent est-sud-est
domine en août jusqu'à octobre et maintient le temps beau ; les pluies, souvent très-
violentes, se produisent lorsque le vent passe au nord-est, et surtout par le nord et
l'ouest au sud-est. Depuis novembre jusqu'à la fin de mars, les vents d'ouest sont
interrompus par des vents d'est, ce qui également amène des averses accompagnées de terribles ouragans. Les courants de la mer se conforment aux directions
des vents ; pendant la majeure partie de l'année ces courants viennent du sud-est,
et pendant les périodes pluvieuses particulièrement, du nord-ouest. — T.

important; d'ailleurs quelques-unes des plus grandes familles, et des genres continentaux, ne s'y trouvent que peu ou point représentés parmi les espèces endémiques. Le rapport entre le caractère endémique et la position géographique se manifeste, ainsi que les analogies climatériques, par les essences résineuses qui, dans le midi de la Nouvelle-Calédonie comme dans les îles des Pins y attenantes, constituent de belles forêts à haute futaie (*Araucaria*) ; des espèces voisines, mais autonomes, appartenant à un genre semblable, habitent l'Australie tropicale et l'île de Norfolk ; puis on voit le même genre reparaître encore une fois dans l'Amérique méridionale, mais il fait défaut à la Nouvelle-Zélande. Parmi les genres endémiques, on en a déjà constaté 20 dans la Nouvelle-Calédonie ; dans ce nombre, les Myrtacées et les Saxifragées se présentent 3 fois, les Tiliacées et les Euphorbiacées 2 fois ; le reste se trouve réparti entre 10 familles diverses *.

* Il est bien peu de localités dont la végétation ait été l'objet d'autant de travaux que la Nouvelle-Calédonie. M. Brongniart à lui seul a publié sur ce sujet, soit seul, soit en collaboration avec M. Gris, un total de vingt mémoires, ainsi que le constate la liste des travaux de cet illustre savant jointe à la publication que l'Académie des sciences vient de faire paraître sous le titre de : *Discours prononcés le 24 février 1876 sur la tombe de M. Ad. Brongniart.* Ce fut en 1865 qu'il publia (*Comptes rendus,* t. LX, p. 64) ses premières considérations générales sur la flore de la Nouvelle-Calédonie, dans lesquelles il fit connaître les nouveaux contingents que cette flore avait reçus depuis Forster, Labillardière et autres botanistes, et dont bientôt après il décrivit et figura (en collaboration avec M. Gris) plusieurs des espèces les plus remarquables, dans les *Nouvelles Archives du Muséum* (ann. 1868, t. IV, partie 1-45, avec 15 planches, et ann. 1871, t. VII, partie 204, avec 6 planches). Depuis cette époque les publications sur la flore de la Nouvelle-Calédonie se succédèrent, non-seulement pour l'ensemble de la végétation, mais encore pour plusieurs familles en particulier. Au nombre de ces travaux monographiques : figurent le travail de M. Balansa sur les Graminées (*Soc. bot. France,* ann. 1872, t. XIX, p. 303 et 315) ; celui de M. E. Fournier sur les Fougères (*Ann. sc. nat.,* ann. 1873, t. XVIII, p. 184 et 253, et *Comptes rendus,* ann. 1875, t. LXXXI, p. 1338) ; celui de M. Bescherelle sur les Mousses (*Comptes rend.,* ann. 1875, t. LXXXI, p. 1339) ; celui de M. Brongniart sur les Palmiers (*Comptes rendus,* ann. 1875, et *Soc. bot. France,* t. XX, p. 130) et sur les Pandanées (*Comptes rendus,* ann. 1875), etc. A ces publications il faut en ajouter quelques-unes dues à l'un des premiers et des plus ardents explorateurs de cette contrée, M. Vieillard, qui a fait connaître quelques-uns des résultats de ses recherches dans le *Bulletin de la Société Linnéenne de Normandie* (t. IX et seq.), et dans les *Annales des sciences naturelles* (4ᵉ sér., t. XVI) ; de plus, les riches collections de MM. Pancher et Balansa. Enfin, en 1874, M. Brongniart résuma (*Comptes rendus,* t. LXXIX

13. NORFOLK. — Entre la Nouvelle-Calédonie et la Nouvelle-Zélande se trouve le petit groupe des îles Norfolk (4,5 milles

p. 1442) nos connaissances actuelles de la flore de la Nouvelle-Calédonie, et en précisa les éléments numériques, savoir : total de près de 3000 espèces (2991), dont 2026 Phanérogames et 965 Cryptogames. Les plantes phanérogames se décomposent en 1694 dicotylédones et 332 monocotylédones, et les Cryptogames en 465 acrogènes et 500 amphigènes. — Quelque considérables que soient le nombre et la valeur de ces travaux, la végétation de la Nouvelle-Calédonie est tellement riche et l'exacte détermination de ses éléments tellement difficile, que non-seulement il reste beaucoup à y ajouter, mais que même les travaux déjà publiés pourraient bien être susceptibles de quelques rectifications, ainsi que le semblent indiquer les observations critiques qui tout récemment ont été adressées à certaines déterminations de M. Brongniart, notamment en ce qui concerne les Palmiers. Quoi qu'il en soit, tout en tenant compte des modifications que la nature même de tels travaux rend inévitables, ils suffisent pour nous permettre de signaler les traits les plus saillants de la curieuse végétation de la Nouvelle-Calédonie ; nous les résumerons de la manière suivante : I. La flore de cette île présente une association de plusieurs des caractères de la flore australienne avec ceux des flores de l'Asie équatoriale, association qui n'empêche pas l'absence complète de certains groupes les plus répandus dans l'Australie (Brongniart). — II. Dans la Nouvelle-Calédonie, les Monocotylédones sont aux Dicotylédones comme 1 à 5, 2, rapport qui s'éloigne beaucoup de celui de 1 : 3 indiqué pour la plupart dans les flores intertropicales, et serait même inférieur à celui le plus habituel dans les régions tempérées (Brongniart). — III. Un des caractères frappants de la flore néo-calédonienne consiste dans la nature ligneuse de la plupart des végétaux qui la composent, arbres ou arbustes (Brongniart). — IV. La prépondérance très-marquée des Rubiacées est un fait remarquable, particulier à la flore de la Nouvelle-Calédonie ; la grande infériorité des Légumineuses, qui tiennent le premier rang en Australie et dans l'Inde, n'est pas moins singulière. Enfin, les Composées, qui dans la plupart des flores occupent un des premiers rangs, sont réduites dans les collections apportées jusqu'à présent à 33 espèces, la plupart très-répandues dans les régions voisines (Brongniart). — V. Parmi les Dicotylédones, 11 familles figurent comme familles prédominantes, dont les plus importantes, après les Rubiacées (219 esp.), sont : les Myrtacées avec 161 espèces, et les Euphorbiacées avec 121 espèces (Brongniart). — VI. Sur les 18 espèces de Palmiers indigènes (sans compter le Cocotier qui y a été introduit), que possède la Nouvelle-Calédonie, toutes appartiennent à un seul groupe spécial, celui des Kentiées, de la tribu des Arécinées, et peuvent y constituer trois genres distincts, mais ne sont mêlés à aucun des autres genres de Palmiers si variés dans l'Asie équatoriale (Brongniart). — VII. Les Pandanées de la Nouvelle-Calédonie se rapportent à trois genres bien distincts, savoir : les vraies Pandanées avec 2 espèces, les *Barrotia* Gaud., avec 4 espèces, et les *Bryantia* Gaud., avec 2 espèces : total, 8 espèces, dont quelques-unes à caractères très-particuliers (Brongniart). — VIII. Le nombre des Fougères constatées dans la Nouvelle-Calédonie se monte à 259 espèces, nombre qui dépasse de beaucoup celui des espèces observées dans les îles voisines ; sur ce nombre, un tiers (80) est propre à la Nouvelle-Calédonie, deux tiers (110) sont très-inégalement répartis entre les flores intertropicales de la Polynésie, de la Malaisie et de l'Inde ; enfin 60 espèces appartiennent aux

géographiques carrés), remarquables par leur Conifère endémique (*Araucaria excelsa*), un des plus beaux de notre globe,

régions plus australes, l'Amérique n'ayant presque rien de commun avec cette végétation (Fournier).— IX. La flore bryologique de la Nouvelle-Calédonie est composée de 130 espèces, dont 66 nouvelles, et quelques-unes constituent même des genres distincts : les espèces nouvelles paraissent être exclusivement propres à l'île, ne faisant partie d'aucune des collections réunies dans d'autres contrées (Bescherelle). C'est ainsi que la végétation cryptogamique de la Nouvelle-Calédonie confirme pleinement le caractère éminemment spécial et original qui y distingue la flore phanérogamique. — Nous ne pouvons quitter cette remarquable contrée sans mentionner quelques considérations dont elle a été l'objet de la part de MM. Naudin et A. Germain. M. Naudin fait observer (*Bull. Soc. d'acclim.*, 3ᵉ sér., ann. 1875, t. II, p. 799) que les conditions physiques toutes spéciales propres à la Nouvelle-Calédonie se manifestent dans l'insuccès complet des efforts auxquels ce savant botaniste s'est livré pour cultiver à l'air libre, dans le midi de la France (à Collioure), des plantes de cette colonie. M. Naudin pense qu'à l'exception de quelques végétaux annuels, « les plantes vivaces, arbres et arbrisseaux de la Nouvelle-Calédonie ne peuvent être conservés en Europe qu'en serre chaude ; toute tentative qui aurait pour objet de les faire végéter à l'air libre n'aboutira qu'à des mécomptes. » Selon M. Naudin, dans l'Europe entière, il n'y aurait que la pointe méridionale du Portugal où la culture des plantes de la Nouvelle-Calédonie pût offrir quelques chances de succès, car ce n'est que là qu'elles trouveraient plusieurs des conditions qu'elles exigent, savoir : une température humide et chaude plus ou moins constante, et un hiver complètement exempt de gelées. — De son côté, dans un travail sur la Nouvelle-Calédonie considérée au point de vue de l'acclimatation, M. A. Germain donne (*Bull. Soc. d'acclimat.*, *loc. cit.*, p. 377) des renseignements intéressants sur les conditions physiques dans lesquelles cette île se trouve placée relativement aux ressources fournies à l'homme par les règnes animal et végétal. Tout en déclarant que le climat et la fertilité du sol la rendent propre à l'acclimatation de la plupart de nos animaux et de nos végétaux, il fait observer que l'introduction de l'espèce ovine y rencontre un obstacle sérieux dans l'action malfaisante d'une Graminée (*Andropogon austrocaledonicum*) dont les fruits barbelés et piquants pénètrent la laine et causent des maladies qui déterminent non-seulement une diminution considérable du rendement en viande, mais encore la perte plus ou moins complète des toisons Il signale parmi les arbres les plus utiles le *Melaleuca Leucodendron* (Niaouli des indigènes), qui s'accommode indifféremment des terrains secs et des marécages, et dont le parfum est doué, à l'instar de celui de l'Eucalyptus, d'une propriété fébrifuge, prévenant ou du moins atténuant l'effet des émanations paludéennes ; de plus, son bois est très-solide, et son écorce, composée de nombreuses couches épaisses et feutrées, est constamment imbibée d'humidité, au point qu'elle résiste à l'action du feu, ce qui soustrait cet arbre aux incendies des hautes herbes si souvent pratiqués par les indigènes. M. Germain pense que dans la Nouvelle-Calédonie, à l'exception du Rat et de la Chauve-Souris, il n'y pas un seul mammifère sauvage ni dans les bois, ni dans les herbages ; les oiseaux chanteurs sont presque exclus des forêts, dont le silence perpétuel a quelque chose d'attristant. Néanmoins, selon M. Germain, l'introduction d'espèces d'Europe ou d'autres parties

dont on connaît des arbres de 58^m,3 de hauteur et de 5^m,7 de diamètre[58]. Située en dehors des tropiques et peu fertile, l'île Norfolk n'en possède pas moins, parmi ses produits endémiques, plusieurs éléments tropicaux (par exemple, des Urticées arborescentes, le *Freycinetia*). Au reste, sa flore, qui a fourni 6 genres endémiques appartenant à 5 familles diverses, se rattache, par un Palmier (*Areca Baueri*) et par deux Fougères arborescentes endémiques (*Alsophila excelsa* et *Cyathea*), plutôt à la Nouvelle-Zélande qu'à l'Australie, distante de 200 milles géographiques ; aussi est-ce à la première que Norfolk a emprunté une Liliacée caractéristique (*Phormium tenax*).

Entre Norfolk et l'Australie, mais cependant plus rapprochée de la côte de Sidney (75 : 125 milles géographiques), se trouve

du monde pourrait facilement combler toutes les lacunes que présente la nature de la Nouvelle-Calédonie.

Je suis heureux de pouvoir ajouter à cette note les considérations suivantes, que veut bien me fournir, sur la géographie botanique de la Nouvelle-Calédonie, M. le professeur Bureau, qui continue avec zèle les travaux de M. Ad. Brongniart sur la végétation de cette île, et se prépare à nous en donner bientôt la flore. — T.

« Il y a bien peu de chose à ajouter à cet excellent résumé. Nous croyons utile cependant de mentionner les considérations suivantes, dues pour la plupart à M. Balansa et exposées par lui dans son *Catalogue des Graminées de la Nouvelle-Calédonie* (*Bull. Soc. bot. de Fr.*, t. IX, 1872, p. 315). La flore endémique ou autochthone de l'île occupe les terrains éruptifs constituants les montagnes du centre. Elle est entièrement formée de végétaux ligneux appartenant aux familles suivantes : Rubiacées, Myrtacées, Protéacées, Conifères, Apocynées, Artocarpées, Euphorbiacées, Araliacées, Épacridées, Saxifragées, Dilléniacées, Sapindacées, Sapotées, Palmiers, Pandanées, etc. Toutes ou presque toutes les plantes de ces familles sont exclusivement néo-calédoniennes et nouvelles pour la science. Quelques-unes paraissent en voie de s'éteindre et ne sont plus représentées que par un petit nombre d'individus. Mais une autre flore, bien différente, et au contraire en voie d'accroissement, se remarque sur les terrains sédimentaires de la côte. La végétation ligneuse n'y est plus représentée que par quelques *Niaouli*, le plus souvent clair-semés, et le *Casuarina leptoclada*. D'immenses étendues de terrain y sont recouvertes de prairies formées de plantes qui appartiennent à des familles toutes différentes des premières, et qui ont dû être introduites, par diverses causes et à diverses époques, de la Polynésie, de l'Australie et de l'archipel Indien. Quelques plantes européennes même, importées depuis l'occupation, paraissent réellement naturalisées. Cette flore adventive, d'introduction antéhistorique ou moderne, est fournie par les familles suivantes : Composées, Papilionacées, Graminées, Malvacées, Convolvulacées, Morées, Cypéracées, Ombellifères, *Casuarina* à rameaux cylindriques, etc. Dans ces familles, presque toutes les espèces se retrouvent dans d'autres contrées et sont pour la plupart déjà décrites. » — ÉD. BUREAU.

l'île de Lord Howe (31° 30' lat. S.), dont la flore ne s'en rattache pas moins au centre végétal de Norfolk et n'offre que peu d'affinité avec l'Australie [60].

14. NOUVELLE-ZÉLANDE. — Par leur position géographique dans la zone tempérée (34°-48° lat. S.), ainsi que par l'humidité de leur climat, les îles de la Nouvelle-Zélande se rapprochent plus du domaine forestier sud-chilien que de l'Australie. Elles se comportent, à l'égard de ce dernier continent, qui n'en est distant que peu au delà de 200 milles géographiques, comme la flore antarctique de l'Amérique à l'égard des Pampas, ou comme une contrée littorale boisée susceptible d'une agriculture riche et productive se comporte à l'égard du sol aride de la steppe, où l'élevage des bestiaux peut seul se développer. A cause de la difficulté de pourvoir à leur subsistance, les habitant autochthones de l'Australie sont restés peu nombreux et se sont maintenus sur la plus basse échelle de l'existence humaine : mais la Nouvelle-Zélande est habitée par une race vigoureuse et susceptible de civilisation, celle des Maoris, à laquelle la nature a donné une Fougère sociale (*Pteris esculenta*) pour se nourrir, et un autre végétal (*Phormium tenax*) pour se vêtir. Bien qu'abondamment irriguée et élevée, dans ses parties centrales et méridionales, à la hauteur d'une chaîne éminemment alpine (4027 m. ou 12 400 p.) dépassant de beaucoup la ligne des neiges, la Nouvelle-Zélande diffère cependant du domaine antarctique de l'Amérique méridionale, en ce qu'elle n'est point aussi densément revêtue de forêts comme Chiloé, mais qu'un pays accidenté, ouvert, nullement pittoresque, y occupe, surtout sur sa face orientale, une vaste étendue de terrain *.

Ici les Graminées se trouvent remplacées par les Fougères, qui, alternant avec des buissons, revêtent d'immenses étendues de terrain [62] ; de même la forêt abonde en Cryptogames [63].

* M. J. Buchanan a communiqué, dans la session du 15 février 1877 de la Société Linnéenne de Londres, des observations curieuses sur le mode de propagation du *Marattia fraxinea*, qui croît dans le nord de la Nouvelle-Zélande. Le rhizome de cette Fougère aurait plutôt le caractère d'un bulbe, et se reproduirait à la manière des tubercules de la Pomme de terre. — T.

Il n'est point de pays au monde capable de se mesurer avec la Nouvelle-Zélande sous le rapport de l'agglomération des Fougères, ce qui donne à la végétation de la ressemblance avec ces anciennes flores des annales géologiques, dont les débris sont caractérisés par la prédominance des Cryptogames vasculaires. Par suite de la température égale des saisons que la Nouvelle-Zélande possède en commun avec les autres contrées de ces latitudes méridionales, c'est encore ici que se prononce le plus l'analogie avec le climat des montagnes tropicales [61].

La forêt, toujours verte, est mélangée à l'instar des tropiques, dont cependant elle n'égale point la splendeur et la richesse, bien qu'à l'exception des Bambous qui y font défaut, la plupart des formes végétales soient les mêmes que dans les montagnes tropicales. Des Fougères arborescentes (*Cyathea, Dicksonia squarrosa*), de 12^m,9 de hauteur, disparaissent au milieu du fourré monotone du feuillage des troncs dicotylédonés ; les Palmiers ne sont représentés que par une seule espèce de dimensions peu considérables (*Areca sapida*) ; de même, le tronc des Liliacées arborescentes (*Cordyline*) va en se raccourcissant, jusqu'à ce qu'enfin en dehors de la forêt il se trouve complétement masqué par la vigoureuse couronne foliaire du Chanvre néozélandien (*Phormium*). Dans l'île septentrionale, parmi les Lianes forestières, c'est le genre de Palmiers de l'archipel Indien (*Freycinetia*), ainsi qu'une Smilacée (*Ripogonum*), qui sont les plus fréquents. Les Épiphytes des troncs d'arbres sont en grande partie des Fougères, et les Orchidées aériennes ne comptent que peu d'espèces. Enfin, quelque varié que soit le mélange des essences angiospermes dans la forêt, elles n'en paraissent pas moins semblables dans leur frondaison, et se rapportent la plupart aux formes Olivier et Laurier ; les Conifères également portent en partie des feuilles aplaties (*Dammara, Phyllocladus*). De même les arbustes possèdent peu de caractères individuels, et se rattachent en général aux formes Myrte et Olivier. Même la configuration des fleurs manque de grâce : fréquemment elles sont insignifiantes et de teinte verte, et dans une grande partie des genres, imparfaites et souvent monoïques [63]. La vie animale est presque étrangère aux sombres forêts, et elles n'ont guère besoin d'organes colorés pour attirer les insectes, alors que l'œuvre de la fécondation est abandonnée aux vents.

Le cachet d'un climat rappelant celui des tropiques n'est imprimé qu'aux forêts de la Nouvelle-Zélande, dans lesquelles le sous-bois, les Fougères et les Lianes constituent d'inaccessibles fourrés. Pourvues d'importants bois de construction, elles l'emportent, dans certains cas, sur la forêt tropicale par la taille de ses arbres. Parmi les Pins kauri (*Dammara australis*) limités à la partie nord de l'île ($34°-37°$ lat. S.), où ils se présentent parfois sans être accompagnés d'autres arbres, ont été observés des troncs gigantesques, des piliers ligneux qui quelquefois s'élèvent, au-dessous des premières branches, à une hauteur de plus de $32^m,4$, l'un d'eux ayant eu $4^m,6$ de diamètre [01]. Les essences résineuses proprement dites croissent en groupes disséminés, et dès lors ne jouent qu'un rôle subordonné dans la physionomie du pays : dans ce nombre une espèce de la forme Cyprès (*Podocarpus dacrydioides*) acquiert fréquemment une hauteur de $48^m,6$, et parmi les espèces angiospermes, c'est à la même taille qu'arrive également une Monimiée (*Atherosperma Novæ-Zelandiæ*), dont la base émet de puissantes tablettes ligneuses, à l'instar d'un arbre tropical. De même, l'une des deux seules Protéacées de la Nouvelle-Zélande (*Knightia excelsa*) constitue un arbre élevé qui, par sa taille, ressemble, dit-on, au Peuplier d'Italie. On a constaté au delà de 100 végétaux ligneux de grande taille (au delà de $6^m,4$ de hauteur), dont plus de 40 susceptibles d'être travaillés, mais un petit nombre seulement, notamment une Saxifragée (*Weinmannia racemosa*), forment des éléments forestiers plus considérables et indépendants : la plupart des arbres se réunissent en forêts mixtes où les Myrtacées (ex. *Metrosideros*), les Laurinées et les Conifères composent la majorité des espèces.

Les arbustes, plus uniformes, à teinte brunâtre ou mate, ainsi que les Fougères qui revêtent les versants découverts des montagnes et les arides surfaces, se trouvent réunis en groupes sociaux. Ici dominent les arbustes Manuca (*Leptospermum*), ayant la hauteur d'homme, ainsi qu'un genre de Rhamnée (*Pomaderris*), ou bien, douée de la même taille, l'impénétrable

Fougère herbacée (*Pteris esculenta*), considérée généralement comme une variété de l'ubiquiste *Pteris aquilina*, mais qui est précieuse ici à cause des substances alimentaires qu'elle renferme, tandis que la forme européenne est sans valeur. Ce sont là encore les stations des *Veronica frutescents*, l'un des genres peu nombreux dont la flore de la Nouvelle-Zélande compte une série considérable d'espèces. Les Graminées et les Légumineuses y sont partout faiblement représentées, de même que les plantes herbacées annuelles y font complétement défaut. Ce ne sont que les galets volcaniques de l'île septentrionale qui produisent de maigres pâturages [63], où une Graminée chétive, à feuilles piquantes, se trouve accompagnée d'un arbuste épineux (une Rhamnée, *Discaria*), ainsi que d'herbes vivaces également épineuses du genre *Aciphylla* (Ombellifères). -

Eu égard à la similitude du climat et de leur position géographique, les montagnes de la Nouvelle-Zélande, dans l'île méridionale de laquelle les glaciers descendent jusqu'au milieu de la région des forêts [66], peuvent être comparées aux Andes les plus méridionales. Ici encore on voit la limite des arbres s'avancer assez haut vers la ligne des neiges, mais avec cette différence que cette dernière est loin de descendre aussi bas qu'à Valdivia, située sous la même latitude, et que la forêt close de la région alpine laisse un espace libre, ce qui n'empêche pas cependant quelques groupes isolés d'arbres de se présenter dans cette région. Des Hêtres toujours verts, voisins de ceux de la flore antarctique (*Fagus fusca* et *Menziesii*), qui ici également constituent dans la montagne la région forestière proprement dite, cessent déjà à l'altitude de 1355 mètres (4200 p.) [65]; cependant une autre espèce, aussi de haute futaie (*F. Solandri*), de même que deux Conifères (*Libocedrus Bidwillii* et *Phyllocladus alpinus*), ne disparaissent qu'à 1818 mètres (5600 p.) [67]; un autre Hêtre plus petit (*F. cliffortioides*) est propre aux hauteurs alpines (1494-2143 m. ou 4700-6600 p.). Les mesures de la ligne des neiges fournirent un niveau de 2339 mètres (7200 p.) [68]. Grâce aux explorations de la région alpine de l'île méridionale, la connaissance de la flore endémique s'est considérablement développée; toutefois les analogies avec la végétation des contrées polaires se bornent à un petit nombre de genres (*Gentiana, Ranunculus, Veronica*). Parmi les arbustes alpins se trouvent deux Éricées (*Gaultheria*); plus nombreuses sont les Rubiacées et les Synanthérées ligneuses. Parmi les herbes vivaces moins variées figurent comme les plus remarquables les Ombellifères (*Pozoa, Ligusticum*) ainsi que quelques monotypes.

Comparée à l'Italie d'après son étendue (5000 milles géographiques carrés), la Nouvelle-Zélande, bien que passablement explorée, n'a fourni que peu au delà de 1000 plantes vasculaires [69], ce qui ferait supposer qu'en fait d'espèces indigènes, elle ne possède pas plus d'un quart de ce qu'en renferme, dans le midi de l'Europe, une contrée d'égale étendue. Quelque agglomérées qu'y soient les Fougères, le chiffre des espèces (115) atteint à peine celui qu'elles présentent dans les îles Sandwich *.

C'est d'abord à la position océanique d'un isolement si prononcé qu'il faut sans doute attribuer la pauvreté de la flore, puisque le pays à climat analogue qui s'en rapproche le plus — l'Amérique antarctique — est encore distant de 1300 milles géographiques. Par suite, la proportion des Phanérogames endémiques n'est pas, dans la Nouvelle-Zélande, de moins de 72 pour 100 [69]. Un autre fait, de nature à contribuer puissamment à la pauvreté des centres de végétation, c'est l'uniformité des stations ombragées par les arbres, bien que dans l'île septentrionale le sol soit riche en fertiles terrains volcaniques, et que dans les montagnes du sud il soit composé de rochers granitiques et de schistes qui, à l'instar de l'Afrique méridionale, offrent assez de variété pour en déterminer également dans le caractère

---

* L'ouvrage sus-mentionné de M. Meinickie (vol. I, p. 251) contient les données suivantes sur les chiffres proportionnels de la végétation de la Nouvelle-Zélande. Le total des espèces serait environ de 4000, parmi lesquelles les Cryptogames jouent un rôle tellement prédominant, que d'après M. Hochstetter, sur 1900 plantes il n'y a que 730 Phanérogames, le reste (1170) étant représenté par les Cryptogames ; tandis que d'après M. Hooker le quart du total (4000) serait composé de Cryptogames. Sur les 1900 plantes, 193 sont identiques avec des espèces australiennes et seulement 89 avec des espèces sud-américaines ; 224 sont possédées en commun avec les îles tropicales de l'Océan. C'est un fait intéressant que les 730 Phanérogames appartiennent à moins de 92 familles naturelles, proportion que peut-être aucun autre pays ne présente. — T.

de la végétation. Mais les deux îles paraissent avoir été originairement complétement boisées, car le sol occupé aujourd'hui par les broussailles de Fougères n'en contient pas moins la résine du Pin kauri, fait dont on a conclu que les espaces déboisés sont l'œuvre de l'homme, puisque jadis les habitants détruisaient la forêt par le feu [70], pour faire place à l'extension de la Fougère qui servait à leur subsistance *.

La flore néo-zélandaise compte 24 genres endémiques qui appartiennent à 19 familles différentes et sont presque tous monotypes : la position systématique de plusieurs parmi eux est passablement indéterminée (ex. *Carpodetus* et *Ixerba*), rangées maintenant parmi les Saxifragées **. La proportion entre le chiffre total des espèces et celui des genres est à peu près comme 3 : 1. Peu de genres possèdent un grand nombre d'espèces, plus de 20 n'en ont que 3 (*Veronica*, 38; *Coprosma*, 22; *Celmisia*, 23).

Considérant la similitude des climats et le rôle important assigné aux forêts, on s'explique aisément les analogies que nous avons signalées (p. 741) entre le domaine antarctique et la Nouvelle-Zélande. Ces analogies consistent dans le nombre considérable des espèces équivalentes [71], ainsi que dans la série pour la plupart concordante des familles prédominantes [72]; toutefois le chiffre des Légumineuses est réduit et les Labiatiflores manquent

---

* La pauvreté de la flore de la Nouvelle-Zélande est surpassée par la pauvreté de sa faune. Selon le Dʳ Bourse (*Bull. Soc. d'acclimat.*, 3ᵉ sér., ann. 1876, t. III, p. 329), « en fait de quadrupèdes, on n'y trouve aucun grand animal. Il n'y a ni Lions, ni Panthères, ni Singes. Il n'existe qu'une espèce de Rat qui a pullulé dans le pays; encore n'est-il pas bien certain qu'il n'ait pas été importé par les premiers navigateurs. Mais depuis l'établissement des Européens, toutes les espèces de Mammifères utiles qui ont été introduites se sont acclimatées et ont réussi. Très-peu d'Oiseaux indigènes. Citons comme natif de la Nouvelle-Zélande un Échassier, le *Moa*, qui avait de 10 à 12 pieds de hauteur, mais dont la race a disparu complétement, et un oiseau coureur, sans ailes, à long bec et haut sur pattes comme un Échassier : c'est le *Kiwi*, dont le *Kagou* de la Nouvelle-Calédonie peut donner une idée. » — T.

** Le *Carpodetus serratus* Forst. est pour M. Fenzl le type d'une famille indépendante qu'il a qualifiée de *Carpodeteæ*. Cette plante avait été placée par Endlicher, avec doute, à la suite des Célastrinées; mais dans son *Iconographia familiarum naturalium Regni vegetabilis*, M. Schnizlein maintient l'autonomie de cette famille et donne (vol. III, pl. 170) une figure et des analyses du *Carpodetus serratus*. — T.

parmi les Synanthérées. D'autre part, les familles offrent peu
de ressemblance, parce que, en ne tenant pas compte des Hêtres, les formes forestières sont autres, que le caractère social
des Fougères constitue un trait saillant du tableau, et qu'enfin,
par suite de l'adjonction des Palmiers, des Liliacées et des Fougères arborescentes, la physionomie de la nature se rattache
beaucoup plus à la forêt tropicale que ce n'est le cas à Valdivia,
grâce aux Bambous.

L'échange avec le continent le plus rapproché, celui de l'Australie, avec lequel la Nouvelle-Zélande n'a pas davantage de
communication par l'entremise des courants maritimes, est
aussi peu important que les analogies isolées qui existent entre
les deux flores sous le rapport de l'affinité systématique. Il n'y
a, dans la Nouvelle-Zélande, aucune trace des genres de grands
arbres australiens, et le nombre de Protéacées qu'elle possède
n'est pas supérieur à celui que renferme la flore antarctique de
l'Amérique. Ce ne sont que les Épacridées (23 espèces) et quelques genres de Myrtacées (*Metrosideros*) qu'on puisse citer
comme autant de signes d'analogies dans le sens de l'espace.

On se trouve en présence d'un problème particulier lorsque l'on
compare la Nouvelle-Zélande avec trois petits archipels dont la
flore a été en majeure partie empruntée à cette île, bien que
quelques-uns de ces archipels en soient tout aussi éloignés que
l'île Norfolk, avec laquelle pourtant la Nouvelle-Zélande a effectué des échanges bien moins considérables. Ce sont les îles Kermadec (30° lat. S.) qui fournissent l'exemple le plus remarquable
de ce contraste, car, tout en étant distantes dans le sens nord-
est autant que Norfolk l'est dans le sens nord-ouest (plus de
100 milles géographiques), elles n'en participent pas moins du
caractère de la flore de la Nouvelle-Zélande et s'accordent avec
cette île également sous le rapport de la végétation des Fougères [73]. Pour le moment, on ne saurait expliquer ce phénomène à l'aide de deux courants opposés se dirigeant d'une part
au sud-ouest des îles Fidji à travers la Nouvelle-Calédonie vers
la Nouvelle-Galles du Sud, et d'autre part le long de la Nouvelle-
Zélande vers le nord-est, car de tels courants n'ont été constatés ni dans les parages de Norfolk, ni dans ceux des îles Ker-

madec[54]. Il est plus vraisemblable qu'étant plus riche en centres végétaux autonomes, le groupe de Norfolk se sera refusé aux immigrations qui ont pu aisément avoir lieu dans les îles Kermadec, parce qu'elles paraissent être très-pauvres en produits qui leur soient propres.

Les îles Chatham se trouvent à une distance un peu moins grande (80 milles géographiques) au sud-est de la côte néozélandaise (44° lat. S.); et ce qui les rend remarquables, c'est que les formes des Palmiers et des Fougères arborescentes, toutes deux représentées par des espèces néo-zélandaises, atteignent là leur limite polaire dans l'hémisphère austral : il se peut que dans l'île méridionale de la Nouvelle-Zélande elles s'avancent tout autant au sud. Ce petit archipel également ne possède que peu d'espèces endémiques (9)[74]; néanmoins dans ce nombre figurent deux Synanthérées arborescentes (*Senecio Huntii* et *Eurybia Traversii*), ainsi qu'un genre de Borraginées (*Myosotidium*)*. Plus considérable est le nombre d'espèces particulières (26) dans les îles de Lord Auckland et les îles Campbell[75] (51°-52° lat. S.); mais ces espèces demandent à être comparées avec celles de la partie la plus méridionale de la Nouvelle-Zélande, partie encore imparfaitement connue, dont elles ne se trouvent séparées que par une distance de 40 milles géographiques. Ici encore les Fougères manifestent une tendance au développement du tronc (chez l'*Aspidium venustum*, où ce dernier s'élève quelquefois à 2 jusqu'à 4 pieds de hauteur au-dessus du sol) : cependant il n'y a plus de Fougères arborescentes proprement dites. Les courants antarctiques nous per-

---

* L'île Campbell a fourni à M. Filhol une intéressante collection de Lichens qui viennent d'être déterminés par M. W. Nylander (*Comptes rendus*, ann. 1876 t. LXXXIII, p. 87). Ces Lichens consistent en 37 espèces réparties entre 12 genres, parmi lesquels le *Cladonia* est le plus riche, renfermant 10 espèces, tandis que les autres n'en comptent que 5, 3, 2 ou 1. Sur le total des espèces, 8 sont nouvelles, appartenant aux genres *Stereocaulon, Cladonia, Cladina, Usnea, Parmelia, Pertusaria* et *Lecidea*. Les genres *Cladina, Usnea* et *Pertusaria* sont composés exclusivement d'espèces nouvelles, le premier n'étant représenté que par le *C. interhiascens,* le deuxième par l'*U. xanthophaga* et le troisième par les *P. tyloplaca* et *thelioplaca*. D'ailleurs, sur les 4 espèces qui constituent le genre *Lecidea,* 2 sont nouvelles. La collection botanique rapportée par M. Filhol de l'île Campbell contient 6000 espèces. Il n'a observé dans cette île aucun Mammifère terrestre. — T.

mettent d'expliquer, mieux qu'à l'égard des îles Kermadec, la connexion entre ces archipels plus méridionaux *.

15. ILES GALAPAGOS. — A environ 120 milles géographiques de la côte de l'Amérique, on voit, sous l'équateur, l'archipel volcanique des Galapagos élever ses cratères jusqu'à 1430 mètres (4400 pieds) de hauteur. Cet archipel consiste en six îles plus grandes et en un groupe d'îlots moins considérables (aire de 139 milles géographiques carrés). A l'époque de sa découverte, il était inhabité, et il n'y a que l'île Charles qu'on essaya de coloniser. Lorsque M. Darwin y arriva, des oiseaux propres à l'île se laissaient prendre à la main, et de grosses tortues pavaient les sentiers qui conduisaient, à travers des broussailles de végétaux ligneux, du littoral au cône volcanique. On ne pouvait trouver de meilleur observatoire pour étudier comment la nature abandonnée à elle-même maintient et dispose les organismes.

L'alizé sud-est, dominant constamment, donne à l'archipel un climat sec qui même exclut les Palmiers. Sur la côte il pleut rarement, mais les nuages qui se condensent au contact des montagnes se tiennent bas ; aussi, sous leur empire, on voit apparaître une assez riche végétation à un niveau d'environ 325 mètres (1000 pieds), après s'être élevé à travers d'arides champs de laves revêtus de chétives broussailles clair-semées et faiblement feuillues, ainsi que de Cactées. Mais ici, sous l'équateur, il n'y a point de trace, pas même dans la montagne, de l'exubérance forestière tropicale : le climat à alizé et le sol rocailleux s'y opposent.

Dans la région littorale, les végétaux les plus fréquents sont : d'abord un Euphorbe ligneux (*E. viminea*), dont les branches

---

* Depuis les travaux de M. F. Müller, auxquels M. Grisebach a emprunté les données relatives aux îles Chatham, nos connaissances sur la végétation de ce petit archipel ont été considérablement étendues par M. John Buchanan (voy. *Transact. and Proceed. of the New-Zealand Institute*, vol. VII). En effet, tandis que la florule des îles Chatham, publiée en 1864 par M. F. Müller, comptait 44 Dicotylédones 20 Monocotylédones, et seulement 9 espèces endémiques, la liste de M. Buchanan contient 109 Dicotylédones, 17 Monocotylédones et 49 Fougères et Cryptogames supérieures ; en tout, 205 espèces, dont 10 exclusivement propres aux îles Chatham. — T.

ne laissent point apercevoir de loin la frondaison, les feuilles
à teinte brunâtre ne mesurant que quelques lignes ; et puis un
Opuntia (*O. galapagea*) à articulations ovales sortant d'un tronc
cylindrique. Il en est de même d'autres arbustes, soit endémiques (ex. : genre *Discorea*, Rhamnée, *Castela*, Simarubée), soit
immigrés (ex. des Acacias des Indes occidentales), chez lesquels le feuillage est supprimé ou de dimensions peu considérables. Dans la région plus humide et nébuleuse, les éléments
forestiers se composent particulièrement de Synanthérées à
position systématique douteuse (*Scalesia, Macræa, Lecocarpus*
et d'autres), de quelques Rubiacées (*Psychotria*) et de Mimosées non endémiques. Mais ici encore la taille des végétaux est
déprimée, les arbres restent bas, rarement ils s'élèvent à la
hauteur de 7 mètres, et la plupart des végétaux ligneux ne
constituent que des arbustes, lors même que ni les Lianes (ex. :
Passiflora, Ipomœa), ni les Épiphytes (*Epidendrum, Viscum*),
ne font point défaut aux troncs et que l'atmosphère humide des
montagnes se manifeste dans la présence de Fougères herbacées et de Roseaux (*Amphochæte*).

Les cinq îles explorées jusqu'aujourd'hui ont fourni 350 plantes vasculaires, dont plus de 50 pour 100 endémiques [77].
C'est ici qu'on peut constater avec plus d'évidence que partout
ailleurs l'origine différente des végétaux immigrés et autonomes.
Pour les premiers, les investigations de M. Hooker ont été défi-
nitives, puisqu'il a non-seulement déterminé quelle voie ils ont
suivie dans leur immigration, mais encore étudié comment ils
ont pu la suivre [78]. Dans la petite île de Charles (100 espèces
par 2 1/2 milles carrés) [77], leur nombre est deux fois aussi élevé
que dans les grandes îles inhabitées, parce que dans cette
île la colonisation seule a pu en effectuer l'introduction. L'immigration naturelle a eu pour point de départ le littoral de
l'isthme, où l'on voit généralement répandues les plantes non
endémiques des Galapagos, et cela à l'aide d'un courant marin
local qui coule de la baie de Panama vers les parages nord-est
de l'archipel et y porte la température de la mer souvent à plusieurs degrés au-dessus de celle qui règne le long des côtes
méridionales, exposées au courant Humboldt. Dans la direction

du nord-est, les îles isolées de Chatham et de James ont fourni plus de plantes continentales (53 et 47 espèces) [77] que l'île Albemarle, qui dépasse en étendue toutes les autres îles prises ensemble, mais est soustraite au courant sus-mentionné par sa position sud-ouest.

Parmi les plantes immigrées se trouvent représentées notamment des familles qui, comme les Légumineuses et les Solanées, conservent pendant longtemps leur faculté germinative et sont, à cause de cela, au nombre des plantes tropicales dont les semences se développent le plus aisément dans nos serres européennes. Quelques-unes sont revêtues d'un tégument solide qui leur permet de mieux résister à l'action de l'eau de mer, et il en est peu qui renferment des huiles grasses susceptibles de se décomposer facilement. Quand on cherche à distinguer les familles les plus riches en espèces endémiques ou non endémiques, on ne tarde pas à remarquer des diversités tenant aux variations de la conservation de la faculté germinative : ainsi parmi 15 Rubiacées chez lesquelles cette faculté s'évanouit rapidement, il n'y en a que 2 d'origine continentale, et 13 parmi les Solanées.

Ceux qui admettent que les espèces équivalentes sont issues de la transformation d'espèces immigrées ne manqueront pas de citer également, parmi les végétaux endémiques des Galapagos, des exemples tendant à indiquer qu'une affinité intime les rattache à l'Amérique, continent supposé être leur patrie. Toutefois cette manière de voir ne saurait avoir une application générale. C'est précisément parmi les végétaux sociaux ligneux constituant le trait caractéristique de la physionomie des forêts déprimées de la montagne, que se trouvent les produits les plus particuliers, tels que les Scalésies et autres Synanthérées, qui, par la place qu'ils occupent dans la classification systématique, sont tout aussi étrangers au continent, à la terre ferme, que le sont les Lobéliacées de l'archipel des Sandwich. Les Galapagos seules ont fourni 10 genres endémiques dont l'autonomie est incontestée : à une exception près (*Scàlesia*), ils sont tous monotypes, et dans ce nombre 6 appartiennent aux Synanthérées. Toute l'éloquence déployée en faveur de l'origine continentale de la végétation des îles océaniques est impuissante à expliquer, s'il en est ainsi, quelles sont les organisations dont les modifications seraient censées avoir produit cette végétation. Par contre, l'affinité intime qui existe indubitablement entre beaucoup de produits de l'archipel et ceux de la flore américaine peut tout aussi bien être déduite de la loi organisatrice des analogies dans le sens de l'espace, que d'une connexion généalogique. Pourquoi donc, en général, la terre ferme aurait-elle, à l'égard des îles, le privilége d'avoir possédé des organisations autonomes, dont la production pendant les périodes les plus reculées de notre globe a dû précéder toute possibilité de variation ? Pourquoi ne verrait-on pas se reproduire plus tard et en plusieurs endroits ce qui a été possible au commencement, et ce dont les conditions seules restent à l'état de problème non encore résolu.

L'étude comparée des stations a fourni une différence constante entre les végétaux endémiques de chacune des îles. Plus de la moitié de ces végétaux a été constatée dans une seule des cinq îles explorées (123 espèces) [77], et un petit nombre d'espèces (5) seulement possédées en commun par l'archipel entier. Ces séparations n'ont pas été produites par des différences dans l'altitude des soulèvements volcaniques, ou dans la fertilité du sol, car dans toutes les îles les mêmes formations se répètent, et les dissemblances entre celles qui sont le plus fertiles sont tout aussi prononcées qu'entre ces dernières et les autres. Ce qu'il y a d'essentiel dans le phénomène, c'est ce fait que dans chaque île les formations végétales similaires sont composées d'espèces différentes, mais semblables et se remplaçant les unes les autres. On peut citer comme exemple les taillis des Scalesia qui ne manquent à aucune des cinq îles explorées, mais qui se trouvent, dans chacune d'elles, composés d'une ou de deux espèces particulières. Nous en concluons que dans le principe la nature n'avait assigné aux organismes que des habitat très-restreints, et qu'elle était aussi libérale dans la production des espèces que parcimonieuse dans celle des individus : c'est ce qui nous incline décidément en faveur de l'opinion qui fait dériver d'un seul individu les individus d'une même espèce.

Ces relations primordiales se sont conservées dans les Galapagos parce que l'échange entre les îles diverses était particulièrement entravé par leur position et par le manque de courant servant de moyen de connexion. Même aujourd'hui encore, beaucoup d'espèces endémiques se trouvent séparées comme dans un jardin et représentées par un petit nombre d'individus. Ce qui prouve que celles qui sont communes à deux ou à plusieurs îles se sont effectivement répandues par voie de transport, c'est que la manière dont elles sont disposées répond à la direction des courants marins, qui coulent de l'est à l'ouest, et à l'aide desquels les végétaux continentaux ont également immigré. Les plantes des îles orientales ont pu s'établir plus aisément dans les îles occidentales que *vice versâ* [79]. Par suite de la séparation des centres végétaux, ici encore, comme dans d'autres archipels océaniques, la proportion entre les espèces et les genres s'est trouvée élevée. Cependant il n'y a que peu de genres chez lesquels le nombre des espèces endémiques ait dépassé celui qu'on a constaté dans les îles qui avaient été comparées (*Scalesia* compte 8 espèces, *Borreria* autant, *Euphorbia* 10, *Acalypha* 6, y compris toutes les espèces douteuses citées par M. Anderson).

16. JUAN-FERNANDEZ. — Éloigné seulement de quelque 60 milles géographiques du littoral du Chili (34° lat. S.), le petit archipel de Juan-Fernandez a une étendue de moins de 2 milles géographiques carrés, mais n'en est pas moins fort remarquable par son caractère endémique. Ses montagnes basaltiques s'élèvent à environ 975 mètres (3000 p.) au-dessus de rochers littoraux abrupts ; cependant le sol est fertile et les hauteurs sont revêtues d'épaisses forêts qui alternent avec des tapis de Graminées [80]. Malgré la facilité avec laquelle l'émigration venant du continent pourrait s'y opérer, la végétation endémique n'en offre pas moins peu d'affinité systématique avec la flore chilienne ou la flore antarctique. Ici encore la forêt est habitée par des oiseaux particuliers, notamment par les colibris, qui ne se présentent plus nulle part sur notre globe, pas plus que les arbres sur lesquels ils nichent.

Par la prédominance des Fougères[81], ainsi que par l'état
arborescent de ces plantes, la végétation de Juan-Fernandez
se rapproche du caractère de la flore néo-zélandaise, mais les
essences angiospermes de la forêt y sont des Synanthérées arborescentes appartenant à un genre endémique de Chicoracées
(*Rea*) qui, comme telles, ne sont point en rapport avec aucune autre île océanique et y présentent une série de diverses
espèces (5 à 7). Le Palmier de Juan -Fernandez appartient
au contraire à un genre des Andes équatoriales représenté
dans cette île par une espèce particulière (*Ceroxylon australe*)
croissant à un niveau bien inférieur dans l'enceinte de la zone
tempérée. Parmi les arbustes endémiques il se trouve aussi
trois genres endémiques qu'on peut considérer comme correspondant au type de la flore sud-américaine : deux sont des
Synanthérées ligneuses (*Balbisia* avec 1 espèce, et *Robinsonia*
avec 4, tous les deux voisins du genre *Senecio*) et une Labiée
(*Cuminia* avec 3 espèces qu'on range à côté de *Sphacele*).
Juan-Fernandez ne possède donc pas moins de 4 genres par-
iculiers contenant environ 14 diverses espèces de végétaux
ligneux. Le bois de Santal, qui s'y rencontrait naguère, paraît
en être disparu.

17, ÎLES FALKLAND. — A une distance de la côte sud-américaine qui n'est guère plus grande, mais sous une latitude beaucoup plus élevée (52° lat. S.), se trouve, vis-à-vis de la Patagonie, l'archipel considérable des îles Falkland (220 milles
géographiques carrés), dont la flore est tellement uniforme
et tellement concordante avec celle du continent et du détroit
de Magellan, qu'elle nous offre peu de points d'appui pour constater un domaine autonome de centres végétaux. Ce qui la ferait
accepter dans ce sens, ce sont moins les formes végétales dominantes que les végétaux endémiques, qui ne se rattachent guère
à un type particulier quelconque, mais qui tous, sous le rapport
de la classification systématique, se trouvent dans une connexion intime avec la terre ferme. En général, on n'y a point
constaté de genres endémiques, mais l'absence complète de
végétation arborescente, qui distingue si bien les îles Falkland

du domaine antarctique de la terre ferme, n'y est pas, comme dans les Pampas, la suite d'une irrigation insuffisante ; le fait est dû aux vents violents qui balayent la surface des îles, soit plane, soit renflée en collines (jusqu'à 685 mètr. ou 1800 p.). Le climat uniforme y est âpre, quoique un peu plus doux que dans le détroit de Magellan ; la moyenne thermométrique annuelle à peu près la même qu'en Irlande, mais avec des étés plus frais de plusieurs degrés[82]. Les humides vents d'ouest couvrent le ciel de brouillards, et souvent on voit se produire de violentes averses de pluie et de grêle.

Destinées par la nature à être un pays de pâturages, où à la vérité on ne voyait, antérieurement à l'introduction du bétail, que des Pingouins et autres oiseaux pélagiens, les îles Falkland sont revêtues d'un tapis serré de Graminées, qui se déploie sur les puissants dépôts de tourbe. Le Tussock (*Dactylis caspitosa*), y forme une herbe haute, étendue, agglomérée, semblable aux Roseaux, et de concert avec d'autres Graminées (*Festuca*) ainsi que d'un Roseau (*Arundo pilosa*) servant également de fourrage, elle donne à ces îles leur caractère paysager. Parmi les herbes vivaces, quelques Ombellifères sociales les *Azorella* ont une ramification réunie en coussins fortement renflés, et le petit nombre de végétaux (7) ne constituent que des broussailles déprimées qui ont l'air d'adhérer au sol. Grâce à un tel mode de croissance ainsi qu'aux racines s'étendant au loin, tous ces végétaux résistent aisément aux mouvements orageux de l'atmosphère. Et quant à l'extrême humidité du sol que leur tissu absorbe lentement, plusieurs de ces végétaux paraissent protégés contre cet inconvénient à l'aide de sécrétions résineuses ou le vernis de l'épiderme[83].

Des explorations réitérées de la flore n'ont fourni qu'à peine 150 plantes vasculaires[84], dont cependant presque 20 pour 100 sont endémiques, ou du moins n'ont pas été jusqu'à présent observées sur la terre ferme. Mais comme le climat est différent, que la distribution des plantes est autre, et que parmi les arbustes aussi il y a au moins une espèce (*Senecio falklandicus*) particulière et plusieurs parmi les Graminées, on peut bien admettre que l'archipel n'a point emprunté à la terre ferme toute sa végétation, mais qu'une migration en sens opposé se sera aussi produite.

18. TRISTAN D'ACUNHA. — Entre le cap Horn et le cap de Bonne-Espérance, l'île volcanique de Tristan d'Acunha (37° lat. S.) élève son cratère éteint à la hauteur de 2534 mètres (7800 p.) [85]. L'étendue de l'île est tout aussi restreinte que celle de Sainte-Hélène (2 milles géographiques carrés). Les vents d'ouest régnant sous ces latitudes enveloppent presque constamment de nuages la montagne qui se dresse presque sans contreforts au milieu de l'Atlantique : il pleut abondamment et en tout temps ; ce n'est qu'en été (de janvier à mars) qu'on peut compter sur des jours sereins, mais encore sans certitude [86]. Après les violentes averses, les torrents des ravins montagneux se remplissent d'eau, et ne tardent pas à tarir ; ils précipitent périodiquement leurs splendides cascades dans la mer. L'eau courante, qui nivelle aussi le climat des hauteurs et des dépressions, se tient à la même température (10°) [86] ; le thermomètre à l'ombre monte en été rarement à 25°,7, mais par suite du refroidissement nocturne descend quelquefois à 8°,7. Comme aucune variété ne se fait sentir dans les saisons, la végétation ne subit jamais d'arrêt dans son développement.

Ce qui prouve combien ce climat uniforme convient aux Fougères, c'est que le nombre des Phanérogames observés dans l'île ne dépasse guère celui des Cryptogames vasculaires (2?). Même sur le plateau qui environne le dôme du cratère (910 m. ou 2800 p.), ainsi que plus bas dans les terrains humides, croît une Fougère à tige ligneuse (*Lomaria robusta*), qui quelquefois s'élève à 1 mètre, 1m,6 au-dessus du sol, mais ordinairement s'étend sur la surface de ce dernier et ne se redresse que par son extrémité. C'est à peu près jusqu'au même niveau que la majeure partie des versants de la montagne est revêtue d'un bois tordu endémique (*Phylica arborea*) *, qui, fixé dans les fissures de la roche constitutive de la contrée, atteint 6m,4.

---

* Voyez, pour le *Phylica arborea*, ma Note sur les îles d'Amsterdam et de Saint-Paul, où ce végétal a été également constaté (île de Saint-Paul), ainsi que plusieurs autres plantes de Tristan. — T.

L'atmosphère orageuse ne permet guère aux arbres d'acquérir une taille plus élevée. Une espèce de Roseau (*Spartina
arundinacea*) constituant un gazon de la hauteur d'homme,
occupe les interstices entre les buissons. La région supérieure, où cesse le bois tordu, produit également, jusqu'à
une altitude considérable, de délicates Graminées (*Agrostis
media* et *ramulosa*).

Tous ces végétaux dominants et quelques autres sont endémiques [86]; on n'a pas constaté à Tristan de genres particuliers.
Deux seulement des genres de cette île ont leur centre d'extension au Cap (*Phylica, Pelargonium*); d'autres se trouvent dans
le même rapport avec le domaine antarctique américain, pourtant bien plus éloigné (*Acæna, Nertera, Empetrum, Uncinia*).
On ne peut admettre une émigration directe de l'Afrique méridionale que pour le Pelargonium (*P. australe* var. *acugnati-
cum*), dont l'espèce souche a engendré des variétés climatériques au Cap comme dans la Nouvelle-Zélande et en Australie[67].
Au contraire, plusieurs plantes immigrées sont décidément originaires de l'Amérique méridionale[87], et les Fougères aussi ou sont
voisines de celles de ce continent, ou en proviennent directement[88]. De telles migrations trouvent, même sans tenir compte
des vents d'ouest dominants, leur explication toute simple dans
le courant marin antarctique, qui coule du cap Horn à travers
les latitudes méridionales de l'Atlantique et de la mer des Indes
dans la direction de l'est, et sert de lien entre les côtes les plus
lointaines*.

---

* Nous devons à la remarquable expédition du *Challenger*, dont les travaux
se trouvent résumés d'une manière fort instructive dans les *Mittheilungen* de
M. Petermann (ann. 1874, t. XX, p. 280), des renseignements sur plusieurs groupes
insulaires de l'Océanie et entre autres sur l'île de Tristan d'Acunha, pour la première fois visitée en 1792 par Dupetit-Thouars. Parmi les plantes intéressantes, les
savants du *Challenger* y signalent une nouvelle espèce (non déterminée) de *Rhamnus* exclusivement propre à cette île, ainsi que le *Chenopodium tomentosum* Th.,
dont les feuilles macérées dans l'eau chaude fournissent un thé que les habitants
boivent avec du lait et du sucre. L'île est entourée d'une ceinture du gigantesque
Macrocystis pirifera Ag., très-fréquent dans la zone tempérée des mers du Sud,
d'où il s'étend jusqu'aux contrées polaires. Autour de l'île, cette plante atteint très-
souvent une longueur de 32 à 65 mètres et quelquefois même de 227 à 325 mètres,
formant des masses agglomérées de la grosseur d'un corps d'homme. — T.

19. Pays de Kerguelen. — Au sud de l'océan Indien (sous 50° lat. S.), se trouve l'île basaltique de Kerguelen, presque à la même distance de l'Afrique et de l'Australie. Le soulèvement de cette île au-dessus de la surface de la mer ne paraît guère considérable (à 780 m. ou 2400 p.); son étendue est assez grande (126 milles géographiques carrés), et pourtant elle a à peine 20 plantes vasculaires [89]; en sorte que, placée sous la latitude de Mayence, elle y possède seulement un cinquième de la population végétale du Spitzberg. Bien qu'orageux, le climat n'y est pas trop âpre : depuis l'automne jusqu'à l'hiver (de mai à juillet) le thermomètre ne descendit que rarement au-dessous de zéro, et dans les localités les plus déprimées la neige ne se maintient jamais au delà de deux à trois jours [90]. La pauvreté disproportionnée de la flore est d'abord plutôt la suite de l'infécondité du sol, puis de l'éloignement de l'île, qui paralyse l'immigration, sans qu'elle soit compensée par des produits endémiques. Les terrasses qui renflent la surface de l'île sont séparées par des contre-forts qui finissent par descendre dans la mer en rochers abrupts ou même verticaux ; la neige recouvre les hauteurs, et les violentes averses ne cessent d'emporter sur les versants montagneux les galets et la terre [90], en sorte que les alluvions ont de la peine à se maintenir *.

* Nous sommes à la veille de recevoir de nouveaux matériaux pour l'histoire naturelle de l'archipel de Kerguelen, qui a servi de station à l'expédition américaine chargée d'observer le passage de Vénus sur le soleil. A cette occasion, la faune et la flore de Kerguelen ont été l'objet d'études particulières, non-seulement de la part du docteur Kidder, attaché à l'expédition américaine, mais aussi de la part du Rév. Faton et du docteur Nouman, naturalistes des expéditions astronomiques anglaise et allemande. Les résultats des travaux des deux derniers savants sont encore inconnus, mais le docteur Kidder a publié (*Comptes rendus*, etc., ann. 1875, t. LXXX, p. 1224), sur la flore et la faune de Kerguelen, une courte note dans laquelle il dit que la flore pauvre, mais originale, lui a fourni quelques plantes non signalées dans l'ouvrage de M. Hooker, et il nous apprend qu'il ne rapporte pas moins de 28 caisses de spécimens botaniques, tout en faisant observer que, vu leur séjour plus prolongé dans ces îles, MM. Faton et Nouman auront réuni des collections plus complètes. Quant à la faune de Kerguelen, le docteur Kidder nous apprend qu'à l'exception d'une seule espèce, tous les Oiseaux y ont les pattes palmées; qu'il n'existe dans ces îles ni Reptiles, ni Batraciens, mais beaucoup de Crustacés; que les lacs ne renferment qu'une seule espèce de Poisson, et que la classe des Mammifères exclusivement terrestres y est à peine représentée, tandisque les Mammifères amphibies, tels que Phoques, Élé-

. La végétation est semblable à celle des îles Falkland; elle consiste en un riche gazon à Graminées, aussi bien qu'en Ombellifères antarctiques (*Azorella*) formant des coussinets arrondis, fortement agglomérés : à un niveau d'environ 325 mètres (1000 p.) cette végétation disparaît[91]. Il n'y a point de végétaux ligneux. Parmi les plantes vasculaires endémiques (6 herbes vivaces et 2 Graminées), la plus remarquable est une Crucifère (*Pringlea antiscorbutica*), dont la rosette rappelle une tête de Chou, et que déjà Cook désigna comme légume sous le nom de Chou de Kerguelen. En outre, il y est encore un deuxième genre endémique et monotype (*Lyallia*, Caryophyllée). Les autres produits spéciaux de l'île appartiennent tous aux genres de la flore antarctique (ex. : *Acæna, Colobanthus, Leptinella* ; le *Festuca Cookii*, qui ordinairement compose le

---

phants de mer, etc., y ont été tellement chassés par les baleiniers américains, qu'ils sont devenus fort rares. Une autre particularité remarquable relativement à la faune de l'île de Kerguelen est signalée par M. Ch. Darwin, qui, dans l'ouvrage qu'il vient de publier sous le titre de : *The Effects of cross and self-fertilisation in the vegetable Kingdom*, mentionne l'absence d'Insectes ailés dans cette île, phénomène qui acquiert une importance particulière par ce fait, que tandis que presque toutes les espèces de la famille des Crucifères exigent pour leur fécondation l'intervention des insectes, dans l'île de Kerguelen la Crucifère *Pringlea antiscorbutica* n'est fécondée que par l'action du vent, précisément à cause de l'absence dans cette île d'Insectes ailés. Tout récemment les quelques données sur la faune de Kerguelen fournies par le docteur Kidder ont été confirmées par les renseignements beaucoup plus précis et plus étendus qu'a publiés le docteur Studer (voy. *Verhandl. der Gesellsch. für Erdkunde zu Berlin*, ann. 1876, t. III, p. 159). D'après ce savant, l'ensemble de cette faune, en tant qu'elle est connue, se compose de 4 Mammifères, 22 Oiseaux, 15 Insectes, 6 Arachnides et 7 Crustacés. Parmi les Mammifères amphibies, 2 espèces sont nouvelles; parmi les Oiseaux, 4 espèces ; parmi les Mollusques il y a des genres nouveaux. « A en juger par ce que nous connaissons de la faune de cette contrée, dit M. Studer, la majorité des formes marines sont exclusivement propres à Kerguelen, tout en offrant de la ressemblance et en partie, une complète identité, avec les faunes connues du détroit de Magellan et de la Tasmanie méridionale. Dès lors il serait permis d'admettre l'existence d'une *faune antarctique circompolaire*, qui indique peut-être une connexion ancienne entre les groupes insulaires disséminés actuellement. » — Nous possédons également quelques données récentes sur la flore de Kerguelen, fournies par les naturalistes de la *Gazelle* (voy. *Zeitschrift*, loc. cit.), qui signalent parmi les Phanérogames non indiqués par M. Hooker : 2 espèces de *Ranunculus*, une de *Cerastium*, une de *Rumex* et une de *Poa*, et parmi les Fougères 4 espèces qu'il faudra ajouter au *Lomaria alpina* R. Br., la seule Fougère constatée par M. Hooker. Les Algues, de dimensions plus grandes, sont particulièrement représentées par

tapis de Graminées, est voisin du Tussock). Par l'un de ces genres (*Colobanthus*), la flore du Kerguelen est en rapport avec l'île d'Amsterdam (39° lat. S.), qui surgit également au milieu de la mer des Indes. Toutefois ces espèces équivalentes peuvent être considérées comme autant d'analogies climatériques parmi les produits des latitudes australes plus élevées ; quant à celles qui sont immigrées, elles témoignent d'une connexion directe. En effet, elles ne proviennent point des continents plus limitrophes, mais bien du domaine de l'Amérique antarctique, et ici encore cette immigration doit être attribuée au courant marin se dirigeant à l'est et qui sert de trait d'union entre des côtes séparées les unes des autres par 130° de longitude.

Pendant son séjour de trois mois dans le pays de Kerguelen, M. Hooker trouva vers l'hiver les mêmes plantes en fleur que

le *Macrocystis pirifera* Ag., dont les racines plongent à une profondeur de 2 à 18 brasses au-dessous de la surface de la mer. Sur certains points, cette Algue constitue, à une profondeur de 2 à 13 brasses, de petites collines de 3/4 de mètre de hauteur, ayant la circonférence d'une grande table ronde, dont les interstices sont rapidement occupés par un limon très-riche en Diatomées. Des fragments de cette Algue ont quelquefois 4 mètres de longueur, à belle frondaison, et revêtus de corps vésiculaires. L'*Urvillœa utilis* Bory est presque aussi fréquent que le *Macrocystis pirifera* et forme une ceinture tout autour des îles. Les zones intermé liaires entre ces deux grandes Algues sont occupées par des Algues plus petites, notamment par des Floridées et quelques autres Fucoïdées, telles que *Rhodhymenia*, *Delesseria* et des espèces de *Ceramium* et de *Desmarestia*. Le groupe des Kerguelen offre une grande richesse en Diatomées ; elles habitent soit les bassins lacustres de la terre ferme, soit le fond de la mer. La sonde en ramena un grand nombre des profondeurs de 350 brasses, et dans de tels endroits la température de la surface de la mer était dans les limites de + 35° et + 6°, tandis qu'à des profondeurs plus grandes la température était comprise entre — 1°,5 et + 2°,9. — Enfin, le Rév. A. E. Faton a rapporté de Kerguelen des collections assez complètes d'Algues, de Mousses et d'Hépatiques. Il résulte des études dont elles ont été l'objet de la part du professeur Dickie et de M. W. Mitten (voy. *Athenœum* du 11 mars 1876, p. 368), que sur les 65 espèces d'Algues, 9 sont exclusivement propres à Kerguelen, tandis que le reste se retrouve également en Europe. Les Mousses consistent en 38 espèces et les Hépatiques en 13 ; les premières offrent une espèce nouvelle (*Bryum Fatoni*) et les dernières deux (*Tylimanthus viridis* et *Balantiopsis incrassata*). De même le Rév. M. J. Berkeley vient de présenter à la Société Linnéenne de Londres, (voy. *Athenœum* du 20 mai 1876) un rapport sur les Champignons recueillis dans les îles de Kerguelen, pendant la station qu'il y fit lors de l'expédition pour observer le passage de Vénus (1874-1875) ; il résulte de ce rapport que cette classe de Cryptogames est très-faiblement représentée dans les îles en tant qu'il s'agit du chiffre numérique des espèces. — T.

Cook avait observées au cœur de l'été[92]. La grande prédominance de l'eau sous les hautes latitudes australes, le ciel nuageux, ainsi que les glaces flottantes détachées en été du continent
antarctique et dont la fonte refroidit la bonne saison, toutes ces
influences déterminent une uniformité dans la répartition de la
température qui, à ce qu'il paraît, va en croissant à mesure
qu'on se rapproche du pôle austral. Ici les saisons ne diffèrent
point, comme dans le Nord, par leur température, mais presque
uniquement par les variations de la lumière : tous les mois sont
froids, mais, de même que sous les tropiques, la température
oscille dans des limites restreintes. Dans le domaine des montagnes de glace, entre 55° et 65° lat. S., on eut rarement en été
un jour où la température fût au-dessus de zéro ou au-dessous
de —6°,2. Ici, des vents du sud à neiges abondantes alternant
avec des courants atmosphériques septentrionaux qui, imprégnés de vapeurs aqueuses, déploient sans cesse sur la surface
de la mer leur linceul blanc de brouillards d'une indescrip-
tible densité. Par suite du mélange des vents de terre et de
mer, on voit également dans les îles limitrophes de cette zone
se produire de semblables précipitations qui enlèvent à ces
îles les avantages du climat solaire et font disparaître en grande
partie les variations de températures dépendantes de la position du soleil. Telles sont les causes qui à elles seules suffisent pour qu'avec la décroissance de la température annuelle,
la vie organique cesse complétement déjà de ce côté du cercle
polaire.

   C'est précisément sous ce point de vue qu'il devient remarquable que, malgré les conditions climatériques aussi différentes, les familles et les genres n'en soient pas moins les mêmes
que dans le haut Nord. Il est vrai que dans les îles Falkland et
le pays de Kerguelen, les espèces des herbes vivaces aussi bien
que des Graminées déploient un luxe de gazon inconnu dans les
contrées arctiques, où la végétation subit un long sommeil hivernal. D'autre part, la flore d'îles semblables a dû rester bien plus
pauvre, parce que les seules plantes qui puissent y reproduire
leur structure sont celles qui se montrent indifférentes à la
variation des saisons et à l'action calorifique des rayons so-

laires. Le haut Sud n'a guère été capable de neutraliser ce défaut à l'aide de ses propres créations *.

* Au N. E. N. de l'archipel de Kerguelen se trouvent les îles d'Amsterdam et de Saint-Paul, qui méritent d'être particulièrement signalées à cause des nombreuses et importantes études dont elles ont été récemment l'objet de la part des savants français qui accompagnèrent l'expédition envoyée dans ces parages pour l'observation du passage de Vénus sur le soleil. « Inhabitées et inhabitables, dit M. Ch. Velain (*Comptes rendus*, ann. 1875, t. LXXX, p. 998), ces îles ne sont que la patrie ou le refuge d'un nombre considérable d'oiseaux de mer » qui, ainsi que la faune marine, offrent aux zoologistes un vaste champ d'exploration, tandis que la constitution zoologique et la végétation de ces îles ne sont pas moins dignes d'intérêt. — Quant à la végétation, M. Velain laisse à M. de l'Isle, botaniste de la mission, le soin de faire connaître les résultats de ses travaux; pour le moment, M. Velain se borne aux observations suivantes : « Dans l'île d'Amsterdam, depuis 30 mètres environ d'altitude jusqu'à près de 300 mètres, les *Isolepis* (*I. nodosa*), atteignant parfois la hauteur d'un homme, et si serrés, qu'on a peine à les écarter, forment une bande qui ne peut être franchie qu'au prix des plus grandes fatigues. » Au-dessus de cette bande se présente la région des grandes Fougères et des Graminées, où se trouve surtout, groupé par petits bouquets, le *Phylica nitida*, qui croît également en abondance dans les hauts de l'île de la Réunion. Au delà de 300 mètres, on ne rencontre plus dans les dépressions, dans les sillons des laves et souvent même jusque sur les pitons, que des Mousses, des Sphaignes, avec des Lycopodes et des Fougères variées ; la végétation prend alors un caractère tout à fait tourbeux qu'elle conserve jusqu'au sommet. — De son côté, M. Hooker a fourni (*Journ. of the Linn. Soc.*, vol. XIV, pp. 474-480) des renseignements importants sur la flore des îles d'Amsterdam et de Saint-Paul; il constate entre autres, dans l'île d'Amsterdam, la présence du *Phylica arborea*, qu'on avait jusqu'alors cru exclusivement propre à l'île Tristan d'Acunha, séparée de l'île d'Amsterdam par le continent africain et de vastes océans. — Pour les Fougères et les Lycopodes de ces îles, nous possédons un travail de M. E. Fournier qui nous apprend (*Comptes rendus*, ann. 1875, tome LXXXI, p. 1139) que le total de ces Cryptogames se monte à 20 espèces, dont une seule, l'*Aspidium* (ou *Lastrea*) *antarcticum*, est exclusivement propre à l'une de ces îles. « Six espèces de cette liste sont communes entre les îlots de Tristan. Des identités de même valeur géographique ont été constatées d'ailleurs entre d'autres végétaux de ces îles, que séparent plus de 100° de longitude, ainsi que pour différents animaux. Si l'on réunit en un seul groupe les Fougères et les Lycopodiacées de Saint-Paul et d'Amsterdam qui se rencontrent, soit à Tristan d'Acunha, soit au Cap, soit aux îles Mascareignes, soit en Australie ou en Tasmanie, soit enfin dans l'Amérique australe, on obtient un total de 15 espèces sur 20, dont le type de distribution géographique est offert par le *Lomaria Penna marina*, et qui appartiennent évidemment à une région antarctique, ou plutôt à une époque de végétation antérieure à la nôtre, pendant laquelle la diffusion des espèces a été réglée par une distribution différente des continents et des mers, et dont nous n'avons plus aujourd'hui que de rares témoins dans ces îlots ou sur les points continentaux de l'océan Atlantique. » — Enfin, MM. Ém. Bescherelle et J. de l'Isle viennent de publier des données assez étendues (*Comptes rendus*, t. LXXXI, p. 720-726) sur les Mousses et les Lichens de

Au delà de la latitude des îles Falkland, les plantes vasculaires trouvent bientôt leur limite. L'herbe vivace la plus

Saint-Paul et d'Amsterdam. Selon M. Bescherelle, « les Mousses recueillies à l'île de
Saint-Paul, de même que celles de l'île d'Amsterdam, présentent un caractère tout
particulier qu'on ne retrouve pas dans les plantes supérieures non plus que dans
les Fougères. Sur les 15 espèces connues à Saint-Paul et sur le même nombre
rapportées d'Amsterdam, on remarque 5 espèces européennes très-communes dans
l'hémisphère boréal ». En dehors de ces 5 espèces, auxquelles s'ajoutent encore
trois signalées dans quelques localités peu nombreuses, les autres espèces, au
nombre de 22, ne paraissent pas habiter d'autres régions et constituent le fond
de la végétation muscinale des îles volcaniques de Saint-Paul et d'Amsterdam.
M. Bescherelle termine son travail par une liste des Mousses connues jusqu'ici
dans ces îles. Parmi les 15 espèces de la première, 5 sont nouvelles, et parmi
les espèces de l'île d'Amsterdam il n'y en a pas de nouvelles. Quant au travail de
M. de l'Isle, il a pour objet des Lichens recueillis dans les deux îles et déterminés par M. Nylander. L'île de Saint-Paul contient 13 espèces, dont 10 nouvelles
(au nombre desquelles figurent 2 *Parmelia*, 3 *Lecanora*, 2 *Physcia* et 2 *Lecidea*).
L'île d'Amsterdam n'a fourni que deux Lichens : *Stereocaulon proximum* Nyl. et
Peltigera dolichorrhiza Nyl. Ainsi les deux petites îles n'ont pas enrichi la flore
cryptogamique connue jusqu'à présent de moins de 24 espèces. — Il est intéressant
de voir que le caractère de localisation si fortement exprimé dans les deux îles par
le règne végétal s'y trouve non moins vivement reflété par le règne animal, notamment par les faunes ichthyologique et malacologique. Sur la première, M. H.-E. Sauvage a publié des renseignements intéressants (*Comptes rendus*, t. LXXXI, p. 987),
en nous apprenant qu'on ne connaît dans ces îles que 10 espèces de poissons dont
3 seulement constatées ailleurs, et encore 2 d'entre elles ont été pêchées en pleine
mer. C'est avec les espèces de l'Australie, c'est-à-dire avec celles que l'on trouve
presque sous le même parallèle, que les poissons de l'île Saint-Paul ont le plus
de arpport. Quant à la faune malacologique, M. Ch. Velain nous informe (*Comptes
rendus*, ann. 1876, t. LXXXIII, p. 284), que les 40 espèces de Gastéropodes et de
Lamellibranches recueillies par lui dans ces deux îles sont réparties entre 29 genres
dont 5 nouveaux, tandis que la presque totalité des espèces (33) sont nouvelles.
Les 7 espèces qui ne sont pas exclusivement propres à ces îles, se retrouvent au
cap de Bonne-Espérance, au Port-Natal et dans l'île de Tristan d'Acunha. La faune
malacologique de l'île d'Amsterdam est identique avec celle de l'île Saint-Paul, la
proportion des différentes espèces seule varie ; cependant un *Helix* vivant dans les
petites anfractuosités des laves poreuses, dans les falaises du nord de l'île d'Amsterdam, paraît être propre à cette île : c'est une espèce très-voisine des espèces rares
rapportées des Açores par M. Morelet, mais elle est aussi différente que possible de
celles du Cap et de Port-Natal ; elle ne peut pas davantage se comparer avec la
seule espèce connue du pôle sud : *H. Hookeri*, qui habite la terre de Kerguelen.
— Le Phoque en général, et l'Éléphant de mer en particulier (*Phoca leonina* L.)
étaient jadis très-fréquents dans les parages de l'île Saint-Paul, mais ils y
ont été complétement détruits, selon M. le baron de Schleinitz (*Verhandl. der Gesellsch. für Erdk. zu Berlin*, t. III, p. 204), qui, pour donner une idée du terrible
massacre dont ces animaux sont l'objet, fait observer que dans une des îles Crozet (petit archipel situé au S. O. de l'île Saint-Paul), pendant les deux à trois

méridionale, une Ombellifère, avait déjà été observée par Cook dans la Géorgie du Sud (54° lat. S.). Dans l'île Macquarie, au sud-ouest de la Nouvelle-Zélande, M. Wilkes ne mentionne qu'un gazon à hautes Graminées, en sorte que les îles South-Shetland (60° à 63° lat. S.) marquent la limite extrême également d'une Graminée (*Aira antarctica*).

Enfin, les derniers végétaux dans la direction du pôle austral sont les plantes cellulaires observées par M. Hooker dans l'île Cockburn (64° lat. S.), limitrophe des South-Shetland[94]. Sous cette latitude cessent même les Algues qui flottent dans la haute mer du Sud. Elles manquent également à la côte continentale de Vittoria (77° 30' lat. S.), où, sous le méridien de la Nouvelle-Zélande, le cratère flamboyant de l'Erebus, ainsi que le volcan éteint de Ferrar, s'élèvent à 3898 mètres (12 000 p.), et où le sol, même au niveau de la mer, est dénué de toute végétation, spectacle que la nature a épargné aux régions extrêmes du Nord. La chaleur solaire accordée aux régions arctiques a été refusée, du moins dans la période actuelle de notre globe, aux latitudes élevées de l'hémisphère austral. Lors de son expédition antarctique, M. Ross trouva que déjà sous le parallèle de 64°, sous une latitude où l'été norvégien jouit encore d'une température de 15°, les valeurs thermométriques moyennes étaient au-dessous de zéro, à une époque où le soleil occupait sa position la plus élevée (en janvier et février)[93]. C'est là ce qui fait que précisément ici les conditions vitales de la végétation descendent au niveau des toundras arctiques. La roche volcanique non désagrégée de l'île Cockburn[94] ne saurait nourrir même un toundra : les Mousses à frondaison y sont d'une imperceptible exiguïté, et le petit nombre de Lichens, parmi lesquels une forme ubiquiste (*Parmelia murorum* var. *miniata*)

mois que dure la saison, on avait, en 1866, tué 1059 Éléphants de mer; et ce qui rend ce carnage d'autant plus désastreux, c'est que les animaux tués ne sont que les animaux qui viennent à terre pour y mettre bas leurs petits, en sorte que, du même coup, on détruit la mère et sa postérité. Sur un point seulement du littoral de ces petites îles on tue en un seul jour environ 200 individus. Aussi, en 1869, les Éléphants de mer avaient complétement disparu dans les parages des îles Crozet, où en ce moment on prépare le même sort au Pingouin, dont en 1869 on massacra 44 859 individus. — T.

reflète au loin sa teinte rouge, n'adhèrent aux roches que comme de simples écorces.

La différence climatérique entre les deux zones polaires tient à la position du continent antarctique au milieu de la mer glacée qui l'entoure. Autant que nous sommes capables d'embrasser l'ensemble de l'économie de la nature, il semblerait que les anciennes terres fermes doivent nécessairement finir un jour par perdre de leur valeur, lorsqu'elles auront été complétement lavées par l'eau courante et que la surface des roches ne pourra plus fournir les substances alimentaires indispensables au maintien de la vie organique. D'autre part, il se pourrait qu'un avenir de nouvelles créations fût réservé à notre globe, alors que, par suite de nouveaux soulèvements dans la zone tempérée de l'hémisphère austral, l'action du soleil s'exercera sur un sol plus susceptible d'échauffement que ne l'est le sol actuel. Aussi, sous les mêmes latitudes méridionales où la vie se trouve éteinte aujourd'hui, il y a eu déjà une fois une ancienne période pendant laquelle un échauffement plus intense était possible : car ce qui permet d'admettre cette conclusion, c'est que, de même qu'il y a eu dans le Groenland des forêts aujourd'hui évanouies, de même l'existence dans la terre de Kerguelen d'arbres forestiers se trouve constatée par des troncs fossiles parfaitement conservés [90].

PIÈCES JUSTIFICATIVES

ET ADDITIONS

XXIV. ILES OCÉANIQUES

1. J. D. HOOKER, *On insular Floras*, p. 6, 11, 9, 7 (*British Association*, 1866; rapport dans le *Jahrbuch* de M. Behm, II, p. 188). M. Watson n'admet que pour quatre plantes de la flore des Açores une origine américaine (dans Godman, *Natural History of the Azores*).

2. FRITSCH, *Die Ostatlantischen Inselgruppen* (rapport sur la Société des naturalistes de Senkenberg, 1870, p. 100, 97, 86).

3. Climat de San Miguel : Température moyenne annuelle, 16°,8; mois le plus froid (décembre), 13 degrés; le plus chaud (août), 21°,2 (Dove, *Temperaturtafeln*, p. 40). Quantité de pluie, 0^m,82 (Dove, *Beiträge*, I, p. 166). Cependant, à Fayal, des observations faites pendant une année donnèrent 1^m,62, répartis entre 196 jours de pluie (Bettencourt in Hartung, *Azoren*, p. 35). Sur cette précipitation, 32 pour 100 reviennent à l'hiver, 42 à l'automne, et seulement 6 à l'été (*ib.*, p. 38).

4. WATSON (*London Journal of Botany*, II; *Jahresb.*, ann. 1843, p. 57).

5. SEUBERT, *Flora azorica*, p. 6, ainsi que son exposition étendue dans Wiegmann, *Archiv für Naturgeschichte*, ann. 1833, avec une table des hauteurs.

6. HARTUNG, *Azoren*, p. 56, 68.

7. WATSON (chez Godman, *loc. cit.*).

8. Climat de Funchal (Dove, *Temperaturtafeln*, p. 40; les valeurs plus basses placées entre parenthèses sont, d'après M. Mittermeyer, dans Schacht, *Madeira und Teneriffe*, p. 8) : Température annuelle, 19°,7 (18°,2); mois les plus froids (janvier et février), 17°,5 (15° — 16°,2); mois les plus chauds (août et septembre), 23 degrés (22°,5 — 21°,2). Quantité de pluie, 0^m,8. (Moyenne des mesures communiquées par M. Johnston, chez Schacht, *loc. cit.*, p. 9.)

9. CADA MOSTO, *Reisebericht*, ann. 1455 (dans *A new general Collection of Voyages*, vol. I, p. 575).

10. SCHACHT, *Madeira und Teneriffe*, p. 2, 99, 58, 23, 114; planches des pages 25, 9, 127.

11. Partie I, page 281. Les observations de M. Heer sur la période de développement de la végétation de Madère (*ib.*, p. 275) ont été plus tard acceptées et étendues par M. Hartung (*Azoren*, p. 68 et suiv.). A ce qui a été communiqué précédemment (partie I, p. 569), il y a lieu d'ajouter les faits suivants, empruntés des données nombreuses relatives aux époques de floraison. Bien que quelques espèces endémiques aient été citées, qui, en leur qualité de végétaux non périodiques, fleurissent à toutes les époques de l'année, il n'en est pas moins vrai que, chez la plupart de ces végétaux, la floraison a lieu pendant la dernière moitié de l'hiver et du printemps (fin janvier jusqu'à mai), et par conséquent pendant la période de la courbe thermique ascendante. Le *Dracœna Draco* offre un exemple de longue durée de la végétation, puisque cette plante fleurit au commencement d'avril et ne mûrit ses fruits qu'à la fin de décembre. De même que dans le midi de l'Europe, il se présente ici également des cas isolés où l'époque de la floraison se trouve retardée jusqu'à l'été ou l'automne. C'est l'*Asparagus scoparius* qui s'écarte le plus de la règle, car il fleurit depuis la fin de novembre jusqu'à janvier. Les plantes immigrées s'éloignent peu du type climatérique de leur patrie; celles qui croissent dans les champs cultivés suivent la marche de développement des Céréales.

12. Au nombre des exemples frappants de nombreux sous-arbrisseaux de Madère, voisins des mauvaises herbes européennes, figurent des espèces endémiques de Crucifères (*Sinapidendron*), d'Ombellifères (*Melanoselinum*), de Synanthérées (*Sonchus squarrosus, Chrysanthemum pinnatifidum*), de Borraginées (*Echium*) et de Scrofularinées (*Isoplexis sceptrum*).

13. Les Laurinées de Madère sont : *Laurus canariensis, Apollonias canariensis, Oreodaphne fœtens* (l'arbre Til) et *Persea indica*. D'autres représentants de la forme Laurier appartiennent aux Myricées (*Myrica Faya*), aux Ilicinées (*Ilex Perado*), aux Oléinées (*Picconia excelsa*), aux Myrsinées (*Heberdenia excelsa*), aux Éricées (*Clethra arborea*), aux Rosacées (*Prunus lusitanica*), aux Ternstrœmiacées (*Vinca Mocanera*). Les seuls Conifères arborescents sont *Juniperus brevifolia* et *Taxus baccata*. Parmi les arbustes de la forêt de Lauriers, j'en trouve moins d'un tiers originaires de l'Europe, une série un peu plus grande mentionnée parmi les espèces atlantiques, et les suivantes en fait d'espèces endémiques : *Vaccinium maderense, Catha Dryandri*, trois Génistées, *Senecio maderensis*,

Chrysanthemum pinnatifidum, deux Labiées (*Bystropogon*), *Convolvulus Massoni* et autres.

14. Cosson, *Catalogue des plantes recueillies dans les îles de Madère et de Porto-Santo* (*Bullet. Soc. bot. France*, 1868, vol. XV).

15. Climat de Santa-Cruz : Température annuelle, 21°,7 ; mois le plus froid (janvier), 17°,6 ; mois le plus chaud (août), 26 degrés (Buch, d'après Dove, *loc. cit.*). A Laguna, dont l'altitude est de 530 mètres (1630 pieds), les mêmes valeurs donnent : température annuelle, 17 degrés ; celle de janvier, 12°,8, et celle d'août, 21°,6 (*ib.*).

16. Léop. de Buch, *Beschreibung der kanarischen Inseln;* comparez Fritsch (Petermann, *Mittheil.*, 1866, p. 217 ; Rapport dans le *Geogr. Jahrb.* de Behm, II, p. 217).

17. D'après M. Berthelot (*Histoire naturelle des îles Canaries : Géogr. botanique*, p. 56), dans la région littorale (488 mètres ou 1500 pieds sur le versant nord et 812 mètres ou 2500 pieds sur le versant sud), le ciel est presque constamment sans nuages et les précipitations rares, même en hiver. A Orotava (côte nord), le nombre des jours de pluie est estimé à 50 (Fritsch, *Ostatlantischen Inselgruppen*, loc. cit. p. 85), tandis qu'il est de 94 à Funchal et de 196 à Fayal (d'après Hartung, *Azoren*, p. 38).

18. Berthelot (*loc. cit.; Jahresber.*, ann. 1840, p. 450, 456). Ici se trouvent cités les cas remarquables où les plantes canariennes ne se présentent que dans une station unique : par exemple, *Manulea canariensis*, *Statice arborea*, plusieurs Crassulacées.

19. *Domaine méditerranéen*, vol. I, p. 526 et 556.

20. Bolle (Hooker, *Journ. of Botany*, V ; *Jahresbericht*, ann. 1854, p. 20).

21. Fritsch, *Reisebilder von der kanarischen Inseln* (Peterm. *Ergänzungshefte*, n° 22, ann. 1867).

22. Webb et Berthelot, *Hist. nat. des Canaries : Phytographie*. Les chiffres statistiques qui en résultent ont été formulés par M. Hartung (*Azoren*, p. 53).

23. *Jahresb.*, ann. 1846, p. 50. Je compte parmi les végétaux ligneux endémiques et atlantiques : 17 arbres, 84 arbustes dont la majorité appartient à des groupes qui, en Europe, restent en grande partie à l'état herbacé (dans ce nombre, par exemple, *Lotus spartioides*, *Centaurea arborea*, à Palma; des espèces de *Convolvulus* et d'*Echium*) ; sont encore nombreux les sous-arbrisseaux dans les familles des Synanthérées (34), des Labiées (26), des Crassulacées (16) et d'autres.

24. Berthelot, *Géogr. bot.*, loc. cit., p. 166.

25. Schmidt, *Beiträge zur Flora der Cap-Verdischen Inseln*, p. 8. Au

mois de mars, la température diurne était de 25 degrés à 33°,7. Quelque
élevé qu'il ait été le jour, le thermomètre descendait le soir à 17°,5 et
même à 15 degrés. (*Ibid.*, p. 9, 41, 67, 104 ; *Jahresb.*, ann. 1852, p. 65.)

26. DARWIN, *Journ. of Researches*, édit. allemande, I, p. 1, 2, 9.

27. A Santiago, on n'a observé que deux pieds de *Sapota marginata*
(Hooker, *Niger Flora*, p. 169). M. Schmidt nie l'indigénat du *Dracœna
Draco.*

28. WEBB (*Journ. of Bot.*, II; *Jahresb.*, ann. 1850, p. 60).

29. BOCANDÉ (chez Webb, *loc. cit.*). — LOVE (chez Hooker, *Insular Floras*, p. 6). En comparant la collection de M. Schmidt, je n'ai guère trouvé
confirmée l'assertion exprimée par M. Lowe et partagée par M. Hooker,
d'après laquelle les plantes endémiques des îles du Cap-Vert se rapproche-
raient plus de la flore méditerranéenne que de la flore atlantique. Cette
opinion ne se rapporte peut-être qu'aux arbres atlantiques qui, à l'exception des *Dracœna*, manquent précisément aux îles du Cap-Vert. La plupart
des arbustes endémiques sont des espèces très-voisines des espèces canariennes, appartenant aux groupes et aux genres qui, en dehors de la flore
atlantique, ne renferment, dans le midi de l'Europe, que des herbes
vivaces dénuées de tiges ligneuses.

30. Dans le catalogue de la flore du Cap-Vert, dressé par M. Schmidt, se
trouvent rapportées 435 plantes vasculaires, chiffre qui se réduit à 400 lorsqu'on en élimine les plantes cultivées qu'il contient (parmi lesquelles les
arbres cultivés seuls comptent 25 espèces). De même, le chiffre des espèces
endémiques (78) doit être un peu réduit (à 66), parce que l'autonomie de
quelques-unes de ces espèces paraît ne pas être fondée ou douteuse, et que
d'autres se présentent vraisemblablement aussi sur la terre ferme : ainsi
le *Sœmmeringia* a été rattaché au *Geissapsis*. D'après M. Schmidt (p. 105),
parmi ses 435 espèces, 177 sont indigènes également sur la côte occidentale de l'Afrique, mais leur nombre est bien plus considérable. Je compte,
parmi 324 espèces de végétaux non endémiques, 136 plantes, dont 87 se
trouvent dans toutes les contrées tropicales, 32 en Europe, tandis que
17 sont ubiquistes, ce qui n'empêche pas qu'il en reste encore environ
180 espèces africaines.

31. Les plantes canariennes (atlantiques) immigrées aux îles du Cap-Vert
sont : *Kœniga intermedia*, *Frankenia ericifolia* (Canaries et Açores),
Polycarpœa nivea, *Teline stenopetala*, *Lotus glaucus*, *Galium filiforme*,
Campylanthus Benthami, *Statice pectinata*, *Beta procumbens*, *Parietaria
appendiculata*, *Asparagus scoparius* (Canaries et Madère), *Lolium gra-
cile*. Le *Sideroxylon Marmulana* est possédé en commun avec Madère.

32. Parmi les plantes endémiques des îles du Cap-Vert (exclusion faite

des espèces douteuses), je compte comme appartenant à la série tropicale 16 espèces, notamment 8 Graminées, 3 Rubiacées, 2 Légumineuses, et des espèces isolées d'Asclépiadées (*Sarcostemma*), de Sapotées et d'Urticées. Parmi les 49 espèces qui répondent au type canarien et sud-européen, la majeure partie consiste en arbrisseaux et sous-arbrisseaux : ce sont 16 Synanthérées (dans ce nombre, plusieurs espèces de *Nidorella*, de *Conyza*, et d'*Odontospermum*), 6 Légumineuses (5 espèces de *Lotus*), 4 Crucifères (3 espèces de *Sinapidendron*), 3 Scrofularinées (*Linaria*), 2 parmi les Caryophyllées, les Ombellifères (*Tornabenea*), les Labiées, les Borraginées (*Echium*), les Plombaginées (*Statice*), les Fougères, et des espèces isolées de Cistinées, Smilacées (*Asparagus*) et Graminées. Enfin, on cite encore une espèce endémique d'un genre, lequel est caractéristique pour la flore du Cap (*Cyphia*).

33. DARWIN, *loc. cit.*, p. 278. — HOOKER, *Insular Floras*, p. 7. Les données sur les Fougères de l'Ascension viennent de M. Hooker. Baker (*Linn. Transact.*, XXVI, p. 345) n'y distingue que 7 espèces, dont 2 endémiques, 8 à Sainte-Hélène, dont, selon ce botaniste, 13 seraient endémiques.

34. BEATSON, *Tracts relative to the island of St-Helena*, p. 1.

. 35. Climat de Sainte-Hélène (Beatson, *loc. cit.*, p. 33) : Courbe thermique à Jamestown, 18°,7 à 25 degrés; à Plantationhouse, 16°,2 à 22°,5 (minimum, 11°2). Valeur pluviométrique moyenne : 0^m,877, avec 135 jours de pluie, répartie dans l'année de telle manière que les précipitations les plus fortes ont lieu en été (janvier-mars et probablement jusqu'à mai), tandis que les pluies hivernales, plus faibles (juillet et août), leur succèdent. Toutefois aucun mois n'est complétement exempt de pluie, et la quantité de pluie tombée est très-inégale dans les diverses années. (Dove, *Klimat. Beitr.*, I, p. 94.)

36. ROXBURGH, *List of Plants of St-Helena* (chez Beatson, p. 295, 326). PRITCHARD, *List of indigenous and exotic Plants of St-Helena*. Dans ces listes, je compte comme espèces positivement établies 36 Phanérogames indigènes (dont 30 endémiques), puis 23 Fougères et 2 Lycopodes. Dans ce nombre, M. Roxburgh indique parmi les végétaux ligneux endémiques 16 comme arbres et 9 comme arbustes.

37. Genres endémiques de Sainte-Hélène : les Synanthérées *Commidendron* (5 espèces, dont 4 arbres, voisins de *Solidago*), *Petrobium* (arbre monotype, placé dans la classification systématique à côté du genre chilien *Euxenia*), *Lachanodes* (3 arbres à côté de *Senecio*) et *Melanodendron* (arbre monotype à côté d'*Erigeron*); enfin une Rhamnée monotype, *Nesiota*.

38. Parmi les genres du Cap, considérés par M. Hooker (*Insular Floras*,

p. 7) comme étant représentés à Sainte-Hélène, M. Roxburgh signale positivement les suivants comme introduits : toutes les espèces de *Pelargonium*, puis *Mesembrianthemum* et *Osteospermum pisiferum*.

39. FROBERVILLE (dans Leguével de Lacombe, *Voyage à Madagascar*, I, p. 3). Sur le plateau déboisé d'Emirna, où se trouve la ville principale, règne une parfaite aridité depuis avril jusqu'à septembre; les autres mois les précipitations se produisent journellement. (Boyer dans Hooker, *Bot. Miscellanies*, III, p. 249.)

40. GRANDIDIER (*Bullet. Soc. géogr.*, 1867; compte rendu dans Behm, *Jahrb.*, III, p. 208). M. Leguével (*loc. cit.*) mentionne même une contrée déserte, dénuée de végétation, dans la proximité de la pointe méridionale de Madagascar.

41. ELLIS, *Three Visits to Madagascar*, p. 176, 39, 284, 313.

42. HOOKER, *On Nepenthes* (d'après Seemann, *Journ. of Bot.*, 1871, p. 49).

43. DOVE, *Klimatolog. Beiträge*, I, p. 102.

44. Madagascar et les Mascareignes possèdent en commun *Quivisia* parmi les Méliacées, *Payeria* parmi les Euphorbiacées, et *Imbricaria* parmi les Sapotées.

45. DU PETIT-THOUARS, *Observations sur les plantes des îles australes d'Afrique*, p. 6 (dans ses *Mélanges de Botanique*).

46. BORY DE SAINT-VINCENT, *Voyage dans les quatre principales îles des mers d'Afrique*, I, p. 311, 313, 319, 341.

47. BOUTON (*Bot. Miscellanies*, III, p. 214). Les familles suivantes sont citées comme prédominantes dans l'île Maurice : Rubiacées, Euphorbiacées, Convolvulacées, Buettnériacées, Sapindacées, Méliacées, Orchidées, Graminées, Cypéracées et Fougères.

48. BARKLY and SWINBURNE WARD (*Journ. Linn. Soc.*, IX, p. 118; compte rendu dans le *Jahrb.* de Behm, II, p. 219).

49. WILKES, *Narrative of the United States exploring Expedition*, IV, p. 95, 114, 145, 203, 252.

50. Hor. MANN (*Memoirs. of Boston Soc.*, 1869; compte rendu dans le *Jahrb.* de Behm, III, p. 208).

51. COKE, *A Ride to Oregon*, p. 335.

52. Exemples de rapports systématiques entre la végétation endémique dans les îles Sandwich et celle d'autres flores :

A l'égard de l'Asie : *Elæodendron*, *Broussaisia* (monotype à côté de l'*Hydrangea*), *Reynoldsia*, *Maba*, *Cyrtandra*, les Labiées endémiques *Phyllostegia* et *Stenogyne* (à côté de *Gomphostemon*), *Alyxia*, *Wickstrœmia*, *Ptilotus*, *Aerva*, *Claoxylon*, *Dracæna*, *Flagellaria*.

A l'égard de l'Amérique septentrionale : *Coreopsis, Sisyrinchium.*

A l'égard du Mexique : *Lipochæte,* de concert avec les monotypes *Argyroxiphion* et *Wilkesia.*

A l'égard de l'Amérique tropicale : *Isodendron* (de concert avec *Paypayrola*), *Perroteia, Lagenophora, Nama, Rauwolfia.*

A l'égard de l'Amérique méridionale et particulièrement de la flore andienne : *Acæna, Osteomeles, Gunnera,* les genres endémiques de Synanthérées *Dubantia, Raillardia,* et le genre monotype (l'unique représentant des Labiatiflores) *Hesperomannia,* puis *Sphacele, Astelia, Uncinia.*

A l'égard d'autres archipels du Pacifique, *Pela* et *Melicope* (Rutacées), *Bobea, Kadua* et le monotype *Gouldia* (Rubiacées); à l'égard de la Nouvelle-Zélande, *Edwardsia, Coprosma ;* à l'égard de l'Australie, les 7 genres signalés dans le texte; enfin, à l'égard de la Nouvelle-Guyane, *Tetraplasandra.*

53. Hor. Mann, *Enumeration of Hawaian Plants (Proceed. of Americ. Academy,* VII, p. 143-235). Voici les séries de familles qui y constituent les Phanérogames endémiques : Synanthérées (46), Lobéliacées (35), Rubiacées (28), Labiées (26), Cypéracées (21) (les Graminées n'ont pas encore été étudiées), Rutacées (17), Caryophyllées (16), Cyrtandracées (12), Légumineuses (9), Solanées, Euphorbiacées et Pipéracées (8 chacune). Les autres se répartissent entre 45 familles (dont deux comptent 7 espèces; trois, 6; quatre, 5; quatre, 4; huit, 3; sept, 2; et une seule, 26 espèces).

54. Wilkes, *loc. cit.,* II, p. 44, 53, 119; III, p. 322, 340; V, p. 474; — Wullerstorf, *Reise der Navara,* III, p. 201, 211.

55. Seemann, *Viti,* p. 277.

56. Seemann, *Flora Vitiensis,* p. 1-9. Les Phanérogames endémiques se répartissent, dans cet ouvrage, comme il suit en familles : Rubiacées (18), Euphorbiacées (30), Orchidées (22), Myrtacées (15), Urticées (14), Mélastomacées (12), Palmiers, Cyrtandracées (11 chacune), Tiliacées (10), Myrsinées (9). Les autres se trouvent réparties en 56 familles (dont quinze comptent 8-4 espèces, sept, 3; onze, 2; et vingt-trois seulement, une seule espèce).

57. Forster, *Voyage round the World,* II, p. 412, 425, 391.

58. Home, *Proceed. Linn. Soc.; Jahresb.,* ann. 1847, p. 60.

59. Endlicher, *Prodromus floræ norfolkicæ.*

60. More (*Gardeners' Chronicle ; Bericht* de Behm dans le *Jahrb.,* III, p. 209). Deux genres de Myrtacées et une Épacridée constituent, dans l'île de Lord Howe, presque le seul type australien. Point de Protéacées, point d'Acacias australiens, et en général, en fait de Légumineuses, seulement

trois genres ayant une extension plus considérable. La plupart des végétaux de l'ile, dont la forêt descend jusqu'à la ligne riveraine, appartiennent aux genres indigènes dans l'île Norfolk. Parmi les deux Fougères arborescentes se trouve aussi *Alsophila excelsa*. Les Palmiers (4) sont plus nombreux relativement à Norfolk ; la forme Pandanée est fréquente, et la forme Banyan (*Ficus*) se trouve également représentée.

61. La quantité de pluie tombée à Auckland (37° lat. S.) est de 1^m,3 : c'est au printemps et en été (octobre à janvier) que la précipitation est la moins considérable (Dove, *Klimatol. Beitr.*, I, p. 139). La température moyenne y est de 15 degrés ; celle de l'été de l'hémisphère austral, de 19°,2, et celle de l'hiver, 10 degrés. (Dove, *Temperaturtaf.*, p. 45.)

62. DIEFFENBACH, *Travels in New-Zealand*, I, p. 419-431 (*Jahresb.*, ann. 1843, p. 75).

63. HOOKER, *Introductory Essay to the Flora of New-Zealand* (*Jahresb.*, ann. 1833, p. 50).

64. HOME (*Proceed. of Linn. Soc.; Jahresb.*, ann. 1847, p. 60).

65. HOCHSTETTER, *Neuseeland*, p. 414. — HAAST, *Die Regionen des Mount Cook in den südseeländischen Alpen* (*ibid.*, p. 390).

66. LINDSAY (*Transact. Bot. Soc. Edinb. Bericht*, dans le *Jahrb.* de Behm, III, p. 210). Sur la côte occidentale de Canterbury, le grand glacier du mount Cook descend jusqu'à 163 mètres (500 pieds), et sur sa lisière on voit une forêt de Myrtacées avec Fougères arborescentes et Cordyline ; le Palmier Areca n'en est pas éloigné non plus.

67. HOOKER, *Handbook of the New-Zealand Flora*, p. 249, 257, 260, 37.

68. HOCHSTETTER (d'après le *Geogr. Jahrb.* de Behm, I, p. 266). Mesures de la ligne des neiges dans l'île septentrionale, sous 39°, donnant 2377 mètres (7320 pieds); dans l'île méridionale, sous 43°, lat. : 2377 mètres (7330 pieds), et sous 44° lat., 2286 mètres (7040 pieds).

69. Élimination faite des espèces encore non constatées dans la Nouvelle-Zélande même, je compte, chez M. Hooker (*Handbook*), 1021 plantes vasculaires, dont 892 Phanérogames. M. Hooker lui-même compte (*ibid.*, *Préface*, p. 14), en y comprenant quelques archipels limitrophes, 935 Phanérogames, dont 677 espèces endémiques.

70. DARWIN, *Journ. of Researches*, édit. allemande, II, p. 199.

71. Comparez *Domaine antarctique*, note 21.

72. Série des familles prédominantes dans la Nouvelle-Zélande : Synanthérées (13 pour 100 des plantes vasculaires), Fougères (11), Cypéracées (7), Scrofularinées (6), Graminées (près de 6), Ombellifères (4), Orchidées (3-4), Rubiacées (3), Renonculacées (2-3), Épacridées (2).

73 J. HOOKER, *Botany of Raoul island* (*Journ. Linn. Soc.*, I, p. 125).

Parmi les 42 plantes vasculaires des îles Kerguelen, il n'y avait que 5 endémiques, la moitié étant composée de Fougères néo-zélandaises.

74. MUELLER, *The Vegetation of Chatham islands*. — TRAVERS (*Journ. Linn. Soc.*, IX, p. 135); *Bericht* dans le *Jahrb.* de Behm, II, p. 219.

75. HOOKER, *Flora of Lord Aucklands and Cambell islands* (*Fl. antarctica*, vol. I); *Jahresb.*, ann. 1843, p. 76.

76. DARWIN, *Journal of Researches*, édit. allemande, II, p. 146 (*Jahresb.*, ann. 1842, p. 73).

77. ANDERSSON, *Om Galapagos Oearnes Vegetation*. Dans cette flore de l'archipel se trouvent énumérées 374 plantes vasculaires, dont un certain nombre, reconnues incertaines, doivent être exclues. M. Andersson lui-même admet pour base de ses comparaisons 337 Phanérogames, dont il considère 183 comme endémiques; en fait de Cryptogames vasculaires, il en cite 31 espèces. Les espèces endémiques (dont je compte 190) constituent la série suivante de familles prédominantes : Synanthérées (31), Euphorbiacées (22), Amarantacées (16), Graminées et Borraginées (15 chacune), Rubiacées (13), Légumineuses (11), Fougères (18), Cypéracées (6), Convolvulacées (5); puis viennent quatre familles à 4, quatre à 3, quatre à 2 et onze à une seule espèce endémique. D'après M. Andersson, la série des familles vasculaires entières serait celle-ci : Synanthérées (41), Légumineuses (33), Graminées (32), Fougères (30), Euphorbiacées (29), Borraginées (21), Amarantacées (19), Rubiacées (15), Solanées (13), Cypéracées (12). Parmi les 10 genres endémiques des Galapagos mentionnés dans le texte, 6 appartiennent aux Synanthérées, 2 aux Graminées, les 2 autres aux Caryophyllées (*Pleuropetalum*) et aux Borraginées (*Galapagea* avec 2 espèces). D'après les recherches de M. Andersson (p. 27), parmi les 181 espèces endémiques, 123 ont été trouvées exclusivement dans des îles séparées : l'île Charles avait fourni 42; Chatham, 28; James, 24; Albemarle 19, et Indefatigable 10.

78. J. HOOKER (*Transact. of Linnean Soc.*, XX, p. 163-262; *Jahresb.*, ann. 1846, p. 56).

79. M. Andersson a donné une liste (*loc. cit.*, p. 27, 28) des espèces se présentant dans deux ou plusieurs îles : l'île orientale Chatham compte 44; Charles, 41; le groupe occidental Albemarle, 24; James, 21, et Indefatigable, 12. C'est d'après ces données que celles précédemment fournie par J. Hooker (*Jahresb.*, loc. cit., p. 61) doivent être rectifiées.

80. KING, *Narrative of the Voyages of H. M. S. Adventure and Bragle*, I, p. 302.

81. BERTERO (in Poeppig, *Reise in Chili*, I, p. 288).

82. Température moyenne des îles Falkland, 8°,3; celle d'été, 11°,7; celle d'hiver, 4°,2. (Dove, *Temperaturtafeln*, p. 5.)

83. Dumont d'Urville, *Flore des Malouines* (*Mém. Soc. Linnéenne de Paris*, IV, p. 574).

84. Dans le *Flora antarctica* de Hooker (vol. II), je compte 143 plantes vasculaires des îles Falkland, dont 27 espèces endémiques. Série des familles : 22 Synanthérées (7 esp. endém.), 21 Graminées (3 endém.), 10 Cypéracées (3 endém.), 9 Caryophyllées (0 endém.), 8 Renonculacées (5 endém.), 8 Ombellifères (1 endém.). Parmi les autres familles, une contient 5 espèces ; quatre, 4 espèces chacune ; une, 3, et vingt-trois familles seulement, 1 ou 2 espèces.

85. Petermann, *Mittheilungen*, I, p. 80.

86. Carmichael, *Some Accounts of the island of Tristan da Cunha; Flora of Tristan da Cunha* (*Linn. Transact.*, XII, p. 483-513). Bien que, parmi 29 Phanérogames, 19 aient été décrits comme endémiques, appartenant tous aux Monocotylédones (7 Cypéracées et 4 Graminées), cependant ces dernières exigent encore une étude comparée plus précise. De même, parmi les Dicotylédones, il en est quelques-unes dont la détermination est incertaine ; le seul arbuste (à l'exception du *Phylica arborea*) est l'*Empetrum medium*, qui ne diffère peut-être pas de l'*E. rubrum*.

87. Les plantes suivantes ont émigré à Tristan d'Acunha de l'Amérique méridionale et notamment des côtes du détroit de Magellan : les deux Synanthérées *Lagenophora Commersonii* et *Chevreulia stolonifera;* la Rubiacée *Nertera depressa*, qui, reconnue comme telle, fut distinguée d'une deuxième espèce endémique (*N. assurgens*); puis la Crucifère *Cardamine antiscorbutica* (*C. hirsuta* Hook., *Fl. antarct.*).

88. Baker, *Distribution of Ferns* (*Linn. Transact.*, XXVI, p. 374).

89. J. Hooker (*Journ. of Bot.*, II ; *Jahresb.*, ann. 1843, p. 77) compte dans l'archipel Kerguelen 18 Phanérogames ; dans son *Flora antarctica*, je trouve énumérées 16 espèces ; en outre, 2 Lycopodes antarctiques et une seule Fougère herbacée (*Lomaria alpina*, également originaire de la flore antarctique).

90. Ross, *Voyage in the Southern and Antarctic Regions*, I, p. 83, 73, 71.

91. J. Hooker, chez Ross, *ibid.*, I, p. 339.

92. J. Hooker, *Flora antarctica* (*Jahresb.*, ann. 1844, p. 87).

93. Température moyenne sous 61° lat. S., en janvier 1843 : — 0°,6 ; sous 62°-66° lat. S., en février : — 0°,7. (Ross, *loc. cit.*, II, p. 352, 360.)

APPENDICE

CONSIDÉRATIONS GÉOLOGIQUES

SUR

LES ILES OCÉANIQUES

PAR P. DE TCHIHATCHEF

L'Océan, dont l'immensité fait presque disparaître toute la partie émergée de notre globe, est pour le naturaliste une source inépuisable d'études et de révélations inattendues, soit qu'il plonge dans ses mystérieuses profondeurs, soit qu'il explore les nombreux archipels qui surgissent au-dessus de sa surface. En examinant ces archipels, il est frappé de se trouver en présence d'une végétation et de formes animales différentes de celles des continents, souvent les plus rapprochés, et comme les conditions physiques actuelles ne lui fournissent guère une explication suffisante de ces étranges anomalies, sa pensée revient forcément sur le passé, et dès lors il se trouve amené à interroger les annales géologiques, en se demandant, si les îles les plus remarquables par l'originalité de leur flore et de leur faune ne seraient pas les plus anciennes, et par conséquent les plus susceptibles d'avoir conservé le cachet de leur individualité primitive, ainsi qu'on serait porté à l'admettre *à priori*.

C'est une question qui intéresse à un si haut degré les plus graves problèmes relatifs à la distribution géographique et aux conditions vitales des organismes répandus sur la surface de notre globe, qu'en terminant le grand ouvrage dont j'avais entrepris l'interprétation, je crois devoir soumettre au lecteur quelques considérations générales sur ce sujet. J'examinerai donc rapidement la constitution géologique des îles dont il vient d'étudier la flore avec M. Grisebach, sans me dissimuler les difficultés de la tâche; car, malheureusement pour le géologue, même plus peut-être que pour le botaniste, beaucoup de ces groupes insulaires demeurent encore à l'état de *terra incognita*. Je suivrai dans cet examen l'ordre adopté par M. Grisebach dans l'étude de la végétation des îles océaniques, et je commencerai en conséquence par les Açores.

1. ILES AÇORES. — De même que les archipels de Madère, des Canaries et du Cap-Vert, les Açores se trouvent dans le domaine du Gulf-stream, qui exécute autour de ces dernières îles un mouvement de rotation traçant des cercles presque concentriques. Cet archipel, situé à environ 2000 kil. à l'ouest du littoral africain, est composé de neuf îles principales, disséminées sur une ligne de 800 kil. de longueur ; il constitue l'un des plus remarquables foyers de volcanicité, placé au milieu de l'Atlantique, dont la profondeur, dans ces parages, peut être de 182 à 1820 mètres. Les agents volcaniques se sont manifestés dans cet archipel presque aussi fréquemment par des éruptions sous-marines que par des éruptions à l'air libre. Ainsi, lorsqu'en 1808 un immense cratère s'ouvrit dans l'île de Saint-George, avec un bruit semblable à celui du canon, en recouvrant une partie de la surface de l'île d'une épaisse couche de scories et de pierres ponces, cette catastrophe avait été précédée plus de cinquante ans auparavant (en 1757) par l'apparition soudaine, tout autour de Saint-George, de dix-huit îlots qui s'évanouirent peu d'années après. De même, d'après Léopold de Buch (*Description des îles Canaries*, traduite par C. Boulanger, p. 364), « l'île Saint-Michel est célèbre par les masses insulaires qui à plusieurs reprises ont tenté de s'élever dans son voisinage » : telles furent celles qui en 1638, 1652, 1719 et 1811 surgirent au milieu d'un violent mouvement de la mer et avec émission de fumée, de cendres et de pierres ; plusieurs de ces îles s'évanouirent promptement, mais celle qui apparut en 1811 et fut nommée Sabrina, se conserva pendant un an et puis s'affaissa graduellement. Selon M. Fouqué (*Revue des deux mondes*, ann. 1873, p. 829), l'île Saint-Michel présente à ses deux extrémités deux régions dont l'âge est plus ancien que celui de la partie moyenne. Ces deux régions, l'une orientale, l'autre occidentale, ont formé autrefois deux îles distinctes, la première allongée de l'est à l'ouest, la seconde du nord-ouest au sud-est. L'intervalle entre les deux îles a été comblé par une série d'éruptions. Une multitude de cônes volcaniques se sont élevés dans cet espace, et d'innombrables coulées de laves basaltiques s'y sont déversées, de manière à former de part et d'autre une sorte de plaine rocailleuse.

A environ 60 kilomètres seulement au sud-sud-ouest de Saint-Michel se trouve l'île Sainte-Marie, la seule, parmi toutes les îles des Açores, qui présente des dépôts sédimentaires, dépôts signalés d'abord par le capitaine Boyd en 1835, et ensuite par L. de Buch, lequel, au reste, ne fait que reproduire les assertions de son prédécesseur de la manière suivante (*loc. cit.*,

p. 365) : « L'île Sainte-Marie n'est point volcanique. Aucune partie de sa surface ne paraît avoir souffert de l'action de la chaleur ou d'une éruption postérieure à sa formation. Toute l'île est composée de couches de schistes, qui affectent une position presque perpendiculaire, et qui forment de grandes falaises vers la mer. Du côté du nord-ouest, on voit dans ce schiste, dans un lieu inaccessible et saillant hors du roc, un immense fémur d'un grand animal. Ce schiste serait-il donc un schiste du lias ? Il est couvert d'une formation calcaire remplie de corps marins ; ce calcaire dont on exporte la chaux, est vraisemblablement d'une formation très-récente. » J'ai reproduit à dessein *in extenso* ce passage de L. de Buch afin de mieux faire ressortir la contradiction flagrante qui se produit entre la description de l'éminent géologue de Berlin et celle que M. Fouqué a donnée (*loc. cit.*, p. 855) de la même île. En effet, non-seulement le savant français ne mentionne pas le fémur énigmatique, mais encore est-il bien loin de dire que toute l'île soit composée de dépôts sédimentaires ; car ces dépôts, que M. Fouqué qualifie non de *schistes*, mais de tufs calcaires, les uns à gros fragments, les autres à grains tellement fins qu'ils ressemblent à des calcaires purs, s'observent au milieu de coulées de lave et de couches de conglomérats. « Ces tufs, dit M. Fouqué, se montrent à diverses hauteurs au-dessus du niveau de la mer et affectent des inclinaisons variées. Ceux qui occupent le niveau le plus élevé apparaissent à des altitudes de 60 à 80 mètres ; ils renferment un grand nombre de coquilles marines entières ou réduites en fragments. » M. Fouqué fait observer que quelques-unes de ces coquilles sont identiques avec des espèces du terrain tertiaire des bassins de Bordeaux ou de Vienne (époque miocène), d'autres peuvent être assimilées à des espèces de la mollasse suisse (époque à peu près identique), enfin d'autres sont de tout point semblables aux Mollusques marins qui vivent encore sur le littoral de Sainte-Marie. M. Fouqué en conclut avec raison que le sol sur lequel s'opéra le dépôt des animaux auxquels ont appartenu ces restes a dû être constitué par des agrégats volcaniques, produits d'éruptions antérieures. Après avoir été soulevés à des hauteurs diverses, les calcaires à fossiles miocènes auront été recouverts par de nouvelles éruptions, puis immergés et soulevés de nouveau avec les dépôts récents dont ils auront été revêtus. Au reste, M. Fouqué croit que les Açores n'ont pas cessé de changer de niveau pendant les derniers âges de la période tertiaire, mais que ces mouvements du sol, dont il reste des signes si intéressants dans l'île Sainte-Marie (voyez ma note page 754), ont été essentiellement locaux.

Les renseignements importants et détaillés fournis par M. Fouqué prouvent qu'il a consacré à l'étude de cette île un temps dont M. L. de Buch ne

pouvait probablement pas disposer ; d'ailleurs, ce que l'éminent géologue
de Berlin dit des Açores en général, indique suffisamment qu'il n'en avait
qu'une connaissance limitée et superficielle ; autrement il ne se serait pas
permis de déclarer d'une manière péremptoire (*loc. cit.*, p. 360) que « les
Açores paraissent être formées presque exclusivement de masses trachytiques, et qu'on *n'y voit nulle part* de couches balsatiques, excepté peut-être
dans les îles de Corvo et de Florès. » Or cette assertion est diamétralement
opposée aux faits rapportés par M. Fouqué relativement aux îles de Terceira, de Pico et de Fayal (voy. *Revue des deux mondes*, ann. 1873, p. 40-65
et 617-644). Quant à la première, le savant français nous donne une relation fort intéressante de l'éruption sous-marine qui eut lieu en 1867 dans
le voisinage de cette île. Ce fut au commencement de janvier que l'île de
Terceira éprouva les premiers ébranlements qui allèrent toujours en augmentant d'intensité jusqu'au 1er juin, lorsque la mer se mit à bouillonner
violemment au milieu de détonations semblables à des décharges d'artil-
lerie ; d'énormes colonnes d'eau chaude et de vapeur d'eau jaillirent à une
hauteur de plusieurs centaines de mètres, accompagnées de nombreuses
projections de scories noirâtres. A une distance de plus de 10 mètres, l'eau
de la mer était colorée de teintes les plus diverses et exhalait une odeur
pénétrante d'acide sulfhydrique ; cependant nulle trace de flammes, nulle
incandescence. L'amas sous-marin formé par l'accumulation des scories ne
s'était pas élevé jusqu'au niveau de la mer, très-profonde dans ces parages.
Toute cette scène de terribles commotions ne dura qu'une semaine, en
sorte que le 7 juin le calme se rétablit, au point que M. Fouqué, qui était
allé en bateau explorer les lieux mêmes, ne put découvrir qu'un seul endroit de la mer, à peine de quelques mètres carrés, agité par un faible
dégagement gazeux. Ayant recueilli une certaine quantité de ce gaz,
M. Fouqué constata qu'il était extrêmement riche en hydrogène, fait important, puisqu'il prouve qu'il existe des gisements d'hydrogène dans les
entrailles de notre terre, exactement comme des gisements de métaux
proprement dits.

Un point très-remarquable dans l'île de Terceira, c'est le mont Brésil,
vaste cône cylindrique qui se dresse à l'entrée du port d'Angra. Son cratère, de près d'un kilomètre de diamètre, est entouré d'une crête circulaire échancrée seulement vers le sud. L'étude à laquelle M. Fouqué soumit
diverses laves vomies, tant par le mont Brésil que par les volcans situés
dans l'intérieur de l'île, l'a conduit à cette observation importante : c'est
que les mêmes volcans peuvent produire une lave trachytique et une lave
basaltique, selon les proportions dans lesquelles s'y présentent la silice,
l'oxyde de fer, la chaux, la soude et la potasse ; les laves riches en silice,

mais ne contenant relativement que de petites quantités des autres éléments constitutifs sus-mentionnés, deviennent trachytiques, tandis que lorsque les autres éléments prédominent aux dépens de la silice, il en résulte une roche basaltique. Cependant M. Fouqué croit que dans l'île de Terceira les trachytes sont plus anciens et plus répandus que les basaltes.

A 30 milles marins de Terceira se trouve la petite île Graciosa. Bien que depuis longtemps (depuis 1719) aucune manifestation volcanique puissante n'y ait eu lieu, cependant l'examen de la vaste *Caldeira* qui embrasse une portion du territoire, démontre l'intensité des phénomènes dont elle a été le théâtre.

Graciosa occupe l'extrémité nord de la ligne dirigée de N. E. N. au S. O. S., sur laquelle se trouvent échelonnées les îles de Saint-George et de Pico, et cette dernière n'est séparée que par un détroit de 2 milles marins de l'île de Fayal, située plus à l'ouest. Dans ce détroit, la mer est si peu profonde, qu'un soulèvement du sol de 90 mètres mettrait à sec le fond du canal et réunirait les deux îles en une seule.

Pico est remarquable par le cône volcanique qui se dresse à la limite du tiers occidental de l'île, et dont le point culminant est de 2320 mètres; il a deux cratères : l'un, situé plus bas, forme une enceinte de 200 à 300 mètres de diamètre, et du centre de laquelle s'élève un nouveau cône d'environ 70 mètres de hauteur; l'autre cratère se trouve au sommet même du pic et n'a qu'une dizaine de mètres de diamètre; il laisse échapper de la vapeur d'eau, de l'acide carbonique et de l'hydrogène sulfuré. Les laves modernes et toutes les anciennes de Pico (à une seule exception près) sont essentiellement basaltiques; en maints endroits on pourrait ramasser de grandes quantités de gros cristaux de pyroxène et de péridot.

L'île de Fayal, située vis-à-vis de l'île de Pico, offre plusieurs témoignages de l'ancienne activité volcanique, bien que depuis 1672 il n'y ait eu aucune éruption. Les laves de l'île sont basaltiques.

M. Fouqué termine son important travail sur les Açores par des considérations générales relatives à l'époque de leur soulèvement, ainsi qu'aux moyens d'expliquer le caractère de leur flore et de leur faune. Il rejette tout d'abord comme incompatible avec les données géologiques l'ancienne tradition concernant l'Atlantide, terre aujourd'hui disparue, qui aurait servi de trait d'union entre l'Europe et le nouveau monde, et dans laquelle se seraient trouvés englobés les sommets qui constituent aujourd'hui les Açores, Madère et les Canaries. C'est une conclusion à laquelle avait déjà été conduit Charles Daubeny (*A Description of active and extinct Volcanos*, 2e édit., p. 450). Après avoir soumis à une discussion approfondie cette célèbre légende, dont Bory de Saint-Vincent croyait retrouver les traces dans la série d'archipels échelonnés entre l'Europe et l'Amérique, le savant géologue anglais déclare qu'il considère tous ces archipels comme autant de produits d'éruptions sous-marines qui auraient eu lieu dans le cours d'époques géologiques relativement récentes [*]. Quant au moyen d'expliquer le caractère européen de la flore et de la faune des Açores, M. Fouqué ne trouve point qu'aucune des théories formulées jusqu'à présent soit capable de fournir cette explication ; car si, comme le voulait Forbes, les Açores avaient été unies à l'Europe, on ne voit pas pourquoi les Mammifères européens n'y seraient pas répandus, et c'est la même objection qu'on pourrait opposer à ceux qui, comme M. Godman, rattachent les animaux des Açores à l'introduction de l'homme, intervention qui d'ailleurs n'eût pas pu s'exercer sur les Mollusques terrestres, ou bien se serait exercée également en sens inverse : c'est-à-dire que si l'Europe avait fourni ses Mollusques aux Açores, à Madère et aux Canaries, ces îles auraient dû en faire de même à l'égard de l'Europe ; enfin, si le transport des plantes s'était effectué par les courants marins, les Açores posséderaient infiniment plus d'espèces américaines qu'elles n'en possèdent réellement, car le Gulf-stream ne cesse de leur apporter des graines du nouveau monde, entre autres celles du *Mimosa scandens*, entassées souvent en immenses quantités sur les plages de l'île Saint-Michel. Ainsi donc, à moins d'admettre dans les Açores un centre de création, quelle que soit la bannière que l'on arbore, dit M. Fouqué, on devra, dans la question spéciale de l'origine des espèces aux Açores, s'attacher à donner la raison du caractère européen de la flore et de la faune de cet archipel. »

2. ILES DE MADÈRE.— Selon L. de Buch (*loc. cit.*, p. 370), la constitution géologique de l'archipel de Madère, dans la proximité immédiate duquel la mer a une profondeur de 1800 à 2700 mètres, est analogue à celle des Canaries. Cependant il signale dans la partie septentrionale de l'île de Madère, auprès de Saint-Vincent, aussi bien que dans l'île de Porto-

---

[*] L'hypothèse de l'Atlantide est aussi peu soutenable que celle de Dumont d'Urville relativement aux îles de la Polynésie, qui ne seraient non plus que les restes d'un continent submergé. Dans son ouvrage classique intitulé *Espèce humaine* (p. 140), M. de Quatrefages fait observer que les Polynésiens appartiennent à la même race et parlent la même langue ; or, dit le savant naturaliste, l'aire polynésienne est plus étendue que l'Asie entière. Que l'on songe à ce que serait une *Polynésie asiatique*, si ce continent s'enfonçait sous les eaux, ne laissant à découvert que les sommets de ses montagnes, où se réfugieraient quelques représentants des populations actuelles ! N'est-il pas évident que chaque archipel, et souvent chaque île, aurait sa race et sa langue particulières ! »

Santo, des dépôts calcaires tout à fait semblables à ceux qui se présentent vis-à-vis de Lisbonne, sur la rive méridionale du Tage. Ces dépôts ont jusqu'à 228 mètres de puissance, depuis la partie inférieure des masses basaltiques qui les recouvrent jusqu'à la surface de la mer. Dans l'île de Porto-Santo ils contiennent *Pecten multistriatus* et *glaber* associés à des Turritelles et à des Cônes, ce qui prouve que ce calcaire appartient aux formations les plus récentes, et qu'il a probablement été traversé par les masses de basalte.

La présence sur la côte de Madère et sur celle du Portugal de dépôts modernes, apparemment du même âge, pourrait faire supposer que l'archipel dont il s'agit faisait partie de la péninsule ibérique à une époque assez récente, hypothèse que semble favoriser la découverte que le capitaine américain J. Gorrunge (voy. *Mittheil.*, ann. 1877, vol. XXIII, p. 162) vient de faire, à 130 milles marins au sud-ouest du cap Saint-Vincent, d'un banc madréporique au-dessus duquel la mer n'a que 57 mètres (32 fathoms) de profondeur; le flanc est du banc descend rapidement à une profondeur de 2420 mètres (1525 fath.) et 3530 mètres (2700 fath.); mais, dans la direction de l'ouest, le bas-fond paraît se continuer jusqu'au banc de Joséphine situé à soixante-quinze lieues métriques de l'extrémité méridionale du Portugal, et à cent lieues au nord-est de l'archipel de Madère. Or, si l'on parvenait à constater que ce bombement du fond de la mer s'étend jusqu'à cet archipel, il y aurait là un indice de l'ancienne connexion entre ce dernier et le Portugal. On serait peut-être également dans le cas d'admettre une connexion semblable entre l'archipel de Madère et l'Afrique, si la constitution géologique du littoral africain opposé à cet archipel nous était mieux connue. Toutefois il est probable que ce littoral est également composé (en partie du moins) de dépôts relativement récents, car le terrain tertiaire a été constaté à Tanger, et des dépôts quaternaires (peut-être du même âge que ceux de Madère et du Portugal) ont été signalés dans les parages du cap Blanco, opposé à l'archipel de Madère.

3. ILES CANARIES. — Parmi les îles de l'Atlantique, les îles Canaries, autour desquelles la mer a une profondeur de 182 à 2640 mètres, sont au nombre des mieux connues, ayant été l'objet d'une exploration célèbre, celle de Léopold de Buch, dont le travail, déjà ancien et considérablement dépassé sous le rapport botanique par MM. Berthelot et Webb, a conservé une grande partie de sa valeur, en tant qu'il concerne l'observation des faits et indépendamment de certaines vues théoriques relatives aux cratères de soulèvement, vues qui n'ont plus dans la science le caractère de loi générale que l'éminent géologue de Berlin avait cru leur avoir assuré, mais

qui n'en sont pas moins applicables à certains cas, ainsi que nous le verrons tout à l'heure.

D'après L. de Buch, les roches trachytiques et basaltiques jouent dans les Canaries un rôle très-différent, selon les îles. Ainsi les trachytes prédominent dans l'île de Ténériffe et dans la grande Canarie, tandis qu'ils manquent à l'île de Palma, exclusivement composée (quant à sa surface) de roches basaltiques. Dans cette dernière île, l'immense cratère connu sous le nom de Caldeira, avec 1300 mètres de profondeur, offre une magnifique section naturelle, qui permet d'y voir de bas en haut : d'abord les roches primitives (granites), puis les trachytes, et enfin des masses stratifiées de substances volcaniques. Or, comme le fait observer Charles Daubeny (loc. cit., p. 626), si les masses volcaniques plus ou moins incohérentes ont pu avoir été accumulées par l'éruption successive des laves et des scories, les granites et les trachytes placés au-dessous doivent avoir été soulevés, car autrement on ne comprendrait pas pourquoi ces roches se trouvent à environ 980 mètres au-dessus de la base de la montagne et, par conséquent, du niveau d'une mer très-profonde. « En présence de tels faits, dit Charles Daubeny, nous ne pouvons nous refuser à admettre que le granite ainsi que le trachyte qui le recouvre ont dû avoir été soulevés du fond de la mer par des agents volcaniques, et ont de cette manière constitué un noyau autour duquel les déjections subséquentes sont venues se déposer. » Quant aux laves plus ou moins récentes, elles sont composées principalement de labrador et de pyroxène ; ce sont par conséquent des roches doléritiques très-voisines du basalte, roches qui se reproduisent dans la majorité des laves de nos volcans modernes (Etna, Vésuve, Somma, Lipari, etc.).

A la seule exception de l'île de Fuerteventura, où se présentent des dépôts calcaires, ainsi qu'une roche d'origine et d'âge énigmatiques contenant de l'amphibole et du feldspath blanc, et enfin une roche composée d'un mélange de mica et de feldspath, mais sans quartz (L. de Buch, loc. cit., p. 315), toutes les autres îles de l'archipel des Canaries ne sont composées que de roches éminemment éruptives, savoir : roches trachytiques et basaltiques. Les quelques dépôts sédimentaires que l'on y aperçoit çà et là sont des dépôts locaux très-récents. Ainsi, dans l'île de Ténériffe, à la partie inférieure des montagnes de Santa-Cruz, on voit un conglomérat renfermant des coquilles fossiles qui appartiennent à la famille des Cônes : ces fossiles, englobés dans la roche, se trouvent aussi sur le rivage de la mer ; or, selon L. de Buch (loc. cit., p. 224), la roche dont il s'agit n'est que le résultat d'une simple agglomération de fragments tombés des parties supérieures de la montagne, et que les vagues accumulent journellement au bord de la mer. De même, dans la grande Canarie, un conglomérat s'élevant à 97-130 mètres au-dessus du niveau de la mer, et renfermant de grosses coquilles qui se retrouvent sur le rivage de la mer (Cônes, Patelles, *Turritella imbricata* Lmk, etc.), est considéré par L. de Buch comme très-récent, mais cependant de nature à indiquer que la surface de la mer a été précédemment à un niveau relatif peu élevé, et que, par conséquent, le soulèvement de l'île a été inégal et périodique.

Malgré l'absence, dans les Canaries, de toute roche ou de tout dépôt qu'on puisse rattacher avec certitude aux époques géologiques anciennes, parmi les blocs divers rejetés par le cratère de Caldeira (île de Palma), figurent des blocs de micaschiste et de granite (L. de Buch, *loc. cit.*, p. 276), ce qui indique qu'ils ont été arrachés au fond de la mer, probablement composé de telles roches.

Les éruptions signalées dans les Canaries pendant l'époque historique sont nombreuses et ont été souvent très-violentes, telles entre autres que celle de 1730 dans l'île de Lancerote, qui dura six années entières, en dévastant presque le tiers de l'île et en recouvrant la surface d'épaisses couches de lave. En 1815, lorsque L. de Buch visita cette île, les foyers souterrains n'avaient pas encore repris leur calme, car le mont Fuego exhalait des vapeurs d'eau bouillante. L'éminent géologue s'assura que la prodigieuse quantité de lave basaltique répandue sur une surface de plus de trois mille lieues carrées avait été vomie par toute une série de cônes, échelonnés de l'est à l'ouest sur une ligne de 2 milles géographiques, et coupant transversalement presque toute l'île.

4. ÎLES DU CAP-VERT. — Ces îles, tout autour desquelles la mer a une profondeur de 182 à 1820 mètres, sont également composées de roches basaltiques, et se trouvent plus ou moins hérissées de cônes d'éruption Selon M. Charles Darwin, dans l'île Santiago, une nappe de basalte recouvre un calcaire pétri de coquilles marines littorales, fort récentes. Le cône d'éruption qui s'élève dans l'île de Fuego est un volcan qui paraît avoir été autrefois, comme Stromboli, en éruption continuelle (L. de Buch, *loc. cit.*, p. 371).

Parmi les principales éruptions récentes figurent celles de 1769, 1785, 1799 et 1847. Cette dernière a été surtout remarquable à cause de l'immense quantité de lave que le volcan vomit par sept bouches.

Quant à la constitution géologique de la côte africaine opposée aux îles du Cap-Vert, elle est encore très-peu connue.

5. ÎLE DE L'ASCENSION. — D'après M. Ch. Darwin (*Geol. Observ. on volc.*

Islands, p. 34, et *Journal and Remarks*, p. 586), les couches trachytiques occupent les parties haute et centrale de l'île, dont le point culminant est représenté par la montagne Verte (*Green mountain*). Presque tout le tour de l'île est couvert de masses rugueuses, noires, formées par des courants de lave basaltique, et au milieu de laquelle se montrent encore, çà et là, quelques lambeaux de trachyte. Parmi les fragments rejetés par le volcan, figurent la syénite, des roches de quartz et de feldspath, un feldspath blanc avec amphibole, etc. Outre les roches trachytiques et les laves basaltiques qui constituent la majorité de l'île, on trouve encore à sa surface beaucoup de collines composées d'une pierre friable, tendre, semblable à un tuf trachytique, mais sans stratification apparente. Ces diverses roches sont traversées par d'innombrables filons de 2 à 15 centimètres d'épaisseur, de pierre dure, compacte et un peu vitreuse. La silice, à l'état de jaspe et de calcédoine, est aussi très-répandue dans les trachytes altérés, et y forme beaucoup de veines irrégulières.

6. ÎLE DE SAINTE-HÉLÈNE. — Daubeny (*loc. cit.*, p. 462) fait observer que, tandis que l'île de l'Ascension paraît s'être formée à l'air libre, la majeure partie de l'île de Sainte-Hélène semble être de formation sousmarine. En effet, l'île de l'Ascension est composée de coulées de lave qui, bien qu'elles n'aient pas été vomies depuis les 350 années que l'île est découverte, sont encore aussi fraîches et luisantes, comme si elles venaient d'apparaître ; les cratères qui les vomirent sont bien délimités et leurs laves n'offrent point de filons. A Sainte-Hélène, au contraire, on ne saurait rencontrer le point de départ d'aucune coulée de lave ; on n'y voit que les débris d'un seul cratère, et les masses basaltiques qui constituent l'île sont traversées par un réseau serré d'innombrables filons. Comme à Santiago et dans l'île de Saint-Maurice, de même à Sainte-Hélène, les couches basaltiques forment un rempart circulaire, localement interrompu ; des masses de lave à feldspath vitreux surgissent dans l'enceinte intérieure de cette espèce de circonvallation basaltique, représentant probablement les débris du cratère qui existait jadis au centre de l'île. M. Darwin voit une anomalie dans le fait qu'ici les roches trachytiques semblent plus récentes que les roches basaltiques. M. Daubeny l'explique par la différence des milieux dans lesquels ces deux roches auraient été formées, les premières pouvant s'être formées à l'air libre et les secondes au-dessous des eaux.

7. MADAGASCAR. — L'île de Madagascar est séparée du continent africain par le détroit de Mozambique, que traversent dans toute sa longueur deux courants se dirigeant en sens inverse ; il en résulte que les débris

organiques qu'ils charrient ne peuvent échouer que très-rarement sur les deux côtes opposées, en sorte que, sous ce rapport, toute communication entre Madagascar et l'Afrique se trouve presque complétement interrompue.

Grâce aux remarquables travaux de M. Grandidier, nous connaissons assez la structure géologique de cette grande île pour admettre que sa charpente solide est principalement composée de roches cristallines (granites, diorites, schistes micacés, basaltes, etc.), de lambeaux peu nombreux et peu considérables de terrain paléozoïque, et enfin de dépôts jurassiques et tertiaires. Comme les roches anciennes ne s'y trouvent point recouvertes de dépôts plus récents, il s'ensuit que la majorité de l'île, composée de roches cristallines et de dépôts de l'époque jurassique, a dû avoir été soulevée à cette dernière époque et n'a plus été immergée.

Depuis la publication des explorations de M. Grandidier, M. Joseph Mullens a fait paraître (*Proceedings of the Roy. Geogr. Soc.*, ann. 1877, vol. XXI, p. 155) un travail étendu sur les voyages les plus récents effectués par les missionnaires anglais dans diverses parties de Madagascar ; et bien que ce travail soit particulièrement consacré aux données ethnographiques et statistiques, il mentionne dans ses conclusions générales (page 171) plusieurs faits intéressants pour la géologie de cette île. Ainsi M. Mullens nous informe que, grâce aux explorations des missionnaires, on connaît maintenant beaucoup mieux la délimitation du grand bombement central dont le granite et le gneiss constituent le noyau ; que la vaste terrasse d'argile rouge arénacée, qui sert de ceinture à ce bombement, a été également l'objet d'études précises, et qu'enfin l'espace occupé par les roches éruptives a été trouvé beaucoup plus considérable qu'on ne l'avait cru jusqu'à présent, en sorte, dit M. Mullens, « que bien peu de contrées de l'étendue de Madagascar offrent des phénomènes volcaniques sur une aussi prodigieuse échelle ». Quant aux terrains secondaires, M. Mullens avoue que les savants missionnaires n'ont guère ajouté rien d'important à ce que nous savions déjà à cet égard.

Nous ne connaissons pas assez la constitution géologique de la côte africaine opposée à Madagascar, pour décider la question de savoir si cette île en a jadis fait partie ; cependant il est probable que depuis l'émersion des régions centrale et orientale de l'île, émersion qui a dû avoir lieu après l'époque jurassique et avant l'époque crétacée, Madagascar aura conservé sa position insulaire. En tout cas, même la partie la plus récente de l'île paraît être plus ancienne que le littoral africain opposé ; en effet, les dépôts tertiaires constituent une bande étroite le long de la côte occidentale de Madagascar, tandis que des dépôts quaternaires revêtent la côte africaine dans les parages des embouchures du Zambèse : ce qui semblerait indiquer que cette

partie de la côte africaine était encore immergée à l'époque où le littoral
occidental de Madagascar ne l'était plus. Au reste, cela ne s'appliquerait
qu'à la portion très-rétrécie de ce littoral occupée par les dépôts quaternaires, car, à peu de distance des embouchures du Zambèse, notamment
dans les parages de Sena, les dépôts quaternaires font place aux dépôts
jurassiques, dont, à la vérité, on ne connaît encore qu'un lambeau, mais qui
pourrait bien s'étendre au nord jusqu'au lac Nyassa et au sud jusqu'à la baie
de Delagoa, dans la proximité de laquelle ont été observés des terrains bien
plus anciens encore (triasiques et paléozoïques), occupant toute l'extrémité
méridionale de l'Afrique, comprise entre la baie de Delagoa et l'embouchure de la rivière Orange. Il est donc à présumer qu'à l'époque (probablement jurassique) où Madagascar devint une île indépendante, une portion
du littoral actuel de l'Afrique formait également des masses insulaires soit
aussi anciennes, soit plus anciennes que Madagascar.

A l'entrée septentrionale du canal de Mozambique qui sépare Madagascar
du continent africain, se trouve le petit archipel des Comores, sur lequel
M. J. Hildebrandt (*Zeitschr. der Gesellsch. für Erdk.*, t. XI, ann. 1876, p. 37)
a publié quelques observations intéressantes. Parmi les îlots qui le composent, le plus considérable est l'Anaziga (également appelé grand Comore),
situé non loin du continent africain. Il paraît même avoir été jadis uni à ce
dernier : c'est ce que sembleraient indiquer des hauteurs sous-marines qui
s'étendent sous forme de bancs entre l'île et le continent africain, de même
que cela a lieu entre l'île de Madagascar et l'île Mayotte, placée à l'extrémité
sud-est du petit archipel, dont Zuani (Johanna) et Moali constituent la partie
moyenne. La distance peu considérable qui sépare l'archipel des Comores
de la côte africaine pourrait faire supposer que c'est à cette dernière qu'il
aura emprunté la majorité de sa végétation et de ses animaux ; mais le
grand courant équatorial qui, venant des parages de l'Australie, se précipite à travers le canal de Mozambique, élève une espèce de barrière entre
Madagascar et le continent africain, et paralyse ainsi l'action que ce continent pourrait exercer. Dans tout le domaine de l'archipel des Comores, les
moussons se font sentir encore avec assez de régularité ; le vent nord-est
souffle ici dans la mi-décembre, environ quatorze jours plus tard qu'à Zanzibar, tandis que les moussons sud-ouest et sud-est commencent au mois de
mai. La période de pluie a généralement lieu de janvier à avril ; puis vient
la petite période pluvieuse aux mois de septembre et octobre. Toutefois il
y a peu de mois complétement dépourvus de pluie. Dans la région basse, la
température oscille entre le minimum de 10 degrés et le maximum de
33 degrés. Juillet et août sont les mois les plus froids et les plus secs, février et mars les plus chauds et les plus humides. Les roches volcaniques

constituent particulièrement le petit archipel des Comores; mais elles ne paraissent pas être toutes du même âge : c'est l'île Anizaga dont le soulèvement serait le plus récent. L'île Johanna est en majeure partie occupée par les montagnes, parmi lesquelles le Johanna peak a environ 1570 mètres d'altitude.

Entre l'île Mayotte, qui fait encore partie de l'archipel des Comores, et le littoral occidental de Madagascar, surgit (à environ 3 kilomètres de ce dernier) la petite île de Nossi-bé, qui a été récemment l'objet d'études consciencieuses de la part de M. Ch. Velain (*Comptes rendus*, ann. 1876, t. LXXXIII, p. 1205). Cet îlot est composé de roches volcaniques proprement dites, de roches granitoïdes, de roches schisteuses cristallines et de grès. Les premières, qui se sont épanchées des volcans à cratère, sont développées surtout dans le centre de l'île, et consistent principalement en laves doléritiques et basaltiques, toutes très-riches en pyroxène, mais pauvres en péridot, avec quelques cristaux isolés de noséane et quelquefois renfermant en outre de nombreux cristaux d'un aspect bronzé, fort remarquables, que l'on pourrait considérer comme une variété très-ferrugineuse de l'hyperstène. Les roches granitoïdes qu'on avait d'abord rangées parmi les roches anciennes, offrent tous les caractères de roches éruptives récentes. Ce sont des granulites de nature trachytique, riches en amphibole et renfermant de l'orthose vitreuse (sanidine), du quartz, du microline, du sphène et du mica. « Ces roches, dit M. Velain, analogues à celles que j'ai déjà précédemment signalées sur les côtes de la Tunisie, dans les îles de la Galette, où elles avaient été prises également pour des roches granitiques anciennes, ont commencé la série des éruptions de la période tertiaire. » Enfin M. Velain ne se prononce pas sur l'âge, ni des roches schisteuses cristallines, fortement redressées, plongeant partout sous la mer, ni des grès qui recouvrent ces roches et que M. Herland avait rapportés au terrain houiller, opinion que M. Velain ne partage point. En tout cas, ce savant pense que l'île de Nossi-bé a dû faire autrefois partie de l'île de Madagascar.

8. MASCAREIGNES. — Déjà Bory de Saint-Vincent avait signalé dans l'île de Bourbon deux volcans, l'un, plus petit et encore en activité, situé dans la partie sud-est de l'île, l'autre, volcan éteint nommé le Gros-Morne, situé dans la partie nord-ouest. Le dernier consiste, soit en basalte compacte souvent colomnaire, soit en lave poreuse et en scories; les laves présentent un certain nombre de filons basaltiques, ce qui généralement n'a pas lieu dans les laves de nos volcans actuels. Le volcan en activité est entouré de cônes à cratères, et porte à son sommet deux cratères appelés

Dolomieu et Bory : tous deux étaient en éruption au moment où ce savant les visita. La plupart des laves de l'île renferment beaucoup de feldspath vitreux et sont probablement trachytiques. M. Velain croit avoir constaté (*Bull. Soc. géol. Fr.*, 3e sér., ann. 1877, t. IV, p. 524) la présence du quartz hyalin dans les laves à pâte vitreuse provenant de l'éruption de 1874; des laves exactement semblables ont été observées dans les îles Sandwich. Bory de Saint-Vincent signale parmi les matières vomies par le volcan actif une curieuse substance, semblable à un verre fondu étiré en minces filaments. Un jour il vit ces filaments vitreux en si grande quantité, qu'ils formaient un nuage qui enveloppa tout le sommet du volcan, et bientôt Bory de Saint-Vincent se trouva lui-même couvert de petites plaques capillaires, luisantes, ayant la flexibilité et l'apparence de la soie ou de la toile d'araignée. A cette substance étaient mêlées des scories spongieuses et légères, en fragments tantôt de la grosseur d'une cerise, tantôt de celle d'une pomme ; elles tombaient en poussière au moindre toucher. Le savant naturaliste ne considère les filaments vitreux que comme une modification de la lave bulleuse propre à l'île de Bourbon. Il suppose qu'ils ont pu avoir été formés sous l'action de gaz élastiques qu'ils dégageaient dans l'état de fusion partielle, exactement comme on voit se former des filaments de cire à cacheter, lorsque le bâton de cire est brusquement retiré de la surface de cette substance tombée sur le papier et non encore complétement refroidie. Il fut confirmé dans cette manière de voir en observant attachés à ces filaments des globules piriformes parfaitement identiques aux scories vitreuses précédemment mentionnées. Bory de Saint-Vincent fait l'observation intéressante, que les tremblements de terre n'ont lieu dans cette île que dans les parages les plus éloignés des volcans actifs. Depuis le naturaliste français, les îles de Bourbon et de Maurice ont été l'objet d'une exploration récente de la part de M. le docteur Richard de Drasche (voy. *Jahrb. der K. K. Geol. Reichsanst.*, ann. 1875, t. XXV, p. 217 et ann. 1876, t. XXVI, p. 37). Selon les mesures hypsométriques effectuées par le savant autrichien, le cratère Bory (volcan actif) a une altitude de 2625 mètres, et le piton des Neiges (volcan éteint), situé dans la partie occidentale de l'île, 3067 mètres.

M. de l'Isle a découvert dans l'île Bourbon une curieuse roche d'*origine végétale*, qu'il a observée dans une grotte (d'environ 10 mètres de profondeur sur 6 mètres de large) située dans la plaine des Palmistes, à la base du piton des Roches, à 1200 mètres d'altitude. D'après les échantillons rapportés par M. de l'Isle et étudiés par MM. Bureau et Poisson (*Comptes rendus*, ann. 1876, t. LXXXIII, p. 194), cette roche, qui constitue le sol de la grotte sur plus d'un mètre d'épaisseur, consiste en une substance d'une teinte d'ocre jaune, douce au toucher, insipide, inodore, se divisant facilement en fragments très-légers, qui laissent eux-mêmes aux doigts une matière jaune et se réduisant aisément en poussière par la pression ou le frottement. Lorsqu'on approche une allumette d'un des fragments, il brûle, s'il est très-sec, avec une flamme fort courte, presque sans fumée et sans odeur. Étudiée au microscope, cette substance se présente composée exclusivement de petits corps que MM. Bureau et Poisson considèrent comme provenant de spores de Fougères de la famille des Polypodiées. « C'est pour la première fois sans doute, disent MM. Bureau et Poisson, que l'on voit une roche ou une couche du sol présenter une semblable composition. » Les deux savants pensent que, eu égard à la cohésion de ces spores, elles doivent avoir été accumulées par l'eau et non par le vent.

La montagne principale de l'île Maurice est, d'après Bory de Saint-Vincent, le Piton, qui a une forme régulièrement conique; les autres montagnes, dont la plus élevée est le Pierre-Botte, constituent une chaîne qui traverse l'île; elles sont toutes volcaniques, composées soit de basalte soit de lave récente. Les roches basaltiques affectent souvent une structure prismatique et sont traversées de filons; elles constituent la charpente solide de l'île, s'élèvent à environ 1000 mètres; les laves récentes au contraire paraissent avoir coulé dans les vallées flanquées par les abruptes masses basaltiques et forment une surface plane, probablement de 325 mètres d'altitude. Les montagnes basaltiques s'échelonnent en une série de remparts, s'étendant, à quelques interruptions près tout autour de l'île; leurs couches plongent vers la mer et leurs escarpements font face au centre de l'île. Dans les régions septentrionales, plusieurs points littoraux sont composés de calcaire cristallin d'âge très-récent, ce qui prouverait que ces parties de l'île se trouvaient encore immergées à une époque géologiquement peu reculée, et que par conséquent la mer baignait alors le pied des montagnes basaltiques situées aujourd'hui à une certaine distance d'elle.

La flore de l'île Maurice vient d'être l'objet d'un travail important de la part de M. J. G. Baker (*Flora of Mauritius and the Seychelles*, London, 1877). Ainsi que le fait observer ce savant distingué, Maurice offre un contraste très-prononcé avec les îles de Bourbon et de Madagascar, tant sous le rapport orographique que sous celui de la végétation, bien que la distance entre Maurice et Madagascar ne soit que d'environ 25 lieues métriques et seulement de 5 lieues métriques entre Maurice et Bourbon. Malheureusement le caractère original de la flore de Maurice a été presque complétement effacé depuis l'époque (1598) de la découverte de cette île; les forêts qui revêtaient complétement cette dernière ont disparu, et la culture de la Canne à sucre, introduite en 1740, a supplanté toute autre culture. Il en résulte que la flore indigène de Maurice n'est plus qu'un minime débris de celle qui y existait il y a un siècle. M. Baker (*loc. cit.*, p. 15) porte à 869 le nombre des espèces constatées aujourd'hui dans l'île. Sur ce nombre beaucoup d'entre elles endémiques.

M. B. Drasche (*loc. cit.*) ne croit pas que les îles de Bourbon et de Maurice aient jamais été réunies, mais qu'au contraire chacune représente un foyer volcanique indépendant. Le savant autrichien signale dans les marais de l'île Maurice un grand nombre de restes plus ou moins conservés d'Oiseaux et de Tortues appartenant à des espèces éteintes, et il nous apprend que les bords de ces marais sont composés d'une brèche osseuse. Sans doute l'étude de tous ces restes organiques fournira des résultats d'autant plus intéressants, que les îles de Maurice et de Bourbon sont célèbres par le nombre des espèces animales disparues pour ainsi dire sous nos yeux. ainsi, dans le courant du XVIIe et du XVIIIe siècle, l'île Maurice n'a pas vu s'évanouir moins de cinq espèces d'Oiseaux, savoir : le fameux Dronte (*Didus ineptus*), la Foulque, le Géant, un grand Perroquet et l'*Aphanopterix*, de même que l'île Bourbon compte au nombre d'espèces ornithologiques perdues : un Dronte blanc voisin de celui de Maurice et un Oiseau bleu voisin du Solitaire. Enfi, sur les 85 espèces d'Oiseaux que M. Filhol a rapportées de la Nouvelle-Zélande, des îles Viti (Fidji) et de la Nouvelle-Calédonie (*Comptes rendus*, ann. 1877, t. LXXXIV, p. 860), plusieurs sont près de disparaître et n'existeront que dans nos musées ; parmi ces témoins d'une nature presque contemporaine, mais déjà éteinte, M. Filhol a amené en France deux espèces de *Dinornis* qui survivront, mais seulement par leurs squelettes.

Des phénomènes semblables se sont produits également dans plusieurs autres archipels océaniques ; mais nulle part, peut-être, ils n'offrent autant d'intérêt que dans la petite île volcanique de Rodriguez (située à l'est des Mascareignes), parce que la nature des agents destructeurs aussi bien que l'époque de leur action y peuvent être déterminées avec exactitude, ce qui fournit un exemple très-instructif de l'étendue et de l'importance des modifications apportées par la seule action de l'homme à la faune et à la flore d'un pays, modifications tout aussi considérables que celles qu'on a cru souvent ne pouvoir expliquer qu'à l'aide d'hypothèses les plus hardies et les plus gratuites. Or, il résulte de l'examen fait par M. Alph. Milne Edwards (voy. *Comptes rendus*, ann. 1873, t. LXXVII, p. 810, et ann. 1875, t. LXXX, p. 1212) des ossements fossiles recueillis dans cette île, que sa faune a éprouvé un singulier changement depuis deux siècles, car parmi

ces ossements on reconnaît parfaitement beaucoup d'animaux qui, vers la
fin du XVIIᵉ siècle, avaient été signalés comme vivants par Leguat, voyageur français, mais qui aujourd'hui n'y existent plus. Dans ce nombre
figurent plusieurs Oiseaux qui du temps de Leguat étaient très-fréquents,
entre autres celui que ce voyageur avait signalé sous le nom de Gelinotte,
et dont M. Alph. Milne Edwards a fait son genre Erythromaque ; puis
quelques Rapaces nocturnes et des Psittaciens, tels qu'un grand Perroquet
que le savant zoologiste a nommé *Psittacus rodericanus*. « La végétation, dit-il, y a changé aussi de caractère, car les beaux arbres dont
parle Leguat ont pour la plupart fait place à des broussailles. » Or, M. Alph.
Milne Edwards est parvenu, à l'aide de précieux documents historiques,
à préciser l'époque à laquelle ce remarquable changement eut lieu, savoir :
l'époque comprise entre 1730 et 1760, pendant laquelle l'action dévastatrice de l'homme a suffi pour faire disparaître de l'île la majeure partie
des animaux et des végétaux qui l'habitaient. D'ailleurs l'homme modifie
non-seulement la flore et la faune, mais encore les conditions de sa propre
race. Ainsi, tandis que les Polynésiens disparaissent à vue d'œil, leurs
mariages devenant de moins en moins féconds et leur mortalité s'accrois-
sant d'une manière effrayante, les Européens progressent rapidement dans
les îles du grand Océan, et avec eux les animaux et les végétaux du Nord,
qui les accompagnent et qui refoulent la faune et la flore indigènes ; phénomène remarquable qui réfute d'une manière éclatante la théorie de l'au-
tochthénisme si victorieusement combattue par M. de Quatrefages dans son
beau livre sur l'*Espèce humaine* *.

Dans son ouvrage sur la flore de Maurice et des Seychelles, M. Baker
donne sur l'île Rodriguez des renseignements importants. Son climat est
celui de Maurice. La surface du sol rocailleux est presque dépourvu

---

* Les exemples fournis par les Mascareignes de l'extinction contemporaine de
certaines formes animales ont encore cela de fort intéressant, que ce phénomène
ne paraît être, jusqu'à un certain point, que la reproduction par l'action de l'homme
de semblables phénomènes opérés jadis par des causes physiques. Tel est notamment le cas dans le nouveau monde à l'égard du Cheval, ainsi que nous l'ont fait
connaître les importantes découvertes paléontologiques faites par le docteur
H. Burmeister dans la formation pampéenne de Buenos-Ayres (voy. *Die fossile
Pferde der Pampasformation*, Buenos-Ayres, 1875). Le savant directeur du musée
de cette ville a constaté dans les dépôts diluviens de la république Argentine
2 espèces du genre Cheval (*Equus curvidens* Ow. et *E. argentinus* B.) très-voisines
de notre Cheval domestique (*Equus Caballus*) et associées à deux autres espèces
du genre *Hippidium*, qui ne diffère que peu du genre Cheval. Or on sait que le
Cheval n'existait point en Amérique à l'époque de la découverte du nouveau monde
et n'y fut introduit que par les Européens.

d'arbres et d'arbustes. A la partie sud-ouest de l'île s'étend une plaine basse de calcaire madréporique habitée par plusieurs des espèces endémiques de l'île, telles que *Nesogenes*, *Abrodanella* et deux espèces d'*Hypœstes*. Le total de la flore peut être estimé selon M. Baker (*loc. cit.*, p. 17), à 202 espèces (Phanérogames et Fougères), dont 36 sont propres à l'île (18,8 pour 100) et 3 constituent des genres monotypes (*Mathurinia Scyphoclamys* et *Tœnulepis*. La proportion des Fougères et des Orchidées est notablement moins forte qu'à Maurice.

Quant aux anciennes relations entre l'archipel des Mascareignes et les continents ou îles limitrophes, des considérations puisées dans le caractère de la faune de cet archipel portent M. Alph. Milne Edwards (*Comptes rendus*, ann. 1874, t. LXXIX, p. 1647) à admettre que les Mascareignes n'ont jamais été en communication directe, ni avec Madagascar, ni avec l'ancien continent, ni enfin avec l'Australie ; cependant il pense qu'il n'est pas impossible que Madagascar ait reçu une faible portion de sa population zoologique ancienne d'une terre en communication avec l'Afrique. En tout cas, selon le savant zoologiste, les faunes de Madagascar, des Mascareignes et de l'Afrique australe constituent trois faunes complétement distinctes.

9. SEYCHELLES. — La composition géologique de ce petit archipel est encore peu connue ; tout ce que nous en savons, c'est que le granite constitue la roche dominante de la trentaine d'îlots qui le composent et dont quelques-uns s'élèvent à une altitude de 800 à 950 mètres. Par contre, la végétation des Seychelles vient d'être soigneusement étudiée par M. Baker dans l'important ouvrage déjà plus d'une fois cité par nous, et qui fournit également quelques données sur les conditions climatériques de cet archipel. La température y est semblable à celle de l'île de Maurice, le maximum diurne à l'ombre étant de 26°,6 à 30°,5, et le minimum de 21° à 23°,3. La quantité annuelle de pluie tombée peut être évaluée à 105 centimètres, dont la majeure partie est fournie par la mousson nord-ouest qui souffle d'octobre à avril. L'ensemble du caractère végétal est décidément tropical et l'on n'y trouve plus aucune des formes des climats tempérés qui se présentent (en petit nombre à la vérité) dans l'île de Maurice. Le total des espèces phanérogamiques et des Fougères dans les Seychelles est porté par M. Baker (*loc. cit.*, p. 16) à 338, parmi lesquelles six genres sont endémiques, appartenant, à l'exception d'un seul, à la famille des Palmiers. Le total des espèces endémiques est de 60 (17 3/4 pour 100), dont 14 Rubiacées, 3 Pandanées et 8 Cryptogames vasculaires. En dehors des 60 espèces endémiques, 20 à 30 espèces constituent des types caractéristiques pour les

Mascareignes, et le reste des 250 espèces sont pour la plupart des plantes ayant une aire étendue.

Comme les roches granitiques qui forment le principal élément constitutif de la charpente solide des Seychelles composent également l'extrémité septentrionale de Madagascar, il serait possible qu'à une époque géologique assez ancienne, ces deux archipels eussent été réunis. Quant à la constitution géologique de la côte africaine opposée aux Seychelles, dont ces îles sont séparées par une distance d'environ 30 lieues métriques, elle est encore presque complétement inconnue.

10. Iles Sandwich. — Cet archipel consiste en onze îles, dont quatre grandes, quatre de moyenne étendue et trois petites. Ces îles se trouvent échelonnées de manière à donner à l'archipel la forme d'un ovale allongé de l'O. N. O. au S. E. S., et ayant dans cette direction environ 875 lieues métriques. Toutes ces îles sont baignées presque de tous côtés, par le courant équatorial nord, qui coule de l'est à l'ouest et n'est qu'une déviation du grand courant Kuro-Sivo, venant de la mer du Japon et y retournant après s'être heurté contre le littoral occidental de l'Amérique; il s'ensuit que c'est plutôt à l'Amérique qu'à l'Asie que ce courant rattache les îles Sandwich. La profondeur de la mer tout autour de ces îles peut être représentée, d'après la carte de M. Petermann (*Mittheil.*, vol. XXIII), par deux bandes étroites plus ou moins concentriques, dont l'une bordant immédiatement les îles, à une profondeur de 0-1820 mètres (0-1000 fathoms), et l'autre de 1820-2640 mètres (1000-2000 fath.); en dehors de cette deuxième bande, la profondeur de la mer descend brusquement à 2640-5460 mètres (2000-3000 fath.).

Dans son grand ouvrage sur les îles de l'océan Pacifique (*Die Inseln des Stillen Oceans*, etc., vol. II, p. 27), M. le professeur Meinickie a réuni toutes les données que nous possédons sur les célèbres volcans des îles Sandwich, données auxquelles viennent s'ajouter celles qui ont été fournies, depuis la publication de cet ouvrage, par les récentes explorations de M. Birgham effectuées dans l'île de Hawaï, et qui modifient et complètent considérablement les travaux de ses prédécesseurs, tels que MM. Wendt, Kotzebue, Sawkens, Douglas, Gardner, etc. Ce sont les quatre volcans suivants de l'île Hawaï, qui occupent, parmi les volcans connus de notre globe, une place des plus importantes : Maunakea (4532 mètres ou 13953 p., selon Birgham), Maunaloa (4469 mètres ou 13 760 p., id.), Mauna Hualalaï (2588 mètres ou 8275 p. id.), et Kidawea (790 mètres ou 3970 p. id.). Parmi ces volcans, le Maunakea, le plus élevé de tous (bien qu'il n'atteigne point la ligne des neiges perpétuelles, en dépit de son nom qui signifie *montagne blanche*), est éteint depuis longtemps, tandis que Maunaloa, Mauna Hualalaï, mais surtout Kilawea, sont encore en pleine activité.

L'éruption la plus récente du Maunaloa eut lieu en 1872 (voy. *Neues Jahrb. für Mineralogie*, etc., de G. Leonhard, ann. 1874, p. 163); et quant au Kilawea, il constitue un phénomène unique dans son genre : tout son appareil éruptif se trouve réduit à un cratère, ayant pour base, non un cône, mais la surface du sol même. Ce singulier cratère se présente tantôt rempli de lave jusqu'aux bords, tantôt plus ou moins vide. Il est situé au milieu d'une plaine où il forme une dépression ovale de 300 mètres de profondeur, dirigée du nord-nord-est au sud-sud-ouest. La plaine, composée de masses volcaniques, est sillonnée de nombreuses crevasses d'où s'échappent des vapeurs d'eau et de soufre; on n'y voit que quelques Graminées ou de chétives broussailles, notamment le *Vaccinium penduliflorum*, si caractéristique du sol volcanique de cette contrée. Le fond même du cratère est hérissé d'un grand nombre de petits cônes lançant à de courts intervalles des fusées de lave; enfin, l'extrémité méridionale du cratère se termine par un vaste lac de lave bouillante appelé Halemaumam. De semblables lacs, mais plus petits, se produisent quelquefois en grand nombre (on en compte déjà 60) dans la proximité du bord septentrional du cratère. Le flux et le reflux continuels de ces masses bouillantes, traversées par les fusées enflammées que lancent les petits cônes de l'intérieur, constituent, surtout au milieu des ténèbres de la nuit, un tableau dont aucun pinceau, aucune description ne saurait donner une idée quelconque.

Nous devons à M. Birgham une description très-intéressante des différentes coulées de laves qui traversent en tout sens l'île de Hawaï; la carte que M. Petermann (*Mittheil.*, ann. 1876, vol. XXII) a jointe au résumé qu'il a publié des remarquables explorations du savant anglais, fait voir d'une manière graphique la direction et les contours des torrents de laves sortis du grand renflement qui constitue le Maunaloa, situé presque dans la partie centrale de l'île et dont le sommet porte le cratère de Makuaweoweo. C'est des différents points de cet énorme renflement que sont issues ces puissantes traînées de laves qui rayonnent dans toutes les directions de l'île et dont quelques-unes atteignent la côte ; elles constituent six torrents principaux se rapportant aux années 1823, 1832, 1843, 1855, 1859 et 1868 (la carte ne marque point les laves de 1872). Un torrent assez considérable est sorti en 1801 du Mauna Hualalaï et s'est accumulé en une large barrière le long de la côte.

Il est peu de contrées sur notre globe où les phénomènes volcaniques aient conservé jusqu'à nos jours, autant que dans l'archipel Sandwich, toute l'énergie de leur activité. Les relations des journaux et des voyageurs ne cessent de nous en donner de nombreux témoignages. Ainsi M. C. W. C. Fuchs nous apprend (*Jahresb. der K. K. Geol. Reichsanst.*, ann. 1877, vol. XXVII, p. 83) que le 11 août 1875, une éruption de lave avait commencé à se produire dans le Makuaweoweó, cratère terminal du Maunaloa; au mois de mars de l'année 1876, les phénomènes éruptifs continuaient à se manifester et même s'étaient communiqués au Kilawea. M. le Dr Max Buchner, qui se trouvait au mois de septembre 1876 dans l'île de Hawaï, nous apprend (*Verhandl. der Gesellsch. für Erdk.*, ann. 1877, vol. IV, p. 74) que le Kilawea était à cette époque dans un état d'agitation croissante; ce qui prouverait que l'éruption de l'année 1875 avait non-seulement conservé son intensité, mais encore avait considérablement gagné de terrain. Enfin, les journaux anglais rapportent, sur l'autorité de la *Gazette de Honolulu* (du 28 février 1877), une formidable éruption dans la baie de Kealakeakana, près de l'entrée du port; la catastrophe eut lieu à trois heures après midi, le 24 février 1877, sous forme de jets nombreux de flammes rouges, vertes et bleues. Après midi, l'eau de la mer était extrêmement agitée, elle bouillonnait et rejetait des morceaux de lave incandescente. Pendant la nuit où l'éruption eut lieu, la ville de Kanakakiel éprouva une violente secousse de tremblement de terre.

Nous sommes bien loin, malheureusement, de posséder sur la composition minéralogique et même sur l'âge relatif de ces divers volcans, des données aussi précises que sur leurs conditions plastiques et hypsométriques. M. E. Chevalier (*Voyage autour du monde de la corvette* la Bonite considère l'île de Hawaï (située à l'extrémité sud-est de l'archipel) comme la plus récente du groupe, et rapporte que, d'après une ancienne tradition, cette île avait été couverte par la mer, excepté le sommet du Maunakea, où deux êtres humains, sauvés de la destruction générale, étaient devenus la souche de la population actuelle. Tradition curieuse, qui prouverait, que la légende biblique de Noé, connue également dans les légendes des Indiens du nouveau monde, se retrouve encore ici, au milieu des îlots perdus dans l'immense Océan!

L'opinion de M. E. Chevalier relative à l'âge de l'île Hawaï n'a pas été acceptée par plusieurs géologues, qui pensent au contraire (voy. Meinickie *loc. cit.*, vol. II, p. 272) que ce sont les îles orientales de l'archipel qui sont les plus anciennes, et que les îles occidentales sont d'origine sous-marine. M. Gardner signale dans le cratère de Kilawea des blocs de granite enveloppés par la lave, et M. Douglas a observé également des blocs de grès. Or, comme aucune trace de dépôts sédimentaires ni d'anciennes roches cristallines n'a encore été constatée dans l'île de Hawaï, ces blocs doivent avoir été arrachés aux profondeurs de la mer.

Tout ce que nous savons de la composition des laves des îles de Sandwich se borne à des données plus ou moins générales ou incomplètes. Daubeny (*loc. cit.*, p. 424) rapporte, sur l'autorité de Strzelizki, que les laves du cratère de Kilawea renferment du labrador, de l'orthoclase et de l'albite réunis ensemble. Selon M. Meinickie (*loc. cit.*), la majorité des laves de l'archipel est basaltique, tandis que dans l'intérieur des montagnes, prédominent les trachytes et les phonolites.

Les îles Sandwich ont, dans ces derniers temps, servi de point de départ à de nombreuses explorations bathométriques dont les résultats ont été résumés dans le journal américain des sciences et des arts. (*American rournal of Sciences and Arts*, ann. 1876, vol. XI, p. 161). Voici quelques-unes des principales lignes de sondage. Entre les îles Sandwich et la Californie, la profondeur de la mer a été trouvée de 4931 mètres (15180 p.), avec un minimum (sur le point central de cette ligne) de 4223 mètres (13000 p.); entre les îles Sandwich et les îles Bonnin (au sud du Japon), une profondeur minimum (sous 177° de longit. E.) de 2156 mètres (6650 pied.); entre 177° de longit. E. et les îles Sandwich, une profondeur moyenne de 5199 mètres (16000 p.), tandis qu'à 80 milles des îles Sandwich, au sud de Kavaï, la profondeur de la mer est de 4548 mètres (14000 p.); entre 177° longit. E. et les îles Bonnin, moyenne de 5489 mètres (16900 p.), avec maximum de 6699 mètres (19720 p.); sur une ligne tracée au nord des îles Sandwich, entre 22° et 38° lat. N., moyenne de 5522 mètres (17000 p.), et environ 5197 mètres (16000 p.) entre ce dernier point septentrional et le Japon. Un maximum de 7406 mètres (22800 p.) fut constaté à 180 milles du Japon, et un minimum de 3898 mètres (12000 p.) à environ 178° de longit. E. Enfin, comme résultat général des nombreux sondages effectués dans toutes ces directions, on peut admettre pour la région septentrionale de l'océan Pacifique une profondeur moyenne de 5262 mètres (16200 p.).

11. Iles Fidji. — Tout autour des îles qui composent cet archipel, la profondeur de la mer est de 0-1820 mètres (0-1000 fathoms), mais la mer comprise entre l'archipel et le littoral de l'Australie est traversée par des bandes bathométriques qui varient de 2640 mètres à 7680 mètres (2000-4000 fathoms). L'archipel Fidji consiste en un très-grand nombre d'îles qu'on porte au chiffre de 200 à 230, dont 15 plus grandes. Toutes ces îles, de même que la Nouvelle-Calédonie, sont baignées par le courant équatorial sud qui se dirige de l'est à l'ouest, et par conséquent vient des parages littoraux de l'Amérique ; cependant il est séparé de ces derniers par le courant froid antarctique. Les îles Fidji ne possèdent que des montagnes qui

ne dépassent guère 1300 mètres d'altitude ; les roches dominantes sont de nature volcanique, telles que trachytes, basaltes, tufs, etc., sans que cependant on y ait constaté d'éruptions à une époque historique. D'autre part, M. Macdonald (*Journ. of the Geogr. Soc.*, XXVII, p. 260) signale dans l'île Vitilivu des dépôts de grès fossilifère très-étendus, mais sans en désigner positivement l'âge ; de même que M. Graefe (*Reisen im Innen der Insel Vitilivu*, p. 27, 40, 41) indique, dans l'intérieur de cette île, une roche bleuâtre avec empreintes végétales, ainsi qu'une autre roche rappelant l'oolithe. Enfin, la présence de la houille a été également, mentionnée dans ces îles, quoique d'une manière très-vague (voy. *Nautical Magazine*, XXXVII, p. 658). Il est donc évident qu'une partie de l'archipel des Fidji contient des dépôts sédimentaires dont quelques-uns, selon toute apparence, appartiennent à l'époque paléozoïque.

Quand on considère que l'archipel des Fidji n'est séparé de la Nouvelle-Calédonie que par un espace de 260 lieues et de 300 lieues de la Nouvelle-Zélande, îles où les terrains de l'époque paléozoïque ont été constatés, il devient probable qu'il y ait eu avant cette époque une jonction entre les trois archipels ; la séparation a pu avoir été opérée par les agents volcaniques qui y ont joué un si grand rôle.

12. NOUVELLE-CALÉDONIE. — Tout autour de la Nouvelle-Calédonie, la mer a une profondeur de 0-1820 mètres ; mais, tant entre la Nouvelle-Zélande et la Nouvelle-Calédonie qu'entre cette dernière et le littoral de l'Australie, la mer est sillonnée par des bandes bathométriques plus ou moins étroites, ayant de 1820 à 7680 mètres de profondeur (voy. la carte de M. Petermann).

Il résulte des travaux importants publiés sur la géologie et la paléontologie de cette île, par MM. E. Delongchamp et J. Garnier, qu'elle est principalement composée de roches cristallines anciennes, ainsi que de terrains de transition non suffisamment déterminables, à cause d'un mélange de fossiles carbonifères et triasiques. Comme tant les roches cristallines que les dépôts sédimentaires de la Nouvelle-Calédonie se trouvent plus ou moins reproduits sur le littoral oriental de l'Australie, éloigné de 300 lieues de la première, il est possible qu'il y ait eu jonction entre les deux îles ; en tout cas, l'émersion de la Nouvelle-Calédonie n'a pu avoir lieu plus tard que l'époque triasique, et il est probable que cette dernière île aura (en grande partie du moins), conservé sa position insulaire pendant la majorité des périodes géologiques subséquentes.

D'après M. E. Hurteau (*Bulletin de la Soc. de Géogr*, numéro de décembre 1876), c'est à la Nouvelle-Zélande que la Nouvelle-Calédonie aurait

jadis été réunie, de même que les îles Norfolk et de King. Le savant ingé-
nieur des mines considère la constitution géologique de la Nouvelle-Calédonie comme très-analogue à celle de l'île sud de la Nouvelle-Zélande, et
il pense que les deux îles ne sont que les restes d'une grande chaîne de
montagnes dont la portion intermédiaire aura été immergée ou détruite.

Avant de quitter la Nouvelle-Calédonie, je crois devoir mentionner le
groupe d'îlots situés non loin de l'extrémité nord-ouest de cette grande île,
et parmi lesquels ceux nommés Huon et Surprise viennent d'être l'objet de
quelques observations de la part du R. P. Montrouzier (*Bull. Soc. géogr.*,
loc. cit.), qui y signale une faune et une flore remarquables par leur
extrême pauvreté ; il n'y a vu que dix espèces d'animaux, dont deux espèces
de Reptiles et huit espèces d'Oiseaux qui, bien que presque tous palmipèdes,
perchent néanmoins et font leurs nids sur les arbres. Quant à la flore, elle
ne serait composée que de vingt espèces, parmi lesquelles une seule n'a pu
être déterminée, toutes les autres sont communes aux îles voisines et existent à la Nouvelle-Zélande ; enfin, l'absence complète de Fougères. Cette
pauvreté en espèces et en formes locales contraste avec la richesse et l'originalité de la flore et de la faune de la Nouvelle-Calédonie, qu'un espace
d'environ 12 lieues seulement sépare des îlots. Il est vrai qu'ils sont de formation madréporique et, selon toute apparence, émergés depuis peu de temps,
tandis que la Nouvelle-Calédonie remonte à une époque très-reculée, en
sorte qu'il y a là parfaite concordance entre l'âge géologique et la nature
de la flore et de la faune. Mais le fait même de cette concordance est déjà
d'un certain intérêt, attendu qu'il se présente si rarement parmi les îles
océaniques, où l'âge géologique paraît le plus souvent exercer peu d'influence sur le caractère de la flore et de la faune.

13 et 14. ILES DE NORFOLK DE DE CHATHAM. — La constitution géologique
de l'île de Norfolk est encore très-peu connue, car tout ce que nous en savons se réduit à quelques données vagues fournies par Forster, qui dit y
avoir observé des laves et des roches semblables à celles qui dominent dans
la Nouvelle-Zélande. Il serait donc vraisemblable que les roches dont parle
le savant voyageur fissent partie du terrain paléozoïque, et que, par conséquent Norfolk fût à cette époque jointe à la Nouvelle-Zélande. Il en est probablement de même de l'île Chatham dont la flore et la faune sont d'ail-
leur éminemment néo-zélandaises.

On a signalé dans l'île Chatham non-seulement des roches volcaniques,
mais encore des schistes à faciès paléozoïque, ainsi que des dépôts tertiaires.
Dans les conglomérats d'origine diverse que présente l'île Chatham,
M. Ch. Darwin (*Volc. Islands*, p. 98) a constaté un minéral très-analogue

à la *pélagonite*, silicate hydraté découvert par M. de Waltershausen, en Sicile et en Islande, où des dépôts considérables de tuf sont composés de cette substance. Elle renferme beaucoup d'Infusoires, et c'est pour cette raison que M. Bunsen la croit produite par l'action des eaux thermales.

A environ 212 lieues métriques, à l'O. S. O. de Norfolk, mais à une distance bien moins considérable de la côte orientale de l'Australie, se trouve la petite île de Lord Howe, que M. Robert Fitzgerald vient de soumettre à une nouvelle exploration (*Zeitschrift der Gesellsch. für Erdk.*, vol. XII, p. 153) qui complète les renseignements fournis par M. Max More et rapportés par M. Grisebach dans sa note 60, page 829. M. Fitzgerald confirme le fait intéressant signalé par son prédécesseur, savoir : que la flore de l'île Howe, que M. Fitzgerald déclare remarquablement riche et variée, diffère beaucoup plus de celle de l'Australie que de celle de Norfolk. Parmi les arbres les plus remarquables de l'île Howe, M. Fitzgerald mentionne le *Lagunaria Petersoni*, ayant de 16 à 17 pieds de hauteur et 15 pieds de circonférence, dimensions que n'atteint peut-être aucune Malvacée connue. Les Fougères, beaucoup plus fréquentes dans le midi que dans le nord de l'île, et dont M. Fitzgerald compte 20 espèces, ont dans leur répartition cela de particulier, qu'elles ne se présentent qu'en individus isolés ou tout au plus en petits groupes détachés, bien que c'est précisément au développement des Fougères que l'île Howe offre les conditions les plus favorables ; ainsi l'*Adiantum œthiopicum* n'a encore été observé que sur un seul point, de même que le *Nephrodium molle* sur le bord d'un seul puits. Les Orchidées sont très-rares et ne comptent que deux ou trois espèces. On cherche vainement dans l'île une de ces formes si caractéristiques pour l'Australie, telles que *Banksia*, *Eucalyptus*, *Xanthorrhœa ;* les Protéacées n'y sont représentées que par un petit *Melaleuca*. En revanche, le *Ficus columnaris*, que M. Fitzgerald qualifie avec raison de merveille botanique, déploie dans l'île Howe toute la splendeur de son originale végétation ; on y voit s'étendre à travers les vallées et les collines le réseau gigantesque formé par les axes et les colonnes innombrables auxquels donnent naissance les racines adventives des branches horizontalement étalées de l'arbre, de manière qu'en plongeant successivement dans le sol, ces racines finissent par rendre complétement méconnaissable le tronc mère, et constituent ainsi une forêt labyrinthique.

Le phénomène curieux que présente la flore de l'île Howe, en reproduisant le caractère de celle de Norfolk et non de celle de l'Australie, beaucoup moins distante de la première que de la dernière de ces deux îles, suggère l'idée qu'au lieu d'avoir fait partie de l'Australie, l'île Howe ne présente au contraire qu'un débris dont les îles Norfolk, Chatham,

Campbell, Auckland, etc., étaient autant d'éléments constitutifs; en sorte que si ces îles avaient jamais été jointes à l'Australie, elles ont dû en avoir été détachées avant l'apparition de la vie végétale.

15. NOUVELLE-ZÉLANDE. — La côte orientale de la Nouvelle-Zélande est baignée par une branche du courant équatorial sud qui se dirige parallèlement à cette côte, tandis que le littoral occidental est baigné par le courant antarctique froid. Bien que située dans la zone subtropicale, la Nouvelle-Zélande est caractérisée par de grandes divergences climatériques qui sont le plus souvent indépendantes des conditions d'altitude. Selon M. Meinickie (Die Inseln des Stillen Oceans, vol. I, p. 248), dans la région méridionale de la Nouvelle-Zélande, le climat subtropical passe au climat tempéré, et les contrastes les plus prononcés se manifestent entre les côtes orientales et occidentales, les dernières étant beaucoup plus humides, à cause de la prédominance des vents d'ouest. En général, les vents qui règnent dans la Nouvelle-Zélande sont, d'une part les vents du nord et du nord-ouest, et d'autre part les vents du sud et du sud-est, mais les premiers l'emportent de beaucoup sur les derniers. Les vents du sud-est prédominent en été et les vents du sud-ouest en hiver ; ces derniers donnent lieu à de violents orages et sont toujours accompagnés de vapeurs aqueuses. Le tableau suivant fait ressortir les traits principaux du caractère climatérique de la Nouvelle-Zélande, car les six localités, dont les moyennes offrent assez peu de concordance, ne diffèrent pas beaucoup sous le rapport altitudinal et se trouvent sur les points les plus divers des deux grandes îles qui composent la Nouvelle-Zélande.

LOCALITÉS.	Printemps.	Été.	Automne.	Hiver.	Année.	Pluie en millim.	Jours de pluie.
Mongonui	15,2	19,1	16,9	12,4	16,6	1,5	»
Auckland.....	14,7	20,1	16,7	11,7	15,6	1,3	177
Wellington...	12,5	17,3	13,6	8,9	13,1	1,5	146
Nelson.......	12	17,2	13,4	0,2	12,8	1,7	92
Christchurch..	12,6	16,4	12,8	6,8	12,5	0,9	113
Dundin	10,2	14,1	10,8	9	10,4	9,8	178

Tout autour de la Nouvelle-Zélande, la profondeur de la mer est de 0-1820 mètres (1000 fathoms), mais, à environ 150 lieues métriques à l'ouest de l'archipel, il se présente une bande étroite où la profondeur atteint un maximum de 2640 mètres ; puis vient une autre bande plus large de 2640 à 5460 mètres (2000-3000 fathoms), et enfin, dans les parages littoraux de l'Australie, la profondeur diminue et n'a plus que de 01820 mètres, comme dans la proximité immédiate de l'archipel. Quant à la constitution géologique de la Nouvelle-Zélande, il résulte des travaux de MM. Hector, Haast, Hutton, W. Mantell, mais surtout de ceux de M. de Hochstetter, que cet archipel est composé de roches cristallines (granite, gneiss, micaschiste, etc.), de dépôts appartenant aux époques paléozoïques, tertiaires et quaternaires, et enfin de roches volcaniques. Ces dernières recouvrent de grandes parties des îles ; le basalte et les tufs porphyriques se sont déversés pendant les temps tertiaires ; l'île du nord est à moitié volcanique, et la province d'Auckland abonde en volcans remarquables, si habilement retracés par M. de Hochstetter. Malheureusement les formations sédimentaires de la Nouvelle-Zélande ne se prêtent pas encore à une détermination bien précise ou définitive. Ainsi la classification des terrains paléozoïques y offre tant de difficultés et a été pour les géologues l'objet d'opinions tellement divergentes, que tandis, que les uns n'y voient que les représentants des terrains les plus anciens (le carbonifère y compris), d'autres ont cru non-seulement pouvoir y distinguer le trias, mais même reconnaître un passage imperceptible de l'époque paléozoïque à l'époque secondaire, notamment au jurassique et au crétacé. Ce qui, dans l'état actuel de nos connaissances, enlève tout espoir de classer les terrains anciens de la Nouvelle-Zélande d'après les caractères paléontologiques, c'est le mélange de fossiles qui, en Europe, se rapportent à des terrains tout différents : phénomène qui se présente notamment dans le district de Southland, île du Sud, et dans la province d'Auckland, île du nord ; dans toutes ces contrées les mêmes dépôts renferment tout à la fois des formes jurassiques, des formes crétacées et des formes modernes *. Aussi, en présence de ce chaos, le Dr Hector n'a admis provisoirement dans la Nouvelle-Zélande que les terrains paléozoïques, les terrains crétacés et les terrains tertiaires, exemple suivi par M. Jules Marcou, qui, après avoir discuté les opinions divergentes

---

* Ce mélange curieux se présente non-seulement dans la Nouvelle-Zélande et dans la Nouvelle-Calédonie, mais également en Australie et même en Amérique, et offre une preuve de plus de la difficulté, pour ne pas dire de l'impossibilité d'identifier d'après les caractères paléontologiques nos formations européennes avec celles des îles de l'Océanie ou du continent américain. Ainsi M. Ralph Tate vient de découvrir une Bélemnite dans le terrain miocène de l'Australie (*Quart. Journal of the Geol. Soc.*, ann. 1877, vol. XXXIII, part. 2, p. 256), découverte que M. J. S. Gardner considère (*loc. cit.*, p. 253) comme extrêmement importante, en faisant observer que si des fossiles crétacés, tels que des Bélemnites, ont vécu jusqu'à l'époque miocène, on ne voit pas pourquoi des Ammonites n'auraient pas également existé jusqu'à l'époque éocène? En Amérique, il y a des dépôts admis comme crétacés à cause de la présence des Ammonites et d'autres formes, tandis que le

(voy. *Explic. d'une seconde édit. de la Carte géol. de la Terre*, p. 190), a cru ne devoir admettre dans le coloriage de la Nouvelle-Zélande, telle que cette île se trouve figurée dans sa grande carte, ni la division des roches du nouveau grès rouge (trias et dyas, ce dernier comprenant le *Todtliegende* et le *Bunter Sandstein* des géologues allemands), ni le Jura ni le terrain crétacé, en laissant dans les roches de transition ce qui représenterait le nouveau grès rouge, et dans le terrain tertiaire ce qui ferait partie des terrains secondaires.

Au reste, la tâche difficile de débrouiller et de classer les éléments qui composent la charpente solide de la Nouvelle-Zélande ne peut tarder à recevoir une solution définitive, grâce aux efforts du Dr Hector, directeur de la commission établie à Wellington (île du Sud) pour l'exploration du pays. Déjà on a pu admirer à Londres, dans la *Loan Collection*, le magnifique modèle en relief de la Nouvelle-Zélande que l'on doit à l'intelligente et infatigable activité de ce savant. Ce qui y frappe tout d'abord, c'est l'imposante chaîne de montagnes qui traverse les îles (de N. E. N. au S. O. S.) dans toute leur longueur, ne se trouvant interrompue que sur deux points : par le détroit de Cook, qui sépare l'île septentrionale de l'île méridionale, et par le détroit de Foveava, qui sépare cette dernière de l'île Stewart (Raniura). Cette gigantesque muraille, que M. Hochstetter considère avec raison comme représentant l'une des plus importantes lignes de soulèvement dans tout l'océan Pacifique, commence au golfe Hauraki (île du Nord), et ne se termine que dans l'île Stewart ; elle a donc une longueur de près de 1000 kilomètres, et, par conséquent, dépassant de beaucoup celle des Apennins et ne le cédant que peu, sous ce rapport, aux monts Ourals ; de plus, elle s'élève à des altitudes inconnues à ces deux chaînes, puisque le mont Cook (île du Nord) a plus de 4200 mètres, tandis que parmi les nombreux cônes volcaniques dont la chaîne est hérissée, le Ruapahu (île du Nord) a 2924 mètres, et le Tangariro (*ibid.*) 2110 mètres. D'ailleurs le

facies de la faune que renferment ces dépôts rappelle celui de notre faune éocène. Cependant les flores associées à de tels dépôts sont regardées comme crétacées. Si la présence de Mollusques éocènes était adoptée pour base de la détermination de l'âge de ces dépôts, et que l'on considérât les Ammonites comme ayant survécu dans ces régions à une période plus récente, leurs flores ne seraient plus crétacées et les arguments pour ou contre l'évolution dans les plantes dicotylédones, basés sur l'âge de ces types végétaux, subiraient une modification considérable. En admettant cette hypothèse (et elle n'a rien d'invraisemblable), il en résulterait, qu'en l'Australie aussi bien que dans la Nouvelle-Zélande, les phénomènes biologiques se sont succédé avec beaucoup plus de continuité qu'en Europe, et que dès lors la présence des mêmes fossiles dans les deux parties du monde n'a plus la même signification géologique.

beau modèle en relief du Dr Hector indique parfaitement les divers éléments constitutifs de la charpente solide de la Nouvelle-Zélande ; on y voit
les anciennes roches cristallines, telles que granite, schistes, etc., formant
le noyau ou l'axe de la grande chaîne, tandis que les formations plus récentes reposent sur ces roches et se trouvent presque toutes percées et
bouleversées par les roches volcaniques.

Quel que puisse être le tableau géologique définitivement tracé de la
Nouvelle-Zélande, on peut admettre dès à présent qu'une portion importante de cet archipel a été soulevée à une époque très-ancienne, probablement à l'époque carbonifère : du moins tel serait le cas pour la majeure
partie de l'île Méridionale (*New Munster Middle island*), île qui sans
doute ne formait jadis qu'un ensemble avec l'île du Nord ainsi qu'avec l'île
Stewart, car la grande chaîne se continue à travers les trois îles avec une
régularité qui indique qu'elle a dû exister avant la naissance des deux
détroits qui l'interrompent aujourd'hui.

Ainsi que la Nouvelle-Calédonie, séparée de la côte orientale de l'Australie à peu près par la même distance que la Nouvelle-Zélande, les îles
de cette dernière, notamment le New Munster middle Island, ont, sous le
rapport géologique, une grande ressemblance avec la région orientale de
l'Australie, en sorte qu'il n'est pas improbable qu'il y ait eu jadis jonction
entre l'une et l'autre, et qu'ainsi l'Australie, la Nouvelle-Calédonie, la
Nouvelle-Zélande et peut-être les îles Norfolk et Chatham, aient formé un
jour une seule île gigantesque. En tout cas, il est à supposer que la séparation de la Nouvelle-Zélande a eu lieu avant l'époque du terrain carbonifère
(prise dans un sens étendu), car, tandis que dans la Nouvelle-Zélande ce
terrain, ainsi que les terrains secondaires sont à peine ébauchés, les formations carbonifère, jurassique et crétacée se trouvent en Australie largement développées *.

Dans un travail remarquable, couronné par l'Académie des sciences,
M. Alph. Milne Edwards (voy. *Comptes rendus,* ann. 1874, t. LXXIX, p. 1648)
développe les considérations zoologiques qui le portent à admettre « qu'à

---

* Le terrain carbonifère de l'Australie est remarquablement riche en dépôts
de houille ; selon M. Simon, consul de France à Sidney (voy. *Comptes rendus,*
ann. 1877, t. LXXXIV, p. 1744), « l'étendue et la valeur des gisements houillers
de la Nouvelle-Galles du Sud sont si grandes, que l'on peut dire qu'ils sont inépuisables et que l'extraction ne peut être limitée que par les moyens dont on dispose » ;
aussi M. Simon nous apprend que, malgré l'insuffisance de ces moyens, l'exploitation, qui ne date que de l'année 1829, époque à laquelle elle avait fourni seulement
780 tonnes, a atteint en 1875 le chiffre de 1 253 475 tonnes, d'une valeur de
20 millions de francs.

une époque peu éloignée de la période actuelle, non-seulement les trois parties de la Nouvelle-Zélande communiquaient entre elles, mais que des terres, aujourd'hui disparues sous les eaux, les reliaient plus ou moins directement à quelques îles de la Polynésie ; tandis qu'aucune communication de ce genre ne semble avoir existé entre la Nouvelle-Zélande et l'Australie, l'Amérique ou l'ancien continent, depuis l'époque où les Mammifères ont commencé à se montrer dans ces diverses contrées. »

16. ILES AUCKLAND. — Cet archipel consiste en une île plus grande et plusieurs îlots. Les rochers qui constituent la charpente solide de toutes ces îles paraissent être du granite, des porphyres, des roches amphiboliques et plusieurs dépôts sédimentaires, soit de nature métamorphique, soit à facies paléozoïque ; puis il y aurait des grès tertiaires avec lignites, recouverts par des roches volcaniques plus récentes, notamment par le basalte. La flore et la faune des îles Auckland sont, selon M. Meinickie (*loc. cit.*, p. 349), celles de la Nouvelle-Zélande.

La mer tout autour de cet archipel a la même profondeur qu'autour de la Nouvelle-Zélande, mais entre les deux archipels se trouve une bande étroite (d'environ vingt-cinq lieues métriques de largeur) où la profondeur de la mer descend à 2640 mètres (2000 fathoms).

17. ILE CAMPBELL. — C'est une île hérissée de montagnes qui, sous le rapport de leur constitution et de leur altitude, sont semblables à celles des îles Auckland, mais moins connues que ces dernières ; la montagne la plus élevée est le Honey-Hill (488 mètres). Parmi les roches dominantes figurent des grès et des phyllades, selon toute apparence appartenant aux terrains paléozoïques, ainsi que des calcaires probablement crétacés. Les roches volcaniques consistent particulièrement en dolérites. M. Filhol en a rapporté et déposé au Muséum des échantillons, que M. Daubrée (*Bull. Soc. géol. de France*, 3e sér., ann. 1876, t. IV, p. 536) signale comme remarquables par leur structure schisteuse : ce sont des laves feuilletées, doléritiques et feldspathiques.

La végétation et la faune de l'île Campbell sont complétement celles de la Nouvelle-Zélande ; en fait de Mammifères, on ne connait dans cette île que le Rat, et les Oiseaux terrestres n'offent que peu d'espèces (voy. Meinickie, *loc. cit.*, vol. I, p. 351).

18. ILES GALAPAGOS. — Tout autour de ces îles, la mer ne dépasse point la profondeur de 1820 mètres (1000 fathoms); à 25 lieues environ à l'est de l'archipel, la profondeur est de 2648-5460 m. (2000-3000 fathoms) et se

maintient jusqu'à environ 25 lieues métriques de distance de la côte américaine, où la profondeur remonte à 1820 mètres (voy. la carte de M. Petermann, *loc. cit.*). Le petit archipel des Galapagos, situé entièrement dans le domaine du courant froid antarctique, constitue un groupe très-remarquable de volcans en activité, parmi lesquels celui que contient Narberough island paraît être le principal. Selon L. de Buch (*loc. cit.*, p. 377), en 1814 deux volcans furent signalés dans cette île en pleine éruption, et en 1815 une coulée de lave sortit du pic de Narberough. Une autre île, Abington island, est une île basaltique au milieu de laquelle se sont soulevés un grand nombre de cônes d'éruption. Sur la côte occidentale de l'île, formée par une falaise de plus de 325 mètres de hauteur, on observe des alternances de couches de basalte, de tuf et de scories. Au-dessus de cet escarpement s'élève une montagne d'environ 650 mètres de hauteur, qui occupe le tiers de la longueur de l'île. A partir du sud, les flancs de la montagne sont de tous côtés recouverts par des cratères et des coulées de lave à surface raboteuse, qui s'étendent à travers toute l'île jusqu'à son extrémité la plus reculée vers le nord. M. Ch. Darwin, auquel nous devons le meilleur travail sur l'archipel des Galapagos (voy. ses *Geolog. Observations on the volcanic Islands*, etc.) y signale plus de 2000 cratères. Les trachytes, les ryolithes, les tufs et les basaltes y constituent la majeure partie de l'archipel, et il est probable que l'âge de ces roches n'est pas le même, bien que toutes se rapportent à une époque géologique très-récente, et peut-être remontent à peine à celle des terrains tertiaires. MM. Frank et Gooch viennent de soumettre à une étude microscopique (voy. *Jahrb. der K. K. Geol. Reichsanst.*, ann. 1876, vol. XXVI, p. 133) les roches volcaniques recueillies dans ces îles. Parmi ces roches figurent : scorie de lave de l'île Bindloe, contenant çà et là des fragments de feldspath vitreux; lave basaltique des îles Bindloe et Abington, à cristaux de feldspath de dimensions remarquables, la pâte de la roche étant composée de plagioklas, olivine, pyroxène et magnétite; pierres ponces (non signalées par Darwin dans ces îles) des îles Indefatigable et Abington, contenant de petits morceaux de feldspath (probablement orthoklas), de plagioklas, de pyroxène et d'olivine.

Sous le rapport de sa faune, les Galapagos présentent un phénomène des plus curieux et des plus énigmatiques. Plusieurs de ces formes animales, notamment les Lézards, sont uniques dans le monde actuel, et pour retrouver des similaires, il faut, dit M. Jules Marcou (*loc. cit.*), remonter aux Reptiles crétacés et jurassiques. Les Poissons qui existent dans cet archipel sont tous spéciaux, et il en est de même des Mollusques marins et terrestres. Rien de plus frappant et de plus inexplicable que de voir dans des îles à une distance de deux cents lieues seulement de la côte de l'Amérique du Sud une faune complétement spéciale et différente de tout ce qui existe en Amérique; on dirait une épave d'un monde évanoui depuis des myriades de siècles!

Quant à la constitution géologique de la côte américaine opposée aux îles Galapagos, elle est également d'une époque récente, car ce sont les dépôts tertiaires et quaternaires qui constituent tout le littoral compris entre la baie del Chico et la ville de Lima.

19. ILE JUAN-FERNANDEZ. — Tout autour de cette île, la mer a une profondeur égale à celle qu'elle présente dans les parages limitrophes de l'archipel des Galapagos; mais de même que chez ce dernier, la profondeur de la mer s'accroît rapidement à peu de distance des îles : aussi, non loin de Juan-Fernandez, la profondeur est de 2640 à 5460 mètres (2000 à 3000 fathoms) et se maintient jusqu'auprès du littoral américain, où elle ne dépasse point 1820 mètres.

L'île de Juan-Fernandez est composée de basalte, qui souvent prend une structure colomnaire. L'île est fréquemment ébranlée par des tremblements de terre, et en 1835, lorsque le Chili en fut si fortement éprouvé, un volcan sous-marin avait surgi tout près de l'île (voy. Daubeny, *loc. cit.*, p. 426).

M. Bossi a publié tout récemment, dans le *Siglo di Montevideo*, un travail intéressant sur l'île Juan-Fernandez, ancienne demeure du célèbre Robinson Crusoe. Il fait observer que cette île constitue le dernier débris d'un continent enseveli sous la mer, tandis que le littoral américain limitrophe ne cesse de s'élever au-dessus du niveau de cette dernière. « Car, dit-il, lors de mon voyage d'exploration aux détroits de Smith et particulièrement dans le golfe de Trinidad (côte occidentale de la Patagonie), j'ai pu constater que sur certains points la terre ferme s'y élève annuellement de 40 pieds. A l'appui de cette assertion, il suffit de rappeler que les voyageurs plus anciens avaient signalé, sous la latitude S. de 49° 4′ et la longitude O. de 75° 32′, une île qu'ils appelèrent *Monte-Corso*, en donnant le nom de *passage Sparte* au canal qui la séparait du cap Breton ; or, aujourd'hui cette île se rattache au cap par une terre basse qui a surgi du fond de la mer, et de cette jonction est résultée une baie magnifique à laquelle le directeur de la Revue hydrographique du Chili a donné le nom de Bahia Bossi. »

Selon le savant voyageur, l'île volcanique de Juan-Fernandez manque complétement d'animaux indigènes quelconques, et malgré l'abondance de Poisson, tout autour de ses côtes, aucun Oiseau pélagique ne s'y fait jamais voir.

La côte chilienne, vis-à-vis de l'île Juan-Fernandez, est composée de roches cristallines anciennes (granite, gneiss et schistes) : il est donc probable que cette côte était déjà émergée à l'époque où Juan-Fernandez fut soulevée ; et il en est vraisemblablement de même de la plus grande partie de la république chilienne composée de terrains paléozoïques et secondaires.

20. ILES FALKLAND. — Les îles Falkland ont leur littoral occidental baigné par le courant chaud du Brésil se dirigeant du N. E. N. au S. O. S., et le littoral occidental par le courant antarctique.

L'archipel des îles Falkland, ou îles Malouines, est composé d'argiles schisteuses et de grès renfermant une grande quantité de fossilles qui appartiennent aux genres *Chonetes*, *Orthis*, *Atrypa*, *Spirifer*, *Orbicula*, *Avicula*, Trilobites et Crinoïdes, ce qui classe cette formation dans le terrain de transition supérieur. La constitution géologique de ces îles, si différente de celle de la grande majorité des îles de l'Océanie, presque toutes volcaniques et sans trace appréciable de terrains paléozoïques, devient une question très-embarrassante, lorsque l'on considère que, malgré leur proximité de la côte américaine, elles en diffèrent géologiquement tout autant que du reste des îles océaniques placées à d'immenses distances. Il est vrai, nous ignorons presque complétement la constitution géologique de la partie de la côte américaine directement opposée aux îles Falkland ; cependant la ligne littorale, non-seulement de cette région de la Patagonie, mais encore de toute la côte orientale de l'Amérique du Sud, est suffisamment connue pour nous autoriser à y admettre l'absence de terrains paléozoïques. Ainsi les côtes de la Patagonie presque opposées aux îles Falkland sont tertiaires, et plus au nord le littoral E. de l'Amérique, aussi loin que l'isthme de Panama, n'est composé d'abord que de roches cristallines (granite, gneiss, itacolumite, micaschiste, porphyre, etc.) qui, à l'exception de quelques lambeaux paléozoïques isolés, situés beaucoup plus à l'intérieur, constituent toute la charpente solide du Brésil ; puis de dépôts quaternaires (bouches de l'Amazone et de l'Orénoque), et enfin de dépôts tertiaires, ainsi que de quelques lambeaux crétacés (Guyane, Venezuela et Nouvelle-Grenade).

D'autre part, au sud-ouest de l'archipel Falkland, à la Terre de Feu, le Dr Hombron et M. C. Darwin ont recueilli des fossiles qui indiquent l'existence du terrain crétacé dans la partie orientale du détroit de Magellan. Ainsi donc, sur l'immense développement du littoral oriental de l'Amérique du Sud, les dépôts sédimentaires constatés jusqu'à présent sont tous beaucoup plus récents que le terrain paléozoïque des îles Falkland, et dès lors rien ne prouve que ces îles aient jamais fait partie (du moins depuis l'époque paléozoïque) du littoral oriental de l'Amérique. Par contre, plusieurs fossiles paléozoïques des îles Falkland sont identiques avec ceux du cap de

Bonne-Espérance (voy. *On the Geol. of the Falkland islands*, etc., dans le *Quart. Journ. of the Geolog. Soc. of London*, vol. II, p. 267) ; en sorte qu'on serait presque porté à admettre qu'à l'époque paléozoïque, c'est à l'extrémité méridionale de l'Afrique, et non à celle de l'Amérique, que se rattachaient les îles Falkland : hypothèse qui, malgré tout ce qu'elle offre d'incompatible avec la configuration actuelle de nos continents, devient beaucoup moins hardie quand on considère que, pendant les temps crétacés et tertiaires, l'Amérique du Sud ne possédait de terres fermes que dans le Brésil, la Bolivie et dans une partie des républiques Argentine et Chilienne, avec la grande île granitique de la Guyane et de l'Orénoque, de manière qu'à ces époques la terre ferme sud-américaine a bien pu se prolonger et s'unir avec l'Afrique méridionale. Aussi M. Jules Marcou (*loc. cit.*, p. 163) ne voit-il rien d'inadmissible dans une telle hypothèse, et il pense qu'aux époques sus-mentionnées, « Rio-Janeiro et la ville du Cap de Bonne-Espérance ont pu être sur le même continent. »

21. TRISTAN D'ACUNHA. — Parmi les îles qui composent cet archipel, la plus considérable ne consiste qu'en une seule montagne de 2273 à 2924 mètres de hauteur, ayant la forme d'un cône tronqué au milieu duquel surgit un dôme de 1625 mètres d'altitude. Le premier est composé d'un certain nombre de couches de tuf et de lave pyroxénique, alternant les unes avec les autres et traversées par beaucoup de filons. Il est très-difficile de faire l'ascension du dôme terminal, tant à cause des surfaces abruptes que de la nature meuble et incohérente de la roche composée de scories et de fragments de lave bulleuse. Çà et là des courants de lave vomis par le cratère descendent tout le long du cône volcanique (voy. Daubeny, *loc. cit.*, p. 464).

L'île de Tristan d'Acunha a pour piédestal le bombement linéaire qui parcourt le fond de la mer, depuis les hautes latitudes de l'hémisphère austral, à travers tout l'océan Atlantique, jusqu'aux parages du détroit de Davis. Ce long rempart sous-marin à surface ondulée, qui porte également les îles de l'Ascension et de Sainte-Hélène, sert de ligne de séparation entre deux larges canaux creusés dans le lit de l'Atlantique et ayant une profondeur de 3898 à 4873 mètres (12 à 15 000 p.); le canal situé à l'est du rempart se dirige parallèlement au continent de l'Afrique méridionale et s'avance jusqu'aux latitudes de l'Angleterre. M. le capitaine Evans, qui expose (*Proceed. of the Royal Geogr. Soc.*, 1877, vol. XXI, p. 66) ces faits intéressants, dont nous devons la connaissance aux célèbres explorations sous-marines du *Challenger*, ajoute qu'il a été constaté, surtout par les sondages de la *Gazelle*, que dans l'hémisphère austral, l'Océan est bien moins profond que dans l'hémisphère boréal, où l'on trouve (notamment dans les régions septentrionales du Pacifique et de l'Atlantique, de ces prodigieux abîmes de 8780 à 7471 mètres (27 à 23 500 p.) de profondeur (voy. ma note page 503), tandis que dans l'hémisphère austral la sonde a partout atteint le fond à 5522-5684 mètres (17 000-17 500). Le savant hydrographe fait observer que, malgré les énormes divergences que présente en général la profondeur de la mer, « un trait saillant est commun à tous les océans, c'est l'abrupte dépression que leurs fonds subissent à peu de distance des continents ; en sorte que souvent après une profondeur de quelques mètres seulement, le fond de la mer s'abaisse brusquement à 3219-3898 mètres (10 000-12 000 p.), ainsi qu'on en voit un exemple tout près de nous : dans le détroit de la Manche où, à l'entrée même, la profondeur est de 195 mètres, tandis qu'à 10 milles marins plus loin, elle descend à 3898 mètres (12 000 p.) ». Enfin le capitaine Evans nous apprend que dans toutes les mers des zones torride et tempérée (à moins que leur lit ne soit localement transformé en un bassin clos par des barrières sous-marines), le fond de la mer est revêtu d'une puissante couche d'eau ayant une température de — 0° à + 1°,6. Dans le Pacifique, on atteint généralement cette nappe froide à une profondeur de 2924 mètres (9000 p.) au-dessous de la surface de la mer, tandis qu'une température de + 4°,4 règne entre 715 et 975 mètres (2500-3000 p.) au-dessous de la surface de la mer. Dans l'Atlantique du sud, le courant polaire antarctique ayant une température de — 0°,5 à + 1°, dépasse l'équateur, où il s'échauffe, ce qui fait que dans l'Atlantique du nord le fond de la mer a une température de + 1°,6.

Aux importantes données fournies par le capitaine Evans sur la profondeur et la température des océans, nous pouvons rattacher, comme les complétant très-avantageusement, les données non moins importantes que M. J. J. Buchanan, chimiste attaché à l'expédition du *Challenger*, vient de publier (*Slip of the Meeting of the R. Geogr. Soc.*, of 12 March 1877) sur la distribution du sel dans les océans, telle qu'elle est indiquée par les poids spécifique de leurs eaux. Il en résulte que la salure des eaux superficielles est plus forte dans le nord que dans le sud de l'Atlantique. Dans la partie septentrionale de cet Océan, le maximum a été observé sous la latitude de 22° et la longitude O. de 40° ; dans la partie méridionale de l'Atlantique, le maximum est sous 17° lat. S. et dans le Pacifique près de l'île de Taïti. Quant à l'eau au-dessous de la surface, dans l'Atlantique, sa pesanteur spécifique va en diminuant jusqu'à la profondeur d'environ 856 à 1820 mètres (800-1000 fathoms), et puis augmente graduellement jusqu'au fond de la mer. Dans les régions équatoriales, la pesanteur spécifique de l'eau atteint son maximum à une profondeur de 90 à 182 m. (50-100 fath.).

Enfin, dans la partie septentrionale de l'Atlantique, la pesanteur spécifique de l'eau du fond de la mer est comparativement élevée. Selon
M. Buchanan, toutes ces variations dans la pesanteur spécifique de l'eau de
l'Océan paraissent tenir au degré de facilité qu'il possède de recevoir ou
d'écouler les masses d'eau, dont le mouvement dans les deux sens est déterminé par la nature sèche ou humide des alizés, selon que ces derniers
activent l'évaporation des eaux et y opèrent la concentration du sel, ou
qu'ils produisent l'effet contraire, en diluant par les précipitations aqueuses
l'eau de la mer, ce qui à son tour donne naissance à divers courants. Ainsi,
selon M. Buchanan, dans l'Atlantique, depuis la surface jusqu'à une profondeur de 1820 mètres (1000 fathoms), il y a un courant dirigé du sud au
nord, tandis qu'un courant opposé paraît avoir lieu au-dessous de cette
profondeur jusqu'au fond de la mer, ce qui permet l'élimination d'un
excès de sel qui autrement se produirait dans la partie septentrionale de
l'Atlantique *.

Nos connaissances des diverses conditions physiques de l'océan Atlantique viennent de recevoir un complément très-important par les travaux de
M. Brault sur la circulation atmosphérique de cet océan. Ce savant a constaté (*Comptes rendus*, ann. 1877, t. LXXXV, p. 1073) que « dans son ensemble le mouvement général des vents d'été dans l'Atlantique sud est
celui d'un immense tourbillon, dont le centre se trouve vers 30° ou 35°
de latitude S. et 10° ou 20° de longitude O. Ce tourbillon tourne en
sens inverse de l'aiguille d'une montre, et de son centre s'échappe vers
la droite la grande gerbe des alizés de sud-est qui couvre toute la partie
orientale et supérieure de l'Atlantique sud. En se rapprochant de la côte
de l'Afrique, les alizés deviennent sud et sud-sud-ouest ; en s'approchant
de l'Amérique, ils deviennent est-sud-est. Puis, le mouvement tourbillonnaire continuant vers la gauche, les vents sont nord-est et nord ; ils descendent nord et nord-ouest le long de la côte d'Amérique et viennent bientôt, dans la partie septentrionale de l'Atlantique, regagner les vents d'ouest
qui soufflent du cap Horn jusqu'au cap de Bonne-Espérance. » Le résultat
le plus important de cette partie du travail de M. Brault c'est ce fait : « qu'il
n'existe ni zone de calmes tropicaux, ni zone de folles brises, ni zone de faibles brises traversant l'Atlantique »

---

* Parmi les importantes données fournies par le capitaine Evans et M. Buchanan, il en est une que, dans l'état actuel de nos connaissances, il serait assez difficile d'expliquer : c'est la brusque dépression du fond de la mer dans la proximité
des continents. Ce phénomène ne tiendrait-il pas peut-être à ce que le soulèvement des continents serait accompagné d'un mouvement de bascule, de manière
que lorsqu'une partie du fond de la mer s'élève pour former un continent, les
parties limitrophes éprouvent un abaissement correspondant? — Un phénomène

Quant à l'Atlantique nord, M. Brault a trouvé (*Etude sur la circulation atmosphérique de l'Atlantique nord*, Paris, 1877) que le phénomène tourbillonnaire s'y reproduit également, phénomène qu'il a tracé graphiquement sur une carte très-instructive. Ici encore les mouvements tourbillonnaires ont leurs centres, parmi lesquels je me bornerai de mentionner celui que représentent les îles Açores. « Le mouvement de rotation autour des Açores, dit M. Brault (*loc. cit.*, p. 75), n'est pas celui d'un *circuit;* ce mouvement est une rotation *en spirale,* c'est-à-dire que non-seulement les vents tournent autour des Açores, mais qu'ils tournent autour d'elles en s'en éloignant de tous les côtés. Or, si les vents s'éloignent ainsi de tous les côtés d'un point quelconque situé sur la surface du globe, soit en tournant, soit directement, qu'en résulte-t-il? Il en résulte qu'en ce point, du haut des parties supérieures de l'atmosphère, descend la masse d'air qui alimente tous les vents environnants. Cette conclusion est nécessaire et elle subsiste, abstraction faite de toute idée de pression barométrique. Ainsi donc, en été, il existe au milieu de l'Atlantique nord, près des Açores, une région où l'air descend des parties supérieures pour venir alimenter tous les vents, lesquels prennent la direction des alizés, des vents d'ouest et des autres, et forment finalement le tableau que nous avons donné de la circulation des vents d'été de l'Atlantique nord. » Le remarquable phénomène atmosphérique signalé par le savant et ingénieux météorologiste dans les parages des Açores s'y traduit également par le mouvement gyratoire que décrivent les courants de mer autour de ces îles, ainsi que nous l'avons fait observer (page 836).

Nous ne pouvons quitter l'Atlantique, où se trouvent tant d'îles intéressantes parmi celles qui nous occupent, sans insister sur les modifications que le relief du fond des mers doit subir par suite de l'action des forces volcaniques. Les observations directes à cet égard ont d'autant plus de valeur que des phénomènes de cette nature échappent le plus souvent à notre appréciation; en sorte qu'en présence de faits réellement constatés, nous pouvons conclure du connu à l'inconnu, en admettant que les phénomènes qu'il nous a été donné de saisir ne sont qu'un reflet local et éventuel de ceux qui s'accomplissent à notre insu fréquemment et sur une échelle beaucoup plus large. Or, nous avons sous ce rapport un fait remarquable et récent, c'est l'action que le célèbre tremblement de terre qui renversa Lis-

---

diamétralement opposé à celui dont il s'agit, a été signalé dans les golfes nombreux, connus sous le nom de *fiords,* qui découpent les côtes de la Norvége et du Groenland, car M. Amund Helland (*Quart. Journal of the Geol. Soc.*, ann. 1877, vol. XXXIII, p. 142) a constaté qu'à une certaine distance des côtes, la mer est bien moins profonde que dans l'intérieur des *fiords,* phénomène que ce savant attribue à l'action des glaciers qui, en excavant les fiords, auraient accumulé les dépôts morainiques à leur embouchure.

bonne a exercée sur le relief du fond de la mer dans les parages des côtes
occidentales du Portugal et de l'Afrique. Ainsi, dans son important ouvrage
sur les changements physiques éprouvés par la surface de notre globe
(*Geschichte der natürl. Veränder. der Erdoberfläche*, etc., vol. I, p. 93),
Karl. E. A. de Hoff rapporte que la rade de Mogador (ville située presque
vis-à-vis de l'archipel de Madère) ne pouvait admettre que de très-petits
bâtiments, à cause des écueils dont elle était hérissée ; mais que le 1er novembre 1755, jour où eut lieu la catastrophe de Lisbonne, tous ces écueils
disparurent comme par enchantement, en sorte que depuis le port de Mogador a une profondeur de 20 brasses (39 mètres) et est devenu accessible aux
plus gros vaisseaux de guerre. Mais un phénomène bien plus important se
produisit le même jour près de Lisbonne : la mer qui baigne la côte non
loin de laquelle se trouve cette ville, sur l'embouchure du Tage, se creusa
en un gouffre insondable, où fut englouti un grand quai construit sur le littoral en grosses dalles de marbre et encombré en ce moment d'une foule
compacte frappée de terreur ; non-seulement le quai, les hommes qu'il por-
tait et les vaisseaux qui y étaient amarrés s'évanouirent en un clin d'œil,
mais encore n'est-on jamais parvenu à découvrir un débris ou une trace
quelconque de tant de victimes, ce qui semble indiquer que le tout a été
englouti dans un abîme qui se sera refermé aussitôt. Lorsque la mer eut
occupé la partie immergée du littoral, elle avait acquis une profondeur
inconnue jusqu'alors dans ces parages, savoir : 195 mètres. (Hoff, *loc. cit.*,
vol. IV, p. 428.)

On sait que la mémorable catastrophe de Lisbonne, dont le foyer principal se trouvait évidemment dans la partie de l'Atlantique limitrophe des
côtes occidentales du Portugal et de l'Afrique, se fit sentir dans l'Europe
tout entière (Espagne, France, Angleterre, Hollande, Suisse, Allemagne, etc.),
même jusqu'en Suède, ainsi que nous le fait connaître M. de Hoff, qui retrace avec une consciencieuse exactitude et en s'appuyant sur des autorités
irrécusables, l'histoire détaillée de ce gigantesque cataclysme. Parmi les
faits nombreux et importants qu'il mentionne, il en est un qui nous intéresse
particulièrement, parce qu'il se rapporte à l'action que la terrible catastrophe de Lisbonne exerça non-seulement sur la partie de l'Atlantique
limitrophe des côtes de Portugal et de l'Afrique, mais encore sur la vaste
nappe de l'Océan situé plus à l'ouest. Or, vingt minutes (en tenant compte
de la différence des longitudes) après la secousse qui bouleversa Lisbonne,
des vagues de 15 pieds de hauteur se ruèrent sur la ville de Funchal (dans
l'île de Madère), en sorte que moins d'une demi-heure avait suffi à l'onde
pour parcourir un espace de 7°, espace qui, sous ces latitudes, représente une ligne de 87 milles géographiques (175 lieues métriques) de lon-

gueur. Dans son mouvement de translation d'ouest à l'est, cette onde ne s'était pas arrêtée à l'archipel de Madère, mais se propagea jusqu'aux Antilles où, neuf heures et demie après la secousse de Lisbonne, les îles de Barbados, de Martinique et de Sabia furent inondées ; c'est donc ce laps de temps que mirent les ondulations de l'Atlantique à franchir un espace de 800 milles géographiques (environ 1600 lieues métriques). En comparant la vitesse de propagation des ondes entre Lisbonne et Madère et entre Madère et les Antilles, on voit que cette vitesse allait en décroissant à mesure qu'elle s'éloignait des côtes du Portugal et de l'Afrique, ce qui fournit un argument de plus en faveur de la supposition que c'est dans la proximité de ces côtes que se trouva le siége ou le point de départ de la formidable explosion qui, le 1er novembre 1755, ébranla une grande partie de l'écorce terrestre, phénomène qui présenterait des proportions bien plus considérables encore, s'il nous avait été permis d'en apprécier les manifestations sous-marines et surtout les effets qu'elles eurent sur le relief du fond de la mer.

22. Iles Kerguelen. — Pendant longtemps les importantes études botaniques et zoologiques dont les îles de Kerguelen avaient été l'objet (voy. ma note p. 815) ne se trouvaient guère en rapport avec nos connaissances topographiques de cette contrée ; ce n'est que récemment qu'un relevé géographique détaillé de Kerguelen a été publié par le gouvernement anglais, qui a fait paraître une très-belle carte de ce pays, dont M. Petermann (*Mittheil*, ann. 1875, vol. XXI) a donné une réduction accompagnée d'un texte explicatif. Cette carte a probablement servi (en partie du moins) de base à celle qui fut dressée par les topographes de la *Gazelle*, et dont une réduction a été publiée dans le journal de la Société géographique de Berlin (*Zeitschr. der Gesellsch. für Erdk.*, ann. 1876, vol. XI). De son côté, M. Roth a fourni des renseignements assez étendus (voy. *Monatsbericht der könig. Preuss. Acad. der Wissenschaften zu Berlin*, ann. 1875, p. 723) sur l'ensemble de l'archipel de Kerguelen-land, composé de 130 îlots et 160 écueils s'élevant au-dessus de la surface de la mer, et ayant une superficie de 180 milles géographiques carrés, dont 127 reviennent à l'île principale.

Les mesures hypsométriques effectuées dans cet archipel par les savants de la *Gazelle* donnent des valeurs souvent très-supérieures à celles qui y avaient été admises jusqu'alors. Ainsi le mont Ross aurait 1865 mètres et le mont Richards 1220 mètres d'altitude.

M. Roth nous apprend que dans l'île principale (Kerguelen), sur les deux versants du mont Richards (auquel ce savant ne donne qu'une altitude de

910 mètres), on voit des glaciers dont plusieurs descendent jusqu'à la mer, tout en offrant des indices d'une retraite progressive.

Quant à la constitution géologique de l'archipel de Kerguelen, M. Roth n'a guère ajouté aux renseignements fournis déjà depuis longtemps par Sir James Ross, qui y avait constaté l'existence de terrains sédimentaires, très-limités à la vérité, mais remarquables par les lignites et les bois fossiles qu'ils contiennent, et qui, selon toute apparence, rattachent ces terrains à une époque géologique assez récente. Le lignite est de structure schisteuse, de couleur noire-brunâtre et à cassure semblable à celle du charbon de bois. Dans la baie de Cumberland (côte du nord-ouest de l'île de Kerguelen), ce lignite forme une couche de quatre pieds d'épaisseur et se trouve recouvert par une dolérite amygdaloïde. Les bois fossiles, souvent fortement silicifiés, ont des dimensions considérables, ce qui contraste singulièrement avec l'absence complète de végétation arborescente dans cette île, phénomène déjà signalé dans les Açores (voy. ma note page 754) qui, comme Kerguelen, ont dû jadis posséder des forêts dont il ne reste plus aucune trace ; et puisque dans les îles Kerguelen, placées en dehors des grands centres de population, on ne saurait attribuer à l'action seule de l'homme la destruction de la végétation arborescente, la disparition de cette dernière a dû avoir été produite par des causes physiques.

De même que M. Roth, Sir James Ross signale les basaltes comme jouant le rôle le plus important dans la composition de la charpente solide de l'île ; ils y constituent des terrasses horizontales divisées en masses prismatiques et passant à la dolérite et aux porphyres amygdaloïdes. Selon Sir James Ross, on ne voit guère dans l'île de Kerguelen de cratères proprement dits, cependant il signale plusieurs collines coniques portant à leurs sommets des dépressions cratériformes, et qui probablement représentent autant d'anciens foyers d'éruption.

Nous possédons sur les conditions bathométriques de la mer, dans les parages de l'archipel Kerguelen, quelques données intéressantes fournies par M. Roth (loc. cit.), qui nous apprend qu'à 100 milles marins (environ 160 kilomètres) de l'archipel, la profondeur de la mer est de 380 mètres, mais qu'elle descend brusquement à 3000 mètres, à une distance de 200 milles (environ 320 kilomètres) de l'archipel. Ce fait prouve que la remarquable loi formulée par le capitaine Evans (voy. p. 869) s'applique parfaitement à l'hémisphère austral, bien que la mer y ait généralement moins de profondeur que dans notre hémisphère. Enfin, nous devons à M. le docteur Hann des renseignements climatologiques également intéressants sur l'archipel de Kerguelen. Ce savant vient de publier dans le *Journal Autrichien* du 15 mars 1877 les données que lui a fournies l'étude comparée,

d'une part des observations météorologiques faites à Kerguelen pendan
l'été, par les officiers de l'expédition allemande envoyée pour l'observation
du passage de Vénus, et d'autre part des registres météorologiques tenus
dans la même île, pendant l'hiver, par Sir James Ross : il en résulterait
qu'à Kerguelen les variations de la température annuelle moyenne se réduisent à 4°,7 Fahr. (environ 2 degrés centigrades); minimum probablement inconnu sur un point quelconque de notre globe. Mais ce qui n'est
pas moins remarquable, c'est que selon M. Hann, bien que dans l'île
Saint-Paul un phénomène analogue se reproduise également, puisque l'am-
plitude des variations n'y dépasse guère 7 degrés Fahr. (environ 4 degrés
centigrades), toutefois la différence entre les températures moyennes
annuelles de ces deux îles est de 20 degrés Fahr. (plus de 11 degrés centigrades) en faveur de Saint-Paul, distante à 400 lieues de l'île de Kerguelen et seulement de 12° plus éloignée que cette dernière du pôle-
antarctique. Ainsi les conditions géographiques ne sauraient motiver les
différences que présentent ces deux îles entre leurs températures moyennes
respectives; évidemment l'archipel Kerguelen est trop froid relativement
à l'île Saint-Paul. C'est là un de ces nombreux exemples des singulières
divergences climatériques dont les causes échappent à notre appréciation,
divergences qui se manifestent également dans l'action très-différente que
les mêmes conditions physiques exercent sur l'organisme humain*.

23 et 24. ÎLES SAINT-PAUL et AMSTERDAM. — La constitution géologique
de ces îles, situées à plus de 800 lieues métriques de l'Australie et à 1025
lieues du continent africain, est moins connue que leur végétation, dont

* Sous ce dernier rapport, un fait cité par M. de Quatrefages (l'Espèce humaine,
p. 164) est bien remarquable, savoir : que les mêmes causes qui dans notre hémisphère, donnent lieu aux fièvres paludéennes, perdent plus ou moins de leur
intensité dans l'hémisphère austral, ainsi que le démontrent les curieuses recherches de M. Boudin, qui a trouvé qu'au nord de l'équateur ces fièvres remontent
au 59° degré de latitude, tandis qu'au sud de l'équateur elles dépassent rarement
le tropique. Aussi, dans l'hémisphère austral, les armées française et anglaise réunies comptent par année, en moyenne, 1,6 fiévreux sur 1000, et dans l'hémisphère
boréal 224,9 sur 1000; en sorte que les fièvres paludéennes sont près de 200
fois plus fréquentes au nord qu'au sud de l'équateur, bien que dans l'Amérique
méridionale et en Australie de vastes espaces se couvrent d'eau croupissante sous
un ciel enflammé. Voilà donc des influences locales que ne saurait expliquer aucune
des lois physiques que nous connaissons, pas plus que l'absence ou du moins la
grande rareté de l'hydrophobie dans certaines contrées de l'Orient, où se trouvent
réunies les conditions les plus propres à engendrer cette affection terrible, qui,
au reste, paraît avoir été presque inconnue aux anciens, ainsi que je crois l'avoir
prouvé (voy. mon Bosphore et Constantinople, p. 87).

l'étude a déjà fourni des résultats importants, consignés en partie dans ma note page 818. En tout cas, il ressort de quelques renseignements donnés par M. Vélain, que les deux îles sont de nature éminemment volcanique. Ce savant nous apprend (*Comptes rendus*, ann. 1875, t. LXXX, p. 998, et t. LXXXI, p. 332) que dans l'île Saint-Paul (dont la latitude déterminée par le capitaine Mouchez est de 38° 42′ 50″ lat. S.), les sources thermales sont nombreuses et abondantes ; leur température varie de 39 à 90 degrés. Au fond du cratère qui constitue l'île tout entière et qui, mis en communication avec la mer représente un lac intérieur, les phénomènes de chaleur sont encore plus marqués : là, sur une large bande qui se dirige obliquement vers le sommet, le sol est chaud et laisse échapper de nombreuses vapeurs. A quelques centimètres de la surface, la température s'élève à 104°, mais cette température est sujette à d'énormes oscillations, car le 24 novembre elle atteignit 218°. Au reste, sur le revers du cirque, la bande du terrain chaud, qui était infranchissable il y a quatre-vingts ans, est fort diminuée aujourd'hui, et une source thermale, bien précisée en 1857 par M. de Hochstetter, est déjà moins chaude de 2 degrés. Il paraît donc que l'activité volcanique est en voie de s'éteindre, mais les fumarolles existent encore et M. Vélain en a analysé le gaz. Un fait intéressant a été constaté dans ces fumarolles : c'est que leur température augmente avec la hauteur de la marée, ce qui ajoute un argument de plus à la théorie chimique des volcans, théorie si habilement soutenue par Daubeny dans son remarquable ouvrage sur les volcans (*A Description of act. and ext. Volcanos*, 2ᵉ édit., p. 637-646) M. Vélain a reconnu (*Bull. Soc. géol. Fr.*, 3ᵉ série, ann. 1876, vol. IV, p. 524) qu'autour du cratère de Saint-Paul, il se dépose de la silice à l'état gélatineux ; de plus, il a observé dans les éruptions anciennes de cette île tous les passages entre l'opale et la tridymite ; enfin, parmi les nombreux échantillons de roches volcaniques rapportés par M. Vélain des îles Saint-Paul et Amsterdam, M. Daubrée signale (*Bull.* loc. cit., p. 536) comme remarquables à cause de leur structure schisteuse, des laves feuilletées doléritiques et feldspathiques.

Dans les dégagements gazeux de l'île Saint-Paul, M. Vélain a constaté le long des bords de l'île, dans l'eau de mer puisée à la surface, une proportion d'oxygène tout à fait remarquable (60,56 sur 100), jointe à l'absence d'acide carbonique ; il attribue ce phénomène, en partie, à la présence en ce point de grandes et nombreuses Algues (*Macrocystis pirifera*).

M. Vélain croit les îles Saint-Paul et Amsterdam d'âge très-récent, mais non point contemporain, car elles paraissent avoir formé deux foyers éruptifs bien différents. Elles ont surgi séparément du sein de l'Océan, à une date qu'il est difficile de préciser, mais qui doit être relativement peu reculée. La plus récente lui paraît l'île Amsterdam, haute de 900 mètres, longue de 8 kilomètres et ceinte de falaises continues qui se dressent partout à plus de 100 mètres de hauteur. La dernière phase de l'activité volcanique s'est manifestée dans cette île par une action explosible, comme des *bombes* nombreuses le témoignent.

Toute faune terrestre actuelle ou ancienne fait absolument défaut aux deux îles.

Après le rapide aperçu que je viens de tracer de la constitution géologique des îles océaniques, nous allons résumer les conséquences qui en découlent :

1° Les affinités que les flores de certaines îles océaniques présentent entre elles, souvent en raison inverse des distances qui les séparent, semblent indiquer que, dans cette partie de l'Océanie, les îles étaient jadis groupées tout autrement qu'elles ne le sont aujourd'hui, en sorte qu'à l'époque de l'apparition de la vie végétale, il y avait jonction entre des îles actuellement séparées par des espaces considérables, mais que néanmoins d'autres étaient tout aussi indépendantes des îles et continents limitrophes qu'elles le sont à présent. Ainsi nous avons vu (p. 858) que le premier cas a lieu à l'égard des îles Howe, Norfolk, Chatham, etc., et le dernier cas à l'égard des Mascareignes (p. 847) et de l'île de Madagascar (p. 844). Il en résulterait que, si nous manquons de preuves pour admettre que les îles océaniques ne sont que les débris d'un vaste continent immergé, tout porte à croire que l'Océanie fut un jour occupée par des groupes insulaires moins nombreux, mais beaucoup plus étendus que ceux qui y existent aujourd'hui.

2° Lorsque l'on considère que la très-grande majorité des îles océaniques sont principalement composées de volcans soit actifs, soit éteints plus ou moins récemment, et qu'il en est de même de l'immense série d'îles qui, à l'instar d'autant de cheminées sous-marines, se dressent à travers les vastes surfaces des océans, on a peine à admettre comme un simple effet du hasard la connexion entre l'activité volcanique et la proximité de la mer, et dès lors on est naturellement porté à voir dans cette association significative un argument de plus en faveur de la théorie qui rattache les manifestations volcaniques (celles du moins qui se produisent aujourd'hui) à l'action des infiltrations de l'eau dans les laboratoires souterrains. Cette théorie acquiert plus de force encore par les résultats des explorations récentes, tendant à faire disparaître de plus en plus les faits qui semblaient incompatibles avec une hypothèse semblable, notamment la présence de volcans actifs situés dans l'intérieur des continents, à une distance considérable de toute mer. C'est ainsi que déjà Humboldt citait dans ce nombre les volcans de l'Asie centrale, dans les environs des villes de Urumdschu, Turfan, Kutcha et Kuldja. Or, les explorations de MM. Semenow, Venukoff, et tout récemment de E. F. J. Mouchtekoff, enlèvent à ces localités tout caractère de volcans proprement dits. D'accord avec ses prédécesseurs, M. Mouchtekoff (vol. *les Volcans de l'Asie centrale* dans le *Bull. de l'Acad. de St-Pétersbourg*, ann. 1877, vol. XXIII, p. 70-79) a trouvé que les phénomènes éruptifs dont il s'agit, ne sont que l'effet de la combustion spontanée de dépôts houillers, très-développés dans ces contrées, surtout dans les parages de Kuldja. Ces dépôts appartiennent probablement à la formation triasique, et la houille qu'ils renferment paraît être tellement abondante, que, selon M. Mouchtekoff, elle pourrait fournir du combustible pendant deux mille années, si l'exploitation annuelle ne dépassait point un million de pouds (environ 16 millions de kilogrammes). Dans le bassin d'Ili, on aperçoit non-seulement les traces d'anciennes combustions de houille, mais des conflagrations de cette nature y sont encore en pleine activité. C'est au reste ce qui a été également constaté sur divers points de l'Afrique et de l'Europe, notamment en Abyssinie et en Allemagne, où bien des phénomènes, considérés autrefois comme volcaniques, ont été réduits à des combustions spontanées de dépôts de houille, situés à une profondeur plus ou moins considérable de la surface du sol.

3° Parmi les vingt-quatre groupes insulaires passés en revue, dix (Madagascar, Seychelles, Fidji, Nouvelle-Calédonie, Nouvelle-Zélande, Norfolk, Chatham, Auckland, Campbell et Falkland) offrent des dépôts sédimentaires ou des roches cristallines susceptibles d'une détermination approximative de leur âge, puisqu'il est permis de le rattacher à une époque géologique plus ou moins ancienne.

Les quatorze autres groupes (Açores, Canaries, Madère, Cap-Vert, Ascension, Sainte-Hélène, Mascareignes, Sandwich, Juan-Fernandez, Tristan d'Acunha, Galapagos, Kerguélen, Saint-Paul et Amsterdam) sont presque tous composés de roches volcaniques, particulièrement de basalte et de trachyte. Parmi ces groupes, il en est, tels que les Açores (île Sainte-Marie), les Canaries, les îles Saint-Paul et Amsterdam, dont l'âge a pu être déterminé à l'appui de données positives qui permettent de rapporter ces îles à l'époque tertiaire, tandis que les autres conduisent également à la même conclusion, mais plutôt par voie d'induction et d'analogie, en considérant que les basaltes et les trachytes figurent au nombre des roches éminemment caractéristiques pour les temps tertiaires et modernes. C'est un des faits les plus anciennement admis par les géologues de toutes les écoles : aussi l'un des plus profonds connaisseurs des phénomènes volcaniques, le savant Daubeny, après avoir discuté la question à fond, a cru pouvoir déclarer (*loc. cit.*, p. 685) que c'est à l'époque tertiaire, ou même post-tertiaire, qu'appartiennent non-seulement les basaltes, mais encore les trachytes, dont nous ne connaissons pas, dit-il, « un seul exemple d'un âge antérieur à cette époque ». Et s'il était nécessaire de grossir l'imposante masse de faits qui servent de base à cette assertion, j'aurais pu ajouter que, pendant mes longues explorations de l'Asie Mineure, contrée classique des roches ignées, je n'ai jamais été dans le cas de constater une seule éruption trachytique ou basaltique qui ne pût se rapporter à l'époque tertiaire.

En conséquence, c'est en s'appuyant sur des considérations décisives que nous sommes en droit de rattacher aux époques tertiaires ou modernes la très-grande majorité des quatorze groupes insulaires dont il s'agit, et dont plusieurs, de nature exclusivement volcanique, sont sans doute d'origine sous-marine.

Or, maintenant que nous pouvons admettre parmi ces îles océaniques deux groupes très-distincts, dont l'un se rapporte à l'âge paléozoïque ou du moins secondaire, et l'autre au contraire aux temps tertiaires ou modernes, il ne nous reste qu'à examiner jusqu'à quel point le caractère végétal de ces îles est en rapport avec leur âge géologique, ainsi qu'avec leur position à l'égard des continents.

4° Dans l'état actuel de nos connaissances, il serait impossible de ranger avec certitude toutes les îles dont il s'agit, d'après les proportions que présentent leurs flores entre les espèces endémiques et la totalité de leur végétation. Ainsi, malgré les nombreux travaux dont les îles de Madagascar, la Nouvelle-Calédonie, Kerguelen et les îles Saint-Paul et Amsterdam ont été l'objet, nous ne possédons pas encore de données suffisantes sur le chiffre réel de leurs espèces endémiques. Toutefois, comme nous connaissons les proportions qu'offrent à cet égard certaines plantes inférieures de la végétation de ces îles, nous pouvons avec d'autant plus de vraisemblance admettre des rapports semblables dans les plantes phanérogamiques, que c'est précisément dans ces îles que la faune présente un caractère spécial à un degré beaucoup plus élevé encore que les végétaux inférieurs. ' C'est

* J'ai déjà rapporté dans ma note à la page 781 les importantes observations de M. Blanchard sur le caractère éminemment local de la faune de Madagascar, observations auxquelles on peut ajouter ce fait curieux, que parmi les formes animales que Madagascar possède en propre, il en est qui habitent exclusivement certains points de l'île: dans ce nombre figurent le gracieux Lémurien *Lemur Catta* (Brehm, *Thierleben*, 2ᵉ édit., vol. I, p. 253) et le *Chiromyida madagascariensis*, créature anormale, qu'après avoir tour à tour rangée dans divers ordres et familles, les zoo-

ainsi qu'à Madagascar (voy. ma note paga 781), où 2 familles et 6 genres de plantes phanérogames sont propres à cette île, la proportion entre les plantes endémiques et la totalité de la flore est, selon toute apparence, pas inférieure à celle (50 pour 100) qui a été constatée dans les îles Mascareignes, distantes seulement à 150 lieues de Madagascar. C'est encore à peu près le chiffre proportionnel qu'on serait porté à admettre pour la Nouvelle-Calédonie (voy. ma note p. 794), où le tiers des Fougères et presque la moitié des Mousses sont particulières à cette île. De même dans les îles Saint-Paul et Amsterdam (voy. ma note page 818), sur 30 espèces de Mousses 22 appartiennent exclusivement à ces îles, et dans l'île Saint-Paul, parmi les 13 espèces de Lichens que possède l'île, 10 lui sont propres. D'autre part, la faune y a un caractère tellement spécial, que sur 10 espèces de Poissons, 7 sont endémiques, et sur 40 espèces de Mollusques, 33 le sont également. On serait donc plutôt au-dessous qu'au-dessus de la vérité, en admettant que la moitié de la flore de ces deux îles est représentée par des espèces endémiques. Enfin, dans les îles de Juan-Fernandez, de Norfolk, d'Auckland et de Campbell, on a constaté un certain nombre de genres endémiques, ce qui, eu égard à l'exiguïté de ces îles, annonce une flore d'un caractère éminemment spécial : ainsi on connaît à Juan-Fernandez 4 genres propres, renfermant 15 espèces ; à Norfolk, 6 genres, et dans les îles Auckland et Campbell, 26 endémiques. Nous pourrons donc, avec beaucoup de probabilité, admettre pour ces quatre îles à peu près la même proportion, relativement aux espèces endémiques, que nous avons admise (50 pour 100) dans les îles de Madagascar, dans la Nouvelle-Calédonie et dans les îles Saint-Paul et Amsterdam. En conséquence, si nous plaçons les archipels océaniques d'après l'importance des chiffres proportionnels de leurs espèces endémiques, voici l'ordre dans lequel se rangeront les 24 archipels suivants, où cette proportion a pu être établie plus ou moins approximativement * :

---

logistes ont fini par considérer comme le type d'une famille particulière (*Leptodac- tyla* ou *Chiromyida*) appartenant à l'ordre des demi-Singes ou *Hémipithèques*. La localisation de ce curieux animal est tellement tranchée et restreinte, que lorsque pendant son séjour sur la côte occidentale de Madagascar, Sonnerat en prit dans les forêts deux individus qu'il transporta dans sa demeure, quelques indigènes de la côte orientale qui eurent l'occasion de les voir chez le voyageur furent frappés de surprise à l'aspect d'un animal complétement inconnu dans la partie de l'île qu'ils habitaient, et comme ils manifestaient leur étonnement par des cris répétés de : Aye ! Aye ! Sonnerat crut pouvoir se servir de cette interjection pour désigner le nouvel animal en l'appelant *Aye-Aye*. (Brehm, *loc. cit.*, p. 227.)

* Dans le tableau que j'ai dressé, et qui, sans doute, n'est qu'une première ébauche très-imparfaite, eu égard à l'insuffisance des matériaux, les distances n'ont été marquées que pour les archipels ou îles séparés des continents par la mer

NOMS DES ARCHIPELS.	Proportion entre les espèces endémiques et le total de la végétation.	Profondeur de la mer en mètres dans la proximité immédiate des îles.	Distance en lieues métriques des continents les plus rapprochés.	Age géologique approximatif.
Sainte-Hélène (16° lat. S.).....	89 p. 100	2500 ?	550	Tertiaire.
Nouv.-Zélande (34°-48° lat. S.).	72	0-1820	»	Paléozoïque.
Sandwich (19° 22' lat. N.).....	Plus de 60	0-1820	1050	Tertiaire.
Galapagos (Equateur)....... .	Plus de 50	0-1820	200	Tertiaire.
Madagascar (12°-26° lat. S.)....		?	100	Paléozoïque.
Nouv.-Calédonie (20°-23° lat.S.).		0-1820	»	Paléozoïque, en partie.
Aukland (51° lat. S.).........		0-1820	»	Paléozoïque, en partie.
Camphell (53° lat. S.)........	Environ 50	1820-2640	»	Paléozoïque, en partie.
Norfolk (29° lat. S)...........		0-1820	»	Paléozoïque, en partie.
St-Paul et Amsterdam (38°-39° lat. S.)......		2600 ?	1025	Tertiaire.
Juan-Fernandez (31° lat. S.)....	50	0-1820	175	Tertiaire.
Mascareignes (20°-21° lat. S.)..		3700 ?	»	Tertiaire.
Fidji (16°-20° lat. S.)..... ...		0-1820	»	Paléozoïque, en partie.
Ascension (8° lat. S.).....		2500 ?	575	Tertiaire.
Kerguelen (50° lat. S.)........	27 ?	380	1100	Tertiaire.
Tristan d"Acouha (37° lat. S.)..		2500 ?	725	Tertiaire.
Canaries (30°-33° lat. N.).....	27-28	182-1820	5	Tertiaire.
Falkland (50°-55° lat. S.)	20	?	150	Paléozoïque.
Rodriguez (19°-20° lat. S.)....	Plus de 18	?	»	Tertiaire ?
Seychelles (3°-6° lat. S.)......	Plus de 17	?	29	Paléozoïque ?
Cap-Vert (15°-18° lat. N.).....	16	182-1820	50	Tertiaire.
Madère (33° lat. N.)..........	15	1800-2700	25	Tertiaire
Açores (37°-39° lat. N.).......	7-8	182-1820	475	Tertiaire.
Chatham (44° lat. S.).........	6-7	2640-5460	2000	Paléozoïque, en partie.

Il résulte de cette classification des îles océaniques d'après leur richesse en formes endémiques, que le caractère original de leur végétation, aussi bien que de leur faune, est bien loin d'être toujours en rapport, ni avec leur âge géologique, ni avec leur position à l'égard des continents. Ainsi l'île de Sainte-Hélène, la plus riche en formes éminemment locales, est précisément l'une des plus modernes dans les annales géologiques, et il en est de même d'un grand nombre des îles volcaniques de date relativement peu ancienne, mais douées cependant d'une végétation souvent pas moins originale que des îles qui, telles que Madagascar, la Nouvelle-Calédonie, la Nouvelle-Zélande, etc., remontent aux époques les plus reculées de notre globe. D'autre part, bien que la proximité des continents

seule, sans intermédiaire d'autres groupes insulaires; elles sont exprimées en chiffres ronds, l'exactitude mathématique n'étant point indispensable à l'appréciation de l'action produite par les distances sur le monde organique. Quant aux chiffres bathométriques, ils ont été en grande partie empruntés à la belle carte de M. Petermann (*Tiefenkarte des Grossen Oceans*, *Mittheil.*, etc, ann. 1877, vol. XXIII). en convertissant les fathoms ou brasses en mètres.

semble devoir faciliter l'échange entre les espèces végétales et animales, en sorte qu'on serait naturellement porté à admettre que les îles les plus voisines de la terre ferme seraient les moins susceptibles de conserver une flore ou une faune spéciales, c'est précisément le contraire qui a lieu très-souvent dans les îles océaniques qui nous occupent. Ainsi il est vrai que parmi ces dernières, des îles très-distantes des continents, telles que les îles Sandwich, Sainte-Hélène, etc., sont en effet au nombre des plus riches en formes endémiques ; par contre il en est qui, presque aussi éloignées des continents et même davantage, telles que les Açores et les îles Chatham (les plus éloignées de toutes) figurent parmi les plus pauvres sous ce rapport, et en tout cas sont bien moins favorisées que les Canaries, qui sont précisément les plus voisines de la terre ferme. Mais parmi tous les archipels relativement rapprochés des continents et néanmoins remarquables par l'originalité de leur flore et de leur faune, ce sont sans doute les Galapagos qui occupent le premier rang, car plus de la moitié de leur flore est composée d'espèces endémiques, tandis que leur faune, ainsi que nous l'avons vu (p. 865), présente un phénomène d'autant plus inexplicable que les îles Galapagos figurent parmi les créations géologiques les plus récentes, ce qui fait que le caractère pour ainsi dire de vétusté imprimé à leur faune et en partie à leur flore contraste singulièrement avec la jeunesse de la terre qu'ils habitent et constitue un anachronisme mystérieux.

5° Nous pouvons donc formuler ainsi, en termes généraux, la conclusion principale suggérée par l'étude rapide que nous venons de faire : Dans l'état actuel de nos connaissances, les curieuses anomalies que nous présentent la flore et la faune des îles océaniques ne sauraient être suffisamment expliquées ni par leur histoire géologique, ni par leur position à l'égard des continents, pas plus que par des influences atmosphériques ou par les conditions bathométriques de la mer au milieu de laquelle elles surgissent ; car si le climat pouvait donner lieu à de telles anomalies, celles-ci se reproduiraient, dans de certaines proportions, sur la terre ferme située sous la même latitude et souvent à peu de distance de ces îles ; et quant à la profondeur des mers, elle varie considérablement, ainsi que le fait voir graphiquement la belle carte bathométrique de Petermann (*loc. cit.*), et n'a aucun rapport appréciable, ni avec les conditions physiques des îles, ni avec l'âge de leurs soulèvements, en sorte que les plus récentes se trouvent quelquefois au milieu d'une mer très-profonde, et *vice versâ*. Enfin, on pourrait en dire autant des courants qui baignent les îles océaniques, bien que l'action que les courants, en général, exercent sur la végétation soit beaucoup plus appréciable et plus importante que celle des conditions bathométriques. Il n'en est pas moins vrai que cette action n'est pas assez puissante pour modifier sensiblement la physionomie d'une flore. Ainsi nous avons déjà rapporté (p. 753) l'observation de M. Fouqué sur le nombre relativement peu considérable des plantes américaines (seulement quatre espèces) qui sont parvenues à s'établir dans les Açores, malgré la masse de semences et de fruits que leur envoie l'Amérique par l'entremise du Gulf-stream; et l'on pourrait même ajouter que si les courants modifiaient réellement la végétation par l'adjonction d'éléments étrangers, c'est le caractère américain qui aurait dû prévaloir dans les contingents apportés par cette voie aux îles océaniques (du moins de celles qui nous occupent), parce que la majorité de ces dernières se trouvent exposées directement ou indirectement aux courants venant de l'Amérique, soit de ses côtes orientales et traversant alors l'Atlantique, en moyenne d'ouest à l'est, soit de ses côtes occidentales en parcourant le Pacifique d'est à l'ouest. Or, si dans de telles conditions les courants se sont montrés impuissants à produire sur la végétation un effet d'une importance quelconque, à plus forte raison leur action, en général, n'a pu avoir une large part dans la création ou le développement du type spécial qui caractérise la végétation de ces îles. Il est donc évident que la solution de l'importante question dont il s'agit se rattache à certains faits qui échappent encore à notre appréciation, et qui ne pourront-nous être révélés qu'à la suite d'études approfondies de tous ces groupes insulaires disséminés, pour ainsi dire, comme autant de petits mondes au milieu de l'immense Océan.

Le travail important de M. Parlatore sur la *Géographie botanique de l'Italie*, destiné à faire suite à cet ouvrage, n'a malheureusement pu être achevé en temps voulu.

Nous espérons pouvoir le publier prochainement. Ces Études seront sans doute accueillies avec une grande faveur, non-seulement par ceux qui possèdent l'ouvrage de M. Grisebach, auquel elles servent de complément, mais encore par les botanistes de tous les pays, parce que le travail de M. Parlatore, restreint par son étendue, mais remarquablement riche par les faits souvent nouveaux qu'il contient, est d'une incontestable valeur pour la Géographie botanique en général.

P. DE TCHIHATCHEF.

Paris, le 15 septembre 1877.

TABLE DES MATIÈRES

DU TOME II

VI. DOMAINE INDIEN DES MOUSSONS.

VII. SAHARA.

XI. AUSTRALIE.

XII. DOMAINE FORESTIER DU CONTINENT OCCIDENTAL.

XIII. DOMAINE DES PRAIRIES.

XIV. DOMAINE LITTORAL CALIFORNIEN.

XV. DOMAINE MEXICAIN.

XVI. INDES OCCIDENTALES.

FIN DE LA TABLE DES MATIÈRES.

TABLE ALPHABÉTIQUE

ES AUTEURS CITÉS DANS LES DEUX VOLUMES

A

Abbadie (A. de), II, 408.
Abich, I, 531, 656, 687, 698, 699.
Abulfeda, I, 723.
Ackermann, II, 525.
Acosta, II, 553.
Adanson, II, 193.
Agassiz, II, 569, 576.
Agliate, I, 330.
Ainsworth, I, 585, 593, 600, 633, 689, 696.
Alcock, I, 738, 740, 756.
Alexandre (le Grand), II, 113, 227.
Amund Helland, II, 871.
Anderson, I, 308, 309, 317 ; — II, 129, 133, 247, 254, 256, 258, 267, 268, 269, 270, 810, 831.
André (Ed.), II, 327, 613, 614, 624, 625, 627, 629, 632, 634, 636-643, 650, 653–654, 663-670.
Andrée (Carl), I, 727, 728.
Anwandler, II, 743.
Appun, II, 553.

Asa Gray, I, 100, 306, 746-748, 754, 758 ; — II, 381, 387, 388, 390, 394, 395, 436, 437, 455.
Ascherson, II, 135.
Aucher Eloy, I, 544, 596, 689.
Azara, II, 696.

B

Babington, I, 92.
Back, II, 435.
Baer (de), I, 35, 41, 42, 52, 60, 62, 64, 65, 67, 69, 75, 90, 91, 92, 165, 223, 319, 569, 576, 625, 642, 647, 650, 687, 688, 690, 695, 696 ; — II, 100.
Baglietto (F.), II, 208.
Baikie, II, 172, 230.
Baillon, I, 622 ; — II, 594.
Baines, II, 246, 251, 268, 270.
Baker (J. G.), II, 228, 781, 785, 849, 850, 851, 852.
Balansa, I, 503, 514, 544, 680 ; — II, 671, 794, 796.

*Il est à peine nécessaire de faire observer que cette table d'auteurs ne contient que les noms qui figurent d'une manière indépendante et non joints aux espèces botaniques, ce qui aurait énormément grossi une liste déjà fort étendue, puisque le total des noms que nous avons cru y devoir admettre est de près de sept cents Il est peu d'ouvrages scientifiques qui s'appuient sur une masse aussi imposante d'autorités.

FIN DE LA TABLE ALPHABÉTIQUE DES AUTEURS.

www.ingramcontent.com/pod-product-compliance
Lightning Source LLC
Chambersburg PA
CBHW060714220326
41598CB00020B/2092